AF558870

Flansche und Werkstoffe

Jetzt diesen Titel zusätzlich als E-Book downloaden und 70 % sparen!

Als Käufer dieses Buchtitels haben Sie Anspruch auf ein besonderes Kombi-Angebot: Sie können den Titel zusätzlich zum Ihnen vorliegenden gedruckten Exemplar für nur 30 % des Normalpreises als E-Book beziehen.

Der BESONDERE VORTEIL: Im E-Book recherchieren Sie in Sekundenschnelle die gewünschten Themen und Textpassagen. Denn die E-Book-Variante ist mit einer komfortablen Volltextsuche ausgestattet!

Deshalb: Zögern Sie nicht. Laden Sie sich am besten gleich Ihre persönliche E-Book-Ausgabe dieses Titels herunter.

In 3 einfachen Schritten zum E-Book:

❶ Rufen Sie die Website **www.beuth.de/e-book** auf.

❷ Geben Sie hier Ihren persönlichen, nur einmal verwendbaren E-Book-Code ein:

28439589211FC23

❸ Klicken Sie das „Download-Feld“ an und gehen dann weiter zum Warenkorb. Führen Sie den normalen Bestellprozess aus.

Hinweis: Der E-Book-Code wurde individuell für Sie als Erwerber dieses Buches erzeugt und darf nicht an Dritte weitergegeben werden. Mit Zurückziehung dieses Buches wird auch der damit verbundene E-Book-Code für den Download ungültig.

Flansche und Werkstoffe

Mehr zu diesem Titel

... finden Sie in der Beuth-Mediathek

Zu vielen neuen Publikationen bietet der Beuth Verlag nützliches Zusatzmaterial im Internet an, das Ihnen kostenlos bereitgestellt wird. Art und Umfang des Zusatzmaterials – seien es Checklisten, Excel-Hilfen, Audiodateien etc. – sind jeweils abgestimmt auf die individuellen Besonderheiten der Primär-Publikationen.

Für den erstmaligen Zugriff auf die Beuth-Mediathek müssen Sie sich einmalig kostenlos registrieren. Zum Freischalten des Zusatzmaterials für diese Publikation gehen Sie bitte ins Internet unter

www.beuth-mediathek.de

und geben Sie den folgenden Media-Code in das Feld „Media-Code eingeben und registrieren“ ein:

M284395712

Sie erhalten Ihren Nutzernamen und das Passwort per E-Mail und können damit nach dem Log-in über „Meine Inhalte“ auf alle für Sie freigeschalteten Zusatzmaterialien zugreifen.

Der Media-Code muss nur bei der ersten Freischaltung der Publikation eingegeben werden. Jeder weitere Zugriff erfolgt über das Log-In.

Wir freuen uns auf Ihren Besuch in der Beuth-Mediathek.

Ihr Beuth Verlag

Hinweis: Der Media-Code wurde individuell für Sie als Erwerber dieser Publikation erzeugt und darf nicht an Dritte weitergegeben werden. Mit Zurückziehung dieses Buches wird auch der damit verbundene Media-Code ungültig.

Flansche und Werkstoffe
Flanges and Materials

Flansche und Werkstoffe
Flanges and Materials

Normen und Tabellen
Standards and Tables

7., vollständig überarbeitete Auflage 2019

Herausgeber:
DIN Deutsches Institut für Normung e. V.

Beuth Verlag GmbH · Berlin · Wien · Zürich

Herausgeber: DIN Deutsches Institut für Normung e. V.

© 2019 Beuth Verlag GmbH
Berlin · Wien · Zürich
Saatwinkler Damm 42/43
13627 Berlin

Telefon: +49 30 2601-0
Telefax: +49 30 2601-1260
Internet: www.beuth.de
E-Mail: kundenservice@beuth.de

Satz: B & B Fachübersetzergesellschaft mbH, Berlin
Druck: COLONEL, Kraków

Gedruckt auf säurefreiem, alterungsbeständigem Papier nach DIN EN ISO 9706

ISBN 978-3-410-28439-0
ISBN (E-Book) 978-3-410-28440-6

Inhaltsverzeichnis

Internationale Maßnormen für Flansche nach ASME B

Normen für Werkstoffe (national)

Normen für Werkstoffe (international)

Anhang

Content

International dimensional Standards for flanges according to ASME B

Standards for materials (national)

Standards for materials (international)

Annex

Vorwort

Das vorliegende Tabellenbuch enthält die für die praxisorientierten Anwender wichtigsten Informationen und Zahlenwerte zu Abmessungen, Werkstoffen, technischen Regelwerken von im deutschen und internationalen Markt eingesetzten Rohrverbindungsteilen mit Hauptaugenmerk auf Flansche.

In der 7. Auflage wird die DIN EN 1092-1 „Flansche und ihre Verbindungen – Runde Flansche für Rohre, Armaturen, Formstücke und Zubehörteile, nach PN bezeichnet – Teil 1: Stahlflansche“ in der Ausgabe von 2018 berücksichtigt, die von der Arbeitsgruppe 2 im CEN/TC 74 Stahlflansche in weiten Teilen komplett überarbeitet wurde.

In der Neuausgabe sind die Anregungen der Hersteller und Anwender und der zuständigen Arbeitskreise in den europäischen Ausschüssen berücksichtigt worden.

Auch auf die Umsetzung der Europäischen Druckgeräte Richtlinie 2014/68/EU wird in den für Flansche und andere in diesem Buch beschriebene Rohrleitungsteile eingegangen. Das Buch beinhaltet auch Teile des AD 2000 Regelwerkes (**A**rbeitsgemeinschaft **D**ruckbehälter), welche die Sicherheitsanforderungen der Richtlinie 2014/68/EU erfüllen.

In der 7. Auflage des Tabellenbuches „Flansche und Werkstoffe – Normen und Tabellen“ sind auch Normen (DIN) und Regelwerke (VdTÜV-Werkstoffblätter) enthalten, die im deutschsprachigen Raum Anwendung finden.

Auch wird ein Verweis auf die Mediathek im Beuth Verlag eingefügt, in dem die zurückgezogenen Normen und Regelwerke aufgeführt sind, die zu Reparatur- und Revisionsarbeiten an älteren Anlagen und zur Erhaltung des Wissensstandes zur Verfügung stehen müssen.

Das komplette Buch „Flansche und Werkstoffe – Normen und Tabellen“ ist auch als E-Book erhältlich.

Die Zusammenstellung des Tabellenbuches wurde im Hinblick auf Erfordernisse des Baustellenbetriebes, der Vorplanung und der Überprüfung von fertigen Teilen, sowie der Prüfung von Dokumentation und Bescheinigungen für die Einzelteile, vorgenommen.

Zur genauen Planung, Konstruktion und Prüfung der Abnahmebescheinigungen und Abnahmeprüfzeugnissen ist es jedoch unerlässlich, die jeweiligen kompletten Originalfassungen der Normen und Regelwerke hinzuzuziehen.

Das vorliegende Buch wurde vom Herausgeber und Verlag in Form der früher erschienenen Firmenschrift der insolventen Firma A. Greifenberg GmbH & Co. KG in Hattingen erstellt und ist nach Überprüfung und neuen Erkenntnissen geändert worden.

Berlin, im Oktober 2018 — Dipl.-Ing. Hans-Dieter Engelhardt

Foreword

The present book of tables contains the most important information and numerical values for the practice-oriented users regarding dimensions, materials, technical regulations of pipe connection parts used in the German and international market with the main focus on flanges.

The 7th edition of the booklet “Flanges and Materials – Standards and Tables” takes into account the DIN EN 1092-1 “Flanges and their joints — Circular flanges for pipes, valves, fittings and accessories, PN designated — Part 1: Steel flanges” in the issue of 2018, which has been completely revised by Working Group 2 in CEN/TC 74 Steel Flanges.

The new edition takes into account the suggestions of manufacturers and users and the relevant working groups in the European committees.

The implementation of the European Pressure Equipment Directive 2014/68/EU is also covered in the piping parts described for flanges and other parts of this book.

The book also includes parts of the AD 2000 Code of Practice (Arbeitsgemeinschaft Druckbehälter), which fulfill the safety requirements of Directive 2014/68/EU.

The 7th edition of the “Flanges and Materials – Standards and Tables” booklet also contains standards (DIN) and regulations (VdTÜV Material Sheets) that are used in German-speaking countries.

Also, a reference to the media library of Beuth Verlag has been included, which lists the withdrawn standards and regulations that remain essential for the repair and overhaul of older equipment and to maintain knowledge.

The complete book “Flanges and Materials – Standards and Tables” is also available as an e-book.

The contents of this book of tables were chosen based on the requirements of the construction site operation, the pre-planning and the inspection of finished parts, as well as the examination of documentation and certificates for the individual parts.

However, for accurate planning, design and testing of the certificates of acceptance and acceptance test certificates, it is indispensable that users consult the respective complete original versions of the relevant standards and regulations.

The present book has been prepared by the publisher and publishing company in the form of the previously published publication of the insolvent A. Greifenberg GmbH & Co. KG in Hattingen and has been amended after review and new findings.

Berlin, October 2018 — Dipl.-Ing. Hans-Dieter Engelhardt

Historische Normen (zum Download in der Beuth Mediathek)

Dokument	Ausgabe	Titel
DIN 2512	1999-08	Flansche – Feder und Nut, PN 160 – Konstruktionsmaße; Einlegeringe PN 10 bis PN 160
DIN 17103	1989-10	Schmiedestücke aus schweißgeeigneten Feinkornbaustählen; Technische Lieferbedingungen
DIN 17280	1985-07	Kaltzähe Stähle; Technische Lieferbedingungen für Blech, Band, Breitflachstahl, Formstahl, Stabstahl und Schmiedestücke
DIN 17440	2001-03	Nichtrostende Stähle – Technische Lieferbedingungen für gezogenen Draht
DIN 2513	1966-05	Flansche – Vor- und Rücksprung, Nenndrücke 10 bis 100, Konstruktionsmaße
DIN 2514	1975-03	Flansche – Vorsprung mit Eindrehung und Rücksprung, Nenndrücke 10 bis 40, Konstruktionsmaße
DIN 2519	1966-08	Stahlflansche – Technische Lieferbedingungen
DIN 2526	1975-03	Flansche; Formen der Dichtflächen
DIN 2527	1972-04	Blindflansche – Nenndruck 6 bis 100
DIN 2559-1	1973-05	Schweißnahtvorbereitung; Richtlinien für Fugenformen, Schmelzschweißen von Stumpfstößen an Stahlrohren
DIN 2561	1975-03	Ovale Gewindeflansche mit Ansatz, Nenndruck 10 und 16
DIN 2566	1975-03	Gewindeflansche mit Ansatz – Nenndruck 10 und 16
DIN 2573	1975-03	Flansche, glatt, zum Löten oder Schweißen – Nenndruck 6
DIN 2576	1975-03	Flansche, glatt, zum Löten oder Schweißen – Nenndruck 10
DIN 2627	1975-03	Vorschweißflansche, Nenndruck 400
DIN 2628	1975-03	Vorschweißflansche, Nenndruck 250
DIN 2629	1975-03	Vorschweißflansche, Nenndruck 320
DIN 2630	1975-03	Vorschweißflansche – Nenndruck 1 und 2,5

Dokument	Ausgabe	Titel
DIN 2631	1975-03	Vorschweißflansche – Nenndruck 6
DIN 2632	1975-03	Vorschweißflansche – Nenndruck 10
DIN 2633	1975-03	Vorschweißflansche – Nenndruck 16
DIN 2634	1975-03	Vorschweißflansche – Nenndruck 25
DIN 2635	1975-03	Vorschweißflansche – Nenndruck 40
DIN 2636	1975-03	Vorschweißflansche – Nenndruck 64
DIN 2637	1975-03	Vorschweißflansche – Nenndruck 100
DIN 2638	1975-03	Vorschweißflansche, Nenndruck 160
DIN 2641	1975-03	Lose Flansche – Vorschweißbördel, Glatte Bunde – Nenndruck 6
DIN 2642	1975-03	Lose Flansche – Vorschweißbördel, Glatte Bunde – Nenndruck 10
DIN 2655	1975-03	Lose Flansche – Glatte Bunde – Nenndruck 25
DIN 2656	1975-03	Lose Flansche – Glatte Bunde – Nenndruck 40
DIN 2673	1962-08	Lose Flansche mit Vorschweißbund – Nenndruck 10
DIN 28030-2	2003-03	Flanschverbindungen für Behälter und Apparate – Teil 2: Flansche, Grenzabmaße
DIN 28031	2003-06	Schweißflansche für drucklose Behälter und Apparate aus unlegierten und nicht rostenden Stählen
DIN 28032	2005-06	Schweißflansche für Druckbehälter und -apparate aus unlegierten Stählen
DIN 28034	2005-06	Vorschweißflansche für Druckbehälter und -apparate aus unlegierten Stählen
DIN 28036	2005-06	Schweißflansche für Druckbehälter und -apparate aus nichtrostenden Stählen
DIN 28038	2003-06	Schweißflansche mit zylindrischem Ansatz für Druckbehälter und -apparate aus nicht rostenden Stählen
DIN 28115	1981-04	Stutzen aus unlegiertem Stahl, PN 10 bis PN 40
DIN 28117	2003-08 2012-12	Blockflansche für Apparate – Anschlussmaße PN 10 bis PN 40

Dokument	Ausgabe	Titel
DIN 28124-1	1992-12	Mannlochverschlüsse für drucklose Behälter und Apparate aus unlegierten und nichtrostenden Stählen
DIN 86029	1987-01	Schweißflansche mit Ansatz; Nenndruck 10
DIN 86030	1987-01	Schweißflansche mit Ansatz; Nenndruck 16
DIN 86041-1	1976-08	Schweißflansche – Teil 1: Behälter und Seekästen, Nenndruck 10 und 16
DIN 86041-2	1996-02	Schweißflansche – Teil 2: Außenbordanschlüsse, Nenndruck 10, 16, 40
DIN EN 1092-1	2008-09	Flansche und ihre Verbindungen – Runde Flansche für Rohre, Armaturen, Formstücke und Zubehörteile, nach PN bezeichnet – Teil 1: Stahlflansche
	2013-04	Flansche und ihre Verbindungen – Runde Flansche für Rohre, Armaturen, Formstücke und Zubehörteile, nach PN bezeichnet – Teil 1: Stahlflansche
DIN EN 10028-2	2003-09	Flacherzeugnisse aus Druckbehälterstählen – Teil 2: Unlegierte und legierte Stähle mit festgelegten Eigenschaften bei erhöhten Temperaturen
	2009-09	Flacherzeugnisse aus Druckbehälterstählen – Teil 2: Unlegierte und legierte Stähle mit festgelegten Eigenschaften bei erhöhten Temperaturen
DIN EN 10028-3	2003-09	Flacherzeugnisse aus Druckbehälterstählen – Teil 3: Schweißgeeignete Feinkornbaustähle, normalgeglüht
	2009-09	Flacherzeugnisse aus Druckbehälterstählen – Teil 3: Schweißgeeignete Feinkornbaustähle, normalgeglüht
DIN EN 10088-3	2005-09	Nichtrostende Stähle – Teil 3: Technische Lieferbedingungen für Halbzeug, Stäbe, Walzdraht, gezogenen Draht, Profile und Blankstahlerzeugnisse aus korrosionsbeständigen Stählen für allgemeine Verwendung

Dokument	Ausgabe	Titel
DIN EN 10095	1999-05	Hitzebeständige Stähle und Nickellegierungen
DIN EN 10222-2	2000-04	Schmiedestücke aus Stahl für Druckbehälter – Teil 2: Ferritische und martensitische Stähle mit festgelegten Eigenschaften bei erhöhten Temperaturen
DIN EN 10222-3	1999-02	Schmiedestücke aus Stahl für Druckbehälter – Teil 3: Nickelstähle mit festgelegten Eigenschaften bei tiefen Temperaturen
DIN EN 10222-4	2001-12	Schmiedestücke aus Stahl für Druckbehälter – Teil 4: Schweißgeeignete Feinkornbaustähle mit hoher Dehngrenze
DIN EN 10222-5	2000-02	Schmiedestücke aus Stahl für Druckbehälter – Teil 5: Martensitische, austenitische und austenitisch-ferritische nichtrostende Stähle
DIN EN 10272	2008-01	Stäbe aus nichtrostendem Stahl für Druckbehälter
DIN EN 10273	2008-02	Warmgewalzte schweißgeeignete Stäbe aus Stahl für Druckbehälter mit festgelegten Eigenschaften bei erhöhten Temperaturen
DIN EN ISO 9692-1	2004-05	Schweißen und verwandte Prozesse – Empfehlungen zur Schweißnahtvorbereitung – Teil 1: Lichtbogenhandschweißen, Schutzgasschweißen, Gasschweißen, WIG-Schweißen und Strahlschweißen von Stählen (ISO 9692-1:2003)
E DIN 17243	1990-06	Schmiedestücke und gewalzter oder geschmiedeter Stabstahl aus warmfesten schweißgeeigneten Stählen; Technische Lieferbedingungen
E DIN 2674	1975-11	Lose Flansche und Vorschweißbunde – Nenndruck 16
E DIN 2675	1975-11	Lose Flansche und Vorschweißbunde – Nenndruck 25
E DIN 2676	1975-11	Lose Flansche und Vorschweißbunde – Nenndruck 40
E DIN EN 1092-1	2016-05	Flansche und ihre Verbindungen – Runde Flansche für Rohre, Armaturen, Formstücke und Zubehörteile, nach PN bezeichnet – Teil 1: Stahlflansche

Gegenüber der letzten Ausgabe neu aufgenommene, geänderte oder gestrichene Dokumente

Dokumentnummer	Ausgabe	Seite	N	Ä	G
DIN EN 1092-1	2018-12	3		×	
DIN EN ISO 9692-1	2013-12	127		×	
DIN 28030-2	2013-09	140		×	
DIN 28031	2013-09	145		×	
DIN 28033	2013-09	152	×		
DIN 28034	2013-09	165		×	
DIN 28117	2016-08	174		×	
DIN EN 1759-1	2005-02	205	×		
Auszüge aus ASME B16.5	2017	241		×	
ASME B36.10M	2015	–			×
ASME B36.19M	2004	–			×
ASME B16.36M	2009	–			×
ASME B16.47	2017	336		×	
ANSI/MSS SP-44	2016	–			×
ANSI/ASME B 16.36	2015	–			×
ASME B16.48	2015	–			×
DIN EN 10028-1	2017-10	389	×		
DIN EN 10028-2	2017-10	393		×	
DIN EN 10028-3	2017-10	400		×	
DIN EN 10028-7	2016-10	406	×		
DIN EN 10095	2018-12	430	×		
DIN EN 10222-1	2017-06	441	×		
DIN EN 10222-2	2017-06	447		×	
DIN EN 10222-3	2017-06	454		×	
DIN EN 10222-4	2017-06	459		×	
DIN EN 10222-5	2017-06	465		×	
DIN EN 10272	2016-10	474		×	

Dokumentnummer	Ausgabe	Seite	N	Ä	G
DIN EN 10273	2016-10	488		×	
SEW 400	1997-02	–			×
SEW 470	1976-02	–			×
AD 2000-Merkblatt W 0	2016-05	506	×		
AD 2000-Merkblatt W 1	2018-05	511	×		
AD 2000-Merkblatt W 2	2016-10	518		×	
AD 2000-Merkblatt W 9	2017-07	533		×	
AD 2000-Merkblatt W 10	2016-05	542	×		
VdTÜV WB 350/3	2016-07	560		×	
VdTÜV WB 354/3	2013-12	564		×	
VdTÜV WB 399/3	2017-06	570		×	
VdTÜV WB 405	2009-12	–			×
VdTÜV WB 412	2009-12	–			×
VdTÜV WB 418	2018-08	574		×	
VdTÜV WB 421	2017-10	579		×	
VdTÜV WB 424	2010-09	–			×
VdTÜV WB 434	2009-12	–			×
VdTÜV WB 488	2012-03	584		×	
VdTÜV WB 511/3	2018-06	588		×	
ASME SA-105/SA-105M	2017	597		×	
ASME SA-182/SA-182M	2017	598		×	
ASME SA-240/SA-240M	2017	614	×		
ASME SA-266/SA-266M	2017	628		×	
ASME SA-336/SA-336M	2017	629		×	
ASME SA-350/SA-350M	2017	632		×	
ASME SA-515/SA-515M	2017	634		×	
ASME SA-516/SA-516M	2017	636		×	
ASME A694/A694M	2008	637		×	

N = neu/new
Ä = geändert/revised
G = gestrichen oder nicht mehr aufgeführt/deleted or not anymore in this book

Maßnormen für Flansche (DIN – EN – ISO)

Dimensional Standards for flanges (DIN – EN – ISO)

Dezember 2018

DIN EN 1092-1

ICS 23.040.60

Ersatz für
DIN EN 1092-1:2013-04 und
DIN EN 1092-1
Berichtigung 1:2014-08

Flansche und ihre Verbindungen – Runde Flansche für Rohre, Armaturen, Formstücke und Zubehörteile, nach PN bezeichnet – Teil 1: Stahlflansche; Deutsche Fassung EN 1092-1:2018

Flanges and their joints –
Circular flanges for pipes, valves, fittings and accessories, PN designated –
Part 1: Steel flanges;
German version EN 1092-1:2018

Brides et leurs assemblages –
Brides circulaires pour tubes, appareils de robinetterie, raccords et accessoires, désignées PN –
Partie 1: Brides en acier;
Version allemande EN 1092-1:2018

Nationales Vorwort

Dieses Dokument (EN 1092-1:2018) wurde vom Technischen Komitee CEN/TC 74 „Flansche und Flanschbezeichnungen" erarbeitet, dessen Sekretariat von DIN (Deutschland) gehalten wird.

Das zuständige nationale Normungsgremium ist der Arbeitsausschuss NA 082-00-16 AA „Flansche und ihre Verbindungen" im DIN-Normenausschuss Rohrleitungen und Dampfkesselanlagen (NARD).

Für die in diesem Dokument zitierten internationalen Dokumente wird im Folgenden auf die entsprechenden deutschen Dokumente hingewiesen:

ISO 4200:1991 siehe DIN EN 10220:2003-03

Änderungen

Gegenüber DIN EN 1092-1:2013-04 und DIN EN 1092-1 Berichtigung 1:2014-08 wurden folgende Änderungen vorgenommen:

a) Normverweisungen wurden aktualisiert;

b) mehrere Änderungen in einigen Übersichtstabellen;

c) Änderungen zu den Dicken für die Typen 36 und 37 wurden implementiert;

d) Flansche Typ 5 für PN 160 bis PN 400 wurden implementiert.

Nationaler Anhang NA
(informativ)

Informationen und nationale Ergänzungen zu DIN EN 1092-1

NA.1 Linsendichtung

Die Flansche können auch mit Dichtflächen für Linsendichtung nach DIN 2696 geliefert werden.

NA.2 Membran-Schweißdichtung

Die Flansche können auch mit reduziertem Dichtleistendurchmesser d_4 (für Membran-Schweißdichtung) nach DIN 2695 geliefert werden.

NA.3 Verweisung auf EN 22768-1:1993 im Abschnitt 5.9 „Toleranzen"

Von EN 22768-1:1993 gab es seinerzeit keine nationale Übernahme als DIN EN 22768-1. EN 22768-1:1993 ist identisch zu ISO 2768-1:1989, die national unverändert als DIN ISO 2768-1:1991-06 übernommen wurde. Somit ist anstelle von EN 22768-1:1993 DIN ISO 2768-1:1991-06 anzuwenden.

Nationaler Anhang NB
(informativ)

Literaturhinweise

DIN 2695, *Membran-Schweißdichtungen und Schweißring-Dichtungen für Flanschverbindungen*

DIN 2696, *Flanschverbindungen mit Dichtlinse*

DIN EN 10220:2003-03, *Nahtlose und geschweißte Stahlrohre — Allgemeine Tabellen für Maße und längenbezogene Masse; Deutsche Fassung EN 10220:2002*

DIN EN 10226-1, *Rohrgewinde für im Gewinde dichtende Verbindungen — Teil 1: Kegelige Außengewinde und zylindrische Innengewinde — Maße, Toleranzen und Bezeichnung*

DIN EN 10226-2, *Rohrgewinde für im Gewinde dichtende Verbindungen — Teil 2: Kegelige Außengewinde und kegelige Innengewinde — Maße, Toleranzen und Bezeichnung*

DIN ISO 2768-1, *Allgemeintoleranzen — Toleranzen für Längen- und Winkelmaße ohne einzelne Toleranzeintragung*

Europäisches Vorwort

Die wesentlichen Änderungen im Vergleich zu EN 1092-1:2007+A1:2013 sind folgende:

a) Normverweisungen wurden aktualisiert;

b) mehrere Änderungen in einigen Übersichtstabellen;

c) Änderungen zu den Dicken für die Typen 36 und 37 wurden implementiert;

d) Flansche Typ 5 für PN 160 bis PN 400 wurden implementiert.

1 Anwendungsbereich

Diese Europäische Norm für eine einzelne Flanschreihe legt Anforderungen für runde Stahlflansche mit den PN-Bezeichnungen PN 2,5 bis PN 400 und den Nennweiten DN 10 bis DN 4 000 fest.

Diese Europäische Norm legt die Flanschtypen und ihre Dichtflächen, Maße, Toleranzen, Gewinde, Schraubengrößen, Oberflächenbeschaffenheit der Dichtflächen der Flanschverbindung, Kennzeichnung, Werkstoffe, Druck/Temperatur-Zuordnungen und ungefähre Flanschmassen fest.

Für die Anwendung dieser Europäischen Norm umfassen „Flansche" auch Bördel und Bunde.

Diese Europäische Norm gilt für Flansche, die nach den in Tabelle 1 beschriebenen Verfahren hergestellt werden.

Rohrverbindungen ohne Dichtungen fallen nicht in den Anwendungsbereich dieser Europäischen Norm.

4 Bezeichnung

4.1 Allgemeines

Tabelle 6 legt die Flanschtypen und die Bund- oder Bördeltypen fest.

Die Bilder 1 und 2 zeigen Flanschtypen und Bund- oder Bördeltypen mit den entsprechenden Flanschtyp-Nummern. Flansche müssen mit „Flanschtyp" und der „Flanschbezeichnung" benannt werden. Bund- oder Bördelteile müssen mit dem Bund- oder Bördeltyp und der Bund- oder Bördelbezeichnung benannt werden.

Bild 3 zeigt Formen von Flanschdichtflächen, die mit den in den Bildern 1 und 2 dargestellten Flanschen oder Bauteilen kombiniert werden dürfen. Dichtflächen müssen mit „Form" und dem entsprechenden Formbuchstaben benannt werden.

Der für jeden Flanschtyp, jeden Bund- oder Bördeltyp und jede PN-Stufe geltende DN-Bereich muss dem in Tabelle 7 festgelegten entsprechen, jedoch sind nicht für jeden Typen alle Maße festgelegt.

4.2 Normbezeichnung

Flansche und Bunde/Bördel nach dieser Norm müssen mit folgenden Angaben bezeichnet werden:

a) Bezeichnung, z. B. Flansch, Bördel oder Bund;

b) Nummer dieser Europäischen Norm, d. h. EN 1092-1;

c) Nummer des Flanschtyps oder des Bund- oder Bördeltyps nach Bild 1 und Bild 2;

d) Form der Dichtfläche nach Bild 3;

e) DN (Nennweite);

f) Bohrungsdurchmesser, nur falls nicht dieser Norm entsprechend (für Nennweiten größer DN 600);

   1) B_1 (nur für Typen 01, 12 und 32);

   2) B_2 (nur für Typ 02);

   3) B_3 (nur für Typ 04);

g) Wanddicke S, nur falls nicht dieser Europäischen Norm entsprechend (nur für Typen 11 und 34, 35, 36 und 37);

h) reduzierte Wanddicke S_p, falls erforderlich (nur für Typen 11 und 34 bis 37, siehe Anhang A);

i) PN-Bezeichnung;

j) Form des Gewindes (R_p or R_c) für Flansche Typ 13;

k) Werkstoff und Werkstoffnorm (falls erforderlich);

l) Wärmebehandlung, falls erforderlich;

m) Art der Werkstoffbescheinigung, falls erforderlich (siehe 5.13).

BEISPIEL 1 Bezeichnung eines Flansches Typ 11 mit Dichtflächenform B2, Nennweite DN 200, Wanddicke 9 mm, PN 100, aus Werkstoff mit dem Kurznamen P245GH:

Flansch EN 1092-1/11/B2/DN 200 × 9/PN 100/P245GH

BEISPIEL 2 Bezeichnung eines Flansches Typ 01, Nennweite DN 800, mit Bohrungsdurchmesser $B_1 = 818$ mm, PN 6, aus Werkstoff mit dem Kurznamen P265GH:

Flansch EN 1092-1/01/DN 800/818/PN 6/P265GH

BEISPIEL 3 Bezeichnung eines Bundes Typ 32, Nennweite DN 400, PN 10, aus Werkstoff mit dem Kurznamen P265GH:

Bund EN 1092-1/32/DN 400/PN 10/P265GH

BEISPIEL 4 Bezeichnung eines Flansches Typ 02, Nennweite DN 400, PN 10, aus Werkstoff mit der Werkstoffnummer 1.0425:

Flansch EN 1092-1/02/DN 400/PN 10/1.0425

5 Allgemeine Anforderungen

5.1 Werkstoffe

5.1.1 Allgemeines

Flansche und Bunde/Bördel für die Verwendung in Druckgeräten müssen aus Werkstoffen hergestellt sein, die die grundlegenden Sicherheitsanforderungen der europäischen Rechtsvorschriften zu Druckgeräten erfüllen. Werkstoffspezifikationen, die die Anforderungen dieser Europäischen Norm erfüllen, sind in Tabelle 9 angegeben (siehe auch Anhang D).

Bördel Typ 35 bis Typ 37 dürfen nur aus austenitischem/austenitisch-ferritischem Stahl hergestellt werden.

Der fertige Flansch muss den mechanischen Eigenschaften der Werkstoffnorm entsprechen.

WARNUNG — Die Einschränkungen in den jeweiligen Werkstoffnormen müssen beachtet werden.

ANMERKUNG 1 Die in Tabelle 9 enthaltenen Werkstoffe (siehe auch Anhang D) sind in Werkstoffgruppen zusammengefasst, die Werkstoffe mit ähnlichen chemischen/mechanischen Eigenschaften und ähnlicher Korrosionsbeständigkeit enthalten, um den entsprechenden Einsatz des Materials in Bezug auf Druck, Temperatur und Medium zu ermöglichen.

ANMERKUNG 2 Die Werkstoffe der zugehörigen Bauteile (z. B. Ringe nach Anhang H) fallen nicht in den Anwendungsbereich dieser Europäischen Norm.

5.1.2 Herstellungsverfahren je nach Grundwerkstoff

Herstellungsverfahren siehe Tabelle 1.

Mechanische Eigenschaften sind von den Maßen von unbearbeiteten Teilen abhängig („v_R“ bei Schmiedestücken, „t“ bei Flacherzeugnissen).

Als Ergebnis der Bearbeitung werden diese Maße reduziert. Bei bearbeiteten Flanschen und Bunden/Bördeln dürfen die Flanschmaße C_1 bis C_4 oder F nicht kleiner als 80 % von „v_R“ bei Schmiedstücken sein und die Flanschmaße C_1 bis C_4 oder F dürfen nicht kleiner als 80 % von t bei Flacherzeugnissen sein.

Jegliche Abweichungen von dem Vorstehenden sollte zwischen dem Hersteller und Besteller vereinbart werden.

Tabelle 1 — Herstellungsverfahren

Flanschtyp/Bund- oder Bördeltyp	Geschmiedet[a]	Gegossen	Hergestellt aus Flacherzeugnissen (Bleche)	Hergestellt aus gewalzten oder geschmiedeten Stäben und geschmiedetem Formstahl	Gebogen und elektrisch geschweißt aus Formstahl oder Band[b, c, d, e]	Gepresst aus geschweißten oder nahtlosen Rohren oder Flacherzeugnissen
01 (glatter Flansch zum Schweißen)	ja	nein	ja	ja	ja	nein
02 (loser Flansch für Typen 32 bis 37)	ja	nein	ja	ja	ja	nein
04 (loser Flansch für Typ 34)	ja	nein	ja	ja	ja	nein
05 (Blindflansch)	ja	nein	ja	ja	nein	nein
11 (Vorschweißflansch)	ja	nein	nein	ja	ja, bei ≥ DN 700	nein
12 (Überschieb-Schweißflansch mit Ansatz)	ja	nein	nein	ja	nein	nein
13 (Gewindeflansch mit Ansatz)	ja	nein	nein	ja	nein	nein
21 (Integralflansch)	ja	ja	nein	ja	nein	nein
32 (glatter Bund)	ja	nein	ja	ja	ja	nein
33 (gebördeltes Rohrende)	ja	nein	ja	nein	ja	ja
34 (Vorschweißbund)	ja	ja	nein	ja	ja	nein
35 (Vorschweißring)	ja	nein	ja	ja	ja	nein
36 (Pressbördel mit langem Ansatz)	ja	nein	nein	nein	ja	ja
37 (Pressbördel)	ja	nein	ja	ja	ja	ja

a Nahtlos gewalzt, gepresst, geschmiedet.

b Bis DN 1800 ist nur eine radiale Schweißnaht zulässig. Wenn für die Herstellung ausgeschnittene Blechstreifen verwendet werden, muss die Walzrichtung der Blechstreifen bei den Typen 11 und 34 senkrecht zur Flanschachse verlaufen, bei den Typen 01, 02, 04 und 32 in Richtung der Flanschachse.

c Schweißen siehe 5.11.

d Geschweißte Flansche dürfen nur bis 370 °C eingesetzt werden, in Übereinstimmung mit EN 13480-3:2002, D.4.4.

e Bei Flanschen, die durch Kaltumformen eines Grundwerkstoffes, z. B. eines Flacherzeugnisses, hergestellt werden, werden einige der mechanischen Eigenschaften, z. B. die Bruchdehnung (A) und die Kerbschlagarbeit (KV) aufgrund der Kaltverformung ohne Wärmenachbehandlung beeinträchtigt.

Tabelle 6 — Flanschtypen und Bund- oder Bördeltypen aus Stahl

Typ-Nr.	Bezeichnung
01	glatter Flansch zum Schweißen
02	loser Flansch für glatten Bund oder für Vorschweißbördel
04	loser Flansch für Vorschweißbund
05	Blindflansch
11	Vorschweißflansch
12	Überschieb-Schweißflansch mit Ansatz
13	Gewindeflansch mit Ansatz
21[a]	Integralflansch
32[b]	glatter Bund
33[a,b]	gebördeltes Rohrende
34[b]	Vorschweißbund
35[b]	Vorschweißring
36[b]	Pressbördel mit langem Ansatz
37[b]	Pressbördel

ANMERKUNG Die Typ-Nummern sind nicht fortlaufend, um die künftige Aufnahme weiterer Typen zu ermöglichen.

[a] Integraler Bestandteil eines Druckgerätes oder eines Bauteils.

[b] Die Typ-Nummern 32, 33, 35, 36 und 37 werden mit Flansch-Typ 02 und die Typ-Nummer 34 mit Flansch-Typ 04 verwendet.

Tabelle 9 — Werkstoffauswahl für die Herstellung von Flanschen

Werkstoffgruppe	Schmiedestücke			Flacherzeugnisse			Gussstücke			Stäbe		
	Werkstoff-Kurzname	Norm	Werkstoffnummer	Werkstoff-Kurzname	Norm	Werkstoffnummer	Werkstoff-Kurzname	Norm	Werkstoffnummer	Werkstoff-Kurzname	Norm	Werkstoffnummer
3E0	—	—	—	P235GH	EN 10028-2	1.0345	GP240GH	EN 10213	1.0619	P235GH	EN 10273	1.0345
3E0	P250GH	EN 10222-2	1.0460	—	—	—	—	—	—	P250GH	EN 10273	1.0460
3E0	P245GH	EN 10222-2	1.0352	P265GH	EN 10028-2	1.0425	GP280GH	EN 10213	1.0625	P265GH	EN 10273	1.0425
3E1	P280GH	EN 10222-2	1.0426	P295GH	EN 10028-2	1.0481	—	—	—	P295GH	EN 10273	1.0481
4E0	16Mo3	EN 10222-2	1.5415	16Mo3	EN 10028-2	1.5415	G20Mo5	EN 10213	1.5419	16Mo3	EN 10273	1.5415
5E0	13CrMo4-5	EN 10222-2	1.7335	13CrMo4-5	EN 10028-2	1.7335	G17CrMo5-5	EN 10213	1.7357	13CrMo4-5	EN 10273	1.7335
6E0	11CrMo9-10	EN 10222-2	1.7383	12CrMo9-10	EN 10028-2	1.7375	G17CrMo9-10	EN 10213	1.7379	11CrMo9-10	EN 10273	1.7383
	—	—	—	10CrMo9-10	EN 10028-2	1.7380	—			10CrMo9-10	EN 10273	1.7380
6E1	X16CrMo5-1 +NT	EN 10222-2	1.7366	—	—	—	GX15CrMo5	EN 10213	1.7365	—	—	—
7E0	—	—	—	P275NL1	EN 10028-3	1.0488	G17Mn5	EN 10213	1.1131	—	—	—
	—	—	—	P275NL2	EN 10028-3	1.1104	G20Mn5	EN 10213	1.6220	—	—	—
7E1	—	—	—	P355NL1	EN 10028-3	1.0566	—	—	—	—	—	—
	—	—	—	P355NL2	EN 10028-3	1.1106	—	—	—	—	—	—
7E2	15NiMn6	EN 10222-3	1.6228	15NiMn6	EN 10028-4	1.6228	G9Ni10	EN 10213	1.5636	—	—	—
	—	—	—	11MnNi5-3	EN 10028-4	1.6212	—	—	—	—	—	—
	13MnNi6-3	EN 10222-3	1.6217	13MnNi6-3	EN 10028-4	1.6217	—	—	—	—	—	—
7E3	—	—	—				—	—	—	—	—	—
	12Ni14	EN 10222-3	1.5637	12Ni14	EN 10028-4	1.5637	G9Ni14	EN 10213	1.5638	—	—	—
	X12Ni5	EN 10222-3	1.5680	X12 Ni 5	EN 10028-4	1.5680	—	—	—	—	—	—
	X8Ni9	EN 10222-3	1.5662	X8Ni9	EN 10028-4	1.5662	—	—	—	—	—	—
8E0	—	—	—	—	—	—	—	—	—	—	—	—

Werkstoffgruppe	Schmiedestücke			Flacherzeugnisse			Gussstücke			Stäbe		
	Werkstoff-Kurzname	Norm	Werkstoffnummer	Werkstoff-Kurzname	Norm	Werkstoffnummer	Werkstoff-Kurzname	Norm	Werkstoffnummer	Werkstoff-Kurzname	Norm	Werkstoffnummer
8E2	P285NH	EN 10222-4	1.0477	P275NH	EN 10028-3	1.0487	—	—	—	P275NH	EN 10273	1.0487
	P285QH	EN 10222-4	1.0478	—	—	—				—	—	—
8E3	P355NH	EN 10222-4	1.0565	P355N	EN 10028-3	1.0562	—	—	—	P355NH	EN 10273	1.0565
	P355QH1	EN 10222-4	1.0571	P355NH	EN 10028-3	1.0565				P355QH	EN 10273	1.8867
9E0	X20CrMoV11-1	EN 10222-2	1.4922	—	—	—	GX23CrMoV12-1	EN 10213	1.4931	—	—	—
9E1	X10CrMoVNb9-1	EN 10222-2	1.4903	X10CrMoVNb9-1	EN 10028-2	1.4903	—	—	—	—	—	—
10E0	X2CrNi18-9	EN 10222-5	1.4307	X2CrNi18-9	EN 10028-7	1.4307	GX2CrNi19-11	EN 10213	1.4309	X2CrNi18-9	EN 10272	1.4307
	—	—	—	X2CrNi19-11	EN 10028-7	1.4306	—	—	—	X2CrNi19-11	EN 10272	1.4306
10E0	—	—	—	X1CrNi25-21	EN 10028-7	1.4335	—	—	—	—	—	—
10E1	X2CrNiN18-10	EN 10222-5	1.4311	X2CrNiN18-10	EN 10028-7	1.4311	—	—	—	X2CrNiN18-10	EN 10272	1.4311
11E0	X5CrNi18-10	EN 10222-5	1.4301	X5CrNi18-10	EN 10028-7	1.4301	GX5CrNi19-10	EN 10213	1.4308	X5CrNi18-10	EN 10272	1.4301
	X6CrNi18-10	EN 10222-5	1.4948	X6CrNi18-10	EN 10028-7	1.4948	—	—	—	—	—	—
12E0	X6CrNiTi18-10	EN 10222-5	1.4541	X6CrNiTi18-10	EN 10028-7	1.4541	—	—	—	X6CrNiTi18-10	EN 10272	1.4541
	X6CrNiNb18-10	EN 10222-5	1.4550	X6CrNiNb18-10	EN 10028-7	1.4550	GX5CrNiNb19-11	EN 10213	1.4552	X6CrNiNb18-10	EN 10272	1.4550
	X6CrNiTiB18-10	EN 10222-5	1.4941	X6CrNiTiB18-10	EN 10028-7	1.4941	—	—	—	—	—	—
13E0	X2CrNiMo17-12-2	EN 10222-5	1.4404	X2CrNiMo17-12-2	EN 10028-7	1.4404	GX2CrNiMo19-11-2	EN 10213	1.4409	X2CrNiMo17-12-2	EN 10272	1.4404
	X2CrNiMo17-12-3	EN 10222-5	1.4432	X2CrNiMo17-12-3	EN 10028-7	1.4432	—	—	—	X2CrNiMo17-12-3	EN 10272	1.4432
	X2CrNiMo18-14-3	EN 10222-5	1.4435	X2CrNiMo18-14-3	EN 10028-7	1.4435	—	—	—	X2CrNiMo18-14-3	EN 10272	1.4435
	—	—	—	X1NiCrMoCu25-20-5	EN 10028-7	1.4539	GX2NiCrMo28-20-2	EN 10213	1.4458	X1NiCrMoCu25-20-5	EN 10272	1.4539
	—	—	—	X1NiCrMoCu31-27-4	EN 10028-7	1.4563	—	—	—	X1NiCrMoCu31-27-4	EN 10272	1.4563
13E1	X2CrNiMoN17-11-2	EN 10222-5	1.4406	X2CrNiMoN17-11-2	EN 10028-7	1.4406	—	—	—	X2CrNiMoN17-11-2	EN 10028-7	1.4406
13E1	X2CrNiMoN17-13-3	EN 10222-5	1.4429	X2CrNiMoN17-13-3	EN 10028-7	1.4429	—	—	—	X2CrNiMoN17-13-3	EN 10028-7	1.4429
13E1	—	—	—	X2CrNiMoN17-13-5	EN 10028-7	1.4439	—	—	—	X2CrNiMoN17-13-5	EN 10028-7	1.4439

Werkstoffgruppe	Schmiedestücke			Flacherzeugnisse			Gussstücke			Stäbe		
	Werkstoff-Kurzname	Norm	Werkstoffnummer	Werkstoff-Kurzname	Norm	Werkstoffnummer	Werkstoff-Kurzname	Norm	Werkstoffnummer	Werkstoff-Kurzname	Norm	Werkstoffnummer
13E1	—	—	—	X1NiCrMoCuN25-20-7	EN 10028-7	1.4529	—	—	—	X1NiCrMoCuN25-20-7	EN 10028-7	1.4529
13E1	—	—	—	X1CrNiMoCuN20-18-7	EN 10028-7	1.4547	—	—	—	X1CrNiMoCuN20-18-7	EN 10272	1.4547
14E0	X5CrNiMo17-12-2	EN 10222-5	1.4401	X5CrNiMo17-12-2	EN 10028-7	1.4401	GX5CrNiMo19-11-2	EN 10213	1.4408	X5CrNiMo17-12-2	EN 10272	1.4401
14E0	X3CrNiMo17-13-3	EN 10222-5	1.4436	X3CrNiMo17-13-3	EN 10028-7	1.4436	—	—	—	X3CrNiMo17-13-3	EN 10272	1.4436
15E0	X6CrNiMoTi17-12-2	EN 10222-5	1.4571	X6CrNiMoTi17-12-2	EN 10028-7	1.4571	—	—	—	X6CrNiMoTi17-12-2	EN 10272	1.4571
	—	—	—	X6CrNiMoNb17-12-2	EN 10028-7	1.4580	GX5CrNiMoNb19-11-2	EN 10213	1.4581	X6CrNiMoNb17-12-2	EN 10272	1.4580
16E0	—	—	—	—	—	—	GX2CrNiMoCuN25-6-3-3	EN 10213	1.4517	—	—	—
	—	—	—	X2CrNiN23-4	EN 10028-7	1.4362	—	—	—	X2CrNiN23-4	EN 10272	1.4362
	X2CrNiMoN22-5-3	EN 10222-5	1.4462	X2CrNiMoN22-5-3	EN 10028-7	1.4462	GX2CrNiMoN22-5-3	EN 10213	1.4470	X2CrNiMoN22-5-3	EN 10272	1.4462
	X2CrNiMoN25-7-4	EN 10222-5	1.4410	X2CrNiMoN25-7-4	EN 10028-7	1.4410	—	—	—	X2CrNiMoN25-7-4	EN 10272	1.4410
	—	—	—	—	—	—	GX2CrNiMoN26-7-4	EN 10213	1.4469	—	—	—

Tabelle 9 (*fortgesetzt*)

Werkstoffgruppe	Nahtlose Rohre			Verschweißte Rohre		
	Werkstoff-Kurzname	Norm	Werkstoffnummer	Werkstoff-Kurzname	Norm	Werkstoffnummer
3E0	P235GH	EN 10216-2	1.0345	P235GH	EN 10217-2	1.0345
	P265GH	EN 10216-2	1.0425	P265GH	EN 10217-2	1.0425
3E1	16Mo3	EN 10216-2	1.5415	16Mo3	EN 10217-2	1.5415
4E0	13CrMo4-5	EN 10216-2	1.7335	—	—	—
5E0	10CrMo9-10	EN 10216-2	1.7380	—	—	—
6E0	11CrMo9-10	EN 10216-2	1.7383	—	—	—
6E0	X11CrMo5+NT1	EN 10216-2	1.7362+NT1	—	—	—
6E1	P275NL1	EN 10216-3	1.0488	P275NL1	EN 10217-3	1.0488
7E0	P275NL2	EN 10216-3	1.1104	P275NL2	EN 10217-3	1.1104
	P355NL1	EN 10216-3	1.0566	P355NL1	EN 10217-3	1.0566
7E1	P355NL2	EN 10216-3	1.1106	P355NL2	EN 10217-3	1.1106
	12Ni14	EN 10216-4	1.5637	—	—	—
7E2	X10Ni9	EN 10216-4	1.5682	—	—	—
	13MnNi6-3	EN 10216-4	1.6217	—	—	—
7E3	P275NL1	EN 10216-3	1.0488	P275NL1	EN 10217-3	1.0488
8E0	P275NL2	EN 10216-3	1.1104	P275NL2	EN 10217-3	1.1104
8E0	—	—	—	—	—	—
8E2	P355NH	EN 10216-3	1.0565	P355NH	EN 10217-3	1.0565
8E3	X20CrMoV11-1	EN 10216-2	1.4922	—	—	—
9E0	X10CrMoVNb9-1	EN 10216-2	1.4903	—	—	—
9E1	X2CrNi18-9	EN 10216-5	1.4307	X2CrNi18-9	EN 10217-7	1.4307
10E0	X2CrNi19-11	EN 10216-5	1.4306	X2CrNi19-11	EN 10217-7	1.4306
	X1CrNi25-21	EN 10216-5	1.4335	—	—	—
	X2CrNiN18-10	EN 10216-5	1.4311	X2CrNiN18-10	EN 10217-7	1.4311
10E1	X5CrNi18-10	EN 10216-5	1.4301	X5CrNi18-10	EN 10217-7	1.4301
11E0	X6CrNi18-10	EN 10216-5	1.4948	—	—	—
11E0	X6CrNiTi18-10	EN 10216-5	1.4541	X6CrNiTi18-10	EN 10217-7	1.4541

Werkstoffgruppe	Nahtlose Rohre			Verschweißte Rohre		
	Werkstoff-Kurzname	Norm	Werkstoffnummer	Werkstoff-Kurzname	Norm	Werkstoffnummer
12E0	X6CrNiNb18-10	EN 10216-5	1.4550	X6CrNiNb18-10	EN 10217-7	1.4550
	X7CrNiTi18-10	EN 10216-5	1.4940	—	—	—
	X7CrNiTiB18-10	EN 10216-5	1.4941	—	—	—
	X7CrNiNb18-10	EN 10216-5	1.4912	—	—	—
	X8CrNiNb16-13	EN 10216-5	1.4961	—	—	—
13E0	X2CrNiMo17-12-2	EN 10216-5	1.4404	X2CrNiMo17-12-2	EN 10217-7	1.4404
	—	—	—	X2CrNiMo17-12-3	EN 10217-7	1.4432
	X2CrNiMo18-14-3	EN 10216-5	1.4435	X2CrNiMo18-14-3	EN 10217-7	1.4435
	X1NiCrMoCu25-20-5	EN 10216-5	1.4539	X1NiCrMoCu25-20-5	EN 10217-7	1.4539
	X1NiCrMoCu31-27-4	EN 10216-5	1.4563	X1NiCrMoCu31-27-4	EN 10217-7	1.4563
	—	—	—	X2CrNiMoN18-15-4	EN 10217-7	1.4438
	X6CrNiMo17-13-2	EN 10216-5	1.4918	—	—	—
13E1	X2CrNiMoN17-13-3	EN 10216-5	1.4429	X2CrNiMoN17-13-3	EN 10217-7	1.4429
	X2CrNiMoN17-13-5	EN 10216-5	1.4439	X2CrNiMoN17-13-5	EN 10217-7	1.4439
	X1CrNiMoN25-22-2	EN 10216-5	1.4466	—	—	—
	X1CrNiMoCuN20-18-7	EN 10216-5	1.4547	X1CrNiMoCuN20-18-7	EN 10217-7	1.4547
	X1NiCrMoCuN25-20-7	EN 10216-5	1.4529	X1NiCrMoCuN25-20-7	EN 10217-7	1.4529
14E0	X5CrNiMo17-12-2	EN 10216-5	1.4401	X5CrNiMo17-12-2	EN 10217-7	1.4401
	X3CrNiMo17-13-3	EN 10216-5	1.4436	X3CrNiMo17-13-3	EN 10217-7	1.4436
15E0	X6CrNiMoTi17-12-2	EN 10216-5	1.4571	X6CrNiMoTi17-12-2	EN 10217-7	1.4571
	X6CrNiMoNb17-12-2	EN 10216-5	1.4580	—	—	—
16E0	X2CrNiMoS18-5-3	EN 10216-5	1.4424	—	—	—
	X2CrNiMoN22-5-3	EN 10216-5	1.4462	X2CrNiMoN22-5-3	EN 10217-7	1.4462
	X2CrNiN23-4	EN 10216-5	1.4362	X2CrNiN23-4	EN 10217-7	1.4362
	X2CrNiMoN25-7-4	EN 10216-5	1.4410	X2CrNiMoN25-7-4	EN 10217-7	1.4410
	X2CrNiMoCuN25-6-3	EN 10216-5	1.4507	—	—	—
	X2CrNiMoCuWN25-7-4	EN 10216-5	1.4501	X2CrNiMoCuWN25-7-4	EN 10217-7	1.4501

Anhang D
(informativ)

Zusätzliche Werkstoffe

Tabelle D.1 enthält zusätzlich zu Tabelle 9 allgemein gebräuchliche Werkstoffe, die jedoch nicht in EN-Normen festgelegt sind. Bei Verwendung in Druckgeräten nach der Richtlinie 2014/68/EU (Druckgeräterichtlinie, DGRL) gilt für diese Werkstoffe keine Konformitätsvermutung. Diese Werkstoffe dürfen in Druckgeräten nach Artikel 4.3 der DGRL verwendet werden (gute Ingenieurpraxis) oder für Anwendungsfälle, die nicht durch die DGRL abgedeckt sind. Bei Verwendung in Druckgeräten der Kategorien I bis IV nach der DGRL muss für diese Werkstoffe entweder

— eine Europäische Werkstoffzulassung (en: European Approval of Material, EAM), oder

— ein Werkstoff-Einzelgutachten (en: Particular Material Appraisal, PMA) vorliegen.

Das PMA muss vom Druckgerätehersteller erstellt werden und in den Kategorien III und IV muss eine Begutachtung durch die Benannte Stelle erfolgen, die für die Konformitätsbewertung des Druckgerätes verantwortlich ist. Im PMA muss nachgewiesen werden, dass der Werkstoff die grundlegenden Sicherheitsanforderungen der DGRL erfüllt.

Tabelle D.1 — Zusätzliche Werkstoffe

Werkstoffgruppe[b]	Spezifikation, Werkstoffsorte, Werkstoffkurzname und Werkstoffnummer[a]					
	Gussstücke[c]/ Nahtlose Rohre[c]/ Geschweißte Rohre[c, d]		Schmiedestücke[c, e]		Flacherzeugnisse[c, e]	
	Norm	Werkstoffsorte/ -kurzname/ -nummer	Norm	Werkstoffsorte/ -kurzname/ -nummer	Norm	Werkstoffsorte/ -kurzname/ -nummer
1E0	DIN 1681	GS-38	VdTÜV 399/3[f]	C 21/1.0432	VdTÜV 399/1[f]	C 21/1.0432
1E1	—	—	EN 10025-2[h]	S235JR/1.0038	EN 10025-2	S235JR/ 1.0038
3E0	—	—	VdTÜV 350/3[f]	C 22.8/1.0460	VdTÜV 350/1[f]	C 22.8/1.0460
7E0	—	—	DIN 17103[g]	TSTE 285/ 1.0488	DIN 17102	TSTE 285/ 1.0488
7E1	DIN 17245	GS-10 Ni 19	DIN 17103[g]	TSTE 355/ 1.0566	DIN 17102	TSTE 355/ 1.0566
—	—	—	DIN 17103[g]	TSTE 420/ 1.8912	DIN 17102	TSTE 420/ 1.8912
1E0	ASME SA 106	B	—	—	—	—
3E0	—	—	ASME SA 105	—	—	—
3E1	ASME SA 216	WCB	—	—	ASME SA 515	70
	ASME SA 216	WCC			ASME SA 516	70
	ASME SA 333	6			ASME SA 537	CL 1
4E0	ASME SA 217	WC 1	ASME SA 182	F1	ASME SA 204	A
					ASME SA 204	B
5E0	ASME SA 217	WC 6	ASME SA 182	F11 Cl 1, 2 und Cl 3	ASME SA 387	11
	ASME SA 217	C 5				
	ASME SA 335	P 12		F12 Cl 1 und 2		12
6E0	ASME 217	C 12	ASME SA 182	F5	ASME SA 387	5
	ASME SA 335	P 5 und P 9		F9		9
	ASME SA 335	P 22		F 22 CI 1 und 3		22
7E3	ASME SA 352	LC 2, LC 3 und LC 8	ASME SA 350	LF 3	ASME SA 203	A
						E
8E2	—	—	ASME SA 350	LF 2 Cl 1/Cl 2	—	—
10E0	ASME SA 351	CF 8	ASME SA 182	F 304 und 304 L	ASME SA 240	304 und 304 L
	ASME SA 312	TP 304 L und 304 L				
11E0	SA 312	TP304 H	SA 182	F 304 H	SA 240	304H
12E0	SA 312	TP321 und TP321 H	SA 182	F321 und 321H	—	—

Werkstoffgruppe[b]	Spezifikation, Werkstoffsorte, Werkstoffkurzname und Werkstoffnummer[a]					
	Gussstücke[c]/ Nahtlose Rohre[c]/ Geschweißte Rohre[c, d]		Schmiedestücke[c, e]		Flacherzeugnisse[c, e]	
	Norm	Werkstoffsorte/ -kurzname/ -nummer	Norm	Werkstoffsorte/ -kurzname/ -nummer	Norm	Werkstoffsorte/ -kurzname/ -nummer
13E0			EN 10222-5[i]	X1NiCrMoCu25 -20-5 1.4539		
	SA 312	TP316 L	SA 182	F 316 L		316 L
14E0	SA 351	CF8 M	SA 182	F316 und F316 H	SA 240	316 und 316 H
	SA 312	TP316, TP316 H				
15E0	—	—	—	—	ASME SA 240	316 Ti
16E0	—	—	ASME SA 182	F 51	—	—

[a] Die Werkstoffe für Stäbe in allen Gruppen sind identisch mit den Werkstoffen für Schmiedestücke, ASME-Werkstoffe siehe zusätzlich Fußnote [b].

[b] Die Spezifikation von ASME-Werkstoffen muss nicht in allen Einzelheiten den Werkstoffgruppen entsprechen und ist deshalb für bestimmte Anwendungsfälle eventuell nicht gleich.

[c] Ausgangsmaterial für die Herstellung von Flanschen. Die Eigenschaften der Flansche können aufgrund des Ausgangswerkstoffes unterschiedlich sein und erfordern im Rahmen der Norm eine Anpassung der Werte, sodass der fertige Flansch die erforderlichen Eigenschaften aufweist.

[d] Grundwerkstoffe siehe Flacherzeugnisse aus Stahl.

[e] Kerbschlagzähigkeitseigenschaften für RT oder Tieftemperaturbetrieb und garantierte Festigkeitseigenschaften bei erhöhten Temperaturen für den Hochtemperaturbetrieb müssen berücksichtigt werden.

[f] Werkstoffblatt nach VdTÜV.

[g] Diese Werkstoffe nach DIN-Norm sind aufgeführt bis zur Überarbeitung der EN 10222-4 mit Angabe der entsprechenden NL-Sorten.

[h] Als Schmiedestück mit den chemischen und mechanisch technologischen Anforderungen der EN 10025-2, warmgewalzte Erzeugnisse aus Baustählen, einsetzbar.

[i] Werkstoff, der im Nationalen Anhang NB der DIN EN 10222-5 aufgeführt ist.

5.6 Maße

5.6.1 Flansche und Bunde/Bördel

Die Maße der Flansche und Bunde/Bördel müssen den in Tabelle 8 und Tabelle 10 bis Tabelle 22 entsprechend der PN-Bezeichnung angegebenen Werten entsprechen. Das Maß G_{max} darf vom angegebenen Wert abweichen (siehe ANMERKUNG 1), der einem maximalen Grenzwert entspricht. Die Wanddicke, *S*, ist ein Mindestwert, der entsprechend der Rohrwanddicke *T* nach ISO 4200 ausgewählt wird (siehe ANMERKUNG 2). Der Außendurchmesser des Ansatzes (A) wird nach EN 10220 ausgewählt. Die reduzierte Wanddicke S_p wird bei unterschiedlichen *S* und *T* eingesetzt (Typ 34 siehe Tabelle 12 bis Tabelle 15 und Anhang A).

Die folgenden Flanschtypen wurden nach dem Berechnungsverfahren in EN 1591-1 mit den in Anhang E dieser Europäischen Norm beschriebenen Grundregeln neu berechnet:

— Flansche Typ 11 für PN 2,5 bis PN 400. Flansche Typ 12 und Typ 13 wurden den Ergebnissen für Typ 11 angepasst. Dadurch musste die Dicke einiger Flansche über DN 500 erhöht und die Wanddicke angepasst werden;

— Flansche Typ 05;

— Flansche Typ 01;

— Flansche Typ 02 mit 32 bzw. 33 bis DN 600 für PN 2,5 bis PN 40;

— Flansche Typ 35 für PN 2,5 bis PN 40;

— Flansche Typ 36 und Typ 37 für PN 2,5 bis PN 16;

— Für die Typen 21 und 04 mit 34 wurde keine Neuberechnung nach EN 1591-1 durchgeführt.

ANMERKUNG 1 Der Mittelteil der Dichtfläche eines Flansches Typ 05 muss nicht bearbeitet werden, vorausgesetzt, der Durchmesser des unbearbeiteten Abschnitts ist nicht größer als der empfohlene Durchmesser für G_{max}, der in Tabelle 10 bis Tabelle 21 angegeben ist.

ANMERKUNG 2 Auf Verlangen des Hersteller/Bestellers des Druckgerätes kann nach Absprache mit dem Flanschhersteller eine Wanddicke von Komponenten/Teilen (*S*) geliefert werden, die von denen in dieser Europäischen Norm angegebenen Werten abweichen, sofern eine Berechnung vorliegt.

ANMERKUNG 3 Eine Übersicht über die verschiedenen festgelegten Flanschtypen mit den für jeden Typ und jede PN-Stufe geltenden Nennweiten ist in Tabelle 7 enthalten.

ANMERKUNG 4 Die Durchmesser N_1, N_2 und N_3 der Flansch- und Bund- oder Bördeltypen 11, 12, 13, 21 und 34 sind die theoretischen Werte, die die Anwendung von Ringschlüsseln oder den Einsatz von Unterlegscheiben der normalen Reihe ohne irgendeine zusätzliche Bearbeitung, z. B. der Mutterauflageflächen (siehe 5.8), zulassen.

ANMERKUNG 5 Die Bohrungsdurchmesser der Flansche Typ 21 sind in dieser Norm nicht festgelegt, die effektiven Bohrungsdurchmesser sind in der Regel in der oder den jeweiligen Normen für das entsprechende Bauteil enthalten.

ANMERKUNG 6 Ungefähre Massen der Flansche und Bunde oder Bördel sind in Anhang C aufgeführt.

ANMERKUNG 7 Für die Abmessung der Wanddicke *S* und den reduzierten Durchmesser S_p, siehe Anhang A. Hinsichtlich Flanschtyp 34 siehe Tabelle 12 bis Tabelle 15.

5.6.2 Ansätze

Die Ansätze von Flanschen Typ 12, 13 und 34 müssen entweder:

a) parallel sein, oder

b) für Schmiede- oder Gießzwecke eine fertigungsbedingte Konizität von max. 7° auf der Außenfläche haben.

Einzelheiten über die Schweißnahtvorbereitung für Flansche Typ 11 und Bund- oder Bördeltypen 34 bis 37 müssen den Angaben in Anhang A entsprechen.

5.6.3 Gewindeflansche

5.6.3.1 Die Gewinde von Flanschen Typ 13 müssen zylindrisch (Symbol R_p) oder konisch (Symbol R_c) nach ISO 7-1 sein. Die Lehrung muss nach EN 10226-3 erfolgen.

ANMERKUNG Zylindrische Gewinde werden geliefert, sofern vom Besteller nichts anderes festgelegt wurde.

5.6.3.2 Das Gewinde muss mit der Achse des Flansches konzentrisch sein und die Neigungen dürfen 5 mm/m nicht überschreiten.

Flansche Typ 13 müssen ohne eine zylindrische Senkung hergestellt werden, zum Schutz des Gewindes müssen die Flansche jedoch an der Ansatzseite in einem Winkel zwischen 30° und 50° zur Gewindeachse mit einer Fase bis zum Gewindeaußendurchmesser versehen sein. Die Fase muss konzentrisch zum Gewinde sein und muss bei der Messung der Gewindelänge mit einbezogen werden, vorausgesetzt, die Länge der Fase beträgt nicht mehr als eine Steigung.

5.6.4 Schraubenlöcher

Die Schraubenlöcher müssen in gleichmäßigem Abstand auf dem Lochkreisdurchmesser angeordnet sein. Bei Flanschen Typ 21 müssen sie so angeordnet sein, dass sie symmetrisch außerhalb der Hauptachsen liegen und dass auf diese Achsen keine Löcher fallen, d. h. „exzentrisch" angeordnet, siehe Bilder 5 bis 16.

5.6.5 Bördel und Bunde

Maße für Bördel und Bunde für die Verwendung mit Flanschen Typ 02 sind in Tabelle 8 und Tabelle 10 bis Tabelle 14 festgelegt.

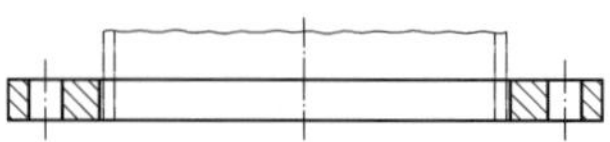

a) Typ 01
Glatter Flansch zum Schweißen

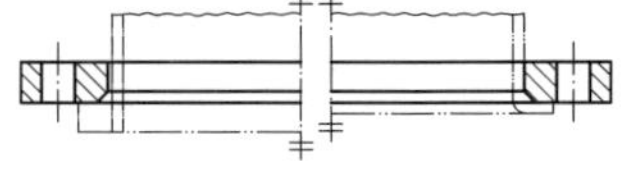

b) Typ 02
Loser Flansch mit glattem Bund (siehe Typ 32) oder gebördeltem Rohrende (siehe Typ 33)

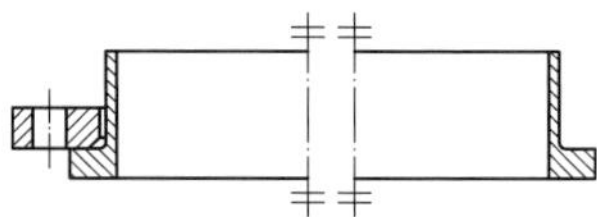

c) Typ 02
loser Flansch für Vorschweißring (siehe Typ 35)

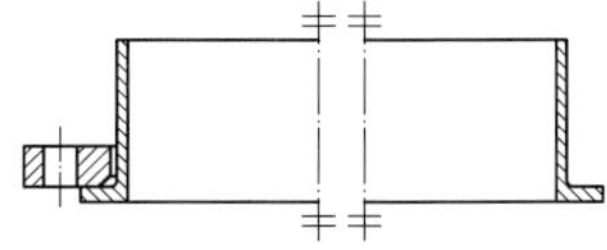

d) Typ 02
loser Flansch für Pressbördel mit langem Ansatz (siehe Typ 36)

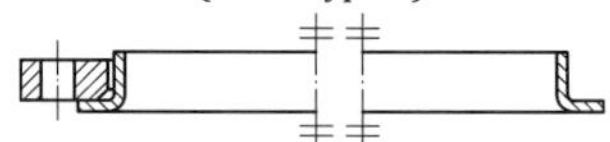

e) Typ 02
loser Flansch
für Pressbördel (siehe Typ 37)

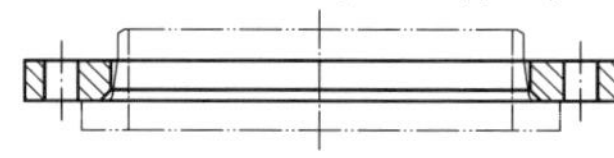

f) Typ 04
loser Flansch für Vorschweißbund (siehe Typ 34)

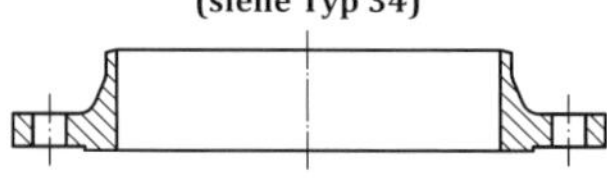

g) Typ 05
Blindflansch

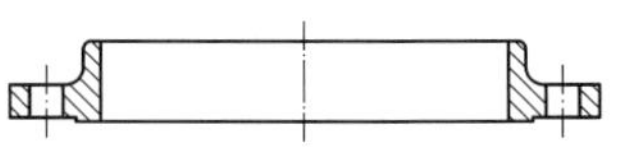

h) Typ 11
Vorschweißflansch

i) Typ 12
Überschieb-Schweißflansch mit Ansatz

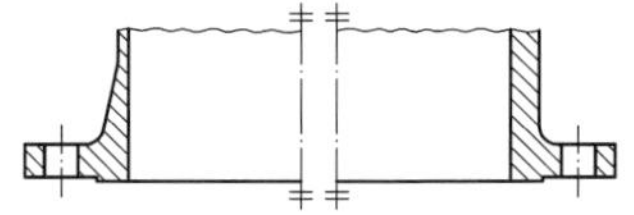

j) Typ 13
Gewindeflansch mit Ansatz

k) Typ 21
Integralflansch

ANMERKUNG Diese Zeichnungen sind nicht maßstäblich, insbesondere die Dichtflächen sind nur angedeutet (siehe Bild 3).

Bild 1 — Flanschtypen

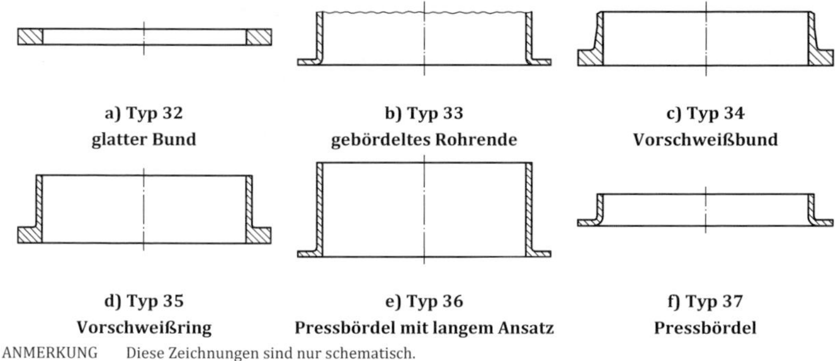

ANMERKUNG Diese Zeichnungen sind nur schematisch.

Bild 2 — Bund- und Bördel-Typen 32 bis 37

5.7 Dichtflächen

5.7.1 Formen von Dichtflächen

Die Formen von Dichtflächen müssen den in Bild 3 angegebenen entsprechen und deren Maße müssen den in Bild 4 und Tabelle 8 angegeben entsprechen.

Bei den Dichtflächenformen B, D, F und G muss der Übergang von der Kante der Dichtleiste zur Flanschfläche:

a) gerundet oder

b) angefast sein

nach Wahl des Flanschherstellers.

5.7.2 Oberflächenbeschaffenheit der Dichtfläche

5.7.2.1 Alle Dichtflächen der Flansche und Bunde/Bördel, ausgenommen die Typen 33, 36 und 37, müssen maschinell bearbeitet sein und eine Oberflächenbeschaffenheit haben, die bei einem Vergleich mit Referenzprüflingen durch optische oder taktile Mittel den in Tabelle 2 angegebenen Werten entspricht.

ANMERKUNG Es ist nicht beabsichtigt, auf den Dichtflächen selbst Messungen mit Instrumenten durchzuführen; die R_a- und R_z-Werte, wie in EN ISO 4287 festgelegt, beziehen sich auf die Referenzprüflinge.

5.7.2.2 Bei Flanschen, Bunden/Bördeln (ausgenommen die Typen 33, 36 und 37) mit Dichtflächenformen A, B1, E und F muss das Drehen mit einem Werkzeug ausgeführt werden, das einen Schnittkantenradius nach Tabelle 2 aufweist.

5.7.2.3 Wenn nicht anders zwischen Besteller und Lieferanten vereinbart, müssen Typ 01 und Typ 05 bis PN 40 sowie Bunde/Bördel (ausgenommen Typen 33, 36 und 37) mit Dichtflächenform A geliefert werden, andere Flansche müssen als Standard die Dichtflächenform B1 für alle PN-Stufen aufweisen.

5.8 Oberflächenbeschaffenheit von Flanschen und Bunden/Bördeln

5.8.1 Oberflächenbeschaffenheit

Die Oberflächenbeschaffenheit von Flanschen und Bunden/Bördeln muss den Angaben von Tabelle 3 entsprechen. Die angegebenen Werte für die Oberflächenrauheit gelten für den Lieferzustand, sofern vom Besteller nichts anderes festgelegt ist.

5.8.2 Bearbeitung der Mutterauflageflächen oder der Flanschrückseite

Durch das Spiegeln (ringförmige Bearbeitung um die Schraubenlöcher) der Schraubenauflageflächen oder die Bearbeitung der Rückfläche darf die festgelegte Dicke des Flansches nicht unterschritten werden. Beim Spiegeln der Schraubenauflageflächen muss der Durchmesser so groß sein, dass er die entsprechenden Unterlegscheiben der normalen Reihe nach EN ISO 887 für die verwendete Schraubengröße aufnehmen kann. Die Mutterauflageflächen müssen zur Flanschdichtfläche innerhalb der in Tabelle 22 angegebenen Grenzwerte parallel sein. Bei der Bearbeitung der Flanschrückseite muss am Ansatz ein Mindestübergangsradius R_2 (siehe Bild 17) nach Tabelle 23 erhalten bleiben.

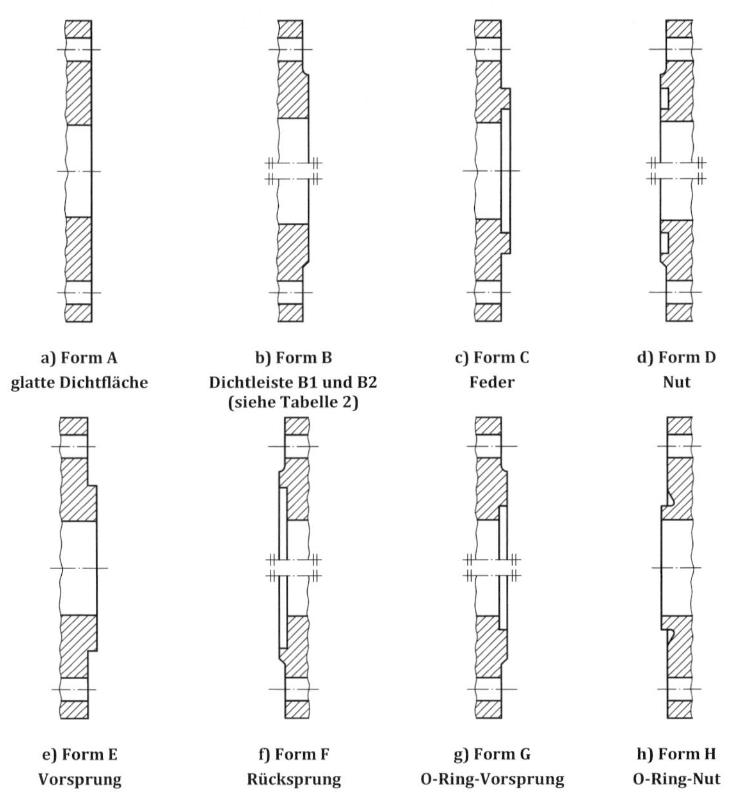

ANMERKUNG 1 Nur bei den Formen B, D, F und G kann der Übergang der Dichtleiste zum Flanschblatt entweder ein Radius oder eine Fase sein (siehe 5.7.1).

ANMERKUNG 2 B1 und B2 sind Dichtleisten der Form B für verschiedene Anwendungsfälle (siehe 5.7.2.2, 5.7.2.3 und Tabelle 2).

ANMERKUNG 3 Für die Maße der Flanschdichtflächen siehe Bild 4 und Tabelle 8.

Bild 3 — Formen von Flanschdichtflächen

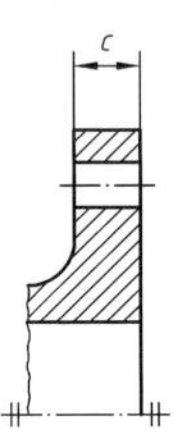

a) Form A: glatte Dichtfläche

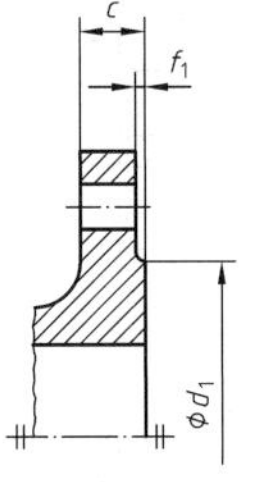

b) Form B: Dichtleiste B1 und B2

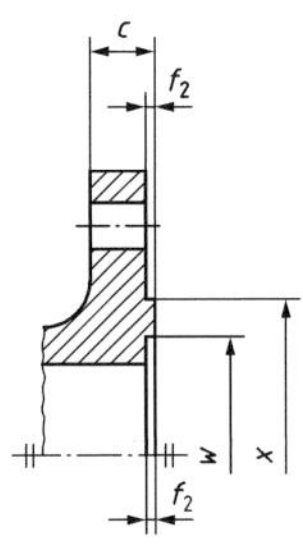

c) Form C: Feder

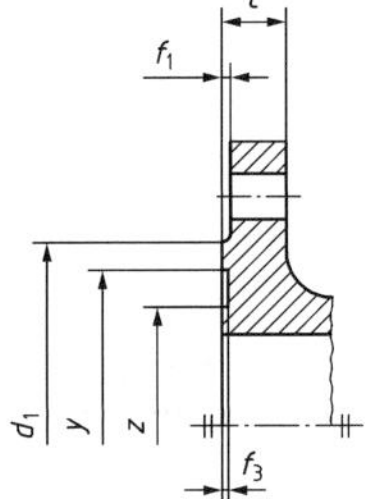

d) Form D: Nut

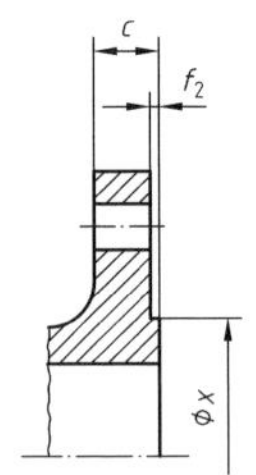

e) Form E: Vorsprung

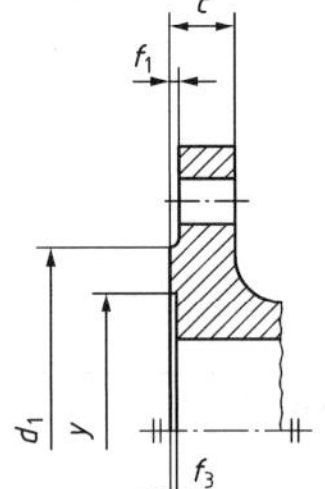

f) Form F: Rücksprung

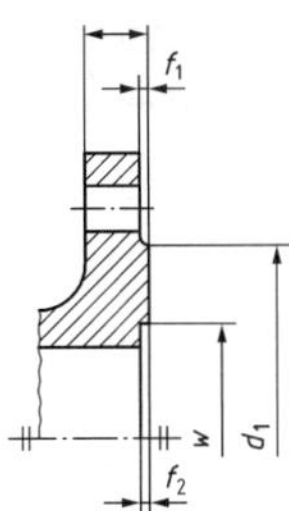

g) Form G: O-Ring-Vorsprung

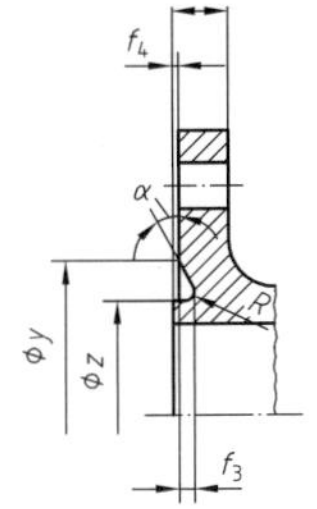

h) Form H: O-Ring-Nut

ANMERKUNG 1 Das Maß *C* schließt die Höhe der Dichtleiste mit ein.

ANMERKUNG 2 Der Querschnittsdurchmesser des O-Ringes beträgt 2 × *R*.

Bild 4 — Flanschdichtflächen (Maße siehe Tabelle 8)

Tabelle 3 — Oberflächenbeschaffenheit

Flanschtyp	Außendurchmesser		Durchmesser der Mittelbohrung		Schraubenlöcher	Bearbeitung der Mutterauflagefläche
	Ra max µm	*Rz* max µm	*Ra* max µm	*Rz* max µm		
01 (glatter Flansch zum Schweißen)	25	160	25	160	[b]	[c]
02 (loser Flansch für Typen 32 bis 37)	25	160	25	160	[b]	—
04 (loser Flansch für Typ 34)	25	160	25	160	[b]	—
05 (Blindflansch)	25	160	n. zutr.		[b]	[c]
11 (Vorschweißflansch)	25[a]	160[a]	25[a]	160[a]	[b]	[c]
12 (Überschieb-Schweißflansch mit Ansatz)	25[a]	160[a]	25[a]	160[a]	[b]	[c]
13 (Gewindeflansch mit Ansatz)	25[a]	160[a]	siehe Gewindenorm		[b]	[c]
21 (Integralflansch)	25[a]	160[a]	25[a]	160[a]	—	[c]
32 (glatter Bund)	25	160	25	160	—	—
33 (gebördeltes Rohrende)	25[a]	160	25[a]	160	—	—
34 (Vorschweißbund)	25[a]	160[a]	25[a]	160[a]	—	—
35 (Vorschweißring)	25[a]	160[a]	25[a]	160[a]	—	—
36 (Pressbördel mit langem Ansatz)	25[a]	160[a]	25[a]	160[a]	—	—
37 (Pressbördel)	25[a]	160[a]	25[a]	160[a]	—	—

[a] Oder unbearbeitet bis PN 40.

[b] Schraubenlöcher > PN 40 nur gebohrt.

[c] Spanende Bearbeitung der Mutterauflagefläche für PN ≥ 63 (siehe 5.8.2).

Tabelle 8 — Maße für Flanschdichtflächen

DN	d_1												f_1	f_2	f_3	f_4	W[b]	x	y	Z[b]	$\alpha \approx$	R
	PN 2,5[a]	PN 6[a]	PN 10	PN 16	PN 25	PN 40	PN 63	PN 100	PN 160	PN 250	PN 320	PN 400										
	mm	mm	mm	mm	mm	mm	mm	mm	mm	mm	mm	mm	mm	mm	mm	mm	mm	mm	mm	mm		mm
10	35	35	40	40	40	40	40	40	40	40	40	40					24	34	35	23	—	
15	40	40	45	45	45	45	45	45	45	45	45	45					29	39	40	28	—	
20	50	50	58	58	58	58	58	58	—	—	—	—	2				36	50	51	35		
25	60	60	68	68	68	68	68	68	68	68	68	68					43	57	58	42		
32	70	70	78	78	78	78	78	78	—	—	—	—		4,5	4,0	2,0	51	65	66	50		2,5
40	80	80	88	88	88	88	88	88	88	88	88	88					61	75	76	60	41°	
50	90	90	102	102	102	102	102	102	102	102	102	102					73	87	88	72		
65	110	110	122	122	122	122	122	122	122	122	122	122					95	109	110	94		
80	128	128	138	138	138	138	138	138	138	138	138	138					106	120	121	105		
100	148	148	158	158	162	162	162	162	162	162	162	162	3				129	149	150	128		
125	178	178	188	188	188	188	188	188	188	188	188	188					155	175	176	154		
150	202	202	212	212	218	218	218	218	218	218	218	218					183	203	204	182		
200	258	258	268	268	278	285	285	285	285	285	285	285		5,0	4,5	2,5	239	259	260	238	32°	3
250	312	312	320	320	335	345	345	345	345	345	345	—					292	312	313	291		
300	365	365	370	378	395	410	410	410	410	410	—	—					343	363	364	342		
350	415	415	430	438	450	465	465	465	—	—	—	—					395	421	422	394		
400	465	465	482	490	505	535	535	535	—	—	—	—	4				447	473	474	446		
450	520	520	532	550	555	560	560	560	—	—	—	—					497	523	524	496		
500	570	570	585	610	615	615	615	615	—	—	—	—		5,5	5,0	3,0	549	575	576	548	27°	3,5
600	670	670	685	725	720	735	735	—	—	—	—	—					649	675	676	648		
700	775	775	800	795	820	840	840	—	—	—	—	—	5				751	777	778	750		
800	880	880	905	900	930	960	960	—	—	—	—	—					856	882	883	855		

DN	d_1												f_1	f_2	f_3	f_4	W^b	x	y	Z^b	$\alpha \approx$	R
	PN 2,5[a]	PN 6[a]	PN 10	PN 16	PN 25	PN 40	PN 63	PN 100	PN 160	PN 250	PN 320	PN 400										
	mm	mm	mm	mm	mm	mm	mm	mm	mm	mm	mm	mm	mm	mm	mm	mm	mm	mm	mm	mm		mm
900	980	980	1 005	1 000	1 030	1 070	1 070	—	—	—	—	—					961	987	988	960		
1 000	1 080	1 080	1 110	1 115	1 140	1 180	1 180	—	—	—	—	—					1 062	1 092	1 094	1 060		
1 200	1 280	1 295	1 330	1 330	1 350	1 380	1 380	—	—	—	—	—					1 262	1 292	1 294	1 260		
1 400	1 480	1 510	1 535	1 530	1 560	1 600	—	—	—	—	—	—		6,5	6,0	4,0	1 462	1 492	1 494	1 460	28°	4
1 600	1 690	1 710	1 760	1 750	1 780	1 815	—	—	—	—	—	—					1 662	1 692	1 694	1 660		
1 800	1 890	1 920	1 960	1 950	1 985	—	—	—	—	—	—	—					1 862	1 892	1 894	1 860		
2 000	2 090	2 125	2 170	2 150	2 210	—	—	—	—	—	—	—					2 062	2 092	2 094	2 060		
2 200	2 295	2 335	2 370	—	—	—	—	—	—	—	—	—		—	—	—	—	—	—	—	—	—
2 400	2 495	2 545	2 570	—	—	—	—	—	—	—	—	—		—	—	—	—	—	—	—	—	—
2 600	2 695	2 750	2 780	—	—	—	—	—	—	—	—	—		—	—	—	—	—	—	—	—	—
2 800	2 910	2 960	3 000	—	—	—	—	—	—	—	—	—		—	—	—	—	—	—	—	—	—
3 000	3 110	3 160	3 210	—	—	—	—	—	—	—	—	—		—	—	—	—	—	—	—	—	—
3 200	3 310	3 370	—	—	—	—	—	—	—	—	—	—		—	—	—	—	—	—	—	—	—
3 400	3 510	3 580	—	—	—	—	—	—	—	—	—	—		—	—	—	—	—	—	—	—	—
3 600	3 720	3 790	—	—	—	—	—	—	—	—	—	—		—	—	—	—	—	—	—	—	—
3 800	3 920	—	—	—	—	—	—	—	—	—	—	—		—	—	—	—	—	—	—	—	—
4 000	4 120	—	—	—	—	—	—	—	—	—	—	—		—	—	—	—	—	—	—	—	—

a Flanschdichtflächen der Formen C, D, E, F, G und H nach Bild 4 werden nicht für PN 2,5 und 6 angewendet.

b Flanschdichtflächen der Formen G und H nach Bild 4 werden nur für PN 10 bis PN 40 angewendet.

5.9 Toleranzen

Die Maßtoleranzen für Flansche und Bunde/Bördel sind der Tabelle 22 zu entnehmen.

Allgemeine Toleranzen für Maße ohne festgelegte Toleranzen: nach EN 22768-1:1993.

Tabelle 22 — Grenzabmaße

<table>
<tr><th>Maße</th><th>Flanschtyp</th><th>Größe</th><th colspan="2">Tolerance
mm</th></tr>
<tr><td rowspan="5">Außendurchmesser des Ansatzes A</td><td rowspan="3">11, 21, 34</td><td>≤ DN 125</td><td colspan="2">+3,0
0</td></tr>
<tr><td>> DN 125 ≤ DN 1200</td><td colspan="2">+4,5
0</td></tr>
<tr><td>> DN 1200</td><td colspan="2">+6,0
0</td></tr>
<tr><td rowspan="2">35, 36, 37</td><td>≤ DN 150</td><td colspan="2">±0,75 %[a],
min. ±0,3 mm</td></tr>
<tr><td>> DN 150</td><td colspan="2">±1 %[a],
max. ±3,0 mm</td></tr>
<tr><td rowspan="4">Bohrungsdurchmesser B_1, B_2, B_3</td><td rowspan="4">01, 02, 04, 12, 32</td><td>≤ DN 100</td><td colspan="2">+0,5
0</td></tr>
<tr><td>> DN 100 ≤ DN 400</td><td colspan="2">+1,0
0</td></tr>
<tr><td>> DN 400 ≤ DN 600</td><td colspan="2">+1,5
0</td></tr>
<tr><td>> DN 600</td><td colspan="2">+3,0
0</td></tr>
<tr><td rowspan="10">Wanddicke S[c]</td><td rowspan="4">11, 34[b]</td><td></td><td>Ansatz bearbeitet (beidseitig)</td><td>Ansatz einseitig bearbeitet oder unbearbeitet</td></tr>
<tr><td>≤ DN 100</td><td>+1,0
0</td><td>+2,0
0</td></tr>
<tr><td>> DN 100 ≤ DN 400</td><td>+1,5
0</td><td>+2,5
0</td></tr>
<tr><td>> DN 400</td><td>+2,0
0</td><td>+3,5
0</td></tr>
<tr><td rowspan="2">35</td><td>S ≤ 8</td><td colspan="2">+15 %
−10 %</td></tr>
<tr><td>S > 8</td><td colspan="2">+15 %
− 5 %</td></tr>
<tr><td rowspan="2">36, 37</td><td>≤ DN 600</td><td colspan="2">−12,5 %[a]
+15 %</td></tr>
<tr><td>> DN 600</td><td colspan="2">−0,5 mm[a]
+15 %</td></tr>
<tr><td rowspan="2">reduzierte Wanddicke S_p</td><td rowspan="2">35, 36, 37</td><td>S ≤ 6</td><td colspan="2">+1,0
0</td></tr>
<tr><td>S > 6</td><td colspan="2">+2,0
0</td></tr>
<tr><td rowspan="11">Außendurchmesser D</td><td rowspan="6">21</td><td>≤ DN 250</td><td colspan="2">±4,0</td></tr>
<tr><td>> DN 250 ≤ DN 500</td><td colspan="2">±5,0</td></tr>
<tr><td>> DN 500 ≤ DN 800</td><td colspan="2">±6,0</td></tr>
<tr><td>> DN 800 ≤ DN 1200</td><td colspan="2">±7,0</td></tr>
<tr><td>> DN 1200 ≤ DN 1600</td><td colspan="2">±8,0</td></tr>
<tr><td>> DN 1600 ≤ DN 2000</td><td colspan="2">±10,0</td></tr>
<tr><td rowspan="5">alle anderen Typen</td><td>≤ DN 150</td><td colspan="2">±2,0</td></tr>
<tr><td>> DN 150 ≤ DN 500</td><td colspan="2">±3,0</td></tr>
<tr><td>> DN 500 ≤ DN 1200</td><td colspan="2">±5,0</td></tr>
<tr><td>> DN 1200 ≤ DN 1800</td><td colspan="2">±7,0</td></tr>
<tr><td>> DN 1800</td><td colspan="2">±10,0</td></tr>
</table>

Maße	Flanschtyp	Größe	Tolerance mm
Längenmaße des Ansatzes H_1, H_2, H_3, H_4, H_5	11, 12, 13, 34, 35, 36, 37	≤ DN 80	±1,5
		> DN 80 ≤ DN 250	±2,0
		> DN 250	±3,0
Ansatzdurchmesser N_1	11 (bearbeitete Mutterauflagefläche)	N1 ≤ 120	0 −1,0
		N1 > 120 ≤ 400	0 −1,2
		N1 > 400 ≤ 1000	+1,6 0
		N1 > 1000 ≤ 2000	+2,5 0
		N1 > 2000	+4,0 0
	11 (unbearbeitete Mutterauflagefläche)	N1 ≤ 120	0 −1,0
		N1 > 120 ≤ 400	0 −2,0
		N1 > 400 ≤ 1000	+4,0 0
		N1 > 1000 ≤ 2000	+6,0 0
		N1 > 2000	+8,0 0
Ansatzdurchmesser N_1, N_2, N_3	21, 34 (unbearbeitete Mutterauflagefläche)	≤ DN 50	0 −2,0
		> DN 50 ≤ DN 150	0 −4,0
		> DN 150 ≤ DN 300	0 −6,0
		> DN 300 ≤ DN 600	0 −8,0
		> DN 600 ≤ DN 4000	0 −10,0
	21, 34 (bearbeitete Mutterauflagefläche)	≤ DN 50	+1,0 0
		> DN 50 ≤ DN 150	+1,5 0
		> DN 150 ≤ DN 300	+2,0 0
		> DN 300 ≤ DN 600	+2,5 0
		> DN 600 ≤ DN 4000	+3,0 0
Ansatzdurchmesser N_2, N_3	12, 13	≤ DN 50	+1,0 0
		> DN 50 ≤ DN 150	+2,0 0
		> DN 150 ≤ DN 300	+4,0 0
		> DN 300 ≤ DN 600	+8,0 0
		> DN 600 ≤ DN 1200	+12,0 0
		> DN 1200 ≤ DN 1800	+16,0 0
		> DN 1800	+20,0 0
Bund- oder Bördeldicke *F*	35 (beiderseitig bearbeitet)	≤ 18 mm Dicke	±1,0
		> 18 mm ≤ 50 mm Dicke	±1,5
	35 (nur auf der Vorderseite bearbeitet oder unbearbeitet)	≤ 18 mm Dicke	+2,0 −1,3
		> 18 mm ≤ 50 mm Dicke	+4,0 −1,5

Maße	Flanschtyp	Größe		Tolerance mm
Bund- oder Bördeldicke F	36 (nur auf der Vorderseite bearbeitet oder unbearbeitet)	≤ 18 mm Dicke		±10 %
	37 (unbearbeitet)	≤ 5 mm Dicke		±0,20
	37 (unbearbeitet)	> 5 mm Dicke		±0,30
	32, 34 (beiderseitig bearbeitet)	≤ 18 mm Dicke		$^{+1,0}_{-1,3}$
		> 18 mm Dicke		±1,5
	32, 34 (nur auf der Vorderseite bearbeitet)	≤ 18 mm Dicke		$^{+2,0}_{-1,3}$
		> 18 mm ≤ 30 mm Dicke		$^{+3,0}_{-1,5}$
		> 30 mm Dicke		$^{+4,0}_{-1,5}$
Flanschdicke C_1, C_2, C_3, C_4	alle Typen (beiderseitig bearbeitet)	≤ 18 mm Dicke		$^{+1,0}_{-1,3}$
		> 18 mm ≤ 50 mm Dicke		±1,5
		> 50 mm Dicke		±2,0
	alle Typen (nur auf der Vorderseite bearbeitet) Typ 02 und 04 (unbearbeitet)	≤ 18 mm Dicke		$^{+2,0}_{-1,3}$
		> 18 mm ≤ 50 mm Dicke		$^{+4,0}_{-1,5}$
		> 50 mm Dicke		$^{+7,0}_{-2,0}$
Dichtflächen-durchmesser d_1	alle Typen	≤ DN 250		$^{+2,0}_{-1,0}$
		> DN 250		$^{+3,0}_{-1,0}$
Dichtflächen-höhe f_1	alle Typen (Dichtflächentyp B, D, F und G)	≤ DN 32	2 mm	$^{0}_{-1,0}$
		> DN 32 bis DN 250	3 mm	$^{0}_{-2,0}$
		> DN 250 bis DN 500	4 mm	$^{0}_{-3,0}$
		> DN 500	5 mm	$^{0}_{-4,0}$
Dichtflächen-höhe f_2	alle Typen (Dichtflächentyp C, E und G)	alle DN		$^{+0,5}_{0}$
Dichtflächen-höhe f_3	alle Typen (Dichtflächentyp D und F)	alle DN		$^{+0,5}_{0}$
	alle Typen (Dichtflächentyp H)	alle DN		$^{+0,2}_{0}$
Dichtflächen-höhe f_4	alle Typen (Dichtflächentyp H)	alle DN		$^{+0,5}_{0}$
Dicht-fläche W	alle Typen	alle DN		$^{+0,5}_{0}$
X				$^{0}_{-0,5}$
Y				$^{+0,5}_{0}$
Z				$^{0}_{-0,5}$

Maße	Flanschtyp	Größe	Tolerance mm
Lochkreisdurchmesser K	alle Typen	Schraubengröße M10 bis M24	±1,0
		Schraubengröße M27 bis M45	±1,5
		Schraubengröße > M45	±2,0
Lochdurchmesser L	alle Typen	Schraubengröße M10 bis M24	+1,0 0
		Schraubengröße M27 bis M45	+2,5 0
		Schraubengröße > M45	+4,0 0
Mittelpunkt zu Mittelpunkt der angrenzenden Schraubenlöcher	alle Typen	Schraubengröße M10 bis M24	±1,0
		Schraubengröße M27 bis M45	±1,5
		Schraubengröße > M45	±2,0
Exzentrizität bearbeiteter Dichtflächendurchmesser[d]	alle Typen	≤ DN 65	1,0
		> DN 65	2,0
Parallelität zwischen Mutterauflagefläche und Flanschdichtfläche	alle Typen (bearbeitete Auflagefläche)	alle DN	1°
	alle Typen (unbearbeitete Auflagefläche)		2°

[a] Grenzabmaße in % des Außendurchmessers bzw. der Wanddicke.

[b] Grenzabmaße für die Bohrung entfällt.

[c] Vorbereitung der Enden siehe Anhang A.

[d] Zwischen Lochkreisdurchmesser und Dichtfläche ebenso wie zwischen Lochdurchmesser und Dichtfläche.

5.10 Kennzeichnung

5.10.1 Allgemeine Anforderungen an die Kennzeichnung

Alle Flansche und Bunde/Bördel, ausgenommen Flansche Typ 21, sollten wie folgt gekennzeichnet werden:

a) Name oder Warenzeichen des Herstellers des Flansches/Bundes/Bördels, z. B. XXX;

b) Nummer dieser Europäischen Norm, d. h. EN 1092-1;

c) Nummer des Flansch-/Bund- oder Bördeltyps;

d) DN, z. B. DN 150;

e) PN-Bezeichnung, z. B. PN 40 (Kennzeichnung bei identischen Maßen mit niedrigeren PN-Stufen ist möglich);

f) Wanddicke (*S*), falls abweichend von dieser Europäischen Norm;

g) Werkstoffbezeichnung oder Werkstoffnummer oder die Werkstoffsorte, z. B. P245GH;

h) Guss-Nummer und/oder Schmelzennummer, z. B. Kenn-Nummer, für die Rückverfolgbarkeit, z. B. A2345, wenn eine Prüfbescheinigung benötigt wird.

   BEISPIEL 1 XXX/EN 1092-1/11/DN 150/PN 40/P265GH/A2345;

i) Zusätzliche Kennzeichnung (M) für Flansche nach Anhang I;

   BEISPIEL 2 XXX/EN 1092-1/34M/...

Falls ein Bauteil zu klein ist, um alle erforderlichen Kennzeichnungen aufzubringen, müssen mindestens die folgenden Kennzeichnungen aufgebracht werden:

— Name oder Warenzeichen des Herstellers des Flansches/Bundes/Bördels;

— Zeichen „EN";

— PN Bezeichnung, z. B. PN 40;

— entweder Werkstoffbezeichnung oder Werkstoffnummer oder die Werkstoffsorte;

— Schmelzennummer und/oder eine geeignete Kenn-Nummer für die Rückverfolgbarkeit.

5.10.2 Stempeln

Die Kennzeichnung muss sichtbar und dauerhaft sein. Werden Stahlstempel angewendet, muss die Kennzeichnung auf der Umfangsfläche der Bauteile aufgebracht werden.

Es sollte sichergestellt sein, dass durch die Kennzeichnung mit Stahlstempeln keine Risse im Flanschwerkstoff verursacht werden.

HINWEIS

5.11 Schweißen

Dieser Punkt gilt nur für die Herstellung von Flanschen oder Bunden/Bördeln durch Schmelzschweißen oder durch Biegen aus Formstahl, Stabstahl oder Flacherzeugnissen und Abbrennstumpfschweißen. Die dafür gültigen Bedingungen siehe Originalnorm.

5.12 Prüfungen

Anmerkung: Für die Punkte 5.12.1, 5.12.2 und 5.12.3 verweisen wir auf den Text in der Originalausgabe der Norm, auf den Punkt 12.4 „Prüfung von im Gesenk geschmiedeten Flanschen“ wird hier der original Wortlaut übernommen.

5.12.1 Prüfung von Schmelzschweißverbindungen

5.12.2 Prüfung von Flanschen oder Bunden/Bördeln aus gebogenem und elektrisch geschweißtem Formstahl, Stabstahl oder Bandmaterial

5.12.3 Prüfung umgeformter Teile mit Ausnahme von Schmiedestücken

5.12.3.1 Zerstörungsfreie Prüfung

5.12.3.2 Zerstörende Prüfung für wärmebehandelte oder warmumgeformte Bauteile

5.12.4 Prüfung von im Gesenk geschmiedeten Flanschen

5.12.4.1 Durchzuführende Prüfungen

Sofern nichts anderes zwischen dem Hersteller und dem Besteller vereinbart ist, sind Gesenkschmiedestücke aus Stahl für Flansche wie folgt zu prüfen:

a) Durchzuführende obligatorische Prüfungen:

   1) Zugversuch bei Raumtemperatur;

   2) Kerbschlagbiegeversuch.

   Die Prüfungen dürfen nach Vereinbarung an gleichzeitig wärmebehandelten Prüfstücken durchgeführt werden.

b) Optionale Prüfungen:

   1) Produktanalyse (falls festgelegt, einschließlich des Gehalts an Spurenelementen);

   2) Zugversuch bei erhöhten Temperaturen (Verifizierung einer, aller oder einiger Kombinationen von $R_{p0,2}$, $R_{p1,0}$ und R_m bei erhöhten Temperaturen, ohne dass Anforderung $R_{p0,2}$ verifiziert wird;

   3) zusätzlicher Kerbschlagbiegeversuch bei abweichenden Temperaturen (die Anforderungen für höhere Temperaturen sind füllt, wenn die ermittelten Werte die dafür festgelegten Kennwerte erreicht haben);

   4) weitere zusätzliche Prüfungen, z. B. Ultraschallprüfung, Eindringprüfung, Magnetpulverprüfung, Prüfung der Beständigkeit gegen interkristalline Korrosion.

ANMERKUNG Zusätzliche Prüfungen sind zwischen dem Hersteller und Besteller zu vereinbaren.

5.12.4.2 Prüfeinheiten für obligatorische Prüfungen

Für Prüflose sind Schmiedestücke der gleichen Schmelze mit ähnlichen Maßen, die mit dem gleichen Schmiedeverfahren und im gleichen Wärmebehandlungslos hergestellt sind, in Prüfeinheiten einzuteilen.

Die Höchstmasse der Prüfeinheiten beträgt:

— 6 000 kg (fertige bearbeitete Flansche) bei unlegierten Stählen nach EN 10222-2, Feinkornbaustählen nach EN 10222-4 und bei austenitischen Stählen nach EN 10222-5;

— 3 000 kg (fertige bearbeitete Flansche) bei anderen Stählen.

Die Anzahl der Prüfeinheiten von Losen muss auf 4 Einheiten begrenzt sein.

Für jede Prüfeinheit muss ein Zugversuch bei Raumtemperatur und ein Kerbschlagbiegeversuch durchgeführt werden.

5.12.4.3 Herstellung von Proben und Prüfstücken

Proben müssen nach einem der folgenden Verfahren bereitgestellt werden:

— aus zusätzlichen Schmiedestücken;

— aus gesondert geschmiedeten Proben; nominal müssen die Proben die gleiche Reduzierung durch Wärmebehandlung durchlaufen und den gleichen entsprechenden Durchmesser haben;

— aus dem Mittelstück von Schmiedestücken; die Dicke des Mittelstücks muss mindestens 75 % der Dicke des Schmiedestückes aufweisen.

Bei Schmiedestücken mit einer Dicke des Schmiedestücks $t \geq 30$ mm müssen die Proben auf eine Weise entnommen werden, sodass sich die Achse des Prüfstückes in einem Abstand von $t/4$ von der wärmebehandelten Oberfläche (mit mindestens 10 mm und höchstens 80 mm) und $t/2$ vom Rand aus befinden muss.

Die Ausrichtung des Prüfstückes muss tangential sein. Die Ausrichtung der V-Kerbe der Kerbschlagproben für den Kerbschlagbiegeversuch muss axial sein.

5.12.4.4 Prüfverfahren

Zugversuche bei Raumtemperatur müssen nach den Anforderungen von EN ISO 6892-1 durchgeführt werden. Die zu bestimmende Streckgrenze muss die obere Streckgrenze sein (R_{eH}) oder, falls diese nicht ausgeprägt ist, die 0,2 %-Dehngrenze ($R_{p0,2}$); bei austenitischen Stählen nach EN 10222-5 zusätzlich $R_{p1,0}$.

Der Kerbschlagbiegeversuch muss nach EN ISO 148-1 bei einer Temperatur von 20 °C (sofern nichts anderes vereinbart wurde) an Prüfstücken mit V-Kerbe und unter Anwendung einer Hammerfinne mit einem 2 mm Radius (KV2) durchgeführt werden. Die Spezifikationen der einzelnen Teile von EN 10222 sind anzuwenden.

5.12.4.5 Wiederholungsprüfungen

Wiederholungsprüfungen sind nach EN 10021 durchzuführen.

5.12.4.6 Wiederholung der Wärmebehandlung

Der Hersteller muss das Recht haben, die Wärmebehandlung des Werkstoffes zu wiederholen, auch bei einem Werkstoff, der die Prüfanforderungen in einer vorherigen Prüfung nicht erfüllt hat, und diesen erneut zu prüfen. Kein Schmiedestück darf mehr als zweimal einer vollständigen Wärmebehandlung unterzogen werden.

5.12.5 Prüfung anderer Werkstoffe

Aus Schmiedestücken, Gussstücken und Stäben, gepressten und ringgewalzten Werkstoffen hergestellte Flansche müssen vom Werkstoffhersteller nach der entsprechenden Werkstoffnorm geprüft werden.

5.13 Bescheinigungen

Der Flanschhersteller muss entsprechende Verfahren anwenden, die die Rückverfolgbarkeit des Werkstoffes sicherstellen und eine Werkstoffverwechslung verhindern, und muss in der Lage sein, die jeweilige Dokumentation über den verwendeten Grundwerkstoff bereitzustellen. Unter Berücksichtigung von EN 764-5 darf der Besteller des Flansches eine für die jeweilige Kategorie geeignete Prüfbescheinigung nach EN 10204 (2.1, 3.1 oder 3.2) verlangen. Die Regeln der europäischen Rechtsvorschriften zu Druckgeräten und der Produktspezifikation, die die technischen Lieferbedingungen enthält, müssen angewendet werden. Wird ein Abnahmeprüfzeugnis 3.1 verlangt, muss das Qualitätsmanagementsystem des Werkstoffherstellers die europäischen Rechtsvorschriften zu Druckgeräten erfüllen.

Anhang A
(normativ)

Wanddicke und Schweißnahtvorbereitung für die Flanschtypen 11, 34, 35, 36, 37 und Nenndicken der Rohre für die Verwendung mit Flanschen von Typ 01

A.1 Schweißnahtvorbereitung für Flansche, Typen 11 und 34

Sofern nicht anders festgelegt, sind für Flansche nach dieser Europäischen Norm die in den Bildern A.1 bis A.3 angegebenen Fugenformen zu verwenden. Zusätzliche Fugenformen (Schweißenden) sind in EN ISO 9692-2 festgelegt, Konstruktionsbeispiele sind in EN 1708-1 angegeben und dürfen nach Vereinbarung zwischen Druckgerätehersteller und Flanschhersteller angewendet werden.

— Wanddicke $S \leq 3$ mm: Flansche/Bunde oder Bördel dürfen mit rechtwinkligen Enden geliefert werden.

— Wanddicke $3 < S < 22$: Enden, die unter einem Winnkel von $30^{+5°}_{-0°}$ °und einem Steg von $(1{,}6 \pm 0{,}8)$ mm angearbeitet sind.

— Bei Wanddicken des Flansches (S) > Wanddicke des Rohres (T) muss der Innendurchmesser durch konisches Bohren unter einem Winkel von $15°^{+5°}_{-0°}$bearbeitet werden (siehe Bild A.3).

Maße in Millimeter

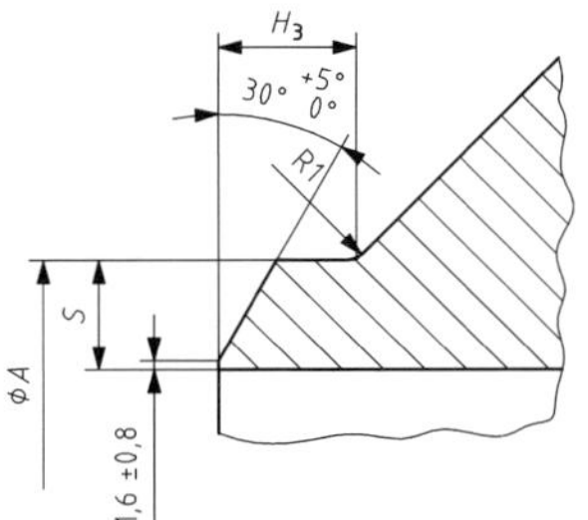

Legende

S Wanddicke des Flansches

Bild A.1 — Fugenform für Wanddicke $S < 22{,}2$ mm

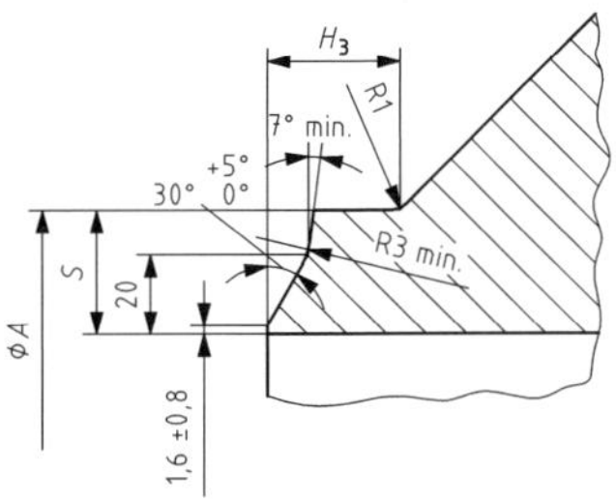

Legende

S Wanddicke des Flansches

Bild A.2 — Fugenform für Wanddicke $S \geq 22{,}2$ mm

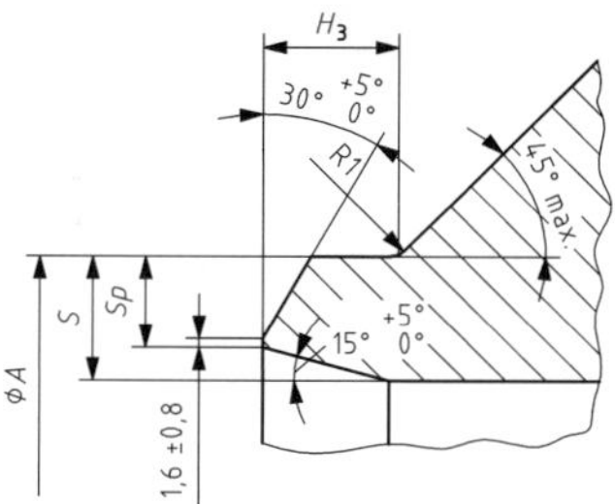

Legende

S Wanddicke des Flansches

S_p reduzierte Flanschwanddicke

Bild A.3 — Zulässige Form von Abschrägung bei ungleichen Wanddicken

Bei Flanschen für Verbindungen mit Rohren aus nicht austenitischem Stahl mit Nennwanddicken von weniger als 4,8 mm sollten die Schweißenden leicht angefast oder rechtwinkelig nach Wahl des Flanschherstellers sein, wenn nichts anderes zwischen Flanschhersteller und Besteller oder Druckgerätehersteller vereinbart wurde.

Bei Flanschen für Verbindungen mit Rohren aus nichtrostendem austenitischem Stahl mit Nennwanddicken bis 3,2 mm sollten die Schweißenden rechtwinkelig sein.

Die reduzierte Wanddicke des Flansches (S_p) muss der Wanddicke des Rohres (*T*) entsprechen.

Tabelle A.1 — Wanddicke für Typ 11

Ø A	PN 2,5		PN 6		PN 10		PN 16		PN 25		PN 40		PN 63		PN 100	
	s	s_p	s	s_p	s	s_p	s	s_p	s	s_p	s	s_p	s	s_p	s	s_p
17,2	2,0	2,0	2,0	2,0	2,0	2,0	2,0	2,0	2,0	2,0	2,0	2,0	2,0	2,0	2,0	2,0
21,3	2,0	2,0	2,0	2,0	2,0	2,0	2,0	2,0	2,0	2,0	2,0	2,0	2,0	2,0	2,0	2,0
26,9	2,3	2,3	2,3	2,3	2,3	2,3	2,3	2,3	2,3	2,3	2,3	2,3	2,6	2,6	2,6	2,6
33,7	2,6	2,6	2,6	2,6	2,6	2,6	2,6	2,6	2,6	2,6	2,6	2,6	2,6	2,6	2,6	2,6
42,4	2,6	2,6	2,6	2,6	2,6	2,6	2,6	2,6	2,6	2,6	2,6	2,6	2,9	2,9	2,9	2,9
48,3	2,6	2,6	2,6	2,6	2,6	2,6	2,6	2,6	2,6	2,6	2,6	2,6	2,9	2,9	2,9	2,9
60,3	2,9	2,9	2,9	2,9	2,9	2,9	2,9	2,9	2,9	2,9	2,9	2,9	2,9	2,9	3,2	3,2
76,1	2,9	2,9	2,9	2,9	2,9	2,9	2,9	2,9	2,9	2,9	2,9	2,9	3,2	3,2	3,6	3,6
88,9	3,2	3,2	3,2	3,2	3,2	3,2	3,2	3,2	3,2	3,2	3,2	3,2	3,6	3,6	4,0	4,0
114,3	3,6	3,6	3,6	3,6	3,6	3,6	3,6	3,6	3,6	3,6	3,6	3,6	4,0	4,0	5,0	5,0
139,7	4,0	4,0	4,0	4,0	4,0	4,0	4,0	4,0	4,0	4,0	4,0	4,0	4,5	4,5	6,3	6,3
168,3	4,5	4,5	4,5	4,5	4,5	4,5	4,5	4,5	4,5	4,5	4,5	4,5	5,6	5,6	7,1	7,1
219,1	6,3	6,3	6,3	6,3	6,3	6,3	6,3	6,3	6,3	6,3	6,3	6,3	7,1	7,1	10,0	10,0
273	6,3	6,3	6,3	6,3	6,3	6,3	6,3	6,3	7,1	7,1	7,1	7,1	8,8	8,8	12,5	12,5
323,9	7,1	7,1	7,1	7,1	7,1	7,1	7,1	7,1	8,0	8,0	8,0	8,0	11,0	11,0	14,2	14,2
355,6	7,1	7,1	7,1	7,1	7,1	7,1	8,0	8,0	8,0	8,0	8,8	8,8	12,5	12,5	16,0	16,0
406,4	7,1	7,1	7,1	7,1	7,1	7,1	8,0	8,0	8,8	8,8	11,0	11,0	14,2	14,2		
457	7,1	7,1	7,1	7,1	7,1	7,1	8,8	8,0	8,8	8,8	12,5	12,5				
508	7,1	7,1	7,1	7,1	7,1	7,1	8,8	8,0	10,0	10,0	14,2	14,2				
610	7,1	7,1	7,1	7,1	8	7,1	11,0	8,8	12,5	11,0	16,0	16,0				
711	7,1	7,1	8	7,1	8,8	8,0	11,0	8,8	14,2	12,5						
813	7,1	7,1	8	7,1	8,8	8,0	12,5	10,0	16	14,2						
914	7,1	7,1	8	7,1	12,5	10,0	12,5	10,0	17,5	16,0						
1 016	7,1	7,1	8	7,1	12,5	10	12,5	10	20	17,5						
1 219	8	7,1	8,8	8	12,5	11	14,2	12,5								
1 422	8	7,1	8,8	8	14,2	12,5	16	14,2								
1 626	8,8	8	10	9	16	14,2	17,5	16								
1 829	10	10	11	10	17,5	16	20	17,5								
2 032	11	10	12,5	11	17,5	16	22	20								
2 235	11	10	14	12,5	20	18										
2 438	11	10	15	14,2	22,2	20										
2 620	11	10	16	14,2	25	22,2										
2 820	11	10	17	16	25	22,2										
3 020	11	10	20	16	32	24										
3 220	11	10	20	16												
3 420	11	10	22	17,5												
3 620	11	10	22	17,5												
3 820	11	10														
4 020	11	10														

Die s_p-Werte sollten den in EN 10220 und EN ISO 1127 entsprechen.

Anhang B
(informativ)

Werkstoffgruppen

Die Werkstoffgruppen enthalten Werkstoffe mit ähnlichen chemischen/mechanischen Eigenschaften und ähnlicher Korrosionsbeständigkeit, um die gleichwertige Anwendung von Werkstoffen einer Gruppe in Abhängigkeit von Druck, Temperatur und Medium zu erleichtern.

Die Werkstoffgruppen 1E0 bis 6E1 sind Teil mehrerer nationaler Normen von CEN-Mitgliedsländern und können wie folgt beschrieben werden:

— 1E0 unlegierte Baustähle ohne garantierte Festigkeitseigenschaften bei erhöhten Temperaturen, Anwendungsbereich −10 °C bis +100 °C;

— 1E1 unlegierte Baustähle mit Festigkeitseigenschaften bei erhöhten Temperaturen;

— 3E0 unlegierte Stähle mit garantierten Festigkeitseigenschaften bei erhöhten Temperaturen;

— 3E1 unlegierte Stähle mit festgelegten Eigenschaften bis 400 °C, obere Streckgrenze > 265 N/mm²;

— 4E0 niedriglegierte Stähle mit 0,3 % Molybdän;

— 5E0 niedriglegierte Stähle mit 1 % Chrom und 0,5 % Molybdän;

— 6E0 niedriglegierte Stähle mit 2 % Chrom und 1 % Molybdän;

— 6E1 legierte Stähle mit 5 % Chrom und 0,5 % Molybdän.

Die folgenden Werkstoffgruppen enthalten kaltzähe Stähle:

— 7E0 kaltzäher Feinkornstahl mit einer Mindest-Streckgrenze von 275 N/mm² bei Raumtemperatur;

— 7E1 kaltzäher Feinkornstahl mit einer Mindest-Streckgrenze von 355 N/mm² bei Raumtemperatur;

— 7E2 kaltzäher legierter Nickelstahl (Nickel ≤ 3 %);

— 7E3 kaltzäher legierter Nickelstahl (Nickel > 3 %).

Die folgenden Werkstoffgruppen enthalten Feinkornstähle:

— 8E0 Streckgrenze min. 225 N/mm² bei Raumtemperatur;

— 8E2 Streckgrenze min. 285 N/mm² bei Raumtemperatur;

— 8E3 Streckgrenze min. 355 N/mm² bei Raumtemperatur.

Die folgenden Werkstoffgruppen enthalten hochfeste ferritische Stähle:

— 9E0 warmfester ferritischer Stahl mit 12 % Chrom, 1 % Molybdän und 0,5 % Vanadium;

— 9E1 warmfester ferritischer Stahl mit 9 % Chrom, 1 % Molybdän, 0,25 % Vanadium und 0,1 % Niob.

Die folgenden Werkstoffgruppen enthalten nichtrostende austenitische und austenitisch-ferritische Stähle, die sich in der Korrosionsbeständigkeit, der Schweißeignung und der Festigkeit unterscheiden, die Gruppen 10E0 bis 12E0 sind nicht mit Molybdän legiert, die Gruppen 13E0 bis 15E0 sind mit Molybdän legiert:

— 10E0 LC-Stahl;

— 10E1 LC-Stahl, stickstofflegiert;

— 11E0 Standard-Kohlenstoffgehalt;

— 12E0 Standard-Kohlenstoffgehalt, stabilisiert mit Ti bzw. Nb;

— 13E0 LC-Stahl mit Molybdän;

— 13E1 LC-Stahl mit Molybdän und Stickstoff legiert;

— 14E0 Standard-Kohlenstoffgehalt, legiert mit Molybdän;

— 15E0 Standard-Kohlenstoffgehalt, legiert mit Molybdän, stabilisiert mit Ti bzw. Nb;

— 16E0 austenitisch-ferritischer Stahl.

HINWEIS

Anhang E (normativ)
Grundlagen der Flanschberechnung

Anhang F (normativ)
Bestimmung der Druck/Temperatur-Zuordnungen

Anhang G (normativ)
Druck/Temperatur-Zuordnung für eine Auswahl von EN-Werkstoffen

Anhang H (informativ)
Ringe für Flansche mit Nut

Anhang I (informativ)
Flasche mit festem Innendurchmesser

Anhang J (informativ)
Anschlussmaße für Flasche mit höherem Nenndruck

Anhang ZA
Zusammenhang zwischen dieser Europäischen Norm und den grundlegenden Anforderungen der EU-Richtlinie 2014/68/EU (Druckgeräterichtlinie) DGRL

Glatter Flansch zum Schweißen

TYP 01 – PN 2,5

Bezeichnung eines glatten Flansches Typ 01 der Nennweite DN 600 und PN-Stufe PN 2,5 mit BohrungsØ B1=616,5 mm, aus Werkstoff mit Kurznamen P265GH

Flansch EN 1092-1/01A/DN600/PN2,5/616,5/ P265GH/EN 10028-2

Plate flange for welding

Nominal Pressure 2,5

Designation of a plate flange Type 01 nominal diameter DN 600 and PN 2,5 with bore B1=616,5 mm made of material P 265GH

Flange EN 1092-1/01A/DN600/PN2,5/616,5/ P265GH/EN 10028-2

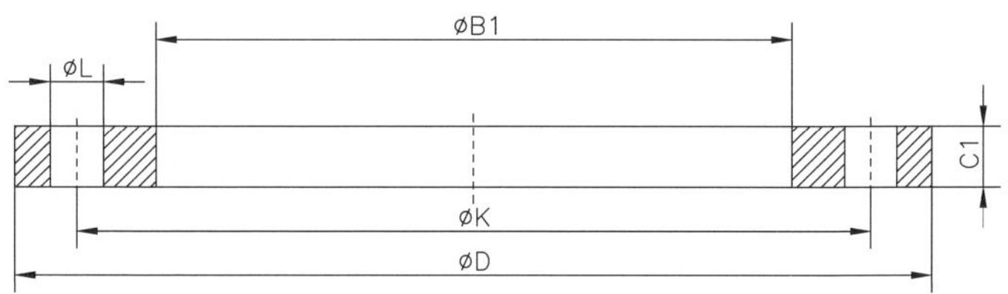

Maße in mm/Dimensions in mm

Rohr-Anschluss Pipe connection		Flansch Flange			Schrauben Bolts			Gewicht eines Flansches Weight of flange [kg]*
DN	B1	D	C1	K	An-zahl Number	Ge-winde Thread	L	
10	18,0	75	12	50	4	M10	11	0,356
15	22,0	80	12	55	4	M10	11	0,402
20	27,5	90	14	65	4	M10	11	0,592
25	34,5	100	14	75	4	M10	11	0,719
32	43,5	120	16	90	4	M12	14	1,16
40	49,5	130	16	100	4	M12	14	1,35
50	61,5	140	16	110	4	M12	14	1,48
65	77,5	160	16	130	4	M12	14	1,86
80	90,5	190	18	150	4	M16	18	2,95
100	116,0	210	18	170	4	M16	18	3,26
125	141,5	240	20	200	8	M16	18	4,31
150	170,5	265	20	225	8	M16	18	4,76
200	221,5	320	22	280	8	M16	18	6,88
250	276,5	375	24	335	12	M16	18	8,92
300	327,5	440	24	395	12	M20	22	11,9
350	359,5	490	26	445	12	M20	22	16,8
400	411,0	540	28	495	16	M20	22	19,8
450	462,0	595	30	550	16	M20	22	24,6
500	513,5	645	30	600	20	M20	22	26,4

*(Dichte/Density 7,85 kg/dm³)

Glatter Flansch zum Schweißen

TYP 01 – PN 2,5

Bezeichnung eines glatten Flansches Typ 01 der Nennweite DN 600 und PN-Stufe PN 2,5 mit BohrungsØ B1=616,5 mm, aus Werkstoff mit Kurznamen P265GH

Flansch EN 1092-1/01A/DN600/PN2,5/616,5/ P265GH/EN 10028-2

Plate flange for welding

Nominal Pressure 2,5

Designation of a plate flange Type 01 nominal diameter DN 600 and PN 2,5 with bore B1=616,5 mm made of material P 265GH

Flange EN 1092-1/01A/DN600/PN2,5/616,5/ P265GH/EN 10028-2

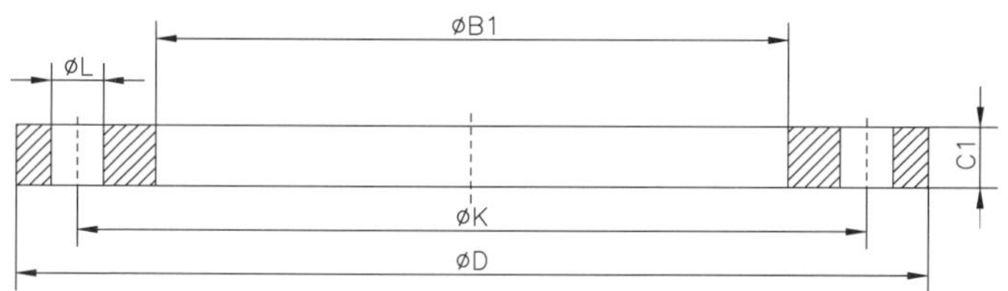

Maße in mm/Dimensions in mm

Rohr-Anschluss Pipe connection		Flansch Flange			Schrauben Bolts			Gewicht eines Flansches Weight of flange [kg]*
DN	B1	D	C1	K	Anzahl Number	Gewinde Thread	L	
600	616,5	755	32	705	20	M24	26	34,8
700	a	860	40	810	24	M24	26	-
800		975	44	920	24	M27	30	-
900		1075	48	1020	24	M27	30	-
1000		1175	52	1120	28	M27	30	-
1200		1375	60	1320	32	M27	30	-
1400		1575	a	1520	36	M27	30	-
1600		1790	a	1730	40	M27	30	-
1800		1990	a	1930	44	M27	30	-
2000		2190	a	2130	48	M27	30	-

a=Vom Besteller festzulegen-To be specified by the purchaser

*(Dichte/Density 7,85 kg/dm³)

Glatter Flansch zum Schweißen

TYP 01 – PN 6

Bezeichnung eines glatten Flansches Typ 01 der Nennweite DN 600 und PN-Stufe PN 6 mit BohrungsØ B1=616,5 mm, aus Werkstoff mit Kurznamen P265GH

Flansch EN 1092-1/01A/DN600/PN6/616,5/ P265GH/EN 10028-2

Plate flange for welding

Nominal Pressure 6

Designation of a plate flange Type 01 nominal diameter DN 600 and PN 6 with bore B1=616,5 mm made of material P 265GH

Flange EN 1092-1/01A/DN600/PN6/616,5/ P265GH/EN 10028-2

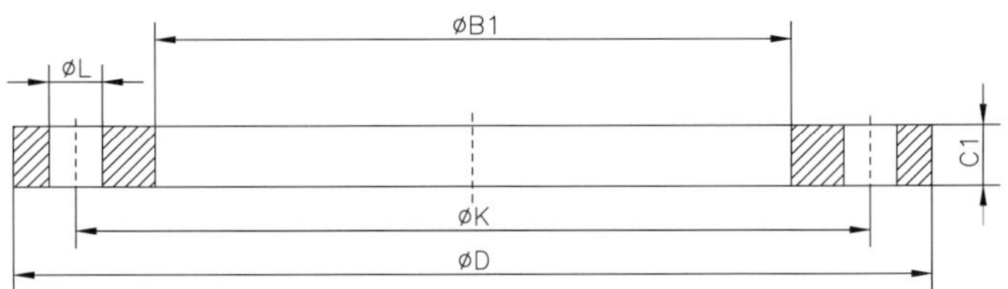

Maße in mm/Dimensions in mm

Rohr-Anschluss Pipe connection		Flansch Flange			Schrauben Bolts			Gewicht eines Flansches Weight of flange
DN	B1	D	C1	K	Anzahl Number	Gewinde Thread	L	[kg]*
10	18,0	75	12	50	4	M10	11	0,356
15	22,0	80	12	55	4	M10	11	0,402
20	27,5	90	14	65	4	M10	11	0,592
25	34,5	100	14	75	4	M10	11	0,719
32	43,5	120	16	90	4	M12	14	1,16
40	49,5	130	16	100	4	M12	14	1,35
50	61,5	140	16	110	4	M12	14	1,48
65	77,5	160	16	130	4	M12	14	1,86
80	90,5	190	18	150	4	M16	18	2,95
100	116,0	210	18	170	4	M16	18	3,26
125	141,5	240	20	200	8	M16	18	4,31
150	170,5	265	20	225	8	M16	18	4,76
200	221,5	320	22	280	8	M16	18	6,88
250	276,5	375	24	335	12	M16	18	8,92
300	327,5	440	24	395	12	M20	22	11,90
350	359,5	490	26	445	12	M20	22	16,80
400	411,0	540	28	495	16	M20	22	19,80
450	462,0	595	30	550	16	M20	22	24,60

*(Dichte/Density 7,85 kg/dm³)

Glatter Flansch zum Schweißen

TYP 01 – PN 6

Bezeichnung eines glatten Flansches Typ 01 der Nennweite DN 600 und PN-Stufe PN 6 mit BohrungsØ B1=616,5 mm, aus Werkstoff mit Kurznamen P265GH

Flansch EN 1092-1/01A/DN600/PN6/616,5/ P265GH/EN 10028-2

Plate flange for welding

Nominal Pressure 6

Designation of a plate flange Type 01 nominal diameter DN 600 and PN 6 with bore B1=616,5 mm made of material P 265GH

Flange EN 1092-1/01A/DN600/PN6/616,5/ P265GH/EN 10028-2

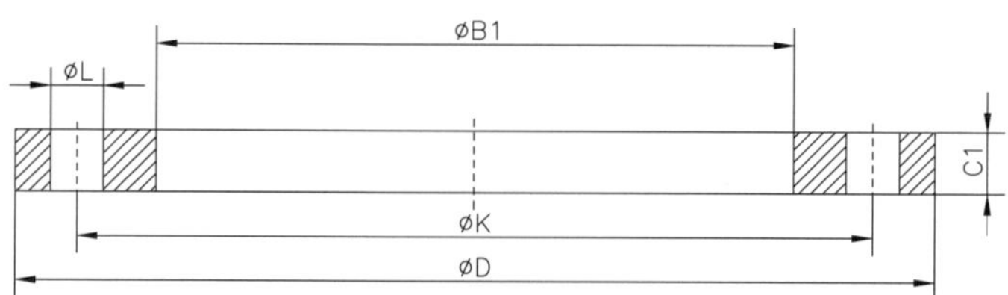

Maße in mm/Dimensions in mm

Rohr-Anschluss Pipe connection		Flansch Flange			Schrauben Bolts			Gewicht eines Flansches Weight of flange
DN	B1	D	C1	K	Anzahl Number	Gewinde Thread	L	[kg]*
500	513,5	645	30	600	20	M20	22	26,40
600	616,5	755	32	705	20	M24	26	34,80
700	a	860	40	810	24	M24	26	-
800		975	44	920	24	M27	30	-
900		1075	48	1020	24	M27	30	-
1000		1175	52	1120	28	M27	30	-
1200		1405	60	1340	32	M30	33	-

a=Vom Besteller festzulegen-To be specified by the purchaser

*(Dichte/Density 7,85 kg/dm³)

Glatter Flansch zum Schweißen

TYP 01 – PN 10

Bezeichnung eines glatten Flansches Typ 01 der Nennweite DN 600 und PN-Stufe PN 10 mit BohrungsØ B1=616,5 mm, aus Werkstoff mit Kurznamen P265GH

Flansch EN 1092-1/01A/DN600/PN10/616,5/ P265GH/EN 10028-2

Plate flange for welding

Nominal Pressure 10

Designation of a plate flange Type 01 nominal diameter DN 600 and PN 10 with bore B1=616,5 mm made of material P 265GH

Flange EN 1092-1/01A/DN600/PN10/616,5/ P265GH/EN 10028-2

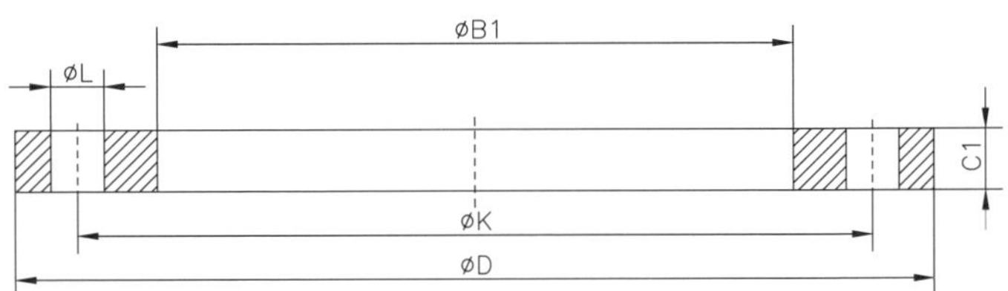

Maße in mm/Dimensions in mm

Rohr-Anschluss Pipe connection		Flansch Flange			Schrauben Bolts			Gewicht eines Flansches Weight of flange *(Dichte/Density 7,85 kg/dm³)
DN	B1	D	C1	K	Anzahl Number	Gewinde Thread	L	[kg]*
10	18,0	90	14	60	4	M12	14	0,604
15	22,0	95	14	65	4	M12	14	0,67
20	27,5	105	16	75	4	M12	14	0,936
25	34,5	115	16	85	4	M12	14	1,11
32	43,5	140	18	100	4	M16	18	1,82
40	49,5	150	18	110	4	M16	18	2,08
50	61,5	165	20	125	4	M16	18	2,73
65	77,5	185	20	145	8[a]	M16	18	3,16[b]
80	90,5	200	20	160	8	M16	18	3,60
100	116,0	220	22	180	8	M16	18	4,39
125	141,5	250	22	210	8	M16	18	5,41
150	170,5	285	24	240	8	M20	22	7,14
200	221,5	340	24	295	8	M20	22	9,27
250	276,5	395	26	350	12	M20	22	11,80
300	327,5	445	26	400	12	M20	22	13,60
350	359,5	505	30	460	16	M20	22	21,80
400	411,0	565	32	515	16	M24	26	27,50
450	462,0	615	36	565	20	M24	26	33,60
500	513,5	670	38	620	20	M24	26	40,20

a=Sind Flansche mit 4 Löchern erforderlich, dürfen diese nach Absprache zwischen Hersteller und Besteller geliefert werden.

When flanges are required with 4 holes, these may be supplied by agreement between flange manufacturer and purchaser

b=mit 8 Schraubenlöchern/with 8 bolt holes

Glatter Flansch zum Schweißen

TYP 01 – PN 10

Bezeichnung eines glatten Flansches Typ 01 der Nennweite DN 600 und PN-Stufe PN 10 mit BohrungsØ B1=616,5 mm, aus Werkstoff mit Kurznamen P265GH

Flansch EN 1092-1/01A/DN600/PN10/616,5/ P265GH/EN 10028-2

Plate flange for welding

Nominal Pressure 10

Designation of a plate flange Type 01 nominal diameter DN 600 and PN 10 with bore B1=616,5 mm made of material P 265GH

Flange EN 1092-1/01A/DN600/PN10/616,5/ P265GH/EN 10028-2

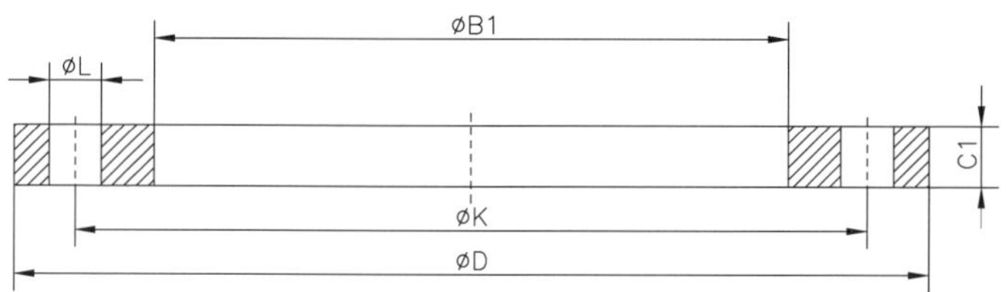

Maße in mm/Dimensions in mm

Rohr-Anschluss Pipe connection		Flansch Flange			Schrauben Bolts			Gewicht eines Flansches Weight of flange *(Dichte/Density 7,85 kg/dm³) [kg]*
DN	B1	D	C1	K	An-zahl Number	Ge-winde Thread	L	
600	616,5	780	42	725	20	M27	30	54,50
700	c	895	50	840	24	M27	30	-
800	c	1015	56	950	24	M30	33	-
900	c	1115	62	1050	28	M30	33	-
1000	c	1230	70	1160	28	M33	36	-
1200	c	1455	83	1380	32	M36	39	-

c=Vom Besteller festzulegen-To be specified by the purchaser

*(Dichte/Density 7,85 kg/dm³)

Glatter Flansch zum Schweißen

TYP 01 – PN 16

Bezeichnung eines glatten Flansches Typ 01 der Nennweite DN 600 und PN-Stufe PN 16 mit BohrungsØ B1=616,5 mm, aus Werkstoff mit Kurznamen P265GH

Flansch EN 1092-1/01A/DN600/PN16/616,5/ P265GH/EN 10028-2

Plate flange for welding

Nominal Pressure 16

Designation of a plate flange Type 01 nominal diameter DN 600 and PN 16 with bore B1=616,5 mm made of material P 265GH

Flange EN 1092-1/01A/DN600/PN16/616,5/ P265GH/EN 10028-2

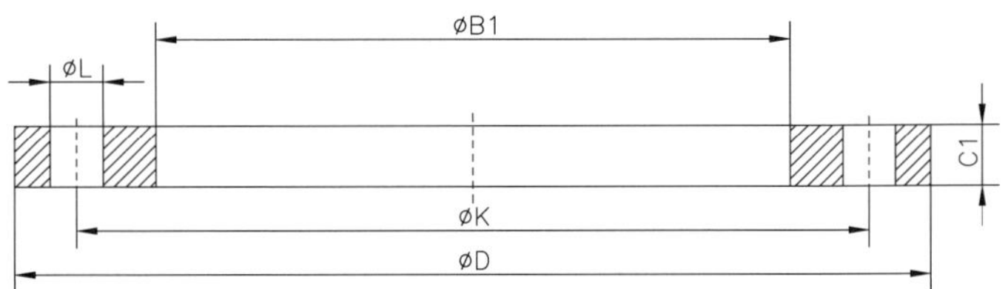

Maße in mm/Dimensions in mm

Rohr-Anschluss Pipe connection		Flansch Flange			Schrauben Bolts			Gewicht eines Flansches Weight of flange *(Dichte/Density 7,85 kg/dm³)
DN	B1	D	C1	K	Anzahl Number	Gewinde Thread	L	[kg]*
10	18,0	90	14	60	4	M12	14	0,604
15	22,0	95	14	65	4	M12	14	0,670
20	27,5	105	16	75	4	M12	14	0,936
25	34,5	115	16	85	4	M12	14	1,11
32	43,5	140	18	100	4	M16	18	1,82
40	49,5	150	18	110	4	M16	18	2,08
50	61,5	165	20	125	4	M16	18	2,73
65	77,5	185	20	145	8a	M16	18	3,16[b]
80	90,5	200	20	160	8	M16	18	3,60
100	116,0	220	22	180	8	M16	18	4,39
125	141,5	250	22	210	8	M16	18	5,41
150	170,5	285	24	240	8	M20	22	7,14
200	221,5	340	26	295	12	M20	22	9,73
250	276,5	405	29	355	12	M24	26	14,20
300	327,5	460	32	410	12	M24	26	19,00
350	359,5	520	35	470	16	M24	26	28,20

a=Sind Flansche mit 4 Löchern erforderlich, dürfen diese nach Absprache zwischen Hersteller und Besteller geliefert werden.
When flanges are required with 4 holes, these may be supplied by agreement between flange manufacturer and purchaser

b=mit 8 Schraubenlöchern/with 8 bolt holes

Glatter Flansch zum Schweißen

TYP 01 – PN 16

Bezeichnung eines glatten Flansches Typ 01 der Nennweite DN 600 und PN-Stufe PN 16 mit BohrungsØ B1=616,5 mm, aus Werkstoff mit Kurznamen P265GH

Flansch EN 1092-1/01A/DN600/PN16/616,5/ P265GH/EN 10028-2

Plate flange for welding

Nominal Pressure 16

Designation of a plate flange Type 01 nominal diameter DN 600 and PN 16 with bore B1=616,5 mm made of material P 265GH

Flange EN 1092-1/01A/DN600/PN16/616,5/ P265GH/EN 10028-2

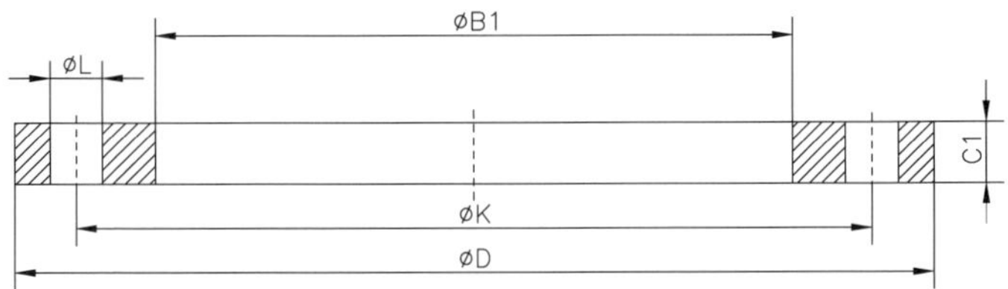

Maße in mm/Dimensions in mm

Rohr-Anschluss Pipe connection		Flansch Flange			Schrauben Bolts			Gewicht eines Flansches Weight of flange *(Dichte/Density 7,85 kg/dm³) [kg]*
DN	**B1**	**D**	**C1**	**K**	**Anzahl Number**	**Gewinde Thread**	**L**	
400	411,0	580	38	525	16	M27	30	35,90
450	462,0	640	42	585	20	M27	30	46,10
500	513,5	715	46	650	20	M30	33	64,00
600	616,5	840	55	770	20	M33	36	96,10
700	c	910	63	840	24	M33	36	-
800	c	1025	74	950	24	M36	39	-
900	c	1125	82	1050	28	M36	39	-
1000	c	1255	90	1170	28	M39	42	-

c=Vom Besteller festzulegen-To be specified by the purchaser

Glatter Flansch zum Schweißen

TYP 01 – PN 25

Bezeichnung eines glatten Flansches Typ 01 der Nennweite DN 500 und PN-Stufe PN 25 mit BohrungsØ B1=513,5 mm, aus Werkstoff mit Kurznamen P265GH

Flansch EN 1092-1/01A/DN500/PN25/513,5/ P265GH/EN 10028-2

Plate flange for welding

Nominal Pressure 25

Designation of a plate flange Type 01 nominal diameter DN 500 and PN 25 with bore B1=513,5 mm made of material P 265GH

Flange EN 1092-1/01A/DN500/PN25/513,5/ P265GH/EN 10028-2

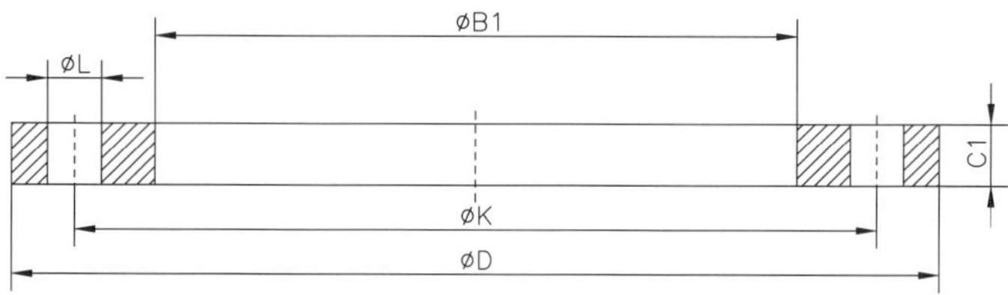

Maße in mm/Dimensions in mm

Rohr-Anschluss Pipe connection		Flansch Flange			Schrauben Bolts			Gewicht eines Flansches Weight of flange *(Dichte/Density 7,85 kg/dm³)
DN	B1	D	C1	K	Anzahl Number	Gewinde Thread	L	[kg]*
10	18,0	90	14	60	4	M12	14	0,604
15	22,0	95	14	65	4	M12	14	0,670
20	27,5	105	16	75	4	M12	14	0,936
25	34,5	115	16	85	4	M12	14	1,11
32	43,5	140	18	100	4	M16	18	1,82
40	49,5	150	18	110	4	M16	18	2,08
50	61,5	165	20	125	4	M16	18	2,73
65	77,5	185	22	145	8	M16	18	3,16
80	90,5	200	24	160	8	M16	18	3,60
100	116,0	235	26	190	8	M20	22	4,39
125	141,5	270	28	220	8	M24	26	5,41
150	170,5	300	30	250	8	M24	26	7,14
200	221,5	360	32	310	12	M24	26	14,30
250	276,5	425	35	370	12	M27	30	20,10
300	327,5	485	38	430	16	M27	30	26,60
350	359,5	555	42	490	16	M30	33	41,80
400	411,0	620	48	550	16	M33	36	55,20
450	462,0	670	54	600	20	M33	36	64,60
500	513,5	730	58	660	20	M33	36	84,00

Glatter Flansch zum Schweißen

TYP 01 – PN 25

Bezeichnung eines glatten Flansches Typ 01 der Nennweite DN 500 und PN-Stufe PN 25 mit BohrungsØ B1=513,5 mm, aus Werkstoff mit Kurznamen P265GH

Flansch EN 1092-1/01A/DN500/PN25/513,5/ P265GH/EN 10028-2

Plate flange for welding

Nominal Pressure 25

Designation of a plate flange Type 01 nominal diameter DN 500 and PN 25 with bore B1=513,5 mm made of material P 265GH

Flange EN 1092-1/01A/DN500/PN25/513,5/ P265GH/EN 10028-2

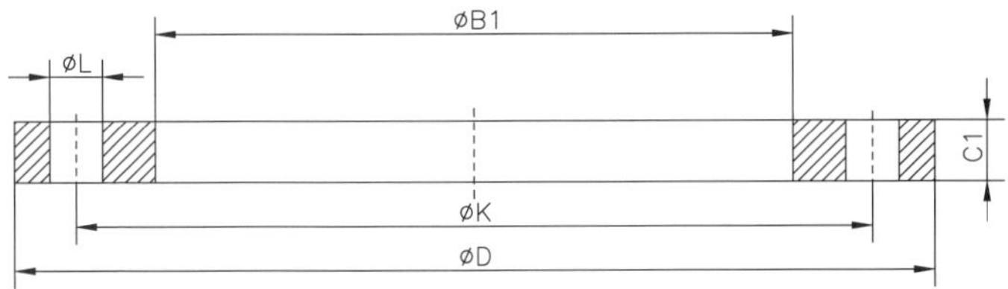

Maße in mm/Dimensions in mm

Rohr-Anschluss Pipe connection		Flansch Flange			Schrauben Bolts			Gewicht eines Flansches Weight of flange
DN	B1	D	C1	K	An-zahl Number	Ge-winde Thread	L	*(Dichte/Density 7,85 kg/dm³) [kg]*
600	616,5	845	68	770	20	M36	39	127,00
700	a	960	85	875	24	M39	42	-
800		1085	95	990	24	M45	48	-

a=Vom Besteller festzulegen-To be specified by the purchaser

Glatter Flansch zum Schweißen

TYP 01 – PN 40

Bezeichnung eines glatten Flansches Typ 01 der Nennweite DN 250 und PN-Stufe PN 40 mit BohrungsØ B1=276,5 mm, aus Werkstoff mit Kurznamen P265GH

Flansch EN 1092-1/01A/DN250/PN40/276,5/ P265GH/EN 10028-2

Plate flange for welding

Nominal Pressure 40

Designation of a plate flange Type 01 nominal diameter DN 250 and PN 40 with bore B1=276,5 mm made of material P 265GH

Flange EN 1092-1/01A/DN250/PN40/276,5/ P265GH/EN 10028-2

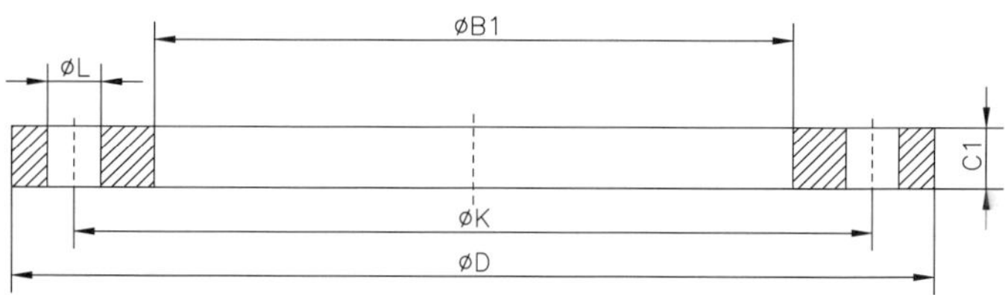

Maße in mm/Dimensions in mm

Rohr-Anschluss Pipe connection		Flansch Flange			Schrauben Bolts			Gewicht eines Flansches Weight of flange *(Dichte/Density 7,85 kg/dm³)
DN	B1	D	C1	K	An-zahl Number	Ge-winde Thread	L	[kg]*
10	18,0	90	14	60	4	M12	14	0,604
15	22,0	95	14	65	4	M12	14	0,670
20	27,5	105	16	75	4	M12	14	0,936
25	34,5	115	16	85	4	M12	14	1,11
32	43,5	140	18	100	4	M16	18	1,82
40	49,5	150	18	110	4	M16	18	2,08
50	61,5	165	20	125	4	M16	18	2,73
65	77,5	185	22	145	8	M16	18	3,48
80	90,5	200	24	160	8	M16	18	4,32
100	116,0	235	26	190	8	M20	22	6,07
125	141,5	270	28	220	8	M24	26	8,19
150	170,5	300	30	250	8	M24	26	10,30
200	221,5	375	36	320	12	M27	30	17,90
250	276,5	450	42	385	12	M30	33	29,30
300	327,5	515	52	450	16	M30	33	41,60
350	359,5	580	58	510	16	M33	36	62,10
400	411,0	660	65	585	16	M36	39	89,60
450	462,0	685		610	20	M36	39	-
500	513,5	755	a	670	20	M39	42	-
600	616,5	890		795	20	M45	48	-

a=Vom Besteller festzulegen-To be specified by the purchaser

Glatter Flansch zum Schweißen

TYP 01 – PN 63

Bezeichnung eines glatten Flansches Typ 01 der Nennweite DN 400 und PN-Stufe PN 63 mit BohrungsØ B1=411,0 mm, aus Werkstoff mit Kurznamen P265GH

Flansch EN 1092-1/01A/DN400/PN63/411,0/ P265GH/EN 10028-2

Plate flange for welding

Nominal Pressure 63

Designation of a plate flange Type 01 nominal diameter DN 400 and PN 63 with bore B1=411,0 mm made of material P 265GH

Flange EN 1092-1/01A/DN400/PN63/411,0/ P265GH/EN 10028-2

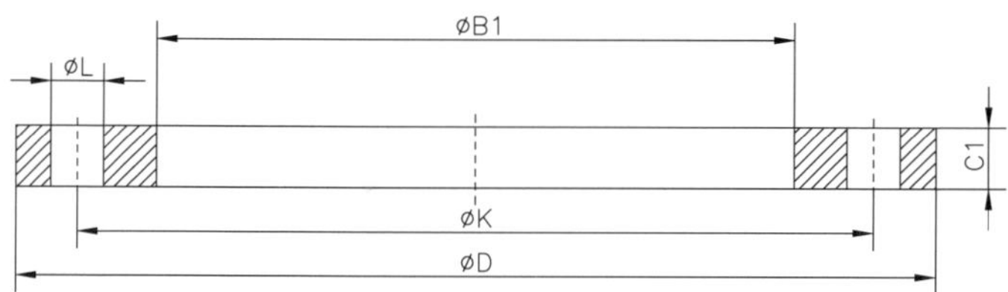

Maße in mm /Dimensions in mm

Rohr-Anschluss Pipe connection		Flansch Flange			Schrauben Bolts			Gewicht eines Flansches Weight of flange *(Dichte/Density 7,85 kg/dm³) [kg]*
DN	B1	D	C1	K	Anzahl Number	Gewinde Thread	L	
10	18,0	100	20	70	4	M12	14	1,00
15	22,0	105	20	75	4	M12	14	1,10
20	27,5	130	22	90	4	M16	18	1,86
25	34,5	140	24	100	4	M16	18	2,37
32	43,5	155	24	110	4	M20	22	2,79
40	49,5	170	26	125	4	M20	22	3,70
50	61,5	180	26	135	4	M20	22	3,91
65	77,5	205	26	160	8	M20	22	4,73
80	90,5	215	30	170	8	M20	22	5,90
100	116,0	250	32	200	8	M24	26	8,05
125	141,5	295	34	240	8	M27	30	11,70
150	170,5	345	36	280	8	M30	33	16,90
200	221,5	415	48	345	12	M33	36	29,10
250	276,5	470	55	400	12	M33	36	41,30
300	327,5	530	65	460	16	M33	36	56,20
350	359,5	600	72	525	16	M36	39	88,70
400	411,0	670	80	585	16	M39	42	118,00

Glatter Flansch zum Schweißen

TYP 01 – PN 100

Bezeichnung eines glatten Flansches Typ 01 der Nennweite DN 350 und PN-Stufe PN 100 mit BohrungsØ B1=359,5 mm, aus Werkstoff mit Kurznamen P265GH

Flansch EN 1092-1/01A/DN350/PN00/616,5/ P265GH/EN 10028-2

Plate flange for welding

Nominal Pressure 100

Designation of a plate flange Type 01 nominal diameter DN 350 and PN 100 with bore B1=359,5 mm made of material P 265GH

Flange EN 1092-1/01A/DN350/PN25/616,5/ P265GH/EN 10028-2

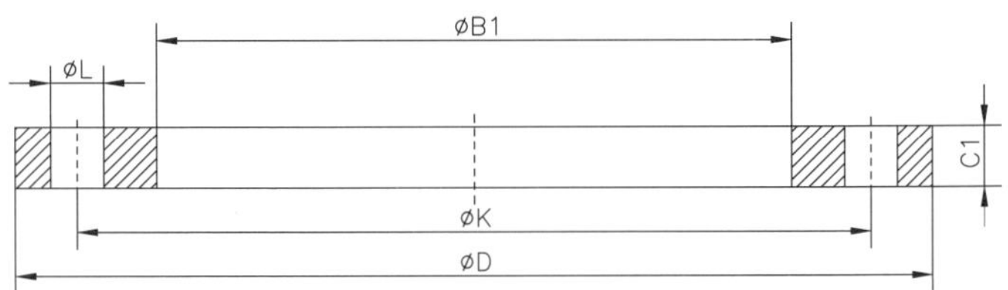

Maße in mm/Dimensions in mm

Rohr-Anschluss Pipe connection		Flansch Flange			Schrauben Bolt			Gewicht eines Flansches Weight of flange *(Dichte/Density 7,85 kg/dm³)
DN	B1	D	C1	K	Anzahl Number	Gewinde Thread	L	[kg]*
10	18,0	100	20	70	4	M12	14	1,00
15	22,0	105	20	75	4	M12	14	1,10
20	27,5	130	22	90	4	M16	18	1,86
25	34,5	140	24	100	4	M16	18	2,37
32	43,5	155	24	110	4	M20	22	2,79
40	49,5	170	26	125	4	M20	22	3,70
50	61,5	195	28	145	4	M24	26	5,14
65	77,5	220	30	170	8	M24	26	6,50
80	90,5	230	34	180	8	M24	26	7,89
100	116,0	265	36	210	8	M27	30	10,60
125	141,5	315	42	250	8	M30	33	17,60
150	170,5	355	48	290	12	M30	33	24,00
200	221,5	430	60	360	12	M33	36	43,40
250	276,5	505	72	430	12	M36	39	69,70
300	327,5	585	84	500	16	M39	42	105,00
350	359,5	655	95	560	16	M45	48	152,00

Lose Flansche für glatte Bunde oder für Vorschweißbunde

TYP 02 – PN 2,5 TYP 32 – PN 2,5

Bezeichnung eines losen Flansches Typ 02, Nennweite DN 400 und PN-Stufe PN 2,5 aus Werkstoffnummer 1.0425

Flansch EN 1092-1/02A/DN400/PN2,5/1.0425/EN 10028-2

Bezeichnung des zugehörigen Bauteiles Typ 32 mit Dichtflächenform A, Nennweite DN 400, PN-Stufe PN 2,5, Werkstoff P265GH

Bund EN 1092-1/32A/DN400/PN2,5/P265GH/EN 10028-2

Loose plate flange for weld-on plate collar or weld-neck collar

TYP 02 – PN 2,5 TYP 32 – PN 2,5

Designation of a plate flange Type 02 nominal diameter DN 400 and PN 2,5 out of material with number 1.0425

Flange EN 1092-1/02A/DN400/PN2,5/1.0425/EN 10028-2

Designation of related collar Type 32 with raised face A nominal diameter DN 400 and PN 2,5 out of material P 265GH

CollarEN 1092-1/32A/DN400/PN2,5/P265GH/EN 10028-2

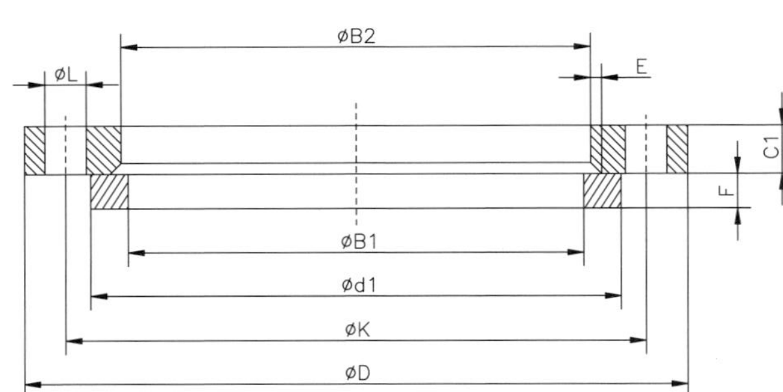

Maße in mm/Dimensions in mm

Rohr-Anschluss Pipe connection DN	Flansch Typ 02 Flange Type 02					Schrauben Bolts			Bund Typ 32 Collar type 32			Gewicht vom Weight of	
	B2	D	C1	E	K	An-zahl Number	Ge-winde Thread	L	d1	B1	F	Flansch Flange [kg]*	Bund Collar [kg]*
10	21	75	12	3	50	4	M10	11	35	18,0	10	0,345	0,056
15	25	80	12	3	55	4	M10	11	40	22,0	10	0,388	0,069
20	31	90	14	4	65	4	M10	11	50	27,5	10	0,568	0,108
25	38	100	14	4	75	4	M10	11	60	34,5	10	0,688	0,149
32	46	120	16	5	90	4	M12	14	70	43,5	10	1,12	0,185
40	53	130	16	5	100	4	M12	14	80	49,5	10	1,29	0,244
50	65	140	16	5	110	4	M12	14	90	61,5	12	1,42	0,319
65	81	160	16	6	130	4	M12	14	110	77,5	12	1,76	0,451
80	94	190	18	6	150	4	M16	18	128	90,5	12	2,84	0,606
100	120	210	18	6	170	4	M16	18	148	116,0	14	3,10	0,729
125	145	240	20	6	200	8	M16	18	178	141,5	14	4,12	1,00
150	174	265	20	6	225	8	M16	18	202	170,5	14	4,53	1,01
200	226	320	22	6	280	8	M16	18	258	221,5	16	6,51	1,73
250	281	375	24	8	335	12	M16	18	312	276,5	18	8,32	2,32
300	333	440	24	8	395	12	M20	22	365	327,5	18	11,10	2,88
350	365	490	26	8	445	12	M20	22	415	359,5	18	15,90	4,77
400	416	540	28	8	495	16	M20	22	465	411,0	20	18,80	5,83
450	467	595	30	8	550	16	M20	22	520	462,0	20	23,30	7,02
500	519	645	30	8	600	20	M20	22	570	513,5	22	24,90	8,30
600	622	755	32	8	705	20	M24	26	670	616,5	22	33,00	9,34

*(Dichte/Density 7,85 kg/dm³)

Lose Flansche für glatte Bunde oder für Vorschweißbunde

TYP 02 – PN 6 TYP 32 – PN 6

Bezeichnung eines losen Flansches Typ 02, Nennweite DN 400 und PN-Stufe PN 6 aus Werkstoffnummer 1.0425

Flansch EN 1092-1/02A/DN400/PN6/1.0425/EN 10028-2

Bezeichnung des zugehörigen Bauteiles Typ 32 mit Dichtflächenform A, Nennweite DN 400, PN-Stufe PN 6, Werkstoff P265GH

Bund EN 1092-1/32A/DN400/PN6/P265GH/EN 10028-2

Loose plate flange for weld-on plate collar or weld-neck collar

TYP 02 – PN 6 TYP 32 – PN 6

Designation of a plate flange Type 02 nominal diameter DN 400 and PN 6 out of material with number 1.0425

Flange EN 1092-1/02A/DN400/PN6/1.0425/EN 10028-2

Designation of related collar Type 32 with raised face A nominal diameter DN 400 and PN 6 out of material P 265GH

CollarEN 1092-1/32A/DN400/PN6/P265GH/EN 10028-2

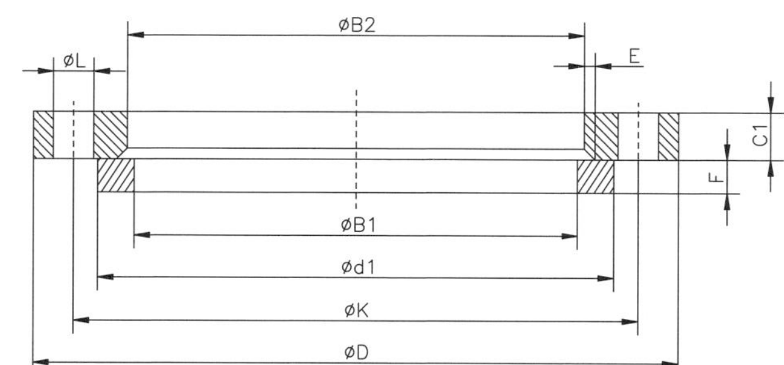

Maße in mm/Dimensions in mm

Rohr-Anschluss	Flansch Typ 02 Flange Type 02					Schrauben Bolts			Bund Typ 32 Collar type 32			Gewicht vom Weight of	
Pipe connection DN	B2	D	C1	E	K	An-zahl Number	Ge-winde Thread	L	d1	B1	F	Flansch Flange [kg]*	Bund Collar [kg]*
10	21	75	12	3	50	4	M10	11	35	18,0	10	0,345	0,056
15	25	80	12	3	55	4	M10	11	40	22,0	10	0,388	0,069
20	31	90	14	4	65	4	M10	11	50	27,5	10	0,568	0,108
25	38	100	14	4	75	4	M10	11	60	34,5	10	0,688	0,149
32	46	120	16	5	90	4	M12	14	70	43,5	10	1,12	0,185
40	53	130	16	5	100	4	M12	14	80	49,5	10	1,29	0,244
50	65	140	16	5	110	4	M12	14	90	61,5	12	1,42	0,319
65	81	160	16	6	130	4	M12	14	110	77,5	12	1,76	0,451
80	94	190	18	6	150	4	M16	18	128	90,5	12	2,84	0,606
100	120	210	18	6	170	4	M16	18	148	116,0	14	3,10	0,729
125	145	240	20	6	200	8	M16	18	178	141,5	14	4,12	1,00
150	174	265	20	6	225	8	M16	18	202	170,5	14	4,53	1,01
200	226	320	22	6	280	8	M16	18	258	221,5	16	6,51	1,73
250	281	375	24	8	335	12	M16	18	312	276,5	18	8,32	2,32
300	333	440	24	8	395	12	M20	22	365	327,5	18	11,10	2,88
350	365	490	26	8	445	12	M20	22	415	359,5	18	15,90	4,77
400	416	540	28	8	495	16	M20	22	465	411,0	20	18,80	5,83
450	467	595	30	8	550	16	M20	22	520	462,0	20	23,30	7,02
500	519	645	30	8	600	20	M20	22	570	513,5	22	24,90	8,30
600	622	755	32	8	705	20	M24	26	670	616,5	22	33,00	9,34

*(Dichte/Density 7,85 kg/dm³)

Lose Flansche für glatte Bunde oder für Vorschweißbunde

TYP 02 – PN 10   TYP 32 – PN 10

Bezeichnung eines losen Flansches Typ 02, Nennweite DN 400 und PN-Stufe PN 10 aus Werkstoffnummer 1.0425

Flansch EN 1092-1/02A/DN400/PN10/1.0425/EN 10028-2

Bezeichnung des zugehörigen Bauteiles Typ 32 mit Dichtflächenform A, Nennweite DN 400, PN-Stufe PN 10, Werkstoff P265GH

Bund EN 1092-1/32A/DN400/PN10/P265GH/EN 10028-2

Loose plate flange for weld-on plate collar or weld-neck collar

TYP 02 – PN 10   TYP 32 – PN 10

Designation of a plate flange Type 02 nominal diameter DN 400 and PN 10 out of material with number 1.0425

Flange EN 1092-1/02A/DN400/PN10/1.0425/EN 10028-2

Designation of related collar Type 32 with raised face A nominal diameter DN 400 and PN 10 out of material P 265GH

CollarEN 1092-1/32A/DN400/PN10/P265GH/EN 10028-2

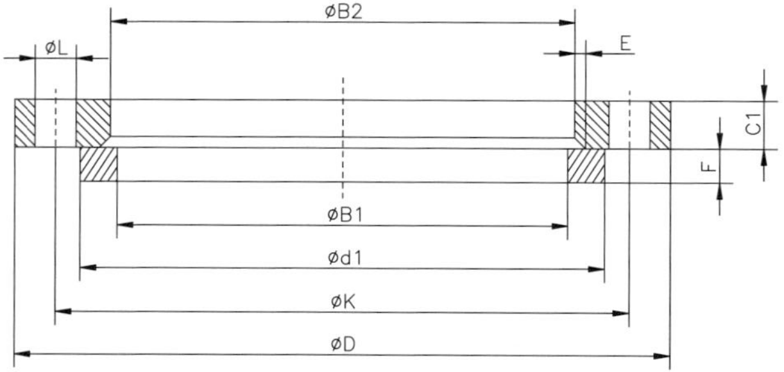

Maße in mm/Dimensions in mm

Rohr-Anschluss	Flansch Typ 02 Flange type 02					Schrauben Bolts			Bund Typ 32 Collar type 32			Gewicht von Weight of	
Pipe connection DN	B2	D	C1	E	K	An-zahl Number	Ge-winde Thread	L	d1	B1	F	Flansch Flange [kg]*	Bund Collar [kg]*
10	21	90	14	3	60	4	M12	14	40	18,0	12	0,591	0,094
15	25	95	14	3	65	4	M12	14	45	22,0	12	0,654	0,114
20	31	105	16	4	75	4	M12	14	58	27,5	14	0,909	0,225
25	38	115	16	4	85	4	M12	14	68	34,5	14	1,08	0,296
32	47	140	18	5	100	4	M16	18	78	43,5	14	1,77	0,362
40	53	150	18	5	110	4	M16	18	88	49,5	14	2,02	0,457
50	65	165	20	5	125	4	M16	18	102	61,5	16	2,65	0,653
65	81	185	20	6	145	8[a]	M16	18	122	77,5	16	3,05[b]	0,876
80	94	200	20	6	160	8	M16	18	138	90,5	16	3,48	1,07
100	120	220	22	6	180	8	M16	18	158	116,0	18	4,20	1,28
125	145	250	22	6	210	8	M16	18	188	141,5	18	5,21	1,70
150	174	285	24	6	240	8	M20	22	212	170,5	20	6,89	1,96
200	226	340	24	6	295	8	M20	22	268	221,5	20	8,87	2,81
250	281	395	26	8	350	12	M20	22	320	276,5	22	11,20	3,52
300	333	445	26	8	400	12	M20	22	370	327,5	22	12,80	4,02
350	365	505	30	8	460	16	M20	22	430	359,5	22	19,40	7,55
400	416	565	32	8	515	16	M24	26	482	411,0	24	26,40	9,38
450	467	615	36	8	565	20	M24	26	532	462,0	24	32,20	10,30
500	519	670	38	8	620	20	M24	26	585	513,5	26	38,50	12,60
600	622	780	42	8	725	20	M27	30	685	616,5	26	52,20	14,30

a=Sind Flansche mit 4 Löchern erforderlich, dürfen diese nach Absprache zwischen Hersteller und Besteller geliefert werden./When flanges are required with 4 holes, these may be supplied by agreement between flange manufacturer and purchaser. b=mit 8 Schraubenlöchern/with 8 bolt holes

*(Dichte/Density 7,85 kg/dm³)

Lose Flansche für glatte Bunde oder für Vorschweißbunde

TYP 02 – PN 16 TYP 32 – PN 16

Bezeichnung eines losen Flansches Typ 02, Nennweite DN 400 und PN-Stufe PN 16 aus Werkstoffnummer 1.0425

Flansch EN 1092-1/02A/DN400/PN16/1.0425/EN 10028-2

Bezeichnung des zugehörigen Bauteiles Typ 32 mit Dichtflächenform A, Nennweite DN 400, PN-Stufe PN 16, Werkstoff P265GH

Bund EN 1092-1/32A/DN400/PN16/P265GH/EN 10028-2

Loose plate flange for weld-on plate collar or weld-neck collar

TYP 02 – PN 16 TYP 32 – PN 16

Designation of a plate flange Type 02 nominal diameter DN 400 and PN 16 out of material with number 1.0425

Flange EN 1092-1/02A/DN400/PN16/1.0425/EN 10028-2

Designation of related collar Type 32 with raised face A nominal diameter DN 400 and PN 16 out of material P 265GH

CollarEN 1092-1/32A/DN400/PN16/P265GH/EN 10028-2

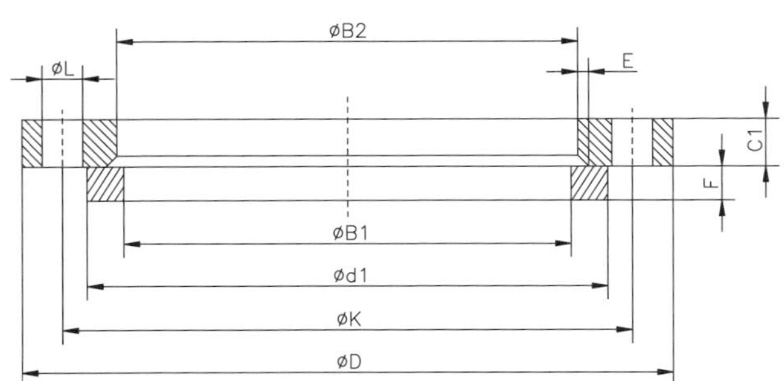

Maße in mm/Dimensions in mm

Rohr-Anschluss	Flansch Typ 02 Flange type 02					Schrauben Bolts			Bund Typ 32 Collar type 32			Gewicht vom Weight of	
Pipe connection DN	B2	D	C1	E	K	An-zahl Number	Ge-winde Thread	L	d1	B1	F	Flansch Flange [kg]*	Bund Collar [kg]*
10	21	90	14	3	60	4	M12	14	40	18,0	12	0,591	0,094
15	25	95	14	3	65	4	M12	14	45	22,0	12	0,654	0,114
20	31	105	16	4	75	4	M12	14	58	27,5	14	0,909	0,225
25	38	115	16	4	85	4	M12	14	68	34,5	14	1,08	0,296
32	47	140	18	5	100	4	M16	18	78	43,5	14	1,77	0,362
40	53	150	18	5	110	4	M16	18	88	49,5	14	2,02	0,457
50	65	165	20	5	125	4	M16	18	102	61,5	16	2,65	0,653
65	81	185	20	6	145	8[a]	M16	18	122	77,5	16	3,05[b]	0,876
80	94	200	20	6	160	8	M16	18	138	90,5	16	3,48	1,07
100	120	220	22	6	180	8	M16	18	158	116,0	18	4,20	1,28
125	145	250	22	6	210	8	M16	18	188	141,5	18	5,21	1,70
150	174	285	24	6	240	8	M20	22	212	170,5	20	6,89	1,96
200	226	340	26	6	295	12	M20	22	268	221,5	20	9,31	2,81
250	281	405	29	8	355	12	M24	26	320	276,5	22	13,50	3,52
300	333	460	32	8	410	12	M24	26	378	327,5	24	18,00	5,27
350	365	520	35	8	470	16	M24	26	438	359,5	26	27,00	10,10
400	416	580	38	8	525	16	M27	30	490	411,0	28	34,60	12,30
450	467	640	42	8	585	20	M27	30	550	462,0	30	44,60	16,50
500	510	715	46	8	650	20	M30	33	610	513,5	32	64,60	21,40
600	622	840	55	8	770	20	M33	36	725	616,5	32	93,40	28,70

a=Sind Flansche mit 4 Löchern erforderlich, dürfen diese nach Absprache zwischen Hersteller und Besteller geliefert werden./When flanges are required with 4 holes, these may be supplied by agreement between flange manufacturer and purchaser. b=mit 8 Schraubenlöchern/with 8 bolt holes

*(Dichte/Density 7,85 kg/dm³)

Lose Flansche für glatte Bunde oder für Vorschweißbunde

TYP 02 – PN 25 TYP 32 – PN 25

Bezeichnung eines losen Flansches Typ 02, Nennweite DN 400 und PN-Stufe PN 25 aus Werkstoffnummer 1.0425

Flansch EN 1092-1/02A/DN400/PN25/1.0425/EN 10028-2

Bezeichnung des zugehörigen Bauteiles Typ 32 mit Dichtflächenform A, Nennweite DN 400, PN-Stufe PN 25, Werkstoff P265GH

Bund EN 1092-1/32A/DN400/PN25/P265GH/EN 10028-2

Loose plate flange for weld-on plate collar or weld-neck collar

TYP 02 – PN 25 TYP 32 – PN 25

Designation of a plate flange Type 02 nominal diameter DN 400 and PN 25 out of material with number 1.0425

Flange EN 1092-1/02A/DN400/PN25/1.0425/EN 10028-2

Designation of related collar Type 32 with raised face A nominal diameter DN 400 and PN 25 out of material P 265GH

CollarEN 1092-1/32A/DN400/PN25/P265GH/EN 10028-2

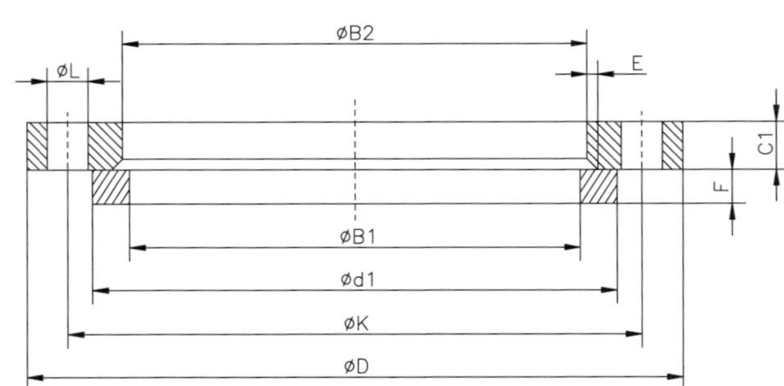

Maße in mm/Dimensions in mm

Rohr-Anschluss Pipe connection DN	Flansch Typ02 Flange type 02					Schrauben Bolts			Bund Typ32 Collar type 32			Gewicht vom Weight of	
	B2	D	C1	E	K	An-zahl Number	Ge-winde Thread	L	d1	B1	F	Flansch Flange [kg]*	Bund Collar [kg]*
10	21	90	14	3	60	4	M12	14	40	18,0	12	0,591	0,094
15	25	95	14	3	65	4	M12	14	45	22,0	12	0,654	0,114
20	31	105	16	4	75	4	M12	14	58	27,5	14	0909	0,225
25	38	115	16	4	85	4	M12	14	68	34,5	14	1,08	0,296
32	47	140	18	5	100	4	M16	18	78	43,5	14	1,77	0,362
40	53	150	18	5	110	4	M16	18	88	49,5	14	2,02	0,457
50	65	165	20	5	125	4	M16	18	102	61,5	16	2,65	0653
65	81	185	22	6	145	8	M16	18	122	77,5	16	3,36	0876
80	94	200	24	6	160	8	M16	18	138	90,5	18	4,18	1,20
100	120	235	26	6	190	8	M20	22	162	116,0	20	5,87	1,58
125	145	270	28	6	220	8	M24	26	188	141,5	22	7,95	2,08
150	174	300	30	6	250	8	M24	26	218	170,5	24	9,97	2,73
200	226	360	32	6	310	12	M24	26	278	221,5	26	13,80	4,52
250	281	425	35	8	370	12	M27	30	335	276,5	26	19,40	5,73
300	333	485	38	8	430	16	M27	30	395	327,5	28	25,50	8,42
350	365	555	42	8	490	16	M30	33	450	359,5	32	40,50	14,50
400	416	620	48	8	550	16	M33	36	505	411,0	34	53,70	18,00
450	467	670	54	8	600	20	M33	36	555	462,0	36	62,80	21,00
500	519	730	58	8	660	20	M33	36	615	513,5	38	81,60	26,80
600	622	845	68	8	770	20	M36	39	720	616,5	40	124,0	34,10

*(Dichte/Density 7,85 kg/dm³)

Lose Flansche für glatte Bunde oder für Vorschweißbunde

TYP 02 – PN 40 TYP 32 – PN 40

Bezeichnung eines losen Flansches Typ 02, Nennweite DN 400 und PN-Stufe PN 40 aus Werkstoffnummer 1.0425

Flansch EN 1092-1/02A/DN400/PN40/1.0425/EN 10028-2

Bezeichnung des zugehörigen Bauteiles Typ 32 mit Dichtflächenform A, Nennweite DN 400, PN-Stufe PN 40, Werkstoff P265GH

Bund EN 1092-1/32A/DN400/PN40/P265GH/EN 10028-2

Loose plate flange for weld-on plate collar or weld-neck collar

TYP 02 – PN 40 TYP 32 – PN 40

Designation of a plate flange Type 02 nominal diameter DN 400 and PN 40 out of material with number 1.0425

Flange EN 1092-1/02A/DN400/PN40/1.0425/EN 10028-2

Designation of related collar Type 32 with raised face A nominal diameter DN 400 and PN 40 out of material P 265GH

CollarEN 1092-1/32A/DN400/PN40/P265GH/EN 10028-2

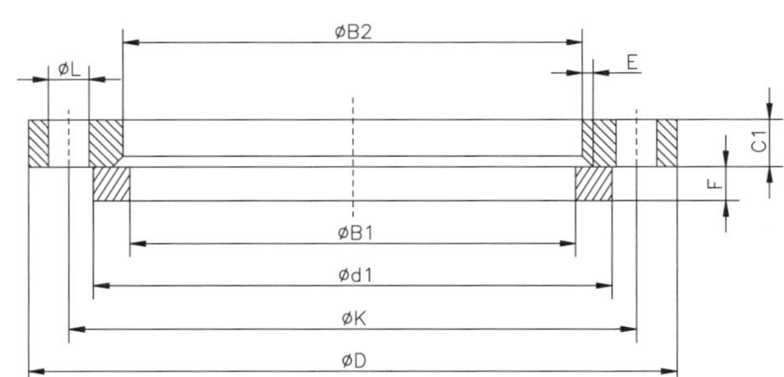

Maße in mm/Dimensions in mm

Rohr-Anschluss	Flansch Typ 02 Flange type 02					Schrauben Bolts			Bund Typ 32 Collar type 32			Gewicht vom Weight of	
Pipe connection DN	B2	D	C1	E	K	An-zahl Number	Ge-winde Thread	L	d1	B1	F	Flansch Flange [kg]*	Bund Collar [kg]*
10	21	90	14	3	60	4	M12	14	40	18,0	12	0,591	0,094
15	25	95	14	3	65	4	M12	14	45	22,0	12	0,654	0,114
20	31	105	16	4	75	4	M12	14	58	27,5	14	0909	0,225
25	38	115	16	4	85	4	M12	14	68	34,5	14	1,08	0,296
32	47	140	18	5	100	4	M16	18	78	43,5	14	1,77	0,362
40	53	150	18	5	110	4	M16	18	88	49,5	14	2,02	0,457
50	65	165	20	5	125	4	M16	18	102	61,5	16	2,65	0653
65	81	185	22	6	145	8	M16	18	122	77,5	16	3,36	0876
80	94	200	24	6	160	8	M16	18	138	90,5	18	4,18	1,20
100	120	235	26	6	190	8	M20	22	162	116,0	20	5,87	1,58
125	145	270	28	6	220	8	M24	26	188	141,5	22	7,95	20,8
150	174	300	30	6	250	8	M24	26	218	170,5	24	9,97	2,73
200	226	375	36	6	320	12	M27	30	285	221,5	28	17,40	5,55
250	281	450	42	8	385	12	M30	33	345	276,5	30	28,40	7,87
300	333	515	52	8	450	16	M30	33	410	327,5	34	40,20	12,80
350	365	580	58	8	510	16	M33	36	465	359,5	36	60,40	20,80
400	416	660	65	8	585	16	M36	39	535	411,0	42	87,80	30,40
450	467	685		8	610	20	M36	39	560	462,0	46	89,40	28,40
500	519	755	d	8	670	20	M39	42	615	513,5	50	117,00	35,30
600	622	890		8	795	20	M45	48	735	616,5	54	185,00	53,30

d=Vom Besteller festzulegen/To be specified by the purchaser

*(Dichte/Density 7,85 kg/dm^3)

Lose Flansche für Vorschweißbund

TYP 04 – PN 10 TYP 34 – PN 10

Bezeichnung eines losen Flansches Typ 04 der Nennweite DN 400 und PN-Stufe PN 10, aus Werkstoffnummert 1.0425

Flansch EN 1092-1/04/DN40/PN10/1.0425/EN 10028-2

Bezeichnung des zugehörigen Bauteiles Typ 34 mit Dichtflächenform A von Nennweite DN 40, PN-Stufe PN 10und Ansatzdicke S=10 mm aus Werkstoff mit Kurznamen P265GH

Bund EN 1092-1/34A/DN40/PN10/10/P265GH/EN 10028-2

Loose plate flange for weld-neck collar

TYP 04 – PN 10 TYP 34 – PN 10

Designation of a plate flange Type 04 nominal diameter DN 40 and PN 10 out of material with number 1.0425

Flansch EN 1092-1/04/DN40/PN10/1.0425/EN 10028-2

Designation of related collar Type 34 with raised face A, S=10mm nominal diameter DN 40 and PN 10, Material P 265GH

Collar EN 1092-1/34A/DN40/PN10/10/P265GH/EN 10028-2

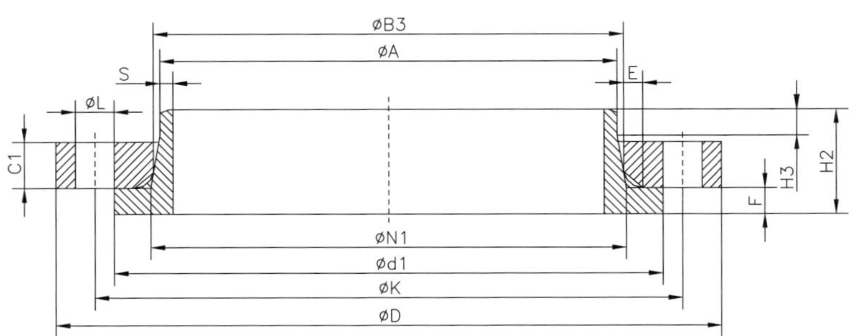

Maße in mm/Dimensions in mm

Rohr-Anschluss Pipe Connection DN	Flansch Typ 04 Flange type 04					Schrauben Bolts		V-Bund Typ 34 V-Collar type 34								Gewichte vom Weight of	
	B3	D	C1	E	K	An-zahl Number	Ge-winde Thread	L	A	d1	N1	F	S	H2	H3	Flansch Flange [kg]*	Bund Collar [kg]*
10	31	90	14	3	60	4	M12	14	17,2	40	28	12	1,8	35	6	0549	0,148
15	35	95	14	3	65	4	M12	14	21,3	45	32	12	2,0	38	6	0,606	0,189
20	42	105	16	4	75	4	M12	14	26,9	58	40	14	2,3	40	6	0,836	0,340
25	49	115	16	4	85	4	M12	14	33,7	68	46	14	2,6	40	6	0,99	0,444
32	59	140	18	5	100	4	M16	18	42,4	78	56	14	2,6	42	6	1,65	0,572
40	67	150	18	5	110	4	M16	18	48,3	88	64	14	2,6	45	7	1,85	0,734
50	77	165	20	5	125	4	M16	18	60,3	102	74	16	2,9	45	8	2,34	0,97
65	96	185	20	6	145	8[a]	M16	18	76,1	122	92	16	2,9	45	10	2,76 [b]	1,29
80	108	200	20	6	160	8	M16	18	88,9	138	105	16	3,2	50	10	3,17	1,67
100	134	220	22	6	180	8	M16	18	114,3	158	131	18	3,6	52	12	3,78	2,12
125	162	250	22	6	210	8	M16	18	139,7	188	156	18	4,0	55	12	4,57	2,88
150	188	285	24	6	240	8	M20	22	168,3	212	184	20	4,5	55	12	6,22	3,46
200	240	340	24	6	295	8	M20	22	219,1	268	234	20	6,3	62	16	7,90	5,49
250	294	395	26	8	350	12	M20	22	273,0	320	292	22	6,3	68	16	9,99	7,53
300	348	445	26	8	400	12	M20	22	323,9	370	342	22	7,1	68	16	11,10	9,11
350	400	505	30	8	460	16	M20	22	355,6	430	385	22	7,1	68	16	14,70	14,10
400	450	565	32	8	515	16	M24	26	406,4	482	440	24	7,1	72	16	20,50	17,80
450	498	615	36	8	565	20	M24	26	457,0	532	488	24	7,1	72	16	25,50	19,60
500	550	670	38	8	620	20	M24	26	508,0	585	542	26	7,1	75	16	30,70	23,70
600	650	780	42	8	725	20	M27	30	610,0	685	642	26	8,0	82	18	43,00	28,90

a=Sind Flansche mit 4 Löchern erforderlich, dürfen diese nach Absprache zwischen Hersteller und Besteller geliefert werden./When flanges are required with 4 holes, these may be supplied by agreement between flange manufacturer and purchaser. b=mit 8 Schraubenlöchern/with 8 bolt holes

*(Dichte/Density 7,85 kg/dm³)

Lose Flansche für Vorschweißbund

TYP 04 – PN 16 TYP 34 – PN 16

Bezeichnung eines losen Flansches Typ 04 der Nennweite DN 400 und PN-Stufe PN 16, aus Werkstoffnummert 1.0425

Flansch EN 1092-1/04/DN40/PN16/1.0425/EN 10028-2

Bezeichnung des zugehörigen Bauteiles Typ 34 mit Dichtflächenform A von Nennweite DN 40, PN-Stufe PN 16 und Ansatzdicke S=10 mm aus Werkstoff mit Kurznamen P265GH

Bund EN 1092-1/34A/DN40/PN16/10/P265GH/EN 10028-2

Loose plate flange for weld-neck collar

TYP 04 – PN 16 TYP 34 – PN 16

Designation of a plate flange Type 04 nominal diameter DN 40 and PN 16 out of material with number 1.0425

Flansch EN 1092-1/04/DN40/PN16/1.0425/EN 10028-2

Designation of related collar Type 34 with raised face A, S=10mm nominal diameter DN 40 and PN 16, Material P 265GH

Collar EN 1092-1/34A/DN40/PN16/10/P265GH/EN 10028-2

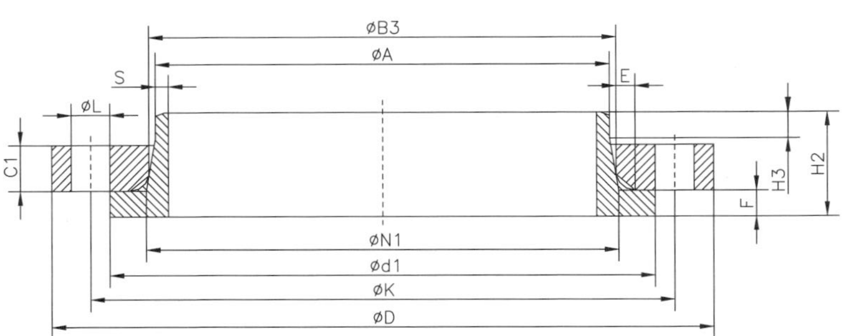

Maße in mm/Dimensions in mm

Rohr-Anschluss Pipe Connection DN	Flansch Typ 04 Flange type 04					Schrauben Bolts			V-Bund Typ 34 V-Collar type 34							Gewichte vom Weight of	
	B3	D	C1	E	K	An-zahl Number	Ge-winde Thread	L	A	d1	N1	F	S	H2	H3	Flansch Flange [kg]*	Bund Collar [kg]*
10	31	90	14	3	60	4	M12	14	17,2	40	28	12	1,8	35	6	0549	0,148
15	35	95	14	3	65	4	M12	14	21,3	45	32	12	2,0	38	6	0,606	0,189
20	42	105	16	4	75	4	M12	14	26,9	58	40	14	2,3	40	6	0,836	0,340
25	49	115	16	4	85	4	M12	14	33,7	68	46	14	2,6	40	6	0,99	0,444
32	59	140	18	5	100	4	M16	18	42,4	78	56	14	2,6	42	6	1,65	0,572
40	67	150	18	5	110	4	M16	18	48,3	88	64	14	2,6	45	7	1,85	0,734
50	77	165	20	5	125	4	M16	18	60,3	102	74	16	2,9	45	8	2,34	0,97
65	96	185	20	6	145	8[a]	M16	18	76,1	122	92	16	2,9	45	10	2,76[b]	1,29
80	108	200	20	6	160	8	M16	18	88,9	138	105	16	3,2	50	10	3,17	1,67
100	134	220	22	6	180	8	M16	18	114,3	158	131	18	3,6	52	12	3,78	2,12
125	162	250	22	6	210	8	M16	18	139,7	188	156	18	4,0	55	12	4,57	2,88
150	188	285	24	6	240	8	M20	22	168,3	212	184	20	4,5	55	12	6,22	3,46
200	240	340	26	6	295	12	M20	22	219,1	268	235	20	6,3	62	16	8,37	5,55
250	294	405	29	8	355	12	M24	26	273,0	320	292	22	6,3	70	16	12,40	7,71
300	348	460	32	8	410	12	M24	26	323,9	378	344	24	7,1	78	16	16,30	11,40
350	400	520	35	8	470	16	M24	26	355,6	438	390	26	8,0	82	16	21,50	19,20
400	454	580	38	8	525	16	M27	30	406,4	490	445	28	8,0	85	16	27,10	23,70
450	500	640	42	8	585	20	M27	30	457,0	550	490	30	8,0	83	16	36,70	28,20
500	556	715	46	8	650	20	M30	33	508,0	610	548	32	8,0	84	16	51,10	35,50
600	660	840	55	8	770	20	M33	36	610,0	725	670	32	8,8	88	18	78,30	47,90

a=Sind Flansche mit 4 Löchern erforderlich, dürfen diese nach Absprache zwischen Hersteller und Besteller geliefert werden./When flanges are required with 4 holes, these may be supplied by agreement between flange manufacturer and purchaser. b=mit 8 Schraubenlöchern/with 8 bolt holes

*(Dichte/Density 7,85 kg/dm³)

Lose Flansche für Vorschweißbund

TYP 04 – PN 25 TYP 34 – PN 25

Bezeichnung eines losen Flansches Typ 04 der Nennweite DN 400 und PN-Stufe PN 25, aus Werkstoffnummert 1.0425

Flansch EN 1092-1/04/DN40/PN25/1.0425/EN 10028-2

Bezeichnung des zugehörigen Bauteiles Typ 34 mit Dichtflächenform A von Nennweite DN 40, PN-Stufe PN 25 und Ansatzdicke S=10 mm aus Werkstoff mit Kurznamen P265GH

Bund EN 1092-1/34A/DN40/PN25/10/P265GH/EN 10028-2

Loose plate flange for weld-neck collar

TYP 04 – PN 25 TYP 34 – PN 25

Designation of a plate flange Type 04 nominal diameter DN 40 and PN 25 out of material with number 1.0425

Flansch EN 1092-1/04/DN40/PN25/1.0425/EN 10028-2

Designation of related collar Type 34 with raised face A, S=10mm nominal diameter DN 40 and PN 25, Material P 265GH

Collar EN 1092-1/34A/DN40/PN25/10/P265GH/EN 10028-2

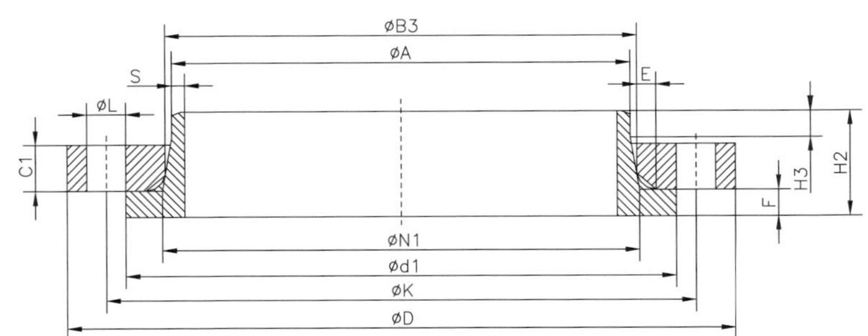

Maße in mm/Dimensions in mm

Rohr-Anschluss	Flansch Typ 04 Flange type 04					Schrauben Bolts			V-Bund Typ 34 V-Collar type 34							Gewichte vom Weight of	
Pipe Connection DN	B3	D	C1	E	K	An-zahl Number	Ge-winde Thread	L	A	d1	N1	F	S	H2	H3	Flansch Flange [kg]*	Bund Collar [kg]*
10	31	90	14	3	60	4	M12	14	17,2	40	28	12	1,8	35	6	0549	0,148
15	35	95	14	3	65	4	M12	14	21,3	45	32	12	2,0	38	6	0,606	0,189
20	42	105	16	4	75	4	M12	14	26,9	58	40	14	2,3	40	6	0,836	0,340
25	49	115	16	4	85	4	M12	14	33,7	68	46	14	2,6	40	6	0,990	0,444
32	59	140	18	5	100	4	M16	18	42,4	78	56	14	2,6	42	6	1,65	0,572
40	67	150	18	5	110	4	M16	18	48,3	88	64	14	2,6	45	7	1,85	0,734
50	77	165	20	5	125	4	M16	18	60,3	102	75	16	2,9	48	8	2,47	1,02
65	96	185	22	6	145	8	M16	18	76,1	122	90	16	2,9	52	10	3,04	1,36
80	114	200	24	6	160	8	M16	18	88,9	138	105	18	3,2	58	12	3,61	1,90
100	138	235	26	6	190	8	M20	22	114,3	162	134	20	3,6	65	12	5,18	2,77
125	166	270	28	6	220	8	M24	26	139,7	188	162	22	4,0	68	12	6,89	3,78
150	194	300	30	6	250	8	M24	26	168,3	218	192	24	4,5	75	12	8,69	5,25
200	250	360	32	6	310	12	M24	26	219,1	278	244	26	6,3	80	16	11,60	9,07
250	302	425	35	8	370	12	M27	30	273,0	335	298	26	7,1	88	18	17,00	12,70
300	356	485	38	8	430	16	M27	30	323,9	395	352	28	8,0	92	18	22,00	18,00
350	408	555	42	8	490	16	M30	33	355,6	450	398	32	8,0	100	20	32,10	27,80
400	462	620	48	8	550	16	M33	36	406,4	505	452	34	8,8	110	20	44,50	36,30
450	510	670	54	8	600	20	M33	36	457,0	555	500	36	8,8	110	20	54,20	40,90
500	568	730	58	8	660	20	M33	36	508,0	615	558	38	10,0	125	20	65,90	55,70
600	670	845	68	8	770	20	M36	39	610,0	720	660	40	11,0	125	20	98,40	70,50

*(Dichte/Density 7,85 kg/dm³)

Lose Flansche für Vorschweißbund

TYP 04 – PN 40 TYP 34 – PN 40

Bezeichnung eines losen Flansches Typ 04 der Nennweite DN 400 und PN-Stufe PN 40, aus Werkstoffnummert 1.0425

Flansch EN 1092-1/04/DN40/PN40/1.0425/EN 10028-2

Bezeichnung des zugehörigen Bauteiles Typ 34 mit Dichtflächenform A von Nennweite DN 40, PN-Stufe PN 40 und Ansatzdicke S=10 mm aus Werkstoff mit Kurznamen P265GH

Bund EN 1092-1/34A/DN40/PN40/10/P265GH/EN 10028-2

Loose plate flange for weld-neck collar

TYP 04 – PN 40 TYP 34 – PN 40

Designation of a plate flange Type 04 nominal diameter DN 40 and PN 40 out of material with number 1.0425

Flansch EN 1092-1/04/DN40/PN40/1.0425/EN 10028-2

Designation of related collar Type 34 with raised face A, S=10mm nominal diameter DN 40 and PN 40, Material P 265GH

Collar EN 1092-1/34A/DN40/PN40/10/P265GH/EN 10028-2

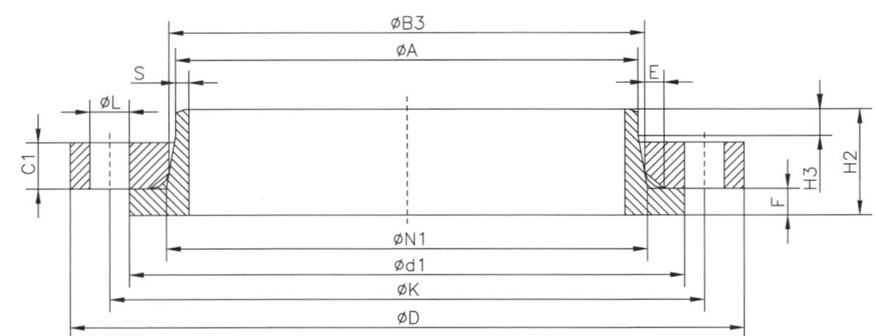

Maße in mm/Dimensions in mm

Rohr-Anschluss	Flansch Typ 04 Flange type 04					Schrauben Bolts			V-Bund Typ 34 V-Collar type 34							Gewichte vom Weight of	
Pipe Connection DN	B3	D	C1	E	K	An-zahl Number	Ge-winde Thread	L	A	d1	N1	F	S	H2	H3	Flansch Flange [kg]*	Bund Collar [kg]*
10	31	90	14	3	60	4	M12	14	17,2	40	28	12	1,8	35	6	0,549	0,148
15	35	95	14	3	65	4	M12	14	21,3	45	32	12	2,0	38	6	0,606	0,189
20	42	105	16	4	75	4	M12	14	26,9	58	40	14	2,3	40	6	0,836	0,340
25	49	115	16	4	85	4	M12	14	33,7	68	46	14	2,6	40	6	0,990	0,444
32	59	140	18	5	100	4	M16	18	42,4	78	56	14	2,6	42	6	1,65	0,572
40	67	150	18	5	110	4	M16	18	48,3	88	64	14	2,6	45	7	1,85	0,734
50	77	165	20	5	125	4	M16	18	60,3	102	75	16	2,9	48	8	2,47	1,02
65	96	185	22	6	145	8	M16	18	76,1	122	90	16	2,9	52	10	3,04	1,36
80	114	200	24	6	160	8	M16	18	88,9	138	105	18	3,2	58	12	3,61	1,90
100	138	235	26	6	190	8	M20	22	114,3	162	134	20	3,6	65	12	5,18	2,77
125	166	270	28	6	220	8	M24	26	139,7	188	162	22	4,0	68	12	6,89	3,78
150	194	300	30	6	250	8	M24	26	168,3	218	192	24	4,5	75	12	8,69	5,25
200	250	375	36	6	320	12	M27	30	219,1	285	244	28	6,3	88	16	14,90	10,20
250	312	450	42	8	385	12	M30	33	273,0	345	306	30	7,1	105	18	23,80	16,40
300	368	515	52	8	450	16	M30	33	323,9	410	362	34	8,0	115	18	36,00	25,40
350	418	580	58	8	510	16	M33	36	355,6	465	408	36	8,8	125	20	50,40	37,80
400	472	660	65	8	585	16	M36	39	406,4	535	462	42	11,0	135	20	75,50	56,40
450	510	685	a	8	610	20	M36	39	457,0	560	500	46	12,5	135	20	-	56,40
500	572	755		8	670	20	M39	42	508,0	615	562	50	14,2	140	20	-	72,90
600	676	890		8	795	20	M45	48	610,0	735	666	54	16,0	150	20	-	106,00

a=Vom Besteller festzulegen/To be specified by the purchaser

*(Dichte/Density 7,85 kg/dm³)

Blindflansche

TYP 05 – PN 2,5

Bezeichnung eines Flansches Typ 05 mit Dichtflächenform A von Nennweite DN 2000 – Druckstufe PN 2,5 aus Werkstoff mit dem Kurznamen P265GH

Flansch EN 1092-1/05A/DN2000/PN2,5/ P265GH/EN10028-2

Blind Flange

TYP 05 – PN 2,5

Designation of a flange Type 05 raised face type A nominal diameter DN 2000 – pressure rating PN 2,5 made of material P 265GH

Flange EN 1092-1/05A/DN2000/PN2,5/ P265GH/EN 10028-2

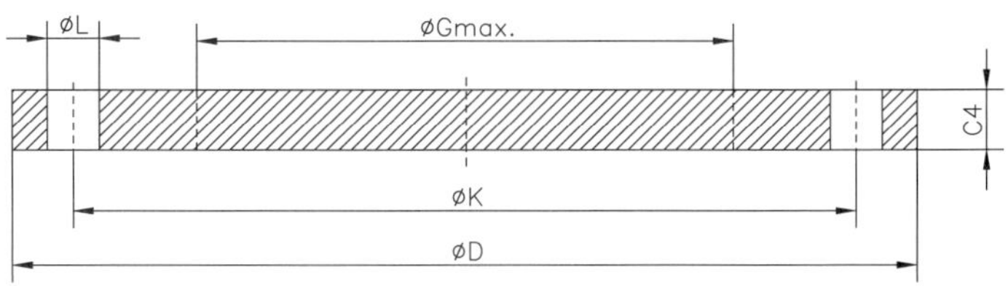

Maße in mm/Dimensions in mm

Rohr-Anschluss Pipe connection DN	Flansch Flange				Schrauben Bolts			Gewicht eines Flansches Weight of flange
	D	C4	K	Gmax	An-zahl Number	Ge-winde Thread	L	[kg]*
10	75	12	50	-	4	M10	11	0,38
15	80	12	55	-	4	M10	11	0,438
20	90	14	65	-	4	M10	11	0,657
25	100	14	75	-	4	M10	11	0,821
32	120	14	90	-	4	M12	14	1,18
40	130	14	100	-	4	M12	14	1,39
50	140	14	110	-	4	M12	14	1,62
65	160	14	130	55	4	M12	14	2,14
80	190	16	150	70	4	M16	18	3,43
100	210	16	170	90	4	M16	18	4,22
125	240	18	200	115	8	M16	18	6,1
150	265	18	225	140	8	M16	18	7,51
200	320	20	280	190	8	M16	18	12,3
250	375	22	335	235	12	M16	18	18,5
300	440	22	395	285	12	M20	22	25,5
350	490	22	445	330	12	M20	22	31,8
400	540	22	495	380	16	M20	22	38,5
450	595	24	550	425	16	M20	22	51,2

*(Dichte/Density 7,85 kg/dm³)

Blindflansche

TYP 05 – PN 2,5

Bezeichnung eines Flansches Typ 05 mit Dichtflächenform A von Nennweite DN 2000 – Druckstufe PN 2,5 aus Werkstoff mit dem Kurznamen P265GH

Flansch EN 1092-1/05A/DN2000/PN2,5/ P265GH/EN10028-2

Blind Flange

TYP 05 – PN 2,5

Designation of a flange Type 05 raised face type A nominal diameter DN 2000 – pressure rating PN 2,5 made of material P 265GH

Flange EN 1092-1/05A/DN2000/PN2,5/ P265GH/EN 10028-2

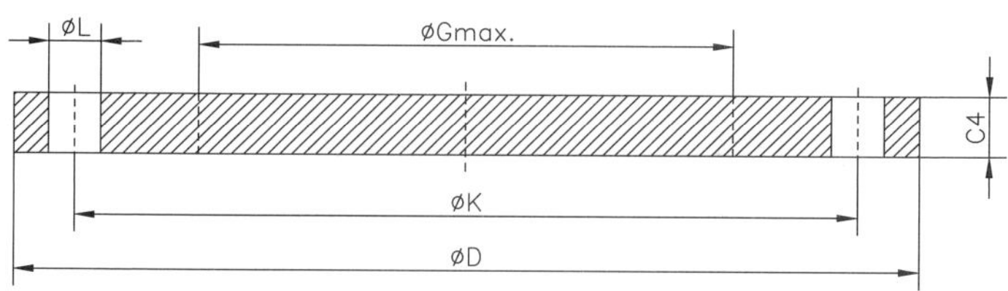

Maße in mm/Dimensions in mm

Rohr-Anschluss Pipe connection DN	Flansch Flange				Schrauben Bolts			Gewicht eines Flansches Weight of flange [kg]*
	D	C4	K	Gmax	An-zahl Number	Ge-winde Thread	L	
500	645	24	600	475	20	M20	22	60,1
600	755	30	705	575	20	M24	26	103
700	860	40	810	670	24	M24	26	178
800	975	44	920	770	24	M27	30	252
900	1075	48	1020	860	24	M27	30	336
1000	1175	52	1120	960	28	M27	30	435
1200	1375	50	1320	1160	32	M27	30	505
1400	1575	a	1520	a	36	M27	30	724,5
1600	1790		1730		40	M27	30	996
1800	1990		1930		44	M27	30	1305,5
2000	2190		2130		48	M27	30	1699,5

*(Dichte/Density 7,85 kg/dm³)

a=Vom Besteller festzulegen

a=To be specified by the purchaser

Blindflansche

TYP 05 – PN 6

Bezeichnung eines Flansches Typ 05 mit Dichtflächenform A von Nennweite DN 1200 – Druckstufe PN 6 aus Werkstoff mit dem Kurznamen P265GH

Flansch EN 1092-1/05A/DN1200/PN10/ P265GH/EN10028-2

Blind Flange

TYP 05 – PN 6

Designation of a flange Type 05 raised face type A nominal diameter DN 1200 – pressure rating PN 6 made of material P 265GH

Flange EN 1092-1/05A/DN1200/PN6/ P265GH/EN 10028-2

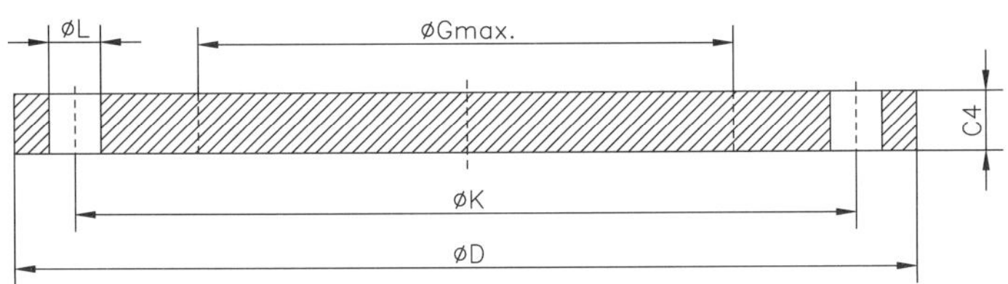

Maße in mm/Dimensions in mm

Rohr-Anschluss Pipe connection DN	Flansch Flange				Schrauben Bolts			Gewicht eines Flansches Weight of flange
	D	C4	K	Gmax	Anzahl Number	Gewinde Thread	L	[kg]*
10	75	12	50	-	4	M10	11	0,380
15	80	12	55	-	4	M10	11	0,438
20	90	14	65	-	4	M10	11	0,657
25	100	14	75	-	4	M10	11	0,821
32	120	14	90	-	4	M12	14	1,18
40	130	14	100	-	4	M12	14	1,39
50	140	14	110	-	4	M12	14	1,62
65	160	14	130	55	4	M12	14	2,14
80	190	16	150	70	4	M16	18	3,43
100	210	16	170	90	4	M16	18	4,22
125	240	18	200	115	8	M16	18	6,10
150	265	18	225	140	8	M16	18	7,51
200	320	20	280	190	8	M16	18	12,30
250	375	22	335	235	12	M16	18	18,50
300	440	22	395	285	12	M20	22	25,50
350	490	22	445	330	12	M20	22	31,80
400	540	22	495	380	16	M20	22	38,50
450	595	24	550	425	16	M20	22	51,20

*(Dichte/Density 7,85 kg/dm³)

Blindflansche

TYP 05 – PN 6

Bezeichnung eines Flansches Typ 05 mit Dichtflächenform A von Nennweite DN 1200 – Druckstufe PN 6 aus Werkstoff mit dem Kurznamen P265GH

Flansch EN 1092-1/05A/DN1200/PN10/ P265GH/EN10028-2

Blind Flange

TYP 05 – PN 6

Designation of a flange Type 05 raised face type A nominal diameter DN 1200 – pressure rating PN 6 made of material P 265GH

Flange EN 1092-1/05A/DN1200/PN6/ P265GH/EN 10028-2

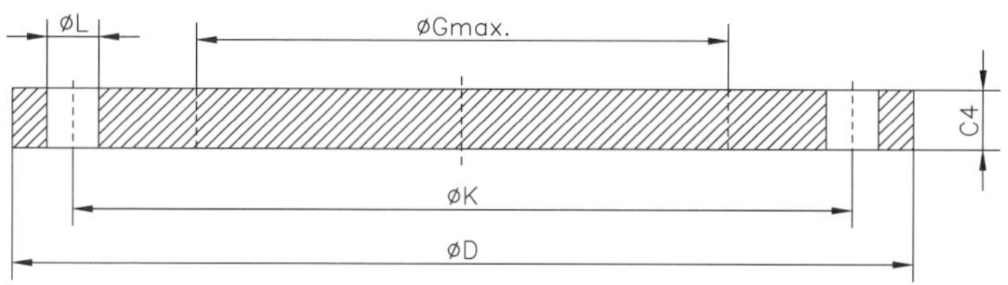

Maße in mm/Dimensions in mm

Rohr Anschluss Pipe connection	Flansch Flange				Schrauben Bolts			Gewicht eines Flansches Weight of flange
DN	D	C4	K	Gmax	Anzahl Number	Gewinde Thread	L	[kg]*
500	645	24	600	475	20	M20	22	60,10
600	755	30	705	575	20	M24	26	103,00
700	860	40	810	670	24	M24	26	178,00
800	975	44	920	770	24	M27	30	252,00
900	1075	48	1020	860	24	M27	30	336,00
1000	1175	52	1120	960	28	M27	30	435,00
1200	1405	60	1340	1160	32	M30	33	717,00
1400	1630	68	1560	1346	36	M33	36	1094,00
1600	1830	76	1760	1546	40	M33	36	1545,00
1800	2045	84	1970	1746	44	M36	39	2131,00
2000	2265	92	2180	1950	48	M39	42	2862,00

*(Dichte/Density 7,85 kg/dm³)

Blindflansche

TYP 05 – PN 10

Bezeichnung eines Flansches Typ 05 mit Dichtflächenform A von Nennweite DN 900 – Druckstufe PN 10 aus Werkstoff mit dem Kurznamen P265GH

Flansch EN 1092-1/05A/DN900/PN10/ P265GH/EN10028-2

Blind Flange

TYP 05 – PN 10

Designation of a flange Type 05 raised face type A nominal diameter DN 900 – pressure rating PN 10 made of material P 265GH

Flange EN 1092-1/05A/DN900/PN10/ P265GH/EN 10028-2

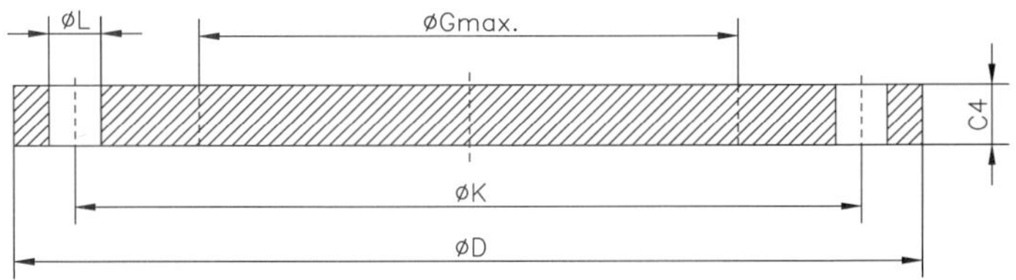

Maße in mm /Dimensions in mm

Rohr-Anschluss Pipe connection DN	Flansch Flange				Schrauben Bolts			Gewicht eines Flansches Weight of flange [kg]*
	D	C4	K	Gmax	An-zahl Number	Ge-winde Tread	L	
10	90	16	60	-	4	M12	14	0,722
15	95	16	65	-	4	M12	14	0,813
20	105	18	75	-	4	M12	14	1,14
25	115	18	85	-	4	M12	14	1,38
32	140	18	100	-	4	M16	18	2,03
40	150	18	110	-	4	M16	18	2,35
50	165	18	125	-	4	M16	18	2,88
65	185	18	145	55	8[a]	M16	18	3,51[b]
80	200	20	160	70	8	M16	18	4,61
100	220	20	180	90	8	M16	18	5,65
125	250	22	210	115	8	M16	18	8,13
150	285	22	240	140	8	M20	22	10,50
200	340	24	295	190	8	M20	22	16,50
250	395	26	350	235	12	M20	22	24,10
300	445	26	400	285	12	M20	22	30,80
350	505	26	460	330	16	M20	22	39,60
400	565	26	515	380	16	M24	26	49,40
450	615	28	565	425	20	M24	26	63,00

When flanges are required with 4 holes, these may be supplied by agreement between flange manufacturer and purchaser.
b=mit 8 Schraubenlöchern/with 8 bolt holes
*(Dichte/Density 7,85 kg/dm³)

Blindflansche

TYP 05 – PN 10

Bezeichnung eines Flansches Typ 05 mit Dichtflächenform A von Nennweite DN 900 – Druckstufe PN 10 aus Werkstoff mit dem Kurznamen P265GH

Flansch EN 1092-1/05A/DN900/PN10/ P265GH/EN10028-2

Blind Flange

TYP 05 – PN 10

Designation of a flange Type 05 raised face type A nominal diameter DN 900 – pressure rating PN 10 made of material P 265GH

Flange EN 1092-1/05A/DN900/PN10/ P265GH/EN 10028-2

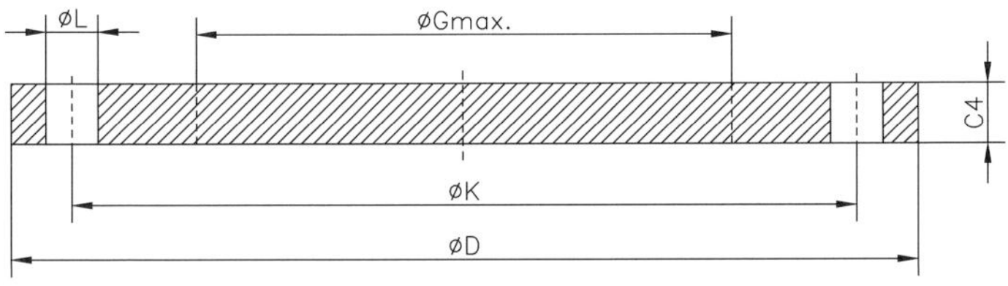

Maße in mm /Dimensions in mm

Rohr-Anschluss Pipe connection DN	Flansch Flange				Schrauben Bolts			Gewicht eines Flansches Weight of flange
	D	C4	K	Gmax	Anzahl Number	Gewinde Tread	L	[kg]*
500	670	28	620	475	20	M24	26	75,20
600	780	34	725	575	20	M27	30	124,00
700	895	38	840	670	24	M27	30	183,00
800	1015	48	950	770	24	M30	33	297,00
900	1115	50	1050	860	28	M30	33	374,00
1000	1230	54	1160	960	28	M33	36	492,00
1200	1455	66	1380	1160	32	M36	39	842,00

*(Dichte/Density 7,85 kg/dm³)

Blindflansche

TYP 05 – PN 16

Bezeichnung eines Flansches Typ 05 mit Dichtflächenform A von Nennweite DN 700 – Druckstufe PN 16 aus Werkstoff mit dem Kurznamen P265GH

Flansch EN 1092-1/05A/DN700/PN25/ P265GH/EN10028-2

Blind Flange

TYP 05 – PN 16

Designation of a flange Type 05 raised face type A nominal diameter DN 700 – pressure rating PN 16 made of material P 265GH

Flange EN 1092-1/05A/DN700/PN25/ P265GH/EN 10028-2

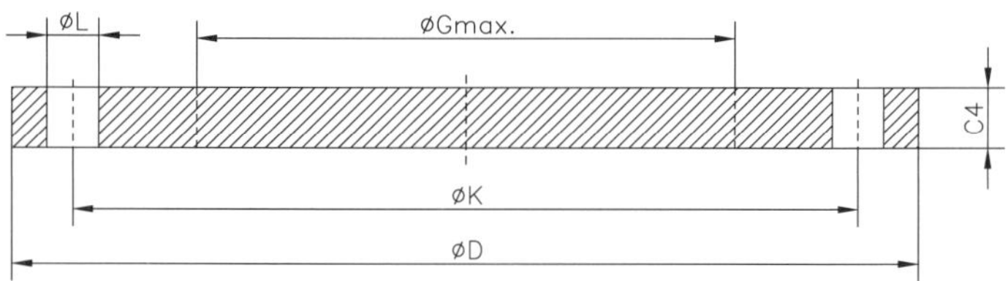

Maße in mm/Dimensions in mm

Rohr-Anschluss Pipe connection DN	Flansch Flange				Schrauben Bolts			Gewicht eines Flansches Weight of flange [kg]*
	D	C4	K	Gmax	An-zahl Number	Ge-winde Thread	L	
10	90	16	60	-	4	M12	14	0,722
15	95	16	65	-	4	M12	14	0,813
20	105	18	75	-	4	M12	14	1,14
25	115	18	85	-	4	M12	14	1,38
32	140	18	100	-	4	M16	18	2,03
40	150	18	110	-	4	M16	18	2,35
50	165	18	125	-	4	M16	18	2,88
65	185	18	145	55	8[a]	M16	18	3,51[b]
80	200	20	160	70	8	M16	18	4,61
100	220	20	180	90	8	M16	18	5,65
125	250	22	210	115	8	M16	18	8,13
150	285	22	240	140	8	M20	22	10,50
200	340	24	295	190	12	M20	22	16,20
250	405	26	355	235	12	M24	26	25,00
300	460	28	410	285	12	M24	26	35,10
350	520	30	470	330	16	M24	26	48,00
400	580	32	525	380	16	M27	30	63,50
450	640	40	585	425	20	M27	30	96,60

a=Sind Flansche mit 4 Löchern erforderlich, dürfen diese nach Absprache zwischen Hersteller und Besteller geliefert werden. When flanges are required with 4 holes, these may be supplied by agreement between flange manufacturer and purchaser.
b=mit 8 Schraubenlöchern/with 8 bolt holes
*(Dichte/Density 7,85 kg/dm³)

Blindflansche

TYP 05 – PN 16

Bezeichnung eines Flansches Typ 05 mit Dichtflächenform A von Nennweite DN 700 – Druckstufe PN 16 aus Werkstoff mit dem Kurznamen P265GH

Flansch EN 1092-1/05A/DN700/PN25/ P265GH/EN10028-2

Blind Flange

TYP 05 – PN 16

Designation of a flange Type 05 raised face type A nominal diameter DN 700 – pressure rating PN 16 made of material P 265GH

Flange EN 1092-1/05A/DN700/PN25/ P265GH/EN 10028-2

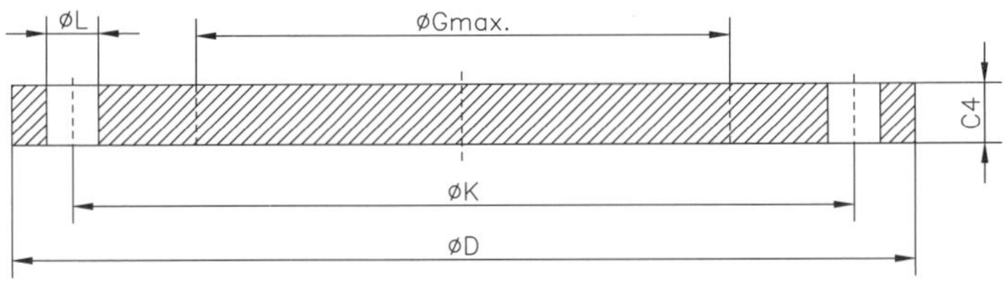

Maße in mm/Dimensions in mm

Rohr-Anschluss Pipe connection DN	Flansch Flange				Schrauben Bolts			Gewicht eines Flansches Weight of flange
	D	C4	K	Gmax	An-zahl Number	Ge-winde Thread	L	[kg]*
500	715	44	650	475	20	M30	33	133,00
600	840	54	770	575	20	M33	36	226,00
700	910	58	840	670	24	M33	36	285,00
800	1025	62	950	770	24	M36	39	388,00
900	1125	64	1050	860	28	M36	39	483,00
1000	1255	68	1170	960	28	M39	42	640,00
1200	1485	a	1390	1160	32	M45	48	1012,00

a=Vom Besteller festzulegen

a=To be specified by the purchaser

*(Dichte/Density 7,85 kg/dm³)

Blindflansche

TYP 05 – PN 25

Bezeichnung eines Flansches Typ 05 mit Dichtflächenform A von Nennweite DN 1000 – Druckstufe PN 25 aus Werkstoff mit dem Kurznamen P265GH

Flansch EN 1092-1/05A/DN1000/PN25/ P265GH/EN10028-2

Blind Flange

TYP 05 – PN 25

Designation of a flange Type 05 raised face type A nominal diameter DN 1000 – pressure rating PN 25 made of material P 265GH

Flange EN 1092-1/05A/DN1000/PN25/ P265GH/EN 10028-2

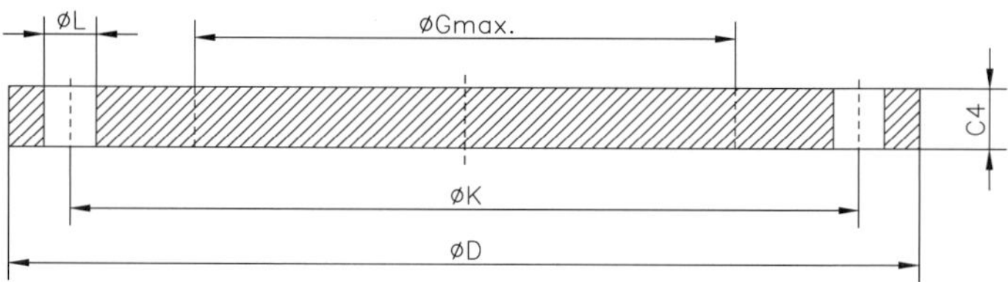

Maße in mm/Dimensions in mm

Rohr-Anschluss Pipe connection DN	Flansch Flange				Schrauben Bolts			Gewicht eines Flansches Weight of flange
	D	C4	K	Gmax	An-zahl Number	Ge-winde Thread	L	[kg]*
10	90	16	60	-	4	M12	14	0,722
15	95	16	65	-	4	M12	14	0,813
20	105	18	75	-	4	M12	14	1,14
25	115	18	85	-	4	M12	14	1,38
32	140	18	100	-	4	M16	18	2,03
40	150	18	110	-	4	M16	18	2,35
50	165	20	125	-	4	M16	18	3,20
65	185	22	145	55	8	M16	18	4,29
80	200	24	160	70	8	M16	18	5,54
100	235	24	190	90	8	M20	22	7,60
125	270	26	220	115	8	M24	26	10,80
150	300	28	250	140	8	M24	26	14,60
200	360	30	310	190	12	M24	26	22,50
250	425	32	370	235	12	M27	30	33,50
300	485	34	430	285	16	M27	30	46,30
350	555	38	490	332	16	M30	33	68,10
400	620	40	550	380	16	M33	36	89,70
450	670	50	600	425	20	M33	36	130,00

*(Dichte/Density 7,85 kg/dm³)

Blindflansche

TYP 05 – PN 25

Bezeichnung eines Flansches Typ 05 mit Dichtflächenform A von Nennweite DN 1000 – Druckstufe PN 25 aus Werkstoff mit dem Kurznamen P265GH

Flansch EN 1092-1/05A/DN1000/PN25/ P265GH/EN10028-2

Blind Flange

TYP 05 – PN 25

Designation of a flange Type 05 raised face type A nominal diameter DN 1000 – pressure rating PN 25 made of material P 265GH

Flange EN 1092-1/05A/DN1000/PN25/ P265GH/EN 10028-2

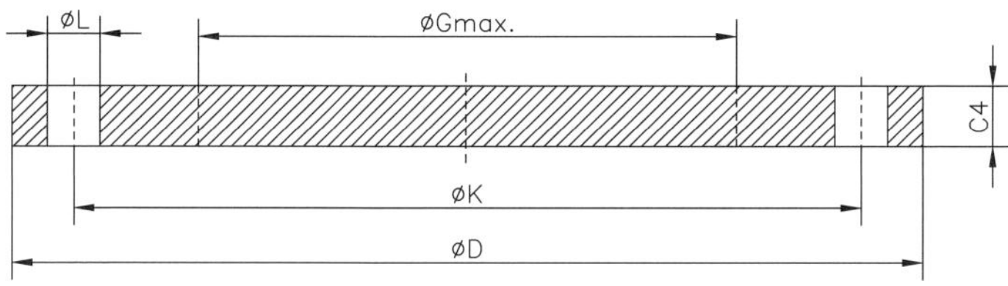

Maße in mm/Dimensions in mm

Rohr-Anschluss Pipe connection DN	Flansch Flange				Schrauben Bolts			Gewicht eines Flansches Weight of flange
	D	C4	K	Gmax	An-zahl Number	Ge-winde Thread	L	[kg]*
500	730	51	660	475	20	M33	36	159,00
600	845	66	770	575	20	M36	39	278,00
700	960	a	875	-	24	M39	42	-
800	1085		990	-	24	M45	48	-
900	1185		1090	-	28	M45	48	-
1000	1320		1210	-	28	M52	56	-

a=Vom Besteller festzulegen a=To be specified by the purchaser

*(Dichte/Density 7,85 kg/dm³)

Blindflansche

TYP 05 – PN 40

Bezeichnung eines Flansches Typ 05 mit Dichtflächenform A von Nennweite DN 200 – Druckstufe PN 40 aus Werkstoff mit dem Kurznamen P265GH

Flansch EN 1092-1/05A/DN200/PN40/ P265GH/EN10028-2

Blind Flange

TYP 05 – PN 40

Designation of a flange Type 05 raised face type A nominal diameter DN 200 – pressure rating PN 40 made of material P 265GH

Flange EN 1092-1/05A/DN200/PN40/ P265GH/EN 10028-2

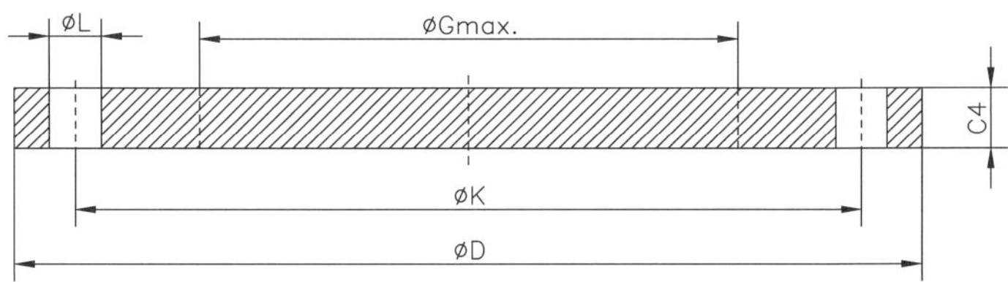

Maße in mm/Dimensions in mm

Rohr-Anschluss Pipe connection DN	Flansch Flange				Schrauben Bolts			Gewicht eines Flansches Weight of flange
	D	C4	K	Gmax	An-zahl Number	Ge-winde Thread	L	[kg]*
10	90	16	60	-	4	M12	14	0,722
15	95	16	65	-	4	M12	14	0,813
20	105	18	75	-	4	M12	14	1,14
25	115	18	85	-	4	M12	14	1,38
32	140	18	100	-	4	M16	18	2,03
40	150	18	110	-	4	M16	18	2,35
50	165	20	125	-	4	M16	18	3,20
65	185	22	145	55	8	M16	18	4,29
80	200	24	160	70	8	M16	18	5,54
100	235	24	190	90	8	M20	22	7,60
125	270	26	220	115	8	M24	26	10,80
150	300	28	250	140	8	M24	26	14,60
200	375	36	320	190	12	M27	30	28,80
250	450	38	385	235	12	M30	33	44,40
300	515	42	450	285	16	M30	33	64,20
350	580	46	510	330	16	M33	36	89,50
400	660	50	585	380	16	M36	39	127,00
450	685	57	610	425	20	M36	39	154,00
500	755	57	670	475	20	M39	42	188,00
600	890	72	795	575	20	M45	48	331,00

*(Dichte/Density 7,85 kg/dm³)

Blindflansche

TYP 05 – PN 63

Bezeichnung eines Flansches Typ 05 mit Dichtflächenform A von Nennweite DN 200 – Druckstufe PN 63 aus Werkstoff mit dem Kurznamen P265GH

Flansch EN 1092-1/05A/DN200/PN63/ P265GH/EN10028-2

Blind Flange

TYP 05 – PN 63

Designation of a flange Type 05 raised face type A nominal diameter DN 200 – pressure rating PN 63 made of material P 265GH

Flange EN 1092-1/05A/DN200/PN63/ P265GH/EN 10028-2

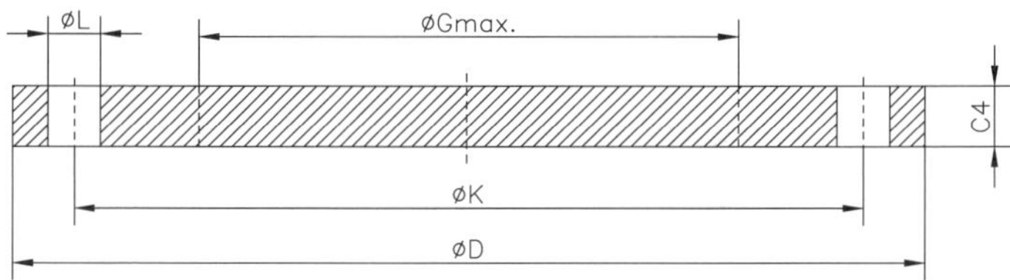

Maße in mm/Dimensions in mm

Rohr-Anschluss Pipe connection DN	Flansch Flange				Schrauben Bolts			Gewicht eines Flansches Weight of flange [kg]*
	D	C4	K	Gmax	An-zahl Number	Ge-winde Thread	L	
10	100	20	70	-	4	M12	14	1,04
15	105	20	75	-	4	M12	14	1,16
20	130	22	90	-	4	M16	18	1,97
25	140	24	100	-	4	M16	18	2,54
32	155	24	110	-	4	M20	22	3,07
40	170	26	125	-	4	M20	22	3,97
50	180	26	135	-	4	M20	22	4,52
65	205	26	160	45	8	M20	22	5,69
80	215	28	170	60	8	M20	22	6,89
100	250	30	200	80	8	M24	26	10,00
125	295	34	240	105	8	M27	30	15,90
150	345	36	280	130	8	M30	33	23,30
200	415	42	345	180	12	M33	36	39,20
250	470	46	400	220	12	M33	36	56,70
300	530	52	460	270	16	M33	36	81,20
350	600	56	525	310	16	M36	39	113,00
400	670	60	585	360	16	M39	42	152,00

*(Dichte/Density 7,85 kg/dm³)

Blindflansche

TYP 05 – PN 100

Bezeichnung eines Flansches Typ 05 mit Dichtflächenform A von Nennweite DN 200 – Druckstufe PN 100 aus Werkstoff mit dem Kurznamen P265GH

Flansch EN 1092-1/05A/DN200/PN100/ P265GH/EN10028-2

Blind Flange

TYP 05 – PN 100

Designation of a flange Type 05 raised face type A nominal diameter DN 200 – pressure rating PN 100 made of material P 265GH

Flange EN 1092-1/05A/DN200/PN100/ P265GH/EN 10028-2

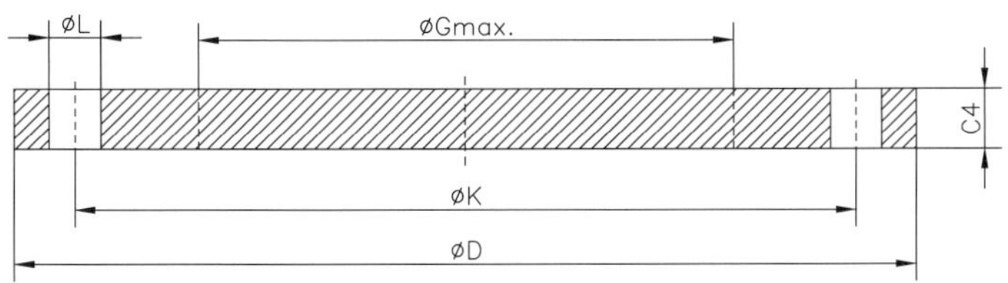

Maße in mm/Dimensions in mm

Rohr-Anschluss Pipe connection DN	Flansch Flange				Schrauben Bolts			Gewicht eines Flansches Weight of flange [kg]*
	D	C4	K	Gmax	Anzahl Number	Gewinde Thread	L	
10	100	20	70	-	4	M12	14	1,04
15	105	20	75	-	4	M12	14	1,16
20	130	22	90	-	4	M16	18	1,97
25	140	24	100	-	4	M16	18	2,54
32	155	24	110	-	4	M20	22	3,07
40	170	26	125	-	4	M20	22	3,97
50	195	28	145	-	4	M24	26	5,64
65	220	30	170	45	8	M24	26	7,44
80	230	32	180	60	8	M24	26	8,85
100	265	36	210	80	8	M27	30	13,30
125	315	40	250	105	8	M30	33	21,30
150	355	44	290	130	12	M30	33	29,40
200	430	52	360	180	12	M33	36	52,70
250	505	60	430	210	12	M36	39	85,40
300	585	68	500	260	16	M39	42	128,00
350	655	74	560	300	16	M45	48	175,00

*(Dichte/Density 7,85 kg/dm³)

Blindflansche

TYP 05 – PN 160

Bezeichnung eines Flansches Typ 05 mit Dichtflächenform A von Nennweite DN 200 – Druckstufe PN 160 aus Werkstoff mit dem Kurznamen P265GH

Flansch EN 1092-1/05A/DN200/PN160/P265GH/ EN10028-2

Blind Flange

TYP 05 – PN 160

Designation of a flange Type 05 raised face type A nominal diameter DN 200 – pressure rating PN 160 made of material P 265GH

Flange EN 1092-1/05A/DN200/PN160/P265GH/ EN 10028-2

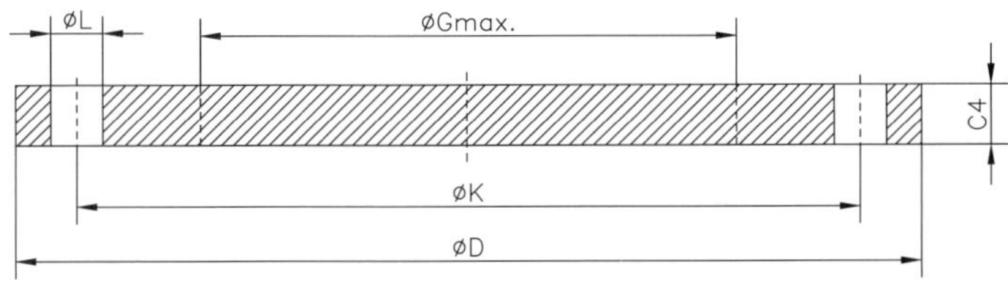

Maße in mm/Dimensions in mm

Rohr-Anschluss Pipe connection DN	Flansch Flange				Schrauben Bolts			Gewicht eines Flansches Weight of flange [kg]*
	D	C4	K	Gmax	An-zahl Number	Ge-winde Thread	L	
10	100	20	70	-	4	M12	14	1,04
15	105	20	75	-	4	M12	14	1,16
25	140	24	100	-	4	M16	18	2,54
40	170	28	125	-	4	M20	22	4,30
50	195	30	145	-	4	M24	26	6,07
65	220	34	170	42	8	M24	26	8,49
80	230	36	180	55	8	M24	26	10,00
100	265	40	210	74	8	M27	30	14,90
125	315	44	250	98	8	M30	33	23,50
150	355	50	290	119	12	M30	33	33,60
200	430	62	360	168	12	M33	36	61,00
250	515	72	430	195	12	M39	42	106,00
300	585	84	500	235	16	M39	42	158,00

*(Dichte/Density 7,85 kg/dm³)

Blindflansche

TYP 05 – PN 250

Bezeichnung eines Flansches Typ 05 mit Dichtflächenform A von Nennweite DN 100 – Druckstufe PN 250 aus Werkstoff mit dem Kurznamen P265GH

Flansch EN 1092-1/05A/DN100/PN250/P265GH/ EN10028-2

Blind Flange

TYP 05 – PN 250

Designation of a flange Type 05 raised face type A nominal diameter DN 100 – pressure rating PN 250 made of material P 265GH

Flange EN 1092-1/05A/DN100/PN250/P265GH/ EN 10028-2

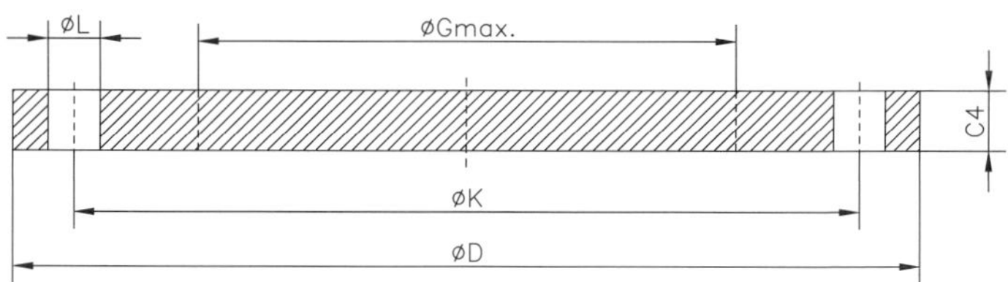

Maße in mm/Dimensions in mm

Rohr-Anschluss Pipe connection DN	Flansch Flange				Schrauben Bolts			Gewicht eines Flansches Weight of flange [kg]*
	D	C4	K	Gmax	Anzahl Number	Gewinde Thread	L	
15	130	26	90	-	4	M16	18	2,33
25	150	28	105	-	4	M20	22	3,35
40	185	34	135	-	4	M24	26	6,17
50	200	38	150	-	8	M24	26	7,66
65	230	42	180	36	8	M24	26	11,70
80	255	46	200	46	8	M27	30	15,70
100	300	54	235	62	8	M30	33	26,00
125	340	60	275	86	12	M30	33	36,70
150	390	68	320	109	12	M33	36	55,60
200	485	85	400	150	12	M39	42	109,00
250	585	104	490	171	16	M45	48	192,00

*(Dichte/Density 7,85 kg/dm³)

Blindflansche

TYP 05 – PN 320

Bezeichnung eines Flansches Typ 05 mit Dichtflächenform A von Nennweite DN 125 – Druckstufe PN 320 aus Werkstoff mit dem Kurznamen P265GH

Flansch EN 1092-1/05A/DN125/PN320/P265GH/ EN10028-2

Blind Flange

TYP 05 – PN 320

Designation of a flange Type 05 raised face type A nominal diameter DN 125 – pressure rating PN 320 made of material P 265GH

Flange EN 1092-1/05A/DN125/PN320/P265GH/ EN 10028-2

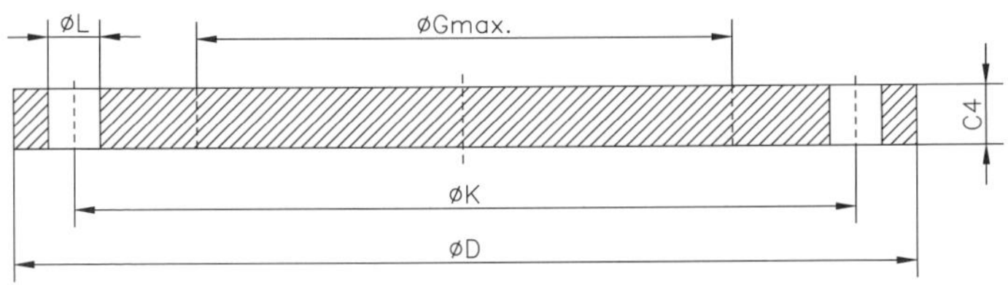

Maße in mm/Dimensions in mm

Rohr-Anschluss Pipe connection DN	Flansch Flange				Schrauben Bolts			Gewicht eines Flansches Weight of flange
	D	C4	K	Gmax	An-zahl Number	Ge-winde Thread	L	[kg]*
10	125	24	85	-	4	M16	18	2,13
15	130	26	90	-	4	M16	18	2,52
25	160	34	115	-	4	M20	22	5,10
40	195	38	145	-	4	M24	26	8,33
50	210	42	160	-	8	M24	26	10,70
65	255	51	200	-	8	M27	30	19,40
80	275	55	220	43	8	M27	30	24,40
100	335	65	265	58	8	M33	36	43,20
125	380	75	310	78	12	M33	36	64,00
150	425	84	350	94	12	M36	39	90,20
200	525	103	440	140	16	M39	42	169,00
250	640	125	540	190	16	M48	52	307,00

*(Dichte/Density 7,85 kg/dm³)

Blindflansche

TYP 05 – PN 400

Bezeichnung eines Flansches Typ 05 mit Dichtflächenform A von Nennweite DN 65 – Druckstufe PN 400 aus Werkstoff mit dem Kurznamen P265GH

Flansch EN 1092-1/05A/DN65/PN400/P265GH/ EN10028-2

Blind Flange

TYP 05 – PN 400

Designation of a flange Type 05 raised face type A nominal diameter DN 65 – pressure rating PN 400 made of material P 265GH

Flange EN 1092-1/05A/DN65/PN400/P265GH/ EN 10028-2

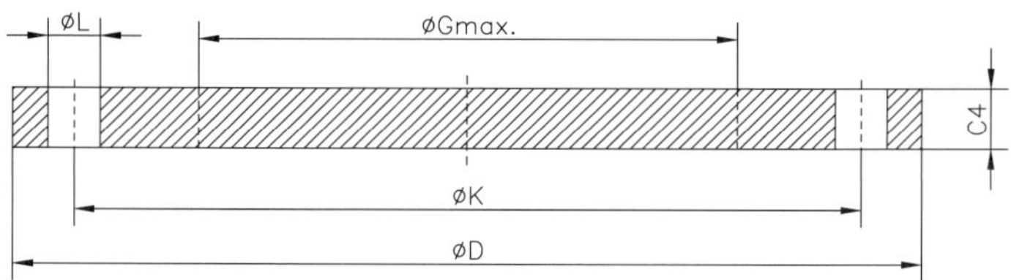

Maße in mm/Dimensions in mm

Rohr-Anschluss Pipe connection DN	Flansch Flange				Schrauben Bolts			Gewicht eines Flansches Weight of flange [kg]*
	D	C4	K	Gmax	Anzahl Number	Gewinde Thread	L	
10	125	28	85	-	4	M16	18	2,32
15	145	30	100	-	4	M20	22	3,32
25	180	38	130	-	4	M24	26	6,65
40	220	48	165	-	4	M27	30	12,60
50	235	52	180	-	8	M27	30	14,70
65	290	64	225	-	8	M30	33	28,60
80	305	68	240	-	8	M30	33	34,10
100	370	80	295	46	8	M36	39	59,70
125	415	92	340	58	12	M36	39	85,10
150	475	105	390	74	12	M39	42	129,00
200	585	130	490	120	16	M45	48	241,00

*(Dichte/Density 7,85 kg/dm³)

Vorschweißflansch

TYP 11 – PN 2,5

Bezeichnung eines Flansches Typ 11 mit Dichtflächenform C von Nennweite DN 1200, Druckstufe PN 2,5 mit S=10 mm, Werkstoff P250GH

Flansch EN 1092-1/11C/DN1200/PN2,5/10/ P250GH/EN 10222-2

Welding-neck flange

TYP 11 – PN 2,5

Designation of a flange Type 11, with raised face type C, nominal diameter DN 1200 pressure rating 2,5 with S=10 mm, material P 250GH

Flange EN 1092-1/11C/DN1200/PN2,5/10/ P250GH/EN 10222-2

Bild A.3
Figure A.3

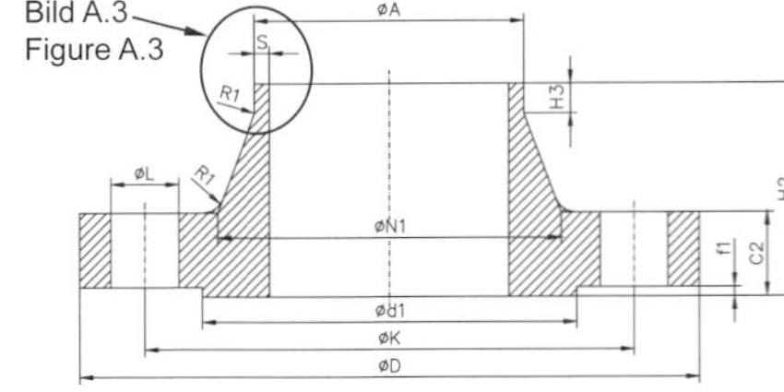

Maße in mm/Dimensions in mm

Rohr-Anschluss Pipe connection		Flansch Flange				Ansatz Hub					Dichtleiste Raised face		Schrauben Bolts			Gewicht Weight
DN	A	D	C2	K	H2	N1	S	Sp*	R1	H3	d1	f1	An-zahl Number	Ge-winde Thread	L	[kg]*
10	17,2	75	12	50	28	26	2,0	2,0	4	6	35	2	4	M10	11	0,353
15	21,3	80	12	55	30	30	2,0	2,0	4	6	40		4	M10	11	0,408
20	26,9	90	14	65	32	38	2,3	2,3	4	6	50		4	M10	11	0,621
25	33,7	100	14	75	35	42	2,6	2,6	4	6	60		4	M10	11	0,762
32	42,4	120	14	90	35	55	2,6	2,6	6	6	70		4	M12	14	1,11
40	48,3	130	14	100	38	62	2,6	2,6	6	7	80	3	4	M12	14	1,26
50	60,3	140	14	110	38	74	2,9	2,9	6	8	90		4	M12	14	1,43
65	76,1	160	14	130	38	88	2,9	2,9	6	9	110		4	M12	14	1,77
80	88,9	190	16	150	42	102	3,2	3,2	8	10	128		4	M16	18	2,88
100	114,3	210	16	170	45	130	3,6	3,6	8	10	148		4	M16	18	3,41
125	139,7	240	18	200	48	155	4,0	4,0	8	10	178		8	M16	18	4,65
150	168,3	265	18	225	48	184	4,5	4,5	10	12	202		8	M16	18	5,50
200	219,1	320	20	280	55	236	6,3	6,3	10	15	258		8	M16	18	8,60
250	273,0	375	22	335	60	290	6,3	6,3	12	15	312		12	M16	18	11,70
300	323,9	440	22	395	62	342	7,1	7,1	12	15	365	4	12	M20	22	15,30
350	355,6	490	22	445	62	385	7,1	7,1	12	15	415		12	M20	22	20,30
400	406,4	540	22	495	65	438	7,1	7,1	12	15	465		16	M20	22	23,10
450	457,0	595	22	550	65	492	7,1	7,1	12	15	520		16	M20	22	27,00
500	508,0	645	24	600	68	538	7,1	7,1	12	15	570		20	M20	22	30,80
600	610,0	755	30	705	70	640	7,1	7,1	12	16	670		20	M24	26	44,00
700	711,0	860	30	810	76	740	7,1	7,1	12	16	775	5	24	M24	26	53,70
800	813,0	975	30	920	76	842	7,1	7,1	12	16	880		24	M27	30	64,40
900	914,0	1075	30	1020	74	942	7,1	7,1	12	16	980		24	M27	30	79,20
1000	1016,0	1175	30	1120	74	1045	7,1	7,1	16	16	1080		28	M27	30	98,60

*Sp = Werte der Tabelle A.1 des Anhanges A - Values of table A.1 of Annex A

*(Dichte/Density 7,85 kg/dm³)

Vorschweißflansch

TYP 11 – PN 2,5

Bezeichnung eines Flansches Typ 11 mit Dichtflächenform C von Nennweite DN 1200, Druckstufe PN 2,5 mit S=10 mm, Werkstoff P250GH

Flansch EN 1092-1/11C/DN1200/PN2,5/10/ P250GH/EN 10222-2

Welding-neck flange

TYP 11 – PN 2,5

Designation of a flange Type 11, with raised face type C, nominal diameter DN 1200 pressure rating 2,5 with S=10 mm, material P 250GH

Flange EN 1092-1/11C/DN1200/PN2,5/10/ P250GH/EN 10222-2

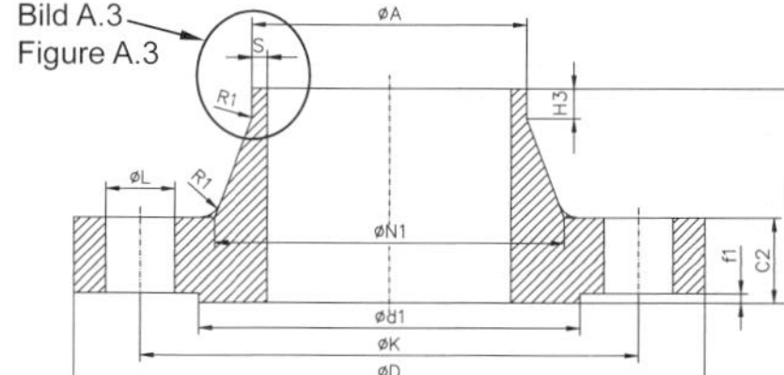

Maße in mm/Dimensions in mm

Rohr-Anschluss Pipe connection		Flansch Flange				Ansatz Hub					Dichtleiste Raised face		Schrauben Bolts			Gewicht Weight
DN	A	D	C2	K	H2	N1	S	Sp*	R1	H3	d1	f1	Anzahl Number	Gewinde Thread	L	[kg]*
1200	1219	1375	32	1320	94	1245	8,0	7,1	16	16	1280		32	M27	30	104,00
1400	1422	1575	38	1520	96	1445	8,0	7,1	16	16	1480		36	M27	30	133,00
1600	1626	1790	46	1730	102	1645	8,8	8,0	16	20	1690		40	M27	30	188,00
1800	1829	1990	46	1930	110	1845	10,0	10,0	16	20	1890		44	M27	30	215,00
2000	2032	2190	50	2130	122	2045	11,0	10,0	16	22	2090		48	M27	30	260,00
2200	2235	2405	56	2340	129	2248	11,0	10,0	18	25	2295		52	M30	33	332,00
2400	2438	2605	62	2540	143	2448	11,0	10,0	18	25	2495		56	M30	33	392,00
2600	2620	2805	64	2740	148	2648	11,0	10,0	18	25	2695	5	60	M30	33	497,00
2800	2820	3030	74	2960	161	2848	11,0	10,0	18	25	2910		64	M33	36	668,00
3000	3020	3230	80	3160	170	3050	11,0	10,0	18	25	3110		68	M33	36	772,00
3200	3220	3430	84	3360	180	3250	11,0	10,0	20	25	3310		72	M33	36	869,00
3400	3420	3630	90	3560	194	3450	11,0	10,0	20	28	3510		76	M33	36	988,00
3600	3620	3840	96	3770	201	3652	11,0	10,0	20	28	3720		80	M33	36	1156,00
3800	3820	4045	102	3970	212	3852	11,0	10,0	20	28	3920		80	M36	39	1309,00
4000	4020	4245	106	4170	226	4052	11,0	10,0	20	28	4120		84	M36	39	1441,00

*Sp = Werte der Tabelle A.1 des Anhanges A - Values of table A.1 of Annex A

*(Dichte/Density 7,85 kg/dm³)

Bild A.3 aus Annex A – Zulässige Form von Abschrägung bei ungleichen Wanddicken
Figure A.3 from Annex A – Permissible bevel design fot unequal wall thickness

Vorschweißflansch

TYP 11 – PN 6

Bezeichnung eines Flansches Typ 11 mit Dichtflächenform C von Nennweite DN 1000, Druckstufe PN 6 mit S=8 mm, Werkstoff P250GH

Flansch EN 1092-1/11C/DN1000/PN6/8/ P250GH/EN 10222-2

Welding-neck flange

TYP 11 – PN 6

Designation of a flange Type 11, with raised face type C, nominal diameter DN 1000 pressure rating 6 with S=8 mm, material P 250GH

Flange EN 1092-1/11C/DN1000/PN6/8/ P250GH/EN 10222-2

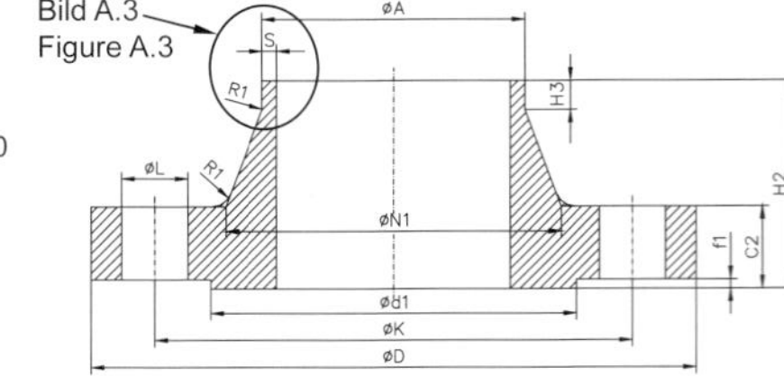

Bild A.3
Figure A.3

Maße in mm/Dimensions in mm

Rohr-Anschluss Pipe connection		Flansch Flange				Ansatz Hub					Dichtleiste Raised face		Schrauben Bolts			Gewicht Weight
DN	A	D	C2	K	H2	N1	S	Sp*	R1	H3	d1	f1	An-zahl Number	Ge-winde Thread	L	[kg]*
10	17,2	75	12	50	28	26	2,0	2,0	4	6	35		4	M10	11	0353
15	21,3	80	12	55	30	30	2,0	2,0	4	6	40		4	M10	11	0,408
20	26,9	90	14	65	32	38	2,3	2,3	4	6	50	2	4	M10	11	0,621
25	33,7	100	14	75	35	42	2,6	2,6	4	6	60		4	M10	11	0,762
32	42,4	120	14	90	35	55	2,6	2,6	6	6	70		4	M12	14	1,11
40	48,3	130	14	100	38	62	2,6	2,6	6	7	80		4	M12	14	1,26
50	60,3	140	14	110	38	74	2,9	2,9	6	8	90		4	M12	14	1,43
65	76,1	160	14	130	38	88	2,9	2,9	6	9	110		4	M12	14	1,77
80	88,9	190	16	150	42	102	3,2	3,2	8	10	128		4	M16	18	2,88
100	114,3	210	16	170	45	130	3,6	3,6	8	10	148	3	4	M16	18	3,41
125	139,7	240	18	200	48	155	4,0	4,0	8	10	178		8	M16	18	4,65
150	168,3	265	18	225	48	184	4,5	4,5	10	12	202		8	M16	18	5,50
200	219,1	320	20	280	55	236	6,3	6,3	10	15	258		8	M16	18	8,60
250	273,0	375	22	335	60	290	6,3	6,3	12	15	312		12	M16	18	11,70
300	323,9	440	22	395	62	342	7,1	7,1	12	15	365		12	M20	22	15,30
350	355,6	490	22	445	62	385	7,1	7,1	12	15	415		12	M20	22	20,30
400	406,4	540	22	495	65	438	7,1	7,1	12	15	465	4	16	M20	22	23,10
450	457,0	595	22	550	65	492	7,1	7,1	12	15	520		16	M20	22	27,00
500	508,0	645	24	600	68	538	7,1	7,1	12	15	570		20	M20	22	30,80
600	610,0	755	30	705	70	640	7,1	7,1	12	16	670		20	M24	26	44,00
700	711,0	860	30	810	76	740	8,0	7,1	12	16	775		24	M24	26	53,70
800	813,0	975	30	920	76	842	8,0	7,1	12	16	880	5	24	M27	30	64,40
900	914,0	1075	34	1020	78	942	8,0	7,1	12	16	980		24	M27	30	79,20
1000	1016,0	1175	38	1120	82	1045	8,0	7,1	16	16	1080		28	M27	30	98,60

*Sp = Werte der Tabelle A.1 des Anhanges A - Values of table A.1 of Annex A

*(Dichte/Density 7,85 kg/dm³)

Vorschweißflansch

TYP 11 – PN 6

Bezeichnung eines Flansches Typ 11 mit Dichtflächenform C von Nennweite DN 1000, Druckstufe PN 6 mit S=8 mm, Werkstoff P250GH

Flansch EN 1092-1/11C/DN1000/PN6/8/ P250GH/EN 10222-2

Welding-neck flange

TYP 11 – PN 6

Designation of a flange Type 11, with raised face type C, nominal diameter DN 1000 pressure rating 6 with S=8 mm, material P 250GH

Flange EN 1092-1/11C/DN1000/PN6/8/ P250GH/EN 10222-2

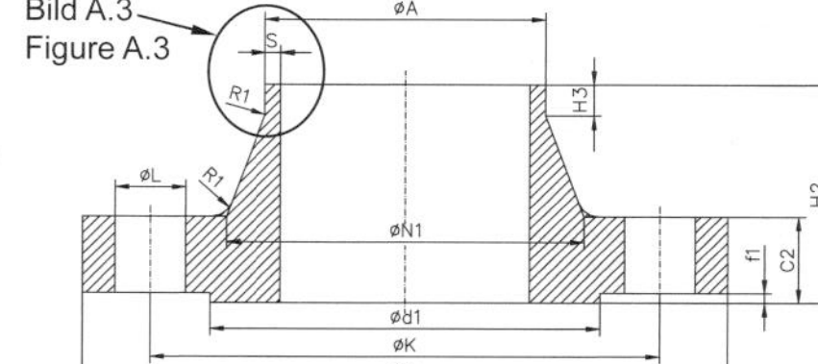

Maße in mm/Dimensions in mm

Rohr-Anschluss Pipe connection		Flansch Flange				Ansatz Hub					Dichtleiste Raised face		Schrauben Bolts			Gewicht Weight
DN	A	D	C2	K	H2	N1	S	Sp*	R1	H3	d1	f1	An-zahl Number	Ge-winde Thread	L	[kg]*
1200	1219,0	1405	42	1340	104	1248	8,8	8,0	16	20	1295	5	32	M30	33	152,00
1400	1422,0	1630	56	1560	114	1452	8,8	8,0	16	20	1510		36	M33	36	246,00
1600	1626,0	1830	63	1760	119	1655	10,0	9,0	16	20	1710		40	M33	36	309,00
1800	1829,0	2045	69	1970	133	1855	11,0	10,0	16	20	1920		44	M36	39	400,00
2000	2032,0	2265	74	2180	146	2058	12,5	11,0	16	25	2125		48	M39	42	516,00
2200	2235,0	2475	81	2390	154	2260	14,0	12,5	18	25	2335		52	M39	42	645,00
2400	2438,0	2685	87	2600	168	2462	15,0	14,2	18	25	2545		56	M39	42	786,00
2600	2620,0	2905	91	2810	175	2665	16,0	14,2	18	25	2750		60	M45	48	1021,00
2800	2820,0	3115	101	3020	188	2865	17,0	16,0	18	30	2960		64	M45	48	1256,00
3000	3020,0	3315	102	3220	192	3068	20,0	16,0	18	30	3160		68	M45	48	1404,00
3200	3220,0	3525	106	3430	202	3272	20,0	16,0	20	30	3370		72	M45	48	1617,00
3400	3420,0	3735	110	3640	214	3475	22,0	17,5	20	35	3580		76	M45	48	1877,00
3600	3620,0	3970	124	3860	229	3678	22,0	17,5	20	35	3790		80	M52	56	2366,00

*Sp = Werte der Tabelle A.1 des Anhanges A - Values of table A.1 of Annex A

*(Dichte/Density 7,85 kg/dm³)

Bild A.3 aus Annex A – Zulässige Form von Abschrägung bei ungleichen Wanddicken

Figure A.3 from Annex A – Permissible bevel design fot unequal wall thickness

Vorschweißflansch

TYP 11 – PN 10

Bezeichnung eines Flansches Typ 11 mit Dichtflächenform C von Nennweite DN 100, Druckstufe PN 10 mit S=3,6 mm, Werkstoff P250GH

Flansch EN 1092-1/11C/DN100/PN10/3,6/ P250GH/EN 10222-2

Welding-neck flange

TYP 11 – PN 10

Designation of a flange Type 11, with raised face type C, nominal diameter DN 100 pressure rating 10 with S=3,6 mm, material P 250GH

Flange EN 1092-1/11C/DN100/PN10/3,6/ P250GH/EN 10222-2

Bild A.3
Figure A.3

Maße in mm/Dimensions in mm

Rohr-Anschluss Pipe connection		Flansch Flange				Ansatz Hub					Dichtleiste Raised face		Schrauben Bolts			Gewicht Weight
DN	A	D	C2	K	H2	N1	S	Sp*	R1	H3	d1	f1	Anzahl Number	Gewinde Thread	L	[kg]*
10	17,2	90	16	60	35	28	2,0	2,0	4	6	40		4	M12	14	0,678
15	21,3	95	16	65	38	32	2,0	2,0	4	6	45		4	M12	14	0,768
20	26,9	105	18	75	40	40	2,3	2,3	4	6	58	2	4	M12	14	1,09
25	33,7	115	18	85	40	46	2,6	2,6	4	6	68		4	M12	14	1,30
32	42,4	140	18	100	42	56	2,6	2,6	6	6	78		4	M16	18	1,91
40	48,3	150	18	110	45	64	2,6	2,6	6	7	88		4	M16	18	2,15
50	60,3	165	18	125	45	74	2,9	2,9	6	8	102		4	M16	18	2,85
65	76,1	185	18	145	45	92	2,9	2,9	6	10	122		8[d]	M16	18	3,03[a]
80	88,9	200	20	160	50	105	3,2	3,2	6	10	138		8	M16	18	3,92
100	114,3	220	20	180	52	131	3,6	3,6	8	12	158	3	8	M16	18	4,62
125	139,7	250	22	210	55	156	4,0	4,0	8	12	188		8	M16	18	6,30
150	168,3	285	22	240	55	184	4,5	4,5	10	12	212		8	M20	22	7,81
200	219,1	340	24	295	62	234	6,3	6,3	10	16	268		8	M20	22	11,60
250	273,0	395	26	350	68	292	6,3	6,3	12	16	320		12	M20	22	15,80
300	323,9	445	26	400	68	342	7,1	7,1	12	16	370		12	M20	22	18,30
350	355,6	505	26	460	68	385	7,1	7,1	12	16	430		16	M20	22	25,30
400	406,4	565	26	515	72	440	7,1	7,1	12	16	482	4	16	M24	26	30,60
450	457,0	615	28	565	72	488	7,1	7,1	12	16	532		20	M24	26	35,10
500	508,0	670	28	620	75	542	7,1	7,1	12	16	585		20	M24	26	40,50
600	610,0	780	30	725	82	642	8,0	7,1	12	18	685		20	M27	30	52,9
700	711,0	895	35	840	85	746	8,8	8,0	12	18	800		24	M27	30	75,8
800	813,0	1015	38	950	96	850	8,8	8,0	12	18	905	5	24	M30	33	102,00
900	914,0	1115	38	1050	99	950	12,5	10,0	12	20	1005		28	M30	33	121,00
1000	1016,0	1230	44	1160	105	1052	12,5	10,0	16	20	1110		28	M33	36	161,00

*Sp = Werte der Tabelle A.1 des Anhanges A - Values of table A.1 of Annex A

*(Dichte/Density 7,85 kg/dm³)

Vorschweißflansch

TYP 11 – PN 10

Bezeichnung eines Flansches Typ 11 mit Dichtflächenform C von Nennweite DN 100, Druckstufe PN 10 mit S=3,6 mm, Werkstoff P250GH

Flansch EN 1092-1/11C/DN100/PN10/3,6/ P250GH/EN 10222-2

Welding-neck flange

TYP 11 – PN 10

Designation of a flange Type 11, with raised face type C, nominal diameter DN 100 pressure rating 10 with S=3,6 mm, material P 250GH

Flange EN 1092-1/11C/DN100/PN10/3,6/ P250GH/EN 10222-2

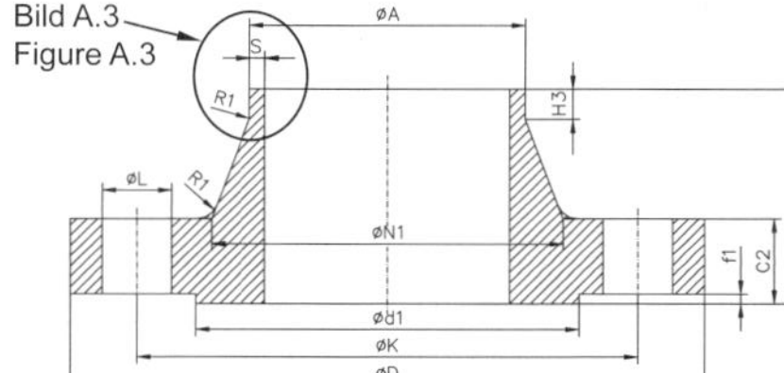

Maße in mm/Dimensions in mm

Rohr-Anschluss Pipe connection		Flansch Flange				Ansatz Hub					Dichtleiste Raised face		Schrauben Bolts			Gewicht Weight
DN	A	D	C2	K	H2	N1	S	Sp*	R1	H3	d1	f1	Anzahl Number	Gewinde Thread	L	[kg]*
1200	1219,0	1455	55	1380	132	1256	12,5	11,0	16	25	1330	5	32	M36	39	258,00
1400	1422,0	1675	65	1590	143	1460	14,2	12,5	16	25	1535		36	M39	42	371,00
1600	1626,0	1915	75	1820	159	1666	16,0	14,2	16	25	1760		40	M45	48	547,00
1800	1829,0	2115	85	2020	175	1868	17,5	16,0	16	30	1960		44	M45	48	691,00
2000	2032,0	2325	90	2230	186	2072	17,5	16,0	16	30	2170		48	M45	48	830,00
2200	2235,0	2550	100	2440	202	2275	20,0	18,0	18	35	2370		52	M52	56	1073,00
2400	2438,0	2760	110	2650	218	2478	22,2	20,0	18	35	2570		56	M52	56	1329,00
2600	2620,0	2960	110	2850	224	2680	25,0	22,2	18	40	2780		60	M52	56	1574,00
2800	2820,0	3180	124	3070	244	2882	25,0	22,2	18	40	3000		64	M52	56	1987,00
3000	3020,0	3405	132	3290	257	3085	32,0	24,0	18	45	3210		68	M56	62	2476,00

*Sp = Werte der Tabelle A.1 des Anhanges A – Values of table A.1 of Annex A

*(Dichte/Density 7,85 kg/dm³)

[a] = mit 8 Schraubenlöchern/with 8 bolt holes

[d] = Nach EN 1092-2 (Gusseisenflansche) und EN 1092-3 (Flansche aus Kupferlegierungen) können die Flansche in dieser DN und PN mit 4 Löchern geliefert werden. Wenn Stahlflansche mit 4 Löchern erforderlich sind, können diese nach Vereinbarung zwischen dem Flanschhersteller und dem Besteller geliefert werden.

[d] = According to EN 1092-2 (Cast iron flanges) and EN 1092-3 (Copper alloy flanges), the flanges in this DN and PN may be supplied with 4 holes. Where steel flanges are required with 4 holes, these may be supplied by agreement between flange manufacturer and purchaser.

Bild A.3 aus Annex A – Zulässige Form von Abschrägung bei ungleichen Wanddicken

Figure A.3 from Annex A – Permissible bevel design fot unequal wall thickness

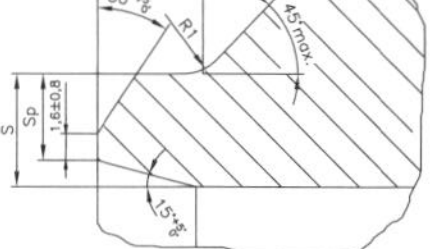

Vorschweißflansch

TYP 11 – PN 16

Bezeichnung eines Flansches Typ 11 mit Dichtflächenform C von Nennweite DN 100, Druckstufe PN 16 mit S=3,6 mm, Werkstoff P250GH

Flansch EN 1092-1/11C/DN100/PN16/3,6/ P250GH/EN 10222-2

Welding-neck flange

TYP 11 – PN 16

Designation of a flange Type 11, with raised face type C, nominal diameter DN 100 pressure rating 16 with S=3,6 mm, material P 250GH

Flange EN 1092-1/11C/DN100/PN16/3,6/ P250GH/EN 10222-2

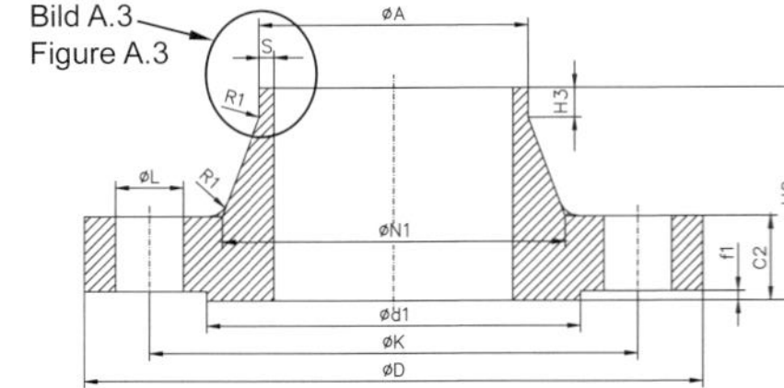

Maße in mm/Dimensions in mm

Rohr-Anschluss Pipe connection		Flansch Flange				Ansatz Hub					Dichtleiste Raised face		Schrauben Bolts			Gewicht Weight
DN	A	D	C2	K	H2	N1	S	Sp*	R1	H3	d1	f1	An-zahl Number	Ge-winde Thread	L	[kg]*
10	17,2	90	16	60	35	28	2,0	2,0	4	6	40	2	4	M12	14	0,678
15	21,3	95	16	65	38	32	2,0	2,0	4	6	45		4	M12	14	0,768
20	26,9	105	18	75	40	40	2,3	2,3	4	6	58		4	M12	14	1,09
25	33,7	115	18	85	40	46	2,6	2,6	4	6	68		4	M12	14	1,30
32	42,4	140	18	100	42	56	2,6	2,6	6	6	78		4	M16	18	1,91
40	48,3	150	18	110	45	64	2,6	2,6	6	7	88	3	4	M16	18	2,15
50	60,3	165	18	125	45	74	2,9	2,9	5	8	102		4	M16	18	2,85
65	76,1	185	18	145	45	92	2,9	2,9	6	10	122		8[d]	M16	18	3,03[a]
80	88,9	200	20	160	50	105	3,2	3,2	6	10	138		8	M16	18	3,92
100	114,3	220	20	180	52	131	3,6	3,6	8	12	158		8	M16	18	4,62
125	139,7	250	22	210	55	156	4,0	4,0	8	12	188		8	M16	18	6,30
150	168,3	285	22	240	55	184	4,5	4,5	10	12	212		8	M20	22	7,81
200	219,1	340	24	295	62	235	6,3	6,3	10	16	268		12	M20	22	11,50
250	273,0	405	26	355	70	292	6,3	6,3	12	16	320		12	M24	26	16,70
300	323,9	460	28	410	78	344	7,1	7,1	12	16	378	4	12	M24	26	22,10
350	355,6	520	30	470	82	390	8,0	8,0	12	16	438		16	M24	26	32,80
400	406,4	580	32	525	85	445	8,0	8,0	12	16	490		16	M27	30	41,10
450	457,0	640	34	585	83	490	8,8	8,0	12	16	550		20	M27	30	50,60

*Sp = Werte der Tabelle A.1 des Anhanges A - Values of table A.1 of Annex A

*(Dichte/Density 7,85 kg/dm³)

Vorschweißflansch

TYP 11 – PN 16

Bezeichnung eines Flansches Typ 11 mit Dichtflächenform C von Nennweite DN 100, Druckstufe PN 16 mit S=3,6 mm, Werkstoff P250GH

Flansch EN 1092-1/11C/DN100/PN16/3,6/ P250GH/EN 10222-2

Welding-neck flange

TYP 11 – PN 16

Designation of a flange Type 11, with raised face type C, nominal diameter DN 100 pressure rating 16 with S=3,6 mm, material P 250GH

Flange EN 1092-1/11C/DN100/PN16/3,6/ P250GH/EN 10222-2

Bild A.3
Figure A.3

Maße in mm/Dimensions in mm

Rohr-Anschluss Pipe connection		Flansch Flange				Ansatz Hub					Dichtleiste Raised face		Schrauben Bolts			Gewicht Weight
DN	A	D	C2	K	H2	N1	S	Sp*	R1	H3	d1	f1	An-zahl Number	Ge-winde Thread	L	[kg]*
500	508,0	715	36	650	84	548	8,8	8,0	12	16	610	4	20	M30	33	66,2
600	610,0	840	40	770	88	652	11,0	8,8	12	18	725	5	20	M33	36	104,00
700	711,0	910	40	840	104	755	10,0	8,8	12	18	795		24	M33	36	96,5
800	813,0	1025	41	950	108	855	12,5	10,0	12	20	900		24	M36	39	122,00
900	914,0	1125	48	1050	118	955	12,5	10,0	12	20	1000		28	M36	39	155,00
1000	1016,0	1255	59	1170	137	1058	12,5	10,0	16	22	1115		28	M39	42	233,00
1200	1219	1485	78	1390	160	1262	14,2	12,5	16	30	1330		32	M45	48	390,00
1400	1422	1685	84	1 590	177	1465	16,0	14,2	16	30	1530		36	M45	48	495,00
1600	1626	1930	102	1 820	204	1668	17,5	16,0	16	35	1750		40	M52	56	760,00
1800	1829	2130	110	2020	218	1870	20,0	17,5	16	35	1950		44	M52	56	929,00
2000	2032	2345	124	2230	238	2072	22,0	20,0	16	40	2150		48	M56	62	1185,00

*Sp = Werte der Tabelle A.1 des Anhanges A – Values of table A.1 of Annex A *(Dichte/Density 7,85 kg/dm³)

[a] = mit 8 Schraubenlöchern/with 8 bolt holes

[d] = Nach EN 1092-2 (Gusseisenflansche) und EN 1092-3 (Flansche aus Kupferlegierungen) können die Flansche in dieser DN und PN mit 4 Löchern geliefert werden. Wenn Stahlflansche mit 4 Löchern erforderlich sind, können diese nach Vereinbarung zwischen dem Flanschhersteller und dem Besteller geliefert werden.

[d] = According to EN 1092-2 (Cast iron flanges) and EN 1092-3 (Copper alloy flanges), the flanges in this DN and PN may be supplied with 4 holes. Where steel flanges are required with 4 holes, these may be supplied by agreement between flange manufacturer and purchaser.

Bild A.3 aus Annex A – Zulässige Form von Abschrägung bei ungleichen Wanddicken
Figure A.3 from Annex A – Permissible bevel design fot unequal wall thickness

Vorschweißflansch

TYP 11 – PN 25

Bezeichnung eines Flansches Typ 11 mit Dichtflächenform C von Nennweite DN 300, Druckstufe PN 25 mit S=8 mm, Werkstoff P250GH

Flansch EN 1092-1/11C/DN300/PN25/8/ P250GH/EN 10222-2

Welding-neck flange

TYP 11 – PN 25

Designation of a flange Type 11, with raised face type C, nominal diameter DN 300 pressure rating 25 with S=8 mm, material P 250GH

Flange EN 1092-1/11C/DN300/PN25/8/ P250GH/EN 10222-2

Bild A.3
Figure A.3

Maße in mm/Dimensions in mm

Rohr-Anschluss Pipe connection		Flansch Flange				Ansatz Hub					Dichtleiste Raised face		Schrauben Bolts			Gewicht Weight
DN	A	D	C2	K	H2	N1	S	Sp*	R1	H3	d1	f1	An-zahl Number	Ge-winde Thread	L	[kg]*
10	17,2	90	16	60	35	28	2,0	2,0	4	6	40		4	M12	14	0,678
15	21,3	95	16	65	38	32	2,0	2,0	4	6	45		4	M12	14	0,768
20	26,9	105	18	75	40	40	2,3	2,3	4	6	58	2	4	M12	14	1,09
25	33,7	115	18	85	40	46	2,6	2,6	4	6	68		4	M12	14	1,30
32	42,4	140	18	100	42	56	2,6	2,6	6	6	78		4	M16	18	1,91
40	48,3	150	18	110	45	64	2,6	2,6	6	7	88		4	M16	18	2,15
50	60,3	165	20	125	48	75	2,9	2,9	6	8	102		4	M16	18	2,85
65	76,1	185	22	145	52	90	2,9	2,9	6	10	122		8	M16	18	3,68
80	88,9	200	24	160	58	105	3,2	3,2	8	12	138		8	M16	18	4,78
100	114,3	235	24	190	65	134	3,6	3,6	8	12	162	3	8	M20	22	6,46
125	139,7	270	26	220	68	162	4,0	4,0	8	12	188		8	M24	26	8,86
150	168,3	300	28	250	75	192	4,5	4,5	10	12	218		8	M24	26	11,70
200	219,1	360	30	310	80	244	6,3	6,3	10	16	278		12	M24	26	17,10
250	273,0	425	32	370	88	298	7,1	7,1	12	18	335		12	M27	30	24,30
300	323,9	485	34	430	92	352	8,0	8,0	12	18	395		16	M27	30	31,80
350	355,6	555	38	490	100	398	8,0	8,0	12	20	450		16	M30	33	48,80
400	406,4	620	40	550	110	452	8,8	8,8	12	20	505	4	16	M33	36	63,30
450	457,0	670	46	600	110	500	8,8	8,8	12	20	555		20	M33	36	76,00
500	508,0	730	48	660	125	558	10,0	10,0	12	20	615		20	M33	36	97,00
600	610,0	845	48	770	125	660	12,5	11,0	12	20	720	5	20	M36	39	121,00

*Sp = Werte der Tabelle A.1 des Anhanges A - Values of table A.1 of Annex A

*(Dichte/Density 7,85 kg/dm³)

Vorschweißflansch

TYP 11 – PN 25

Bezeichnung eines Flansches Typ 11 mit Dichtflächenform C von Nennweite DN 300, Druckstufe PN 25 mit S=8 mm, Werkstoff P250GH

Flansch EN 1092-1/11C/DN300/PN10/8/ P250GH/EN 10222-2

Welding-neck flange

TYP 11 – PN 25

Designation of a flange Type 11, with raised face type C, nominal diameter DN 300 pressure rating 25 with S=8 mm, material P 250GH

Flange EN 1092-1/11C/DN300/PN10/8/ P250GH/EN 10222-2

Bild A.3
Figure A.3

Maße in mm/Dimensions in mm

Rohr-Anschluss Pipe connection		Flansch Flange				Ansatz Hub					Dichtleiste Raised face		Schrauben Bolts			Gewicht Weight
DN	A	D	C2	K	H2	N1	S	Sp*	R1	H3	d1	f1	Anzahl Number	Gewinde Thread	L	[kg]*
700	711,0	960	50	875	129	760	14,2	12,5	12	20	820	5	24	M39	42	155,00
800	813,0	1085	53	990	138	864	16,0	14,2	12	22	930		24	M45	48	205,00
900	914,0	1185	57	1090	148	968	17,5	16,0	12	24	1030		28	M45	48	249,00
1000	1016,0	1320	63	1210	160	1070	20,0	17,5	16	24	1140		28	M52	56	338,00

*Sp = Werte der Tabelle A.1 des Anhanges A - Values of table A.1 of Annex A

*(Dichte/Density 7,85 kg/dm³)

Bild A.3 aus Annex A – Zulässige Form von Abschrägung bei ungleichen Wanddicken
Figure A.3 from Annex A – Permissible bevel design fot unequal wall thickness

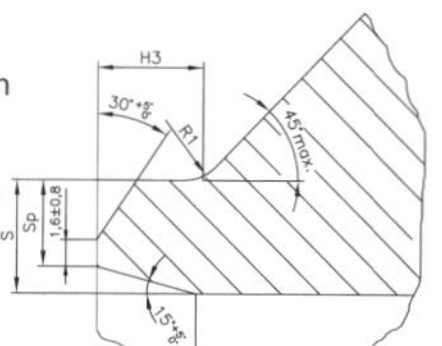

Vorschweißflansch

TYP 11 – PN 40

Bezeichnung eines Flansches Typ 11 mit Dichtflächenform C von Nennweite DN 300, Druckstufe PN 40 mit S=8 mm, Werkstoff P250GH

Flansch EN 1092-1/11C/DN300/PN40/8/ P250GH/EN 10222-2

Welding-neck flange

TYP 11 – PN 40

Designation of a flange Type 11, with raised face type C, nominal diameter DN 300 pressure rating 40 with S=8 mm, material P 250GH

Flange EN 1092-1/11C/DN300/PN40/8/ P250GH/EN 10222-2

Bild A.3
Figure A.3

Maße in mm/Dimensions in mm

Rohr-Anschluss Pipe connection		Flansch Flange				Ansatz Hub					Dichtleiste Raised face		Schrauben Bolts			Gewicht Weight
DN	A	D	C2	K	H2	N1	S	Sp*	R1	H3	d1	f1	An-zahl Number	Ge-winde Thread	L	[kg]*
10	17,2	90	16	60	35	28	2,0	2,0	4	6	40	2	4	M12	14	0,678
15	21,3	95	16	65	38	32	2,0	2,0	4	6	45	2	4	M12	14	0,768
20	26,9	105	18	75	40	40	2,3	2,3	4	6	58	2	4	M12	14	1,09
25	33,7	115	18	85	40	46	2,6	2,6	4	6	68	2	4	M12	14	1,30
32	42,4	140	18	100	42	56	2,6	2,6	6	6	78	2	4	M16	18	1,91
40	48,3	150	18	110	45	64	2,6	2,6	6	7	88	3	4	M16	18	2,15
50	60,3	165	20	125	48	75	2,9	2,9	6	8	102	3	4	M16	18	2,85
65	76,1	185	22	145	52	90	2,9	2,9	6	10	122	3	8	M16	18	3,68
80	88,9	200	24	160	58	105	3,2	3,2	8	12	138	3	8	M16	18	4,78
100	114,3	235	24	190	65	134	3,6	3,6	8	12	162	3	8	M20	22	6,46
125	139,7	270	26	220	68	162	4,0	4,0	8	12	188	3	8	M24	26	8,86
150	168,3	300	28	250	75	192	4,5	4,5	10	12	218	3	8	M24	26	11,70
200	219,1	375	34	320	88	244	6,3	6,3	10	16	285	3	12	M27	30	21,00
250	273,0	450	38	385	105	306	7,1	7,1	12	18	345	3	12	M30	33	34,20
300	323,9	515	42	450	115	362	8,0	8,0	12	18	410	4	16	M30	33	47,60
350	355,6	580	46	510	125	408	8,8	8,8	12	20	465	4	16	M33	36	69,30
400	406,4	660	50	585	135	462	11,0	11,0	12	20	535	4	16	M36	39	98,00
450	457,0	685	57	610	135	500	12,5	12,5	12	20	560	4	20	M36	39	105,00
500	508,0	755	57	670	140	562	14,2	14,2	12	20	615	4	20	M39	42	130,00
600	610,0	890	72	795	150	666	16,0	16,0	12	20	735	5	20	M45	48	209,00

*Sp = Werte der Tabelle A.1 des Anhanges A - Values of table A.1 of Annex A

*(Dichte/Density 7,85 kg/dm³)

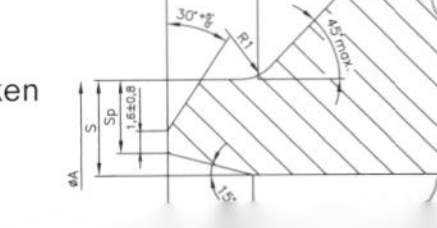

Bild A.3 aus Annex A – Zulässige Form von Abschrägung bei ungleichen Wanddicken
Figure A.3 from Annex A – Permissible bevel design fot unequal wall thickness

Vorschweißflansch

TYP 11 – PN 63

Bezeichnung eines Flansches Typ 11 mit Dichtflächenform C von Nennweite DN 300, Druckstufe PN 63 mit S=11 mm, Werkstoff P250GH

Flansch EN 1092-1/11C/DN300/PN63/11/ P250GH/EN 10222-2

Welding-neck flange

TYP 11 – PN 63

Designation of a flange Type 11, with raised face type C, nominal diameter DN 300 pressure rating 63 with S=11 mm, material P 250GH

Flange EN 1092-1/11C/DN300/PN63/11/ P250GH/EN 10222-2

Bild A.3
Figure A.3

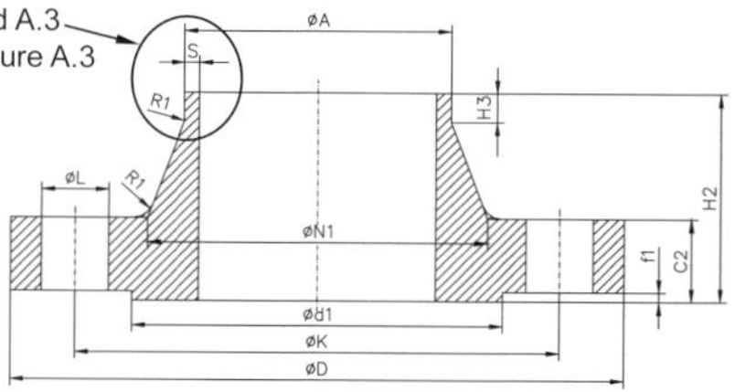

Maße in mm/Dimensions in mm

Rohr-Anschluss Pipe connection		Flansch Flange				Ansatz Hub					Dichtleiste Raised face		Schrauben Bolts			Gewicht Weight
DN	A	D	C2	K	H2	N1	S	Sp*	R1	H3	d1	f1	An-zahl Number	Ge-winde Thread	L	[kg]*
10	17,2	100	20	70	45	32	2,0	2,0	4	6	40		4	M12	14	1,09
15	21,3	105	20	75	45	34	2,0	2,0	4	6	45		4	M12	14	1,20
20	26,9	130	22	90	48	42	2,6	2,6	4	8	58	2	4	M16	18	2,02
25	33,7	140	24	100	58	52	2,6	2,6	4	8	68		4	M16	18	2,63
32	42,4	155	24	110	60	62	2,9	2,9	6	8	78		4	M20	22	3,20
40	48,3	170	26	125	62	70	2,9	2,9	6	10	88		4	M20	22	4,07
50	60,3	180	26	135	62	82	2,9	2,9	6	10	102		4	M20	22	4,51
65	76,1	205	26	160	68	98	3,2	3,2	6	12	122		8	M20	22	5,58
80	88,9	215	28	170	72	112	3,6	3,6	8	12	138		8	M20	22	6,68
100	114,3	250	30	200	78	138	4,0	4,0	8	12	162	3	8	M24	26	9,27
125	139,7	295	34	240	88	168	4,5	4,5	8	12	188		8	M27	30	14,50
150	168,3	345	36	280	95	202	5,6	5,6	10	12	218		8	M30	33	21,40
200	219,1	415	42	345	110	256	7,1	7,1	10	16	285		12	M33	36	34,10
250	273,0	470	46	400	125	316	8,8	8,8	12	18	345		12	M33	36	48,30
300	323,9	530	52	460	140	372	11,0	11,0	12	18	410		16	M33	36	67,50
350	355,6	600	56	525	150	420	12,5	12,5	12	20	465	4	16	M36	39	97,80
400	406,4	670	60	585	160	475	14,2	14,2	12	20	535		16	M39	42	129,00

*Sp = Werte der Tabelle A.1 des Anhanges A - Values of table A.1 of Annex A

*(Dichte/Density 7,85 kg/dm³)

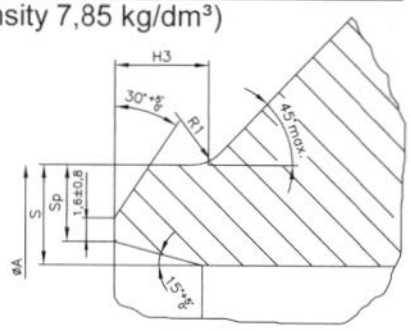

Bild A.3 aus Annex A – Zulässige Form von Abschrägung bei ungleichen Wanddicken
Figure A.3 from Annex A – Permissible bevel design fot unequal wall thickness

Vorschweißflansch

TYP 11 – PN 100

Bezeichnung eines Flansches Typ 11 mit Dichtflächenform C von Nennweite DN 200, Druckstufe PN 100 mit S=10 mm, Werkstoff P250GH

Flansch EN 1092-1/11C/DN200/PN100/10/ P250GH/EN 10222-2

Welding-neck flange

TYP 11 – PN 100

Designation of a flange Type 11, with raised face type C, nominal diameter DN 200 pressure rating 100 with S=10 mm, material P 250GH

Flange EN 1092-1/11C/DN200/PN100/10/ P250GH/EN 10222-2

Bild A.3
Figure A.3

Maße in mm/Dimensions in mm

Rohr-Anschluss Pipe connection		Flansch Flange				Ansatz Hub					Dichtleiste Raised face		Schrauben Bolts			Gewicht Weight
DN	A	D	C2	K	H2	N1	S	Sp*	R1	H3	d1	f1	An-zahl Number	Ge-winde Thread	L	[kg]*
10	17,2	100	20	70	45	32	2,0	2,0	4	6	40	2	4	M12	14	1,09
15	21,3	105	20	75	45	34	2,0	2,0	4	6	45		4	M12	14	1,20
20	26,9	130	22	90	48	42	2,6	2,6	4	8	58		4	M16	18	2,02
25	33,7	140	24	100	58	52	2,6	2,6	4	8	68		4	M16	18	2,63
32	42,4	155	24	110	60	62	2,9	2,9	6	8	78		4	M20	22	3,20
40	48,3	170	26	125	62	70	2,9	2,9	6	10	88	3	4	M20	22	4,07
50	60,3	195	28	145	68	90	3,2	3,2	6	10	102		4	M24	26	5,82
65	76,1	220	30	170	76	108	3,6	3,6	6	12	122		8	M24	26	7,57
80	88,9	230	32	180	78	120	4,0	4,0	8	12	138		8	M24	26	8,82
100	114,3	265	36	210	90	150	5,0	5,0	8	12	162		8	M27	30	13,10
125	139,7	315	40	250	105	180	6,3	6,3	8	12	188		8	M30	33	21,00
150	168,3	355	44	290	115	210	7,1	7,1	10	12	218		12	M30	33	28,30
200	219,1	430	52	360	130	278	10,0	10,0	10	16	285		12	M33	36	50,20
250	273,0	505	60	430	157	340	12,5	12,5	12	18	345		12	M36	39	81,40
300	323,9	585	68	500	170	400	14,2	14,2	12	18	410	4	16	M39	42	118,00
350	355,6	655	74	560	189	460	16,0	16,0	12	20	465		16	M45	48	169,00

*Sp = Werte der Tabelle A.1 des Anhanges A - Values of table A.1 of Annex A

*(Dichte/Density 7,85 kg/dm³)

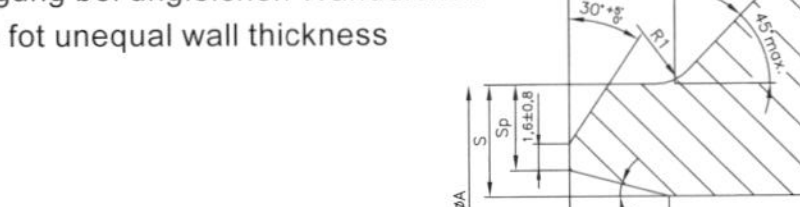

Bild A.3 aus Annex A – Zulässige Form von Abschrägung bei ungleichen Wanddicken

Figure A.3 from Annex A – Permissible bevel design fot unequal wall thickness

Vorschweißflansch

TYP 11 – PN 160

Bezeichnung eines Flansches Typ 11 mit Dichtflächenform C von Nennweite DN 200, Druckstufe PN 160 mit S=16 mm, Werkstoff P250GH

Flansch EN 1092-1/11C/DN200/PN160/16/ P250GH/EN 10222-2

Welding-neck flange

TYP 11 – PN 160

Designation of a flange Type 11, with raised face type C, nominal diameter DN 200 pressure rating 160 with S=16 mm, material P 250GH

Flange EN 1092-1/11C/DN200/PN160/16/ P250GH/EN 10222-2

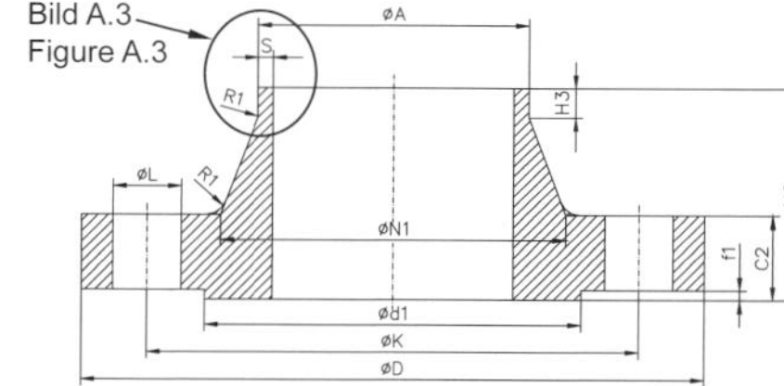

Bild A.3
Figure A.3

Maße in mm/Dimensions in mm

Rohr-Anschluss Pipe connection		Flansch Flange				Ansatz Hub				Dichtleiste Raised face		Schrauben Bolts			Gewicht Weight
DN	A	D	C2	K	H2	N1	S	R1	H3	d1	f1	An-zahl Number	Ge-winde Thread	L	[kg]*
10	17,2	100	20	70	45	32	2,0	4	6	40	2	4	M12	14	1,10
15	21,3	105	20	75	45	34	2,0	4	6	45		4	M12	14	1,20
25	33,7	140	24	100	58	52	2,9	4	8	68		4	M16	18	2,64
40	48,3	170	28	125	64	70	3,6	6	10	88	3	4	M20	22	4,42
50	60,3	195	30	145	75	90	4,0	6	10	102		4	M24	26	6,38
65	76,1	220	34	170	82	108	5,0	6	12	122		8	M24	26	8,75
80	88,9	230	36	180	86	120	6,3	8	12	138		8	M24	26	10,30
100	114,3	265	40	210	100	150	8,0	8	12	162		8	M27	30	15,30
125	139,7	315	44	250	115	180	10,0	8	14	188		8	M30	33	24,40
150	168,3	355	50	290	128	210	12,5	10	14	218		12	M30	33	34,40
200	219,1	430	60	360	140	278	16,0	10	16	285		12	M33	36	60,70
250	273,0	515	68	430	155	340	20,0	12	18	345		12	M39	42	97,60
300	323,9	585	78	500	175	400	22,2	12	18	410	4	16	M39	42	140,00

*(Dichte/Density 7,85 kg/dm³)

Vorschweißflansch

TYP 11 – PN 250

Bezeichnung eines Flansches Typ 11 mit Dichtflächenform C von Nennweite DN 200, Druckstufe PN 250 mit S=25 mm, Werkstoff P250GH

Flansch EN 1092-1/11C/DN200/PN250/25/ P250GH/EN 10222-2

Welding-neck flange

TYP 11 – PN 250

Designation of a flange Type 11, with raised face type C, nominal diameter DN 200 pressure rating 250 with S=25 mm, material P 250GH

Flange EN 1092-1/11C/DN200/PN250/25/ P250GH/EN 10222-2

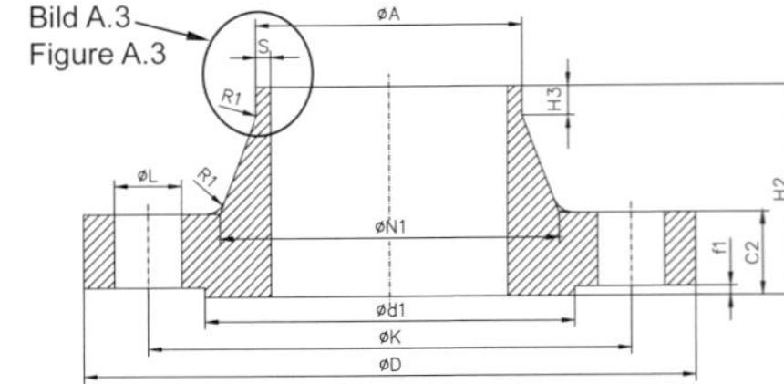

Maße in mm/Dimensions in mm

Rohr-Anschluss Pipe connection		Flansch Flange				Ansatz Hub				Dichtleiste Raised face		Schrauben Bolts			Gewicht Weight
DN	A	D	C2	K	H2	N1	S	R1	H3	d1	f1	Anzahl Number	Gewinde Thread	L	[kg]*
10[c]	17,2	125	24	85	58	44	2,6	4	6	40	2	4	M16	18	2,14
15	21,3	130	26	90	60	48	2,6	4	6	45	2	4	M16	18	2,51
25	33,7	150	28	105	65	60	3,6	4	8	68		4	M20	22	3,58
40	48,3	185	34	135	80	84	5,0	6	10	88	3	4	M24	26	6,72
50	60,3	200	38	150	85	95	6,3	6	10	102		8	M24	26	8,22
65	76,1	230	42	180	95	124	8,0	6	12	122		8	M24	26	12,80
80	101,6	255	46	200	102	136	11,0	8	12	138		8	M27	30	16,50
100	127,0	300	54	235	120	164	14,2	8	14	162		8	M30	33	27,20
125	152,4	340	60	275	140	200	16,0	8	16	188		12	M30	33	39,00
150	177,8	390	68	320	160	240	17,5	10	18	218		12	M33	36	59,60
200	244,5	485	82	400	190	305	25,0	10	25	285		12	M39	42	110,00
250	298,5	585	100	490	215	385	32,0	12	30	345		16	M45	48	190,00

[c] = für Flansche Typ 11 Flansche PN 320 verwenden/for flanges type 11 use flanges PN 320

*(Dichte/Density 7,85 kg/dm³)

Vorschweißflansch

TYP 11 – PN 320

Bezeichnung eines Flansches Typ 11 mit Dichtflächenform C von Nennweite DN 200, Druckstufe PN 320 mit S=25 mm, Werkstoff P250GH

Flansch EN 1092-1/11C/DN200/PN250/25/ P320GH/EN 10222-2

Welding-neck flange

TYP 11 – PN 320

Designation of a flange Type 11, with raised face type C, nominal diameter DN 200 pressure rating 320 with S=25 mm, material P 250GH

Flange EN 1092-1/11C/DN200/PN250/25/ P320GH/EN 10222-2

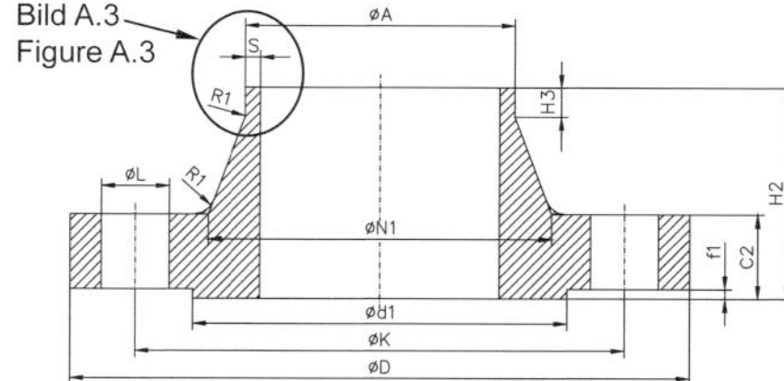

Bild A.3
Figure A.3

Maße in mm/Dimensions in mm

Rohr-Anschluss Pipe connection		Flansch Flange				Ansatz Hub				Dichtleiste Raised face		Schrauben Bolts			Gewicht Weight
DN	A	D	C2	K	H2	N1	S	R1	H3	d1	f1	An-zahl Number	Ge-winde Thread	L	[kg]*
10	17,2	125	24	85	58	44	2,6	4	6	40	2	4	M16	18	2,14
15	21,3	130	26	90	60	48	3,2	4	6	45		4	M16	18	2,53
25	33,7	160	34	115	78	68	5,0	4	8	68		4	M20	22	5,18
40	48,3	195	38	145	88	92	6,3	6	10	88	3	4	M24	26	8,65
50	63,5	210	42	160	100	106	8,0	6	10	102		8	M24	26	10,70
65	88,9	255	51	200	120	138	11,0	6	12	122		8	M27	30	19,50
80	101,6	275	55	220	130	156	12,5	8	14	138		8	M27	30	25,20
100	133,0	335	65	265	145	186	16,0	8	16	162		8	M33	36	42,50
125	168,3	380	75	310	175	230	20,0	8	20	188		12	M33	36	63,60
150	193,7	425	84	350	195	265	25,0	10	25	218		12	M36	39	91,50
200	244,5	525	103	440	235	345	30,0	10	30	285		16	M39	42	172,00
250	323,9	640	125	540	300	428	40,0	12	40	345		16	M48	52	312,00

*(Dichte/Density 7,85 kg/dm³)

Vorschweißflansch

TYP 11 – PN 400

Bezeichnung eines Flansches Typ 11 mit Dichtflächenform C von Nennweite DN 100, Druckstufe PN 400 mit S=22,2 mm, Werkstoff P250GH

Flansch EN 1092-1/11C/DN100/PN400/22,2/ P250GH/EN 10222-2

Welding-neck flange

TYP 11 – PN 400

Designation of a flange Type 11, with raised face type C, nominal diameter DN 100 pressure rating 400 with S=22,2 mm, material P 250GH

Flange EN 1092-1/11C/DN200/PN400/22,2/ P250GH/EN 10222-2

Bild A.3
Figure A.3

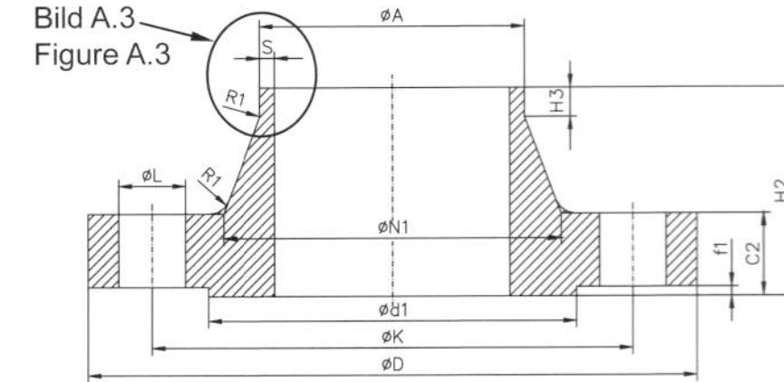

Maße in mm/Dimensions in mm

Rohr-Anschluss Pipe connection		Flansch Flange				Ansatz Hub				Dichtleiste Raised face		Schrauben Bolts			Gewicht Weight
DN	A	D	C2	K	H2	N1	S	R1	H3	d1	f1	An-zahl Number	Ge-winde Thread	L	[kg]*
10	17,2	125	28	85	65	48	3,6	4	8	40	2	4	M16	18	2,55
15	26,9	145	30	100	68	56	5,0	4	8	45	2	4	M20	22	3,62
25	42,4	180	38	130	90	82	7,1	4	10	68	2	4	M24	26	7,45
40	60,3	220	48	165	110	106	10,0	6	12	88	3	4	M27	30	14,10
50	76,1	235	52	180	120	120	12,5	6	15	102	3	8	M27	30	16,70
65	101,6	290	64	225	135	158	16,0	6	18	122	3	8	M30	33	31,60
80	114,3	305	68	240	150	174	17,5	8	20	138	3	8	M30	33	38,40
100	139,7	370	80	295	175	216	22,2	8	25	162	3	8	M36	39	67,30
125	193,7	415	92	340	200	258	30,0	8	30	188	3	12	M36	39	94,50
150	219,1	475	105	390	225	302	35,0	10	35	218	3	12	M39	42	145,00
200	273,0	585	130	490	280	388	40,0	10	40	285	3	16	M45	48	270,00

*(Dichte/Density 7,85 kg/dm³)

Überschieb Schweißflansch mit Ansatz

TYP 12 – PN 6

Bezeichnung eines Flansches Typ 12 mit Dichtflächenform C von Nennweite DN 300, Druckstufe PN 6, Werkstoff P250

Flansch EN 1092-1/12C/DN300/PN6/P250GH/EN10222-2

Hubbed silp-on flange for welding

TYP 12 – PN 6

Designation of a flange Type 12 with raised face type C nominal diameter DN 300 and PN 6, out of material P250GH

Flange EN 1092-1/12C/DN300/PN6/P250GH/EN10222-2

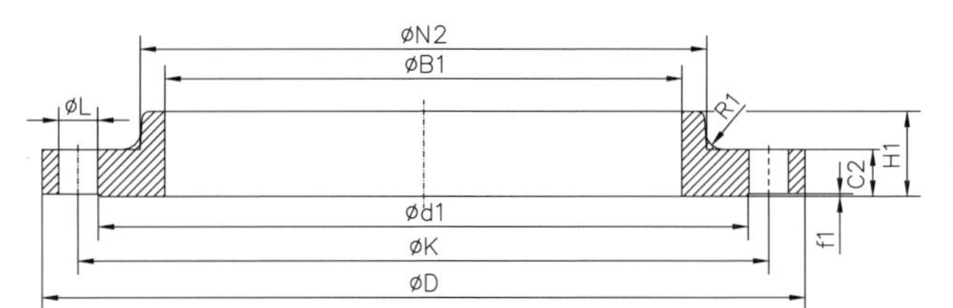

Maße in mm/Dimensions in mm

Rohr-Anschluss Pipe connection		Flansch Flange				Ansatz Hub			Dichtleiste Raised face		Schrauben Bolts			Gewicht eines Flansches Weight of flange
DN	A	D	C2	K	H1	N2	B1	R1	d1	f1	An-zahl Number	Ge-winde Thread	L	[kg]*
10	17,2	75	12	50	20	25	18,0	4	35		4	M10	11	0,326
15	21,3	80	12	55	20	30	22,0	4	40		4	M10	11	0,373
20	26,9	90	14	65	24	40	27,5	4	50	2	4	M10	11	0,584
25	33,7	100	14	75	24	50	34,5	4	60		4	M10	11	0,729
32	42,4	120	14	90	26	60	43,5	6	70		4	M12	14	1,04
40	48,3	130	14	100	26	70	49,5	6	80		4	M12	14	1,20
50	60,3	140	14	110	28	80	61,5	6	90		4	M12	14	1,34
65	76,1	160	14	130	32	100	77,5	6	110		4	M12	14	1,83
80	88,9	190	16	150	34	110	90,5	8	128		4	M16	18	2,75
100	114,3	210	16	170	40	130	116,0	8	148	3	4	M16	18	3,01
125	139,7	240	18	200	44	160	141,5	8	178		8	M16	18	4,30
150	168,3	265	18	225	44	185	170,5	10	202		8	M16	18	4,63
200	219,1	320	20	280	44	240	221,5	10	258		8	M16	18	6,97
250	273,0	375	22	335	44	295	276,5	12	312		12	M16	18	9,13
300	323,9	440	22	395	44	355	327,5	12	365	4	12	M20	22	12,40

*(Dichte/Density 7,85 kg/dm³)

Überschieb Schweißflansch mit Ansatz

TYP 12 – PN 10

Bezeichnung eines Flansches Typ 12 mit Dichtflächenform C von Nennweite DN 400, Druckstufe PN 10, Werkstoff P250

Flansch EN 1092-1/12C/DN400/PN10/P250GH/EN10222-2

Hubbed silp-on flange for welding

TYP 12 – PN 10

Designation of a flange Type 12 with raised face type C nominal diameter DN 400 and PN 10, out of material P250GH

Flange EN 1092-1/12C/DN400/PN10/P250GH/EN10222-2

Maße in mm/Dimensions in mm

Rohr-Anschluss Pipe connection		Flansch Flange				Ansatz Hub			Dichtleiste Raised face		Schrauben Bolts			Gewicht eines Flansches Weight of flange
DN	A	D	C2	K	H1	N2	B1	R1	d1	f1	An-zahl Number	Ge-winde Thread	L	[kg]*
10	17,2	90	16	60	22	30	18,0	4	40	2	4	M12	14	0,646
15	21,3	95	16	65	22	35	22,0	4	45		4	M12	14	0,722
20	26,9	105	18	75	26	45	27,5	4	58		4	M12	14	1,04
25	33,7	115	18	85	28	52	34,5	4	68		4	M12	14	1,25
32	42,4	140	18	100	30	60	43,5	6	78		4	M16	18	1,81
40	48,3	150	18	110	32	70	49,5	6	88	3	4	M16	18	2,06
50	60,3	165	18	125	28	84	61,5	5	102		4	M16	18	2,39
65	76,1	185	18	145	32	104	77,5	6	122		8[a]	M16	18	2,97[b]
80	88,9	200	20	160	34	118	90,5	6	138		8	M16	18	3,78
100	114,3	220	20	180	40	140	116,0	8	158		8	M16	18	4,38
125	139,7	250	22	210	44	168	141,5	8	188		8	M16	18	6,07
150	168,3	285	22	240	44	195	170,5	10	212		8	M20	22	7,24
200	219,1	340	24	295	44	246	221,5	10	268		8	M20	22	10,10
250	273,0	395	26	350	46	298	276,5	12	320		12	M20	22	12,80
300	323,9	445	26	400	46	350	327,5	12	370	4	12	M20	22	14,50
350	355,6	505	26	460	53	400	359,5	12	430		16	M20	22	22,70
400	406,4	565	26	515	57	456	411,0	12	482		16	M24	26	28,00
450	457,0	615	28	565	63	502	462,0	12	532		20	M24	26	32,30
500	508,0	670	28	620	67	559	513,5	12	585		20	M24	26	38,70
600	610,0	780	30	725	75	658	616,5	12	685	5	20	M27	30	48,90

a=Sind Flansche mit 4 Löchern erforderlich, dürfen diese nach Absprache zwischen Hersteller und Besteller geliefert werden./When flanges are required with 4 holes, these may be supplied by agreement between flange manufacturer and purchaser. b=mit 8 Schraubenlöchern/with 8 bolt holes *(Dichte/Density 7,85 kg/dm³)

Überschieb Schweißflansch mit Ansatz

TYP 12 – PN 16

Bezeichnung eines Flansches Typ 12 mit Dichtflächenform C von Nennweite DN 600, Druckstufe PN 16, Werkstoff P250

Flansch EN 1092-1/12C/DN600/PN16/P250GH/EN10222-2

Hubbed silp-on flange for welding

TYP 12 – PN 16

Designation of a flange Type 12 with raised face type C nominal diameter DN 600 and PN 16, out of material P250GH

Flange EN 1092-1/12C/DN600/PN16/P250GH/EN10222-2

Maße in mm/Dimensions in mm

Rohr-Anschluss Pipe connection		Flansch Flange				Ansatz Hub			Dichtleiste Raised face		Schrauben Bolts			Gewicht eines Flansches Weight of flange
DN	A	D	C2	K	H1	N2	B1	R1	d1	f1	Anzahl Number	Gewinde Thread	L	[kg]*
10	17,2	90	16	60	22	30	18,0	4	40		4	M12	14	0,646
15	21,3	95	16	65	22	35	22,0	4	45		4	M12	14	0,722
20	26,9	105	18	75	26	45	27,5	4	58	2	4	M12	14	1,04
25	33,7	115	18	85	28	52	34,5	4	68		4	M12	14	1,25
32	42,4	140	18	100	30	60	43,5	6	78		4	M16	18	1,81
40	48,3	150	18	110	32	70	49,5	6	88		4	M16	18	2,06
50	60,3	165	18	125	28	84	61,5	5	102		4	M16	18	2,39
65	76,1	185	18	145	32	104	77,5	6	122		8[a]	M16	18	2,97[b]
80	88,9	200	20	160	34	118	90,5	6	138		8	M16	18	3,78
100	114,3	220	20	180	40	140	116,0	8	158	3	8	M16	18	4,38
125	139,7	250	22	210	44	168	141,5	8	188		8	M16	18	6,07
150	168,3	285	22	240	44	195	170,5	10	212		8	M20	22	7,24
200	219,1	340	24	295	44	246	221,5	10	268		12	M20	22	9,80
250	273,0	405	26	355	46	298	276,5	12	320		12	M24	26	13,60
300	323,9	460	28	410	46	350	327,5	12	378		12	M24	26	17,20
350	355,6	520	30	470	57	400	359,5	12	438		16	M24	26	27,90
400	406,4	580	32	525	63	456	411,0	12	490	4	16	M27	30	35,70
450	457,0	640	34	585	68	502	462,0	12	550		20	M27	30	45,00
500	508,0	715	36	650	73	559	513,5	12	610		20	M30	33	60,40
600	610,0	840	40	770	83	658	616,5	12	725	5	20	M33	36	94,00

a=Sind Flansche mit 4 Löchern erforderlich, dürfen diese nach Absprache zwischen Hersteller und Besteller geliefert werden./When flanges are required with 4 holes, these may be supplied by agreement between flange manufacturer and purchaser. b=mit 8 Schraubenlöchern/with 8 bolt holes *(Dichte/Density 7,85 kg/dm³)

Überschieb Schweißflansch mit Ansatz

TYP 12 – PN 16

Bezeichnung eines Flansches Typ 12 mit Dichtflächenform C von Nennweite DN 600, Druckstufe PN 16, Werkstoff P250

Flansch EN 1092-1/12C/DN600/PN16/P250GH/EN10222-2

Hubbed silp-on flange for welding

TYP 12 – PN 16

Designation of a flange Type 12 with raised face type C nominal diameter DN 600 and PN 16, out of material P250GH

Flange EN 1092-1/12C/DN600/PN16/P250GH/EN10222-2

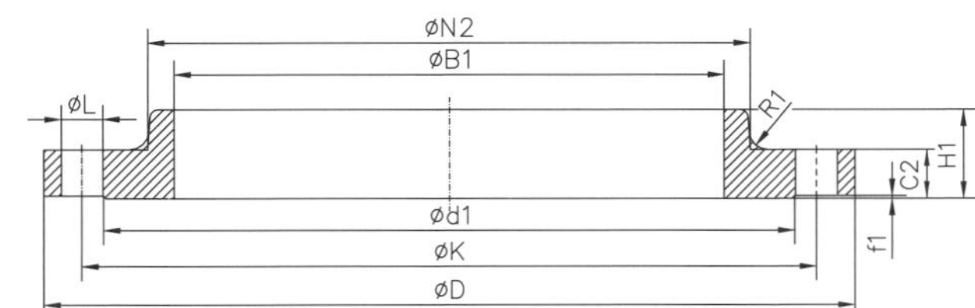

Maße in mm/Dimensions in mm

Rohr-Anschluss Pipe connection		Flansch Flange				Ansatz Hub			Dichtleiste Raised face		Schrauben Bolts			Gewicht eines Flansches Weight of flange
DN	A	D	C2	K	H1	N2	B1	R1	d1	f1	Anzahl Number	Gewinde Thread	L	[kg]*
700	711,0	910	40	840	83	760	c	12	795	5	24	M33	24	-
800	813,0	1025	41	950	90	864		12	900		24	M36	24	-
900	914,0	1125	48	1050	94	968		12	1000		28	M36	28	-
1000	1016,0	1255	59	1170	100	1072		16	1115		28	M39	28	-

c=vom Besteller festzulegen/fied by the purchaser

*(Dichte/Density 7,85 kg/dm³)

Überschieb Schweißflansch mit Ansatz

TYP 12 – PN 25

Bezeichnung eines Flansches Typ 12 mit Dichtflächenform C von Nennweite DN 300, Druckstufe PN 25, Werkstoff P250

Flansch EN 1092-1/12C/DN300/PN25/P250GH/EN10222-2

Hubbed silp-on flange for welding

TYP 12 – PN 25

Designation of a flange Type 12 with raised face type C nominal diameter DN 300 and PN 25, out of material P250GH

Flange EN 1092-1/12C/DN300/PN125/P250GH/EN10222-2

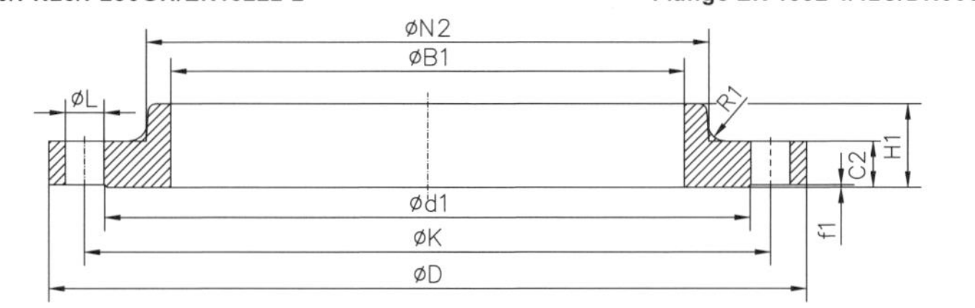

Maße in mm/Dimensions in mm

Rohr-Anschluss Pipe connection		Flansch Flange				Ansatz Hub			Dichtleiste Raised face		Schrauben Bolts			Gewicht eines Flansches Weight of flange
DN	A	D	C2	K	H1	N2	B1	R1	d1	f1	An-zahl Number	Ge-winde Thread	L	[kg]*
10	17,2	90	16	60	22	30	18,0	4	40		4	M12	14	0,646
15	21,3	95	16	65	22	35	22,0	4	45		4	M12	14	0,722
20	26,9	105	18	75	26	45	27,5	4	58	2	4	M12	14	1,04
25	33,7	115	18	85	28	52	34,5	4	68		4	M12	14	1,25
32	42,4	140	18	100	30	60	43,5	6	78		4	M16	18	1,81
40	48,3	150	18	110	32	70	49,5	6	88		4	M16	18	2,06
50	60,3	165	20	125	34	84	61,5	6	102		4	M16	18	2,74
65	76,1	185	22	145	38	104	77,5	6	122		8	M16	18	3,65
80	88,9	200	24	160	40	118	90,5	8	138		8	M16	18	4,59
100	114,3	235	24	190	44	145	116,0	8	162	3	8	M20	22	6,10
125	139,7	270	26	220	48	170	141,5	8	188		8	M24	26	8,22
150	168,3	300	28	250	52	200	170,5	10	218		8	M24	26	10,60
200	219,1	360	30	310	52	256	221,5	10	278		12	M24	26	14,90
250	273,0	425	32	370	60	310	276,5	12	335		12	M27	30	20,90
300	323,9	485	34	430	67	364	327,5	12	395		16	M27	30	27,30
350	355,6	555	38	490	72	418	359,5	12	450		16	M30	33	45,10
400	406,4	620	40	550	78	472	411,0	12	505	4	16	M33	36	57,70
450	457,0	670	46	600	84	520	462,0	12	555		20	M33	36	69,60
500	508,0	730	48	660	90	580	513,5	12	615		20	M33	36	87,00
600	610,0	845	48	770	100	684	616,5	12	720	5	20	M36	39	111,00

*(Dichte/Density 7,85 kg/dm³)

Überschieb Schweißflansch mit Ansatz

TYP 12 – PN 40

Bezeichnung eines Flansches Typ 12 mit Dichtflächenform C von Nennweite DN 500, Druckstufe PN 40, Werkstoff P250

Flansch EN 1092-1/12C/DN500/PN40/P250GH/EN10222-2

Hubbed silp-on flange for welding

TYP 12 – PN 40

Designation of a flange Type 12 with raised face type C nominal diameter DN 500 and PN 40, out of material P250GH

Flange EN 1092-1/12C/DN500/PN40/P250GH/EN10222-2

Maße in mm/Dimensions in mm

Rohr-Anschluss Pipe connection		Flansch Flange				Ansatz Hub			Dichtleiste Raised face		Schrauben Bolts			Gewicht eines Flansches Weight of flange
DN	A	D	C2	K	H1	N2	B1	R1	d1	f1	An-zahl Number	Ge-winde Thread	L	[kg]*
10	17,2	90	16	60	22	30	18,0	4	40		4	M12	14	0,646
15	21,3	95	16	65	22	35	22,0	4	45		4	M12	14	0,722
20	26,9	105	18	75	26	45	27,5	4	58	2	4	M12	14	1,04
25	33,7	115	18	85	28	52	34,5	4	68		4	M12	14	1,25
32	42,4	140	18	100	30	60	43,5	6	78		4	M16	18	1,81
40	48,3	150	18	110	32	70	49,5	6	88		4	M16	18	2,06
50	60,3	165	20	125	34	84	61,5	6	102		4	M16	18	2,74
65	76,1	185	22	145	38	104	77,5	6	122		8	M16	18	3,65
80	88,9	200	24	160	40	118	90,5	8	138		8	M16	18	4,59
100	114,3	235	24	190	44	145	116,0	8	162	3	8	M20	22	6,10
125	139,7	270	26	220	48	170	141,5	8	188		8	M24	26	8,22
150	168,3	300	28	250	52	200	170,5	10	218		8	M24	26	10,60
200	219,1	375	34	320	52	260	221,5	10	285		12	M27	30	18,30
250	273,0	450	38	385	60	312	276,5	12	345		12	M30	33	28,30
300	323,9	515	42	450	67	380	327,5	12	410		16	M30	33	40,40
350	355,6	580	46	510	72	424	359,5	12	465		16	M33	36	58,80
400	406,4	660	50	585	78	478	411,0	12	535		16	M36	39	82,10
450	457,0	685	57	610	84	522	462,0	12	560	4	20	M36	39	86,20
500	508,0	755	57	670	90	576	513,5	12	615		20	M39	42	105,00
600	610,0	890	72	795	100	686	616,5	12	735		20	M45	48	172,00

*(Dichte/Density 7,85 kg/dm³)

Überschieb Schweißflansch mit Ansatz

TYP 12 -- PN 63

Bezeichnung eines Flansches Typ 12 mit Dichtflächenform C von Nennweite DN 150, Druckstufe PN 63, Werkstoff P250

Flansch EN 1092-1/12C/DN150/PN63/P250GH/EN10222-2

Hubbed silp-on flange for welding

TYP 12 – PN 63

Designation of a flange Type 12 with raised face type C nominal diameter DN 150 and PN 63, out of material P250GH

Flange EN 1092-1/12C/DN150/PN63/P250GH/EN10222-2

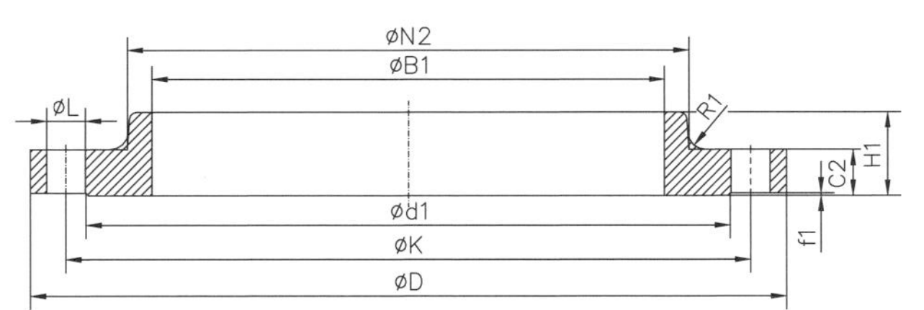

Maße in mm/Dimensions in mm

Rohr-Anschluss Pipe connection		Flansch Flange				Ansatz Hub			Dichtleiste Raised face		Schrauben Bolts			Gewicht eines Flansches Weight of flange
DN	A	D	C2	K	H1	N2	B1	R1	d1	f1	An-zahl Number	Ge-winde Thread	L	[kg]*
10	17,2	100	20	70	28	40	18,0	4	40	2	4	M12	14	1,07
15	21,3	105	20	75	28	43	22,0	4	45		4	M12	14	1,17
20	26,9	130	22	90	30	52	27,5	4	58		4	M16	18	1,96
25	33,7	140	24	100	32	60	34,5	4	68		4	M16	18	2,49
32	42,4	155	24	110	32	68	43,5	6	78		4	M20	22	2,95
40	48,3	170	26	125	34	80	49,5	6	88	3	4	M20	22	3,80
50	60,3	180	26	135	36	90	61,5	6	102		4	M20	22	4,20
65	76,1	205	26	160	40	112	77,5	6	122		8	M20	22	5,30
80	88,9	215	28	170	44	125	90,5	8	138		8	M20	22	6,25
100	114,3	250	30	200	52	152	116,0	8	162		8	M24	26	8,81
125	139,7	295	34	240	56	185	141,5	8	188		8	M27	30	13,60
150	168,3	345	36	280	60	215	170,5	10	218		8	M30	33	19,50

*(Dichte/Density 7,85 kg/dm³)

Überschieb Schweißflansch mit Ansatz

TYP 12 – PN 100

Bezeichnung eines Flansches Typ 12 mit Dichtflächenform C von Nennweite DN 125, Druckstufe PN 100, Werkstoff P250

Flansch EN 1092-1/12C/DN125/PN100/P250GH/EN10222-2

Hubbed silp-on flange for welding

TYP 12 – PN 100

Designation of a flange Type 12 with raised face type C nominal diameter DN 125 and PN 100, out of material P250GH

Flange EN 1092-1/12C/DN125/PN100/P250GH/EN10222-2

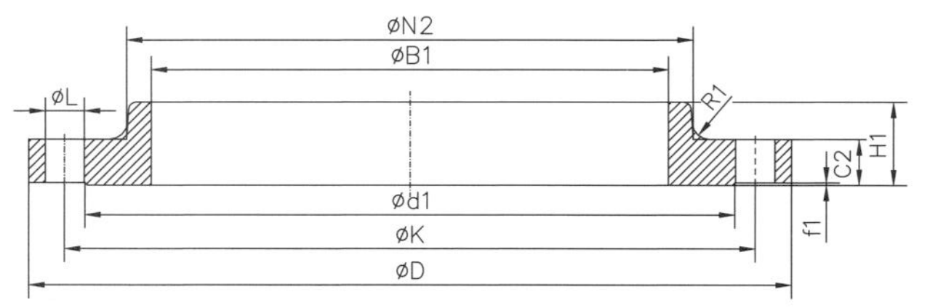

Maße in mm/Dimensions in mm

Rohr-Anschluss Pipe connection		Flansch Flange				Ansatz Hub			Dichtleiste Raised face		Schrauben Bolts			Gewicht eines Flansches Weight of flange
DN	A	D	C2	K	H1	N2	B1	R1	d1	f1	Anzahl Number	Gewinde Thread	L	[kg]*
10	17,2	100	20	70	28	40	18,0	4	40	2	4	M12	14	1,07
15	21,3	105	20	75	28	43	22,0	4	45		4	M12	14	1,17
20	26,9	130	22	90	30	52	27,5	4	58		4	M16	18	1,96
25	33,7	140	24	100	32	60	34,5	4	68		4	M16	18	2,49
32	42,4	155	24	110	32	68	43,5	6	78		4	M20	22	2,95
40	48,3	170	26	125	34	80	49,5	6	88	3	4	M20	22	3,8
50	60,3	195	28	145	36	95	61,5	6	102		4	M24	26	5,28
65	76,1	220	30	170	40	118	77,5	6	122		8	M24	26	6,84
80	88,9	230	32	180	44	130	90,5	8	138		8	M24	26	7,94
100	114,3	265	36	210	52	158	116,0	8	162		8	M27	30	11,5
125	139,7	315	40	250	56	188	141,5	8	188		8	M30	33	17,9
150	168,3	355	44	290	60	225	170,5	10	218		12	M30	33	23,8

*(Dichte/Density 7,85 kg/dm³)

Gewindeflansch mit Ansatz

TYP 13 – PN 6

Bezeichnung eines Flansches Typ 13 mit Dichtflächenform C von Nennweite DN 100 Druckstufe PN 6, Werkstoff P245GH

Flansch EN 1092-1/13C/DN100/PN6/P245GH/EN10222-2

Hubbed threaded flange

Typ 13 Nominal Pressure 6

Designation of a flange Type 13 with raised face type C nominal diameter DN 100 and PN 6 out of material P245GH

Flange EN 1092-1/13C/DN100/PN6/P245GH/EN10222-2

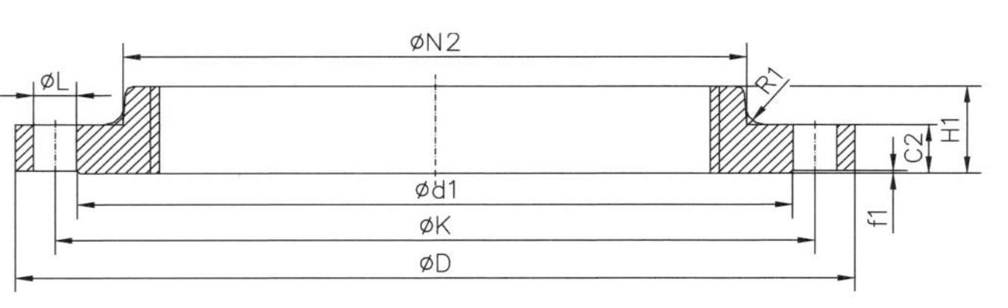

Maße in mm/Dimensions in mm

Rohr-Anschluss Pipe connection		Rohr Gewinde Pipe thread	Flansch Flange				Ansatz Hub		Dichtleiste Raised face		Schrauben Bolts			Gewicht eines Flansches Weight of flange
DN	A		D	C2	K	H1	N2	R1	d1	f1	An-zahl Number	Ge-winde Thread	L	*(Dichte/Density 7,85 kg/dm³) [kg]*
10	17,2	R3/8	75	12	50	20	25	4	35	2	4	M10	11	0,50
15	21,3	R1/2	80	12	55	20	30	4	40	2	4	M10	11	0,50
20	26,9	R3/4	90	14	65	24	40	4	50	2	4	M10	11	0,50
25	33,7	R1	100	14	75	24	50	4	60	2	4	M10	11	1,00
32	42,4	R11/4	120	14	90	26	60	6	70	2	4	M12	14	1,00
40	48,3	R11/2	130	14	100	26	70	6	80	3	4	M12	14	1,50
50	60,3	R2	140	14	110	28	80	6	90	3	4	M12	14	1,50
65	76,1	R2.1/2	160	14	130	32	100	6	110	3	4	M12	14	2,00
80	88,9	R3	190	16	150	34	110	8	128	3	4	M16	18	3,00
100	114,3	R4	210	16	170	40	130	8	148	3	4	M16	18	3,00
125	139,7	R5	240	18	200	44	160	8	178	3	8	M16	18	4,50
150	168,3	R6	265	18	225	44	185	10	202	3	8	M16	18	5,00
200	219,1	a	320	20	280	44	240	10	258	3	8	M16	18	7,00
250	273,0		375	22	335	44	295	12	312	3	12	M16	18	9,00
300	323,9		440	22	395	44	355	12	365	4	12	M20	22	12,00

a=Gewinde nach Pkt. 5.6.3 Originalnorm-vom Besteller anzugeben/Thread of flange to point 5.6.3 of original standard-to be specified by the purchaser

Gewindeflansch mit Ansatz

TYP 13 – PN 10

Bezeichnung eines Flansches Typ 13 mit Dichtflächenform C von Nennweite DN 100 Druckstufe PN 10, Werkstoff P245GH

Flansch EN 1092-1/13C/DN100/PN10/P245GH/EN10222-2

Hubbed threaded flange

Typ 13 Nominal Pressure 10

Designation of a flange Type 13 with raised face type C nominal diameter DN 100 and PN 10 out of material P245GH

Flange EN 1092-1/13C/DN100/PN10/P245GH/EN10222-2

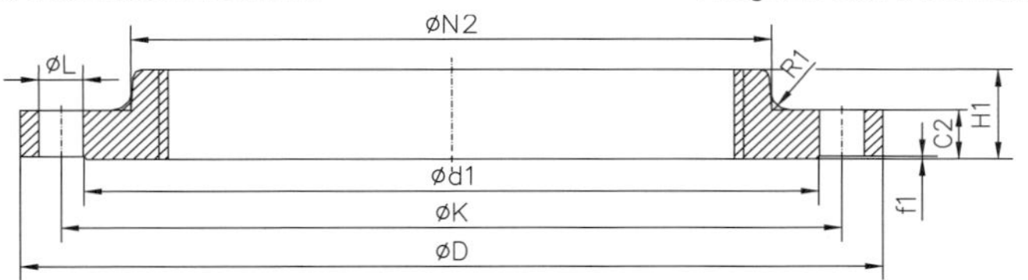

Maße in mm/Dimensions in mm

Rohr-Anschluss Pipe connection		Rohr Gewinde Pipe thread	Flansch Flange				Ansatz Hub		Dichtleiste Raised face		Schrauben Bolts			Gewicht eines Flansches Weight of flange *(Dichte/Density 7,85 kg/dm³)
DN	A		D	C2	K	H1	N2	R1	d1	f1	Anzahl Number	Gewinde Thread	L	[kg]*
10	17,2	R3/8	90	16	60	22	30	4	40	2	4	M12	14	0,646
15	21,3	R1/2	95	16	65	22	35	4	45	2	4	M12	14	0,722
20	26,9	R3/4	105	18	75	26	45	4	58	2	4	M12	14	1,04
25	33,7	R1	115	18	85	28	52	4	68	2	4	M12	14	1,25
32	42,4	R11/4	140	18	100	30	60	6	78	2	4	M16	18	1,81
40	48,3	R11/2	150	18	110	32	70	6	88	3	4	M16	18	2,06
50	60,3	R2	165	20	125	28	84	6	102	3	4	M16	18	2,40
65	76,1	R2.1/2	185	18	145	32	104	6	122	3	8[a]	M16	18	3,00[b]
80	88,9	R3	200	20	160	34	118	6	138	3	8	M16	18	4,00
100	114,3	R4	220	20	180	40	140	8	158	3	8	M16	18	4,50
125	139,7	R5	250	22	210	44	168	8	188	3	8	M16	18	6,50
150	168,3	R6	285	22	240	44	195	10	212	3	8	M20	22	7,50
200	219,1		340	24	295	44	246	10	268	3	8	M20	22	10,00
250	273,0		395	26	350	46	298	12	320	3	12	M20	22	14,00
300	323,9		445	26	400	46	350	12	370	4	12	M20	22	18,00
350	355,6	c	505	26	460	53	400	12	430	4	16	M20	22	28,50
400	406,4		565	26	515	57	456	12	482	4	16	M24	26	36,50
450	457,0		615	28	565	63	502	12	532	4	20	M24	26	49,50
500	508,0		670	28	620	67	559	12	585	4	20	M24	26	68,50
600	610,0		780	30	725	75	658	12	685	5	20	M27	30	107,50

a=Sind Flansche mit 4 Löchern erforderlich, dürfen diese nach Absprache zwischen Hersteller und Besteller geliefert werden./When flanges are required with 4 holes, these may be supplied by agreement between flange manufacturer and purchaser. b=mit 8 Schraubenlöchern/with 8 bolt holes

c=Gewinde nach Pkt. 5.6.3 Originalnorm-vom Besteller anzugeben/Thread of flange to point 5.6.3 of original standard-to be specified by the purchaser

Gewindeflansch mit Ansatz

TYP 13 – PN 16

Bezeichnung eines Flansches Typ 13 mit Dichtflächenform C von Nennweite DN 100 Druckstufe PN 16, Werkstoff P245GH

Flansch EN 1092-1/13C/DN100/PN16/P245GH/EN10222-2

Hubbed threaded flange

Typ 13 Nominal Pressure 16

Designation of a flange Type 13 with raised face type C nominal diameter DN 100 and PN 16 out of material P245GH

Flange EN 1092-1/13C/DN100/PN16/P245GH/EN10222-2

ØN2 ØL R1 C2 H1 Ød1 ØK ØD f1

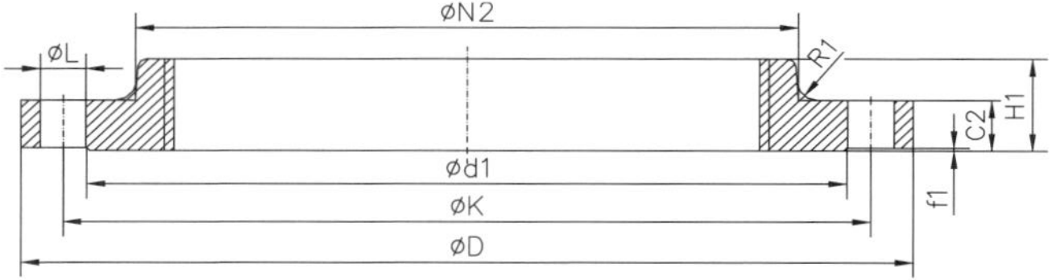

Maße in mm/Dimensions in mm

Flansch DN 700 - DN 1000 siehe Originalnorm-Flange DN 700 - DN 1000 see original standard

Rohr-Anschluss Pipe connection		Rohr Gewinde Pipe thread	Flansch Flange				Ansatz Hub		Dichtleiste Raised face		Schrauben Bolts			Gewicht eines Flansches Weight of flange *(Dichte/Density 7,85 kg/dm³)
DN	A		D	C2	K	H1	N2	R1	d1	f1	Anzahl Number	Gewinde Thread	L	[kg]*
10	17,2	R3/8	90	16	60	22	30	4	40	2	4	M12	14	0,646
15	21,3	R1/2	95	16	65	22	35	4	45	2	4	M12	14	0,722
20	26,9	R3/4	105	18	75	26	45	4	58	2	4	M12	14	1,04
25	33,7	R1	115	18	85	28	52	4	68	2	4	M12	14	1,25
32	42,4	R11/4	140	18	100	30	60	6	78	2	4	M16	18	1,81
40	48,3	R11/2	150	18	110	32	70	6	88	3	4	M16	18	2,06
50	60,3	R2	165	20	125	28	84	6	102	3	4	M16	18	2,40
65	76,1	R2.1/2	185	18	145	32	104	6	122	3	8[a]	M16	18	3,00[b]
80	88,9	R3	200	20	160	34	118	6	138	3	8	M16	18	4,00
100	114,3	R4	220	20	180	40	140	8	158	3	8	M16	18	4,50
125	139,7	R5	250	22	210	44	168	8	188	3	8	M16	18	6,50
150	168,3	R6	285	22	240	44	195	10	212	3	8	M20	22	7,50
200	219,1	c	340	24	295	44	246	10	268	3	12	M20	22	10,00
250	273,0		405	26	355	46	298	12	320	3	12	M24	26	14,00
300	323,9		460	28	410	46	350	12	378	4	12	M24	26	18,00
350	355,6		520	30	470	57	400	12	438	4	16	M24	26	28,50
400	406,4		580	32	525	63	456	12	490	4	16	M27	30	36,50
450	457,0		640	34	585	68	502	12	550	4	20	M27	30	49,50
500	508,0		715	36	650	73	559	12	610	4	20	M30	33	68,50
600	610,0		840	40	770	83	658	12	725	5	20	M33	36	107,50

a=Sind Flansche mit 4 Löchern erforderlich, dürfen diese nach Absprache zwischen Hersteller und Besteller geliefert werden./When flanges are required with 4 holes, these may be supplied by agreement between flange manufacturer and purchaser. b=mit 8 Schraubenlöchern/with 8 bolt holes

c=Gewinde nach Pkt. 5.6.3 Originalnorm-vom Besteller anzugeben/Thread of flange to point 5.6.3 of original standard-to be specified by the purchaser

Gewindeflansch mit Ansatz

TYP 13 – PN 25

Bezeichnung eines Flansches Typ 13 mit Dichtflächenform C von Nennweite DN 100 Druckstufe PN 25, Werkstoff P245GH

Flansch EN 1092-1/13C/DN100/PN25/P245GH/EN10222-2

Hubbed threaded flange

Typ 13 Nominal Pressure 25

Designation of a flange Type 13 with raised face type C nominal diameter DN 100 and PN 25 out of material P245GH

Flange EN 1092-1/13C/DN100/PN25/P245GH/EN10222-2

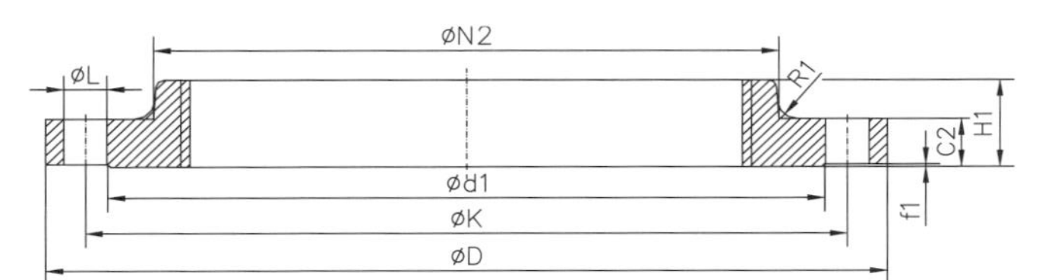

Maße in mm/Dimensions in mm

Rohr-Anschluss Pipe connection		Rohr Gewinde Pipe thread	Flansch Flange				Ansatz Hub		Dichtleiste Raised face		Schrauben Bolts			Gewicht eines Flansches Weight of flange *(Dichte/Density 7,85 kg/dm³)
DN	A		D	C2	K	H1	N2	R1	d1	f1	Anzahl Number	Gewinde Thread	L	[kg]*
10	17,2	R3/8	90	16	60	22	30	4	40	2	4	M12	14	0,50
15	21,3	R1/2	95	16	65	22	35	4	45	2	4	M12	14	0,50
20	26,9	R3/4	105	18	75	26	45	4	58	2	4	M12	14	1,00
25	33,7	R1	115	18	85	28	52	4	68	2	4	M12	14	1,00
32	42,4	R11/4	140	18	100	30	60	6	78	2	4	M16	18	2,00
40	48,3	R11/2	150	18	110	32	70	6	88	2	4	M16	18	2,00
50	60,3	R2	165	20	125	34	84	6	102	3	4	M16	18	3,00
65	76,1	R.21/2	185	22	145	38	104	6	122	3	8	M16	18	4,00
80	88,9	R3	200	24	160	40	118	8	138	3	8	M16	18	4,50
100	114,3	R4	235	24	190	44	145	8	162	3	8	M20	22	6,50
125	139,7	R5	270	26	220	48	170	8	188	3	8	M24	26	8,50
150	168,3	R6	300	28	250	52	200	10	218	3	8	M24	26	11,00
200	219,1	a	360	30	310	52	256	10	278	3	12	M24	26	18,50
250	273		425	32	370	60	310	12	335	3	12	M27	30	28,50
300	323,9		485	34	430	67	364	12	395	4	16	M27	30	41,50
350	355,6		555	38	490	72	418	12	450	4	16	M30	33	60,00
400	406,4		620	40	550	78	472	12	505	4	16	M33	36	83,50
450	457		670	46	600	84	520	12	555	4	20	M33	36	87,50
500	508		730	48	660	90	580	12	615	4	20	M33	36	107,50
600	610		845	48	770	100	684	12	720	4	20	M36	39	176,00

a=Gewinde nach Pkt. 5.6.3 Originalnorm-vom Besteller anzugeben/Thread of flange to point 5.6.3 of original standard-to be specified by the purchaser

Gewindeflansch mit Ansatz

TYP 13 – PN 40

Bezeichnung eines Flansches Typ 13 mit Dichtflächenform C von Nennweite DN 100 Druckstufe PN 40, Werkstoff P245GH

Flansch EN 1092-1/13C/DN100/PN40/P245GH/EN10222-2

Hubbed threaded flange

Typ 13 Nominal Pressure 40

Designation of a flange Type 13 with raised face type C nominal diameter DN 100 and PN 40 out of material P245GH

Flange EN 1092-1/13C/DN100/PN40/P245GH/EN10222-2

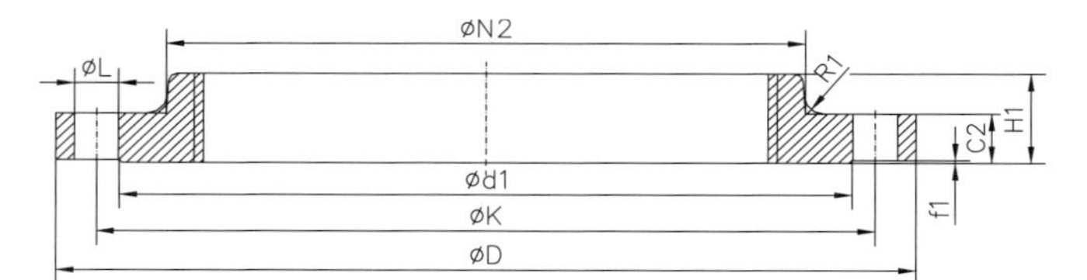

Maße in mm/Dimensions in mm

Rohr-Anschluss Pipe connection		Rohr Gewinde Pipe thread	Flansch Flange				Ansatz Hub		Dichtleiste Raised face		Schrauben Bolts			Gewicht eines Flansches Weight of flange *(Dichte/Density 7,85 kg/dm³)
DN	A		D	C2	K	H1	N2	R1	d1	f1	An-zahl Number	Ge-winde Thread	L	[kg]*
10	17,2	R3/8	90	16	60	22	30	4	40	2	4	M12	14	0,50
15	21,3	R1/2	95	16	65	22	35	4	45	2	4	M12	14	0,50
20	26,9	R3/4	105	18	75	26	45	4	58	2	4	M12	14	1,00
25	33,7	R1	115	18	85	28	52	4	68	2	4	M12	14	1,00
32	42,4	R11/4	140	18	100	30	60	6	78	2	4	M16	18	2,00
40	48,3	R11/2	150	18	110	32	70	6	88	3	4	M16	18	2,00
50	60,3	R2	165	20	125	34	84	6	102	3	4	M16	18	3,00
65	76,1	R2.1/2	185	22	145	38	104	6	122	3	8	M16	18	4,00
80	88,9	R3	200	24	160	40	118	8	138	3	8	M16	18	4,50
100	114,3	R4	235	24	190	44	145	8	162	3	8	M20	22	6,50
125	139,7	R5	270	26	220	48	170	8	188	3	8	M24	26	8,50
150	168,3	R6	300	28	250	52	200	10	218	3	8	M24	26	11,00
200	219,1	a	375	34	320	52	260	10	285	3	12	M27	30	18,50
250	273		450	38	385	60	312	12	345	3	12	M30	33	28,50
300	323,9		515	42	450	67	380	12	410	4	16	M30	33	41,50
350	355,6		580	46	510	72	424	12	465	4	16	M33	36	60,00
400	406,4		660	50	585	78	478	12	535	4	16	M36	39	83,50
450	457		685	57	610	84	522	12	560	4	20	M36	39	87,50
500	508		755	57	670	90	576	12	615	4	20	M39	42	107,50
600	610		890	72	795	100	686	12	735	5	20	M45	48	176,00

a=Gewinde nach Pkt. 5.6.3 Originalnorm-vom Besteller anzugeben/Thread of flange to point 5.6.3 of original standard-to be specified by the purchaser

Gewindeflansch mit Ansatz

TYP 13 – PN 63

Bezeichnung eines Flansches Typ 13 mit Dichtflächenform C von Nennweite DN 100 Druckstufe PN 63, Werkstoff P245GH

Flansch EN 1092-1/13C/DN100/PN63/P245GH/EN10222-2

Hubbed threaded flange

Typ 13 Nominal Pressure 63

Designation of a flange Type 13 with raised face type C nominal diameter DN 100 and PN 63 out of material P245GH

Flange EN 1092-1/13C/DN100/PN63/P245GH/EN10222-2

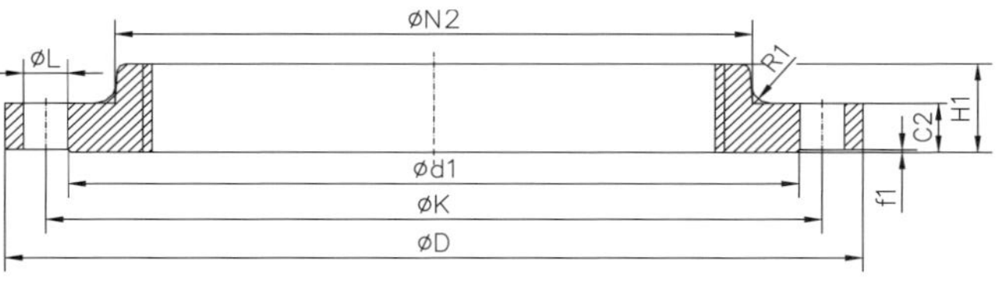

Maße in mm/Dimensions in mm

Rohr-Anschluss Pipe connection		Rohr Gewinde Pipe thread	Flansch Flange				Ansatz Hub		Dichtleiste Raised face		Schrauben Bolts			Gewicht eines Flansches Weight of flange *(Dichte/Density 7,85 kg/dm³)
DN	A		D	C2	K	H1	N2	R1	d1	f1	An-zahl Number	Ge-winde Thread	L	[kg]*
10	17,2	R3/8	100	20	70	28	40	4	40	2	4	M12	14	1,00
15	21,3	R1/2	105	20	75	28	43	4	45	2	4	M12	14	1,00
20	26,9	R3/4	130	22	90	30	52	4	58	2	4	M16	18	2,00
25	33,7	R1	140	24	100	32	60	4	68	2	4	M16	18	2,50
32	42,4	R11/4	155	24	110	32	68	6	78	2	4	M20	22	3,00
40	48,3	R11/2	170	26	125	34	80	6	88	3	4	M20	22	4,00
50	60,3	R2	180	26	135	36	90	6	102	3	4	M20	22	4,50
65	76,1	R2.1/2	205	26	160	40	112	6	122	3	8	M20	22	5,50
80	88,9	R3	215	28	170	44	125	8	138	3	8	M20	22	6,50
100	114,3	R4	250	30	200	52	152	8	162	3	8	M24	26	9,00
125	139,7	R5	295	34	240	56	185	8	188	3	8	M27	30	14,00
150	168,3	R6	345	36	280	60	215	10	218	3	8	M30	33	20,00

a=Gewinde nach Pkt. 5.6.3 Originalnorm-vom Besteller anzugeben/Thread of flange to point 5.6.3 of original standard-to be specified by the purchaser

Gewindeflansch mit Ansatz

TYP 13 – PN 100

Bezeichnung eines Flansches Typ 13 mit Dichtflächenform C von Nennweite DN 100 Druckstufe PN 100, Werkstoff P245GH

Flansch EN 1092-1/13C/DN100/PN100/P245GH/EN10222-2

Hubbed threaded flange

Typ 13 Nominal Pressure 100

Designation of a flange Type 13 with raised face type C nominal diameter DN 100 and PN 100 out of material P245GH

Flange EN 1092-1/13C/DN100/PN100/P245GH/EN10222-2

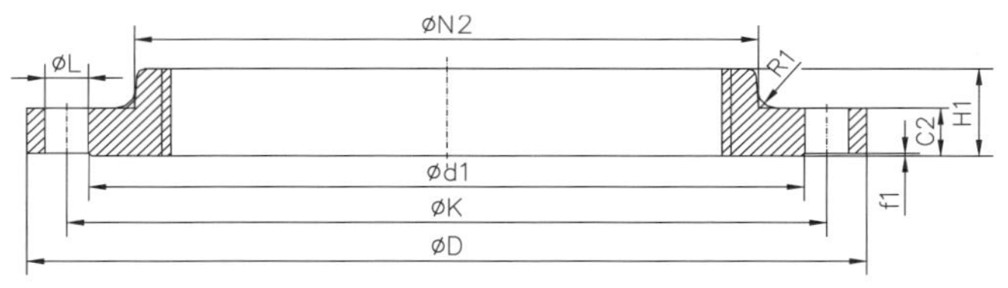

Maße in mm/Dimensions in mm

Rohr-Anschluss Pipe connection		Rohr Gewinde Pipe thread	Flansch Flange				Ansatz Hub		Dichtleiste Raised face		Schrauben Bolts			Gewicht eines Flansches Weight of flange *(Dichte/Density 7,85 kg/dm³)
DN	A		D	C2	K	H1	N2	R1	d1	f1	An-zahl Number	Ge-winde Thread	L	[kg]*
10	17,2	R3/8	100	20	70	28	40	4	40	2	4	M12	14	1,00
15	21,3	R1/2	105	20	75	28	43	4	45	2	4	M12	14	1,00
20	26,9	R3/4	130	22	90	30	52	4	58	2	4	M16	18	2,00
25	33,7	R1	140	24	100	32	60	4	68	2	4	M16	18	2,50
32	42,4	R11/4	155	24	110	32	68	6	78	2	4	M20	22	3,00
40	48,3	R11/2	170	26	125	34	80	6	88	3	4	M20	22	4,00
50	60,3	R2	195	28	145	36	95	6	102	3	4	M24	26	5,50
65	76,1	R2.1/2	220	30	170	40	118	6	122	3	8	M24	26	7,00
80	88,9	R3	230	32	180	44	130	8	138	3	8	M24	26	8,00
100	114,3	R4	265	36	210	52	158	8	162	3	8	M27	30	12,00
125	139,7	R5	315	40	250	56	188	8	188	3	8	M30	33	18,50
150	168,3	R6	355	44	290	60	225	10	218	3	12	M30	33	24,50

a=Gewinde nach Pkt. 5.6.3 Originalnorm-vom Besteller anzugeben/Thread of flange to point 5.6.3 of original standard-to be specified by the purchaser

DIN EN ISO 9692-1

ICS 25.160.40

Ersatz für
DIN EN ISO 9692-1:2004-05

Schweißen und verwandte Prozesse – Arten der Schweißnahtvorbereitung – Teil 1: Lichtbogenhandschweißen, Schutzgasschweißen, Gasschweißen, WIG-Schweißen und Strahlschweißen von Stählen (ISO 9692-1:2013); Deutsche Fassung EN ISO 9692-1:2013

Welding and allied processes –
Types of joint preparation –
Part 1: Manual metal-arc welding, gas-shielded metal-arc welding, gas welding, TIG welding and beam welding of steels (ISO 9692-1:2013);
German version EN ISO 9692-1:2013

Soudage et techniques connexes –
Types de préparation de joints –
Partie 1: Soudage manuel à l'arc avec électrode enrobée, soudage à l'arc avec électrode fusible sous protection gazeuse, soudage aux gaz, soudage TIG et soudage par faisceau des aciers (ISO 9692-1:2013);
Version allemande EN ISO 9692-1:2013

Nationales Vorwort

Dieses Dokument (EN ISO 9692-1) wurde vom Technischen Komitee CEN/TC 121 „Schweißen und verwandte Verfahren“ dessen Sekretariat vom DIN (Deutschland) gehalten wird, in Zusammenarbeit mit dem Technischen Komitee ISO/TC 44/SC 7 „Representation and terms“ erarbeitet.

Das zuständige nationale Normungsgremium ist der Arbeitsausschuss NA 092-00-06 AA „Darstellung und Begriffe (DVS AG I 4)“ im Normenausschuss Schweißen und verwandte Verfahren (NAS) im DIN.

Für die in diesem Dokument zitierten Internationalen Normen wird im Folgenden auf die entsprechenden Deutschen Normen hingewiesen:

ISO 2553	siehe	DIN EN 22553
ISO 4063	siehe	DIN EN ISO 4063
ISO 6947	siehe	DIN EN ISO 6947

Änderungen

Gegenüber DIN EN ISO 9692-1:2004-05 wurden folgende Änderungen vorgenommen:

a) Dokument redaktionell angepasst.

Nationaler Anhang NA
(informativ)

Literaturhinweise

DIN EN 22553, *Schweiß- und Lötnähte — Symbolische Darstellung in Zeichnungen*

DIN EN ISO 4063, *Schweißen und verwandte Prozesse — Liste der Prozesse und Ordnungsnummern*

DIN EN ISO 6947, *Schweißen und verwandte Prozesse — Schweißpositionen*

1 Anwendungsbereich

Dieser Teil von ISO 9692 legt Arten der Schweißnahtvorbereitung für Lichtbogenhandschweißen, Metall-Schutzgasschweißen, Gasschweißen, WIG-Schweißen und Strahlschweißen fest (siehe Abschnitte 3 und 4).

Er gilt für die Schweißnahtvorbereitung für vollangeschlossene Querschnitte an Stumpfnähten und Kehlnähten. Für nicht vollangeschlossene Querschnitte können die Arten der Schweißnahtvorbereitung und Maße, abweichend von diesem Teil von ISO 9692, festgelegt werden.

Die Stegabstände in diesem Teil von ISO 9692 sind als diejenigen nach dem Heftschweißen zu verstehen, falls angewendet.

Zu beachten sind Änderungen von Einzelheiten zur Schweißnahtvorbereitung (wo zutreffend), um Schweißbadsicherungen (Unterlagen), „einseitiges Schweißen" usw. zu ermöglichen.

2 Normative Verweisungen

Die folgenden Dokumente, die in diesem Dokument teilweise oder als Ganzes zitiert werden, sind für die Anwendung dieses Dokuments erforderlich. Bei datierten Verweisungen gilt nur die in Bezug genommene Ausgabe. Bei undatierten Verweisungen gilt die letzte Ausgabe des in Bezug genommenen Dokuments (einschließlich aller Änderungen).

ISO 6947, *Welding and allied processes — Welding positions*

3 Werkstoffe

Die in diesem Teil von ISO 9692 empfohlenen Schweißnahtvorbereitungen sind für alle Stahlsorten geeignet.

4 Schweißprozesse

Die in diesem Teil von ISO 9692 empfohlenen Schweißnahtvorbereitungen sind für folgende Schweißprozesse geeignet, wie in den Tabellen 1 bis 4 festgelegt; Kombinationen der verschiedenen Schweißprozesse sind möglich:

a) (3) Gasschmelzschweißen; Gasschweißen;

b) (111) Lichtbogenhandschweißen;

c) (13) Metall-Schutzgasschweißen, dies umfasst:

   — (131) Metall-Inertgasschweißen mit Massivdrahtelektrode;

   — (132) Metall-Inertgasschweißen mit schweißpulvergefüllter Drahtelektrode;

   — (133) Metall-Inertgasschweißen mit metallpulvergefüllter Drahtelektrode;

   — (135) Metall-Aktivgasschweißen mit Massivdrahtelektrode;

   — (136) Metall-Aktivgasschweißen schweißpulvergefüllter Drahtelektrode;

   — (138) Metall-Aktivgasschweißen mit metallpulvergefüllter Drahtelektrode.

d) (141) Wolfram-Inertgasschweißen mit Massivdraht- oder Massivstabzusatz; WIG-Schweißen;

e) (5) Strahlschweißen:

— (51) Elektronenstrahlschweißen;

— (512) Elektronenstrahlschweißen in Atmosphäre;

— (52) Laserstrahlschweißen.

ANMERKUNG Die in Klammern angegebenen Nummern der Schweißprozesse beziehen sich auf die in ISO 4063 [2] aufgeführten Ordnungsnummern.

5 Ausführung

Die Steg-Längskanten sollten entgratet und dürfen gebrochen sein (bis 2 mm).

6 Art der Schweißnahtvorbereitung

Die empfohlenen Arten der Schweißnahtvorbereitung und Maße sind in den Tabellen 1 bis 4 festgelegt.

Tabelle 1 — Schweißnahtvorbereitungen für Stumpfnähte, einseitig geschweißt

Kenn-zahl Nr	Werkstück-dicke t mm	Art der Schweiß-nahtvorbe-reitung	Symbol (nach ISO 2553 [1])	Schnitt	Maße: Winkel[a] α, β	Maße: Spalt[b] b mm	Maße: Steg-höhe c mm	Maße: Flanken-höhe h mm	Empfoh-lener Schweiß-prozess (nach ISO 4063 [2])	Darstellung der Schweißnaht	Bemerkungen
1.1	≤ 2	Kanten bördeln	)(	≤ t + 1; $r \approx t$; t	–	–	–	–	3 111 141 512		Meist ohne Zusatz-werkstoff
1.2.1	≤ 4	I-Fuge	‖	t; b	–	≈ t	–	–	3 111 141		–
1.2.2	3 < t ≤ 8	I-Fuge	‖		–	6 ≤ b ≤ 8	–	–	13		Gegebenenfalls mit Schweiß-badsicherung
1.2.2	3 < t ≤ 8	I-Fuge	‖		–	≈ t	–	–	141[c]		Gegebenenfalls mit Schweiß-badsicherung
1.2.2	≤ 15	I-Fuge	‖		–	≤ 1[d] 0	–	–	52		Gegebenenfalls mit Schweiß-badsicherung
1.2.3	≤ 100	I-Fuge mit Schweiß-badsicherung	–	b; t	–	–	–	–	51		–
1.2.4	≤ 100	I-Fuge mit Zentrierlippe	–	b; t	–	–	–	–	51		–
1.3	3 < t ≤ 10	V-Fuge	∨	α; t; b; c	40° ≤ α ≤ 60°	≤ 4	≤ 2	–	3 111 13 141		Gegebenenfalls mit Schweiß-badsicherung
1.3	8 < t ≤ 12	V-Fuge	∨		6° ≤ α ≤ 8°	–	≤ 2	–	52[d]		Gegebenenfalls mit Schweiß-badsicherung

Tabelle 1 (*fortgesetzt*)

Kennzahl Nr	Werkstückdicke t mm	Art der Schweißnahtvorbereitung	Symbol (nach ISO 2553 [1])	Schnitt	Maße Winkel[a] α, β	Spalt[b] b mm	Steghöhe c mm	Flankenhöhe h mm	Empfohlener Schweißprozess (nach ISO 4063 [2])	Darstellung der Schweißnaht	Bemerkungen
1.4	> 16	Steilflanken-V-Fuge		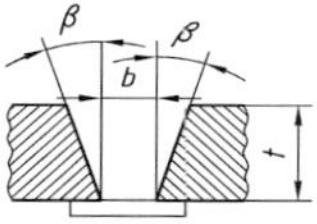	$5° \leq \beta \leq 20°$	$5 \leq b \leq 15$	–	–	111 13	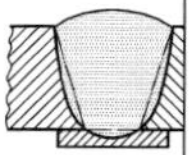	Mit Schweißbadsicherung
1.5	$5 \leq t \leq 40$	Y-Fuge		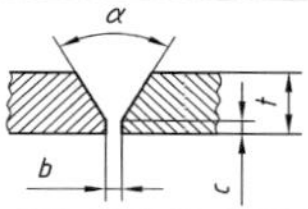	$\alpha \approx 60°$	$1 \leq b \leq 4$	$2 \leq c \leq 4$	–	111 13 141	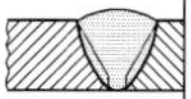	–
1.6	> 12	U-Fuge auf V-Wurzel	e	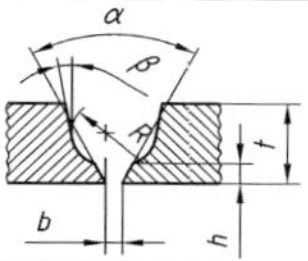	$60° \leq \alpha \leq 90°$ $8° \leq \beta \leq 12°$	$1 \leq b \leq 3$	–	≈ 4	111 13 141	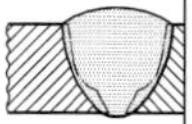	$6 \leq R \leq 9$
1.7	> 12	V-Fuge auf V-Wurzel	e	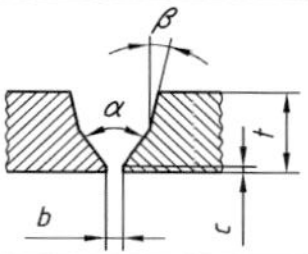	$60° \leq \alpha \leq 90°$ $10° \leq \beta \leq 15°$	$2 \leq b \leq 4$	≤ 2	–	111 13 141	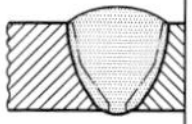	–

Tabelle 1 (*fortgesetzt*)

Kenn-zahl Nr	Werkstück-dicke t mm	Art der Schweißnaht-vorbereitung	Symbol (nach ISO 2553 [1])	Schnitt	Maße				Empfoh-lener Schweiß-prozess (nach ISO 4063 [2])	Darstellung der Schweiß-naht	Bemerk-ungen
					Winkel[a] α, β	Spalt[b] b mm	Steg-höhe c mm	Flanken-höhe h mm			
1.8	> 12	U-Fuge		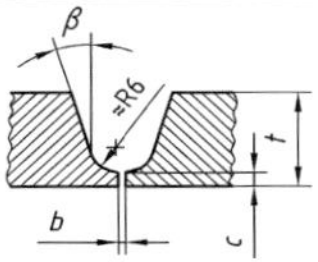	$8° \leq \beta \leq 12°$	≤ 4	≤ 3	–	111 13 141	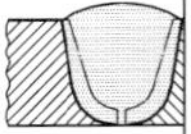	–
1.9.1	$3 < t \leq 10$	HV-Fuge		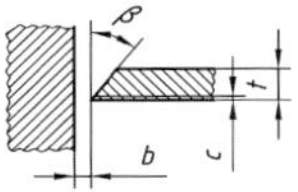	$35° \leq \beta \leq 60°$	$2 \leq b \leq 4$	$1 \leq c \leq 2$	–	111 13 141	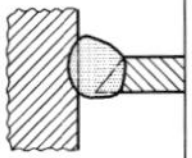	–
1.9.2				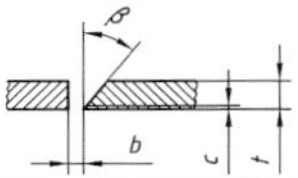						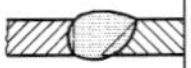	
1.10	> 16	Steilflanken-HV-Fuge		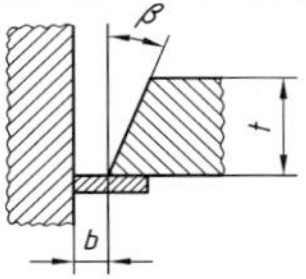	$15° \leq \beta \leq 60°$	$6 \leq b \leq 12$	–	–	111	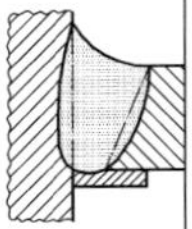	Mit Schweiß-badsicherung
						≈ 12			13 141		

Tabelle 1 (*fortgesetzt*)

Kennzahl Nr	Werkstückdicke t mm	Art der Schweißnahtvorbereitung	Symbol (nach ISO 2553 [1])	Schnitt	Maße: Winkel[a] α, β	Maße: Spalt[b] b mm	Maße: Steghöhe c mm	Maße: Flankenhöhe h mm	Empfohlener Schweißprozess (nach ISO 4063 [2])	Darstellung der Schweißnaht	Bemerkungen
1.11	> 16	HU-Fuge	ϒ	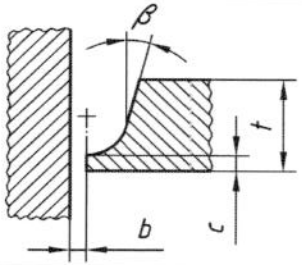	$10° \leq \beta \leq 20°$	$2 \leq b \leq 4$	$1 \leq c \leq 2$	–	111 13 141	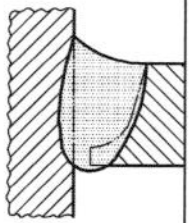	–
1.12	≤ 15	Stirn-fläche recht-winklig	_[e]	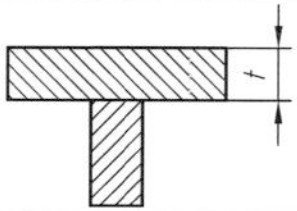	–	–	–	–	52	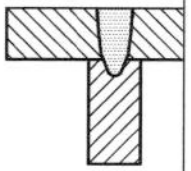	–
	≤ 100								51		
1.13	≤ 15	Stirn-fläche recht-winklig	_[e]	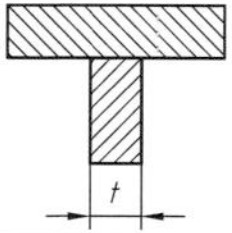	–	–	–	–	52	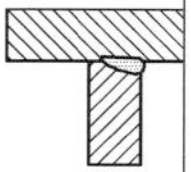	–
	≤ 100								51		

[a] Für Schweißen in Position PC nach ISO 6947 (Querposition) auch größer und/oder unsymmetrisch.

[b] Die angegebenen Maße gelten für den gehefteten Zustand.

[c] Der Hinweis auf den Schweißprozess bedeutet nicht, dass er für den gesamten Bereich der Werkstückdicken anwendbar ist.

[d] Mit Schweißzusatz.

[e] Symbol und Kennzahl in ISO 2553:1992 [1] noch nicht genormt.

Tabelle 2 — Schweißnahtvorbereitungen für Stumpfnähte, beidseitig geschweißt

Kenn-zahl Nr	Werkstückdicke t mm	Art der Schweißnahtvorbereitung	Symbol (nach ISO 2553 [1])	Schnitt	Maße: Winkel[a] α, β	Maße: Spalt[b] b mm	Maße: Steghöhe c mm	Maße: Flankenhöhe h mm	Empfohlener Schweißprozess (nach ISO 4063 [2])	Darstellung der Schweißnaht	Bemerkungen
2.1	≤ 8	I-Fuge	‖	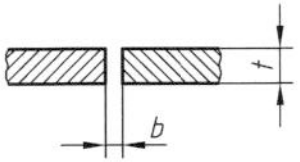	–	$\approx \frac{t}{2}$	–	–	111 141	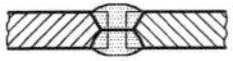	–
						$\leq \frac{t}{2}$			13		
	≤ 15					0			52		
2.2	$3 \leq t \leq 40$	V-Fuge		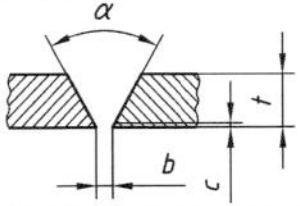	$\alpha \approx 60°$	≤ 3	≤ 2	–	111 141	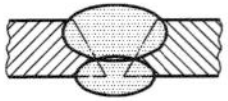	Gegenlage ist angegeben
					$40° \leq \alpha \leq 60°$				13		
2.3	> 10	Y-Fuge		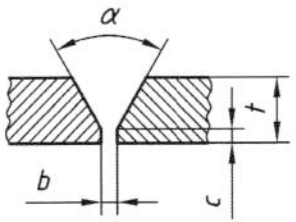	$\alpha \approx 60°$	$1 \leq b \leq 3$	$2 \leq c \leq 4$	–	111 141		In Sonderfällen auch für kleinere Werkstückdicken und Prozess 3 möglich; Gegenlage ist angegeben
					$40° \leq \alpha \leq 60°$				13		
2.4	> 10	D(oppel)-Y-Fuge		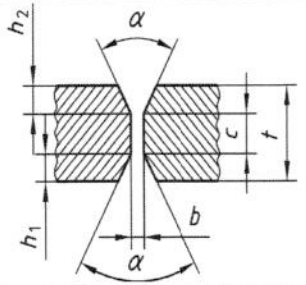	$\alpha \approx 60°$	$1 \leq b \leq 4$	$2 \leq c \leq 6$	$h_1 = h_2 = \frac{t-c}{2}$	111 141	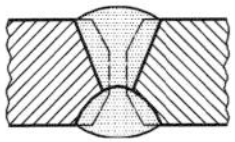	–
					$40° \leq \alpha \leq 60°$				13		

Tabelle 2 (*fortgesetzt*)

Kenn-zahl Nr	Werkstück dicke t mm	Art der Schweiß-nahtvorbe-reitung	Symbol (nach ISO 2553 [1])	Schnitt	Maße: Winkel[a] α, β	Maße: Spalt[b] b mm	Maße: Steg-höhe c mm	Maße: Flanken höhe h mm	Empfoh-lener Schweiß prozess (nach ISO 4063 [2])	Darstellung der Schweißnaht	Bemerkungen
2.5.1	> 10	D(oppel)-V-Fuge	X		$\alpha \approx 60°$	$1 \le b \le 3$	≤ 2	$\approx \frac{t}{2}$	111 141		–
					$40° \le \alpha \le 60°$				13		
2.5.2		Unsymme-trische D(oppel)-V-Fuge			$\alpha_1 \approx 60°$ $\alpha_2 \approx 60°$			$\approx \frac{t}{3}$	111 141		
					$40° \le \alpha_1 \le 60°$ $40° \le \alpha_2 \le 60°$				13		
2.6	> 12	U-Fuge			$8° \le \beta \le 12°$	$1 \le b \le 3$	≈ 5	–	111 13		Gegenlage ist angegeben
						≤ 3			141[c]		

Tabelle 2 (*fortgesetzt*)

Kenn-zahl Nr	Werkstück dicke t mm	Art der Schweiß-nahtvorbe-reitung	Symbol (nach ISO 2553 [1])	Schnitt	Maße Winkel[a] α, β	Spalt[b] b mm	Steg-höhe c mm	Flanken höhe h mm	Empfoh-lener Schweiß prozess (nach ISO 4063 [2])	Darstellung der Schweißnaht	Bemerkungen
2.7	≥ 30	D(oppel)-U-Fuge		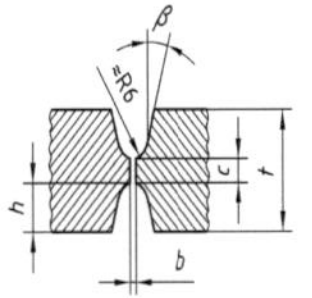	$8° \leq \beta \leq 12°$	≤ 3	≈ 3	$\approx \frac{t-c}{2}$	111 13 141[C]	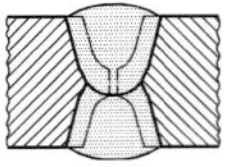	Diese Fuge kann auch unsymmetrisch hergestellt werden, ähnlich der unsymme-trischen D(oppel)-V-Fuge
2.8	$3 \leq t \leq 30$	HV-Fuge		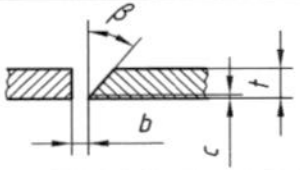	$35° \leq \beta \leq 60°$	$1 \leq b \leq 4$	≤ 2	–	111 13 141[C]	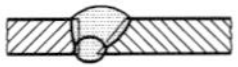	Gegenlage ist angegeben
2.9.1 2.9.2	> 10	D(oppel)-HV-Fuge		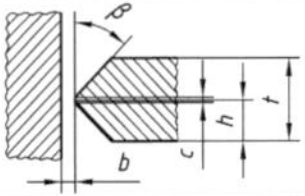	$35° \leq \beta \leq 60°$	$1 \leq b \leq 4$	≤ 2	$= \frac{t}{2}$ oder $= \frac{t}{3}$	111 13 141	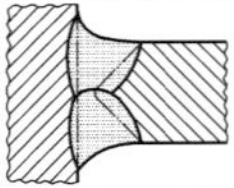	Diese Fuge kann auch unsymmetrisch hergestellt werden, ähnlich der unsymme-trischen D(oppel)-V-Fuge

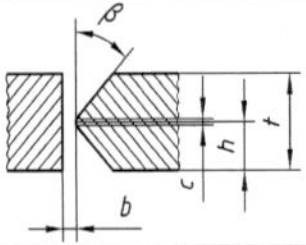

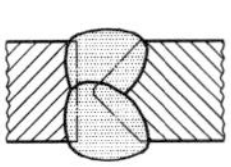

Tabelle 2 (*fortgesetzt*)

Kenn-zahl Nr	Werkstück dicke t mm	Art der Schweiß-nahtvorbe-reitung	Symbol (nach ISO 2553 [1])	Schnitt	Maße: Winkel[a] α, β	Maße: Spalt[b] b mm	Maße: Steg-höhe c mm	Maße: Flanken höhe h mm	Empfoh-lener Schweiß prozess (nach ISO 4063 [2])	Darstellung der Schweißnaht	Bemerkungen
2.10	> 16	HU-Fuge		≈R8 β t b c	$10° \leq \beta \leq 20°$	$1 \leq b \leq 3$	≥ 2	–	111 13 141[c]		Gegenlage ist angegeben
2.11	> 30	DHU-Fuge		β c t h b	$10° \leq \beta \leq 20°$	≤ 3	≥ 2	$= \frac{t-c}{2}$	111 13 141[c]		Diese Fuge kann auch unsymmetrisch hergestellt werden, ähnlich der unsymme-trischen D(oppel)-V-Fug e
							< 2	$\approx \frac{t}{2}$			
2.12	≤ 25	Stirnfläche rechtwinkli g	_d	t	–	–	–	–	52		–
	≤ 170								51		

[a] Für Schweißen in Position PC nach ISO 6947 (Querposition) auch größer und/oder unsymmetrisch.
[b] Die angegebenen Maße gelten für den gehefteten Zustand.
[c] Der Hinweis auf den Schweißprozess bedeutet nicht, dass er für den gesamten Bereich der Werkstückdicken anwendbar ist.
[d] Symbol und Kennzahl in ISO 2553:1992 [1] noch nicht genormt.

 September 2013

	DIN 28030-2	

ICS 71.120.10

Ersatz für
DIN 28030-2:2003-03

Flanschverbindungen für Apparate – Teil 2: Grenzabmaße für Flansche

Flange joints for process vessels –
Part 2: Limit deviations for flanges

Brides assemblages pour appareils –
Partie 2: Écarts limites pour brides

Änderungen

Gegenüber DIN 28030-2:2003-03 wurden folgende Änderungen vorgenommen:

a) Titel geändert;

b) Bild 1 und Bild 2 geändert;

c) in Tabelle 1 wurden die Grenzabmaße für D_i und f_1 ergänzt;

d) Norm redaktionell überarbeitet.

1 Anwendungsbereich

Diese Norm gilt für folgende Flansche:

— Schweißflansche nach DIN 28031 und DIN 28033;

— Vorschweißflansche nach DIN 28034.

Sie legt die Grenzabmaße für die bearbeiteten Flansche fest, wodurch deren Austauschbarkeit sichergestellt wird.

2 Normative Verweisungen

Die folgenden Dokumente, die in diesem Dokument teilweise oder als Ganzes zitiert werden, sind für die Anwendung dieses Dokuments erforderlich. Bei datierten Verweisungen gilt nur die in Bezug genommene Ausgabe. Bei undatierten Verweisungen gilt die letzte Ausgabe des in Bezug genommenen Dokuments (einschließlich aller Änderungen).

DIN 28031, *Flanschverbindungen für Apparate — Schweißflansche für drucklose Apparate*

DIN 28033, *Flanschverbindungen für Apparate — Schweißflansche für druckbeanspruchte Apparate*

DIN 28034, *Flanschverbindungen für Apparate — Vorschweißflansche für druckbeanspruchte Apparate*

DIN EN 1092-1, *Flansche und ihre Verbindungen — Runde Flansche für Rohre, Armaturen, Formstücke und Zubehör, nach PN bezeichnet — Teil 1: Stahlflansche*

DIN ISO 2768-1, *Allgemeintoleranzen; Toleranzen für Längen- und Winkelmaße ohne einzelne Toleranzeintragung*

3 Maße

Maße in Millimeter

Allgemeintoleranzen: ISO 2768 — c.

Symbole der Flanschmaße und Bezeichnung der Flanschdichtflächen entsprechen DIN EN 1092-1.

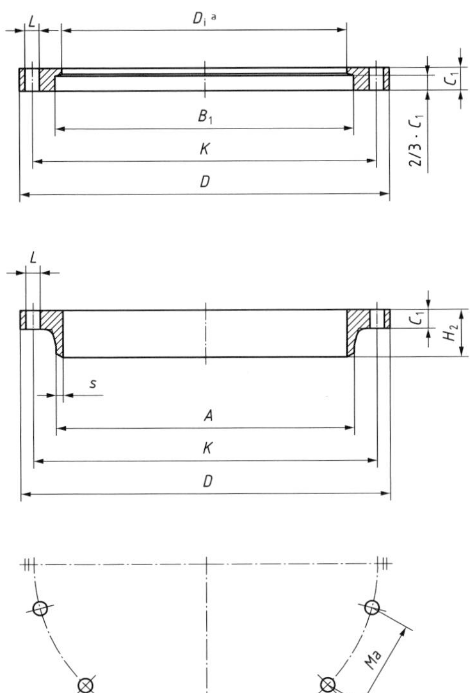

a Das Maß D_i ist abhängig von der Wanddicke des Apparates.

Bild 1 — Flanschmaße

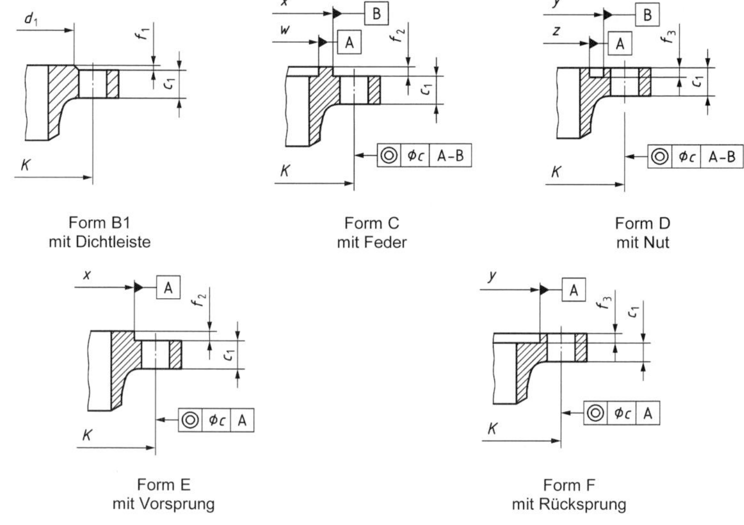

Form B1 mit Dichtleiste

Form C mit Feder

Form D mit Nut

Form E mit Vorsprung

Form F mit Rücksprung

Bild 2 — Flanschdichtflächen, Formen und Maße

Tabelle 1 — Grenzabmaße

Maße in Millimeter

Maß-symbol	Benennung	Nennmaßbereich	Grenzabmaße	
A	Zargenanschluss für Vorschweißflansche und Schweißflansche mit zylindrischem Ansatz	300 bis 1 000	0 − 2	
		über 1 000 bis 4 000	0 − 3	
D	Flansch-Außendurchmesser	bis 1 000	+ 4 − 2	
		über 1 000 bis 2 000	+ 6 − 2	
		über 2 000	+ 8 − 3	
K	Lochkreisdurchmesser	bis 1 600	± 1	
		über 1 600	± 2	
L	Schraubenlochdurchmesser	≤ 27	+ 1 0	
		> 27	+ 2 0	
w, x, y, z	Durchmesser für Feder und Vorsprung, Nut und Rücksprung		*x, z*	*w, y*
		bis 2 000	0 − 0,5	+ 0,5 0
		über 2 000	0 − 1	+ 1 0

Tabelle 1 (*fortgesetzt*)

Maß-symbol	Benennung	Nennmaßbereich	Grenzabmaße
d_1	Dichtleistendurchmesser	300 bis 2 000	$^{0}_{-3}$
		über 2 000 bis 4 000	$^{0}_{-4}$
B_1	Mittenlochdurchmesser	300 bis 1 000	$^{+1{,}5}_{0}$
		über 1 000 bis 4 000	$^{+2{,}5}_{0}$
D_i	Innendurchmesser	300 bis 1 000	$^{0}_{-1{,}5}$
		über 1 000 bis 4 000	$^{0}_{-2{,}5}$
C_1[a]	Blattdicke	bis 50	$^{+2}_{0}$
		über 50	$^{+3}_{0}$
H_2	Flanschhöhe	bis 60	$^{+3}_{0}$
		über 60 bis 150	$^{+4}_{0}$
		über 150	$^{+6}_{0}$
s	Ansatzdicke[b]	bis 6	$^{+1}_{0}$
		über 6 bis 8	$^{+1{,}5}_{0}$
		über 8	$^{+2}_{0}$
Ma[c]	Mittenabstand zwischen zwei benachbarten Schraubenlöchern	Mittenabstand	± 1 Die Summe nacheinander gemessener Schraubenlochabstände darf um nicht mehr als 1,5 mm von der Summe der Sollmaße abweichen.
f_3	Nuttiefe	—	$^{0}_{-0{,}5}$
f_3	Rücksprungtiefe		
f_2	Federhöhe	—	$^{+0{,}5}_{0}$
f_2	Vorsprunghöhe		
f_1	Dichtleistenhöhe	—	$^{+0{,}5}_{0}$
c	Exzentrizität zwischen Lochkreisdurchmesser und Dichtflächendurchmesser der Formen Nut, Feder, Vor- und Rücksprung	—	2

[a] Vom Besteller festgelegte Bearbeitungszugaben sind Mindestmaße.

[b] Diese Grenzabmaße sind auf das Istmaß des Mittenloches zu beziehen.

[c] Das Maßsymbol *Ma* ist in DIN EN 1092-1 nicht festgelegt.

 September 2013

DIN 28031

ICS 71.120.10

Ersatz für
DIN 28031:2003-06

Flanschverbindungen für Apparate – Schweißflansche für drucklose Apparate

Flange joints for process vessels –
Weld flanges for unpressurized process vessels

Brides assemblages pour appareils –
Brides à souder pour appareils non pressurisés

Änderungen

Gegenüber DIN 28031:2003-06 wurden folgende Änderungen vorgenommen:

a) Titel der Norm geändert;

b) Normative Verweisungen aktualisiert;

c) aus Bild 1 Detail X eigenes Bild 2 „Anwendungsbeispiel“ erstellt;

d) Bild 2 umbenannt in Bild 3;

e) aus Bild 2 Detail Y eigenes Bild 4 „Anwendungsbeispiel“ erstellt;

f) Schweißnahtdicken geändert;

g) in Tabelle 1 Werte für die Gewichte von Flanschen neu berechnet;

h) Inhalt von 3.5 „Grenzabmaße“ in 3.1 aufgenommen;

i) Inhalt von Abschnitt 4 „Bearbeitung“ in 3.2 aufgenommen;

j) neuer Abschnitt 4 „Kennzeichnung“ aufgenommen;

k) Norm redaktionell überarbeitet.

1 Anwendungsbereich

Diese Norm legt Maße, Ausführungen und Bezeichnungen von Schweißflanschen für drucklose Apparate fest.

Anforderungen an Flansche sind in DIN 28030-1 festgelegt.

Grenzabmaße für Flansche sind in DIN 28030-2 festgelegt.

Schweißflansche für druckbeanspruchte Apparate sind in DIN 28033 genormt.

Vorschweißflansche für druckbeanspruchte Apparate sind in DIN 28034 genormt.

3 Ausführungen, Maße, Bezeichnung

3.1 Allgemeines

Ausführungen sind in Bild 1 und Bild 3 dargestellt.

Maße und Gewichte nach Tabelle 1.

3.2 Ausführungen

Ausführung A, massive Ausführung, nach Bild 1 mit Oberflächenbeschaffenheit der Dichtfläche nach DIN EN 1092-1, Form A

Ausführung B, Grundflansch für verkleidete Ausführung nach Bild 3 mit Schweißnahtvorbereitung.

ANMERKUNG Bei Ausführung B wird ein Dichtflächenring mit einer Oberflächenbeschaffenheit der Dichtfläche nach DIN EN 1092-1, Form B1, verwendet.

Andere Oberflächenbeschaffenheiten sind zwischen Besteller und Hersteller zu vereinbaren. Im Bild 2 und im Bild 4 sind Anwendungsbeispiele dargestellt.

Die Flansche werden ansonsten nach Wahl des Herstellers unbearbeitet oder bearbeitet ausgeführt.

Maße in Millimeter

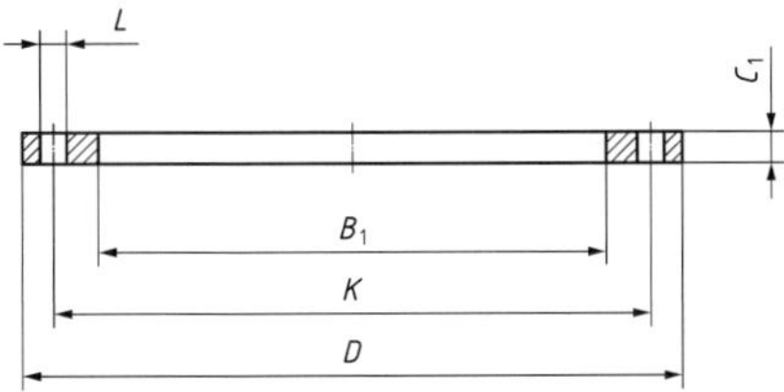

Bild 1 — Schweißflansch, massiv, Ausführung A

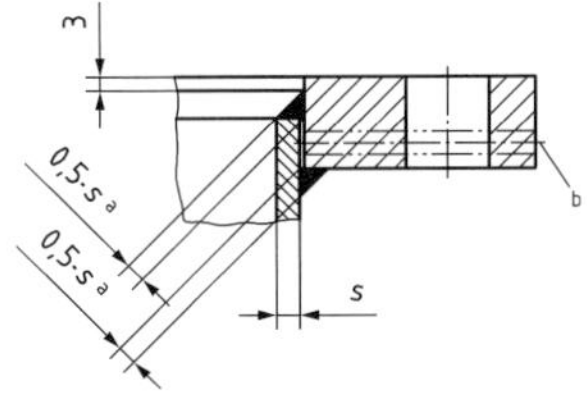

Legende

s Apparatewanddicke

[a] $0{,}5 \cdot s \geq 3$ mm

[b] In der Regel sind am fertigen Apparat Prüf- oder Entlüftungsbohrungen in den Apparateflanschen vorzusehen. Diese sind zwischen zwei Schraubenlöchern anzuordnen. Die Bohrungen sind mit Verschlussstopfen mit Gewinde oder nach Wahl des Apparateherstellers in geeigneter Weise zu verschließen. Flansche nach dieser Norm werden ohne Prüf- oder Entlüftungsbohrungen vom Flanschhersteller an den Apparatehersteller geliefert. Sollen die Prüf- oder Entlüftungsbohrungen vom Flanschhersteller eingebracht werden, sind Anzahl und Lage vom Apparatehersteller dem Flanschhersteller bei der Bestellung anzugeben.

Bild 2 — Anwendungsbeispiel für Schweißflansch, Ausführung A

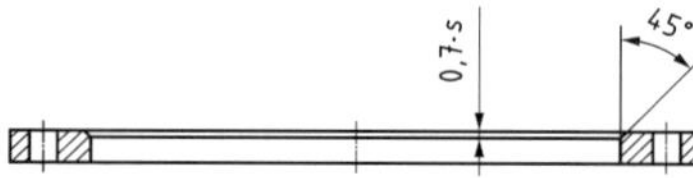

Legende

s Apparatewanddicke

Übrige Maße und Angaben wie Ausführung A

Bild 3 — Schweißflansch, Grundflansch, Ausführung B

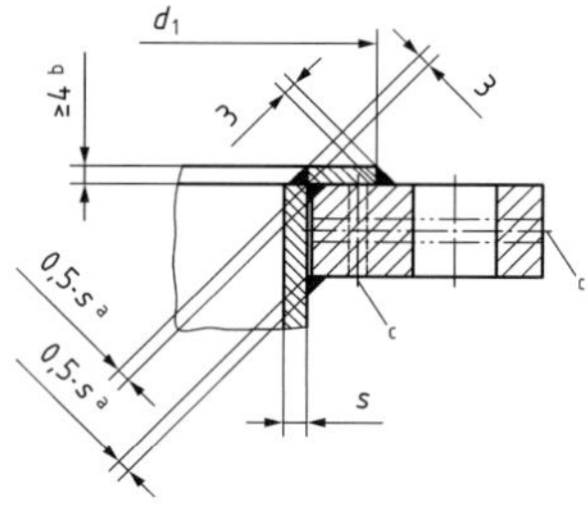

Legende

s Apparatewanddicke

[a] 0,5·s ≥ 3 mm

[b] Im fertigen Zustand

[c] In der Regel sind am fertigen Apparat Prüf- oder Entlüftungsbohrungen in den Apparateflanschen vorzusehen. Diese sind zwischen zwei Schraubenlöchern anzuordnen. Die Bohrungen sind mit Verschlussstopfen mit Gewinde oder nach Wahl des Apparateherstellers in geeigneter Weise zu verschließen. Flansche nach dieser Norm werden ohne Prüf- oder Entlüftungsbohrungen vom Flanschhersteller an den Apparatehersteller geliefert. Sollen die Prüf- oder Entlüftungsbohrungen vom Flanschhersteller eingebracht werden, sind Anzahl und Lage vom Apparatehersteller dem Flanschhersteller bei der Bestellung anzugeben.

Bild 4 — Anwendungsbeispiel für Schweißflansch, Ausführung B

3.3 Bezeichnung

BEISPIEL 1 Bezeichnung eines

Schweißflansches Ausführung A,

Nenndurchmesser 1 200 mm,

Flanschdicke C_1 = 25 mm,

Werkstoff S235JR (1.0038):

Flansch DIN 28031 — A 1200 × 25 — S235JR

BEISPIEL 2 Bezeichnung eines

Schweißflansches Ausführung B,

Nenndurchmesser 1 000 mm,

Flanschdicke C_1 = 20 mm,

Wanddicke s = 4,

Werkstoff S235JR (1.0038):

Flansch DIN 28031 — B 1000 × 20 — 4 — S235JR

3.4 Maße und Gewichte

Tabelle 1 — Maße und Gewichte

Maße in Millimeter

Nenn-durch-messer nach DIN 28105	Flansch					Schrauben			Gewicht[a] eines Flansches (7,85 kg/dm³) kg
	D	K	d_1 ≈	B_1	C_1	Anzahl	Gewinde	L	≈
300	∅ 415	∅ 375	∅ 345	∅ 326	20	12	M16	∅ 18	8
350	∅ 460	∅ 420	∅ 390	∅ 357		16			10
400	∅ 510	∅ 470	∅ 440	∅ 408					11
500	∅ 600	∅ 560	∅ 530	∅ 510		20			12
600	∅ 700	∅ 660	∅ 630	∅ 602		24			15
700	∅ 800	∅ 760	∅ 730	∅ 702		28			17
800	∅ 900	∅ 860	∅ 830	∅ 802		32			19
900	∅ 1 000	∅ 960	∅ 930	∅ 902		36			22
1 000	∅ 1 100	∅ 1 060	∅ 1 030	∅ 1 002		40			24
1 100	∅ 1 200	∅ 1 160	∅ 1 130	∅ 1 102		44			26
1 200	∅ 1 320	∅ 1 270	∅ 1 240	∅ 1 202	25	48			43
1 300	∅ 1 420	∅ 1 370	∅ 1 340	∅ 1 303					47
1 400	∅ 1 520	∅ 1 470	∅ 1 440	∅ 1 403					50
1 500	∅ 1 620	∅ 1 570	∅ 1 540	∅ 1 503		52			54
1 600	∅ 1 720	∅ 1 670	∅ 1 640	∅ 1 603		56			57
1 700	∅ 1 820	∅ 1 770	∅ 1 740	∅ 1 703					61
1 800	∅ 1 920	∅ 1 870	∅ 1 840	∅ 1 803	30		M20	∅ 23	75
2 000	∅ 2 120	∅ 2 070	∅ 2 040	∅ 2 003		64			83
2 200	∅ 2 320	∅ 2 270	∅ 2 240	∅ 2 203		72			91
2 400	∅ 2 520	∅ 2 475	∅ 2 445	∅ 2 403					100
2 600	∅ 2 720	∅ 2 675	∅ 2 645	∅ 2 603		80			107
2 800	∅ 2 920	∅ 2 875	∅ 2 845	∅ 2 803		88			115
3 000	∅ 3 120	∅ 3 075	∅ 3 045	∅ 3 003		96			123
3 200	∅ 3 320	∅ 3 275	∅ 3 245	∅ 3 203					132
3 400	∅ 3 540	∅ 3 490	∅ 3 460	∅ 3 403	40	104			221
3 600	∅ 3 740	∅ 3 690	∅ 3 660	∅ 3 603		112			233
3 800	∅ 3 940	∅ 3 890	∅ 3 860	∅ 3 803					247
4 000	∅ 4 140	∅ 4 090	∅ 4 060	∅ 4 003		120			259

[a] Es handelt sich hierbei um Ungefährangaben für die Ausführung A.

4 Kennzeichnung

Der Flansch ist mit folgenden Angaben vom Flanschhersteller zu kennzeichnen:

a) Herstellerkennzeichen;

b) Norm;

c) Jahr der Herstellung;

d) Angabe der Form;

e) Nenndurchmesser × Flanschdicke;

f) Werkstoffangabe;

g) ggf. Schmelzennummer und/oder eine geeignete Nummer für die Rückverfolgbarkeit des Werkstoffes, sofern der Werkstoffnachweis nach DIN EN 10204 gefordert ist.

DIN 28033

ICS 71.120.10

Ersatz für
DIN 28032:2005-06,
DIN 28036:2005-06 und
DIN 28038:2003-06

Flanschverbindungen für Apparate – Schweißflansche für druckbeanspruchte Apparate

Flange joints for process vessels –
Weld flanges for pressure vessels

Brides assemblages pour appareils –
Brides à souder pour appareils sous pression

Änderungen

Gegenüber DIN 28032:2005-06, DIN 28036:2005-06 und DIN 28038:2003-06 wurden folgende Änderungen vorgenommen:

a) DIN 28032, DIN 28036 und DIN 28038 unter neuem Titel zusammengefasst und überarbeitet;

b) Flanschtypen in 3.2 neu festgelegt;

c) Schweißnahtvorbereitung und Schweißausführung in Tabelle 2 zusammengeführt;

d) Prüf-und Entlüftungsbohrungen in 3.4.2 zusammengeführt;

e) Maße und Gewichte in Tabelle 3 zusammengeführt;

f) Angaben zur Oberflächenbeschaffenheit und Bearbeitungszugabe und Bezeichnungsbeispiele zusammengeführt;

g) Angaben zur Kennzeichnung zusammengeführt;

h) Anhang A „Erläuterungen" entfernt;

i) neuer informativer Anhang A mit Anhaltswerten für maximal zulässige Drücke aufgenommen.

1 Anwendungsbereich

Diese Norm gilt für Schweißflansche für druckbeanspruchte Apparate.

Anforderungen an Flansche sind in DIN 28030-1 festgelegt.

Grenzabmaße für Flansche sind in DIN 28030-2 festgelegt.

Schweißflansche für drucklose Apparate sind in DIN 28031 genormt.

Vorschweißflansche für druckbeanspruchte Apparate sind in DIN 28034 genormt.

3 Maße und Ausführungen

3.1 Allgemeines

Die Dichtflächen sind in 3.3 beschrieben.

Die Schweißnahtvorbereitung und Schweißausführungen sind in 3.4 beschrieben.

Die Oberflächenbeschaffenheit ist in 3.6 beschrieben.

Die Bearbeitungszugabe ist in 3.7 beschrieben.

Maße und Gewichte nach Tabelle 3.

Die in Tabelle A.1 angegebene Wanddicke s ist die angenommene Apparatewanddicke für die Berechnung der Anhaltswerte des maximal zulässigen Druckes.

Andere Flanschdicken C_1 und Innendurchmesser B_1 können zwischen Besteller und Hersteller festgelegt werden.

3.2 Flanschtypen

Bei den Schweißflanschen für druckbeanspruchte Apparate werden zwei Typen unterschieden:

— Typ S, Einsteckschweißflansch nach Bild 1

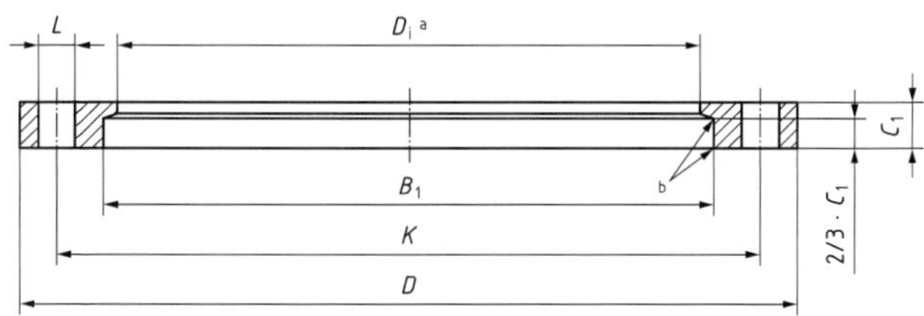

a Das Maß D_i ist abhängig von der Wanddicke des Apparates.

b Schweißnahtvorbereitung nach 3.4

Bild 1 — Einsteckschweißflansch, Typ S

— Typ G, Überschiebschweißflansch nach Bild 2

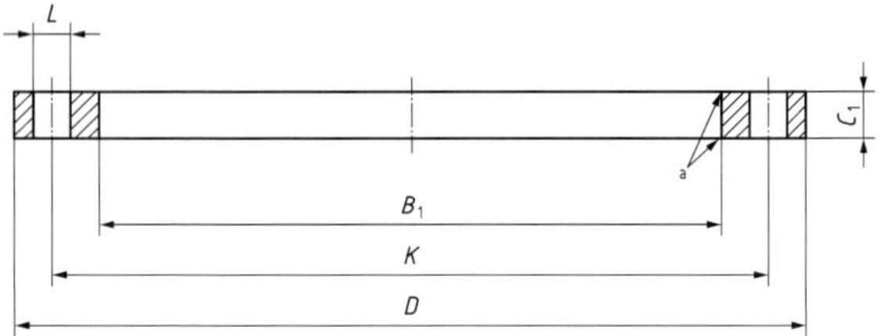

a Schweißnahtvorbereitung nach 3.4

Bild 2 — Überschiebschweißflansch, Typ G

3.3 Dichtflächen

Dichtflächen sind in Tabelle 1 dargestellt.

Die Dichtfläche ist nach dem Anschweißen des Flansches an den Apparat oder an das Apparateteil zu bearbeiten.

Eine entsprechende Bearbeitungszugabe ist in 3.7 beschrieben.

Tabelle 1 — Dichtflächen

Maße in Millimeter

Dichtflächenform nach DIN EN 1092-1	Ausführung	Massive Ausführung	Verkleidete Ausführung
Form A	glatte Dichtfläche	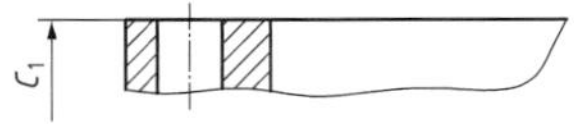 C_1 Für Typ G und Typ S	—
Form B1	Dichtleiste	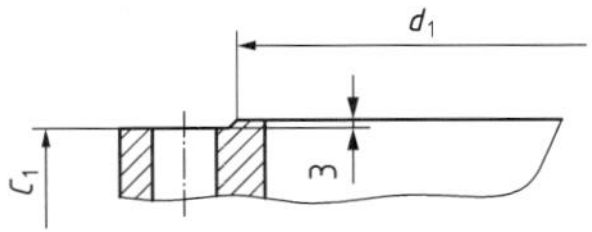 d_1, 3, C_1 Für Typ S	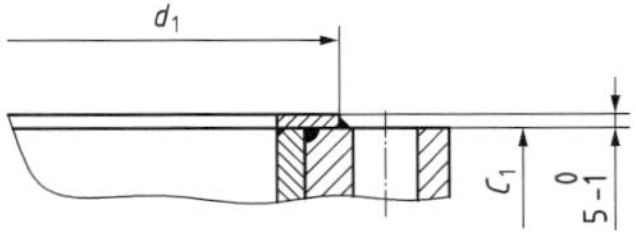 d_1, C_1, $5^{\ 0}_{-1}$ für Typ G
Form C	Feder	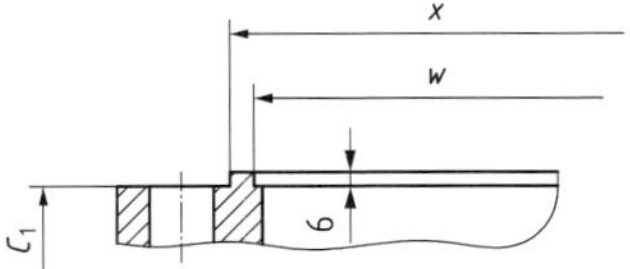 x, w, 6, C_1 Für Typ S	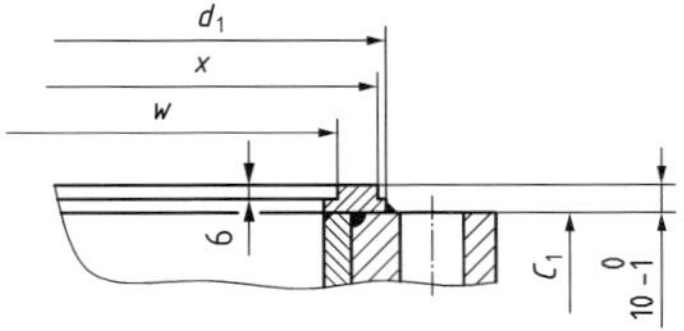 d_1, x, w, 6, C_1, $10^{\ 0}_{-1}$ für Typ G

Tabelle 1 *(fortgesetzt)*

Dichtflächenform nach DIN EN 1092-1	Ausführung	Massive Ausführung	Verkleidete Ausführung
Form D	Nut	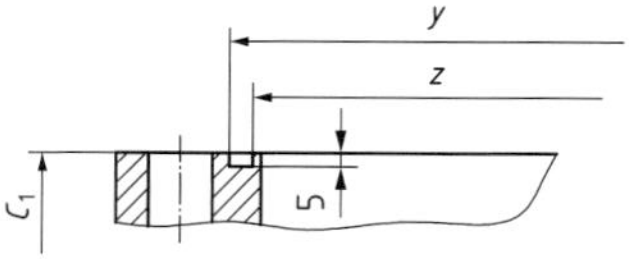 Für Typ S	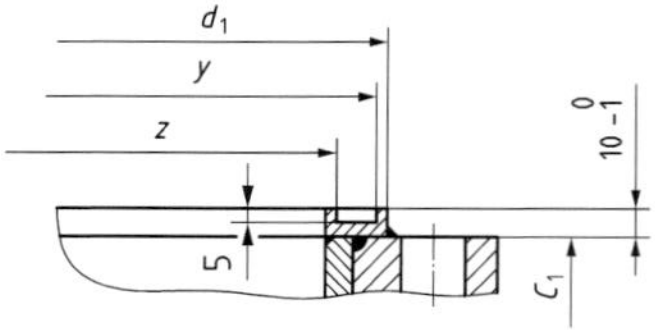 für Typ G
Form E	Vorsprung	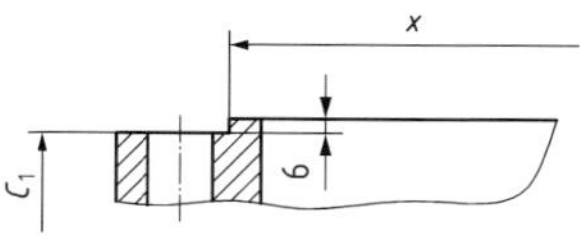 Für Typ S	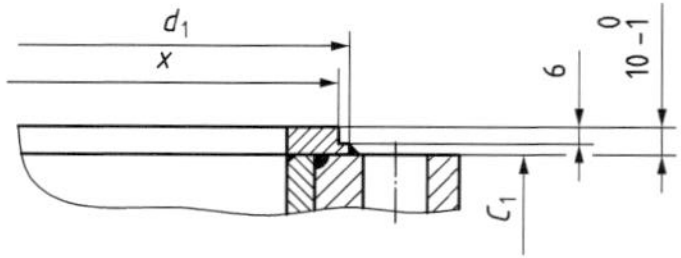 für Typ G
Form F	Rücksprung	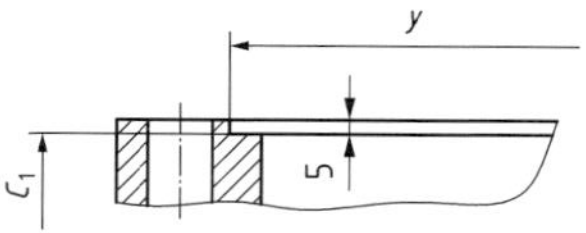 Für Typ S	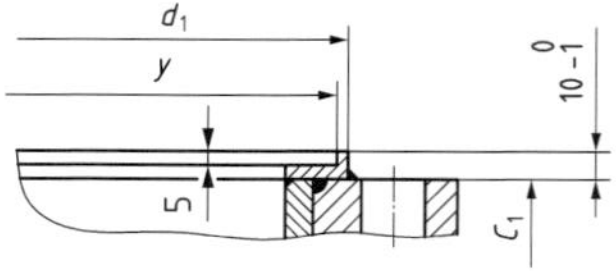 für Typ G

3.4 Schweißen

3.4.1 Schweißnahtvorbereitung, Schweißausführung

In Anlehnung an DIN EN 1708-1 sind mögliche Schweißnahtvorbereitungen und Schweißausführungen in Tabelle 2 dargestellt und Kennnummern zugeordnet.

Tabelle 2 — Schweißnahtvorbereitung, Schweißausführung

Maße in Millimeter

Kennnummer	Schweißnahtvorbereitung	Schweißausführung mit bearbeiteter Dichtfläche
1	15°; C_1; $2/3C_1$	massiv ≥5; 15°; C_1; 0,7*s* [a]; *s* [a] 0,7·*s* ≥ 3 mm
2	15°; R7; 20°; *s*; C_1; $2/3C_1$	massiv ≥5; 15°; C_1; *s*
3	R7; 20°; R7; 20°; *s*; *s*; C_1	verkleidet X; C_1; *s*
4	C_1	massiv ≥3; 0,7*s* [a]; 0,7*s* [a]; C_1; *s* [a] 0,7·*s* ≥ 3 mm

Tabelle 2 *(fortgesetzt)*

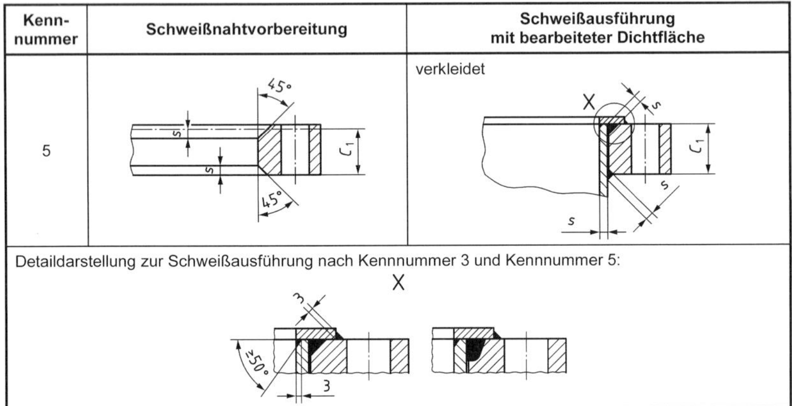

Kennnummer	Schweißnahtvorbereitung	Schweißausführung mit bearbeiteter Dichtfläche
5		verkleidet
Detaildarstellung zur Schweißausführung nach Kennnummer 3 und Kennnummer 5:		

3.4.2 Prüf- und Entlüftungsbohrungen

In der Regel sind am fertigen Apparat Prüf- oder Entlüftungsbohrungen in den Apparateflanschen vorzusehen (Beispiel siehe Bild 3). Diese sind zwischen zwei Schraubenlöchern anzuordnen. Die Bohrungen sind mit Verschlussstopfen mit Gewinde oder nach Wahl des Apparateherstellers in geeigneter Weise zu verschließen.

Flansche nach dieser Norm werden ohne Prüf- oder Entlüftungsbohrungen vom Flanschhersteller an den Apparatehersteller geliefert.

Sollen die Prüf- oder Entlüftungsbohrungen vom Flanschhersteller eingebracht werden, sind Anzahl und Lage vom Apparatehersteller dem Flanschhersteller bei der Bestellung anzugeben.

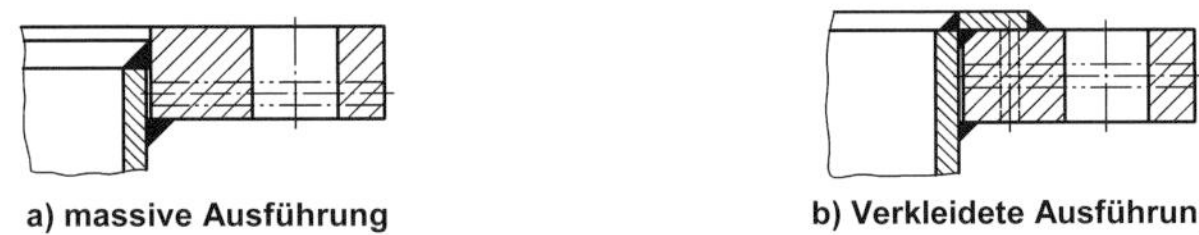

a) massive Ausführung **b) Verkleidete Ausführung**

Bild 3 — Lage der Prüf- und Entlüftungsbohrungen

3.5 Maße und Gewichte

Tabelle 3 — Maße und Gewichte

Maße in Millimeter

Nenndurchmesser nach DIN 28105	Flansch				Schrauben			Dichtflächenform					Gewicht[b] eines Flansches (7,85 kg/dm³)
								B1	C und E		D und F		kg
	D	K	B_1	C_1	Anzahl	Gewinde	L	d_1	x	w	y	z	≈
300	Ø 415	Ø 375	Ø 326	25	12	M16	Ø 18	Ø 350	Ø 344	Ø 324	Ø 346[a]	Ø 322[a]	10
	Ø 430	Ø 385	Ø 326	30	12	M20	Ø 23	Ø 355	Ø 344	Ø 324	Ø 346[a]	Ø 322[a]	13
	Ø 445	Ø 395	Ø 326	35	12	M24	Ø 27	Ø 360	Ø 350	Ø 324	Ø 352	Ø 322	18
350	Ø 460	Ø 420	Ø 357	30	16	M16	Ø 18	Ø 395	Ø 388	Ø 368	Ø 390[a]	Ø 366[a]	15
	Ø 475	Ø 430	Ø 357	35	16	M20	Ø 23	Ø 400	Ø 388	Ø 368	Ø 390	Ø 366	19
	Ø 490	Ø 440	Ø 357	40	16	M24	Ø 27	Ø 405	Ø 394	Ø 368	Ø 396	Ø 366	25
400	Ø 510	Ø 470	Ø 408	25	16	M16	Ø 18	Ø 445	Ø 439	Ø 419	Ø 441[a]	Ø 417[a]	14
	Ø 525	Ø 480	Ø 408	35	16	M20	Ø 23	Ø 450	Ø 439	Ø 419	Ø 441	Ø 417	22
	Ø 545	Ø 495	Ø 408	45	16	M24	Ø 27	Ø 460	Ø 445	Ø 419	Ø 447	Ø 417	33
500	Ø 600	Ø 560	Ø 510	30	20	M16	Ø 18	Ø 535	Ø 528	Ø 508	Ø 530[a]	Ø 506[a]	17
	Ø 615	Ø 570	Ø 510	40	20	M20	Ø 23	Ø 540	Ø 528	Ø 508	Ø 530	Ø 506	27
	Ø 635	Ø 585	Ø 510	50	20	M24	Ø 27	Ø 550	Ø 534	Ø 508	Ø 536	Ø 506	40
	Ø 645	Ø 590	Ø 510	55	20	M27	Ø 30	Ø 555	Ø 540	Ø 508	Ø 542	Ø 506	47
600	Ø 700	Ø 660	Ø 602	30	24	M16	Ø 18	Ø 635	Ø 626	Ø 600	Ø 628[a]	Ø 598[a]	22
	Ø 710	Ø 665	Ø 602	40	24	M20	Ø 23	Ø 635	Ø 626	Ø 600	Ø 628	Ø 598	32
	Ø 730	Ø 680	Ø 602	50	24	M24	Ø 27	Ø 645	Ø 632	Ø 600	Ø 634	Ø 598	47
	Ø 745	Ø 690	Ø 602	55	24	M27	Ø 30	Ø 655	Ø 632	Ø 600	Ø 634	Ø 598	58
	Ø 760	Ø 695	Ø 602	60	24	M30	Ø 33	Ø 655	Ø 636	Ø 600	Ø 636	Ø 598	70

Tabelle 3 *(fortgesetzt)*

Nenn-durch-messer nach DIN 28105	Flansch				Schrauben			Dichtflächenform					Gewicht[b] eines Flansches (7,85 kg/dm³)
								B1	C und E		D und F		kg
	D	K	B_1	C_1	Anzahl	Gewinde	L	d_1	x	w	y	z	≈
700	Ø 800	Ø 760	Ø 702	40	28	M16	Ø 18	Ø 735	Ø 726	Ø 700	Ø 728	Ø 698	34
	Ø 810	Ø 765	Ø 702	50	28	M20	Ø 23	Ø 735	Ø 726	Ø 700	Ø 728	Ø 698	46
	Ø 830	Ø 780	Ø 702	55	28	M24	Ø 27	Ø 745	Ø 732	Ø 700	Ø 734	Ø 698	60
	Ø 845	Ø 790	Ø 702	60	28	M27	Ø 30	Ø 755	Ø 732	Ø 700	Ø 734	Ø 698	73
	Ø 865	Ø 800	Ø 702	65	28	M30	Ø 33	Ø 760	Ø 736	Ø 700	Ø 738	Ø 698	90
800	Ø 900	Ø 860	Ø 802	50	32	M16	Ø 18	Ø 835	Ø 826	Ø 800	Ø 828	Ø 798	48
	Ø 915	Ø 870	Ø 802	55	32	M20	Ø 23	Ø 840	Ø 826	Ø 800	Ø 828	Ø 798	60
	Ø 930	Ø 880	Ø 802	60	32	M24	Ø 27	Ø 845	Ø 832	Ø 800	Ø 834	Ø 798	73
	Ø 945	Ø 890	Ø 802	65	32	M27	Ø 30	Ø 855	Ø 832	Ø 800	Ø 834	Ø 798	89
	Ø 965	Ø 900	Ø 802	70	32	M30	Ø 33	Ø 860	Ø 836	Ø 800	Ø 838	Ø 798	109
900	Ø 1 015	Ø 970	Ø 902	44	36	M20	Ø 23	Ø 940	Ø 926	Ø 900	Ø 928	Ø 898	67
	Ø 1 030	Ø 980	Ø 902	60	36	M24	Ø 27	Ø 945	Ø 932	Ø 900	Ø 934	Ø 898	82
	Ø 1 045	Ø 990	Ø 902	65	36	M27	Ø 30	Ø 955	Ø 932	Ø 900	Ø 934	Ø 898	99
	Ø 1 065	Ø 1 000	Ø 902	70	36	M30	Ø 33	Ø 960	Ø 936	Ø 900	Ø 938	Ø 898	121
1 000	Ø 1 115	Ø 1 070	Ø 1 002	55	40	M20	Ø 23	Ø 1 040	Ø 1 026	Ø 1 000	Ø 1 028	Ø 998	74
	Ø 1 130	Ø 1 080	Ø 1 002	60	40	M24	Ø 27	Ø 1 045	Ø 1 032	Ø 1 000	Ø 1 034	Ø 998	90
	Ø 1 150	Ø 1 095	Ø 1 002	65	40	M27	Ø 30	Ø 1 060	Ø 1 032	Ø 1 000	Ø 1 034	Ø 998	113
	Ø 1 170	Ø 1 105	Ø 1 002	70	40	M30	Ø 33	Ø 1 065	Ø 1 036	Ø 1 000	Ø 1 038	Ø 998	139
1 100	Ø 1 215	Ø 1 170	Ø 1 102	60	44	M20	Ø 23	Ø 1 140	Ø 1 126	Ø 1 100	Ø 1 128	Ø 1 098	88
	Ø 1 230	Ø 1 180	Ø 1 102	65	44	M24	Ø 27	Ø 1 145	Ø 1 132	Ø 1 100	Ø 1 134	Ø 1 098	107
	Ø 1 250	Ø 1 195	Ø 1 102	70	44	M27	Ø 30	Ø 1 160	Ø 1 132	Ø 1 100	Ø 1 134	Ø 1 098	133
	Ø 1 270	Ø 1 205	Ø 1 102	75	44	M30	Ø 33	Ø 1 165	Ø 1 136	Ø 1 100	Ø 1 138	Ø 1 098	162
1 200	Ø 1 315	Ø 1 270	Ø 1 202	60	48	M20	Ø 23	Ø 1 240	Ø 1 226	Ø 1 200	Ø 1 228	Ø 1 198	96
	Ø 1 330	Ø 1 280	Ø 1 202	65	48	M24	Ø 27	Ø 1 245	Ø 1 232	Ø 1 200	Ø 1 234	Ø 1 198	116
	Ø 1 350	Ø 1 295	Ø 1 202	70	48	M27	Ø 30	Ø 1 260	Ø 1 232	Ø 1 200	Ø 1 234	Ø 1 198	144
	Ø 1 370	Ø 1 305	Ø 1 202	75	48	M30	Ø 33	Ø 1 265	Ø 1 236	Ø 1 200	Ø 1 238	Ø 1 198	176

Tabelle 3 *(fortgesetzt)*

Nenndurchmesser nach DIN 28105	Flansch				Schrauben			Dichtflächenform					Gewicht[b] eines Flansches (7,85 kg/dm³)
								B1	C und E		D und F		kg
	D	K	B_1	C_1	Anzahl	Gewinde	L	d_1	x	w	y	z	≈
1 300	Ø 1 415	Ø 1 370	Ø 1 303	60	52	M20	Ø 23	Ø 1 340	Ø 1 326	Ø 1 300	Ø 1 328	Ø 1 298	102
	Ø 1 435	Ø 1 385	Ø 1 303	65	52	M24	Ø 27	Ø 1 350	Ø 1 332	Ø 1 300	Ø 1 334	Ø 1 298	130
	Ø 1 450	Ø 1 395	Ø 1 303	70	52	M27	Ø 30	Ø 1 360	Ø 1 332	Ø 1 300	Ø 1 334	Ø 1 298	154
	Ø 1 470	Ø 1 405	Ø 1 303	75	52	M30	Ø 33	Ø 1 365	Ø 1 336	Ø 1 300	Ø 1 338	Ø 1 298	188
1 400	Ø 1 515	Ø 1 470	Ø 1 403	65	56	M20	Ø 23	Ø 1 440	Ø 1 426	Ø 1 400	Ø 1 428	Ø 1 398	119
	Ø 1 535	Ø 1 485	Ø 1 403	70	56	M24	Ø 27	Ø 1 450	Ø 1 432	Ø 1 400	Ø 1 434	Ø 1 398	150
	Ø 1 550	Ø 1 495	Ø 1 403	75	56	M27	Ø 30	Ø 1 460	Ø 1 432	Ø 1 400	Ø 1 434	Ø 1 398	177
	Ø 1 570	Ø 1 505	Ø 1 403	80	56	M30	Ø 33	Ø 1 465	Ø 1 436	Ø 1 400	Ø 1 438	Ø 1 398	215
1 500	Ø 1 615	Ø 1 570	Ø 1 503	65	60	M20	Ø 23	Ø 1 540	Ø 1 526	Ø 1 500	Ø 1 528	Ø 1 498	127
	Ø 1 635	Ø 1 585	Ø 1 503	70	60	M24	Ø 27	Ø 1 550	Ø 1 532	Ø 1 500	Ø 1 534	Ø 1 498	160
	Ø 1 655	Ø 1 600	Ø 1 503	75	60	M27	Ø 30	Ø 1 565	Ø 1 532	Ø 1 500	Ø 1 534	Ø 1 498	197
	Ø 1 675	Ø 1 610	Ø 1 503	80	60	M30	Ø 33	Ø 1 570	Ø 1 536	Ø 1 500	Ø 1 538	Ø 1 498	237
1 600	Ø 1 715	Ø 1 670	Ø 1 603	65	64	M20	Ø 23	Ø 1 640	Ø 1 626	Ø 1 600	Ø 1 628	Ø 1 598	135
	Ø 1 735	Ø 1 685	Ø 1 603	70	64	M24	Ø 27	Ø 1 650	Ø 1 632	Ø 1 600	Ø 1 634	Ø 1 598	170
	Ø 1 755	Ø 1 700	Ø 1 603	75	64	M27	Ø 30	Ø 1 665	Ø 1 632	Ø 1 600	Ø 1 634	Ø 1 598	209
	Ø 1 775	Ø 1 710	Ø 1 603	85	64	M30	Ø 33	Ø 1 670	Ø 1 636	Ø 1 600	Ø 1 638	Ø 1 598	268
1 700	Ø 1 815	Ø 1 770	Ø 1 703	65	68	M20	Ø 23	Ø 1 740	Ø 1 726	Ø 1 700	Ø 1 728	Ø 1 698	143
	Ø 1 835	Ø 1 785	Ø 1 703	70	68	M24	Ø 27	Ø 1 755	Ø 1 732	Ø 1 700	Ø 1 734	Ø 1 698	180
	Ø 1 855	Ø 1 800	Ø 1 703	80	68	M27	Ø 30	Ø 1 765	Ø 1 732	Ø 1 700	Ø 1 734	Ø 1 698	237
	Ø 1 875	Ø 1 810	Ø 1 703	90	68	M30	Ø 33	Ø 1 770	Ø 1 736	Ø 1 700	Ø 1 738	Ø 1 698	300
1 800	Ø 1 915	Ø 1 870	Ø 1 803	65	72	M20	Ø 23	Ø 1 840	Ø 1 826	Ø 1 800	Ø 1 828	Ø 1 798	152
	Ø 1 940	Ø 1 890	Ø 1 803	70	72	M24	Ø 27	Ø 1 855	Ø 1 832	Ø 1 800	Ø 1 834	Ø 1 798	199
	Ø 1 955	Ø 1 900	Ø 1 803	80	72	M27	Ø 30	Ø 1 865	Ø 1 832	Ø 1 800	Ø 1 834	Ø 1 798	250
	Ø 1 975	Ø 1 910	Ø 1 803	90	72	M30	Ø 33	Ø 1 870	Ø 1 836	Ø 1 800	Ø 1 838	Ø 1 798	317

Tabelle 3 *(fortgesetzt)*

Nenndurchmesser nach DIN 28105	Flansch				Schrauben			Dichtflächenform					Gewicht[b] eines Flansches (7,85 kg/dm³)
								B1	C und E		D und F		kg
	D	K	B_1	C_1	Anzahl	Gewinde	L	d_1	x	w	y	z	≈
2 000	Ø 2 115	Ø 2 070	Ø 2 003	70	80	M20	Ø 23	Ø 2 040	Ø 2 026	Ø 2 000	Ø 2 028	Ø 1 998	181
	Ø 2 140	Ø 2 090	Ø 2 003	80	80	M24	Ø 27	Ø 2 055	Ø 2 032	Ø 2 000	Ø 2 034	Ø 1 998	251
	Ø 2 160	Ø 2 105	Ø 2 003	90	80	M27	Ø 30	Ø 2 070	Ø 2 032	Ø 2 000	Ø 2 034	Ø 1 998	323
	Ø 2 180	Ø 2 115	Ø 2 003	100	80	M30	Ø 33	Ø 2 075	Ø 2 036	Ø 2 000	Ø 2 038	Ø 1 998	403
2 200	Ø 2 315	Ø 2 270	Ø 2 203	80	88	M20	Ø 23	Ø 2 240	Ø 2 226	Ø 2 200	Ø 2 228	Ø 2 198	227
	Ø 2 340	Ø 2 290	Ø 2 203	90	88	M24	Ø 27	Ø 2 255	Ø 2 232	Ø 2 200	Ø 2 234	Ø 2 198	310
	Ø 2 360	Ø 2 305	Ø 2 203	100	88	M27	Ø 30	Ø 2 270	Ø 2 232	Ø 2 200	Ø 2 234	Ø 2 198	393
	Ø 2 365	Ø 2 320	Ø 2 203	110	88	M30	Ø 33	Ø 2 280	Ø 2 236	Ø 2 200	Ø 2 238	Ø 2 198	501
2 400	Ø 2 520	Ø 2 475	Ø 2 403	90	96	M20	Ø 23	Ø 2 445	Ø 2 426	Ø 2 400	Ø 2 428	Ø 2 398	291
	Ø 2 540	Ø 2 490	Ø 2 403	100	96	M24	Ø 27	Ø 2 455	Ø 2 432	Ø 2 400	Ø 2 434	Ø 2 398	374
	Ø 2 565	Ø 2 510	Ø 2 403	110	96	M27	Ø 30	Ø 2 475	Ø 2 432	Ø 2 400	Ø 2 434	Ø 2 398	487
	Ø 2 585	Ø 2 520	Ø 2 403	120	96	M30	Ø 33	Ø 2 480	Ø 2 436	Ø 2 400	Ø 2 438	Ø 2 398	594
2 600	Ø 2 720	Ø 2 675	Ø 2 603	100	104	M20	Ø 23	Ø 2 645	Ø 2 626	Ø 2 600	Ø 2 628	Ø 2 598	350
	Ø 2 745	Ø 2 695	Ø 2 603	110	104	M24	Ø 27	Ø 2 660	Ø 2 632	Ø 2 600	Ø 2 634	Ø 2 598	464
	Ø 2 765	Ø 2 710	Ø 2 603	120	104	M27	Ø 30	Ø 2 675	Ø 2 632	Ø 2 600	Ø 2 634	Ø 2 598	574
	Ø 2 785	Ø 2 720	Ø 2 603	130	104	M30	Ø 33	Ø 2 680	Ø 2 636	Ø 2 600	Ø 2 638	Ø 2 598	695
2 800	Ø 2 920	Ø 2 875	Ø 2 803	110	112	M20	Ø 23	Ø 2 845	Ø 2 826	Ø 2 800	Ø 2 828	Ø 2 798	414
	Ø 2 950	Ø 2 900	Ø 2 803	120	112	M24	Ø 27	Ø 2 865	Ø 2 832	Ø 2 800	Ø 2 834	Ø 2 798	565
	Ø 2 965	Ø 2 910	Ø 2 803	130	112	M27	Ø 30	Ø 2 875	Ø 2 832	Ø 2 800	Ø 2 834	Ø 2 798	668
	Ø 2 985	Ø 2 920	Ø 2 803	140	112	M30	Ø 33	Ø 2 880	Ø 2 836	Ø 2 800	Ø 2 838	Ø 2 798	804
3 000	Ø 3 120	Ø 3 075	Ø 3 003	120	120	M20	Ø 23	Ø 3 045	Ø 3 026	Ø 3 000	Ø 3 028	Ø 2 998	483
	Ø 3 150	Ø 3 100	Ø 3 003	130	120	M24	Ø 27	Ø 3 065	Ø 3 032	Ø 3 000	Ø 3 034	Ø 2 998	655
	Ø 3 170	Ø 3 115	Ø 3 003	140	120	M27	Ø 30	Ø 3 080	Ø 3 032	Ø 3 000	Ø 3 034	Ø 2 998	797
	Ø 3 185	Ø 3 120	Ø 3 003	150	120	M30	Ø 33	Ø 3 080	Ø 3 036	Ø 3 000	Ø 3 038	Ø 2 998	921

Tabelle 3 *(fortgesetzt)*

Nenn-durch-messer nach DIN 28105	Flansch				Schrauben			Dichtflächenform					Gewicht[b] eines Flansches (7,85 kg/dm³)
								B1	C und E		D und F		kg
	D	K	B_1	C_1	Anzahl	Gewinde	L	d_1	x	w	y	z	≈
3 200	Ø 3 320	Ø 3 275	Ø 3 203	120	128	M20	Ø 23	Ø 3 245	Ø 3 226	Ø 3 200	Ø 3 228	Ø 3 198	515
	Ø 3 350	Ø 3 300	Ø 3 203	130	128	M24	Ø 27	Ø 3 265	Ø 3 232	Ø 3 200	Ø 3 234	Ø 3 198	697
	Ø 3 370	Ø 3 315	Ø 3 203	140	128	M27	Ø 30	Ø 3 280	Ø 3 232	Ø 3 200	Ø 3 234	Ø 3 198	848
	Ø 3 385	Ø 3 320	Ø 3 203	150	128	M30	Ø 33	Ø 3 280	Ø 3 236	Ø 3 200	Ø 3 238	Ø 3 198	980

[a] Die Eindrehung für Dichtungen Form D (Nut) und Form F (Rücksprung) sind in Flanschtyp S aus schweißtechnischen Gründen für Maß C_1 < 35 mm nicht zulässig. Ansonsten ist der Abstand der Schweißnaht zur Dichtfläche zu gering.

[b] Es handelt sich hierbei um Ungefährangaben für Flanschtyp G, Dichtflächenform A.

3.6 Oberflächenbeschaffenheit

Es gelten folgende Anforderungen an die Oberflächenbeschaffenheit des Flansches:

a) Dichtfläche nach DIN EN 1092-1;

b) übrige Flächen, bearbeitet Ra 25;

c) Schraubenlöcher gebohrt.

Andere Oberflächenbeschaffenheiten sind zwischen Apparatehersteller und Flanschhersteller, ggf. in Abstimmung mit dem Besteller, zu vereinbaren.

3.7 Bearbeitungszugabe

Für die Bearbeitung der Dichtfläche nach dem Anschweißen des Flansches an den Apparat oder das Apparateteil ist bei Flanschen in massiver Ausführung eine Bearbeitungszugabe erforderlich.

Diese beinhaltet:

— die Höhe der Dichtleiste bei der Dichtflächenform B1;

— die Höhe der Feder bei der Dichtflächenform C;

— die Höhe des Vorsprungs bei der Dichtflächenform E;

— die Tiefe des Rücksprungs bei der Dichtflächenform F;

— ggf. eine Zugabe für die Bearbeitung der Schraubenauflageflächen.

Die Bearbeitungszugabe ist so zu wählen, dass das Dichtflächenprofil auch bei einem zu erwartenden Verzug durch den Schweißvorgang hergestellt werden kann.

Die Bearbeitungszugabe ist in der Bestellung dem Flanschhersteller anzugeben.

Andere Bearbeitungszugaben sind zwischen Flanschhersteller und Besteller zu vereinbaren.

5 Kennzeichnung

Der Flansch ist mit folgenden Angaben vom Flanschhersteller zu kennzeichnen:

a) Herstellerkennzeichen;

b) Norm;

c) Jahr der Herstellung;

d) Nenndurchmesser × Außendurchmesser des Flansches;

e) Werkstoffangabe;

f) Schmelzennummer und/oder eine geeignete Nummer für die Rückverfolgbarkeit des Werkstoffes, sofern der Werkstoffnachweis nach DIN EN 10204 gefordert ist.

ANMERKUNG Die Kennzeichnung berücksichtigt keine maßlichen Abweichungen von dieser Norm (z. B. Maße B_1, C_1).

HINWEIS

Anhaltswerte für maximal zulässige Drücke siehe informativen Anhang A der Originalnorm.

September 2013

	DIN 28034	

ICS 71.120.10

Ersatz für
DIN 28034:2005-06

Flanschverbindungen für Apparate – Vorschweißflansche für druckbeanspruchte Apparate

Flange joints for process vessels –
Weld-neck flanges for pressurized vessels

Brides assemblages pour appareils –
Bride à épaulement de soudure pour appareils sous pression

Änderungen

Gegenüber DIN 28034:2005-06 wurden folgende Änderungen vorgenommen:

a) Titel geändert;

b) Normative Verweisungen aktualisiert;

c) Abschnitt 3 neu gegliedert inklusive Tabelle 1;

d) in Tabelle 1 laufende Nummer 2 Form B1 neu aufgenommen und laufende Nummer 6 Form F Maßangabe C_1 geändert;

e) Bezeichnungsbeispiele erweitert;

f) in Tabelle 2 Spalte für Maß A neu aufgenommen;

g) aus Tabelle 2 Spalte für maximal zulässigen Druck in bar als Anhaltswerte in informativen Anhang A aufgenommen;

h) Abschnitt 4 und Anhang A entfernt;

i) neue Abschnitte 4 und 5 ergänzt;

j) Norm redaktionell überarbeitet.

1 Anwendungsbereich

Diese Norm gilt für Vorschweißflansche für druckbeanspruchte Apparate.

Anforderungen an Flansche sind in DIN 28030-1 festgelegt.

Grenzabmaße für Flansche sind in DIN 28030-2 festgelegt.

Schweißflansche für drucklose Apparate sind in DIN 28031 genormt.

Schweißflansche für druckbeanspruchte Apparate sind in DIN 28033 genormt.

3 Maße, Bezeichnung

3.1 Allgemeines

In Bild 1 ist ein Vorschweißflansch mit Dichtfläche Form A und eine Schweißnahtvorbereitung für eine V-Naht dargestellt. Andere Schweißnahtvorbereitungen sind zwischen Besteller und Hersteller zu vereinbaren.

Maße und Gewichte nach Tabelle 2.

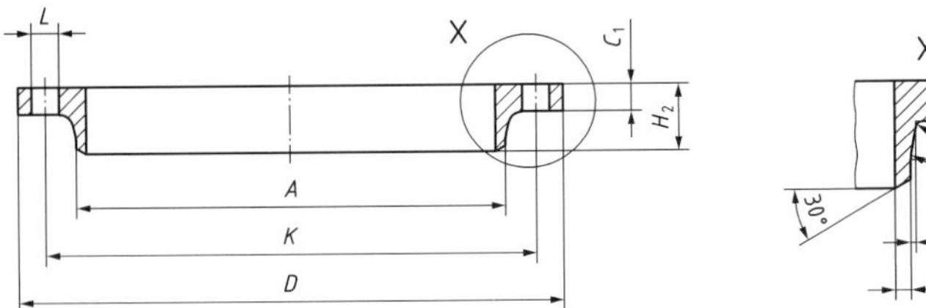

Bild 1 — Vorschweißflansch, dargestellt ist Dichtfläche Form A

3.2 Oberflächenbeschaffenheit

Es gelten folgende Anforderungen an die Oberflächenbeschaffenheit:

a) Dichtfläche nach DIN EN 1092-1;

b) übrige Flächen, bearbeitet Ra 25;

c) Schraubenlöcher gebohrt.

Andere Oberflächenbeschaffenheiten sind zwischen Besteller und Hersteller zu vereinbaren.

3.3 Dichtflächen

Die Dichtflächen sind in Tabelle 1 dargestellt.

Die Flansche sind entweder mit bearbeiteten Dichtflächen oder mit einer Bearbeitungszugabe nach 3.4 zu liefern.

Tabelle 1 — Dichtflächen

Maße in Millimeter

Dichtflächenform nach DIN EN 1092-1	Ausführung	Bild
Form A	glatte Dichtfläche	H_2, H_3, C_1
Form B1	Dichtleiste	d_1, 3, C_1
Form C	Feder	x, w, 6, C_1
Form D	Nut	y, z, 5, C_1
Form E	Vorsprung	x, 6, C_1
Form F	Rücksprung	y, 5, C_1

3.4 Bearbeitungszugabe

Falls eine Bearbeitungszugabe (z. B. für Dichtflächen, Schraubenauflageflächen) erforderlich ist, ist diese vom Besteller dem Flanschhersteller bei der Bestellung anzugeben.

Die Bearbeitungszugabe beinhaltet:

— die Höhe der Dichtleiste bei der Dichtflächenform B1;

— die Höhe der Feder bei der Dichtflächenform C;

— die Höhe des Vorsprungs bei der Dichtflächenform E;

— die Tiefe des Rücksprungs bei der Dichtflächenform F;

— ggf. eine Zugabe für die Bearbeitung der Schraubenauflageflächen.

Die Bearbeitungszugabe ist so zu wählen, dass das Dichtflächenprofil auch bei einem zu erwartenden Verzug durch den Schweißvorgang hergestellt werden kann.

Andere Bearbeitungszugaben sind zwischen Flanschhersteller und Besteller zu vereinbaren.

3.5 Maße und Gewichte

Tabelle 2 — Maße und Gewichte

Maße in Millimeter

Nenn-durch-messer nach DIN 28105	Flansch									Schrauben			Dichtflächenform					Gewicht eines Flansches[b] (7,85 kg/dm³) kg
													Form B1	Form C und E		Form D und F		
	A	D	K	C_1	H_2	H_3	f	r	s[a]	Anzahl	Gewinde	L	d_l	x	w	y	z	≈
300	∅ 324	∅ 415	∅ 375	20	49	20	6	6	6	12	M16	∅ 18	∅ 350	∅ 344	∅ 324	∅ 346	∅ 322	11
		∅ 430	∅ 385	25	54	20	8	6	6		M20	∅ 23	∅ 355	∅ 344	∅ 324	∅ 346	∅ 322	15
		∅ 445	∅ 395	30	59	20	8	6	6		M24	∅ 27	∅ 360	∅ 350	∅ 324	∅ 352	∅ 322	19
350	∅ 355	∅ 460	∅ 420	20	49	20	6	6	6	16	M16	∅ 18	∅ 395	∅ 388	∅ 368	∅ 390	∅ 366	13
		∅ 475	∅ 430	25	54	20	8	6	6		M20	∅ 23	∅ 400	∅ 388	∅ 368	∅ 390	∅ 366	18
		∅ 490	∅ 440	35	64	20	8	8	6		M24	∅ 27	∅ 405	∅ 394	∅ 368	∅ 396	∅ 366	26
400	∅ 406	∅ 510	∅ 470	20	49	20	6	6	6	16	M16	∅ 18	∅ 445	∅ 439	∅ 419	∅ 441	∅ 417	15
		∅ 525	∅ 480	25	54	20	8	6	6		M20	∅ 23	∅ 450	∅ 439	∅ 419	∅ 441	∅ 417	21
		∅ 545	∅ 495	35	67	20	8	8	8		M24	∅ 27	∅ 460	∅ 445	∅ 419	∅ 447	∅ 417	32
500	∅ 508	∅ 600	∅ 560	25	54	20	6	6	6	20	M16	∅ 18	∅ 535	∅ 528	∅ 508	∅ 530	∅ 506	20
		∅ 615	∅ 570	30	59	20	8	6	6		M20	∅ 23	∅ 540	∅ 528	∅ 508	∅ 530	∅ 506	27
		∅ 635	∅ 585	35	67	20	8	8	8		M24	∅ 27	∅ 550	∅ 534	∅ 508	∅ 536	∅ 506	36
		∅ 645	∅ 590	45	82	25	12	8	8		M27	∅ 30	∅ 555	∅ 540	∅ 508	∅ 542	∅ 506	51
600	∅ 600	∅ 710	∅ 665	30	59	20	8	6	6	24	M20	∅ 23	∅ 635	∅ 626	∅ 600	∅ 628	∅ 598	31
		∅ 730	∅ 680	40	72	20	10	8	8		M24	∅ 27	∅ 645	∅ 632	∅ 600	∅ 634	∅ 598	48
		∅ 745	∅ 690	45	82	25	12	8	8		M27	∅ 30	∅ 655	∅ 632	∅ 600	∅ 634	∅ 598	60
		∅ 760	∅ 695	50	95	30	12	10	10		M30	∅ 33	∅ 655	∅ 636	∅ 600	∅ 638	∅ 598	76
700	∅ 700	∅ 810	∅ 765	30	59	20	8	6	6	28	M20	∅ 23	∅ 735	∅ 726	∅ 700	∅ 728	∅ 698	35
		∅ 830	∅ 780	40	72	20	10	8	8		M24	∅ 27	∅ 745	∅ 732	∅ 700	∅ 734	∅ 698	56
		∅ 845	∅ 790	50	92	30	12	10	8		M27	∅ 30	∅ 755	∅ 732	∅ 700	∅ 734	∅ 698	77
		∅ 865	∅ 800	55	105	35	14	10	10		M30	∅ 33	∅ 760	∅ 736	∅ 700	∅ 738	∅ 698	99
800	∅ 800	∅ 915	∅ 870	35	64	20	8	8	6	32	M20	∅ 23	∅ 840	∅ 826	∅ 800	∅ 828	∅ 798	48
		∅ 930	∅ 880	45	82	25	12	8	8		M24	∅ 27	∅ 845	∅ 832	∅ 800	∅ 834	∅ 798	72
		∅ 945	∅ 890	50	95	30	12	10	10		M27	∅ 30	∅ 855	∅ 832	∅ 800	∅ 834	∅ 798	91
		∅ 965	∅ 900	55	108	35	14	10	12		M30	∅ 33	∅ 860	∅ 836	∅ 800	∅ 838	∅ 798	117

Tabelle 2 (*fortgesetzt*)

Nenn-durch-messer nach DIN 28105	Flansch									Schrauben			Dichtflächenform					Gewicht eines Flansches (7,85 kg/dm³) kg [b]
													Form B1	Form C und E		Form D und F		
	A	D	K	C_1	H_2	H_3	f	r	s[a]	An-zahl	Ge-winde	L	d_l	x	w	y	z	≈
900	∅ 900	∅ 1 015	∅ 970	35	64	20	8	8	6	36	M20	∅ 23	∅ 940	∅ 926	∅ 900	∅ 928	∅ 898	54
		∅ 1 030	∅ 980	45	82	25	12	8	8		M24	∅ 27	∅ 945	∅ 932	∅ 900	∅ 934	∅ 898	80
		∅ 1 045	∅ 990	50	95	30	12	8	10		M27	∅ 30	∅ 955	∅ 932	∅ 900	∅ 934	∅ 898	102
		∅ 1 065	∅ 1 000	55	108	35	14	10	12		M30	∅ 33	∅ 960	∅ 936	∅ 900	∅ 938	∅ 898	131
1 000	∅ 1 000	∅ 1 115	∅ 1 070	35	64	20	8	8	6	40	M20	∅ 23	∅ 1 040	∅ 1 026	∅ 1 000	∅ 1 028	∅ 998	59
		∅ 1 130	∅ 1 080	45	82	25	12	8	8		M24	∅ 27	∅ 1 045	∅ 1 032	∅ 1 000	∅ 1 034	∅ 998	89
		∅ 1 150	∅ 1 095	55	105	35	14	10	10		M27	∅ 30	∅ 1 060	∅ 1 032	∅ 1 000	∅ 1 034	∅ 998	129
		∅ 1 170	∅ 1 105	60	118	40	16	10	12		M30	∅ 33	∅ 1 065	∅ 1 036	∅ 1 000	∅ 1 038	∅ 998	163
1 100	∅ 1 100	∅ 1 215	∅ 1 170	35	64	20	8	8	6	44	M20	∅ 23	∅ 1 140	∅ 1 126	∅ 1 100	∅ 1 128	∅ 1 098	65
		∅ 1 230	∅ 1 180	45	82	25	12	8	8		M24	∅ 27	∅ 1 145	∅ 1 132	∅ 1 100	∅ 1 134	∅ 1 098	97
		∅ 1 250	∅ 1 195	55	105	35	14	10	10		M27	∅ 30	∅ 1 160	∅ 1 132	∅ 1 100	∅ 1 134	∅ 1 098	141
		∅ 1 270	∅ 1 205	60	118	40	16	10	12		M30	∅ 33	∅ 1 165	∅ 1 136	∅ 1 100	∅ 1 138	∅ 1 098	178
1 200	∅ 1 200	∅ 1 315	∅ 1 270	35	67	20	8	8	8	48	M20	∅ 23	∅ 1 240	∅ 1 226	∅ 1 200	∅ 1 228	∅ 1 198	75
		∅ 1 330	∅ 1 280	45	82	25	12	8	8		M24	∅ 27	∅ 1 245	∅ 1 232	∅ 1 200	∅ 1 234	∅ 1 198	105
		∅ 1 350	∅ 1 295	55	105	35	14	10	10		M27	∅ 30	∅ 1 260	∅ 1 232	∅ 1 200	∅ 1 234	∅ 1 198	153
		∅ 1 370	∅ 1 305	60	118	40	16	10	12		M30	∅ 33	∅ 1 265	∅ 1 236	∅ 1 200	∅ 1 238	∅ 1 198	193
1 300	∅ 1 300	∅ 1 415	∅ 1 370	35	67	20	8	8	8	52	M20	∅ 23	∅ 1 340	∅ 1 326	∅ 1 300	∅ 1 328	∅ 1 298	81
		∅ 1 435	∅ 1 385	50	92	30	12	10	8		M24	∅ 27	∅ 1 350	∅ 1 332	∅ 1 300	∅ 1 334	∅ 1 298	131
		∅ 1 450	∅ 1 395	55	105	35	14	10	10		M27	∅ 30	∅ 1 360	∅ 1 332	∅ 1 300	∅ 1 334	∅ 1 298	165
		∅ 1 470	∅ 1 405	60	118	40	16	10	12		M30	∅ 33	∅ 1 365	∅ 1 336	∅ 1 300	∅ 1 338	∅ 1 298	209
1 400	∅ 1 400	∅ 1 515	∅ 1 470	35	67	20	8	8	8	56	M20	∅ 23	∅ 1 440	∅ 1 426	∅ 1 400	∅ 1 428	∅ 1 398	87
		∅ 1 535	∅ 1 485	50	92	30	12	10	8		M24	∅ 27	∅ 1 450	∅ 1 432	∅ 1 400	∅ 1 434	∅ 1 398	141
		∅ 1 550	∅ 1 495	55	105	35	14	10	10		M27	∅ 30	∅ 1 460	∅ 1 432	∅ 1 400	∅ 1 434	∅ 1 398	178
		∅ 1 570	∅ 1 505	60	118	40	16	10	12		M30	∅ 33	∅ 1 465	∅ 1 436	∅ 1 400	∅ 1 438	∅ 1 398	224

Tabelle 2 *(fortgesetzt)*

Nenn-durch-messer nach DIN 28105		Flansch								Schrauben			Dichtfläche					Gewicht[b] eines Flansches (7,85 kg/dm³) kg
													Form B1	Form C und E		Form D und F		
	A	D	K	C_1	H_2	H_3	f	r	s^a	Anzahl	Gewinde	L	d_1	x	w	y	z	≈
1 500	∅ 1 500	∅ 1 615	∅ 1 570	35	67	20	8	8	8	60	M20	∅ 23	∅ 1 540	∅ 1 526	∅ 1 500	∅ 1 528	∅ 1 498	93
		∅ 1 635	∅ 1 585	50	92	30	12	10	8		M24	∅ 27	∅ 1 550	∅ 1 532	∅ 1 500	∅ 1 534	∅ 1 498	151
		∅ 1 655	∅ 1 600	60	115	40	16	10	10		M27	∅ 30	∅ 1 565	∅ 1 532	∅ 1 500	∅ 1 534	∅ 1 498	215
		∅ 1 675	∅ 1 610	65	128	45	18	10	12		M30	∅ 33	∅ 1 570	∅ 1 536	∅ 1 500	∅ 1 538	∅ 1 498	268
1 600	∅ 1 600	∅ 1 715	∅ 1 670	35	67	20	8	8	8	64	M20	∅ 23	∅ 1 640	∅ 1 626	∅ 1 600	∅ 1 628	∅ 1 598	99
		∅ 1 735	∅ 1 685	50	92	30	12	10	8		M24	∅ 27	∅ 1 650	∅ 1 632	∅ 1 600	∅ 1 634	∅ 1 598	160
		∅ 1 755	∅ 1 700	60	115	40	16	10	10		M27	∅ 30	∅ 1 665	∅ 1 632	∅ 1 600	∅ 1 634	∅ 1 598	229
		∅ 1 775	∅ 1 710	65	128	45	18	10	12		M30	∅ 33	∅ 1 670	∅ 1 636	∅ 1 600	∅ 1 638	∅ 1 598	285
1 700	∅ 1 700	∅ 1 815	∅ 1 770	40	72	20	10	8	8	68	M20	∅ 23	∅ 1 740	∅ 1 726	∅ 1 700	∅ 1 728	∅ 1 698	119
		∅ 1 835	∅ 1 785	50	92	30	12	10	8		M24	∅ 27	∅ 1 755	∅ 1 732	∅ 1 700	∅ 1 734	∅ 1 698	170
		∅ 1 855	∅ 1 800	60	115	40	16	10	10		M27	∅ 30	∅ 1 765	∅ 1 732	∅ 1 700	∅ 1 734	∅ 1 698	243
		∅ 1 875	∅ 1 810	65	128	45	18	10	12		M30	∅ 33	∅ 1 770	∅ 1 736	∅ 1 700	∅ 1 738	∅ 1 698	302
1 800	∅ 1 800	∅ 1 915	∅ 1 870	40	72	20	10	8	8	72	M20	∅ 23	∅ 1 840	∅ 1 826	∅ 1 800	∅ 1 828	∅ 1 798	126
		∅ 1 940	∅ 1 890	55	102	35	14	10	8		M24	∅ 27	∅ 1 855	∅ 1 832	∅ 1 800	∅ 1 834	∅ 1 798	207
		∅ 1 955	∅ 1 900	60	115	40	16	10	10		M27	∅ 30	∅ 1 865	∅ 1 832	∅ 1 800	∅ 1 834	∅ 1 798	256
		∅ 1 975	∅ 1 910	65	128	45	18	10	12		M30	∅ 33	∅ 1 870	∅ 1 836	∅ 1 800	∅ 1 838	∅ 1 798	319
2 000	∅ 2 000	∅ 2 115	∅ 2 070	40	72	20	10	8	8	80	M20	∅ 23	∅ 2 040	∅ 2 026	∅ 2 000	∅ 2 028	∅ 1 998	140
		∅ 2 140	∅ 2 090	55	102	35	14	10	8		M24	∅ 27	∅ 2 055	∅ 2 032	∅ 2 000	∅ 2 034	∅ 1 998	229
		∅ 2 160	∅ 2 105	65	125	45	18	10	10		M27	∅ 30	∅ 2 070	∅ 2 032	∅ 2 000	∅ 2 034	∅ 1 998	319
		∅ 2 180	∅ 2 115	70	138	50	20	12	12		M30	∅ 33	∅ 2 075	∅ 2 036	∅ 2 000	∅ 2 038	∅ 1 998	393
2 200	∅ 2 200	∅ 2 315	∅ 2 270	40	72	20	10	8	8	88	M20	∅ 23	∅ 2 240	∅ 2 226	∅ 2 200	∅ 2 228	∅ 2 198	153
		∅ 2 340	∅ 2 290	55	102	35	14	10	8		M24	∅ 27	∅ 2 255	∅ 2 232	∅ 2 200	∅ 2 234	∅ 2 198	251
		∅ 2 360	∅ 2 305	65	125	45	18	10	10		M27	∅ 30	∅ 2 270	∅ 2 232	∅ 2 200	∅ 2 234	∅ 2 198	350
		∅ 2 385	∅ 2 320	75	148	55	22	12	12		M30	∅ 33	∅ 2 280	∅ 2 236	∅ 2 200	∅ 2 238	∅ 2 198	477

Tabelle 2 *(fortgesetzt)*

Nenndurchmesser nach DIN 28105		Flansch								Schrauben			Dichtfläche					Gewicht eines Flansches (7,85 kg/dm³)[b] kg
													Form B1	Form C und E		Form D und F		
	A	D	K	C_1	H_2	H_3	f	r	s[a]	Anzahl	Gewinde	L	d_l	x	w	y	z	≈
2 400	∅ 2 400	∅ 2 520	∅ 2 475	45	82	25	12	8	8	96	M20	∅ 23	∅ 2 445	∅ 2 426	∅ 2 400	∅ 2 428	∅ 2 398	197
		∅ 2 540	∅ 2 490	55	102	35	14	10	8		M24	∅ 27	∅ 2 455	∅ 2 432	∅ 2 400	∅ 2 434	∅ 2 398	273
		∅ 2 565	∅ 2 510	70	135	50	20	12	10		M27	∅ 30	∅ 2 475	∅ 2 432	∅ 2 400	∅ 2 434	∅ 2 398	426
		∅ 2 585	∅ 2 520	75	148	55	22	12	12		M30	∅ 33	∅ 2 480	∅ 2 436	∅ 2 400	∅ 2 438	∅ 2 398	519
2 600	∅ 2 600	∅ 2 720	∅ 2 675	45	82	25	12	8	8	104	M20	∅ 23	∅ 2 645	∅ 2 626	∅ 2 600	∅ 2 628	∅ 2 598	213
		∅ 2 745	∅ 2 695	60	112	40	16	10	8		M24	∅ 27	∅ 2 660	∅ 2 632	∅ 2 600	∅ 2 634	∅ 2 598	337
		∅ 2 765	∅ 2 710	70	135	50	20	12	10		M27	∅ 30	∅ 2 675	∅ 2 632	∅ 2 600	∅ 2 634	∅ 2 598	460
		∅ 2 785	∅ 2 720	85	168	65	22	12	12		M30	∅ 33	∅ 2 680	∅ 2 636	∅ 2 600	∅ 2 638	∅ 2 598	638
2 800	∅ 2 800	∅ 2 920	∅ 2 875	45	82	25	12	8	8	112	M20	∅ 23	∅ 2 845	∅ 2 826	∅ 2 800	∅ 2 828	∅ 2 798	230
		∅ 2 950	∅ 2 900	65	122	45	18	10	8		M24	∅ 27	∅ 2 865	∅ 2 832	∅ 2 800	∅ 2 834	∅ 2 798	408
		∅ 2 965	∅ 2 910	70	135	50	20	12	10		M27	∅ 30	∅ 2 875	∅ 2 832	∅ 2 800	∅ 2 834	∅ 2 798	495
		∅ 2 985	∅ 2 920	85	168	65	22	12	12		M30	∅ 33	∅ 2 880	∅ 2 836	∅ 2 800	∅ 2 838	∅ 2 798	685
3 000	∅ 3 000	∅ 3 120	∅ 3 075	45	82	25	12	8	8	120	M20	∅ 23	∅ 3 045	∅ 3 026	∅ 3 000	∅ 3 028	∅ 2 998	246
		∅ 3 150	∅ 3 100	65	122	45	18	10	8		M24	∅ 27	∅ 3 065	∅ 3 032	∅ 3 000	∅ 3 034	∅ 2 998	437
		∅ 3 170	∅ 3 115	75	145	55	22	12	10		M27	∅ 30	∅ 3 080	∅ 3 032	∅ 3 000	∅ 3 034	∅ 2 998	587
		∅ 3 185	∅ 3 120	85	168	65	22	12	12		M30	∅ 33	∅ 3 080	∅ 3 036	∅ 3 000	∅ 3 038	∅ 2 998	733
3 200	∅ 3 200	∅ 3 320	∅ 3 275	45	82	25	12	8	8	128	M20	∅ 23	∅ 3 245	∅ 3 226	∅ 3 200	∅ 3 228	∅ 3 198	262
		∅ 3 350	∅ 3 300	65	122	45	18	10	8		M24	∅ 27	∅ 3 265	∅ 3 232	∅ 3 200	∅ 3 234	∅ 3 198	465
		∅ 3 370	∅ 3 315	80	155	60	22	12	10		M27	∅ 30	∅ 3 280	∅ 3 232	∅ 3 200	∅ 3 234	∅ 3 198	668
		∅ 3 385	∅ 3 320	85	168	65	22	12	12		M30	∅ 33	∅ 3 280	∅ 3 236	∅ 3 200	∅ 3 238	∅ 3 198	781

a Soll die Ansatzdicke s größer ausgeführt werden, wobei der Innendurchmesser des Flansches entsprechend kleiner wird, so ist dies zu vereinbaren. Die Beiarbeitung auf die Anschlusswanddicke des Apparates ist festzulegen.

b Es handelt sich hierbei um Ungefährangaben für die Dichtfläche Form A.

5 Kennzeichnung

Der Flansch ist mit folgenden Angaben vom Flanschhersteller zu kennzeichnen:

a) Herstellerkennzeichen;

b) Norm;

c) Jahr der Herstellung;

d) Nenndurchmesser × Außendurchmesser des Flansches;

e) Maß s, falls abweichend von Tabelle 2;

f) Werkstoffangabe;

g) Schmelzennummer und/oder eine geeignete Nummer für die Rückverfolgbarkeit des Werkstoffes, sofern der Werkstoffnachweis nach DIN EN 10204 gefordert ist.

HINWEIS

Anhaltswerte für maximal zulässige Drücke siehe informativen Anhang A der DIN 28034:2013-09.

August 2016

DIN 28117

ICS 23.040.60

Ersatz für
DIN 28117:2012-12

Blockflansche für Apparate – Anschlussmaße PN 10 bis PN 40

Block flanges for process apparatus –
Connecting dimensions PN 10 to PN 40

Brides folles pour appareils –
Dimensions de raccordement PN 10 à PN 40

Änderungen

Gegenüber DIN 28117:2012-12 wurden folgende Änderungen vorgenommen:

a) auf Grundlage des Änderungsentwurfes E DIN 28117/A1:2014-10 wurden in Abschnitt 3.2 die Bezeichnungsbeispiele und die Tabelle 2 zu den Dichtflächen geändert.

1 Anwendungsbereich

Diese Norm gilt für Blockflansche an Apparaten aus unlegierten, niedriglegierten und nichtrostenden Stählen sowie unlegierten Stählen mit Verkleidungen aus nichtrostenden Stählen für Nennweiten DN 15 bis DN 500. Anschlussmaße nach DIN EN 1092-1, PN-Stufen PN 10 bis PN 40.

Diese Norm ist auf den Einsatz von Stiftschrauben nach DIN 938 abgestimmt.

Der Einsatz von anderen Schraubenverbindungen zum Beispiel nach DIN 2510-Reihe oder DIN 976-1 ist möglich. Die dabei notwendigen konstruktiven Änderungen sind nicht Gegenstand dieser Norm.

Es sind vier verschiedene Ausführungen festgelegt:

— A ohne Schweißansatz;

— B mit Schweißansatz;

— C mit Höhenausgleich;

— D mit Mantelform.

Die Auswahl der Ausführungen A, B, C oder D richtet sich nach der Art der Verbindung mit der Wandung des Apparates.

Die Flansche sind für Schutzüberzüge (z. B. nach DIN EN 14879-1, DIN EN 14879-2 und DIN EN 14879-4) bei Ausrundung der Innenkante geeignet. Für Verkleidungen aus nichtrostendem Stahl siehe Abschnitt 3.

3 Maße, Bezeichnungsbeispiele, Gewichte und Anwendungsbeispiele

3.1 Maße

Allgemeintoleranzen: ISO 2768 — c nach DIN ISO 2768-1, Toleranzen für Flanschanschlussmaße nach DIN EN 1092-1

Es gelten folgende Anforderungen an die Oberflächenbeschaffenheit:

a) Dichtfläche nach DIN EN 1092-1;

b) übrige Flächen, bearbeitet Ra 25.

Andere Oberflächenbeschaffenheiten sind zwischen Besteller und Hersteller zu vereinbaren.

In Bild 1 sind vier Ausführungen für Blockflansche und deren beispielhafte Einbausituation dargestellt.

Damit die Gegenflansche problemlos montiert werden können, ist darauf zu achten, dass nach dem Einschweißen der Blockflansche die Schrauben senkrecht zur Dichtfläche stehen.

Maße in Millimeter

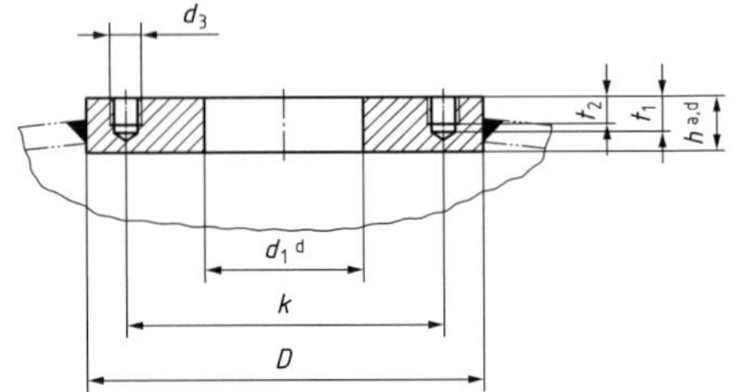

a) Ausführung A ohne Schweißansatz

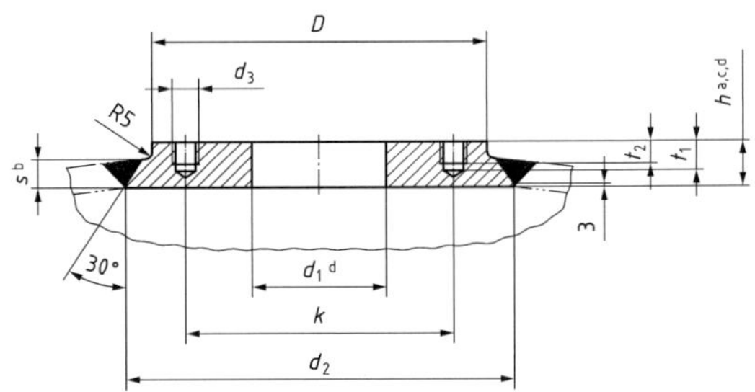

b) Ausführung B mit Schweißansatz

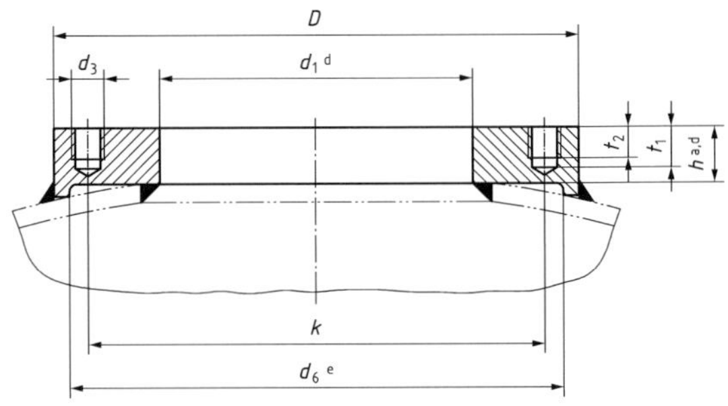

c) Ausführung C mit Höhenausgleich

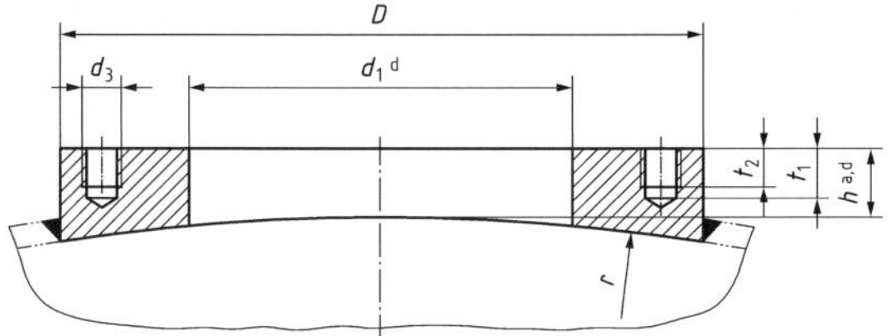

d) Ausführung D mit Mantelform

[a] Die Höhe h ist konstruktives Mindestmaß, das sich aus der Einschraubtiefe der Stiftschrauben ergibt. Sie muss größer vereinbart werden, wenn der Blockflansch für gewölbte Aufsitzflächen weiter bearbeitet werden soll. Nut und Rücksprung dürfen eingearbeitet werden.

[b] Das Maß s ist bei gesenkgeschmiedetem Blockflansch Rohmaß. Fertigmaß und Form der Schweißkante richten sich nach der Anschlusswanddicke des Apparates.

[c] Die Höhe h für den Blockflansch ist so festgelegt, dass sie bei Ausführung B die Behälterwanddicke einschließt.

[d] Bei Verwendung des Blockflansches als Anschluss für Auslaufarmaturen nach DIN 28140-1 müssen aufgrund der konstruktiven Ausführung des Ventilsitzes die Maße h und d_1, abweichend zu Tabelle 1, angepasst werden. Dabei darf das Maß h nach Tabelle 1 nicht unterschritten werden.

[e] $d_6 = D - 2 \times$ Apparatewanddicke

Bild 1 — Maße

Verstärkung: Wird der Blockflansch zur Ausschnittverstärkung verwendet, kann es besonders bei größeren Nennweiten zweckmäßig sein, das Maß D und gegebenenfalls auch die Maße d_2 und h zu vergrößern.

Schweißnähte: Für die Gestaltung und Ausführung der Schweißnähte gilt DIN EN 1708-1.

Tabelle 1 — Maße und Gewichte

Maße in Millimeter

Nenn-weite	PN-Stufe	Durchmesser						Höhe		Gewindelöcher				Gewicht[c] kg ≈	
				Bohrung		Verkleidung aus nichtrostendem Stahl				An-zahl				Ausführung	
DN		D	k	d_1	d_2	d_4	d_5	h[a] $^{+2,0}_{0}$	s[a]		d_3	t_1 $^{0}_{-1,0}$	t_2[b] $^{+1,0}_{0}$	A	B
15	40	Ø 95	Ø 65	Ø 15	Ø 120	—	—	25	16	4	M12	18	12	1,2	1,5
20		Ø 105	Ø 75	Ø 20	Ø 130	—	—	25	16	4	M12	18	12	1,5	1,8
25		Ø 115	Ø 85	Ø 25	Ø 140	—	—	25	16	4	M12	18	12	1,8	2,3
32		Ø 140	Ø 100	Ø 32	Ø 170	—	—	30	20	4	M16	23	16	3,3	4,0
40		Ø 150	Ø 110	Ø 40	Ø 180	—	—	30	20	4	M16	23	16	3,7	4,5
50		Ø 165	Ø 125	Ø 50	Ø 200	—	—	30	20	4	M16	23	16	4,4	5,5
65	16	Ø 185	Ø 145	Ø 65	Ø 220	—	—	30	20	4	M16	23	16	5,4	6,6
	40									8				5,3	6,5
80	40	Ø 200	Ø 160	Ø 80	Ø 230	—	—	30	20	8	M16	23	16	6,0	7,1
100	16	Ø 220	Ø 180	Ø 100	Ø 250	—	—	30	20	8	M16	23	16	6,9	8,0
	40	Ø 235	Ø 190		Ø 265	—	—	36	20		M20	28	20	9,6	10,7
125	16	Ø 250	Ø 210	Ø 125	Ø 280	Ø 184	Ø 184	30	20	8	M16	23	16	8,4	9,7
	40	Ø 270	Ø 220		Ø 310			42	25		M24	33	24	14,0	16,3
150	16	Ø 285	Ø 240	Ø 150	Ø 320	Ø 210	Ø 210	36	20	8	M20	28	20	12,6	13,8
	40	Ø 300	Ø 250		Ø 340	Ø 214		42	25		M24	33	24	16,7	19,3
200	10	Ø 340	Ø 295	Ø 200	Ø 380	Ø 266	Ø 266	36	20	8	M20	28	20	16,4	19,0
	16									12					
	25	Ø 360	Ø 310		Ø 410	Ø 274	Ø 268	42	25		M24	33	24	21,9	26,2
	40	Ø 375	Ø 320		Ø 425	Ø 280		45	25		M27	36	25	22,7	27,2
250	10	Ø 395	Ø 350	Ø 250	Ø 430	Ø 320	Ø 320	36	20	12	M20	28	20	20,0	22,5
	16	Ø 405	Ø 355		Ø 455			42	25		M24	33	24	25,0	29,8
	25	Ø 425	Ø 370		Ø 475	Ø 330	Ø 324	45	25		M27	36	25	31,2	36,2
	40	Ø 450	Ø 385		Ø 510	Ø 340		52	30		M30	40	30	42,6	50,4

Tabelle 1 *(fortgesetzt)*

Nennweite DN	PN-Stufe	Durchmesser						Höhe		Gewindelöcher				Gewicht[c] kg ≈ Ausführung	
				Bohrung		Verkleidung aus nichtrostendem Stahl				An-zahl					
		D	k	d_1	d_2	d_4	d_5	h[a] $^{+2,0}_{0}$	s[a]		d_3	t_1 $^{0}_{-1,0}$	t_2[b] $^{+1,0}_{0}$	A	B
300	10	Ø 445	Ø 400	Ø 300	Ø 480	Ø 370	Ø 370	36	20	12	M20	28	20	23,3	26,0
	16	Ø 460	Ø 410		Ø 510	Ø 374	Ø 372	42	25		M24	33	24	30,2	35,7
	25	Ø 485	Ø 430		Ø 535	Ø 388		45	25	16	M27	36	25	38,3	44,0
	40	Ø 515	Ø 450		Ø 575	Ø 403		52	30		M30	40	30	53,2	62,2
350	10	Ø 505	Ø 460	Ø 350	Ø 550	Ø 430	Ø 430	36	20	16	M20	28	20	28,3	34,2
	16	Ø 520	Ø 470		Ø 570	Ø 434	Ø 432	42	25		M24	33	24	35,9	45,0
	25	Ø 555	Ø 490		Ø 615	Ø 445		52	30		M30	40	30	56,2	66,6
	40	Ø 580	Ø 510		Ø 645	Ø 460		55	30		M33	43	32	68,4	83,0
400	10	Ø 565	Ø 515	Ø 400	Ø 610	Ø 481	Ø 481	42	25	16	M24	33	24	39,6	45,3
	16	Ø 580	Ø 525		Ø 630	Ø 485	Ø 484	45	25		M27	36	25	47,0	53,8
	25	Ø 620	Ø 550		Ø 680	Ø 502		55	30		M33	43	32	72,0	82,4
	40	Ø 660	Ø 585		Ø 730	Ø 532		60	35		M36	47	35	96,0	110,0
500	10	Ø 670	Ø 620	Ø 500	Ø 720	Ø 585	Ø 585	42	25	20	M24	33	24	49,5	57,3
	16	Ø 715	Ø 650		Ø 775	Ø 607		52	30		M30	40	30	80,0	92,0
	25	Ø 730	Ø 660		Ø 790	Ø 612		55	30		M33	43	32	91,0	103,0
	40	Ø 755	Ø 670		Ø 825	Ø 614		65	35		M39	50	38	120,0	137,0

[a] Siehe Bild 1.

[b] Die nutzbare Gewindelänge entspricht einer Einschraubtiefe von ≈ d_3.

[c] Die Gewichte der Ausführungen C und D sind abhängig von der Einbausituation.

3.3.1 Dichtflächen

Dichtflächen nach DIN EN 1092-1 sind in Tabelle 2 dargestellt (ausgenommen sind Feder (Form C) und Vorsprung (Form E)).

Tabelle 2 — Dichtflächen

Maße in Millimeter

Dichtfläche	Ausführung	Bild
Form A	M (massiv, glatte Dichtfläche)	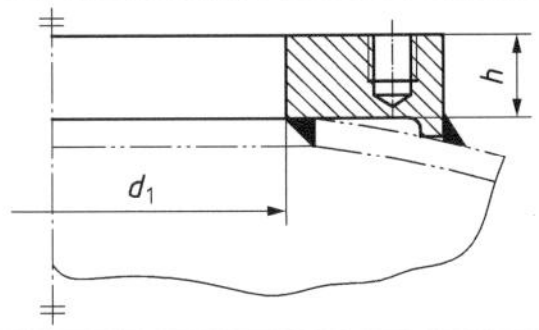 h, d_1
Form B1	M (massiv, Dichtleiste)	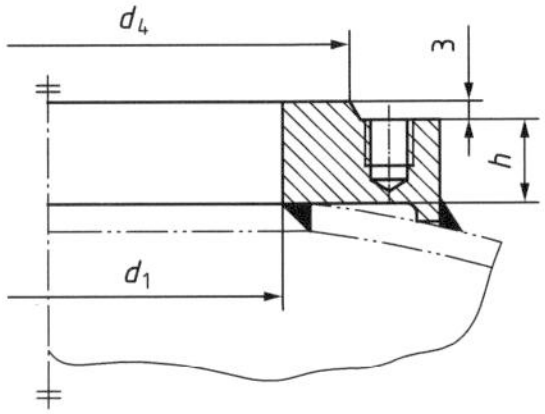 d_4, 3, h, d_1
Form B1	V (verkleidet, Dichtleiste)	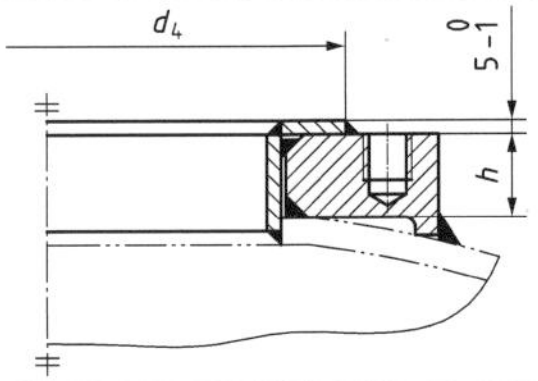 d_4, 5_{-1}^{0}, h

Tabelle 2 *(fortgesetzt)*

Dichtfläche	Ausführung	Bild
Form D	M (massiv, Nut)	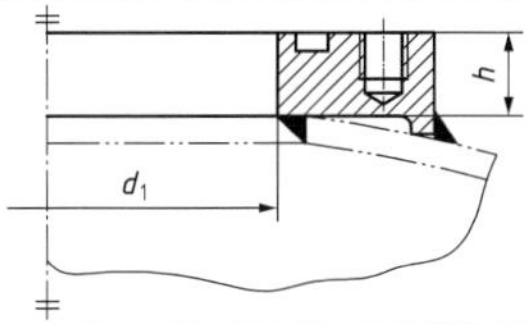
Form D	V (verkleidet, Nut)	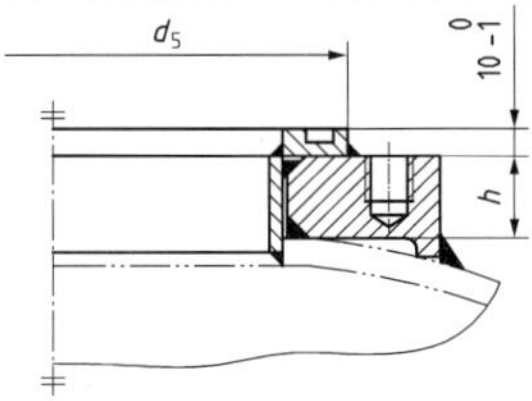
Form F	M (massiv, Rücksprung)	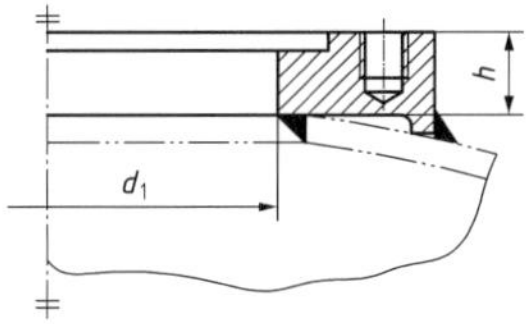
Form F	V (verkleidet, Rücksprung)	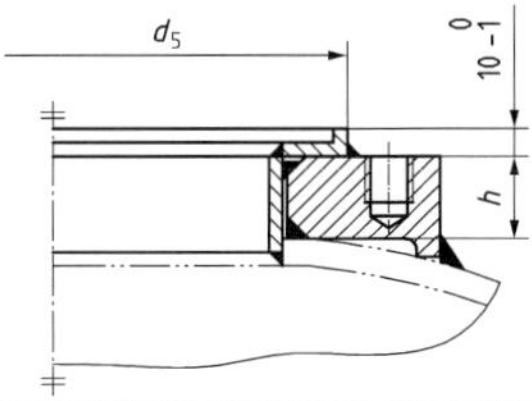

3.3.2 Prüf- und Entlüftungsbohrungen

In der Regel sind in den Blockflanschen am fertigen Apparat Prüf- oder Entlüftungsbohrungen vorzusehen. Diese sind zwischen zwei Schraubenlöchern anzuordnen. Die Bohrungen sind mit Verschlussstopfen mit Gewinde oder nach Wahl des Apparateherstellers in geeigneter Weise zu verschließen.

Flansche nach dieser Norm werden ohne Prüf- oder Entlüftungsbohrungen vom Flanschhersteller an den Apparatehersteller geliefert.

Sollen die Prüf- oder Entlüftungsbohrungen vom Flanschhersteller eingebracht werden, sind Anzahl und Lage vom Apparatehersteller dem Flanschhersteller bei der Bestellung anzugeben.

In Bild 2 ist beispielhaft die Prüf- oder Entlüftungsbohrung für Ausführung C, massiv, dargestellt.

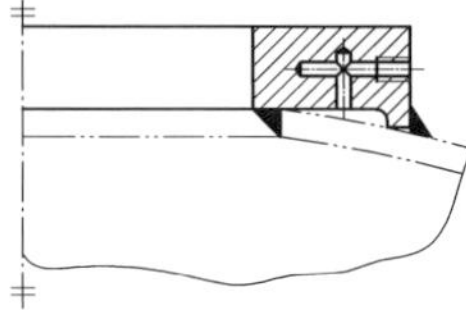

Bild 2 — Prüf- oder Entlüftungsbohrung, Ausführung C, massiv

In Bild 3 ist beispielhaft die Prüf- oder Entlüftungsbohrung für Ausführung C, verkleidet, dargestellt.

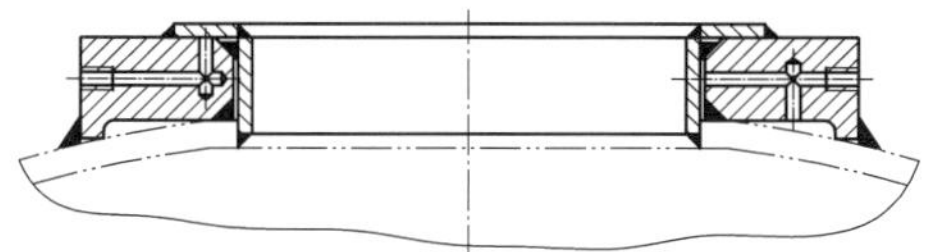

Bild 3 — Prüf- oder Entlüftungsbohrungen, Ausführung C, verkleidet

4 Werkstoffe

Die Wahl des Werkstoffes für den Blockflansch und gegebenenfalls für die Verkleidung richtet sich nach dem Werkstoff des Apparates und ist abhängig von der Beanspruchung entsprechend der Festigkeitsberechnung. Der Werkstoff ist bei der Bestellung anzugeben.

5 Kennzeichnung

Der Flansch ist mit folgenden Angaben vom Flanschhersteller zu kennzeichnen:

a) Herstellerkennzeichen;

b) Normnummer;

c) Jahr der Herstellung;

d) Nenndurchmesser;

e) PN-Stufe;

f) Werkstoff von Grundflansch und ggf. Verkleidung;

g) Schmelzennummer und/oder eine geeignete Nummer für die Rückverfolgbarkeit des Werkstoffes, sofern der Werkstoffnachweis nach DIN EN 10204 gefordert ist.

Juni 2004

DIN 28120

ICS 71.120.10

Ersatz für
DIN 28120:1979-03

Runde Schaugläser mit Fassung im Krafthauptschluss

Circular sight glasses with case in main power connection

Verres regard ronds avec monture à bride

3 Maße, Bezeichnung

3.1 Allgemeines

Angaben der Oberflächenbeschaffenheit nach DIN EN ISO 1302.

Maße in Millimeter

Allgemeintoleranzen: Toleranzklasse ISO 2768 — m.

Die Schaugläser mit Fassung sind in zwei Ausführungen eingeteilt:

Ausführung A   Grundflansch aus unlegiertem oder nichtrostendem Stahl und Gegenflansch aus unlegiertem oder nichtrostendem Stahl

Ausführung B   Grundflansch aus unlegiertem Stahl mit Oberflächenschutz aus organischen Werkstoffen, Gegenflansch wie Ausführung A

3.2 Schaugläser mit Fassung, Ausführungen A und B

Schaugläser mit Fassung, Ausführungen A und B nach Bild 1.

Ausführung A, ohne Schutzüberzug

Ausführung B, mit Schutzüberzug

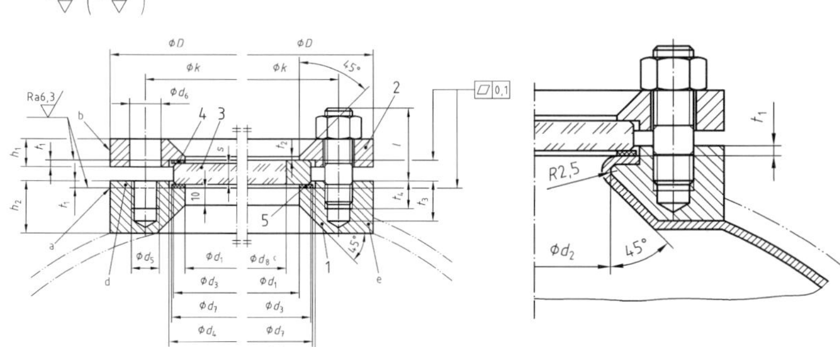

Legende

[a] Feld für Kennzeichnung Grundflansch
[b] Feld für Kennzeichnung Gegenflansch
[c] Für metallverschmolzene Schaugläser
[d] Nut 20 mm breit
[e] beispielhafte Darstellung der Flanschform

Benennung der Teile nach Tabelle 1.

Bild 1 — Schaugläser mit Fassung, Ausführungen A und B

Tabelle 1 — Benennung der Teile

Positions-Nr.	Benennung
1	Grundflansch
2	Gegenflansch
3	Schauglasplatte
4	Ausgleichsring (siehe Abschnitt 4)
5	Dichtung (Produktseite) (siehe Abschnitt 4)

Tabelle 2 — Maße für PN-Stufe 10 und PN-Stufe 16 für Ausführungen A und B

Flansch	Maximal zulässiger Druck PS	Durchblick			Schauglasplatte		Eindrehung			Flansch und Deckel				Schrauben						Dichtung	
Nennweite	bar	d_1	d_8[a]	d_2	d_3	s	d_4	t_1	t_2	D	k	h_1	h_2[b]	Anzahl	d_5	d_6	t_3	t_4	l	d_7	d_1
25	**10** / **16**	48	35	43	63	10	66	4	4	115	85	16	25	4	M12	14	18	12	35	65	48
40	**10** / **16**	65	45	60	80	12	83			150	110		30		M16	18	23	16	40	82	65
50	**10** / **16**	80	55	75	100	15	103	6		165	125								40	102	80
80	**10** / **16**	100	65	95	125	15 / 20	128		6	200	160	20		8					45 / 50	127	100
100	**10** / **16**	125	70	120	150	20 / 25	153		8	220	180	22							50 / 55	152	125
125	**10** / **16**	150	80	145	175	20 / 25	178		10	250	210	25							55 / 60	177	150
150	**10** / **16**	175	100	170	200	25 / 30	203		12	285	240	30	36		M20	22	28	20	70 / 75	202	175
200	**10**	225	120	220	250	30	253		14	340	295	35							80	252	225

[a] Zur Information (für metallverschmolzene Schaugläser nach DIN 7079-1).

[b] Die Dicke h_2 ist ein konstruktives Mindestmaß, das sich aus der Einschraubtiefe der Stiftschraube ergibt.

3.3 Bezeichnung

3.3.1 Ausführung A

Bezeichnungsbeispiel eines Schauglases mit Fassung, Ausführung A (ohne Schutzüberzug), Nennweite 100, maximal zulässiger Druck 10 bar, Grundflansch aus Werkstoff-Nr. 1.4571, Gegenflansch aus Werkstoff-Nr. 1.4571:

Schauglas DIN 28120 — A — 100 — 10 — 1.4571/1.4571

3.3.2 Ausführung B

Bezeichnungsbeispiel eines Schauglases mit Fassung, Ausführung B (mit Schutzüberzug), Nennweite 100, maximal zulässiger Druck 10 bar, Grundflansch aus Werkstoff-Nr. 1.0425, Gegenflansch aus Werkstoff-Nr. 1.0425, Oberflächenschutz: gummiert (gu):

Schauglas DIN 28120 — B — 100 — 10 — 1.0425/1.0425 gu

 Juni 2004

DIN 28121

ICS 71.120.10

Ersatz für
DIN 28121:1984-06 und
DIN 28121 Beiblatt 1:1980-06

Runde Schaugläser mit Fassung im Kraftnebenschluss

Circular sight glasses with case in metal to metal contact type flanged joint

Verres regard ronds avec monture à brides avec contact métal-métal

1 Anwendungsbereich

Diese Norm gilt für vormontierte, runde Schaugläser aus Borosilicatglas nach DIN 7080 mit Fassung im Kraftnebenschluss. Bei Einsatz im Geltungsbereich der Druckgeräterichtlinie (Richtlinie 97/23/EG) sind diese als Bauteile zu betrachten. Der Anwendungsbereich für die unterschiedlichen Ausführungen nach Abschnitt 3 ist in Tabelle 1 festgelegt.

Tabelle 1 — Anwendungsbereich

Ausführung	Maximal zulässiger Druck PS[a] bar	Zulässige maximale Temperatur TS °C
A und B	10 bzw. 25	200
E	10	

[a] Anwendung auch bei – 1 bar möglich.

2 Normative Verweisungen

Diese Norm enthält durch datierte oder undatierte Verweisungen Festlegungen aus anderen Publikationen. Diese normativen Verweisungen sind an den jeweiligen Stellen im Text zitiert, und die Publikationen sind nachstehend aufgeführt. Bei datierten Verweisungen gehören spätere Änderungen oder Überarbeitungen dieser Publikationen nur zu dieser Norm, falls sie durch Änderung oder Überarbeitung eingearbeitet sind. Bei undatierten Verweisungen gilt die letzte Ausgabe der in Bezug genommenen Publikation (einschließlich Änderungen).

DIN 7080, *Runde Schauglasplatten aus Borosilicatglas für Druckbeanspruchung ohne Begrenzung im Tieftemperaturbereich.*

DIN 28150, *Losflansche, geteilt, für emaillierte Vorschweißbunde; Nenndruck PN 10.*

DIN EN 1092-1, *Flansche und ihre Verbindungen — Runde Flansche für Rohre, Armaturen, Formstücke und Zubehör — Teil 1: Stahlflansche, nach PN bezeichnet; Deutsche Fassung EN 1092-1:2001.*

DIN EN 10204, *Metallische Erzeugnisse — Arten von Prüfbescheinigungen; Deutsche Fassung EN 10204:1991.*

DIN EN ISO 898-1, *Mechanische Eigenschaften von Verbindungselementen aus Kohlenstoffstahl und legiertem Stahl — Teil 1: Schrauben (ISO 898-1:1999); Deutsche Fassung EN ISO 898-1:1999.*

DIN EN ISO 3506-1, *Mechanische Eigenschaften von Verbindungselementen aus nichtrostenden Stählen — Teil 1: Schrauben (ISO 3506-1:1997); Deutsche Fassung EN ISO 3506-1:1997.*

E DIN EN ISO 4762, *Zylinderschrauben mit Innensechskant (ISO/DIS 4762:2002); Deutsche Fassung prEN ISO 4762:2002/Achtung: Vorgesehen als Ersatz für DIN EN ISO 4762 (1998-02).*

DIN EN ISO 1302, *Geometrische Produktspezifikation (GPS) — Angabe der Oberflächenbeschaffenheit in der technischen Produktdokumentation (ISO 1302:2002); Deutsche Fassung EN ISO 1302:2002.*

DIN ISO 2768-1, *Allgemeintoleranzen — Teil 1: Toleranzen für Längen- und Winkelmaße ohne einzelne Toleranzeintragung; Identisch mit ISO 2768-1:1989.*

AD 2000-Merkblatt W 1, *Flacherzeugnisse aus unlegierten und legierten Stählen.*

AD 2000-Merkblatt W 2, *Austenitische Stähle.*

AD 2000-Merkblatt W 10, *Werkstoffe für tiefe Temperaturen; Eisenwerkstoffe*[1].

Richtlinie 97/23/EG, *Richtlinie 97/23/EG des Europäischen Parlaments und des Rates vom 27. Mai 1997 zur Angleichung der Rechtsvorschriften der Mitgliedstaaten über Druckgeräte*[2].

---

1) Zu beziehen durch: Beuth Verlag GmbH, Burggrafenstraße 6, 10787 Berlin.

2) Zu beziehen durch: Deutsches Informationszentrum für technische Regeln (DITR) im DIN Deutsches Institut für Normung e. V., 10772 Berlin (Hausanschrift: Burggrafenstr. 6, 10787 Berlin).

3 Maße, Bezeichnung

3.1 Allgemeines

Angaben der Oberflächenbeschaffenheit nach DIN EN ISO 1302.

Maße in Millimeter

Allgemeintoleranzen: Toleranzklasse ISO 2768 — m

Die Schaugläser mit Fassung sind in drei Ausführungen eingeteilt:

Ausführung A Grundflansch aus unlegiertem oder nichtrostendem Stahl ohne Oberflächenschutz, Gegenflansch aus unlegiertem oder nichtrostendem Stahl

Ausführung B Grundflansch aus unlegiertem Stahl mit Oberflächenschutz aus organischen Werkstoffen, Gegenflansch wie Ausführung A

Ausführung E Grundflansch aus Stahl, emailliert, Gegenflansch wie Ausführung A

Bei unterschiedlichen Formen der Flanschdichtfläche ergeben sich für die Schaugläser mit Fassung die Ausführungsvarianten nach Tabelle 2.

Tabelle 2 — Ausführungsvarianten

Ausführung der Schaugläser mit Fassung	Formen der Flanschdichtfläche nach DIN EN 1092-1		
	Form B (Dichtleiste)	Form C (Feder)	Form E (Vorsprung)
A	AB1[a]	AC	AE
B	BB[b]	—	BE
E	EB[b]	—	—

[a] Kennbuchstabe B1 beinhaltet auch die Oberflächenbeschaffenheit.
[b] Kennbuchstabe B bezeichnet nur die glatte Dichtleiste.

3.2 Schaugläser mit Fassung, Ausführungen A und B

Schaugläser mit Fassung, Ausführungen A und B nach Bild 1.

Ausführung A, ohne Schutzüberzug **Ausführung B,** mit Schutzüberzug

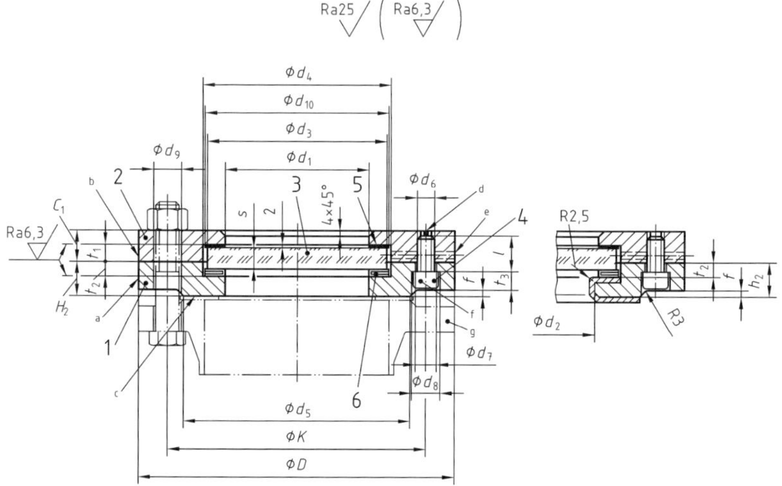

Legende

[a] Feld für Kennzeichnung Grundflansch
[b] Feld für Kennzeichnung Gegenflansch
[c] dargestellt ist die Flanschdichtfläche Form B1 (Dichtleiste) nach DIN EN 1092-1
[d] Gummikitt
[e] Prüfbohrung ∅ 5 mm (Lage nach Wahl des Herstellers)
[f] versiegelt (z. B. Heizkörperlack) nach Dichtheitsprüfung durch den Hersteller
[g] beispielhafte Darstellung der Flanschform

Benennung der Teile nach Tabelle 3.

Bild 1 — Schaugläser mit Fassung, Ausführungen A und B

Tabelle 3 — Benennung der Teile

Positions-Nr.	Benennung
1	Grundflansch
2	Gegenflansch
3	Schauglasplatte nach DIN 7080
4	Vorspann-Schraube: Zylinderschraube mit Innensechskant nach DIN EN ISO 4762
5	Ausgleichsring (siehe Abschnitt 4)
6	Dichtung (Produktseite) (siehe Abschnitt 4)

Tabelle 4 — Maße für PN-Stufe 10 für Ausführungen A und B

Flansch	Durchblick		Schauglasplatte		Eindrehungen			Flansche[a]						Vorspann-Schrauben						Befestigungsschrauben			Ausgleichsring und Dichtung	
Nennweite DN	d_1	d_2	d_3	s	d_4	t_1 $^{+0,1}_{0}$	t_2 $^{+0,1}_{0}$	D	K	C_1	H_2	f	d_5	Anzahl	Gewinde d_6	d_7	d_8	t_3	l	Anzahl	Gewinde	d_9	d_1	d_{10}
40	48	43	63	10	66	8	9,2	150	110	16	20		88						16	4			48	65
50	65	60	80	12	83	8	11,2	165	125	16	22	4	102		M10	11	18	11	20				65	82
80	80	75	100	15	103	12	10,2	200	160	22	24		138						25		M16	18	80	102
100	100	95	125	15	128	12	10,2	220	180	22	24		158	4	M12	14	20	13	25				100	127
125	125	120	150	20	153	12	15,2	250	210	24	30	4,5	188						30	8			125	152
150	125	120	150	20	153	12	15,2	285	240	24	30		212		M16	18	26	17,5	30		M20	22	125	152
200	150	145	175	20	178	12	15,2	340	295	24	30		268						30				150	177

[a] Die Anschlussmaße entsprechen DIN EN 1092-1, PN-Stufe 10. Bei der Verschraubung auf Vorschweißflanschen PN-Stufe 10 ist hier der Abfall der Streckgrenze für den Vorschweißflansch zu berücksichtigen.

Tabelle 5 — Maße für PN-Stufe 25 für Ausführungen A und B

Flansch	Durchblick		Schauglasplatte		Eindrehungen			Flansche[a]						Vorspann-Schrauben						Befestigungsschrauben			Ausgleichsring und Dichtung	
Nennweite DN	d_1	d_2	d_3	s	d_4	t_1 $^{+0,1}_{0}$	t_2 $^{+0,1}_{0}$	D	K	C_1	H_2	f	d_5	Anzahl	Gewinde d_6	d_7	d_8	t_3	l	Anzahl	Gewinde	d_9	d_1	d_{10}
40	48	43	63	12	66	8	11,2	150	110	16	22		88						20	4			48	65
50	65	60	80	15	83	8	14,2	165	125	16	25	4	102		M10	11	18	11	20		M16	18	65	82
80	80	75	100	20	103	12	15,2	200	160	22	28		138						30				80	102
100	100	95	125	25	128	12	20,2	235	190	24	35		162	4	M12	14	20	13	35	8	M20	22	100	127
125	125	120	150	30	153	15	22,2	270	220	28	38	4,5	188						40				125	152
150	125	120	150	30	153	15	22,2	300	250	28	38		218		M16	18	26	17,5	40		M24	26	125	152
200	150	145	175	30	178	15	22,2	360	310	28	38		278						40	12			150	177

[a] Die Anschlussmaße entsprechen DIN EN 1092-1, PN-Stufe 25. Bei der Verschraubung auf Vorschweißflanschen PN-Stufe 25 ist hier der Abfall der Streckgrenze für den Vorschweißflansch zu berücksichtigen.

3.3 Schaugläser mit Fassung, Ausführung E (emailliert)

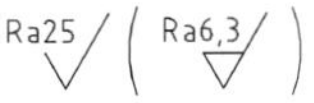

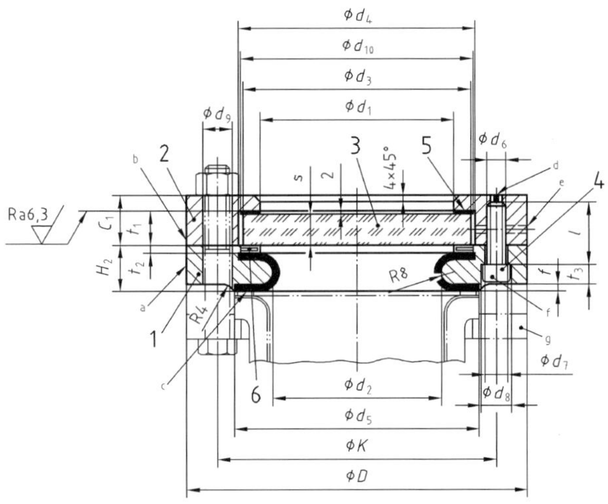

Legende

[a] Feld für Kennzeichnung Grundflansch

[b] Feld für Kennzeichnung Gegenflansch

[c] dargestellt ist die Flanschdichtfläche Form B (Dichtleiste) nach DIN EN 1092-1

[d] Gummikitt

[e] Prüfbohrung ∅ 5 mm (Lage nach Wahl des Herstellers)

[f] versiegelt (z. B. Heizkörperlack) nach Dichtheitsprüfung durch den Hersteller

[g] beispielhafte Darstellung der Flanschform

Benennung der Teile nach Tabelle 6.

Bild 2 — Schaugläser mit Fassung, Ausführung E

Tabelle 6 — Benennung der Teile

Positions-Nr.	Benennung
1	Grundflansch
2	Gegenflansch
3	Schauglasplatte nach DIN 7080
4	Vorspann-Schraube: Zylinderschraube mit Innensechskant nach DIN EN ISO 4762
5	Ausgleichsring (siehe Abschnitt 4)
6	Dichtung (Produktseite) (siehe Abschnitt 4)

Tabelle 7 — Maße für PN-Stufe 10 für Ausführung E

Flansch	Durchblick		Schauglasplatte		Eindrehungen			Flansche[a]						Vorspann-Schrauben						Befestigungsschrauben			Ausgleichsring und Dichtung	
Nennweite DN	d_1	d_2	d_3	s	d_4	t_1 $^{+0,1}_{0}$	t_2 $^{+0,1}_{0}$	D	K	C_1	H_2	f	d_5	Anzahl	Gewinde d_6	d_7	d_8	t_3	l	Anzahl	Gewinde	d_9	d_1	d_{10}
40	65	49	80	12	83	14	5,2	150	110	22	25	4	88	4	M10	11	18	11	30	4	M16	18	65	82
50	80	64	100	15	103	17		165	125	27	25		102						35				80	102
80	100	84	125	15	128	17		200	160	27	25		138						35	8			100	127
100	125	109	150	20	153	22		220	180	32	30	4,5	158		M12	14	20	13	40				125	152
125	125	109	150	20	153	22		250	210	32	30		188						40				125	152
150	150	134	175	20	178	22		285	240	34	30		212		M16	18	26	17,5	40		M20	22	150	177
200	150	134	175	20	178	22		340	295	34	30		268						40				150	177

[a] Die Anschlussmaße entsprechen DIN EN 1092-1, PN-Stufe 10. Bei der Verbindung mit Losflanschen nach DIN 28150 ist hier der Abfall der Streckgrenze für den Losflansch zu berücksichtigen.

3.4 Bezeichnung

3.4.1 Ausführung A

Bezeichnungsbeispiel eines Schauglases mit Fassung, Ausführungsvariante AB1, Nennweite 100, maximal zulässiger Druck 25 bar, Grundflansch aus Werkstoff-Nr. 1.4571, Gegenflansch aus Werkstoff-Nr. 1.4541:

Schauglas DIN 28121 — AB1 — 100 — 25 — 1.4571/1.4541

3.4.2 Ausführung B

Bezeichnungsbeispiel eines Schauglases mit Fassung, Ausführungsvariante BB, Nennweite 100, maximal zulässiger Druck 25 bar, Grundflansch und Gegenflansch aus Werkstoff P265GH (1.0425), Angabe des Oberflächenschutzes gummiert (gu):

Schauglas DIN 28121 — BB — 100 — 25 — P265GH gu

3.4.3 Ausführung E

Bezeichnungsbeispiel eines Schauglases mit Fassung, Ausführungsvariante EB, Nennweite 100, maximal zulässiger Druck 10 bar, Grundflansch aus Werkstoff P265GH (1.0425), emailliert, Gegenflansch aus Werkstoff Nr. 1.4571:

Schauglas DIN 28121 — EB — 100 — 10 — 1.0425/1.4571

4 Werkstoff

Flansche: Nach 3.1, Werkstoffsorten sind zwischen Besteller und Hersteller zu vereinbaren und in der Bezeichnung anzugeben. Nachweis der Werkstoffqualität nach Vereinbarung.

Der in Tabelle 1 angegebene Anwendungsbereich wurde nach Anhang A rechnerisch nachgewiesen. Festigkeitskennwerte sind bei Unterschreitung der Mindestqualitäten vom Hersteller rechnerisch nachzuprüfen.

AD 2000-Merkblätter W 1 und W 2 sind zu beachten.

Schauglasplatte: Borosilicatglas nach DIN 7080

Vorspannschrauben: Für Gegenflansch aus nichtrostendem Stahl: A4-80 nach DIN EN ISO 3506-1

Für Gegenflansch aus unlegiertem Stahl: Festigkeitsklasse 8.8 nach DIN EN ISO 898-1

Ausgleichsring: Aramidfaserring (siehe Anhang A)

Dichtung: PTFE-umhüllte dauerelastische Dichtung (siehe Anhang A)

Oberflächenschutz: Zwischen Besteller und Hersteller zu vereinbaren.

Die Temperaturbeständigkeit des Dichtungswerkstoffes und des Oberflächenschutzes ist zu beachten. Bei Temperaturen niedriger als −10 °C ist AD 2000-Merkblatt W 10 zu beachten.

5 Dichtheitsprüfung

Jedes Schauglas mit Fassung ist nach dem Zusammenbau vom Hersteller auf Dichtheit zu prüfen. Dazu wird das Schauglas mit Fassung mit 5 bar Prüfgas, Luft oder Stickstoff, an der Seite beaufschlagt, die später dem Produkt zugewandt ist.

Dabei ist darauf zu achten, dass das Schauglas mit Fassung mit den Befestigungsschrauben an der Prüfvorrichtung befestigt wird (siehe auch Anhang A).

6 Kennzeichnung

Das Schauglas mit Fassung ist an den in den Bildern 1 und 2 angegebenen Stellen dauerhaft (z. B. durch Stempelung) zu kennzeichnen mit:

— Herstellerzeichen;

— DIN 28121;

— Nennweite, z. B. DN 150;

— PN-Stufe, z. B. PN 10.

Bei Lieferung mit Abnahmeprüfzeugnis nach DIN EN 10204 zusätzlich:

— Schmelzennummer oder Kurzzeichen;

— Zeichen des Prüfers.

Eine weiter gehende Kennzeichnung ist besonders zu vereinbaren, z. B. Einsatzbereich für negative Überdrücke und Temperaturen.

HINWEIS

Rechnerischer Nachweis siehe im informativen Anhang A der DIN 28121:2004-06.

DIN 28124-2

ICS 71.120.10

Ersatz für
DIN 28124-2:1992-12

Mannlochverschlüsse – Teil 2: Für Druckbehälter, aus Stahl

Manhole closures –
Part 2: For pressure vessels, from steel

Fermetures de trou d'homme –
Partie 2: Pour récipients sous pression, en acier

1 Anwendungsbereich

Diese Norm gilt für Mannlochverschlüsse[1)], im Weiteren Verschlüsse genannt, aus unlegierten, legierten und nichtrostenden Stählen, aus unlegierten und legierten Stählen mit Oberflächenschutz an Druckbehältern. Die Verschlüsse werden an Druckbehälter angebaut, die vorzugsweise verfahrenstechnischen Zwecken dienen. Andere Ausführungen sind zwischen Besteller und Hersteller zu vereinbaren.

Die Verschlüsse können für die in Tabelle 1 (nach DIN 28032, DIN 28034 oder DIN EN 1092-1) festgelegten Betriebsbedingungen verwendet werden. Ein rechnerischer Nachweis ist auf Grund der Konstruktion und unter Berücksichtigung der Betriebsbedingungen gegebenenfalls notwendig.

Im Regelfall werden die Mannlochverschlüsse nach dem Apparate-Flanschsystem (DIN 28030-1) ausgeführt. Die Nennweiten DN 500 (PN-Stufe 10 und PN-Stufe 16) und DN 600 (PN-Stufe 10) können auch nach dem Rohrleitungs-Flanschsystem (DIN EN 1092-1) ausgeführt werden, wobei sich ggf. höhere Gewichte ergeben können.

ANMERKUNG Es ist prinzipiell möglich, die Einzelteile der Verschlüsse nach DIN 28124-2 und DIN 28124-3 zu kombinieren. (Beispiel: Stutzen aus 1.4541 nach DIN 28124-2 mit Deckel aus P265GH mit Verkleidung aus 1.4541 nach DIN 28124-3).

3 Zulässige Betriebsdaten

Die zulässigen Betriebsdaten sind in Tabelle 1 aufgeführt.

Tabelle 1 — Zulässige Betriebsdaten

	Zulässige maximale Temperatur T_s[a,b] °C								
	20	120		200		250		300	
Nach Apparate-Flanschsystem maximal zulässiger Druck in bar	10	9		8		7		6	
	16	14		13		11		10	
	25	22		20		17		15	
Nach Rohrleitungs-Flanschsystem maximal zulässiger Druck in bar[c]	10	9,0	10,0	8,3	10,0	7,6	9,7	6,9	8,8
	16	14,5	16,0	13,3	16,0	12,1	15,6	11,0	14,0
Nach Apparate-Flanschsystem und Rohrleitungs-Flanschsystem maximal zulässiger Druck in bar	−1 (Unterdruck)[a]								

[a] Bei der Ausführung mit Oberflächenschutz ist die Temperaturbeständigkeit des gewählten Oberflächenschutzes zu beachten. Die Unterdruckfestigkeit des Oberflächenschutzes ist gesondert zu prüfen.

[b] Bei Betriebstemperaturen unter −10 °C müssen die Schrauben aus kaltzähen Werkstoffen bestehen (siehe Tabelle 5).

[c] Der erste Wert gilt nach DIN EN 1092-1 für die Werkstoffgruppe 3E0 (z. B. P235GH), der zweite Wert gilt nach DIN EN 1092-1 für die Werkstoffgruppe 3E1 (z. B. P265GH). Werte für andere Werkstoffe können DIN EN 1092-1 entnommen werden.

4 Formen, Maße und Gewichte

4.1 Mannlochverschlüsse

4.1.1 Formen für Mannlochverschlüsse

Die Formen für Mannlochverschlüsse nach dieser Norm sind in Tabelle 2 festgelegt.

Tabelle 2 — Formen

Form	Werkstoff[a] unlegierter, legierter oder nichtrostender Stahl	Werkstoff[a] unlegierter, legierter Stahl mit Oberflächenschutz (St-Oberflächenschutz[b])	Merkmal		Nennweite DN
Vollständiger Verschluss[c]					
MC	+	○	Dichtfläche, glatt		500 und 600
MD	○	+	Dichtfläche, glatt		500 und 600
ME	+	○	Dichtfläche, Feder und Nut		500 und 600
MF	+	○	Dichtfläche, Vor- und Rücksprung		500 und 600
Einzelteile[c]					
SC	+	○	Stutzen	Dichtfläche, glatt	500 und 600
SD	○	+	Stutzen	Dichtfläche, glatt	500 und 600
SE	+	○	Stutzen	Dichtfläche, Nut	500 und 600
SF	+	○	Stutzen	Dichtfläche, Rücksprung	500 und 600
DC	+	○	Deckel	Dichtfläche, glatt	500 und 600
DD	○	+	Deckel	Dichtfläche, glatt	500 und 600
DE	+	○	Deckel	Dichtfläche, Feder	500 und 600
DF	+	○	Deckel	Dichtfläche, Vorsprung	500 und 600
Zusammenbauteile und Werkstoffe nach Tabelle 5.					

[a] + in dieser Norm festgelegt.
○ in dieser Norm nicht festgelegt.

[b] Hinweise für die Ausführung mit Oberflächenschutz siehe Abschnitt 6.

[c] Dichtflächenform nach Tabelle 3.

4.1.2 Mannlochformen MC, MD, ME und MF

Die Formen MC, MD, ME und MF sind in Bild 1 und Tabelle 3 dargestellt.

Einzelteile siehe Tabelle 5.

Maße und Gewichte siehe Tabelle 4.

Maße in Millimeter

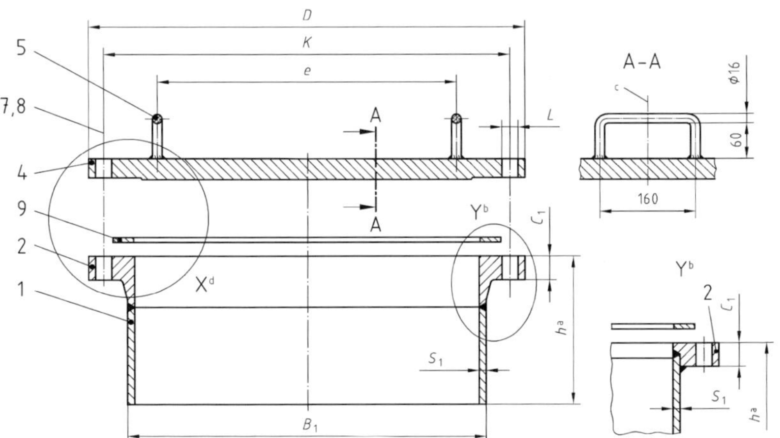

Legende

1 Stutzen

2 Flansch nach DIN 28032, DIN 28034 oder DIN EN 1092-1, Typ 11

4 Deckel

5 Griff

7 Sechskantschraube

8 Sechskantmutter

9 Dichtung

[a] Das Maß h ist bei Bestellung anzugeben. (Nach AD 2000-Merkblatt A 5 darf bei DN 500 die Höhe h höchstens 250 mm betragen).

[b] Unabhängig von der Formbezeichnung kann ein Vorschweißflansch nach DIN 28032, DIN 38034 oder DIN EN 1092-1 eingesetzt werden.

[c] Mittelachse des Deckels

[d] Einzelheit X siehe Tabelle 3

Bild 1 — Ausführungsbeispiel eines vollständigen Verschlusses, dargestellt Form MC

ANMERKUNG Die Ausführung mit zwei Gewindebohrungen M20 für zwei Abdrückschrauben zwischen den Bohrungen ∅ L im Deckel diagonal angebracht ist bei der Bestellung zu vereinbaren.

4.1.3 Formen der Dichtflächen

Die Formen der Dichtflächen sind in Tabelle 3 dargestellt.

Tabelle 3 — Dichtflächenformen

Maße in Millimeter

Form		Bild	Form		Bild
MC	**DC** Dicht-fläche glatt	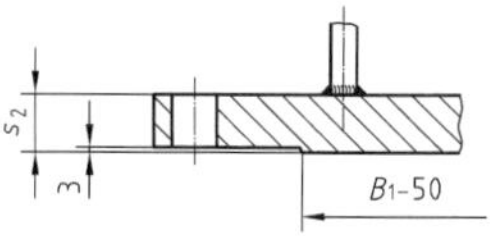	MD	**DD** Dichtfläche glatt mit Ober-flächen-schutz	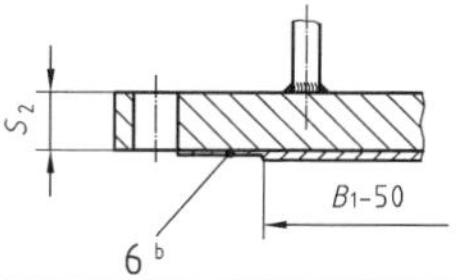
	SC Dicht-fläche glatt	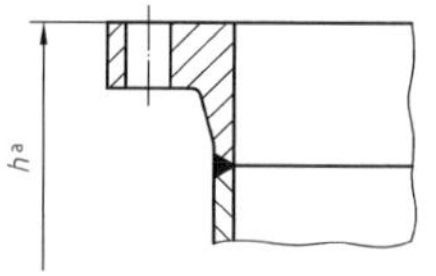		**SD** Dichtfläche glatt mit Ober-flächen-schutz	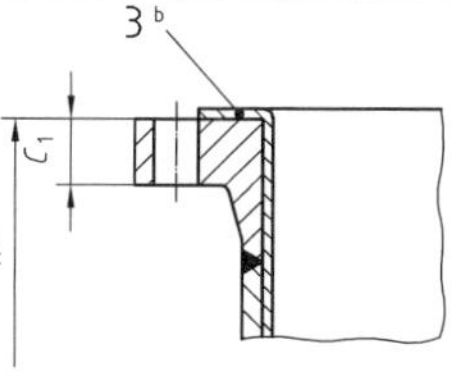
ME	**DE** Feder	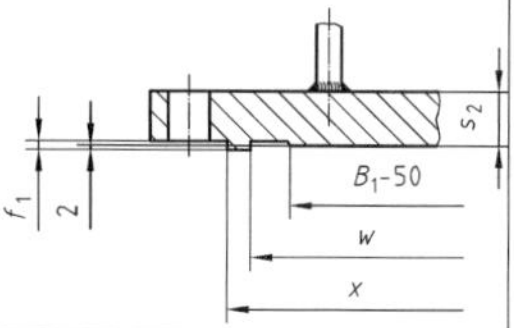	MF	**DF** Vorsprung	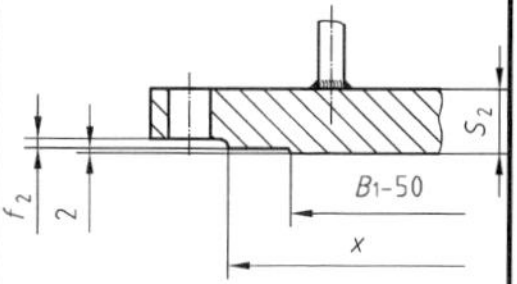
	SE Nut	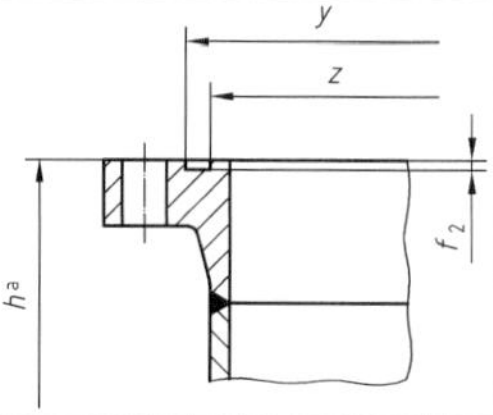		**SF** Rücksprung	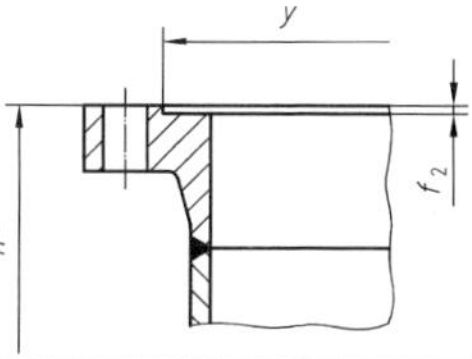

Dargestellt sind Beispiele mit Vorschweißflanschen nach DIN 28034 und Deckel.

[a] Maß *h* siehe Bild 1

[b] Positions-Nr. nach Tabelle 5

Tabelle 4 — Maße und Gewichte

Maße in Millimeter

Nennweite	Flansch nach	Maximal zulässiger Druck bei 20 °C	Stutzenrohr		Deckel und Flansch (DIN 28032, DIN 28034, DIN EN 1092-1, Typ 05 und 11)							S_2 für Stahl		Schrauben		
DN		bar	B_1	S_1[a]	D	K	d_1	d_2	d_3	e	C_1	P245GH[c]	P265GH	Anzahl	Gewinde	L
500	DIN 28032 DIN 28034	10	508	8	615	570	585	475	260	400	30	26	24	20	M20	23
		16		12	635	585	550	465		400	35	30	28	20	M24	27
		25		16	645	590	555	460		400	45	38	35	20	M27	30
600		10	600	10	710	665	635	560	300	500	30	28	25	24	M20	23
		16		12	730	680	645	555		500	40	35	32	24	M24	27
		25		16	760	695	655	550		500	50	45	40	24	M30	33
500	DIN EN 1092-1	10	508	8	670	620	585	475	260	400	28	28	28	20	M24	26
		16		12	715	650	610	475		400	38	44	44	20	M30	33
600		10	610	10	780	725	685	575	300	500	30	34	34	20	M27	30

Tabelle 4 (*fortgesetzt*)

Nennweite	Flansch nach	Maximal zulässiger Druck bei 20 °C	Maße und Toleranzen für Dichtflächenformen Nut und Feder bzw. Vor- und Rücksprung						Gewicht des vollständigen Mannlochverschlusses aus Stahl	
			x	w	y	z	f_1	f_2	P245GH[c]	P265GH
DN		bar	$^{0}_{-0,5}$	$^{+0,5}_{0}$	$^{+0,5}_{0}$	$^{0}_{-0,5}$	$^{+0,5}_{0}$	$^{0}_{-0,5}$	kg[b] ≈	
500	DIN 28032 DIN 28034	10	528	508	530	506	6	5	104	100
		16	534	508	536	506	6	5	144	138
		25	540	508	542	506	6	5	189	180
600		10	626	600	628	598	6	5	148	139
		16	632	600	634	598	6	5	202	189
		25	636	600	638	598	6	5	288	270
500	DIN EN 1092-1	10	575	549	576	548	5,5	5	Alle Werkstoffe	144
		16	575	549	576	548	5,5	5		226
600		10	675	649	676	648	5,5	5		196

a Wanddicken S_1 sind zwischen Besteller und Hersteller zu vereinbaren.

b Die Gewichte wurden unter Berücksichtigung einer Stutzenhöhe von h = 250 mm errechnet.

c Alternativ kann P250GH verwendet werden.

5 Einzelteile und Werkstoffe

Tabelle 5 — Einzelteile, Benennung und Werkstoffbeispiele

Pos. Nr.	Benennung/Normbezeichnung			Werkstoffbeispiele[a]
1	Stutzen	Stutzenrohr	Blech gerollt	P265GH nach DIN EN 10028-2 oder 1.4571 nach DIN EN 10028-7
			Rohr nahtlos	P235GH nach DIN EN 10216-2 oder 1.4571 nach DIN EN 10216-5
			Rohr geschweißt	P235GH nach DIN EN 10217-2 oder 1.4571 nach DIN EN 10217-7
2		Flansch nach Apparate-Flanschsystem	nach Wahl des Herstellers DIN 28034 oder DIN 28032	P265GH nach DIN EN 10028-2
		Flansch nach Rohrleitungs-Flanschsystem	Typ 11 nach DIN EN 1092-1	P245GH oder P250GH nach DIN EN 10222-2 oder 1.4571 nach DIN EN 10222-5
3		Oberflächenschutz	Siehe Abschnitt 6	Siehe Abschnitt 6
4	Deckel	Deckel nach Apparate-Flanschsystem	Blech	P265GH nach DIN EN 10028-2 oder 1.4571 nach DIN EN 10028-7
		Deckel nach Rohrleitungs-Flanschsystem	Typ 05 nach DIN EN 1092-1	P245GH oder P250GH nach DIN EN 10222-2 oder 1.4571 nach DIN EN 10222-5
5		Griff	Rundstahl nach DIN EN 10060	S235JR nach DIN EN 10025-2
6		Oberflächenschutz	Siehe Abschnitt 6	Siehe Abschnitt 6
7	Zusammenbauteile	Sechskantschraube[b]	nach DIN EN ISO 4014	5.6 nach DIN EN ISO 898-1, A2-50 oder A4-70 nach DIN ISO 3506-1
8		Sechskantmutter[b]	nach DIN EN ISO 8673 oder DIN EN ISO 4032	5-2 nach DIN EN 20898-2, A2-50 oder A4-70 nach DIN ISO 3506-2
9		Dichtung	nach DIN 28040 und den Normen der Reihe DIN EN 1514	nach DIN 28091-1[c]

[a] Werkstoffe nach Wahl des Bestellers. Für den Einsatz in Druckgeräten müssen die Werkstoffe für drucktragende Teile die Anforderungen der Druckgeräterichtlinie 97/23/EG erfüllen z. B. auch durch Kennzeichnung und Nachweis der Güteeigenschaften nach den AD 2000-Merkblättern der Reihe W.

[b] Für Temperaturen von –10 °C bis –60 °C: A2-70 oder A4-70 nach DIN EN ISO 3506-1 und DIN EN ISO 3506-2

[c] Der Werkstoff ist bei Bestellung anzugeben.

6 Oberflächenschutz

Für die Gestaltung und Ausführung der zu schützenden Teile gilt DIN 14879-1.

Die genaue Werkstoffbezeichnung des Oberflächenschutzes ist bei Bestellung anzugeben.

Häufig angewendete Werkstoffe für den Oberflächenschutz sind Gummierungen (Gi) und Beschichtungen (Be).

8 Kennzeichnung

Der Deckel ist von außen sichtbar und dauerhaft zu kennzeichnen mit:

— Herstellerzeichen,

— Herstell-Nr.,

— Norm-Nummer,

— Form,

— Nennweite DN und Kurzzeichen des Flanschensystems,

— Zahlenwert des maximal zulässigen Druckes in bar bei 20 °C,

— Werkstoffkurzname oder Werkstoff-Nr. und gegebenenfalls Kurzzeichen für den Werkstoff des Oberflächenschutzes, z. B. Gi für Gummierung.

Kennzeichnungsbeispiel

XYZ — NNN — DIN 28124-2 — DC 500 — A —16 — P265GH

Bereits vorhandene Kennzeichnungen brauchen nicht wiederholt zu werden.

Februar 2005

DIN EN 1759-1

ICS 23.040.60

Flansche und ihre Verbindungen – Runde Flansche für Rohre, Armaturen, Formstücke und Zubehörteile, nach Class bezeichnet – Teil 1: Stahlflansche, NPS 1/2 bis 24; Deutsche Fassung EN 1759-1:2004

Flanges and their joints –
Circular flanges for pipes, valves, fittings and accessories, Class designated –
Part 1: Steel flanges, NPS 1/2 to 24;
German version EN 1759-1:2004

Brides et leurs assemblages –
Brides circulaires pour tubes, appareils de robinetterie, raccords et accessoires, désignées Class –
Partie 1: Brides en acier, NPS 1/2 à 24;
Version allemande EN 1759-1:2004

1 Anwendungsbereich

Diese Europäische Norm für ein einheitliches System von Flanschen legt Anforderungen fest für runde Stahlflansche, in den Class-Stufen Class 150 bis Class 2 500 und den Nennweiten NPS 1/2 bis NPS 24.

ANMERKUNG Die Beziehung zwischen Nennweite (DN) und Nennweite (NPS) ist für Referenzzwecke angegeben in den Tabellen 9 bis 14.

Diese Norm legt Typen für Stahlflansche und ihre Dichtflächenformen, Maße, Toleranzen, Gewinde, Schraubengrößen, Oberflächenbeschaffenheit der Dichtflächen, Kennzeichnung, Werkstoffe und Druck/Temperatur-Zuordnungen fest.

Diese Norm gilt nicht für Flansche, die aus Stangenmaterial gedreht werden und nicht für Flanschtypen 11, 12, 13, 14 und 15 die aus Blech gefertigt werden.

3 Begriffe

Für die Anwendung dieses Dokuments gelten die folgenden Begriffe.

3.1
Class
alphanumerische Bezeichnung für Referenzzwecke, bezogen auf eine Kombination von mechanischen und maßlichen Eigenschaften eines Bauteiles eines Rohrleitungssystems. Sie umfasst das Wort Class gefolgt von einer dimensionslosen ganzen Zahl

ANMERKUNG 1 Die Zahl hinter dem Wort Class ist kein messbarer Wert und sollte nicht in Berechnungen verwendet werden, außer wenn es in den entsprechenden Normen angegeben ist.

ANMERKUNG 2 Die Bedeutung der Kenngröße Class ergibt sich nur im Zusammenhang mit der entsprechenden Bauteilnorm.

ANMERKUNG 3 Es ist beabsichtigt, dass alle Bauteile mit gleichen Class- und NPS-Stufen (siehe unten) gleiche Anschlussmaße für kompatible Flanschtypen haben.

3.2
DN
siehe EN ISO 6708

3.3
NPS
alphanumerische Bezeichnung der Größe für Bauteile in einem Rohrleitungssystem, die für Referenzzwecke verwendet wird. Sie umfasst im Sinne von nach Class bezeichneten Flanschen nach dieser Norm die Buchstaben NPS, gefolgt von einer dimensionslosen Zahl, die indirekt mit dem Durchmesser der Bohrung oder des Außendurchmessers des Rohranschlusses in Beziehung steht

ANMERKUNG Die Zahl hinter den Buchstaben NPS ist kein messbarer Wert und sollte nicht in Berechnungen verwendet werden, außer wenn es in den entsprechenden Normen angegeben ist.

3.4
maximal zulässiger Druck
PS
der vom Druckgerätehersteller festgelegte maximale Druck, für den das Anlagenteil ausgelegt ist

3.5
maximal zulässige Temperatur
TS
die vom Druckgerätehersteller festgelegte maximale Temperatur, für die das Anlageteil ausgelegt ist

Tabelle 1 — Flanschtypen

Typ-Nr[a]	Benennung
01	Glatter Flansch zum Schweißen
05	Blindflansch
11	Vorschweißflansch
12	Überschieb-Schweißflansch
13	Gewindeflansch
14	Einsteck-Schweißflansch
15	Loser Flansch für Vorschweißbördel[b]
21	Integralflansch

ANMERKUNG Flansche und Dichtflächen dürfen mit Typnummer und dem Buchstaben der Dichtflächenform oder durch Beschreibung, wie in den Bildern 1 und 2 entsprechend angegeben, benannt werden.

[a] Die Typ-Nummern sind nicht fortlaufend, um die künftige Aufnahme weiterer Typen zu ermöglichen.

[b] Wird gelegentlich im englischen Sprachgebrauch als „lapped flange" bezeichnet.

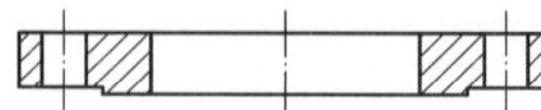

Typ 01, glatter Flansch zum Schweißen

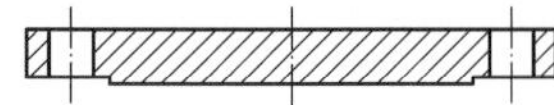

Typ 05, Blindflansch

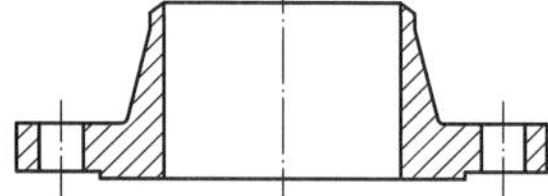

Typ 11, Vorschweißflansch

Typ 12, Überschieb-Schweißflansch mit Ansatz

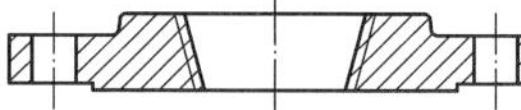

Typ 13, Gewindeflansch mit Ansatz

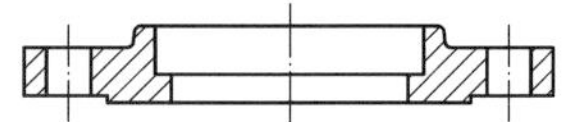

Typ 14, Einsteck-Schweißflansch mit Ansatz

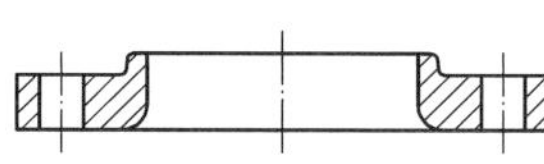

Typ 15, Loser Flansch mit Ansatz für Vorschweißbördel

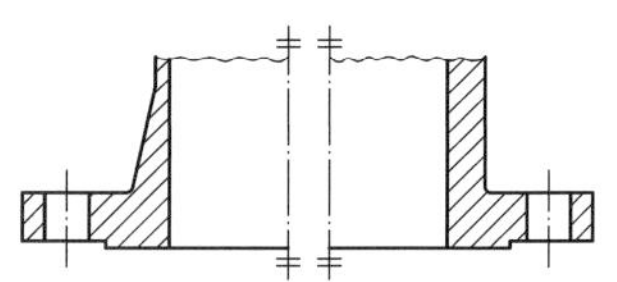

Typ 21, Integralflansch

ANMERKUNG 1 Typ 01 und Typ 05 sind Flansche, die keinen Ansatz oder Vorschweißbund haben.

ANMERKUNG 2 Typ 11 bis Typ 15 sind Flansche, die einen Ansatz oder Vorschweißbund haben und aus Schmiede- oder Gussstücken hergestellt werden.

ANMERKUNG 3 Typ 21 ist integraler Bestandteil eines anderen Bauteils.

ANMERKUNG 4 Flansche werden mit Nummern bezeichnet.

Bild 1 — Flanschtypen

Form A, Glatte Dichtfläche

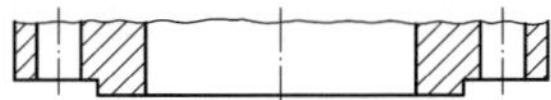

Form E, Vorsprung

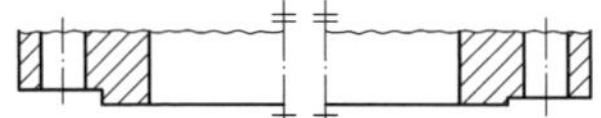

Form B, Dichtleiste

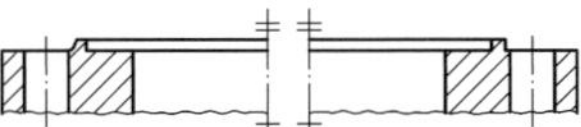

Form F, Rücksprung

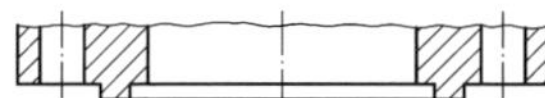

Form CL, Große Feder und Form CS, kleine Feder

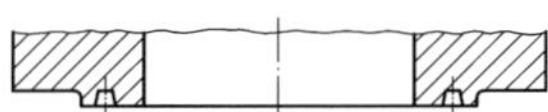

Form J, RTJ-Dichtfläche

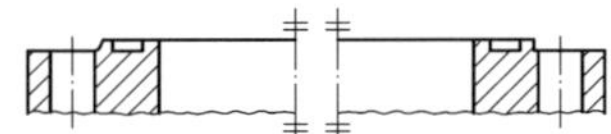

Form DL, Große Nut und Form DS, kleine Nut

ANMERKUNG 1 Wenn die Dichtleiste 6,4 mm erhaben ist, ist Form B identisch mit Form E.

ANMERKUNG 2 Die Zeichnungen zeigen die verschiedenen Dichtflächenformen, die in Verbindung mit den Flanschen in Bild 1 benutzt werden können.

ANMERKUNG 3 Dichtflächen werden mit Buchstaben bezeichnet.

Bild 2 — Dichtflächenformen A bis F und J

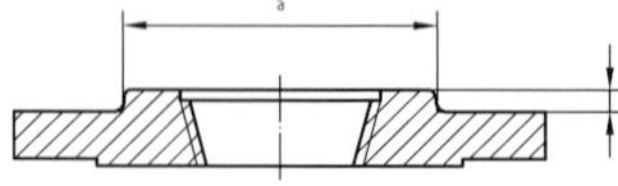

Flansch mit Ansatz

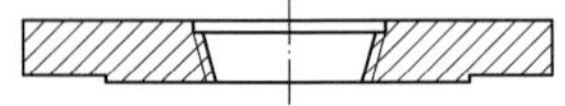

Blindflansch
(mit Gewinde nach Anmerkung 1)

Ein Ansatz ist erforderlich, wenn die Nennweite der reduzierten Bohrung gleich oder größer ist als die in Tabelle 4 angegebene kleinste Nennweite. Ansonsten darf ein Blindflansch mit geeignetem Gewinde verwendet werden.

Die Nennweite eines Flansches mit gegebenem Außendurchmesser und Class-Stufe ist in den Tabellen der Norm-Flansche mit dieser Class-Stufe gegeben (siehe Tabellen 9 bis 14).

ANMERKUNG Gewinde und zylindrische Senkung usw. sollten mit 5.6.3 übereinstimmen.

Bild 3 — Reduzierflansche mit Gewinde und zum Überschieben, alle Class-Stufen
(siehe Tabelle 4)

Tabelle 4 — Reduzierflansche mit Gewinde und zum Überschieben, alle Class-Stufen

Nennweite entsprechend dem Durchmesser des Flansches		Kleinste Nennweite der reduzierten Bohrung, die einen Ansatz erfordert (siehe Erläuterung in Bild 3)
NPS	DN	Für Gewinde nach ASME B1.20.1
1	25	½
1¼[a]	32	½
1½	40	½
2	50	1
2½[a]	65	1¼
3	80	1¼
4	100	1½
5[a]	125	1½
6	150	2½
8	200	3
10	250	4
12	300	4
14	350	4
16	400	4
18	450	4
20	500	4
24	600	4

[a] Diese Größen sollten nicht für Neukonstruktionen verwendet werden.

Maße in Millimeter

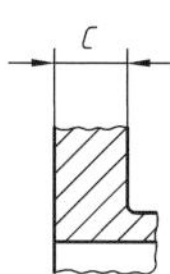

Form A (glatte Dichtfläche ohne Dichtleiste)

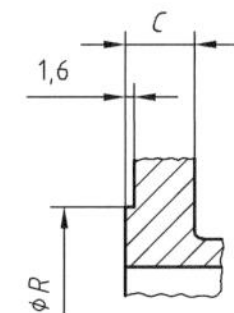

Form B 1,6 mm (Dichtleiste)

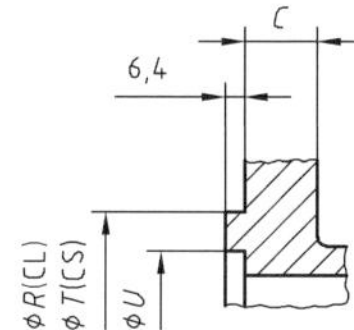

Form CL (große Feder) **oder**
Form CS (kleine Feder)

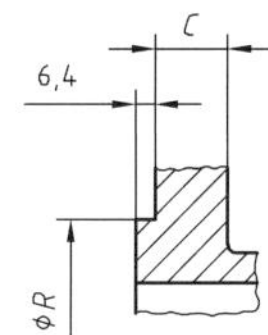

Form E (großer Vorsprung)

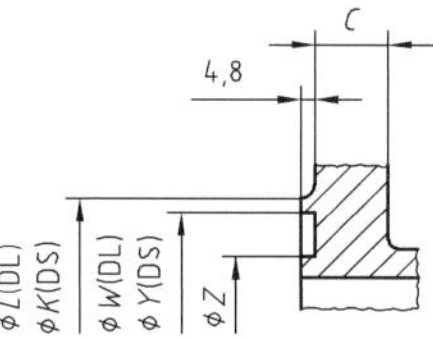

Form DL (große Nut) **oder**
Form DS (kleine Nut)

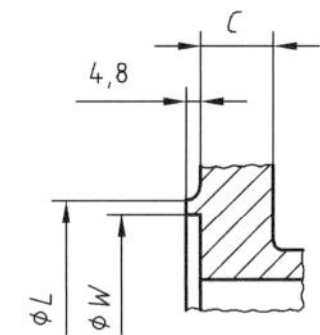

Form FC (großer Rücksprung)

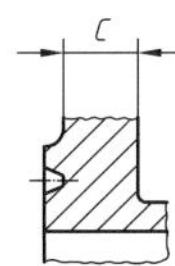

Form J (Ring-Joint-Dichtfläche)

ANMERKUNG 1 Maße der Dichtflächen, außer Ring-Joint-Dichtflächen, siehe Tabelle 5.

ANMERKUNG 2 Für andere Maße und Einzelheiten von Ring-Joint-Dichtflächen, siehe Tabelle 6.

ANMERKUNG 3 C ist die Mindestflanschdicke, siehe Tabellen 9 und 10.

ANMERKUNG 4 Strichlinien für glatte Dichtfläche.

ANMERKUNG 5 Dichtflächenformen Vorsprung/Rücksprung und Feder/Nut sind auf Grund möglicher maßlicher Probleme nicht anwendbar für Class 150.

Bild 4 — Dichtflächenformen für Flansche, Class 150 und Class 300, außer für Vorschweißbördel

Maße in Millimeter

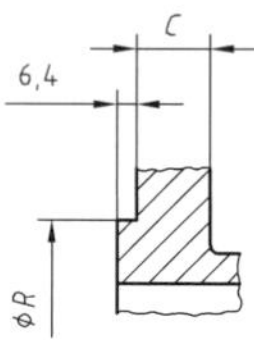

Form B (6,4 mm Dichtleiste)

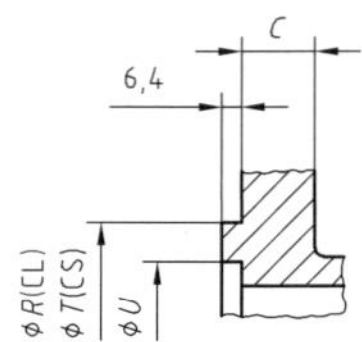

Form CL (große Feder) **oder**
Form CS (kleine Feder)

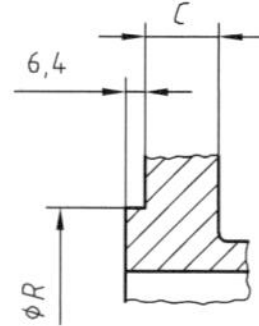

Form E (großer Vorsprung)

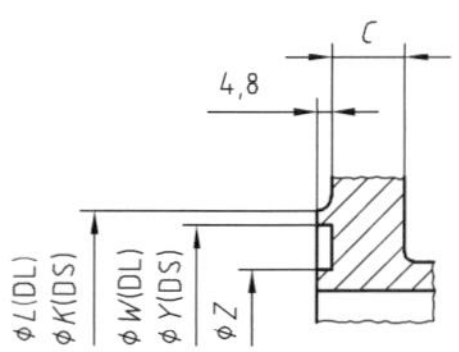

Form DL (große Nut) **oder**
Form DS (kleine Nut)

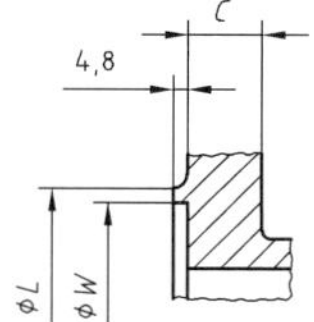

Form F (großer Rücksprung)

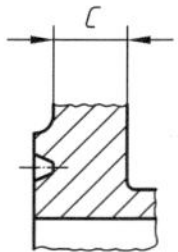

Form J (Ring-Joint-Dichtfläche)

ANMERKUNG 1 Maße der Dichtflächen außer für Ring-Joint-Dichtflächen, siehe Tabelle 5.

ANMERKUNG 2 Für andere Maße und Einzelheiten von Ring-Joint-Dichtflächen, siehe Tabelle 6.

ANMERKUNG 3 C ist die Mindestflanschdicke (siehe Tabellen 11, 12, 13 und 14).

ANMERKUNG 4 Strichlinien für glatte Dichtfläche.

Bild 5 — Dichtflächenformen für Flansche, Class 600 bis Class 2 500, außer für Vorschweißbördel

Maße in Millimeter

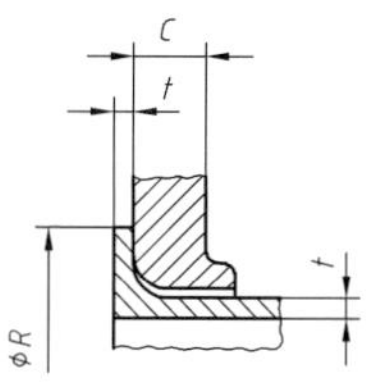

Form B (Dichtleiste)

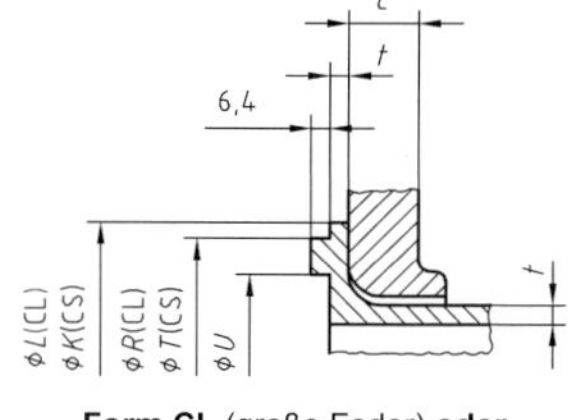

Form CL (große Feder) **oder**
Form CS (kleine Feder)

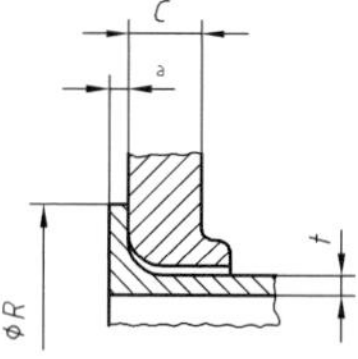

[a] 6,4 oder t, es gilt der jeweils größere Wert

Form E (großer Vorsprung)

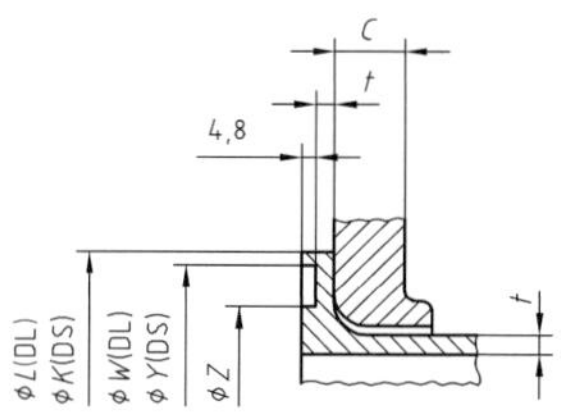

Form DL (große Nut) **oder**
Form DS (kleine Nut)

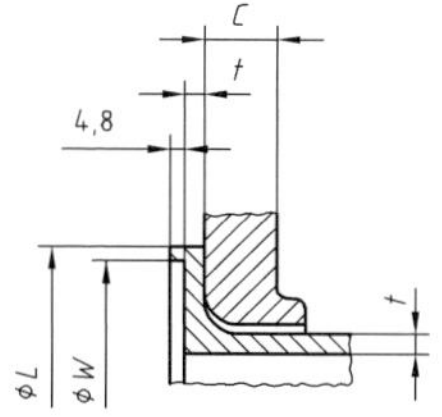

Form F (großer Rücksprung)

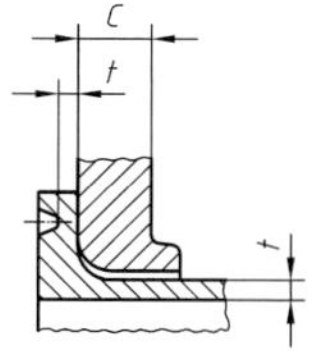

Form J (Ring-Joint-Dichtfläche)

ANMERKUNG 1 Maße der Dichtflächen außer für Ring-Joint-Dichtflächen, siehe Tabelle 5.

ANMERKUNG 2 Für andere Maße und Einzelheiten von Ring-Joint-Dichtflächen, siehe Tabelle 6.

ANMERKUNG 3 C ist die Mindestflanschdicke (siehe Tabellen 9 bis 14).

ANMERKUNG 4 t ist die Rohrdicke des Anschweißendes (siehe 5.7.2).

Bild 6 — Dichtflächenformen für Vorschweißbördel

Tabelle 5 — Dichtflächenmaße für Flansche, außer Flansche mit Dichtfläche J, alle Class-Stufen

Nennweite		Außendurchmesser der kleinen Feder und kleinen Nut		Außendurchmesser der Dichtleiste, der großen Feder und des Vorsprungs	Innendurchmesser der Feder	Außendurchmesser der großen Nut und des Rücksprungs	Innendurchmesser der Nut	Höhe der Dichtleiste		Tiefe des Rücksprungs oder der Nut	Außendurchmesser des erhabenen Teils von Rücksprung oder Nut	
								Class 150 und 300[b]	Class 600 bis 2 500[c]			
		Form CS	Form DS	Form B, E, CL	Form CL, CS	Form DL, F	Form DL, DS	Form B		Form DL, DS, F	Form F, DL	Form DS
NPS	DN	T	Y	R	U	W	Z				L	K
		mm	mm	mm	mm	mm	mm	mm	mm	mm	mm	mm
½	15	35,1	36,6	35,1	25,4	36,6	23,9	1,6	6,4	4,8	46,0	44,5
¾	20	42,9	44,5	42,9	33,3	44,5	31,8	1,6	6,4	4,8	53,8	52,3
1	25	47,8	49,3	50,8	38,1	52,3	36,6	1,6	6,4	4,8	62,0	57,2
1¼[a]	32	57,2	58,7	63,5	47,8	65,0	46,0	1,6	6,4	4,8	74,7	66,5
1½	40	63,5	65,0	73,2	53,8	74,7	52,3	1,6	6,4	4,8	84,1	73,2
2	50	82,6	84,1	91,9	73,2	93,7	71,4	1,6	6,4	4,8	103,1	91,9
2½[a]	65	95,3	96,8	104,6	85,9	106,4	84,1	1,6	6,4	4,8	115,8	104,6
3	80	117,3	119,1	127,0	108,0	128,5	106,4	1,6	6,4	4,8	138,2	127,0
4	100	144,5	146,1	157,2	131,8	158,8	130,0	1,6	6,4	4,8	168,1	157,2
5[a]	125	173,0	174,8	185,7	160,3	187,5	158,8	1,6	6,4	4,8	196,9	185,7
6	150	203,2	204,7	215,9	190,5	217,4	189,0	1,6	6,4	4,8	227,1	215,9
8	200	254,0	255,5	269,7	238,3	271,5	236,5	1,6	6,4	4,8	280,9	269,7
10	250	304,8	306,3	323,9	285,8	325,4	284,2	1,6	6,4	4,8	335,0	323,9
12	300	362,0	363,5	381,0	342,9	382,5	341,4	1,6	6,4	4,8	392,9	381,0
14	350	393,7	395,2	412,8	374,7	414,3	373,1	1,6	6,4	4,8	423,9	412,8
16	400	447,5	449,3	469,9	425,5	471,4	423,9	1,6	6,4	4,8	481,1	469.9
18	450	551,0	512,8	533,4	499,0	534,9	487,4	1,6	6,4	4,8	544,6	533,4
20	500	558,8	560,3	584,2	533,4	585,7	531,9	1,6	6,4	4,8	595,4	584,2
24	600	666,8	668,3	692,2	641,4	693,7	639,8	1,6	6,4	4,8	703,3	692,2

ANMERKUNG 1 Die Tabelle sollte in Verbindung mit 5.7 und den Bildern 4, 5 und 6 angewendet werden.

ANMERKUNG 2 Maße von Dichtfläche J, siehe Tabelle 6.

ANMERKUNG 3 Grenzabmaße und Toleranzen siehe Tabelle 15.

a Nicht für Neukonstruktionen zu verwenden.

b Das Maß der Flanschblattdicke beinhaltet die Dichtleistenhöhe.

c Die Höhe der Dichtleiste ist zur Mindestflanschblattdicke zu addieren.

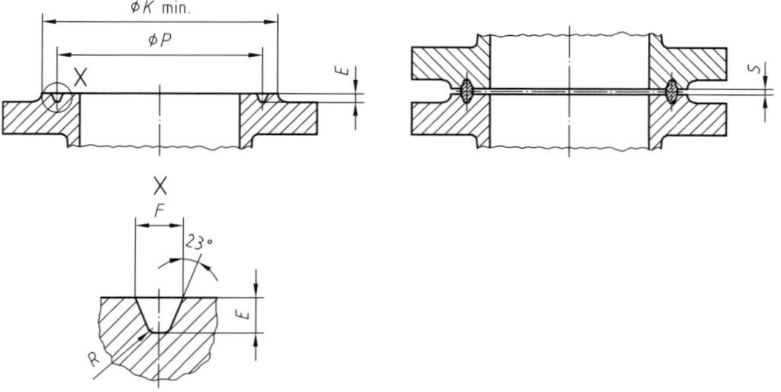

Bild 7 — **Maße von Ring-Joint-Dichtflächen Form J** (alle Class-Stufen; siehe Tabelle 6)

Tabelle 6 — Maße von Ring-Joint-Dichtflächen Form J, alle Class-Stufen (siehe Bild 7)

Nennweite (NPS)												Ring-nut-Nummer	Maße der Nut				Durchmesser des erhabenen Teils K min.					Ungefährer Abstand zwischen Flanschen im Montagezustand S					
Class 150		Class 300		Class 600		Class 900		Class 1 500		Class 2 500			Mittlerer Nut-durch-messer	Tiefe	Breite	Radius am Nut-Grund	Class 150	Class 300 und Class 600	Class 900	Class 1 500	Class 2 500	Class 150	Class 300	Class 600	Class 900	Class 1 500	Class 2 500
NPS	DN	NPS	DN	NPS	DN	NPS	DN	NPS	DN	NPS	DN		P	E	F	R_{max}											
													mm	mm	mm	mm	mm	mm	mm	mm	mm	mm	mm	mm	mm	mm	mm
—	—	½	15	½	15	—	—	—	—	—	—	R11	34,13	5,56	7,14	0,8	—	50,8	—	—	—	—	3	3	—	—	—
—	—	—	—	—	—	—	—	½	15	—	—	R12	39,69	6,35	8,73	0,8	—	—	—	60,3	—	—	—	—	—	4	—
—	—	¾	20	¾	20	—	—	—	—	½	15	R13	42,86	6,35	8,73	0,8	—	63,5	—	—	65,1	—	4	4	—	—	4
—	—	—	—	—	—	—	—	¾	20	—	—	R14	44,45	6,35	8,73	0,8	—	—	—	66,7	—	—	—	—	—	4	—
1	25	—	—	—	—	—	—	—	—	—	—	R15	47,63	6,35	8,73	0,8	63,5	—	—	—	—	4	—	—	—	—	—
—	—	1	25	1	25	—	—	1	25	¾	20	R16	50,80	6,35	8,73	0,8	—	69,8	—	71,4	73,0	—	4	4	—	4	4
1¼	32	—	—	—	—	—	—	—	—	—	—	R17	57,15	6,35	8,73	0,8	73,0	—	—	—	—	4	—	—	—	—	—
—	—	1¼	32	1¼	32	—	—	1¼	32	1	25	R18	60,33	6,35	8,73	0,8	—	79,4	—	81,0	82,5	—	4	4	—	4	4
1½	40	—	—	—	—	—	—	—	—	—	—	R19	65,09	6,35	8,73	0,8	82,6	—	—	—	—	4	—	—	—	—	—
—	—	1½	40	1½	40	—	—	1½	40	—	—	R20	68,26	6,35	8,73	0,8	—	90,5	—	92,1	—	—	4	4	—	4	—
—	—	—	—	—	—	—	—	—	—	1¼	32	R21	72,23	7,94	11,91	0,8	—	—	—	—	101,6	—	—	—	—	—	3
2	50	—	—	—	—	—	—	—	—	—	—	R22	82,55	6,35	8,73	0,8	101,6	—	—	—	—	4	—	—	—	—	—
—	—	2	50	2	50	—	—	—	—	1½	40	R23	82,55	7,94	11,91	0,8	—	108,0	—	—	114,3	—	6	5	—	—	3
—	—	—	—	—	—	—	—	2	50	—	—	R24	95,25	7,94	11,91	0,8	—	—	—	123,8	—	—	—	—	—	3	—
2½	65	—	—	—	—	—	—	—	—	—	—	R25	101,60	6,35	8,73	0,8	120,6	—	—	—	—	4	—	—	—	—	—
—	—	2½	65	2½	65	—	—	—	—	2	50	R26	101,60	7,94	11,91	0,8	—	127,0	—	—	133,4	—	6	5	—	—	3
—	—	—	—	—	—	—	—	2½	65	—	—	R27	107,95	7,94	11,91	0,8	—	—	—	136,5	—	—	—	—	—	3	—
—	—	—	—	—	—	—	—	—	—	2½	65	R28	111,13	9,52	13,49	1,6	—	—	—	—	149,2	—	—	—	—	—	3
3	80	—	—	—	—	—	—	—	—	—	—	R29	114,30	6,35	8,73	0,8	133,4	—	—	—	—	4	—	—	—	—	—
—	—	—	—	—	—	—	—	—	—	—	—	R30	117,48	7,94	11,91	0,8	—	—	—	—	—	—	—	—	—	—	—

Tabelle 6 (*fortgesetzt*)

Nennweite (NPS)												Ring-nut-Nummer	Maße der Nut				Durchmesser des erhabenen Teils K min.					Ungefährer Abstand zwischen Flanschen im Montagezustand S					
Class 150		Class 300		Class 600		Class 900		Class 1 500		Class 2 500			Mittlerer Nut-durch-messer	Tiefe	Breite	Radius am Nut-Grund	Class 150	Class 300 und Class 600	Class 900	Class 1 500	Class 2 500	Class 150	Class 300	Class 600	Class 900	Class 1 500	Class 2 500
NPS	DN	NPS	DN	NPS	DN	NPS	DN	NPS	DN	NPS	DN		P	E	F	R_{max}											
													mm	mm	mm	mm	mm	mm	mm	mm	mm	mm	mm	mm	mm	mm	mm
—	—	3	80	3	80	3	80	—	—	—	—	R31	123,83	7,94	11,91	0,8	—	146,0	155,6	—	—	—	6	5	4	—	—
—	—	—	—	—	—	—	—	—	—	3	80	R32	127,00	9,52	13,49	1,6	—	—	—	—	168,3	—	—	—	—	—	3
—	—	—	—	—	—	—	—	—	—	—	—	R33	131,76	6,35	8,73	0,8	154,0	—	—	—	—	4	—	—	—	—	—
—	—	—	—	—	—	—	—	—	—	—	—	R34	131,76	7,94	11,91	0,8	—	158,8	—	—	—	—	6	5	—	—	—
—	—	—	—	—	—	—	—	3	80	—	—	R35	136,53	7,94	11,91	0,8	—	—	—	168,3	—	—	—	—	—	3	—
4	100	—	—	—	—	—	—	—	—	—	—	R36	149,23	6,35	8,73	0,8	171,4	—	—	—	—	4	—	—	—	—	—
—	—	4	100	4	100	4	100	—	—	—	—	R37	149,23	7,94	11,91	0,8	—	174,6	181,0	—	—	—	6	5	4	—	—
—	—	—	—	—	—	—	—	—	—	4	100	R38	157,16	11,11	16,67	0,8	—	—	—	—	203,2	—	—	—	—	—	4
—	—	—	—	—	—	—	—	4	100	—	—	R39	161,93	7,94	11,91	0,8	—	—	—	193,7	—	—	—	—	—	3	—
5	125	—	—	—	—	—	—	—	—	—	—	R40	171,45	6,35	8,73	0,8	193,7	—	—	—	—	4	—	—	—	—	—
—	—	5	125	5	125	5	125	—	—	—	—	R41	180,98	7,94	11,91	0,8	—	209,6	215,9	—	—	—	6	5	4	—	—
—	—	—	—	—	—	—	—	—	—	5	125	R42	190,50	12,70	19,84	1,6	—	—	—	—	241,3	—	—	—	—	—	4
6	150	—	—	—	—	—	—	—	—	—	—	R43	193,68	6,35	8,73	0,8	219,1	—	—	—	—	4	—	—	—	—	—
—	—	—	—	—	—	—	—	5	125	—	—	R44	193,68	7,94	11,91	0,8	—	—	—	228,6	—	—	—	—	—	3	—
—	—	6	150	6	150	6	150	—	—	—	—	R45	211,14	7,94	11,91	0,8	—	241,3	241,3	—	—	—	6	5	4	—	—
—	—	—	—	—	—	—	—	6	150	—	—	R46	211,14	9,53	13,49	1,6	—	—	—	247,6	—	—	—	—	—	3	—
—	—	—	—	—	—	—	—	—	—	6	150	R47	228,60	12,70	19,84	1,6	—	—	—	—	279,4	—	—	—	—	—	4
8	200	—	—	—	—	—	—	—	—	—	—	R48	247,65	6,35	8,73	0,8	273,0	—	—	—	—	4	—	—	—	—	—
—	—	8	200	8	200	8	200	—	—	—	—	R49	269,88	7,94	11,91	0,8	—	301,6	308,0	—	—	—	6	5	4	—	—
—	—	—	—	—	—	—	—	8	200	—	—	R50	269,88	11,11	16,67	1,6	—	—	—	317,5	—	—	—	—	—	4	—

Tabelle 6 (*fortgesetzt*)

Nennweite (NPS)												Ring-nut-Nummer	Maße der Nut				Durchmesser des erhabenen Teils K min.					Ungefährer Abstand zwischen Flanschen im Montagezustand S					
Class 150		Class 300		Class 600		Class 900		Class 1 500		Class 2 500			Mittlerer Nut-durch-messer	Tiefe	Breite	Radius am Nut-Grund	Class 150	Class 300 und Class 600	Class 900	Class 1 500	Class 2 500	Class 150	Class 300	Class 600	Class 900	Class 1 500	Class 2 500
NPS	DN	NPS	DN	NPS	DN	NPS	DN	NPS	DN	NPS	DN		P	E	F	R_{max}											
													mm	mm	mm	mm	mm	mm	mm	mm	mm	mm	mm	mm	mm	mm	mm
—	—	—	—	—	—	—	=	—	—	8	200	R51	279,40	14,29	23,02	1,6	—	—	—	—	339,7	—	—	—	—	—	5
10	250	—	—	—	—	—	—	—	—	—	—	R52	304,80	6,35	8,73	0,8	330,2	—	—	—	—	4	—	—	—	—	—
—	—	10	250	10	250	10	250	—	—	—	—	R53	323,85	7,94	11,91	0,8	—	355,6	362,0	—	—	—	6	5	4	—	—
—	—	—	—	—	—	—	—	10	250	—	—	R54	323,85	11,11	16,67	1,6	—	—	—	371.5	—	—	—	—	—	4	—
—	—	—	—	—	—	—	—	—	—	10	250	R55	342,90	17,46	30,16	2,4	—	—	—	—	425,4	—	—	—	—	—	6
12	300	—	—	—	—	—	—	—	—	—	—	R56	381,00	6,35	8,73	0,8	406,4	—	—	—	—	4	—	—	—	—	—
—	—	12	300	12	300	12	300	—	—	—	—	R57	381,00	7,94	11,91	0,8	—	412,8	419,1	—	—	—	6	5	4	—	—
—	—	—	—	—	—	—	—	12	300	—	—	R58	381,00	14,29	23,02	1,6	—	—	—	438,1	—	—	—	—	—	5	—
14	350	—	—	—	—	—	—	—	—	—	—	R59	396,88	6,35	8,73	0,8	425,4	—	—	—	—	3	—	—	—	—	—
—	—	—	—	—	—	—	—	—	—	12	300	R60	406,40	17,46	33,34	2,4	—	—	—	—	495,3	—	—	—	—	—	8
—	—	14	350	14	350	—	—	—	—	—	—	R61	419,10	7,94	11,91	0,8	—	457,2	—	—	—	—	6	5	—	—	—
—	—	—	—	—	—	14	350	—	—	—	—	R62	419,10	11,11	16,67	1,6	—	—	466,7	—	—	—	—	—	4	—	—
—	—	—	—	—	—	—	—	14	350	—	—	R63	419,10	15,88	26,99	2,4	—	—	—	488,9	—	—	—	—	—	6	—
16	400	—	—	—	—	—	—	—	—	—	—	R64	454,03	6,35	8,73	0,8	482,6	—	—	—	—	3	—	—	—	—	—
—	—	16	400	16	400	—	—	—	—	—	—	R65	469,90	7,94	11,91	0,8	—	508,0	—	—	—	—	6	5	—	—	—
—	—	—	—	—	—	16	400	—	—	—	—	R66	469,90	11,11	16,67	1,6	—	—	523,9	—	—	—	—	—	4	—	—
—	—	—	—	—	—	—	—	16	400	—	—	R67	469,90	17,46	30,16	2,4	—	—	—	546,1	—	—	—	—	—	8	—
18	450	—	—	—	—	—	—	—	—	—	—	R68	517,53	6,35	8,73	0,8	546,1	—	—	—	—	3	—	—	—	—	—
—	—	18	450	18	450	—	—	—	—	—	—	R69	533,40	7,94	11,91	0,8	—	574,7	—	—	—	—	6	5	—	—	—
—	—	—	—	—	—	18	450	—	—	—	—	R70	533,40	12,70	19,84	1,6	—	—	593,7	—	—	—	—	—	5	—	—

Tabelle 6 (*fortgesetzt*)

Nennweite (NPS)												Ring-nut-Nummer	Maße der Nut				Durchmesser des erhabenen Teils K min.					Ungefährer Abstand zwischen Flanschen im Montagezustand S					
Class 150		Class 300		Class 600		Class 900		Class 1 500		Class 2 500			Mittlerer Nut-durch-messer	Tiefe	Breite	Radius am Nut-Grund	Class 150	Class 300 und Class 600	Class 900	Class 1 500	Class 2 500	Class 150	Class 300	Class 600	Class 900	Class 1 500	Class 2 500
NPS	DN	NPS	DN	NPS	DN	NPS	DN	NPS	DN	NPS	DN		P	E	F	R_{max}											
													mm	mm	mm	mm	mm	mm	mm	mm	mm	mm	mm	mm	mm	mm	mm
—	—	—	—	—	—	—	—	18	450	—	—	R71	533,40	17,46	30,16	2,4	—	—	—	612,8	—	—	—	—	—	8	—
20	500	—	—	—	—	—	—	—	—	—	—	R72	558,80	6,35	8,73	0,8	596,9	—	—	—	—	3	—	—	—	—	—
—	—	20	500	20	500	—	—	—	—	—	—	R73	584,20	9,53	13,49	1,6	—	635,0	—	—	—	—	6	5	—	—	—
—	—	—	—	—	—	20	500	—	—	—	—	R74	584,20	12,70	19,84	1,6	—	—	647,7	—	—	—	—	—	5	—	—
—	—	—	—	—	—	—	—	20	500	—	—	R75	584,20	17,46	33,34	2,4	—	—	—	673,1	—	—	—	—	—	10	—
24	600	—	—	—	—	—	—	—	—	—	—	R76	673,10	6,35	8,73	0,8	711,2	—	—	—	—	3	—	—	—	—	—
—	—	24	600	24	600	—	—	—	—	—	—	R77	692,15	11,11	16,67	1,6	—	749,3	—	—	—	—	6	6	—	—	—
—	—	—	—	—	—	24	600	—	—	—	—	R78	692,15	15,88	26,99	2,4	—	—	771,5	—	—	—	—	—	6	—	—
—	—	—	—	—	—	—	—	24	600	—	—	R79	692,15	20,64	36,51	2,4	—	—	—	793,8	—	—	—	—	—	11	—

ANMERKUNG 1 Für RJ-Verbindungen mit Vorschweißbördeln Class 300 und Class 600 wird die Ringnut-Nummer R 30 anstelle von R 31 verwendet.

ANMERKUNG 2 Anforderungen an Dichtflächen von Vorschweißbördeln, siehe Bild 6.

ANMERKUNG 3 Die Höhe des erhabenen Teils der Dichtfläche ist gleich der Tiefe E der Nut, hat aber nicht das Grenzmaß des Maßes E. Die volle Ausgangsform des Flansches darf verwendet werden, d. h. der erhabene Teil muss nicht herausgearbeitet sein.

ANMERKUNG 4 Für NPS ½ (DN 15) bis NPS 2½ (DN 65), sind Flansche Class 1 500 anstelle von Class 900 zu verwenden.

ANMERKUNG 5 Grenzabmaße siehe Tabelle 15.

ANMERKUNG 6 Kleine Abweichungen gegenüber ASME B16.5 ergeben sich durch die Umrechnung.

Tabelle 7 — Oberflächenbeschaffenheit von Dichtflächen (Form A, B1, B2, E und F)

Flansch-stufe	Bearbeitungs-verfahren	Ungefähre Rillentiefe	Ungefährer Radius der Nase des Dreh-meißels	Ungefähre Rillenbreite	R_z [a] µm		R_a [a] µm	
					min.	max.	min.	max.
		mm	mm	mm	µm	µm	µm	µm
Class 150 bis Class 2 500	Drehen[b]	0,05	1,6	0,8	12,5	50	3,2	12,5

Dichtflächenformen B1 und B2: B1 ist die Standardausführung, B2 ist bei der Bestellung zu vereinbaren.

ANMERKUNG In bestimmten Anwendungsfällen, z. B. Prüfmedien (searching media) wie Tieftemperaturgasen und für Flansche Class 900 und größere, kann eine feinere Oberflächenbeschaffenheit notwendig sein.

[a] R_a and R_z sind in EN ISO 4287 definiert.

[b] Der Begriff „Drehen" umfasst alle Bearbeitungsverfahren, bei denen entweder konzentrische oder spiralförmige Rillen entstehen.

Tabelle 8 — Oberflächenbeschaffenheit von Dichtflächen
(Formen C, D und J)

Dichtfläche	R_z µm		R_a µm	
	min.	max.	min.	max.
Form C und Form D Feder und Nut	3,2	12,5	0,8	3,2
Form J RTJ-Dichtungsnut (einschließlich Nutflanken)	1,6	6,3	0,4	1,6

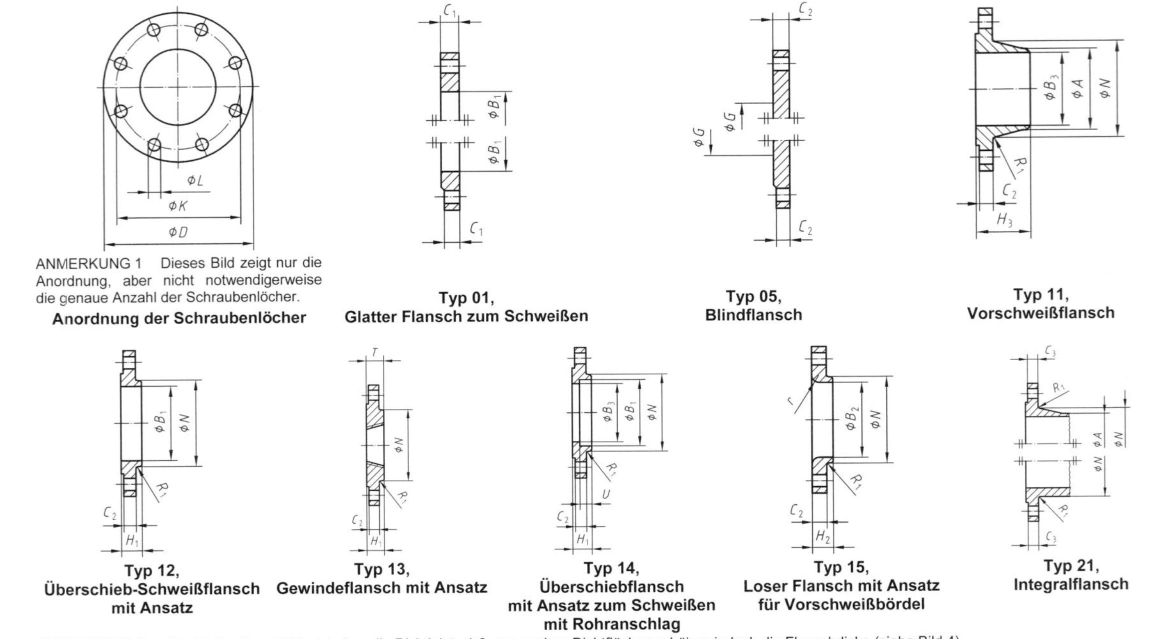

ANMERKUNG 1 Dieses Bild zeigt nur die Anordnung, aber nicht notwendigerweise die genaue Anzahl der Schraubenlöcher.

Anordnung der Schraubenlöcher

Typ 01, Glatter Flansch zum Schweißen

Typ 05, Blindflansch

Typ 11, Vorschweißflansch

Typ 12, Überschieb-Schweißflansch mit Ansatz

Typ 13, Gewindeflansch mit Ansatz

Typ 14, Überschiebflansch mit Ansatz zum Schweißen mit Rohranschlag

Typ 15, Loser Flansch mit Ansatz für Vorschweißbördel

Typ 21, Integralflansch

ANMERKUNG 2 Die Maße C_1 und C_2 beinhalten die Dichtleiste 1,6 mm, andere Dichtflächen erhöhen jedoch die Flanschdicke (siehe Bild 4).

ANMERKUNG 3 Das Maß N wird im Schnittpunkt der Verlängerungen des Schrägungswinkels des Ansatzes und der Rückseite des Flansches gemessen.

ANMERKUNG 4 Abweichende Formen sind durch Strichlinien angegeben.

ANMERKUNG 5 Zu Maß G siehe Anmerkung 2 in 5.6.1.

Bild 8 — Maße für Flansche Class 150 (siehe Tabelle 9)

Tabelle 9 — Maße für Flansche Class 150 (siehe Bild 8)

Nennweite		Flansch-außen-durch-messer	Anschlussmaße				Flanschdicke			Durch-messer des An-satzes	Durch-messer des An-schweiß-endes	Längen			Ge-windelänge bei Ge-winde-flansch	Bohrungs-durchmesser			Ecken-radius der Bohrung von losem Flansch und Bördel	Ein-steck-tiefe	Durch-messer des Absatzes	An-satz-radius (min.)
			Loch-kreis-durch-messer	Schrauben-Loch-durch-messer	Schrauben							Überschieb-Schweiß-flansch; Gewinde-flansch; Einsteck-schweiß-flansch	Loser Flansch	Vor-schweiß-flansch		Glatter Flansch; Über-schieb-Schweiß-flansch und Einsteck-Flansch	Loser Flansch	Vor-schweiß-flansch; Ein-steck-Schweiß-flansch				
					Anzahl	Größe																
		D	K	L			C_1	C_2	C_3	N	A	H_1	H_2	H_3	T	B_1	B_2	B_3	r	U	G	R_1
Formen		01, 05, 11, 12, 13, 14, 15, 21					01	05, 13 11, 14 12, 15	21	11, 12 13, 14 15, 21	11, 21	12, 13 14	15	11	13	01, 12 14	15	11, 14	15	14	05	11, 14 12, 15 13, 21
NPS	DN	mm	mm	in (mm)		in	mm	mm	mm	mm	mm	mm	mm	mm	mm	mm	mm	mm	mm	mm	mm	mm
½	15	89	60,3	⅝ (15,9)	4	½	12,0	11,1	11,1	30	21,3	15,9	15,9	47,6	15,9	22,4	23,0	15,8	3,0	9,5	—	3
¾	20	98	69,8	⅝ (15,9)	4	½	14,0	12,7	11,1	38	26,7	15,9	15,9	52,4	15,9	27,7	28,0	20,8	3,0	11,0	—	3
1	25	108	79,4	⅝ (15,9)	4	½	16,0	14,3	11,1	49	33,4	17,5	17,5	55,6	17,5	34,5	35,0	26,7	3,0	12,5	—	3
1¼[a]	32	117	88,9	⅝ (15,9)	4	½	18,0	15,9	12,7	59	42,2	20,6	20,6	57,2	20,6	43,2	43,5	35,1	5,0	14,5	—	3
1½	40	127	98,4	⅝ (15,9)	4	½	19,0	17,5	14,3	65	48,3	22,2	22,2	61,9	22,2	49,5	50,0	40,9	6,5	16,0	—	3
2	50	152	120,6	¾ (19,0)	4	⅝	21,0	19,0	15,9	78	60,3	25,4	25,4	63,5	25,4	62,0	62,5	52,6	8,0	17,5	—	3
2½[a]	65	178	139,7	¾ (19,0)	4	⅝	24,0	22,2	17,5	90	73,0	28,6	28,6	69,9	28,6	74,7	75,5	62,7	8,0	19,0	38	3
3	80	190	152,4	¾ (19,0)	4	⅝	26,0	23,8	19,0	108	88,9	30,2	30,2	69,9	30,2	90,7	91,5	78,0	9,5	20,5	51	3
4	100	229	190,5	¾ (19,0)	8	⅝	27,0	23,8	23,8	135	114,3	33,3	33,3	76,2	33,3	116,1	117,0	102,4	11,0	—	76	3
5[a]	125	254	215,9	⅞ (22,2)	8	¾	28,0	23,8	23,8	164	141,3	36,5	36,5	88,9	36,5	143,8	145,0	128,3	11,0	—	102	6,5
6	150	279	241,3	⅞ (22,2)	8	¾	31,0	25,4	25,4	192	168,3	39,7	39,7	88,9	39,7	170,7	171,0	154,2	12,5	—	127	6,5
8	200	343	298,4	⅞ (22,2)	8	¾	34,0	28,6	28,6	246	219,1	44,5	44,5	101,6	—	221.5	222,0	202,7	12,5	—	200	6,5
10	250	406	362,0	1 (25,4)	12	⅞	38,0	30,2	30,2	305	273,0	49,2	49,2	101,6	—	276,4	277,0	254,5	12,5	—	225	6,5
12	300	483	431,8	1 (25,4)	12	⅞	42,0	31,8	31,8	365	323,9	55,6	55,6	114,3	—	327,2	328,0	304,8	12,5	—	279	9,5
14	350	533	476,2	1⅛ (28,6)	12	1	43,0	34,9	34,9	400	355,6	57,2	79,4	127,0	—	359,2	360,0	Vom Besteller anzugeben	12,5	—	311	9,5
16	400	597	539,8	1⅛ (28,6)	16	1	48,0	36,5	36,5	457	406,4	63,5	87,3	127,0	—	410,5	411,0		12,5	—	362	9,5
18	450	635	577,8	1¼ (31,8)	16	1⅛	56,0	39,7	39,7	505	457,2	68,3	96,8	139,7	—	461,8	462,0		12,5	—	413	9,5
20	500	698	635,0	1¼ (31,8)	20	1⅛	59,0	42,9	42,9	559	508,0	73,0	103,2	144,5	—	513,1	514,0		12,5	—	463	9,5
24	600	813	749,3	1⅜ (34,9)	20	1¼	62,0	47,6	47,6	664	609,6	82,6	111,1	152,4	—	616,0	616.0		12,5	—	565	9,5

[a] Nicht für Neukonstruktionen zu verwenden.

Anmerkungen zu dieser Tabelle, siehe Seite 46.

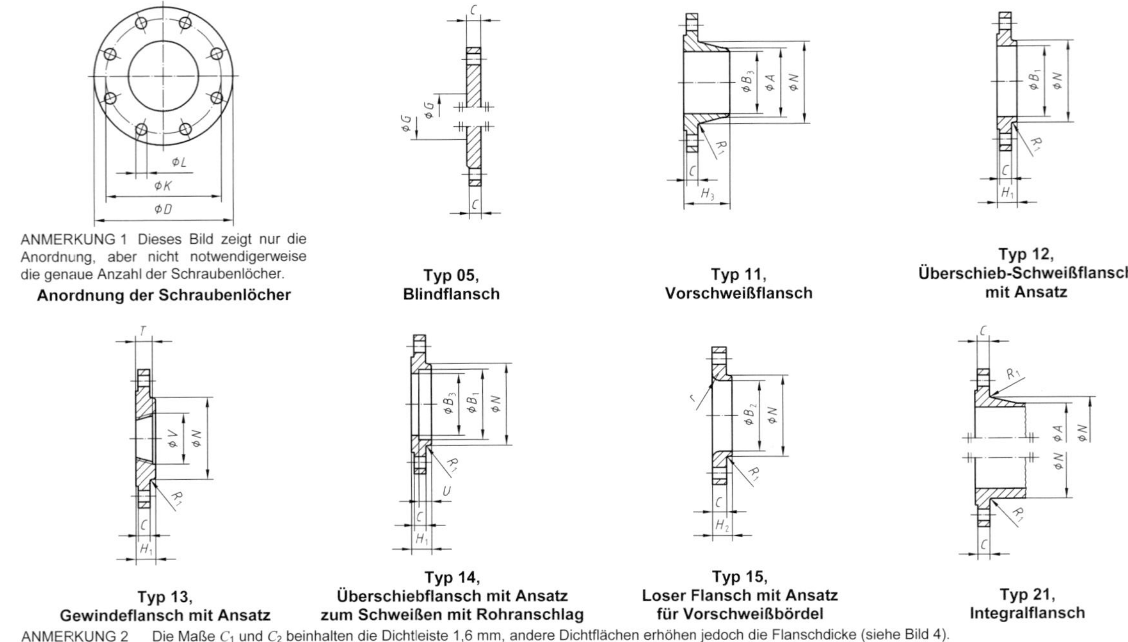

ANMERKUNG 1 Dieses Bild zeigt nur die Anordnung, aber nicht notwendigerweise die genaue Anzahl der Schraubenlöcher.

Anordnung der Schraubenlöcher

Typ 05, Blindflansch

Typ 11, Vorschweißflansch

Typ 12, Überschieb-Schweißflansch mit Ansatz

Typ 13, Gewindeflansch mit Ansatz

Typ 14, Überschiebflansch mit Ansatz zum Schweißen mit Rohranschlag

Typ 15, Loser Flansch mit Ansatz für Vorschweißbördel

Typ 21, Integralflansch

ANMERKUNG 2 Die Maße C_1 und C_2 beinhalten die Dichtleiste 1,6 mm, andere Dichtflächen erhöhen jedoch die Flanschdicke (siehe Bild 4).

ANMERKUNG 3 Das Maß N wird im Schnittpunkt der Verlängerungen des Schrägungswinkels des Ansatzes und der Rückseite des Flansches gemessen.

ANMERKUNG 4 Abweichende Formen sind durch Strichlinien angegeben.

ANMERKUNG 5 Maß G siehe Anmerkung 2 in 5.6.1.

Bild 9 — Maße für Flansche Class 300 (siehe Tabelle 10)

Tabelle 10 — Maße für Flansche Class 300 (siehe Bild 9)

Nennweite		Flansch-außen-durch-messer	Anschlussmaße: Loch-kreis-durch-messer	Anschlussmaße: Schrauben-Loch-durch-messer	Schrauben: Anzahl	Schrauben: Größe	Flansch-dicke	Durch-messer des Ansatzes	Durch-messer des An-schweiß-endes	Längen: Überschieb-Schweiß-flansch; Gewinde-flansch; Einsteck-schweiß-flansch	Längen: Loser Flansch	Längen: Vor-schweiß-flansch	Gewinde-länge bei Gewinde-flansch	Bohrungsdurchmesser: Über-schieb-Schweiß-flansch; Ein-steck-Schweiß-flansch	Bohrungsdurchmesser: Loser Flansch	Bohrungsdurchmesser: Vor-schweiß-flansch; Einsteck-Schweiß-flansch	Ecken-radius der Bohrung von losem Flansch und Bördel	Ein-steck-tiefe	Kleinster Durch-messer der zylin-drischen Senkung von Gewinde-flanschen	Durch-messer des Absatzes	An-satz-radius (min.)
		D	K	L			C	N	A	H_1	H_2	H_3	T	B_1	B_2	B_3	r	U	V	G	R_1
		05, 11, 12, 13, 14, 15, 21					05, 11 12, 13 14, 15 21	11, 12 13, 14 15, 21	11, 21	12, 13 14	15	11	13	12, 14	15	11, 14	15	14	13	05	11, 14 12, 15 13, 21
NPS	DN	mm	mm	in (mm)		in	mm	mm	mm	mm	mm	mm	mm	mm	mm	mm	mm	mm	mm	mm	mm
½	15	95	66,7	⅝ (15,9)	4	½	14,3	38	21,3	22,2	22,2	52,4	16	22,4	23,0	15,8	3,0	9,5	23,5	—	3
¾	20	117	82,6	⅝ (19,0)	4	⅝	15,9	48	26,7	25,4	25,4	57,2	16	27,7	28,0	20,8	3,0	11,0	29,0	—	3
1	25	124	88,9	¾ (19,0)	4	⅝	17,5	54	33,4	27,0	27,0	61,9	17	34,5	35,0	26,7	3,0	12,5	36,0	—	3
1¼[a]	32	133	98,4	¾ (19,0)	4	⅝	19,0	64	42,2	27,0	27,0	65,1	21	43,2	43,5	35,1	5,0	14,5	44,5	—	3
1½	40	156	114,3	⅞ (22,2)	4	¾	20,6	70	48,3	30,2	30,2	68,3	22	49,5	50,0	40,9	6,5	16,0	50,5	—	3
2	50	165	127,0	¾ (19,0)	8	⅝	22,2	84	60,3	33,3	33,3	69,9	29	62,0	62,5	52,6	8,0	17,5	63,5	—	3
2½[a]	65	190	149,2	⅞ (22,2)	8	¾	25,4	100	73,0	38,1	38,1	76,2	32	74,7	75,5	62,7	8,0	19,0	76,0	38	3
3	80	210	168,3	⅞ (22,2)	8	¾	28,6	117	88,9	42,9	42,9	79,4	32	90,7	91,5	78,0	9,5	20,5	92,0	51	3
4	100	254	200,0	⅞ (22,2)	8	¾	31,8	146	114,3	47,6	47,6	85,7	37	116,1	117,0	102,4	9,5	—	118,0	76	3
5[a]	125	279	235,0	⅞ (22,2)	8	¾	34,9	178	141,3	50,8	50,8	98,4	43	143,8	145,0	128,3	11,0	—	145,0	102	6,5
6	150	318	269,9	⅞ (22,2)	12	¾	36,5	206	168,3	52,4	52,4	98,4	46	170,7	171,0	154,2	12,5	—	171,0	127	6,5
8	200	381	330,2	1 (25,4)	12	⅞	41,3	260	219,1	61,9	61,9	111,1	—	221,5	222,0	202,7	12,5	—	—	200	6,5
10	250	444	387,4	1⅛ (28,6)	16	1	47,6	321	273,0	66,8	95,3	117,5	—	276,4	277,0	254,5	12,5	—	—	225	6,5
12	300	521	450,8	1¼ (31,8)	16	1⅛	50,8	375	323,9	73,0	101,6	130,2	—	327,2	328,0	304,8	12,5	—	—	279	9,5
14	350	584	514,4	1¼ (31,8)	20	1⅛	54,0	425	355,6	76,2	111,1	142,9	—	359,2	360,0	Vom Besteller anzugeben	12,5	—	—	311	9,5
16	400	648	571,5	1⅜ (34,9)	20	1¼	57,2	483	406,4	82,6	120,7	146,1	—	410,5	411,0		12,5	—	—	362	9,5
18	450	711	628,6	1⅜ (34,9)	24	1¼	60,3	533	457,2	88,9	130,2	158,8	—	461,8	462,0		12,5	—	—	406	9,5
20	500	775	685,8	1⅜ (34,9)	24	1¼	63,5	587	508,0	95,3	139,7	162,0	—	513,1	514,0		12,5	—	—	457	9,5
24	600	914	812,8	1⅝ (41,3)	24	1½	69,8	702	609,6	106,4	152,4	168,3	—	616,0	616,0		12,5	—	—	559	9,5

[a] Nicht für Neukonstruktionen zu verwenden.

Anmerkungen zu dieser Tabelle siehe Seite 46.

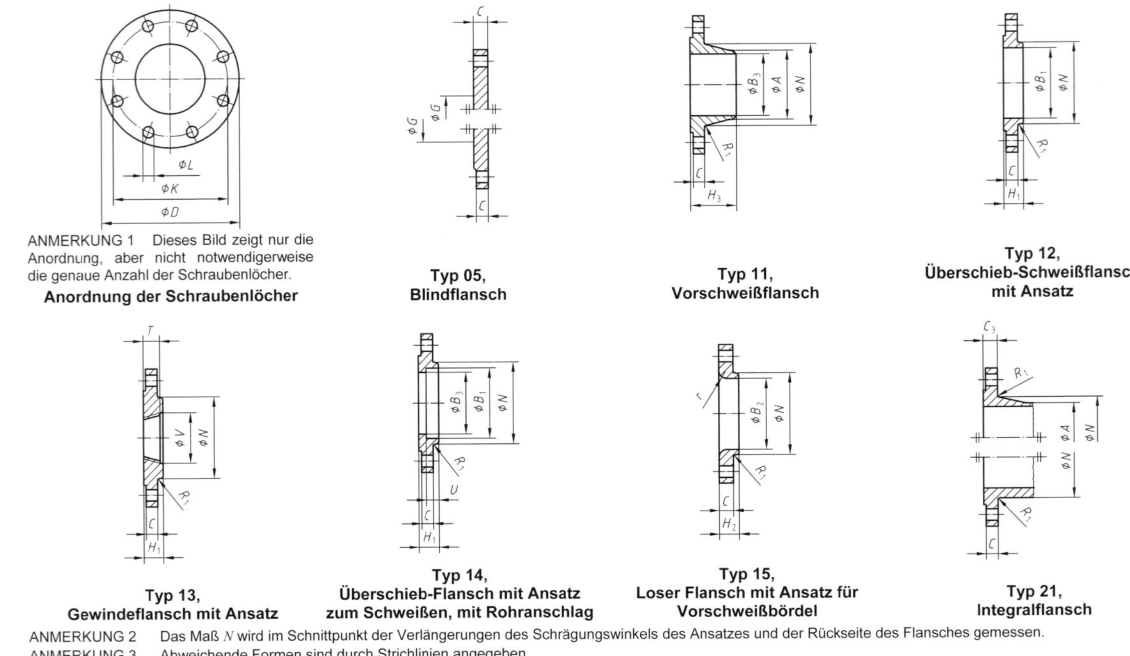

ANMERKUNG 1 Dieses Bild zeigt nur die Anordnung, aber nicht notwendigerweise die genaue Anzahl der Schraubenlöcher.

Anordnung der Schraubenlöcher

Typ 05, Blindflansch

Typ 11, Vorschweißflansch

Typ 12, Überschieb-Schweißflansch mit Ansatz

Typ 13, Gewindeflansch mit Ansatz

Typ 14, Überschieb-Flansch mit Ansatz zum Schweißen, mit Rohranschlag

Typ 15, Loser Flansch mit Ansatz für Vorschweißbördel

Typ 21, Integralflansch

ANMERKUNG 2 Das Maß N wird im Schnittpunkt der Verlängerungen des Schrägungswinkels des Ansatzes und der Rückseite des Flansches gemessen.

ANMERKUNG 3 Abweichende Formen sind durch Strichlinien angegeben.

ANMERKUNG 4 Maß G siehe Anmerkung 2 in 5.6.1.

Bild 10 — Maße für Flansche Class 600 (siehe Tabelle 11)

Tabelle 11 — Maße für Flansche Class 600 (siehe Bild 10)

Nennweite		Flanschaußendurchmesser	Anschlussmaße				Flanschdicke	Durchmesser des Ansatzes	Durchmesser des Anschweißendes	Längen			Gewindelänge bei Gewindeflansch	Bohrungsdurchmesser			Eckenradius der Bohrung von losem Flansch und Bördel	Länge der Senkung	Kleinster Durchmesser der zylindrischen Senkung von Gewindeflanschen	Durchmesser des Ansatzes	Ansatzradius (min.)
			Lochkreisdurchmesser	Schraubenlochdurchmesser	Schrauben					Überschieb-Schweißflansch; Gewindeflansch; Einsteckschweißflansch	Loser Flansch	Vorschweißflansch		Überschieb-Schweißflansch; Einsteck-Schweißflansch	Loser Flansch	Vorschweißflansch; Einsteck-Schweißflansch					
					Anzahl	Größe															
		D	K	L			C	N	A	H_1	H_2	H_3	T	B_1	B_2	B_3	r	U	V	G	R_1
		05, 11, 12, 13, 14, 15, 21					05, 11, 12, 13, 14, 15, 21	11, 12, 13, 14, 15, 21	11, 21	12, 13, 14	15	11	13	12, 14	15	11, 14	15	14	13	05	11, 14, 12, 15, 13, 21
NPS	DN	mm	mm	in (mm)		in	mm	mm	mm	mm	mm	mm	mm	mm	mm	mm	mm	mm	mm	mm	mm
½	15	95	66,7	⅝ (15,9)	4	½	14,3	38	21,3	22,2	22,2	52,4	16	22,4	23,0	Vom Besteller anzugeben	3,0	9,5	23,5	—	3
¾	20	117	82,6	¾ (19,0)	4	⅝	15,9	48	26,7	25,4	25,4	57,2	16	27,7	28,0		3,0	11,0	29,0	—	3
1	25	124	88,9	¾ (19,0)	4	⅝	17,5	54	33,4	27,0	27,0	61,9	17	34,5	35,0		3,0	12,5	36,0	—	3
1¼[a]	32	133	98,4	¾ (19,0)	4	⅝	20,6	64	42,2	28,6	28,6	66,8	21	43,2	43,5		5,0	14,5	44,5	—	3
1½	40	156	114,3	⅞ (22,2)	4	¾	22,2	70	48,3	31,8	31,8	69,9	22	49,5	50,0		6,5	16,0	50,5	—	3
2	50	165	127,0	¾ (19,0)	8	⅝	25,4	84	60,3	36,5	36,5	73,0	29	62,0	62,5		8,0	17,5	63,5	—	3
2½[a]	65	190	149,2	⅞ (22,2)	8	¾	28,6	100	73,0	41,3	41,3	79,4	32	74,7	75,5		8,0	19,0	76,0	38	3
3	80	210	168,3	⅞ (22,2)	8	¾	31,8	117	88,9	46,0	46,0	82,6	35	90,7	91,5		9,5	20,5	92,0	51	3
4	100	273	215,9	1 (25,4)	8	⅞	38,1	152	114,3	54,0	54,0	101,6	41	116,1	117,0		9,5	—	118,0	76	3
5[a]	125	330	266,7	1⅛ (28,6)	8	1	44,4	189	141,3	60,3	60,3	114,3	48	143,8	145,0		11,0	—	145,0	102	6,5
6	150	356	292,1	1⅛ (28,6)	12	1	47,6	222	168,3	66,8	66,8	117,5	51	170,7	171,0		12,5	—	171,0	127	6,5
8	200	419	349,2	1¼(31,8)	12	1⅛	55,6	273	219,1	76,2	76,2	133,4	—	221,5	222,0		12,5	—	—	175	6,5
10	250	508	431,8	1⅞ (34,9)	16	1¼	63,5	343	273,0	85,7	111,1	152,4	—	276,4	277,0		12,5	—	—	222	6,5
12	300	559	489,0	1⅜ (34,9)	20	1¼	66,7	400	323,9	92,1	117,5	155,6	—	327,2	328,0		12,5	—	—	273	11
14	350	603	527,0	1½ (38,1)	20	1⅜	69,8	432	355,6	93,7	127,0	165,1	—	359,2	360,0		12,5	—	—	302	11
16	400	686	603,2	1⅝ (41,3)	20	1½	76,2	495	406,4	106,4	139,7	177,8	—	410,5	411,0		12,5	—	—	349	11
18	450	743	654,0	1¾ (44,4)	20	1⅝	82,6	546	457,2	117,5	151,4	184,2	—	461,8	462,0		12,5	—	—	394	11
20	500	813	723,9	1¾ (44,4)	24	1⅝	88,9	610	508,0	127,0	165,1	190,5	—	513,1	514,0		12,5	—	—	438	11
24	600	940	838,2	2 (50,8)	24	1⅞	101,6	718	609,6	139,7	184,2	203,2	—	616,0	616,0		12,5	—	—	533	11

[a] Nicht für Neukonstruktionen zu verwenden.

Anmerkungen zu dieser Tabelle siehe Seite 46.

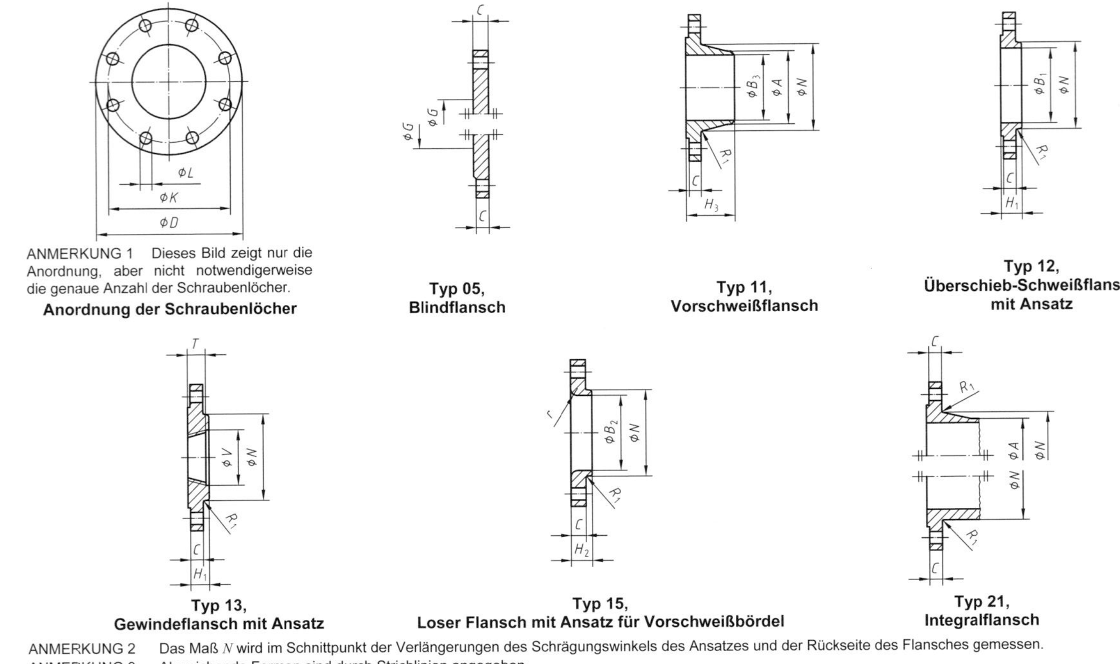

ANMERKUNG 1 Dieses Bild zeigt nur die Anordnung, aber nicht notwendigerweise die genaue Anzahl der Schraubenlöcher.

Anordnung der Schraubenlöcher

Typ 05, Blindflansch

Typ 11, Vorschweißflansch

Typ 12, Überschieb-Schweißflansch mit Ansatz

Typ 13, Gewindeflansch mit Ansatz

Typ 15, Loser Flansch mit Ansatz für Vorschweißbördel

Typ 21, Integralflansch

ANMERKUNG 2 Das Maß N wird im Schnittpunkt der Verlängerungen des Schrägungswinkels des Ansatzes und der Rückseite des Flansches gemessen.

ANMERKUNG 3 Abweichende Formen sind durch Strichlinien angegeben.

ANMERKUNG 4 Maß G siehe Anmerkung 2 in 5.6.1.

Bild 11 — Maße für Flansche Class 900 (siehe Tabelle 12)

Tabelle 12 — Maße für Flansche Class 900 (siehe Bild 11)

Nennweite		Flansch-außen-durch-messer	Anschlussmaße: Loch-kreis-durch-messer	Anschlussmaße: Schrauben-Loch-durch-messer	Anschlussmaße: Schrauben: Anzahl	Anschlussmaße: Schrauben: Größe	Flansch-dicke	Durch-messer des Ansatzes	Durch-messer des An-schweiß-endes	Längen: Überschieb-Schweiß-flansch; Gewinde-flansch	Längen: Loser Flansch	Längen: Vor-schweiß-flansch	Gewinde-länge bei Gewinde-flansch	Bohrungsdurchmesser: Über-schieb-Schweiß-flansch	Bohrungsdurchmesser: Loser Flansch	Bohrungsdurchmesser: Vor-schweiß-flansch	Ecken-radius der Bohrung von losem Flansch und Bördel	Kleinster Durch-messer der zylin-drischen Senkung von Gewinde-flanschen	Durch-messer des Absatzes	An-satz-radius (min.)
		D	*K*	*L*			*C*	*N*	*A*	H_1	H_2	H_3	*T*	B_1	B_2	B_3	*r*	*V*	*G*	R_1
		05, 11, 12, 13, 15, 21					05, 11 12, 13 15, 21	11, 12 13, 15, 21	11, 21	12, 13	15	11	13	12	15	11	15	13	05	11, 12, 15 13, 21
NPS	DN	mm	mm	in (mm)		in	mm	mm	mm	mm	mm	mm	mm	mm	mm	mm	mm	mm	mm	mm
½	15	Siehe Flansche Class 1 500																		
¾	20																			
1	25																			
1¼[a]	32																			
1½	40																			
2	50																			
2½[a]	65																			
3	80	241	190,5	1 (25,4)	8	⅞	38,1	127	88,9	54,0	54,0	101,6	41	90,7	91,5	Vom Besteller anzugeben	9,5	92	48	3
4	100	292	235,0	1¼ (31,8)	8	1⅛	44,4	159	114,3	69,9	69,9	114,3	48	116,1	117,0		11,0	118	73	5
5[a]	125	349	279,4	1⅜ (34,9)	8	1¼	50,8	190	141,3	79,4	79,4	127,0	54	143,8	145,0		11,0	145	95	6,5
6	150	381	317,5	1¼ (31,8)	12	1⅛	55,6	235	168,3	85,7	85,7	139,7	57	170,7	171,0		12,5	171	121	6,5
8	200	470	393,7	1½ (38,1)	12	1⅜	63,5	298	219,1	101,6	114,3	162,0	—	221,5	222,0		12,5	—	165	6,5
10	250	546	469,9	1½ (38,1)	16	1⅜	69,8	368	273,0	108,0	127,0	184,2	—	276,4	277,0		12,5	—	213	6,5
12	300	610	533,4	1½ (38,1)	20	1⅜	79,4	419	323,9	117,5	142,9	200,0	—	327,2	328,0		12,5	—	257	9,5
14	350	641	558,8	1⅝ (41,3)	20	1⅛	85,7	451	355,6	130,2	155,6	212,8	—	359,2	360,0		12,5	—	286	11,5
16	400	705	616,0	1¾ (44,4)	20	1⅝	88,9	508	406,4	133,4	165,1	215,9	—	410,5	411,0		12,5	—	381	11
18	450	787	685,8	2 (50,8)	20	1⅞	101,6	565	457,2	152,4	190,5	228,6	—	461,8	462,0		12,5	—	419	11
20	500	857	749,3	2⅛ (54,0)	20	2	108,0	622	508,0	158,8	209,6	247,7	—	513,1	514,0		12,5	—	451	11
24	600	1 041	901,7	2⅝ (66,7)	20	2½	139,7	749	609,6	203,2	266,7	292,1	—	616,0	616,0		12,5	—	508	11

[a] Nicht für Neukonstruktionen zu verwenden.

Anmerkungen zu dieser Tabelle siehe Seite 46.

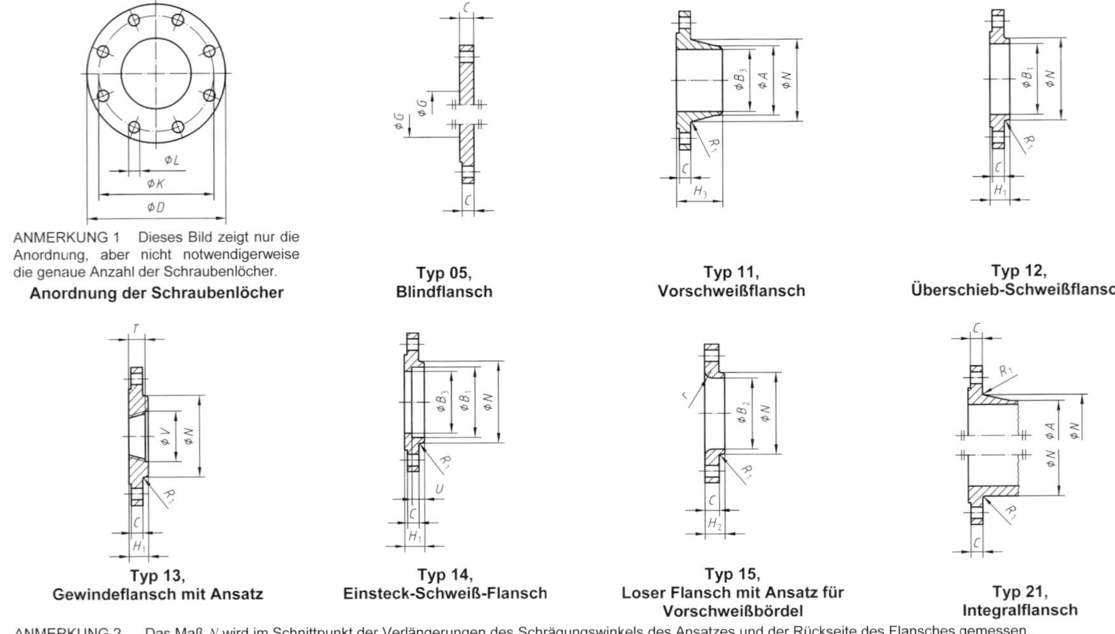

ANMERKUNG 1 Dieses Bild zeigt nur die Anordnung, aber nicht notwendigerweise die genaue Anzahl der Schraubenlöcher.

Anordnung der Schraubenlöcher

Typ 05, Blindflansch

Typ 11, Vorschweißflansch

Typ 12, Überschieb-Schweißflansch

Typ 13, Gewindeflansch mit Ansatz

Typ 14, Einsteck-Schweiß-Flansch

Typ 15, Loser Flansch mit Ansatz für Vorschweißbördel

Typ 21, Integralflansch

ANMERKUNG 2 Das Maß N wird im Schnittpunkt der Verlängerungen des Schrägungswinkels des Ansatzes und der Rückseite des Flansches gemessen.

ANMERKUNG 3 Abweichende Formen sind durch Strichlinien angegeben.

ANMERKUNG 4 Maß G siehe Anmerkung 2 in 5.6.1.

Bild 12 — Maße für Flansche Class 1 500 (siehe Tabelle 13)

Tabelle 13 — Maße für Flansche Class 1 500 (siehe Bild 12)

Nennweite		Flanschaußendurchmesser	Anschlussmaße				Flanschdicke	Durchmesser des Ansatzes	Durchmesser des Anschweißendes	Längen			Gewindelänge bei Gewindeflansch	Bohrungsdurchmesser			Eckenradius der Bohrung von losem Flansch und Bördel	Länge der Senkung	Kleinster Durchmesser der zylindrischen Senkung von Gewindeflanschen	Durchmesser des Absatzes	Ansatzradius (min.)
			Lochkreisdurchmesser	Schraubenlochdurchmesser	Schrauben: Anzahl	Schrauben: Größe				Überschieb-Schweißflansch; Gewindeflansch; Einsteckschweißflansch	Loser Flansch	Vorschweißflansch		Überschieb-Schweißflansch; Einsteck-Schweißflansch	Loser Flansch	Vorschweißflansch; Einsteck-Schweißflansch					
		D	K	L			C	N	A	H_1	H_2	H_3	T	B_1	B_2	B_3	r	U	V	G	R_1
		05, 11, 12, 13, 14, 15, 21					05, 11, 12, 13, 14, 15, 21	11, 12, 13, 14, 15, 21	11, 21	12, 13, 14	15	11	13	12, 14	15	11, 14	15	14	13	05	11, 14, 12, 15, 13, 21
NPS	DN	mm	mm	in (mm)		in	mm	mm	mm	mm	mm	mm	mm	mm	mm	mm	mm	mm	mm	mm	mm
½	15	121	82,6	⅞ (22,2)	4	¾	22,2	38	21,3	31,8	31,8	60,3	22	22,4	23,0	Vom Besteller anzugeben	3,0	9,5	23,5	—	5
¾	20	130	88,9	⅞ (22,2)	4	¾	25,4	44	26,7	34,9	34,9	69,9	25	27,7	28,0		3,0	11,0	29,0	—	5
1	25	149	101,6	1 (25,4)	4	⅞	28,6	52	33,4	41,3	41,3	73,0	29	34,5	35,0		3,0	12,5	36,0	—	5
1¼[a]	32	159	111,1	1 (25,4)	4	⅞	28,6	64	42,2	41,3	41,3	73,0	30	43,2	43,5		5,0	14,5	44,5	—	5
1½	40	178	123,8	1⅛ (28,6)	4	1	31,8	70	48,3	44,5	44,5	82,6	32	49,5	50,0		6,5	16,0	50,5	—	5
2	50	216	165,1	1 (25,4)	8	⅞	38,1	105	60,3	57,2	57,2	101,6	38	62,0	62,5		8,0	17,5	63,5	—	5
2½[a]	65	244	190,5	1⅛ (28,6)	8	1	41,3	124	73,0	63,5	63,5	104,8	48	74,7	75,5		8,0	19,0	76,0	32	5
3	80	267	203,2	1¼ (31,8)	8	1⅛	47,6	133	88,9	73,0	73,0	117,5	51	—	91,5		9,5	—	92,0	44	5
4	100	311	241,3	1⅜ (34,9)	8	1¼	54,0	162	114,3	90,5	90,5	123,8	57	—	117,0		11,0	—	118,0	66	5
5[a]	125	375	292,1	1⅝ (41,3)	8	1½	73,0	197	141,3	104,8	104,8	155,6	64	—	145,0		11,0	—	145,0	86	6,5
6	150	394	317,5	1½ (38,1)	12	1⅜	82,6	229	168,3	119,1	119,1	171,5	70	—	171,0		12,5	—	171,0	111	6,5
8	200	483	393,7	1¾ (44,4)	12	1⅝	92,1	292	219,1	142,9	142,9	212,7	—	—	222,0		12,5	—	—	152	6,5
10	250	584	482,6	2 (50,8)	12	1⅞	108,0	368	273,0	158,8	177,8	254,0	—	—	277,0		12,5	—	—	197	9,5
12	300	673	571,5	2⅛ (54,0)	16	2	123,8	451	323,9	181,0	219,1	282,6	—	—	328,0		12,5	—	—	238	11
14	350	749	635,0	2⅜ (60,3)	16	2¼	133,4	495	355,6	—	241,3	298,5	—	—	360,0		12,5	—	—	263	11
16	400	826	704,8	2⅝ (66,7)	16	2½	146,1	552	406,4	—	260,4	311,2	—	—	411,0		12,5	—	—	305	11
18	450	914	774,7	2⅞ (73,0)	16	2¾	161,9	597	457,2	—	276,2	327,0	—	—	462,0		12,5	—	—	346	11
20	500	984	831,8	3⅛ (79,4)	16	3	178,0	641	508,0	—	292,1	355,6	—	—	514,0		12,5	—	—	390	11
24	600	1 168	990,6	3⅝ (92,0)	16	3½	203,0	762	609,6	—	330,2	406,4	—	—	616,0		12,5	—	—	473	11

[a] Nicht für Neukonstruktionen zu verwenden.

Anmerkungen zu dieser Tabelle siehe Seite 46.

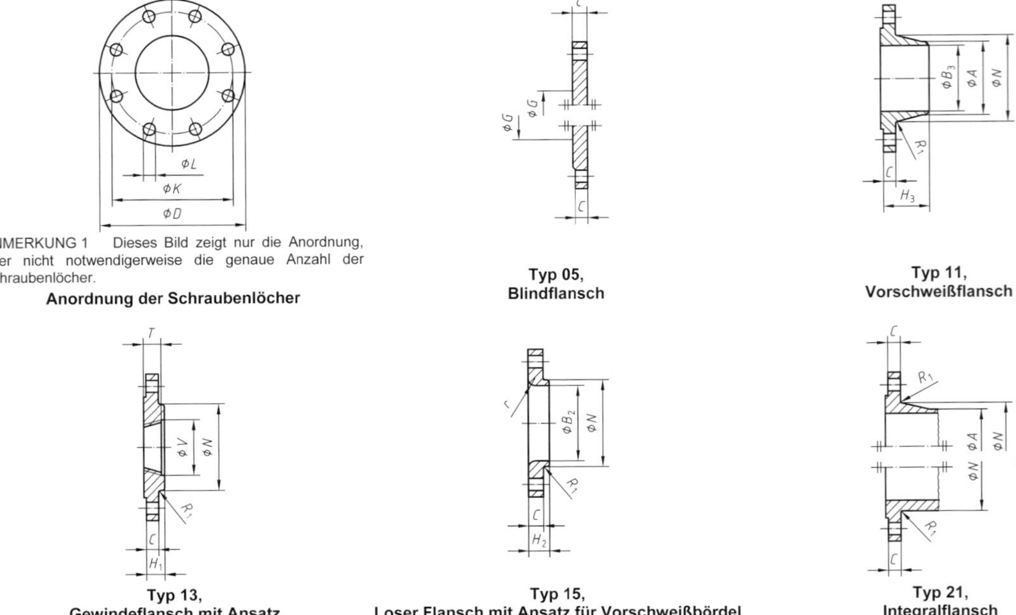

ANMERKUNG 1 Dieses Bild zeigt nur die Anordnung, aber nicht notwendigerweise die genaue Anzahl der Schraubenlöcher.

Anordnung der Schraubenlöcher

Typ 05, Blindflansch

Typ 11, Vorschweißflansch

Typ 13, Gewindeflansch mit Ansatz

Typ 15, Loser Flansch mit Ansatz für Vorschweißbördel

Typ 21, Integralflansch

ANMERKUNG 2 Das Maß N wird im Schnittpunkt der Verlängerungen des Schrägungswinkels des Ansatzes und der Rückseite des Flansches gemessen.

ANMERKUNG 3 Abweichende Formen sind durch Strichlinien angegeben.

ANMERKUNG 4 Maß G siehe Anmerkung 2 in 5.6.1.

Bild 13 — Maße für Flansche Class 2 500 (siehe Tabelle 14)

Tabelle 14 — Maße für Flansche Class 2 500 (siehe Bild 13)

Nennweite		Flanschaußendurchmesser	Anschlussmaße				Flanschdicke	Durchmesser des Ansatzes	Durchmesser des Anschweißendes	Längen			Gewindelänge bei Gewindeflansch	Bohrungsdurchmesser		Eckenradius der Bohrung von losem Flansch und Bördel	Kleinster Durchmesser der zylindrischen Senkung von Gewindeflanschen	Durchmesser des Absatzes	Ansatzradius (min.)
			Lochkreisdurchmesser	SchraubenLochdurchmesser	Schrauben					Gewindeflansch	Loser Flansch; Vorschweißbördel	Vorschweißflansch		Loser Flansch	Vorschweißflansch				
					Anzahl	Größe													
		D	K	L			C	N	A	H_1	H_2	H_3	T	B_2	B_3	r	V	G	R_1
		05, 11, 13, 15, 21					05, 11 13, 15 21	11, 13 15, 21	11, 21	13	15	11	13	15	11	15	13	05	11, 15 13, 21
NPS	DN	mm	mm	in (mm)		in	mm	mm	mm	mm	mm	mm	mm	mm	mm	mm	mm	mm	mm
½	15	133	88,9	⅞ (22,2)	4	¾	30,2	43	21,3	39,7	39,7	73,0	29	23,0	Vom Besteller anzugeben	3,0	23,5	—	5
¾	20	140	95,2	⅞ (22,2)	4	¾	31,7	51	26,7	42,9	42,9	79,4	32	28,0		3,0	29,0	—	5
1	25	159	107,9	1 (25,4)	4	⅞	34,9	57	33,4	47,6	47,6	88,9	35	35,0		3,0	35,0	—	5
1¼[a]	32	184	130,2	1⅛ (28,6)	4	1	38,1	73	42,2	52,4	52,4	95,3	38	43,5		5,0	44,5	—	5
1½	40	203	146,0	1¼ (31,8)	4	1⅛	44,4	79	48,3	60,3	60,3	111,1	44	50,0		6,5	50,5	—	9,5
2	50	235	171,4	1⅛ (28,6)	8	1	50,8	95	60,3	69,9	69,9	127,0	51	62,5		8,0	63,5	—	9,5
2½[a]	65	267	196,8	1¼ (31,8)	8	1⅛	57,1	114	73,0	79,4	79,4	142,9	57	75,5		8,0	76,0	22	9,5
3	80	305	228,6	1⅜ (34,9)	8	1¼	66,7	133	88,9	92,1	92,1	168,3	64	91,5		9,5	92,0	32	9,5
4	100	356	273,0	1⅝ (41,3)	8	1½	76,2	165	114,3	108,0	108,0	190,5	70	117,0		11,0	118,0	48	9,5
5[a]	125	419	323,8	1⅞ (47,6)	8	1¾	92,1	203	141,3	130,2	130,2	228,6	76	145,0		11,0	145,0	67	9,5
6	150	483	368,3	2⅛ (54,0)	8	2	108,0	235	168,3	152,4	152,4	273,1	83	171,0		12,5	171,0	86	15,5
8	200	552	438,1	2⅛ (54,0)	12	2	127,0	305	219,1	—	177,8	317,5	—	222,0		12,5	—	96	15,5
10	250	673	539,7	2⅝ (66,7)	12	2½	165,1	375	273,0	—	228,6	419,1	—	277,0		12,5	—	159	15,5
12	300	762	619,1	2⅞ (73,0)	12	2¾	184,1	441	323,9	—	254,0	463,6	—	328,0		12,5	—	193	15,5

[a] Nicht für Neukonstruktionen zu verwenden.

Anmerkungen zu dieser Tabelle siehe Seite 46.

Anmerkungen zu den Tabellen 9 bis 14

ANMERKUNG 1 Grenzabmaße siehe Tabelle 15.

ANMERKUNG 2 Dichtflächen siehe 5.7, Bilder 4 bis 7.

ANMERKUNG 3 Dichtflächenmaße siehe Tabellen 5 und 6.

ANMERKUNG 4 Bearbeitung der Mutterauflageflächen und der Flanschrückseite siehe 5.8.

ANMERKUNG 5 Gewinde von Gewindeflanschen siehe 5.6.3.

ANMERKUNG 6 Der Ansatzdurchmesser N ist ein theoretisches Größtmaß, das die Verwendung von Ringschlüsseln oder, falls erforderlich, den Einsatz von Scheiben der normalen Reihe ohne zusätzliche Bearbeitung z. B. der Mutterauflageflächen erlaubt (siehe 5.8).

ANMERKUNG 7 Das Bohrungsmaß von Flanschen Typ 21 ist üblicherweise gleich dem des Rohres, der Armatur oder des Fittings gleicher Nennweite, mit dem sie eine integrale Einheit bilden. Das tatsächliche Bohrungsmaß ist üblicherweise in den entsprechenden Produktnormen angegeben.

ANMERKUNG 8 Für Reduzierflansche mit Gewinde und zum Überschieben siehe Tabelle 4 und Bild 3.

ANMERKUNG 9 Sind Flansche Class 150 oder 300 mit glatter Dichtfläche gefordert, dann darf die Flanschdicke entweder gleich dem Maß C sein oder die glatte Dichtfläche wird durch Entfernen der Dichtleiste erreicht. Anwender müssen beachten, dass durch Entfernen der Dichtleiste die Flanschdicke und Höhe nicht mehr dieser Norm entspricht.

Tabelle 15 — Grenzabmaße

Maß	Flanschtyp		Grenzabmaße und Toleranzen	Nennweite in
Ansatzdurchmesser am Anschweißende A	11, 21		$^{+2,4}_{-0,8}$	≤ NPS 5
			$^{+4,0}_{-0,8}$	> NPS 5
Bohrungsdurchmesser B_1, B_2	01, 12, 14, 15		$^{+0,8}_{0}$	≤ NPS 10
			$^{+1,6}_{0}$	> NPS 10
Bohrungsdurchmesser B_3	11, 14		± 0,8	≤ NPS 10
			± 1,6	> NPS 10 ≤ NPS 18
			$^{+3,2}_{-1,6}$	> NPS 18
Höhe H_1, H_2, H_3	11, 12, 13, 14, 15		± 1,6	≤ NPS 10
			± 3,2	> NPS 10
Flanschdicke C	Alle Typen		$^{+3,2}_{0}$	≤ NPS 18
			$^{+4,8}_{0}$	> NPS 18
Außendurchmesser der Dichtleiste O	Alle Typen	1,6 mm Dichtleiste	± 0,8 mm	Alle Nennweiten
		6,4 mm Dichtleiste	± 0,4 mm	
Dichtflächenmaße M, Q, W, Y und Z	Alle Typen	Dichtflächenformen C, D, E und F	± 0,4 mm	Alle Nennweiten
Ring-Joint-Nuttiefe E	Alle Typen	Dichtflächenform J	$^{+4,8}_{0}$	Alle Nennweiten
Ring-Joint-Nutbreite F			± 0,2 mm	
Ring-Joint-Nutdurchmesser P			± 0,13 mm	
23°-Winkel			± ½°	
Lochkreisdurchmesser K	Alle Typen		± 1,6 mm	Alle Nennweiten
Mittenabstand nebeneinander liegender Schraubenlöcher	Alle Typen		± 0,8 mm	Alle Nennweiten
Rundheitstoleranz zwischen Lochkreisdurchmesser und Durchmesser der bearbeiteten Dichtfläche	Alle Typen		0,8 mm	≤ NPS 2½
			1,6 mm	> NPS 2½
Parallelität zwischen Mutterauflageflächen und Flanschdichtflächen	Alle Typen		1°	Alle Nennweiten

Tabelle 23 — Mindestradius des Ansatzes nach Bearbeitung der Flanschrückseite

Flanschgröße	R_2 min. mm
bis einschließlich DN 50	2
über DN 50 bis einschließlich DN 200	3
über DN 200	5

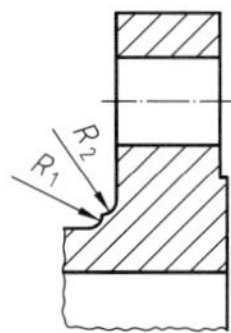

ANMERKUNG Maße für R_1 siehe Tabellen 9 bis 14.

Bild 14 — Mindestradius des Ansatzes nach Bearbeitung der Flanschrückseite

Anhang A
(informativ)

Empfehlungen für die Anschweißenden von Vorschweißflanschen

Empfehlungen für Anschweißenden von Vorschweißflanschen mit Wanddicken bis 22,2 mm und größer sind in den Bildern A.1 bis A.4 gegeben.

Zusätzliche Formen von Schweißenden sind in EN ISO 9692-2 und Ausführungsbeispiele in EN 1708-1 festgelegt; sie dürfen nach Vereinbarung zwischen Gerätehersteller und Flanschhersteller verwendet werden.

Maße in Millimeter

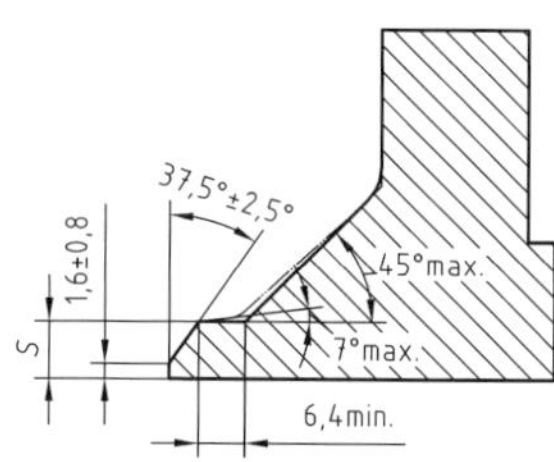

Bild A.1 — Fugenform für Wanddicken (*s*) bis 22,2 mm

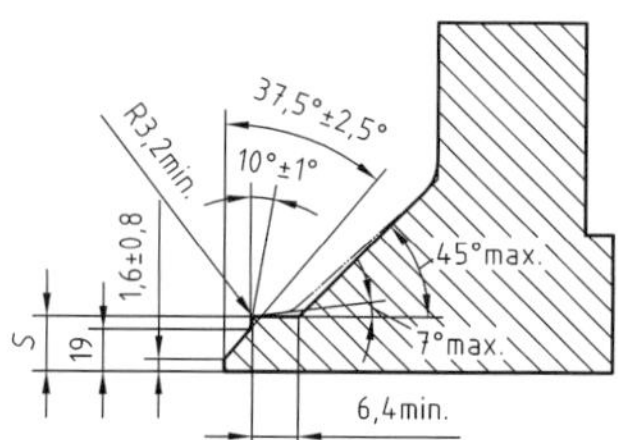

Bild A.2 — Fugenform für Wanddicken (*s*) über 22,2 mm

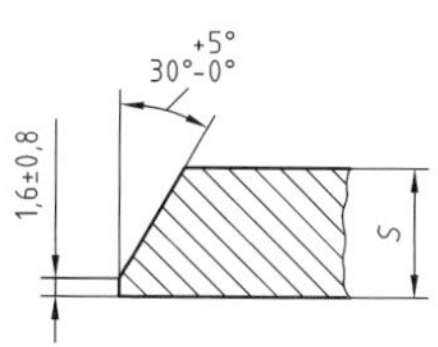

Bild A.3 — Alternative Fugenform für Wanddicken (*s*) bis 22,2 mm

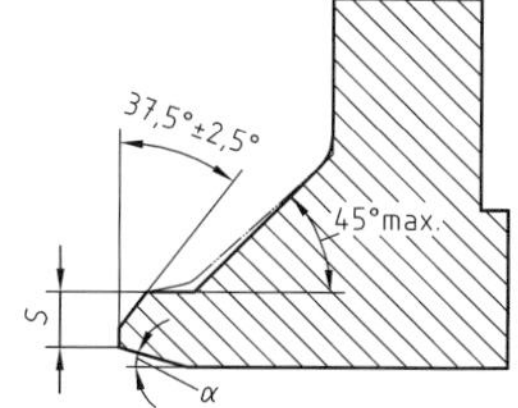

Bild A.4 — Zulässige Formen von Abschrägungen bei ungleichen Wanddicken

Lineare Maße in Millimeter.

ANMERKUNG 1 Bei Flanschen für Verbindungen mit Rohren aus ferritischem Stahl mit Nennwanddicken von weniger als 4,8 mm sollten die Schweißenden leicht angefast oder rechteckig nach Wahl des Herstellers sein.

ANMERKUNG 2 Bei Flanschen für Verbindungen mit Rohren aus nichtrostendem austenitischem Stahl mit Nennwanddicken bis 3,2 mm sollten die Schweißenden leicht angefast sein.

ANMERKUNG 3 Maße für Vorschweißflansche siehe Tabellen 9 bis 14.

ANMERKUNG 4 s = Nennwanddicke.

Internationale Maßnormen für Flansche nach ASME B

International dimensional Standards for flanges according to ASME B

ASME B16.5-2017
(Revision of ASME B16.5-2013)

Pipe Flanges and Flanged Fittings

NPS ½ Through NPS 24
Metric/Inch Standard

AN AMERICAN NATIONAL STANDARD

Auszug/
ASME B 16.5-2017
Rohrflansche und Flansch Fittings NPS ½ bis NPS 24 Metrisch/Zoll Standard

ASME B16.5-2017
(Revision of ASME B16.5-2013)

Pipe Flanges and Flanged Fittings

NPS ½ Through NPS 24 Metric/Inch Standard

1.1 General-Allgemeines

(a) This Standard covers pressure–temperature ratings, materials, dimensions, tolerances, marking, testing, and methods of designating openings for pipe flanges and flanged fittings.
Included are

a) Diese Norm behandelt die Druck-Temperatur-Kennwerte, Werkstoffe, Abmessungen, Toleranzen, Kennzeichnungen, Prüfungen und Verfahren zur Bezeichnung von Anschlussmaße für Rohrflansche unc Flanscharmatur. Enthalten sind

(1) flanges with rating class designations 150, 300, 400, 600, 900, and 1500 in sizes **NPS (Nominal Pipe Size)** 1⁄2 through NPS 24 and flanges with rating class designation 2500 in sizes NPS 1⁄2 through NPS 12, with requirements given in both metric and U.S. Customary units with diameter of bolts and flange bolt holes expressed in inch units.

(1) Flansche mit den Druckstufen 150, 300, 400, 600, 900 und 1500 in den Größen NPS 1/2 bis NPS 24 und Flansche mit der Druckstufe 2500 in den Größen NPS 1/2 bis NPS 12, wobei die Anforderungen in metrisch und US üblichen inch Einheiten angegeben sind. Die Durchmesser der Bolzen und Flanschbohrlöcher werden in Inch-Einheiten angegeben.

(2) flanged fittings with rating class designation 150 and 300 in sizes NPS 1⁄2 through NPS 24, with requirements given in both metric and U.S. Customary units with diameter of bolts and flange bolt holes expressed in inch units.

(2) Flanscharmatur mit den Druckstufen 150 und 300 in den Größen NPS 1/2 bis NPS 24, wobei die Anforderungen sowohl in metrischen als auch in US üblichen inch Einheiten angegeben sind. Die Durchmesser der Bolzen und Flanschbohrlöcher werden in Inch-Einheiten angegeben.

(3) flanged fittings with rating class designation 400, 600, 900, and 1500 in sizes NPS 1⁄2 through NPS 24 and flanged fittings with rating class designation 2500 in sizes ½ through NPS 12 that are acknowledge in Nonmandatory Appendix E in which only U.S. Customary units are provided

(3) Flanscharmatur mit den Druckstufen 400, 600, 900 und 1500 in den Größen NPS 1/2 bis NPS 24 und Flanscharmatur mit der Druckstufe 2500 in den Größen ½ bis NPS 12, die nur im nicht verbindlichem Anhang E aufgeführt sind US-übliche Einheiten vorausgesetzt.

(b) This Standard is limited to

(b) Dieser Standard ist begrenzt auf

(1) flanges and flanged fittings made from cast or forged materials

(1) Flansche und Flanscharmatur werden hergestellt aus Guss oder geschmiedetes Material

(2) blind flanges and certain reducing flanges made from cast, forged, or plate materials

(2) Blindflansche und bestimmte Reduzierflansche werden hergestellt aus Guss, Schmiedematerial und Blech.

Also included in this Standard are requirements and recommendations regarding flange bolting, gaskets and joints.

In dieser Norm sind auch Anforderungen und Empfehlungen in Bezug auf Flanschverschraubungen, Dichtungen und Verbindungsstücke enthalten.

General Survey ASME B 16.5-2017: Class/Ceiling Values/Typ of Flange, Nominal Size

Allgemeiner Überblick ASME B 16.5-2017: Druckstufe/max. Druckbelastung/Flanschtyp/Nennweite

Vergleich/Comparision	ASME B 16.5	Druckstufe / Class						
		Class 150	**Class 300**	**Class 400**	**Class 600**	**Class 900**	**Class 1500**	**Class 2500**
Maximale Druckbelastung Ceiling Values ASME B 16.5-2017 Tabelle A1/Table A1	Pound per Square Inch-PSI	290	750	1000	1500	2250	3750	6250
	Bar	20,0	51,7	68,9	103,4	155,1	258,6	430,9
Ratings PN	ISO 7005-1	20	50	–	110	150	260	420
	EN 1092-1	20	40	63	100	160	250	400
Flanschtype Type of Flange	ASME B 16.5	Von 1/2" bis max. Nennweite / from 1/2" to max. Nominal Size						
Vorschweißflansch Welding Neck Flange		24"	24"	24"	24"	24"	24"	12"
Überschiebflansch/Siip-On-Fiange		24"	24"	24"	24"	24"	2%"	–
Loser Flansch/Lap Joint Flange		24"	24"	24"	24"	24"	24"	12"
Blindflansch/Blind Flange		24"	24"	24"	24"	24"	24"	
Einsteckschweißflansch Socket Welding Flange		3"	3"	3"	3"	–	2 W'	–
Gewindeflansch Threaded Flange		24"	24"	24"	24"	24"	12"	12"

- Flansche über DN 24" siehe ASME B 16.47 oder MSS SP-44
- Flanges above 24" see ASME B 16.47 or MSS SP-44
- Werkstoffe nach ASME II/Part A oder ASTM Std.. Andere Werkstoffe möglich.
- Material according ASME II/Part A oder ASTM Std.Other materials possible.

4 Marking/Kennzeichnung

4.1 General-Allgemeines

Except as modified herein, flanges and flanged fittings shall be marked as required in MSS SP-25, except as noted in para. 4.2.

Außer wie hier modifiziert, müssen Flansche und Flanscharmatur wie in MSS SP-25 vorgeschrieben markiert werden, außer wie in Absatz 4. 2 angegeben.

4.2 Identification Markings/Kennzeichnung

4.2.1 Name/Name .

The manufacturer's name or trademark shall be applied.

Der Name oder das Zeichen des Herstellers muss angegeben werden.

4.2.2 Material/Werkstoff

Material shall be identified in the following way:

(a) Cast flanges and flanged fittings shall be marked with the ASTM specification, grade identification symbol (letters and numbers), and the melt number or melt identification.
(b) Plate flanges, forged flanges, and flanged fittings shall be marked with the ASTM specification number and grade identification symbol.
(c) A manufacturer may supplement these mandatory material indications with his trade designation for the material grade, but confusion of symbols shall be avoided.
(d) For flanges and flanged fittings manufactured from material that meets the requirements of more than one specification or grade of a specification listed in Table 1A, see para. 4.2.8.

Der Werkstoff muss wie folgt gekennzeichnet werden:

(a) Gussflansche und Flanscharmatur müssen mit der ASTM Werkstoffbezeichnung, Klassenbezeichnung (Buchstaben und Zahlen) und der Guss- oder Schmelzennummer markiert werden.
(b) Flansche aus Blech, geschmiedete Flansche und Flanscharmatur müssen mit der ASTM Werkstoff-bezeichnung, Klassenbezeichnung (Buchstaben und Zahlen) und der Guss- oder Schmelzennummer markiert werden.
(c) Der Hersteller kann diese verbindlichen Material-kennzeichnungen durch seine Handelsbezeichnung für die Werkstoffklasse ergänzen, aber eine Verwechslung der Symbole ist zu vermeiden.
(d) Für Flansche und Flanscharmatur aus Material, das die Anforderungen von mehr als einer Spezifikation oder Sorte einer in Tabelle 1A aufgeführten Spezifikation erfüllt, siehe Abs. 4.2.8.

4.2.3 Rating Designation/Druckstufen Benennung.

The flange or flanged fitting shall be marked with the number that corresponds to its pressure rating class designation (i.e., 150, 300, 400, 600, 900, 1500, or 2500).

Der Flansch oder die Flanscharmatur muss mit der Nummer gekennzeichnet sein, die der Bezeichnung der Druckstufe/Class entspricht (d.h. 150, 300, 400, 600, 900, 1500, oder 2500)

4.2.4 Conformance/Übereinstimmung.

The designation B16 or B16.5 shall be applied to the flange or flanged fitting, preferably located adjacent to the class designation, to indicate conformance to this Standard. The use of the prefix ASME is optional.

Die Bezeichnung B16 oder B16.5 muss auf den Flansch oder die Flanscharmatur, vorzugsweise neben der Klassenbezeichnung, aufgebracht werden, um die Übereinstimmung mit dieser Norm anzuzeigen. Die Verwendung des Präfix ASME ist optional.

4.2.5 Temperature/Temperatur.

Temperature markings are not required on flanges or flanged fittings; however, if marked, the temperature shall be shown with its corresponding tabulated pressure rating for the material.

Temperaturmarkierungen sind an Flanschen oder Flanscharmatur nicht erforderlich; wenn sie jedoch markiert sind, muss die Temperatur mit der ent-sprechenden tabellierten Druckstufe für das Material angegeben werden.

4.2.6 Size/Größe.

The NPS designation shall be marked on flanges and flanged fittings. Reducing flanges and reducing flanged fittings shall be marked with the applicable NPS designations as required by paras. 3.2 and 3.3.

Die NPS-Bezeichnung muss auf Flanschen und Flanscharmatur angegeben sein. Reduzierflansche und Reduzierstücke mit Flansch sind mit den zutreffenden NPS-Bezeichnungen, wie in 3.2 und 3.3 gefordert, zu kennzeichnen.

4.2.7 Ring Joint Flanges/RTJ Flansche.

The edge (periphery) of each ring joint flange shall be marked with the letter R and the corresponding ring groove number. Der Umfang jedes RTJ-Flansches ist mit dem Buchstaben R und der entsprechenden Ringnutnummer zu kennzeichnen.

4.2.8 Multiple Material Marking/Mehrfach Materialkennzeichnung

Material for components that meet the requirements for more than one specification or grade of a specification listed in Table 1A may, at the manufacturer's option, be marked with more than one of the applicable specification or grade symbols. These identification markings shall be placed so as to avoid confusion in identification. The multiple marking shall be in accordance with the guidelines set out in ASME Boiler and Pressure Vessel Code, Section II, Part D, Mandatory Appendix 7.

Materialien für Komponenten, die die Anforderungen für mehr als eine Spezifikation oder Sorte einer in Tabelle 1A aufgeführten Spezifikation erfüllen, können nach Wahl des Herstellers mit mehr als einem der zutreffenden Spezifikationen oder Qualitätssymbole gekennzeichnet werden.Diese Kennzeichnungen müssen so angebracht sein, dass Verwechslungen bei der Identifizierung vermieden werden. Die Mehrfachmarkierung muss in Übereinstimmung mit den Richtlinien in ASME Boiler und Pressure Vessel Code, Abschnitt II, Teil D, normativer Anhang 7 sein.

5 Materials/Werkstoffe

5.1 General-Allgemeines

(a) Materials required for flanges and flanged fittings are listed in Table 1A (see original B 16.5 Standard) with the following restrictions:

(a) Die für Flansche und Flanscharmatur erforderlichen Materialien sind in Tabelle 1A (siehe Originalnorm) mit folgenden Einschränkungen aufgeführt:

(1) Plate and flat bar materials may be used only for blind flanges and reducing flanges without hubs.

(1) Bleche und Flachstahl darf nur für Blindflansche und Reduzierflansche ohne Ansatz eingesetzt werden.

(2) Flanges and flanged fittings shall be manufactured as one piece in accordance with the applicable material specification. Assembly of multiple pieces into the finished product by welding or other means is not permitted by this Standard.

(2) Flansche und Flanscharmatur müssen gemäß den geltenden Werkstoffspezifikationen als ein Teil hergestellt werden.
Die Montage von mehreren Teilen zu einem Endprodukt durch Schweißen oder andere Mittel ist in dieser Norm **NICHT ZULÄSSIG**.

(b) Each forged flange shall be finished from a part that is brought as nearly as practicable to the finished shape and size by a compressive plastic hot-working operation that consolidates the material to produce an essentially wrought structure, and shall be so processed during the operation as to cause metal flow in the direction most favorable.

...

(b) Jeder geschmiedete Flansch muss aus einem Teil, das so nahe wie möglich an die endgültige Form und Größe gebracht wird, durch einen plastischen Warmumformprozess fertiggestellt werden, der das Material zu einer geschmiedeten Struktur verfestigt und es während des Schmiedens in die günstigste Richtung verformt wird.

5.2 Mechanical Properties/Mechanische Eigenschaften

Mechanical properties shall be obtained from test specimens that represent the final heat-treated condition of the material required by the material specification.

Die mechanische Eigenschaften müssen aus Probekörpern ermittelt werden, die den endgültigen Wärmebehandlungszustand des Materials nach der Werkstoffspezifikation darstellen.

6 Dimensions/Abmessungen

The dimensions given in ASME B 16.5-2017 are summarized in this book in detail on the fundamentally important. Details can be found in the original standard.

Die in ASME B 16.5-2017 aufgeführten Abschnitte zu den Abmessungen werden in diesem Buch im Einzelnen auf die grundsätzlich wichtigen zusammengefasst. Einzelheiten sind der Originalnorm zu entnehmen.

6.4.5 Flange Facing Finish/Flanschdichtleistenbearbeitung

Flange facing finishes shall be in accordance with paras. 6.4.5.1 through 6.4.5.3, except that other finishes may be furnished by agreement between the user and the manufacturer. The finish of the gasket contact faces shall be judged by visual comparison with Ra standards (see ASME B46.1) and not by instruments having stylus tracers and electronic amplification.

Flanschdichtleisten müssen in Übereinstimmung mit Abs. 6.4.5.1 bis 6.4.5.3 gefertigt werden, mit der Ausnahme, dass andere Oberflächen nach Vereinbarung zwischen dem Anwender und dem Hersteller geliefert werden können. Die Endbearbeitung der Dichtflächen ist durch visuellen Vergleich mit den Ra-Standards (siehe ASME B46.1) und nicht durch Instrumente mit Tasterkennzeichnung und elektronischer Verstärkung zu beurteilen.

6.4.3.4 Ring Joint/Ring Nut

The thickness of the lap remaining after machining the ring groove shall be no less than the nominal wall thickness of pipe used.

Die Dicke der nach der Bearbeitung der Ringnut verbleibenden Leiste darf nicht geringer sein als die Nennwandstärke des verwendeten Rohre

Flange Facing Finish Extraction (Abridgment)
Dichtflächenbearbeitung Auszug
To/Nach ASME B 16.5 – 2017

Flange facing finish have to be prepared in accordance with point 6.4.5 of ASME B 16.5-2017
Facing is made by mechanical turning. Either a serrated concentric or serrated spiral finish have a resultant surface finish from Ra 3,2µm to 6,3µm average roughness shall be furnished. The cutting tool employed should have an approximate 1,5mm or larger radius and there should be from 1,8 grooves/mm through 2,2 grooves/mm. The finish of the gasket contact face shall be judged by visual comparison with Ra standards (see ASME B 46.1) and not by instruments having stylus tracers and electronic amplification.
Special surface finishing for Ring Joint Facings and Toungue and Groove and Small Male and Female (see below).
Values for mechanical turning of faces (cutting tool radius, feed rate) and comparison of roughness values see annex of this data book.

Dichtflächenbearbeitung wird entsprechend Punkt 6.4.5 der ASME B 16.5-2009 durchgeführt.
Die Bearbeitung der Dichtfläche erfolgt durch Drehen. Es soll entweder eine konzentrische (Rille neben Rille) oder eine spiralförmige rillenförmige Oberfläche mit einer mittleren Rauhigkeit von Ra 3,2µm bis 6,3µm hergestellt werden. Das Schneidwerkzeug soll einen Radius von etwa 1,5mm oder größer haben und es sollen zwischen 1,8 Rillen/mm und 2,2 Rillen/mm gefertigt werden. Die Beurteilung der Oberflächenrauhigkeit soll mit einem Vergleichskörper, Ra Normal (siehe ASME B 46.1), erfolgen und nicht durch eine Messung mit Geräten, die mit Tastern und elektronischer Verstärkung arbeiten. Spezielle Dichtflächenbearbeitung ist nur für Ring Nuten und Feder und Nut, sowie kleiner Vor- und Rücksprung vorgesehen (siehe unten).
Anhaltswerte für das Drehen von Flächen (Radius des Schneidwerkzeuges, Vorschub) und Gegenüberstellungen von Rauhigkeitswerten siehe Anhang dieses Tabellenbuch.

IMPORTANT: Facings are to be stated in the enquiry or order.
WICHTIG: Dichtflächenbearbeitung muss in der Anfrage oder Bestellung angegeben werden.

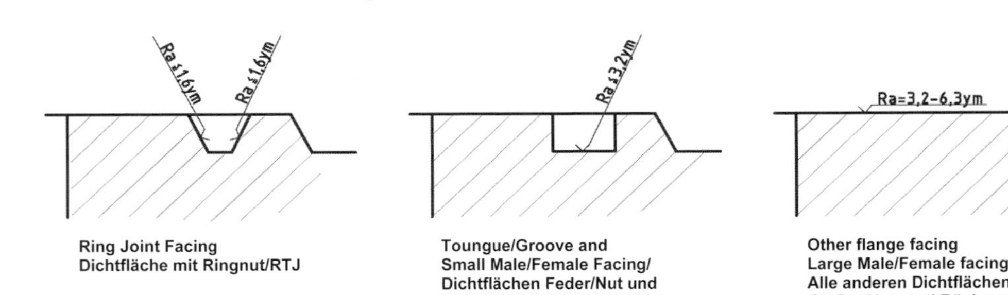

Ring Joint Facing
Dichtfläche mit Ringnut/RTJ

Toungue/Groove and
Small Male/Female Facing/
Dichtflächen Feder/Nut und
kleiner Vor- und Rücksprung

Other flange facing
Large Male/Female facings
Alle anderen Dichtflächen
Großer Vor- und Rücksprung

ASME B 16.5 – 2017 Large and Small Male/Female Facings/Large and Small Tongue / Groove Facings – Class 150 to 2500

Flächenbearbeitung mit großem und kleinem Vorsprung / Rücksprung mit großer und kleiner Feder / Nut – Druckstufen 150 bis 2500

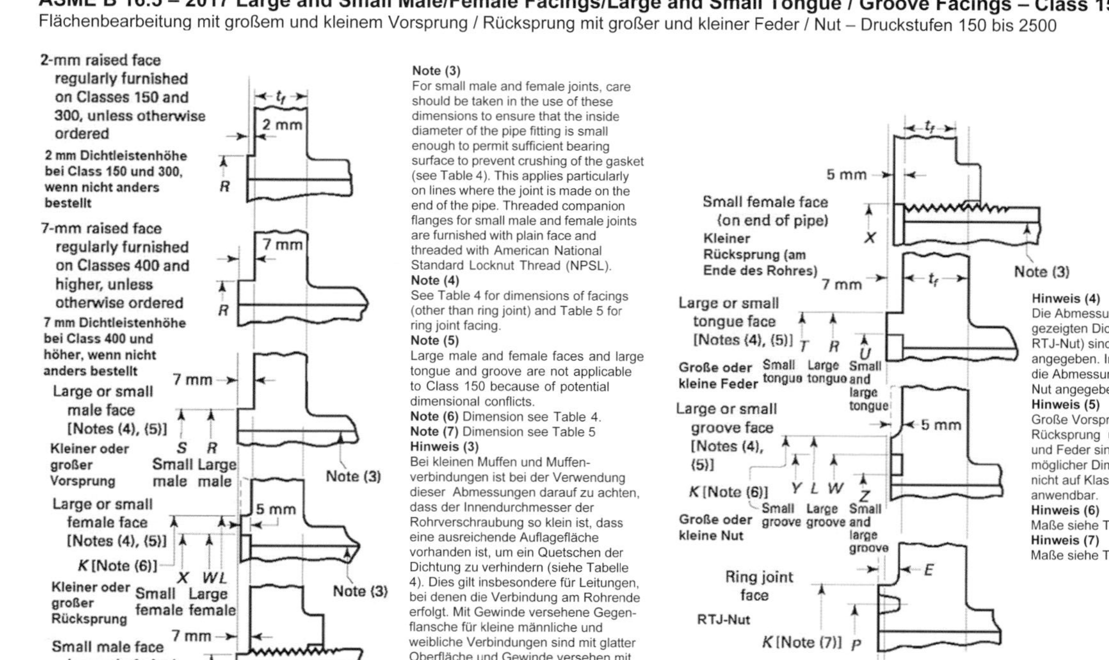

Note (3)
For small male and female joints, care should be taken in the use of these dimensions to ensure that the inside diameter of the pipe fitting is small enough to permit sufficient bearing surface to prevent crushing of the gasket (see Table 4). This applies particularly on lines where the joint is made on the end of the pipe. Threaded companion flanges for small male and female joints are furnished with plain face and threaded with American National Standard Locknut Thread (NPSL).

Note (4)
See Table 4 for dimensions of facings (other than ring joint) and Table 5 for ring joint facing.

Note (5)
Large male and female faces and large tongue and groove are not applicable to Class 150 because of potential dimensional conflicts.

Note (6) Dimension see Table 4.

Note (7) Dimension see Table 5

Hinweis (3)
Bei kleinen Muffen und Muffenverbindungen ist bei der Verwendung dieser Abmessungen darauf zu achten, dass der Innendurchmesser der Rohrverschraubung so klein ist, dass eine ausreichende Auflagefläche vorhanden ist, um ein Quetschen der Dichtung zu verhindern (siehe Tabelle 4). Dies gilt insbesondere für Leitungen, bei denen die Verbindung am Rohrende erfolgt. Mit Gewinde versehene Gegenflansche für kleine männliche und weibliche Verbindungen sind mit glatter Oberfläche und Gewinde versehen mit amerikanischem Standard-Kontermuttergewinde (NPSL).

Hinweis (4)
Die Abmessungen der hier gezeigten Dichtflächen (außer RTJ-Nut) sind in Tabelle 4 angegeben. In Tabelle 5 sind die Abmessungen für die RTJ-Nut angegeben.

Hinweis (5)
Große Vorsprung und Rücksprung und große Nut und Feder sind aufgrund möglicher Dimensionskonflikte nicht auf Klasse 150 anwendbar.

Hinweis (6)
Maße siehe Tabelle 4

Hinweis (7)
Maße siehe Tabelle 5

ASME B 16.5 – 2017 Table 4 Dimensions of Facings (Other than Ring Joints, All Pressure Rating)

Tabelle 4 Flächenbearbeitung (Ohne RTJ Nut, alle Druckstufen)

Nom. Pipe Size DN inch	Outside Diameter in. Außendurchmesser mm			Inside Diam. of Large and Small Tongue in. Innendurchmesser der großen und kleinen Feder mm	Outside Diameter in. Außendurchmesser mm			Inside Dia. of Large and Small Groove in. Innendurchmesser der großen und kleinen Nut mm	Diameter of Raised Face min. in. Durchmesser der Dichtleiste min. mm	
	Large Male and large Tongue Großer Vorsprung und große Feder	Small Male Kleiner Vorsprung	Small Tongue Kleine Feder		Large Female and Large Grove Großer Rücksprung und große Nut	Small Femal Kleiner Rücksprung	Small Groove Kleine Nut		Small Female and Groove Kleiner Rücksprung und Nut	Large Female and Groove Großer Rücksprung und Nut
	g	S	T	U	W	X	Y	Z	K	L
½	34,9	18,3	35,1	25,4	36,5	19,9	36,5	23,8	44	46
¾	42,9	23,8	42,9	33,3	44,4	25,4	44,4	31,8	52	54
1	50,8	30,2	47,8	38,1	52,4	31,8	49,2	36,5	57	62
1¼	63,5	38,1	57,2	47,6	65,1	39,7	58,7	46,0	67	75
1½	73,0	44,4	63,5	54,0	74,6	46,0	65,1	52,4	73	84
2	92,1	57,2	82,6	73,0	93,7	58,8	84,1	71,4	92	103
2½	104,8	68,3	95,2	85,7	106,4	69,8	96,8	84,1	105	116
3	127,0	84,1	117,5	108,0	128,6	85,7	119,1	106,4	127	138
3½	139,7	96,8	130,2	120,6	141,3	98,4	131,8	119,1	140	151
4	157,2	109,5	144,5	131,8	158,8	111,1	146,0	130,2	157	168

ASME B 16.5 – 2017 **Table 4** (continued) / **Tabelle 4** (fortgesetzt)

Nom. Pipe Size DN inch	Outside Diameter in. Außendurchmesser mm			Inside Diam. of Large and Small Tongue in. Innendurchmesser der großen und kleinen Feder mm	Outside Diameter in. Außendurchmesser mm			Inside Dia. of Large and Small Groove in. Innendurchmesser der großen und kleinen Nut mm	Diameter of Raised Face min. in. Durchmesser der Dichtleiste min. mm	
	Large Male and large Tongue Großer Vorsprung und große Feder	Small Male Kleiner Vorsprung	Small Tongue Kleine Feder		Large Female and Large Grove Großer Rücksprung und große Nut	Small Femal Kleiner Rücksprung	Small Groove Kleine Nut		Small Female and Groove Kleiner Rücksprung und Nut	Large Female and Groove Großer Rücksprung und Nut
	g	S	T	U	W	X	Y	Z	K	L
5	185,7	136,5	173,0	160,3	187,3	138,1	174,6	158,8	186	197
6	215,9	161,9	203,2	190,5	217,5	163,5	204,8	188,9	216	227
8	269,9	212,7	254,0	238,1	271,5	214,3	255,6	236,5	270	281
10	323,8	266,7	304,8	285,8	325,4	268,3	306,4	284,2	324	335
12	381,0	317,5	326,0	342,9	382,6	319,1	363,5	341,3	381	392
14	412,8	349,2	393,7	374,6	414,3	350,8	395,3	373,1	413	424
16	469,9	400,0	447,5	425,4	471,5	401,6	449,3	423,9	470	481
18	533,4	450,8	511,2	489,0	535,0	452,4	512,8	487,4	533	544
20	584,2	501,6	558,8	533,4	585,8	503,2	560,4	531,8	584	595
22	641,4	...	...	...	...	...	...	...	...	...
24	692,2	603,2	666,8	614,4	693,7	604,8	668,3	639,8	692	703

Flächenbearbeitung mit Ringnut
Ring Joint Facings

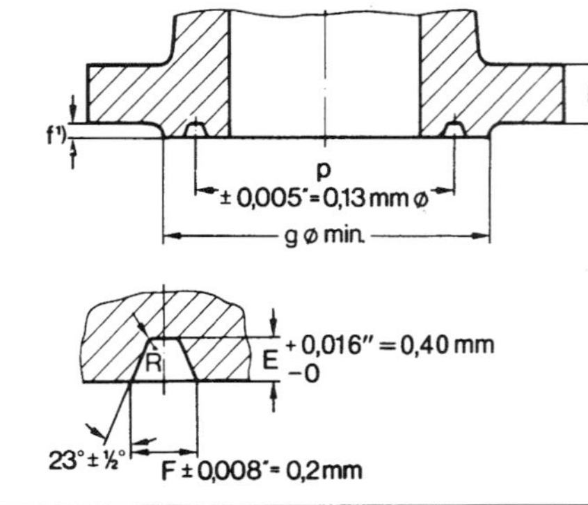

ASME B 16.5 – 2017

Nominal Size DN							Ring Number	Groove Dimensions in. Nut-Abmessungen mm				Diameter of Raised Face in. Durchmesser der Dichtleiste mm g				
Class 150	Class 300	Class 400	Class 600	Class 900	Class 1500	Class 2500	Ring Nummer	Pitch Diameter Nutkreis-Durchm. p	Depth Tiefe E	Width Breite F	Radius at Bottom max. Radius unten max. R	Class 150	Class 300 400 600	Class 900	Class 1500	Class 2500
	1/2"		1/2"				R 11	34,14	5,54	7,14	0,8		51,0			
					1/2"		R 12	39,67	6,35	8,74	0,8				60,5	
	3/4"		3/4"			1/2"	R 13	42,88	6,35	8,74	0,8		63,5			65,0
					3/4"		R 14	44,45	6,35	8,74	0,8				66,5	

1″		For sizes 1/2″ to 3 1/2″ data for 600 lb to be used. Für die Abmessungen 1/2″ bis 3 1/2″ sind die Angaben für 600 lb zu benutzen.		For sizes 1/2″ to 2 1/2″ data for 1500 lb to be used. Für die Abmessungen 1/2″ bis 2 1/2″ sind die Angaben für 1500 lb zu benutzen.			R 15	47,63	6,35	8,74	**0,8**	**63,5**				
	1″		1″		1″	3/4″	R 16	50,80	6,35	8,74	**0,8**		70,0		71,5	73,0
1 1/4″							R 17	57,15	6,35	8,74	**0,8**	73,0				
	1 1/4″		1 1/4″		1 1/4″	1″	R 18	60,33	6,35	8,74	**0,8**		79,5		**81,0**	82,5
1 1/2″							R 19	65,07	6,35	8,74	**0,8**	**82,5**				
	1 1/2″		1 1/2″		1 1/2″		R 20	68,27	6,35	8,74	**0,8**		90,5		92,0	
						1 1/4″	R 21	72,23	7,92	11,91	**0,8**					102,0
2″							R 22	82,55	6,35	8,74	**0,8**	102,0				
	2″		2″			1 1/2″	R 23	82,55	7,92	11,91	**0,8**		**108,0**			114,0
					2″		R 24	95,25	7,92	11,91	**0,8**				**124,0**	
2 1/2″							R 25	101,60	6,35	8,74	**0,8**	121,0				
	2 1/2″		2 1/2″			2″	R 26	101,60	7,92	11,91	**0,8**		**127,0**			133,0
					2 1/2″		R 27	107,95	7,92	11,91	**0,8**				137,0	
						2 1/2″	R 28	111,13	9,53	13,49	**1,5**					149,0

Tolerances: / Toleranzen (only in mm / nur in mm)
E = +0,4 mm – 0,0 mm
F = ± 0,2 mm
P = ± 0,13 mm
R = R ≤ 2 mm + 0,8 mm – 0 mm
R > 2 mm ± 0,8 mm

1) f = Height of raised portion and depth of groove dimensions »E« but not covered by tolerances for »E«.

1) f = Höhe der Dichtleiste und gleichzeitig Tiefe der Nutabmessung »E«, es gelten jedoch nicht die Toleranzen für »E«.

Flächenbearbeitung mit Ringnut
Ring Joint Facings

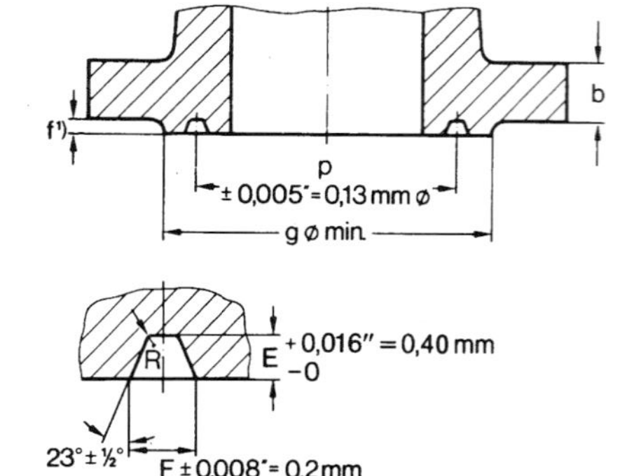

ASME B 16.5 – 2017

Nominal Size DN							Ring Number / Ring Nummer	Groove Dimensions in. / Nut-Abmessungen mm				Diameter of Raised Face in. / Durchmesser der Dichtleiste mm g				
Class 150	Class 300	Class 400	Class 600	Class 900	Class 1500	Class 2500		Pitch Diameter / Nutkreis-Durchm. p	Depth / Tiefe E	Width / Breite F	Radius at Bottom max. / Radius unten max. R	Class 150	Class 300	Class 300 400 600	Class 1500	Class 2500
3″		For Sizes ½ to 3½″ data for 600 lb to be used. Für die Abmessungen ½″ bis 3½″ sind die Angaben für 600 lb zu benutzen.					R 29	114,30	6,35	8,74	0,8	133,0				
	*)		*)				R 30	117,48	7,92	11,91	0,8					
	*)3″		*)3″	3″			R 31	123,83	7,92	11,91	0,8		146,0	156,0		
						3″	R 32	127,00	9,53	13,49	1,5					168,0
3½″							R 33	131,78	6,35	8,74	0,8	154,0				

	3½″		3½″				R 34	131,78	7,92	11,91	0,8		159,0			
					3″		R 35	136,53	7,92	11,91	0,8				168,1	
4″							R 36	149,23	6,35	8,74	0,8	171,0				
	4″	4″	4″	4″			R 37	149,23	7,92	11,91	0,8		175,0	181,0		
						4″	R 38	157,18	11,13	16,66	1,5					203,0
					4″		R 39	161,93	7,92	11,91	0,8				194,0	
5″							R 40	171,45	6,35	8,74	0,8	194,0				
	5″	5″	5″	5″			R 41	180,98	7,92	11,91	0,8		210,0	216,0		
						5″	R 42	190,50	12,70	19,84	1,5					241,0
6″							R 43	193,68	6,35	8,74	0,8	219,0				
					5″		R 44	193,68	7,92	11,91	0,8				229,0	
	6″	6″	6″	6″			R 45	211,12	7,92	11,91	0,8		241,0	241,0		

Tolerances: Toleranzen (only in mm nur in mm)

E = +0,4 mm – 0,0 mm
F = ± 0,2 mm
P = ± 0,13 mm
R = R ≤ 2 mm + 0,8 mm – 0 mm
R > 2 mm ± 0,8 mm

1) f = Height of raised portion and depth of groove dimensions »E« but not covered by tolerances for »E«.

*) For ring joint with lapped flanges in the 300, and 600 lb standards, ring and groove number R 30 are used instead of R 31.

1) f = Höhe der Dichtleiste und gleichzeitig Tiefe der Nutabmessung »E«, es gelten jedoch nicht die Toleranzen für »E«.

*) Für Verbindungen mit losen Flanschen in 300 und 600 lb Standards werden Ring und Nute Nummer R 30 anstatt R 31 benutzt.

Flächenbearbeitung mit Ringnut Ring Joint Facings

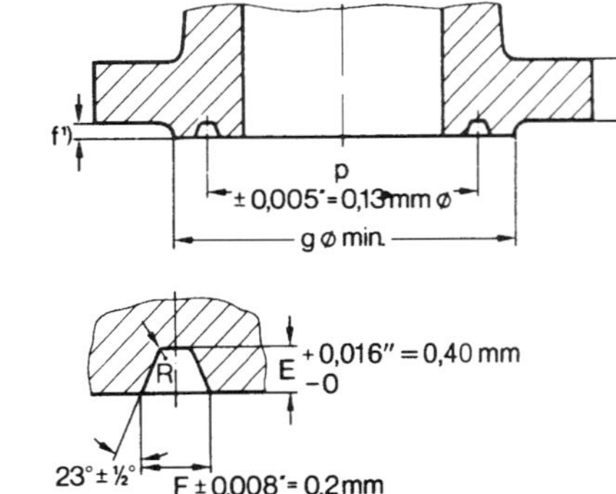

ASME B 16.5 – 2017

Nominal Size DN							Ring Number	Groove Dimensions in.[a] Nut-Abmessungen mm				Diameter of Raised Face in. Durchmesser der Dichtleiste mm g				
Class 150	Class 300	Class 400	Class 600	Class 900	Class 1500	Class 2500	Ring Nummer	Pitch Diameter Nutkreis-Durchm. p	Depth Tiefe E	Width Breite F	Radius at Bottom max. Radius unten max. R	Class 150	Class 300 400 600	Class 900	Class 1500	Class 2500
					6″		R 46	211,14	9,53	13,49	1,5				248,0	
						6″	R 47	228,60	12,70	19,84	1,5					279,0
8″							R 48	247,65	6,35	8,74	0,8	273,0				
	8″	8″	8″	8″			R 49	269,98	7,92	11,91	0,8		302,0	308,0		

					8″		R 50	269,88	11,13	16,66	1,5				318,0	
						8″	R 51	279,40	14,27	23,01	1,5					340,0
10″							R 52	304,80	6,35	8,74	0,8	330,0				
	10″	10″	10″	10″			R 53	323,85	7,92	11,91	0,8		356,0	362,0		
					10″		R 54	323,85	11,13	16,66	1,5				371,0	
						10″	R 55	342,90	17,48	30,18	2,4					425,0
12″							R 56	381,00	6,35	8,74	0,8	406,0				
	12″	12″	12″	12″			R 57	381,00	7,92	11,91	0,8		413,0	419,0		
					12″		R 58	381,00	14,27	23,01	1,5				438,0	
14″							R 59	396,88	6,35	8,74	0,8	425,0				
						12″	R 60	406,40	17,48	33,32	2,3					495,0
	14″	14″	14″				R 61	419,10	7,92	11,91	0,8		457,0			
				14″			R 62	419,10	11,13	16,66	1,5			467,0		
					14″		R 63	419,10	15,88	26,97	2,4				489,0	

Tolerances: Toleranzen (only in mm nur in mm)

E = +0,4 mm – 0,0 mm
F = ± 0,2 mm
P = ± 0,13 mm
R = R ≤ 2 mm + 0,8 mm – 0 mm
R > 2 mm ± 0,8 mm

1) f = Height of raised portion and depth of groove dimensions »E« but not covered by tolerances for »E«.

1) f = Höhe der Dichtleiste und gleichzeitig Tiefe der Nutabmessung »E«, es gelten jedoch nicht die Toleranzen für »E«.

Flächenbearbeitung mit Ringnut
Ring Joint Facings

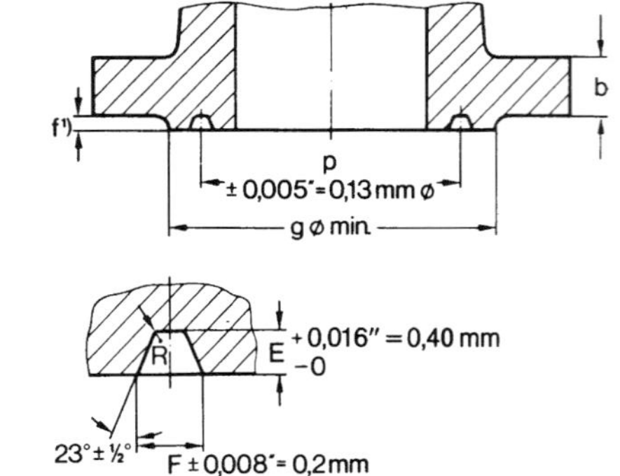

ASME B 16.5 – 2017

Nominal Size DN							Ring Number / Ring Nummer	Groove Dimensions in. Nut-Abmessungen mm				Diameter of Raised Face in. Durchmesser der Dichtleiste mm g				
Class 150	Class 300	Class 400	Class 600	Class 900	Class 1500	Class 2500		Pitch Diameter Nutkreis-Durchm. p	Depth Tiefe E	Width Breite F	Radius at Bottom max. Radius unten max. R	Class 150	Class 300 400 600	Class 900	Class 1500	Class 2500
16″							R 64	454,03	6,35	8,74	0,8	483,0				
	16″	16″	16″				R 65	469,90	7,92	11,91	0,8		508,0			
				16″			R 66	469,90	11,13	16,66	1,5			524,0		
					16″		R 67	469,90	17,48	30,18	2,4				546,0	

18″							R 68	20,375 517,53	0,250 6,35	0,344 8,74	0,03 0,8	21,50 546,0				
	18″	18″	18″				R 69	21,000 533,40	0,312 7,92	0,469 11,91	0,03 0,8		22,62 575,0			
				18″			R 70	21,000 533,40	0,500 12,70	0,781 19,84	0,06 1,5			23,38 594,0		
					18″		R 71	21,000 533,40	0,688 17,48	1,188 30,18	0,09 2,4				24,12 613,0	
20″							R 72	22,000 558,80	0,250 6,35	0,344 8,74	0,03 0,8	23,50 597,0				
	20″	20″	20″				R 73	23,000 584,20	0,375 9,53	0,531 13,49	0,06 1,5		25,00 635,0			
				20″			R 74	23,000 584,20	0,500 12,70	0,781 19,84	0,06 1,5			25,50 648,0		
					20″		R 75	23,000 584,20	0,688 17,48	1,312 33,32	0,09 2,4				26,50 673,0	
24″							R 76	26,500 673,10	0,250 6,35	0,344 8,74	0,03 0,8	28,00 711,0				
	24″	24″	24″				R 77	27,250 692,15	0,438 11,13	0,656 16,66	0,06 1,5		29,50 749,0			
				24″			R 78	27,250 691,5	0,625 15,88	1,062 26,97	0,09 2,4			30,38 772,0		
					24″		R 79	27,250 692,15	0,812 20,62	1,438 36,53	0,09 2,4				31,25 794,0	
22″							R 80	25,500 615,65	0,250 6,35	0,344 8,74	0,03 0,8	648,0				
	22″	22″	22″				R 81	27,000 635,00	0,438 11,13	15,09	0,06 1,5		686,0			

Tolerances: Toleranzen (only in mm nur in mm)

E = +0,4 mm – 0,0 mm
F = ± 0,2 mm
P = ± 0,13 mm
R = R ≤ 2 mm + 0,8 mm – 0 mm
R > 2 mm ± 0,8 mm

1) f = Height of raised portion and depth of groove dimensions »E« but not covered by tolerances for »E«.

1) f = Höhe der Dichtleiste und gleichzeitig Tiefe der Nutabmessung »E«, es gelten jedoch nicht die Toleranzen für »E«.

6.7 Welding End Preparation for Welding Neck Flanges/Anschweißenden von Vorschweißflanschen

6.7.1 Illustrations/Abbildungen

Figure 1 Bevel for Outside Thickness/Abbildung 1 Schweißkante mit zusätzlicher Verstärkung nach außen

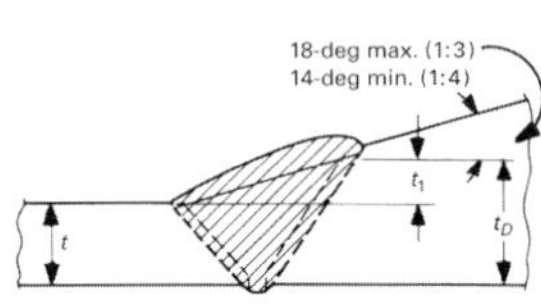

Welding Ends (Welding Neck Flanges) Additional Thickness for Welding to Higher Strength Pipe

Schweißkante mit zusätzliche Dicke zum Verschweißen mit Rohren höherer Festigkeit

General Notes:

(a) When the materials joined have equal minimum specified yield strength, there sha be no restriction on the minimum slope.

(b) Neither t_1, t_2, nor their sum t_1 + t_2 shall exceed 0.5t.

(c) When the minimum specified yield strengths of the sections to be joined are unequa the value of t_D shall at least equal the mating wall thickness times the ratio of minimum specified yield strength of the pipe to minimum specified yield strength of the flange.

(d) Welding shall be in accordance with the applicable code.

Allgemeine Hinweise:

(a) Wenn die verbundenen Materialien die gleiche minimale spezifizierte Streckgrenze haben, darf die minimale Neigung nicht eingeschränkt werden.

(b) Weder t_1, t_2, noch ihre Summe t_1 + t_2 dürfen 0,5t überschreiten.

(c) Wenn die angegebenen Mindeststreckgrenzen der zu verbindenden Profile nicht gleich sind, muss der Wert von t_D mindestens gleich der Wanddickenübereinstimmung mit dem Verhältnis der spezifizierten Mindeststreckgrenze des Rohrs zur angegebenen minimalen Streckgrenze des Flansches sein.

(d) Das Schweißen muss dem anwendbaren Code entsprechend durchgeführt werden.

Figure 2 Bevel for Inside Thickness/Abbildung 2 Schweißkante mit zusätzlicher Verstärkung nach innen

18-deg max. (1:3)
14-deg min. (1:4)

Welding Ends (Welding Neck Flanges) Additional Thickness for Welding to Higher Strength Pipe

Schweißkante mit zusätzliche Dicke zum Verschweißen mit Rohren höherer Festigkeit

General Notes:

(a When the materials joined have equal minimum specified yield strength, there shall no restriction on the minimum slope.

(b) Neither t_1, t_2, nor their sum t_1 + t_2 shall exceed 0.5t.

(c) When the minimum specified yield strengths of the sections to be joined are unequa the value of t_D shall at least equal the mating wall thickness times the ratio of minimum specified yield strength of the pipe to minimum specified yield strength of the flange.

(d) Welding shall be in accordance with the applicable code.

Allgemeine Hinweise:

(a) Wenn die verbundenen Materialien die gleiche minimale spezifizierte Streckgrenze haben, darf die minimale Neigung nicht eingeschränkt werden.

(b) Weder t_1, t_2 noch ihre Summe t_1 + t_2 dürfen 0,5t überschreiten.

(c) Wenn die angegebenen Mindeststreckgrenzen der zu verbindenden Profile nicht gleich sind, muss der Wert von t_D mindestens gleich der Wanddickenübereinstimmung mit dem Verhältnis der spezifizierten Mindeststreckgrenze des Rohrs zur angegebenen minimalen Streckgrenze des Flansches sein.

(d) Das Schweißen muss dem anwendbaren Code entsprechend durchgeführt werden.

Figure 3 Bevel for Combined Thickness/Abbildung 3 Schweißkante für innen und außen Verstärkung

18-deg max. (1:3)
14-deg min. (1:4)
18-deg max. (1:3)
14-deg min. (1:4)

Welding Ends (Welding Neck Flanges) Additional Thickness for Welding to Higher Strength Pipe

Schweißkante mit zusätzliche Dicke zum Verschweißen mit Rohren höherer Festigkeit

General Notes:

(a) When the materials joined have equal minimum specified yield strength, there shall no restriction on the minimum slope.

(b) Neither t_1, t_2, nor their sum t_1 + t_2 shall exceed 0.5t.

(c) When the minimum specified yield strengths of the sections to be joined are unequal the value of t_D shall at least equal the mating wall thickness times the ratio of minimum specified yield strength of the pipe to minimum specified yield strength of the flange.

(d) Welding shall be in accordance with the applicable code.

Allgemeine Hinweise:

(a) Wenn die verbundenen Materialien die gleiche minimale spezifizierte Streckgrenze haben, darf die minimale Neigung nicht eingeschränkt werden.

(b) Weder t_1, t_2 noch ihre Summe t_1 + t_2 dürfen 0,5t überschreiten.

(c) Wenn die angegebenen Mindeststreckgrenzen der zu verbindenden Profile nicht gleich sind, muss der Wert von t_D mindestens gleich der Wanddickenübereinstimmung mit dem Verhältnis der spezifizierten Mindeststreckgrenze des Rohrs zur angegebenen minimalen Streckgrenze des Flansches sein.

(d) Das Schweißen muss dem anwendbaren Code entsprechend durchgeführt werden.

ıgure 7 Bevel for Wall Thicknesses *t* From 5 mm to 22 mm inclusive
ɔbildung 7 Anschweißkante für Wanstärken t von 5 mm bis <=22 mm

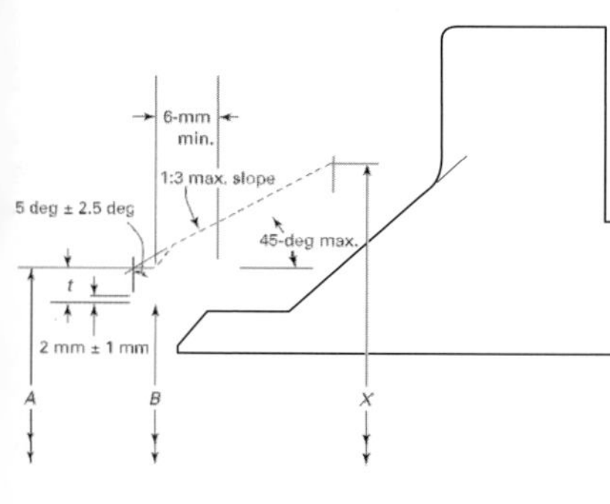

ıgure 8 Bevel for Wall Thicknesses *t* Greater than 22 mm
ɔbildung 8 Anschweißkante für Wandstärken t >22 mm

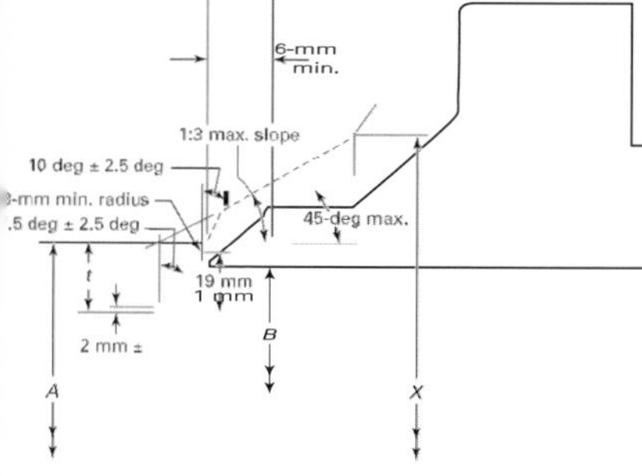

Figure 7 and 8/Abbildung 7 und 8
Welding Ends (Welding Neck Flanges, No Backing Rings)

A = nominal outside diameter of pipe
B = nominal inside diameter of pipe
t = nominal wall thickness of pipe
x = diameter of hub (see dimensional tables)

Anschweißkante (Vorschweißflansch, ohne Unterstützungsringe)

A = Nomineller Außendurchmesser Rohr
B = Nomineller Innendurchmesser Rohr
t = Nominelle Wandstärke Rohr
x = Durchmesser des Ansatzes (siehe Tabellen mit den Abmessungen)

General notes:

(a) Dimensions are in millimeters
(b) See paras. 6.7, 6.8, and 7.4 for details and tolerances.
(c) See Figures 9 and 10 of original Standard for additional details of welding ends.
(d) When the thickness of the hub at the bevel is greater than that of the pipe to which the flange is joined and the additional thickness is provided on the outside diameter, a taper weld having a slope not exceeding 1 to 3 may be used, or, alternatively, the greater outside diameter may be tapered at the same maximum slope or less, from a point on the welding bevel equal to the outside diameter of the mating pipe. Similarly, when the greater thickness is provided on the inside of the flange, it shall be taper-bored from the welding end at a slope not exceeding 1 to 3. When flanges covered by this Standard are intended for services with light wall, higher strength pipe, the thickness of the hub at the bevel may be greater than that of the pipe to which the flange is joined. Under these conditions, a single taper hub may be provided. The additional thickness may be provided on either inside or outside or partially on each side, but the total additional thickness shall not exceed one-half times the nominal wall thickness of intended mating pipe (see Figures 1 through 3).
(e) The hub transition from the *A* diameter to the *X* diameter shall fall within the maximum and minimum envelope outlined by the 1:3 max. slope and solid line.
(f) For welding end dimensions, refer to ASME B16.25.
(g) The 6-mm min. dimension applies only to the solid line configuration.

Allgemeine Hinweise:

(a) Abmessungen in mm
(b) Siehe Abs. 6.7, 6.8 und 7.4 für Details und Toleranzen
(c) Siehe Abbildung 9 und 10 der Originalnorm für zusätzliche Details der Anschweißenden
(d) Wenn die Dicke des Ansatzes an der Abschrägung größer ist als die des Rohrs, mit dem der Flansch verbunden ist, und die zusätzliche Dicke am Außendurchmesser vorgesehen ist, kann eine konische Schweißnaht mit einer Steigung von nicht mehr als 1 : 3 verwendet werden, oder alternativ kann der größere Außendurchmesser bei der gleichen maximalen Steigung oder weniger von einem Punkt an der Schweißfase, der gleich dem Außendurchmesser des Anschlussrohrs ist, verjüngt sein. Wenn die größere Dicke an der Innenseite des Flansches vorgesehen ist, muss sie ebenfalls vom Schweißende mit einer Neigung von höchstens 1 : 3 abgeschrägt sein. Wenn Flansche, die von dieser Norm abgedeckt werden, für Anwendungen mit dünneren Rohren mit höherer Festigkeit vorgesehen sind, kann die Dicke des Ansatzes an der Abschrägung größer sein als die des Rohrs, mit dem der Flansch verbunden ist. Unter diesen Bedingungen kann ein spezieller Ansatz gefertigt werden. Die zusätzliche Dicke kann dann entweder innen oder außen oder teilweise auf jeder Seite vorgesehen sein, jedoch darf die gesamte zusätzliche Dicke nicht die Hälfte der nominalen Wanddicke des beabsichtigten Verbindungsrohrs überschreiten. (Siehe Abbildung 1 bis 3).
(e) Der Ansatz vom A-Durchmesser zum X-Durchmesser muss innerhalb der maximalen und minimalen Umhüllung liegen, die durch den 1:3-max. Steigung und durchgezogene Linie festgelegt wird.
(f) Informationen über Anschweißenden sind in ASME B16.25 festgelegt.
(g) Die 6 mm gelten nur für die durchgezogene Linie.

7 Tolerances/Toleranzen

7.1 General-Allgemeines

For the purpose of determining conformance with this Standard, the convention for fixing significant digits where limits, maximum or minimum values, are specified shall be rounded as defined in ASTM Practice E29. This requires that an observed or calculated value shall be rounded to the nearest unit in the last right-hand digit used for expressing the limit. The listing of decimal tolerance does not imply a particular method of measurement.

Zur Feststellung der Übereinstimmung der festgelegt signifikanten Abmessungen mit dieser Norm, für die Grenzwerte, Höchst- oder Mindestwerte festgelegt si werden gemäß der Definition in ASTM-Verfahren E2 auf- oder abgerundet. Dies erfordert, dass ein gemessener oder berechneter Wert auf die nächste Einheit in der letzten rechten Ziffer gerundet wird, die die Angabe des Limits verwendet wird. Die Auflistung der Dezimaltoleranz beinhaltet keine bestimmte Meßmethode.

Tolerances-Toleranzen
Welding Neck Flanges
Vorschweißflansche

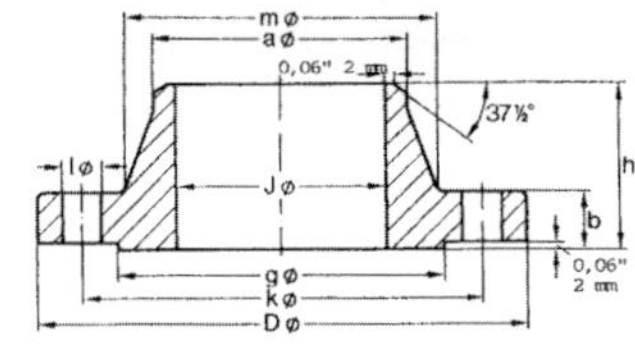

To/Nach ASME B 16.5 – 2017

[1] This tolerance is not covered by ASME B 16.5

[1] Diese Toleranz ist nicht in ASME B 16.5 enthalten

D Outside Diameter[1] Außendurchmesser[1]	When OD is 24inch or less	± 2,0 mm
	When OD is over 24 inch	± 4,0 mm
	Außendurchmesser bis 609,6 mm	± 2,0 mm
	Außendurchmesser über 609,6 mm	± 4,0 mm
J Inside Diameter Innendurchmesser	10 inch and smaller	± 1,0 mm
	12 to 18 inch	± 1,5 mm
	20 inch and larger	+3,0mm, –1,5 mm
	10 Zoll und kleiner	± 1,0 mm
	10 bis 18 Zoll	± 1,5 mm
	20 Zoll und größer	+3,0mm, –1,5 mm
g Diameter of Contact Face Durchmesser der Dichtleiste (not for flanges with ring-joint Nicht für Flansche mit Ringnut)	0,06“ Raised Face	± 1,0 mm
	0,25“ Raised Face	± 0,5 mm
	Tongue and Groove, Male and Female	± 0,5 mm
	2 mm Dichtleiste	± 1,0 mm
	7 mm Dichtleiste	± 0,5 mm
	Feder und Nut, Vor- und Rücksprung	± 0,5 mm
a Diameter of Hub at point of welding Ansatzdurchmesser an der Schweißkante	5″ and smaller	+2,0 mm/–1,0 mm
	6″ and larger	+4,0 mm/–1,0 mm
	5″ und kleiner	+2,0 mm/–1,0 mm
	6″ und größer	+4,0 mm/–1,0 mm
m Diameter of Hub at Base Ansatzdurchmesser unten	When Hub Base is 24″ or less	± 2,0 mm
	When Hub Base is over 24″	± 4,0 mm
	Wenn der Ansatz unten 610 mm oder kleiner ist	± 2,0 mm
	Wenn der Ansatz unten über 610 mm ist	± 4,0 mm
l Drilling and Facing Bohren und Bearbeiten	Bolt Circel Diameter k	± 1,5 mm
	Center-to-center of adjected bolt holes	± 0,8 mm
	max. eccentricity between bolt circle dia. k and machined facing diameters	
	Sizes 21/2″ and smaller	+0,8 mm
	Sizes 3″ and larger	+1,5 mm
	Lochkreisdurchmesser k	± 1,5 mm
	Mittenabstand angrenzender Schraublöcher	± 0,8 mm
	max. Exentrizität des Lochkreisdurchmessers k zu den bearbeiteten Durchmessern	
	NW 21/2″ und kleiner	+0,8 mm
	NW 3″ und größer	+1,5 mm
h Overal Length of Hub Gesamthöhe	4″ and smaller	± 1,5 mm
	5″ to 10″ inclusive	+1,5 mm/–3,0 mm
	12″ and larger	+3,0 mm/–5,0 mm
	4″ und kleiner	± 1,5 mm
	5 bis 10“ einschließlich	+1,5 mm/–3,0 mm
	12″ und größer	+3,0 mm/–5,0 mm
b Thickness Blattstärke	18″ and smaller	+3,0 mm/–0mm
	20″ and larger	+5,0 mm/–0mm
	18″ und kleiner	+3,0 mm/–0mm
	20″ und größer	+5,0 mm/–0mm

Tolerances-Maßtoleranzen
Lap Joint, Slip-on, Socket Welding, Threaded
Lose Flansche, Überschieb-, Einsteckschweiß-, Gewinde- und Blindflansche

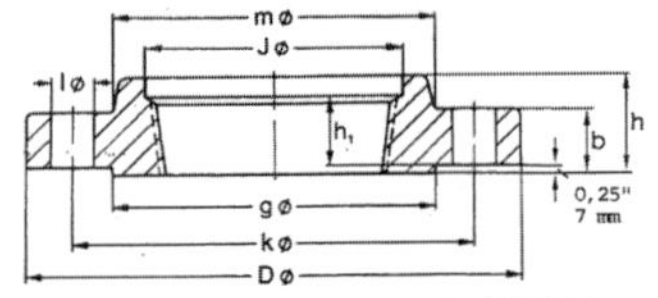

Thread type: Standard taper pipe thread to ANSI B 2.1
Gewindeart: Standard-Rohrgewinde (NPT) nach ANSI B 2.1

To/Nach ASME B 16.5 – 2017

1) This tolerance is not covered by ASME B 16.5
1) Diese Toleranz ist nicht in ASME B 16.5 enthalten

D Outside Diameter[1)] Außendurchmesser[1)]	When OD is 24inch or less When OD is over 24 inch Außendurchmesser bis 609,6 mm Außendurchmesser über 609,6 mm	± 1,6 mm ± 3,2 mm ± 1,6 mm ± 3,2 mm
J Inside Diameter Innendurchmesser Diameter of Counterbore same as Inside excluding Socket Welding Durchmesser der Eindrehung identisch mit Innendurchmesser mit Ausnahme Einsteckschweißflansch	Slip-on, Socket Welding and Lap Joint 10″ and smaller 12″ and larger Threaded Socket Welding ½″ to 3″(Counterbores) Überschieb-, Einsteckschweiß- und Losflansche 10″ und kleiner 12″ und größer Gewindeflansch Einsteckschweißflansche ½″ to 3″ (Eindrehung)	+1,0 mm/–0,0 mm +1,5 mm/–0,0 mm Within limits on boring gauge ± 0,25 mm +1,0 mm/–0,0 mm +1,5 mm/–0,0 mm Innerhalb der Gewindekaliber Toleranz ± 0,25 mm
g Diameter of Contact Face Durchmesser der Dichtleiste	0,06″ Raised Face 0,25″ Raised Face Tongue and Groove, Male and Female 2 mm Dichtleiste 7 mm Dichtleiste Feder und Nut, Vor- und Rücksprung	± 1,0 mm ± 0,5 mm ± 0,5 mm ± 1,0 mm ± 0,5 mm ± 0,5 mm not for flanges with Ring-Joint Nicht für Flansche mit Ringnut
m Diameter of Hub at Base[1)] Ansatzdurchmesser unten[1)]	5″ and smaller 6″ and larger 5″ und kleiner 6″ und größer	+2,0 mm/–1,0 mm +4,0 mm/–1,0 mm +2,0 mm/–1,0 mm +4,0 mm/–1,0 mm
l Drilling and Facing Bohren und Bearbeiten	Bolt Circel Diameter k Center-to-center of adjected bolt holes max. eccentricity between bolt circle dia. k and machined facing diameters Sizes 21/2″ and smaller Sizes 3″ and larger Lochkreisdurchmesser k Mittenabstand angrenzender Schraublöcher max. Exentrizität des Lochkreisdurchmessers k zu den bearbeiteten Durchmessern NW 21/2″ und kleiner NW 3″ und größer	± 1,5 mm ± 0,8 mm +0,8 mm +1,5 mm ± 1,5 mm ± 0,8 mm +0,8 mm +1,5 mm
h Overal Length of Hub[1)] Gesamthöhe[1)]	18″ and smaller 20″ and larger 18″ und kleiner 20″ und größer	+3,0 mm/–1,0 mm +5,0 mm/–2,0 mm +3,0 mm/–1,0 mm +5,0 mm/–2,0 mm
b Thickness Blattstärke	18″ and smaller 20″ and larger 18″ und kleiner 20″ und größer	+3,0 mm/–0 mm +5,0 mm/–0 mm +3,0 mm/–0 mm +5,0 mm/–0 mm

ASME B 16.5-2017 (Auszug/Summary)
Class 150
(ISO PN 20/20,0 bar)
Welding Neck Flanges
Vorschweißflansche

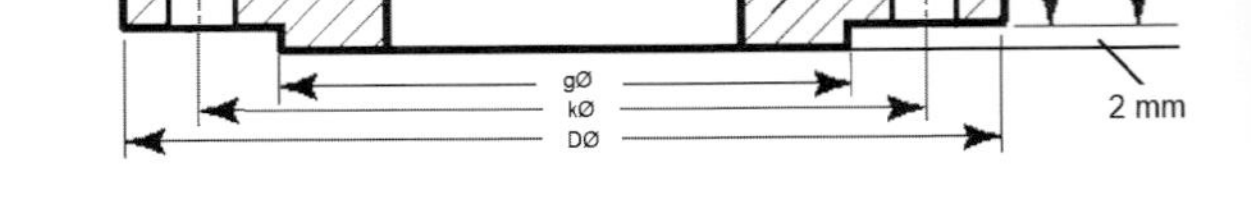

Dimension in mm/Maße in mm
For inch units refer to Mandatory Appendix II of ASME B 16.5-2017
Maße in Zoll siehe obligatorischen Anhang II der ASME B 16.5-2017

Pipe Rohr		Flange Flansch				Hub Ansatz		Raised Face Dichtleiste	Drilling Template Schraublöcher			≈ Weight Gewicht kg
Nom. Size DN	O D	D	J	b	h	a	m	g	Number Anzahl	l	k	
½″	21,3	90	15,8	9,6	46	21,3	30	34,9	4	15,7	60,3	0,48
¾″	26,7	100	20,9	11,2	51	26,7	38	42,9	4	15,7	69,9	0,71
1″	33,4	110	26,6	12,7	54	33,4	49	50,8	4	15,7	79,4	1,01
1¼″	42,2	115	35,1	14,3	56	42,2	59	63,5	4	15,7	88,9	1,33
1½″	48,3	125	40,9	15,9	60	48,3	65	73,0	4	15,7	98,4	1,72
2″	60,3	150	52,5	17,5	62	60,3	78	92,1	4	19,1	120,7	2,58
2½″	73,0	180	62,7	20,7	768	73,0	90	104,8	4	19,1	139,7	4,11
3″	88,9	190	77,9	22,3	68	88,9	108	127,0	4	19,1	152,4	4,92
3½″	101,6	215	90,1	22,3	70	101,6	122	139,7	8	19,1	177,8	6,08

4″	114,3	230	102,3	22,3	75	114,3	135	157,2	8	19,1	190,5	6,84
5″	141,3	255	128,2	22,3	87	141,3	164	185,7	8	22,4	215,9	8,56
6″	168,3	280	154,1	23,9	87	168,3	192	215,9	8	22,4	241,3	10,6
8″	219,1	345	202,7	27,0	100	219,1	246	269,9	8	22,4	298,5	17,6
10″	273	405	254,6	28,6	100	273,0	305	323,8	12	25,4	362,0	24,0
12″	323,8	485	304,8	30,2	113	323,8	365	381,0	12	25,4	431,8	36,5
14″	355,6	535	To be specified by Purchaser Vom Besteller anzugeben	33,4	125	355,6	400	412,8	12	28,4	476,3	48,4
16″	406,4	595		35,0	125	406,4	457	469,9	16	28,4	539,8	60,6
18″	457,2	635		38,1	138	457,0	505	533,4	16	31,8	577,9	68,3
20″	508	700		41,3	143	508,0	559	584,2	20	31,8	635,0	84,5
22“	558,8	750		44,5	148	558,8	610	641,4	20	35,1	692,2	99
24″	609,6	815		46,1	151	610,0	663	692,2	20	35,1	749,3	115

ASME B 16.5-2017 (Auszug/Summary)
Class 300
(ISO PN 50/51,73 bar)
Welding Neck Flanges
Vorschweißflansche

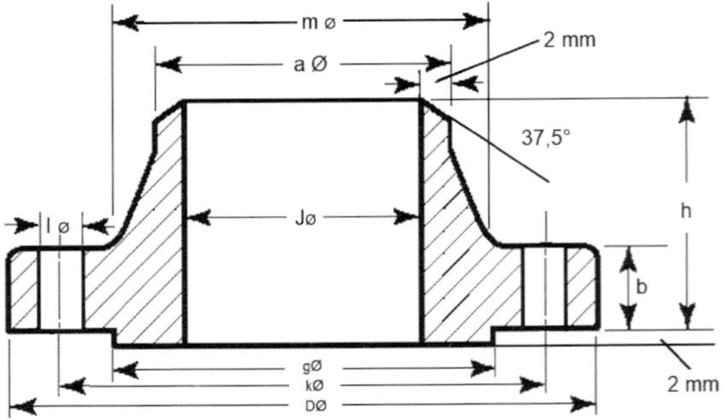

Dimension in mm/Maße in mm
For inch units refer to Mandatory Appendix II of ASME B 16.5-2017
Maße in Zoll siehe obligatorischen Anhang II der ASME B 16.5-2017

Pipe Rohr		Flange Flansch				Hub Ansatz		Raised Face Dichtleiste	Drilling Template Schraublöcher			≈ Weight Gewicht kg
Nom. Size DN	O D	D	J	b	h	a	m	g	Number Anzahl	l	k	
½″	21,3	95	15,8	12,7	51	21,3	38	34,9	4	15,7	66,7	0,75
¾″	26,7	115	20,9	14,3	56	26,7	48	42,9	4	19,0	82,6	1,26
1″	33,4	125	26,6	15,9	60	33,4	54	50,8	4	19,0	88,9	1,52
1¼″	42,2	135	35,1	17,5	64	42,2	64	63,5	4	19,0	98,4	2,03
1½″	48,3	155	40,9	19,1	67	48,3	70	73,0	4	22,3	114,3	2,89
2″	60,3	165	52,5	20,7	68	60,3	84	92,1	8	19,0	127,0	3,40
2½″	73,0	190	62,7	23,9	75	73,0	100	104,8	8	22,3	149,2	5,17
3″	88,9	210	77,9	27,0	78	88,9	117	127,0	8	22,3	168,3	6,93
3½″	101,6	230	90,1	28,6	79	101,6	133	139,7	8	22,3	184,2	8,67

4″	114,3	255	102,3	30,2	84	114,3	146	157,2	8	22,3	200,0	11,2
5″	141,3	280	128,2	33,4	97	141,3	178	185,7	8	22,3	235,0	15,1
6″	168,3	320	154,1	35,0	97	168,3	206	215,9	12	22,3	269,9	19,1
8″	219,1	380	202,7	39,7	110	219,1	260	269,9	12	25,4	330,2	29,9
10″	273	445	254,6	46,1	116	273,0	321	323,8	16	28,4	387,4	42,7
12″	323,8	520	304,8	49,3	129	323,8	375	381,0	16	31,7	450,8	61,8
14″	355,6	585	To be specified by Purchaser Vom Besteller anzugeben	52,4	141	355,6	425	412,8	20	31,7	514,4	85,8
16″	406,4	650		55,6	144	406,4	483	469,9	20	35,0	571,5	106,0
18″	457,2	710		58,8	157	457,0	533	533,4	24	35,0	628,6	131,0
20″	508	775		62,0	160	508,0	587	584,2	24	35,0	685,8	158,0
22″	558,8	840		65,1	164	558,8	640	641,4	24	41,1	734,0	194,0
24″	609,6	915		68,3	167	610,0	702	692,2	24	41,1	812,8	230,0

ASME B 16.5-2017 (Auszug/Summary)
Class 400
(68,9 bar)
Welding Neck Flanges
Vorschweißflansche

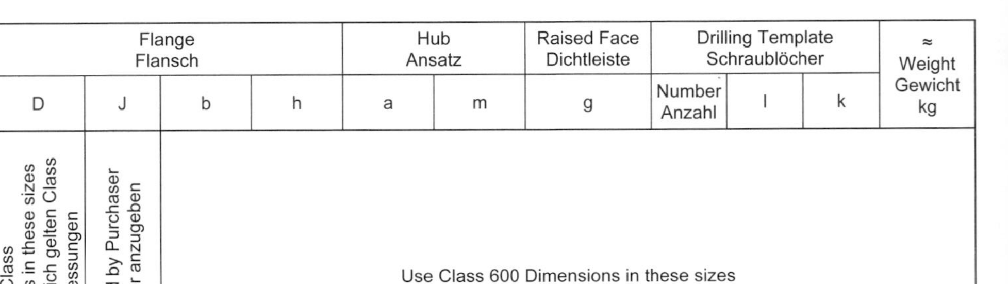

Dimension in mm/Maße in mm
For inch units refer to Mandatory Appendix II of ASME B 16.5-2017
Maße in Zoll siehe obligatorischen Anhang II der ASME B 16.5-2017

Pipe Rohr		Flange Flansch				Hub Ansatz		Raised Face Dichtleiste	Drilling Template Schraublöcher			≈ Weight Gewicht kg
Nom. Size DN	O D	D	J	b	h	a	m	g	Number Anzahl	l	k	
½″	21,3	Use Class 600 Dimensions in these sizes Für diesen Bereich gelten Class 600 Abmessungen	To be specified by Purchaser Vom Besteller anzugeben	Use Class 600 Dimensions in these sizes Für diesen Bereich gelten Class 600 Abmessungen								
¾″	26,7											
1″	33,4											
1¼″	42,2											
1½″	48,3											
2″	60,3											
2½″	73,0											
3″	88,9											
3½″	101,6											

4″	114,3	255	To be specified by Purchaser Vom Besteller anzugeben	35,0	89	114,3	146	157,2	8	25,4	200,0	12,8
5″	141,3	280		38,1	102	141,3	178	185,7	8	25,4	235,0	16,9
6″	168,3	320		41,3	103	168,3	206	215,9	12	25,4	269,9	22,0
8″	219,1	380		47,7	117	219,1	260	269,9	12	28,4	330,0	34,7
10″	273	445		54,0	124	273,0	321	323,8	16	31,8	387,4	48,5
12″	323,8	520		57,2	137	323,8	375	381,0	16	35,1	450,8	69,6
14″	355,6	585		60,4	149	355,6	425	412,8	20	35,1	514,4	95,5
16″	406,4	650		63,5	152	406,4	483	469,9	20	38,1	571,5	118
18″	457,2	710		66,7	165	457,0	533	533,4	24	38,1	628,6	145
20″	508	775		69,9	168	508,0	587	584,2	24	41,1	685,8	173
22″	558,8	840		73,1	171	558,8	640	641,4	24	44,45	743,0	211
24″	609,6	915		76,2	175	610,0	702	692,2	24	47,8	812,8	249

ASME B 16.5-2017 (Auszug/Summary)
Class 600
(ISO PN 110/103,46 bar)
Welding Neck Flanges
Vorschweißflansche

Dimension in mm/Maße in mm
For inch units refer to Mandatory Appendix II of ASME B 16.5-2017
Maße in Zoll siehe obligatorischen Anhang II der ASME B 16.5-2017

Pipe Rohr		Flange Flansch				Hub Ansatz		Raised Face Dichtleiste	Drilling Template Schraublöcher			≈ Weight Gewicht kg
Nom. Size DN	O D In.	D	J	b	h	a	m	g	Number Anzahl	l	k	
½″	21,3	95	To be specified by Purchaser Vom Besteller anzugeben	14,3	52	21,3	38	34,9	4	15,7	66,7	0,87
¾″	26,7	115		15,9	57	26,7	48	42,9	4	19,1	82,6	1,45
1″	33,4	125		17,5	62	33,4	54	50,8	4	19,1	88,9	1,76
1¼″	42,2	135		20,7	67	42,2	64	63,5	4	19,1	98,4	2,49
1½″	48,3	155		22,3	70	48,3	70	73,0	4	22,4	114,3	3,49
2″	60,3	165		25,4	73	60,3	84	92,1	8	19,1	127,0	4,36
2½″	73,0	190		28,6	79	73,0	100	104,8	8	22,4	149,2	6,43
3″	88,9	210		31,8	83	88,9	117	127,0	8	22,4	168,3	8,53
3½″	101,6	230		35,0	86	101,6	133	139,7	8	25,4	184,2	10,7

4″	114,3	275	To be specified by Purchaser Vom Besteller anzugeben	38,1	102	114,3	152	157,2	8	25,4	215,9	17,4
5″	141,3	330		44,5	114	141,3	189	185,7	8	28,4	266,7	29,2
6″	168,3	355		47,7	117	168,3	222	215,9	12	28,4	292,1	34,9
8″	219,1	420		55,6	133	219,1	273	269,9	12	31,8	349,2	53,9
10″	273	510		63,5	152	273,0	343	323,8	16	35,1	431,8	86,5
12″	323,8	560		66,7	156	323,8	400	381,0	20	35,1	489,0	103
14″	355,6	605		69,9	165	355,6	432	412,8	20	38,1	527,0	122
16″	406,4	685		76,2	178	406,4	495	469,9	20	41,1	603,2	170
18″	457,2	745		82,6	184	457,0	546	533,4	20	44,5	654,0	204
20″	508	815		88,9	190	508,0	610	584,2	24	44,5	723,9	254
22″	558,8	870		95,2	197	558,8	663	641,4	24	47,6	777,7	306
24″	609,6	940		101,6	203	610,0	718	692,2	24	50,8	838,2	358

ASME B 16.5-2017 (Auszug/Summary)
Class 900
(ISO PN 150/155,18 bar)
Welding Neck Flanges
Vorschweißflansche

Dimension in mm/Maße in mm
For inch units refer to Mandatory Appendix II of ASME B 16.5-2017
Maße in Zoll siehe obligatorischen Anhang II der ASME B 16.5-2017

Pipe Rohr		Flange Flansch				Hub Ansatz		Raised Face Dichtleiste	Drilling Template Schraublöcher			≈ Weight Gewicht kg
Nom. Size DN	O D	D	J	b	h	a	m	g	Number Anzahl	l	k	
½″	21,3	Use Class 1500 Dimensions in these sizes Für diesen Bereich gelten Class 1500 Abmessungen	To be specified by Purchaser Vom Besteller anzugeben	Use Class 1500 Dimensions in these sizes Für diesen Bereich gelten Class 1500 Abmessungen								
¾″	26,7											
1″	33,4											
1¼″	42,2											
1½″	48,3											
2″	60,3											
2½″	73,0											
3″	88,9	240		38,1	102	88,9	127	127,0	8	25,4	190,5	13,7

4″	114,3	290	To be specified by Purchaser Vom Besteller anzugeben	44,5	114	114,3	159	157,2	8	31,7	235,0	22,5
5″	141,3	350		50,8	127	141,3	190	185,7	8	35,0	279,4	37,4
6″	168,3	380		55,6	140	168,3	235	215,9	12	31,7	317,5	47,7
8″	219,1	470		63,5	162	219,1	298	269,9	12	38,1	393,7	81,3
10″	273	545		69,9	184	273,0	368	323,8	16	38,1	469,9	119
12″	323,8	610		79,4	200	323,8	419	381,0	20	38,1	533,4	157
14″	355,6	640		85,8	213	355,6	451	412,8	20	41,1	558,8	180
16″	406,4	705		88,9	216	406,4	508	469,9	20	44,4	616,0	217
18″	457,2	785		101,6	229	457,0	565	533,4	20	50,8	685,8	292
20″	508	855		108,0	248	508,0	622	584,2	20	53,8	749,3	362
24″	609,6	1 040		139,7	292	610,0	749	692,2	20	66,5	901,7	665

ASME B 16.5-2017 (Auszug/Summary)
Class 1500
(ISO PN 260/258,64 bar)
Welding Neck Flanges
Vorschweißflansche

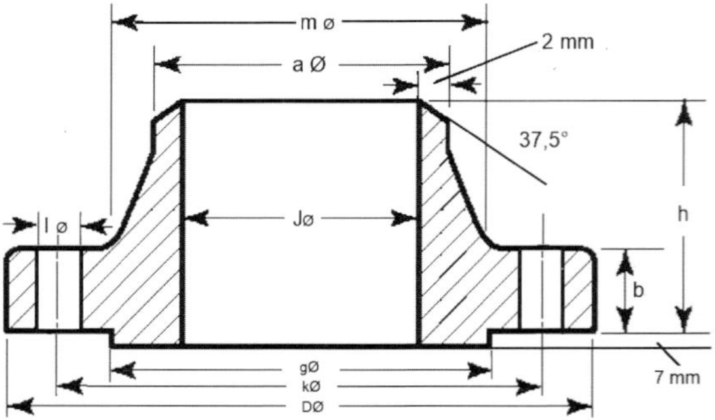

Dimension in mm/Maße in mm
For inch units refer to Mandatory Appendix II of ASME B 16.5-2017
Maße in Zoll siehe obligatorischen Anhang II der ASME B 16.5-2017

Pipe Rohr		Flange Flansch				Hub Ansatz		Raised Face Dichtleiste	Drilling Template Schraublöcher			≈ Weight Gewicht kg
Nom. Size DN	O D	D	J	b	h	a	m	g	Number Anzahl	l	k	
½″	21,3	120	To be specified by Purchaser Vom Besteller anzugeben	22,3	60	21,3	38	34,9	4	22,3	82,6	1,87
¾″	26,7	130		25,4	70	26,7	44	42,9	4	22,3	88,9	2,56
1″	33,4	150		28,6	73	33,4	52	50,8	4	25,4	101,6	3,74
1¼″	42,2	160		28,6	73	42,2	64	63,5	4	25,4	111,1	4,33
1½″	48,3	180		31,8	83	48,3	70	73,0	4	28,4	123,8	5,94
2″	60,3	215		38,1	102	60,3	105	92,1	8	25,4	165,1	10,8
2½″	73,0	245		41,3	105	73,0	124	104,8	8	28,4	190,5	15,0
3″	88,9	265		47,7	117	88,9	133	127,0	8	31,7	203,2	19,9

4″	114,3	310	To be specified by Purchaser Vom Besteller anzugeben	54,0	124	114,3	162	157,2	8			29,9
5″	141,3	375		73,1	156	141,3	197	185,7	8	41,1	292,1	55,4
6″	168,3	395		82,6	171	168,3	229	215,9	12	38,1	317,5	68,4
8″	219,1	485		92,1	213	219,1	292	269,9	12	44,4	393,7	117
10″	273	585		108,0	254	273,0	368	323,8	12	50,8	482,6	194
12″	323,8	675		123,9	283	323,8	451	381,0	16	53,8	571,5	288
14″	355,6	750		133,4	298	355,6	495	412,8	16	60,4	635,0	380
16″	406,4	825		146,1	311	406,4	552	469,9	16	66,5	704,8	485
18″	457,2	915		162,0	327	457,0	597	533,4	16	73,1	774,7	644
20″	508	985		177,8	356	508,0	641	584,2	16	79,2	831,8	775
24″	609,6	1 170		203,2	406	610,0	762	692,2	16	91,9	990,6	1 232

ASME B 16.5-2017 (Auszug/Summary)
Class 2500
(ISO PN 420/431,06 bar)
Welding Neck Flanges
Vorschweißflansche

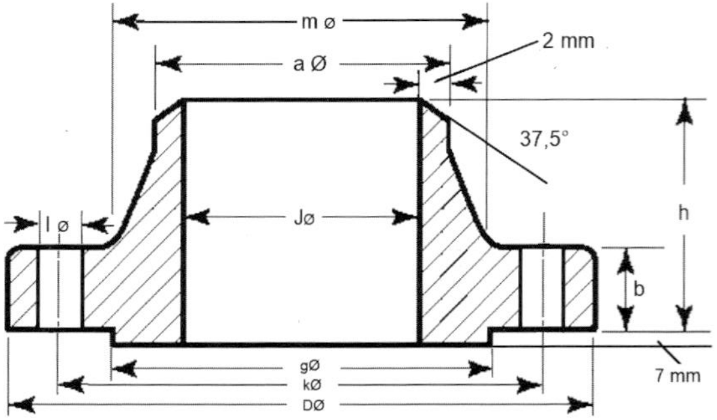

Dimension in mm/Maße in mm
For inch units refer to Mandatory Appendix II of ASME B 16.5-2017
Maße in Zoll siehe obligatorischen Anhang II der ASME B 16.5-2017

Pipe Rohr		Flange Flansch				Hub Ansatz		Raised Face Dichtleiste	Drilling Template Schraublöcher			≈ Weight Gewicht kg
Nom. Size DN	O D	D	J	b	h	a	m	g	Number Anzahl	l	k	
½″	21,3	135	To be specified by Purchaser Vom Besteller anzugeben	30,2	73	21,3	43	34,9	4	22,4	88,9	3,12
¾″	26,7	140		31,8	79	26,7	51	42,9	4	22,4	95,2	3,70
1″	33,4	160		35,0	89	33,4	57	50,8	4	25,4	108,0	5,24
1¼″	42,2	185		38,1	95	42,2	73	63,5	4	28,4	130,2	7,74
1½″	48,3	205		44,5	111	48,3	79	73,0	4	31,8	146,0	10,9
2″	60,3	235		50,9	127	60,3	95	92,1	8	28,4	171,4	16,2
2½″	73,0	265		57,2	143	73,0	114	104,8	8	31,8	196,8	23,7
3″	88,9	305		66,7	168	88,9	133	127,0	8	35,1	228,6	36,2

4″	114,3	355	To be specified by Purchaser Vom Besteller anzugeben	76,2	190	114,3	165	157,2	8	41,1	273,0	55,3
5″	141,3	420		92,1	229	141,3	203	185,7	8	47,8	323,8	92,5
6″	168,3	485		108,0	273	168,3	235	215,9	8	53,8	368,3	143
8″	219,1	550		127,0	318	219,1	305	269,9	12	53,8	438,2	215
10″	273	675		165,1	419	273,0	375	323,8	12	66,5	539,8	406
12″	323,8	760		184,2	464	323,8	441	381,0	12	73,2	619,1	572

ASME B 16.5-2017 (Auszug/Summary)
Class 150
(ISO PN 20/20,0 bar)
Blind Flanges
Blindflansche

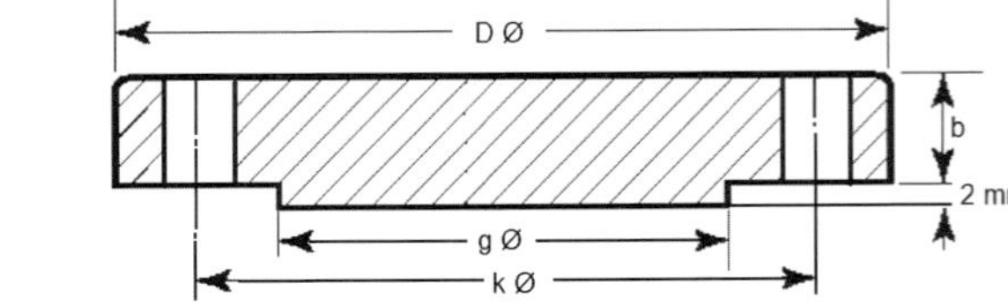

Dimension in mm/Maße in mm
For inch units refer to Mandatory Appendix II of ASME B 16.5-2017
Maße in Zoll siehe obligatorischen Anhang II der ASME B 16.5-2017

Pipe Rohr		Flange Flansch		Raised Face Dichtleiste	Drilling Template Schraublöcher			≈ Weight Gewicht kg
Nom. Size DN	O D	D	b	g	Number Anzahl	l	k	
½″	21,3	90	9,6	34,9	4	15,7	60,3	0,42
¾″	26,7	100	11,2	42,9	4	15,7	69,9	0,61
1″	33,4	110	12,7	50,8	4	15,7	79,4	0,86
1¼″	42,2	115	14,3	63,5	4	15,7	88,9	1,17
1½″	48,3	125	15,9	73,0	4	15,7	98,4	1,53
2″	60,3	150	17,5	92,1	4	19,1	120,7	2,42
2½″	73,0	180	20,7	104,8	4	19,1	139,7	3,94
3″	88,9	190	22,3	127,0	4	19,1	152,4	4,93
3½″	101,6	215	22,3	139,7	8	19,1	177,8	6,17

4″	114,3	230	22,3	157,2	8	19,1	190,5	7,00
5″	141,3	255	22,3	185,7	8	22,4	215,9	8,63
6″	168,3	280	23,9	215,9	8	22,4	241,3	11,3
8″	219,1	345	27,0	269,9	8	22,4	298,5	19,6
10″	273	405	28,6	323,8	12	25,4	362,0	28,8
12″	323,8	485	30,2	381,0	12	25,4	431,8	43,2
14″	355,6	535	33,4	412,8	12	28,4	476,3	58,1
16″	406,4	595	35,0	469,9	16	28,4	539,8	76,0
18″	457,2	635	38,1	533,4	16	31,8	577,9	93,7
20″	508	700	41,3	584,2	20	31,8	635,0	122
22″	558,8	750	44,5	641,4	20	34,9	692,2	154
24″	609,6	815	46,1	692,2	20	35,1	749,3	185

ASME B 16.5-2017 (Auszug/Summary)
Class 300
(ISO PN 50/51,73 bar)
Blind Flanges
Blindflansche

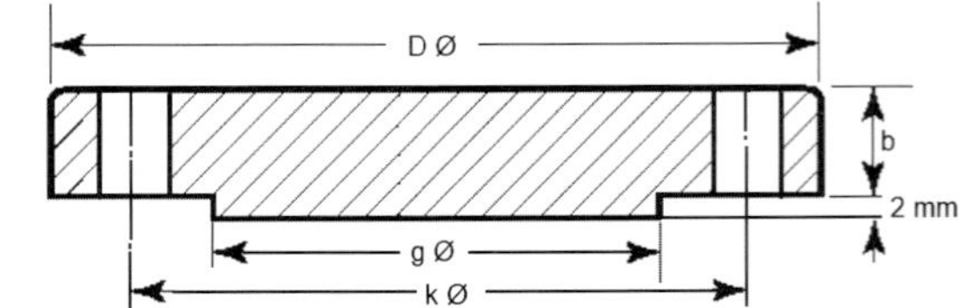

Dimension in mm/Maße in mm
For inch units refer to Mandatory Appendix II of ASME B 16.5-2017
Maße in Zoll siehe obligatorischen Anhang II der ASME B 16.5-2017

Pipe Rohr		Flange Flansch		Raised Face Dichtleiste	Drilling Template Schraublöcher			≈ Weight Gewicht kg
Nom. Size DN	O D	D	b	g	Number Anzahl	l	K	
½″	21,3	95	12,7	34,9	4	15,7	66,7	0,64
¾″	26,7	115	14,3	42,9	4	19,1	82,6	1,11
1″	33,4	125	15,9	50,8	4	19,1	88,9	1,39
1¼″	42,2	135	17,5	63,5	4	19,1	98,4	1,79
1½″	48,3	155	19,1	73,0	4	22,4	114,3	2,66
2″	60,3	165	20,7	92,1	8	19,1	127,0	3,18
2½″	73,0	190	23,9	104,8	8	22,3	149,2	4,85
3″	88,9	210	27,0	127,0	8	22,3	168,3	6,81
3½″	101,6	230	28,6	139,7	8	22,3	184,2	8,71

4″	114,3	255	30,2	157,2	8	22,3	200,0	11,5
5″	141,3	280	33,4	185,7	8	22,3	235,0	15,6
6″	168,3	320	35,0	215,9	12	22,3	269,9	20,9
8″	219,1	380	39,7	269,9	12	25,4	330,2	34,3
10″	273	445	46,1	323,8	16	28,4	387,4	53,3
12″	323,8	520	49,3	381,0	16	31,7	450,8	78,8
14″	355,6	585	52,4	412,8	20	31,7	514,4	105
16″	406,4	650	55,6	469,9	20	35,0	571,5	137
18″	457,2	710	58,8	533,4	24	35,0	628,6	175
20″	508	775	62,0	584,2	24	35,0	685,8	221
22″	558,8	840	65,1	641,4	24	41,1	743,0	280
24″	609,6	915	68,3	692,2	24	41,1	812,8	339

ASME B 16.5-2017 (Auszug/Summary)
Class 400
(68,9 bar)
Blind Flanges
Blindflansche

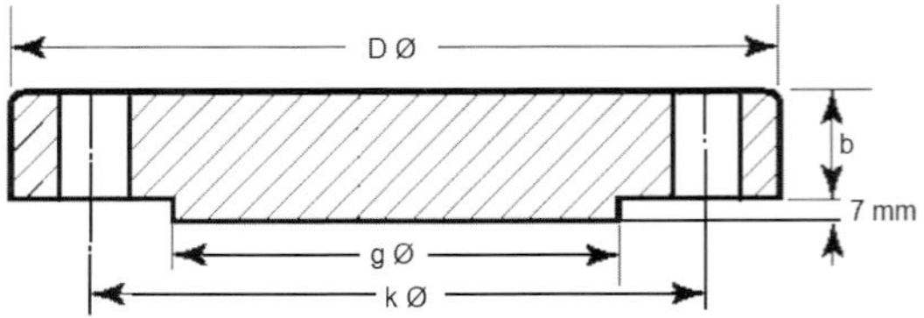

Dimension in mm/Maße in mm

For inch units refer to Mandatory Appendix II of ASME B 16.5-2017
Maße in Zoll siehe obligatorischen Anhang II der ASME B 16.5-2017

Pipe Rohr		Flange Flansch		Raised Face Dichtleiste	Drilling Template Schraublöcher			≈ Weight Gewicht kg
Nom. Size DN	O D In.	D	b	g	Number Anzahl	l	K	
½″	21,3	Use Class 600 Dimensions in these sizes Für diesen Bereich gelten Class 600 Abmessungen						
¾″	26,7							
1″	33,4							
1¼″	42,2							
1½″	48,3							
2″	60,3							
2½″	73,0							
3″	88,9							
3½″	101,6							

4″	114,3	255	35,0	157,2	8	25,4	200,0	13,7
5″	141,3	280	38,1	185,7	8	25,4	235,0	18,5
6″	168,3	320	41,3	215,9	12	25,4	269,9	25,5
8″	219,1	380	47,7	269,9	12	28,4	330,0	42,6
10″	273	445	54,0	323,8	16	31,8	387,4	64,5
12″	323,8	520	57,2	381,0	16	35,1	450,8	94,3
14″	355,6	585	60,4	412,8	20	35,1	514,4	124
16″	406,4	650	63,5	469,9	20	38,1	571,5	162
18″	457,2	710	66,7	533,4	24	38,1	628,6	205
20″	508	775	69,9	584,2	24	41,1	685,8	254
22″	558,8	840	73,1	641,4	24	44,5	743,0	320
24″	609,6	915	76,2	692,2	24	47,8	812,8	386

ASME B 16.5-2017 (Auszug/Summary)
Class 600
(ISO PN 110/103,46 bar)
Blind Flanges
Blindflansche

Dimension in mm/Maße in mm

For inch units refer to Mandatory Appendix II of ASME B 16.5-2017
Maße in Zoll siehe obligatorischen Anhang II der ASME B 16.5-2017

Pipe Rohr		Flange Flansch		Raised Face Dichtleiste	Drilling Template Schraublöcher			≈ Weight Gewicht kg
Nom. Size DN	O D In.	D Inch/mm	b Inch/mm	g Inch/mm	Number Anzahl	l Inch/mm	K Inch/mm	
½″	21,3	95	14,3	34,9	4	15,7	66,7	0,76
¾″	26,7	115	15,9	42,9	4	19,1	82,6	1,28
1″	33,4	125	17,5	50,8	4	19,1	88,9	1,60
1¼″	42,2	135	20,7	63,5	4	19,1	98,4	2,23
1½″	48,3	155	22,3	73,0	4	22,4	114,3	3,25
2″	60,3	165	25,4	92,1	8	19,1	127,0	4,15
2½″	73,0	190	28,6	104,8	8	22,4	149,2	6,13
3″	88,9	210	31,8	127,0	8	22,4	168,3	8,44
3½″	101,6	230	35,0	139,7	8	25,4	184,2	11,0

4″	114,3	275	38,1	157,2	8	25,4	215,9	17,3
5″	141,3	330	44,5	185,7	8	28,4	266,7	29,4
6″	168,3	355	47,7	215,9	12	28,4	292,1	36,1
8″	219,1	420	55,6	269,9	12	31,8	349,2	58,9
10″	273	510	63,5	323,8	16	35,1	431,8	97,5
12″	323,8	560	66,7	381,0	20	35,1	489,0	124
14″	355,6	605	69,9	412,8	20	38,1	527,0	151
16″	406,4	685	76,2	469,9	20	41,1	603,2	214
18″	457,2	745	82,6	533,4	20	44,5	654,0	272
20″	508	815	88,9	584,2	24	44,5	723,9	349
22″	558,8	870	95,2	641,4	24	47,6	777,7	441
24″	609,6	940	101,6	692,2	24	50,8	838,2	533

ASME B 16.5-2017 (Auszug/Summary)
Class 900
(ISO PN 150/155,18 bar)
Blind Flanges
Blindflansche

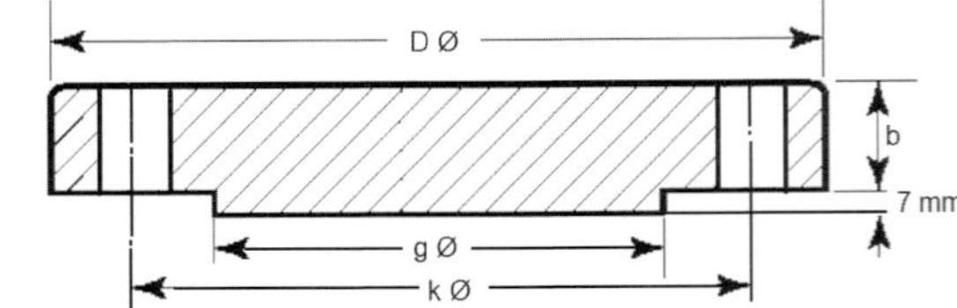

Dimension in mm/Maße in mm
For inch units refer to Mandatory Appendix II of ASME B 16.5-2017
Maße in Zoll siehe obligatorischen Anhang II der ASME B 16.5-2017

Pipe Rohr		Flange Flansch		Raised Face Dichtleiste	Drilling Template Schraublöcher			≈ Weight Gewicht kg
Nom. Size DN	O D In.	D Inch/mm	b Inch/mm	g Inch/mm	Number Anzahl	I Inch/mm	K Inch/mm	
½″	21,3	Use Class 1500 Dimensions in these sizes Für diesen Bereich gelten Class 1500 Abmessungen						
¾″	26,7							
1″	33,4							
1¼″	42,2							
1½″	48,3							
2″	60,3							
2½″	73,0							
3″	88,9	240	38,1	127,0	8	25,4	190,5	13,1

4″	114,3	290	44,5	157,2	8	31,7	235,0	26,9
5″	141,3	350	50,8	185,7	8	35,0	279,4	36,5
6″	168,3	380	55,6	215,9	12	31,7	317,5	47,4
8″	219,1	470	63,5	269,9	12	38,1	393,7	82,5
10″	273	545	69,9	323,8	16	38,1	469,9	122
12″	323,8	610	79,4	381,0	20	38,1	533,4	173
14″	355,6	640	85,8	412,8	20	41,1	558,8	206
16″	406,4	705	88,9	469,9	20	44,4	616,0	259
18″	457,2	785	101,6	533,4	20	50,8	685,8	367
20″	508	855	108,0	584,2	20	53,8	749,3	463
24″	609,6	1 040	139,7	692,2	20	66,5	901,7	876

ASME B 16.5-2017 (Auszug/Summary)
Class 1500
(ISO PN 260/258,64 bar)
Blind Flanges
Blindflansche

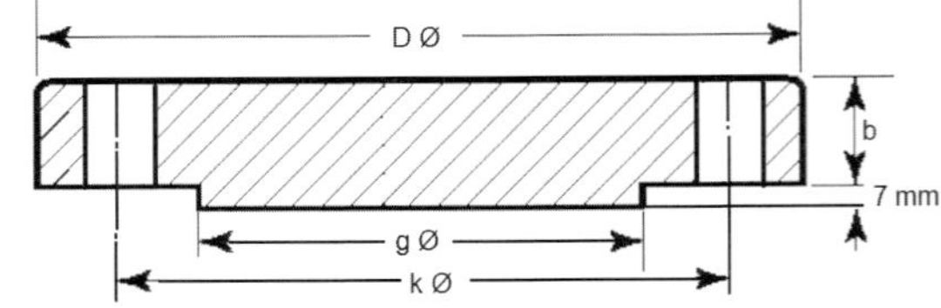

Dimension in mm/Maße in mm

For inch units refer to Mandatory Appendix II of ASME B 16.5-2017
Maße in Zoll siehe obligatorischen Anhang II der ASME B 16.5-2017

Pipe Rohr		Flange Flansch		Raised Face Dichtleiste	Drilling Template Schraublöcher			≈ Weight Gewicht kg
Nom. Size DN	O D	D	b	g	Number Anzahl	l	K	
½″	21,3	120	22,3	34,9	4	22,3	82,6	1,77
¾″	26,7	130	25,4	42,9	4	22,3	88,9	2,42
1″	33,4	150	28,6	50,8	4	25,4	101,6	3,57
1¼″	42,2	160	28,6	63,5	4	25,4	111,1	4,14
1½″	48,3	180	31,8	73,0	4	28,4	123,8	5,75
2″	60,3	215	38,1	92,1	8	25,4	165,1	10,1
2½″	73,0	245	41,3	104,8	8	28,4	190,5	14,0
3″	88,9	265	47,7	127,0	8	31,7	203,2	19,1

4"	114,3	310	54,0	157,2	8	35,0	241,3	29,9
5"	141,3	375	73,1	185,7	8	41,1	292,1	58,4
6"	168,3	395	82,6	215,9	12	38,1	317,5	71,8
8"	219,1	485	92,1	269,9	12	44,4	393,7	122
10"	273	585	108,0	323,8	12	50,8	482,6	210
12"	323,8	675	123,9	381,0	16	53,8	571,5	316
14"	355,6	750	133,4	412,8	16	60,4	635,0	420
16"	406,4	825	146,1	469,9	16	66,5	704,8	558
18"	457,2	915	162,0	533,4	16	73,1	774,7	760
20"	508	985	177,8	584,2	16	79,2	831,8	965
24"	609,6	1 170	203,2	692,2	16	91,9	990,6	1 558

ASME B 16.5-2017 (Auszug/Summary)
Class 2500
(ISO PN 420/431,06 bar)
Blind Flanges
Blindflansche

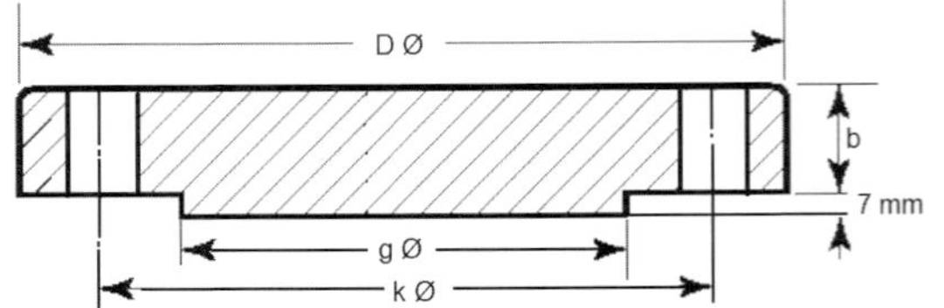

Dimension in mm/Maße in mm

For inch units refer to Mandatory Appendix II of ASME B 16.5-2017
Maße in Zoll siehe obligatorischen Anhang II der ASME B 16.5-2017

Pipe Rohr		Flange Flansch		Raised Face Dichtleiste	Drilling Template Schraublöcher			≈ Weight Gewicht kg
Nom. Size DN	O D	D	b	g	Number Anzahl	l	K	
½″	21,3	135	30,2	34,9	4	22,4	88,9	2,99
¾″	26,7	140	31,8	42,9	4	22,4	95,2	3,50
1″	33,4	160	35,0	50,8	4	25,4	108,0	4,96
1¼″	42,2	185	38,1	63,5	4	28,4	130,2	7,35
1½″	48,3	205	44,5	73,0	4	31,8	146,0	10,4
2″	60,3	235	50,9	92,1	8	28,4	171,4	15,6
2½″	73,0	265	57,2	104,8	8	31,8	196,8	22,6
3″	88,9	305	66,7	127,0	8	35,1	228,6	34,8

4″	114,3	355	76,2	157,2	8	41,1	273,0	53,9
5″	141,3	420	92,1	185,7	8	47,8	323,8	90,8
6″	168,3	485	108,0	215,9	8	53,8	368,3	141
8″	219,1	550	127,0	269,9	12	53,8	438,2	214
10″	273	675	165,1	323,8	12	66,5	539,8	411
12″	323,8	760	184,2	381,0	12	73,2	619,1	592

ASME B 16.5-2017 (Auszug/Summary)
Class 150
(ISO PN 20/20,0 bar)
Slip-on Welding Flanges
Überschiebflansche zum Schweißen

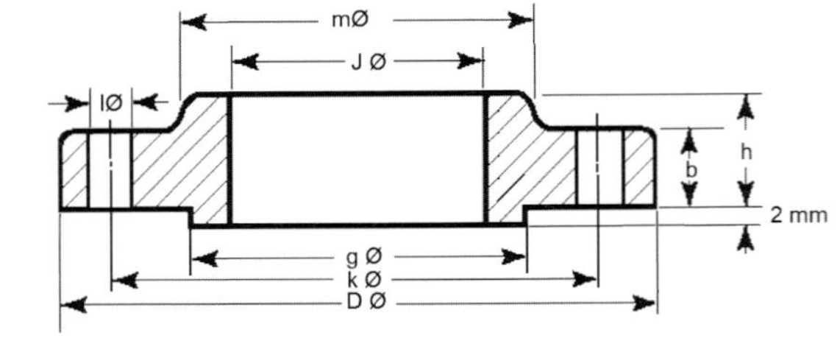

Dimension in mm/Maße in mm
For inch units refer to Mandatory Appendix II of ASME B 16.5-2017
Maße in Zoll siehe obligatorischen Anhang II der ASME B 16.5-2017

Pipe Rohr		Flange Flansch				Hub Ansatz	Raised Face Dichtleiste	Drilling Template Schraublöcher			≈ Weight Gewicht kg
Nom. Size DN	O D	D	J	b	h	m	g	Number Anzahl	l	k	
½″	21,3	90	22,2	9,6	14	30	34,9	4	15,7	60,3	0,39
¾″	26,7	100	27,7	11,2	14	38	42,9	4	15,7	69,9	0,56
1″	33,4	110	34,5	12,7	16	49	50,8	4	15,7	79,4	0,78
1¼″	42,2	115	43,2	14,3	19	59	63,5	4	15,7	88,9	1,03
1½″	48,3	125	49,5	15,9	21	65	73,0	4	15,7	98,4	1,32
2″	60,3	150	61,9	17,5	24	78	92,1	4	19,1	120,7	2,06
2½″	73,0	180	74,6	20,7	27	90	104,8	4	19,1	139,7	3,28
3″	88,9	190	90,7	22,3	29	108	127,0	4	19,1	152,4	3,85
3½″	101,6	215	103,4	22,3	30	122	139,7	8	19,1	177,8	4,81

4″	114,3	230	116,1	22,3	32	135	157,2	8	19,1	190,5	5,30
5″	141,3	255	143,8	22,3	35	164	185,7	8	22,4	215,9	6,07
6″	168,3	280	170,7	23,9	38	192	215,9	8	22,4	241,3	7,45
8″	219,1	345	221,5	27,0	43	246	269,9	8	22,4	298,5	12,1
10″	273	405	276,2	28,6	48	305	323,8	12	25,4	362,0	16,5
12″	323,8	485	327,0	30,2	54	365	381,0	12	25,4	431,8	26,2
14″	355,6	535	359,2	33,4	56	400	412,8	12	28,4	476,3	34,6
16″	406,4	595	410,5	35,0	62	457	469,9	16	28,4	539,8	44,8
18″	457,2	635	461,8	38,1	67	505	533,4	16	31,8	577,9	48,9
20″	508	700	513,1	41,3	71	559	584,2	20	31,8	635,0	61,9
22″	558,8	750	564,4	44,5	78	610	641,4	20	35,1	692,2	74,4
24″	609,6	815	616,0	46,1	81	663	692,2	20	35,1	749,3	86,9

ASME B 16.5-2017 (Auszug/Summary)
Class 300
(ISO PN 50/51,73 bar)
Slip-on Welding Flanges
Überschiebflansche zum Schweißen

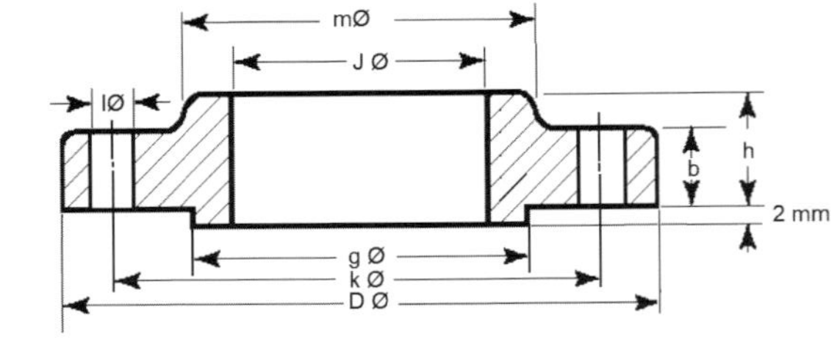

Dimension in mm/Maße in mm
For inch units refer to Mandatory Appendix II of ASME B 16.5-2017
Maße in Zoll siehe obligatorischen Anhang II der ASME B 16.5-2017

Pipe Rohr		Flange Flansch				Hub Ansatz	Raised Face Dichtleiste	Drilling Template Schraublöcher			≈ Weight Gewicht kg
Nom. Size DN	O D	D	J	b	h	m	g	Number Anzahl	l	k	
½″	21,3	95	22,2	12,7	21	38	34,9	4	15,7	66,7	0,64
¾″	26,7	115	27,7	14,3	24	48	42,9	4	19,1	82,6	1,12
1″	33,4	125	34,5	15,9	25	54	50,8	4	19,1	88,9	1,36
1¼″	42,2	135	43,2	17,5	25	64	63,5	4	19,1	98,4	1,68
1½″	48,3	155	49,5	19,1	29	70	73,0	4	22,4	114,3	2,49
2″	60,3	165	61,9	20,7	32	84	92,1	8	19,1	127,0	2,87
2½″	73,0	190	74,6	23,9	37	100	104,8	8	22,3	149,2	4,32
3″	88,9	210	90,7	27,0	41	117	127,0	8	22,3	168,3	5,85
3½″	101,6	230	103,4	28,6	43	133	139,7	8	22,3	184,2	7,34

4"	114,3	255	116,1	30,2	46	146	157,2	8	22,3	200,0	9,61
5"	141,3	280	143,8	33,4	49	178	185,7	8	22,3	235,0	12,3
6"	168,3	320	170,7	35,0	51	206	215,9	12	22,3	269,9	15,6
8"	219,1	380	221,5	39,7	60	260	269,9	12	25,4	330,2	24,2
10"	273	445	276,2	46,1	65	321	323,8	16	28,4	387,4	34,1
12"	323,8	520	327,0	49,3	71	375	381,0	16	31,7	450,8	49,8
14"	355,6	585	359,2	52,4	75	425	412,8	20	31,7	514,4	69,9
16"	406,4	650	410,5	55,6	81	483	469,9	20	35,0	571,5	88,1
18"	457,2	710	461,8	59,8	87	533	533,4	24	35,0	628,6	109
20"	508	775	513,1	62,0	94	587	584,2	24	35,0	685,8	134
22"	558,8	840	564,4	65,1	100	640	641,4	24	41,1	743,0	167,5
24"	609,6	915	616,0	69,3	105	702	692,2	24	41,1	812,8	201

ASME B 16.5-2017 (Auszug/Summary)
Class 400
(69,9 bar)
Slip-on Welding Flanges
Überschiebflansche zum Schweißen

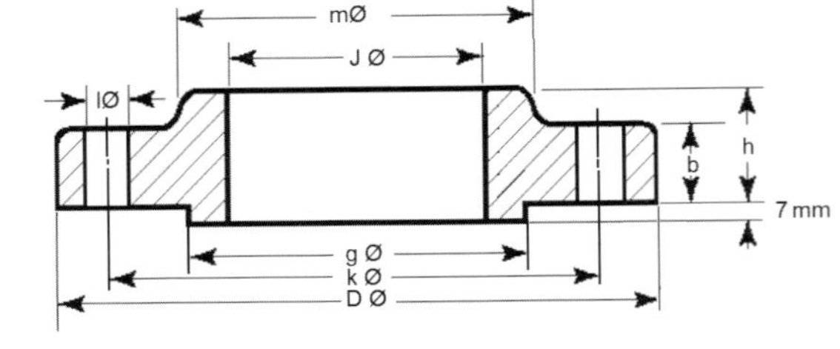

Dimension in mm/Maße in mm
For inch units refer to Mandatory Appendix II of ASME B 16.5-2017
Maße in Zoll siehe obligatorischen Anhang II der ASME B 16.5-2017

Pipe Rohr		Flange Flansch				Hub Ansatz	Raised Face Dichtleiste	Drilling Template Schraublöcher			≈ Weight Gewicht kg
Nom. Size DN	O D	D	J	b	h	m	g	Number Anzahl	l	k	
½″	21,3	Use Class 600 Dimensions in these sizes Für diesen Bereich gelten Class 600 Abmessungen									
¾″	26,7										
1″	33,4										
1¼″	42,2										
1½″	48,3										
2″	60,3										
2½″	73,0										
3″	88,9										
3½″	101,6										

4″	114,3	255	116,1	35,0	51	146	157,2	8	25,4	200,0	11,1
5″	141,3	280	143,8	38,1	54	178	185,7	8	25,4	235,0	13,9
6″	168,3	320	171,4	41,3	57	206	215,9	12	25,4	269,9	18,3
8″	219,1	380	222,2	47,7	68	260	269,9	12	28,4	330,0	28,6
10″	273	445	277,4	54,0	73	321	323,8	16	31,8	387,4	39,2
12″	323,8	520	328,2	57,2	79	375	381,0	16	35,1	450,8	57,0
14″	355,6	585	360,2	60,4	84	425	412,8	20	35,1	514,4	79,1
16″	406,4	650	411,2	63,5	94	483	469,9	20	38,1	571,5	101
18″	457,2	710	462,3	66,7	98	533	533,4	24	38,1	628,6	123
20″	508	775	514,4	69,9	102	587	584,2	24	41,1	685,8	146
22″	558,8	840	564,4	73,1	108	640	641,4	24	44,5	743,0	182,5
24″	609,6	915	616,0	76,2	114	702	692,2	24	47,8	812,8	219

ASME B 16.5-2017 (Auszug/Summary)
Class 600
(ISO PN 110/103,46 bar)
Slip-on Welding Flanges
Überschiebflansche zum Schweißen

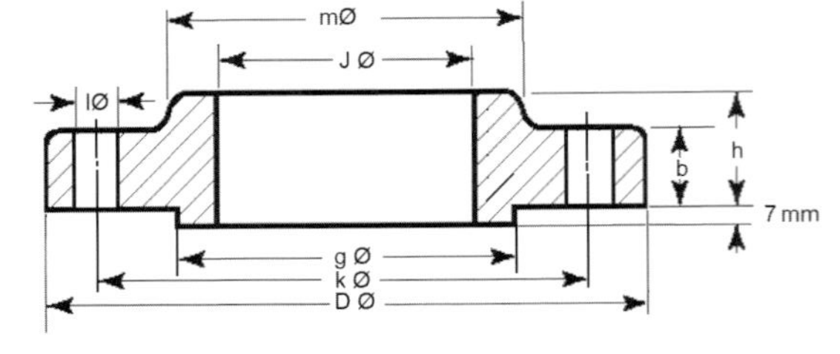

Dimension in mm/Maße in mm
For inch units refer to Mandatory Appendix II of ASME B 16.5-2017
Maße in Zoll siehe obligatorischen Anhang II der ASME B 16.5-2017

Pipe Rohr		Flange Flansch				Hub Ansatz	Raised Face Dichtleiste	Drilling Template Schraublöcher			≈ Weight Gewicht kg
Nom. Size DN	O D	D	J	b	h	m	g	Number Anzahl	l	k	
½″	21,3	95	22,2	14,3	22	38	34,9	4	15,7	66,7	0,74
¾″	26,7	115	27,7	15,9	25	48	42,9	4	19,1	82,6	1,27
1″	33,4	125	34,5	17,5	27	54	50,8	4	19,1	88,9	1,52
1¼″	42,2	135	43,2	20,7	29	64	63,5	4	19,1	98,4	2,03
1½″	48,3	155	49,5	22,3	32	70	73,0	4	22,4	114,3	2,96
2″	60,3	165	61,9	25,4	37	84	92,1	8	19,1	127,0	3,62
2½″	73,0	190	74,6	28,6	41	100	104,8	8	22,4	149,2	5,28
3″	88,9	210	90,7	31,8	46	117	127,0	8	22,4	168,3	7,00
3½″	101,6	230	103,4	35,0	49	133	139,7	8	25,4	184,2	8,84

4″	114,3	275	116,1	38,1	54	152	157,2	8	25,4	215,9	14,5
5″	141,3	330	143,8	44,5	60	189	185,7	8	28,4	266,7	24,4
6″	168,3	355	170,7	47,7	67	222	215,9	12	28,4	292,1	28,7
8″	219,1	420	221,5	55,6	76	273	269,9	12	31,8	349,2	43,4
10″	273	510	276,2	63,5	86	343	323,8	16	35,1	431,8	70,3
12″	323,8	560	327,0	66,7	92	400	381,0	20	35,1	489,0	84,2
14″	355,6	605	359,2	69,9	94	432	412,8	20	38,1	527,0	98,7
16″	406,4	685	410,5	76,2	106	495	469,9	20	41,1	603,2	142
18″	457,2	745	461,8	82,6	117	546	533,4	20	44,5	654,0	173
20″	508	815	513,1	88,9	127	610	584,2	24	44,5	723,9	220
22″	558,8	870	564,4	95,2	133	663	641,4	24	47,63	777,7	266
24″	609,6	940	616,0	101,6	140	718	692,2	24	50,8	838,2	312

ASME B 16.5-2017 (Auszug/Summary)
Class 900
(ISO PN 150/155,18 bar)
Slip-on Welding Flanges
Überschiebflansche zum Schweißen

Dimension in mm/Maße in mm
For inch units refer to Mandatory Appendix II of ASME B 16.5-2017
Maße in Zoll siehe obligatorischen Anhang II der ASME B 16.5-2017

Pipe Rohr		Flange Flansch				Hub Ansatz	Raised Face Dichtleiste	Drilling Template Schraublöcher			≈ Weight Gewicht kg
Nom. Size DN	O D In.	D	J	b	h	m	g	Number Anzahl	l	k	
½″	21,3	Use Class 1500 Dimensions in these sizes / Für diesen Bereich gelten Class 1500 Abmessungen									
¾″	26,7										
1″	33,4										
1¼″	42,2										
1½″	48,3										
2″	60,3										
2½″	73,0										
3″	88,9	240	90,7	38,1	54	127	127,0	8	25,4	190,5	11,6

4″	114,3	290	116,1	44,5	70	159	157,2	8	31,7	235,0	19,7
5″	141,3	350	143,8	50,8	79	190	185,7	8	35,0	279,4	31,9
6″	168,3	380	170,7	55,6	86	235	215,9	12	31,7	317,5	41,1
8″	219,1	470	221,5	63,5	102	298	269,9	12	38,1	393,7	70,7
10″	273	545	276,2	69,9	108	368	323,8	16	38,1	469,9	101
12″	323,8	610	327,0	79,4	117	419	381,0	20	38,1	533,4	133
14″	355,6	640	359,2	85,8	130	451	412,8	20	41,1	558,8	153
16″	406,4	705	410,5	88,9	133	508	469,9	20	44,4	616,0	185
18″	457,2	785	461,8	101,6	152	565	533,4	20	50,8	685,8	258
20″	508	855	513,1	108,0	159	622	584,2	20	53,8	749,3	317
24″	609,6	1 040	616,0	139,7	203	749	692,2	20	66,5	901,7	606

ASME B 16.5-2017 (Auszug/Summary)
Class 1500
(ISO PN 260/258,64 bar)
Slip-on Welding Flanges
Überschiebflansch zum Schweißen

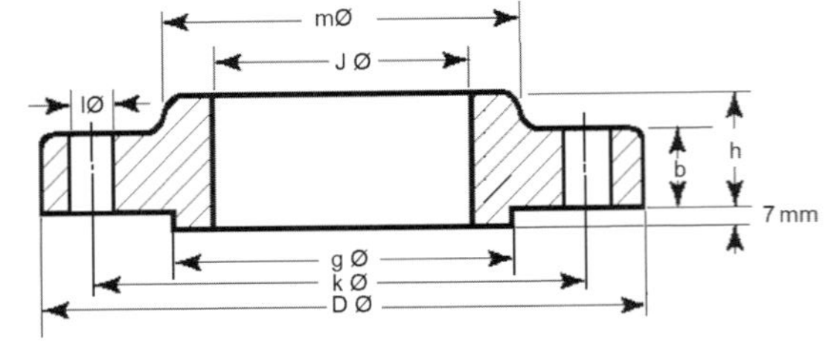

Dimension in mm/Maße in mm
For inch units refer to Mandatory Appendix II of ASME B 16.5-2017
Maße in Zoll siehe obligatorischen Anhang II der ASME B 16.5-2017

Pipe Rohr		Flange Flansch				Hub Ansatz	Raised Face Dichtleiste	Drilling Template Schraublöcher			≈ Weight Gewicht kg
Nom. Size DN	O D	D	J	b	h	m	g	Number Anzahl	l	k	
½″	21,3	120	22,2	22,3	32	38	34,9	4			1,74
¾″	26,7	130	27,7	25,4	35	44	42,9	4	22,3	88,9	2,34
1″	33,4	150	34,5	28,6	41	52	50,8	4	25,4	101,6	3,44
1¼″	42,2	160	43,2	28,6	41	64	63,5	4	25,4	111,1	3,91
1½″	48,3	180	49,5	31,8	44	70	73,0	4	28,4	123,8	5,36
2″	60,3	215	61,9	38,1	57	105	92,1	8	25,4	165,1	9,85
2½″	73,0	245	74,6	41,3	64	124	104,8	8	28,4	190,5	13,7

ASME B 16.5-2017 (Auszug/Summary)
Class 150
(ISO PN 20/20,0 bar)
Lap Joint Flanges
Lose Flansche

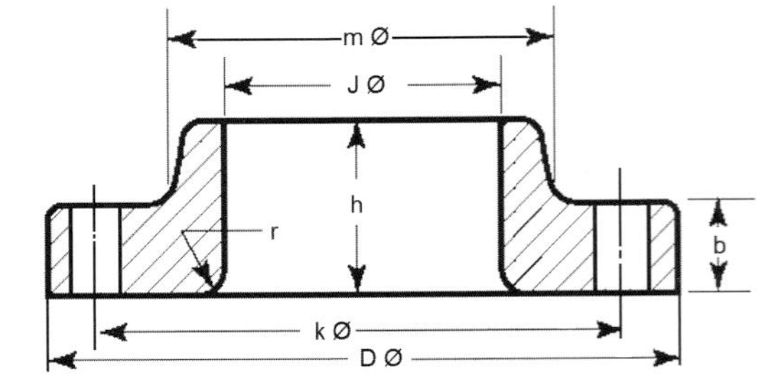

Dimension in mm/Maße in mm
For inch units refer to Mandatory Appendix II of ASME B 16.5-2017
Maße in Zoll siehe obligatorischen Anhang II der ASME B 16.5-2017

Pipe Rohr		Flange Flansch					Hub Ansatz	Drilling Template Schraublöcher			≈ Weight Gewicht kg
Nom. Size DN	O D In.	D	J	b	h	r	m	Number Anzahl	l	k	
½″	21,3	90	22,9	11,2	16	3	30	4	15,7	60,3	0,38
¾″	26,7	100	28,2	12,7	16	3	38	4	15,7	69,9	0,55
1″	33,4	110	34,9	14,3	17	3	49	4	15,7	79,4	0,76
1¼″	42,2	115	43,7	15,9	21	5	59	4	15,7	88,9	1,01
1½″	48,3	125	50,0	17,5	22	6	65	4	15,7	98,4	1,30
2″	60,3	150	62,5	19,1	25	8	78	4	19,1	120,7	2,03
2½″	73,0	180	75,4	22,3	29	8	90	4	19,1	139,7	3,25
3″	88,9	190	91,4	23,9	30	10	108	4	19,1	152,4	3,81
3½″	101,6	215	104,1	23,9	32	10	122	8	19,1	177,8	4,76

4″	114,3	230	116,8	23,9	33	11	135	8	19,1	190,5	5,25
5″	141,3	255	144,4	23,9	36	11	164	8	22,4	215,9	6,02
6″	168,3	280	171,4	25,4	40	13	192	8	22,4	241,3	7,40
8″	219,1	345	222,2	28,6	44	13	246	8	22,4	298,5	12,1
10″	273	405	277,4	30,2	49	13	305	12	25,4	362,0	16,4
12″	323,8	485	328,2	31,8	56	13	365	12	25,4	431,8	26,1
14″	355,6	535	360,2	35,0	79	13	400	12	28,4	476,3	34,5
16″	457,2	595	411,2	36,6	87	13	457	16	28,4	539,8	44,6
18″	457,2	635	462,3	39,7	97	13	505	16	31,8	577,9	48,7
20″	508	700	514,4	42,9	103	13	559	20	31,8	635,0	61,6
22“	558,8	750	564,4	44,5	108	13	610	20	35,1	692,2	74,1
24″	609,6	815	616,0	47,7	111	13	663	20	35,1	749,3	86,6

ASME B 16.5-2017 (Auszug/Summary)
Class 300
(ISO PN 50/51,73 bar)
Lap Joint Flanges
Lose Flansche

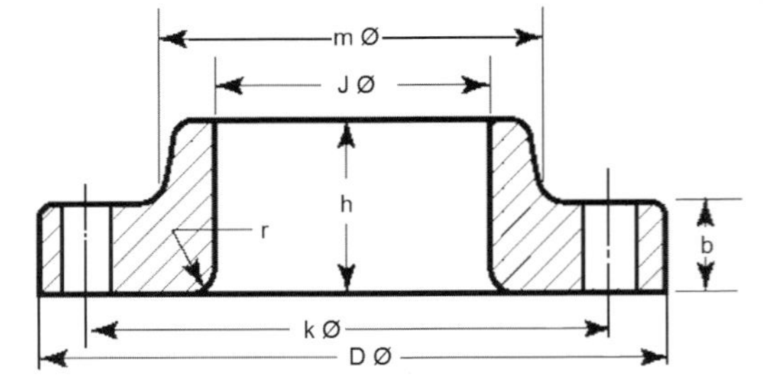

Dimension in mm/Maße in mm
For inch units refer to Mandatory Appendix II of ASME B 16.5-2017
Maße in Zoll siehe obligatorischen Anhang II der ASME B 16.5-2017

Pipe Rohr		Flange Flansch					Hub Ansatz	Drilling Template Schraublöcher			≈ Weight Gewicht kg
Nom. Size DN	O D	D	J	b	h	r	m	Number Anzahl	l	k	
½″	21,3	95	22,9	14,3	22	3	38	4	15,7	66,7	0,62
¾″	26,7	115	28,2	15,9	25	3	48	4	19,0	82,6	1,10
1″	33,4	125	34,9	17,5	27	3	54	4	19,0	88,9	1,33
1¼″	42,2	135	43,7	19,1	27	5	64	4	19,0	98,4	1,65
1½″	48,3	155	50,0	20,7	30	6	70	4	22,3	114,3	2,44
2″	60,3	165	62,5	22,3	33	8	84	8	19,0	127,0	2,83
2½″	73,0	190	75,4	25,4	38	8	100	8	22,3	149,2	4,25
3″	88,9	210	91,4	28,6	43	10	117	8	22,3	168,3	5,78
3½″	101,6	230	104,1	30,2	44	10	133	8	22,3	184,2	7,27

4″	114,3	255	116,8	31,8	48	11	146	8	22,3	200,0	9,55
5″	141,3	280	144,4	35,0	51	11	178	8	22,3	235,0	12,2
6″	168,3	320	171,4	36,6	52	13	206	12	22,3	269,9	15,5
8″	219,1	380	222,2	41,3	62	13	260	12	25,4	330,2	24,1
10″	273	445	277,4	47,7	95	13	321	16	28,4	387,4	34,4
12″	323,8	520	328,2	50,8	102	13	375	16	31,7	450,8	50,4
14″	355,6	585	360,2	54,0	111	13	425	20	31,7	514,4	70,9
16″	406,4	650	411,2	57,2	121	13	483	20	35,0	571,5	89,5
18″	457,2	710	462,3	60,4	130	13	533	24	35,0	628,6	111
20″	508	775	514,4	63,5	140	13	587	24	35,0	685,8	137
22″	558,8	840	565,2	66,7	145	13	640	24	41,1	743,0	170,5
24″	609,6	915	616,0	69,9	152	13	702	24	41,1	812,8	204

ASME B 16.5-2017 (Auszug/Summary)
Class 400
(68,9 bar)
Lap Joint Flanges
Lose Flansche

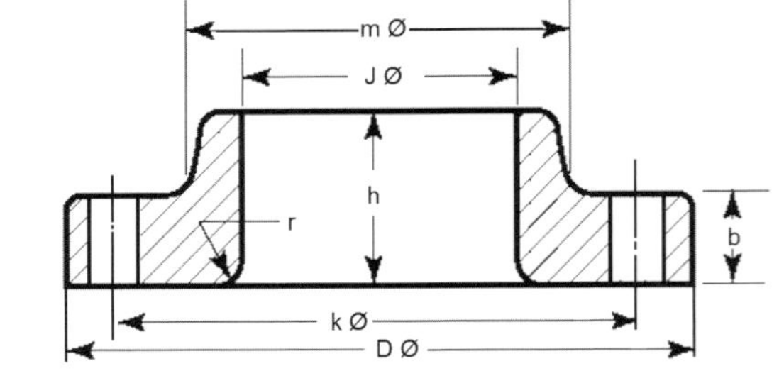

Dimension in mm/Maße in mm
For inch units refer to Mandatory Appendix II of ASME B 16.5-2017
Maße in Zoll siehe obligatorischen Anhang II der ASME B 16.5-2017

Pipe Rohr		Flange Flansch					Hub Ansatz	Drilling Template Schraublöcher			≈ Weight Gewicht kg
Nom. Size DN	O D	D	J	b	h	r	m	Number Anzahl	l	k	
½″	21,3	Use Class 600 Dimensions in these sizes Für diesen Bereich gelten Class 600 Abmessungen									
¾″	26,7										
1″	33,4										
1¼″	42,2										
1½″	48,3										
2″	60,3										
2½″	73,0										
3″	88,9										
3½″	101,6										

4″	114,3	255	116,8	35.0	51	11	146	8	25,4	200,0	10,9
5″	141,3	280	144,5	38,1	54	11	178	8	25,4	235,0	13,7
6″	168,3	320	171,4	41,3	57	13	206	12	25,4	269,9	18,0
8″	219,1	380	222,2	47,7	68	13	260	12	28,4	330,0	28,3
10″	273	445	277,4	54,0	102	13	321	16	31,8	387,4	38,8
12″	323,8	520	328,2	57,2	108	13	375	16	35,1	450,8	56,6
14″	355,6	585	360,2	60,4	117	13	425	20	35,1	514,4	78,6
16″	406,4	650	411,2	63,5	127	13	483	20	38,1	571,5	100
18″	457,2	710	462,3	66,7	137	13	533	24	38,1	628,6	122
20″	508	775	514,4	69,9	146	13	587	24	41,1	685,8	145
22“	558,8	840	565,2	73,1	152	13	640	24	44,5	743,0	181
24″	609,6	915	616,0	76,2	159	13	702	24	47,8	812,8	217

ASME B 16.5-2017 (Auszug/Summary)
Class 600
(ISO PN 110/103,46 bar)
Lap Joint Flanges
Lose Flansche

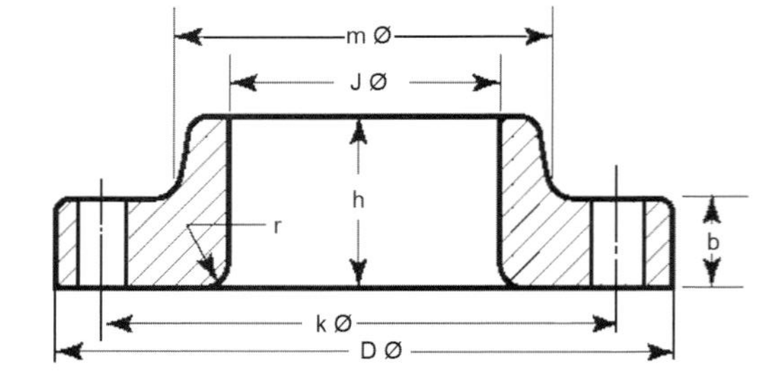

Dimension in mm/Maße in mm
For inch units refer to Mandatory Appendix II of ASME B 16.5-2017
Maße in Zoll siehe obligatorischen Anhang II der ASME B 16.5-2017

Pipe Rohr		Flange Flansch					Hub Ansatz	Drilling Template Schraublöcher			≈ Weight Gewicht kg
Nom. Size DN	O D	D	J	b	h	r	m	Number Anzahl	l	k	
½″	21,3	95	22,9	14,3	22	3	38	4	15,7	66,7	0,72
¾″	26,7	115	28,2	15,9	25	3	48	4	19,1	82,6	1,25
1″	33,4	125	34,9	17,5	27	3	54	4	19,1	88,9	1,50
1¼″	42,2	135	43,7	20,7	29	5	64	4	19,1	98,4	2,00
1½″	48,3	155	50,0	22,3	32	6	70	4	22,4	114,3	2,92
2″	60,3	165	62,5	25,4	37	8	84	8	19,1	127,0	3,55
2½″	73,0	190	75,4	28,6	41	8	100	8	22,4	149,2	5,23
3″	88,9	210	91,4	31,8	46	10	117	8	22,4	168,3	6,95
3½″	101,6	230	104,1	35,0	49	10	133	8	25,4	184,2	8,78

4″	114,3	275	116,8	38,1	54	11	152	8	25,4	215,9	14,4
5″	141,3	330	144,4	44,5	60	11	189	8	28,4	266,7	24,3
6″	168,3	355	171,4	47,7	67	13	222	12	28,4	292,1	28,5
8″	219,1	420	222,2	55,6	76	13	273	12	31,8	349,2	43,1
10″	273	510	277,4	63,5	111	13	343	16	35,1	431,8	70,5
12″	323,8	560	328,2	66,7	117	13	400	20	35,1	489,0	86,1
14″	355,6	605	360,2	69,9	127	13	432	20	38,1	527,0	100
16″	406,4	685	411,2	76,2	140	13	495	20	41,1	603,2	145
18″	457,2	745	462,3	82,6	152	13	546	20	44,5	654,0	177
20″	508	815	514,4	88,9	165	13	610	24	44,5	723,9	225
22″	558,8	870	565,2	95,2	175	13	663	24	47,3	777,7	271,5
24″	609,6	940	616,0	101,6	184	13	718	24	50,8	838,2	318

ASME B 16.5-2017 (Auszug/Summary) Class 900 (ISO PN 150/155,18 bar) Lap Joint Flanges Lose Flansche

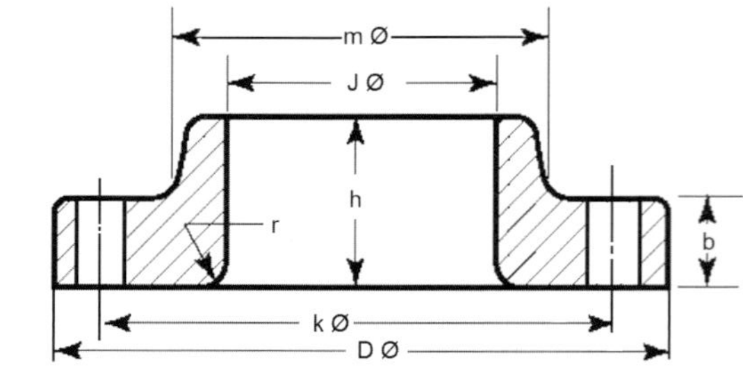

Dimension in mm/Maße in mm
For inch units refer to Mandatory Appendix II of ASME B 16.5-2017
Maße in Zoll siehe obligatorischen Anhang II der ASME B 16.5-2017

Pipe Rohr		Flange Flansch					Hub Ansatz	Drilling Template Schraublöcher			≈ Weight Gewicht kg
Nom. Size DN	O D	D	J	b	h	r	m	Number Anzahl	l	k	
½″	21,3	Use Class 1500 Dimensions in these sizes / Für diesen Bereich gelten Class 1500 Abmessungen									
¾″	26,7										
1″	33,4										
1¼″	42,2										
1½″	48,3										
2″	60,3										
2½″	73,0										
3″	88,9	240	91,4	38,1	54	10	127	8	25,4	190,5	11,3

4″	114,3	290	116,8	44,5	70	11	159	8	31,7	235,0	19,2
5″	141,3	350	144,4	50,8	79	11	190	8	35,0	279,4	31,2
6″	168,3	380	171,4	55,6	86	13	235	12	31,7	317,5	40,5
8″	219,1	470	222,2	63,5	114	13	298	12	38,1	393,7	71,5
10″	273	545	277,4	69,9	127	13	368	16	38,1	469,9	104
12″	323,8	610	328,2	79,4	143	13	419	20	38,1	533,4	139
14″	355,6	640	360,2	85,8	156	13	451	20	41,1	558,8	161
16″	406,4	705	411,2	88,9	165	13	508	20	44,4	616,0	194
18″	457,2	785	462,3	101,6	190	13	565	20	50,8	685,8	267
20″	508	855	514,4	108,0	210	13	622	20	53,8	749,3	334
24″	609,6	1 040	616,0	139,7	267	13	749	20	66,5	901,7	618

ASME B 16.5-2017 (Auszug/Summary) Class 1500 (ISO PN 260/258,64 bar) Lap Joint Flanges Lose Flansche

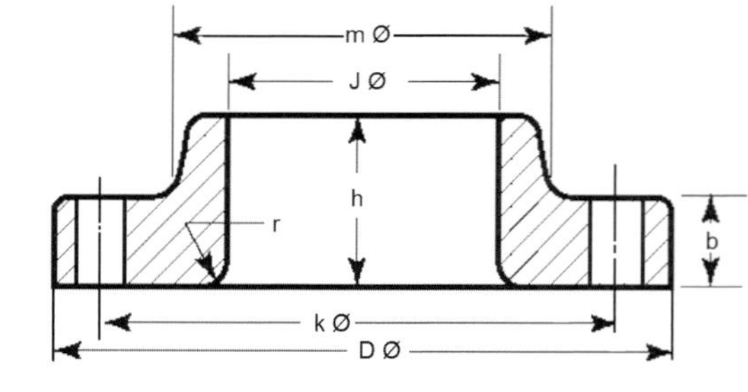

Dimension in mm/Maße in mm
For inch units refer to Mandatory Appendix II of ASME B 16.5-2017
Maße in Zoll siehe obligatorischen Anhang II der ASME B 16.5-2017

Pipe Rohr		Flange Flansch					Hub Ansatz	Drilling Template Schraublöcher			≈ Weight Gewicht kg
Nom. Size DN	O D	D	J	b	h	r	m	Number Anzahl	l	k	
½″	21,3	120	22,9	22,3	32	3	38	4	22,3	82,6	1,71
¾″	26,7	130	28,2	25,4	35	3	44	4	22,3	88,9	2,30
1″	33,4	150	34,9	28,6	41	3	52	4	25,4	101,6	3,40
1¼″	42,2	160	43,7	28,6	41	5	64	4	25,4	111,1	3,85
1½″	48,3	180	50,0	31,8	44	6	70	4	28,4	123,8	5,28
2″	60,3	215	62,5	38,1	57	8	105	8	25,4	165,1	9,78
2½″	73,0	245	75,4	41,3	64	8	124	8	28,4	190,5	13,6
3″	88,9	265	91,4	47,7	73	10	133	8	31,7	203,2	17,8

4″	114,3	310	116,8	54,0	90	11	162	8	35,0	241,3	27,5
5″	141,3	375	144,4	73,1	105	11	197	8	41,1	292,1	51,5
6″	168,3	395	171,4	82,6	119	13	229	12	38,1	317,5	62,0
8″	219,1	485	222,2	92,1	143	13	292	12	44,4	393,7	105
10″	273	585	277,4	108,0	178	13	368	12	50,8	482,6	179
12″	323,8	675	328,2	123,9	219	13	451	16	53,8	571,5	269
14″	355,6	750	360,2	133,4	241	13	495	16	60,4	635,0	365
16″	406,4	825	411,2	146,1	260	13	552	16	66,5	704,8	459
18″	457,2	915	462,3	162,0	276	13	597	16	73,1	774,7	598
20″	508	985	514,4	177,8	292	13	641	16	79,2	831,8	712
24″	609,6	1 170	616,0	203,2	330	13	762	16	91,9	990,6	1 090

ASME B 16.5-2017 (Auszug/Summary)
Class 2500
(ISO PN 420/431,06 bar)
Lap Joint Flanges
Lose Flansche

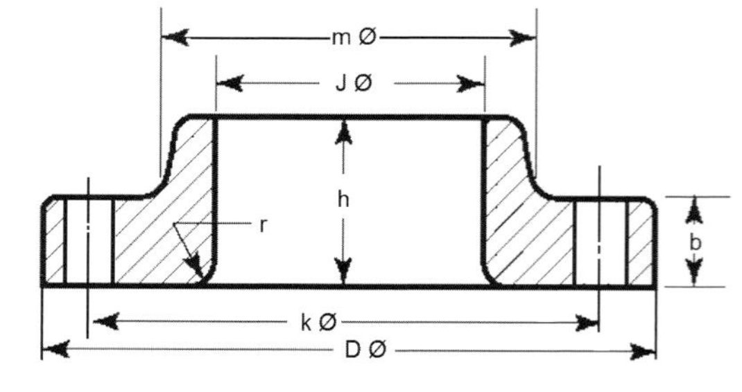

Dimension in mm/Maße in mm
For inch units refer to Mandatory Appendix II of ASME B 16.5-2017
Maße in Zoll siehe obligatorischen Anhang II der ASME B 16.5-2017

Pipe Rohr		Flange Flansch					Hub Ansatz	Drilling Template Schraublöcher			≈ Weight Gewicht kg
Nom. Size DN	O D	D	J	b	h	r	m	Number Anzahl	l	k	
½″	21,3	135	22,9	30,2	40	3	43	4	22,4	88,9	2,92
¾″	26,7	140	28,2	31,8	43	3	51	4	22,4	95,2	3,40
1″	33,4	160	34,9	35,0	48	3	57	4	25,4	108,0	4,77
1¼″	42,2	185	43,7	38,1	52	5	73	4	28,4	130,2	7,08
1½″	48,3	205	50,0	44,5	60	6	79	4	31,8	146,0	9,93
2″	60,3	235	62,5	50,9	70	8	95	8	28,4	171,4	14,7
2½″	73,0	265	75,4	57,2	79	8	114	8	31,8	196,8	21,3
3″	88,9	305	91,4	66,7	92	10	133	8	35,1	228,6	32,3

4"	114,3	355	116,8	76,2	108	11	165	8	41,1	273,0	52,5
5"	141,3	420	144,4	92,1	130	11	203	8	47,8	323,8	82,6
6"	168,3	485	171,4	108,0	152	13	235	8	53,8	368,3	127
8"	219,1	550	222,2	127,0	178	13	305	12	53,8	438,2	186
10"	273	675	277,4	165,1	229	13	375	12	66,5	539,8	352
12"	323,8	760	328,2	184,2	254	13	441	12	73,2	619,1	501

ASME B 16.5-2017 (Auszug/Summary)
Class 150
(ISO PN 20/20,0 bar)
Socket Welding Flanges
Einsteckschweißflansche

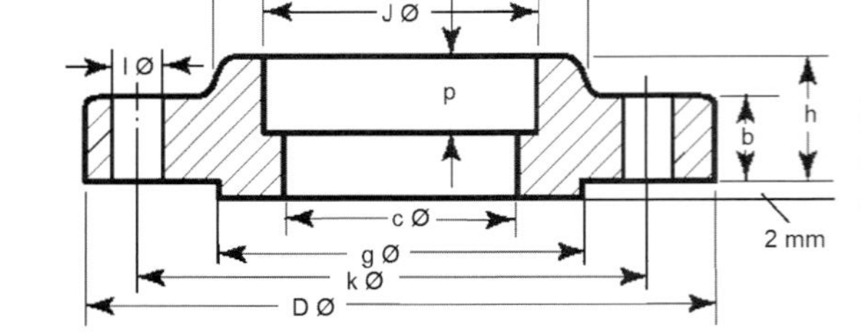

Dimension in mm/Maße in mm
For inch units refer to Mandatory Appendix II of ASME B 16.5-2017
Maße in Zoll siehe obligatorischen Anhang II der ASME B 16.5-2017

Pipe Rohr		Flange Flansch						Hub Ansatz	Raised Face Dichtleiste	Drilling Template Schraublöcher			≈ Weight Gewicht kg
Nom. Size DN	O D	D	J	c	p	b	h	m	g	Number Anzahl	l	k	
½″	21,3	90	22,2	15,8	10	9,6	14	30	34,9	4	15,7	60,3	0,42
¾″	26,7	100	27,7	20,9	11	11,2	14	38	42,9	4	15,7	69,9	0,59
1″	33,4	110	34,5	26,6	13	12,7	16	49	50,8	4	15,7	79,4	0,81
1¼″	42,2	115	43,2	35,1	14	14,3	19	59	63,5	4	15,7	88,9	1,07
1½″	48,3	125	49,5	40,9	16	15,9	21	65	73,0	4	15,7	98,4	1,36
2″	60,3	150	61,9	52,5	17	17,5	24	78	92,1	4	19,1	120,7	2,10
2½″	73,0	180	74,6	62,7	19	20,7	27	90	104,8	4	19,1	139,7	3,33
3″	88,9	190	90,7	77,9	21	22,3	29	108	127,0	4	19,1	152,4	3,90

ASME B 16.5-2017 (Auszug/Summary)
Class 300
(ISO PN 50/51,73 bar)
Socket Welding Flanges
Einsteckschweißflansche

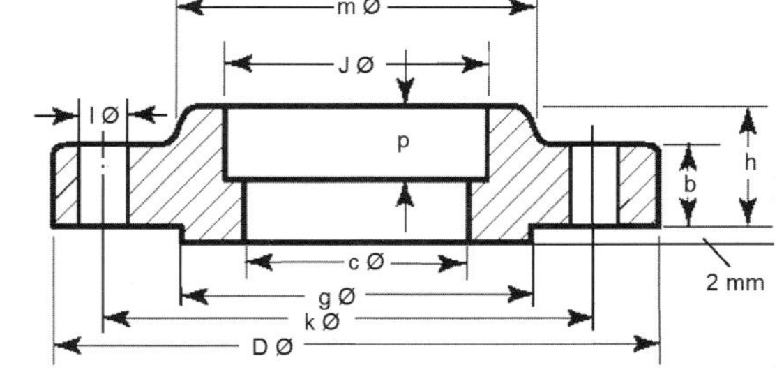

Dimension in mm/Maße in mm
For inch units refer to Mandatory Appendix II of ASME B 16.5-2017
Maße in Zoll siehe obligatorischen Anhang II der ASME B 16.5-2017

Pipe Rohr		Flange Flansch						Hub Ansatz	Raised Face Dichtleiste	Drilling Template Schraublöcher			≈ Weight Gewicht kg
Nom. Size DN	O D	D	J	c	p	b	h	m	g	Number Anzahl	l	k	
½″	21,3	95	22,2	15,8	10	12,7	21	38	34,9	4	15,7	66,7	0,66
¾″	26,7	115	27,7	20,9	11	14,3	24	48	42,9	4	19,0	82,6	1,15
1″	33,4	125	34,5	26,6	13	15,9	25	54	50,8	4	19,0	88,9	1,40
1¼″	42,2	135	43,2	35,1	14	17,5	25	64	63,5	4	19,0	98,4	1,75
1½″	48,3	155	49,5	40,9	16	19,1	29	70	73,0	4	22,3	114,3	2,55
2″	60,3	165	61,9	52,5	17	20,7	32	84	92,1	8	19,0	127,0	2,93
2½″	73,0	190	74,6	62,7	19	23,9	37	100	104,8	8	22,3	149,2	4,40
3″	88,9	210	90,7	77,9	21	27,0	41	117	127,0	8	22,3	168,3	5,92

ASME B 16.5-2017 (Auszug/Summary)
Class 600
(ISO PN 110/103,46 bar)
Socket Welding Flanges
Einsteckschweißflansche

Dimension in mm/Maße in mm
For inch units refer to Mandatory Appendix II of ASME B 16.5-2017
Maße in Zoll siehe obligatorischen Anhang II der ASME B 16.5-2017

Pipe Rohr		Flange Flansch						Hub Ansatz	Raised Face Dichtleiste	Drilling Template Schraublöcher			≈ Weight Gewicht kg
Nom. Size DN	O D	D	J	c	p	b	h	m	g	Number Anzahl	l	k	
½″	21,3	95	22,2	To be specified by purchaser Vom Besteller anzugeben	10	14,3	22	38	34,9	4	15,7	66,7	0,76
¾″	26,7	115	27,7		11	15,9	25	48	42,9	4	19,1	82,6	1,29
1″	33,4	125	34,5		13	17,5	27	54	50,8	4	19,1	88,9	1,55
1¼″	42,2	135	43,2		14	20,7	29	64	63,5	4	19,1	98,4	2,06
1½″	48,3	155	49,5		16	22,3	32	70	73,0	4	22,4	114,3	3,00
2″	60,3	165	61,9		17	25,4	37	84	92,1	8	19,1	127,0	3,67
2½″	73,0	190	74,6		19	28,6	41	100	104,8	8	22,4	149,2	5,35
3″	88,9	210	90,7		21	31,8	46	117	127,0	8	22,4	168,3	7,06

ASME B 16.5-2017 (Auszug/Summary)
Class 1500
(ISO PN 260/258,64 bar)
Socket Welding Flanges
Einsteckschweißflansche

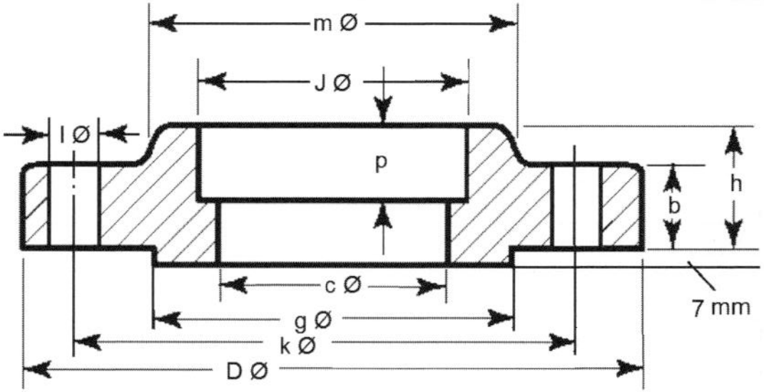

Dimension in mm/Maße in mm
For inch units refer to Mandatory Appendix II of ASME B 16.5-2017
Maße in Zoll siehe obligatorischen Anhang II der ASME B 16.5-2017

Pipe Rohr		Flange Flansch						Hub Ansatz	Raised Face Dichtleiste	Drilling Template Schraublöcher			≈ Weight Gewicht kg
Nom. Size DN	O D	D	J	c	p	b	h	m	g	Number Anzahl	l	k	
½″	21,3	120	22,2	To be specified by purchaser Vom Besteller anzugeben	10	22,3	32	38	34,9	4	22,3	82,6	1,80
¾″	26,7	130	27,7		11	25,4	35	44	42,9	4	22,3	88,9	2,41
1″	33,4	150	34,5		13	28,6	41	52	50,8	4	25,4	101,6	3,55
1¼″	42,2	160	43,2		14	28,6	41	64	63,5	4	25,4	111,1	4,02
1½″	48,3	180	49,5		16	31,8	44	70	73,0	4	28,4	123,8	5,45
2″	60,3	215	61,9		17	38,1	57	105	92,1	8	25,4	165,1	10,2
2½″	73,0	245	74,6		19	41,3	64	124	104,8	8	28,4	190,5	13,9

ASME B 16.5-2017 (Auszug/Summary)
Class 150
(ISO PN 20/20,0 bar)
Threaded Flanges
Gewindeflansche

Thread type: Standard taper pipe thread to ASME B 1.20.1
Gewindeart: Standard Rohrgewinde (NPT) nach ASME B 1.20.1

Dimension in mm/Maße in mm
For inch units refer to Mandatory Appendix II of ASME B 16.5-2017
Maße in Zoll siehe obligatorischen Anhang II der ASME B 16.5-2017

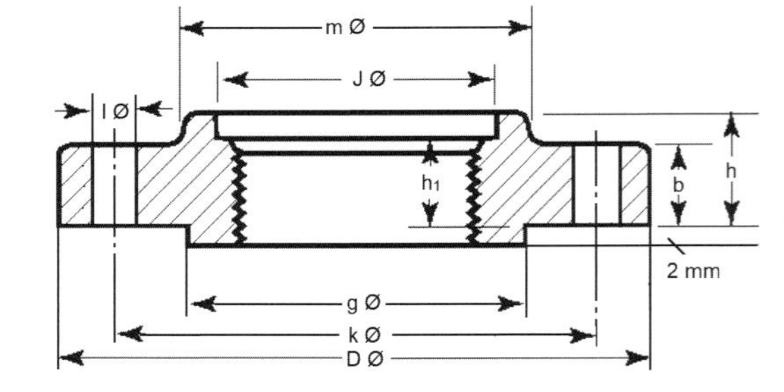

Pipe Rohr		Flange Flansch					Hub Ansatz	Raised Face Dichtleiste	Drilling Template Schraublöcher			≈ Weight Gewicht kg
Nom. Size DN	O D	D	J	b	h	h_1	m	g	Number Anzahl	l	k	
½"	21,3	90	No Counter Bore Required on 150 lb Threaded Flanges Keine Eindrehung bei Gewindeflanschen 150 lb	9,6	14	16	30	34,9	4	15,7	60,3	0,39
¾"	26,7	100		11,2	14	16	38	42,9	4	15,7	69,9	0,56
1"	33,4	110		12,7	16	17	49	50,8	4	15,7	79,4	0,78
1¼"	42,2	115		14,3	19	21	59	63,5	4	15,7	88,9	1,03
1½"	48,3	125		15,9	21	22	65	73,0	4	15,7	98,4	1,32
2"	60,3	150		17,5	26	25	78	92,1	4	19,1	120,7	2,06
2½"	73,0	180		20,7	29	30	90	104,8	4	19,1	139,7	3,28
3"	88,9	190		22,3	29	30	108	127,0	4	19,1	152,4	3,85
3½"	101,6	215		22,3	29	32	122	139,7	8	19,1	177,8	4,81

4”	114,3	230	No Counter Bore Required on 150 lb Threaded Flanges Keine Eindrehung bei Gewindeflanschen 150 lb	22,3	32	33	135	157,2	8	19,1	190,5	5,30
5”	141,3	255		22,3	35	36	164	185,7	8	22,4	215,9	6,07
6”	168,3	280		23,9	38	40	192	215,9	8	22,4	241,3	7,45
8”	219,1	345		27,0	43	44	246	269,9	8	22,4	298,5	12,1
10”	273	405		28,6	48	49	305	323,8	12	25,4	362,0	16,5
12”	323,8	485		30,2	54	56	365	381,0	12	25,4	431,8	26,2
14”	355,6	535		33,4	56	57	400	412,8	12	28,4	476,3	34,6
16”	457,2	595		35,0	62	64	457	469,9	16	28,4	539,8	44,8
18”	457,2	635		38,1	67	68	505	533,4	16	31,8	577,9	48,9
20”	508	700		41,3	71	73	559	584,2	20	31,8	635,0	61,9
22“	558,8	750		44,5	78	...	610	641,4	20	35,1	692,2	74,4
24”	609,6	815		46,1	81	83	663	692,2	20	35,1	749,3	86,9

ASME B 16.5-2017 (Auszug/Summary)
Class 300
(ISO PN 50/51,73 bar)
Threaded Flanges
Gewindeflansche

Thread type: Standard taper pipe thread to ASME B 1.20.1
Gewindeart: Standard Rohrgewinde (NPT) nach ASME B 1.20.1

Dimension in mm/Maße in mm
For inch units refer to Mandatory Appendix II of ASME B 16.5-2017
Maße in Zoll siehe obligatorischen Anhang II der ASME B 16.5-2017

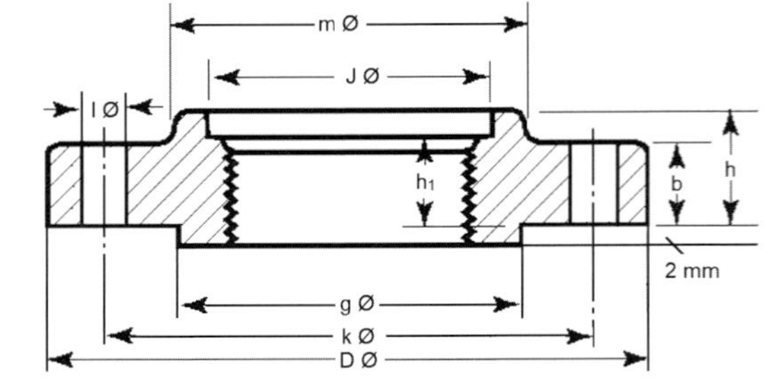

Pipe Rohr		Flange Flansch					Hub Ansatz	Raised Face Dichtleiste	Drilling Template Schraublöcher			≈ Weight Gewicht kg
Nom. Size DN	O D	D	J	b	h	h_1 min.	m	g	Number Anzahl	l	k	
½″	21,3	95	23,6	12,7	21	16	38	34,9	4	15,7	66,7	0,64
¾″	26,7	115	29,0	14,3	24	16	48	42,9	4	19,0	82,6	1,12
1″	33,4	125	35,8	15,9	25	18	54	50,8	4	19,0	88,9	1,36
1¼″	42,2	135	44,4	17,5	25	21	64	63,5	4	19,0	98,4	1,68
1½″	48,3	155	50,3	19,1	29	23	70	73,0	4	22,3	114,3	2,49
2″	60,3	165	63,5	20,7	32	29	84	92,1	8	19,0	127,0	2,87
2½″	73,0	190	76,2	23,9	37	32	100	104,8	8	22,3	149,2	4,32
3″	88,9	210	92,2	27,0	41	32	117	127,0	8	22,3	168,3	5,85
3½″	101,6	230	104,9	28,6	43	37	133	139,7	8	22,3	184,2	7,34

4″	114,3	255	117,6	30,2	46	37	146	157,2	8	22,3	200,0	9,61
5″	141,3	280	144,4	33,4	49	43	178	185,7	8	22,3	235,0	12,3
6″	168,3	320	171,4	35,0	51	47	206	215,9	12	22,3	269,9	15,6
8″	219,1	380	222,2	39,7	60	51	260	269,9	12	25,4	330,2	24,2
10″	273	445	276,2	46,1	65	56	321	323,8	16	28,4	387,4	34,1
12″	323,8	520	328,6	49,3	71	61	375	381,0	16	31,7	450,8	49,8
14″	355,6	585	360,4	52,4	75	64	425	412,8	20	31,7	514,4	69,9
16″	457,2	650	411,2	55,6	81	69	483	469,9	20	35,0	571,5	88,1
18″	457,2	710	462,0	58,8	87	70	533	533,4	24	35,0	628,6	109
20″	508	775	512,8	62,0	94	74	587	584,2	24	35,0	685,8	134
22″	558,8	840	…	66,7	100	…	640	641,4	24	41,1	743,0	167,5
24″	609,6	915	614,4	68,3	105	83	702	692,2	24	41,1	812,8	201

ASME B 16.5-2017 (Auszug/Summary)
Class 400
(68,9 bar)
Threaded Flanges
Gewindeflansche

Thread type: Standard taper pipe thread to ASME B 1.20.1
Gewindeart: Standard Rohrgewinde (NPT) nach ASME B 1.20.1

Dimension in mm/Maße in mm
For inch units refer to Mandatory Appendix II of ASME B 16.5-2017
Maße in Zoll siehe obligatorischen Anhang II der ASME B 16.5-2017

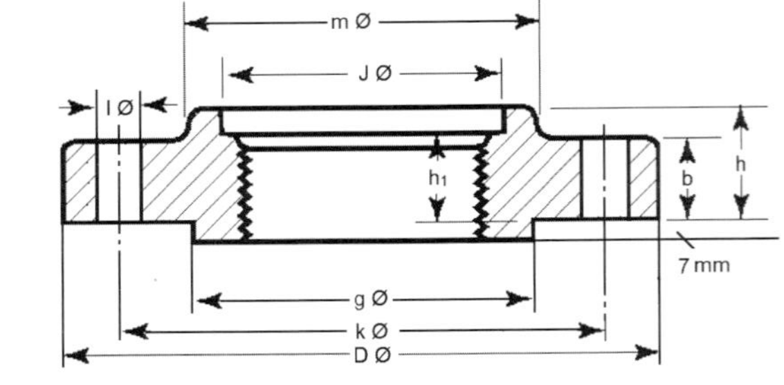

Pipe Rohr		Flange Flansch					Hub Ansatz	Raised Face Dichtleiste	Drilling Template Schraublöcher			≈ Weight Gewicht kg
Nom. Size DN	O D	D	J	b	h	h_1 min.	m	g	Number Anzahl	l	k	
½″	21,3	Use Class 600 Dimensions in these sizes Für diesen Bereich gelten Class 600 Abmessungen										
¾″	26,7											
1″	33,4											
1¼″	42,2											
1½″	48,3											
2″	60,3											
2½″	73,0											
3″	88,9											
3½″	101,6											

4″	114,3	255	117,6	35,0	51	37	146	157,2	8	25,4	200,0	11,1
5″	141,3	280	144,4	38,1	54	43	178	185,7	8	25,4	235,0	13,9
6″	168,3	320	171,4	41,3	57	46	206	215,9	12	25,4	269,9	18,3
8″	219,1	380	222,2	47,7	68	51	260	269,9	12	28,4	330,0	28,6
10″	273	445	276,2	54,0	73	56	321	323,8	16	31,8	387,4	39,2
12″	323,8	520	328,6	57,2	79	61	375	381,0	16	35,1	450,8	57,0
14″	355,6	585	360,4	60,4	84	64	425	412,8	20	35,1	514,4	79,1
16″	406,4	650	411,2	63,5	94	69	483	469,9	20	38,1	571,5	101
18″	457,2	710	462,0	66,7	98	70	533	533,4	24	38,1	628,6	123
20″	508	775	512,8	69,9	102	74	587	584,2	24	41,1	685,8	146
22″	558,8	840	…	73,1	108	…	640	641,4	24	44,5	743,0	182,5
24″	609,6	915	614,4	76,2	114	83	702	692,2	24	47,8	812,8	219

ASME B 16.5-2017 (Auszug/Summary)
Class 600
(ISO PN 110/103,46 bar)
Threaded Flanges
Gewindeflansche

Thread type: Standard taper pipe thread to ASME B 1.20.1
Gewindeart: Standard Rohrgewinde (NPT) nach ASME B 1.20.1

Dimension in mm/Maße in mm
For inch units refer to Mandatory Appendix II of ASME B 16.5-2017
Maße in Zoll siehe obligatorischen Anhang II der ASME B 16.5-2017

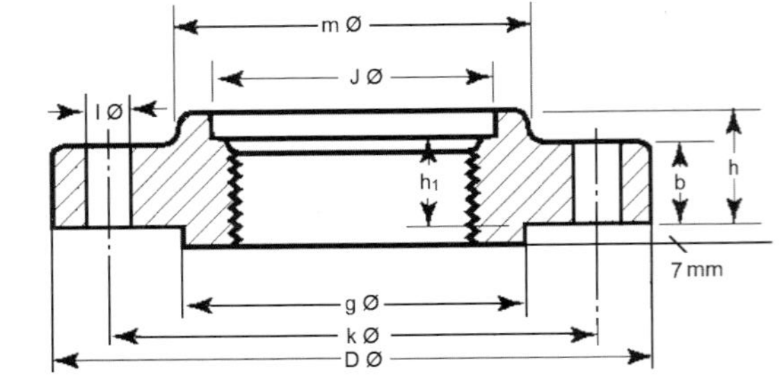

Pipe Rohr		Flange Flansch					Hub Ansatz	Raised Face Dichtleiste	Drilling Template Schraublöcher			≈ Weight Gewicht kg
Nom. Size DN	O D	D	J	b	h	h_1 min.	m	g	Number Anzahl	l	k	
½″	21,3	95	23,6	14,3	22	16	38	34,9	4	15,7	66,7	0,74
¾″	26,7	115	29,0	15,9	25	16	48	42,9	4	19,1	82,6	1,27
1″	33,4	125	35,8	17,5	27	18	54	50,8	4	19,1	88,9	1,52
1¼″	42,2	135	44,4	20,7	29	21	64	63,5	4	19,1	98,4	2,03
1½″	48,3	155	50,6	22,3	32	23	70	73,0	4	22,4	114,3	2,96
2″	60,3	165	63,5	25,4	37	29	84	92,1	8	19,1	127,0	3,62
2½″	73,0	190	76,2	28,6	41	32	100	104,8	8	22,4	149,2	5,28
3″	88,9	210	92,2	31,8	46	35	117	127,0	8	22,4	168,3	7,00
3½″	101,6	230	104,9	35,0	49	40	133	139,7	8	25,4	184,2	8,84

4″	114,3	275	117,6	38,1	54	42	152	157,2	8	25,4	215,9	14,5
5″	141,3	330	144,4	44,5	60	48	189	185,7	8	28,4	266,7	24,4
6″	168,3	355	171,4	47,7	67	51	222	215,9	12	28,4	292,1	28,7
8″	219,1	420	222,2	55,6	76	58	273	269,9	12	31,8	349,2	43,4
10″	273	510	276,2	63,5	86	66	343	323,8	16	35,1	431,8	70,3
12″	323,8	560	328,6	66,7	92	70	400	381,0	20	35,1	489,0	84,2
14″	355,6	605	360,4	69,9	94	74	432	412,8	20	38,1	527,0	98,7
16″	406,4	685	411,2	76,2	106	78	495	469,9	20	41,1	603,2	142
18″	457,2	745	462,0	82,6	117	80	546	533,4	20	44,5	654,0	173
20″	508	815	512,8	88,9	127	83	610	584,2	24	44,5	723,9	220
22″	558,8	870	…	95,2	133	…	663	641,4	24	47,63	777,7	266
24″	609,6	940	614,4	101,6	140	93	718	692,2	24	50,8	838,2	312

ASME B 16.5-2017 (Auszug/Summary)
Class 900
(ISO PN 150/155,18 bar)
Threaded Flanges
Gewindeflansche

Thread type: Standard taper pipe thread to ASME B 1.20.1
Gewindeart: Standard Rohrgewinde (NPT) nach ASME B 1.20.1

Dimension in mm/Maße in mm
For inch units refer to Mandatory Appendix II of ASME B 16.5-2017
Maße in Zoll siehe obligatorischen Anhang II der ASME B 16.5-2017

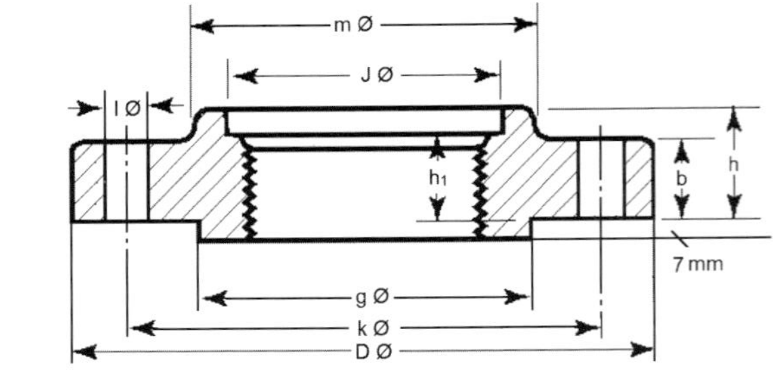

Pipe Rohr		Flange Flansch					Hub Ansatz	Raised Face Dichtleiste	Drilling Template Schraublöcher			≈ Weight Gewicht kg
Nom. Size DN	O D	D	J	b	h	h_1 min.	m	g	Number	l	k	
½″	21,3	Use Class 1500 Dimensions in these sizes Für diesen Bereich gelten Class 1500 Abmessungen										
¾″	26,7											
1″	33,4											
1¼″	42,2											
1½″	48,3											
2″	60,3											
2½″	73,0											
3″	88,9	240	92,2	38,1	54	42	127	127,0	8	25,4	190,5	11,6

4″	114,3	290	117,6	44,5	70	48	159	157,2	8	31,7	235,0	19,7
5″	141,3	350	144,4	50,8	79	54	190	185,7	8	35,0	279,4	31,9
6″	168,3	380	171,4	55,6	86	58	235	215,9	12	31,7	317,5	41,1
8″	219,1	470	222,2	63,5	102	64	298	269,9	12	38,1	393,7	70,7
10″	273	545	276,2	69,9	108	72	368	323,8	16	38,1	469,9	101
12″	323,8	610	328,6	79,4	117	77	419	381,0	20	38,1	533,4	133
14″	355,6	640	360,4	85,8	130	83	451	412,8	20	41,1	558,8	153
16″	406,4	705	411,2	88,9	133	86	508	469,9	20	44,4	616,0	185
18″	457,2	785	462,0	101,6	152	89	565	533,4	20	50,8	685,8	258
20″	508	855	512,8	108,0	159	93	622	584,2	20	53,8	749,3	317
24″	609,6	1 040	614,4	139,7	203	102	749	692,2	20	66,5	901,7	606

ASME B 16.5-2017 (Auszug/Summary)
Class 1500
(ISO PN 260/268,64 bar)
Threaded Flange
Gewindeflansche

Thread type: Standard taper pipe thread to ASME B 1.20.1
Gewindeart: Standard Rohrgewinde (NPT) nach ASME B 1.20.1

Dimension in mm/Maße in mm
For inch units refer to Mandatory Appendix II of ASME B 16.5-2017
Maße in Zoll siehe obligatorischen Anhang II der ASME B 16.5-2017

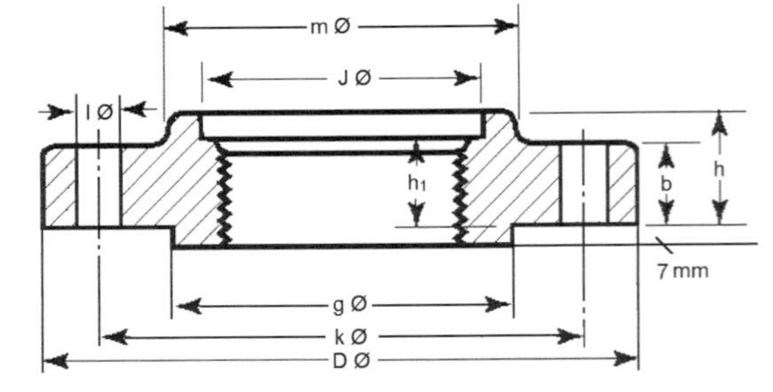

Pipe Rohr		Flange Flansch					Hub Ansatz	Raised Face Dichtleiste	Drilling Template Schraublöcher			≈ Weight Gewicht kg
Nom. Size DN	O D	D	J	b	h	h_1 min.	m	g	Number Anzahl	l	k	
½″	21,3	120	23,6	22,3	32	23	38	34,9	4	22,3	82,6	1,74
¾″	26,7	130	29,0	25,4	35	26	44	42,9	4	22,3	88,9	2,34
1″	33,4	150	35,8	28,6	41	29	52	50,8	4	25,4	101,6	3,44
1¼″	42,2	160	44,4	28,6	41	31	64	63,5	4	25,4	111,1	3,91
1½″	48,3	180	50,6	31,8	44	32	70	73,0	4	28,4	123,8	5,36
2″	60,3	215	63,5	38,1	57	39	105	92,1	8	25,4	165,1	9,85
2½″	73,0	245	76,2	41,3	64	48	124	104,8	8	28,4	190,5	13,7

ASME B 16.5-2017 (Auszug/Summary)
Class 2500
(ISO PN 420/431,06 bar)
Threaded Flange
Gewindeflansche

Thread type: Standard taper pipe thread to ASME B 1.20.1
Gewindeart: Standard Rohrgewinde (NPT) nach ASME B 1.20.1

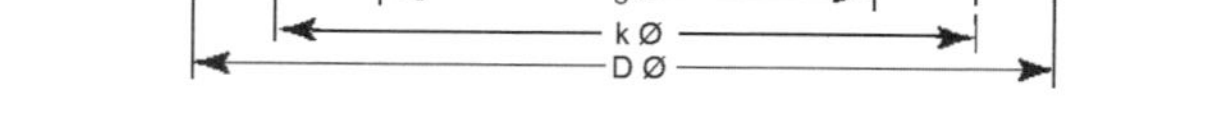

Dimension in mm/Maße in mm
For inch units refer to Mandatory Appendix II of ASME B 16.5-2017
Maße in Zoll siehe obligatorischen Anhang II der ASME B 16.5-2017

Pipe Rohr		Flange Flansch					Hub Ansatz	Raised Face Dichtleiste	Drilling Template Schraublöcher			≈ Weight Gewicht kg
Nom. Size DN	O D	D	J	b	h	h_1 min.	m	g	Number Anzahl	l	k	
½"	21,3	135	23,6	30,2	40	29	43	34,9	4	22,4	88,9	2,95
¾"	26,7	140	29,0	31,8	43	32	51	42,9	4	22,4	95,2	3,44
1"	33,4	160	35,8	35,0	48	35	57	50,8	4	25,4	108,0	4,82
1¼"	42,2	185	44,4	38,1	52	39	73	63,5	4	28,4	130,2	7,14
1½"	48,3	205	50,6	44,5	60	45	79	73,0	4	31,8	146,0	10,0
2"	60,3	235	63,5	50,9	70	51	95	92,1	8	28,4	171,4	14,8
2½"	73,0	265	76,2	57,2	79	58	114	104,8	8	31,8	196,8	21,5

ASME B 16.5 – 2017 Summary-Auszug
Reducing Flanges/Reduktionsflansche

Reducing Threaded and Slip-On Pipe Flanges for Classes 150 Through 2500 Pipe Flanges
Reduktions Gewinde- und Überschiebflansche für Class 150 bis 2500 Rohrleitungsflansche

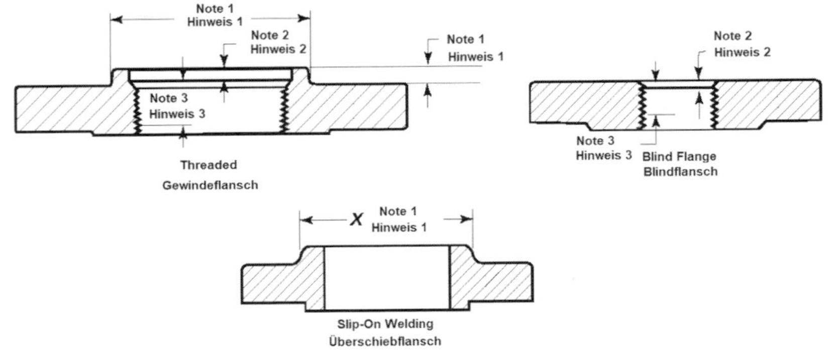

Table 6 of ASME B 16.5-2017 Standard | Tabelle 6 der ASME B 16.5-2017 Norm

1	2	3	4	5	6
Nominal Pipe Size DN Rohr Note 4 Hinweis 4	Smallest Size of Reducing Outlet Requiring Hub Flanges Kleinste Größe des benötigten Reduzierauslaufes am Ansatz des Flansches Note 1 Hinweis 1	Nominal Pipe Size DN Rohr Note 4 Hinweis 4	Smallest Size of Reducing Outlet Requiring Hub Flanges Kleinste Größe des benötigten Reduzierauslaufes am Ansatz des Flansches Note 1 Hinweis 1	Nominal Pipe Size DN Rohr Note 4 Hinweis 4	Smallest Size of Reducing Outlet Requiring Hub Flanges Kleinste Größe des benötigten Reduzierauslaufes am Ansatz des Flansches Note 1 Hinweis 1
NPS	NPS	NPS	NPS	NPS	NPS
1	½	3 ½	1 ½	12	3 ½
1 ¼	½	4	1 ½	14	3 ½
1 ½	½	5	1 ½	16	4
2	1	6	2 ½	18	4
2 ½	1 ¼	8	3	20	4

Notes:

(1) The hub dimensions shall be at least as large as those of The standard flanges of the size to which the reduction is being machined, except flanges reducing to a size smaller than those of Columns 2, 4, and 6 may be made from blind flanges (see Example).
(2) Class 150 flanges do not have a counterbore. Class 300 and higher pressure flanges will have depth of counterbore Q of 7 mm for NPS 2 and smaller tapping and 9.50 mm for NPS 2 ½ and larger. The diameter Q of counterbore is the same as that given in the tables of threaded flanges for the corresponding tapping.
(3) Minimum length of effective threads shall be at least equal dimension T of the corresponding pressure class threaded flange as shown in tables but does not necessarilyextend for the face of the flange. For thread of threaded flanges, see para. 6.9.
(4) For method of designating reducing threaded and reducing slip-on flanges, see para. 3.3 and Examples below.

Hinweise:

(1) Die Abmessungen des Ansatzes müssen mindestens so Groß sein wie die der Standardflansche der Größe, auf die die Reduktion bearbeitet wird, ausgenommen Flansche, die auf eine kleinere Größe als die der Spalten 2, 4 und 6 reduziert werden. Diese können aus Blindflansche gefertigt werden (siehe Beispiel).
(2) Flansche in Class 150 haben keine Senkung. Flansche Class 300 und höher haben eine Senkung Q von 7 mm für NPS 2 und kleineres Gewinde und 9,50 mm für NPS 2 ½ und größer. Der Durchmesser Q der Senkung ist derselbe wie in den Tabellen der Gewindeflansche für die entsprechende Gewindebohrung.
(3) Die Mindestlänge des wirksamen Gewindes muss mindestens dem Maß T des entsprechenden Gewindeflansches der Druckstufe entsprechen, wie in den Tabellen angegeben, muss jedoch nicht unbedingt für die Stirnseite des Flansches gelten. Für Gewindeabmessungen von Gewindeflanschen, siehe Abs. 6.9
(4) Zur Kennzeichnung von Reduziergewindeflanschen und Reduzierflanschen siehe Abs. 3.3 und Beispiele unten.

Examples:

(1) The size designation is NPS 6 × 2 ½ Class 300 reducing threaded flange. This flange has the following dimensions:
NPS 2 ½ = taper pipe thread tapping(ASME B1.20.1)
320 mm = diameter of regular NPS 6 Class 300 threaded flange
35 mm = thickness of regular NPS 6 Class 300 threaded flange
178 mm = diameter of hub for regular NPS 5 Class 300 threaded flange.
Hub diameter may be one size small to reduce machining.
In this example, a hub diameter of NPS 2 ½ would be the smallest acceptable.
15.5 mm = height of hub for regular NPS 5 Class 300 threaded flange
(2) The size designation is NPS 6 × 2 — Class 300 reducing threaded flange.
Use regular NPS 6 Class 300 blind flange tapped with NPS 2 taper pipe thread (ASME B1.20.1).

Beispiele:

(1) Die Größenbezeichnung ist NPS 6 × 2 ½ Class 300 Reduziergewindeflansch. Dieser Flansch hat folgende Abmessungen:
NPS 2 ½ = verjüngtes Rohrgewinde (ASME B1.20.1)
320 mm = Durchmesser des normalen NPS 6 Gewindeflansches Class 300
35 mm = Dicke des normalen NPS 6 Gewindeflansches der Class 300
178 mm = Durchmesser des Ansatzes für normalen NPS 5 Gewindeflansch Class 300.
Ansatzdurchmesser kann eine Größe klein sein, um die Bearbeitung zu reduzieren.
In diesem Beispiel wäre ein Ansatzdurchmesser von NPS 2 ½ der kleinste zulässige Wert.
15,5 mm = Höhe des Ansatzes für normalen NPS 5 Gewindeflansch Class 300.
(2) Die Größenbezeichnung ist NPS 6 × 2 – Class 300 Reduziergewindeflansch.
Verwenden Sie einen normalen NPS 6 Blindflansch Class300 mit NPS 2-Konusrohrgewinde (ASME B1.20.1).

Summery/Auszug
ASME B 16.47 – 2017
LARGE DIAMETER STEEL FLANGES
NPS 26 THROUGH NPS 60 (metric)
Stahlflansche mit großem Durchmesser von 26 bis 60 inch

This Standard provides two series of flange dimensions. Series A specifies flange dimensions for general use flanges. Series B specifies flange dimensions for compact flanges that, in most cases, have smaller bolt circle diameters than Series A flanges. These two series of flanges are, in general, not interchangeable. The user should recognize that some flanged valves, equipment bolted between flanges, and flanged equipment may be compatible with only one series of these flanges.

Diese Norm enthält zwei Serien von Flanschabmessungen. Serie A spezifiziert Flanschmaße für allgemeine Flansche. Serie B spezifiziert Flanschabmessungen für kompakte Flansche, die in den meisten Fällen kleinere Lochkreisdurchmesser als Flansche der Serie A haben. Diese zwei Serien von Flanschen sind im Allgemeinen nicht austauschbar. Der Benutzer sollte sich darüber im Klaren sein, dass einige Flanschventile, Geräte, die zwischen Flanschen verschraubt sind, und geflanschte Geräte nur mit einer Reihe dieser Flansche kompatibel sein können.

Changes in Ed. 2017/Änderungen durch die Ausgabe 2017
1.11 Similar Flanges/Ähnliche Flansche

MSS SP-44 covers similar Class 150, 300, 400, 600, and 900 flanges for use with high strength pipe made from materials having yield strength greater than 276 MPa (40,000 psi) resulting in large inside pipe diameter and thinner pipe wall. See para. 2.7. in the original standard.

MSS SP-44 umfasst ähnliche Flansche der Klassen 150, 300, 400, 600 und 900 zur Verwendung mit hochfesten Rohren aus Werkstoffen mit einer Streckgrenze von mehr als 276 MPa (40.000 psi), was zu einem großen Innendurchmesser des Rohrs und einer dünneren Rohrwand führt. Siehe Absatz 2.7 in der original Norm

New subpara (b) in 5.1 General/Neuer Unterabschnitt (b) in 5.1 Allgemeines

(b) Each forged flange shall be finished from a part that is brought as nearly as practicable to the finished shape and size by a compressive plastic hot working operation that consolidates the material to produce an essentially wrought structure, and shall be so processed during the operation as to cause metal flow in the direction most favorable for resisting the stresses encountered in service.

(b) Jeder geschmiedete Flansch muss aus einem Teil gefertigt werden, der so nah wie möglich zur fertigen Kontur durch ausreichende Wärme geformt wird. Die Struktur des Materials muss so in eine Richtung verformt werden, dass den auftretenden Belastungen während des Betriebes ausreichend Widerstand entgegen gesetzt wird.

Further, in Table 16, pressure-temperature ratings were revised for 650 °C, in Table 42 the ASME stud bolts references were revised and the Mandatory Appendix III was renumbered in Appendix II and updated the references and the former normative Appendix II renamed to a Nonmandatory Appendix C.

Weiterhin wurden in Tabelle 16 für 650 °C Druck-Temperatur Ratings revidiert, in Tabelle 42 die ASME Referenzen für Schraubenbolzen revidiert und der normativen Anhang III in Anhang II umbenannt und die Referenzen aktualisiert sowie der ehemalige normative Anhang II in einen nicht Normativen Anhang C umbenannt.

Tolerances-Toleranzen
Blind and Welding Neck Flanges
Blind- und Vorschweißflanschen

B Innendurchmesser Inside Diameter	B-Maß für Fig. 1 Schweißkanten B-values for Fig. 1 Welding Ends	+3,0 mm/–2,0 mm
	B-Maß für Fig. 2 Schweißkanten B-values for Fig. 2 Welding Ends	+0,0 mm/–2,0 mm
Dichtleiste Raised Face	Außendurchmesser Outside Diameter	± 2,0 mm
	2 mm Dichtleistehöhe 2 mm Raised Face Hight	± 0,5 mm
	7 mm Dichtleistenhöhe 7 mm Raised Face Hight	± 2,0 mm
	Toleranzen für RTJ Tolerances for Ring-Joint Grooves	Tabelle/Table Maße der RTJ-Dichtfläche/ Dimensions of ring-joint-Facings
A Ansatzdurchmesser an der Schweißkante Outside diameter at point of welding	A-Maß für Fig. 1 Schweißkanten A-values for Fig. 1 Welding Ends	+5,0 mm/–2,0 mm
C Bohrungseindrehung innen angeschrägte Schweiß-kanten Bore of the back ring contact surface	C-Maß Fig. 2 C-Dimension of Fig. 2	+0,25 mm/–0,0 mm
Bohren und Bearbeiten Drilling and Facing	Lochkreisdurchmesser k Bolt Circel Diameter	± 1,5 mm
	Mittenabstand angrenzender Schraublöcher Center-to-center of adjected bolt holes	± 0,8 mm
	max. Exentrizität des Lochkreisdurch-messers k zu den bearbeiteten Durch messern max. eccentricity between bolt circle dia. k and machined facing diameters	1,5 mm
Gesamthöhe Vorschweiß-flansch Overal Length of Hub WN-	Alle Abmessungen All Dimension	+3,0 mm/–5,0 mm
t_f Blattstärke Thickness	t_f <= 25 mm	+3,0 mm/–0,0 mm
	25 mm < t_f >= 50 mm	+5,0 mm/–0,0 mm
	50 mm < t_f >= 75 mm	+8,0 mm/–0,0 mm
	t_f >= 75 mm	+10,0 mm/–0,0 mm

Welding Ends to Para. 6.4 – Schweißkanten nach Punkt 6.4

Fig. 1 Welding Ends (Welding Neck Flanges, No Backing Rings)
Abb. 1 Schweißkanten (Vorschweißflansche ohne Stützring)

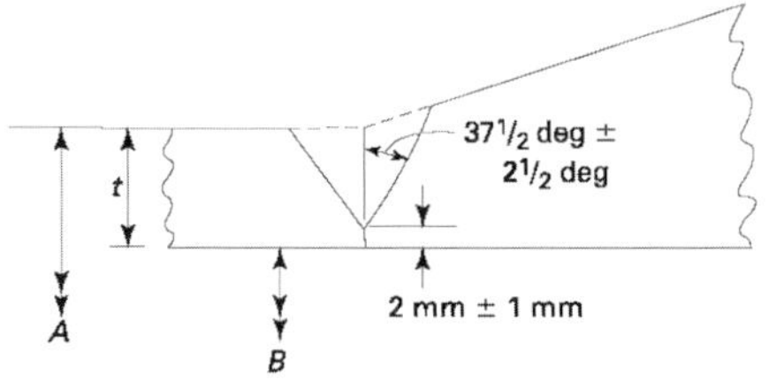

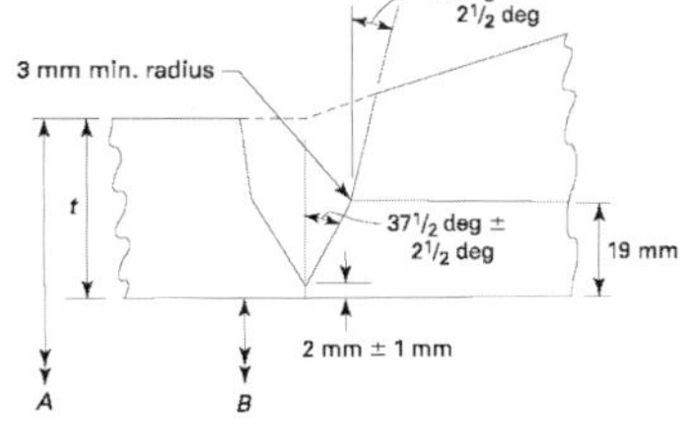

(a) Bevel vor Wall Thickness t from 5 to 22 mm
(b) Schweißkante für Wandstärke t von 3-22 mm

(b) Bevel for Wall Thicknes t > 22 mm
(b) Schweißkante für Wandstärke t >22 mm

A = nominal outside diameter of pipe
B = nominal inside diameter of pipe
t = nominal wall thickness of pipe

A = Nominaler Außendurchmesser des Rohres
B = Nominaler Innendurchmesser des Rohres
t = Nomminale Wandstärke des Rohres

General Notes:
(a) See paras. 6.4 and 7.4 for details and tolerances.
(b) See Figure 2 for additional details of welding ends.
(c) When the thickness of the hub at the bevel is greater than that of the pipe to which the flange is joined, the additional thickness may be provided on either the inside, or outside, or partially on each side, but the total additional thickness shall not exceed 1/2 times the nominal wall thickness of the mating pipe (see Figure 3).

Allgemeine Bemerkungen:
(a) Für Details und Toleranzen siehe Punkt 6.4 u. 7.4
(b) Siehe Abbildung 2 für weitere Details der Anschweißkanten
(c) Wenn die Stärke des Ansatzes an der Schweißkante größer ist als die des Rohres kann die Dicke nach innen oder außen oder gleichmäßig auf beide Seiten verlegt werden doch darf die gesamte Stärke nicht die Hälfte der Wandstärke des Rohres übersteigen (siehe Abbildung 3).

Fig. 2 Welding Ends (Welding Neck Flanges with backing rings)
Abb. 2 Schweißkanten (Vorschweißflansch mit Stützring)

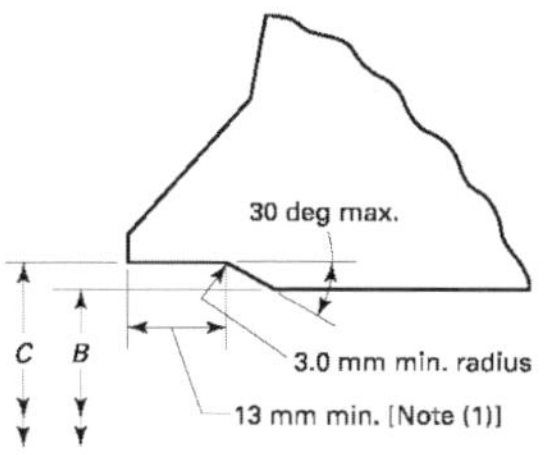

(a) Inside contour for use with rectangular backing ring
(a) Innenkontur für den Gebrauch mit rechteckigem Verstärkungsring

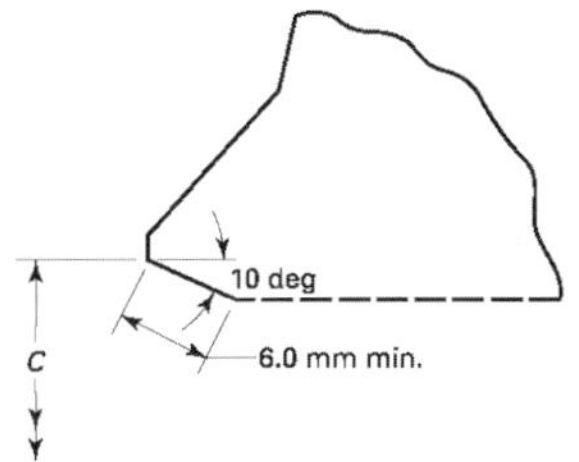

(b) Inside contour for use with taper backing ring
(b) Innenkontur für den Gebrauch mit kegeligem Verstärkungsring

A = nominal outside diameter of welding end
B = nominal inside diameter of pipe
x = A − 2t
C = A − 0.79 mm − 1.75 t − 0.25 mm
t = nominal wall thickness of pipe

A = Nominaler Außendurchmesser der Schweißkante
B = Nominaler Innendurchmesser des Rohres
x = A – 2t
C = A – 0,79 mm – 1,76 t – 0,25 mm
t = Nominale Wandstärke des Rohres

1.75t = 87 1/2 % of nominal wall multiplied by two to convert into terms of diameter
0.25 mm = plus tolerance on diameter C (see para 7.4.3)
0.79 mm = minus tolerance on O.D. of pipe
1,75t = 87,5 % der nominellen Wandstärke multipliziert mit zwei um in den Durchmesser zu konvertieren
0,25 mm = Plustoleranz des Maßes C (siehe Abschnitt 7.4.3 der Norm)
0,79 mm = Minustoleranz des Außendurchmessers des Rohres

General Notes:
(a) See paras. 6.4 and 7.4 for details and tolerances.
(b) See Fig. 1 for welding and details of welding neck flanges.
NOTE: (1) 13 mm depth based on the use of a 19 mm wide backing ring.

Allgemeine Bemerkungen
(a) Für Details und Toleranzen siehe Punkt 6.4 u. 7.4
(b) Für Details siehe Abb. 1

Hinweis: (1) 13mm Tiefe basiert of dem Gebrauch eines 19 mm breitem Verstärkungsring

Table Dimensions of Ring-Joint Facings
Tabelle Maße der Ring Nut Ausführung
Included Tolerances – Einschließlich Toleranzen

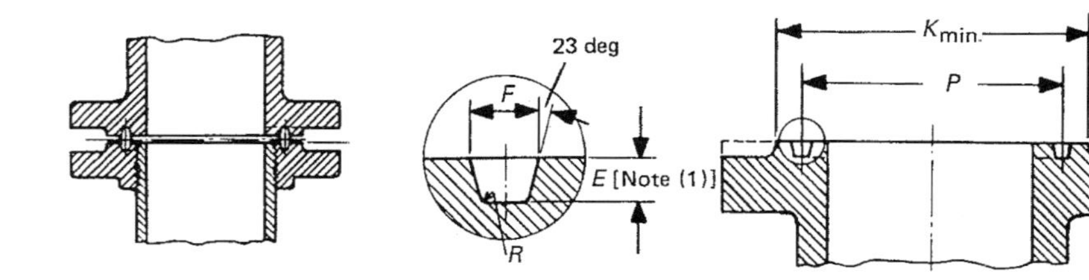

Nominal Pipe Size for Class				Groove Number	Groove Dimensions				Diameter of Raised Portion, *K*
300	400	600	900		Pitch Diameter, *P*	Depth, *E*	Width, *F*	Radius at Bottom, *R*	
Nominelle Rohrabmessung für Class				Nutnummer	Nutabmessungen				Ø der Dichtleiste K
300	400	600	900		Nut Ø P	Tiefe E	Breite F	Radius am Boden R	
26	26	26	...	R93	749.30	12.70	19.84	1.5	810
28	28	28	...	R94	800.10	12.70	19.84	1.5	861
30	30	30	...	R95	857.25	12.70	19.84	1.5	917
32	32	32	...	R96	914.40	14.27	23.01	1.5	984
34	34	34	...	R97	965.20	14.27	23.01	1.5	1 035
36	36	36	...	R98	1 022.35	14.27	23.01	1.5	1 092
...	...	...	26	R100	749.30	17.48	30.18	2.3	832
...	...	...	28	R101	800.10	17.48	33.32	2.3	889
...	...	...	30	R102	857.25	17.48	33.32	2.3	946

...	...	...	32	R103	914.40	17.48	33.32	2.3	1 003
...	...	...	34	R104	965.20	20.62	36.53	2.3	1 067
...	...	...	36	R105	1 022.35	20.62	36.53	2.3	1 124

Tolerances	
E (depth)	+0.4, −0.0
F (width)	±0.2
P (pitch diameter)	±0.13
R (radius at bottom)	+0.8, −0.0 for $R \leq 2$
	±0.8 for $R > 2$
23 deg angle	$\pm\frac{1}{2}$ deg

Toleranzen	
E (Tiefe)	+ 0,4 mm, - 0,0 mm
F (Breite)	+/- 0,2 mm
P (Nut Ø)	+/- 0,13 mm
R (Radius am Boden)	+ 0,8 mm, - 0,0 mm für R <=2
	+/- 0,8 mm für R > 2
23 Grad Winkel	+/- 0,5 Grad

GENERAL NOTES:

(a) Dimensions are in millimeters.

(b) Ring-joint gaskets are not contemplated for NPS 38 and larger flanges.

(c) For facing requirements for flanges, see para. 6.1.

(d) See para. 4.2 for marking requirements.

NOTE:

(1) Height of raised portion is equal to the depth of groove dimension *E*, but is not subjected to the tolerances for *E*. Full face contour may be used.

Allgemeine Bemerkungen:

(a) Maße in mm

(b) Ring-Nut Dichtungen sind nicht vorgesehen für NPS 38 und größer

(c) Dichtleistenanforderungen für Flansche siehe Punkt 6.1 der Norm

(d) Punkt 4.2 der Norm schreibtt die Kennzeichnung vor

Wichtig:

(1) Höhe der Dichtleiste ist gleich mit der Tiefe der Nut E, doch gilt nicht die Toleranz der Nuttiefe E. Vollflächige Kontur kann angewendet werden.

ASME B 16.47 – 2017 Series A
Class 150 (ISO PN 20/20,0 bar)
Blind- and Welding Neck Flanges
Blind- und Vorschweißflansche

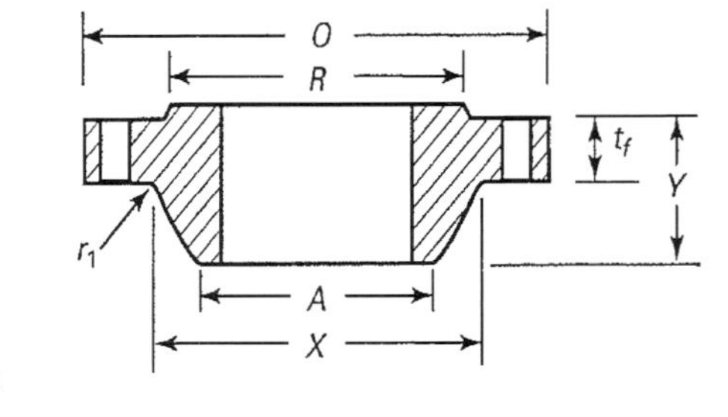

Maße in mm bis auf Schraubloch Ø und Schrauben Ø in inch
Dimensions in mm except diam. of bolt and bolt hole in inch
Dichtflächenhöhe 2 mm +/- 0,5 mm (Zusätzlich zur Blattstärke t_f)
Hight of raised face 2 mm +/- 0,5 mm (Additional to thickness t_f)

Nominal Pipe Size	O.D. of Flange, *O*	Minimum Thickness of Flange, t_f [Note (1)]		Length Through Hub, *Y*	Diam. of Hub, *X* [Note (2)]	Hub Diam. Top, *A* [Note (3)]	Raised Face Diam., *R*	Drilling			Diam. of Bolt, in.	Minimum Fillet Radius, r_1		
		WNF	Blind					Diam. of Bolt Circle	No. of Bolt Holes	Diam. of Bolt Hole, in.				
Rohr	Außen-Ø	Blattstärke		Gesamt-höhe	Ansatz	Ansatz-Ø	Dicht-Leisten Ø	Schraubenlöcher			Schrau-ben Ø	Radius	Approx. Weight Gewichte ~	
		WN	BL					Loch-Kreis-Ø	Anzahl	Loch Ø			WN	BL
26	870	66.7	66.7	119	676	660.4	749	806.4	24	$1\frac{3}{8}$	$1\frac{1}{4}$	10	136	318
28	925	69.9	69.9	124	727	711.2	800	863.6	28	$1\frac{3}{8}$	$1\frac{1}{4}$	11	157	378

30	985	73.1	73.1	135	781	762.0	857	914.4	28	$1\frac{3}{8}$	$1\frac{1}{4}$	11	181	445
32	1 060	79.4	79.4	143	832	812.8	914	977.9	28	$1\frac{5}{8}$	$1\frac{1}{2}$	11	229	586
34	1 110	81.0	81.0	148	883	863.6	965	1 028.7	32	$1\frac{5}{8}$	$1\frac{1}{2}$	13	245	628
36	1 170	88.9	88.9	156	933	914.4	1 022	1 085.8	32	$1\frac{5}{8}$	$1\frac{1}{2}$	13	290	760
38	1 240	85.8	85.8	156	991	965.2	1 073	1 149.4	32	$1\frac{5}{8}$	$1\frac{1}{2}$	13	327	826
40	1 290	88.9	88.9	162	1 041	1 016.0	1 124	1 200.2	36	$1\frac{5}{8}$	$1\frac{1}{2}$	13	352	925
42	1 345	95.3	95.3	170	1 092	1 066.8	1 194	1 257.3	36	$1\frac{5}{8}$	$1\frac{1}{2}$	13	404	1080
44	1 405	100.1	100.1	176	1 143	1 117.6	1 245	1 314.4	40	$1\frac{5}{8}$	$1\frac{1}{2}$	13	449	1232
46	1 455	101.6	101.6	184	1 197	1 168.4	1 295	1 365.2	40	$1\frac{5}{8}$	$1\frac{1}{2}$	13	481	1343
48	1 510	106.4	106.4	191	1 248	1 219.2	1 359	1 422.4	44	$1\frac{5}{8}$	$1\frac{1}{2}$	13	538	1519
50	1 570	109.6	109.6	202	1 302	1 270.0	1 410	1 479.6	44	$1\frac{7}{8}$	$1\frac{3}{4}$	13	576	1686
52	1 625	114.3	114.3	208	1 353	1 320.8	1 461	1 536.7	44	$1\frac{7}{8}$	$1\frac{3}{4}$	13	640	1885
54	1 685	119.1	119.1	214	1 403	1 371.6	1 511	1 593.8	44	$1\frac{7}{8}$	$1\frac{3}{4}$	13	719	2104
56	1 745	122.3	122.3	227	1 457	1 422.4	1 575	1 651.0	48	$1\frac{7}{8}$	$1\frac{3}{4}$	13	798	2328
58	1 805	127.0	127.0	233	1 508	1 473.2	1 626	1 708.2	48	$1\frac{7}{8}$	$1\frac{3}{4}$	13	869	2574
60	1 855	130.2	130.2	238	1 559	1 524.0	1 676	1 759.0	52	$1\frac{7}{8}$	$1\frac{3}{4}$	13	928	2791

GENERAL NOTES:

(a) Dimensions are in millimeters.

(b) For tolerances, see section 7.

(c) For facings, see para. 6.1.

(d) For flange bolt holes, see para. 6.2.

(e) For spot facing, see para. 6.3.

(f) The bore is to be specified by the purchaser. Tolerances in para. 7.3.2 apply.

(g) Blind flanges may be made with or without hubs at the manufacturer's option.

NOTES:

(1) The minimum flange thickness does not include the raised face thickness (see para. 6.1.1).

(2) This dimension is for the large end of hub, which may be straight or tapered.

(3) For welding and bevel, see para. 6.4.

Allgemeine Anmerkungen:

a) Abmessungen in mm

b) Toleranzen siehe Norm Punkt 7

c) Dichtflächen siehe Norm Punkt 6.1

d) Schraublöcher siehe Norm Punkt 6.2

e) Hinterfräsung Schraublöcher siehe Norm Punkt 6.3

f) Flanschbohrung wird vom Besteller angegeben Toleranzen siehe Norm Punkt 7.3.2

g) Blindflanschen können ohne und mit Ansätzen gefertigt werden nach Angabe des Bestellers

Bemerkungen

(1) Mindestblattstärke beinhaltet nicht die Dichtleistenhöhe siehe Norm Punkt 6.1.1

(2) Das Maß für die Gesamthöhe kann gerade oder angeschrägt verlaufen

(3) Anschweißende siehe Norm Punkt 6.4

ASME B 16.47 – 2017 Series A
Class 300 (ISO PN 50/51,73 bar)
Blind- and Welding Neck Flanges (RF and RTJ)
Blind- und Vorschweißflansche (RF and RTJ)

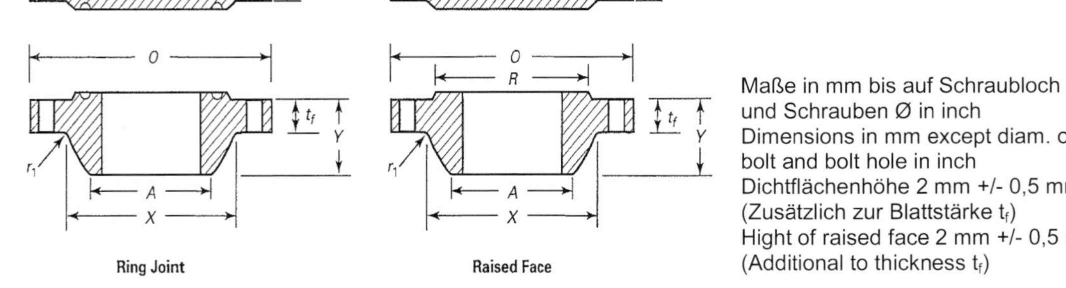

Maße in mm bis auf Schraubloch Ø und Schrauben Ø in inch
Dimensions in mm except diam. of bolt and bolt hole in inch
Dichtflächenhöhe 2 mm +/- 0,5 mm (Zusätzlich zur Blattstärke t_f)
Hight of raised face 2 mm +/- 0,5 mm (Additional to thickness t_f)

Nominal Pipe Size	O.D. of Flange, O	Minimum Thickness of Flange, t_f [Note (1)]		Length Through Hub, Y	Diam. of Hub, X [Note (2)]	Hub Diam. Top, A [Note (3)]	Raised Face Diam., R	Drilling			Diam. of Bolt, in.	Minimum Fillet Radius, r_1	Approx Weight Gewichte ~	
		WNF	Blind					Diam. of Bolt Circle	No. of Bolt Holes	Diam. of Bolt Hole, in.				
Rohr	Außen-Ø	Blattstärke		Gesamthöhe	Ansatz	Ansatz-Ø	Dicht-Leisten Ø	Schraubenlöcher			Schrauben Ø	Radius		
		WN	BL					Loch-Kreis-Ø	Anzahl	Loch Ø			WN	BL

26	970	77.8	82.6	183	721	660.4	749	876.3	28	$1\frac{3}{4}$	$1\frac{5}{8}$	10	[illegible]	[illegible]
28	1 035	84.2	88.9	195	775	711.2	800	939.8	28	$1\frac{3}{4}$	$1\frac{5}{8}$	11	338	596
30	1 090	90.5	93.7	208	827	762.0	857	997.0	28	$1\frac{7}{8}$	$1\frac{3}{4}$	11	395	700
32	1 150	96.9	98.5	221	881	812.8	914	1 054.1	28	2	$1\frac{7}{8}$	11	456	814
34	1 205	100.1	103.2	230	937	863.6	965	1 104.9	28	2	$1\frac{7}{8}$	13	519	938
36	1 270	103.2	109.6	240	991	914.4	1 022	1 168.4	32	$2\frac{1}{8}$	2	13	578	1105
38	1 170	106.4	106.4	179	994	965.2	1 029	1 092.2	32	$1\frac{5}{8}$	$1\frac{1}{2}$	13	315	908
40	1 240	112.8	112.8	192	1 048	1 016.0	1 086	1 155.7	32	$1\frac{3}{4}$	$1\frac{5}{8}$	13	381	1080
42	1 290	117.5	117.5	198	1 099	1 066.8	1 137	1 206.5	32	$1\frac{3}{4}$	$1\frac{5}{8}$	13	431	1219
44	1 355	122.3	122.3	205	1 149	1 117.6	1 194	1 263.6	32	$1\frac{7}{8}$	$1\frac{3}{4}$	13	478	1397
46	1 415	127.0	127.0	214	1 203	1 168.4	1 245	1 320.8	28	2	$1\frac{7}{8}$	13	560	1587
48	1 465	131.8	131.8	222	1 254	1 219.2	1 302	1 371.6	32	2	$1\frac{7}{8}$	13	626	1767
50	1 530	138.2	138.2	230	1 305	1 270.0	1 359	1 428.8	32	$2\frac{1}{8}$	2	13	694	2015
52	1 580	142.9	142.9	237	1 356	1 320.8	1 410	1 479.6	32	$2\frac{1}{8}$	2	13	753	2225
54	1 660	150.9	150.9	251	1 410	1 371.6	1 467	1 549.4	28	$2\frac{3}{8}$	$2\frac{1}{4}$	13	930	2562
56	1 710	152.4	152.4	259	1 464	1 422.4	1 518	1 600.2	28	$2\frac{3}{8}$	$2\frac{1}{4}$	13	978	2766
58	1 760	157.2	157.2	265	1 514	1 473.2	1 575	1 651.0	32	$2\frac{3}{8}$	$2\frac{1}{4}$	13	1030	3025
60	1 810	162.0	162.0	271	1 565	1 524.0	1 626	1 701.8	32	$2\frac{3}{8}$	$2\frac{1}{4}$	13	1120	3300

GENERAL NOTES:

(a) Dimensions are in millimeters.

(b) For tolerances, see section 7.

(c) For facings, see para. 6.1.

(d) For flange bolt holes, see para. 6.2.

(e) For spot facing, see para. 6.3.

(f) The bore is to be specified by the purchaser. Tolerances in para. 7.3.2 apply.

(g) Blind flanges may be made with or without hubs at the manufacturer's option.

NOTES:

(1) The minimum flange thickness does not include the raised face thickness (see para. 6.1.1).

(2) This dimension is for the large end of hub, which may be straight or tapered.

(3) For welding and bevel, see para. 6.4.

Allgemeine Anmerkungen:

a) Abmessungen in mm

b) Toleranzen siehe Norm Punkt 7

c) Dichtflächen siehe Norm Punkt 6.1

d) Schraublöcher siehe Norm Punkt 6.2

e) Hinterfräsung Schraublöcher siehe Norm Punkt 6.3

f) Flanschbohrung wird vom Besteller angegeben Toleranzen siehe Norm Punkt 7.3.2

g) Blindflanschen können ohne und mit Ansätzen gefertigt werden nach Angabe des Bestellers

Bemerkungen

(1) Mindestblattstärke beinhaltet nicht die Dichtleistenhöhe siehe Norm Punkt 6.1.1

(2) Das Maß für die Gesamthöhe kann gerade oder angeschrägt verlaufen

(3) Anschweißende siehe Norm Punkt 6.4

ASME B 16.47 – 2017 Series A
Class 400 (68,9 bar)
Blind- and Welding Neck Flanges (RF and RTJ)
Blind- und Vorschweißflansche (RF und RTJ)

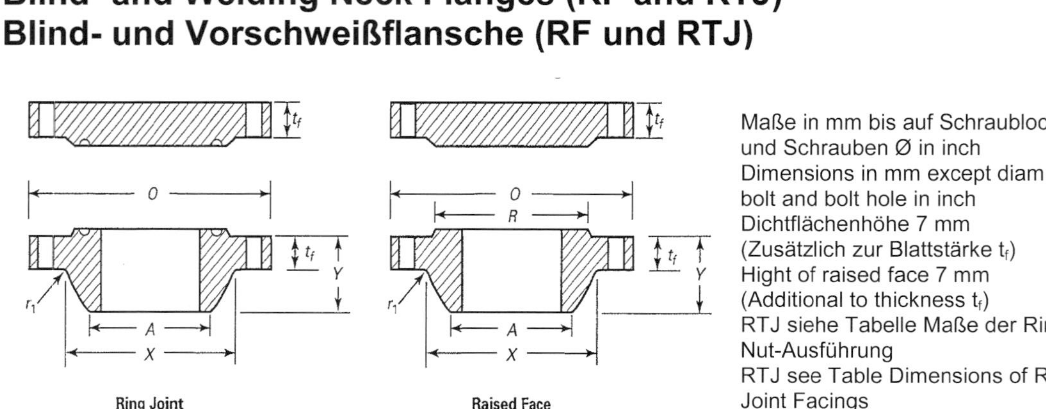

Ring Joint

Raised Face

Maße in mm bis auf Schraubloch Ø und Schrauben Ø in inch
Dimensions in mm except diam. of bolt and bolt hole in inch
Dichtflächenhöhe 7 mm (Zusätzlich zur Blattstärke t_f)
Hight of raised face 7 mm (Additional to thickness t_f)
RTJ siehe Tabelle Maße der Ring-Nut-Ausführung
RTJ see Table Dimensions of Ring-Joint Facings

Nominal Pipe Size	O.D. of Flange, *O*	Minimum Thickness of Flange, t_f [Note (1)]		Length Through Hub, *Y*	Diam. of Hub, *X* [Note (2)]	Hub Diam. Top, *A* [Note (3)]	Raised Face Diam., *R*	Drilling			Diam. of Bolt, in.	Minimum Fillet Radius, r_1	Approx Weight Gewichte ~	
		WNF	Blind					Diam. of Bolt Circle	No. of Bolt Holes	Diam. of Bolt Hole, in.			WN	BL
Rohr	Außen-Ø	Blattstärke		Gesamthöhe	Ansatz	Ansatz-Ø	Dicht-Leisten Ø	Schraubenlöcher			Schrauben Ø	Radius		
		WN	BL					Loch-Kreis-	Anzahl	Loch Ø				

28	1 035	95.3	104.8	200	785	711.2	[illegible]	[illegible]	[illegible]	[illegible]	[illegible]	[illegible]	[illegible]
30	1 090	101.6	111.2	219	837	762.0	857	997.0	28	$2\frac{1}{8}$	2	13	411	817
32	1 150	108.0	115.9	232	889	812.8	914	1 054.1	28	$2\frac{1}{8}$	2	13	483	942
34	1 205	111.2	122.3	241	945	863.6	965	1 104.9	28	$2\frac{1}{8}$	2	14	544	1095
36	1 270	114.3	128.6	251	1 000	914.4	1 022	1 168.4	32	$2\frac{1}{8}$	2	14	608	1277
38	1 205	123.9	123.9	206	1 003	965.2	1 035	1 117.6	32	$1\frac{7}{8}$	$1\frac{3}{4}$	14	424	1111
40	1 270	130.2	130.2	216	1 054	1 016.0	1 092	1 174.8	32	2	$1\frac{7}{8}$	14	494	1292
42	1 320	133.4	133.4	224	1 108	1 066.8	1 143	1 225.6	32	2	$1\frac{7}{8}$	14	540	1433
44	1 385	139.7	139.7	233	1 159	1 117.6	1 200	1 282.7	32	$2\frac{1}{8}$	2	14	624	1649
46	1 440	146.1	146.1	244	1 213	1 168.4	1 257	1 339.8	36	$2\frac{1}{8}$	2	14	692	1869
48	1 510	152.4	152.4	257	1 267	1 219.2	1 308	1 403.4	28	$2\frac{3}{8}$	$2\frac{1}{4}$	14	812	2144
50	1 570	157.2	158.8	268	1 321	1 270.0	1 362	1 460.5	32	$2\frac{3}{8}$	$2\frac{1}{4}$	14	885	2405
52	1 620	162.0	163.6	276	1 372	1 320.8	1 413	1 511.3	32	$2\frac{3}{8}$	$2\frac{1}{4}$	14	964	2641
54	1 700	169.9	171.5	289	1 426	1 371.6	1 470	1 581.2	28	$2\frac{5}{8}$	$2\frac{1}{2}$	14	1198	3058
56	1 755	174.7	176.3	298	1 480	1 422.4	1 527	1 632.0	32	$2\frac{5}{8}$	$2\frac{1}{2}$	14	1229	3335
58	1 805	177.8	181.0	306	1 530	1 473.2	1 578	1 682.8	32	$2\frac{5}{8}$	$2\frac{1}{2}$	14	1465	3622
60	1 885	185.8	189.0	319	1 584	1 524.0	1 635	1 752.6	32	$2\frac{7}{8}$	$2\frac{3}{4}$	14	1733	4140

GENERAL NOTES:

(a) Dimensions are in millimeters.
(b) For tolerances, see section 7.
(c) For facings, see para. 6.1.
(d) For flange bolt holes, see para. 6.2.
(e) For spot facing, see para. 6.3.
(f) The bore is to be specified by the purchaser. Tolerances in para. 7.3.2 apply.
(g) Blind flanges may be made with or without hubs at the manufacturer's option.

NOTES:

(1) The minimum flange thickness does not include the raised face thickness (see para. 6.1.1).
(2) This dimension is for the large end of hub, which may be straight or tapered.
(3) For welding and bevel, see para. 6.4.

Allgemeine Anmerkungen:

a) Abmessungen in mm
b) Toleranzen siehe Norm Punkt 7
c) Dichtflächen siehe Norm Punkt 6.1
d) Schraublöcher siehe Norm Punkt 6.2
e) Hinterfräsung Schraublöcher siehe Norm Punkt 6.3
f) Flanschbohrung wird vom Besteller angegeben Toleranzen siehe Norm Punkt 7.3.2
g) Blindflanschen können ohne und mit Ansätzen gefertigt werden nach Angabe des Bestellers

Bemerkungen

(1) Mindestblattstärke beinhaltet nicht die Dichtleistenhöhe siehe Norm Punkt 6.1.1
(2) Das Maß für die Gesamthöhe kann gerade oder angeschrägt verlaufen
(3) Anschweißende siehe Norm Punkt 6.4

ASME B 16.47 – 2017 Series A
Class 600 (ISO PN 110/103,46 bar)
Blind- and Welding Neck Flanges (RF and RTJ)
Blind- und Vorschweißflansche (RF und RTJ)

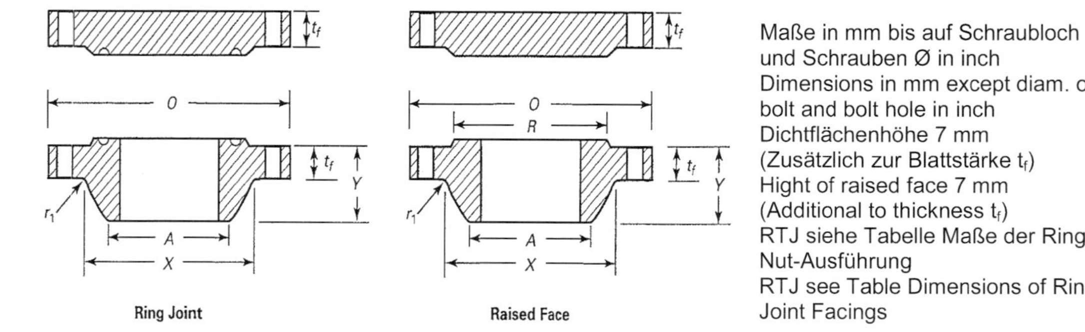

Ring Joint

Raised Face

Maße in mm bis auf Schraubloch Ø und Schrauben Ø in inch
Dimensions in mm except diam. of bolt and bolt hole in inch
Dichtflächenhöhe 7 mm (Zusätzlich zur Blattstärke t_f)
Hight of raised face 7 mm (Additional to thickness t_f)
RTJ siehe Tabelle Maße der Ring-Nut-Ausführung
RTJ see Table Dimensions of Ring-Joint Facings

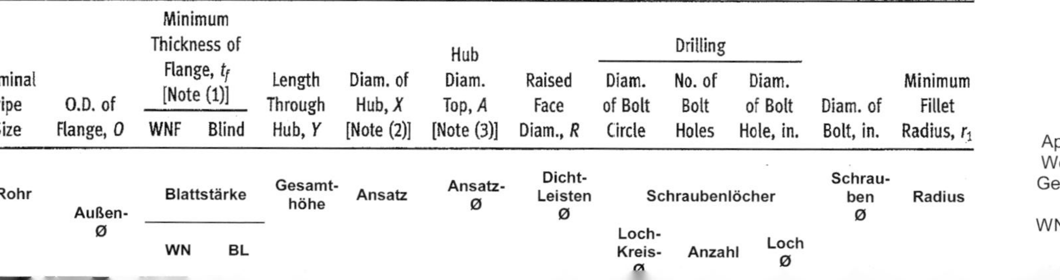

Nominal Pipe Size	O.D. of Flange, O	Minimum Thickness of Flange, t_f [Note (1)]		Length Through Hub, Y	Diam. of Hub, X [Note (2)]	Hub Diam. Top, A [Note (3)]	Raised Face Diam., R	Drilling			Diam. of Bolt, in.	Minimum Fillet Radius, r_1	Approx Weight Gewichte ~	
		WNF	Blind					Diam. of Bolt Circle	No. of Bolt Holes	Diam. of Bolt Hole, in.				
Rohr	Außen-Ø	Blattstärke		Gesamthöhe	Ansatz	Ansatz-Ø	Dicht-Leisten Ø	Schraubenlöcher			Schrauben Ø	Radius		
		WN	BL					Loch-Kreis-Ø	Anzahl	Loch Ø			WN	BL

26	1 015	108.0	125.5	222	748	660.4	749	914.4	[illegible]	[illegible]	[illegible]	[illegible]	[illegible]	[illegible]
28	1 075	111.2	131.8	235	803	711.2	800	965.2	28	$2^1/_8$	2	13	481	935
30	1 130	114.3	139.7	248	862	762.0	857	1 022.4	28	$2^1/_8$	2	13	549	1099
32	1 195	117.5	147.7	260	918	812.8	914	1 079.5	28	$2^3/_8$	$2^1/_4$	13	624	1295
34	1 245	120.7	154.0	270	973	863.6	965	1 130.3	28	$2^3/_8$	$2^1/_4$	14	699	1468
36	1 315	123.9	162.0	283	1 032	914.4	1 022	1 193.8	28	$2^5/_8$	$2^1/_2$	14	773	1725
38	1 270	152.4	155.0	254	1 022	965.2	1 054	1 162.0	28	$2^3/_8$	$2^1/_4$	14	667	1544
40	1 320	158.8	162.0	264	1 073	1 016.0	1 111	1 212.8	32	$2^3/_8$	$2^1/_4$	14	739	1741
42	1 405	168.3	171.5	279	1 127	1 066.8	1 168	1 282.7	28	$2^5/_8$	$2^1/_2$	14	921	2080
44	1 455	173.1	177.8	289	1 181	1 117.6	1 226	1 333.5	32	$2^5/_8$	$2^1/_2$	14	980	2316
46	1 510	179.4	185.8	300	1 235	1 168.4	1 276	1 390.6	32	$2^5/_8$	$2^1/_2$	14	1093	2612
48	1 595	189.0	195.3	316	1 289	1 219.2	1 334	1 460.5	32	$2^7/_8$	$2^3/_4$	14	1295	3056
50	1 670	196.9	203.2	329	1 343	1 270.0	1 384	1 524.0	28	$3^1/_8$	3	14	1510	3490
52	1 720	203.2	209.6	337	1 394	1 320.8	1 435	1 574.8	32	$3^1/_8$	3	14	1615	3822
54	1 780	209.6	217.5	349	1 448	1 371.6	1 492	1 632.0	32	$3^1/_8$	3	14	1778	4233
56	1 855	217.5	225.5	362	1 502	1 422.4	1 543	1 695.4	32	$3^3/_8$	$3^1/_4$	16	1941	4776
58	1 905	222.3	231.8	370	1 553	1 473.2	1 600	1 746.2	32	$3^3/_8$	$3^1/_4$	16	2105	5177
60	1 995	233.4	242.9	389	1 610	1 524.0	1 657	1 822.4	28	$3^5/_8$	$3^1/_2$	17	2268	5946

GENERAL NOTES:

(a) Dimensions are in millimeters.
(b) For tolerances, see section 7.
(c) For facings, see para. 6.1.
(d) For flange bolt holes, see para. 6.2.
(e) For spot facing, see para. 6.3.
(f) The bore is to be specified by the purchaser. Tolerances in para. 7.3.2 apply.
(g) Blind flanges may be made with or without hubs at the manufacturer's option.

NOTES:

(1) The minimum flange thickness does not include the raised face thickness (see para. 6.1.1).
(2) This dimension is for the large end of hub, which may be straight or tapered.
(3) For welding and bevel, see para. 6.4.

Allgemeine Anmerkungen:

a) Abmessungen in mm
b) Toleranzen siehe Norm Punkt 7
c) Dichtflächen siehe Norm Punkt 6.1
d) Schraublöcher siehe Norm Punkt 6.2
e) Hinterfräsung Schraublöcher siehe Norm Punkt 6.3
f) Flanschbohrung wird vom Besteller angegeben Toleranzen siehe Norm Punkt 7.3.2
g) Blindflanschen können ohne und mit Ansätzen gefertigt werden nach Angabe des Bestellers

Bemerkungen

(1) Mindestblattstärke beinhaltet nicht die Dichtleistenhöhe siehe Norm Punkt 6.1.1
(2) Das Maß für die Gesamthöhe kann gerade oder angeschrägt verlaufen
(3) Anschweißende siehe Norm Punkt 6.4

ASME B 16.47 – 2017 Series A
Class 900 (ISO PN 150/155,18 bar)
Blind- and Welding Neck Flanges (RF and RTJ)
Blind- und Vorschweißflansche (RF und RTJ)

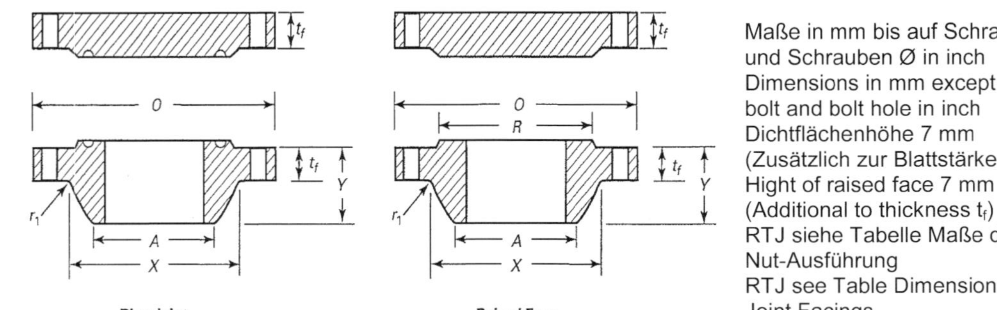

Ring Joint

Raised Face

Maße in mm bis auf Schraubloch Ø und Schrauben Ø in inch
Dimensions in mm except diam. of bolt and bolt hole in inch
Dichtflächenhöhe 7 mm (Zusätzlich zur Blattstärke t_f)
Hight of raised face 7 mm (Additional to thickness t_f)
RTJ siehe Tabelle Maße der Ring-Nut-Ausführung
RTJ see Table Dimensions of Ring-Joint Facings

Nominal Pipe Size	O.D. of Flange, O	Minimum Thickness of Flange, t_f [Note (1)]		Length Through Hub, Y	Diam. of Hub, X [Note (2)]	Hub Diam. Top, A [Note (3)]	Raised Face Diam., R	Drilling			Diam. of Bolt, in.	Minimum Fillet Radius, r_1	Approx Weight Gewichte ~	
		WNF	Blind					Diam. of Bolt Circle	No. of Bolt Holes	Diam. of Bolt Hole, in.				
Rohr	Außen-Ø	Blattstärke		Gesamt-höhe	Ansatz	Ansatz-Ø	Dicht-Leisten Ø	Schraubenlöcher			Schrau-ben Ø	Radius		
		WN	BL					Loch-Kreis-	Anzahl	Loch Ø			WN	BL

26	1 085	139.7	160.4	286	775	660.4	749	952.5	20	$2\frac{7}{8}$	$2\frac{3}{4}$	11	692	1164
28	1 170	142.9	171.5	298	832	711.2	800	1 022.4	20	$3\frac{1}{8}$	3	13	821	1442
30	1 230	149.3	182.6	311	889	762.0	857	1 085.8	20	$3\frac{1}{8}$	3	13	962	1705
32	1 315	158.8	193.7	330	946	812.8	914	1 155.7	20	$3\frac{3}{8}$	$3\frac{1}{4}$	13	1154	2060
34	1 395	165.1	204.8	349	1 006	863.6	965	1 225.6	20	$3\frac{5}{8}$	$3\frac{1}{2}$	14	1347	2461
36	1 460	171.5	214.4	362	1 064	914.4	1 022	1 289.0	20	$3\frac{5}{8}$	$3\frac{1}{2}$	14	1540	2816
38	1 460	190.5	215.9	352	1 073	965.2	1 099	1 289.0	20	$3\frac{5}{8}$	$3\frac{1}{2}$	19	1535	2836
40	1 510	196.9	223.9	364	1 127	1 016.0	1 162	1 339.8	24	$3\frac{5}{8}$	$3\frac{1}{2}$	21	1642	3148
42	1 560	206.4	231.8	371	1 176	1 066.8	1 213	1 390.6	24	$3\frac{5}{8}$	$3\frac{1}{2}$	21	1796	3481
44	1 650	214.4	242.9	391	1 235	1 117.6	1 270	1 463.7	24	$3\frac{7}{8}$	$3\frac{3}{4}$	22	1950	4062
46	1 735	225.5	255.6	411	1 292	1 168.4	1 334	1 536.7	24	$4\frac{1}{8}$	4	22	2105	4729
48	1 785	233.4	263.6	419	1 343	1 219.2	1 384	1 587.5	24	$4\frac{1}{8}$	4	24	2259	5170
50	...	...	...	...	...	...	...	...	...	...	...	...		
52	...	...	...	...	...	...	...	...	...	...	...	...		
54	...	...	...	...	...	...	...	...	...	...	...	...		
56	...	...	...	...	...	...	...	...	...	...	...	...		
58	...	...	...	...	...	...	...	...	...	...	...	...		
60	...	...	...	...	...	...	...	...	...	...	...	...		

GENERAL NOTES:

(a) Dimensions are in millimeters.
(b) For tolerances, see section 7.
(c) For facings, see para. 6.1.
(d) For flange bolt holes, see para. 6.2.
(e) For spot facing, see para. 6.3.
(f) The bore is to be specified by the purchaser. Tolerances in para. 7.3.2 apply.
(g) Blind flanges may be made with or without hubs at the manufacturer's option.

NOTES:

(1) The minimum flange thickness does not include the raised face thickness (see para. 6.1.1
(2) This dimension is for the large end of hub, which may be straight or tapered.
(3) For welding and bevel, see para. 6.4.

Allgemeine Anmerkungen:

a) Abmessungen in mm
b) Toleranzen siehe Norm Punkt 7
c) Dichtflächen siehe Norm Punkt 6.1
d) Schraublöcher siehe Norm Punkt 6.2
e) Hinterfräsung Schraublöcher siehe Norm Punkt 6.3
f) Flanschbohrung wird vom Besteller angegeben Toleranzen siehe Norm Punkt 7.3.2
g) Blindflanschen können ohne und mit Ansätzen gefertigt werden nach Angabe des Bestellers

Bemerkungen

(1) Mindestblattstärke beinhaltet nicht die Dichtleistenhöhe siehe Norm Punkt 6.1.1
(2) Das Maß für die Gesamthöhe kann gerade oder angeschrägt verlaufen
(3) Anschweißende siehe Norm Punkt 6.4

ASME B 16.47 – 2017 Series B
Class 75 (10,0 bar)
Blind- and Welding Neck Flanges
Blind- und Vorschweißflansche

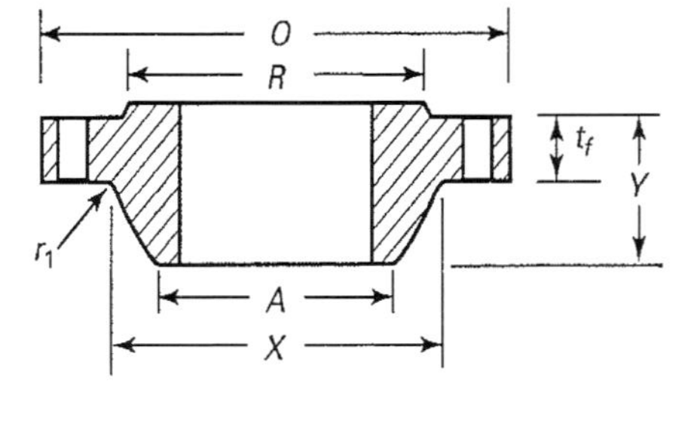

Maße in mm bis auf Schraubloch Ø und Schrauben Ø in inch
Dimensions in mm except diam. of bolt and bolt hole in inch
Dichtflächenhöhe 2 mm (Zusätzlich zur Blattstärke t_f)
Hight of raised face 2 mm (Additional to thickness t_f)

Nominal Pipe Size	O.D. of Flange, *O*	Minimum Thickness of Flange, t_f [Note (1)] WNF	Minimum Thickness of Flange, t_f [Note (1)] Blind	Length Through Hub, *Y*	Diam. of Hub, *X* [Note (2)]	Hub Diam. Top, *A* [Note (3)]	Raised Face Diam., *R*	Drilling: Diam. of Bolt Circle	Drilling: No. of Bolt Holes	Drilling: Diam. of Bolt Hole, in.	Diam. of Bolt, in.	Minimum Fillet Radius, r_1	Approx. Weight Gewichte ~ WN	Approx. Weight Gewichte ~ BL
Rohr	Außen-Ø	Blattstärke WN	Blattstärke BL	Gesamthöhe	Ansatz	Ansatz-Ø	Dicht-Leisten Ø	Schraubenlöcher: Loch-Kreis-Ø	Schraubenlöcher: Anzahl	Schraubenlöcher: Loch Ø	Schrauben Ø	Radius		
26	760	31.9	31.9	57	676	661.9	705	723.9	36	3/4	5/8	8	36	116
28	815	31.9	31.9	60	727	712.7	756	774.7	40	3/4	5/8	8	38	132
30	865	31.9	31.9	64	778	763.5	806	825.5	44	3/4	5/8	8	41	150
32	915	33.5	35.0	68	829	814.3	857	876.3	48	3/4	5/8	8	48	177
34	965	33.5	36.6	72	879	865.1	908	927.1	52	3/4	5/8	8	50	195

36	1 035	35.0	40.9	84	935	915.9	965	992.2	40	7/8	3/4	10	66	235
38	1 085	36.6	43.0	87	986	966.7	1 016	1 043.0	40	7/8	3/4	10	73	270
40	1 135	36.6	43.0	91	1 037	1 017.5	1 067	1 093.8	44	7/8	3/4	10	77	345
42	1 185	38.2	46.3	94	1 087	1 068.3	1 118	1 144.6	48	7/8	3/4	10	84	406
44	1 250	41.4	47.7	103	1 140	1 119.1	1 175	1 203.3	36	1	7/8	10	104	463
46	1 300	43.0	49.3	106	1 191	1 169.9	1 226	1 254.1	40	1	7/8	10	111	538
48	1 355	44.6	52.5	110	1 241	1 220.7	1 276	1 304.9	44	1	7/8	10	122	596
50	1 405	46.2	54.1	114	1 294	1 271.5	1 327	1 355.7	44	1	7/8	10	132	683
52	1 455	46.2	55.7	119	1 345	1 322.3	1 378	1 409.7	48	1	7/8	10	141	755
54	1 510	47.8	58.9	124	1 397	1 373.1	1 429	1 460.5	48	1	7/8	10	154	835
56	1 575	49.3	60.4	133	1 451	1 423.9	1 486	1 520.8	40	1 1/8	1	11	181	957
58	1 625	50.9	62.0	137	1 502	1 474.7	1 537	1 571.6	44	1 1/8	1	11	195	1043
60	1 675	54.1	65.2	143	1 553	1 525.5	1 588	1 622.4	44	1 1/8	1	11	215	1134

GENERAL NOTES:

(a) Dimensions are in millimeters.
(b) For tolerances, see section 7.
(c) For facings, see para. 6.1.
(d) For flange bolt holes, see para. 6.2.
(e) For spot facing, see para. 6.3.
(f) The bore is to be specified by the purchaser. Tolerances in para. 7.3.2 apply.
(g) Blind flanges may be made with or without hubs at the manufacturer's option.

NOTES:

(1) The minimum flange thickness does not include the raised face thickness (see para. 6.1.1).
(2) This dimension is for the large end of hub, which may be straight or tapered.
(3) For welding and bevel, see para. 6.4.

Allgemeine Anmerkungen:

a) Abmessungen in mm
b) Toleranzen siehe Norm Punkt 7
c) Dichtflächen siehe Norm Punkt 6.1
d) Schraublöcher siehe Norm Punkt 6.2
e) Hinterfräsung Schraublöcher siehe Norm Punkt 6.3
f) Flanschbohrung wird vom Besteller angegeben. Toleranzen siehe Norm Punkt 7.3.2
g) Blindflanschen können ohne und mit Ansätzen gefertigt werden nach Angabe des Bestellers

Bemerkungen

(1) Mindestblattstärke beinhaltet nicht die Dichtleistenhöhe siehe Norm Punkt 6.1.1
(2) Das Maß für die Gesamthöhe kann gerade oder angeschrägt verlaufen
(3) Anschweißende siehe Norm Punkt 6.4

ASME B 16.47 – 2017 Series B
Class 150 (ISO PN 20/20,0 bar)
Blind- and Welding Neck Flanges
Blind- und Vorschweißflansche

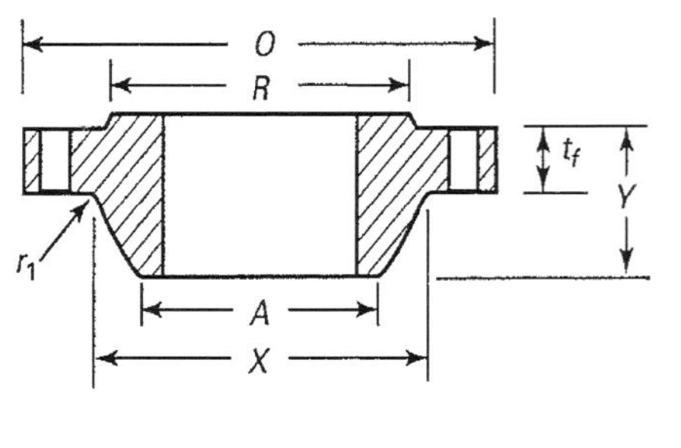

Maße in mm bis auf Schraubloch Ø und Schrauben Ø in inch
Dimensions in mm except diam. of bolt and bolt hole in inch
Dichtflächenhöhe 2 mm (Zusätzlich zur Blattstärke t_f)
Hight of raised face 2 mm (Additional to thickness t_f)

Nominal Pipe Size	O.D. of Flange, O	Minimum Thickness of Flange, t_f [Note (1)]		Length Through Hub, Y	Diam. of Hub, X [Note (2)]	Hub Diam. Top, A [Note (3)]	Raised Face Diam., R	Drilling			Diam. of Bolt, in.	Minimum Fillet Radius, r_1	Approx. Weight Gewichte ~	
		WNF	Blind					Diam. of Bolt Circle	No. of Bolt Holes	Diam. of Bolt Hole, in.				
Rohr	Außen-Ø	Blattstärke		Gesamthöhe	Ansatz	Ansatz-Ø	Dicht-Leisten Ø	Schraubenlöcher			Schrauben Ø	Radius		
		WN	BL					Loch-Kreis-Ø	Anzahl	Loch Ø			WN	BL
26	785	39.8	43.0	87	684	661.9	711	744.5	36	7/8	3/4	10	54	169
28	835	43.0	46.2	94	735	712.7	762	795.3	40	7/8	3/4	10	64	206
30	885	43.0	49.3	98	787	763.5	813	846.1	44	7/8	3/4	10	68	246
32	940	44.6	52.5	106	840	814.3	864	900.1	48	7/8	3/4	10	77	294
34	1 005	47.7	55.7	109	892	865.1	921	957.3	40	1	7/8	10	95	355

36	1 055	50.9	57.3	116	945	915.9	972	1 009.6	44	1	7/8	10	109	404
38	1 125	52.5	62.0	122	997	968.2	1 022	1 070.0	40	1 1/8	1	10	132	494
40	1 175	54.1	65.2	127	1 049	1 019.0	1 080	1 120.8	44	1 1/8	1	10	141	566
42	1 225	57.3	66.8	132	1 102	1 069.8	1 130	1 171.6	48	1 1/8	1	11	156	632
44	1 275	58.9	70.0	135	1 153	1 120.6	1 181	1 222.4	52	1 1/8	1	11	168	716
46	1 340	60.4	73.1	143	1 205	1 171.4	1 235	1 284.3	40	1 1/4	1 1/8	11	197	827
48	1 390	63.6	76.3	148	1 257	1 222.2	1 289	1 335.1	44	1 1/4	1 1/8	11	218	928
50	1 445	66.8	79.5	152	1 308	1 273.0	1 340	1 385.9	48	1 1/4	1 1/8	11	236	1036
52	1 495	68.4	82.7	156	1 360	1 323.8	1 391	1 436.7	52	1 1/4	1 1/8	11	249	1155
54	1 550	70.0	85.8	160	1 413	1 374.6	1 441	1 492.2	56	1 1/4	1 1/8	11	281	1292
56	1 600	71.6	89.0	165	1 465	1 425.4	1 492	1 543.0	60	1 1/4	1 1/8	14	295	1426
58	1 675	73.1	91.9	173	1 516	1 476.2	1 543	1 611.3	48	1 3/8	1 1/4	14	354	1615
60	1 725	74.7	95.4	178	1 570	1 527.0	1 600	1 662.1	52	1 3/8	1 1/4	14	386	1775

GENERAL NOTES:

(a) Dimensions are in millimeters.
(b) For tolerances, see section 7.
(c) For facings, see para. 6.1.
(d) For flange bolt holes, see para. 6.2.
(e) For spot facing, see para. 6.3.
(f) The bore is to be specified by the purchaser. Tolerances in para. 7.3.2 apply.
(g) Blind flanges may be made with or without hubs at the manufacturer's option.

NOTES:

(1) The minimum flange thickness does not include the raised face thickness (see para. 6.1.1).
(2) This dimension is for the large end of hub, which may be straight or tapered.
(3) For welding and bevel, see para. 6.4.

Allgemeine Anmerkungen:

a) Abmessungen in mm
b) Toleranzen siehe Norm Punkt 7
c) Dichtflächen siehe Norm Punkt 6.1
d) Schraublöcher siehe Norm Punkt 6.2
e) Hinterfräsung Schraublöcher siehe Norm Punkt 6.3
f) Flanschbohrung wird vom Besteller angegeben. Toleranzen siehe Norm Punkt 7.3.2
g) Blindflanschen können ohne und mit Ansätzen gefertigt werden nach Angabe des Bestellers

Bemerkungen

(1) Mindestblattstärke beinhaltet nicht die Dichtleistenhöhe siehe Norm Punkt 6.1.1
(2) Das Maß für die Gesamthöhe kann gerade oder angeschrägt verlaufen
(3) Anschweißende siehe Norm Punkt 6.4

ASME B 16.47 – 2017 Series B
Class 300 (ISO PN 50/51,73 bar)
Blind- and Welding Neck Flanges
Blind- und Vorschweißflansche

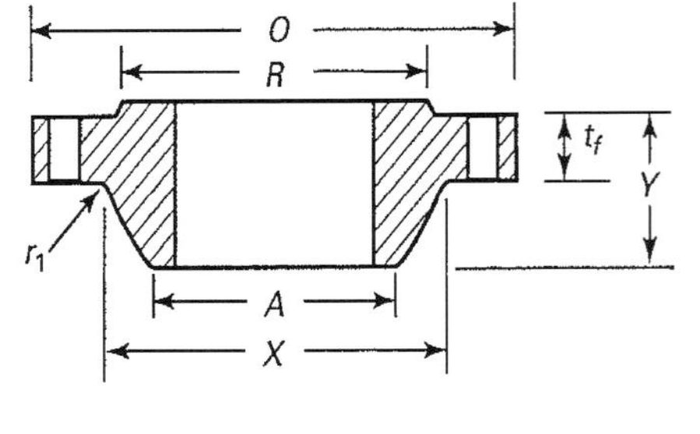

Maße in mm bis auf Schraubloch Ø und Schrauben Ø in inch
Dimensions in mm except diam. of bolt and bolt hole in inch
Dichtflächenhöhe 2 mm (Zusätzlich zur Blattstärke t_f)
Hight of raised face 2 mm (Additional to thickness t_f)

Nominal Pipe Size Rohr	O.D. of Flange, O Außen-Ø	Minimum Thickness of Flange, t_f [Note (1)] WNF Blattstärke WN	Minimum Thickness of Flange, t_f [Note (1)] Blind Blattstärke BL	Length Through Hub, Y Gesamthöhe	Diam. of Hub, X [Note (2)] Ansatz	Hub Diam. Top, A [Note (3)] Ansatz-Ø	Raised Face Diam., R Dicht-Leisten Ø	Drilling: Diam. of Bolt Circle Schraubenlöcher: Loch-Kreis-Ø	Drilling: No. of Bolt Holes Schraubenlöcher: Anzahl	Drilling: Diam. of Bolt Hole, in. Schraubenlöcher: Loch Ø	Diam. of Bolt, in. Schrauben Ø	Minimum Fillet Radius, r_1 Radius	Approx. Weight Gewichte ~ WN	Approx. Weight Gewichte ~ BL
26	865	87.4	87.4	168	702	665.2	737	803.3	32	$1\frac{3}{8}$	$1\frac{1}{4}$	14	181	411
28	920	87.4	87.4	148	756	716.0	787	857.2	36	$1\frac{3}{8}$	$1\frac{1}{4}$	14	204	464
30	990	92.1	92.1	156	813	768.4	845	920.8	36	$1\frac{1}{2}$	$1\frac{3}{8}$	14	249	567
32	1 055	101.6	101.6	167	864	819.2	902	977.9	32	$1\frac{5}{8}$	$1\frac{1}{2}$	16	311	706
34	1 110	101.6	101.6	171	918	870.0	953	1 031.9	36	[illegible]	[illegible]	[illegible]	340	780

36	1 170	101.6	101.6	179	965	920.8	1 010	1 089.0	32	$1\frac{3}{4}$	$1\frac{5}{8}$	16	381	871
38	1 220	109.6	109.6	165	1 016	971.6	1 060	1 139.8	36	$1\frac{3}{4}$	$1\frac{5}{8}$	16	415	1024
40	1 275	114.3	114.3	197	1 067	1 022.4	1 114	1 190.6	40	$1\frac{3}{4}$	$1\frac{5}{8}$	16	449	1156
42	1 335	117.5	117.5	203	1 118	1 074.7	1 168	1 244.6	36	$1\frac{7}{8}$	$1\frac{3}{4}$	16	515	1305
44	1 385	125.5	125.5	213	1 173	1 125.5	1 219	1 295.4	40	$1\frac{7}{8}$	$1\frac{3}{4}$	16	560	1499
46	1 460	127.0	128.6	221	1 229	1 176.3	1 270	1 365.2	36	2	$1\frac{7}{8}$	16	667	1708
48	1 510	127.0	133.4	222	1 278	1 227.1	1 327	1 416.0	40	2	$1\frac{7}{8}$	16	714	1897
50	1 560	136.6	138.2	233	1 330	1 277.9	1 378	1 466.8	44	2	$1\frac{7}{8}$	16	776	2100
52	1 615	141.3	142.6	241	1 383	1 328.7	1 429	1 517.6	48	2	$1\frac{7}{8}$	16	835	2312
54	1 675	135.0	147.7	238	1 435	1 379.5	1 480	1 578.0	48	2	$1\frac{7}{8}$	16	898	2576
56	1 765	152.4	155.4	267	1 494	1 430.3	1 537	1 651.0	36	$2\frac{3}{8}$	$2\frac{1}{4}$	17	1177	3013
58	1 825	152.4	160.4	273	1 548	1 481.1	1 594	1 712.9	40	$2\frac{3}{8}$	$2\frac{1}{4}$	17	1256	3333
60	1 880	149.3	165.1	270	1 599	1 557.3	1 651	1 763.7	40	$2\frac{3}{8}$	$2\frac{1}{4}$	17	1302	3620

GENERAL NOTES:

(a) Dimensions are in millimeters.

(b) For tolerances, see section 7.

(c) For facings, see para. 6.1.

(d) For flange bolt holes, see para. 6.2.

(e) For spot facing, see para. 6.3.

(f) The bore is to be specified by the purchaser. Tolerances in para. 7.3.2 apply.

(g) Blind flanges may be made with or without hubs at the manufacturer's option.

NOTES:

(1) The minimum flange thickness does not include the raised face thickness (see para. 6.1.1).

(2) This dimension is for the large end of hub, which may be straight or tapered.

(3) For welding and bevel, see para. 6.4.

Allgemeine Anmerkungen:

a) Abmessungen in mm
b) Toleranzen siehe Norm Punkt 7
c) Dichtflächen siehe Norm Punkt 6.1
d) Schraublöcher siehe Norm Punkt 6.2
e) Hinterfräsung Schraublöcher siehe Norm Punkt 6.3
f) Flanschbohrung wird vom Besteller angegeben. Toleranzen siehe Norm Punkt 7.3.2
g) Blindflanschen können ohne und mit Ansätzen gefertigt werden nach Angabe des Bestellers

Bemerkungen

(1) Mindestblattstärke beinhaltet nicht die Dichtleistenhöhe siehe Norm Punkt 6.1.1
(2) Das Maß für die Gesamthöhe kann gerade oder angeschrägt verlaufen
(3) Anschweißende siehe Norm Punkt 6.4

ASME B 16.47 – 2017 Series B
Class 400 (68,9 bar)
Blind- and Welding Neck Flanges
Blind- und Vorschweißflansche

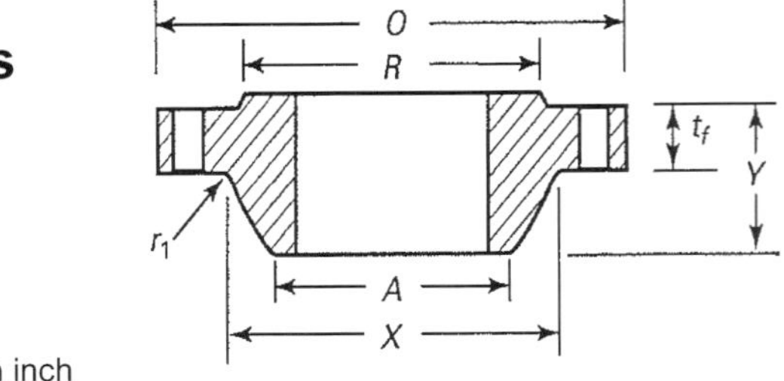

Maße in mm bis auf Schraubloch Ø und Schrauben Ø in inch
Dimensions in mm except diam. of bolt and bolt hole in inch
Dichtflächenhöhe 7 mm (Zusätzlich zur Blattstärke t_f)
Hight of raised face 7 mm (Additional to thickness t_f)

Nominal Pipe Size	O.D. of Flange, *O*	Minimum Thickness of Flange, t_f [Note (1)] WNF	Minimum Thickness of Flange, t_f [Note (1)] Blind	Length Through Hub, *Y*	Hub Diam. of Hub, *X* [Note (2)]	Hub Diam. Top, *A* [Note (3)]	Raised Face Diam., *R*	Drilling Diam. of Bolt Circle	Drilling No. of Bolt Holes	Drilling Diam. of Bolt Hole, in.	Diam. of Bolt, in.	Minimum Fillet Radius, r_1	Approx. Weight	
Rohr	Außen-Ø	Blattstärke WN	Blattstärke BL	Gesamthöhe	Ansatz	Ansatz-Ø	Dicht-Leisten Ø	Schraubenlöcher Loch-Kreis-Ø	Schraubenlöcher Anzahl	Schraubenlöcher Loch Ø	Schrauben Ø	Radius	Gewichte ~ WN	Gewichte ~ BL
26	850	88.9	88.9	149	689	660.4	711	781.0	28	$1\frac{1}{2}$	$1\frac{3}{8}$	11	177	396
28	915	95.3	95.3	159	740	711.2	762	838.2	24	$1\frac{5}{8}$	$1\frac{1}{2}$	13	204	490
30	970	101.6	101.6	170	794	762.0	819	895.4	28	$1\frac{5}{8}$	$1\frac{1}{2}$	13	240	591

32	1 035	108.0	108.0	179	845	812.8	873	952.5	28	$1\frac{3}{4}$	$1\frac{5}{8}$	13	288	712
34	1 085	111.2	111.2	187	899	863.6	927	1 003.3	32	$1\frac{3}{4}$	$1\frac{5}{8}$	14	313	808
36	1 155	119.1	119.1	200	952	914.4	981	1 066.8	28	$1\frac{7}{8}$	$1\frac{3}{4}$	14	388	980

GENERAL NOTES:
(a) Dimensions are in millimeters.
(b) For tolerances, see section 7.
(c) For facings, see para. 6.1.
(d) For flange bolt holes, see para. 6.2.
(e) For spot facing, see para. 6.3.
(f) The bore is to be specified by the purchaser. Tolerances in para. 7.3.2 apply.
(g) Blind flanges may be made with or without hubs at the manufacturer's option.
(h) Dimensions for Classes 400, 600, and 900 NPS 38 and larger for Series B flanges are the same as for the Series A flanges.

NOTES:
(1) The minimum flange thickness does not include the raised face thickness (see para. 6.1.1).
(2) This dimension is for the large end of hub, which may be straight or tapered.
(3) For welding and bevel, see para. 6.4.

Allgemeine Anmerkungen:
a) Abmessungen in mm
b) Toleranzen siehe Norm Punkt 7
c) Dichtflächen siehe Norm Punkt 6.1
d) Schraublöcher siehe Norm Punkt 6.2
e) Hinterfräsung Schraublöcher siehe Norm Punkt 6.3
f) Flanschbohrung wird vom Besteller angegeben. Toleranzen siehe Norm Punkt 7.3.2
g) Blindflanschen können ohne und mit Ansätzen gefertigt werden nach Angabe des Bestellers
h) Abmessungen für 400, 600 und 900 NPS 38 und größer für Serie B Flansche sind identisch mit Serie A Flansche

Bemerkungen
(1) Mindestblattstärke beinhaltet nicht die Dichtleistenhöhe siehe Norm Punkt 6.1.1
(2) Das Maß für die Gesamthöhe kann gerade oder angeschrägt verlaufen
(3) Anschweißende siehe Norm Punkt 6.4

ASME B 16.47 – 2017 Series B
Class 600 (ISO PN 110/103,46 bar)
Blind- and Welding Neck Flanges
Blind- und Vorschweißflansche

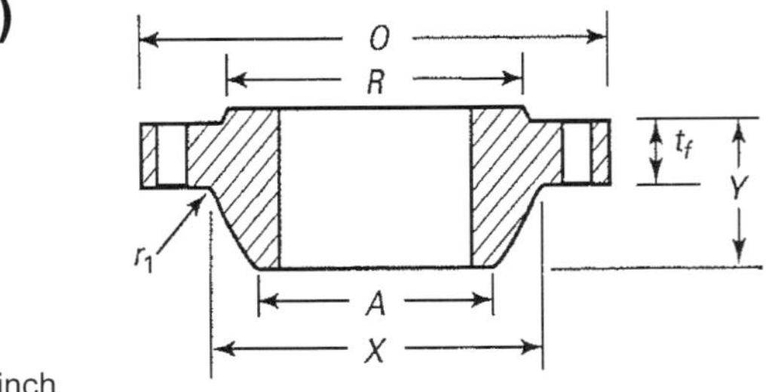

Maße in mm bis auf Schraubloch Ø und Schrauben Ø in inch
Dimensions in mm except diam. of bolt and bolt hole in inch
Dichtflächenhöhe 7 mm (Zusätzlich zur Blattstärke t_f)
Hight of raised face 7 mm (Additional to thickness t_f)

Nominal Pipe Size	O.D. of Flange, O	Minimum Thickness of Flange, t_f [Note (1)]		Length Through Hub, Y	Diam. of Hub, X [Note (2)]	Hub Diam. Top, A [Note (3)]	Raised Face Diam., R	Drilling			Diam. of Bolt, in.	Minimum Fillet Radius, r_1	Approx. Weight Gewichte ~	
		WNF	Blind					Diam. of Bolt Circle	No. of Bolt Holes	Diam. of Bolt Hole, in.			WN	BL
Rohr	Außen-Ø	Blattstärke		Gesamt-höhe	Ansatz	Ansatz-Ø	Dicht-Leisten Ø	Schraubenlöcher			Schrau-ben Ø	Radius		
		WN	BL					Loch-Kreis-Ø	Anzahl	Loch Ø				

26	890	111.2	111.3	181	698	660.4	727	806.4	28	$1\frac{3}{4}$	$1\frac{5}{8}$	13	250	542
28	950	115.9	115.9	190	752	711.2	784	863.6	28	$1\frac{7}{8}$	$1\frac{3}{4}$	13	295	647
30	1 020	125.5	127.0	205	806	762.0	841	927.1	28	2	$1\frac{7}{8}$	13	367	817
32	1 085	130.2	134.9	216	860	812.8	895	984.2	28	$2\frac{1}{8}$	2	13	431	979
34	1 160	141.3	144.2	233	914	863.6	953	1 054.1	24	$2\frac{3}{8}$	$2\frac{1}{4}$	14	547	1200
36	1 215	146.1	150.9	243	968	914.4	1 010	1 104.9	28	$2\frac{3}{8}$	$2\frac{1}{4}$	14	608	1367

GENERAL NOTES:

(a) Dimensions are in millimeters.
(b) For tolerances, see section 7.
(c) For facings, see para. 6.1.
(d) For flange bolt holes, see para. 6.2.
(e) For spot facing, see para. 6.3.
(f) The bore is to be specified by the purchaser. Tolerances in para. 7.3.2 apply.
(g) Blind flanges may be made with or without hubs at the manufacturer's option.
(h) Dimensions for Classes 400, 600, and 900 NPS 38 and larger for Series B flanges are the same as for the Series A flanges.

NOTES:

(1) The minimum flange thickness does not include the raised face thickness (see para. 6.1.1).
(2) This dimension is for the large end of hub, which may be straight or tapered.
(3) For welding and bevel, see para. 6.4.

Allgemeine Anmerkungen:

a) Abmessungen in mm
b) Toleranzen siehe Norm Punkt 7
c) Dichtflächen siehe Norm Punkt 6.1
d) Schraublöcher siehe Norm Punkt 6.2
e) Hinterfräsung Schraublöcher siehe Norm Punkt 6.3
f) Flanschbohrung wird vom Besteller angegeben. Toleranzen siehe Norm Punkt 7.3.2
g) Blindflanschen können ohne und mit Ansätzen gefertigt werden nach Angabe des Bestellers
h) Abmessungen für 400, 600 und 900 NPS 38 und größer für Serie B Flansche sind identisch mit Serie A Flansche

Bemerkungen

(1) Mindestblattstärke beinhaltet nicht die Dichtleistenhöhe siehe Norm Punkt 6.1.1
(2) Das Maß für die Gesamthöhe kann gerade oder angeschrägt verlaufen
(3) Anschweißende siehe Norm Punkt 6.4

ASME B 16.47 – 2017 Series B
Class 900 (ISO PN 150/155,18 bar)
Blind- and Welding Neck Flanges
Blind- und Vorschweißflansche

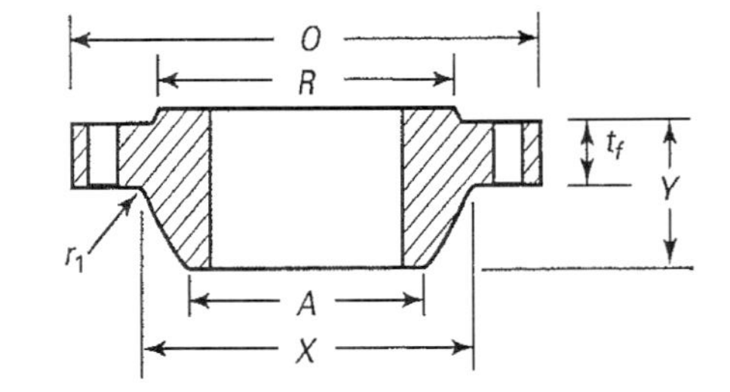

Maße in mm bis auf Schraubloch Ø und Schrauben Ø in inch
Dimensions in mm except diam. of bolt and bolt hole in inch
Dichtflächenhöhe 7 mm (Zusätzlich zur Blattstärke t_f)
Hight of raised face 7 mm (Additional to thickness t_f)

Nominal Pipe Size	O.D. of Flange, O	Minimum Thickness of Flange, t_f [Note (1)]		Length Through Hub, Y	Diam. of Hub, X [Note (2)]	Hub Diam. Top, A [Note (3)]	Raised Face Diam., R	Drilling			Diam. of Bolt, in.	Minimum Fillet Radius, r_1	Approx. Weight Gewichte ~	
		WNF	Blind					Diam. of Bolt Circle	No. of Bolt Holes	Diam. of Bolt Hole, in.			WN	BL
Rohr	Außen-Ø	Blattstärke		Gesamt-höhe	Ansatz	Ansatz-Ø	Dicht-Leisten Ø	Schraubenlöcher			Schrau-ben Ø	Radius		
		WN	BL					Loch-Kreis-Ø	Anzahl	Loch Ø				

26	1 020	135.0	154.0	259	743	660.4	762	901.7	20	$2\frac{5}{8}$	$2\frac{1}{2}$	11	476	991
28	1 105	147.7	166.7	276	797	711.2	819	971.6	20	$2\frac{7}{8}$	$2\frac{3}{4}$	13	689	1253
30	1 180	155.6	176.1	289	851	762.0	876	1 035.0	20	$3\frac{1}{8}$	3	13	826	1512
32	1 240	160.4	186.0	303	908	812.8	927	1 092.2	20	$3\frac{1}{8}$	3	13	937	1753
34	1 315	171.5	195.0	319	962	863.6	991	1 155.7	20	$3\frac{3}{8}$	$3\frac{1}{4}$	14	1111	2076
36	1 345	173.1	201.7	325	1 016	914.4	1 029	1 200.2	24	$3\frac{1}{8}$	3	14	1143	2251

GENERAL NOTES:

(a) Dimensions are in millimeters.

(b) For tolerances, see section 7.

(c) For facings, see para. 6.1.

(d) For flange bolt holes, see para. 6.2.

(e) For spot facing, see para. 6.3.

(f) The bore is to be specified by the purchaser. Tolerances in para. 7.3.2 apply.

(g) Blind flanges may be made with or without hubs at the manufacturer's option.

(h) Dimensions for Classes 400, 600, and 900 NPS 38 and larger for Series B flanges are the same as for the Series A flanges.

NOTES:

(1) The minimum flange thickness does not include the raised face thickness (see para. 6.1.1).

(2) This dimension is for the large end of hub, which may be straight or tapered.

(3) For welding and bevel, see para. 6.4.

Allgemeine Anmerkungen:

a) Abmessungen in mm
b) Toleranzen siehe Norm Punkt 7
c) Dichtflächen siehe Norm Punkt 6.1
d) Schraublöcher siehe Norm Punkt 6.2
e) Hinterfräsung Schraublöcher siehe Norm Punkt 6.3
f) Flanschbohrung wird vom Besteller angegeben. Toleranzen siehe Norm Punkt 7.3.2
g) Blindflanschen können ohne und mit Ansätzen gefertigt werden nach Angabe des Bestellers
h) Abmessungen für 400, 600 und 900 NPS 38 und größer für Serie B Flansche sind identisch mit Serie A Flansche

Bemerkungen

(1) Mindestblattstärke beinhaltet nicht die Dichtleistenhöhe siehe Norm Punkt 6.1.1

(2) Das Maß für die Gesamthöhe kann gerade oder angeschrägt verlaufen

(3) Anschweißende siehe Norm Punkt 6.4

Spezialflansche – Special Flanges

Nahtlose Rohrstutzen – Seamless Long Welding Neck

Seamless Long Welding Necks

to the following pages and/or to requirements of customer

Nahtlose Rohrstutzen

nach den folgenden Seiten und/oder den Anforderungen der Kunden

ISO PN 20/20,0 bar

Class 150

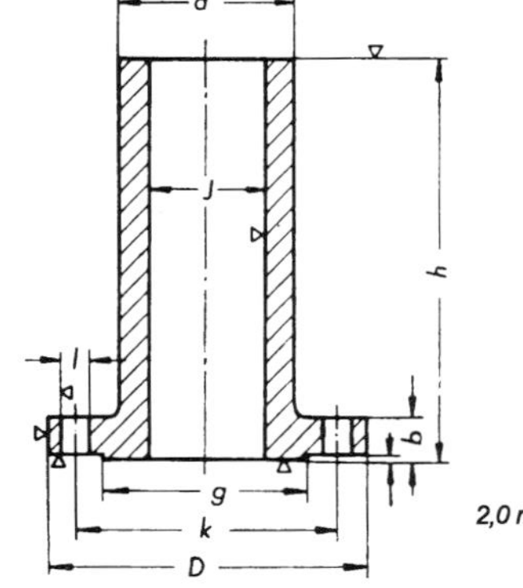

Nominal Size NW	Outside Diam. of Flange Äußerer Flansch-durchm. D	Diam. of Bore Mittel-loch-durchm. J	Thickn. of Flange Flansch-stärke b	Length thru Hub Gesamt-höhe h	Diam. of Hub Ansatz-durchm. a [1])	Diam. of Raised Face Dichtl.-durchm. g	Drilling Template / Schraubenlöcher Diam. of Boltcircle Lochkreis-durchm. k	No. of Holes Anzahl der Löcher	Diam. of Bolt-holes Durchm. der Löcher l	Stud Bolts Diam. Schrauben-durchm.	Approx. Weight Pounds/Kilo Gewicht ca. Pfund/Kilo
1"	4 1/4 107,9	1 25,4	9/16 14,3	9 228,6	2 50,8	2 50,8	3 1/8 79,4	4	5/8 15,9	1/2 12,7	8 3,6
1 1/4"	4 5/8 117,5	1 1/4 31,7	5/8 15,9	9 228,6	2 3/8 60,3	2 1/2 63,5	3 1/2 88,9	4	5/8 15,9	1/2 12,7	10 4,5
1 1/2"	5 127,0	1 1/2 38,1	11/16 17,5	9 228,6	2 5/8 66,7	2 7/8 73,0	3 7/8 98,4	4	5/8 15,9	1/2 12,7	12 5,5
2"	6 152,4	2 50,8	3/4 19,0	9 228,6	3 1/4 82,5	3 5/8 92,1	4 3/4 120,6	4	3/4 19,0	5/8 15,9	16 7,3
2 1/2"	7 177,8	2 1/2 63,5	7/8 22,2	9 228,6	3 3/4 95,2	4 1/8 104,8	5 1/2 139,7	4	3/4 19,0	5/8 15,9	21 9,5
3"	7 1/2 190,5	3 76,2	15/16 23,8	9 228,6	4 1/4 107,9	5 127,0	6 152,4	4	3/4 19,0	5/8 15,9	24 10,9
3 1/2"	8 1/2 215,9	3 1/2 88,9	15/16 23,8	9 228,6	4 7/8 123,8	5 1/2 139,7	7 177,8	8	3/4 19,0	5/8 15,9	31 14,1
4"	9 228,6	4 101,6	15/16 23,8	12 304,8	5 1/2 139,7	6 3/16 157,2	7 1/2 190,5	8	3/4 19,0	5/8 15,9	47 21,3
5"	10 254,0	5 127,0	15/16 23,8	12 304,8	6 1/2 165,1	7 5/16 185,7	8 1/2 215,9	8	7/8 22,2	3/4 19,0	57 25,9
6"	11 279,4	6 152,4	1 25,4	12 304,8	7 3/4 196,8	8 1/2 215,9	9 1/2 241,3	8	7/8 22,2	3/4 19,0	77 35,0
8"	13 1/2 342,9	8 203,2	1 1/8 28,6	12 304,8	9 3/4 247,6	10 5/8 269,9	11 3/4 298,4	8	7/8 22,2	3/4 19,0	103 46,8
10"	16 406,4	10 254,0	1 3/16 30,2	12 304,8	12 304,8	12 3/4 323,8	14 1/4 361,9	12	1 25,4	7/8 22,2	150 68,1
12"	19 482,6	12 304,8	1 1/4 31,7	12 304,8	14 3/8 365,1	15 381,0	17 431,8	12	1 25,4	7/8 22,2	215 97,6
14"	21 533,4	14 355,6	1 3/8 34,9	12 304,8	16 406,4	16 1/4 412,7	18 3/4 476,2	12	1 1/8 28,6	1 25,4	221 100
16"	23 1/2 596,9	16 406,4	1 7/16 36,5	12 304,8	18 457,2	18 1/2 469,9	21 1/4 539,7	16	1 1/8 28,6	1 25,4	254 115
18"	25 635,0	18 457,2	1 9/16 39,7	12 304,8	20 508,0	21 - 533,4	22 3/4 577,8	16	1 1/4 31,7	1 1/8 28,6	278 126
20"	27 1/2 698,5	20 508,0	1 11/16 42,9	12 304,8	22 558,8	23 584,2	25 635,0	20	1 1/4 31,7	1 1/8 28,6	324 147
24"	32 812,8	24 609,6	1 7/8 47,6	12 304,8	26 1/4 666,7	27 1/4 692,1	29 1/2 749,3	20	1 3/8 34,9	1 1/4 31,7	439 199

Dimensions: figures above = inches, figures below = millimetres

Maße: Ziffern oben = Zoll, Ziffern unten = Millimeter

Seamless Long Welding Necks

to the following pages and/or to requirements of customer

Nahtlose Rohrstutzen

nach den folgenden Seiten und/oder den Anforderungen der Kunden

ISO PN 50/51,73 bar

Class 300

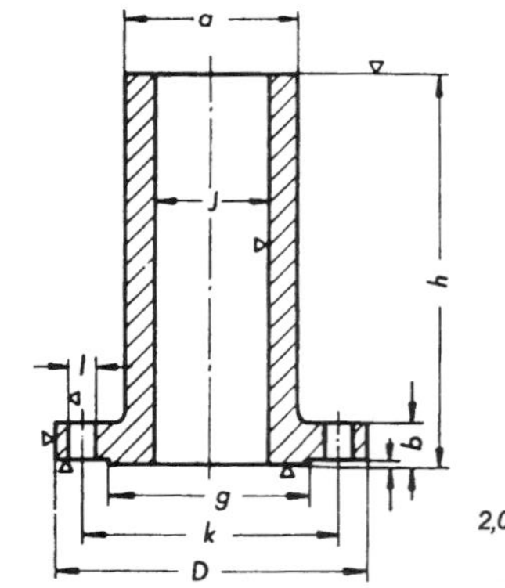

Nominal Size NW	Outside Diam. of Flange Äußerer Flansch-durchm. D	Diam. of Bore Mittel-loch-durchm. J	Thickn. of Flange Flansch-stärke b	Length thru Hub Gesamt-höhe h	Diam. of Hub Ansatz-durchm. a ¹)	Diam. of Raised Face Dichtl.-durchm. g	Drilling Template / Schraubenlöcher Diam. of Boltcircle Lochkreis-durchm. k	 No. of Holes Anzahl der Löcher	 Diam. of Bolt-holes Durchm. der Löcher l	Stud Bolts Diam. Schrauben-durchm.	Approx. Weight Pounds/ Kilo Gewicht ca. Pfund/ Kilo
1"	4 7/8 123,8	1 25,4	11/16 17,5	9 228,6	2 1/8 54,0	2 50,8	3 1/2 88,9	4	3/4 19,0	5/8 15,9	10 4,5
1 1/4"	5 1/4 133,3	1 1/4 31,7	3/4 19,0	9 228,6	2 1/2 63,5	2 1/2 63,5	3 7/8 98,4	4	3/4 19,0	5/8 15,9	14 6,4
1 1/2"	6 1/8 155,6	1 1/2 38,1	13/16 20,6	9 228,6	2 3/4 69,8	2 7/8 73,0	4 1/2 114,3	4	7/8 22,2	3/4 19,0	17 7,7
2"	6 1/2 165,1	2 50,8	7/8 22,2	9 228,6	3 1/4 82,5	3 5/8 92,1	5 127,0	8	3/4 19,0	5/8 15,9	19 8,6
2 1/2"	7 1/2 190,5	2 1/2 63,5	1 25,4	9 228,6	3 15/16 100,0	4 1/8 104,8	5 7/8 149,2	8	7/8 22,2	3/4 19,0	28 12,7
3"	8 1/4 209,5	3 76,2	1 1/8 28,6	9 228,6	4 5/8 117,5	5 127,0	6 5/8 168,3	8	7/8 22,2	3/4 19,0	36 16,3
3 1/2"	9 228,6	3 1/2 88,9	1 3/16 30,2	9 228,6	5 1/4 133,3	5 1/2 139,7	7 1/4 184,1	8	7/8 22,2	3/4 19,0	45 20,4
4"	10 254,0	4 101,6	1 1/4 31,7	12 304,8	5 3/4 146,0	6 3/16 157,2	7 7/8 200,0	8	7/8 22,2	3/4 19,0	54 24,5
5"	11 279,4	5 127,0	1 3/8 34,9	12 304,8	7 177,8	7 5/16 185,7	9 1/4 234,9	8	7/8 22,2	3/4 19,0	86 39,0
6"	12 1/2 317,5	6 152,4	1 7/16 36,5	12 304,8	8 1/8 206,4	8 1/2 215,9	10 5/8 269,9	12	7/8 22,2	3/4 19,0	108 49,0
8"	15 381,0	8 203,2	1 5/8 41,3	12 304,8	10 1/4 260,3	10 5/8 269,9	13 330,2	12	1 25,4	7/8 22,2	150 68,1
10"	17 1/2 444,5	10 254,0	1 7/8 47,6	12 304,8	12 5/8 320,7	12 3/4 323,8	15 1/4 387,3	16	1 1/8 28,6	1 25,4	218 99,0
12"	20 1/2 520,7	12 304,8	2 50,8	12 304,8	14 3/4 374,6	15 381,0	17 3/4 450,8	16	1 1/4 31,7	1 1/8 28,6	289 131
14"	23 584,2	14 355,6	2 1/8 54,0	12 304,8	16 3/4 425,4	16 1/4 412,7	20 1/4 514,3	20	1 1/4 31,7	1 1/8 28,6	342 155
16"	25 1/2 647,7	16 406,4	2 1/4 57,1	12 304,8	19 482,6	18 1/2 469,9	22 1/2 571,5	20	1 3/8 34,9	1 1/4 31,7	426 193
18"	28 711,2	18 457,2	2 3/8 60,3	12 304,8	21 533,4	21 533,4	24 3/4 628,6	24	1 3/8 34,9	1 1/4 31,7	493 224
20"	30 1/2 774,7	20 508,0	2 1/2 63,5	12 304,8	23 1/8 587,4	23 584,2	27 685,8	24	1 3/8 34,9	1 1/4 31,7	575 261
24"	36 914,4	24 609,6	2 3/4 69,8	12 304,8	27 5/8 701,7	27 1/4 692,1	32 812,8	24	1 5/8 41,3	1 1/2 38,1	823 374

Dimensions: figures above = inches, figures below = millimetres

Maße: Ziffern oben = Zoll, Ziffern unten = Millimeter

Seamless Long Welding Necks

to the following pages and/or to requirements of customer

Nahtlose Rohrstutzen

nach den folgenden Seiten und/oder den Anforderungen der Kunden

ISO PN 110/103,46 bar

Class 600

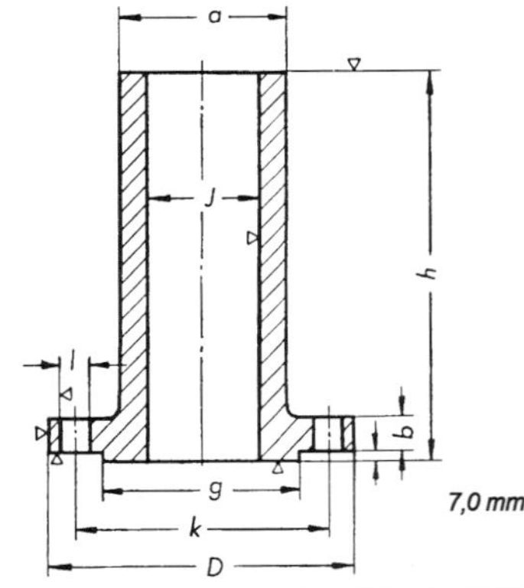

Nominal Size	Outside Diam. of Flange	Diam. of Bore	Thickn. of Flange	Length thru Hub	Diam. of Hub	Diam. of Raised Face	Drilling Template			Stud Bolts Diam.	Approx. Weight Pounds/Kilo
							Diam. of Boltcircle	No. of Holes	Diam. of Bolt-holes		
	Äußerer Flansch-durchm.	Mittel-loch-durchm.	Flansch-stärke	Gesamt-höhe	Ansatz-durchm.	Dichtl.-durchm.	Schraubenlöcher			Schrauben-durchm.	Gewicht ca. Pfund/Kilo
							Lochkreis-durchm.	Anzahl der Löcher	Durchm. der Löcher		
NW	D	J	b	h	a	g	k		l		
1"	4 7/8 123,8	1 25,4	11/16 17,5	9 228,6	2 1/8 54,0	2 50,8	3 1/2 88,9	4	3/4 19,0	5/8 15,9	11 5,0
1 1/4"	5 1/4 133,3	1 1/4 31,7	13/16 20,6	9 228,6	2 1/2 63,5	2 1/2 63,5	3 7/8 98,4	4	3/4 19,0	5/8 15,9	14 6,4
1 1/2"	6 1/8 155,6	1 1/2 38,1	7/8 22,2	9 228,6	2 3/4 69,8	2 7/8 73,0	4 1/2 114,3	4	7/8 22,2	3/4 19,0	17 7,7
2"	6 1/2 165,1	2 50,8	1 25.4	9 228,6	3 1/4 82,5	3 5/8 92,1	5 127,0	8	3/4 19,0	5/8 15,9	21 9,5
2 1/2"	7 1/2 190,5	2 1/2 63,5	1 1/8 28,6	9 228,6	3 15/16 100,0	4 1/8 104,8	5 7/8 149,2	8	7/8 22,2	3/4 19,0	29 13,2
3"	8 1/4 209,5	3 76,2	1 1/4 31,7	9 228,6	4 5/8 117,5	5 127,0	6 5/8 168,3	8	7/8 22.2	3/4 19,0	38 17,3
3 1/2"	9 228,6	3 1/2 88,9	1 3/8 34,9	9 228,6	5 1/4 133,3	5 1/2 139,7	7 1/4 184,1	8	1 25.4	7/8 22,2	48 21,8
4"	10 3/4 273,0	4 101,6	1 1/2 38,1	12 304,8	6 152,4	6 3/16 157,2	8 1/2 215,9	8	1 25,4	7/8 22,2	80 36,3
5"	13 330,2	5 127,0	1 3/4 44,4	12 304.8	7 1/2 190,5	7 5/16 185,7	10 1/2 266,7	8	1 1/8 28,6	1 25,4	128 58,1
6"	14 355,6	6 152,4	1 7/8 47,6	12 304,8	8 3/4 222,2	8 1/2 215,9	11 1/2 292,1	12	1 1/8 28,6	1 25,4	158 71,7
8"	16 1/2 419,1	8 203,2	2 3/16 55.6	12 304,8	10 3/4 273,0	10 5/8 269,9	13 3/4 349,2	12	1 1/4 31,7	1 1/8 28.6	215 97,6
10"	20 508,0	10 254,0	2 1/2 63,5	12 304,8	13 1/2 342,9	12 3/4 323,8	17 431,8	16	1 3/8 34,9	1 1/4 31,7	324 147
12"	22 558,8	12 304,8	2 5/8 66,7	12 304,8	15 3/4 400,0	15 381,0	19 1/4 488,9	20	1 3/8 34,9	1 1/4 31,7	500 227
14"	23 3/4 603,2	14 355,6	2 3/4 69,8	*	17 431.8	16 1/4 412,7	20 3/4 527,0	20	1 1/2 38,1	1 3/8 34,9	417 189
16"	27 685,8	16 406,4	3 76,2	*	19 1/2 495,3	18 1/2 469,9	23 3/4 603,2	20	1 5/8 41.3	1 1/2 38,1	564 256
18"	29 1/4 742,9	18 457,2	3 1/4 82,5	*	21 1/2 54[illegible],1	21 533,4	25 3/4 654,0	20	1 3/4 44,4	1 5/8 41,3	654 297
20"	32 812,8	20 508,0	3 1/2 88,9	*	24 609,6	23 584,2	28 1/2 723,9	24	1 3/4 44,4	1 5/8 41,3	840 381
24"	37 939,8	24 609,6	4 101,6	*	28 1/4 717,5	27 1/4 692,1	33 838,2	24	2 50,8	1 7/8 47,6	1100 499

Seamless Long Welding Necks

to the following pages and/or to requirements of customer

Nahtlose Rohrstutzen

nach den folgenden Seiten und/oder den Anforderungen der Kunden

ISO PN 150/155,18 bar

Class 900

a
J
h
l
b
g
k
D
7,0 mm

Nominal Size	Outside Diam. of Flange	Diam. of Bore	Thickn. of Flange	Length thru Hub	Diam. of Hub	Diam. of Raised Face	Drilling Template			Stud Bolts Diam.	Approx. Weight Pounds/ Kilo
							Diam. of Boltcircle	No. of Holes	Diam. of Bolt-holes		
	Äußerer Flansch-durchm.	Mittel-loch-durchm.	Flansch-stärke	Gesamt-höhe	Ansatz-durchm.	Dichtl.-durchm.	Schraubenlöcher			Schrauben-durchm.	Gewicht ca. Pfund/ Kilo
							Lochkreis-durchm.	Anzahl der Löcher	Durchm. der Löcher		
NW	D	J	b	h	a	g	k		l		
1″	5 7/8 149,2	1 25,4	1 1/8 28,6	9 228,6	2 1/16 52,4	2 50,8	4 101,6	4	1 25,4	7/8 22,2	15 6,8
1 1/4″	6 1/4 158,7	1 1/4 31,7	1 1/8 28,6	9 228,6	2 1/2 63,5	2 1/2 63,5	4 3/8 111,1	4	1 25,4	7/8 22,2	18 8,2
1 1/2″	7 177,8	1 1/2 38,1	1 1/4 31,7	9 228,6	2 3/4 69,8	2 7/8 73,0	4 7/8 123,8	4	1 1/8 28,6	1 25,4	23 10,4
2″	8 1/2 215,9	2 50,8	1 1/2 38,1	9 228,6	4 1/8 104,8	3 5/8 92,1	6 1/2 165,1	8	1 25,4	7/8 22,2	44 20,0
2 1/2″	9 5/8 244,5	2 1/2 63,5	1 5/8 41,3	12 304,8	4 7/8 123,8	4 1/8 104,8	7 1/2 190,5	8	1 1/8 28,6	1 25,4	72 32,7
3″	9 1/2 241,3	3 76,2	1 1/2 38,1	12 304,8	5 127,0	5 127,0	7 1/2 190,5	8	1 25,4	7/8 22,2	65 29,5
4″	11 1/2 292,1	4 101,6	1 3/4 44,4	12 304,8	6 1/4 158,7	6 3/16 157,2	9 1/4 234,9	8	1 1/4 31,7	1 1/8 28,6	98 44,5
5″	13 3/4 349,2	5 127,0	2 50,8	12 304,8	7 1/2 190,5	7 5/16 185,7	11 279,4	8	1 3/8 34,9	1 1/4 31,7	143 64,9
6″	15 381,0	6 152,4	2 3/16 55,6	12 304,8	9 1/4 234,9	8 1/2 215,9	12 1/2 317,5	12	1 1/4 31,7	1 1/8 28,6	199 90,4
8″	18 1/2 469,9	8 203,2	2 1/2 63,5	12 304,8	11 3/4 298,4	10 5/8 269,9	15 1/2 393,7	12	1 1/2 38,1	1 3/8 34,9	310 141
10″	21 1/2 546,1	10 254,0	2 3/4 69,8	16 406,4	14 1/2 368,3	12 3/4 323,8	18 1/2 469,9	16	1 1/2 38,1	1 3/8 34,9	385 175
12″	24 609,6	12 304,8	3 1/8 79,4	16 406,4	16 1/2 419,1	15 381,0	21 533,4	20	1 1/2 38,1	1 3/8 34,9	667 303
14″	25 1/4 641,2	14 355,6	3 3/8 85,7	*	17 3/4 450,8	16 1/4 412,7	22 558,8	20	1 5/8 41,3	1 1/2 38,1	558 253
16″	27 3/4 704,8	16 406,4	3 1/2 88,9	*	20 508,0	18 1/2 469,9	24 1/4 615,9	20	1 3/4 44,4	1 5/8 41,3	670 304
18″	31 787,4	18 457,2	4 101,6	*	22 1/4 565,1	21 533,4	27 685,8	20	2 50,8	1 7/8 47,6	949 431
20″	33 3/4 857,2	20 508,0	4 1/4 107,9	*	24 1/2 622,3	23 584,2	29 1/2 749,3	20	2 1/8 54,0	2 50,8	1040 472
24″	41 1041,4	24 609,6	5 1/2 139,7	*	29 1/2 749,3	27 1/4 692,1	35 1/2 901,7	20	2 5/8 66,7	2 1/2 63,5	1775 806

Seamless Long Welding Necks

to the following pages and/or to requirements of customer

Nahtlose Rohrstutzen

nach den folgenden Seiten und/oder den Anforderungen der Kunden

ISO PN 250/258,64 bar

Class 1500

Nominal Size NW	Outside Diam. of Flange Äußerer Flansch-durchm. D	Diam. of Bore Mittel-loch-durchm. J	Thickn. of Flange Flansch-stärke b	Length thru Hub Gesamt-höhe h	Diam. of Hub Ansatz-durchm. a	Diam. of Raised Face Dichtl.-durchm. g	Drilling Template / Schraubenlöcher Diam. of Boltcircle Lochkreis-durchm. k	No. of Holes Anzahl der Löcher	Diam. of Bolt-holes Durchm. der Löcher l	Stud Bolts Diam. Schrauben-durchm.	Approx. Weight Pounds/Kilo Gewicht ca. Pfund/Kilo
1"	5 7/8 149,2	1 25,4	1 1/8 28,6	9 228,6	2 1/16 52,4	2 50,8	4 101,6	4	1 25,4	7/8 22,2	15 6,8
1 1/4"	6 1/4 158,7	1 1/4 31,7	1 1/8 28,6	9 228,6	2 1/2 63,5	2 1/2 63,5	4 3/8 111,1	4	1 25,4	7/8 22,2	18 8,2
1 1/2"	7 177,8	1 1/2 38,1	1 1/4 31,7	9 228,6	2 3/4 69,8	2 7/8 73,0	4 7/8 123,8	4	1 1/8 28,6	1 25,4	23 10,4
2"	8 1/2 215,9	2 50,8	1 1/2 38,1	9 228,6	4 1/8 104,8	3 5/8 92,1	6 1/2 165,1	8	1 25,4	7/8 22,2	44 20,0
2 1/2"	9 5/8 244,5	2 1/2 63,5	1 5/8 41,3	12 304,8	4 7/8 123,8	4 1/8 104,8	7 1/2 190,5	8	1 1/8 28,6	1 25,4	72 32,7
3"	10 1/2 266,7	3 76,2	1 7/8 47,6	12 304,8	5 1/4 133,3	5 127,0	8 203,2	8	1 1/4 31,7	1 1/8 28,6	84 38,1
4"	12 1/4 311,1	4 101,6	2 1/8 54,0	12 304,8	6 3/8 161,9	6 3/16 157,2	9 1/2 241,3	8	1 3/8 34,9	1 1/4 31,7	118 53,6
5"	14 3/4 374,6	5 127,0	2 7/8 73,0	12 304,8	7 3/4 196,8	7 5/16 185,7	11 1/2 292,1	8	1 5/8 41,3	1 1/2 38,1	195 88,5
6"	15 1/2 393,7	6 152,4	3 1/4 82,5	12 304,8	9 228,6	8 1/2 215,9	12 1/2 317,5	12	1 1/2 38,1	1 3/8 34,9	235 107
8"	19 482,6	8 203,2	3 5/8 92,1	12 304,8	11 1/2 292,1	10 5/8 269,9	15 1/2 393,7	12	1 3/4 44,4	1 5/8 41,3	366 166
10"	23 584,2	10 254,0	4 1/4 107,9	16 406,4	14 1/2 368,3	12 3/4 323,8	19 482,6	12	2 50,8	1 7/8 47,6	610 277
12"	26 1/2 673,1	12 304,8	4 7/8 123,8	16 406,4	17 3/4 450,8	15 381,0	22 1/2 571,5	16	2 1/8 54,0	2 50,8	1028 467
14"	29 1/2 749,3	14 355,6	5 1/4 133,3	*	19 1/2 495,3	16 1/4 412,7	25 635,0	16	2 3/8 60,3	2 1/4 57,1	1030 468
16"	32 1/2 825,5	16 406,4	5 3/4 146,0	*	21 3/4 552,4	18 1/2 469,9	27 3/4 704,8	16	2 5/8 66,7	2 1/2 63,5	1335 606
18"	36 914,4	18 457,2	6 3/8 161,9	*	23 1/2 596,9	21 533,4	30 1/2 774,7	16	2 7/8 73,0	2 3/4 69,8	1750 795
20"	38 3/4 984,2	20 508,0	7 177,8	*	25 1/4 641,2	23 584,2	32 3/4 831,8	16	3 1/8 79,4	3 76,2	2130 967
24"	46 1168,4	24 609,6	8 203,2	*	30 762,0	27 1/4 692,1	39 990,6	16	3 5/8 92,1	3 1/2 88,9	3180 1444

Seamless Long Welding Necks
to the following pages and/or to requirements of customer

Nahtlose Rohrstutzen
nach den folgenden Seiten und/oder den Anforderungen der Kunden

ISO PN 420/421,06 bar

Class 2500

a

J

h

l

b

g

k

D

7,0 mm

Nominal Size NW	Outside Diam. of Flange Äußerer Flansch-durchm. D	Diam. of Bore Mittel-loch-durchm. J	Thickn. of Flange Flansch-stärke b	Length thru Hub Gesamt-höhe h	Diam. of Hub Ansatz-durchm. a	"Diam. of Raised Face Dichtl.-durchm. g	Drilling Template / Schraubenlöcher Diam. of Boltcircle Lochkreis-durchm. k	 No. of Holes Anzahl der Löcher	 Diam. of Bolt-holes Durchm. der Löcher l	Stud Bolts Diam. Schrauben-durchm.	Approx. Weight Pounds/ Kilo Gewicht ca. Pfund/ Kilo
1"	6 1/4 158,7	1 25,4	1 3/8 34,9	9 228,6	2 1/4 57,1	2 50,8	4 1/4 107,9	4	1 25,4	7/8 22,2	20 9,1
1 1/4"	7 1/4 184,1	1 1/4 31,7	1 1/2 38,1	9 228,6	2 7/8 73,0	2 1/2 63,5	5 1/8 130,2	4	1 1/8 28,6	1 25,4	30 13,6
1 1/2"	8 203,2	1 1/2 38,1	1 3/4 44,4	9 228,6	3 1/8 79,4	2 7/8 73,0	5 3/4 146,0	4	1 1/4 31,7	1 1/8 28,6	38 17,3
2"	9 1/4 234,9	2 50,8	2 50,8	9 228,6	3 3/4 95,2	3 5/8 92,1	6 3/4 171,4	8	1 1/8 28,6	1 25,4	55 25,0
2 1/2"	10 1/2 266,7	2 1/2 63,5	2 1/4 57,1	12 304,8	4 1/2 114,3	4 1/8 104,8	7 3/4 196,8	8	1 1/4 31,7	1 1/8 28,6	85 38,6
3"	12 304,8	3 76,2	2 5/8 66,7	12 304,8	5 1/4 133,3	5 127,0	9 228,6	8	1 3/8 34,9	1 25,4	125 56,8
4"	14 355,6	4 101,6	3 76,2	12 304,8	6 1/2 165,1	6 3/16 157,2	10 3/4 273,0	8	1 5/8 41,3	1 1/2 38,1	185 84,0
5"	16 1/2 419,1	5 127,0	3 5/8 92,1	12 304,8	8 203,2	7 5/16 185,7	12 3/4 323,8	8	1 7/8 47,6	1 3/4 44,4	300 136
6"	19 482,6	6 152,4	4 1/4 107,9	12 304,8	9 1/4 234,9	8 1/2 215,9	14 1/2 368,3	8	2 1/8 54,0	2 50,8	450 204
8"	21 3/4 552,4	8 203,2	5 127,0	12 304,8	12 304,8	10 5/8 269,9	17 1/4 438,1	12	2 1/8 54,0	2 50.8	600 272
10"	26 1/2 673,1	10 254,0	6 1/2 165,1	16 406,4	14 3/4 374,6	12 3/4 323,8	21 1/4 539,7	12	2 5/8 66,7	2 1/2 63,5	1150 522
12"	30 762,0	12 304,8	7 1/4 184,1	16 406,4	17 3/8 441,3	15 381,0	24 3/8 619,1	12	2 7/8 73,0	2 3/4 69,8	1560 708

Normen für Werkstoffe (national)

Standards for materials (national)

April 2005

DIN EN 10025-2

ICS 77.140.10; 77.140.45; 77.140.50

Ersatz für
DIN EN 10025-2:2005-02

**Warmgewalzte Erzeugnisse aus Baustählen –
Teil 2: Technische Lieferbedingungen für unlegierte Baustähle;
Deutsche Fassung EN 10025-2:2004**

Hot rolled products of structural steels –
Part 2: Technical delivery conditions for non-alloy structural steels;
German version EN 10025-2:2004

Produits laminés à chaud en aciers de construction –
Partie 2: Conditions techniques de livraison pour les aciers de construction non alliés;
Version allemande EN 10025-2:2004

1 Anwendungsbereich

Teil 2 dieses Dokumentes legt — zusätzlich zu Teil 1 — die technischen Lieferbedingungen fest für Flach- und Langerzeugnisse sowie für zur Weiterverarbeitung zu Flach- und Langerzeugnissen vorgesehenes Halbzeug aus warmgewalzten unlegierten Qualitätsstählen in den Sorten und Gütegruppen nach den Tabellen 2 bis 6 (chemische Zusammensetzung) und den Tabellen 7 bis 9 (mechanische Eigenschaften) in den in 6.3 angegebenen Lieferzuständen. Drei Maschinenbaustähle sind ebenfalls in dieser Europäischen Norm enthalten (siehe Tabellen 3 und 5) (chemische Zusammensetzung) und Tabelle 8 (mechanische Eigenschaften). Diese Europäische Norm gilt nicht für Hohlprofile (siehe EN 10210-1 und EN 10219-1).

Die technischen Lieferbedingungen gelten für Langerzeugnisse in Dicken ≥ 3 mm und ≤ 150 mm aus der Stahlsorte S450J0. Die technischen Lieferbedingungen gelten für Dicken ≤ 250 mm für Flach- und Langerzeugnisse aus allen übrigen Sorten und Gütegruppen. Zusätzlich gelten die technischen Lieferbedingungen für Flacherzeugnisse aus den Gütegruppen J2 und K2 in Dicken ≤ 400 mm.

Aus den Stahlsorten S185, E295, E335 und E360 hergestellte Erzeugnisse dürfen nicht mit CE gekennzeichnet werden.

Die in diesem Teil 2 spezifizierten Stähle sind nicht für eine Wärmebehandlung vorgesehen. Spannungsarmglühen ist zulässig (siehe auch die Anmerkung in EN 10025-1:2004, 7.3.1.1). Erzeugnisse im Lieferzustand +N können nach der Lieferung warm umgeformt und/oder normalgeglüht werden (siehe Abschnitt 3).

ANMERKUNG 1 Die Anwendung auf Halbzeug zur Herstellung von Walzstahlfertigerzeugnissen nach diesem Dokument ist zum Zeitpunkt der Anfrage und Bestellung besonders zu vereinbaren. Zum Zeitpunkt der Bestellung können auch besondere Vereinbarungen über die chemische Zusammensetzung im Rahmen der in den Tabellen 2 und 3 festgelegten Grenzwerte getroffen werden.

ANMERKUNG 2 Bei bestimmten Stahlsorten und Erzeugnisformen kann die Eignung für besondere Verwendung zum Zeitpunkt der Anfrage und Bestellung vereinbart werden (siehe 7.4.2, 7.4.3 und Tabelle 10).

Tabelle 2 — Chemische Zusammensetzung nach der Schmelzenanalyse für Flach- und Langerzeugnisse aus Stahlsorten mit Werten für die Kerbschlagarbeit[a]

Bezeichnung		Desoxidationsart[b]	C in % max. für Erzeugnisdicken in mm			Si % max.	Mn % max.	P % max.[d]	S % max.[d,e]	N % max.[f]	Cu % max.[g]	Sonstige % max.[h]
nach EN 10027-1 und CR 10260	nach EN 10027-2		≤ 16	> 16 ≤ 40	> 40[c]							
S235JR	1.0038	FN	0,17	0,17	0,20	—	1,40	0,035	0,035	0,012	0,55	—
S235J0	1.0114	FN	0,17	0,17	0,17	—	1,40	0,030	0,030	0,012	0,55	—
S235J2	1.0117	FF	0,17	0,17	0,17	—	1,40	0,025	0,025	—	0,55	—
S275JR	1.0044	FN	0,21	0,21	0,22	—	1,50	0,035	0,035	0,012	0,55	—
S275J0	1.0143	FN	0,18	0,18	0,18[i]	—	1,50	0,030	0,030	0,012	0,55	—
S275J2	1.0145	FF	0,18	0,18	0,18[i]	—	1,50	0,025	0,025	—	0,55	—
S355JR	1.0045	FN	0,24	0,24	0,24	0,55	1,60	0,035	0,035	0,012	0,55	—
S355J0	1.0553	FN	0,20[j]	0,20[k]	0,22	0,55	1,60	0,030	0,030	0,012	0,55	—
S355J2	1.0577	FF	0,20[j]	0,20[k]	0,22	0,55	1,60	0,025	0,025	—	0,55	—
S355K2	1.0596	FF	0,20[j]	0,20[k]	0,22	0,55	1,60	0,025	0,025	—	0,55	—
S450J0[l]	1.0590	FF	0,20	0,20[k]	0,22	0,55	1,70	0,030	0,030	0,025	0,55	[m]

[a] Siehe 7.2

[b] FN: Unberuhigter Stahl nicht zulässig

FF: Vollberuhigter Stahl (siehe 6.2.2).

[c] Bei Profilen mit einer Nenndicke > 100 mm ist der Kohlenstoffgehalt zu vereinbaren.

Siehe Option 26.

[d] Für Langerzeugnisse dürfen die Gehalte an P und S um 0,005 % höher sein.

[e] Für Langerzeugnisse kann zwecks verbesserter Bearbeitbarkeit der Höchstgehalt an Schwefel um 0,015 % angehoben werden, falls der Stahl zwecks Änderung der Sulfidausbildung behandelt wurde und die chemische Zusammensetzung mindestens 0,0020 % Ca aufweist.

Siehe Option 27.

[f] Der Höchstwert für den Stickstoffgehalt gilt nicht, wenn der Stahl einen Gesamtgehalt an Aluminium von mindestens 0,020 % oder einen Gehalt an säurelöslichem Aluminium von mindestens 0,015 % oder genügend andere Stickstoff abbindende Elemente enthält. Die Stickstoff abbindenden Elemente sind in der Prüfbescheinigung anzugeben.

[g] Cu-Gehalte über 0,40 % können Warmrissigkeit beim Warmumformen verursachen.

[h] Falls weitere Elemente zugefügt werden, sind sie in der Prüfbescheinigung anzugeben.

[i] Für Nenndicken > 150 mm max. 0,20 % C.

[j] Für zum Walzprofilieren geeignete Sorten (siehe 7.4.2.2.3) max. 0,22 % C.

[k] Für Nenndicken > 30 mm max. 0,22 % C.

[l] Nur für Langerzeugnisse.

[m] Der Stahl darf Gehalte an Nb von max. 0,05 %, an V von max. 0,13 % und an Ti von max. 0,05 % aufweisen.

Tabelle 3 — Chemische Zusammensetzung nach der Schmelzenanalyse für Flach- und Langerzeugnisse aus Stahlsorten ohne Werte für die Kerbschlagarbeit[a]

Bezeichnung nach EN 10027-1 und CR 10260	Bezeichnung nach EN 10027-2	Desoxidationsart[b]	P % max.	S % max.[c]	N % max.[d]
S185	1.0035	freigestellt	—	—	—
E295	1.0050	FN	0,045	0,045	0,012
E335	1.0060	FN	0,045	0,045	0,012
E360	1.0070	FN	0,045	0,045	0,012

[a] Siehe 7.2.

[b] Freigestellt: Nach Wahl des Herstellers;

FN: Unberuhigter Stahl nicht zulässig (siehe 6.2.2).

[c] Für Langerzeugnisse kann zwecks verbesserter Bearbeitbarkeit der Höchstgehalt an Schwefel um 0,010 % angehoben werden, falls der Stahl zwecks Änderung der Sulfidausbildung behandelt wurde und die chemische Zusammensetzung mindestens 0,0020 % Ca aufweist.

Siehe Option 27.

[d] Der Höchstwert für den Stickstoffgehalt gilt nicht, wenn der Stahl einen Gesamtgehalt an Aluminium von mindestens 0,020 % oder genügend andere Stickstoff abbindende Elemente enthält. Die Stickstoff abbindenden Elemente sind in der Prüfbescheinigung anzugeben.

Tabelle 6 — Höchstwerte für das Kohlenstoffäquivalent (CEV) nach der Schmelzenanalyse[a]

Bezeichnung		Desoxidationsart[b]	Kohlenstoffäquivalent %, max. für Nenndicken in mm				
nach EN 10027-1 und CR 10260	nach EN 10027-2		≤ 30	> 30 ≤ 40	> 40 ≤ 150	> 150 ≤ 250	> 250 ≤ 400
S235JR	1.0038	FN	0,35	0,35	0,38	0,40	—
S235J0	1.0114	FN	0,35	0,35	0,38	0,40	—
S235J2	1.0117	FF	0,35	0,35	0,38	0,40	0,40
S275JR	1.0044	FN	0,40	0,40	0,42	0,44	—
S275J0	1.0143	FN	0,40	0,40	0,42	0,44	—
S275J2	1.0145	FF	0,40	0,40	0,42	0,44	0,44
S355JR	1.0045	FN	0,45	0,47	0,47	0,49[c]	—
S355J0	1.0553	FN	0,45	0,47	0,47	0,49[c]	—
S355J2	1.0577	FF	0,45	0,47	0,47	0,49[c]	0,49
S355K2	1.0596	FF	0,45	0,47	0,47	0,49[c]	0,49
S450J0[d]	1.0590	FF	0,47	0,49	0,49	—	—

[a] Für die optional bedingte Anhebung von Elementen, die das CEV beeinflussen, siehe 7.2.4 und 7.2.5.

[b] FN: Unberuhigter Stahl nicht zulässig;

FF: Vollberuhigter Stahl (siehe 6.2.2).

[c] Für Langerzeugnisse gilt ein CEV-Höchstwert von 0,54 %.

[d] Nur für Langerzeugnisse.

Tabelle 7 — Mechanische Eigenschaften für Flach- und Langerzeugnisse aus Stahlsorten mit Werten für die Kerbschlagarbeit

Bezeichnung		Mindeststreckgrenze $R_{eH,}$ [a] MPa [b] Nenndicken mm									Zugfestigkeit $R_{m,}$ [a] MPa [b] Nenndicken mm				
nach EN 10027-1 und CR 10260	nach EN 10027-2	≤ 16	> 16 ≤ 40	> 40 ≤ 63	> 63 ≤ 80	> 80 ≤ 100	> 100 ≤ 150	> 150 ≤ 200	> 200 ≤ 250	> 250 ≤ 400[c]	< 3	≥ 3 ≤ 100	> 100 ≤ 150	> 150 ≤ 250	> 250 ≤ 400[c]
S235JR	1.0038	235	225	215	215	215	195	185	175	—	360 bis 510	360 bis 510	350 bis 500	340 bis 490	—
S235J0	1.0114	235	225	215	215	215	195	185	175	—	360 bis 510	360 bis 510	350 bis 500	340 bis 490	—
S235J2	1.0117	235	225	215	215	215	195	185	175	165	360 bis 510	360 bis 510	350 bis 500	340 bis 490	330 bis 480
S275JR	1.0044	275	265	255	245	235	225	215	205	—	430 bis 580	410 bis 560	400 bis 540	380 bis 540	—
S275J0	1.0143	275	265	255	245	235	225	215	205	—	430 bis 580	410 bis 560	400 bis 540	380 bis 540	—
S275J2	1.0145	275	265	255	245	235	225	215	205	195	430 bis 580	410 bis 560	400 bis 540	380 bis 540	380 bis 540
S355JR	1.0045	355	345	335	325	315	295	285	275	—	510 bis 680	470 bis 630	450 bis 600	450 bis 600	—
S355J0	1.0553	355	345	335	325	315	295	285	275	—	510 bis 680	470 bis 630	450 bis 600	450 bis 600	—
S355J2	1.0577	355	345	335	325	315	295	285	275	265	510 bis 680	470 bis 630	450 bis 600	450 bis 600	450 bis 600
S355K2	1.0596	355	345	335	325	315	295	285	275	265	510 bis 680	470 bis 630	450 bis 600	450 bis 600	450 bis 600
S450J0[d]	1.0590	450	430	410	390	380	380	—	—	—	—	550 bis 720	530 bis 700	—	—

[a] Für Blech, Band und Breitflachstahl in Breiten ≥ 600 mm gilt die Richtung quer (t) zur Walzrichtung. Für alle anderen Erzeugnisse gelten die Werte in Walzrichtung (l).

[b] 1 MPa = 1 N/mm².

[c] Die Werte gelten für Flacherzeugnisse.

[d] Nur für Langerzeugnisse.

Tabelle 7 *(fortgesetzt)*

Bezeichnung		Probenlage[a]	Mindestbruchdehnung[a] %										
			L_0 = 80 mm Nenndicke mm					$L_0 = 5{,}65 \sqrt{S_0}$ Nenndicke mm					
nach EN 10027-1 und CR 10260	nach EN 10027-2		≤ 1	> 1 ≤ 1,5	> 1,5 ≤ 2	> 2 ≤ 2,5	> 2,5 < 3	≥ 3 ≤ 40	> 40 ≤ 63	> 63 ≤ 100	> 100 ≤ 150	> 150 ≤ 250	> 250[c] ≤ 400 nur für J2und K2
S235JR	1.0038	l	17	18	19	20	21	26	25	24	22	21	—
S235J0	1.0114												—
S235J2	1.0117	t	15	16	17	18	19	24	23	22	22	21	21 (l und t)
S275JR	1.0044	l	15	16	17	18	19	23	22	21	19	18	—
S275J0	1.0143												—
S275J2	1.0145	t	13	14	15	16	17	21	20	19	19	18	18 (l und t)
S355JR	1.0045	l	14	15	16	17	18	22	21	20	18	17	—
S355J0	1.0553												—
S355J2	1.0577												17 (l und t)
S355K2	1.0596	t	12	13	14	15	16	20	19	18	18	17	17 (l und t)
S450J0[d]	1.0590	l	-	-	-	-	-	17	17	17	17	-	-

[a] Für Blech, Band und Breitflachstahl in Breiten ≥ 600 mm gilt die Richtung quer (t) zur Walzrichtung. Für alle anderen Erzeugnisse gelten die Werte in Walzrichtung (l).

[c] Die Werte gelten für Flacherzeugnisse.

[d] Nur für Langerzeugnisse.

Tabelle 8 — Mechanische Eigenschaften für Flach- und Langerzeugnisse aus Stahlsorten ohne Werte für die Kerbschlagarbeit

Bezeichnung		Mindeststreckgrenze R_{eH} [a] MPa [b] Nenndicke mm								Zugfestigkeit R_m [a] MPa [b] Nenndicke mm			
nach EN 10027-1 und CR 10260	nach EN 10027-2	≤ 16	> 16 ≤ 40	> 40 ≤ 63	> 63 ≤ 80	> 80 ≤ 100	> 100 ≤ 150	> 150 ≤ 200	> 200 ≤ 250	< 3	≥ 3 ≤ 100	> 100 ≤ 150	> 150 ≤ 250
S185	1.0035	185	175	175	175	175	165	155	145	310 bis 540	290 bis 510	280 bis 500	270 bis 490
E295[c]	1.0050[c]	295	285	275	265	255	245	235	225	490 bis 660	470 bis 610	450 bis 610	440 bis 610
E335[c]	1.0060[c]	335	325	315	305	295	275	265	255	590 bis 770	570 bis 710	550 bis 710	540 bis 710
E360[c]	1.0070[c]	360	355	345	335	325	305	295	285	690 bis 900	670 bis 830	650 bis 830	640 bis 830

[a] Für Blech, Band und Breitflachstahl in Breiten ≥ 600 mm gilt die Richtung quer (t) zur Walzrichtung. Für alle anderen Erzeugnisse gelten die Werte in Walzrichtung (l).

[b] 1 MPa = 1 N/mm².

[c] Diese Stähle werden üblicherweise nicht für U-Stahl, Winkel und Profile verwendet.

Tabelle 8 *(fortgesetzt)*

Bezeichnung		Proben-lage[a]	Mindestbruchdehung[a] %									
			L_0 = 80 mm Nenndicke mm					$L_0 = 5{,}65\sqrt{S_0}$ Nenndicke mm				
nach EN 10027-1 und CR 10260	nach EN 10027-2		≤ 1	> 1 ≤ 1,5	> 1,5 ≤ 2	> 2 ≤ 2,5	> 2,5 < 3	≥ 3 ≤ 40	> 40 ≤ 63	> 63 ≤ 100	> 100 ≤ 150	> 150 ≤ 250
S185	1.0035	l	10	11	12	13	14	18	17	16	15	15
		t	8	9	10	11	12	16	15	14	13	13
E295[c]	1.0050[c]	l	12	13	14	15	16	20	19	18	16	15
		t	10	11	12	13	14	18	17	16	15	14
E335[c]	1.0060[c]	l	8	9	10	11	12	16	15	14	12	11
		t	6	7	8	9	10	14	13	12	11	10
E360[c]	1.0070[c]	l	4	5	6	7	8	11	10	9	8	7
		t	3	4	5	6	7	10	9	8	7	6

[a] Für Blech, Band und Breitflachstahl in Breiten ≥ 600 mm gilt die Richtung quer (t) zur Walzrichtung. Für alle anderen Erzeugnisse gelten die Werte in Walzrichtung (l).

[c] Diese Stähle werden üblicherweise nicht für U-Stahl, Winkel und Profile verwendet.

Tabelle 9 — Kerbschlagarbeit (Spitzkerb-Längsproben) für Flach- und Langerzeugnisse[a]

Bezeichnung		Temperatur °C	Kerbschlagarbeit J,min. für Nenndicken in mm		
nach EN 10027-1 und CR 10260	nach EN 10027-2		≤ 150[a,b]	> 150 ≤ 250[b]	> 250 ≤ 400[c]
S235JR	1.0038	20	27	27	—
S235J0	1.0114	0	27	27	—
S235J2	1.0117	– 20	27	27	27
S275JR	1.0044	20	27	27	—
S275J0	1.0143	0	27	27	—
S275J2	1.0145	– 20	27	27	27
S355JR	1.0045	20	27	27	—
S355J0	1.0553	0	27	27	—
S355J2	1.0577	– 20	27	27	27
S355K2	1.0596	– 20	40[d]	33	33
S450J0[e]	1.0590	0	27	—	—

[a] Für Nenndicken ≤ 12 mm siehe EN 10025-1:2004, 7.3.2.1.

[b] Bei Profilen mit einer Nenndicke > 100 mm sind die Werte zu vereinbaren.

Siehe Option 28.

[c] Die Werte gelten für Flacherzeugnisse.

[d] Dieser Wert entspricht 27 J bei – 30 °C (siehe Eurocode 3).

[e] Nur für Langerzeugnisse.

Anhang A
(informativ)

Liste der früheren Bezeichnungen vergleichbarer Stähle

Tabelle A.1 — Liste vergleichbarer früherer Stahlbezeichnungen

Bezeichnung nach prEN 10025-2:2003		EN 10025:1990+ A1:1993		Vergleichbare frühere Bezeichnungen in										
				EN 10025: 1990	Deutschland nach DIN 17100	Frankreich nach NF A 35-501	Vereinigtes Königreich nach BS 4360	Spanien nach UNE 36-080	Italien nach UNI 7070	Belgien nach NBN A 21-101	Schweden nach SS14 gefolgt von der Nummer der Stahlsorte	Portugal nach NP 1729	Österreich nach M 3116	Norwegen nach der Nummer der Stahlsorte
S185	1.0035	S185	1.0035	Fe 310-0	St 33	A 33		A 310-0	Fe 320	A 320	1300-00	Fe 310-0	St 320	
		S235JR	1.0037	Fe 360 B	St 37-2	E 24-2			Fe 360 B	AE 235-B	1311-00	Fe 360-B		NS 12 120
		S235JRG1	1.0036	Fe 360 BFU	USt 37-2			AE 235 B-FU					USt 360 B	NS 12 122
S235JR	1.0038	S235JRG2	1.0038	Fe 360 BFN	RSt 37-2		40 B	AE 235 B-FN			1312-00		RSt 360 B	NS 12 123
S235J0	1.0114	S235J0	1.0114	Fe 360 C	St 37-3 U	E 24-3	40 C	AE 235 C	Fe 360 C	AE 235 C		Fe 360-C	St 360 C	NS 12 124
													St 360 CE	
[a]	[a]	S235J2G3	1.0116	Fe 360 D1	St 37-3 N	E 24-4	40 D	AE 235 D	Fe 360 D	AE 235-D		Fe 360-D	St 360 D	NS 12 124
S235J2	1.0117	S235J2G4	1.0117	Fe 360 D2	—									
S275JR	1.0044	S275JR	1.0044	Fe 430 B	St 44-2	E 28-2	43 B	AE 275 B	Fe 430 B	AE 225-B	1412-00	Fe 430-B	St 430 B	NS 12 142
S275J0	1.0143	S275J0	1.0143	Fe 430 C	St 44-3 U	E 28-3	43 C	AE 275 C	Fe 430 C	AE 255-C		Fe 430-C	St 430 C	NS 12 143
													St 430 CE	
[a]	[a]	S275J2G3	1.0144	Fe 430 D1	St 44-3 N	E 28-4	43 D	AE 275 D	Fe 430 D	AE 255-D	1414-00	Fe 430 D	St 430 D	NS 12 143
S275J2	1.0145	S275J2G4	1.0145	Fe 430 D2	—						1414-01			

Tabelle A.1 *(fortgesetzt)*

Bezeichnung nach prEN 10025-2:2003		EN 10025:1990+ A1:1993		EN 10025: 1990	Vergleichbare frühere Bezeichnungen in									
					Deutschland nach DIN 17100	Frankreich nach NF A 35-501	Vereinigtes Königreich nach BS 4360	Spanien nach UNE 36-080	Italien nach UNI 7070	Belgien nach NBN A 21-101	Schweden nach SS14 gefolgt von der Nummer der Stahlsorte	Portugal nach NP 1729	Österreich nach M 3116	Norwegen nach der Nummer der Stahlsorte
S355JR	1.0045	S355JR	1.0045	Fe 510 B	—	E 36-2	50 B	AE 355 B	Fe 510-B	AE 355-B		Fe 510-B		
S355J0	1.0553	S355J0	1.0553	Fe 510 C	St 52-3 U	E 36-3	50 C	AE 355 C	Fe 510-C	AE 355-C		Fe 510-C	St 510 C	NS 12 153
[a]	[a]	S355J2G3	1.0570	Fe 510 D1	St 52-3 N		50 D	AE 355 D	Fe 510-D	AE 355-D		Fe 510-D	St 510 D	NS 12 153
S355J2	1.0577	S355J2G4	1.0577	Fe 510 D2	—									
[a]	[a]	S355K2G3	1.0595	Fe 510 DD1	—	E 36-4	50 DD			AE 355-DD		Fe 510-DD		
S355K2	1.0596	S355K2G4	1.0596	Fe 510 DD2	—									
S450J0	1.0590						55 C							
E295	1.0050	E295	1.0050	Fe 490-2	St 50-2	A 50-2		A 490	Fe 490	A 490-2	1550-00 1550-01	Fe 490-2	St 490	
E335	1.0060	E335	1.0060	Fe 590-2	St 60-2	A 60-2		A 590	Fe 590	A 590-2	1650-00 1650-01	Fe 590-2	St 590	
E360	1.0070	E360	1.0070	Fe 690-2	St 70-2	A 70-2		A 690	Fe 690	A 690-2	1655-00 1655-01	Fe 690-2	St 690	

[a] Wenn ein Erzeugnis im normalgeglühten Zustand geliefert wird, ist +N an die Bezeichnung anzufügen (siehe 4.2.2).

Oktober 2017

DIN EN 10028-1

ICS 77.140.30; 77.140.50

Ersatz für
DIN EN 10028-1:2009-07

Flacherzeugnisse aus Druckbehälterstählen – Teil 1: Allgemeine Anforderungen; Deutsche Fassung EN 10028-1:2017

Flat products made of steels for pressure purposes –
Part 1: General requirements;
German version EN 10028-1:2017

Produits plats en acier pour appareils à pression –
Partie 1: Prescriptions générales;
Version allemande EN 10028-1:2017

1 Anwendungsbereich

Diese Europäische Norm legt die allgemeinen technischen Lieferbedingungen für im Druckbehälterbau verwendete Flacherzeugnisse fest.

Es gelten ebenfalls die allgemeinen technischen Lieferbedingungen nach EN 10021.

4 Grenzabmaße

Die Grenzabmaße der Erzeugnisse sind bei der Anfrage und Bestellung unter Bezugnahme auf die in Tabelle 1 aufgeführten Maßnormen zu vereinbaren.

Tabelle 1 — Gültige Normen für die Grenzabmaße und Toleranzen je Produktform

Produktform		Stähle nach EN 10028-2:2017 bis EN 10028-6:2017	Nichtrostende Stähle nach EN 10028-7:2016
Warmgewalztes Stahlblech		EN 10029[a]	EN ISO 18286
Kontinuierlich warmgewalztes Band	Breitband/Blech abgelängt von Breitband/Längsgeteiltes Breitband	EN 10051[c]	EN ISO 9444-2
	Bandstahl, Bandstahl in Stäben	EN 10048	EN 10048 oder ISO 9444-1
Kontinuierlich kaltgewalztes Band	Breitband/Blech abgelängt von Breitband	—	EN ISO 9445-2[b]
	Bandstahl, Bandstahl in Stäben	—	EN ISO 9445-1

[a] Soweit bei der Anfrage und Bestellung nichts anderes vereinbart wurde, gilt für die Grenzabmaße der Blechdicke Klasse B nach EN 10029.

[b] EN ISO 9445-2 enthält Optionen, die hinsichtlich der Maße eine breitere Auswahl zulassen.

[c] Für Blech in Dicken $t \geq 3$ mm abgelängt vom Breitband darf EN 10029 auf Vereinbarung angewendet werden.

9.2 Durchzuführende Prüfungen

Die verbindlich oder optional durchzuführenden Prüfungen und der Prüfumfang sind in Tabelle 2 festgelegt.

Tabelle 2 — Übersicht über die Prüfungen und den Prüfumfang

Art der Prüfung			Prüfumfang	Hinweise in
Verbindliche Prüfungen	Schmelzenanalyse		1/Schmelze	8.3.1 und 10.2.1.1
	Zugversuch bei Raumtemperatur	für Stähle nach EN 10028-2:2017 bis EN 10028-6:2017	1/Prüfeinheit	10.1.2, 10.2.2.2 und 11.2
		für Stähle nach EN 10028-7:2016	a	
	Kerbschlagbiegeversuch (ausgenommen: austenitische Stähle der EN 10028-7:2016)		1/Prüfeinheit	10.1.2, 10.2.2.3 und 11.4
	Maßkontrolle		jedes Erzeugnis	11.5.1
	Sichtprüfung		jedes Erzeugnis	11.5.2
Optionale Prüfungen	Stückanalyse		1/Schmelze	10.1.1, 10.2.1 und 11.1
	Zugversuch bei erhöhter Temperatur zur Verifizierung von $R_{p0,2}$	für Stähle nach EN 10028-2:2017, EN 10028-3:2017 und EN 10028-6:2017	1/Schmelze	10.1.3, 10.2.2.2 und 11.3
		für Stähle nach EN 10028-7:2016 (ausgenommen: austenitische Stähle)	a	
	Zugversuch zur (gleichzeitigen) Verifizierung eines, aller oder einer beliebigen Kombination (der) Werte von $R_{p0,2}$, $R_{p1,0}$ und R_m bei erhöhter Temperatur für austenitische Stähle nach EN 10028-7:2016		a	10.1.3, 10.2.2.2 und 11.3
	Zugversuch senkrecht zur Erzeugnisoberfläche zur Verifizierung des entsprechenden Mindestwertes der Einschnürung (ausgenommen: Stähle der EN 10028-7:2016)		nach EN 10164	8.4.2 und 10.2.1.2
	Kerbschlagbiegeversuch für austenitische Stähle der EN 10028-7:2016 bei 20°C		a	10.2.2.3 und 11.4
	Kerbschlagbiegeversuch für Stähle der EN 10028-7:2016 (ausgenommen: ferritische Stähle) bei tiefer Temperatur		a	10.1.2, 10.2.2.3 und 11.4
	Ultraschallprüfung zur Verifizierung der inneren Beschaffenheit		jedes Erzeugnis	8.6 und 11.5.3
	Prüfung auf Beständigkeit gegen interkristalline Korrosion für Stähle der EN 10028-7:2016		a	11.5.4
	Prüfung auf Beständigkeit gegen Wasserstoffinduzierte Rissbildung		b	11.5.6
	Prüfung durch Stufenglühen		1/Schmelze	11.5.7

a Siehe EN 10028-7:2016.

b Siehe EN 10028-2:2017 und EN 10028-3:2017. Der Prüfumfang ist bei der Anfrage und Bestellung zu vereinbaren.

> **HINWEIS**
> Die Probenentnahme, der Prüfumfang, die Auswahl der Probenentnahmeorte, die Probenlage, die Prüfverfahren und die sonstigen Prüfungen sind der Originalnorm zu entnehmen.

12 Kennzeichnung

12.1 Die Erzeugnisse sind mit den Angaben in Tabelle 6 zu kennzeichnen.

Tabelle 6 — Kennzeichnung der Erzeugnisse

Kennzeichnung	Symbol[a]
Name des Herstellers, Warenzeichen oder Logo	+
Nummer dieser Europäischen Norm	(+)
Stahlkurzname oder Werkstoffnummer	+
Ausführungsart	(+)
Identifizierungsnummer[b]	+[d]
Walzrichtung[c]	(+)
Nenndicke	(+)
Andere Nennmaße außer Dicke	(+)
Zeichen des Abnahmebeauftragten	+[e]
Bestellnummer des Kunden	(+)

[a] Die Symbole bedeuten:

+ die Kennzeichnung ist anzuwenden;

(+) die Kennzeichnung ist nach entsprechender Vereinbarung oder nach Wahl des Herstellers anzuwenden.

[b] Die zur Identifizierung verwendeten Zahlen oder Buchstaben müssen die Zuordnung der (des) Erzeugnisse(s) zum entsprechenden Abnahmeprüfzeugnis ermöglichen.

[c] Die Walzrichtung ist üblicherweise aus der Form des Erzeugnisses und der Lage der Kennzeichnung ersichtlich. Die Kennzeichnung darf entweder längs mit Rollenstempelung oder nahe einem Erzeugnisende quer zur Walzrichtung angebracht werden. Eine besondere Angabe der Hauptwalzrichtung ist normalerweise nicht erforderlich, darf aber vom Besteller verlangt werden.

[d] Diese muss eine Zuordnung der Schmelzennummer gestatten.

[e] Auf das Zeichen des Abnahmebeauftragten darf verzichtet werden, wenn der entsprechende Abnahmebeauftragte auf andere Weise identifiziert werden kann.

 Oktober 2017

DIN EN 10028-2

ICS 77.140.30; 77.140.50

Ersatz für
DIN EN 10028-2:2009-09

Flacherzeugnisse aus Druckbehälterstählen – Teil 2: Unlegierte und legierte Stähle mit festgelegten Eigenschaften bei erhöhten Temperaturen; Deutsche Fassung EN 10028-2:2017

Flat products made of steels for pressure purposes –
Part 2: Non-alloy and alloy steels with specified elevated temperature properties;
German version EN 10028-2:2017

Produits plats en aciers pour appareils à pression –
Partie 2 : Aciers non alliés et alliés avec caractéristiques spécifiées à température élevée;
Version allemande EN 10028-2:2017

1 Anwendungsbereich

Diese Europäische Norm legt Anforderungen fest an Flacherzeugnisse für Druckbehälter aus den schweißgeeigneten unlegierten und legierten Stählen nach Tabelle 1 mit Eigenschaften für den Einsatz bei erhöhten Temperaturen.

Zusätzlich gelten die Anforderungen und Begriffe in EN 10028-1:2017.

ANMERKUNG Nach Veröffentlichung dieser Europäischen Norm im EU-Amtsblatt (OJEU) unter der Richtlinie 2014/68/EU ist die Annahme ihrer Konformität mit den grundlegenden Anforderungen (ESR) der Richtlinie 2014/68/EU auf die technischen Daten von Werkstoffen in dieser Europäischen Norm (Teil 1 und der entsprechende Teil der Normenreihe) beschränkt, und es darf nicht angenommen werden, dass damit die Eignung des Werkstoffs für ein bestimmtes Ausrüstungsteil festgestellt ist. Folglich müssen die in dieser Werkstoffnorm angegebenen technischen Parameter im Hinblick auf die konstruktiven Anforderungen dieses bestimmten Ausrüstungsteils ermittelt werden, um damit zu verifizieren, dass den ESR der Richtlinie 2014/68/EU entsprochen wird.

Tabelle 1 — Chemische Zusammensetzung (Schmelzenanalyse)[a]

Stahlsorte		Massenanteile in %													
Kurzname	Werkstoffnummer	C	Si	Mn	P max.	S max.	Al_{gesamt}	N	Cr	Cu[b]	Mo	Nb	Ni	Ti max.	V	Sonstige
P235GH	1.0345	≤ 0,16	≤ 0,35	0,60[c] bis 1,20	0,025	0,010	≥ 0,020	≤ 0,012[d]	≤ 0,30	≤ 0,30	≤ 0,08	≤ 0,030	≤ 0,30	0,03	≤ 0,02	Cr+Cu+Mo+Ni ≤ 0,70
P265GH	1.0425	≤ 0,20	≤ 0,40	0,80[c] bis 1,40	0,025	0,010	≥ 0,020	≤ 0,012[d]	≤ 0,30	≤ 0,30	≤ 0,08	≤ 0,030	≤ 0,30	0,03	≤ 0,02	
P295GH	1.0481	0,08 bis 0,20	≤ 0,40	0,90[c] bis 1,50	0,025	0,010	≥ 0,020	≤ 0,012[d]	≤ 0,30	≤ 0,30	≤ 0,08	≤ 0,030	≤ 0,30	0,03	≤ 0,02	
P355GH	1.0473	0,10 bis 0,22	≤ 0,60	1,10 bis 1,70	0,025	0,010	≥ 0,020	≤ 0,012[d]	≤ 0,30	≤ 0,30	≤ 0,08	≤ 0,040	≤ 0,30	0,03	≤ 0,02	
16Mo3	1.5415	0,12 bis 0,20	≤ 0,35	0,40 bis 0,90	0,025	0,010	e	≤ 0,012	≤ 0,30	≤ 0,30	0,25 bis 0,35	—	≤ 0,30	—	—	—
18MnMo4-5	1.5414	≤ 0,20	≤ 0,40	0,90 bis 1,50	0,015	0,005	e	≤ 0,012	≤ 0,30	≤ 0,30	0,45 bis 0,60	—	≤ 0,30	—	—	—
20MnMoNi4-5	1.6311	0,15 bis 0,23	≤ 0,40	1,00 bis 1,50	0,020	0,010	e	≤ 0,012	≤ 0,20	≤ 0,20	0,45 bis 0,60	—	0,40 bis 0,80	—	≤ 0,02	—
15NiCuMoNb5-6-4	1.6368	≤ 0,17	0,25 bis 0,50	0,80 bis 1,20	0,025	0,010	≥ 0,015	≤ 0,020	≤ 0,30	0,50 bis 0,80	0,25 bis 0,50	0,015 bis 0,045	1,00 bis 1,30	—	—	—
13CrMo4-5	1.7335	0,08 bis 0,18	≤ 0,35	0,40 bis 1,00	0,025	0,010	e	≤ 0,012	0,70[f] bis 1,15	≤ 0,30	0,40 bis 0,60	—	—	—	—	—
13CrMoSi5-5	1.7336	≤ 0,17	0,50 bis 0,80	0,40 bis 0,65	0,015	0,005	e	≤ 0,012	1,00 bis 1,50	≤ 0,30	0,45 bis 0,65	—	≤ 0,30	—	—	—
10CrMo9-10	1.7380	0,08 bis 0,14[g]	≤ 0,50	0,40 bis 0,80	0,020	0,010	e	≤ 0,012	2,00 bis 2,50	≤ 0,30	0,90 bis 1,10	—	—	—	—	—
12CrMo9-10	1.7375	0,10 bis 0,15	≤ 0,30	0,30 bis 0,80	0,015	0,010	e	≤ 0,012	2,00 bis 2,50	≤ 0,25	0,90 bis 1,10	—	≤ 0,30	—	—	—
X12CrMo5	1.7362	0,10 bis 0,15	≤ 0,50	0,30 bis 0,60	0,020	0,005	e	≤ 0,012	4,00 bis 6,00	≤ 0,30	0,45 bis 0,65	—	≤ 0,30	—	—	—
13CrMoV9-10	1.7703	0,11 bis 0,15	≤ 0,10	0,30 bis 0,60	0,015	0,005	e	≤ 0,012	2,00 bis 2,50	≤ 0,20	0,90 bis 1,10	≤ 0,07	≤ 0,25	0,03	0,25 bis 0,35	B ≤ 0,002, Ca ≤ 0,015
12CrMoV12-10	1.7767	0,10 bis 0,15	≤ 0,15	0,30 bis 0,60	0,015	0,005	e	≤ 0,012	2,75 bis 3,25	≤ 0,25	0,90 bis 1,10	≤ 0,07[h]	≤ 0,25	0,03[h]	0,20 bis 0,30	B ≤ 0,003[h], Ca ≤ 0,015[h]
X10CrMoVNb9-1	1.4903	0,08 bis 0,12	≤ 0,50	0,30 bis 0,60	0,020	0,005	≤ 0,040	0,030 bis 0,070	8,00 bis 9,50	≤ 0,30	0,85 bis 1,05	0,06 bis 0,10	≤ 0,30	—	0,18 bis 0,25	—

[a] In dieser Tabelle nicht aufgeführte Elemente dürfen dem Stahl, außer zum Fertigbehandeln der Schmelze, ohne Zustimmung des Bestellers nicht absichtlich zugegeben werden. Es sind alle angemessenen Vorkehrungen zu treffen, um die Zufuhr derartiger Elemente aus dem Schrott und anderen bei der Herstellung verwendeten Stoffen, die die mechanischen Eigenschaften und die Verwendbarkeit des Stahls beeinträchtigen können, zu vermeiden.

[b] Ein geringerer Höchstanteil für Kupfer und/oder ein Höchstanteil für die Summe von Kupfer und Zinn, z. B. Cu + 6 Sn ≤ 0,33 %, dürfen z. B. im Hinblick auf die Umformbarkeit bei der Anfrage und Bestellung für die Stahlsorten festgelegt werden, für die nur ein maximaler Kupferanteil spezifiziert ist.

[c] Für Nenndicken < 6 mm ist ein Mindest-Mangananteil, der 0,20 % kleiner ist als festgelegt, zulässig.

[d] Ein Verhältniswert $\frac{Al}{N} \geq 2$ ist einzuhalten.

[e] Der Aluminiumanteil der Schmelze ist zu bestimmen und in der Prüfbescheinigung anzugeben.

[f] Wenn die Druckwasserstoffbeständigkeit von Bedeutung ist, darf bei der Anfrage und Bestellung ein Mindestanteil von 0,80 % Cr vereinbart werden.

[g] Für Nenndicken über 150 mm darf bei der Anfrage und Bestellung ein Höchstanteil von 0,17 % C vereinbart werden.

[h] Diese Stahlsorte darf mit Zusätzen Ti + B oder Nb + Ca hergestellt werden. Dafür gelten die folgenden Mindestanteile : Ti ≥ 0,015 % und B ≥ 0,001 % bei Zusätzen von Ti + B, Nb ≥ 0,015 % und Ca ≥ 0,0005 % bei Zusätzen von Nb + Ca.

Tabelle 3 — Mechanische Eigenschaften (anwendbar für die Querrichtung)

Stahlsorte		Üblicher Liefer-zustand[a,b]	Nenndicke t mm	Im Zugversuch bei Raumtemperatur bestimmte Eigenschaften			Kerbschlagarbeit KV_2 J min. bei einer Temperatur in °C von		
Kurzname	Werk-stoff-nummer			Streck-grenze R_{eH} MPa min.	Zugfestig-keit R_m MPa	Bruch-dehnung A % min.	−20[f]	0[f]	+20
P235GH	1.0345	+N[c]	≤ 16	235	360 bis 480	24	27	34	40
			16 < t ≤ 40	225					
			40 < t ≤ 60	215					
			60 < t ≤ 100	200					
			100 < t ≤ 150	185	350 bis 480				
			150 < t ≤ 250	170	340 bis 480				
P265GH	1.0425	+N[c]	≤ 16	265	410 bis 530	22	27	34	40
			16 < t ≤ 40	255					
			40 < t ≤ 60	245					
			60 < t ≤ 100	215					
			100 < t ≤ 150	200	400 bis 530				
			150 < t ≤ 250	185	390 bis 530				
P295GH	1.0481	+N[c]	≤ 16	295	460 bis 580	21	27	34	40
			16 < t ≤ 40	290					
			40 < t ≤ 60	285					
			60 < t ≤ 100	260					
			100 < t ≤ 150	235	440 bis 570				
			150 < t ≤ 250	220	430 bis 570				
P355GH	1.0473	+N[c]	≤ 16	355	510 bis 650	20	27	34	40
			16 < t ≤ 40	345					
			40 < t ≤ 60	335					
			60 < t ≤ 100	315	490 bis 630				
			100 < t ≤ 150	295	480 bis 630				
			150 < t ≤ 250	280	470 bis 630				
16Mo3	1.5415	+N[c,d]	≤ 16	275	440 bis 590	22	e	e	31[f]
			16 < t ≤ 40	270					
			40 < t ≤ 60	260					
			60 < t ≤ 100	240	430 bis 580				
			100 < t ≤ 150	220	420 bis 570				
			150 < t ≤ 250	210	410 bis 570				
18MnMo4-5	1.5414	+NT	≤ 60	345	510 bis 650	20	27	34	40
			60 < t ≤ 150	325					
		+QT	150 < t ≤ 250	310	480 bis 620				
20MnMoNi4-5	1.6311	+QT	≤ 40	470	590 bis 750	18	27	40	50
			40 < t ≤ 60	460	590 bis 730				
			60 < t ≤ 100	450	570 bis 710				
			100 < t ≤ 150	440					
			150 < t ≤ 250	400	560 bis 700				
15NiCuMoNb5-6-4	1.6368	+NT	≤ 40	460	610 bis 780	16	27	34	40
			40 < t ≤ 60	440					
			60 < t ≤ 100	430	600 bis 760				
		+NT oder +QT	100 < t ≤ 150	420	590 bis 740				
		+QT	150 < t ≤ 200	410	580 bis 740				

Stahlsorte		Üblicher Lieferzustand[a,b]	Nenndicke t mm	Im Zugversuch bei Raumtemperatur bestimmte Eigenschaften			Kerbschlagarbeit KV_2 J min. bei einer Temperatur in °C von		
Kurzname	Werkstoffnummer			Streckgrenze R_{eH} MPa min.	Zugfestigkeit R_m MPa	Bruchdehnung A % min.	−20[f]	0[f]	+20
13CrMo4-5	1.7335	+NT	≤ 16	300	450 bis 600	19	e	e	31[f]
			16 < t ≤ 60	290					
			60 < t ≤ 100	270	440 bis 590				27[f]
		+NT oder +QT	100 < t ≤ 150	255	430 bis 580				
		+QT	150 < t ≤ 250	245	420 bis 570				
13CrMoSi5-5	1.7336	+NT	≤ 60	310	510 bis 690	20	e	27	34[f]
			60 < t ≤ 100	300	480 bis 660				
		+QT	≤ 60	400	510 bis 690		27	34	40
			60 < t ≤ 100	390	500 bis 680				
			100 < t ≤ 250	380	490 bis 670				
10CrMo9-10	1.7380	+NT	≤ 16	310	480 bis 630	18	e	e	31[f]
			16 < t ≤ 40	300					
			40 < t ≤ 60	290					
		+NT oder +QT	60 < t ≤ 100	280	470 bis 620	17	e	e	27[f]
			100 < t ≤ 150	260	460 bis 610				
		+QT	150 < t ≤ 250	250	450 bis 600				
12CrMo9-10	1.7375	+NT oder +QT	≤ 250	355	540 bis 690	18	27	40	70
X12CrMo5	1.7362	+NT	≤ 60	320	510 bis 690	20	27	34	40
			60 < t ≤ 150	300	480 bis 660				
		+QT	150 < t ≤ 250	300	450 bis 630				
13CrMoV9-10	1.7703	+ NT	≤ 60	455	600 bis 780	18	27	34	40
			60 < t ≤ 150	435	590 bis 770				
		+ QT	150 < t ≤ 250	415	580 bis 760				
12CrMoV12-10	1.7767	+NT	≤ 60	455	600 bis 780	18	27	34	40
			60 < t ≤ 150	435	590 bis 770				
		+QT	150 < t ≤ 250	415	580 bis 760				
X10CrMoVNb9-1	1.4903	+NT	≤ 60	445	580 bis 760	18	27	34	40
			60 < t ≤ 150	435	550 bis 730				
		+QT	150 < t ≤ 250	435	520 bis 700				

a +N: normalgeglüht; +NT: normalgeglüht und angelassen; +QT: vergütet.

b Für Erzeugnisdicken im üblichen Lieferzustand +NT, darf auch der Lieferzustand +QT vereinbart werden.

c Siehe 8.2.2.

d Diese Stahlsorte darf nach Wahl des Herstellers auch im Lieferzustand +NT geliefert werden.

e Ein Wert darf bei der Anfrage und Bestellung vereinbart werden.

f Ein Mindestwert der Kerbschlagarbeit von 40 J darf bei der Anfrage und Bestellung vereinbart werden.

Tabelle 4 — Mindestwerte der Dehngrenze $R_{p0,2}$ bei erhöhten Temperaturen[a]

Stahlsorte		Nenndicke[b] t	Mindest-0,2-%-Dehngrenze $R_{p0,2}$ MPa bei einer Temperatur in °C von									
Kurzname	Werkstoff-nummer	mm	50	100	150	200	250	300	350	400	450	500
P235GH	1.0345	≤ 16	227	214	198	182	167	153	142	133	—	—
		16 < t ≤ 40	218	205	190	174	160	147	136	128	—	—
		40 < t ≤ 60	208	196	181	167	153	140	130	122	—	—
		60 < t ≤ 100	193	182	169	155	142	130	121	114	—	—
		100 < t ≤ 150	179	168	156	143	131	121	112	105	—	—
		150 < t ≤ 250	164	155	143	132	121	111	103	97	—	—
P265GH	1.0425	≤ 16	256	241	223	205	188	173	160	150	—	—
		16 < t ≤ 40	247	232	215	197	181	166	154	145	—	—
		40 < t ≤ 60	237	223	206	190	174	160	148	139	—	—
		60 < t ≤ 100	208	196	181	167	153	140	130	122	—	—
		100 < t ≤ 150	193	182	169	155	142	130	121	114	—	—
		150 < t ≤ 250	179	168	156	143	131	121	112	105	—	—
P295GH	1.0481	≤ 16	285	268	249	228	209	192	178	167	—	—
		16 < t ≤ 40	280	264	244	225	206	189	175	165	—	—
		40 < t ≤ 60	276	259	240	221	202	186	172	162	—	—
		60 < t ≤ 100	251	237	219	201	184	170	157	148	—	—
		100 < t ≤ 150	227	214	198	182	167	153	142	133	—	—
		150 < t ≤ 250	213	200	185	170	156	144	133	125	—	—
P355GH	1.0473	≤ 16	343	323	299	275	252	232	214	202	—	—
		16 < t ≤ 40	334	314	291	267	245	225	208	196	—	—
		40 < t ≤ 60	324	305	282	259	238	219	202	190	—	—
		60 < t ≤ 100	305	287	265	244	224	206	190	179	—	—
		100 < t ≤ 150	285	268	249	228	209	192	178	167	—	—
		150 < t ≤ 250	271	255	236	217	199	183	169	159	—	—
16Mo3	1.5415	≤ 16	273	264	250	233	213	194	175	159	147	141
		16 < t ≤ 40	268	259	245	228	209	190	172	156	145	139
		40 < t ≤ 60	258	250	236	220	202	183	165	150	139	134
		60 < t ≤ 100	238	230	218	203	186	169	153	139	129	123
		100 < t ≤ 150	218	211	200	186	171	155	140	127	118	113
		150 < t ≤ 250	208	202	191	178	163	148	134	121	113	108
18MnMo4-5[c]	1.5414	≤ 60	330	320	315	310	295	285	265	235	215	—
		60 < t ≤ 150	320	310	305	300	285	275	255	225	205	—
		150 < t ≤ 250	310	300	295	290	275	265	245	220	200	—

Stahlsorte		Nenndicke[b] t	Mindest-0,2-%-Dehngrenze $R_{p0,2}$ MPa bei einer Temperatur in °C von									
Kurzname	Werkstoff-nummer	mm	50	100	150	200	250	300	350	400	450	500
20MnMoNi4-5	1.6311	≤ 40	460	448	439	432	424	415	402	384	—	—
		$40 < t \leq 60$	450	438	430	423	415	406	394	375	—	—
		$60 < t \leq 100$	441	429	420	413	406	398	385	367	—	—
		$100 < t \leq 150$	431	419	411	404	397	389	377	359	—	—
		$150 < t \leq 250$	392	381	374	367	361	353	342	327	—	—
15NiCuMoNb5-6-4	1.6368	≤ 40	447	429	415	403	391	380	366	351	331	—
		$40 < t \leq 60$	427	410	397	385	374	363	350	335	317	—
		$60 < t \leq 100$	418	401	388	377	366	355	342	328	309	—
		$100 < t \leq 150$	408	392	379	368	357	347	335	320	302	—
		$150 < t \leq 200$	398	382	370	359	349	338	327	313	295	—
13CrMo4-5	1.7335	≤ 16	294	285	269	252	234	216	200	186	175	164
		$16 < t \leq 60$	285	275	260	243	226	209	194	180	169	159
		$60 < t \leq 100$	265	256	242	227	210	195	180	168	157	148
		$100 < t \leq 150$	250	242	229	214	199	184	170	159	148	139
		$150 < t \leq 250$	235	223	215	211	199	184	170	159	148	139
13CrMoSi5-5+NT	1.7336+NT	≤ 60	299	283	268	255	244	233	223	218	206	—
		$60 < t \leq 100$	289	274	260	247	236	225	216	211	199	—
13CrMoSi5-5+QT	1.7336+QT	≤ 60	384	364	352	344	339	335	330	322	309	—
		$60 < t \leq 100$	375	355	343	335	330	327	322	314	301	—
		$100 < t \leq 250$	365	346	334	326	322	318	314	306	293	—
10CrMo9-10	1.7380	≤ 16	288	266	254	248	243	236	225	212	197	185
		$16 < t \leq 40$	279	257	246	240	235	228	218	205	191	179
		$40 < t \leq 60$	270	249	238	232	227	221	211	198	185	173
		$60 < t \leq 100$	260	240	230	224	220	213	204	191	178	167
		$100 < t \leq 150$	250	237	228	222	219	213	204	191	178	167
		$150 < t \leq 250$	240	227	219	213	210	208	204	191	178	167
12CrMo9-10	1.7375	≤ 250	341	323	311	303	298	295	292	287	279	—
X12CrMo5	1.7362	≤ 60	310	299	295	294	293	291	285	273	253	222
		$60 < t \leq 250$	290	281	277	275	275	273	267	256	237	208
13CrMoV9-10[c]	1.7703	≤ 60	410	395	380	375	370	365	362	360	350	—
		$60 < t \leq 250$	405	390	370	365	360	355	352	350	340	—
12CrMoV12-10[c]	1.7767	≤ 60	410	395	380	375	370	365	362	360	350	—
		$60 < t \leq 250$	405	390	370	365	360	355	352	350	340	—
X10CrMoVNb9-1	1.4903	≤ 60	432	415	401	392	385	379	373	364	349	324
		$60 < t \leq 250$	423	406	392	383	376	371	365	356	341	316

[a] Die Werte entsprechen dem unteren Band der jeweiligen nach EN 10314 mit einer Vertrauensgrenze von etwa 98 % (2 s) bestimmten Trendkurve.

[b] Lieferzustand wie in Tabelle 3 angegeben (siehe aber Fußnote b zu Tabelle 3).

[c] $R_{p0,2}$ nicht nach der EN 10314 bestimmt. Es handelt sich um Mindestwerte des bisher berücksichtigten Streubandes.

Anhang A
(informativ)

Anhaltsangaben für die Wärmebehandlung

Tabelle A.1 — Anhaltsangaben für Wärmebehandlungtemperaturen

Stahlsorte		Temperatur, °C		
Kurzname	**Werkstoff-nummer**	**Normalglühen**	**Abschrecken**	**Anlassen**[b]
P235GH	1.0345	890 bis 950[a]	—	—
P265GH	1.0425	890 bis 950[a]	—	—
P295GH	1.0481	890 bis 950[a]	—	—
P355GH	1.0473	890 bis 950[a]	—	—
16Mo3	1.5415	890 bis 950[a]	—	c
18MnMo4-5	1.5414	890 bis 950		600 bis 640
20MnMoNi4-5	1.6311	—	870 bis 940	610 bis 690
15NiCuMoNb5-6-4	1.6368	880 bis 960		580 bis 680
13CrMo4-5	1.7335	890 bis 950		630 bis 730
13CrMoSi5-5	1.7336	890 bis 950		650 bis 730
10CrMo9-10	1.7380	920 bis 980		650 bis 750
12CrMo9-10	1.7375	920 bis 980		650 bis 750
X12CrMo5	1.7362	920 bis 970		680 bis 750
13CrMoV9-10	1.7703	930 bis 990		675 bis 750
12CrMoV12-10	1.7767	930 bis 1 000		675 bis 750
X10CrMoVNb9-1	1.4903	1 040 bis 1 100		730 bis 780

[a] Ist beim Normalglühen die erforderliche Temperatur über den gesamten Querschnitt erreicht, ist ein weiteres Halten nicht notwendig und sollte grundsätzlich vermieden werden.

[b] Beim Anlassen muss die festgelegte Temperatur über eine angemessene Zeitspanne gehalten werden, nachdem der Sollwert über den gesamten Querschnitt erreicht wurde.

[c] In bestimmten Fällen kann es sich als notwendig erweisen, bei 590 °C bis 650 °C anzulassen.

DIN EN 10028-3

ICS 77.140.30; 77.140.50

Ersatz für
DIN EN 10028-3:2009-09

Flacherzeugnisse aus Druckbehälterstählen – Teil 3: Schweißgeeignete Feinkornbaustähle, normalgeglüht; Deutsche Fassung EN 10028-3:2017

Flat products made of steels for pressure purposes –
Part 3: Weldable fine grain steels, normalized;
German version EN 10028-3:2017

Produits plats en aciers pour appareils à pression –
Partie 3 : Aciers soudables à grains fins, normalisés;
Version allemande EN 10028-3:2017

1 Anwendungsbereich

Diese Europäische Norm legt Anforderungen an Flacherzeugnisse für Druckbehälter aus den schweißgeeigneten Feinkornbaustählen nach Tabelle 1 fest.

ANMERKUNG 1 Unter Feinkornbaustählen werden Stähle verstanden, die bei Prüfung nach EN ISO 643 eine Ferritkorngröße von 6 oder feiner aufweisen.

Zusätzlich gelten die Anforderungen und Begriffe in EN 10028-1:2017.

ANMERKUNG 2 Nach Veröffentlichung dieser Europäischen Norm im EU-Amtsblatt (OJEU) unter der Richtlinie 2014/68/EU ist die Annahme ihrer Konformität mit den grundlegenden Anforderungen (ESR) der Richtlinie 2014/68/EU auf die technischen Daten von Werkstoffen in dieser Europäischen Norm (Teil 1 und der entsprechende Teil der Normenreihe) beschränkt, und es darf nicht angenommen werden, dass damit die Eignung des Werkstoffs für ein bestimmtes Ausrüstungsteil festgestellt ist. Folglich müssen die in dieser Werkstoffnorm angegebenen technischen Parameter im Hinblick auf die konstruktiven Anforderungen dieses bestimmten Ausrüstungsteils ermittelt werden, um damit zu verifizieren, dass den ESR der Richtlinie 2014/68/EU entsprochen wird.

2 Normative Verweisungen

Die folgenden Dokumente, die teilweise oder als Ganzes zitiert werden, sind für die Anwendung dieses Dokuments erforderlich. Bei datierten Verweisungen gilt nur die in Bezug genommene Ausgabe. Bei undatierten Verweisungen gilt die letzte Ausgabe des in Bezug genommenen Dokuments (einschließlich aller Änderungen).

3 Begriffe

Für die Anwendung dieses Dokuments gelten die Begriffe nach EN 10028-1:2017.

4 Maße und Grenzabmaße

Siehe EN 10028-1:2017.

5 Masseberechnung

Siehe EN 10028-1:2017.

6 Einteilung und Bezeichnung

6.1 Einteilung

6.1.1 Die Stahlsorten nach diesem Dokument sind in vier Gütereihen eingeordnet:

a) Reihe für den Einsatz bei Raumtemperatur (P...N);

b) warmfeste Reihe (P...NH);

c) kaltzähe Reihe (P...NL1) und

d) kaltzähe Sonderreihe (P...NL2).

6.1.2 Die Stahlsorten P275NH bis P355NL2 sind legierte Qualitätsstähle, die Stahlsorten P275NL2 und P420NH bis P460NL2 sind legierte Edelstähle.

6.2 Bezeichnung

Siehe EN 10028-1:2017.

Tabelle 1 — Chemische Zusammensetzung (Schmelzenanalyse)[a]

Stahlsorte		Massenanteile in %													
Kurzname	Werkstoff-nummer	C max.	Si max.	Mn	P max.	S max.	Al_{gesamt} min.	N max.	Cr max.	Cu[g] max.	Mo max.	Nb max.	Ni max.	Ti max.	V max.	Nb+Ti+V max.
P275NH	1.0487	0,16	0,40	0,80[b] bis 1,50	0,025	0,010	0,020[c,d]	0,012	0,30[e]	0,30[e]	0,08[e]	0,05	0,50	0,03	0,05	0,05
P275NL1	1.0488					0,008										
P275NL2	1.1104				0,020	0,005										
P355N	1.0562	0,18	0,50	1,10 bis 1,70	0,025	0,010	0,020[c,d]	0,012	0,30[e]	0,30[e]	0,08[e]	0,05	0,50	0,03	0,10	0,12
P355NH	1.0565															
P355NL1	1.0566					0,008										
P355NL2	1.1106				0,020	0,005										
P420NH	1.8932	0,20	0,60	1,10 bis 1,70	0,025	0,010	0,020[c,d]	0,020	0,30[e]	0,30[e]	0,10[e]	0,05	0,80	0,03	0,20	0,22
P420NL1	1.8912					0,008										
P420NL2	1.8913				0,020	0,005										
P460NH	1.8935	0,20	0,60	1,10 bis 1,70	0,025	0,010	0,020[c,d]	0,025	0,30	0,70[f]	0,10	0,05	0,80	0,03	0,20	0,22
P460NL1	1.8915					0,008										
P460NL2	1.8918				0,020	0,005										

[a] In dieser Tabelle nicht aufgeführte Elemente dürfen dem Stahl, außer zum Fertigbehandeln der Schmelze, ohne Zustimmung des Bestellers nicht absichtlich zugegeben werden. Es sind alle angemessenen Vorkehrungen zu treffen, um die Zufuhr derartiger Elemente aus dem Schrott und anderen bei der Herstellung verwendeten Stoffen, die die mechanischen Eigenschaften und die Verwendbarkeit des Stahls beeinträchtigen können, zu vermeiden.

[b] Für Nenndicken < 6 mm ist ein Mindestanteil für Mn von 0,60 % zulässig.

[c] Der Al_{gesamt}-Anteil darf den angegebenen Mindestwert unterschreiten, wenn Stickstoff zusätzlich mit Niob, Titan oder Vanadium abgebunden wird.

[d] Wird Stickstoff ausschließlich mit Aluminium abgebunden, so ist ein Verhältniswert $\frac{Al}{N} \geq 2$ einzuhalten.

[e] Die Summe der Massenanteile der drei Elemente Chrom, Kupfer und Molybdän darf höchstens 0,45 % betragen.

[f] Wenn der Massenanteil an Kupfer 0,30 % überschreitet, muss der Massenanteil an Nickel mindestens halb so groß sein wie der Massenanteil an Kupfer.

[g] Ein geringerer Höchstanteil für Kupfer und/oder ein Höchstanteil für die Summe von Kupfer und Zinn, z. B. Cu + 6 Sn ≤ 0,33 %, dürfen z. B. im Hinblick auf die Umformbarkeit bei der Anfrage und Bestellung für die Stahlsorten festgelegt werden,

Tabelle 4 — Im Zugversuch bestimmte Eigenschaften bei Raumtemperatur

Stahlsorte		Nenndicke	Streckgrenze	Zugfestigkeit	Bruchdehnung
Kurzname	Werkstoffnummer	t mm	R_{eH} MPa min.	R_m MPa	A % min.
P275NH, P275NL1, P275NL2	1.0487, 1.0488, 1.1104	≤ 16	275	390 bis 510	24
		16 < t ≤ 40	265		
		40 < t ≤ 60	255		
		60 < t ≤ 100	235	370 bis 490	23
		100 < t ≤ 150	225	360 bis 480	
		150 < t ≤ 250	215	350 bis 470	
P355N, P355NH, P355NL1, P355NL2	1.0562, 1.0565, 1.0566, 1.1106	≤ 16	355	490 bis 630	22
		16 < t ≤ 40	345		
		40 < t ≤ 60	335		
		60 < t ≤ 100	315	470 bis 610	21
		100 < t ≤ 150	305	460 bis 600	
		150 < t ≤ 250	295	450 bis 590	
P420NH, P420NL1, P420NL2	1.8932, 1.8912, 1.8913	≤ 16	420	540 bis 690	19
		16 < t ≤ 40	405		
		40 < t ≤ 60	395		
		60 < t ≤ 100	370	515 bis 665	
		100 < t ≤ 150	350	500 bis 650	
		150 < t ≤ 250	340	490 bis 640	
P460NH, P460NL1, P460NL2	1.8935, 1.8915, 1.8918	≤ 16[a]	460	570 bis 730	16
		16[a] < t ≤ 40	445	570 bis 720	
		40 < t ≤ 60	430		
		60 < t ≤ 100	400	540 bis 710	
		100 < t ≤ 150	380	520 bis 690	
		150 < t ≤ 250	370	510 bis 690	

[a] Bei den Stahlsorten P460NH und P460NL1 dürfen für Nenndicken bis 20 mm ein Mindestwert für R_{eH} von 460 MPa und ein R_m-Bereich von 630 MPa bis 725 MPa bei der Anfrage und Bestellung vereinbart werden.

Tabelle 5 — Mindestwerte der Dehngrenze $R_{p0,2}$ bei erhöhten Temperaturen[a]

Stahlsorte		Nenndicke t	Mindestwert der Dehngrenze $R_{p0,2}$ in MPa bei einer Temperatur in °C von							
Kurzname	Werkstoff-nummer	mm	50	100	150	200	250	300	350	400
P275NH	1.0487	≤ 16	266	250	232	213	195	179	166	156
		16 < t ≤ 40	256	241	223	205	188	173	160	150
		40 < t ≤ 60	247	232	215	197	181	166	154	145
		60 < t ≤ 100	227	214	198	182	167	153	142	133
		100 < t ≤ 150	218	205	190	174	160	147	136	128
		150 < t ≤ 250	208	196	181	167	153	140	130	122
P355NH	1.0565	≤ 16	343	323	299	275	252	232	214	202
		16 < t ≤ 40	334	314	291	267	245	225	208	196
		40 < t ≤ 60	324	305	282	259	238	219	202	190
		60 < t ≤ 100	305	287	265	244	224	206	190	179
		100 < t ≤ 150	295	277	257	236	216	199	184	173
		150 < t ≤ 250	285	268	249	228	209	192	178	167
P420NH	1.8932	≤ 16	406	382	354	325	298	274	254	238
		16 < t ≤ 40	392	369	341	314	287	264	245	230
		40 < t ≤ 60	382	359	333	306	280	258	239	224
		60 < t ≤ 100	358	337	312	287	263	241	224	210
		100 < t ≤ 150	339	319	295	271	248	228	212	199
		150 < t ≤ 250	329	309	286	263	241	222	206	193
P460NH	1.8935	≤ 16	445	419	388	356	326	300	278	261
		16 < t ≤ 40	430	405	375	345	316	290	269	253
		40 < t ≤ 60	416	391	362	333	305	281	260	244
		60 < t ≤ 100	387	364	337	310	284	261	242	227
		100 < t ≤ 150	368	346	320	294	270	248	230	216
		150 < t ≤ 250	358	337	312	287	263	241	224	210

[a] Die Werte sind Mindestwerte für im Ofen normalgeglühte Proben (d. h., sie entsprechen dem unteren Band der jeweiligen nach EN 10314 bestimmten Trendkurve) mit einer Vertrauensgrenze von etwa 98 % (2 s).

Tabelle 6 — Mindestwerte der Kerbschlagarbeit

Stahlsorte	Nenndicke mm	Kerbschlagarbeit KV_2 J min. bei einer Prüftemperatur in °C von									
		quer					längs				
		−50	−40	−20	0	+20	−50	−40	−20	0	+20
P...N, P...NH	≤ 250	—	—	30[a]	40	50	—	—	45	65	75
P...NL1		—	27[a]	35[a]	50	60	30[a]	40	50	70	80
P...NL2		27[a]	30[a]	40	60	70	42	45	55	75	85

[a] Ein Mindestwert der Kerbschlagarbeit von 40 J darf bei der Anfrage und Bestellung vereinbart werden.

Anhang C
(informativ)

Änderungen zu der vorherigen Version EN 10028-3:2009

Gegenüber EN 10028-3:2009 wurden folgende wichtige Änderungen vorgenommen:

1) normative Verweisungen aktualisiert;

2) die Option, Erzeugnisse in weiteren Dicken zu bestellen als in der Norm festgelegt und die zusammenhängenden Fußnoten in Tabellen 4 und 5 gelöscht;

3) EN 1011-1 und EN 1011-2 als normative Verweisungen aufgenommen;

4) Stahlsorten P420NH, P420NL1 und P420NL2 und die zusammenhängenden Angaben in die Norm aufgenommen;

5) Markierungen des Textes mit einem doppeltem Punkt gelöscht;

6) Verweisungen innerhalb der Norm aktualisiert;

7) Anmerkung in 8.2.3 zu den Lieferbedingungen gelöscht;

8) normalisierendes Walzen für alle Stahlsorten zugelassen;

9) chemische Analyse und mechanische Eigenschaften für P460 > 100 mm definiert;

10) neue Option 13 zu Grenzwerten an Cu und Sn definiert;

11) Informationen zum Schweißen und die Anmerkung in 8.2.4 zum Anhang B verschoben;

12) Angaben im Anhang ZA zur der Korrelation zwischen dieser Norm und der neuen Europäischen Richtlinie 2014/68/EU aktualisiert;

13) Erläuterung verschiedener technischen Anforderungen.

 Oktober 2016

DIN EN 10028-7

ICS 77.140.30; 77.140.50

Ersatz für
DIN EN 10028-7:2008-02

Flacherzeugnisse aus Druckbehälterstählen – Teil 7: Nichtrostende Stähle; Deutsche Fassung EN 10028-7:2016

Flat products made of steels for pressure purposes –
Part 7: Stainless steels;
German version EN 10028-7:2016

Produits plats en aciers pour appareils à pression –
Partie 7: Aciers inoxydables;
Version allemande EN 10028-7:2016

1 Anwendungsbereich

Diese Europäische Norm enthält die Anforderungen an Flacherzeugnisse für Druckbehälter aus nichtrostenden Stählen, einschließlich von austenitischen hochwarmfesten Stählen, mit den in den Tabellen 7 bis 10 angegebenen Dicken.

Zusätzlich gelten die Angaben in EN 10028-1.

Tabelle 1 — Chemische Zusammensetzung (Schmelzenanalyse)[a] ferritischer Stähle

Stahlsorte		Massenanteile in %										
Kurzname	Werkstoff-nummer	C max.	Si max.	Mn max.	P max.	S max.	N max.	Cr	Mo	Nb	Ni	Ti
X2CrNi12	1.4003	0,030	1,00	1,50	0,040	0,015	0,030	10,5 bis 12,5	–	–	0,30 bis 1,00	–
X2CrTiNb18	1.4509	0,030	1,00	1,00	0,040	0,015	-	17,5 bis 18,5	–	[(3xC)+ 0,30] bis 1,00	–	0,10 bis 0,60
X3CrTi17	1.4510	0,050	1,00	1,00	0,040	0,015	-	16,0 bis 18,0	–	–	–	[(4 x(C+N) + 0,15) bis 0,80][b]
X2CrMoTi17-1	1.4513	0,025	1,00	1,00	0,040	0,015	0,020	16,0 bis 18,0	0,80 bis 1,40	–	–	[(4 x(C+N) + 0,15) bis 0,60][b]
X6CrNiTi12	1.4516	0,080	0,70	1,50	0,040	0,015	-	10,5 bis 12,5	–	–	0,50 bis 1,50	0,05 bis 0,35
X2CrTi17	1.4520	0,025	0,50	0,50	0,040	0,015	0,015	16,0 bis 18,0	–	–	–	[(4 x(C+N) + 0,15) bis 0,60][b]
X2CrMoTi18-2	1.4521	0,025	1,00	1,00	0,040	0,015	0,030	17,0 bis 20,0	1,80 bis 2,50	–	–	[(4 x(C+N) + 0,15) bis 0,80][b]
X6CrMoNb17-1	1.4526	0,080	1,00	1,00	0,040	0,015	0,040	16,0 bis 18,0	0,80 bis 1,40	[7x(C+N) + 0,10] bis 1,00	–	–
X2CrTi21[c,d]	1.4611	0,030	1,00	1,00	0,050	0,05	-	19,0 bis 22,0	≤ 0,50	≤ 1,00[b]	≤ 0,50	≤ 1,00[b]
X2CrTi24[c,d]	1.4613	0,030	1,00	1,00	0,050	0,05	-	22,0 bis 25,0	≤ 0,50	≤ 1,00[b]	≤ 0,50	≤ 1,00[b]
X2CrCuNbTiV22-1 [d,e]	1.4622	0,030	1,00	0,80	0,040	0,015	0,030	20,0 bis 24,0	–	0,10 bis 0,70	–	0,10 bis 0,70

[a] In dieser Tabelle nicht aufgeführte Elemente dürfen dem Stahl, außer zum Fertigbehandeln der Schmelze, ohne Zustimmung des Bestellers nicht absichtlich zugegeben werden. Es sind alle angemessenen Vorkehrungen zu treffen, um die Zufuhr solcher Elemente aus dem Schrott und anderen bei der Herstellung verwendeten Stoffen, die die mechanischen Eigenschaften und die Verwendbarkeit des Stahls beeinträchtigen würden, zu vermeiden.

[b] Die Stabilisierung kann durch den Einsatz von Titan und/oder Niob und/oder Zirkonium erfolgen. Entsprechend der Ordnungszahl dieser Elemente und unter Berücksichtigung der Anteile an Kohlenstoff und Stickstoff müssen bei der zusätzlichen Stabilisierung mit Niob oder Zirkonium folgende Gleichgewichte eingehalten werden:

$$Nb \approx Zr \approx \frac{7}{4} Ti$$

[c] Weitere Elemente: Cu < 0,5 % und Al < 0,05 %.

[d] Patentierte Stahlsorte.

[e] Weitere Elemente: V: 0,03 bis 0,50 %; Cu: 0,30 bis 0,80 %; Ti + Nb: 8x(C+N) bis 0,80 %.

Tabelle 2 — Chemische Zusammensetzung (Schmelzenanalyse)[a] martensitischer Stähle

Stahlsorte		Massenanteile in %								
Kurzname	Werkstoff-nummer	C max.	Si max.	Mn max.	P max.	S max.	Cr	Mo	Ni	N min.
X3CrNiMo13-4	1.4313	0,05	0,70	1,50	0,040	0,015	12,0 bis 14,0	0,30 bis 0,70	3,5 bis 4,5	0,020
X4CrNiMo16-5-1	1.4418	0,06	0,70	1,50	0,040	0,015	15,0 bis 17,0	0,80 bis 1,50	4,0 bis 6,0	0,020

[a] In dieser Tabelle nicht aufgeführte Elemente dürfen dem Stahl, außer zum Fertigbehandeln der Schmelze, ohne Zustimmung des Bestellers nicht absichtlich zugegeben werden. Es sind alle angemessenen Vorkehrungen zu treffen, um die Zufuhr solcher Elemente aus dem Schrott und anderen bei der Herstellung verwendeten Stoffen, die die mechanischen Eigenschaften und die Verwendbarkeit des Stahls beeinträchtigen würden, zu vermeiden.

Tabelle 3 — Chemische Zusammensetzung (Schmelzenanalyse)[a] austenitischer Stähle

Stahlsorte		Massenanteile in %												
Kurzname	Werk-stoffnr.	C	Si	Mn	P max.	S max.	N	Cr	Cu	Mo	Nb	Ni	Ti	Sonstige
Austenitische korrosionsbeständige Stähle														
X5CrNi18-10	1.4301	≤ 0,07	≤ 1,00	≤ 2,00	0,045	0,015	≤ 0,10	17,5 bis 19,5	–	–	–	8,0 bis 10,5	–	–
X2CrNi19-11	1.4306	≤ 0,03	≤ 1,00	≤ 2,00	0,045	0,015	≤ 0,10	18,0 bis 20,0	–	–	–	10,0 bis 12,0	–	–
X2CrNi18-9	1.4307	≤ 0,03	≤ 1,00	≤ 2,00	0,045	0,015	≤ 0,10	17,5 bis 19,5	–	–	–	8,0 bis 10,5	–	–
X2CrNiN18-10	1.4311	≤ 0,03	≤ 1,00	≤ 2,00	0,045	0,015	0,12 bis 0,22	17,5 bis 19,5	–	–	–	8,5 bis 11,5	–	–
X5CrNiN19-9	1.4315	≤ 0,06	≤ 1,00	≤ 2,00	0,045	0,015	0,12 bis 0,22	18,0 bis 20,0	–	–	–	8,0 bis 11,0	–	–
X2CrNiN18-7	1.4318	≤ 0,03	≤ 1,00	≤ 2,00	0,045	0,015	0,10 bis 0,20	16,5 bis 18,5	–	–	–	6,0 bis 8,0	–	–
X1CrNi25-21	1.4335	≤ 0,02	≤ 0,25	≤ 2,00	0,025	0,010	≤ 0,10	24,0 bis 26,0	–	≤ 0,20	–	20,0 bis 22,0	–	–
X1CrNiSi18-15-4	1.4361	≤ 0,015	3,7 bis 4,5	≤ 2,00	0,025	0,010	≤ 0,10	16,5 bis 18,5	–	≤ 0,20	–	14,0 bis 16,0	–	–
X2CrMnNiN17-7-5	1.4371	≤ 0,03	≤ 1,00	6,0 bis 8,0	0,045	0,015	0,15 bis 0,20	16,0 bis 17,0	–	–	–	3,5 bis 5,5	–	–
X12CrMnNiN17-7-5	1.4372	≤ 0,15	≤ 1,00	5,5 bis 7,5	0,045	0,015	0,05 bis 0,25	16,0 bis 18,0	–	–	–	3,5 bis 5,5	–	–
X5CrNiMo17-12-2	1.4401	≤ 0,07	≤ 1,00	≤ 2,00	0,045	0,015	≤ 0,10	16,5 bis 18,5	–	2,00 bis 2,50	–	10,0 bis 13,0	–	–
X2CrNiMo17-12-2	1.4404	≤ 0,03	≤ 1,00	≤ 2,00	0,045	0,015	≤ 0,10	16,5 bis 18,5	–	2,00 bis 2,50	–	10,0 bis 13,0	–	–
X2CrNiMoN17-11-2	1.4406	≤ 0,03	≤ 1,00	≤ 2,00	0,045	0,015	0,12 bis 0,22	16,5 bis 18,5	–	2,00 bis 2,50	–	10,0 bis 12,5	–	–
X2CrNiMoN21-9-1[b]	1.4420	≤ 0,03	≤ 1,00	≤ 2,00	0,045	0,015	0,14 bis 0,25	19,5 bis 21,5	≤ 1,00	0,50 bis 1,50	–	8,0 bis 9,5	–	--
X2CrNiMoN17-13-3	1.4429	≤ 0,03	≤ 1,00	≤ 2,00	0,045	0,015	0,12 bis 0,22	16,5 bis 18,5	–	2,50 bis 3,00	–	11,0 bis 14,0	–	–
X2CrNiMo17-12-3	1.4432	≤ 0,03	≤ 1,00	≤ 2,00	0,045	0,015	≤ 0,10	16,5 bis 18,5	–	2,50 bis 3,00	–	10,5 bis 13,0	–	–
X2CrNiMoN18-12-4	1.4434	≤ 0,03	≤ 1,00	≤ 2,00	0,045	0,015	0,10 bis 0,20	16,5 bis 19,5	–	3,0 bis 4,0	–	10,5 bis 14,0	–	–
X2CrNiMo18-14-3	1.4435	≤ 0,03	≤ 1,00	≤ 2,00	0,045	0,015	≤ 0,10	17,0 bis 19,0	–	2,50 bis 3,00	–	12,5 bis 15,0	–	–
X3CrNiMo17-13-3	1.4436	≤ 0,05	≤ 1,00	≤ 2,00	0,045	0,015	≤ 0,10	16,5 bis 18,5	–	2,50 bis 3,00	–	10,5 bis 13,0	–	–

Stahlsorte		Massenanteile in %											
Kurzname	Werkstoffnr.	C	Si	Mn	P max.	S max.	N	Cr	Cu	Mo	Nb	Ni	Ti	Sonstige
X2CrNiMo18-15-4	1.4438	≤ 0,03	≤ 1,00	≤ 2,00	0,045	0,015	≤ 0,10	17,5 bis 19,5	–	3,0 bis 4,0	–	13,0 bis 16,0	–	–
X2CrNiMoN17-13-5	1.4439	≤ 0,03	≤ 1,00	≤ 2,00	0,045	0,015	0,12 bis 0,22	16,5 bis 18,5	–	4,0 bis 5,0	–	12,5 bis 14,5	–	–
X1CrNiMoN25-22-2	1.4466	≤ 0,02	≤ 0,70	≤ 2,00	0,025	0,010	0,10 bis 0,16	24,0 bis 26,0	–	2,00 bis 2,50	–	21,0 bis 23,0	–	–
X1NiCrMoCuN25-20-7	1.4529	≤ 0,02	≤ 0,50	≤ 1,00	0,030	0,010	0,15 bis 0,25	19,0 bis 21,0	0,50 bis 1,50	6,0 bis 7,0	–	24,0 bis 26,0	–	–
X1CrNiMoCuN25-25-5	1.4537	≤ 0,02	≤ 0,70	≤ 2,00	0,030	0,010	0,17 bis 0,25	24,0 bis 26,0	1,00 bis 2,00	4,7 bis 5,7	–	24,0 bis 27,0	–	–
X1NiCrMoCu25-20-5	1.4539	≤ 0,02	≤ 0,70	≤ 2,00	0,030	0,010	≤ 0,15	19,0 bis 21,0	1,20 bis 2,00	4,0 bis 5,0	–	24,0 bis 26,0	–	–
X6CrNiTi18-10	1.4541	≤ 0,08	≤ 1,00	≤ 2,00	0,045	0,015	–	17,0 bis 19,0	–	–	–	9,0 bis 12,0	5 x C bis 0,70	–
X1CrNiMoCuN20-18-7	1.4547	≤ 0,02	≤ 0,70	≤ 1,00	0,030	0,010	0,18 bis 0,25	19,5 bis 20,5	0,50 bis 1,00	6,0 bis 7,0	–	17,5 bis 18,5	–	–
X6CrNiNb18-10	1.4550	≤ 0,08	≤ 1,00	≤ 2,00	0,045	0,015	–	17,0 bis 19,0	–	–	10 x C bis 1,00	9,0 bis 12,0	–	–
X1NiCrMoCu31-27-4	1.4563	≤ 0,02	≤ 0,70	≤ 2,00	0,030	0,010	≤ 0,10	26,0 bis 28,0	0,70 bis 1,50	3,0 bis 4,0	–	30,0 bis 32,0	–	–
X6CrNiMoTi17-12-2	1.4571	≤ 0,08	≤ 1,00	≤ 2,00	0,045	0,015	–	16,5 bis 18,5	–	2,00 bis 2,50	–	10,5 bis 13,5	5 x C bis 0,70	–
X6CrNiMoNb17-12-2	1.4580	≤ 0,08	≤ 1,00	≤ 2,00	0,045	0,015	–	16,5 bis 18,5	–	2,00 bis 2,50	10 x C bis 1,00	10,5 bis 13,5	–	–
X9CrMnNiCu17-8-5-2	1.4618	≤ 0,10	≤ 1,00	5,5 bis 9,5	0,070	0,010	≤ 0,15	16,5 bis 18,5	1,00 bis 2,50	–	–	4,5 bis 5,5	–	–
X6CrMnNiCuN18-2-4-2[b]	1.4646	0,02 bis 0,10	1,0	10,5 bis 12,5	0,05	0,015	0,2 bis 0,3	17 bis 19	1,5 bis 3,0	< 0,5	–	3,5 bis 4,5	–	Al< 0,05
Austenitische warmfeste Stähle														
X3CrNiMoBN17-13-3	1.4910	≤ 0,04	≤ 0,75	≤ 2,00	0,035	0,015	0,10 bis 0,18	16,0 bis 18,0		2,00 bis 3,00	–	12,0 bis 14,0	–	B: 0,001 5 bis 0,005 0
X6CrNiTiB18-10	1.4941	0,04 bis 0,08	≤ 1,00	≤ 2,00	0,035	0,015	–	17,0 bis 19,0	–	–	–	9,0 bis 12,0	5 x C bis 0,80	B: 0,001 5 bis 0,005 0
X6CrNi18-10	1.4948	0,04 bis 0,08	≤ 1,00	≤ 2,00	0,035	0,015	≤ 0,10	17,0 bis 19,0	–	–	–	8,0 bis 11,0	–	–
X6CrNi23-13	1.4950	0,04 bis 0,08	≤ 0,70	≤ 2,00	0,035	0,015	≤ 0,10	22,0 bis 24,0	–	–	–	12,0 bis 15,0	–	–
X6CrNi25-20	1.4951	0,04 bis 0,08	≤ 0,70	≤ 2,00	0,035	0,015	≤ 0,10	24,0 bis 26,0	–	–	–	19,0 bis 22,0	–	–

Stahlsorte		Massenanteile in %												
Kurzname	Werkstoffnr.	C	Si	Mn	P max.	S max.	N	Cr	Cu	Mo	Nb	Ni	Ti	Sonstige
X5NiCrAlTi31-20 (+RA)	1.4958 (+RA)	0,03 bis 0,08	≤ 0,70	≤ 1,50	0,015	0,010	≤ 0,030	19,0 bis 22,0	≤ 0,50	–	≤ 0,10	30,0 bis 32,5	0,20 bis 0,50	Al:0,20 bis 0,50 Al+Ti: ≤ 0,70 Co ≤ 0,50 Ni+Co: 30,0 bis 32,5
X8NiCrAlTi32-21	1.4959	0,05 bis 0,10	≤ 0,70	≤ 1,50	0,015	0,010	≤ 0,030	19,0 bis 22,0	≤ 0,50	–	–	30,0 bis 34,0	0,25 bis 0,65	Al: 0,25 bis 0,65 Co ≤ 0,50 Ni+Co: 30,0 bis 34,0
X8CrNiNb16-13	1.4961	0,04 bis 0,10	0,30 bis 0,60	≤ 1,50	0,035	0,015	–	15,0 bis 17,0	–	–	10 x C bis 1,20	12,0 bis 14,0	–	–

[a] In dieser Tabelle nicht aufgeführte Elemente dürfen dem Stahl, außer zum Fertigbehandeln der Schmelze, ohne Zustimmung des Bestellers nicht absichtlich zugegeben werden. Es sind alle angemessenen Vorkehrungen zu treffen, um die Zufuhr solcher Elemente aus dem Schrott und anderen bei der Herstellung verwendeten Stoffen, die die mechanischen Eigenschaften und die Verwendbarkeit des Stahls beeinträchtigen würden, zu vermeiden.

[b] Patentierte Stahlsorte.

Tabelle 4 — Chemische Zusammensetzung (Schmelzenanalyse)[a] austenitisch-ferritischer Stähle

Stahlsorte		Massenanteile in %										
Kurzname	Werkstoff-nummer	C max.	Si max.	Mn	P max.	S max.	N	Cr	Cu	Mo	Ni	W
X2CrNiN22-2[b]	1.4062	0,030	1,00	≤ 2,00	0,040	0,010	0,16 bis 0,28	21,5 bis 24,0	–	≤ 0,45	1,00 bis 2,90	–
X2CrMnNiN21-5-1[b]	1.4162	0,040	1,00	4,0 bis 6,0	0,035	0,005	0,20 bis 0,25	21,0 bis 22,0	0,10 bis 0,80	0,10 bis 0,80	1,35 bis 1,90[c]	–
X2CrNiN23-4	1.4362	0,030	1,00	≤ 2,00	0,035	0,015	0,05 bis 0,20	22,0 bis 24,0	0,10 bis 0,60	0,10 bis 0,60	3,5 bis 5,5	–
X2CrNiMoN25-7-4	1.4410	0,030	1,00	≤ 2,00	0,035	0,015	0,24 bis 0,35	24,0 bis 26,0	–	3,0 bis 4,5	6,0 bis 8,0	–
X2CrNiMoN22-5-3	1.4462	0,030	1,00	≤ 2,00	0,035	0,015	0,10 bis 0,22	21,0 bis 23,0	–	2,50 bis 3,5	4,5 bis 6,5	–
X2CrMnNiMoN21-5-3	1.4482	0,030	1,00	4,0 bis 6,0	0,035	0,030	0,05 bis 0,20	19,5 bis 21,5	≤ 1,00	0,10 bis 0,60	1,50 bis 3,50	–
X2CrNiMoCuWN25-7-4	1.4501	0,030	1,00	≤ 1,00	0,035	0,015	0,20 bis 0,30	24,0 bis 26,0	0,50 bis 1,00	3,0 bis 4,0	6,0 bis 8,0	0,50 bis 1,00
X2CrNiMoCuN25-6-3	1.4507	0,030	0,70	≤ 2,00	0,035	0,015	0,20 bis 0,30	24,0 bis 26,0	1,00 bis 2,50	3,0 bis 4,0	6,0 bis 8,0	–
X2CrNiMnMoCuN24-4-3-2[b]	1.4662	0,030	0,70	2,50 bis 4,0	0,035	0,005	0,20 bis 0,30	23,0 bis 25,0	0,10 bis 0,80	1,00 bis 2,00	3,0 bis 4,5	–

[a] In dieser Tabelle nicht aufgeführte Elemente dürfen dem Stahl, außer zum Fertigbehandeln der Schmelze, ohne Zustimmung des Bestellers nicht absichtlich zugegeben werden. Es sind alle angemessenen Vorkehrungen zu treffen, um die Zufuhr solcher Elemente aus dem Schrott und anderen bei der Herstellung verwendeten Stoffen, die die mechanischen Eigenschaften und die Verwendbarkeit des Stahls beeinträchtigen würden, zu vermeiden.

[b] Patentierte Stahlsorte.

[c] Die Stahlsorte 1.4162 ist patentiert bis zu einem max. Anteil an Ni von1,70 %.

Tabelle 6 — Ausführungsart und Oberflächenbeschaffenheit für Blech und Band[a]

	Kurzzeichen[b]	Ausführungsart[c]	Oberflächenbeschaffenheit	Bemerkungen
Warmgewalzt	1C	Warmgewalzt, wärmebehandelt, nicht entzundert	Mit Walzzunder bedeckt	Geeignet für Teile, die anschließend entzundert oder bearbeitet werden, oder für gewisse hitzebeständige Anwendungen.
	1E	Warmgewalzt, wärmebehandelt, mechanisch entzundert	Zunderfrei	Die Art der mechanischen Entzunderung, z. B. Rohschleifen oder Strahlen, hängt von der Stahlsorte und der Erzeugnisform ab und bleibt, wenn nicht anders vereinbart, dem Hersteller überlassen.
	1D	Warmgewalzt, wärmebehandelt, gebeizt	Zunderfrei	Üblicher Standard für die meisten Stahlsorten, um gute Korrosionsbeständigkeit sicherzustellen; auch übliche Ausführung für Weiterverarbeitung. Schleifspuren dürfen vorhanden sein. Nicht so glatt wie 2D oder 2B.
Kaltgewalzt	2C	Kaltgewalzt, wärmebehandelt, nicht entzundert	Glatt, mit Zunder von der Wärmebehandlung	Geeignet für Teile, die anschließend entzundert oder bearbeitet werden oder für gewisse hitzebeständige Anwendungen.
	2E	Kaltgewalzt, wärmebehandelt, mechanisch entzundert	Zunderfrei[g]	Üblicherweise angewendet für Stähle mit sehr beizbeständigem Zunder. Kann nachfolgend gebeizt werden.
	2D	Kaltgewalzt, wärmebehandelt, gebeizt	Glatt	Ausführung für gute Umformbarkeit, aber nicht so glatt wie 2B oder 2R.
	2B	Kaltgewalzt, wärmebehandelt, gebeizt, kalt nachgewalzt	Glatter als 2D	Häufigste Ausführung für die meisten Stahlsorten, um gute Korrosionsbeständigkeit, Glattheit und Ebenheit sicherzustellen. Optional kann Streckrichten das Nachwalzen ersetzen.
	2R	Kaltgewalzt, blankgeglüht[d]	Glatt, blank, reflektierend	Glatter und blanker als 2B. Auch übliche Ausführung für Weiterverarbeitung.
Sonderausführungen	1G oder 2G	Geschliffen[e]	Siehe Fußnote f.	Schleifpulver oder Oberflächenrauheit kann festgelegt werden. Gleichgerichtete Textur, nicht sehr reflektierend.
	1J oder 2J	Gebürstet[e] oder mattpoliert[e]	Glatter als geschliffen. Siehe Fußnote f.	Bürstenart oder Polierband oder Oberflächenrauheit kann festgelegt werden. Gleichgerichtete Textur, nicht sehr reflektierend.
	1K oder 2K	Seidenmattpoliert[e]	Siehe Fußnote f.	Zusätzliche besondere Anforderungen für eine "J"-Ausführung, um angemessene Korrosionsbeständigkeit für architektonische See- und Außenanwendungen zu erzielen. Quer Ra < 0,5 µm in sauber geschliffener Ausführung.
	1P oder 2P	Blankpoliert[e]	Siehe Fußnote f.	Mechanisches Polieren. Verfahren oder Oberflächenrauheit kann festgelegt werden. Ungerichtete Ausführung, reflektierend mit hohem Grad von Bildklarheit.
	2F	Kaltgewalzt, wärmebehandelt, kalt nachgewalzt mit aufgerauten Walzen	Gleichförmige, nicht reflektierende matte Oberfläche	Wärmebehandlung in Form von Blankglühen oder Glühen und Beizen.

a Nicht alle Ausführungsarten und Oberflächenbeschaffenheiten sind für alle Stähle verfügbar.

b Erste Stelle: 1= warmgewalzt, 2= kaltgewalzt.

c Wärmebehandlung nach Tabellen 7, 8, 9 oder 10.

d Es darf nachgewalzt werden.

e Nur eine Oberfläche, falls nicht bei der Anfrage und Bestellung ausdrücklich anders vereinbart.

f Innerhalb jeder Ausführungsbeschreibung können die Oberflächeneigenschaften variieren, und es kann erforderlich sein, genauere Anforderungen zwischen Hersteller und Besteller zu vereinbaren (z. B. Schleifkörnung oder Oberflächenrauheit).

g Für Entzunderung dürfen verschiedene mechanische Verfahren angewendet werden. Eine gestrahlte Oberfläche wird rau und stumpf sein; eine gebürstete Oberfläche wird glatt sein.

Tabelle 7 — Mechanische Eigenschaften bei Raumtemperatur der ferritischen Stähle im geglühten Zustand (siehe Tabelle A.1), Kerbschlagarbeit bei 20°C und Beständigkeit gegen interkristalline Korrosion

Stahlsorte		Erzeugnisform[a]	Dicke	0,2 % Dehngrenze $R_{p0,2}$ MPa min.		Zugfestigkeit R_m	Bruchdehnung		Interkristalline Korrosion[d]		Kerbschlagarbeit (ISO-V)
Kurzname	Werkstoffnummer		t mm max.	längs	quer	MPa	$A_{80\,mm}$[b] $t < 3$ mm Dicke % min. (längs +quer)	A[c] $t \geq 3$ mm Dicke % min. (längs +quer)	im Lieferzustand	im sensibilisierten Zustand	KV_2 min. J (längs + quer)
X2CrNi12	1.4003	C	8	280	320	450 bis 650	20		nein	nein	50
		H	13,5								
		P	25	250	280		18				
X2CrTiNb18	1.4509	C	4	230	250	430 bis 630	18		ja	ja	27
X3CrTi17	1.4510	C	4	230	240	420 bis 600	23		ja	ja	27
X2CrMoTi17-1	1.4513	C	8	260	260	400 bis 550	23		ja	ja	27
X6CrNiTi12	1.4516	C	8	280	320	450 bis 650	23		nein	nein	50
		H	13,5								
		P	25	250	280		20				
X2CrTi17	1.4520	C	4	180	200	380 bis 530	24		ja	ja	27
X2CrMoTi18-2	1.4521	C	4	300	320	420 bis 640	20		ja	ja	27
X6CrMoNb17-1	1.4526	C	4	280	300	480 bis 560	25		ja	ja	27
X2CrTi21	1.4611	C	8	230	250	430 bis 630	18		ja	ja	27
X2CrTi24	1.4613	C	8	230	250	430 bis 630	18		ja	ja	27
X2CrCuNbTiV22-1	1.4622	C	4	280	300	430 bis 630	22		ja	ja	27

[a] C= kaltgewalztes Band; H= warmgewalztes Band; P= warmgewalztes Blech.

[b] Die Werte gelten für Proben mit einer Messlänge von 80 mm und einer Breite von 20 mm; Proben mit einer Messlänge von 50 mm und einer Breite von 12,5 mm dürfen ebenfalls verwendet werden.

[c] Die Werte gelten für Proben mit einer Messlänge von 5,65 $\sqrt{S_0}$.

[d] Bei Prüfung nach EN ISO 3651-2.

Tabelle 8 — Mechanische Eigenschaften bei Raumtemperatur und Kerbschlagarbeit bei −20 °C für die martensitischen Stähle im vergüteten Zustand (siehe Tabelle A.2)

Stahlsorte		Erzeugnisform[a]	Dicke	0,2 %-Dehngrenze	Zugfestigkeit	Bruchdehnung	Kerbschlagarbeit (ISO-V)	
Kurzname	Werkstoffnummer		t	$R_{p0.2}$	R_m	A[b] ≥ 3 mm Dicke	KV_2	
			mm max.	MPa min.	MPa	% min. (längs + quer)	J min. bei 20 °C	J min. bei −20 °C
							(längs+ quer)	
X3CrNiMo13-4	1.4313	P	75	650	780 bis 980	14	70	40
X4CrNiMo16-5-1	1.4418	P	75	680	840 bis 980	14	55	40

a P= warmgewalztes Blech.

b Die Werte gelten für Proben mit einer Messlänge von 5,65 $\sqrt{S_0}$.

Tabelle 9 — Mechanische Eigenschaften bei Raumtemperatur und Kerbschlagarbeit bei 20 °C und –196 °C der austenitischen Stähle im lösungsgeglühten Zustand[a] und Beständigkeit gegen interkristalline Korrosion

Stahlsorte		Erzeugnisform[b]	Dicke t	0,2 %-Dehngrenze $R_{p0,2}$	1,0 %-Dehngrenze $R_{p1,0}$	Zugfestigkeit R_m	Bruchdehnung A_{80mm}[d] < 3 mm Dicke % min.	Bruchdehnung A[e] ≥ 3 mm Dicke % min.	Kerbschlagarbeit (ISO-V) KV_2 J min.			Beständigkeit gegen interkristalline Korrosion[f]	
Kurzname	Werkstoffnummer		mm max.	MPa min. (quer)[c]		MPa	(längs+quer.)[c]	(längs+quer.)[c]	bei 20 °C (längs)	bei 20 °C (quer)	bei –196 °C (quer)	im Lieferzustand	im sensibilisierten Zustand
Austenitisch korrosionsbeständige Stähle													
X5CrNi18-10	1.4301	C	8	230	260	540 bis 750	45[g]	45[g]	100	60	60	ja[h]	nein[i]
		H	13,5	210	250	520 bis 720							
		P	75	210	250		45	45					
X2CrNi19-11	1.4306	C	8	220	250	520 bis 700	45	45	100	60	60	ja	ja
		H	13,5	200	240								
		P	75	200	240	500 bis 700							
X2CrNi18-9	1.4307	C	8	220	250	520 bis 700	45	45	100	60	60	ja	ja
		H	13,5	200	240								
		P	75	200	240	500 bis 700							
X2CrNiN18-10	1.4311	C	8	290	320	550 bis 750	40	40	100	60	60	ja	ja
		H	13,5	270	310								
		P	75	270	310								
X5CrNiN19-9	1.4315	C	8	290	320	550 bis 750	40	40	100	60	60	ja[h]	nein[i]
		H	13,5	270	310								
		P	75	270	310								
X2CrNiN18-7	1.4318	C	8	350	380	650 bis 850	35	40	90	60	60	ja	ja
		H	13,5	330	370								
		P	75	330	370								
X1CrNi25-21	1.4335	P	75	200	240	470 bis 670	40	40	100	60	60	ja	ja
X1CrNiSi18-15-4	1.4361	P	75	220	260	530 bis 730	40	40	100	60	–	ja	ja
X2CrMnNiN17-7-5	1.4371	C	8	330	380	650 bis 850	40	45	100	60	60	ja	ja
		H	13,5	300	370								
		P	75,0	300	370								
X12CrMnNiN17-7-5	1.4372	C	8	350	380	680 bis 880	45	45	100	60	–	ja	nein
		H	13,5	330	370						–		
		P	75	330	370		40	40			–		
X5CrNiMo17-12-2	1.4401	C	8	240	270	530 bis 680	40	40	100	60	60	ja[h]	nein[i]
		H	13,5	220	260								
		P	75	220	260	520 bis 670	45	45					

Stahlsorte: Kurzname	Stahlsorte: Werkstoffnummer	Erzeugnisform[b]	Dicke t mm max.	0,2 %-Dehngrenze $R_{p0,2}$ MPa min. (quer)[c]	1,0 %-Dehngrenze $R_{p1,0}$ MPa min. (quer)[c]	Zugfestigkeit R_m MPa	Bruchdehnung A_{80mm}[d] < 3 mm Dicke % min. (längs+quer.)[c]	Bruchdehnung A[e] ≥ 3 mm Dicke % min. (längs+quer.)[c]	Kerbschlagarbeit (ISO-V) KV_2 J min. bei 20 °C (längs)	Kerbschlagarbeit (ISO-V) KV_2 J min. bei 20 °C (quer)	Kerbschlagarbeit (ISO-V) KV_2 J min. bei −196 °C (quer)	Beständigkeit gegen interkristalline Korrosion[f] im Lieferzustand	Beständigkeit gegen interkristalline Korrosion[f] im sensibilisierten Zustand
X2CrNiMo17-12-2[k]	1.4404	C	8	240	270	530 bis 680	40	40	100	60	60	ja	ja
		H	13,5	220	260								
		P	75	220	260	520 bis 670	45	45					
X2CrNiMoN17-11-2	1.4406	C	8	300	330	580 bis 780	40	40	100	60	60	ja	ja
		H	13,5	280	320								
		P	75	280	320								
X2CrNiMoN21-9-1	1.4420	C	8	350	380	650 bis 850	35	35	100	60	60	ja	ja
		H	13,5	350	380								
		P	75	320	350	630 to 830	40	40	100	60	60	ja	ja
X2CrNiMoN17-13-3	1.4429	C	8	300	330	580 bis 780	35	35	100	60	60	ja	ja
		H	13,5	280	320								
		P	75	280	320		40	40					
X2CrNiMo17-12-3	1.4432	C	8	240	270	550 bis 700	40	40	100	60	60	ja	ja
		H	13,5	220	260								
		P	75	220	260	520 bis 670	45	45					
X2CrNiMoN18-12-4	1.4434	C	8	290	320	570 bis 770	35	35	100	60	60	ja	ja
		H	13,5	270	310								
		P	75	270	310	540 bis 740	40	40					
X2CrNiMo18-14-3	1.4435	C	8	240	270	550 bis 700	40	40	100	60	60	ja	ja
		H	13,5	220	260								
		P	75	220	260	520 bis 670	45	45					
X3CrNiMo17-13-3	1.4436	C	8	240	270	550 bis 700	40	40	100	60	60	ja[h]	nein[i]
		H	13,5	220	260								
		P	75	220	260	530 bis 730	40	40					
X2CrNiMo18-15-4	1.4438	C	8	240	270	550 bis 700	35	35	100	60	60	ja	ja
		H	13,5	220	260								
		P	75	220	260	520 bis 720	40	40					
X2CrNiMoN17-13-5	1.4439	C	8	290	320	580 bis 780	35	35	100	60	60	ja	ja
		H	13,5	270	310								
		P	75	270	310		40	40					

Stahlsorte		Erzeugnisform[b]	Dicke	0,2 %-Dehngrenze	1,0 %-Dehngrenze	Zugfestigkeit	Bruchdehnung		Kerbschlagarbeit (ISO-V)			Beständigkeit gegen interkristalline Korrosion[f]	
			t	$R_{p0,2}$	$R_{p1,0}$	R_m	A_{80mm}[d] < 3 mm Dicke % min.	A[e] ≥ 3 mm Dicke % min.	KV_2 J min.				
Kurzname	Werkstoffnummer		mm max.	MPa min. (quer)[c]		MPa	(längs+quer.)[c]	(längs+quer.)[c]	bei 20 °C (längs)	bei 20 °C (quer)	bei −196 °C (quer)	im Lieferzustand	im sensibilisierten Zustand
X1CrNiMoN25-22-2	1.4466	P	75	250	290	540 bis 740	40	40	100	60	60	ja	ja
X1NiCrMoCuN25-20-7	1.4529	C	7	300	340	650 bis 850	40	40	120	100	–	ja	ja
		H	13	300	340	650 bis 850	40	40	120	100	–	ja	ja
		P	75	300	320	650 bis 850	40	40	100	60	–	ja	ja
X1CrNiMoCuN25-25-5	1.4537	P	75	290	330	600 bis 800	40	40	100	60	60	ja	ja
X1NiCrMoCu25-20-5	1.4539	C	8	240	270	530 bis 730	35	35	100	60	60	ja	ja
		H	13,5	220	260								
		P	75	220	260	520 bis 720							
X6CrNiTi18-10	1.4541	C	8	220	250	520 bis 720	40	40	100	60	60	ja	ja
		H	13,5	200	240								
		P	75	200	240	500 bis 700							
X1CrNiMoCuN20-18-7	1.4547	C	8	320	350	650 bis 850	35	35	100	60	60	ja	ja
		H	13,5	300	340								
		P	75	300	340		40	40					
X6CrNiNb18-10	1.4550	H	13,5	200	240	520 bis 720	40	40	100	60	40	ja	ja
		P	75	200	240	500 bis 700							
X1NiCrMoCu31-27-4	1.4563	P	75	220	260	500 bis 700	40	40	100	60	60	ja	ja
X6CrNiMoTi17-12-2	1.4571	C	8	240	270	540 bis 690	40	40	100	60	60	ja	ja
		H	13,5	220	260								
		P	75	220	260	520 bis 670							
X6CrNiMoNb17-12-2	1.4580	P	75	220	260	520 bis 720	40	40	100	60	–	ja	ja
X9CrMnNiCu17-8-5-2	1.4618	C	8,0	230	250	540 bis 850	45	45	100	60	60	ja	ja
		H	13,5	230	250	520 bis 830							
		P	75,0	210	240								

Stahlsorte		Erzeugnisform[b]	Dicke t	0,2 %-Dehngrenze $R_{p0,2}$	1,0 %-Dehngrenze $R_{p1,0}$	Zugfestigkeit R_m	Bruchdehnung		Kerbschlagarbeit (ISO-V) KV_2 J min.			Beständigkeit gegen interkristalline Korrosion[f]	
Kurzname	Werkstoffnummer		mm max.	MPa min. (quer)[c]		MPa	A_{80mm}[d] < 3 mm Dicke % min. (längs+quer.)[c]	A[e] ≥ 3 mm Dicke % min. (längs+quer.)[c]	bei 20 °C (längs)	bei 20 °C (quer)	bei −196 °C (quer)	im Lieferzustand	im sensibilisierten Zustand
X6CrMnNiCuN18-12-4-2	1.4646	C	8	380	400	650 bis 850	30	30	100	60	–	ja	ja
Austenitische warmfeste Stähle													
X3CrNiMoBN17-13-3	1.4910	C	8	300	330	580 bis 780	35	40	100	60	–	ja	ja
		H	13,5	260	300	550 bis 750							
		P	75	260	300								
X6CrNiTiB18-10	1.4941	C	8	220	250	510 bis 710	40	40	100	60	–	ja	ja
		H	13,5	200	240								
		P	75	200	240	490 bis 690							
X6CrNi18-10	1.4948	C	8	230	260	530 bis 740	45[g]	45[g]	100	60	–	nein	nein
		H	13,5	210	250	510 bis 710	45	45					
		P	75	190	230								
X6CrNi23-13	1.4950	C	8	220	250	530 bis 730	35	35	100	60	–	nein	nein
		H	13,5	200	240	510 bis 710							
		P	75	200	240								
X6CrNi25-20	1.4951	C	8	220	250	530 bis 730	35	35	100	60	–	nein	nein
		H	13,5	200	240	510 bis 710							
		P	75	200	240								
X5NiCrAlTi31-20	1.4958	P	75	170	200	500 bis 750	30	30	120	80	–	ja	nein
X5NiCrAlTi31-20+RA[j]	1.4958 +RA[j]	P	75	210	240	500 bis 750	30	30	120	80	–	ja	nein
X8NiCrAlTi32-21	1.4959	P	75	170	200	500 bis 750	30	30	120	80	–	ja	nein
X8CrNiNb16-13	1.4961	P	75	200	240	510 bis 690	35	35	100	60	–	ja	ja

ANMERKUNG Austenitische Stähle weisen stets eine angemessene Zähigkeit auf und brauchen daher nicht geprüft zu werden. Im Gegensatz dazu müssen austenitisch-ferritische Stähle zum Nachweis der in Tabelle 10 festgelegten Anforderungen an die Kerbschlagarbeit geprüft werden, um damit eine angemessene Zähigkeit nachzuweisen.

Stahlsorte		Erzeugnisform[b]	Dicke t	0,2 %-Dehngrenze $R_{p0,2}$	1,0 %-Dehngrenze $R_{p1,0}$	Zugfestigkeit R_m	Bruchdehnung		Kerbschlagarbeit (ISO-V) KV_2 J min.			Beständigkeit gegen interkristalline Korrosion[f]	
Kurzname	Werkstoffnummer		mm max.	MPa min. (quer)[c]		MPa	A_{80mm}[d] < 3 mm Dicke % min. (längs+ quer.)[c]	A[e] ≥ 3 mm Dicke % min. (längs+ quer.)[c]	bei 20 °C (längs)	bei 20 °C (quer)	bei −196 °C (quer)	im Lieferzustand	im sensibilisierten Zustand

a Siehe Tabelle A.3.

b C= kaltgewalztes Band; H= warmgewalztes Band; P= warmgewalztes Blech.

c Werden bei Band in Walzbreiten < 300 mm Längsproben entnommen, so verringern sich die Mindestwerte wie folgt:
- Dehngrenze $R_{p0,2}$: minus 15 MPa;
- Dehnung für konstante Messlänge A_{80mm}: minus 5 %;
- Dehnung für proportionale Messlänge A: minus 2 %.

d Die Werte gelten für Proben mit einer Messlänge von 80 mm und einer Breite von 20 mm; Proben mit einer Messlänge von 50 mm und einer Breite von 12,5 mm dürfen ebenfalls verwendet werden.

e Die Werte gelten für Proben mit einer Messlänge von $5{,}65\sqrt{S_0}$.

f Bei Prüfung nach EN ISO 3651-2.

g Bei streckgerichteten Erzeugnissen ist der Mindestwert 5 % niedriger.

h Üblicherweise für Dicken bis 6 mm.

i Beständigkeit gegen interkristalline Korrosion ist im geschweißten Zustand bis 6 mm Dicke gegeben.

j +RA: rekristallisierend geglühter Zustand.

k Bei der Anfrage und Bestellung dürfen für die Stahlsorte 1.4404 weitere Werte für die mechanischen Eigenschaften vereinbart werden.

belle 10 — Mechanische Eigenschaften bei Raumtemperatur und Kerbschlagarbeit bei 20 °C und −40 °C er austenitisch-ferritischen Stähle im lösungsgeglühten Zustand (siehe Tabelle A.4) und Beständigkeit gegen interkristalline Korrosion

Stahlsorte		Erzeugnisform[a]	Dicke t	0,2 %-Dehngrenze $R_{p0,2}$ MPa min. Bandbreite		Zugfestigkeit R_m	Bruchdehnung		Kerbschlagarbeit (ISO-V) KV_2 J min.			Beständigkeit gegen interkristalline Korrosion[d]	
							A_{80mm} < 3 mm Dicke[b] % min.	A ≥ 3 mm Dicke[c] % min.	bei 20 °C		bei -40 °C	Im Lieferzustand	Im sensibilisierten Zustand
Kurzname	Werkstoff nr.		mm max.	(längs) < 300 mm	(quer) ≥ 300 mm	MPa	(längs + quer)	(längs + quer)	(längs)	(quer)	(quer)		
CrNiN22-2	1.4062	C	6,4	515	530	700 bis 900	20	30	80	80	50	ja	ja
		H	10	465	480	680 bis 900	30	30					
		P	75	435	450	650 bis 850	30	30	60	60	27[e]		
CrMnNiN21-5-1	1.4162	C	6,4	515	530	700 bis 900	25	30	80	80	50	ja	ja
		H	10	465	480	680 bis 900	30	30	80	80	50		
		P	75	435	450	650 bis 850	30	30	60	40	27		
CrNiN23-4	1.4362	C	8	405	420	630 bis 850	20	20	120	90	40	ja	ja
		H	13,5	385	400								
		P	50	385	400	600 bis 800	25	25					
CrNiMoN25-7-4	1.4410	C	8	535	550	750 bis 1 000	20	20	150	90	40	ja	ja
		H	13,5	515	530								
		P	50	515	530	730 bis 930	20	20					
CrNiMoN22-5-3	1.4462	C	8	485	500	700 bis 950	20	20	150	100	40	ja	ja
		H	13,5	445	460		25	25					
		P	75	445	460	640 bis 840	25	25					
CrMnNiMoN21- 3	1.4482	C	6,4	485	500	700 bis 900	20	30	100	60	40	ja	ja
		H	10	465	480	660 bis 900	30	30	100	60	40	ja	ja
		P	75	435	450	650 bis 850	–	30	100	60	40	ja	ja
CrNiMoCuWN25- 4	1.4501	C	8	535	550	750 bis 1 000	20	20	150	90	40	ja	ja
		H	13,5	515	530		25	25					
		P	50	515	530	730 bis 930	25	25					
CrNiMoCuN25- 3	1.4507	C	8	495	510	690 bis 940	20	20	150	90	40	ja	ja
		H	13,5	475	490								
		P	50	475	490	690 bis 890	25	25					
CrNiMnMoCuN24- 3-2	1.4662	C	6,4	550	550	750 bis 900	20	25	80	80	40	ja	ja
		H	13	550	550	750 bis 900	-	25	80	80	40		
		P	50	480	480	680 bis 900	-	25	60	60	40		

NMERKUNG Austenitisch-ferritische Stähle müssen zum Nachweis der oben festgelegten Anforderungen an die Kerbschlagarbeit geprüft werden, um damit einen angemessene Zähigkeit nachzuweisen. Im Gegensatz dazu weisen austenitische Stähle eine angemessene Zähigkeit auf und brauchen daher nicht geprüft zu werden.

Stahlsorte		Erzeugnisform[a]	Dicke t	0,2 %-Dehngrenze $R_{p0,2}$ MPa min. Bandbreite		Zugfestigkeit R_m	Bruchdehnung		Kerbschlagarbeit (ISO-V) KV_2 J min.			Beständigke gegen interkristall Korrosion	
							A_{80mm} < 3 mm Dicke[b] % min.	A ≥ 3 mm Dicke[c] % min.	bei 20 °C		bei -40 °C	Im Liefer-zustand	Im se bilisie Zu star
Kurzname	Werkstoff nr.		mm max.	(längs) < 300 mm	(quer) ≥ 300 mm	MPa	(längs + quer)	(längs + quer)	(längs)	(quer)	(quer)		

[a] C= kaltgewalztes Band; H= warmgewalztes Band; P= warmgewalztes Blech.

[b] Die Werte gelten für Proben mit einer Messlänge von 80 mm und einer Breite von 20 mm; Proben mit einer Messlänge von 50 mm einer Breite von 12,5 mm dürfen ebenfalls verwendet werden.

[c] Die Werte gelten für Proben mit einer Messlänge von $5{,}65\sqrt{S_0}$.

[d] Bei Prüfung nach EN ISO 3651-2.

[e] Bei Dicken ≤ 12 mm.

Tabelle 11 — Mindestwerte der 0,2 %-Dehngrenze der ferritischen Stähle bei erhöhten Temperaturen lösungsgeglühten Zustand (siehe Tabelle A.1)[a]

Stahlsorte		Mindestwert der 0,2 %-Dehngrenze $R_{p0,2}$, MPa bei einer Temperatur (in °C) von							
Kurzname	Werkstoffnummer	50[b]	100	150	200	250	300	350	400
X2CrNi12	1.4003	265	240	235	230	220	215	–	–
X6CrNiTi12	1.4516	–	300	270	250	245	225	215	–
X2CrTi17	1.4520	198	195	180	170	160	155	–	–
X3CrTi17	1.4510	223	195	190	185	175	165	155	–
X2CrMoTi17-1	1.4513	–	250	240	230	220	210	205	200
X2CrMoTi18-2	1.4521	294	250	240	230	220	210	205	–
X6CrMoNb17-1	1.4526	289	270	265	250	235	215	205	–
X2CrTiNb18	1.4509	242	230	220	210	205	200	180	–
X2CrTi21	1.4611	–	230	220	210	205	200	180	-
X2CrTi24	1.4613	–	230	220	210	205	200	180	-
X2CrCuNbTiV22-1	1.4622	260	240	230	220	205	200	180	170

[a] Die Werte gelten für Längs- und Querrichtung.

[b] Werte bestimmt durch lineare Interpolation.

Tabelle 12 — Mindestwerte der 0,2 %-Dehngrenze der martensitischen Stähle bei erhöhten Temperaturen im vergüteten Zustand (siehe Tabelle A.2)[a]

Stahlsorte		Mindestwert der 0,2 %-Dehngrenze $R_{p0,2}$, MPa bei einer Temperatur (in °C) von						
Kurzname	Werkstoffnummer	50[b]	100	150	200	250	300	350
X3CrNiMo13-4	1.4313	627	590	575	560	545	530	515
X4CrNiMo16-5-1	1.4418	672	660	640	620	600	580	—

[a] Die Werte gelten für Längs- und Querrichtung.

[b] Werte bestimmt durch lineare Interpolation.

Tabelle 13 — Mindestwerte der 0,2 %- und 1,0 %-Dehngrenze der austenitischen Stähle bei erhöhten Temperaturen im lösungsgeglühten Zustand (siehe Tabelle A.3)[a]

Stahlsorte		Mindestwert der 0,2 %-Dehngrenze $R_{p0,2}$, MPa												Mindestwert der 1,0%-Dehngrenze $R_{p1,0}$, MPa											
Kurzname	Werkstoff-nr.	bei einer Temperatur (in °C) von																							
		50[b]	100	150	200	250	300	350	400	450	500	550	600	50[b]	100	150	200	250	300	350	400	450	500	550	600
Austenitische korrosionsbeständige Stähle																									
X5CrNi18-10	1.4301	190	157	142	127	118	110	104	98	95	92	90	–	228	191	172	157	145	135	129	125	122	120	120	–
X2CrNi19-11	1.4306	180	147	132	118	108	100	94	89	85	81	80	–	218	181	162	147	137	127	121	116	112	109	108	–
X2CrNi18-9	1.4307	180	147	132	118	108	100	94	89	85	81	80	–	218	181	162	147	137	127	121	116	112	109	108	–
X2CrNiN18-10	1.4311	246	205	175	157	145	136	130	125	121	119	118	–	284	240	210	187	175	167	161	156	152	149	147	–
X5CrNiN19-9	1.4315	246	205	175	157	145	136	130	125	121	119	118	–	284	240	210	187	175	167	161	156	152	149	147	–
X2CrNiN18-7	1.4318	309	265	200	185	180	170	165	–	–	–	–	–	–	–	235	215	210	200	195	–	–	–	–	–
X1CrNi25-21	1.4335	181	150	140	130	120	115	110	105	–	–	–	–	217	180	170	160	150	140	135	130	–	–	–	–
X1CrNiSi18-15-4	1.4361	205	185	160	145	135	125	120	115	–	–	–	–	240	210	190	175	165	155	150	–	–	–	–	–
X2CrMnNiN17-7-5	1.4371	246	205	175	127	120	110	104	100	95	92	90	–	284	240	210	157	145	135	129	125	122	120	120	—
X12CrMnNiN17-7-5	1.4372	330	295	260	230	220	205	185	–	–	–	–	–	360	325	295	265	250	230	205	–	–	–	–	–
X5CrNiMo17-12-2	1.4401	204	177	162	147	137	127	120	115	112	110	108	–	242	211	191	177	167	156	150	144	141	139	137	–
X2CrNiMo17-12-2	1.4404	200	166	152	137	127	118	113	108	103	100	98	–	237	199	181	167	157	145	139	135	130	128	127	–
X2CrNiMoN17-11-2	1.4406	254	211	185	167	155	145	140	135	131	128	127	–	292	246	218	198	183	175	169	164	160	158	157	–
X2CrNiMoN21-9-1	1.4420	280	230	210	190	180	170	165	160	155	150	147	–	320	270	250	225	210	195	190	185	180	170	167	–
X2CrNiMoN17-13-3	1.4429	254	211	185	167	155	145	140	135	131	129	127	–	292	246	218	198	183	175	169	164	160	158	157	–
X2CrNiMo17-12-3	1.4432	200	166	152	137	127	118	113	108	103	100	98	–	237	199	181	167	157	145	139	135	130	128	127	–
X2CrNiMoN18-12-4	1.4434	248	211	185	167	155	145	140	135	131	129	127	–	286	246	218	198	183	175	169	164	160	158	157	–
X2CrNiMo18-14-3	1.4435	199	165	150	137	127	119	113	108	103	100	98	–	237	200	180	165	153	145	139	135	130	128	127	–
X3CrNiMo17-13-3	1.4436	204	177	162	147	137	127	120	115	112	110	108	–	252	211	191	177	167	156	150	144	141	139	137	–
X2CrNiMo18-15-4	1.4438	202	172	157	147	137	127	120	115	112	110	108	–	240	206	188	177	167	156	148	144	140	138	136	–

Stahlsorte		Mindestwert der 0,2 %-Dehngrenze $R_{p0,2}$, MPa												Mindestwert der 1,0%-Dehngrenze $R_{p1,0}$, MPa											
Kurzname	Werkstoff-nr.	bei einer Temperatur (in °C) von																							
		50[b]	100	150	200	250	300	350	400	450	500	550	600	50[b]	100	150	200	250	300	350	400	450	500	550	600
X2CrNiMoN17-13-5	1.4439	253	225	200	185	175	165	155	150	–	–	–	–	289	255	230	210	200	190	180	175	–	–	–	–
X1CrNiMoN25-22-2	1.4466	229	195	170	160	150	140	135	–	–	–	–	–	266	225	205	190	180	170	165	–	–	–	–	–
X1NiCrMoCuN25-20-7	1.4529	274	230	210	190	180	170	165	160	130	120	105	–	314	270	245	225	215	205	195	190	160	150	135	–
X1CrNiMoCuN25-25-5	1.4537	271	240	220	200	190	180	175	170	–	–	–	–	307	270	250	230	220	210	205	200	–	–	–	–
X1NiCrMoCu25-20-5	1.4539	214	205	190	175	160	145	135	125	115	110	105	–	251	235	220	205	190	175	165	155	145	140	135	–
X6CrNiTi18-10	1.4541	191	176	167	157	147	136	130	125	121	119	118	–	228	208	196	186	177	167	161	156	152	149	147	–
X1CrNiMoCuN20-18-7	1.4547	274	230	205	190	180	170	165	160	153	148	–	–	314	270	245	225	212	200	195	190	184	180	–	–
X6CrNiNb18-10	1.4550	191	177	167	157	147	136	130	125	121	119	118	–	229	211	196	186	177	167	161	156	152	149	147	–
X1NiCrMoCu31-27-4	1.4563	209	190	175	160	155	150	145	135	125	120	115	–	245	220	205	190	185	180	175	165	155	150	145	–
X6CrNiMoTi17-12-2	1.4571	207	185	177	167	157	145	140	135	131	129	127	–	244	218	206	196	186	175	169	164	160	158	157	–
X6CrNiMoNb17-12-2	1.4580	207	185	177	167	157	145	140	135	131	129	127	–	244	218	206	196	186	175	169	164	160	158	157	–
X9CrMnNiCu17-8-5-2	1.4618	190	160	150	125	120	110	104	100	95	92	90	–	230	200	180	157	145	135	129	125	122	120	120	–
X6CrMnNiCuN18-2-4-2	1.4646	–	295	260	230	220	205	180	–	–	–	–	–	–	325	295	265	250	230	205	–	–	–	–	–
Austenitische warmfeste Stähle																									
X3CrNiMoBN17-13-3	1.4910	239	205	187	170	159	148	141	134	130	127	124	121	277	240	220	200	189	178	171	164	160	157	154	151
X6CrNiTiB18-10	1.4941	186	162	152	142	137	132	127	123	118	113	108	103	225	201	191	181	176	172	167	162	157	152	147	142
X6CrNi18-10	1.4948	178	157	142	127	117	108	103	98	93	88	83	78	215	191	172	157	147	137	132	127	122	118	113	108
X6CrNi23-13	1.4950	177	140	128	116	108	100	94	91	86	85	84	82	219	185	167	154	146	139	132	126	123	121	118	114
X6CrNi25-20	1.4951	177	140	128	116	108	100	94	91	86	85	84	82	219	185	167	154	146	139	132	126	123	121	118	114
X5NiCrAlTi31-20	1.4958	159	140	127	115	105	95	90	85	82	80	75	75	185	160	147	135	125	115	110	105	102	100	95	95
X5NiCrAlTi31-20+RA	1.4958+RA	199	180	170	160	152	145	137	130	125	120	115	110	227	205	193	180	172	165	160	155	150	145	140	135
X8NiCrAlTi32-21	1.4959	159	140	127	115	105	95	90	85	82	80	75	75	185	160	147	135	125	115	110	105	102	100	95	95

Stahlsorte		Mindestwert der 0,2 %-Dehngrenze $R_{p0,2}$, MPa												Mindestwert der 1,0%-Dehngrenze $R_{p1,0}$, MPa											
Kurzname	Werkstoff-nr.	bei einer Temperatur (in °C) von																							
		50[b]	100	150	200	250	300	350	400	450	500	550	600	50[b]	100	150	200	250	300	350	400	450	500	550	600
X8CrNiNb16-13	1.4961	191	175	166	157	147	137	132	128	123	118	118	113	227	205	195	186	176	167	162	157	152	147	147	142

a Die Werte gelten für Längs- und Querrichtung.

b Werte bestimmt durch lineare Interpolation.

Tabelle 14 — Mindestwerte der 0,2 %-Dehngrenze der austenitisch-ferritischen Stähle bei erhöhten Temperaturen im lösungsgeglühten Zustand (siehe Tabelle A.4)[a]

Stahlsorte		Mindestwert der 0,2 %-Dehngrenze $R_{p0,2}$, MPa				
		bei einer Temperatur (in °C) von				
Kurzname	Werkstoffnr.	50[b]	100	150	200	250
X2CrNiN22-2[c]	1.4062	–	380	350	330	315
X2CrMnNiN21-5-1[c, d]	1.4162	430	380	350	330	320
X2CrNiN23-4	1.4362	374	330	300	280	265
X2CrNiMoN25-7-4	1.4410	500	450	420	400	380
X2CrNiMoN22-5-3	1.4462	422	360	335	315	300
X2CrMnNiMoN21-5-3	1.4482	390	340	315	300	280
X2CrNiMoCuWN25-7-4	1.4501	500	450	420	400	380
X2CrNiMoCuN25-6-3	1.4507	475	450	420	400	380
X2CrNiMnMoCuN24-4-3-2[c]	1.4662	–	385	345	325	315

[a] Die Werte gelten für Längs- und Querrichtung.

[b] Werte bestimmt durch lineare Interpolation.

[c] Patentierte Stahlsorte.

[d] Die Mindestwerte in der Tabelle gelten nur für die Produktformen C und H. Für die Produktform P sind die Mindestwerte 430, 380, 340, 310 und 290 MPa für Dicken $t \leq 15$ mm; 415, 365, 325, 295 und 275 MPa für Dicken 15 mm < $t \leq 40$ mm und 400, 350, 310, 280 und 260 MPa für Dicken 40 mm < $t \leq 75$ mm.

Tabelle 15 — Mindestwerte der Zugfestigkeit der austenitischen Stähle bei erhöhten Temperaturen im lösungsgeglühten Zustand (siehe Tabelle A.3)[a]

Stahlsorte		Mindestwert der Zugfestigkeit R_m, MPa bei einer Temperatur (in °C) von											
Kurzname	Werkstoffnr.	50[b]	100	150	200	250	300	350	400	450	500	550	600
Austenitische korrosionsbeständige Stähle													
X5CrNi18-10	1.4301	494	450	420	400	390	380	380	380	370	360	330	–
X2CrNi19-11	1.4306	466	410	380	360	350	340	340	–	–	–	–	–
X2CrNi18-9	1.4307	466	410	380	360	350	340	340	–	–	–	–	–
X2CrNiN18-10	1.4311	527	490	460	430	420	410	410	–	–	–	–	–
X5CrNiN19-9	1.4315	527	490	460	430	420	410	410	–	–	–	–	–
X2CrNiN18-7	1.4318	605	530	490	460	450	440	430	–	–	–	–	–
X1CrNi25-21	1.4335	459	440	425	410	390	385	380	–	–	–	–	–
X1CrNiSi18-15-4	1.4361	515	490	470	450	435	420	410	400	–	–	–	–
X2CrMnNiN17-7-5	1.4371	527	490	460	430	420	410	400	380	370	360	330	—
X12CrMnNiN17-7-5	1.4372	640	560	520	500	480	470	460	–	–	–	–	–
X5CrNiMo17-12-2	1.4401	486	430	410	390	385	380	380	–	–	–	–	–
X2CrNiMo17-12-2	1.4404	486	430	410	390	385	380	380	380	–	360	–	–
X2CrNiMoN17-11-2	1.4406	557	520	490	460	450	440	435	–	–	–	–	–
X2CrNiMoN21-9-1	1.4420	615	565	535	505	495	480	475	465	455	445	425	–
X2CrNiMoN17-13-3	1.4429	557	520	490	460	450	440	435	435	–	430	–	–
X2CrNiMo17-12-3	1.4432	486	430	410	390	385	380	380	380	–	360	–	–
X2CrNiMoN18-12-4	1.4434	525	500	470	440	430	420	415	415	415	410	390	-
X2CrNiMo18-14-3	1.4435	482	420	400	380	375	370	370	–	–	–	–	–
X3CrNiMo17-13-3	1.4436	504	460	440	420	415	410	410	410	–	390	–	–
X2CrNiMo18-15-4	1.4438	486	430	410	390	385	380	380	–	–	–	–	–
X2CrNiMoN17-13-5	1.4439	557	520	490	460	450	440	435	–	–	–	–	–
X1CrNiMoN25-22-2	1.4466	521	490	475	460	450	440	435	–	–	–	–	–
X1NiCrMoCuN25-20-7	1.4529	612	550	535	520	500	480	475	–	–	–	–	–
X1CrNiMoCuN25-25-5	1.4537	581	550	535	520	500	480	475	–	–	–	–	–
X1NiCrMoCu25-20-5	1.4539	512	500	480	460	450	440	435	–	–	–	–	–
X6CrNiTi18-10	1.4541	477	440	410	390	385	375	375	375	370	360	330	–
X1CrNiMoCuN20-18-7	1.4547	637	615	587	560	542	525	517	510	502	495	–	–
X6CrNiNb18-10	1.4550	476	435	400	370	350	340	335	330	320	310	300	–
X1NiCrMoCu31-27-4	1.4563	485	460	445	430	410	400	395	–	–	–	–	–
X6CrNiMoTi17-12-2	1.4571	490	440	410	390	385	375	375	375	370	360	330	–
X6CrNiMoNb17-12-2	1.4580	490	440	410	390	385	375	375	375	370	360	330	-
X9CrMnNiCu17-8-5-2	1.4618	500	450	420	400	390	380	380	380	370	360	330	—
Austenitische warmfeste Stähle													
X3CrNiMoBN17-13-3	1.4910	529	495	472	450	440	430	425	420	410	400	385	365
X6CrNiTiB18-10	1.4941	460	410	390	370	360	350	345	340	335	330	320	300

Stahlsorte		Mindestwert der **Zugfestigkeit** R_m, MPa bei einer Temperatur (in °C) von											
Kurzname	**Werkstoffnr.**	50[b]	100	150	200	250	300	350	400	450	500	550	600
X6CrNi18-10	1.4948	484	440	410	390	385	375	375	375	370	360	330	300
X6CrNi23-13	1.4950	495	470	450	430	420	410	405	400	385	370	350	320
X6CrNi25-20	1.4951	495	470	450	430	420	410	405	400	385	370	350	320
X5NiCrAlTi31-20[c]	1.4958	487	465	445	435	425	420	418	415	415	415	–	–
X8NiCrAlTi32-21	1.4959	487	465	445	435	425	420	418	415	415	415	–	–
X8CrNiNb16-13	1.4961	493	465	440	420	400	385	375	370	360	350	340	320

a Die Werte gelten für Längs- und Querrichtung.

b Werte bestimmt durch lineare Interpolation.

c Die Zugfestigkeitswerte gelten auch für den rekristallisierend geglühten Zustand (+RA).

Tabelle 16 — Durchzuführende Prüfungen, Prüfeinheiten und Prüfumfang

Prüfung	Status der Prüfung[a]	Prüfeinheit	Prüfeinheit für die Erzeugnisform		Anzahl der Proben je Probenabschnitt
			Band und aus Band geschnittenes Blech in Walzbreiten (C, H)	Walztafel (P)	
Chemische Analyse	m	Schmelze	Schmelzenanalyse[b]		
Zugversuch bei Raumtemperatur	m	Schmelze, Nenndicke ± 10 %, Wärmebehandlungslos	1 Probenabschnitt je Coil	a) Walztafel mit einer Dicke ≤ 20 mm (≤ 15 mm[c]): Unter identischen Bedingungen hergestellte Bleche können zu einem Los, bestehend aus höchstens 20 Blechen, zusammengefasst werden. Ein Probenabschnitt je Los ist aus wärmebehandelten Blechen bis 15 m Länge zu entnehmen. Bei wärmebehandelten Blechen von mehr als 15 m Länge ist von beiden Enden des längsten Bleches im Los je ein Probenabschnitt zu entnehmen. b) Walztafel mit einer Dicke > 20 mm (> 15 mm[c]): Jedes einzelne Blech ist zu beproben. Ein Probenabschnitt ist aus wärmebehandelten Blechen bis 15 m Länge und ein Probenabschnitt ist von beiden Enden wärmebehandelter Bleche von mehr als 15 m Länge zu entnehmen.	1
Zugversuch bei erhöhter Temperatur[d]	o		Bei der Anfrage und Bestellung zu vereinbaren.		1
Kerbschlagbiegeversuch bei 20 °C	m[e]		Bei der Anfrage und Bestellung zu vereinbaren.		3
Kerbschlagbiegeversuch bei tiefen Temperaturen	o		Bei der Anfrage und Bestellung zu vereinbaren.		3
Beständigkeit gegen interkristalline Korrosion	o		Bei der Anfrage und Bestellung zu vereinbaren.		1
Sonstige Prüfungen	o	Siehe EN 10028-1.			

a Mit einem 'm' (mandatory=verpflichtend) gekennzeichnete Prüfungen sind als Abnahmeprüfung durchzuführen. Die mit einem 'o' (optional) gekennzeichneten Prüfungen sind immer nur dann als Abnahmeprüfung durchzuführen, wenn dies bei der Anfrage und Bestellung vereinbart wurde.

b Eine Stückanalyse darf bei der Anfrage und Bestellung vereinbart werden; dabei ist auch der Prüfumfang festzulegen (siehe EN 10028-1).

c Grenzwert für martensitische, ferritische und austenitisch-ferritische Stähle.

d Siehe EN 10028-1.

e Für ferritische, martensitische und austenitisch-ferritische Sorten ≥ 6 mm Dicke und für austenitische Sorten für den Tiefsttemperatureinsatz > 20 mm Dicke; als Option für austenitische Sorten für weitere Anwendungen (siehe EN 10028-1).

 Dezember 2018

DIN EN 10095

ICS 77.120.40; 77.140.20

Ersatz für
DIN EN 10095:1999-05

Hitzebeständige Stähle und Nickellegierungen; Deutsche Fassung EN 10095:1999

Heat resisting steels and nickel alloys;
German version EN 10095:1999

Aciers et alliages de nickel réfractaires;
Version allemande EN 10095:1999

1 Anwendungsbereich

1.1 Diese Europäische Norm gilt für die in den Tabellen 1 bis 3 aufgeführten Sorten von Stählen und Nickellegierungen, die üblicherweise für Erzeugnisse verwendet werden, für die die Beständigkeit gegen die Einwirkung von heißen Gasen und Verbrennungsrückständen bei Temperaturen oberhalb 550 °C die Hauptanforderung darstellt.

1.2 Die EN 10095 legt die Lieferbedingungen für Halbzeug, warm- oder kaltgewalztes Blech und Band, warm- oder kaltgeformte Stäbe, Walzdraht und Profile aus hitzebeständigen Stählen und Nickellegierungen fest.

1.3 Einige Sorten nach EN 10088-1 und prEN 10028-7 dürfen als hitzebeständige Stähle verwendet werden. Diese Sorten sind in Anhang D zur Information aufgeführt.

1.4 Zusätzlich zu den Angaben dieser Europäischen Norm gelten, sofern in dieser Norm nichts anderes festgelegt ist, die in EN 10021 wiedergegebenen allgemeinen technischen Lieferbedingungen.

1.5 Diese Europäische Norm gilt nicht für die durch Weiterverarbeitung der in 1.2 genannten Erzeugnisformen hergestellten Teile mit fertigungsbedingten abweichenden Gütemerkmalen.

1.6 Diese Europäische Norm gilt nicht für Druckbehälteranwendungen.

Tabelle 1 — Chemische Zusammensetzung (Schmelzenanalyse)[1)] der ferritischen hitzebeständigen Stähle

Stahlbezeichnung		Massenanteile in %							
Kurzname	Werkstoff-nummer	C	Si	Mn max.	P max.	S max.	Cr	Al	Andere
X10CrAlSi7	1.4713	max. 0,12	0,50 bis 1,00	1,00	0,040	0,015	6,00 bis 8,00	0,50 bis 1,00	
X10CrAlSi13	1.4724	max. 0,12	0,70 bis 1,40	1,00	0,040	0,015	12,00 bis 14,00	0,70 bis 1,20	
X10CrAlSi18	1.4742	max. 0,12	0,70 bis 1,40	1,00	0,040	0,015	17,00 bis 19,00	0,70 bis 1,20	
X10CrAlSi25	1.4762	max. 0,12	0,70 bis 1,40	1,00	0,040	0,015	23,00 bis 26,00	1,20 bis 1,70	
X18CrN28	1.4749	0,15 bis 0,20	max. 1,00	1,00	0,040	0,015	26,00 bis 29,00		N: 0,15 bis 0,25
X3CrAlTi18-2	1.4736	max. 0,04	max. 1,00	1,00	0,040	0,015	17,00 bis 18,00	1,70 bis 2,10	$0{,}2 + 4(C + N) \leq Ti \leq 0{,}80$

1) In der Tabelle nicht aufgeführte Elemente dürfen dem Stahl, außer zum Fertigbehandeln der Schmelze, ohne Zustimmung des Bestellers nicht absichtlich zugesetzt werden. Es sind alle angemessenen Vorkehrungen zu treffen, um die Zufuhr solcher Elemente aus dem Schrott und anderen bei der Herstellung verwendeten Stoffen zu vermeiden, die die mechanischen Eigenschaften und die Verwendbarkeit des Stahls beeinträchtigen.

Tabelle 2 — Chemische Zusammensetzung (Schmelzenanalyse)[1)] der austenitisch-ferritischen und austenitischen hitzebeständigen Stähle

Stahlbezeichnung		Massenanteile in %								
Kurzname	Werkstoffnummer	C	Si	Mn	P max.	S max.	Cr	Ni	N	Andere
		austenitische hitzebeständige Stähle								
X8CrNiTi18-10	1.4878	max. 0,10	max. 1,00	max. 2,00	0,045	0,015	17,00 bis 19,00	9,00 bis 12,00		Ti: 5x%C ≤ Ti ≤ 0,80
X15CrNiSi20-12	1.4828	max. 0,20	1,50 bis 2,50	max. 2,00	0,045	0,015	19,00 bis 21,00	11,00 bis 13,00	max. 0,11	
X9CrNiSiNCe21-11-2	1.4835	0,05 bis 0,12	1,40 bis 2,50	max. 1,00	0,045	0,015	20,00 bis 22,00	10,00 bis 12,00	0,12 bis 0,20	Ce: 0,03 bis 0,08
X12CrNi23-13	1.4833	max. 0,15	max. 1,00	max. 2,00	0,045	0,015	22,00 bis 24,00	12,00 bis 14,00	max. 0,11	
X8CrNi25-21	1.4845	max. 0,10	max. 1,50	max. 2,00	0,045	0,015	24,00 bis 26,00	19,00 bis 22,00	max. 0,11	
X15CrNiSi25-21	1.4841	max. 0,20	1,50 bis 2,50	max. 2,00	0,045	0,015	24,00 bis 26,00	19,00 bis 22,00	max. 0,11	
X12NiCrSi35-16	1.4864	max. 0,15	1,00 bis 2,00	max. 2,00	0,045	0,015	15,00 bis 17,00	33,00 bis 37,00	max. 0,11	
X10NiCrAlTi32-21	1.4876	max. 0,12	max. 1,00	max. 2,00	0,030	0,015	19,00 bis 23,00	30,00 bis 34,00		Al: 0,15 bis 0,60 Ti: 0,15 bis 0,60
X6NiCrNbCe32-27	1.4877	0,04 bis 0,08	max. 0,30	max. 1,00	0,020	0,010	26,00 bis 28,00	31,00 bis 33,00	max. 0,11	Al: max. 0,025 Ce: 0,05 bis 0,10 Nb: 0,60 bis 1,00
X25CrMnNiN25-9-7	1.4872	0,20 bis 0,30	max. 1,00	8,00 bis 10,00	0,045	0,015	24,00 bis 26,00	6,00 bis 8,00	0,20 bis 0,40	
X6CrNiSiNCe19-10	1.4818	0,04 bis 0,08	1,00 bis 2,00	max. 1,00	0,045	0,015	18,00 bis 20,00	9,00 bis 11,00	0,12 bis 0,20	Ce: 0,03 bis 0,08
X6NiCrSiNCe35-25*)	1.4854	0,04 bis 0,08	1,20 bis 2,00	max. 2,00	0,040	0,015	24,00 bis 26,00	34,00 bis 36,00	0,12 bis 0,20	Ce: 0,03 bis 0,08
X10NiCrSi35-19	1.4886	max. 0,15	1,00 bis 2,00	max. 2,00	0,030	0,015	17,00 bis 20,00	33,00 bis 37,00	max. 0,11	
X10NiCrSiNb35-22	1.4887	max. 0,15	1,00 bis 2,00	max. 2,00	0,030	0,015	20,00 bis 23,00	33,00 bis 37,00	max. 0,11	Nb: 1,00 bis 1,50
austenitisch-ferritischer hitzebeständiger Stahl										
X15CrNiSi25-4	1.4821	0,10 bis 0,20	0,8 bis 1,50	max. 2,00	0,040	0,015	24,50 bis 26,50	3,50 bis 5,50	max. 0,11	

1) In der Tabelle nicht aufgeführte Elemente dürfen dem Stahl, außer zum Fertigbehandeln der Schmelze, ohne Zustimmung des Bestellers nicht absichtlich zugesetzt werden. Es sind alle angemessenen Vorkehrungen zu treffen, um die Zufuhr solcher Elemente aus dem Schrott und anderen bei der Herstellung verwendeten Stoffen zu vermeiden, die die mechanischen Eigenschaften und die Verwendbarkeit des Stahls beeinträchtigen.

*) Patentierte Stahlsorte

Tabelle 3 — Chemische Zusammensetzung (Schmelzenanalyse)[1] der hitzebeständigen Nickellegierungen

Bezeichnung der Legierung		Massenanteile in %															
Kurzname	Werkstoff-nummer	C	Mn max.	Si max.	P max.	S max.	Ni	Cr	Co	Fe	Mo	Al	Ti	Cu max.	Nb+Ta	B max.	Ce
NiCr15Fe	2.4816	0,05 bis 0,10	1,00	max. 0,50	0,020	0,015	min. 72,00	14,00 bis 17,00	[2]	6,00 bis 10,00		max. 0,30	max. 0,30	0,50			
NiCr20Ti	2.4951	0,08 bis 0,15	1,00	max. 1,00	0,020	0,015	Rest	18,00 bis 21,00	max. 5,00	max. 5,00		max. 0,30	0,20 bis 0,60	0,50			
NiCr22Mo9Nb	2.4856	0,03 bis 0,10	0,50	max. 0,50	0,020	0,015	min. 58,00	20,00 bis 23,00	max. 1,00	max. 5,00	8,00 bis 10,00	max. 0,40	max. 0,40	0,50	3,15 bis 4,15		
NiCr23Fe	2.4851	0,03 bis 0,10	1,00	max. 0,50	0,020	0,015	58,00 bis 63,00	21,00 bis 25,00	[2]	max. 18,00		1,00 bis 1,70	max. 0,50	0,50		0,006	
NiCr28FeSiCe	2.4889	0,05 bis 0,12	1,00	2,50 bis 3,00	0,020	0,010	min. 45,00	26,00 bis 29,00	[2]	21,00 bis 25,00				0,30			0,03 bis 0,09

1) In der Tabelle nicht aufgeführte Elemente dürfen der Legierung, außer zum Fertigbehandeln der Schmelze, ohne Zustimmung des Bestellers nicht absichtlich zugesetzt werden. Es sind alle angemessenen Vorkehrungen zu treffen, um die Zufuhr solcher Elemente aus dem Schrott und anderen bei der Herstellung verwendeten Stoffen zu vermeiden, welche die mechanischen Eigenschaften und die Verwendbarkeit der Legierung beeinträchtigen.

2) Ein Höchstwert von 1,5 % Co, das als Nickel gezählt wird, ist erlaubt. Das Ausweisen von Cobalt ist nicht erforderlich.

Tabelle 6 — Mechanische Eigenschaften bei Raumtemperatur für die hitzebeständigen Stähle und Nickellegierungen im üblichen Lieferzustand (siehe Tabelle B.1)

Bezeichnung		Erzeugnisform	Dicke a oder Durchmesser d	Wärmebehandlung	HB	Streckgrenze		Zugfestigkeit	A % min			
Kurzname	Werkstoffnummer				max	$R_{p0,2}$ N/mm² min	$R_{p1,0}$ N/mm² min	R_m N/mm²	Langerzeugnisse	Flacherzeugnisse		
										$0,5 \leq a < 3$	$3 \leq a$	
			mm		1) 2) 3)	3)	3)	1)	3)	l, q	l	q
ferritische hitzebeständige Stähle												
X10CrAlSi7	1.4713	Flacherzeugnisse	$a \leq 12$	+ A	192	220		420 bis 620	20	–	20	15
X10CrAlSi13	1.4724			+ A	192	250		450 bis 650	15	13	15	15
X10CrAlSi18	1.4742	Stäbe	$d \leq 25$	+ A	212	270		500 bis 700	15	13	15	15
X10CrAlSi25	1.4762			+ A	223	280		520 bis 720	10	13	15	15
X18CrN28	1.4749	Walzdraht und Profile	$d \leq 25$	+ A	212	280		500 bis 700	15	13	15	15
X3CrAlTi18-2	1.4736			+ A	200	280		500 bis 650	–	25	25	25
austenitische hitzebeständige Stähle												
X8CrNiTi18-10	1.4878			+ AT	215	190	230	500 bis 720	40[1)]	40	40	
X15CrNiSi20-12	1.4828			+ AT	223	230	270	550 bis 750	30[1)]	28	30	
X9CrNiSiNCe21-11-2	1.4835	Flacherzeugnisse	$a \leq 75$	+ AT	210	310	350	650 bis 850	40[1)]	37	40	
X12CrNi23-13	1.4833			+ AT	192	210	250	500 bis 700	35[1)]	33	35	
X8CrNi25-21	1.4845			+ AT	192	210	250	500 bis 700	35[1)]	33	35	
X15CrNiSi25-21	1.4841			+ AT	223	230	270	550 bis 750	30[1)]	28	30	
X12NiCrSi35-16	1.4864			+ AT	223	230	270	550 bis 750	30[1)]	28	30	
X10NiCrAlTi32-21	1.4876	Stäbe	$d \leq 160$	+ AT	192	170	210	450 bis 680	30[1)]	28	30	
X6NiCrNbCe32-27	1.4877			+ AT	223	180	220	500 bis 750	35[1)]	–	–	
X25CrMnNiN25-9-7	1.4872			+ AT	311	500	540	850 bis 1 050	25[1)]	–	–	
X6CrNiSiNCe19-10	1.4818			+ AT	210	290	330	600 bis 800	40[1)]	30	40	
X6NiCrSiNCe35-25	1.4854	Walzdraht und Profile	$d \leq 25$	+ AT	210	300	340	650 bis 850	40[1)]	40	40	
X10NiCrSi35-19	1.4886			+ AT	200	270	300	500 bis 650	40	–	–	
X10NiCrSiNb35-22	1.4887			+ AT	200	270	300	500 bis 650	40	–	–	

Bezeichnung		Erzeugnisform	Dicke a oder Durchmesser d	Wärmebehandlung	HB max	Streckgrenze $R_{p0,2}$ N/mm² min	Zugfestigkeit R_m N/mm²	A % min			
Kurzname	Werkstoffnummer							Langerzeugnisse	Flacherzeugnisse		
									$0{,}5 \leq a < 3$	$3 \leq a$	
			mm		1) 2) 3)	3)	1)	3)	l, q	l	q
austenitisch-ferritischer hitzebeständiger Stahl											
X15CrNiSi25-4	1.4821	Flacherzeugnisse	$a \leq 12$	+ AT	235	400	600 bis 850	16		16	12
		Stäbe	$d \leq 60$								
		Walzdraht	$d \leq 25$								
hitzebeständige Nickellegierungen											
NiCr15Fe	2.4816	Flacherzeugnisse	$a \leq 75$	+ A	200	240	550 bis 850	30	30	30	
		Stäbe	$d \leq 160$								
		Walzdraht	$d \leq 25$								
NiCr20Ti	2.4951	Flacherzeugnisse	$a \leq 75$	+ AT	230	240	650 bis 850	30		30	
		Stäbe	$d \leq 160$								
		Walzdraht	$d \leq 25$								
NiCr22Mo9Nb	2.4856	Flacherzeugnisse	$3 \leq a < 75$	+ A	240	380	760 bis 1 000			30	30
			$a < 3$			415	820 bis 1 050		30		
		Stäbe	$100 < d \leq 250$			345	760 bis 1 000	25			
			$d \leq 100$			415	820 bis 1 050	30			
		Walzdraht	$d \leq 25$			415	820 bis 1 050	30			
NiCr23Fe	2.4851	Flacherzeugnisse	$a \leq 75$	+ AT	220	205	550 bis 750	30		30	30
		Stäbe	$d \leq 160$								
		Walzdraht	$d \leq 25$								
NiCr28FeSiCe	2.4889	Flacherzeugnisse	$a \leq 50$	+ AT	220	240	620 bis 820	35	35	35	35
		Stäbe	$d \leq 160$								

1) Die maximalen HB-Werte können um 100 Einheiten erhöht werden oder der maximale Zugfestigkeitswert kann um 200 N/mm² erhöht und der Mindestdehnungswert auf 20 % verringert werden bei kalt nachgezogenen Profilen und Stäben in Dicken ≤ 35 mm.

2) Anhaltswerte.

3) Für Walzdraht gelten nur die Zugfestigkeitswerte.

Tabelle 7 — • Ausführungsart und Oberflächenbeschaffenheit für Blech und Band[1)]

	Kurzzeichen[2)]	Ausführungsart	Oberflächenbeschaffenheit	Bemerkungen
Warmgewalzt	1U	Warmgewalzt, nicht wärmebehandelt, nicht entzundert	Mit Walzzunder bedeckt	Geeignet für Erzeugnisse, die weiterverarbeitet werden, z. B. Band zum Nachwalzen.
	1C	Warmgewalzt, wärmebehandelt, nicht entzundert	Mit Walzzunder bedeckt	Geeignet für Teile, die anschließend entzundert oder bearbeitet werden, oder für gewisse hitzebeständige Anwendungen.
	1E	Warmgewalzt, wärmebehandelt, mechanisch entzundert	Zunderfrei	Die Art der mechanischen Entzunderung, z. B. Rohschleifen oder Strahlen, hängt von der Sorte und der Erzeugnisform ab und bleibt, wenn nicht anders vereinbart, dem Hersteller überlassen.
	1D	Warmgewalzt, wärmebehandelt, gebeizt	Zunderfrei	Üblicher Standard für die meisten Sorten, um gute Korrosionsbeständigkeit sicherzustellen; auch übliche Ausführung für Weiterverarbeitung. Schleifspuren dürfen vorhanden sein. Nicht so glatt wie 2D oder 2B.
Kaltgewalzt	2C	Kaltgewalzt, wärmebehandelt, nicht entzundert	Glatt, mit Zunder von der Wärmebehandlung	Geeignet für Teile, die anschließend entzundert oder bearbeitet werden, oder für gewisse hitzebeständige Anwendungen.
	2E	Kaltgewalzt, wärmebehandelt, mechanisch entzundert	Rau und stumpf	Üblicherweise angewendet für Sorten mit sehr beizbeständigem Zunder. Kann nachfolgend gebeizt werden.
	2D	Kaltgewalzt, wärmebehandelt, gebeizt	Glatt	Ausführung für gute Umformbarkeit, aber nicht so glatt wie 2B.
	2B	Kaltgewalzt, wärmebehandelt, gebeizt, kalt nachgewalzt	Glatter als 2D	Häufigste Ausführung für die meisten Sorten, um gute Korrosionsbeständigkeit, Glattheit und Ebenheit sicherzustellen. Auch übliche Ausführung für Weiterverarbeitung.
	2R	Kaltgewalzt, blankgeglüht[3)]	Glatt, blank, reflektierend	Glatter und blanker als 2B. Auch übliche Ausführung für Weiterverarbeitung.

	Kurz-zeichen[2)]	Ausführungsart	Oberflächen-beschaffenheit	Bemerkungen
Sonder-ausführungen	1G oder 2G	Geschliffen[4)]	Siehe Fußnote 5	Schleifpulver oder Oberflächenrauheit kann festgelegt werden. Gleichgerichtete Textur, nicht sehr reflektierend.
	1J oder 2J	Gebürstet[4)] oder mattpoliert[4)]	Glatter als geschliffen. Siehe Fußnote 5	Bürstenart oder Polierband oder Oberflächenrauheit kann festgelegt werden. Gleichgerichtete Textur, nicht sehr reflektierend.
	1P oder 2P	Blankpoliert[4)]	Siehe Fußnote 5	Mechanisches Polieren. Verfahren oder Oberflächenrauheit kann festgelegt werden. Ungerichtete Ausführung, reflektierend mit hohem Grad von Bildklarheit.
	2F	Kaltgewalzt, wärmebehandelt, kalt nachgewalzt mit aufgerauten Walzen	Gleichförmige, nicht reflektierende matte Oberfläche	Wärmebehandlung in Form von Blankglühen oder Glühen und Beizen.

1) Nicht alle Ausführungsarten und Oberflächenbeschaffenheiten sind für alle Sorten verfügbar.

2) Erste Stelle: 1 = warmgewalzt, 2 = kaltgewalzt.

3) Es darf nachgewalzt werden.

4) Nur 1 Oberfläche, falls nicht bei der Anfrage und Bestellung ausdrücklich anders vereinbart.

5) Innerhalb jeder Ausführungsbeschreibung können die Oberflächeneigenschaften variieren, und es kann erforderlich sein, genauere Anforderungen zwischen Hersteller und Verbraucher zu vereinbaren (z. B. Schleifpulver oder Oberflächenrauheit).

Anmerkung aus dem Vorwort der DIN EN 10095:2018-12:

Die mit einem Punkt (•) gekennzeichneten Abschnitte enthalten Angaben über Vereinbarungen, die bei der Bestellung zu treffen sind.

Tabelle 8 — • Ausführungsart und Oberflächenbeschaffenheit für Langerzeugnisse[1)]

	Kurzzeichen[2)]	Ausführungsart	Oberflächenbeschaffenheit	Erzeugnisformen			Bemerkungen
				Walzdraht	Stäbe, Profile	Halbzeug	
Warmgeformt	1U	Warmgeformt, nicht wärmebehandelt, nicht entzundert	Mit Zunder bedeckt (örtlich geschliffen, falls erforderlich)	x	x	x	Geeignet für warm weiterzuverarbeitende Erzeugnisse. Für Halbzeug kann allseitiges Schleifen festgelegt werden.
	1C	Warmgeformt, wärmebehandelt[c], nicht entzundert	Mit Zunder bedeckt (örtlich geschliffen, falls erforderlich)	x	x	x	Geeignet für weiterzuverarbeitende Erzeugnisse. Für Halbzeug kann allseitiges Schleifen festgelegt werden.
	1E	Warmgeformt, wärmebehandelt[3)], mechanisch entzundert	Weitgehend zunderfrei (aber vereinzelte schwarze Stellen können vorhanden sein)	x	x	x	Die Art der mechanischen Entzunderung, z. B. Schleifen, Schälen oder Strahlen, bleibt, wenn nicht anders vereinbart, dem Hersteller überlassen. Geeignet für weiterzuverarbeitende Erzeugnisse.
	1D	Warmgeformt, wärmebehandelt[3)], gebeizt	Zunderfrei	x	x	–	Toleranz ≥ IT 14[5) 6)]
	1X	Warmgeformt, wärmebehandelt[3)], vorbearbeitet (geschält oder vorgedreht)	Metallisch sauber	–	x	–	Toleranz ≥ IT 12[5) 6)]

	Kurz-zeichen[2)]	Ausführungsart	Oberflächenbeschaffenheit	Erzeugnisformen			Bemerkungen
				Walz-draht	Stäbe, Profile	Halb-zeug	
Kalt weiter-verarbeitet	2H	Wärmebehandelt[3)], mechanisch oder chemisch entzundert, kalt weiterverarbeitet[4)]	Glatt und blank, wesentlich glatter als Ausführungen 1E, 1D oder 1X	–	x	–	Bei durch Kaltziehen ohne nachfolgende Wärmebehandlung umgeformten Erzeugnissen ist die Zugfestigkeit, insbesondere bei austenitischem Gefüge, je nach Umformgrad wesentlich gesteigert. Toleranz IT 9 bis IT 11[5) 6)]
	2D	Kalt weiterverarbeitet[4)], wärmebehandelt[3)], gebeizt (nachgezogen)	Glatter als Ausführungen 1E oder 1D	–	x	–	Ausführung für gute Umformbarkeit (Kaltstauchen)
	2B	Wärmebehandelt[3)], bearbeitet (geschält), mechanisch geglättet	Glatter und blanker als Ausführungen 1E, 1D, 1X	–	x	–	Vorausführung für enge ISO-Toleranzen Toleranz IT 9 bis IT 11[5) 6)]

1) Nicht alle Ausführungsarten und Oberflächenbeschaffenheiten sind für alle Werkstoffe verfügbar.

2) Erste Stelle: 1 = warmgeformt, 2 = kalt weiterverarbeitet.

3) Bei ferritischen, austenitischen und austenitisch-ferritischen Sorten kann die Wärmebehandlung entfallen, falls die Bedingungen für das Warmumformen und anschließende Abkühlen so sind, dass die Anforderungen an die mechanischen Eigenschaften des Erzeugnisses eingehalten werden.

4) Die Art des Kaltweiterverarbeitens, z. B. Kaltziehen, Drehen oder spitzenloses Schleifen, bleibt dem Hersteller überlassen, sofern die Anforderungen an Grenzabmaße und Oberflächenrauheit beachtet werden.

5) Bestimmte Toleranzen innerhalb der Bereiche sind bei der Anfrage und Bestellung zu vereinbaren.

6) Zur Information.

Anmerkung aus dem Vorwort der DIN EN 10095:2018-12:

Die mit einem Punkt (•) gekennzeichneten Abschnitte enthalten Angaben über Vereinbarungen, die bei der Bestellung zu treffen sind.

Tabelle 9 — Durchzuführende Prüfungen, Prüfeinheiten und Prüfumfang bei spezifischen Prüfungen

Prüfmaßnahme	1)	Prüf-einheit	Erzeugnisformen Flacherzeugnisse, Walzdraht, Stäbe und Profile	Zahl der Proben je Probenabschnitt
Chemische Analyse	m	Schmelze	Die Schmelzenanalyse wird vom Hersteller bekanntgegeben.2)	2)
Zugversuch bei Raumtemperatur	m	Los3)	1 Probenabschnitt je 30 t; höchstens 2 je Prüfeinheit	1

1) Die mit einem „m" (mandatory) gekennzeichneten Prüfungen sind in jedem Falle, die optionalen Prüfungen nur nach Vereinbarung bei der Bestellung als spezifische Prüfungen durchzuführen.

2) Bei der Bestellung kann eine Stückanalyse vereinbart werden; dabei ist auch der Prüfumfang festzulegen.

3) Jedes Los besteht aus Erzeugnissen derselben Schmelze. Die Erzeugnisse müssen derselben Wärmebehandlungsabfolge im selben Ofen unterworfen worden sein. Im Falle eines Durchlaufofens oder eines Glühens bei der Weiterverarbeitung ist das Los die ohne Unterbrechung mit denselben Fertigungsparametern hergestellte Menge. Form und Querschnittsmaße von Erzeugnissen in einem einzelnen Los können unterschiedlich sein, sofern das Verhältnis vom größten zum kleinsten Querschnitt gleich oder kleiner 3 ist.

Tabelle 10 — •• Kennzeichnung der Erzeugnisse

Kennzeichnung für	Erzeugnisse mit spezifischer Prüfung1)	ohne spezifische Prüfung1)
Name des Herstellers, Warenzeichen oder Logo	+	+
Werkstoffnummer oder Kurzname	+	+
Schmelzennummer	+	+
Identifizierungsnummer2)	+	(+)

a Die Symbole bedeuten:

+ = die Kennzeichnung ist anzubringen;

(+) = die Kennzeichnung ist nach entsprechender Vereinbarung anzubringen oder bleibt dem Hersteller überlassen.

b Falls spezifische Prüfungen durchzuführen sind, müssen die zur Identifizierung verwendeten Zahlen oder Buchstaben die Zuordnung der (des) Erzeugnisse(s) zum Abnahmeprüfzeugnis oder Abnahmeprüfprotokoll ermöglichen.

Anmerkung aus dem Vorwort der DIN EN 10095:2018-12:

Die mit zwei Punkten (••) gekennzeichneten Abschnitte enthalten Angaben über Vereinbarungen, die zum Zeitpunkt der Bestellung getroffen werden können.

Juni 2017

DIN EN 10222-1

ICS 77.140.30; 77.140.85

Ersatz für
DIN EN 10222-1:2002-07

Schmiedestücke aus Stahl für Druckbehälter – Teil 1: Allgemeine Anforderungen an Freiformschmiedestücke; Deutsche Fassung EN 10222-1:2017

Steel forgings for pressure purposes –
Part 1: General requirements for open die forgings;
German version EN 10222-1:2017

Pièces forgées en acier pour appareils à pression –
Partie 1: Prescriptions générales concernant les pièces obtenues par forgeage libre;
Version allemande EN 10222-1:2017

1 Anwendungsbereich

Dieser Teil dieser Europäischen Norm legt die allgemeinen technischen Lieferbedingungen für Freiformschmiedestücke, ringgewalzte Erzeugnisse und geschmiedete Stäbe aus Stahl für Druckbehälter fest.

ANMERKUNG Nach Veröffentlichung dieser Norm im Amtsblatt der Europäischen Union (ABl.) unter der Richtlinie 2014/68/EU beschränkt sich die Vermutung der Konformität mit den grundlegenden Sicherheitsanforderungen (ESR, en: essential safety requirements) der Richtlinie 2014/68/EU auf die technischen Daten von Werkstoffen in dieser Norm. Eine Vermutung der Eignung des Werkstoffs für ein bestimmtes Ausrüstungsteil wird nicht gegeben. Folglich müssen die in dieser Werkstoffnorm angegebenen technischen Parameter im Hinblick auf die konstruktiven Anforderungen dieses bestimmten Ausrüstungsteils beurteilt werden, um damit zu verifizieren, dass den ESR der Richtlinie 2014/68/EU entsprochen wird. Die Reihe EN 10222-1 bis -5 ist so aufgeteilt, dass die Daten von verschiedenen Werkstoffen in dem entsprechenden Teil zu finden sind. Die Vermutung der Konformität mit den grundlegenden Sicherheitsanforderungen der EU-Richtlinie 2014/68/EU hängt sowohl vom Text in Teil 1 als auch von den Daten in den Teilen 2, 3, 4 oder 5 ab.

Allgemeine Angaben zu technischen Lieferbedingungen sind in EN 10021 enthalten.

5 Erforderliche Bestellangaben

5.1 Verbindliche Angaben

Bei der Anfrage und Bestellung muss der Besteller folgende Angaben machen:

a) Anzahl der benötigten Schmiedestücke;

b) Maße der Schmiedestücke oder Nummer(n) der Zeichnung(en) mit Angaben über die Maße, Grenzabmaße und Formtoleranzen und die Oberflächenbeschaffenheit, mit denen die Schmiedestücke zu liefern sind;

c) Nummer des betreffenden Teils dieser Europäischen Norm;

d) Stahlkurzname oder Werkstoffnummer des Werkstoffes, aus dem die Schmiedestücke zu fertigen sind (siehe Abschnitt 4);

e) Lieferzustand oder, wenn anwendbar, das Alternativverfahren mit Angabe der Abweichungen zu den in den anderen Teilen der Normenreihe EN 10222 spezifizierten Lieferzustände;

f) die Art der Prüfbescheinigung nach EN 10204:2004 (siehe 7.1.1);

g) Umfang der Maßprüfung und Sichtprüfung für Lose größer als 25 Stücke.

6 Anforderungen

6.1 Stahlherstellungsverfahren

6.1.1 Der Stahl ist nach einem elektrischen Schmelzverfahren oder einem Sauerstoffblasverfahren herzustellen.

Besondere Anforderungen an das Stahlherstellungsverfahren dürfen bei der Anfrage und Bestellung vereinbart werden.

6.1.2 Die Stähle müssen vollberuhigt sein.

6.2 Herstellung der Schmiedestücke

6.2.1 Warmumformung

Die Wahl des Warmumformverfahrens ist dem Hersteller überlassen.

Zum Warmumformungsverfahren und/oder zum Warmumformgrad dürfen zum Zeitpunkt der Anfrage und Bestellung besondere Vereinbarungen getroffen werden.

6.2.2 Verschmiedungsgrad

Bei der Herstellung der Schmiedestücke ist auf einen ausreichenden Verschmiedungsgrad zu achten, um für das Schmiedestück eine vollständige Verdichtung und eine Beseitigung des Gussgefüges sicherzustellen.

Angaben zum Schmiedeverfahren, Verschmiedungsgrad und zu analytischen Berechnungsmethoden dürfen bei der Anfrage und Bestellung vereinbart werden.

6.3 Wärmebehandlung

6.3.1 Allgemeines

Die Schmiedestücke sind nach den Festlegungen des entsprechenden Teils der Normenreihe EN 10222 wärmezubehandeln, soweit zum Zeitpunkt der Anfrage zur entsprechenden Stahlgüte nichts anderes vereinbart wurde.

6.4 Chemische Zusammensetzung

6.4.1 Schmelzenanalyse

6.4.1.1 Die mittels Schmelzenanalyse bestimmte chemische Zusammensetzung des Stahles muss den in dem entsprechenden Teil der Normenreihe EN 10222 festgelegten Anforderungen entsprechen.

6.4.1.2 Elemente, die in dem jeweiligen Teil der EN 10222 nicht angegeben sind, dürfen ohne Zustimmung des Bestellers nicht absichtlich hinzugefügt werden. Ausgenommen hiervon sind Zugaben zum Fertigbehandeln der Schmelze.

6.4.1.3 Der maximale Anteil an Begleitelementen, die in dem jeweiligen Teil der Normenreihe EN 10222 nicht angegeben sind, darf bei der Anfrage und Bestellung vereinbart werden.

6.4.1.4 Wenn bei der Anfrage und Bestellung vereinbart, sind die im Auftrag festgelegten Begleitelemente, im Herstellerzertifikat anzugeben.

6.4.1.5 Nach Vereinbarung zwischen Hersteller und Besteller bei der Anfrage und Bestellung sind Schmiedestücke nach EN 10222-2 und EN 10222-4 mit einem festgelegten Höchstwert des Kohlenstoffäquivalents zu liefern. Entsprechende Höchstwerte sind auf die Schmelzenanalyse bezogen. Das Kohlenstoffäquivalent (CEV) ist nach der folgenden Gleichung zu berechnen:

$$\mathrm{CEV} = \mathrm{C} + \frac{\mathrm{Mn}}{6} + \frac{\mathrm{Cr} + \mathrm{Mo} + \mathrm{V}}{5} + \frac{\mathrm{Ni} + \mathrm{Cu}}{15}\,\% \qquad (1)$$

6.5 Mechanische Eigenschaften

Die mechanischen Eigenschaften, die in Übereinstimmung mit den Anforderungen der Abschnitte 8 und 9 und Tabelle 1 ausgewählten, vorbereiteten und geprüften Proben ermittelt wurden, müssen den in dem entsprechenden Teil der Normenreihe EN 10222 festgelegten Werten oder den Festlegungen nach 6.3.2 genügen.

7 Prüfung

7.1 Arten der Prüfung und Prüfbescheinigungen

7.1.1 Die Übereinstimmung mit den Anforderungen des Auftrags ist für Erzeugnisse nach dieser Europäischen Norm durch spezifische Prüfung zu prüfen (siehe EN 10021:2006).

Der Besteller muss festlegen, welche Art der Prüfbescheinigung (3.1 oder 3.2) nach EN 10204:2004 zu liefern ist.

Ist die Prüfbescheinigung 3.1 festgelegt, muss der Hersteller ein Qualitätsmanagementsystem betreiben, dass von einer kompetenten Stelle innerhalb der Europäischen Gemeinschaft zertifiziert wurde, und einer speziellen Beurteilung für Werkstoffe unterzogen worden sein.

ANMERKUNG Siehe Richtlinie 2014/68/EU, Anhang I, Abschnitt 4.3, dritter Absatz und wegen weiterer Angaben die Hinweise der EU-Kommission und der Mitgliedsstaaten für deren Interpretation (siehe z. B. Richtlinien 7/2 und 7/16 [1]).

Ist die Prüfbescheinigung 3.2 festgelegt, muss der Besteller dem Hersteller den Namen und die Adresse der Organisation oder Person nennen, die die Prüfung ausführen und die Prüfbescheinigung anfertigen wird. Es ist auch zu vereinbaren, welche der Parteien die Prüfbescheinigung ausstellt.

7.1.2 Die Abnahmeprüfzeugnisse müssen die nach EN 10168:2004 folgenden Kennnummern und Angaben enthalten:

A Geschäftsvorgänge und die daran beteiligten Parteien;

B Beschreibung der Erzeugnisse, für die das Abnahmeprüfzeugnis gilt (einschließlich der Wärmebehandlung und, falls Reparaturen durchgeführt wurden, die Lage und Größe derartiger Reparaturen);

C03 Prüftemperatur;

C10 – C29 Zugversuch bei Raumtemperatur und, soweit anwendbar, bei erhöhter Temperatur;

C40 – C43 Prüfung der Kerbschlagarbeit;

C70 angewendetes Stahlherstellungsverfahren;

C71 – C92 Schmelzenanalyse und, soweit anwendbar, Stückanalyse (einschließlich Gehalt an Begleitelementen, soweit gefordert);

D01 Kennzeichnung, Prüfung der Maße, visuelle Verifizierung der Oberflächenbeschaffenheit und, soweit anwendbar, Beständigkeit gegen interkristalline Korrosion;

D02 – D50 Zerstörungsfreie Prüfungen (ZfP), soweit anwendbar;

Z Bestätigung.

7.2 Durchzuführende Prüfungen

Die verbindlich oder nach Vereinbarung durchzuführenden Prüfungen sowie die Anzahl der zu entnehmenden Probenabschnitte und Proben sind in Tabelle 1 festgelegt.

Tabelle 1 — Art der Prüfung und Prüfumfang

Art der Prüfung		Prüfumfang	Hinweise in
Verbindliche Prüfungen	Schmelzenanalyse	1 / Schmelze	6.4.1
	Zugversuch bei Raumtemperatur	1 / Prüfeinheit	7.2.1, 8.2.2 und 9.3
	Prüfung der Kerbschlagarbeit (zum Zeitpunkt der Anfrage und Bestellung darf der Kerbschlagbiegeversuch für die austenitischen nichtrostenden Stähle nach EN 10222-5 optional vereinbart werden, siehe 5.2, Option 20).	1 / Prüfeinheit	7.2.1, 8.2.2 und 9.5
	Maßkontrolle	jedes Erzeugnis[c]	6.9 und 9.11
	Sichtprüfung	jedes Erzeugnis[c]	6.7.2 und 9.12
Optionale Prüfungen	Stückanalyse	1 / Schmelze	6.4.2, 7.2.1 und 9.2
	Zugversuch zur (gleichzeitigen) Verifizierung eines, aller oder einer beliebigen Kombination der Werte von $R_{p0,2}$, $R_{p1,0}$ und R_m bei erhöhter Temperatur	1 / Prüfeinheit[b]	8.2.2 und 9.4
	Zusätzliche Prüfung der Kerbschlagarbeit bei anderen Temperaturen	a	7.2.1, 8.2.2 und 9.5
	Magnetpulverprüfung	a	6.7.3 und 9.6
	Eindringprüfung	a	6.7.3 und 9.7
	Ultraschallprüfung zur Verifizierung der inneren Beschaffenheit	a	6.8 und 9.8
	Prüfung auf Beständigkeit gegen interkristalline Korrosion für Stähle nach EN 10222-5	a	9.9
	Innendruckversuch mit Wasser für Hohlkörper	jedes Erzeugnis[b]	9.10

a Wie vereinbart.

b Falls nicht anders vereinbart.

c Für Lose größer als 25 Stücke der Prüfungsumfang ist bei der Anfrage und Bestellung zu vereinbaren.

7.2.1 Die Prüfeinheiten bestehen aus Schmiedestücken mit in Tabelle 2 angegebenen Höchstmassen nach Tabelle 2.

Schmiedestücke, deren Masse die Höchstmasse je Fertigerzeugnis übersteigt, sind einzeln zu beproben.

Die Mindestanzahl der Probenabschnitte ist in Übereinstimmung mit 8.1 nach der Masse und/oder Größe des Schmiedestückes zu wählen.

Tabelle 2 — Höchstmasse der Prüfeinheiten

Höchstmasse des	**Unlegierte Stähle nach** EN 10222-2 **Alle Stähle nach** EN 10222-4 **Austenitische Stähle nach** EN 10222-5 kg	**Sonstige Stähle** kg
Fertigerzeugnisses	1 000	500
Loses oder Teils eines Loses (für Fertigerzeugnisse) [a]	6 000	3 000

[a] Falls bei der Anfrage und Bestellung vereinbart, darf die Höchstzahl der zu prüfende Proben, je nach Anwendung, minimiert werden (siehe 5.2, Option 19).

HINWEIS

Einzelheiten über Probenentnahme, Probenumfang, Probenlage, Prüfverfahren für Analysen, Zugversuche, Kerbschlagbiegeversuche, zerstörungsfreie Prüfungen (Magnetpulverprüfung, Eindringprüfung, Ultraschallprüfung), Korrosionsprüfung, Druckversuche, Maß- und Sichtprüfungen sowie Durchführung von Wiederholungsprüfungen sind der Originalnorm zu entnehmen.

11 Kennzeichnung

11.1 Soweit nichts anderes vereinbart wurde, ist jedes Schmiedestück oder, wenn zweckmäßig, jedes Los von Schmiedestücken lesbar zu kennzeichnen mit:

a) dem Kennzeichen des Herstellers;

b) der Referenznummer oder anderen Identifizierungskennzeichen, die eine Zuordnung zum Herstellerzertifikat gestatten;

c) dem Kennzeichen der Abnahmebeauftragten, soweit erforderlich (siehe Abschnitt 7).

11.2 Die Kennzeichnung hat an der in der Schmiedestückzeichnung angegebenen Stelle oder, wenn in der Schmiedestückzeichnung nicht vermerkt, nach Wahl des Lieferers zu erfolgen.

11.3 Ist Prägemarkieren nicht zugelassen, so ist eine dauerhafte Farbkennzeichnung mit einem im Hinblick auf den Stahl neutralen Anstrichstoff vorzunehmen. Beschränkungen hinsichtlich der Zusammensetzung des Anstrichstoffes sind durch den Besteller zum Zeitpunkt der Anfrage und Bestellung festzulegen.

ANMERKUNG Bei der Wahl des Anstrichstoffs können gesetzliche Vorschriften der EU-Kommission oder nationale Vorschriften berücksichtigt werden

11.4 Für kleine Schmiedestücke, die in Behältern geliefert werden, dürfen die nach 11.1 zu liefernden Angaben durch Kennzeichnung auf dem Behälter oder auf einem sicher an dem Transportbehälter befestigten Anhänger gemacht werden. In solchen Fällen sind geeignete Maßnahmen zu ergreifen, um das Vermischen der Erzeugnisse zu vermeiden.

 Juni 2017

DIN EN 10222-2

ICS 77.140.30; 77.140.85

Ersatz für
DIN EN 10222-2:2000-04

**Schmiedestücke aus Stahl für Druckbehälter –
Teil 2: Ferritische und martensitische Stähle mit festgelegten Eigenschaften bei erhöhten Temperaturen;
Deutsche Fassung EN 10222-2:2017**

Steel forgings for pressure purposes –
Part 2: Ferritic and martensitic steels with specified elevated temperatures properties;
German version EN 10222-2:2017

Pièces forgées en acier pour appareils à pression –
Partie 2: Aciers ferritiques et martensitiques avec caractéristiques spécifiées à température élevée;
Version allemande EN 10222-2:2017

1 Anwendungsbereich

Dieser Teil dieser Europäischen Norm legt die technischen Lieferbedingungen für Schmiedestücke für Druckbehälter aus ferritischen und martensitischen Stählen für den Einsatz mit festgelegten Eigenschaftenbei erhöhten Temperaturen fest. Die chemische Zusammensetzung und mechanische Eigenschaften sind festgelegt.

ANMERKUNG Nach Veröffentlichung dieser Norm im Amtsblatt der Europäischen Union (ABl.) unter der Richtlinie 2014/68/EU beschränkt sich die Vermutung der Konformität mit den grundlegenden Sicherheitsanforderungen (ESR, en: essential safety requirements) der Richtlinie 2014/68/EU auf die technischen Daten von Werkstoffen in dieser Norm. Eine Vermutung der Eignung des Werkstoffs für ein bestimmtes Ausrüstungsteil wird nicht gegeben. Folglich müssen die in dieser Werkstoffnorm angegebenen technischen Parameter im Hinblick auf die konstruktiven Anforderungen dieses bestimmten Ausrüstungsteils ermittelt werden, um damit zu verifizieren, dass den ESR der Richtlinie 2014/68/EU entsprochen wird. Die Reihe EN 10222-1 bis -5 ist so aufgeteilt, dass die Daten von verschiedenen Werkstoffen in dem entsprechenden Teil zu finden sind. Die Vermutung der Konformität mit den grundlegenden Sicherheitsanforderungen der EU-Richtlinie 2014/68/EU hängt sowohl vom Text in Teil 1 als auch von den Daten in den Teilen 2, 3, 4 oder 5 ab.

Allgemeine Angaben zu technischen Lieferbedingungen sind in EN 10021 enthalten.

Tabelle 1 — Wärmebehandlung

Stahlsorte		Wärmebehandlung				
			Austenitisieren oder Lösungsglühen		Anlassen	
Name	Werkstoffnummer	Symbol [b]	Temperatur °C	Abkühlungsart [a]	Temperatur °C	Abkühlungsart [a]
P235GH	1.0345	+N[c]	890 bis 950	a	–	–
P245GH	1.0352	+A	890 bis 930	f	–	–
		+N[c]		a		
		+NT oder +QT		a, o, w	600 bis 640	a, f
P250GH	1.0460	+N[c]	890 bis 950	a	–	–
P265GH	1.0425	+N[c]	890 bis 950	a	–	–
P280GH	1.0426	+N[c]	880 bis 920	a	–	–
		+NT oder +QT		a, o, w	600 bis 640	a, f
P295GH	1.0481	+N[c]	890 bis 950	a	–	–
P305GH	1.0436	+N[c]	880 bis 920	a	–	–
		+NT oder +QT		a, o, w	620 bis 660	a, f
16Mo3	1.5415	+N	890 bis 950	a	–	–
		+QT	890 bis 960	o, w	620 bis 700	a, f
13CrMo4-5	1.7335	+NT	890 bis 950	a	630 bis 740	a, f
		+NT oder +QT		a, o, w		
15MnMoV4-5	1.5402	+NT oder +QT	875 bis 925	a, w	600 bis 675	a, f
18MnMoNi5-5	1.6308	+QT	850 bis 925	w	625 bis 675	a, f
14MoV6-3	1.7715	+NT oder +QT	950 bis 990	a, o	670 bis 720	a, f
15MnCrMoNiV5-3	1.6920	+NT oder +QT	900 bis 950	a, w	625 bis 675	a, f
11CrMo9-10	1.7383	+NT	900 bis 980	a, o	670 bis 770	a, f
		+NT oder +QT		a, o, w		
X16CrMo5-1	1.7366	+A	850 bis 880	f	-	-
		+NT oder +QT	925 bis 975	a, o	690 bis 750	a, f
X10CrMoVNb9-1	1.4903	+NT	1040 bis 1090	a, o	730 bis 780	a
X20CrMoV11-1	1.4922	+QT	1020 bis 1070	a, o	730 bis 780	a, f

[a] a = Luft; f = Ofen; o = Öl; w = Wasser oder wasserbasiertes Medium.

[b] A = geglüht; N = normalgeglüht; QT = vergütet; NT = normalgeglüht und angelassen.

[c] Falls bei der Anfrage und Bestellung vereinbart darf das Verfahren „N= Normalglühen" durch „normalisierendes Schmieden" ersetzt werden.

Tabelle 2 — Chemische Zusammensetzung

Stahlsorte		Chemische Zusammensetzung (Schmelzenanalyse) % [a]													
Name	Werkstoffnummer	C	Si max.	Mn	P max.	S max.	Cr	Cu	Mo	Nb	Ni	Ti max.	V	Sonstige	Kohlenstoffäquivalent max. %
P235GH	1.0345	≤ 0,16	0,35	0,40 bis 1,20	0,030	0,025	≤ 0,30	≤ 0,30	≤ 0,08	≤ 0,01	≤ 0,30	0,03	≤ 0,02	Cr+Cu+Mo+Ni ≤ 0,70	–
P245GH[c]	1.0352	0,08 bis 0,20	0,40	0,50 bis 1,30	0,025	0,015	≤ 0,30	≤ 0,30	≤ 0,08	≤ 0,01	≤ 0,30	0,03	≤ 0,02	Cr+Cu+Mo+Ni ≤ 0,70	0,41
P250GH[c,d]	1.0460	0,18 bis 0,23	0,40	0,30 bis 0,90	0,025	0,015	≤ 0,30	≤ 0,30	≤ 0,08	≤ 0,01	≤ 0,30	0,03	≤ 0,02	Cr+Cu+Mo+Ni ≤ 0,70	0,43
P265GH	1.0425	≤ 0,20	0,40	0,50 bis 1,40	0,030	0,025	≤ 0,30	≤ 0,30	≤ 0,08	≤ 0,01	≤ 0,30	0,03	≤ 0,02	Cr+Cu+Mo+Ni ≤ 0,70	–
P280GH[c]	1.0426	0,08 bis 0,20	0,40	0,90 bis1,50	0,025	0,015	≤ 0,30	≤ 0,30	≤ 0,08	≤ 0,01	≤ 0,30	0,03	≤ 0,02	Cr+Cu+Mo+Ni ≤ 0,70	0,45
P295GH	1.0481	0,08 bis 0,20	0,40	0,90 bis 1,50	0,030	0,025	≤ 0,30	≤ 0,30	≤ 0,08	≤ 0,01	≤ 0,30	0,03	≤ 0,02	Cr+Cu+Mo+Ni ≤ 0,70	–
P305GH[c]	1.0436	0,15 bis 0,20	0,40	0,90 bis 1,60	0,025	0,015	≤ 0,30	≤ 0,30	≤ 0,08	≤ 0,01	≤ 0,30	0,03	≤ 0,02	Cr+Cu+Mo+Ni ≤ 0,70	0,47
16Mo3[e]	1.5415	0,12 bis 0,20	0,35	0,40 bis 0,90	0,025	0,010	≤ 0,30	≤ 0,30	0,25 bis 0,35	–	≤ 0,30	–	–	–	–
13CrMo4-5[e]	1.7335	0,08 bis 0,18	0,35	0,40 bis 1,00	0,025	0,010	0,70[b] bis 1,15	≤ 0,30	0,40 bis 0,60	–	≤ 0,30	–	–	–	–
15MnMoV4-5[e]	1.5402	≤ 0,18	0,40	0,90 bis 1,40	0,025	0,010	–	–	0,40 bis 0,60	–	–	–	0,04 bis 0,08	–	–
18MnMoNi5-5[e]	1.6308	≤ 0,20	0,40	1,15 bis 1,55	0,025	0,010	–	–	0,45 bis 0,55	–	0,50 bis 0,80	–	≤ 0,03	–	–
14MoV6-3[e]	1.7715	0,10 bis 0,18	0,40	0,40 bis 0,70	0,025	0,010	0,30 bis 0,60	–	0,50 bis 0,70	–	–	–	0,22 bis 0,28	Sn ≤ 0,025, Al ≤ 0,020	–
15MnCrMoNiV5-3[e]	1.6920	≤ 0,17	0,40	1,00 bis 1,50	0,025	0,010	0,50 bis 1,00	–	0,20 bis 0,35	–	0,30 bis 0,70	–	0,05 bis 0,10	–	–
11CrMo9-10[e]	1.7383	0,08 bis 0,15	0,50	0,40 bis 0,80	0,020	0,010	2,00 bis 2,50	≤ 0,25	0,90 bis 1,10	–	–	–	–	–	–
X16CrMo5-1	1.7366	≤ 0,18	0,40	0,30 bis 0,80	0,025	0,010	4,00 bis 6,00	–	0,45 bis 0,65	–	–	–	–	–	–
X10CrMoVNb9-1	1.4903	0,08 bis 0,12	0,50	0,30 bis 0,60	0,020	0,005	8,0 bis 9,5	≤ 0,30	0,85 bis 1,05	0,06 bis 0,10	≤ 0,30	–	0,18 bis 0,25	N 0,030 bis 0,070 Al ≤ 0,040	–
X20CrMoV11-1	1.4922	0,17 bis 0,23	0,40	0,30 bis 1,00	0,020	0,005	10,00 bis 12,50	–	0,80 bis 1,20	–	0,30 bis 0,80	–	0,20 bis 0,35	–	–

[a] In dieser Tabelle nicht aufgeführte Elemente dürfen dem Stahl, außer zum Fertigbehandeln der Schmelze, ohne Zustimmung des Bestellers nicht absichtlich zugegeben werden. Es sind alle angemessenen Vorkehrungen zu treffen, um die Zufuhr solcher Elemente aus dem Schrott und anderen bei der Herstellung verwendeten Stoffen, die die mechanischen Eigenschaften und die Verwendbarkeit des Stahls beeinträchtigen können, zu vermeiden.

[b] Wenn die Druckwasserstoffbeständigkeit von Bedeutung ist, darf bei der Anfrage und Bestellung ein Mindestanteil von 0,80 % Cr vereinbart werden.

[c] Falls Al_{total} ≥ 0,020; N ≤ 0,012. Ein Verhältnis von Al/N ≥ 2 muss erfüllt werden.

[d] Für t_{eq}> 100 mm muss der Mindestwert für Mn auf ≥ 40 % erhöht werden (siehe EN 10222-1:2017, Tabelle A.1).

[e] Für diese Stahlsorten darf bei der Anfrage und Bestellung ein höherer Schwefelgehalt von bis zu 0,015 % vereinbart werden.

Tabelle 4 — Mechanische Eigenschaften bei Raumtemperatur

Stahlsorte		Dicke des maßgeblichen Querschnitts	Mechanische Eigenschaften bei Raumtemperatur				Kerbschlagarbeit [e, c] KV_2 J min.	
Name	Werkstoffnummer	t_R [a]	Streckgrenze R_{eH} [b]	Zugfestigkeit R_m	Bruchdehnung A% [c] min.			
		mm	MPa min.	MPa	l	tr/t	l	tr/t
P235GH	1.0345	$t_R \leq 35$	235	360 bis 480	29	27	40	27[d]
		$35 < t_R \leq 60$	225		28	26		
		$60 < t_R \leq 160$	210		27	25		
P245GH	1.0352	$t_R \leq 35$	245	410 bis 530	25	23	40	27[d]
		$35 < t_R \leq 160$	220					
P250GH	1.0460	$t_R \leq 60$	250	410 bis 540	25	20	44	31[d]
		$60 < t_R \leq 105$	240					
		$105 < t_R \leq 225$	230			19		
		$225 < t_R \leq 375$	210	400 bis 520			40	27[d]
		$375 < t_R \leq 750$	200					
P265GH	1.0425	$t_R \leq 60$	245	410 bis 530	29	27	40	27[d]
		$60 < t_R \leq 100$	215		26	24		
P280GH	1.0426	$t_R \leq 35$	280	460 bis 580	23	21	48	27[d]
		$35 < t_R \leq 160$	255					
P295GH	1.0481	$t_R \leq 60$	285	460 bis 580	24	22	40	27[d]
		$60 < t_R \leq 100$	260		23	21		
P305GH	1.0436	$t_R \leq 35$	305	490 bis 610	22	20	48	27[d]
		$35 < t_R \leq 160$	280					
		$t_R \leq 70$	285	510 bis 630				
16Mo3	1.5415	$t_R \leq 35$	295	440 bis 570	23	21	50	31[d]
		$35 < t_R \leq 70$	285					
		$70 < t_R \leq 100$	275					
		$100 < t_R \leq 250$	265					
		$250 < t_R \leq 500$	250	420 bis 550				
13CrMo4-5	1.7335	$t_R \leq 35$	295	440 bis 590	20	18	44	27[d]
		$35 < t_R \leq 70$	285					
		$70 < t_R \leq 100$	275					
		$100 < t_R \leq 250$	265					
		$250 < t_R \leq 500$	240	420 bis 570				
15MnMoV4-5	1.5402	$t_R \leq 35$	345	510 bis 650	23	21	40	40
		$35 < t_R \leq 70$			22	20		
		$70 < t_R \leq 250$	325		21	19		
18MnMoNi5-5	1.6308	$t_R \leq 200$	400	550 bis 670	20	20	56	40
14MoV6-3	1.7715	$t_R \leq 500$	300	460 bis 610	20	18	27[d]	27[d]
15MnCrMoNiV5-3	1.6920	$t_R \leq 100$	370	560 bis 710	17	17	40	40
11CrMo9-10	1.7383	$t_R \leq 200$	310	520 bis 670	20	20	40	27[d]
							60	50
		$200 < t_R \leq 500$	265	450 bis 600	23	21	40	27[d]
							50	34[d]
X16CrMo5-1[f]	1.7366	$t_R \leq 300$	205	410 bis 510	18	16	40	27[d]
			420	640 bis 780	16	14		

<table>
<tr><th colspan="2">Stahlsorte</th><th rowspan="2">Dicke des maßgeblichen Querschnitts
t_R [a]
mm</th><th colspan="4">Mechanische Eigenschaften bei Raumtemperatur</th><th colspan="2" rowspan="2">Kerbschlag-arbeit [e, c]
KV_2
J
min.</th></tr>
<tr><th rowspan="2">Name</th><th rowspan="2">Werkstoff-nummer</th><th rowspan="2">Streck-grenze
R_{eH} [b]
MPa
min.</th><th rowspan="2">Zugfestigkeit
R_m
MPa</th><th colspan="2">Bruchdehnung
A% [c]
min.</th></tr>
<tr><th></th><th>l</th><th>tr/t</th><th>l</th><th>tr/t</th></tr>
<tr><td>X10CrMoVNb9-1</td><td>1.4903</td><td>$t_R \leq 130$</td><td>450</td><td>630 bis 830</td><td>19</td><td>17</td><td>40</td><td>34[d]</td></tr>
<tr><td rowspan="3">X20CrMoV11-1</td><td rowspan="3">1.4922</td><td>$t_R \leq 100$</td><td rowspan="3">500</td><td rowspan="3">750 bis 850</td><td rowspan="3">16</td><td rowspan="3">14</td><td>39[d]</td><td rowspan="3">27[d]</td></tr>
<tr><td>$100 < t_R \leq 250$</td><td>31[d]</td></tr>
<tr><td>$250 < t_R \leq 330$</td><td>27[d]</td></tr>
</table>

[a] Die in dieser Spalte angegebenen Dickenwerten gelten für den wärmebehandelten Zustand der Schmiedestücke mit maßgeblichem Querschnitt. Dieser ist durch eine rechteckige Form, ein Verhältnis Breite zu Dicke von ≥ 2 und ein Verhältnis Länge zu Dicke von ≥ 4 charakterisiert. Für Schmiedestücke mit anderen Querschnitten ist die gleichwertige Dicke nach FprEN 10222-1:2016[N1)], Anhang A, zu bestimmen oder zum Zeitpunkt der Anfrage und Bestellung zu vereinbaren.

[b] Bis zur Harmonisierung der Streckgrenzenkriterien in den nationalen Vorschriften darf $R_{p0,2}$ anstelle von R_{eH} bestimmt werden. In diesem Fall gelten für $R_{p0,2}$ um 10 MPa (R_{eH}-Werte bis 355 MPa) bzw. um 15 MPa (R_{eH}-Werte größer als 355 MPa) niedrigere Werte.

[c] l = längs zur Walzrichtung; t = tangential; tr = quer zur Schmiederichtung.

[d] Ein Minimalwert der Kerbschlagarbeit von 40 J darf bei der Anfrage und Bestellung vereinbart werden.

[e] Die Höchsttemperatur für die Prüfung der Kerbschlagarbeit ist 20 °C. Die in der Tabelle angegebenen Werte dürfen optional durch eine Prüfung der Kerbschlagarbeit bei 0 °C nachgewiesen werden.

[f] Normalgeglüht und angelassen oder vergütet.

Tabelle 5 — Mindestwerte der 0,2 %-Dehngrenze ($R_{p0,2}$) bei erhöhten Temperaturen

Stahlsorte		Dicke des maßgeblichen Querschnitts t_R mm	$R_{p0,2}$ min. in MPa bei einer Temperatur von:										
Name	Werkstoff-nummer		100 °C	150 C	200 °C	250 °C	300 °C	350 °C	400 °C	450 °C	500 °C	550 °C	600 °C
P235GH	1.0345	$t_R \leq 60$	190	180	170	150	130	120	110	–	–	–	–
		$60 < t_R \leq 100$	175	165	160	140	125	115	105				
P245GH	1.0352	$t_R \leq 50$	195	185	175	160	145	135	125	–	–	–	–
		$50 < t_R \leq 160$	180	175	165	155	135	130	120				
P250GH	1.0460	$t_R \leq 60$	237	216	190	170	150	130	110	90[c]	–	–	–
		$60 < t_R \leq 105$	230	210	185	165	145	125	100	80[c]			
		$105 < t_R \leq 225$	220	200	175	155	135	115	90	70[c]			
		$225 < t_R \leq 375$	200	180	160	140	125	105	85	65[c]			
		$375 < t_R \leq 750$	190	170	155	135	115	100	80	60[c]			
P265GH	1.0425	$t_R \leq 60$	215	205	195	175	155	140	130	–	–	–	–
		$60 < t_R \leq 100$	195	185	175	160	140	135	125				
P280GH	1.0426	$t_R \leq 50$	250	235	225	205	185	170	155	–	–	–	–
		$50 < t_R \leq 160$	210	200	195	185	170	155	135				
P295GH	1.0481	$t_R \leq 60$	250	235	225	205	185	170	155	–	–	–	–
		$60 < t_R \leq 100$	230	220	210	195	180	165	145				
P305GH	1.0436	$t_R \leq 50$	270	255	240	220	200	190	165	–	–	–	–
		50 < tR≤ 160	250	240	230	210	195	175	155				
16Mo3	1.5415	$t_R \leq 60$	264	245	225	205	180	170	160	155	150	–	–
		$60 < t_R \leq 90$	250	230	210	195	170	160	150	145	140		
		$90 < t_R \leq 150$	240	220	200	185	160	155	145	140	135		
		$150 < t_R \leq 375$	235	210	190	175	150	145	140	135	130		
		$375 < t_R \leq 500$	220	200	180	165	145	140	135	130	125		
13CrMo4-5	1.7335	$t_R \leq 60$	260	245	240	230	215	200	190	180	175	–	–
		$60 < t_R \leq 90$	250	240	230	220	205	190	180	170	165		
		$90 < t_R \leq 150$	250	235	220	210	195	180	170	160	155		
		$150 < t_R \leq 375$	240	225	210	200	185	175	165	155	150		
		$375 < t_R \leq 500$	220	210	200	190	175	165	160	150	145		
15MnMoV4-5	1.5402	$t_R \leq 250$	–	–	309	294	284	265	235	218	–	–	–
18MnMoNi5-5	1.6308	$t_R \leq 200$	375	370	360	350	340	330	310	–	–	–	–
14MoV6-3	1.7715	$t_R \leq 500$	282	276	267	241	225	216	209	203	200	197	164
15MnCrMoNiV5-3	1.6920	$t_R \leq 100$	341	330	322	312	306	298	288	282	269	255	221
11CrMo9-10	1.7383	$t_R \leq 200$	265	250	235	230	220	205	195	185	175	–	–
		$200 < t_R \leq 500$	245	230	215	210	200	185	175	165	155		
X16CrMo5-1[a]	1.7366	$t_R \leq 300$	345	335	327	323	322	316	306	285	256	–	–

Stahlsorte		Dicke des maßgeblichen Querschnitts t_R mm	$R_{p0,2}$ min. in MPa bei einer Temperatur von:										
Name	Werkstoff-nummer		100 °C	150 °C	200 °C	250 °C	300 °C	350 °C	400 °C	450 °C	500 °C	550 °C	600 °C
X16CrMo5-1[b]	1.7366	$t_R \leq 300$	156	150	148	147	145	142	137	129	116	–	–
X10CrMoVNb9-1	1.4903	$t_R \leq 130$	410	395	380	370	360	350	340	320	300	270	215
X20CrMoV11-1	1.4922	$t_R \leq 330$	460	445	430	415	390	380	360	330	290	250	–

a Normalgeglüht und angelassen oder vergütet.

b Geglüht.

c Die angegebenen Werte gelten für eine Temperatur von 420 °C.

 Juni 2017

DIN EN 10222-3

ICS 77.140.30; 77.140.85

Ersatz für
DIN EN 10222-3:1999-02

Schmiedestücke aus Stahl für Druckbehälter – Teil 3: Nickelstähle mit festgelegten Eigenschaften bei tiefen Temperaturen; Deutsche Fassung EN 10222-3:2017

Steel forgings for pressure purposes –
Part 3: Nickel steels with specified low temperature properties;
German version EN 10222-3:2017

Pièces forgées en acier pour appareils à pression –
Partie 3: Aciers au nickel avec caractéristiques spécifiées à basse température;
Version allemande EN 10222-3:2017

1 Anwendungsbereich

Diese Europäische Norm legt die technischen Lieferbedingungen an Schmiedestücke für Druckbehälter aus Nickelstählen für den Einsatz bei niedrigen Temperaturen fest.

ANMERKUNG Nach Veröffentlichung dieser Norm im Amtsblatt der Europäischen Union (ABl.) unter der Richtlinie 2014/68/EU beschränkt sich die Vermutung der Konformität mit den grundlegenden Sicherheitsanforderungen (ESR, en: essential safety requirements) der Richtlinie 2014/68/EU auf die technischen Daten von Werkstoffen in dieser Norm. Eine Vermutung der Eignung des Werkstoffs für ein bestimmtes Ausrüstungsteil wird nicht gegeben. Folglich müssen die in dieser Werkstoffnorm angegebenen technischen Parameter im Hinblick auf die konstruktiven Anforderungen dieses bestimmten Ausrüstungsteils beurteilt werden, um damit zu verifizieren, dass den ESR der Richtlinie 2014/68/EU entsprochen wird. Die Reihe EN 10222-1 bis -5 ist so aufgeteilt, dass die Daten von verschiedenen Werkstoffen in dem entsprechenden Teil zu finden sind. Die Vermutung der Konformität mit den grundlegenden Sicherheitsanforderungen der EU-Richtlinie 2014/68/EU hängt sowohl vom Text in Teil 1 als auch von den Daten in den Teilen 2, 3, 4 oder 5 ab.

Allgemeine Angaben zu technischen Lieferbedingungen sind in EN 10021 enthalten.

Tabelle 1 — Wärmebehandlung

Stahlsorte		Wärmebehandlung				
Name	Werkstoffnummer	Symbol [b]	Austenitisieren oder Lösungsglühen		Anlassen	
			Temperatur °C	Abkühlungsart [a]	Temperatur °C	Abkühlungsart [a]
13MnNi6-3	1.6217	+N (+NT)	880 bis 940	a	580 bis 640	a
15NiMn6	1.6228	+N	850 bis 900	a	–	–
		+NT		a	600 bis 660	a, w
		+QT		w, o	600 bis 660	a, w
12Ni14	1.5637	+N	830 bis 880	a	–	–
		+NT			580 bis 640	a, w
		+QT	820 bis 870	w, o		
X12Ni5	1.5680	+N	800 bis 850	a	–	–
		+NT			580 bis 660	a, w
		+QT		w, o		
X8Ni9 + NT640	1.5662 +NT640	+N+NT	880 bis 930 + 770 bis 830	a	540 bis 600	a, w
X8Ni9 + QT640	1.5662 +QT640	+QT	770 bis 830	w, o	540 bis 600	a, w
X8Ni9 + QT680	1.5662 +QT680	+QT	770 bis 830	w, o	540 bis 600	a, w

a a = Luft; o = Öl; w = Wasser oder wasserbasiertes Medium.

b N = normalgeglüht; NT = normalgeglüht und angelassen; QT = vergütet;
NT640/QT640/QT680: unterschiedlich wärmebehandelte Varianten mit Zugfestigkeiten von 640 MPa oder 680 MPa.

Tabelle 2 — Chemische Zusammensetzung[a]

Name	Werkstoff-nummer	C max.	Si max.	Mn	P max.	S max.	Al gesamt min.	Mo max.	Nb max.	Ni	V max.
13MnNi6-3	1.6217	0,16	0,50	0,85 bis 1,70	0,025	0,010	0,020	–	0,05	0,30[c] bis 0,85	0,05
15NiMn6	1.6228	0,18	0,35	0,80 bis 1,50	0,025	0,010	–	–	–	1,30 bis 1,70[b]	0,05
12Ni14	1.5637	0,15	0,35	0,30 bis 0,80	0,020	0,005	–	–	–	3,25 bis 3,75	0,05
X12Ni5	1.5680	0,15	0,35	0,30 bis 0,80	0,020	0,005	–	–	–	4,75 bis 5,25	0,05
X8Ni9	1.5662	0,10	0,35	0,30 bis 0,80	0,020	0,005	–	0,10	–	8,5 bis 10,0	0,05

a Elemente, die in dieser Tabelle nicht angegeben sind, dürfen dem Stahl, außer zum Fertigbehandeln der Schmelze, ohne Zustimmung des Bestellers nicht absichtlich zugegeben werden. Es sind alle angemessenen Vorkehrungen zu treffen, um die Zufuhr solcher Elemente aus dem Schrott oder anderen bei der Herstellung verwendeten Einsatzstoffen zu verhindern, die mechanischen Eigenschaften und die Verwendbarkeit des Stahls beeinträchtigen. Bei den folgenden Elementen dürfen die angegebenen Anteile nicht überschritten werden: Chrom 0,30 % max., Kupfer 0,30 % max., Molybdän 0,08 % max. Die Summe der Anteile von Chrom, Kupfer und Molybdän darf 0,50 % nicht überschreiten.

b Der max. Anteil an Nickel darf bis auf 2 % erhöht werden, falls zwischen Besteller und Lieferant vereinbart.

c Für Stückdicken ≤ 40 mm darf ein Mindest-Nickelanteil von 0,15 % bei der Anfrage und Bestellung vereinbart werden.

Tabelle 4 — Mechanische Eigenschaften bei Raumtemperatur

Stahlsorte		Dicke des maßgeblichen Querschnitts	Mechanische Eigenschaften bei Raumtemperatur			
			Streckgrenze	Zugfestigkeit	Bruchdehnung	
Name	Werkstoff-nummer	t_R [a] mm	R_{eH} [b] MPa min.	R_m MPa	$A\%$ [c] min.	
					l	tr/t
13MnNi6-3	1.6217	$t_R \leq 35$	285	420 bis 610	22	22
		$35 < t_R \leq 50$	275			
15NiMn6	1.6228	$t_R \leq 35$	355	470 bis 640	20	20
		$35 < t_R \leq 50$	345			
12Ni14	1.5637	$t_R \leq 35$	355	470 bis 640	20	20
		$35 < t_R \leq 50$	345			
		$50 < t_R \leq 70$	335			
X12Ni5	1.5680	$t_R \leq 35$	390	510 bis 710	19	19
		$35 < t_R \leq 50$	380			
X8Ni9	1.5662	$t_R \leq 35$	490	640 bis 840	18	18
		$35 < t_R \leq 50$	480			
		$50 < t_R \leq 70$	470			

[a] Die in dieser Spalte angegebenen Dickenbereiche gelten für die wärmebehandelte Dicke von Schmiedestücken mit maßgeblichem Querschnitt. Dieser ist durch rechteckige Form, ein Verhältnis der Breite zur Dicke ≥ 2 und ein Verhältnis der Länge zur Dicke ≥ 4 gekennzeichnet. Für Schmiedestücke mit einem anderen Querschnitt muss die gleichwertige Dicke nach EN 10222-1:2017, Anhang A, bestimmt oder zum Zeitpunkt der Anfrage und Bestellung vereinbart werden.

[b] Bis zur Harmonisierung der Streckgrenzenkriterien in den nationalen Regelwerken darf $R_{p0,2}$ anstelle von R_{eH} bestimmt werden.

[c] l= in Längsrichtung; t= tangential; tr= in Querrichtung.

Tabelle 5 — Mindestwerte der Kerbschlagarbeit

Stahlsorte		Zustand nach der Wärmebehandlung [a,b]	Dicke des maßgeblichen Querschnitts t_R mm	Probenrichtung	Kerbschlagarbeit, KV_2 [c] J min. bei einer Temperatur (°C) von											
Name	Werkstoff-nummer				20	0	-20	-40	-50	-60	-80	-100	-120	-150	-170	-196
13MnNi6-3 [d]	1.6217	+N (+NT)	5 bis 70	längs	70	60	55	50	45	40	–	–	–	–	–	–
				quer	50	50	45	35[e]	30[e]	27[e]	–	–	–	–	–	–
15NiMn6 [d]	1.6228	+N oder +NT oder +QT		längs	65	65	65	60	50	50	40	–	–	–	–	–
				quer	50	50	45	40	35[e]	35[e]	27[e]	–	–	–	–	–
12Ni14	1.5637	+N oder +NT oder +QT		längs	65	60	55	55	50	50	45	40	–	–	–	–
				quer	50	50	45	35[e]	35[e]	35[e]	30[e]	27[e]	–	–	–	–
X12Ni5 [d]	1.5680	+N oder +NT oder +QT		längs	70	70	70	65	65	65	60	50	40	–	–	–
				quer	60	60	55	45	45	45	40	30[e]	27[e]	–	–	–
X8Ni9 + NT640 X8Ni9 + QT640	1.5662+NT640 1.5662+QT640	+N plus +NT; +QT		längs	100	100	100	100	100	100	100	90	80	70	60	50
				quer	70	70	70	70	70	70	70	60	50	50	45	40
X8Ni9 + QT680	1.5662+QT680	+QT		längs	120	120	120	120	120	120	120	110	100	90	80	70
				quer	100	100	100	100	100	100	100	90	80	70	60	50
X8Ni9	1.5662	+N +NT oder +QT		längs	120	120	120	120	120	120	120	120	120	120	110	100
				quer	100	100	100	100	100	100	100	100	100	100	90	80

[a] N: normalgeglüht; NT: normalgeglüht und angelassen; QT: vergütet; NT640/QT640/QT680: unterschiedlich wärmebehandelte Varianten mit Zugfestigkeiten 640 MPa oder 680 MPa.

[b] Temperaturen und Abkühlbedingungen siehe Tabelle 1.

[c] Die Werte der Kerbschlagarbeit sind für die niedrigste in dieser Tabelle für die entsprechende Stahlsorte angegebene Prüftemperatur nachzuweisen.

[d] Die Dicke des maßgeblichen Querschnitts beträgt maximal 50 mm.

[e] Ein Minimalwert von 40 J darf bei der Anfrage und Bestellung vereinbart werden.

 Juni 2017

DIN EN 10222-4

ICS 77.140.30; 77.140.85

Ersatz für
DIN EN 10222-4:2001-12

Schmiedestücke aus Stahl für Druckbehälter – Teil 4: Schweißgeeignete Feinkornbaustähle mit hoher Dehngrenze; Deutsche Fassung EN 10222-4:2017

Steel forgings for pressure purposes –
Part 4: Weldable fine grain steels with high proof strength;
German version EN 10222-4:2017

Pièces forgées en acier pour appareils à pression –
Partie 4: Aciers soudables à grains fins avec limite d'élasticité élevée;
Version allemande EN 10222-4:2017

1 Anwendungsbereich

Diese Europäische Norm legt die technischen Lieferbedingungen für Schmiedestücke für Druckbehälter aus schweißgeeigneten Feinkornbaustählen mit erhöhter Dehngrenze fest.

ANMERKUNG Nach Veröffentlichung dieser Norm im Amtsblatt der Europäischen Union (ABl.) unter der Richtlinie 2014/68/EU beschränkt sich die Vermutung der Konformität mit den grundlegenden Sicherheitsanforderungen (ESR, en: essential safety requirements) der Richtlinie 2014/68/EU auf die technischen Daten von Werkstoffen in dieser Norm. Eine Vermutung der Eignung des Werkstoffs für ein bestimmtes Ausrüstungsteil wird nicht gegeben. Folglich müssen die in dieser Werkstoffnorm angegebenen technischen Parameter im Hinblick auf die konstruktiven Anforderungen dieses bestimmten Ausrüstungsteils ermittelt werden, um damit zu verifizieren, dass den ESR der Richtlinie 2014/68/EU entsprochen wird. Die Reihe EN 10222-1 bis -5 ist so aufgeteilt, dass die Daten von verschiedenen Werkstoffen in dem entsprechenden Teil zu finden sind. Die Vermutung der Konformität mit den grundlegenden Sicherheitsanforderungen der EU-Richtlinie 2014/68/EU hängt sowohl vom Text in Teil 1 als auch von den Daten in den Teilen 2, 3, 4 oder 5 ab.

Allgemeine Angaben zu technischen Lieferbedingungen sind in EN 10021 enthalten.

Tabelle 1 — Wärmebehandlung

Stahlsorte		Wärmebehandlung[a]	Austenisieren oder Lösungsglühen		Anlassen
Name	Werkstoff-nummer		Temperatur °C	Abkühlungsart[b]	Temperatur °C
P285NH	1.0477	+N	880 bis 960	a	–
P285QH	1.0478	+QT	860 bis 940	o, w	600 bis 700
P355NH	1.0565	+N	880 bis 960	a	–
P355NL1[c]	1.0566	+N	880 bis 960	a	–
P355NL2[c]	1.1106	+N	880 bis 960	a	–
P355QH1	1.0571	+QT	860 bis 940	o, w	600 bis 700
P355QL1	1.8868	+QT	860 bis 940	o, w	600 bis 700
P355QL2	1.8869	+QT	860 bis 940	o, w	600 bis 700
P420NH[c]	1.8932	+N	880 bis 960	a	–
P420QH	1.8936	+QT	860 bis 940	o, w	600 bis 700
P460QH	1.8871	+QT	860 bis 940	o, w	600 bis 700
P460QL1	1.8872	+QT	860 bis 940	o, w	600 bis 700
P460 QL2	1.8864	+QT	860 bis 940	o, w	600 bis 700

a +N = normal geglüht, +QT = vergütet.

b a= Luft, o= Öl, w= Wasser oder wasserbasiertes Medium.

c Begrenzt auf t_{eq} < 40 mm (siehe prEN 10222-1:2015, Tabelle A.1)

Tabelle 2 — Chemische Zusammensetzung (Schmelzenanalyse)

Stahlsorte		Massenanteil[a] in %														Kohlenstoffäquivalent[b]
Name	Werkstoffnummer	C max.	Si max.	Mn	P max.	S[f] max.	Al_{total}	N max.	Cr max.	Cu max.	Mo max.	Nb max.	Ni max.	V max.	Nb + V max.	% Massenanteil
P285NH	1.0477	0,18	0,40	0,80 bis 1,50	0,025	0,010	≥ 0,020[c]	0,020	0,30	0,20	0,08	0,03	0,30	0,05	0,05	0,41
P285QH	1.0478															
P355NH	1.0565	0,18	0,50	1,10 bis 1,70	0,025	0,010	≥ 0,020[c]	0,015	0,30[d]	0,30[d]	0,08[d]	0,05	0,50	0,10	0,12	0,47
P355NL1	1.0566					0,008										
P355NL2	1.1106				0,020											
P355QH1	1.0571	0,18	0,40	0,90 bis 1,50	0,025	0,010	≥ 0,020[c]	0,015	0,30	0,30	0,25	0,05[e]	0,50	0,10[e]	0,12	
P355QL1	1.8868				0,020	0,008										
P355QL2	1.8869															
P420NH	1.8932	0,20	0,60	1,10 bis 1,70	0,025	0,010	≥ 0,020[c]	0,020	0,30	0,20	0,10	0,05	1,00	0,20	0,22	0,51
P420QH	1.8936				0,020	0,008								0,15	–[e]	
P460QH	1.8871	0,18	0,50	1,10 bis 1,70	0,025	0,010	≥ 0,020[c]	0,015	0,50	0,30	0,50	0,05	1,00	0,15	–[e]	0,51
P460QL1	1.8872				0,020	0,008										
P460QL2	1.8834															

[a] In dieser Tabelle nicht aufgeführte Elemente dürfen dem Stahl, außer zum Fertigbehandeln der Schmelze, ohne Zustimmung des Bestellers nicht absichtlich zugegeben werden. Es sind alle angemessenen Vorkehrungen zu treffen, um die Zufuhr solcher Elemente aus dem Schrott und anderen bei der Herstellung verwendeten Stoffen zu vermeiden, die die mechanischen Eigenschaften und die Verwendbarkeit des Stahls beeinträchtigen können.

[b] Falls bei der Anfrage und Bestellung vereinbart (siehe auch EN 10222-1:2017, 6.4.1.5).

[c] Ein Maximalwert von 0,050 sollte bei der Anfrage und Bestellung vereinbart werden. Wird Stickstoff ausschließlich mit Aluminium abgebunden, dann gilt Al/N ≥ 2.

[d] Die Summe der Massenanteile: Cr+Cu+Mo darf 0,45 % nicht überschreiten.

[e] Ti und Zr darf hinzugegeben werden: Ti ≤ 0,03 %, Zr ≤ 0,05 %. Der Anteil kornverfeinernder Elemente muss mindestens 0,15 % betragen.

[f] Ein max. Schwefelgehalt von bis zu 0,015 % darf bei der Anfrage und Bestellung vereinbart werden. Es muss beachtet werden, dass in diesem Fall die Werte für die mechanischen Eigenschaften angegeben in den entsprechenden Tabellen weiterhin gültig sind und erfüllt werden müssen.

Tabelle 4 — Mechanische Eigenschaften bei Raumtemperatur

Stahlsorte		Wärme-behandlung[a]	Dicke des maßgeblichen Querschnitts t_R[b] mm	Streckgrenze R_{eH}[c] MPa min.	Zugfestigkeit R_m MPa	Bruchdehnung A[d] % min.	
Name	Werkstoff-nummer					l	tr, t
P285NH	1.0477	+N	$t_R \leq 16$	285	390 bis 510	24	23
			$16 < t_R \leq 35$	275			
			$35 < t_R \leq 70$	260			
P285QH[e]	1.0478	+QT	$70 < t_R \leq 100$	245	370 bis 510	22	21
			$100 < t_R \leq 250$	225			
			$250 < t_R \leq 400$	205			
P355NH P355NL1 P355NL2	1.0565 1.0566 1.1106	+N	$t_R \leq 16$	355	490 bis 630	23	21
			$16 < t_R \leq 35$	345			
			$35 < t_R \leq 70$	330			
P355QH1[e] P355QL1[e] P355QL2[e]	1.0571 1.8872 1.8864	+QT	$70 < t_R \leq 100$	315	470 bis 630	21	19
			$100 < t_R \leq 250$	295			
			$250 < t_R \leq 400$	275			
P420NH	1.8932	+N	$t_R \leq 16$	420	530 bis 680	20	19
			$16 < t_R \leq 35$	410			
			$35 < t_R \leq 70$	390			
P420QH[e]	1.8936	+QT	$70 < t_R \leq 100$	375	510 bis 670	18	17
			$100 < t_R \leq 250$	345			
			$250 < t_R \leq 400$	325			
P460QH[e,f] P460QL1[e,f] P460QL2[e,f]	1.8871 1.8872 1.8864	+QT	$t_R \leq 100$	420	520 bis 710	18	16
			$100 < t_R \leq 250$	400			
			$250 < t_R \leq 400$	380			

[a] A= angelassen; +N= normal geglüht; +QT= vergütet; +NT= normal geglüht und angelassen.

[b] Die in dieser Spalte angegebenen Dickenwerte gelten für den wärmebehandelten Zustand der Schmiedestücke mit maßgeblichem Querschnitt. Dieser ist durch eine rechteckige Form, ein Verhältnis Breite zu Dicke von ≥ 2 und ein Verhältnis Länge zu Dicke von ≥ 4 charakterisiert. Für Schmiedestücke mit anderen Querschnitten ist die gleichwertige Dicke nach EN 10222-1:2017, Anhang A, zu bestimmen oder zum Zeitpunkt der Anfrage und Bestellung zu vereinbaren.

[c] Bis zur Harmonisierung der Streckgrenzenkriterien in den nationalen Vorschriften darf $R_{p0,2}$ anstelle von R_{eH} bestimmt werden. In diesem Fall gelten für $R_{p0,2}$ um 10 MPa (R_{eH}- Werte bis 355 MPa) bzw. um 15 MPa (R_{eH}- Werte größer als 355 MPa) niedrigere Mindestwerte.

[d] l = in Längsrichtung; t = tangential; tr = in Querrichtung.

[e] Für Dicken des maßgeblichen Querschnitts unter 70 mm sind die Werte der Zugfestigkeiten im vergüteten Zustand gleich wie die angegebenen Werte im normalisierten Zustand.

[f] Für die Stahlsorten P460QH, P460QL1 und P460QL2 sollten die Werte für die mechanischen Eigenschaften im normalisierten Zustand bei der Anfrage und Bestellung vereinbart werden.

Tabelle 5 — Mindestwerte für Kerbschlagarbeit

Stahlsorte	Wärmebehandlung[a, b]	Dicke des maßgeblichen Querschnitts t_R mm	Kerbschlagarbeit KV_2 in J[c] min. bei einer Temperatur °C von :									
			längs					quer und tangential				
			+20	0	-20	-40	-50	+20	0	-20	-40	-50
P285NH P355NH P420NH	+N	≤ 70	55	47	40	27[d]	-	40	34	27[d]	-	-
P285QH P355QH1 P420QH P460QH	+QT	≤ 400	63	55	47	34	-	40	34	27[d]	-	-
P355NL1	+N	≤ 70	55	47	40	27[d]	-	47	40	34	27[d]	-
P355QL1 P420QL1 P460QL1	+QT	≤ 400	63	55	47	34	-	47	40	34	27[d]	-
P355NL2	+N	≤ 70	55	47	40	30	27[d]	47	40	34	30	27[d]
P355QL2 P460QL2	+QT	≤ 400	63	55	47	34	27[d]	47	40	34	30	27[d]

a +N= normal geglüht; +QT= vergütet.

b Bezüglich Temperaturen und Abkühlbedingungen siehe Tabelle 1.

c Die Werte der Kerbschlagarbeit sind, sofern anderweitig vereinbart, für die niedrigste in dieser Tabelle angegebene Prüftemperatur für die entsprechende Stahlsorte nachzuweisen. Falls der Mindestwert der Kerbschlagarbeit bei der niedrigsten Temperatur höher als 27 J liegt, dann ist dieser höhere Wert nachzuweisen.

d Ein Minimalwert von 40 J darf bei der Anfrage und Bestellung vereinbart werden.

Tabelle 6 — Mindestwerte der 0,2 %-Dehngrenze $R_{p0,2}$ bei erhöhten Temperaturen

Stahlsorte		Dicke des maßgeblichen Querschnitts t_R	$R_{p0,2}$ min. in MPa bei einer Temperatur °C von:							
Name	Werkstoff-nummer	mm	50	100	150	200	250	300	350	400
P285NH	1.0477	$t_R \leq 16$	276	259	240	221	202	166	153	144
		$16 < t_R \leq 35$	266	250	232	213	195	160	148	139
		$35 < t_R \leq 70$	251	237	219	201	184	151	140	131
P285QH	1.0478	$70 < t_R \leq 100$	237	223	206	190	174	143	132	124
		$100 < t_R \leq 250$	218	205	190	174	160	131	121	114
		$250 < t_R \leq 400$	198	187	173	159	145	119	110	104
P355NH	1.0565	$t_R \leq 16$	343	323	299	275	252	232	214	202
		$16 < t_R \leq 35$	334	314	291	267	245	225	208	196
		$35 < t_R \leq 70$	319	300	278	256	234	215	199	187
P355QH1	1.0571	$70 < t_R \leq 100$	305	287	265	244	224	206	190	179
		$100 < t_R \leq 250$	285	268	249	228	209	192	178	167
		$250 < t_R \leq 400$	266	250	232	213	195	179	166	156
P420NH	1.8932	$t_R \leq 16$	406	382	354	325	298	274	254	238
		$16 < t_R \leq 35$	396	373	346	318	291	267	248	233
		$35 < t_R \leq 70$	377	355	329	302	277	254	236	221
P420QH	1.8936	$70 < t_R \leq 100$	363	341	316	290	266	245	227	213
		$100 < t_R \leq 250$	334	314	291	267	245	225	208	196
		$250 < t_R \leq 400$	314	296	274	252	231	212	196	185
P460QH[a]	1.8871	$t_R \leq 100$	402	392	363	343	314	294	265	235
		$100 < t_R \leq 250$	382	363	333	314	284	265	235	206
		$250 < t_R \leq 400$	373	353	324	304	275	255	226	196

[a] Für die Stahlsorten P460 im normalisierten Zustand sollten die Werte für die mechanischen Eigenschaften bei der Anfrage und Bestellung vereinbart werden.

 Juni 2017

DIN EN 10222-5

ICS 77.140.30; 77.140.85

Ersatz für
DIN EN 10222-5:2000-02

Schmiedestücke aus Stahl für Druckbehälter – Teil 5: Martensitische, austenitische und austenitisch-ferritische nichtrostende Stähle; Deutsche Fassung EN 10222-5:2017

Steel forgings for pressure purposes –
Part 5: Martensitic, austenitic and austenitic-ferritic stainless steels;
German version EN 10222-5:2017

Pièces forgées en acier pour appareils à pression –
Partie 5: Aciers inoxydables austénitiques martensitiques et austénoferritiques;
Version allemande EN 10222-5:2017

1 Anwendungsbereich

Diese Europäische Norm legt die technischen Lieferbedingungen für Schmiedestücke für Druckbehälter aus nichtrostenden und aus hochwarmfesten Stählen fest. Die chemische Zusammensetzung und mechanische Eigenschaften sind festgelegt.

ANMERKUNG Nach Veröffentlichung dieser Norm im Amtsblatt der Europäischen Union (ABl.) unter der Richtlinie 2014/68/EU beschränkt sich die Vermutung der Konformität mit den grundlegenden Sicherheitsanforderungen (ESR, en: essential safety requirements) der Richtlinie 2014/68/EU auf die technischen Daten von Werkstoffen in dieser Norm. Eine Vermutung der Eignung des Werkstoffs für ein bestimmtes Ausrüstungsteil wird nicht gegeben. Folglich müssen die in dieser Werkstoffnorm angegebenen technischen Parameter im Hinblick auf die konstruktiven Anforderungen dieses bestimmten Ausrüstungsteils beurteilt werden, um damit zu verifizieren, dass den ESR der Richtlinie 2014/68/EU entsprochen wird. Die Reihe EN 10222-1 bis -5 ist so aufgeteilt, dass die Daten von verschiedenen Werkstoffen in dem entsprechenden Teil zu finden sind. Die Vermutung der Konformität mit den grundlegenden Sicherheitsanforderungen der EU-Richtlinie 2014/68/EU hängt sowohl vom Text in Teil 1 als auch von den Daten in den Teilen 2, 3, 4 oder 5 ab.

Allgemeine Informationen zu technischen Lieferbedingungen sind in EN 10021 enthalten.

Tabelle 1— Wärmebehandlung

Stahlsorte		Wärmebehandlung[a]	Lösungsglühen	Abkühlungsart[b]
Name	Werkstoff-nummer		°C	
martensitischer Stahl				
X3CrNiMo13-4	1.4313	+QT oder +T	950 bis 1 050 (zum Abschrecken)	a, o[c]
		+QT		a, o[d]
austenitische Stähle[e]				
X2CrNi18-9	1.4307	+AT	1 025 bis 1 100	w, a
X2CrNi19-11	1.4306	+AT	1 000 bis 1 100	w, a
X2CrNiN18-10	1.4311	+AT	1 000 bis 1 100	w, a
X5CrNi18-10	1.4301	+AT	1 000 bis 1 100	w, a
X6CrNiTi18-10	1.4541	+AT	1 020 bis 1 120	w, a
X6CrNiNb18-10	1.4550	+AT	1 020 bis 1 120	w, a
X6CrNi18-10	1.4948	+AT	1 050 bis 1 120	w, a
X6CrNiTiB18-10	1.4941	+AT	1 070 bis 1 140	w, a
X7 CrNiNb18-10	1.4912	+AT	1 070 bis 1 125	w, a
X2CrNiMo17-12-2	1.4404	+AT	1 020 bis 1 120	w, a
X2CrNiMoN 17-11-2	1.4406	+AT	1 020 bis 1 120	w, a
X5CrNiMo17-12-2	1.4401	+AT	1 020 bis 1 120	w, a
X6CrNiMoTi 17-12-2	1.4571	+AT	1 020 bis 1 120	w, a
X2 CrNiMo17-12-3	1.4432	+AT	1 020 bis 1 120	w, a
X2CrNiMoN 17-13-3	1.4429	+AT	1 020 bis 1 120	w, a
X3CrNiMo17-13-3	1.4436	+AT	1 020 bis 1 120	w, a
X2CrNiMo18-14-3	1.4435	+AT	1 020 bis 1 120	w, a
X3CrNiMoN17-13-3	1.4910	+AT	1 020 bis 1 100	w, a
X2CrNiMoN17-13-5	1.4439	+AT	1 060 bis 1 120	w, a
X1NiCrMoCu25-20-5	1.4539	+AT	1 060 bis 1 120	w, a
X1CrNiMoCuN20-18-7	1.4547	+AT	1 020 bis 1 120	w, a
X1CrNiMoCuN25-20-7	1.4529	+AT	1 020 bis 1 100	w, a
X2CrNiCu19-10	1.4650	+AT	1 050 bis 1 125	w, a
X3CrNiMo18-12-3	1.4449	+AT	1 050 bis 1 125	w, a
ferritisch- austenitische Stähle[e]				
X2CrNiN23-4	1.4362	+AT	950 bis 1 100	w, a
X2CrNiMoN22-5-3	1.4462	+AT	1 020 bis 1 100	–
X2CrNiMoCuN25-6-3	1.4507	+AT	1 040 bis 1 120	w, a
X2CrNiMoN25-7-4	1.4410	+AT	1 040 bis 1 120	w, a
X2CrNiMoCuWN25-7-4	1.4501	+AT	1 040 bis 1 120	w, a

[a] +AT= lösungsgeglüht, +T= angelassen, +QT= vergütet.

[b] a= Luft ; o= Öl; w= Wasser oder wasserbasiertes Medium.

[c] Doppeltes Anlassen bei 600°C bis 620°C.

[d] Anlassen bei 570°C bis 600°C.

[e] Das Lösungsglühen darf entfallen, wenn die Bedingungen für das Warmumformen und anschließende Abkühlen so sind, dass die Anforderungen an die mechanischen Eigenschaften des Erzeugnisses und die in EN ISO 3651-2 definierte Beständigkeit gegen interkristalline Korrosion eingehalten werden und wenn diesen Anforderungen auch nach einem nachfolgenden Lösungsglühen entsprochen wird.

Tabelle 2 — Chemische Zusammensetzung (Schmelzenanalyse) [a]

Stahlsorte		Massenanteile in %									
Name	Werkstoff-nummer	C	Si max.	Mn max.	P max.	S max.	Cr	Mo	Ni	N	Sonstige
martensitische Stähle											
X3CrNiMo13-4	1.4313	≤ 0,05	0,70	1,50	0,040	0,015	12,0 bis 14,0	0,30 bis 0,70	3,5 bis 4,5	≥ 0,020	–
austenitische Stähle											
X2CrNi18-9	1.4307	≤ 0,030	1,00	2,00	0,045	0,015[b]	17,5 bis 19,5	–	8,0 bis 10,5	≤ 0,10	–
X2CrNi19-11	1.4306	≤ 0,030	1,00	2,00	0,045	0,015[b]	18,0 bis 20,0	–	10,0 bis 12,0	≤ 0,10	–
X2CrNiN18-10	1.4311	≤ 0,030	1,00	2,00	0,045	0,015[b]	17,5 bis 19,5	–	8,5 bis 11,5	0,12 bis 0,22	–
X5CrNi18-10	1.4301	≤ 0,07	1,00	2,00	0,045	0,015[b]	17,5 bis 19,5	–	8,0 bis 10,5	≤ 0,10	–
X6CrNiTi18-10	1.4541	≤ 0,08	1,00	2,00	0,045	0,015[b]	17,0 bis 19,0	–	9,0 bis 12,0	–	Ti: 5 x C bis 0,70
X6CrNiNb18-10	1.4550	≤ 0,08	1,00	2,00	0,045	0,015[b]	17,0 bis 19,0	–	9,0 bis 12,0	–	Nb: 10 x C bis 1,00
X6CrNi18-10	1.4948	0,04 bis 0,08	1,00	2,00	0,035	0,015[b]	17,0 bis 19,0	–	8,0 bis 11,0	≤ 0,10	–
X6CrNiTiB18-10	1.4941	0,04 bis 0,08	1,00	2,00	0,035	0,015[b]	17,0 bis 19,0	–	9,0 bis 12,0	–	Ti: 5 x C bis 0,80 B: 0,0015 bis 0,0050
X7CrNiNb18-10	1.4912	0,04 bis 0,10	1,00	2,00	0,045	0,015[b]	17,0 bis 19,0	–	9,0 bis 12,0	–	Nb: 10 x C bis 1,20
X2CrNiMo17-12-2	1.4404	≤ 0,030	1,00	2,00	0,045	0,015[b]	16,5 bis 18,5	2,00 bis 2,50	10,0 bis 13,0	≤ 0,10	–
X2CrNiMoN17-11-2	1.4406	≤ 0,030	1,00	2,00	0,045	0,015[b]	16,5 bis 18,5	2,00 bis 2,50	10,0 bis 12,5	0,12 bis 0,22	–
X5CrNiMo17-12-2	1.4401	≤ 0,07	1,00	2,00	0,045	0,015[b]	16,5 bis 18,5	2,00 bis 2,50	10,0 bis 13,0	≤ 0,10	–
X6CrNiMoTi17-12-2	1.4571	≤ 0,08	1,00	2,00	0,045	0,015[b]	16,5 bis 18,5	2,00 bis 2,50	10,5 bis 13,5	–	Ti: 5 x C bis 0,70
X2CrNiMo17-12-3	1.4432	≤ 0,030	1,00	2,00	0,045	0,015[b]	16,5 bis 18,5	2,50 bis 3,00	10,5 bis 13,0	≤ 0,10	–
X2CrNiMoN17-13-3	1.4429	≤ 0,030	1,00	2,00	0,045	0,015[b]	16,5 bis 18,5	2,50 bis 3,00	11,0 bis 14,0	0,12 bis 0,22	–
X3CrNiMo17-13-3	1.4436	≤ 0,05	1,00	2,00	0,045	0,015[b]	16,5 bis 18,5	2,50 bis 3,00	10,5 bis 13,0	≤ 0,10	–
X2CrNiMo18-14-3	1.4435	≤ 0,030	1,00	2,00	0,045	0,015[b]	17,0 bis 19,0	2,50 bis 3,00	12,5 bis 15,0	≤ 0,10	–
X3CrNiMoBN17-13-3	1.4910	≤ 0,04	0,75	2,00	0,035	0,015	16,0 bis 18,0	2,00 bis 3,00	12,0 bis 14,0	0,10 bis 0,18	B: 0,0015 bis 0,0050

Stahlsorte		Massenanteile in %									
Name	Werkstoff-nummer	C	Si max.	Mn max.	P max.	S max.	Cr	Mo	Ni	N	Sonstige
austenitische Stähle (*fortgesetzt*)											
X2CrNiMoN17-13-5	1.4439	≤ 0,030	1,00	2,00	0,045	0,015	16,5 bis 18,5	4,00 bis 5,00	12,5 bis 14,5	0,12 bis 0,22	–
X1NiCrMoCu25-20-5	1.4539	≤ 0,020	0,70	2,00	0,030	0,010	19,0 bis 21,0	4,00 bis 5,00	24,0 bis 26,0	≤ 0,15	Cu: 1,20 bis 2,00
X1CrNiMoCuN20-18-7	1.4547	≤ 0,020	0,70	1,00	0,030	0,010	19,5 bis 20,5	6,00 bis 7,00	17,5 bis 18,5	0,18 bis 0,25	Cu: 0,50 bis 1,00
X1CrNiMoCuN25-20-7	1.4529	≤ 0,020	0,50	1,00	0,030	0,010	19,0 bis 21,0	6,00 bis 7,00	24,0 bis 26,0	0,15 bis 0,25	Cu: 0,50 bis 1,50
X2CrNiCu19-10	1.4650	≤ 0,030	1,00	2,00	0,045	0,015	18,5 bis 20,0	–	9,0 bis 10,0	≤ 0,08	Cu ≤ 1,0
X3CrNiMo18-12-3	1.4449	≤ 0,035	1,00	2,00	0,045	0,015	17,0 bis 18,2	2,25 bis 2,75	11,5 bis 12,5	≤ 0,08	Cu ≤ 1,0
ferritisch-austenitische Stähle											
X2CrNiN23-4	1.4362	≤ 0,030	1,00	2,00	0,035	0,015	22,0 bis 24,0	0,10 bis 0,60	3,5 bis 5,5	0,05 bis 0,20	Cu: 0,10 bis 0,60
X2CrNiMoN22-5-3	1.4462	≤ 0,030	1,00	2,00	0,035	0,015	21,0 bis 23,0	2,50 bis 3,5	4,5 bis 6,5	0,10 bis 0,22	–
X2CrNiMoCuN25-6-3	1.4507	≤ 0,030	0,70	2,00	0,035	0,015	24,0 bis 26,0	3,00 bis 4,0	6,0 bis 8,0	0,20 bis 0,30	Cu: 1,00 bis 2,50
X2CrNiMoN25-7-4	1.4410	≤ 0,030	1,00	2,00	0,035	0,015	24,0 bis 26,0	3,00 bis 4,5	6,0 bis 8,0	0,24 bis 0,35	–
X2CrNiMoCuWN25-7-4	1.4501	≤ 0,030	1,00	1,00	0,035	0,015	24,0 bis 26,0	3,00 bis 4,0	6,0 bis 8,0	0,20 bis 0,30	W: 0,50 bis 1,00 Cu: 0,50 bis 1,00

[a] In dieser Tabelle nicht aufgeführte Elemente dürfen dem Stahl, außer zum Fertigbehandeln der Schmelze, ohne Zustimmung des Bestellers nicht absichtlich zugesetzt werden. Es sind alle angemessenen Vorkehrungen zu treffen, um die Zufuhr solcher Elemente aus dem Schrott oder anderen bei der Herstellung verwendeten Stoffen, die die mechanischen Eigenschaften und die Verwendbarkeit des Stahles beeinträchtigen, zu vermeiden

[b] Für spanend zu bearbeitende Erzeugnisse wird ein kontrollierter Schwefelanteil von 0,015 bis 0,030 % empfohlen und nach Vereinbarung zugelassen.

Tabelle 4 — Mechanische Eigenschaften bei Raumtemperatur und für die Prüfung der Kerbschlagarbeit bei 20 °C und -196 °C

Stahlsorte		Wärme-behandlung	Dicke des maßgeblichen Querschnitts t_R mm max.	0,2 % Dehngrenze $R_{p0,2}$ MPa min.	1,0 % Dehngrenze $R_{p1,0}$ MPa min.	Zugfestigkeit R_m MPa	Bruchdehnung[a] A % min.		Kerbschlagarbeit[a] KV_2 J min.			Beständigkeit gegen interkristalline Korrosion[b]	
Name	Werkstoff-nummer								bei 20 ° C		bei -196 ° C	Lieferzustand	Sensibilisierter Zustand
							l	tr, t	l	tr, t	tr		
martensitische Stähle													
X3CrNiMo13-4	1.4313	+QT oder +T	350	550	–	750 bis 900	17	16	100	80	–	–	–
		+QT	250	650	–	780 bis 930	17	15	90	70	–	–	–
austenitische Stähle													
X2CrNi18-9	1.4307	+AT	250	200	230	500 bis 700	45	35	100	60	60	ja	ja
X2CrNi19-11	1.4306	+AT	250	180	215	460 bis 680	45	35	100	60	60	ja	ja
X2CrNiN18-10	1.4311	+AT	250	270	305	550 bis 750	45	35	100	60	60	ja	ja
X5 rNi18-10	1.4301	+AT	250	200	230	500 bis 700	45	35	100	60	60	ja	nein
X6CrNiTi18-10	1.4541	+AT	450	200	235	510 bis 710	40	30	100	60	60	ja	ja
X6CrNiNb18-10	1.4550	+AT	450	205	240	510 bis 710	40	30	100	60	40	ja	ja
X6CrNi18-10	1.4948	+AT	250	195	230	490 bis 690	45	35	100	60	–	nein	nein
X6CrNiTiB18-10	1.4941	+AT	450	175	210	490 bis 690	40	30	100	60	–	ja	ja
X7CrNiNb18-10	1.4912	+AT	450	205	240	510 bis 710	40	30	100	60	40	(ja)	(ja)
X2CrNiMo17-12-2	1.4404	+AT	250	190	225	490 bis 690	45	35	100	60	60	ja	ja
X2CrNiMoN17-11-2	1.4406	+AT	160	280	315	580 bis 780	45	35	100	60	60	ja	ja
X5CrNiMo17-12-2	1.4401	+AT	250	205	240	510 bis 710	45	35	100	60	60	ja	nein
X6CrNiMoTi17-12-2	1.4571	+AT	450	210	245	510 bis 710	45	35	100	60	60	ja	ja
X2CrNiMo17-12-3	1.4432	+AT	250	190	225	490 bis 690	45	35	100	60	60	ja	ja
X2CrNiMoN17-13-3	1.4429	+AT	160	280	315	580 bis 780	45	35	100	60	60	ja	ja
X3CrNiMo17-13-3	1.4436	+AT	250	205	240	510 bis 710	45	35	100	60	60	ja	nein
X2CrNiMo18-14-3	1.4435	+AT	160	200	235	520 bis 670	45	35	100	60	60	ja	ja
X2CrNiMoN17-13-5	1.4439	+AT	160	285	315	580 bis 800	40	35	100	60	42	–	–
X1NiCrMoCu25-20-5	1.4539	+AT	160	220	250	520 bis 720	35	35	120	90	–	–	–
X1CrNiMoCuN20-18-7	1.4547	+AT	160	300	340	650 bis 850	40	35	100	60	–	–	–
X1CrNiMoCuN25-20-7	1.4529	+AT	160	300	340	650 bis 850	40	35	120	90	80	–	–
X3CrNiMoBN17-13-3	1.4910	+AT	75	260	300	550 bis 750	45	40	100	60	–	ja	ja

Stahlsorte		Wärme-behandlung	Dicke des maßgeblichen Querschnitts t_R mm max.	0,2 % Dehngrenze $R_{p0,2}$ MPa min.	1,0 % Dehngrenze $R_{p1,0}$ MPa min.	Zugfestigkeit R_m MPa	Bruchdehnung[a] A % min.		Kerbschlagarbeit[a] KV_2 J min.			Beständigkeit gegen interkristalline Korrosion[b]	
									bei 20 ° C		bei -196 ° C		
Name	Werkstoff-nummer						l	tr, t	l	tr, t	tr	Lieferzustand	Sensibilisierter Zustand
X2CrNiCu19-10	1.4650	+AT	450	210	245	520 bis 720	45	40	100	60	60	(ja)	(ja)
X3CrNiMo18-12-3	1.4449	+AT	450	220	255	520 bis 720	45	40	100	60	60	(ja)	(ja)
austenitisch-ferritische Stähle													
X2CrNiN23-4	1.4362	+AT	160	400	-	600 bis 830	25	20	120	90	-	ja	ja
X2CrNiMoN22-5-3	1.4462	+AT	350	450	-	680 bis 880	30	25	200	100	-	ja	ja
X2CrNiMoCuN25-6-3	1.4507	+AT	160	500	-	700 bis 900	25	20	150	90	-	ja	ja
X2CrNiMoN25-7-4	1.4410	+AT	160	500	-	800 bis 1000	30	25	200	100	-	ja	ja
X2CrNiMoCuWN25-7-4	1.4501	+AT	160	530	-	730 bis 930	25	20	150	90	-	ja	ja

a l= in Längsrichtung der Hauptschmiederichtung; t= tangential; tr= in Querrichtung der Hauptschmiederichtung.

b Bei Prüfung in Übereinstimmung mit EN ISO 3651-2.

Tabelle 5 — Mindestwerte der 0,2 %-Dehngrenze ($R_{p0,2}$) bei erhöhten Temperaturen

Stahlsorte		$R_{p0,2,min.}$ in MPa bei einer Temperatur in ° C von:									
Name	Werkstoff-nummer	50	100	150	200	250	300	350	400	500	600
martensitische Stähle											
X3CrNiMo13-4	1.4313	–	590	575	560	545	530	515	–	–	–
austenitische Stähle											
X2CrNi18-9	1.4307	–	147	132	118	108	100	94	89	81	–
X2CrNi19-11	1.4306	–	147	132	118	108	100	94	89	81	–
X2CrNiN18-10	1.4311	–	205	175	157	145	136	130	125	119	–
X5CrNi18-10	1.4301	–	157	142	127	118	110	104	98	92	–
X6CrNiTi18-10	1.4541	–	176	167	157	147	136	130	125	119	–
X6CrNiNb18-10	1.4550	–	177	167	157	147	136	130	125	119	–
X6CrNi18-10	1.4948	–	157	142	127	117	108	103	98	88	78
X6CrNiTiB18-10	1.4941	–	162	152	142	137	132	127	123	113	103
X7CrNiNb18-10	1.4912	–	171	162	153	147	139	133	129	124	121
X2CrNiMo17-12-2	1.4404	–	166	152	137	127	118	113	108	100	–
X2CrNiMoN17-11-2	1.4406	–	211	185	167	155	145	140	135	128	–
X5CrNiMo17-12-2	1.4401	–	177	162	147	137	127	120	115	110	–
X6CrNiMoTi17-12-2	1.4571	–	185	177	167	157	145	140	135	129	–
X2CrNiMo17-12-3	1.4432	–	166	152	137	127	118	113	108	100	–
X2CrNiMoN17-13-3	1.4429	–	211	185	167	155	145	140	135	129	–
X3CrNiMo17-13-3	1.4436	–	177	162	147	137	127	120	115	110	–
X2CrNiMo18-14-3	1.4435	–	165	150	137	127	119	113	108	100	–
X3CrNiMoBN17-13-3	1.4910	–	205	187	170	159	148	141	134	127	121
X2CrNiMoN17-13-5	1.4439	260	225	200	185	175	165	155	150	–	–
X1NiCrMoCu25-20-5	1.4539	200	175	165	155	145	130	130	125	110	–
X1CrNiMoCuN20-18-7	1.4547	270	230	205	190	180	170	165	160	148	–
X1CrNiMoCuN25-20-7	1.4529	270	230	210	190	180	170	165	160	120	–
X2CrNiCu19-10	1.4650	–	155	140	127	118	110	104	98	92	–
X3CrNiMo18-12-3	1.4449	–	175	158	145	135	127	120	115	110	100
austenitisch-ferritische Stähle											
X2CrNiN23-4	1.4362	–	330	300	280	265	–	–	–	–	–
X2CrNiMoN22-5-3	1.4462	–	360	335	315	300	–	–	–	–	–
X2CrNiMoCuN25-6-3	1.4507	–	450	420	400	380	–	–	–	–	–
X2CrNiMoN25-7-4	1.4410	–	450	420	400	380	–	–	–	–	–
X2CrNiMoCuWN25-7-4	1.4501	–	450	420	400	380	–	–	–	–	–

Tabelle 6 — Mindestwerte der 1,0 %-Dehngrenze ($R_{p1,0}$) bei erhöhten Temperaturen für austenitische Stähle

Stahlsorte		$R_{p1,0,\,min.}$ in MPa bei einer Temperatur in ° C von:									
Name	Werkstoff-nummer	50	100	150	200	250	300	350	400	500	600
X2CrNi18-9	1.4307	–	181	162	147	137	127	121	116	109	–
X2CrNi19-11	1.4306	–	181	162	147	137	127	121	116	109	–
X2CrNiN18-10	1.4311	–	240	210	187	175	167	161	156	149	–
X5CrNi18-10	1.4301	–	191	172	157	145	135	129	125	120	–
X6CrNiTi18-10	1.4541	–	208	196	186	177	167	161	156	149	–
X6CrNiNb18-10	1.4550	–	211	196	186	177	167	161	156	149	–
X6CrNi18-10	1.4948	–	191	172	157	147	137	132	127	118	108
X6CrNiTiB18-10	1.4941	–	201	191	181	176	172	167	162	152	142
X7CrNiNb18-10	1.4912	–	204	192	182	172	166	162	159	155	151
X2CrNiMo17-12-2	1.4404	–	199	181	167	157	145	139	135	128	–
X2CrNiMoN17-11-2	1.4406	–	246	218	198	183	175	169	164	158	–
X5CrNiMo17-12-2	1.4401	–	211	191	177	167	156	150	144	139	–
X6CrNiMoTi17-12-2	1.4571	–	218	206	196	186	175	169	164	158	–
X2CrNiMo17-12-3	1.4432	–	199	181	167	157	145	139	135	128	–
X2CrNiMoN17-13-3	1.4429	–	246	218	198	183	175	169	164	158	–
X3CrNiMo17-13-3	1.4436	–	211	191	177	167	156	150	144	139	–
X2CrNiMo18-14-3	1.4435	–	200	180	165	153	145	139	135	128	–
X3CrNiMoBN17-13-3	1.4910	–	240	220	200	189	178	171	164	157	151
X2CrNiMoN17-13-5	1.4439	290	255	230	210	200	190	180	175	–	–
X1NiCrMoCu25-20-5	1.4539	240	205	195	185	175	165	160	155	140	–
X1CrNiMoCuN20-18-7	1.4547	310	270	245	225	212	200	195	190	180	–
X1CrNiMoCuN25-20-7	1.4529	310	270	245	225	215	205	195	190	150	–
X2CrNiCu19-10	1.4650	–	190	170	155	145	135	129	125	120	–
X3CrNiMo18-12-3	1.4449	–	210	190	175	165	155	150	144	139	129

Tabelle 7 — Mindestwerte der Zugfestigkeit (R_m) bei erhöhten Temperaturen

Stahlsorte		$R_{m, min.}$ in MPa bei einer Temperatur in ° C von:									
Name	Werkstoff-nummer	50	100	150	200	250	300	350	400	500	600
martensitische Stähle											
X3CrNiMo13-4	1.4313	–	710	695	680	665	650	635	–	–	–
austenitische Stähle											
X2CrNi18-9	1.4307	–	410	380	360	350	340	340	–	–	–
X2CrNi19-11	1.4306	–	410	380	360	350	340	340	–	–	–
X2CrNiN18-10	1.4311	–	490	460	430	420	410	410	–	–	–
X5CrNi18-10	1.4301	–	450	420	400	390	380	380	380	360	–
X6CrNiTi18-10	1.4541	–	440	410	390	385	375	375	375	360	–
X6CrNiNb18-10	1.4550	–	435	400	370	350	340	335	330	310	–
X6CrNi18-10	1.4948	–	440	410	390	385	375	375	375	360	300
X6CrNiTiB18-10	1.4941	–	410	390	370	360	350	345	340	330	300
X7CrNiNb18-10	1.4912	–	410	390	370	360	350	345	340	330	300
X2CrNiMo17-12-2	1.4404	–	430	410	390	385	380	380	380	360	–
X2CrNiMoN17-11-2	1.4406	–	520	490	460	450	440	435	–	–	–
X5CrNiMo17-12-2	1.4401	–	430	410	390	385	380	380	–	–	–
X6 CrNiMoTi17-12-2	1.4571	–	440	410	390	385	375	375	375	360	–
X2CrNiMo17-12-3	1.4432	–	430	410	390	385	380	380	380	360	–
X2CrNiMoN17-13-3	1.4429	–	520	490	460	450	440	435	435	430	–
X3CrNiMo17-13-3	1.4436	–	460	440	420	415	410	410	410	390	–
X2CrNiMo18-14-3	1.4435	–	420	400	380	375	370	370	–	–	–
X3CrNiMoBN17-13-3	1.4910	–	495	472	450	440	430	425	420	400	365
X2CrNiMoN17-13-5	1.4439	560	520	490	460	450	440	435	–	–	–
X1NiCrMoCu25-20-5	1.4539	500	440	420	400	390	380	370	360	350	–
X1CrNiMoCuN20-18-7	1.4547	640	615	585	560	540	525	515	510	495	–
X1CrNiMoCuN25-20-7	1.4529	630	600	575	555	535	520	515	510	–	–
X2CrNiCu19-10	1.4650	–	450	420	400	390	380	380	380	360	–
X3CrNiMo18-12-3	1.4449	–	460	440	420	415	410	410	410	390	350
austenitisch-ferritische Stähle											
X2CrNiN23-4	1.4362	–	540	520	500	490	–	–	–	–	–
X2CrNiMoN22-5-3	1.4462	–	590	570	550	540	–	–	–	–	–
X2CrNiMoCuN25-6-3	1.4507	–	660	640	620	610	–	–	–	–	–
X2CrNiMoN25-7-4	1.4410	–	680	660	640	630	–	–	–	–	–
X2CrNiMoCuWN25-7-4	1.4501	–	680	660	640	630	–	–	–	–	–

DIN EN 10272

ICS 77.140.30; 77.140.60

Ersatz für
DIN EN 10272:2008-01

Stäbe aus nichtrostendem Stahl für Druckbehälter; Deutsche Fassung EN 10272:2016

Stainless steel bars for pressure purposes;
German version EN 10272:2016

Barres en acier inoxydable pour appareils à pression;
Version allemande EN 10272:2016

1 Anwendungsbereich

Diese Europäische Norm legt die technischen Lieferbedingungen für warm- und kaltgeformte Stäbe aus nichtrostenden Stählen für Druckbehälter nach einer der in Tabelle 6 angegebenen Ausführungsarten und Oberflächenbeschaffenheiten fest.

Zusätzlich gelten die allgemeinen technischen Lieferbedingungen nach EN 10021.

ANMERKUNG Nach Veröffentlichung dieser Norm im EU-Amtsblatt (OJEU) unter der Richtlinie 2014/68/EU ist die Annahme ihrer Konformität mit den grundlegenden Anforderungen (ESR) der Richtlinie 2014/68/EU auf die technischen Daten von Werkstoffen in dieser Europäischen Norm beschränkt, und es darf nicht angenommen werden, dass damit die Eignung des Werkstoffs für ein bestimmtes Ausrüstungsteil festgestellt ist. Folglich müssen die in dieser Werkstoffnorm angegebenen technischen Parameter im Hinblick auf die konstruktiven Anforderungen dieses bestimmten Ausrüstungsteils ermittelt werden, um damit zu verifizieren, dass den ESR der Richtlinie 2014/68/EU entsprochen wird.

Tabelle 2 — Chemische Zusammensetzung (Schmelzenanalyse)[a] der ferritischen und martensitischen nichtrostenden Stähle

Stahlsorte		Massenanteile in %								
Kurzname	Werkstoffnummer	C	Si	Mn	P	S	Cr	Mo	Ni	N
			max.	max.	max.	max.				
Ferritischer nichtrostender Stahl										
X2CrNi12	1.4003	≤ 0,030	1,00	1,50	0,040	0,015[c]	10,5 bis 12,5	–	0,30 bis 1,00	≤ 0,030
Martensitische nichtrostende Stähle										
X12Cr13	1.4006	0,08 bis 0,15[b]	1,00	1,50	0,040	0,015[c]	11,5 bis 13,5	–	≤ 0,75	–
X17CrNi16-2	1.4057	0,12 bis 0,22[b]	1,00	1,50	0,040	0,015[c]	15,0 bis 17,0	–	1,50 bis 2,50	–
X3CrNiMo13-4	1.4313	≤ 0,05	0,70	1,50	0,040	0,015	12,0 bis 14,0	0,30 bis 0,70	3,5 bis 4,5	≥ 0,020
X4CrNiMo16-5-1	1.4418	≤ 0,06	0,70	1,50	0,040	0,015[c]	15,0 bis 17,0	0,80 bis 1,50	4,0 bis 6,0	≥ 0,020

[a] In dieser Tabelle nicht aufgeführte Elemente dürfen dem Stahl, außer zum Fertigbehandeln der Schmelze, ohne Zustimmung des Bestellers nicht absichtlich zugesetzt werden. Es sind alle angemessenen Vorkehrungen zu treffen, um die Zufuhr solcher Elemente aus dem Schrott und anderen bei der Herstellung verwendeten Stoffen zu vermeiden, die die mechanischen Eigenschaften und die Verwendbarkeit des Stahls beeinträchtigen.

[b] Bei der Anfrage und Bestellung dürfen engere Kohlenstoffspannen vereinbart werden.

[c] Besondere Schwefelspannen können bestimmte Eigenschaften verbessern. Für spanend zu verarbeitende Erzeugnisse wird ein kontrollierter Schwefelanteil von 0,015 % bis 0,030 % empfohlen und darf vereinbart werden. Zur Sicherung der Schweißeignung wird ein kontrollierter Schwefelanteil von 0,008 % bis 0,030 % empfohlen und darf vereinbart werden.

Tabelle 3 — Chemische Zusammensetzung (Schmelzenanalyse)[a] der austenitischen nichtrostenden Stähle

Stahlsorte		Massenanteile in %										
Kurzname	Werkstoffnummer	C	Si	Mn max.	P max.	S max.	N	Cr	Cu	Mo	Nb	Ni	Ti
X5CrNi18-10	1.4301	≤ 0,07	≤ 1,00	2,00	0,045	0,015[b]	≤ 0,10	17,5 bis 19,5	–	–	–	8,0 bis 10,5	–
X2CrNi19-11	1.4306	≤ 0,03	≤ 1,00	2,00	0,045	0,015[b]	≤ 0,10	18,0 bis 20,0	–	–	–	10,0 bis 12,0	–
X2CrNi18-9	1.4307	≤ 0,03	≤ 1,00	2,00	0,045	0,015[b]	≤ 0,10	17,5 bis 19,5	–	–	–	8,0 bis 10,5	–
X2CrNiN18-10	1.4311	≤ 0,03	≤ 1,00	2,00	0,045	0,015[b]	0,12 bis 0,22	17,5 bis 19,5	–	–	–	8,5 bis 11,5	–
X1CrNiSi18-15-4	1.4361	≤ 0,015	3,7 bis 4,5	2,00	0,025	0,010	≤ 0,10	16,5 bis 18,5	–	≤ 0,20	–	14,0 bis 16,0	–
X5CrNiMo17-12-2	1.4401	≤ 0,07	≤ 1,00	2,00	0,045	0,015[b]	≤ 0,10	16,5 bis 18,5	–	2,00 bis 2,50	–	10,0 bis 13,0	–
X2CrNiMo17-12-2	1.4404	≤ 0,03	≤ 1,00	2,00	0,045	0,015[b]	≤ 0,10	16,5 bis 18,5	–	2,00 bis 2,50	–	10,0 bis 13,0	–
X2CrNiMoN17-11-2	1.4406	≤ 0,03	≤ 1,00	2,00	0,045	0,015[b]	0,12 bis 0,22	16,5 bis 18,5	–	2,00 bis 2,50	–	10,0 bis 12,5	–
X2CrNiMoN17-13-3	1.4429	≤ 0,03	≤ 1,00	2,00	0,045	0,015	0,12 bis 0,22	16,5 bis 18,5	–	2,50 bis 3,00	–	11,0 bis 14,0	–
X2CrNiMo17-12-3	1.4432	≤ 0,03	≤ 1,00	2,00	0,045	0,015[b]	≤ 0,10	16,5 bis 18,5	–	2,50 bis 3,00	–	10,5 bis 13,0	–
X2CrNiMo18-14-3	1.4435	≤ 0,03	≤ 1,00	2,00	0,045	0,015[b]	≤ 0,10	17,0 bis 19,0	–	2,50 bis 3,00	–	12,5 bis 15,0	–
X3CrNiMo17-13-3	1.4436	≤ 0,05	≤ 1,00	2,00	0,045	0,015[b]	≤ 0,10	16,5 bis 18,5	–	2,50 bis 3,00	–	10,5 bis 13,0	–
X2CrNiMoN17-13-5	1.4439	≤ 0,03	≤ 1,00	2,00	0,045	0,015	0,12 bis 0,22	16,5 bis 18,5	–	4,0 bis 5,0	–	12,5 bis 14,5	–
X1NiCrMoCuN25-20-7	1.4529	≤ 0,02	≤ 0,5	1,00	0,030	0,010	0,15 bis 0,25	19,0 bis 21,0	0,50 bis 1,50	6,0 bis 7,0	–	24,0 bis 26,0	–
X1NiCrMoCu25-20-5	1.4539	≤ 0,02	≤ 0,7	2,00	0,030	0,010	≤ 0,15	19,0 bis 21,0	1,20 bis 2,00	4,0 bis 5,0	–	24,0 bis 26,0	–
X6CrNiTi18-10	1.4541	≤ 0,08	≤ 1,00	2,00	0,045	0,015[b]	–	17,0 bis 19,0	–	–	–	9,0 bis 12,0	5 x C bis 0,70
X1CrNiMoCuN20-18-7	1.4547	≤ 0,02	≤ 0,70	1,00	0,030	0,010	0,18 bis 0,25	19,5 bis 20,5	0,50 bis 1,00	6,0 bis 7,0	–	17,5 bis 18,5	–
X6CrNiNb18-10	1.4550	≤ 0,08	≤ 1,00	2,00	0,045	0,015	–	17,0 bis 19,0	–	–	10 x C bis 1,00	9,0 bis 12,0	–
X1NiCrMoCu31-27-4	1.4563	≤ 0,02	≤ 0,70	2,00	0,030	0,010	≤ 0,10	26,0 bis 28,0	0,70 bis 1,50	3,0 bis 4,0	–	30,0 bis 32,0	–
X6CrNiMoTi17-12-2	1.4571	≤ 0,08	≤ 1,00	2,00	0,045	0,015[b]	–	16,5 bis 18,5	–	2,00 bis 2,50	–	10,5 bis 13,5	5 x C bis 0,70
X6CrNiMoNb17-12-2	1.4580	≤ 0,08	≤ 1,00	2,00	0,045	0,015	–	16,5 bis 18,5	–	2,00 bis 2,50	10 x C bis 1,00	10,5 bis 13,5	–
X6CrNi25-20	1.4951	0,04 bis 0,08	≤ 0,70	2,00	0,035	0,015	≤ 0,10	24,0 bis 26,0	–	–	–	19,0 bis 22,0	–

a In dieser Tabelle nicht aufgeführte Elemente dürfen dem Stahl, außer zum Fertigbehandeln der Schmelze, ohne Zustimmung des Bestellers nicht absichtlich zugesetzt werden. Es sind alle angemessenen Vorkehrungen zu treffen, um die Zufuhr solcher Elemente aus dem Schrott und anderen bei der Herstellung verwendeten Stoffen zu vermeiden, die die mechanischen Eigenschaften und die Verwendbarkeit des Stahls beeinträchtigen.

b Besondere Schwefelspannen können bestimmte Eigenschaften verbessern. Für spanend zu verarbeitende Erzeugnisse wird ein kontrollierter Schwefelanteil von 0,015 % bis 0,030 % empfohlen und darf vereinbart werden. Zur Sicherung der Schweißeignung wird ein kontrollierter Schwefelanteil von 0,008 % bis 0,030 % empfohlen und darf vereinbart werden.

Tabelle 4 — Chemische Zusammensetzung (Schmelzenanalyse)[a] der austenitisch-ferritischen nichtrostenden Stähle

Stahlsorte		Massenanteile in %										
Kurzname	Werkstoffnummer	C max.	Si max.	Mn	P max.	S max.	N	Cr	Cu	Mo	Ni	W
X2CrMnNiN21-5-1[b]	1.4162	0,040	1,00	4,0 bis 6,0	0,035	0,005	0,20 bis 0,25	21,0 bis 22,0	0,10 bis 0,80	0,10 bis 0,80	1,35 bis 1,70	–
X2CrNiN23-4	1.4362	0,030	1,00	≤ 2,00	0,035	0,015	0,05 bis 0,20	22,0 bis 24,0	0,10 bis 0,60	0,10 bis 0,60	3,5 bis 5,5	–
X2CrNiMoN25-7-4	1.4410	0,030	1,00	≤ 2,00	0,035	0,015	0,24 bis 0,35	24,0 bis 26,0	–	3,0 bis 4,5	6,0 bis 8,0	–
X2CrNiMoN22-5-3	1.4462	0,030	1,00	≤ 2,00	0,035	0,015	0,10 bis 0,22	21,0 bis 23,0	–	2,50 bis 3,5	4,5 bis 6,5	–
X2CrMnNiMoN21-5-3	1.4482	0,030	1,00	4,0 bis 6,0	0,035	0,030	0,05 bis 0,20	19,5 bis 21,5	≤ 1,0	0,10 bis 0,60	1,50 bis 3,50	–
X2CrNiMoCuWN25-7-4	1.4501	0,030	1,00	≤ 1,00	0,035	0,015	0,20 bis 0,30	24,0 bis 26,0	0,50 bis 1,00	3,0 bis 4,0	6,0 bis 8,0	0,50 bis 1,00
X2CrNiMoCuN25-6-3	1.4507	0,030	0,70	≤ 2,00	0,035	0,015	0,20 bis 0,30	24,0 bis 26,0	1,00 bis 2,50	3,0 bis 4,0	6,0 bis 8,0	–
X2CrNiMnMoCuN24-4-3-2[b]	1.4662	0,030	0,70	2,50 bis 4,0	0,035	0,005	0,20 bis 0,30	23,0 bis 25,0	0,10 bis 0,80	1,00 bis 2,00	3,0 bis 4,5	–

[a] In dieser Tabelle nicht aufgeführte Elemente dürfen dem Stahl, außer zum Fertigbehandeln der Schmelze, ohne Zustimmung des Bestellers nicht absichtlich zugesetzt werden. Es sind alle angemessenen Vorkehrungen zu treffen, um die Zufuhr solcher Elemente aus dem Schrott und anderen bei der Herstellung verwendeten Stoffen zu vermeiden, die die mechanischen Eigenschaften und die Verwendbarkeit des Stahls beeinträchtigen.

[b] Patentierte Stahlsorte.

Tabelle 7 — Mechanische Eigenschaften bei Raumtemperatur und Mindestwerte der Kerbschlagarbeit für ferritische und martensitische Stähle im wärmebehandelten Zustand (siehe Tabelle A.1)[e]

Stahlsorte		Durchmesser *d* oder Dicke *b*	Wärmebehandlungszustand[a]	Härte[b]	0,2 %-Dehngrenze	Zugfestigkeit	Bruchdehnung		Kerbschlagarbeit (ISO-V) KV_2 J min.			
Kurzname	Werkstoffnummer			*HBW*	$R_{p0,2}$	R_m	*A*		bei 20 °C		bei −20 °C	
		mm		max.	MPa min.	MPa	% min.					
							(längs)	(quer)	(längs)	(quer)	(längs)	(quer)
Ferritischer nichtrostender Stahl												
X2CrNi12	1.4003	≤ 100	+ A	200[c]	260	450 bis 600[c]	20[d]	–	60	–	–	–
Martensitische nichtrostende Stähle												
X12Cr13	1.4006	≤ 160	+ QT650	–	450	650 bis 850	15	–	27	–	–	–
X17CrNi16-2	1.4057	≤ 60	+ QT800	–	600	800 bis 1050	14	–	27	–	–	–
		60 < (*d oder b*) ≤ 160					14		27			
		≤ 60	+ QT900	–	700	900 bis 1050	14	–	27	–	–	–
		60 < (*d oder b*) ≤ 160					14		27			
X3CrNiMo13-4	1.4313	≤ 160	+ QT650	–	520	700 bis 800	15	–	70	–	40	–
		160 < (*d oder b*) ≤ 250					–	14	–	50	–	–
		≤ 160	+ QT780	–	620	780 bis 980	15	–	70	–	–	–
		160 < (*d oder b*) ≤ 250					–	14	–	50	–	–
		≤ 160	+ QT900	–	800	900 bis 1 100	14	–	50	–	–	–
		160 < (*d oder b*) ≤ 250					–	14	–	40	–	–
X4CrNiMo16-5-1	1.4418	≤ 160	+ QT760	–	550	760 bis 960	16	–	90	–	40	–
		160 < (*d oder b*) ≤ 250					–	14	–	70	–	–
		≤ 160	+ QT900	–	700	900 bis 1100	16	–	80	–	–	–
		160 < (*d oder b*) ≤ 250					–	14	–	60	–	–

[a] +A geglüht; +QT vergütet.

[b] Nur als Richtwert.

[c] Bei Stäben in Dicken ≤ 35 mm dürfen die maximalen HBW-Werte um 60 Einheiten, die maximalen Zugfestigkeitswerte um 150 MPa erhöht sein.

[d] Die Werte für die Mindestbruchdehnung dürfen bei kalt nachgezogenen Stäben in Dicken ≤ 35 mm bis 14 % verringert werden.

[e] Diese Stahlsorten sind auch als Blankstahl lieferbar.

Tabelle 8 — Mechanische Eigenschaften bei Raumtemperatur und Mindestwerte der Kerbschlagarbeit für austenitische Stähle im lösungsgeglühten Zustand[a] (siehe Tabelle A.2) und Beständigkeit gegen interkristalline Korrosion

Stahlsorte		Durchmesser d oder Dicke b	Härte[b,c]	0,2 %-Dehngrenze	1,0 %-Dehngrenze	Zugfestigkeit	Bruchdehnung		Kerbschlagarbeit (ISO-V) KV_2			Beständigkeit gegen interkristalline Korrosion[d]	
			HBW	$R_{p0,2}$	$R_{p1,0}$	R_m[c]	A[c] % min.		J min.				
Kurzname	Werkstoffnummer	mm	max.	MPa min.		MPa	(längs)	(quer)	bei 20 °C (längs)	bei 20 °C (quer)	bei −196 °C	im Lieferzustand	im sensibilisierten Zustand[e,f]
X5CrNi18-10	1.4301	≤ 160	215	190	225	500 bis 700	45	–	100	–	60	ja[f]	nein[g]
		160 < (d oder b) ≤ 400					–	35	–	60			
X2CrNi19-11	1.4306	≤ 160	215	180	215	460 bis 680	45	–	100	–	60	ja	ja
		160 < (d oder b) ≤ 400					–	35	–	60			
X2CrNi18-9	1.4307	≤ 160	215	175	210	500 bis 700	45	–	100	–	60	ja	ja
		160 < (d oder b) ≤ 400					–	35	–	60			
X2CrNiN18-10	1.4311	≤ 160	230	270	305	550 bis 760	40	–	100	–	60	ja	ja
		160 < (d oder b) ≤ 400					–	30	–	60			
X1CrNiSi18-15-4	1.4361	≤ 160	230	210	240	530 bis 730	40	–	100	–	–	ja	ja
		160 < (d oder b) ≤ 400					–	30	–	60	–		
X5CrNiMo17-12-2	1.4401	≤ 160	215	200	235	500 bis 700	40	–	100	–	60	ja[f]	nein[g]
		160 < (d oder b) ≤ 450					–	30	–	60			
X2CrNiMo17-12-2	1.4404	≤ 160	215	200	235	500 bis 700	40	–	100	–	60	ja	ja
		160 < (d oder b) ≤ 400					–	30	–	60			
X2CrNiMoN17-11-2	1.4406	≤ 160	250	280	315	580 bis 800	40	–	100	–	60	ja	ja
		160 < (d oder b) ≤ 400					–	30	–	60			
X2CrNiMoN17-13-3	1.4429	≤ 160	250	280	315	580 bis 800	40	–	100	–	60	ja	ja
		160 < (d oder b) ≤ 400					–	30	–	60			
X2CrNiMo17-12-3	1.4432	≤ 160	215	200	235	500 bis 700	40	–	100	–	60	ja	ja
		160 < (d oder b) ≤ 400					–	30	–	60			
X2CrNiMo18-14-3	1.4435	≤ 160	215	200	235	500 bis 700	40	–	100	–	60	ja	ja
		160 < (d oder b) ≤ 400					–	30	–	60			
X3CrNiMo17-13-3	1.4436	≤ 160	215	200	235	500 bis 700	40	–	100	–	60	ja	nein
		160 < (d oder b) ≤ 400					–	30	–	60			
X2CrNiMoN17-13-5	1.4439	≤ 160	250	280	315	580 bis 800	35	–	100	–	60	ja	ja
		160 < (d oder b) ≤ 400					–	30	–	60			
X1NiCrMoCuN25-20-7	1.4529	≤ 160	250	300	340	650 bis 850	40	–	100	–	40	ja	ja
		160 < (d oder b) ≤ 400					–	35	–	60			

Stahlsorte		Durchmesser *d* oder Dicke *b*	Härte[b,c]	0,2 %-Dehngrenze	1,0 %-Dehngrenze	Zugfestigkeit	Bruchdehnung		Kerbschlagarbeit (ISO-V)			Beständigkeit gegen interkristalline Korrosion[d]	
			HBW	$R_{p0,2}$	$R_{p1,0}$	R_m[c]	A[c]		KV_2 *J* min.			im Lieferzustand	im sensibilisierten Zustand[e,f]
Kurzname	Werkstoffnummer	mm	max.	MPa min.		MPa	% min. (längs)	% min. (quer)	bei 20 °C (längs)	bei 20 °C (quer)	bei −196 °C		
X1NiCrMoCu25-20-5	1.4539	≤ 160	230	230	260	530 bis 730	35	–	100	–	60	ja	ja
		160 < (*d* oder *b*) ≤ 400					–	30	–	60			
X6CrNiTi18-10	1.4541	≤ 160	215	190	225	500 bis 700	40	–	100	–	60	ja	ja
		160 < (*d* oder *b*) ≤ 400					–	30	–	60			
X1CrNiMoCuN20-18-7	1.4547	≤ 160	260	300	340	650 bis 850	35	–	100	–	60	ja	ja
		160 < (*d* oder *b*) ≤ 400					–	30	–	60			
X6CrNiNb18-10	1.4550	≤ 160	230	205	240	510 bis 740	40	–	100	–	40	ja	ja
		160 < (*d* oder *b*) ≤ 400					–	30	–	60			
X1NiCrMoCu31-27-4	1.4563	≤ 160	230	220	250	500 bis 750	35	–	100	–	60	ja	ja
		160 < (*d* oder *b*) ≤ 400					–	30	–	60			
X6CrNiMoTi17-12-2	1.4571	≤ 160	215	200	235	500 bis 700	40	–	100	–	60	ja	ja
		160 < (*d* oder *b*) ≤ 400					–	30	–	60			
X6CrNiMoNb17-12-2	1.4580	≤ 160	230	215	250	510 bis 740	35	–	100	–	–	ja	ja
		160 < (*d* oder *b*) ≤ 400					–	30	–	60			
X6CrNi25-20	1.4951	≤ 160	192	200	240	510 bis 750	35	–	100	–	–	nein	nein
		160 < (*d* oder *b*) ≤ 400					–	30	–	60			

ANMERKUNG Austenitische Stähle weisen stets eine angemessene Zähigkeit auf und brauchen daher nicht geprüft zu werden. Im Gegensatz dazu müssen austenitisch-ferritische Stähle zur Verifizierung der in Tabelle 9 festgelegten Anforderungen an die Kerbschlagarbeit geprüft werden, um damit einen angemessene Zähigkeit nachzuweisen.

[a] Das Lösungsglühen darf entfallen, wenn die Bedingungen für das Warmumformen und anschließende Abkühlen so sind, dass die Anforderungen an die mechanischen Eigenschaften des Erzeugnisses und die in EN ISO 3651-2 definierte Beständigkeit gegen interkristalline Korrosion eingehalten werden.

[b] Nur als Richtwert.

[c] Bei kalt nachgezogenen Stäben in Dicken ≤ 35 mm dürfen die maximalen HBW-Werte um 100 Einheiten oder die Zugfestigkeit um 200 MPa erhöht sein und der Mindestwert der Dehnung auf 20 % verringert sein.

[d] Bei Prüfung nach EN ISO 3651-2.

[e] Siehe ANMERKUNG 2 zu 8.4.

[f] Beständigkeit gegen interkristalline Korrosion ist für Querschnitte mit einem Durchmesser oder einer Dicke bis zu 40 mm gegeben.

[g] Beständigkeit gegen interkristalline Korrosion im sensibilisierten Zustand ist für Querschnitte mit einem Durchmesser oder einer Dicke bis zu 40 mm gegeben, wenn die Sensibilisierungsbehandlung nach Verfahren T2 von EN ISO 3651-2 durchgeführt wurde (Sensibilisierungsbehandlung von 10 min bei 650 °C ± 10 °C mit nachfolgender Abkühlung in Wasser).

Tabelle 9 — Mechanische Eigenschaften bei Raumtemperatur und Mindestwerte der Kerbschlagarbeit für austenitisch-ferritische Stähle im lösungsgeglühten Zustand[a] (siehe Tabelle A.3) und Beständigkeit gegen interkristalline Korrosion[f]

Stahlsorte		Durchmesser d oder Dicke b	Härte[b]	0,2 %-Dehngrenze	Zugfestigkeit	Bruchdehnung	Kerbschlagarbeit (ISO-V) KV_2 J min.		Beständigkeit gegen interkristalline Korrosion[c]	
Kurzname	Werkstoffnummer	mm	HBW max.	$R_{p0,2}$ MPa min.	R_m[e] MPa	A[e] % min. (längs)	bei 20 °C (längs)	bei −40 °C (längs)	im Lieferzustand	im geschweißten Zustand[d]
X2CrMnNiN21-5-1	1.4162	≤ 160	290	400	650 bis 900	25	60	-	ja	ja
X2CrNiN23-4	1.4362	≤ 160	260	400	600 bis 830	25	100	40	ja	ja
X2CrNiMoN25-7-4	1.4410	≤ 160	290	530	730 bis 930	25	100	40	ja	ja
X2CrNiMoN22-5-3	1.4462	≤ 160	270	450	650 bis 880	25	100	40	ja	ja
X2CrMnNiMoN21-5-3	1.4482	≤ 160	290	400	650 bis 900	25	100	60	ja	ja
X2CrNiMoCuWN25-7-4	1.4501	≤ 160	290	530	730 bis 930	25	100	40	ja	ja
X2CrNiMoCuN25-6-3	1.4507	≤ 160	270	500	700 bis 900	25	100	40	ja	ja
X2CrNiMnMoCuN24-4-3-2	1.4662	≤ 160	290	450	650 bis 900	25	60	-	ja	ja

ANMERKUNG Austenitisch-ferritische Stähle müssen zur Verifizierung der oben festgelegten Anforderungen an die Kerbschlagarbeit geprüft werden, um damit eine angemessene Zähigkeit nachzuweisen. Im Gegensatz dazu weisen austenitische Stähle stets eine angemessene Zähigkeit auf und brauchen daher nicht geprüft zu werden.

a Das Lösungsglühen darf entfallen, wenn die Bedingungen für das Warmumformen und anschließende Abkühlen so sind, dass die Anforderungen an die mechanischen Eigenschaften des Erzeugnisses und die in EN ISO 3651-2 definierte Beständigkeit gegen interkristalline Korrosion eingehalten werden.

b Nur als Richtwert.

c Bei Prüfung nach EN ISO 3651-2.

d Siehe ANMERKUNG 2 zu 8.4.

e Für kaltgewalzte Stäbe dürfen die Mindestwerte der Bruchdehnung auf 20 % verringert und die Werte für die Zugfestigkeit um 200 MPa erhöht sein.

f Diese Stahlsorten sind auch als Blankstahl lieferbar.

Tabelle 10 — Mindestwerte der 0,2 %-Dehngrenze ferritischer und martensitischer Stähle bei erhöhten Temperaturen

Stahlsorte		Wärmebehandlungszustand[a]	0,2 %-Dehngrenze $R_{p0,2}$ MPa min. bei einer Temperatur (in °C) von						
Kurzname	Werkstoffnummer		100	150	200	250	300	350	400
Ferritischer nichtrostender Stahl									
X2CrNi12	1.4003	+ A	240	230	220	215	210	–	–
Martensitische nichtrostende Stähle									
X12Cr13	1.4006	+ QT650	420	410	400	385	365	335	305
X17CrNi16-2	1.4057	+ QT800	515	495	475	460	440	405	355
		+ QT900	565	525	505	490	470	430	375
X3CrNiMo13-4	1.4313	+ QT650	500	490	480	470	460	450	–
		+ QT780	590	575	560	545	530	515	–
		+ QT900	720	690	665	640	620	–	–
X4CrNiMo16-5-1	1.4418	+ QT760	520	510	500	490	480	–	–
		+ QT900	660	640	620	600	580	–	–

[a] + A = geglüht; + QT = vergütet.

Tabelle 11 — Mindestwerte der 0,2 %- und 1,0 %-Dehngrenze austenitischer Stähle bei erhöhten Temperaturen im lösungsgeglühten Zustand (siehe Tabelle A.2)

Stahlsorte		0,2 %-Dehngrenze $R_{p0,2}$ MPa min. bei einer Temperatur in °C von										1,0 %-Dehngrenze $R_{p1,0}$ MPa min. bei einer Temperatur in °C von										Grenztemperatur[a] °C
Kurzname	Werkstoff-nummer	100	150	200	250	300	350	400	450	500	550	100	150	200	250	300	350	400	450	500	550	
X5CrNi18-10	1.4301	155	140	127	118	110	104	98	95	92	90	190	170	155	145	135	129	125	122	120	120	300
X2CrNi19-11	1.4306	145	130	118	108	100	94	89	85	81	80	180	160	145	135	127	121	116	112	109	108	350
X2CrNi18-9	1.4307	145	130	118	108	100	94	89	85	81	80	180	160	145	135	127	121	116	112	109	108	350
X2CrNiN18-10	1.4311	205	175	157	145	136	130	125	121	119	118	240	210	187	175	167	160	156	152	149	147	400
X1CrNiSi18-15-4	1.4361	185	160	145	135	125	120	115	-	-	-	210	190	175	165	155	150	-	-	-	-	350
X5CrNiMo17-12-2	1.4401	175	158	145	135	127	120	115	112	110	108	210	190	175	165	155	150	145	141	139	137	300
X2CrNiMo17-12-2	1.4404	165	150	137	127	119	113	108	103	100	98	200	180	165	153	145	139	135	130	128	127	400
X2CrNiMoN17-11-2	1.4406	215	195	175	165	155	150	145	140	138	136	245	225	205	195	185	180	175	170	168	166	400
X2CrNiMoN17-13-3	1.4429	215	195	175	165	155	150	145	140	138	136	245	225	205	195	185	180	175	170	168	166	400
X2CrNiMo17-12-3	1.4432	165	150	137	127	119	113	108	103	100	98	200	180	165	153	145	139	135	130	128	127	400
X2CrNiMo18-14-3	1.4435	165	150	137	127	119	113	108	103	100	98	200	180	165	153	145	139	135	130	128	127	400
X3CrNiMo17-13-3	1.4436	175	158	145	135	127	120	115	112	110	108	210	190	175	165	155	150	145	141	139	137	300
X2CrNiMoN17-13-5	1.4439	225	200	185	175	165	155	150	-	-	-	255	230	210	200	190	180	175	-	-	-	400
X1NiCrMoCuN25-20-7	1.4529	230	210	190	180	170	165	160	-	-	-	270	245	225	215	205	195	190	-	-	-	400
X1NiCrMoCu25-20-5	1.4539	205	190	175	160	145	135	125	115	110	105	235	220	205	190	175	165	155	145	140	135	400
X6CrNiTi18-10	1.4541	175	165	155	145	136	130	125	121	119	118	205	195	185	175	167	161	156	152	149	147	400
X1CrNiMoCuN20-18-7	1.4547	230	205	190	180	170	165	160	153	148	-	270	245	225	212	200	195	190	184	180	-	400
X6CrNiNb18-10	1.4550	175	165	155	145	136	130	125	121	119	118	210	195	185	175	167	161	156	152	149	147	400
X1NiCrMoCu31-27-4	1.4563	190	175	160	155	150	145	135	125	120	115	220	205	190	185	180	175	165	155	150	145	400
X6CrNiMoTi17-12-2	1.4571	185	175	165	155	145	140	135	131	129	127	215	205	192	183	175	169	164	160	158	157	400
X6CrNiMoNb17-12-2	1.4580	186	177	167	157	145	140	135	131	129	127	221	206	196	186	175	169	164	160	158	157	400
X6CrNi25-20	1.4951	140	128	116	108	100	94	91	86	85	84	185	167	154	146	139	132	126	123	121	118	800

[a] Bei Einsatz bis zu den genannten Temperaturen und einer Betriebsdauer bis zu 100 000 h tritt keine interkristalline Korrosion bei Prüfung nach EN ISO 3651-2 auf.

Tabelle 12 — Mindestwerte der 0,2 %-Dehngrenze austenitisch-ferritischer Stähle bei erhöhten Temperaturen im lösungsgeglühten Zustand (siehe Tabelle A.3)

Stahlsorte		0,2 %-Dehngrenze $R_{p0,2}$ MPa min. bei einer Temperatur (in °C) von				Grenztemperatur[a] °C
Kurzname	**Werkstoff-nummer**	**100**	**150**	**200**	**250**	
X2CrMnNiN21-5-1	1.4162	365	325	295	275	250
X2CrNiN23-4	1.4362	330	300	280	265	250
X2CrNiMoN25-7-4	1.4410	450	420	400	380	250
X2CrNiMoN22-5-3	1.4462	360	335	315	300	250
X2CrMnNiMoN21-5-3	1.4482	340	315	300	280	250
X2CrNiMoCuWN25-7-4	1.4501	450	420	400	380	250
X2CrNiMoCuN25-6-3	1.4507	450	420	400	380	250
X2CrNiMnMoCuN24-4-3-2	1.4662	385	345	325	315	250

[a] Bei Einsatz bis zu den genannten Temperaturen und einer Betriebsdauer bis zu 100 000 h tritt keine interkristalline Korrosion bei Prüfung nach EN ISO 3651-2 auf.

Tabelle 13 — Mindestwerte der Zugfestigkeit austenitischer Stähle bei erhöhten Temperaturen im lösungsgeglühten Zustand (siehe Tabelle A.2)

Stahlsorte		Zugfestigkeit R_m MPa min.									
Kurzname	Werkstoffnummer	bei einer Temperatur (in °C) von									
		100	150	200	250	300	350	400	450	500	550
X5CrNi18-10	1.4301	450	420	400	390	380	380	380	370	360	330
X2CrNi19-11	1.4306	410	380	360	350	340	340	–	–	–	–
X2CrNi18-9	1.4307	410	380	360	350	340	340	–	–	–	–
X2CrNiN18-10	1.4311	490	460	430	420	410	410	–	–	–	–
X1CrNiSi18-15-4	1.4361	490	470	450	435	420	410	400	–	–	–
X5CrNiMo17-12-2	1.4401	430	410	390	385	380	380	–	–	–	–
X2CrNiMo17-12-2	1.4404	430	410	390	385	380	380	380	–	360	–
X2CrNiMoN17-11-2	1.4406	520	490	460	450	440	435	–	–	–	–
X2CrNiMoN17-13-3	1.4429	520	490	460	450	440	435	435	–	430	–
X2CrNiMo17-12-3	1.4432	430	410	390	385	380	380	380	375	360	–
X2CrNiMo18-14-3	1.4435	420	400	380	375	370	370	–	–	–	–
X3CrNiMo17-13-3	1.4436	460	440	420	415	410	410	410	–	390	–
X2CrNiMoN17-13-5	1.4439	520	490	460	450	440	435	–	–	–	–
X1NiCrMoCuN25-20-7	1.4529	610	585	560	540	525	515	510	–	–	–
X1NiCrMoCu25-20-5	1.4539	500	480	460	450	440	435	–	–	–	–
X6CrNiTi18-10	1.4541	440	410	390	385	375	375	375	370	360	330
X1CrNiMoCuN20-18-7	1.4547	615	587	560	542	525	517	510	502	495	–
X6CrNiNb18-10	1.4550	435	400	370	350	340	335	330	320	310	300
X1NiCrMoCu31-27-4	1.4563	460	445	430	410	400	395	–	–	–	–
X6CrNiMoTi17-12-2	1.4571	440	410	390	385	375	375	375	370	360	330
X6CrNiMoNb17-12-2	1.4580	440	410	390	385	375	375	375	370	360	330
X6CrNi25-20	1.4951	470	450	430	420	410	405	400	385	370	350

Tabelle 14 — Durchzuführende Prüfungen, Prüfeinheiten und Prüfumfang bei spezifischen Prüfungen

Prüfung		Prüfstatus[a]	Prüfeinheit	Anzahl der Probenabschnitte je Prüfeinheit	Anzahl der Proben je Probenabschnitt	Hinweise in
Chemische Analyse	Schmelzenanalyse	m	Schmelze	(Es gilt die vom Hersteller gelieferte Schmelzenanalyse.)	–	8.3.1
	Stückanalyse	o		b	b	8.3.2 und 9.6.1
Zugversuch bei Raumtemperatur		m	Los[c]	1 Probenabschnitt je 2 000 kg, höchstens 2 Probenabschnitte je Prüfeinheit von zwei unterschiedlichen Stäben; bei Einzelstäben mit einer Stückmasse > 2 000 kg ist nur ein Probenabschnitt pro Stab zu entnehmen	1	8.5.1 und 9.6.2.1
Kerbschlagbiegeversuch bei Raumtemperatur		m[d]			3	8.5.1 und 9.6.3
Zugversuch bei erhöhten Temperaturen		o[e]		g	1	8.5.1 und 9.6.2.2
Maßkontrolle und Sichtprüfung		m	jedes Erzeugnis	—	—	9.6.4.3 und 9.6.4.4
Härteprüfung		o	Los[c]	g	g	9.6.4.2
Kerbschlagbiegeversuch bei tiefen Temperaturen		o[f]		g	3	8.5.1 und 9.6.3
Beständigkeit gegen interkristalline Korrosion		o		g	1	8.4 und 9.6.4.1
Verifizierung der inneren Beschaffenheit		o		g	g	8.7 und 9.6.4.5

[a] Die mit einem „m" (mandatory) gekennzeichneten Prüfungen sind in jedem Falle, die mit einem „o" (optional) gekennzeichneten Prüfungen nur nach Vereinbarung bei der Anfrage und Bestellung als spezifische Prüfungen durchzuführen.

[b] Falls nichts anderes vereinbart wurde, ist eine Probe je Schmelze zu entnehmen, um für die jeweilige Stahlsorte in den Tabellen 2 bis 4 die mit Zahlenwerten angegebenen Elemente zu bestimmen.

[c] Jedes Los besteht aus Erzeugnissen derselben Schmelze. Die Erzeugnisse müssen derselben Wärmebehandlungsabfolge im selben Ofen unterworfen worden sein. Beim Glühen im Durchlaufofen oder beim Zwischenglühen ist das Los die ohne Unterbrechung mit denselben Fertigungsparametern hergestellte Menge. Form und Querschnittsmaße von Erzeugnissen in einem einzelnen Los dürfen unterschiedlich sein, sofern das Verhältnis vom größten zum kleinsten Querschnitt gleich oder kleiner 3 ist.

[d] Optional für austenitische Stähle.

[e] Siehe 9.6.2.2.

[f] Für Stähle für den Einsatz bei tiefen Temperaturen.

[g] Bei der Anfrage und Bestellung zu vereinbaren.

Tabelle 15 — Kennzeichnung der Erzeugnisse

Kennzeichnung für	Symbol[a]
Name des Herstellers, Warenzeichen oder Logo	+
Werkstoffnummer oder Kurzname	+
Schmelzennummer	+
Identifizierungsnummer[b]	+
Zeichen des Abnahmebeauftragten	+
[a] Das Symbol „+" bedeutet, dass die Kennzeichnung aufzubringen ist.	
[b] Die zur Identifizierung verwendeten Zahlen oder Buchstaben müssen die Zuordnung der (des) Erzeugnisse(s) zum Abnahmeprüfzeugnis und zu diesem Dokument ermöglichen.	

 Oktober 2016

DIN EN 10273

ICS 77.140.30; 77.140.60

Ersatz für
DIN EN 10273:2008-02

Warmgewalzte schweißgeeignete Stäbe aus Stahl für Druckbehälter mit festgelegten Eigenschaften bei erhöhten Temperaturen; Deutsche Fassung EN 10273:2016

Hot rolled weldable steel bars for pressure purposes with specified elevated temperature properties;
German version EN 10273:2016

Barres laminées à chaud en acier soudable pour appareils à pression, avec des caractéristiques spécifiées aux températures élevées;
Version allemande EN 10273:2016

1 Anwendungsbereich

Diese Europäische Norm legt die technischen Lieferbedingungen für warmgewalzte schweißgeeignete Stäbe aus Stahl für den Bau von Druckbehältern fest, in Dicken nach Tabelle 5, die für den Einsatz bei erhöhter Temperatur bestimmt sind.

Für Erzeugnisse, die nach dieser Europäischen Norm geliefert werden, gelten zusätzlich die allgemeinen technischen Lieferbedingungen nach EN 10021.

ANMERKUNG Nach Veröffentlichung dieser Norm im EU-Amtsblatt (OJEU) ist die Annahme ihrer Konformität mit den grundlegenden Anforderungen (ESR) der Richtlinie 2014/68/EU auf die technischen Daten von Werkstoffen in dieser Norm beschränkt, und es darf nicht angenommen werden, dass damit die Eignung des Werkstoffs für ein bestimmtes Ausrüstungsteil festgestellt ist. Folglich müssen die in dieser Werkstoffnorm angegebenen technischen Parameter im Hinblick auf die konstruktiven Anforderungen dieses bestimmten Ausrüstungsteils ermittelt werden, um damit zu verifizieren, dass den ESR der Richtlinie 2014/68/EU entsprochen wird.

Tabelle 2 — Chemische Zusammensetzung (Schmelzenanalyse)

Stahlsorte		Massenanteile in %[a]																
Kurzname	Werkstoff-nummer	C	Si max.	Mn	P max.	S max.	Al_{total}	N max.	B max.	Cr	Cu max.	Mo	Nb max.	Ni max.	Ti max.	V max.	Zr max.	Nb+Ti+V max.	Cr+Cu+Mo+Ni max.
P235GH	1.0345	≤ 0,16	0,35	0,60 bis 1,20	0,025	0,010	≥ 0,020	0,012[f]	–	≤ 0,30	0,30[i]	≤ 0,08	0,020	0,30	0,03	0,02	–	–	0,70
P250GH	1.0460	0,18 bis 0,23	0,40	0,30 bis 0,90	0,025	0,015	≥ 0,020	0,012[f]	–	≤ 0,30	0,30[i]	≤ 0,08	0,020	0,30	0,03	0,02	–	–	0,70
P265GH	1.0425	≤ 0,20	0,40	0,80 bis 1,40	0,025	0,010	≥ 0,020	0,012[f]	–	≤ 0,30	0,30[i]	≤ 0,08	0,020	0,30	0,03	0,02	–	–	0,70
P295GH	1.0481	0,08 bis 0,20	0,40	0,90 bis 1,50	0,025	0,010	≥ 0,020	0,012[f]	–	≤ 0,30	0,30[i]	≤ 0,08	0,020	0,30	0,03	0,02	–	–	0,70
P355GH	1.0473	0,10 bis 0,22	0,60	1,10 bis 1,70	0,025	0,010	≥ 0,020	0,012[f]	–	≤ 0,30	0,30[i]	≤ 0,08	0,040	0,30	0,03	0,02	–	–	0,70
P275NH	1.0487	≤ 0,16	0,40	0,80 bis 1,40	0,025	0,010	≥ 0,020[c]	0,012	–	≤ 0,30[g]	0,30[g]	≤ 0,08[g]	0,05	0,50	0,03	0,05	–	0,05	–
P355NH	1.0565	≤ 0,18	0,50	1,10 bis 1,70	0,025	0,010	≥ 0,020[c]	0,012	–	≤ 0,30[g]	0,30[g]	≤ 0,08[g]	0,05	0,50	0,03	0,10	–	0,12	–
P460NH	1.8935	≤ 0,20	0,60	1,10 bis 1,70	0,025	0,010	≥ 0,020[c]	0,025	–	≤ 0,30	0,70[j]	≤ 0,10	0,05	0,80	0,03	0,20[k]	–	0,22	–
P355QH[b]	1.8867	≤ 0,16	0,40	≤ 1,50	0,025	0,010	d	0,015	0,005	≤ 0,30	0,30[i]	≤ 0,25	0,05	0,50	0,03	0,06	0,05	–	–
P460QH[b]	1.8871	≤ 0,18	0,50	≤ 1,70	0,025	0,010	d	0,015	0,005	≤ 0,50	0,30[i]	≤ 0,50	0,05	1,00	0,03	0,08	0,05	–	–
P500QH[b]	1.8874	≤ 0,18	0,60	≤ 1,70	0,025	0,010	d	0,015	0,005	≤ 1,00	0,30[i]	≤ 0,70	0,05	1,50	0,05	0,08	0,15	–	–
P690QH[b]	1.8880	≤ 0,20	0,80	≤ 1,70	0,025	0,010	d	0,015	0,005	≤ 1,50	0,30[i]	≤ 0,70	0,06	2,50	0,05	0,12	0,15	–	–
16Mo3	1.5415	0,12 bis 0,20	0,35	0,40 bis 0,90	0,025	0,010	e	0,012	–	≤ 0,30	0,30	0,25 bis 0,35	–	0,30	–	–	–	–	–
13CrMo4-5	1.7335	0,08 bis 0,18	0,35	0,40 bis 1,00	0,025	0,010	e	0,012	–	0,70[h] bis 1,15	0,30	0,40 bis 0,60	–	–	–	–	–	–	–

Stahlsorte		Massenanteile in %[a]																	
Kurzname	**Werkstoff-nummer**	C	Si max.	Mn	P max.	S max.	Al_{total}	N max.	B max.	Cr	Cu max.	Mo	Nb max.	Ni max.	Ti max.	V max.	Zr max.	Nb+Ti+V max.	Cr+Cu+ Mo+Ni max.
10CrMo9-10	1.7380	0,08 bis 0,14	0,50	0,40 bis 0,80	0,020	0,010	e	0,012	–	2,00 bis 2,50	0,30	0,90 bis 1,10	–	–	–	–	–	–	–
11CrMo9-10	1.7383	0,08 bis 0,15	0,50	0,40 bis 0,80	0,020	0,010	e	0,012	–	2,00 bis 2,50	0,25	0,90 bis 1,10	–	–	–	–	–	–	–

a In dieser Tabelle nicht aufgeführte Elemente dürfen dem Stahl außer zum Fertigbehandeln der Schmelze ohne Zustimmung des Bestellers nicht absichtlich zugegeben werden. Es sind alle angemessenen Vorkehrungen zu treffen, um die Zufuhr solcher Elemente aus dem Schrott und anderen bei der Herstellung verwendeten Stoffen und eine damit mögliche Beeinträchtigung der mechanischen Eigenschaften und der Verwendbarkeit zu vermeiden.

b In Abhängigkeit von der Erzeugnisdicke und den Herstellungsbedingungen kann der Hersteller ein oder verschiedene Legierungselement(e) bis zu dem im Auftrag festgelegten Höchstwert zugeben, um die angegebenen Eigenschaften zu erreichen. Der Bereich der chemischen Zusammensetzung für die jeweilige Herstellungsanalyse ist im Angebot und in der Auftragsbestätigung anzugeben.

c Wenn Stickstoff zusätzlich durch Niob, Titan oder Vanadium abgebunden wird, entfällt die Festlegung für den Mindestanteil an Aluminium. Wenn nur Aluminium für die Stickstoffbindung eingesetzt wird, gilt ein Verhältniswert $Al/N \geq 2$.

d Der Anteil kornverfeinernder Elemente muss mindestens 0,015 % betragen. Aluminium zählt ebenfalls zu diesen Elementen. Der Mindestanteil von 0,015 % gilt für gelöstes Aluminium. Dieser Wert wird als erreicht angesehen, wenn der Aluminium-Gesamtanteil mindestens 0,018 % beträgt. In Schiedsfällen ist der Anteil an gelöstem Aluminium zu bestimmen.

e Der Aluminiumanteil der Schmelze ist zu ermitteln und in der Prüfbescheinigung anzugeben.

f Es gilt ein Verhältniswert für $Al/N \geq 2$.

g Die Summe der Massenanteile der drei Elemente Chrom, Kupfer und Molybdän darf höchstens 0,45 % betragen.

h Wenn die Druckwasserstoffbeständigkeit von Bedeutung ist, sollte bei der Anfrage und Bestellung ein Mindestmassenanteil von 0,80 % Chrom vereinbart werden.

i Im Hinblick auf die Warmumformbarkeit dürfen bei der Anfrage und Bestellung ein niedriger Kupferanteil und ein Höchstwert für den Zinnanteil vereinbart werden.

j Wenn der Massenanteil an Kupfer größer ist als 0,30 %, muss der Massenanteil an Nickel mindestens halb so groß sein wie der Massenanteil an Kupfer.

k Bei Vanadiumanteilen > 0,10 % sollten besondere Vorkehrungen getroffen werden, um Rissbildung beim Wiedererwärmen zu vermeiden.

Tabelle 4 — Höchstwert für das Kohlenstoffäquivalent (falls bei der Anfrage und Bestellung vereinbart, siehe 8.3.3)

Stahlsorte		Kohlenstoffäquivalent (CEV)[a] % max. für Nenndurchmesser oder -dicke in mm		
Kurzname	Werkstoffnummer	≤ 70	> 70 bis ≤ 100	> 100 bis ≤ 150
P275NH	1.0487	0,40	0,40	0,42
P355NH	1.0565	0,43	0,45	0,45

[a] $CEV = C + \frac{Mn}{6} + \frac{Cr + Mo + V}{5} + \frac{Ni + Cu}{15}$

Tabelle 5 — Mechanische Eigenschaften bei Raumtemperatur

Stahlsorte		Üblicher Lieferzustand[a]	Durchmesser d oder Dicke b	Streckgrenze	Zugfestigkeit	Bruchdehnung
Kurzname	Werkstoff-nummer		mm	R_{eH}[b] MPa min.	R_m MPa	A (in Längsrichtung) % min.
P235GH	1.0345	+N	≤ 16	235	360 bis 480	25
			16 < (d oder b) ≤ 40	225		
			40 < (d oder b) ≤ 60	215		
			60 < (d oder b) ≤ 100	200		24
			100 < (d oder b) ≤ 150	185	350 bis 480	
P250GH	1.0460	+N	≤ 50	250	410 bis 540	25
			50 < (d oder b) ≤ 100	240		
			100 < (d oder b) ≤ 150	230		
P265GH	1.0425	+N	≤ 16	265	410 bis 530	23
			16 < (d oder b) ≤ 40	255		
			40 < (d oder b) ≤ 60	245		
			60 < (d oder b) ≤ 100	215		22
			100 < (d oder b) ≤ 150	200	400 bis 530	
P295GH	1.0481	+N	≤ 16	295	460 bis 580	22
			16 < (d oder b) ≤ 40	290		
			40 < (d oder b) ≤ 60	285		
			60 < (d oder b) ≤ 100	260		21
			100 < (d oder b) ≤ 150	235	440 bis 570	
P355GH	1.0473	+N	≤ 16	355	510 bis 650	21
			16 < (d oder b) ≤ 40	345		
			40 < (d oder b) ≤ 60	335		
			60 < (d oder b) ≤ 100	315	490 bis 630	20
			100 < (d oder b) ≤ 150	295	480 bis 630	
P275NH	1.0487	+N	≤ 16	275	390 bis 510	24
			16 < (d oder b) ≤ 35	275		
			35 < (d oder b) ≤ 50	265		
			50 < (d oder b) ≤ 70	255		
			70 < (d oder b) ≤ 100	235	370 bis 490	23
			100 < (d oder b) ≤ 150	225	350 bis 470	

Stahlsorte		Üblicher Lieferzustand[a]	Durchmesser d oder Dicke b	Streckgrenze R_{eH}[b]	Zugfestigkeit R_m	Bruchdehnung A (in Längsrichtung)
Kurzname	Werkstoffnummer		mm	MPa min.	MPa	% min.
P355NH	1.0565	+N	≤ 16	355	490 bis 630	22
			16 < (d oder b) ≤ 35	355		
			35 < (d oder b) ≤ 50	345		
			50 < (d oder b) ≤ 70	325		
			70 < (d oder b) ≤ 100	315	470 bis 610	21
			100 < (d oder b) ≤ 150	295	450 bis 590	
P460NH	1.8935	+N[c]	≤ 16	460	570 bis 720	17
			16 < (d oder b) ≤ 35	450		
			35 < (d oder b) ≤ 50	440		
			50 < (d oder b) ≤ 70	420		
			70 < (d oder b) ≤ 100	400	540 bis 710	16
			100 < (d oder b) ≤ 150	380	520 bis 690	
P355QH	1.8867	+QT	≤ 50	355	490 bis 630	22
			50 < (d oder b) ≤ 100	335		
			100 < (d oder b) ≤ 150	315	450 bis 590	
P460QH	1.8871	+QT	≤ 50	460	550 bis 720	19
			50 < (d oder b) ≤ 100	440		
			100 < (d oder b) ≤ 150	400	500 bis 670	
P500QH	1.8874	+QT	≤ 50	500	590 bis 770	17
			50 < (d oder b) ≤ 100	480		
			100 < (d oder b) ≤ 150	440	540 bis 720	
P690QH	1.8880	+QT	≤ 50	690	770 bis 940	14
			50 < (d oder b) ≤ 100	670		
			100 < (d oder b) ≤ 150	630	720 bis 900	
16Mo3	1.5415	+N[d]	≤ 16	275	440 bis 590	24
			16 < (d oder b) ≤ 40	270		
			40 < (d oder b) ≤ 60	260		23
			60 < (d oder b) ≤ 100	240	430 bis 580	22
			100 < (d oder b) ≤ 150	220	420 bis 570	19
13CrMo4-5	1.7335	+NT	≤ 16	300	450 bis 600	20
			16 < (d oder b) ≤ 60	295		
		+NT oder +QA oder +QL	60 < (d oder b) ≤ 100	275	440 bis 590	19
		+QL	100 < (d oder b) ≤ 150	255	430 bis 580	

<table>
<tr><th colspan="2">Stahlsorte</th><th rowspan="2">Üblicher Lieferzustand[a]</th><th rowspan="2">Durchmesser d oder Dicke b

mm</th><th rowspan="2">Streckgrenze
R_{eH}[b]
MPa
min.</th><th rowspan="2">Zugfestigkeit
R_m
MPa</th><th rowspan="2">Bruchdehnung
A
(in Längsrichtung)
%
min.</th></tr>
<tr><th>Kurzname</th><th>Werkstoff-nummer</th></tr>
<tr><td rowspan="5">10CrMo9-10</td><td rowspan="5">1.7380</td><td rowspan="3">+NT</td><td>≤ 16</td><td>310</td><td rowspan="3">480 bis 630</td><td rowspan="3">18</td></tr>
<tr><td>16 < (d oder b) ≤ 40</td><td>300</td></tr>
<tr><td>40 < (d oder b) ≤ 60</td><td>290</td></tr>
<tr><td rowspan="2">+NT oder +QA oder +QL</td><td>60 < (d oder b) ≤ 100</td><td>270</td><td>470 bis 620</td><td rowspan="2">17</td></tr>
<tr><td>100 < (d oder b) ≤ 150</td><td>250</td><td>460 bis 610</td></tr>
<tr><td rowspan="2">11CrMo9-10</td><td rowspan="2">1.7383</td><td>+NT oder +QA oder +QL</td><td>≤ 60</td><td rowspan="2">310</td><td rowspan="2">520 bis 670</td><td>18</td></tr>
<tr><td>+QL</td><td>60 < (d oder b) ≤ 100</td><td>17</td></tr>
</table>

[a] +N: normalgeglüht (einschließlich normalisierend gewalzt, siehe 8.2.2); +QT: vergütet; +NT: normalgeglüht und angelassen; +QA: luftvergütet, +QL: flüssigkeitsvergütet.

[b] Wenn die obere Streckgrenze R_{eH} nicht ausgeprägt ist, ist die 0,2 %-Dehngrenze $R_{p0,2}$ zu bestimmen. Für $R_{p0,2}$ gelten dann um 10 MPa niedrigere Mindestwerte.

[c] Siehe 8.2.2 (zweiter Absatz).

[d] Dieser Stahl darf nach Wahl des Herstellers auch im Lieferzustand +NT geliefert werden.

Tabelle 6 — Werte der Kerbschlagarbeit

Stahlsorte		Mindestwert der Kerbschlagarbeit KV_2 (in Längsrichtung) J bei einer Temperatur in °C von		
Kurzname	**Werkstoff-nummer**	−20	0	+20
P235GH	1.0345	27	40	47
P250GH	1.0460			
P265GH	1.0425			
P295GH	1.0481			
P355GH	1.0473			
P275NH	1.0487	40	47	55
P355NH	1.0565			
P460NH	1.8935			
P355QH	1.8867	40	60	80
P460QH	1.8871			
P500QH	1.8874			
P690QH	1.8880			
16Mo3	1.5415	— [a]	— [a]	40
13CrMo4-5	1.7335			
10CrMo9-10	1.7380			
11CrMo9-10	1.7383			

[a] Werte dürfen bei der Anfrage und Bestellung vereinbart werden.

Tabelle 7 — Mindestwerte der Dehngrenze $R_{p0.2}$ bei erhöhten Temperaturen[a]

Stahlsorte		Durchmesser d oder Dicke b[b]	Dehngrenze $R_{p0,2}$ MPa min. bei einer Temperatur in °C von									
Kurzname	Werkstoff-nummer	mm	50	100	150	200	250	300	350	400	450	500
P235GH[c]	1.0345	≤ 16	227	214	198	182	167	153	142	133	–	–
		16 < (d oder b) ≤ 40	218	205	190	174	160	147	136	128	–	–
		40 < (d oder b) ≤ 60	208	196	181	167	153	140	130	122	–	–
		60 < (d oder b) ≤ 100	193	182	169	155	142	130	121	114	–	–
		100 < (d oder b) ≤ 150	179	168	156	143	131	121	112	105	–	–
P250GH[c]	1.0460	≤ 50	242	237	216	190	170	150	130	110	90	–
		50 < (d oder b) ≤ 100	234	230	210	185	165	145	125	100	80	–
		100 < (d oder b) ≤ 150	224	220	200	175	155	135	115	90	70	–
P265GH[c]	1.0425	≤ 16	256	241	223	205	188	173	160	150	–	–
		16 < (d oder b) ≤ 40	247	232	215	197	181	166	154	145	–	–
		40 < (d oder b) ≤ 60	237	223	206	190	174	160	148	139	–	–
		60 < (d oder b) ≤ 100	208	196	181	167	153	140	130	122	–	–
		100 < (d oder b) ≤ 150	193	182	169	155	142	130	121	114	–	–
P295GH[c]	1.0481	≤ 16	285	268	249	228	209	192	178	167	–	–
		16 < (d oder b) ≤ 40	280	264	244	225	206	189	175	165	–	–
		40 < (d oder b) ≤ 60	276	259	240	221	202	186	172	162	–	–
		60 < (d oder b) ≤ 100	251	237	219	201	184	170	157	148	–	–
		100 < (d oder b) ≤ 150	227	214	198	182	167	153	142	133	–	–
P355GH[c]	1.0473	≤ 16	343	323	299	275	252	232	214	202	–	–
		16 < (d oder b) ≤ 40	334	314	291	267	245	225	208	196	–	–
		40 < (d oder b) ≤ 60	324	305	282	259	238	219	202	190	–	–
		60 < (d oder b) ≤ 100	305	287	265	244	224	206	190	179	–	–
		100 < (d oder b) ≤ 150	285	268	249	228	209	192	178	167	–	–
P275NH[d]	1.0487	≤ 16	266	250	232	213	195	179	166	156	–	–
		16 < (d oder b) ≤ 40	256	241	223	205	188	173	160	150	–	–
		40 < (d oder b) ≤ 60	247	232	215	197	181	166	154	145	–	–
		60 < (d oder b) ≤ 100	227	214	198	182	167	153	142	133	–	–
		100 < (d oder b) ≤ 150	218	205	190	174	160	147	136	128	–	–
P355NH[d]	1.0565	≤ 16	343	323	299	275	252	232	214	202	–	–
		16 < (d oder b) ≤ 40	334	314	291	267	245	225	208	196	–	–
		40 < (d oder b) ≤ 60	324	305	282	259	238	219	202	190	–	–
		60 < (d oder b) ≤ 100	305	287	265	244	224	206	190	179	–	–
		100 < (d oder b) ≤ 150	295	277	257	236	216	199	184	173	–	–
P460NH[d]	1.8935	≤ 16	445	419	388	356	326	300	278	261	–	–
		16 < (d oder b) ≤ 40	430	405	375	345	316	290	269	253	–	–
		40 < (d oder b) ≤ 60	416	391	362	333	305	281	260	244	–	–
		60 < (d oder b) ≤ 100	387	364	337	310	284	261	242	227	–	–
		100 < (d oder b) ≤ 150	368	346	320	294	270	248	230	216	–	–
P355QH	1.8867	≤ 50	340	310	285	260	235	215	–	–	–	–
		50 < (d oder b) ≤ 100	320	290	265	240	215	195	–	–	–	–
		100 < (d oder b) ≤ 150	280	250	225	200	175	155	–	–	–	–

Stahlsorte		Durchmesser d oder Dicke b[b]	Dehngrenze $R_{p0,2}$ MPa min. bei einer Temperatur in °C von									
Kurzname	Werkstoff-nummer	mm	50	100	150	200	250	300	350	400	450	500
P460QH	1.8871	≤ 50	445	425	405	380	360	340	–	–	–	–
		50 < (d oder b) ≤ 100	425	405	385	360	340	320	–	–	–	–
		100 < (d oder b) ≤ 150	385	365	345	320	300	280	–	–	–	–
P500QH	1.8874	≤ 50	490	470	450	420	400	380	–	–	–	–
		50 < (d oder b) ≤ 100	470	450	430	400	380	360	–	–	–	–
		100 < (d oder b) ≤ 150	430	410	390	360	340	320	–	–	–	–
P690QH	1.8880	≤ 50	670	645	615	595	575	570	–	–	–	–
		50 < (d oder b) ≤ 100	650	625	595	575	555	550	–	–	–	–
		100 < (d oder b) ≤ 150	610	585	555	535	515	510	–	–	–	–
16Mo3	1.5415	≤ 16	273	264	250	233	213	194	175	159	147	141
		16 < (d oder b) ≤ 40	268	259	245	228	209	190	172	156	145	139
		40 < (d oder b) ≤ 60	258	250	236	220	202	183	165	150	139	134
		60 < (d oder b) ≤ 100	238	230	218	203	186	169	153	139	129	123
		100 < (d oder b) ≤ 150	218	211	200	186	171	155	140	127	118	113
13CrMo4-5	1.7335	≤ 16	294	285	269	252	234	216	200	186	175	164
		16 < (d oder b) ≤ 60	285	275	260	243	226	209	194	180	169	159
		60 < (d oder b) ≤ 100	265	256	242	227	210	195	180	168	157	148
		100 < (d oder b) ≤ 150	250	242	229	214	199	184	170	159	148	139
10CrMo9-10	1.7380	≤ 16	288	266	254	248	243	236	225	212	197	185
		16 < (d oder b) ≤ 40	279	257	246	240	235	228	218	205	191	179
		40 < (d oder b) ≤ 60	270	249	238	232	227	221	211	198	185	173
		60 < (d oder b) ≤ 100	260	240	230	224	220	213	204	191	178	167
		100 < (d oder b) ≤ 150	250	237	228	222	219	213	204	191	178	167
11CrMo9-10[d]	1.7383	≤ 100	–	–	–	–	255	235	225	215	205	195

a Die Werte entsprechen dem unteren Band der jeweiligen nach EN 10314 mit einer Vertrauensgrenze von 98 % (2 s) bestimmten Trendkurve.

b Lieferzustand wie in Tabelle 5 angegeben.

c Die Werte sind Mindestwerte für im Ofen normalgeglühte Proben.

d $R_{p0,2}$ nicht nach EN 10314 bestimmt. Es sind die Mindestwerte des Streubandes.

Tabelle 8 — Zusammenfassung der Prüfungen und Prüfumfang

Art der Prüfung		Prüfumfang/Anzahl der Proben[a]	Hinweise in
Verbindliche Prüfungen	Schmelzenanalyse	1 je Schmelze	8.3.1
	Zugversuch bei Raumtemperatur	1 je Probenabschnitt	10.1.2, 10.2 und 11.2
	Kerbschlagbiegeversuch	3 je Probenabschnitt	10.1.2, 10.2 und 11.4
	Maßkontrolle und Sichtprüfung	Jedes Erzeugnis	11.5.1 und 11.5.2
Optionale Prüfungen	Stückanalyse	1 je Schmelze	10.1.1, 10.2.1 und 11.1
	Zugversuch bei erhöhter Temperatur	1 je Schmelze	10.1.2, 10.2 und 11.3
	Innere Beschaffenheit	b	8.6 und 11.5.3

a Zur Probenahme und zur Größe der Prüfeinheiten, siehe 10.1.

b Bei der Anfrage und Bestellung zu vereinbaren.

Tabelle 9 — Lage der Proben (in Längsrichtung)

Maße in Millimeter

Art der Prüfung	Erzeugnis mit zylindrischem Querschnitt	Erzeugnisse mit rechteckigem Querschnitt
Zugversuch	$d \leq 25$ [b]; $25 < d \leq 160$; d; 12,5	$b \leq 25$, $a \geq b$; $25 < b \leq 160$, $a \geq b$; a; b; 12,5; c
Kerbschlagbiegeversuch[a]	$12 \leq d \leq 25$; $25 < d \leq 160$; d; 12,5	$6 \leq b \leq 25$, $a \geq b$; $25 < b \leq 160$, $a \geq b$; a; b; 12,5; c

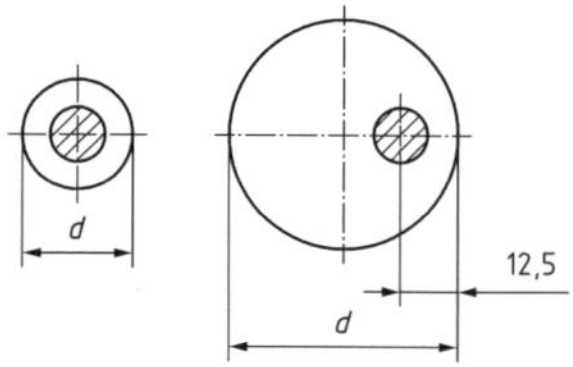

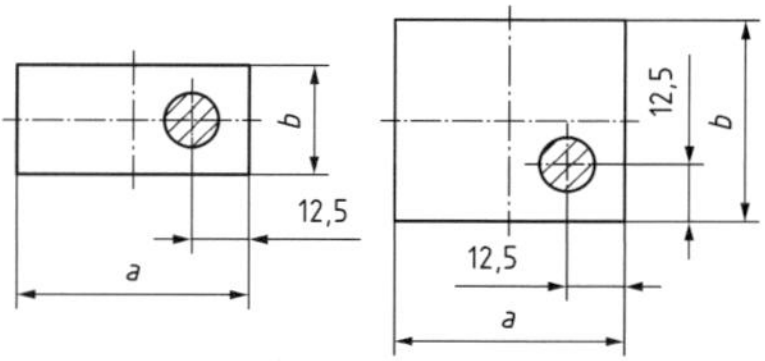

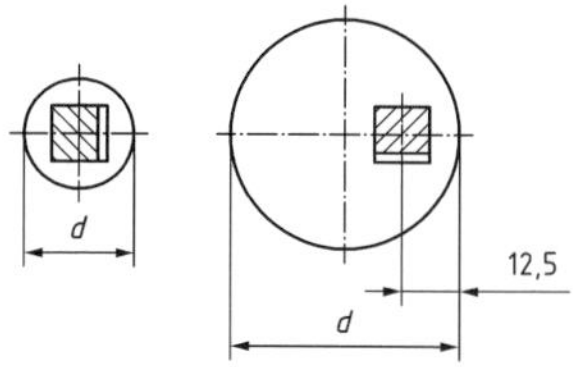

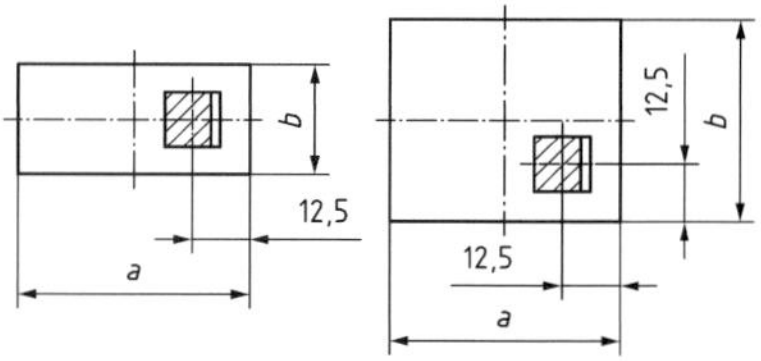

a Bei Erzeugnissen mit zylindrischem Querschnitt verläuft die Kerbachse annähernd parallel zum Durchmesser. Bei Erzeugnissen mit rechteckigem Querschnitt verläuft die Kerbachse senkrecht zur größeren gewalzten Oberfläche.

b Testproben dürfen alternativ nach EN ISO 377 auch unbearbeitet geprüft werden.

c Der Wert von 12,5 mm gilt nur wenn $a \geq 25$ mm, sonst muss der Wert mindestens $a/2$ sein.

Tabelle 10 — Kennzeichnung der Erzeugnisse

Kennzeichnung für	Symbol[a]
Name des Herstellers, Warenzeichen oder Logo	+
Nummer dieser Europäischen Norm	(+)
Stahlkurzname oder Werkstoffnummer	+
Ausführungsart	(+)
Identifizierungsnummer	+[b]
Nenndurchmesser oder -dicke	(+)
Andere Nennmaße als Durchmesser und Dicke	(+)
Zeichen des Abnahmebeauftragten	+[c]
Bestellnummer des Kunden	(+)

[a] Die Symbole bedeuten:
+ die Kennzeichnung ist anzubringen;
(+) die Kennzeichnung ist nach entsprechender Vereinbarung anzubringen oder bleibt dem Hersteller überlassen.

[b] Die zur Identifizierung verwendeten Zahlen oder Buchstaben müssen die Zuordnung der (des) Erzeugnisse(s) zum entsprechenden Abnahmeprüfzeugnis oder zum Abnahmeprüfprotokoll ermöglichen. Dies muss eine Zuordnung zur Schmelzennummer gestatten.

[c] Auf das Zeichen des Abnahmebeauftragten darf verzichtet werden, wenn der entsprechende Abnahmebeauftragte auf andere Weise identifiziert werden kann.

DIN EN 10204

ICS 01.110; 77.140.01; 77.150.01

Ersatz für
DIN EN 10204:1995-08

Metallische Erzeugnisse – Arten von Prüfbescheinigungen; Deutsche Fassung EN 10204:2004

Metallic products –
Types of inspection documents;
German version EN 10204:2004

Produits métalliques –
Types de documents de contrôle;
Version allemande EN 10204:2004

1 Anwendungsbereich

1.1. In diesem Dokument sind die verschiedenen Arten von Prüfbescheinigungen festgelegt, die dem Besteller in Übereinstimmung mit den Vereinbarungen bei der Bestellung für die Lieferung von allen metallischen Erzeugnissen, wie z. B. Blechen, Feinblechen, Stangen, Schmiedestücken, Gussstücken, zur Verfügung gestellt werden können, unabhängig von der Art ihrer Herstellung.

1.2 Dieses Dokument darf auch für nichtmetallische Erzeugnisse angewendet werden.

1.3 Dieses Dokument ist zusammen mit den Erzeugnisspezifikationen anzuwenden, in denen die technischen Lieferbedingungen für die Erzeugnisse festgelegt sind.

ANMERKUNG 1 Informationen über den möglichen Inhalt von Prüfbescheinigungen können aus entsprechenden Dokumenten entnommen werden, z. B. EN 10168 für Stahl.

ANMERKUNG 2 Anhang A gibt eine Übersicht über die verschiedenen Prüfbescheinigungen.

2 Begriffe

Für die Anwendung dieses Dokumentes gelten die folgenden Begriffe:

2.1
nichtspezifische Prüfung
vom Hersteller nach ihm geeignet erscheinenden Verfahren durchgeführte Prüfungen, durch die ermittelt werden soll, ob Erzeugnisse, die nach der gleichen Erzeugnisspezifikation und nach dem gleichen Verfahren hergestellt worden sind, die in der Bestellung festgelegten Anforderungen erfüllen

Die geprüften Erzeugnisse müssen nicht notwendigerweise aus der Lieferung selbst stammen.

2.2
spezifische Prüfung
Prüfungen, die vor der Lieferung entsprechend der Erzeugnisspezifikation an den zu liefernden Erzeugnissen oder an Prüfeinheiten, von denen diese ein Teil sind, durchgeführt werden, um festzustellen, ob die Erzeugnisse die in der Bestellung festgelegten Anforderungen erfüllen

2.3
Hersteller
Organisation, die die jeweiligen Erzeugnisse entsprechend den Anforderungen der Bestellung mit den Eigenschaften entsprechend der Erzeugnisspezifikation herstellt

2.4
Händler
Organisation, die Erzeugnisse von einem Hersteller erhält und diese ohne weitere Bearbeitung weitergibt oder, wenn bearbeitet, ohne Veränderung der in der Bestellung und in der der Bestellung zugrunde liegenden Erzeugnisspezifikation festgelegten Eigenschaften

2.5
Erzeugnisspezifikation
Gesamtheit der für den Auftrag zutreffenden technischen Anforderungen, festgelegt im Auftrag selbst und/oder durch Bezugnahme auf z. B. Regelwerke, Normen und andere Spezifikationen

3 Prüfbescheinigungen auf der Grundlage nichtspezifischer Prüfung

3.1 Werksbescheinigung „2.1“

Bescheinigung, in der der Hersteller bestätigt, dass die gelieferten Erzeugnisse den Anforderungen der Bestellung entsprechen, ohne Angabe von Prüfergebnissen.

3.2 Werkszeugnis „2.2“

Bescheinigung, in welcher der Hersteller bestätigt, dass die gelieferten Erzeugnisse den Anforderungen der Bestellung entsprechen, mit Angabe von Ergebnissen nichtspezifischer Prüfungen.

4 Prüfbescheinigungen auf der Grundlage spezifischer Prüfung

4.1 Abnahmeprüfzeugnis „3.1“

Bescheinigung, herausgegeben vom Hersteller, in der er bestätigt, dass die gelieferten Erzeugnisse die in der Bestellung festgelegten Anforderungen erfüllen, mit Angabe der Prüfergebnisse.

Die Prüfeinheit und die Durchführung der Prüfung sind in der Erzeugnisspezifikation, den amtlichen Vorschriften und Technischen Regeln und/oder der Bestellung festgelegt.

Die Bescheinigung wird bestätigt von einem von der Fertigungsabteilung unabhängigen Abnahmebeauftragten des Herstellers.

Ein Hersteller darf in das Abnahmeprüfzeugnis 3.1 Prüfergebnisse übernehmen, die auf der Grundlage spezifischer Prüfung des von ihm verwendeten Vormaterials bzw. der Vorerzeugnisse ermittelt wurden unter der Voraussetzung, dass er Verfahren zur Sicherstellung der Rückverfolgbarkeit anwendet und die entsprechende Prüfbescheinigung vorlegen kann.

4.2 Abnahmeprüfzeugnis „3.2“

Bescheinigung, in der sowohl von einem von der Fertigungsabteilung unabhängigen Abnahmebeauftragten des Herstellers als auch von dem Abnahmebeauftragten des Bestellers oder dem in den amtlichen Vorschriften genannten Abnahmebeauftragten bestätigt wird, dass die gelieferten Erzeugnisse die in der Bestellung festgelegten Anforderungen erfüllen, mit Angabe der Prüfergebnisse.

Ein Hersteller darf in das Abnahmeprüfzeugnis 3.2 Prüfergebnisse übernehmen, die auf der Grundlage spezifischer Prüfung des von ihm verwendeten Vormaterials bzw. der Vorerzeugnisse ermittelt wurden unter der Voraussetzung, dass er Verfahren zur Sicherstellung der Rückverfolgbarkeit anwendet und die entsprechende Prüfbescheinigung vorlegen kann.

5 Bestätigung und Weitergabe der Prüfbescheinigungen

Die Prüfbescheinigungen müssen von der (den) verantwortlichen Person (Personen) bestätigt sein (Name und Dienststellung).

Die Aufbewahrung und Weitergabe von Prüfbescheinigungen müssen entweder auf elektronischem Wege oder in Papierform erfolgen.

6 Weitergabe von Prüfbescheinigungen durch einen Händler

Ein Händler darf nur Originale oder Kopien der vom Hersteller gelieferten Prüfbescheinigungen ohne irgendeine Veränderung weitergeben. Diesen Bescheinigungen muss ein geeignetes Mittel zur Identifizierung des Erzeugnisses beigefügt werden, damit die eindeutige Zuordnung von Erzeugnis und Bescheinigung sichergestellt ist.

Kopien der Originalbescheinigung sind zulässig unter der Voraussetzung, dass

— Verfahren zur Sicherstellung der Rückverfolgbarkeit angewendet werden,

— die Originalbescheinigung auf Anforderung verfügbar ist.

Wenn Kopien hergestellt werden, ist es zulässig, die Angabe der ursprünglichen Liefermenge durch die aktuelle Teilmenge zu ersetzen.

Anhang A
(informativ)

Zusammenstellung der Prüfbescheinigungen

Eine Zusammenstellung der Prüfbescheinigungen ist in Tabelle A.1 angegeben.

Tabelle A.1 — Zusammenstellung der Prüfbescheinigungen

Bezeichnung der Prüfbescheinigungen nach EN 10204				Inhalt der Bescheinigung	Bestätigung der Bescheinigung durch
Art	Deutsch	Englisch	Französisch		
2.1	Werksbescheinigung	Declaration of compliance with the order	Attestation de conformité à la commande	Bestätigung der Übereinstimmung mit der Bestellung	den Hersteller
2.2	Werkszeugnis	Test report	Relevé de contrôle	Bestätigung der Übereinstimmung mit der Bestellung unter Angabe von Ergebnissen nichtspezifischer Prüfung	den Hersteller
3.1	Abnahmeprüfzeugnis 3.1	Inspection certificate 3.1	Certificat de reception 3.1	Bestätigung der Übereinstimmung mit der Bestellung unter Angabe von Ergebnissen spezifischer Prüfung	den von der Fertigungsabteilung unabhängigen Abnahmebeauftragten des Herstellers
3.2	Abnahmeprüfzeugnis 3.2	Inspection certificate 3.2	Certificat de reception 3.2	Bestätigung der Übereinstimmung mit der Bestellung unter Angabe von Ergebnissen spezifischer Prüfung	den von der Fertigungsabteilung unabhängigen Abnahmebeauftragten des Herstellers und den vom Besteller beauftragten Abnahmebeauftragten oder den in den amtlichen Vorschriften genannten Abnahmebeauftragten

Vorbemerkung: In dem Auszug aus der (Druckgeräte) Richtlinie 2014/68/EU werden die für die in diesem Buch spezifizierten Rohrleitungsteile Flansche, Bunde, Stutzen und andere Rohrverbindungsteile wichtigen Abschnitte genannt. Die vollständige Richtlinie ist im **Amtsblatt der Europäischen Union** vom 27.06.2014/L189/164 veröffentlicht und einzusehen.

Bei weitergehenden Fragen zum Thema RICHTLINIE 2014/68/EU sind die **Leitlinien (Guidelines)** zur Einsicht zu empfehlen.
(Amtsblatt und Guidelines stehen zum Download in der Beuth-Mediathek bereit.)

(Auszug)

RICHTLINIE 2014/68/EU
des Europäischen Parlaments und des Rates
vom 15. Mai 2014
zur Harmonisierung der Rechtsvorschriften der Mitgliedstaaten über
die Bereitstellung von Druckgeräten auf dem Markt
(Neufassung)

DAS EUROPÄISCHE PARLAMENT UND DER RAT DER EUROPÄISCHEN UNION -
gestützt auf den Vertrag über die Arbeitsweise der Europäischen Union, insbesondere auf Artikel 114, auf Vorschlag der Europäischen Kommission, nach Zuleitung des Entwurfs des Gesetzgebungsakts an die nationalen Parlamente, nach Stellungnahme des Europäischen Wirtschafts- und Sozialausschusses (1), gemäß dem ordentlichen Gesetzgebungsverfahren (2), in Erwägung nachstehender Gründe:

(1) Die Richtlinie 97/23/EG des Europäischen Parlaments und des Rates (3) ist erheblich geändert worden (4). Aus Gründen der Klarheit empfiehlt es sich, im Rahmen der anstehenden Änderungen eine Neufassung der genannten Richtlinie vorzunehmen.

...

KAPITEL 1
ALLGEMEINE BESTIMMUNGEN

Artikel 1
Geltungsbereich

(1) Diese Richtlinie gilt für die Auslegung, Fertigung und Konformitätsbewertung von Druckgeräten und Baugruppen mit einem maximal zulässigen Druck (PS) von über 0,5 bar.

...

Artikel 2
Begriffsbestimmungen

Im Sinne dieser Richtlinie bezeichnet der Ausdruck

1. „Druckgeräte" Behälter, Rohrleitungen, Ausrüstungsteile mit Sicherheitsfunktion und druckhaltende Ausrüstungsteile, gegebenenfalls **einschließlich** an drucktragenden Teilen angebrachter Elemente, wie z. B. **Flansche, Stutzen**, Kupplungen, Trageelemente, Hebeösen;

...

ANHANG I
WESENTLICHE SICHERHEITSANFORDERUNGEN
VORBEMERKUNGEN

1. Die Pflichten im Zusammenhang mit den in diesem Anhang aufgeführten wesentlichen Sicherheitsanforderungen für Druckgeräte gelten auch für Baugruppen, wenn von ihnen eine entsprechende Gefahr ausgeht.

2. Die in dieser Richtlinie aufgeführten wesentlichen Sicherheitsanforderungen sind bindend. Die Pflichten, die sich aus den wesentlichen Sicherheitsanforderungen ergeben, gelten nur, wenn von dem betreffenden Druckgerät bei Verwendung unter den vom Hersteller nach vernünftigem Ermessen vorhersehbaren Bedingungen die entsprechende Gefahr ausgeht.

3. Der Hersteller ist verpflichtet, eine Analyse der Gefahren und Risiken vorzunehmen, um die mit seinem Gerät verbundenen druckbedingten Gefahren und Risiken zu ermitteln; er muss das Gerät dann unter Berücksichtigung seiner Analyse auslegen und bauen.

4. Die wesentlichen Sicherheitsanforderungen sind so zu interpretieren und anzuwenden, dass dem Stand der Technik und der Praxis zum Zeitpunkt der Konzeption und der Fertigung sowie den technischen und wirtschaftlichen Erwägungen Rechnung getragen wird, die mit einem hohen Maß des Schutzes von Gesundheit und Sicherheit zu vereinbaren sind.

...

4. WERKSTOFFE

Die zur Herstellung von Druckgeräten verwendeten Werkstoffe müssen, falls sie nicht ersetzt werden sollen, für die gesamte vorgesehene Lebensdauer geeignet sein. Schweißzusatzwerkstoffe und sonstige Verbindungswerkstoffe brauchen nur die entsprechenden Auflagen der Nummern 4.1, 4.2 Buchstabe a und 4.3 erster Absatz zu erfüllen, und zwar sowohl einzeln als auch in der Verbindung.

4.1. Für Werkstoffe drucktragender Teile gelten folgende Bestimmungen:
a) Sie müssen Eigenschaften besitzen, die allen nach vernünftigem Ermessen vorhersehbaren Betriebsbedingungen und allen Prüfbedingungen entsprechen, und insbesondere eine ausreichend hohe Duktilität und Zähigkeit besitzen. Falls zutreffend, müssen die Eigenschaften dieser Werkstoffe den Bestimmungen der Nummer 7.5 entsprechen. Insbesondere müssen die Werkstoffe so ausgewählt sein, dass es gegebenenfalls nicht zu einem Sprödbruch kommt; muss aus bestimmten Gründen ein spröder Werkstoff verwendet werden, so sind entsprechende Maßnahmen zu treffen.

b) Sie müssen gegen die im Druckgerät geführten Fluide in ausreichendem Maße chemisch beständig sein; die für die Betriebssicherheit erforderlichen chemischen und physikalischen Eigenschaften dürfen während der vorgesehenen Lebensdauer nicht wesentlich beeinträchtigt werden.

c) Sie dürfen durch Alterung nicht wesentlich beeinträchtigt werden.

d) Sie müssen für die vorgesehenen Verarbeitungsverfahren geeignet sein.

e) Sie müssen so ausgewählt sein, dass bei der Verbindung unterschiedlicher Werkstoffe keine wesentlich nachteiligen Wirkungen auftreten.

4.2. Vom Hersteller des Druckgeräts:

a) sind die für die Berechnung im Hinblick auf Nummer 2.2.3 erforderlichen Kennwerte sowie die wesentlichen Eigenschaften der Werkstoffe und ihrer Behandlung gemäß Nummer 4.1 sachgerecht festzulegen;

b) sind in den technischen Unterlagen Angaben zur Einhaltung der Werkstoffvorschriften der vorliegenden Richtlinie in einer der folgenden Formen zu machen: — Verwendung von Werkstoffen entsprechend den harmonisierten Normen; — Verwendung von Werkstoffen, für die eine europäische Werkstoffzulassung für Druckgeräte gemäß Artikel 15 vorliegt; — Einzelgutachten zu den Werkstoffen;

c) ist bei Druckgeräten der Kategorien III und IV eine besondere Bewertung des Einzelgutachtens zu den Werkstoffen von der für die Konformitätsbewertung des Druckgerätes zuständigen notifizierten Stelle durchführen zu lassen.

4.3. Der Hersteller des Druckgeräts hat die geeigneten Maßnahmen zu ergreifen, um sicherzustellen, dass der verwendete Werkstoff den vorgegebenen Anforderungen entspricht. Insbesondere sind für alle Werkstoffe vom Werkstoffhersteller ausgefertigte Unterlagen einzuholen, durch die die Übereinstimmung mit einer gegebenen Vorschrift bescheinigt wird.

Für die wichtigsten drucktragenden Teile von Druckgeräten der Kategorien II, III und IV hat dies in Form einer Bescheinigung mit spezifischer Prüfung der Produkte zu erfolgen.

Wendet ein Werkstoffhersteller ein geeignetes, von einer in der Union niedergelassenen zuständigen Stelle zertifiziertes Qualitätsmanagementsystem an, das in Bezug auf die Werkstoffe einer spezifischen Bewertung unterzogen wurde, so wird davon ausgegangen, dass die vom Hersteller ausgestellten Bescheinigungen den Nachweis der Übereinstimmung mit den entsprechenden Anforderungen dieser Nummer bieten.

...

7. BESONDERE QUANTITATIVE ANFORDERUNGEN FÜR BESTIMMTE DRUCKGERÄTE

Die nachstehenden Bestimmungen sind in der Regel anzuwenden. Werden sie nicht angewandt, einschließlich für den Fall, dass Werkstoffe nicht speziell genannt sind und harmonisierte Normen nicht angewandt werden, so ist vom Hersteller nachzuweisen, dass geeignete Maßnahmen ergriffen wurden, um ein gleichwertiges Gesamtsicherheitsniveau zu erzielen.

Die unter dieser Nummer festgelegten Bestimmungen ergänzen die wesentlichen Sicherheitsanforderungen der Nummern 1bis 6 bei Druckgeräten, für die sie gelten.

...

7.5. Werkstoffeigenschaften

Sofern nicht andere zu berücksichtigende Kriterien andere Werte erfordern, gilt ein Stahl als ausreichend duktil im Sinne von Nummer 4.1 Buchstabe a, wenn seine Bruchdehnung im normgemäß durchgeführten Zugversuch mindestens 14 % und die Kerbschlagarbeit an einer ISO-V-Probe bei einer Temperatur von höchstens 20 °C, jedoch höchstens bei der vorgesehenen tiefsten Betriebstemperatur mindestens 27 J beträgt.

Bemerkung/Erläuterung zur Einstufung von Flanschen in die Richtlinie 2014/68/EU (vormals DGRL 97/23/EG):

Definition Flansche, Bunde, Stutzen und andere Rohrverbindungsteile im Bereich der Richtlinie

Druckgeräte sind Behälter (geschlossenes Bauteil zur Aufnahme von unter Druck stehendem Medium), Rohrleitungen (Zur Durchleitung von unter Druck stehendem Medium bestimmt), Ausrüstungsteile mit Sicherheitsfunktion und Ausrüstungsteile die druckhaltend sind.

Weist aber ein Gerät keine eigene druckbeaufschlagte feste Hülle auf, hat also keinen eigenen Druckraum, so liegt kein druckhaltendes Teil im Sinne der Druckgeräte-Richtlinie vor.

Somit ist der Flansch an sich kein Druckgerät, wird aber in Artikel 2 als „Druckgerät" eingestuft, da ein Flansch an Behälter, Rohrleitungen und anderen Ausrüstungsteilen angebracht (z. B. angeschweißt) werden kann.

Die wesentlichen Sicherheitsanforderungen an den Hersteller von Flanschen und anderen Rohrleitungsteilen werden im Anhang 1 der RICHTLINIE 2014/68/EU entsprechend Anhang 1 Punkt 4.3 festgelegt und nach diesen Regeln von einer notifizierten oder einer anerkannten unabhängigen Prüfstellen überprüft. Nach erfolgreicher Überprüfung wird der Werkstoffhersteller zertifiziert und bescheinigt, dass er ein Qualitätsmanagementsystem entsprechend Druckgeräterichtlinie 2014/68/EU eingeführt hat und anwendet.

Anforderungen an den eingesetzten Stahl

Für die Werkstoffeigenschaften der einzusetzenden Stahlsorten im Bereich der in diesem Buch spezifizierten drucktragenden Rohrleitungsteile gelten folgende grundsätzlichen Bestimmungen:

Es muss eine Bruchdehnung im normgemäß durchgeführten Zugversuch von mindestens 14 % und eine Kerbschlagarbeit (ISO-V-Probe) bei einer Temperatur von höchstens 20 °C, jedoch höchstens bei der vorgesehenen tiefsten Betriebstemperatur von mindestens 27 J

CE-Kennzeichnung von Flansche, Bunde, Stutzen und andere Rohrverbindungsteile

Der Flansch als druckbeaufschlagtes Einzelteil eines Druckgerätes muss zwar den sicherheitstechnischen Anforderungen der Druckgeräterichtlinie genügen, ist aber kein eigenständiges Druckgerät und wird daher auch nicht mit einer CE-Kennzeichnung versehen.

Bei weiteren Fragen zum Thema RICHTLINIE 2014/68/EU kann auf die **Leitlinien (Guidelines)** zurückgegriffen werden.

Werkstoffe für Druckbehälter	Allgemeine Grundsätze für Werkstoffe	AD 2000-Merkblatt W 0

Die AD 2000-Merkblätter werden von den in der „Arbeitsgemeinschaft Druckbehälter" (AD) zusammenarbeitenden, nachstehend genannten sieben Verbänden aufgestellt. Aufbau und Anwendung des AD 2000-Regelwerkes sowie die Verfahrensrichtlinien regelt das AD 2000-Merkblatt G 1.

Die AD 2000-Merkblätter enthalten sicherheitstechnische Anforderungen, die für normale Betriebsverhältnisse zu stellen sind. Sind über das normale Maß hinausgehende Beanspruchungen beim Betrieb der Druckbehälter zu erwarten, so ist diesen durch Erfüllung besonderer Anforderungen Rechnung zu tragen.

Wird von den Forderungen dieses AD 2000-Merkblattes abgewichen, muss nachweisbar sein, dass der sicherheitstechnische Maßstab dieses Regelwerkes auf andere Weise eingehalten ist, z. B. durch Werkstoffprüfungen, Versuche, Spannungsanalyse, Betriebserfahrungen.

FDBR e. V. Fachverband Anlagenbau, Düsseldorf

Deutsche Gesetzliche Unfallversicherung (DGUV), Berlin

Verband der Chemischen Industrie e. V. (VCI), Frankfurt/Main

Verband Deutscher Maschinen- und Anlagenbau e. V. (VDMA), Fachgemeinschaft Verfahrenstechnische Maschinen und Apparate, Frankfurt/Main

Stahlinstitut VDEh, Düsseldorf

VGB PowerTech e. V., Essen

Verband der TÜV e. V. (VdTÜV), Berlin

Die AD 2000-Merkblätter werden durch die Verbände laufend dem Fortschritt der Technik angepasst. Anregungen hierzu sind zu richten an den Herausgeber:

Verband der TÜV e. V., Friedrichstraße 136, 10117 Berlin.

Inhalt

Ersatz für Ausgabe Juli 2006; | = Änderungen gegenüber der vorangehenden Ausgabe

0 Präambel

Zur Erfüllung der grundlegenden Sicherheitsanforderungen der Druckgeräterichtlinie kann das AD 2000-Regelwerk angewandt werden, vornehmlich für die Konformitätsbewertung nach den Modulen „G“ und „B + F“.

Das AD 2000-Regelwerk folgt einem in sich geschlossenen Auslegungskonzept. Die Anwendung anderer technischer Regeln nach dem Stand der Technik zur Lösung von Teilproblemen setzt die Beachtung des Gesamtkonzeptes voraus.

Bei anderen Modulen der Druckgeräterichtlinie oder für andere Rechtsgebiete kann das AD 2000-Regelwerk sinngemäß angewandt werden. Die Prüfzuständigkeit richtet sich nach den Vorgaben des jeweiligen Rechtsgebietes.

1 Geltungsbereich

Die AD 2000-Merkblätter der Reihe W gelten für metallische Werkstoffe, die in verschiedenen Erzeugnisformen für die Herstellung von drucktragenden Teilen für Druckbehälter verwendet werden.

Dieses AD 2000-Merkblatt legt allgemeine Grundsätze für Herstellung, Prüfung und Nachweis der Güteeigenschaften der Erzeugnisse fest.

Die AD 2000-Merkblätter der Reihe W regeln die Anwendung und die Anforderungen für die Erzeugnisformen wie z. B. Blech, Band, Rohr.

Dieses AD 2000-Merkblatt gilt nicht für Werkstoffe von

— Dichtungen und

— An- und Einbauteilen.

Für Gehäuse von Ausrüstungsteilen gilt zusätzlich das AD 2000-Merkblatt A 4.

Für Pressteile aus Stahl sowie Aluminium und Aluminiumlegierungen gilt zusätzlich das AD 2000-Merkblatt HP 8/1. Für Formstücke aus unlegierten und legierten Stählen gilt zusätzlich das AD 2000-Merkblatt HP 8/3.

Für nichtmetallische Werkstoffe gelten die AD 2000-Merkblätter der Reihe N.

2 Allgemeine Anforderungen

2.1 Die Werkstoffe müssen am fertigen Bauteil die erforderlichen mechanischen Eigenschaften haben.

Werkstoffe, die dem Beschickungsgut ausgesetzt sind, dürfen von diesem nicht in gefährlicher Weise angegriffen werden und mit diesem keine gefährlichen Verbindungen eingehen.

2.2 Der Besteller/Betreiber oder der Hersteller des Druckbehälters hat die Werkstoffe so auszuwählen, dass sie bei werkstoffgerechter Weiterverarbeitung in ihren Eigenschaften den Beanspruchungen beim Betrieb der Druckbehälter, Rohrleitungen und Ausrüstungsteile genügen.

2.3 Die zur Erfüllung der Anforderungen nach Abschnitt 2.1 und 2.2 erforderlichen Güteeigenschaften der Werkstoffe im Lieferzustand und die qualitätsbeeinflussenden Maßnahmen bei der Weiterverarbeitung sind in einer Werkstoffspezifikation festzulegen. Vorzugsweise geschieht dies ganz oder teilweise durch Bezugnahme auf Normen oder andere technische Lieferbedingungen.

Nach Anhang I, Abschnitt 4.2 der Druckgeräterichtlinie dürfen nur Werkstoffe verwendet werden, für die

— eine harmonisierte Norm,

— eine europäische Werkstoffzulassung oder

— ein Einzelgutachten

vorliegt.

In den AD 2000-Merkblättern sind neben Werkstoffen nach harmonisierten Normen auch Werkstoffe aufgeführt, für die keine harmonisierten Normen oder europäischen Werkstoffzulassungen vorliegen. Diese Werkstoffe, z. B. nach DIN-Normen, Stahl-Eisen-Werkstoffblättern oder VdTÜV-Werkstoffblättern, haben sich für den Bau von Druckbehältern bewährt. Sie erfüllen bei Anwendung des AD 2000-Regelwerkes die Werkstoffanforderungen nach Anhang I, Abschnitt 4.1 der Druckgeräterichtlinie und können ohne zusätzlichen Prüfaufwand über die zuständige unabhängige Stelle als einzelbegutachtet angesehen und eingesetzt werden.

2.4 Die Erzeugnisse sind im Allgemeinen im Herstellwerk zu prüfen.

Für die Durchführung der Prüfungen gelten die einschlägigen Normen und Stahl-Eisen-Prüfblätter, soweit in der Werkstoffspezifikation keine anderen Festlegungen getroffen worden sind (siehe auch Abschnitt 3.4.1).

Für Kerbschlagbiegeprüfungen sind grundsätzlich Hammerfinnen mit einem Radius von 2 mm zu verwenden (KV_2). Sofern die Entnahme von Normal-Proben nicht möglich ist, sind Untermaß-Proben mit einem Nennmaß $\geq$ 5 mm zu verwenden. Ist auch dies nicht möglich, entfällt die Kerbschlagbiegeprüfung.

3 Werkstoffe für Druckbehälter

3.1 Besondere Anforderungen

3.1.1 Die Werkstoffspezifikation ist die Grundlage für die Beurteilung der Eignung des Werkstoffes für Druckbehälter.

Sie muss zur Erfüllung der allgemeinen Anforderungen nach Abschnitt 2 mindestens

- die Anforderungen an die chemische Zusammensetzung und an die mechanisch-technologischen Eigenschaften,
- die Festlegungen zu Art und Vorgehen bei der Verarbeitung und Wärmebehandlung,
- die Festlegungen zur Werkstoffprüfung sowie zu Art und Inhalt der Prüfbescheinigung,
- die Festlegungen zur Kennzeichnung und
- die Festlegungen zu den Kennwerten für die Bemessung enthalten.

3.1.2 Der Hersteller der Werkstoffe muss

- über Einrichtungen für ein sachgemäßes Herstellen und Prüfen der Erzeugnisse verfügen,
- über fachkundiges Personal für das Herstellen und Prüfen der Erzeugnisse verfügen sowie eine Prüfaufsicht für die zerstörungsfreien Prüfungen haben, soweit solche in der Werkstoffspezifikation festgelegt sind,
- die Erzeugnisse nach einem geeigneten Verfahren herstellen und
- durch Güteüberwachung mit entsprechenden Aufzeichnungen die sachgemäße Herstellung der Erzeugnisse sowie die Einhaltung der in der Werkstoffspezifikation genannten Anforderungen sicherstellen.

Dies gilt auch für die Hersteller von Vormaterial.

Sofern die Werkstoffspezifikation oder die anzuwendende Technische Regel zerstörungsfreie Prüfungen vorsieht, müssen die Prüfeinrichtungen, z. B. bei der Herstellung von längsnahtgeschweißten Rohren, erstmalig durch qualifiziertes Personal des Herstellers überprüft und von einem Mitarbeiter der zuständigen unabhängigen Stelle bewertet werden. Das Personal sowohl für die Prüfung der Prüfeinrichtungen durch den Hersteller als auch für die Bewertung des Prüfergebnisses durch die zuständige unabhängige Stelle muss mindestens entsprechend der Stufe 2 gemäß DIN EN ISO 9712 im jeweiligen Prüfverfahren qualifiziert sein.

Sofern der Hersteller Abnahmeprüfzeugnisse 3.1 ausstellt, muss er zusätzlich über ein dokumentiertes Qualitätsmanagementsystem verfügen.

Der Abnahmebeauftragte des Herstellers, der Abnahmeprüfzeugnisse 3.1 des Herstellers ausstellt, muss die Bedingungen der DIN EN 10204 erfüllen. Der Name und der Prüfstempel dieser Person müssen der zuständigen unabhängigen Stelle bekannt sein.

3.2 Feststellung der Eignung der Werkstoffe

3.2.1 Die Eignung der Werkstoffe wird anhand der Werkstoffspezifikation nach Abschnitt 3.1.1 durch die zuständige unabhängige Stelle festgestellt. Ist die Feststellung der Eignung der Werkstoffe anhand der Werkstoffspezifikation nicht möglich, sind durch die zuständige unabhängige Stelle die sicherheitstechnisch notwendigen Anforderungen zu ergänzen und entsprechende Prüfungen am Erzeugnis festzulegen.

Das Ergebnis der Eignungsfeststellung ist von der zuständigen unabhängigen Stelle schriftlich niederzulegen.

Im Fall der Eignungsfeststellung für eine allgemeine Anwendung muss dies in Form einer europäischen Werkstoff-Zulassung erfolgen (z. B. Verfahren nach den VdTÜV-Merkblättern 1255 bis 1264)[1].

Liegt eine Eignungsfeststellung für eine allgemeine Anwendung nicht vor, kann die zuständige unabhängige Stelle ein Einzelgutachten erstellen.

3.2.2 Die in den AD 2000-Merkblättern der Reihe W genannten Werkstoffe sind zur Verwendung innerhalb der Anwendungsgrenzen geeignet, die in dem jeweiligen AD 2000-Merkblatt angegeben werden. Die Verwendung in anderen Anwendungsgrenzen ist nach Feststellung der Eignung nach Abschnitt 3.2.1 zulässig.

Die AD 2000-Merkblätter der Reihe W werden laufend an den Stand der Normung angepasst. Die Verwendung von Werkstoffen, die nach früher gültigen Ausgaben des AD- bzw. AD 2000-Regelwerkes geliefert wurden, ist weiterhin zulässig.

3.3 Nachweis der Erfüllung der Anforderungen an den Hersteller

3.3.1 Der Hersteller der Werkstoffe hat der zuständigen unabhängigen Stelle nachzuweisen, dass die Anforderungen nach Abschnitt 3.1.2 erfüllt sind. Bestehende QM-Systeme sind dabei zu berücksichtigen. Die Ergebnisse der Überprüfung sind durch die zuständige unabhängige Stelle zu bestätigen. Dies geschieht in der Regel vor der ersten Lieferung.

Die Bestätigung hat eine Gültigkeit von drei Jahren und verlängert sich ohne zusätzliche Prüfung, sofern sich die zuständige unabhängige Stelle mindestens einmal jährlich davon überzeugt, dass die werkstoffspezifischen Anforderungen erfüllt sind. Dies kann auch im Rahmen laufender Werkstoffabnahmeprüfungen durch die zuständige unabhängige Stelle erfolgen.

Hersteller, die die Anforderungen nach Abschnitt 3.1.2 erfüllen, sind zum Beispiel im VdTÜV-Merkblatt Werkstoffe 1253/1 gelistet.

---

1) Zu beziehen bei: TÜV-Media GmbH, Am Grauen Stein, 51105 Köln.

3.3.2 Der Nachweis nach Abschnitt 3.3.1 kann im Einzelfall ersetzt werden durch eine sachgerechte Ausweitung der Prüfungen an der Lieferung, z. B. durch Überprüfung der chemischen Zusammensetzung am Stück, Nachprüfung des Wärmebehandlungszustandes, zusätzliche Probenahme zum Nachweis der gleichmäßigen Beschaffenheit. Die erforderlichen Zusatzprüfungen sind von der zuständigen unabhängigen Stelle festzulegen.

3.4 Prüfung, Kennzeichnung und Nachweis der Güteeigenschaften

3.4.1 (1) Maßgebend für die Prüfung und die Kennzeichnung der Werkstoffe sowie für den Nachweis der Güteeigenschaften sind die Festlegungen bei der Eignungsfeststellung nach Abschnitt 3.2, wobei die Kennzeichnung mindestens die Angaben umfassen muss, die für ein vergleichbares Erzeugnis nach dem entsprechenden AD 2000-Merkblatt der Reihe W festgelegt sind.

(2) Im Gütenachweis sind die Liefermenge, die kennzeichnenden Abmessungen und der vollständige Wortlaut der Kennzeichnung anzugeben.

(3) Verwendet der Hersteller für eine Erzeugnisform Werkstoffe, die er nicht selbst erschmolzen hat, so müssen hierfür Bescheinigungen des Vormaterial-Herstellers vorliegen, die Angaben zur chemischen Zusammensetzung, die Werkstoffbezeichnung, die Kennzeichnung, die kennzeichnenden Abmessungen und die Liefermenge enthalten.

3.4.2 (1) Die zum Nachweis der Güteeigenschaften erforderlichen Prüfbescheinigungen nach DIN EN 10204 sind werkstoffabhängig in den AD 2000-Merkblättern der Reihe W festgelegt. Soweit zerstörungsfreie Prüfungen vorgesehen sind, werden diese in der Regel in einem Abnahmeprüfzeugnis 3.1 bescheinigt.

Prüfbescheinigungen nach DIN EN 10204:1995 behalten im Sinne des AD 2000-Regelwerkes vorerst ihre Gültigkeit, wenn die Voraussetzungen nach den Abschnitten 3.1.2 und 3.4.3 erfüllt sind.

(2) Wird als Nachweis der Güteeigenschaften ein Abnahmeprüfzeugnis 3.2 nach DIN EN 10204:2005, Abschnitt 4.2 festgelegt, so sind die mechanisch-technologischen Prüfungen (z. B. Zugversuch, Kerbschlagbiegeversuch, Biegeversuch, Ring- und Faltversuch) und die Besichtigungen und Maßprüfungen im Beisein der zuständigen unabhängigen Stelle durchzuführen. Sofern der zuständigen unabhängigen Stelle eine ausreichende Fertigungssicherheit nachgewiesen wurde, ist eine stichprobenweise Besichtigung und Maßprüfung durch die zuständige unabhängige Stelle zulässig. Der Übergang auf eine stichprobenweise Prüfung ist dem Hersteller schriftlich zu bestätigen. Der zuständigen unabhängigen Stelle ist auf Verlangen die chemische Zusammensetzung der Schmelze, die Erschmelzungsart, die Herstellungsart und der Lieferzustand des Erzeugnisses bekannt zu geben, soweit in der Werkstoffspezifikation aufgrund der Eignungsfeststellung nach Abschnitt 3.2 nichts anderes festgelegt ist.

Die zuständige unabhängige Stelle ist berechtigt, den Herstellungsgang zu beobachten. Der Fertigungs- und Prüfablauf darf nicht beeinträchtigt werden.

In Fällen nach Abschnitt 3.4.1 (3) sind der zuständigen unabhängigen Stelle die Bescheinigungen des Vormaterial-Herstellers vorzulegen.

3.4.3 Bei Anwendung der DIN EN 10204:1995 ist die Einhaltung der Anforderungen der Werkstoffspezifikation und der Bestellung vom Hersteller zu bestätigen.

Prüfbescheinigungen (3.1.A), 3.1.C und 3.2 nach DIN EN 10204:1995 sind im AD 2000-Regelwerk bezüglich des Abnahmeprüfzeugnisses 3.2 als gleichwertig zu betrachten. Für die Durchführung der Prüfungen durch die zuständige unabhängige Stelle gelten die Bedingungen nach Abschnitt 3.4.2 (2).

3.5 Ausbesserungen und Fertigungsschweißungen

Werkstofffehler dürfen nach den Festlegungen in der Werkstoffspezifikation ausgebessert werden. Sind in der Werkstoffspezifikation diesbezüglich keine Festlegungen getroffen worden, dürfen Ausbesserungen durch Schweißen mit Ausnahme von Fertigungsschweißungen bei Stahlguss nur im Einvernehmen mit dem Besteller und, soweit die zuständige unabhängige Stelle das Erzeugnis zu prüfen hat, mit der zuständigen unabhängigen Stelle durchgeführt werden.

Bei Ausbesserungen durch Schweißen sind Art und Umfang der Ausbesserungen sowie Art und Ergebnisse der an der ausgebesserten Stelle durchgeführten Prüfungen zu bescheinigen.

Für Fertigungsschweißungen an Stahlguss gelten die Festlegungen in DIN EN 1559-1, sofern in der Werkstoffspezifikation keine anderen Festlegungen getroffen worden sind. Für Fertigungsschweißungen an Stahlguss ist eine Verfahrensprüfung erforderlich, siehe AD 2000-Merkblatt W 5.

3.6 Kennwerte für die Bemessung

Für die Bemessung gelten die in der Werkstoffspezifikation festgelegten Kennwerte, sofern bei der Eignungsfeststellung nach Abschnitt 3.2 keine anderen Werte festgelegt worden sind.

4 Schweißzusätze und andere Verbindungsstoffe

4.1 Die Schweißzusätze, gegebenenfalls in Kombination mit Schweißhilfsstoffen, müssen für die Herstellung von Druckbehältern geeignet sein, d. h. das Schweißgut muss auf die Grundwerkstoffe abgestimmt und die hierfür erforderlichen Güteeigenschaften müssen in einer Schweißzusatzspezifikation festgelegt sein.

4.2 Bei Loten und Klebstoffen kann die Eignung im Rahmen einer Verfahrensprüfung festgestellt werden.

4.3 Die Eignung ist anhand der Schweißzusatzspezifikation durch ein Gutachten der zuständigen unabhängigen Stelle festzustellen[2)]. Liegt eine Eignungsfeststellung für eine allgemeine Anwendung nicht vor, kann die Eignung für einen bestimmten bzw. gleichartigen Anwendungsfall im Rahmen einer erweiterten Verfahrensprüfung erfolgen.

Für die im VdTÜV-Kennblatt 1000 genannten Schweißzusätze ist die Eignung innerhalb der dort genannten Anwendungsgrenzen festgestellt.

---

2) Siehe VdTÜV-Merkblatt 1153 – Richtlinien für die Eignungsprüfung von Schweißzusätzen.

Werkstoffe für Druckbehälter	Flacherzeugnisse aus unlegierten und legierten Stählen	AD 2000-Merkblatt W 1

Die AD 2000-Merkblätter werden von den in der „Arbeitsgemeinschaft Druckbehälter" (AD) zusammenarbeitenden, nachstehend genannten sieben Verbänden aufgestellt. Aufbau und Anwendung des AD 2000-Regelwerkes sowie die Verfahrensrichtlinien regelt das AD 2000-Merkblatt G 1.

Die AD 2000-Merkblätter enthalten sicherheitstechnische Anforderungen, die für normale Betriebsverhältnisse zu stellen sind. Sind über das normale Maß hinausgehende Beanspruchungen beim Betrieb der Druckbehälter zu erwarten, so ist diesen durch Erfüllung besonderer Anforderungen Rechnung zu tragen.

Wird von den Forderungen dieses AD 2000-Merkblattes abgewichen, muss nachweisbar sein, dass der sicherheitstechnische Maßstab dieses Regelwerkes auf andere Weise eingehalten ist, z. B. durch Werkstoffprüfungen, Versuche, Spannungsanalyse, Betriebserfahrungen.

FDBR e. V. Fachverband Anlagenbau, Düsseldorf

Deutsche Gesetzliche Unfallversicherung (DGUV), Berlin

Verband der Chemischen Industrie e. V. (VCI), Frankfurt/Main

Verband Deutscher Maschinen- und Anlagenbau e. V. (VDMA), Fachgemeinschaft Verfahrenstechnische Maschinen und Apparate, Frankfurt/Main

Stahlinstitut VDEh, Düsseldorf

VGB PowerTech e. V., Essen

Verband der TÜV e. V. (VdTÜV), Berlin

Die AD 2000-Merkblätter werden durch die Verbände laufend dem Fortschritt der Technik angepasst.

Inhalt

Ersatz für Ausgabe Juli 2006; | = Änderungen gegenüber der vorangehenden Ausgabe

0 Präambel

Zur Erfüllung der wesentlichen Sicherheitsanforderungen der Druckgeräterichtlinie kann das AD 2000-Regelwerk angewandt werden, vornehmlich für die Konformitätsbewertung nach den Modulen „G“ und „B (Baumuster) + F“.

Das AD 2000-Regelwerk folgt einem in sich geschlossenen Auslegungskonzept. Die Anwendung anderer technischer Regeln nach dem Stand der Technik zur Lösung von Teilproblemen setzt die Beachtung des Gesamtkonzeptes voraus.

Bei anderen Modulen der Druckgeräterichtlinie oder für andere Rechtsgebiete kann das AD 2000-Regelwerk sinngemäß angewandt werden. Die Prüfzuständigkeit richtet sich nach den Vorgaben des jeweiligen Rechtsgebietes.

1 Geltungsbereich

1.1 Dieses AD 2000-Merkblatt gilt für Flacherzeugnisse (Blech, Band, Breitflachstahl; s. DIN EN 10079) aus unlegierten und legierten ferritischen Stählen zum Bau von Druckbehältern, die bei Betriebstemperaturen sowie bei Umgebungstemperaturen herab bis –10 °C und bis zu den in Abschnitt 2 genannten oberen Temperaturgrenzen betrieben werden.

Für Betriebstemperaturen unter –10 °C gilt zusätzlich das AD 2000-Merkblatt W 10.

1.2 Für Flacherzeugnisse aus austenitischen Stählen gilt das AD 2000-Merkblatt W 2. Für plattiertes Blech ist das AD 2000-Merkblatt W 8 anzuwenden.

1.3 Die grundlegenden Anforderungen an die Werkstoffe und an die Werkstoffhersteller sind im AD 2000-Merkblatt W 0 geregelt.

2 Geeignete Werkstoffe

Es dürfen verwendet werden:

2.1 Die in Tafel 1 aufgeführten unlegierten Baustähle nach DIN EN 10025-2 in den Anwendungsgrenzen und Lieferzuständen nach Tafel 2.

2.2 Stähle für einfache Druckbehälter nach DIN EN 10207 in den Anwendungsgrenzen nach Tafel 2.

2.3 Die in Tafel 1 aufgeführten unlegierten und legierten warmfesten Stähle nach DIN EN 10028-2 in den Anwendungsgrenzen und Lieferzuständen nach Tafel 3. Für die legierten warmfesten Stähle 15NiCuMoNb5-6-4, 12CrMo9-10 und 20MnMoNi4-5 gelten hinsichtlich Anwendungsgrenzen und Lieferzuständen die VdTÜV-Werkstoffblätter 377/1, 404/1 und 440/1.

2.4 Die in Tafel 1 aufgeführten schweißgeeigneten normalgeglühten Feinkornbaustähle nach DIN EN 10028-3 in Verbindung mit den VdTÜV-Werkstoffblättern 352/1, 354/1, 356/1 und 357/1.

2.5 Die in Tafel 1 aufgeführten kaltzähen Stähle nach DIN EN 10028-4 bis 50 °C. Für den kurzzeitigen Betrieb bei höheren Temperaturen gilt AD 2000-Merkblatt W 10, Tafel 3 a. Für die Stahlsorten 11MnNi5-3 und 13MnNi6-3 ist die maximal zulässige Blechdicke auf 50 mm begrenzt.

2.6 Andere Werkstoffe und Werkstoffe nach 2.1 bis 2.5 außerhalb der dafür festgelegten Anwendungsgrenzen nach Eignungsfeststellung. Sie sollen die den Werkstoff kennzeichnenden Werte aufweisen und für die Probenrichtung quer folgenden Mindestanforderungen genügen:

— Bruchdehnung bei Raumtemperatur $A \geq 16$ %,

— Kerbschlagarbeit KV_2 nach DIN EN ISO 148 bei tiefster Betriebstemperatur, jedoch nicht höher als 20 °C ≥ 27 J (Mittelwert aus drei Versuchen). Bei Proben, die nicht der genormten Breite von 10 mm entsprechen, verringern sich die Anforderungen an die Kerbschlagarbeit proportional dem Probenquerschnitt.

3 Prüfung

3.1 Für die Prüfung der Flacherzeugnisse aus Stählen nach Abschnitt 2.1 sind DIN EN 10025-1 und DIN EN 10025-2 maßgebend. Die Prüfung erfolgt nach Schmelzen.

Bei Stahlsorten der Gütegruppe JR mit Nenndicken ≥ 6 mm ist der Kerbschlagbiegeversuch zusätzlich durchzuführen.

3.2 Die Prüfung der Flacherzeugnisse aus Stählen nach Abschnitt 2.2 erfolgt nach DIN EN 10207.

3.3 Die Prüfung der Flacherzeugnisse aus Stählen nach Abschnitt 2.3 erfolgt nach DIN EN 10028-2. Je Schmelze und Abmessungsbereich ist ein Zugversuch bei der maximal zulässigen Temperatur des Druckbehälters durchzuführen. Ist diese nicht bekannt, erfolgt die Prüfung bei 300 °C. Sofern in der Bestellung nichts anderes vereinbart, kann auf den Warmzugversuch verzichtet werden, wenn der Hersteller der zuständigen unabhängigen Stelle die Einhaltung der gestellten Anforderungen mit ausreichender Sicherheit nachgewiesen hat. Im Abnahmeprüfzeugnis ist auf die Zustimmung durch die zuständige unabhängige Stelle zum Entfall des Warmzugversuches hinzuweisen.

Werden Flacherzeugnisse aus 16Mo3 im normalisierend gewalzten Zustand geliefert, sind zusätzlich mechanisch-technologische Prüfungen im gleichen Umfang an simulierend normalisierten Proben durchzuführen.

3.4 Die Prüfung der Flacherzeugnisse aus Stählen nach Abschnitt 2.4 erfolgt nach DIN EN 10028-3. Werden die Flacherzeugnisse im normalisierend gewalzten Zustand geliefert, sind zusätzliche mechanisch-technologische Prüfungen im gleichen Umfang an simulierend normalisierten Proben durchzuführen. Für alle Stahlsorten der Reihe NH ist der Zugversuch bei der maximal zulässigen Temperatur des Druckbehälters durchzuführen. Wird die Temperatur bei der Bestellung nicht vorgegeben, erfolgt die Prüfung bei 300 °C. Die Prüfung ist je Schmelze und Abmessungsbereich durchzuführen. Sofern in der Bestellung nichts anderes vereinbart, kann auf den Warmzugversuch verzichtet werden, wenn der Hersteller der zuständigen unabhängigen Stelle die Einhaltung der gestellten Anforderungen mit ausreichender Sicherheit nachgewiesen hat. Im Abnahmeprüfzeugnis ist auf die Zustimmung durch die zuständige unabhängige Stelle zum Entfall des Warmzugversuches hinzuweisen. Der Kerbschlagbiegeversuch wird an Querproben durchgeführt.

3.5 Die Prüfung der Flacherzeugnisse aus Stählen nach Abschnitt 2.5 erfolgt nach DIN EN 10028-4. Bei aus Band geschnittenen Blechen und Bändern ist der Kerbschlagbiegeversuch an Querproben durchzuführen.

3.6 Die Prüfung der Flacherzeugnisse aus anderen Werkstoffen nach Abschnitt 2.6 erfolgt nach den Festlegungen der Eignungsfeststellung.

3.7 Legierte Stähle sind je Prüfeinheit mit geeigneten Mitteln auf Werkstoffverwechselung zu prüfen und zu bescheinigen.

3.8 Jedes Blech ist auf Oberflächenbeschaffenheit zu prüfen.

3.9 Für die Prüfung nach Weiterverarbeitung gelten die AD 2000-Merkblätter der Reihe HP.

4 Kennzeichnung

4.1 Flacherzeugnisse sind mindestens zu kennzeichnen mit

- Zeichen des Herstellerwerkes,
- Kurznamen der Stahlsorte oder Werkstoff-Nummer,
- Schmelzennummer,
- Zeichen der zuständigen unabhängigen Stelle (bei Abnahmeprüfzeugnis 3.2) bzw. Zeichen des Abnahmebeauftragten des Herstellers (bei Abnahmeprüfzeugnis 3.1).

Bei Lieferung mit Abnahmeprüfzeugnis nach DIN EN 10204 sind die Bleche und Bänder, von denen die Probenabschnitte zum Nachweis der Güteeigenschaften entnommen werden, zusätzlich mit der Probenummer[1)] zu kennzeichnen.

Bei Blechen ist die Kennzeichnung an einem Ende so anzubringen, dass sie aufrecht steht, wenn man in Hauptwalzrichtung blickt. Die Kennzeichnung erfolgt durch Einprägen. Bei Nenndicken ≤ 5 mm ist eine dauerhafte Farbkennzeichnung zulässig.

Eine durch Einprägen aufgebrachte Kennzeichnung ist mit weißer Farbe zu markieren.

Bei aus Band geschnittenen Blechen ist unabhängig von der Nenndicke eine dauerhafte Farbkennzeichnung durch den Werkstoffhersteller zulässig, wenn bei der Bestellung nicht ausdrücklich eine andere Kennzeichnung vorgegeben ist.

Die Kennzeichnung von Band erfolgt auf einem Anhängeschild. Zusätzlich sind die äußeren Bandenden gleichlautend mit einer dauerhaften Farbkennzeichnung zu versehen.

Bei Lieferung von Blechen, die durch Zerteilen einer Walztafel oder eines Bandes hergestellt werden, ist die Kennzeichnung auf jedes Blech zu übertragen. Werden die Bleche gebündelt, so ist zusätzlich die Kennzeichnung auf einem Anhängeschild erforderlich.

4.2 Darüber hinaus gelten für Flacherzeugnisse aus Stählen nach den Abschnitten 2.1 bis 2.5 die in den dort genannten Liefernormen bzw. VdTÜV-Werkstoffblättern getroffenen zusätzlichen Festlegungen.

4.3 Flacherzeugnisse aus anderen Werkstoffen nach Abschnitt 2.6 sind entsprechend den Festlegungen in der Eignungsfeststellung zu kennzeichnen.

5 Nachweis der Güteeigenschaften

5.1 Art der Prüfbescheinigungen nach DIN EN 10204

Der Nachweis der Güteeigenschaften der Flacherzeugnisse erfolgt mit einer Prüfbescheinigung gemäß Tafel 1.

Die Gültigkeit von Prüfbescheinigungen nach DIN EN 10204:1995 ist im AD 2000-Merkblatt W 0, Abschnitt 3.4 geregelt.

1) Als Probenummer kann auch die Blech-Nr. oder die Band-Nr. dienen.

5.2 Inhalt der Prüfbescheinigungen nach DIN EN 10204

Die Prüfbescheinigung muss die in DIN EN 10028-1 geforderten Angaben enthalten. Außerdem ist in jeder Prüfbescheinigung die der Lieferung zugrunde liegende Technische Lieferbedingung (z. B. DIN EN 10028-2) und Technische Regel (AD 2000-Merkblatt W 1) anzugeben.

6 Kennwerte für die Bemessung

6.1 Für Bleche und Bänder aus Werkstoffen nach Abschnitt 2.1 gelten bis 50 °C die in DIN EN 10025-2 für Raumtemperatur angegebenen Werte der Streckgrenze. Für Berechnungstemperaturen von 100 bis 300 °C gelten die Werte der Tafel 4. Die dort angegebene Wanddicke bezieht sich auf die Wanddicke des Druckbehälters. Für die Herstellung von Flanschen aus Blechen gelten die Kennwerte des AD 2000-Merkblattes W 9.

Für die Bemessung ebener Böden und Platten nach AD 2000-Merkblatt B 5, die aus Blechen hergestellt wurden, gelten bis 50 °C die in DIN EN 10025-2 für Raumtemperatur angegebenen Werte der Streckgrenze und für Berechnungstemperaturen von 100 bis 300 °C die Werte der Tafel 5.

6.2 Für Flacherzeugnisse aus Stählen nach Abschnitt 2.2 gelten die in DIN EN 10207 festgelegten Werte.

6.3 Für Flacherzeugnisse aus Stählen nach Abschnitt 2.3 gelten die in DIN EN 10028-2 festgelegten Werte.

6.4 Für Flacherzeugnisse aus Stählen nach Abschnitt 2.4 gelten die in DIN EN 10028-3 festgelegten Werte.

6.5 Für Flacherzeugnisse aus Stählen nach Abschnitt 2.5 gelten die in DIN EN 10028-4 festgelegten Werte.

6.6 Für Flacherzeugnisse aus Stählen nach Abschnitt 2.6 gelten die bei der Eignungsfeststellung festgelegten Werte.

6.7 Die in den Werkstoffspezifikationen oder Eignungsfeststellungen für 20 °C angegebenen Kennwerte gelten bis 50 °C, die für 100 °C angegebenen Werte bis 120 °C. In den übrigen Bereichen ist zwischen den angegebenen Werten linear zu interpolieren (z. B. für 80 °C zwischen 20 und 100 °C und für 180 °C zwischen 100 und 200 °C), wobei eine Aufrundung nicht zulässig ist. Für Stähle mit Einzelgutachten gilt die Interpolationsregel nur bei hinreichend engem Abstand[2)] der Stützstellen.

---

2) In der Regel wird hierunter ein Temperaturabstand von 50 K im Bereich der Warmstreckgrenze und von 10 K im Bereich der Zeitstandfestigkeit verstanden.

Tafel 1 — Art der Prüfbescheinigung nach DIN EN 10204

Technische Lieferbedingung	Abschnitt	Stahlsorte Kurzname	Art der Prüfbescheinigung nach DIN EN 10204[1)]
DIN EN 10025-2	2.1	S235JR+N	3.1[2)]
		S235J2+N	3.1
		S275JR+N	3.1[2)]
		S275J2+N	3.1
		S355J2+N	
		S355K2+N	
DIN EN 10207	2.2	P235S	3.1
		P265S	
		P275SL	
DIN EN 10028-2	2.3	P235GH	3.1
		P265GH	
		P295GH	3.2 (≤ 30 mm 3.1[3)])
		P355GH	
		16Mo3	
		13CrMo4-5	3.2
		10CrMo9-10	
		12CrMo9-10	
		20MnMoNi4-5	
		15NiCuMoNb5-6-4	
DIN EN 10028-3	2.4	P275NH	3.1
		P275NL1	3.2
		P275NL2	
		P355N	3.2 (≤ 30 mm 3.1[3)])
		P355NH	
		P355NL1	3.2
		P355NL2	
		P420NH	
		P420NL1	
		P420NL2	
		P460NH	
		P460NL1	
		P460NL2	
DIN EN 10028-4	2.5	11MnNi5-3	3.2
		13MnNi6-3	
		12Ni14	
		X12Ni5	
		X8Ni9	
	2.6	andere	entsprechend den Festlegungen bei der Eignungsfeststellung

1) Die Gültigkeit von Prüfbescheinigungen nach DIN EN 10204:1995 ist im AD 2000-Merkblatt W 0, Abschnitt 3.4 geregelt.

2) Bei Erzeugnisdicken < 6 mm Werkszeugnis.

3) In den genannten Abmessungsbereichen genügt ein Abnahmeprüfzeugnis 3.1 anstelle 3.2, wenn das Herstellerwerk gegenüber der zuständigen unabhängigen Stelle den Nachweis ausreichender statistischer Sicherheit geführt hat. Der Übergang auf ein Abnahmeprüfzeugnis 3.1 ist dem Herstellerwerk von der zuständigen unabhängigen Stelle zu bestätigen. Wird hiervon Gebrauch gemacht, ist das Bestätigungsschreiben der zuständigen unabhängigen Stelle in den Abnahmeprüfzeugnissen 3.1 aufzuführen. Sofern es nicht im Rahmen laufender eigener Abnahmeprüfungen geschieht, soll sich die zuständige unabhängige Stelle in bestimmten Zeitabständen (etwa 1 bis 2 Jahre) davon überzeugen, dass die Voraussetzungen erhalten geblieben sind.

Tafel 2 — Anwendungsgrenzen für Flacherzeugnisse aus Stählen nach DIN EN 10025-2 und DIN EN 10207

Technische Lieferbedingung	Stahlsorte		Erzeugnis-dicke	Berechnungs-temperatur[1)]	Üblicher Lieferzustand	$d_i \cdot p$[2)]
	Kurzname	Werkstoff-Nr.	mm	°C		
DIN EN 10025-2	S235JR+N	1.0038	≤ 150	≤ 300	+N[3)4)]	≤ 20000
	S235J2+N	1.0117			+N[3)]	
	S275JR+N	1.0044			+N[3)4)]	
	S275J2+N	1.0145			+N[3)]	
	S355J2+N	1.0577				
	S355K2+N	1.0596				
DIN EN 10207	P235S	1.0112	≤ 60			
	P265S	1.0130				
	P275SL	1.1100				

1) Siehe AD 2000-Merkblatt B 0, Abschnitt 5.

2) Gilt nur für Druckbehälter und Anbauteile an Druckbehältern. Produkt aus dem größten Innendurchmesser d_i in mm des Druckbehälters oder des Anbauteils und dem maximal zulässigen Druck PS in bar.

3) Normalgeglüht oder in einem durch normalisierendes Walzen erzielten gleichwertigen Zustand.

4) Bei Erzeugnisdicken > 4,75 bis ≤ 25 mm können die Erzeugnisse auch im Walzzustand (+AR) geliefert werden. Erzeugnisdicken ≤ 4,75 mm dürfen im Walzzustand (+AR) geliefert werden, wenn das Herstellerwerk der zuständigen unabhängigen Stelle den Nachweis ausreichender statistischer Sicherheit erbracht hat.

Tafel 3 — Anwendungsgrenzen für Flacherzeugnisse aus Stählen nach DIN EN 10028-2

Stahlsorte		Erzeugnisdicke[1)]	Üblicher Lieferzustand[1)]
Kurzname	Werkstoff-Nr.	mm	
P235GH	1.0345	≤ 150	+N[2)]
P265GH	1.0425		
P295GH	1.0481		
P355GH	1.0473		
16Mo3	1.5415		
13CrMo4-5	1.7335		+NT oder +QT
10CrMo9-10	1.7380		
15NiCuMoNb5-6-4	1.6368	nach VdTÜV-Werkstoffblatt 377/1	nach VdTÜV-Werkstoffblatt 377/1
12CrMo9-10	1.7375	nach VdTÜV-Werkstoffblatt 404/1	nach VdTÜV-Werkstoffblatt 404/1
20MnMoNi4-5	1.6311	nach VdTÜV-Werkstoffblatt 440/1	nach VdTÜV-Werkstoffblatt 440/1

1) Für Erzeugnisse in anderen Erzeugnisdicken und anderen üblichen Lieferzuständen gilt Abschnitt 2.6.

2) Normalgeglüht oder in einem durch normalisierendes Walzen erzielten gleichwertigen Zustand.

Tafel 4 — Kennwerte für die Bemessung bei höheren Temperaturen für Stähle nach DIN EN 10025-2

Stahlsorte	Nenndicke mm	Kennwerte K bei Berechnungstemperatur			
		100 °C MPa	200 °C MPa	250 °C MPa	300 °C[1] MPa
S235JR S235J2	≤ 16	187	161	143	122
	> 16 bis ≤ 40	180	155	136	117
S275JR S275J2	≤ 16	220	190	180	150
	> 16 bis ≤ 40	210	180	170	140
S355J2 S355K2	≤ 16	254	226	206	186
	> 16 bis ≤ 40	249	221	202	181

[1] Auch für beheizte Teile darf die Berechnungstemperatur 300 °C nicht überschreiten. AD 2000-Merkblatt B 0, Tafel 1 ist zu beachten.

Werkstoffe für Druckbehälter	Austenitische und austenitisch-ferritische Stähle	AD 2000-Merkblatt W 2

Die AD 2000-Merkblätter werden von den in der „Arbeitsgemeinschaft Druckbehälter“ (AD) zusammenarbeitenden, nachstehend genannten sieben Verbänden aufgestellt. Aufbau und Anwendung des AD 2000-Regelwerkes sowie die Verfahrensrichtlinien regelt das AD 2000-Merkblatt G 1.

Die AD 2000-Merkblätter enthalten sicherheitstechnische Anforderungen, die für normale Betriebsverhältnisse zu stellen sind. Sind über das normale Maß hinausgehende Beanspruchungen beim Betrieb der Druckbehälter zu erwarten, so ist diesen durch Erfüllung besonderer Anforderungen Rechnung zu tragen.

Wird von den Forderungen dieses AD 2000-Merkblattes abgewichen, muss nachweisbar sein, dass der sicherheitstechnische Maßstab dieses Regelwerkes auf andere Weise eingehalten ist, z. B. durch Werkstoffprüfungen, Versuche, Spannungsanalyse, Betriebserfahrungen.

FDBR e. V. Fachverband Anlagenbau, Düsseldorf

Deutsche Gesetzliche Unfallversicherung (DGUV), Berlin

Verband der Chemischen Industrie e. V. (VCI), Frankfurt/Main

Verband Deutscher Maschinen- und Anlagenbau e. V. (VDMA), Fachgemeinschaft Verfahrenstechnische Maschinen und Apparate, Frankfurt/Main

Stahlinstitut VDEh, Düsseldorf

VGB PowerTech e. V., Essen

Verband der TÜV e. V. (VdTÜV), Berlin

Die AD 2000-Merkblätter werden durch die Verbände laufend dem Fortschritt der Technik angepasst. Anregungen hierzu sind zu richten an den Herausgeber:

Verband der TÜV e. V., Friedrichstraße 136, 10117 Berlin.

Inhalt

Ersatz für Ausgabe Februar 2008; | = Änderungen gegenüber der vorangehenden Ausgabe

0 Präambel

Zur Erfüllung der grundlegenden Sicherheitsanforderungen der Druckgeräterichtlinie kann das AD 2000-Regelwerk angewandt werden, vornehmlich für die Konformitätsbewertung nach den Modulen „G" und „B + F".

Das AD 2000-Regelwerk folgt einem in sich geschlossenen Auslegungskonzept. Die Anwendung anderer technischer Regeln nach dem Stand der Technik zur Lösung von Teilproblemen setzt die Beachtung des Gesamtkonzeptes voraus.

Bei anderen Modulen der Druckgeräterichtlinie oder für andere Rechtsgebiete kann das AD 2000-Regelwerk sinngemäß angewandt werden. Die Prüfzuständigkeit richtet sich nach den Vorgaben des jeweiligen Rechtsgebietes.

1 Geltungsbereich

1.1 Dieses AD 2000-Merkblatt gilt für warm- und kaltgewalzte Bleche und Bänder, nahtlose und geschweißte Rohre, geschmiedete, gewalzte und gezogene Stäbe und Schmiedestücke sowie Schrauben und Muttern (mechanische Verbindungselemente) aus austenitischen und austenitisch-ferritischen Stählen zum Bau von Druckbehältern, die bei Betriebstemperaturen sowie bei Umgebungstemperaturen herab bis −10 °C und bis zu den in Abschnitt 2 genannten oberen Temperaturgrenzen betrieben werden. Die Stähle sind grundsätzlich auch für den Einsatz bei tieferen Temperaturen als −10 °C verwendbar. Bei Betriebstemperaturen unter −10 °C gilt zusätzlich das AD 2000-Merkblatt W 10.

1.2 Die grundlegenden Anforderungen an die Werkstoffe und an den Werkstoffhersteller sind im AD 2000-Merkblatt W 0 geregelt.

2 Geeignete Werkstoffe

Für den Bau von Druckbehältern können verwendet werden:

2.1 Die in den Tafeln 1a bis 1c genannten austenitischen Stähle und austenitisch-ferritischen Stähle bis zu den im Hinblick auf die Beständigkeit gegenüber interkristalliner Korrosion für sie festgelegten Grenztemperaturen (siehe Tafel 7) und Abmessungsgrenzen.

Bei Werkstoffen, die nicht in der Tafel 7 genannt sind, ist die Anmerkung 2 in der DIN EN 10028-7, Abschnitt 8.3.3 zu beachten. Für warm- oder kaltumgeformte Druckbehälterteile ist das AD 2000-Merkblatt HP 7/3 zu beachten.

Soweit für Schrauben und Muttern aus austenitischen Stählen nach DIN EN 10269 eine Beständigkeit gegen interkristalline Korrosion erforderlich ist, soll die Anwendungstemperatur 300 °C nicht überschreiten.

Stäbe und Schmiedestücke aus austenitischen bzw. austenitisch-ferritischen Stählen nach DIN EN 10222-5 und DIN EN 10272 dürfen mit dem in diesen Normen genannten maßgebenden Querschnitt bis max. 250 mm für Stäbe und 350 mm für Schmiedestücke verwendet werden.

2.2 Die in Tafel 1 aufgeführten austenitischen Stähle der zutreffenden Normen und Werkstoffblätter oberhalb der in diesen Normen genannten Grenztemperaturen, wobei gegebenenfalls Langzeitwarmfestigkeitswerte zu berücksichtigen sind, wenn keine interkristalline Korrosion auftreten kann und ihre Eignungsfeststellung[1)] für die vorgesehene Anwendungstemperatur vorliegt. Dies gilt auch hinsichtlich der Schweißzusätze geschweißter Rohre.

2.3 Schrauben und Muttern aus den Stahlgruppen A 2, A 3, A 4 und A 5 in der Festigkeitsklasse 50 mit den Abmessungen M 6 bis M 39, in der Festigkeitsklasse 70 in den Abmessungen M 6 bis M 39 nach DIN EN ISO 3506-1 bzw. DIN EN ISO 3506-2 aus den dort genannten austenitischen Stahlsorten, sofern durch Warmumformung hergestellte Schrauben und Muttern nicht mehr als 0,4 % Kupfer und durch Kaltumformung hergestellte Schrauben und Muttern nicht mehr als 0,8 % Kupfer enthalten, bis zu Berechnungstemperaturen von 400 °C.

Wird Stabstahl zur Herstellung von Schrauben und Muttern in einem anderen als dem in der DIN EN 10272, Tabelle A-2 oder A-3 bzw. DIN EN 10269, Tabelle B.1 angegebenen Wärmebehandlungszustand geliefert, z. B. warmkaltverfestigt, ist die Eignung der Werkstoffe nachzuweisen.

2.4 Schrauben und Muttern aus Stählen der Gruppen A 2, A 3, A 4 und A 5, die durch Warmumformung hergestellt werden und mehr als 0,4 % Kupfer enthalten oder die durch Kaltumformung hergestellt werden und mehr als 0,8 % Kupfer, jedoch max. 3,5 % Kupfer enthalten, dürfen verwendet werden, wenn ihre Güteeigenschaften durch Gutachten der zuständigen unabhängigen Stelle erstmalig nachgewiesen sind. Bei Massenanteilen von Kupfer > 1 % ist der Cu-Gehalt im Abnahmeprüfzeugnis anzugeben.

2.5 Kaltnachgezogene Stäbe aus den Stählen mit den Werkstoffnummern 1.4301, 1.4541, 1.4401 und 1.4571 im Durchmesser ≥ 4 bis ≤ 35 mm. Hierzu sind abweichend von der DIN EN 10272 eine obere Zugfestigkeit von 850 MPa und eine Bruchdehnung A von ≥ 20 % zulässig.

---

1) Eignungsfeststellung nach AD 2000-Merkblatt W 0. Sofern die Eignungsfeststellung zu einem VdTÜV-Werkstoffblatt geführt hat, siehe Verzeichnis der VdTÜV-Werkstoffblätter (zu beziehen über www.vdtuev.de oder TÜV Media GmbH, Am Grauen Stein, D-51105 Köln).

2.6 Die in Tafel 1 aufgeführten austenitischen Stähle in einem anderen Lieferzustand als abgeschreckt, z. B. warm-kaltverfestigt, oder bei Überschreitung der Abmessungsgrenzen nach den in Tafel 1 genannten Normen und Werkstoffblättern, wenn ihre Eignungsfeststellung[1)] vorliegt.

2.7 Andere austenitische oder austenitisch-ferritische Stähle, wenn ihre Eignungsfeststellung[1)] durch die zuständige unabhängige Stelle vorliegt.

3 Anforderungen an die Werkstoffe

3.1 Für die chemische Zusammensetzung, den Wärmebehandlungszustand, die mechanischen und technologischen Eigenschaften in Abhängigkeit von den Abmessungsgrenzen, die Oberflächenbeschaffenheit und die Maßhaltigkeit der Erzeugnisse[2)] nach den Abschnitten 2.1 bis 2.4 gelten:

DIN EN 10028-7	Flacherzeugnisse aus Druckbehälterstählen – Teil 7: Nichtrostende Stähle
DIN EN 10222-5	Schmiedestücke aus Stahl für Druckbehälter – Teil 5: Martensitische, austenitische und austenitisch-ferritische nichtrostende Stähle
DIN EN 10272	Nichtrostende Stäbe für Druckbehälter
DIN EN 10216-5	Nahtlose Stahlrohre für Druckbeanspruchungen – Technische Lieferbedingungen – Teil 5: Rohre aus nichtrostenden Stählen
DIN EN 10217-7	Geschweißte Stahlrohre für Druckbeanspruchungen – Technische Lieferbedingungen – Teil 7: Rohre aus nichtrostenden Stählen
Stahl-Eisen-Werkstoffblatt 400	Nichtrostende Walz- und Schmiedestähle
DIN EN 10269	Stähle und Nickellegierungen für Befestigungselemente für den Einsatz bei erhöhten und/oder tiefen Temperaturen
DIN EN ISO 3506-1	Mechanische Eigenschaften von Verbindungselementen aus nichtrostenden Stählen – Teil 1: Schrauben
DIN EN ISO 3506-2	Mechanische Eigenschaften von Verbindungselementen aus nichtrostenden Stählen – Teil 2: Muttern

3.2 Die Anforderungen an die Stähle nach den Abschnitten 2.2, 2.4, 2.6 und 2.7 richten sich bei Druckgeräten, an denen die Schlussprüfung durch die zuständige unabhängige Stelle durchgeführt wird, nach der Eignungsfeststellung[1)].

3.3 Für die Hersteller von geschweißten Rohren sind die spezifischen Anforderungen der Druckgeräterichtlinie, Anhang I, Abschnitt 3 zu beachten.

Für geschweißte Rohre[3)] müssen Verfahren und Personal für die Herstellung und Prüfung von der zuständigen unabhängigen Stelle bestätigt sein. Es muss eine auf das Herstellungsverfahren abgestimmte Verfahrensprüfung (z. B. nach VdTÜV-Merkblatt 1151) vorliegen, die auch Art und Umfang der zerstörungsfreien Prüfung beinhaltet.

3.4 Geschweißte Rohre nach diesem AD 2000-Merkblatt sind für eine Ausnutzung der zulässigen Berechnungsspannung von 100 % in der Schweißnaht vorgesehen (Schweißnahtfaktor 1).

Bei geschweißten Rohren, die nicht der DIN EN 10217-7 entsprechen, ist in der Dokumentation zur Verfahrensprüfung der Prüfumfang des Schweißnahtbereiches so festzulegen, dass er eine Ausnutzung der zulässigen Berechnungsspannung zu 100 % erlaubt. Außerdem sind Notwendigkeit und Art der Wärmebehandlung zu regeln.

3.5 Bei Stäben und Schmiedestücken aus Stählen nach DIN EN 10222-5 bzw. DIN EN 10272 mit maßgeblichem Maß größer als in diesen Normen gelten die Anforderungen der DIN 17440, Ausgabe 09.96.

4 Prüfungen

An den einzelnen Erzeugnissen ist, wenn im Folgenden nichts anderes gesagt ist, die Prüfung nach DIN EN 10028-7, DIN EN 10222-1, DIN EN 10269, DIN EN 10272, DIN EN 10216-5 oder DIN EN 10217-7 durchzuführen. Dies gilt auch für die zerstörungsfreien Prüfungen und deren Bewertung/Zulässigkeitsklassen. Stähle nach SEW 400 werden je nach Erzeugnisform nach den vorgenannten Normen geprüft. Bei Stählen nach anderen Werkstoffspezifikationen gelten die Festlegungen der Eignungsfeststellung[1)].

---

1) Siehe Seite 2.

2) Siehe DIN EN 10028-1.

3) Als geschweißte Rohre gelten solche, die durch qualifizierte, mechanisierte Schweißverfahren in kontinuierlicher Fertigung aus Bändern oder in Serienfertigung (als Einzellänge) aus Streifen/Blech hergestellt werden. Sofern in der Bestellung nicht vorgegeben, legt der Hersteller das Schweißverfahren fest. Dies gilt auch für die in der DIN EN 10217-7 nicht genannten Schweißverfahren (z. B. Elektronenstrahlschweißen). Rohre oder Stutzen, die in Einzelfertigung hergestellt werden, entsprechen nicht dieser Definition. Für sie gelten die AD 2000-Merkblätter der Reihe HP.

4.1 Zusätzliche Prüfungen für Bleche und Bänder

4.1.1 Zugversuch

Die Prüfung erfolgt am Anfang und Ende je Coil.

Sofern die Gleichmäßigkeit und die Einhaltung der gestellten Anforderungen über die Länge des Bandes der zuständigen unabhängigen Stelle mit ausreichender Sicherheit nachgewiesen werden, erfolgt bei Bändern die Prüfung an einem Probenabschnitt je Coil. Im Abnahmeprüfzeugnis ist auf die Überprüfung der Gleichmäßigkeit über die Bandlänge und die Zustimmung durch die zuständige unabhängige Stelle hinzuweisen.

4.1.2 Kerbschlagbiegeversuch

Der Kerbschlagbiegeversuch ist im Umfang des Zugversuches bei Raumtemperatur durchzuführen:

— Bei austenitischen Stählen nach Tafel 1 bei Dicken > 30 mm. Für den Einsatz nach AD 2000-Merkblatt W 10 bei Dicken > 20 mm.

— Bei austenitisch-ferritischen Stählen bei Dicken > 6 mm. Für den Einsatz nach AD 2000-Merkblatt W 10 für Temperaturen tiefer als –10 °C erfolgt die Prüfung bei –40 °C.

4.1.3 Beständigkeit gegen interkristalline Korrosion

Bei austenitischen und austenitisch-ferritischen Stählen, die zur Gruppe der nichtrostenden Stähle gehören, erfolgt die Prüfung der interkristallinen Korrosion je Schmelze und Wärmebehandlungslos. Auf diese Prüfung kann im Einvernehmen mit dem Besteller verzichtet werden.

Bei hochwarmfesten Stählen (z. B. 1.4951, 1.4961) kann auf die Prüfung verzichtet werden, sofern seitens des Bestellers keine Anforderungen gestellt werden.

4.1.4 Prüfung auf Werkstoffverwechselung

Alle Erzeugnisse sind vom Hersteller einer geeigneten Prüfung auf Werkstoffverwechselung zu unterziehen.

4.3 Zusätzliche Prüfungen für Stäbe und Schmiedestücke

4.3.1 Kerbschlagbiegeversuch

Der Kerbschlagbiegeversuch ist im Umfang des Zugversuches bei Raumtemperatur durchzuführen.

— Bei austenitischen Stählen nach Tafel 1 bei Durchmessern > 100 mm. Für den Einsatz nach AD 2000-Merkblatt W 10 bei Durchmessern > 60 mm.

— Bei austenitisch-ferritischen Stählen bei einem Durchmesser > 15 mm. Für den Einsatz nach AD 2000-Merkblatt W 10 für Temperaturen tiefer als –10 °C erfolgt die Prüfung bei –40 °C.

Für Schmiedestücke (Scheibe, Lochscheibe, Ring, Buchse) gilt anstelle des Durchmessers das maßgebende Maß nach DIN EN 10222-1, Tabelle B.1.

4.3.2 Beständigkeit gegen interkristalline Korrosion

Bei austenitischen und austenitisch-ferritischen Stählen, die zur Gruppe der nichtrostenden Stähle gehören, erfolgt die Prüfung der interkristallinen Korrosion je Schmelze und Wärmebehandlungslos. Auf diese Prüfung kann im Einvernehmen mit dem Besteller verzichtet werden.

Bei hochwarmfesten Stählen (z. B. 1.4910,1.4982) kann auf die Prüfung verzichtet werden, sofern seitens des Bestellers keine Anforderungen gestellt werden.

4.3.3 Prüfung auf Werkstoffverwechselung

4.3.4 Zerstörungsfreie Prüfungen

An Stäben und Schmiedestücken mit Durchmessern oder Dicken > 160 mm ist eine Ultraschallprüfung durchzuführen[5)].

---

5) Eine Prüfmöglichkeit besteht in der Anwendung der DIN EN 10228-4. Der Prüfumfang und Zulässigkeitsgrenzen sind festzulegen.

5 Kennzeichnung

5.1 Die Erzeugnisse sind deutlich und dauerhaft nach den Normen zu kennzeichnen.

6 Nachweis der Güteeigenschaften

6.1 Bleche und Bänder

6.1.1 Für Bleche und Bänder aus den Stählen nach den Abschnitten 2.1 und 2.2 gelten für den Nachweis der Güteeigenschaften (mechanische Eigenschaften, Besichtigung und Maßprüfung) die Angaben nach den Tafeln 2a bis 2c.

Für Bleche und Bänder aus den Stählen nach den Abschnitten 2.6 und 2.7 richtet sich der Nachweis der Güteeigenschaften nach den Festlegungen der Eignungsfeststellung[1)].

6.1.2 Die Schmelzanalyse, der Nachweis der Beständigkeit gegen interkristalline Korrosion und gegebenenfalls der zerstörungsfreien Prüfungen erfolgen in allen Fällen durch ein Abnahmeprüfzeugnis 3.1 nach DIN EN 10204.

6.3 Stäbe und Schmiedestücke

6.3.1 Für Stäbe und Schmiedestücke aus den Stählen nach Abschnitt 2.1 gelten für den Nachweis der Güteeigenschaften (mechanische Eigenschaften, Besichtigung und Maßprüfung) die Angaben nach den Tafeln 3a bis 3c. Für kaltnachgezogene Stäbe nach Abschnitt 2.5 sind die Güteeigenschaften mit einem Abnahmeprüfzeugnis 3.1 zu bescheinigen.

6.3.2 Stäbe und Schmiedestücke aus austenitischen Stählen nach den Abschnitten 2.1 und 2.2, die als nahtlose Hohlkörper im Sinne des AD 2000-Merkblattes W 12 mit einem Betriebsdruck ≤ 80 bar verwendet werden, sind mit einem Abnahmeprüfzeugnis 3.1 zu bescheinigen. Für Betriebsdrücke > 80 bar sind die Güteeigenschaften mit einem Abnahmeprüfzeugnis 3.2 nach DIN EN 10204 zu bescheinigen.

6.3.3 Für Stäbe und Schmiedestücke nach den Abschnitten 2.2, 2.4, 2.6 und 2.7 richtet sich der Nachweis der Güteeigenschaften nach den Festlegungen der Eignungsfeststellung[1)].

6.3.4 Der Nachweis der Beständigkeit gegen interkristalline Korrosion erfolgt in allen Fällen durch ein Abnahmeprüfzeugnis 3.1 nach DIN EN 10204.

6.3.5 Die zerstörungsfreie Prüfung ist mit Abnahmeprüfzeugnis 3.1 nach DIN EN 10204 zu bescheinigen.

6.5 Inhalt der Abnahmeprüfzeugnisse nach DIN EN 10204

Die Abnahmeprüfzeugnisse müssen die in den Technischen Lieferbedingungen/Normen geforderten Angaben enthalten. Außerdem sind in jedem Abnahmeprüfzeugnis die der Lieferung zugrunde liegende Technische Lieferbedingung/Norm (z. B. DIN EN 10028-7) und Technische Regel (AD 2000-Merkblatt W 2) anzugeben.

6.6 Die Gültigkeit der Prüfbescheinigung nach DIN EN 10204 (Ausgabe 1995) ist im AD 2000-Merkblatt W 0, Abschnitt 3.4 geregelt.

---

1) Siehe Seite 2.

7 Kennwerte für die Bemessung

7.1 Als Kennwert für die Bemessung gelten bei Stählen nach Tafel 1 (außer Stähle nach DIN EN 10269) die in maßgebenden DIN-EN-Normen und SEW 400 für die jeweiligen Erzeugnisse angegebenen 1-%-Dehngrenzen innerhalb der dort jeweils angegebenen Abmessungsgrenzen.

Für die in Tafel 1 aufgeführten Stähle ist im Einzelfall die Anwendung der 1-%-Dehngrenze[6)] als Kennwert für die Bemessung auch über die in den jeweiligen Normen angegebenen Dicken und Durchmesser hinaus zulässig, sofern die Bruchdehnung und die Kerbschlagarbeitswerte gleich oder größer sind als die in den jeweiligen Normen angegebenen Mindestwerte. Ist diese Bedingung nicht erfüllt, gilt die 0,2-%-Dehngrenze als Kennwert für die Bemessung.

Bei Stählen nach anderen Werkstoffspezifikationen sind die Festigkeitskennwerte für die Bemessung in der Eignungsfeststellung[1)] festzulegen.

7.2 Für Schrauben der Festigkeitsklasse 50 und für Schrauben der Festigkeitsklasse 70 im Durchmesserbereich ≤ M 24 nach den Abschnitten 2.3 und 2.4 gelten die entsprechenden Festigkeitswerte in DIN EN ISO 3506-1. Für die 0,2-%-Dehngrenze bei höheren Temperaturen gelten die Kennwerte der Tafel 6.

7.3 Für Schrauben und Muttern nach den Abschnitten 2.3 und 2.4 der Festigkeitsklasse 70 gelten im Durchmesserbereich > M 24 bis ≤ M 39 die entsprechenden Festigkeitswerte bzw. Prüfspannungen nach Tafel 5. Für die 0,2-%-Dehngrenze gelten die Kennwerte der Tafeln 5 und 6.

7.4 Für Temperaturen bis 50 °C gelten die in der Werkstoffspezifikation oder Eignungsfeststellung[1)] für 20 °C angegebenen Kennwerte. Die für 100 °C angegebenen Kennwerte gelten bis 120 °C.

In den übrigen Temperaturbereichen ist zwischen den angegebenen Werten linear zu interpolieren (z. B. für 80 °C zwischen 20 °C und 100 °C und für 180 °C zwischen 100 °C und 200 °C), wobei eine Aufrundung nicht zulässig ist.

7.5 Im Bereich der Langzeitwerte wird die Temperatur auf 5 °C, 10 °C, 15 °C usw. aufgerundet. Die interpolierten Festigkeitskennwerte sind nach unten auf die Einerstelle abzurunden.

---

1) Siehe Seite 2.

6) Der einzuhaltende Mindestwert ist mit dem Werkstoffhersteller zu vereinbaren.

Tafel 1a — Zuordnung der austenitischen Stahlsorten zu den in Betracht kommenden DIN-EN-Normen und zum Stahl-Eisen-Werkstoffblatt 400

Stahlsorte Kurzname	Werkstoff-Nr.	DIN EN 10028-7	DIN EN 10217-7	DIN EN 10216-5	SEW 400	DIN EN 10222-5	DIN EN 10269[3]	DIN EN 10272
Standardgüten								
X2CrNiN18-7	1.4318	×	–	–	–	–	–	–
X2CrNi18-9	1.4307	×	×	×	–	×	×	×
X2CrNi19-11	1.4306	×	×	×	–	–	–	×
X2CrNiN18-10	1.4311	×	×	×	–	×	–	×
X5CrNi18-10	1.4301	×	×	×	–	×	×	×
X5CrNi19-9	1.4315	×	–	–	–	–	–	–
X6CrNi18-10	1.4948	×	–	×	–	×	×	–
X5CrNi18-12	1.4303	–	–	–	–	–	×	–
X6CrNi23-13	1.4950	×	–	–	–	–	–	–
X6CrNi25-20	1.4951	×	–	–	–	–	–	–
X6CrNiTi18-10	1.4541	×	×	×	–	×	–	×
X6CrNiTiB18-10	1.4941	×	–	×	–	×	×	–
X2CrNiMo17-12-2	1.4404	×	×	×	–	×	×	×
X2CrNiMoN17-11-2	1.4406	×	–	–	–	×	–	×
X5CrNiMo17-12-2	1.4401	×	×	×	–	×	×	×
X6CrNiMoTi17-12-2	1.4571	×	×	×	–	×	–	×
X2CrNiMo17-12-3	1.4432	×	×	–	–	×	–	×
X2CrNiMo18-14-3	1.4435	×	×	×	–	×	–	×
X2CrNiMoN17-13-5[1]	1.4439	×	×	×	–	×	–	×
X4NiCrMoCuNb20-18-2[2]	1.4505	–	–	–	×	–	–	–
X1NiCrMoCuN25-20-5[1]	1.4539	×	×	×	–	×	–	×
X3CrNiMoTi25-25[2]	1.4577	–	–	–	×	–	–	–
X5NiCrAlTi31-20 / (+RA)[2]	1.4958 (+RA)	×	–	×	–	–	–	–
X8NiCrAlTi32-21[2]	1.4959	×	–	×	–	–	–	–
X3CrNiMoBN17-13-3[2]	1.4910	×	–	×	–	×	×	–

1) In Verbindung mit den VdTÜV-Werkstoffblättern 405 oder 421.

2) In Verbindung mit dem Nachweis der Feststellung der Fertigungssicherheit nach AD 2000-Merkblatt W 0.

3) Im Wärmebehandlungszustand „+AT" (lösungsgeglüht und abgeschreckt).

Tafel 1b — Zuordnung der austenitischen Stahlsorten zu den in Betracht kommenden DIN-EN-Normen und zum Stahl-Eisen-Werkstoffblatt 400

Stahlsorte Kurzname	Werkstoff-Nr.	DIN EN 10028-7	DIN EN 10217-7	DIN EN 10216-5	SEW 400	DIN EN 10222-5	DIN EN 10269[3)]	DIN EN 10272
Sondergüten								
X1CrNi25-21[1)]	1.4335	×	–	×	–	–	–	–
X6CrNiNb18-10	1.4550	×	×	×	–	×	–	×
X8CrNiNb16-13	1.4961	×	–	×	–	–	–	–
X8CrNiMoNb16-16[2)]	1.4981	–	–	×	–	–	–	–
X8CrNiMoVNb16-13[2)]	1.4988	–	–	×	–	–	–	–
X7CrNiNb18-10	1.4912	–	–	×	–	×	–	–
X1CrNiMoN25-22-2[1)]	1.4466	×	–	×	–	–	–	–
X6CrNiMoNb17-12-2	1.4580	×	–	×	–	–	–	×
X2CrNiMoN17-13-3	1.4429	×	×	×	–	×	×	×
X3CrNiMo17-13-3	1.4436	×	×	×	–	×	–	×
X3CrNiMo18-12-3	1.4449	–	–	–	–	×	–	–
X2CrNiMoN18-12-4	1.4434	×	–	–	–	–	–	–
X2CrNiMo18-15-4	1.4438	×	×	–	–	–	–	–
X1NiCrMoCu31-27-4[1)]	1.4563	×	×	×	–	–	–	×
X1CrNiMoCuN25-25-5[2)]	1.4537	×	–	–	–	–	–	–
X1CrNiMoCuN20-18-7[1)]	1.4547	×	×	×	–	×	–	×
X1NiCrMoCuN25-20-7[1)]	1.4529	×	×	×	–	×	–	×
X3CrNiCu19-10[2)]	1.4650	–	–	–	–	×	–	–
X3CrNiCu18-9-4[2)]	1.4567	–	–	–	–	–	×	–
X10CrNiMoMnNbVB15-10-1[2)]	1.4982	–	–	×	–	–	×	–
X6CrNiMoB17-12-2[2)]	1.4919	–	–	–	–	–	×	–
X6NiCrTiMoVB25-15-2[2)]	1.4980	–	–	–	–	–	×[4)]	–
X2NiCrAlTi32-20[2)]	1.4558	–	–	×	–	–	–	–
X7CrNiTi18-10[2)]	1.4940	–	–	×	–	–	–	–
X6CrNiMo17-13-2[2)]	1.4918	–	–	×	–	–	–	–

1) In Verbindung mit den VdTÜV-Werkstoffblättern 415, 435, 468, 473, 483 oder 502.

2) In Verbindung mit dem Nachweis der Feststellung der Fertigungssicherheit nach AD 2000-Merkblatt W 0.

3) Im Wärmebehandlungszustand „+AT" (lösungsgeglüht und abgeschreckt).

4) Im Wärmebehandlungszustand „AT+P" (lösungsgeglüht und ausscheidungsgehärtet).

Tafel 1c — Zuordnung der austenitisch-ferritischen Stahlsorten zu den in Betracht kommenden DIN-EN-Normen und zum Stahl-Eisen-Werkstoffblatt 400

Stahlsorte Kurzname	Werk-Stoff-Nr.	DIN EN 10028-7	DIN EN 10217-7	DIN EN 10216-5	SEW 400	DIN EN 10222-5	DIN EN 10269[3)]	DIN EN 10272
Standardgüten								
X2CrNiN23-4[1)]	1.4362	×	×	×	–	–	–	×
X2CrNiMoN22-5-3[1)]	1.4462	×	×	×	–	×	–	×
Sondergüten								
X2CrNiMoCuN25-6-3[2)]	1.4507	×	–	×	–	–	–	×
X2CrNiMoN25-7-4[1)]	1.4410	×	×	×	–	×	–	×
X2CrNiMoCuWN25-7-4[2)]	1.4501	×	×	×	–	–	–	×
X2CrNiMoSi18-5-3[2)]	1.4424	–	–	×	–	–	–	–

1) In Verbindung mit den VdTÜV-Werkstoffblättern 418, 496 oder 508.

2) In Verbindung mit dem Nachweis der Fertigungssicherheit nach AD 2000-Merkblatt W 0.

3) Im Wärmebehandlungszustand „+AT“ (lösungsgeglüht und abgeschreckt).

Tafel 2a — Nachweis der Güteeigenschaften für Bänder und Bleche nach Tafel 1a

Stahlsorte		Art der Prüfbescheinigung nach DIN EN 10204							
Kurzname Erzeugnisform[1]	Werkstoff-Nr.	Dicke mm C	Dicke mm H	Dicke mm P		Dicke[2] mm C	Dicke[2] mm H	Dicke[2] mm P	
Standardgüten									
X2CrNiN18-7	1.4318	≤ 8	≤ 13,5	≤ 30		–	–	> 30	
X2CrNi18-9	1.4307	≤ 8	≤ 13,5	≤ 30		–	–	> 30	
X2CrNi19-11	1.4306	≤ 8	≤ 13,5	≤ 30		–	–	> 30	
X2CrNiN18-10	1.4311	≤ 8	≤ 13,5	≤ 30		–	–	> 30	
X5CrNi18-10	1.4301	≤ 8	≤ 13,5	≤ 30		–	–	> 30	
X5CrNiN19-9	1.4315	≤ 8	≤ 13,5	≤ 30		–	–	> 30	
X6CrNi18-10	1.4948	≤ 8	≤ 13,5	≤ 30		–	–	> 30	
X6CrNi23-13	1.4950	≤ 8	≤ 13,5	≤ 30		–	–	> 30	
X6CrNi25-20	1.4951	≤ 8	≤ 13,5	≤30		–	–	> 30	
X6CrNiTi18-10	1.4541	≤ 8	≤ 13,5	≤ 30		–	–	> 30	
X6CrNiTiB18-10	1.4941	≤ 8	≤ 13,5	≤ 30	3.1	–	–	> 30	3.2
X2CrNiMo17-12-2	1.4404	≤ 8	≤ 13,5	≤ 30		–	–	> 30	
X2CrNiMoN17-11-2	1.4406	≤ 8	≤ 13,5	≤ 30		–	–	> 30	
X5CrNiMo17-12-2	1.4401	≤ 8	≤ 13,5	≤ 30		–	–	> 30	
X6CrNiMoTi17-12-2	1.4571	≤ 8	≤ 13,5	≤ 30		–	–	> 30	
X2CrNiMo17-12-3	1.4432	≤ 8	≤ 13,5	≤ 30		–	–	> 30	
X2CrNiMo18-14-3	1.4435	≤ 8	≤ 13,5	≤ 30		–	–	> 30	
X2CrNiMoN17-13-5[3]	1.4439	≤ 8	≤ 13,5	≤ 30		–	–	> 30	
X1NiCrMoCuN25-20-5[3]	1.4539	≤ 8	≤ 13,5	≤ 30		–	–	> 30	
X5NiCrAlTi31-20 / (+RA)[4]	1.4958 (+RA)	–	–	–		–	–	[5]	
X3CrNiMoBN17-13-3[4]	1.4910	–	–	–		–	–	[5]	

[1] C = kaltgewalztes Band, H = warmgewalztes Band, P = warmgewalztes Blech.

[2] Bei Überschreitung der in den DIN-EN-Normen angegebenen max. Dicke ist eine Eignungsfeststellung/Einzelgutachten nach AD 2000-Merkblatt W 0 erforderlich.

[3] In Verbindung mit den VdTÜV-Werkstoffblättern 405 oder 421.

[4] In Verbindung mit dem Nachweis der Fertigungssicherheit nach AD 2000-Merkblatt W 0 (sonst 3.2/Einzelgutachten).

[5] Bis zur maximalen Dicke nach DIN-EN-Norm.

Tafel 2b — Nachweis der Güteeigenschaften für Bänder und Bleche nach Tafel 1b

Stahlsorte		Art der Prüfbescheinigung nach DIN EN 10204							
Kurzname Erzeugnisform[1]	Werkstoff-Nr.	Dicke mm C	Dicke mm H	Dicke mm P		Dicke[2] mm C	Dicke[2] mm H	Dicke[2] mm P	
Sondergüten									
X1CrNi25-21[3]	1.4335	–	–	–	3.1	–	–	[5]	3.2
X6CrNiNb18-10	1.4550	–	–	≤ 30		–	–	> 30	
X8CrNiNb16-13	1.4961	–	–	≤ 30		–	–	> 30	
X1CrNiMoN25-22-2[3]	1.4466	–	–	–		–	–	[5]	
X6CrNiMoNb17-12-2	1.4580	–	–	≤ 30		–	–	> 30	
X2CrNiMoN17-13-3	1.4429	≤ 8	≤ 13,5	≤ 30		–	–	> 30	
X3CrNiMo17-13-3	1.4436	≤ 8	≤ 13,5	≤ 30		–	–	> 30	
X2CrNiMoN18-12-4	1.4434	≤ 8	≤ 13,5	≤ 30		–	–	> 30	
X2CrNiMo18-15-4	1.4438	≤ 8	≤ 13,5	≤ 30		–	–	> 30	
X1NiCrMoCu31-27-4[3]	1.4563	–	–	–		–	–	[5]	
X1CrNiMoCuN25-25-5[3]	1.4537	–	–	–		–	–	[5]	
X1CrNiMoCuN20-18-7[4]	1.4547	–	–	–		–	–	[5]	
X1NiCrMoCuN25-20-7[3]	1.4529	–	–	–		–	–	[5]	

[1] C = kaltgewalztes Band, H = warmgewalztes Band, P = warmgewalztes Blech.

[2] Bei Überschreitung der in den DIN-EN-Normen angegebenen max. Dicke ist eine Eignungsfeststellung/Einzelgutachten nach AD 2000-Merkblatt W 0 erforderlich.

[3] In Verbindung mit den VdTÜV-Werkstoffblättern 415, 435, 468, 473, 483 oder 502.

[4] In Verbindung mit dem Nachweis der Fertigungssicherheit nach AD 2000-Merkblatt W 0 (sonst 3.2/Einzelgutachten).

[5] Bis zur maximalen Dicke nach DIN-EN-Norm.

Tafel 2c — Nachweis der Güteeigenschaften für Bänder und Bleche nach Tafel 1c

Stahlsorte		Art der Prüfbescheinigung nach DIN EN 10204							
Kurzname Erzeugnisform[1]	Werkstoff-Nr.	Dicke mm C	Dicke mm H	Dicke mm P		Dicke[2] mm C	Dicke[2] mm H	Dicke[2] mm P	
Austenitisch-ferritische Stähle									
Standardgüten									
X2CrNiN23-4[3]	1.4362	–	–	–		[5]	[5]	[5]	3.2
X2CrNiMoN22-5-3[3]	1.4462	–	–	–		[5]	[5]	[5]	
Sondergüten									
X2CrNiMoCuN25-6-3[3]	1.4507	–	–	–		[5]	[5]	[5]	3.2
X2CrNiMoN25-7-4[4]	1.4410	–	–	–		[5]	[5]	[5]	
X2CrNiMoCuWN25-7-4[4]	1.4501	–	–	–		–	–	[5]	

[1] C = kaltgewalztes Band, H = warmgewalztes Band, P = warmgewalztes Blech.

[2] Bei Überschreitung der in den DIN-EN-Normen angegebenen max. Dicke ist eine Eignungsfeststellung/Einzelgutachten nach AD 2000-Merkblatt W 0 erforderlich.

[3] In Verbindung mit den VdTÜV-Werkstoffblättern 418, 496 oder 508.

[4] In Verbindung mit dem Nachweis der Fertigungssicherheit nach AD 2000-Merkblatt W 0 (sonst 3.2/Einzelgutachten).

[5] Bis zur maximalen Dicke nach DIN-EN-Norm.

Tafel 3a — Nachweis der Güteeigenschaften für Stäbe und Schmiedestücke aus Stählen nach Tafel 1a

Stahlsorte		Art der Prüfbescheinigung nach DIN EN 10204			
Kurzname	Werkstoff-Nr.	Dicke[1] mm		Dicke[1] mm	
X2CrNi18-9	1.4307	≤ 250[4]	3.1	> 250	3.2
X2CrNi19-11	1.4306	≤ 250		> 250	
X2CrNiN18-10	1.4311	≤ 250		> 250	
X5CrNi18-10	1.4301	≤ 250[4]		> 250	
X6CrNi18-10	1.4948	≤ 250[4]		> 250	
X5CrNi18-12	1.4303	≤ 160		–	
X6CrNiTi18-10	1.4541	≤ 250		> 250	
X6CrNiTiB18-10	1.4941	≤ 250		> 250	
X2CrNiMo17-12-2	1.4404	≤ 250[4]		> 250	
X2CrNiMoN17-11-2	1.4406	≤ 160		> 160	
X5CrNiMo17-12-2	1.4401	≤ 250[4]		> 250	
X6CrNiMoTi-17-12-2	1.4571	≤ 250		> 250	
X2CrNiMo17-12-3	1.4432	≤ 250		> 250	
X2CrNiMo18-14-3	1.4435	≤ 250		> 250	
X2CrNiMoN17-13-5[2]	1.4439	≤ 160		> 160	
X4NiCrMoCuNb20-18-2	1.4505	≤ 160		> 160	
X1NiCrMoCuN25-20-5[2]	1.4539	≤ 160		> 160	
X3CrNiMoTi25-25	1.4577	≤ 160		> 160	
X3CrNiMoBN17-13-3[3]	1.4910	–		[5]	

[1] Dicke des maßgeblichen Querschnitts nach DIN EN 10222-1 bei Schmiedestücken bzw. Durchmesser oder kleinste Kantenlänge bei Stäben. Bei Überschreitung der in den DIN-EN-Normen angegebenen max. Dicke ist eine Eignungsfeststellung/Einzelgutachten nach AD 2000-Merkblatt W 0 erforderlich.

[2] In Verbindung mit den VdTÜV-Werkstoffblättern 405 oder 421.

[3] In Verbindung mit dem Nachweis der Fertigungssicherheit nach AD 2000-Merkblatt W 0 (sonst 3.2/Einzelgutachten).

[4] Durchmesserbegrenzung für Erzeugnisse nach DIN EN 10269: ≤ 160 mm.

[5] Bis zur maximalen Dicke nach DIN-EN-Norm.

Tafel 3b — Nachweis der Güteeigenschaften für Stäbe und Schmiedestücke aus Stählen nach Tafel 1b

Stahlsorte		Art der Prüfbescheinigung nach DIN EN 10204			
Kurzname	Werkstoff-Nr.	Dicke[1] mm		Dicke[1] mm	
X6CrNiNb18-10	1.4550	≤ 250	3.1	> 250	3.2
X7CrNiNb18-10	1.4912	–		[5]	
X6CrNiMoNb17-12-2	1.4580	≤ 250		> 250	
X2CrNiMoN17-13-3	1.4429	–		[4] [5]	
X3CrNiMo17-13-3	1.4436	≤ 160		> 160	
X3CrNiMo18-12-3	1.4449	≤ 160		> 160	
X1NiCrMoCu31-27-4[2]	1.4563	–		[5]	
X1CrNiMoCuN20-18-7[3]	1.4547	–		[5]	
X1NiCrMoCuN25-20-7[2]	1.4529	–		[5]	
X3CrNiCu19-10[3]	1.4650	–		[5]	
X3CrNiCu18-9-4[3]	1.4567	–		[4] [5]	
X10CrNiMoMnNbVB15-10-1[3]	1.4982	–		[4] [5]	
X6CrNiMoB17-12-2[3]	1.4919	–		[4] [5]	
X6NiCrTiMoVB25-15-2[2]	1.4980	–		[4]	

[1] Dicke des maßgeblichen Querschnitts nach DIN EN 10222-1. Bei Überschreitung der in den DIN-EN-Normen angegebenen max. Dicke ist eine Eignungsfeststellung/Einzelgutachten nach AD 2000-Merkblatt W 0 erforderlich.

[2] In Verbindung mit den VdTÜV-Werkstoffblättern 435, 483 oder 502.

[3] In Verbindung mit dem Nachweis der Fertigungssicherheit nach AD 2000-Merkblatt W 0 (sonst 3.2/Einzelgutachten).

[4] Durchmesserbegrenzung für Erzeugnisse nach DIN EN 10269: ≤ 160 mm.

[5] Bis zur maximalen Dicke nach DIN-EN-Norm.

Tafel 3c — Nachweis der Güteeigenschaften für Stäbe und Schmiedestücke aus Stählen nach Tafel 1c

Stahlsorte		Art der Prüfbescheinigung nach DIN EN 10204			
Kurzname	Werkstoff-Nr.	Dicke[1] mm		Dicke[1] mm	
Austenitisch-ferritische Stähle					
X2CrNiN23-4[2]	1.4362	–		[4]	
X2CrNiMoN22-5-3[2]	1.4462	–		[4]	
X2CrNiMoCuN25-6-3[2]	1.4507	–		[4]	3.2
X2CrNiMoN25-7-4[3]	1.4410	–		[4]	
X2CrNiMoCuWN25-7-4[3]	1.4501	–		[4]	

1) Dicke des maßgeblichen Querschnitts nach DIN EN 10222-1 bei Schmiedestücken bzw. Durchmesser oder kleinste Kantenlänge bei Stäben. Bei Überschreitung der in den DIN-EN-Normen angegebenen max. Dicke ist eine Eignungsfeststellung/Einzelgutachten nach AD 2000-Merkblatt W 0 erforderlich.

2) In Verbindung mit den VdTÜV-Werkstoffblättern 418, 496 oder 508.

3) In Verbindung mit dem Nachweis der Fertigungssicherheit nach AD 2000-Merkblatt W 0 (sonst 3.2/Einzelgutachten).

4) Bis zur maximalen Dicke nach DIN-EN-Norm.

Tafel 7 — Grenztemperatur[1] für die Beständigkeit gegen interkristalline Korrosion

Stahlsorte[2][3]		
Kurzname	Werkstoff-Nummer	Grenztemperatur[4] °C
X5CrNi18-10	1.4301	300
X2CrNi19-11	1.4306	350
X2CrNiN18-10	1.4311	400
X6CrNiTi18-10	1.4541	400
X6CrNiNb18-10	1.4550	400
X5CrNiMo17-12-2	1.4401	300
X2CrNiMo17-12-2	1.4404	400
X2CrNiMoN17-11-2	1.4406	400
X6CrNiMoTi17-12-2	1.4571	400
X6CrNiMoNb17-12-2	1.4580	400
X2CrNiMoN17-13-3	1.4429	400
X2CrNiMo18-14-3	1.4435	400
X3CrNiMo17-13-3	1.4436	300
X2CrNiMo18-15-4	1.4438	350
X2CrNiMoN17-13-5	1.4439	400
X1NiCrMoCuN25-20-5	1.4539	400

1) Quelle: DIN 17440, Ausgabe September 1996; für X1NiCrMoCuN25-20-5 (1.4539) VdTÜV-Werkstoffblatt 421.

2) Lieferzustand „+AT".

3) Für die Werkstoffe X5CrNi18-10 (1.4301), X5CrNiMo17-12-2 (1.4401) und X3CrNiMo17-13-3 (1.4436) sind die Dickenbegrenzungen nach DIN EN 10028-7, Tabelle 9 zu beachten.

4) Bei Einsätzen bis zu den genannten Temperaturen und einer Betriebsdauer von 100000 h tritt keine interkristalline Korrosion bei Prüfung nach diesem AD 2000-Merkblatt auf.

Werkstoffe für Druckbehälter	Flansche aus Stahl	AD 2000-Merkblatt W 9

Die AD 2000-Merkblätter werden von den in der „Arbeitsgemeinschaft Druckbehälter" (AD) zusammenarbeitenden, nachstehend genannten sieben Verbänden aufgestellt. Aufbau und Anwendung des AD 2000-Regelwerkes sowie die Verfahrensrichtlinien regelt das AD 2000-Merkblatt G 1.

Die AD 2000-Merkblätter enthalten sicherheitstechnische Anforderungen, die für normale Betriebsverhältnisse zu stellen sind. Sind über das normale Maß hinausgehende Beanspruchungen beim Betrieb der Druckbehälter zu erwarten, so ist diesen durch Erfüllung besonderer Anforderungen Rechnung zu tragen.

Wird von den Forderungen dieses AD 2000-Merkblattes abgewichen, muss nachweisbar sein, dass der sicherheitstechnische Maßstab dieses Regelwerkes auf andere Weise eingehalten ist, z. B. durch Werkstoffprüfungen, Versuche, Spannungsanalyse, Betriebserfahrungen.

FDBR e. V. Fachverband Anlagenbau, Düsseldorf

Deutsche Gesetzliche Unfallversicherung (DGUV), Berlin

Verband der Chemischen Industrie e. V. (VCI), Frankfurt/Main

Verband Deutscher Maschinen- und Anlagenbau e. V. (VDMA), Fachgemeinschaft Verfahrenstechnische Maschinen und Apparate, Frankfurt/Main

Stahlinstitut VDEh, Düsseldorf

VGB PowerTech e. V., Essen

Verband der TÜV e. V. (VdTÜV), Berlin

Die AD 2000-Merkblätter werden durch die Verbände laufend dem Fortschritt der Technik angepasst. Anregungen hierzu sind zu richten an den Herausgeber:

Verband der TÜV e. V., Friedrichstraße 136, 10117 Berlin.

Inhalt

Ersatz für Ausgabe November 2010; | = Änderungen gegenüber der vorangehenden Ausgabe

0 Präambel

Zur Erfüllung der wesentlichen Sicherheitsanforderungen der Druckgeräterichtlinie kann das AD 2000-Regelwerk angewandt werden, vornehmlich für die Konformitätsbewertung nach den Modulen „G" und „B (Baumuster) + F".

Das AD 2000-Regelwerk folgt einem in sich geschlossenen Auslegungskonzept. Die Anwendung anderer technischer Regeln nach dem Stand der Technik zur Lösung von Teilproblemen setzt die Beachtung des Gesamtkonzeptes voraus.

Bei anderen Modulen der Druckgeräterichtlinie oder für andere Rechtsgebiete kann das AD 2000-Regelwerk sinngemäß angewandt werden. Die Prüfzuständigkeit richtet sich nach den Vorgaben des jeweiligen Rechtsgebietes.

1 Geltungsbereich

1.1 Dieses AD 2000-Merkblatt gilt für:

— geschmiedete und nahtlos gewalzte Flansche,

— aus Profilen, Stabstahl oder Blechstreifen gebogene und abbrennstumpfgeschweißte Flansche,

— aus Blechen ausgeschnittene Flansche,

— aus gewalztem oder geschmiedetem Formstahl und Stabstahl durch spanende Bearbeitung hergestellte Flansche,

— gegossene Flansche aus Stahlguss

aus ferritischen, austenitischen und austenitisch-ferritischen Stählen zum Bau von Druckbehältern, die bei Betriebstemperaturen sowie bei Umgebungstemperaturen herab bis −10 °C und bis zu den in Abschnitt 2 bzw. in den jeweiligen AD 2000-Merkblättern für den Ausgangswerkstoff genannten oberen Temperaturgrenzen betrieben werden. Für Betriebstemperaturen unter −10 °C gilt zusätzlich das AD 2000-Merkblatt W 10.

1.2 Dieses AD 2000-Merkblatt gilt nicht für angegossene Flansche. Für Flansche, die vom Druckbehälterhersteller hergestellt werden, gelten die Abschnitte 2, 3, 4 und 7.

1.3 Die grundlegenden Anforderungen an die Werkstoffe und an den Werkstoffhersteller sind im AD 2000-Merkblatt W 0 geregelt.

2 Geeignete Werkstoffe

Es dürfen verwendet werden:

2.1 Für geschmiedete oder nahtlos gewalzte Flansche:

2.1.1 Allgemeine Baustähle S235JRG2 (1.0038), S235J2G3 (1.0116) und S355J2G3 (1.0570) nach DIN EN 10250-2 bis zu einer Berechnungstemperatur[1] ≤ 300 °C und bis zu einem Produkt aus dem größten Innendurchmesser d_i in mm des Druckbehälters oder des Anbauteils und einem maximal zulässigen Druck PS in bar $d_i \cdot PS \leq 20000$ mm · bar.

Flansche mit Blattdicken ≥ 30 mm sind normalgeglüht zu liefern. Flansche mit Blattdicken < 30 mm können im geschmiedeten Zustand geliefert werden.

2.1.2 Schweißgeeignete Feinkornbaustähle nach DIN EN 10222-4, DIN 17102, DIN 17103 und DIN EN 10273 gemäß Tafel 1 jeweils in Verbindung mit den zugehörigen VdTÜV-Werkstoffblättern.

2.1.3 Die in Tafel 1 aufgeführten warmfesten schweißgeeigneten Stähle nach DIN EN 10222-2 (einschließlich nationalem Anhang), P250GH/C22.8 nach VdTÜV-Werkstoffblatt 350/3 sowie die Stahlsorte C21 nach VdTÜV-Werkstoffblatt 399/3 in den dort genannten Anwendungsgrenzen. Für die Stahlsorten 14MoV6-3, X10CrMoVNb9-1 und X20CrMoV11-1 sind zusätzlich die VdTÜV-Werkstoffblätter 184, 511/3 und 110 zu beachten.

2.1.4 Die in Tafel 1 aufgeführten kaltzähen Stähle nach DIN EN 10222-3 bis 50 °C. Für den kurzzeitigen Betrieb bei höheren Temperaturen gilt AD 2000-Merkblatt W 10, Abschnitt 6.

2.1.5 Stahlsorten nach AD 2000-Merkblatt W 2.

2.2 Für aus Profilen, Stabstahl oder Blechstreifen gebogene und abbrennstumpfgeschweißte Flansche:

Stahlsorten nach den AD 2000-Merkblättern W 1, W 2 und W 13 sowie P250GH/C22.8 nach VdTÜV-Werkstoffblatt 350/3.

2.3 Für aus Blechen ausgeschnittene und durch spanende Bearbeitung hergestellte Flansche:

Stahlsorten nach den AD 2000-Merkblättern W 1 und W 2 in Verbindung mit Abschnitt 6.9.

2.4 Für durch spanende Bearbeitung hergestellte Flansche aus gewalztem und geschmiedetem Formstahl und Stabstahl:

Stahlsorten nach den AD 2000-Merkblättern W 2 und W 13 in Verbindung mit Abschnitt 6.9.

2.5 Für gegossene Flansche:

Stahlguss nach AD 2000-Merkblatt W 5.

---

1) Siehe AD 2000-Merkblatt B 0 Abschnitt 5.

2.6 Für Flansche, unabhängig vom Herstellungsverfahren:

Andere Werkstoffe nach Eignungsfeststellung durch die zuständige unabhängige Stelle. Für diese Werkstoffe sind die in den AD 2000-Merkblättern der Reihe W genannten Mindestanforderungen für andere Werkstoffe zu berücksichtigen.

Tafel 1 — Zuordnung der Stahlsorten nach den Abschnitten 2.1.2 bis 2.1.4 zu den in Betracht kommenden Normen

Werkstoff-Nr. (nach DIN EN 10027-2)	Kurzname					
	DIN 17102	DIN 17103	DIN EN 10222-2	DIN EN 10222-3	DIN EN 10222-4	DIN EN 10273
1.0345	–	–	–	–	–	P235GH
1.0352	–	–	P245GH+N	–	–	–
1.0425	–	–	–	–	–	P265GH
1.0426	–	–	P280GH+N	–	–	–
1.0436	–	–	P305GH	–	–	–
1.0460	–	–	P250GH	–	–	P250GH
1.0473	–	–	–	–	–	P355GH
1.0477	–	–	–	–	P285NH	–
1.0478	–	–	–	–	P285QH	–
1.0481	–	–	–	–	–	P295GH
1.0487	–	–	–	–	–	P275NH
1.0488	TStE 285	TStE 285	–	–	–	–
1.0565	–	–	–	–	P355NH	P355NH
1.0566	TStE 355	TStE 355	–	–	–	–
1.0571	-	–	–	–	P355QH1	–
1.1104	EStE 285	–	–	–	–	–
1.1106	EStE 355	–	–	–	–	–
1.4903	–	–	X10CrMoVNb9-1	–	–	–
1.4922	–	–	X20CrMoV11-1	–	–	–
1.5415	–	–	16Mo3	–	–	16Mo3
1.5637	–	–	–	12Ni14	–	–
1.5662	–	–	–	X8Ni9	–	–
1.5680	–	–	–	X12Ni5	–	–
1.6217	–	–	–	13MnNi6-3	–	–
1.7335	–	–	13CrMo4-5	–	–	13CrMo4-5
1.7380	–	–	–	–	–	10CrMo9-10
1.7383	–	–	11CrMo9-10	–	–	–
1.7715	–	–	14MoV6-3	–	–	–
1.8912	TStE 420	TStE 420	–	–	–	–
1.8913	EStE 420	–	–	–	–	–
1.8915	TStE 460	TStE 460	–	–	–	–
1.8917	TStE 500	TStE 500	–	–	–	–
1.8918	EStE 460	–	–	–	–	–
1.8919	EStE 500	–	–	–	–	–
1.8932	–	–	–	–	P420NH	–
1.8935	–	–	–	–	–	P460NH
1.8936	–	–	–	–	P420QH	–

3 Anforderungen an die Werkstoffe und die Herstellung

3.1 Für die chemische Zusammensetzung, den Lieferzustand, die mechanisch-technologischen Eigenschaften in Abhängigkeit von den Abmessungsgrenzen, die Oberflächenbeschaffenheit und die Maßhaltigkeit der Erzeugnisformen nach den Abschnitten 2.1 bis 2.6 gelten die Festlegungen in den entsprechenden AD 2000-Merkblättern, Normen oder VdTÜV-Werkstoffblättern. Oberflächenfehler dürfen durch Schweißen nur mit Genehmigung des Bestellers und der mit der Abnahmeprüfung beauftragten zuständigen unabhängigen Stelle ausgebessert werden.

3.2 Vorschweißflansche und Vorschweißbunde dürfen nicht kreisförmig aus Blechen ausgeschnitten werden. Werden sie aus Blechen hergestellt, so sind Streifen in Walzrichtung zu schneiden und so zu biegen, dass eine Blechoberfläche nach innen zur Flanschachse weist (s. a. AD 2000-Merkblatt B 8).

4 Prüfung

4.1 Besichtigung und Maßkontrolle

Die Flansche sind im Lieferzustand zu besichtigen und in den Abmessungen zu prüfen.

4.2 Zerstörende Werkstoffprüfung

4.2.1 Geschmiedete oder nahtlos gewalzte Flansche aus Stählen nach Abschnitt 2.1.1 (s. a. Tafel 5)

Die Flansche werden losweise geprüft. Ein Prüflos umfasst Flansche einer Schmelze mit gleichartiger Warmumformung und Wärmebehandlung. Ein Prüflos umfasst auch Flansche einer Schmelze, unterschiedlicher Abmessungen und getrennter, aber gleichartiger Wärmebehandlung, sofern die Gleichmäßigkeit der Wärmebehandlung durch Härteprüfung an 10 %, mindestens jedoch an drei Flanschen, nachgewiesen wird. Die Maßgaben der Härteprüfung gelten auch für unbehandelte Flansche.

Je Prüflos sind bei Stückgewichten $\leq$ 300 kg eine Zugprobe und drei Kerbschlagproben bei Prüftemperaturen entsprechend DIN EN 10250-2 zu prüfen. Als Versuchsergebnis für den Kerbschlagbiegeversuch ist das Mittel von drei Proben zu werten, wobei kein Einzelwert unter 70 % der Anforderung liegen darf. Die Kerbschlagarbeit muss für die Quer-/ Tangentialrichtung an V-Proben $\geq$ 27 J betragen. Bei Stückgewichten $>$ 300 kg werden die Flansche entsprechend Abschnitt 4.2.2 geprüft. Freiformgeschmiedete Flansche mit Stückgewichten $>$ 300 kg werden einzeln geprüft.

Die Probenrichtung ist quer oder tangential zum Faserverlauf. Bei Blattdicken $>$ 30 mm ist die Probenlage mindestens ¼ unter Stirn- und Seitenfläche.

Zur Entnahme der Proben sind entweder die Flansche selbst in entsprechender Zahl zu verwenden, oder es muss an allen Flanschen, die zur Prüfung vorgesehen sind, das nötige Übermaß für das Prüfstück vorhanden sein. Bei im Gesenk hergestellten Flanschen kann zur Entnahme der Proben der beim Lochen anfallende Ausfallbutzen verwendet werden, wenn die Butzendicke 75 % der Blattdicke nicht unterschreitet.

Falls Flansche einer Schmelze zu verschiedenen Zeiten gewalzt oder geschmiedet werden, können je Schmelze ein oder gegebenenfalls mehrere Prüfstücke in einer den Flanschen vergleichbaren Abmessung hergestellt und abschnittsweise den einzelnen Wärmebehandlungen beigelegt werden. Dies setzt voraus, dass die Umformung für die Flansche und Prüfstücke vergleichbar ist.

4.2.2 Geschmiedete oder nahtlos gewalzte Flansche aus Stählen nach den Abschnitten 2.1.2 bis 2.1.4 im normalgeglühten Zustand (s. a. Tafel 5)

Die Flansche werden nach Prüflosen entsprechend Tafel 2 geprüft. Ein Prüflos umfasst Flansche aus einer Schmelze mit gleichartiger Warmumformung und Wärmebehandlung. Ein Prüflos umfasst auch Flansche einer Schmelze, unterschiedlicher Abmessungen und getrennter, aber gleichartiger Wärmebehandlung, sofern die Gleichmäßigkeit der Wärmebehandlung durch Härteprüfung an 10 %, mindestens aber an drei Flanschen, nachgewiesen wird. Die Maßgaben der Härteprüfung gelten auch für normalisierend umgeformte Flansche.

Je Prüflos sind an zwei Flanschen je eine Zugprobe und drei Kerbschlagproben zu prüfen. Je Schmelze, Warmumformung und Wärmebehandlung werden jedoch höchstens vier Probensätze geprüft.

Bei Stückgewichten bis 1000 kg und Stückzahlen bis einschließlich 10 Flansche sowie bei Stückgewichten bis 15 kg und Stückzahlen bis einschließlich 30 Flansche genügt die Prüfung eines Flansches mit einer Zugprobe und drei Kerbschlagproben.

Freiformgeschmiedete Flansche mit Stückgewichten $>$ 300 kg werden einzeln geprüft.

Die Probenrichtung ist quer oder tangential zum Faserverlauf. Bei Blattdicken $>$ 30 mm ist die Probenlage mindestens ¼ unter Stirn- und Seitenfläche. Die Entnahme der Proben und das Beilegen von Prüfstücken und deren Anforderungen müssen dem Abschnitt 4.2.1 entsprechen.

Als Versuchsergebnis für den Kerbschlagbiegeversuch ist das Mittel von drei Proben zu werten, wobei kein Einzelwert unter 70 % der Anforderungen liegen darf.

Tafel 2 — Einteilung in Prüflose

Stückgewicht in kg	Anzahl der Flansche je Prüflos[1)]
$\leq$ 15	$\leq$ 150
$>$ 15 bis $\leq$ 150	$\leq$ 100
$>$ 150 bis $\leq$ 300	$\leq$ 50
$>$ 300	$\leq$ 25

1) Die Prüfstücke zählen nicht als Teile des Prüfloses.

4.2.3 Geschmiedete oder nahtlos gewalzte Flansche aus Stählen nach den Abschnitten 2.1.2 bis 2.1.4 im vergüteten Zustand (s. a. Tafel 5)

Die Flansche werden losweise geprüft. Ein Prüflos umfasst Flansche einer Schmelze mit gleichartiger Warmumformung und Wärmebehandlung. Ein Prüflos umfasst auch Flansche einer Schmelze, unterschiedlicher Abmessungen und getrennter, aber gleichartiger Wärmebehandlung, sofern die Gleichmäßigkeit der Wärmebehandlung durch die Härteprüfung bestätigt wird.

Alle Flansche sind einer Härteprüfung zu unterziehen. Bei Serienfertigung (mindestens 50 Flansche einer Schmelze und einer Abmessung) erfolgt die Härteprüfung nur an 10 % des Prüfloses, mindestens aber an 20 Flanschen. Je Prüflos sind am Flansch mit der geringsten Härte und am Flansch mit der höchsten Härte je eine Zugprobe und drei Kerbschlagproben zu prüfen.

Bei Stückgewichten bis 1000 kg und Stückzahlen bis einschließlich 10 Flansche sowie bei Stückgewichten bis 15 kg und Stückzahlen bis einschließlich 30 Flansche genügt die Prüfung einer Zugprobe am Flansch mit der geringsten Härte und von drei Kerbschlagproben am Flansch mit der höchsten Härte.

Freiformgeschmiedete Flansche mit Stückgewichten $>$ 300 kg werden einzeln geprüft.

Die Probenrichtung ist quer oder tangential zum Faserverlauf. Bei Blattdicken $>$ 30 mm ist die Probenlage mindestens ¼ unter Stirn- und Seitenfläche. Die Entnahme der Proben und das Beilegen von Prüfstücken und deren Anforderungen müssen dem Abschnitt 4.2.1 entsprechen.

Als Versuchsergebnis für den Kerbschlagbiegeversuch ist das Mittel von drei Proben zu werten, wobei kein Einzelwert unter 70 % der Anforderungen liegen darf.

4.2.4 Geschmiedete oder nahtlos gewalzte Flansche aus Stählen nach Abschnitt 2.1.5 sind wie Schmiedestücke gemäß AD 2000-Merkblatt W 2 zu prüfen.

4.2.5 Flansche nach Abschnitt 2.2 sind gemäß Tafel 3 zu prüfen. Das Prüfen von getrennt geschweißten Proben ist zulässig, falls dies bei der Verfahrensprüfung festgelegt wird (gleiche geometrische Abmessung).

4.2.6 Bei Flanschen nach Abschnitt 2.3 müssen die Bleche gemäß AD 2000-Merkblatt W 1, W 2 oder W 10 geprüft sein.

4.2.7 Bei Flanschen nach Abschnitt 2.4 muss das Vormaterial entsprechend dem Verwendungszweck gemäß AD 2000-Merkblatt W 2, W 10 oder W 13 geprüft sein.

4.2.8 Flansche nach Abschnitt 2.5 sind gemäß AD 2000-Merkblatt W 5 zu prüfen.

4.2.9 An Flanschen aus anderen Stählen nach Abschnitt 2.6 sind die Prüfungen entsprechend den Festlegungen der Eignungsfeststellung durchzuführen.

4.3 Zerstörungsfreie Prüfung

4.3.1 Geschmiedete oder nahtlos gewalzte Flansche aus Stählen nach Abschnitt 2.1

An Flanschen mit Stückgewichten $>$ 300 kg ist vom Hersteller eine Ultraschallprüfung nach DIN EN 10228-3 oder DIN EN 10228-4 durchzuführen. Die Ultraschallprüfung auf Innenfehler ist als 100%ige Prüfung durchzuführen. Die Fehlergrößenbeurteilung erfolgt nach der –6 dB-Abfall-Technik, die Empfindlichkeitsjustierung nach der AVG-Methode.

Die nachfolgend genannten Qualitätsklassen sind bei Prüfung nach DIN EN 10228-3 anzuwenden:

Blattdicke $s \leq 50$ mm	Qualitätsklasse 4
Blattdicke 50 mm $< s \leq$ 100 mm	Qualitätsklasse 3
Blattdicke $s >$ 100 mm	Qualitätsklasse 2

Für Flansche aus Stählen nach Abschnitt 2.1.5 ist die Qualitätsklasse 3 nach DIN EN 10228-4 anzuwenden. Als dort genannte Dicke des Schmiedestücks gilt die Blattdicke s. An Flanschen aus austenitischen Stählen kann die Ultraschall- durch eine Durchstrahlungsprüfung ersetzt werden.

An Flanschen mit Stückgewichten > 300 kg im vergüteten Zustand ist vom Hersteller zusätzlich eine Oberflächenprüfung in Anlehnung an AD 2000-Merkblatt HP 5/3 durchzuführen.

Tafel 3 — Prüfumfang und Prüfbescheinigungen nach DIN EN 10204 für Flansche nach Abschnitt 2.2

Prüf-gruppen[1)]	Umfang der Prüfungen[2),3)]		Prüfbescheinigung nach DIN EN 10204			
	Zugversuch[4)] (R_{eH}, R_m, A)	Kerbschlag-biegeversuch[5)]	Vor-material	Wärme-behand-lung[6)]	Fertigteil	
					zerstörungs-freie Prüfung	mechanisch-technologische Prüfung
1 (1)[7)]	–	–	2.2/3.1	2.2	2.2	–
1 (2)[8)]	1 je Wärme-behandlungslos	1 je Wärme-behandlungslos	2.2	2.2	3.1	3.2
2	1 je 25 Flansche	1 je 25 Flansche	2.2	2.2	3.1	3.2
3	1 je 10 Flansche einer Schmelze	1 je 10 Flansche einer Schmelze	2.2	2.2	3.1	3.2
4			2.2	2.2	3.1	3.2
5.1	1 je 25 Flansche einer Schmelze	1 je 10 Flansche einer Schmelze	2.2	2.2	3.1	3.2
5.2 bis 5.4	1 je 10 Flansche einer Schmelze	1 je 10 Flansche einer Schmelze	2.2	2.2	3.1	3.2
6	–	–	3.1/3.2	2.2	2.2	–
7	1 je 10 Flansche einer Schmelze	1 je 10 Flansche einer Schmelze	2.2	2.2	3.1	3.2

1) Einteilung gemäß Tafel 1a des AD 2000-Merkblatts HP 0 (Prüfgruppen 1 (1) und 1 (2) nur in AD 2000-Merkblatt W 9).

2) Die Proben sind aus dem Schweißnahtbereich zu entnehmen.

3) Für vergütete Flansche ist eine Härteprüfung gemäß Abschnitt 4.2.3 durchzuführen. Jährlich werden an zwei fertigen Flanschen der Grundwerkstoff und der Schweißnahtbereich geprüft, wobei die Querschnittsfläche, die Geometrie und der Prüfumfang in Anlehnung an AD 2000-Merkblatt HP 5/2 festzulegen sind.

4) Falls für das Vormaterial gefordert, ist ein weiterer Zugversuch je Prüfeinheit bei zulässiger maximaler Temperatur (*TS*) durchzuführen.

5) Je Kerbschlagbiegeversuch werden drei Proben mit Kerbgrund in Schweißnahtmitte geprüft.

6) Prüfbescheinigung gemäß Anhang zu diesem AD 2000-Merkblatt.

7) Ausgenommen sind die Stahlsorten 16Mo3, P295GH, P355GH, P355N und P355NH.

8) Nur die Stahlsorten 16Mo3, P295GH, P355GH, P355N und P355NH.

4.3.2 Flansche aus Stählen nach Abschnitt 2.2

4.3.2.1 Die Bleche oder Blechstreifen sind vom Hersteller nach DIN EN 10160, Qualitätsklasse S2 bzw. nach DIN EN 10307, Qualitätsklasse S2 zerstörungsfrei zu prüfen. Sonderflansche wie Bajonettverschlüsse, Schnellverschlüsse u. Ä. sind zusätzlich nach DIN EN 10160, Qualitätsklasse E3 bzw. nach DIN EN 10307, Qualitätsklasse E3 zerstörungsfrei zu prüfen.

4.3.2.2 Flansche aus Stählen der Prüfgruppen 1 (1) und 6 der Tafel 3 werden vom Hersteller in Anlehnung an AD 2000-Merkblatt HP 5/3 Anlage 1, Prüfklasse A im Bereich der Schweißnaht einer Ultraschall- oder einer Durchstrahlungsprüfung im Umfang von Tafel 4 unterzogen. In der Regel werden Flansche, die bei kontinuierlicher Schweißung mit der gleichen Maschineneinstellung gefertigt werden, zu einem Prüflos zusammengefasst.

4.3.2.3 Bei Flanschen aus Stählen der Prüfgruppen 1 (2), 2 bis 5 und 7 der Tafel 3 wird jeder Flansch vom Hersteller in Anlehnung an AD 2000-Merkblatt HP 5/3 Anlage 1, Prüfklasse A im Bereich der Schweißnaht mit Ultraschall geprüft oder einer Durchstrahlungsprüfung unterzogen.

4.3.2.4 An Flanschen mit Stückgewichten > 300 kg ist vom Hersteller eine Ultraschall- oder eine Durchstrahlungsprüfung durchzuführen.

Tafel 4 — Umfang der zerstörungsfreien Prüfung bei abbrennstumpfgeschweißten Flanschen

Anzahl der Flansche je Prüfeinheit	Umfang der zerstörungsfreien Prüfung	mindestens
≥ 1 bis ≤ 20	100 %	
> 20 bis ≤ 50	50 %	20 Flansche
> 50 bis ≤ 200	25 %	25 Flansche
> 200 bis ≤ 1000	15 %	50 Flansche
> 1000	10 %	150 Flansche

4.3.2.5 An allen Schweißnähten ist vom Hersteller mit geeigneten Verfahren entsprechend AD 2000-Merkblatt HP 5/3 Anlage 1 eine Oberflächenprüfung durchzuführen. Davon ausgenommen sind die Werkstoffe S235JR, P235GH, P250GH, P265GH, P245GH+N.

4.3.3 Flansche nach Abschnitt 2.3

Die Bleche sind vom Hersteller nach DIN EN 10160, Qualitätsklasse S2 bzw. nach DIN EN 10307, Qualitätsklasse S2 zerstörungsfrei zu prüfen.

4.3.4 Flansche nach Abschnitt 2.4

Das Vormaterial muss bei Flanschen mit Stückgewichten > 300 kg entsprechend dem Verwendungszweck zerstörungsfrei geprüft sein. Die Ultraschallprüfung ist nach DIN EN 10228-3 oder DIN EN 10308 als 100%ige Prüfung durchzuführen. Die Fehlergrößenbeurteilung erfolgt nach der –6 dB-Abfall-Technik, die Empfindlichkeitsjustierung nach der AVG-Methode. Die nachfolgend genannten Qualitätsklassen sind anzuwenden:

Dicke $s \leq$ 50 mm Qualitätsklasse 4

Dicke 50 mm $< s \leq$ 100 mm Qualitätsklasse 3

Dicke $s >$ 100 mm Qualitätsklasse 2

Bei Flanschen mit Stückgewichten > 300 kg aus vergüteten Stählen ist eine Oberflächenprüfung in Anlehnung an AD 2000-Merkblatt HP 5/3 Anlage 1 durchzuführen.

4.3.5 Flansche nach Abschnitt 2.5

Flansche mit Stückgewichten > 300 kg sind vom Hersteller mit dem Durchstrahlungsverfahren, falls erforderlich in Verbindung mit dem Ultraschallverfahren, nach DIN EN 12680-2 zu prüfen. Zusätzlich ist eine Oberflächenprüfung (soweit möglich Magnetpulverprüfung) vorzunehmen.

4.3.6 Flansche nach Abschnitt 2.6

An den Flanschen sind die Prüfungen entsprechend den Festlegungen der Eignungsfeststellung durchzuführen.

4.4 Verwechslungsprüfung

Flansche aus legierten Stählen sind vom Hersteller einer geeigneten Prüfung auf Werkstoffverwechslung zu unterziehen.

4.5 Wiederholungsprüfung

Entspricht das Ergebnis einer Prüfung nicht den Anforderungen, so ist wie folgt zu verfahren:

4.5.1 Ist anzunehmen, dass ungenügende Prüfergebnisse auf eine fehlerhafte Wärmebehandlung zurückzuführen sind, können die Flansche erneut wärmebehandelt werden, worauf die gesamte Prüfung zu wiederholen ist. Mehr als eine Wiederholung der Wärmebehandlung ist nur nach Rücksprache mit der zuständigen unabhängigen Stelle zulässig.

4.5.2 Sind ungenügende Prüfergebnisse auf prüftechnische Einflüsse oder auf eine eng begrenzte Fehlstelle einer Probe zurückzuführen, so kann die betreffende Probe bei der Entscheidung, ob die Anforderungen erfüllt sind, außer Betracht bleiben, und die betreffende Prüfung kann erneut durchgeführt werden.

4.5.3 Für jede Probe, die die Mindestwerte nicht erfüllt, sind zwei weitere Proben zu prüfen, die beide den Anforderungen genügen müssen.

5 Kennzeichnung

Die Flansche sind deutlich und dauerhaft entsprechend den Festlegungen in den jeweiligen DIN-EN-Normen zu kennzeichnen. Die Kennzeichnung muss mindestens folgende Angaben enthalten:

— Kurzname oder Werkstoffnummer der Stahlsorte,

— Herstellerzeichen,

— Nennweite und ggf. Rohr-Außendurchmesser,

— Nenndruck.

Bei Lieferung mit Abnahmeprüfzeugnis nach DIN EN 10204 zusätzlich mit:

— Schmelzen-Nummer oder Kurzzeichen,

— Prüflos-Nummer, wobei der Probenträger besonders zu kennzeichnen ist,

— Prüfstempel der zuständigen unabhängigen Stelle oder des Werkssachverständigen,

— Stempel für die zerstörungsfreie Prüfung, soweit gefordert.

6 Nachweis der Güteeigenschaften

Der Nachweis der Güteeigenschaften erfolgt durch Prüfbescheinigungen nach DIN EN 10204.

6.1 Für Flansche aus Stählen nach Abschnitt 2.1.1 – ausgenommen S355J2G3 – durch ein Werkszeugnis nach DIN EN 10204.

Auf das Werkszeugnis kann bei Flanschen mit DN ≤ 1000 verzichtet werden, wenn die Voraussetzungen entsprechend Abschnitt 6.8 erfüllt sind.

Für Flansche aus dem Werkstoff S355J2G3 ist ein Abnahmeprüfzeugnis 3.1 nach DIN EN 10204 erforderlich.

6.2 Für Flansche aus Stählen nach den Abschnitten 2.1.2 bis 2.1.4 durch ein Abnahmeprüfzeugnis 3.2 nach DIN EN 10204. Jedoch genügt für die Stahlsorten P245GH, P250GH und P280GH nach DIN EN 10222-2 (einschließlich nationalem Anhang), P250GH/C22.8 nach VdTÜV-Werkstoffblatt 350/3, P285NH nach DIN EN 10222-4 sowie P235GH, P250GH, P265GH und P275NH nach DIN EN 10273 ein Abnahmeprüfzeugnis 3.1. Für die Stahlsorte C21 gelten die Festlegungen des VdTÜV-Merkblatts 399/3.

6.3 Für Flansche aus Stählen nach Abschnitt 2.1.5 gemäß AD 2000-Merkblatt W 2.

6.4 Für Flansche nach Abschnitt 2.2 gilt Tafel 3. Für das Vormaterial ist der Nachweis gemäß den AD 2000-Merkblättern W 1, W 2, W 10 oder W 13 zu führen. Die Prüfung der Ausgangswerkstoffe durch die zuständige unabhängige Stelle kann entfallen, wenn der Flansch von der zuständigen unabhängigen Stelle zu prüfen ist.

6.4.1 Für Flansche aus Stählen der Prüfgruppen 1 (1) und 6 der Tafel 3 ist über die Ergebnisse der Prüfungen sowie über die Art der Wärmebehandlung und den Wärmebehandlungszustand vom Hersteller ein Werkszeugnis nach DIN EN 10204 (Muster s. Anhang) auszustellen.

Auf das Werkszeugnis und die Prüfbescheinigungen für das Vormaterial kann bei Flanschen aus den Stählen S235JR und S235J2 mit einem Produkt $d_i \cdot PS \leq 20000$ mm · bar und DN ≤ 1000 verzichtet werden, wenn die Voraussetzungen entsprechend Abschnitt 6.8 erfüllt sind.

6.4.2 Für Flansche aus Stählen der Prüfgruppen 1 (2), 2 bis 5 und 7 der Tafel 3 ist über die Ergebnisse der Prüfungen eine Prüfbescheinigung nach DIN EN 10204 anzufertigen, deren Art sich aus sinngemäßer Anwendung der entsprechenden Festlegungen in den AD 2000-Merkblättern W 1, W 2 oder W 13 ergibt. Über die Art der Wärmebehandlung und den ordnungsgemäßen Wärmebehandlungszustand ist vom Hersteller ein Werkszeugnis nach DIN EN 10204 (Muster s. Anhang) auszustellen.

6.5 Für Flansche nach den Abschnitten 2.3 und 2.4 sind die für das Vormaterial gemäß den AD 2000-Merkblättern W 1, W 2, W 10 und W 13 erforderlichen Prüfbescheinigungen beizubringen. Im Rahmen der Fertigung muss durch Umstempelung eine eindeutige Zuordnung von Vormaterial und Endprodukt sichergestellt sein.

Tafel 5 — Umfang der Prüfungen an Flanschen gemäß den Abschnitten 2.1.1 und 2.1.2

Flansche gemäß Abschnitt	Stückgewicht[1] in kg	Einteilung in Prüflose gemäß Abschnitt	Umfang der Prüfungen je Prüflos[2]		
			Härteprüfung	Zugversuch	Kerbschlagbiegeversuch[3]
2.1.1	≤ 300	4.2.1	keine[4]	1	1
	> 300	4.2.2		2	2
2.1.2 (normalgeglüht)	–	4.2.2			
2.1.2 (vergütet)		4.2.3	100 %[5]	2[6]	2[6]

1) Freiformgeschmiedete Flansche mit Stückgewichten > 300 kg werden einzeln geprüft.

2) Verminderung des Prüfumfangs siehe Abschnitt 4.2.2 und 4.2.3.

3) Je Kerbschlagbiegeversuch werden 3 Proben geprüft.

4) Bei Flanschen, die einer getrennten, aber gleichartigen Wärmebehandlung unterzogen worden sind, kann für die Zusammenfassung zu einem Prüflos die Gleichmäßigkeit der Wärmebehandlung durch Härteprüfung an 10 %, mindestens aber an 3 Flanschen, nachgewiesen werden.

5) Für Flansche in Serienfertigung (mindestens 50 Stück einer Schmelze und gleicher Abmessung) Härteprüfung an 10 %, mindestens jedoch 20 Flanschen.

6) Die Proben sind den Flanschen zu entnehmen, an denen bei der Härteprüfung die geringste und höchste Härte ermittelt wurde.

6.6 Für Flansche nach Abschnitt 2.5 gemäß AD 2000-Merkblatt W 5.

6.7 Für Flansche nach Abschnitt 2.6 entsprechend den Festlegungen der Eignungsfeststellung.

6.8 Bei Verzicht auf ein Werkszeugnis wird vorausgesetzt, dass der Hersteller die als Grundlage für die Ausstellung eines Werkszeugnisses notwendigen Prüfungen laufend durchgeführt hat und die Ergebnisse zur jederzeitigen Einsichtnahme durch die zuständige unabhängige Stelle bereithält.

Hierzu ist eine Vereinbarung zwischen dem Flanschenhersteller und der zuständigen unabhängigen Stelle erforderlich.

6.9 Werden aus geschmiedeten oder gegossenen Flanschenrohlingen durch mechanische Bearbeitung oder aus Blechen bzw. Formstahl und Stabstahl durch mechanisches oder thermisches Trennen ohne Veränderungen der Werkstoffeigenschaften Flansche gefertigt, ist die Sicherstellung der sachgemäßen Bearbeitung, Prüfung und Umstempelung der Flansche durch eine Vereinbarung zwischen Hersteller und der zuständigen unabhängigen Stelle zu regeln.

6.10 Die Durchführung der Härteprüfung und die Verwechslungsprüfung sind zu bescheinigen.

7 Kennwerte für die Bemessung

7.1 Für Flansche aus Stählen nach Abschnitt 2.1.1 gelten bis 50 °C die in DIN EN 10250-2 für Raumtemperatur angegebenen Werte der Streckgrenze; für Berechnungstemperaturen von 100 °C bis 300 °C gelten die Werte der Tafel 6.

Für Flansche aus Stählen nach Abschnitt 2.1.2 gelten die in DIN EN 10222-4, DIN EN 10273, DIN 17102 und DIN 17103 festgelegten Werte. Zusätzlich gelten für die Stähle P285NH und P285QH in Dicken bis 35 mm, P355NH, P355QH1, P420NH und P420QH in Dicken bis 50 mm ab 200 °C die Werte der Tafel 6. Für Flansche aus den Stählen P250GH/C22.8 und C21 gelten die in den VdTÜV-Werkstoffblättern 350/3 bzw. 399/3 festgelegten Werte.

Für Flansche aus Stählen nach Abschnitt 2.1.3 gelten die in DIN EN 10222-2 festgelegten Werte. Abweichend hiervon gelten für Flansche aus Stahl X10CrMoVNb9-1 die im VdTÜV-Werkstoffblatt 511/3 festgelegten Werte.

Für Flansche aus Stahl nach Abschnitt 2.1.4 gelten bis 50 °C die in DIN EN 10222-3 für Raumtemperatur angegebenen Werte der Streckgrenze. Für den kurzzeitigen Betrieb bei höheren Temperaturen gelten die Werte der Tafel 3a im AD 2000-Merkblatt W 10.

7.2 Für Flansche aus Stählen nach den Abschnitten 2.2 bis 2.5 gelten die in den entsprechenden AD 2000-Merkblättern angegebenen Werte.

7.3 Für Flansche aus Stählen nach Abschnitt 2.6 gelten die bei der Eignungsfeststellung festgelegten Werte.

7.4 Die in den Werkstoffspezifikationen oder Eignungsfeststellungen für 20 °C angegebenen Kennwerte gelten bis 50 °C, die für 100 °C angegebenen Werte bis 120 °C. In den übrigen Bereichen ist zwischen den angegebenen Werten linear zu interpolieren (z. B. für 80 °C zwischen 20 °C und 100 °C und für 180 °C zwischen 100 °C und 200 °C), wobei eine Aufrundung nicht zulässig ist. Für Werkstoffe mit Einzelgutachten gilt die Interpolationsregel nur bei hinreichend engem Abstand[2] der Stützstellen.

---

2) In der Regel wird hierunter ein Temperaturabstand von 50 K im Bereich der Warmstreckgrenze und von 10 K im Bereich der Zeitstandfestigkeit verstanden.

Tafel 6 — Kennwerte für die Bemessung bei höheren Temperaturen für Stähle nach DIN EN 10250-2 und DIN EN 10222-4

Stahlsorte	Nenndicke mm	Kennwerte K bei Berechnungstemperatur °C, MPa: 100	200	250	300	350	400
S235JRG2 S235J2G3	≤ 16	187	161	143	122	–	–
	> 16 bis ≤ 40	180	155	136	117	–	–
	> 40 bis ≤ 100	173	149	129	112	–	–
	> 100 bis ≤ 150	159	137	115	102	–	–
S355J2G3	≤ 16	254	226	206	186	–	–
	> 16 bis ≤ 40	249	221	202	181	–	–
	> 40 bis ≤ 63	234	206	186	166	–	–
	> 63 bis ≤ 80	224	196	176	156	–	–
	> 80 bis ≤ 100	214	186	166	146	–	–
	> 100 bis ≤ 150	194	166	146	126	–	–
P285NH P285QH	≤ 35[1)]	–	206	186	157	137	118
P355NH P355QH1	≤ 50[1)]	–	255	235	216	196	167
P420NH P420QH	≤ 50[1)]	–	343	314	294	265	235

1) Dicke des maßgeblichen Querschnitts

Werkstoffe für Druckbehälter	Werkstoffe für tiefe Temperaturen Eisenwerkstoffe	AD 2000-Merkblatt W 10

Die AD 2000-Merkblätter werden von den in der „Arbeitsgemeinschaft Druckbehälter" (AD) zusammenarbeitenden, nachstehend genannten sieben Verbänden aufgestellt. Aufbau und Anwendung des AD 2000-Regelwerkes sowie die Verfahrensrichtlinien regelt das AD 2000-Merkblatt G 1.

Die AD 2000-Merkblätter enthalten sicherheitstechnische Anforderungen, die für normale Betriebsverhältnisse zu stellen sind. Sind über das normale Maß hinausgehende Beanspruchungen beim Betrieb der Druckbehälter zu erwarten, so ist diesen durch Erfüllung besonderer Anforderungen Rechnung zu tragen.

Wird von den Forderungen dieses AD 2000-Merkblattes abgewichen, muss nachweisbar sein, dass der sicherheitstechnische Maßstab dieses Regelwerkes auf andere Weise eingehalten ist, z. B. durch Werkstoffprüfungen, Versuche, Spannungsanalyse, Betriebserfahrungen.

FDBR e. V. Fachverband Anlagenbau, Düsseldorf

Deutsche Gesetzliche Unfallversicherung (DGUV), Berlin

Verband der Chemischen Industrie e. V. (VCI), Frankfurt/Main

Verband Deutscher Maschinen- und Anlagenbau e. V. (VDMA), Fachgemeinschaft Verfahrenstechnische Maschinen und Apparate, Frankfurt/Main

Stahlinstitut VDEh, Düsseldorf

VGB PowerTech e. V., Essen

Verband der TÜV e. V. (VdTÜV), Berlin

Die AD 2000-Merkblätter werden durch die Verbände laufend dem Fortschritt der Technik angepasst. Anregungen hierzu sind zu richten an den Herausgeber:

Verband der TÜV e. V., Friedrichstraße 136, 10117 Berlin.

Inhalt

Seite

Ersatz für Ausgabe November 2007; | = Änderungen gegenüber der vorangehenden Ausgabe

0 Präambel

Zur Erfüllung der grundlegenden Sicherheitsanforderungen der Druckgeräterichtlinie kann das AD 2000-Regelwerk angewandt werden, vornehmlich für die Konformitätsbewertung nach den Modulen „G“ und „B + F“.

Das AD 2000-Regelwerk folgt einem in sich geschlossenen Auslegungskonzept. Die Anwendung anderer technischer Regeln nach dem Stand der Technik zur Lösung von Teilproblemen setzt die Beachtung des Gesamtkonzeptes voraus.

Bei anderen Modulen der Druckgeräterichtlinie oder für andere Rechtsgebiete kann das AD 2000-Regelwerk sinngemäß angewandt werden. Die Prüfzuständigkeit richtet sich nach den Vorgaben des jeweiligen Rechtsgebietes.

1 Geltungsbereich

1.1 Dieses AD 2000-Merkblatt gilt für Erzeugnisse aus Eisenwerkstoffen wie Bleche, Rohre, Stäbe (z. B. Schraubenwerkstoffe), Schmiedestücke (z. B. Flansche) und Gussstücke, die zum Bau von Druckbehältern, Rohrleitungen und Ausrüstungsteilen mit innerem oder äußerem Überdruck für Betriebstemperaturen unter −10 °C verwendet werden. Es ergänzt die anderen AD 2000-Merkblätter.

1.2 Alternativ zu diesem AD 2000-Merkblatt können die Verfahren zur Vermeidung von Sprödbruch gemäß DIN EN 13445-2 angewendet werden.

2 Geeignete Werkstoffe

2.1 Stahl

2.1.1 Die Stahlsorten und Stahlgusssorten der Tafel 1 sind bei den Beanspruchungsfällen I bis III bis zu den angegebenen tiefsten Betriebstemperaturen geeignet. Die Temperaturen gelten für die Erzeugnisformen und Dicken, Durchmesser oder Wanddicken nach den Normen, Stahl-Eisen-Werkstoffblättern, VdTÜV-Werkstoffblättern, AD 2000-Merkblättern und Tafel 1.

Bei Unterschreitung der in Tafel 1 genannten tiefsten Anwendungstemperaturen und bei anderen Erzeugnisformen, Dicken, Durchmessern oder Wanddicken ist die Eignungsfeststellung für den Einzelfall erforderlich.

2.1.2 Für Stahlsorten und Stahlgusssorten nach anderen Werkstoffspezifikationen gelten die Anwendungsgrenzen der vergleichbaren Stahlsorten und Erzeugnisformen nach Tafel 1. Für ihre Verwendung ist die Eignungsfeststellung erforderlich. Bei plattierten Stahlsorten ist nachzuweisen, dass der Grundwerkstoff im Zustand nach der letzten Wärmebehandlung für die Verwendung bei tiefen Temperaturen geeignet ist.

3 Beanspruchungsfälle

Die Einteilung nach den Abschnitten 3.1 bis 3.3 gilt unter Beachtung der Festlegungen für die Wärmebehandlung nach AD 2000-Merkblatt HP 7/2 oder HP 7/3 und der Festlegungen für das Spannungsarmglühen nach Tafel 2 für statische oder quasi-statische Beanspruchung ohne besondere Beanspruchung, z. B. Korrosion.

Baustellengefertigte Druckbehälter sind Druckbehälter des Beanspruchungsfalles I, soweit kein anderer Beanspruchungsfall nachgewiesen wird. Schrauben gelten als Bauteile des Beanspruchungsfalles I. Bei Bestimmung der tiefsten Betriebstemperatur der Schraube kann die gegebenenfalls vorhandene Temperaturdifferenz zwischen Schraube und Beschickungsmittel berücksichtigt werden.

3.1 Beanspruchungsfall I

Druckbehälter und Bauteile von Druckbehältern des Beanspruchungsfalles I sind solche, bei denen für die Werkstoffe die Festigkeitskennwerte der AD 2000-Merkblätter der Reihe W mit den in AD 2000-Merkblatt B 0 genannten Sicherheitsbeiwerten voll ausgenutzt werden.

3.2 Beanspruchungsfall II

Druckbehälter und Bauteile von Druckbehältern des Beanspruchungsfalles II sind solche, bei denen für die Werkstoffe die Festigkeitskennwerte der AD 2000-Merkblätter der Reihe W mit den im AD 2000-Merkblatt B 0 genannten Sicherheits-

1) Unter Beachtung von AD 2000-Merkblatt A 4.

beiwerten nur bis zu 75 % ausgenutzt werden und bei denen durch geeignete Gestaltung und Herstellung Spannungsspitzen weitgehend vermieden werden und auch im Betrieb die Entstehung von Anrissen nicht zu erwarten ist.

Die Bemessung der Druckbehälterteile erfolgt in der Weise, dass entweder der Sicherheitsbeiwert um den Faktor 4/3 vergrößert wird oder, soweit für die Bemessung der Dampfdruck des Beschickungsmittels maßgebend ist, die Temperaturabhängigkeit des Dampfdruckes berücksichtigt wird. Dabei darf der Dampfdruck 75 % des Berechnungsdruckes p nicht überschreiten.

Unabhängig von den Festlegungen im AD 2000-Merkblatt HP 7/2 ist zur Verminderung der Eigenspannungen ein Spannungsarmglühen erforderlich. Hierauf kann bei Wanddicken ≤ 10 mm bei den Stahl- und Stahlgusssorten der Prüfgruppe 1 und bei den Stahlsorten (außer Stahlgusssorten) der Prüfgruppe 5.1 der Tafel 1b des AD 2000-Merkblattes HP 0 verzichtet werden. Für die anderen Prüfgruppen ist, soweit nach AD 2000-Merkblatt HP 0 Tafel 1b auf die Wärmebehandlung nach dem Schweißen verzichtet werden kann, ein Verzicht auf Spannungsarmglühen möglich, wenn an einer getrennt geschweißten Probe ausreichende Zähigkeit nachgewiesen wird.

Darüber hinaus kann bei Druckbehältern aus Stahl- und Stahlgusssorten der Prüfgruppe 1 und aus Stahlsorten (außer Stahlgusssorten) der Prüfgruppe 5.1 der Tafel 1b des AD 2000-Merkblattes HP 0 bei Wanddicken > 10 mm bis ≤ 20 mm auf das Spannungsarmglühen verzichtet werden, wenn der Sicherheitsbeiwert um den Faktor 2 vergrößert wird oder der Dampfdruck 50 % des Berechnungsdruckes p nicht überschreitet.

3.3 Beanspruchungsfall III

Druckbehälter und Bauteile von Druckbehältern des Beanspruchungsfalles III sind solche, bei denen für die Werkstoffe die Festigkeitskennwerte der AD 2000-Merkblätter der Reihe W mit den in AD 2000-Merkblatt B 0 genannten Sicherheitsbeiwerten nur bis 25 % ausgenutzt werden und bei denen durch geeignete Gestaltung und Herstellung Spannungsspitzen weitgehend vermieden werden und auch im Betrieb die Entstehung von Anrissen nicht zu erwarten ist.

Die Bemessung der Druckbehälterteile erfolgt in der Weise, dass entweder der Sicherheitsbeiwert um den Faktor 4 vergrößert wird oder, soweit für die Bemessung der Dampfdruck des Beschickungsmittels maßgebend ist, die Temperaturabhängigkeit des Dampfdruckes berücksichtigt wird. Dabei darf der Dampfdruck 25 % des Berechnungsdruckes p nicht überschreiten.

Unabhängig von den Festlegungen im AD 2000-Merkblatt HP 7/2 ist zur Verminderung der Eigenspannungen ein Spannungsarmglühen erforderlich. Bei den Stahlsorten der Zeile 1 der Tafel 1, die normalerweise nicht für den Einsatz bei Temperaturen unter −10 °C vorgesehen sind, kann bei Wanddicken > 20 mm nur dann auf das Spannungsarmglühen verzichtet werden, wenn an einer getrennt geschweißten Probe ausreichende Zähigkeit bei Raumtemperatur nachgewiesen wird.

3.4 Sonstige Beanspruchungsfälle

Bei Druckbehältern, die nicht den Beanspruchungsfällen nach den Abschnitten 3.1 bis 3.3 zugeordnet werden können, werden Werkstoff, tiefste Betriebstemperatur, Herstellungs- und Prüfbedingungen in sinngemäßer Anwendung der Regelungen dieses AD 2000-Merkblattes im Einvernehmen zwischen Hersteller, Betreiber und zuständiger unabhängiger Stelle festgelegt.

4 Tiefste Betriebstemperatur

Die tiefsten Betriebstemperaturen für die verschiedenen Beanspruchungsfälle sind in Tafel 1 angegeben. Die tiefste Betriebstemperatur für den Beanspruchungsfall I wurde so festgelegt, dass der Werkstoff bei dieser Temperatur noch eine ausreichende Zähigkeit besitzt. Die geringere Zähigkeit der Werkstoffe bei den tieferen Betriebstemperaturen der Beanspruchungsfälle II und III wird durch die in den Abschnitten 3.2 und 3.3 festgelegten besonderen Bedingungen in Hinsicht auf eine gleiche Sprödbruchsicherheit berücksichtigt.

5 Prüfung der Werkstoffe und Nachweis der Güteeigenschaften

5.1 Die Werkstoffe nach den Abschnitten 2.1.1, 2.2.1 und 2.2.2 werden entsprechend den Festlegungen in den zutreffenden Normen, Stahl-Eisen-Werkstoffblättern, VdTÜV-Werkstoffblättern und AD 2000-Merkblättern geprüft. Für den Zähigkeitsnachweis gilt Tafel 1, Spalte 8 bis 10.

Der Nachweis der Güteeigenschaften ist nach Tafel 1, Spalte 11, zu führen.

5.2 Für Prüfung und Nachweis der Güteeigenschaften von Werkstoffen nach anderen Werkstoffspezifikationen gelten die Festlegungen in der Eignungsfeststellung.

6 Kennwerte für die Bemessung

Es gelten die in den AD 2000-Merkblättern der Reihe W oder in der Eignungsfeststellung für Raumtemperatur festgelegten Werte. Werden für Stahlsorten nach DIN EN 10028-4, DIN EN 10216-4, DIN EN 10217-4, DIN EN 10217-6, DIN EN 10222-3, DIN EN 10269 sowie Stahlgusssorten nach DIN EN 10213-3 oder SEW 685 Rechenwerte für die 0,2 %-Dehngrenze bei erhöhten Temperaturen benötigt, gelten die Werte nach Tafel 3 a, 3 b und 3 c. Sie gelten für den kurzzeitigen Betrieb. Beim langzeitigen Einsatz kann eine Beeinträchtigung des Zähigkeitsverhaltens bei tiefen Temperaturen eintreten.

Bei Schweißverbindungen ist gegebenenfalls der für den Schweißzusatz in der Eignungsfeststellung festgelegte niedrigere Kennwert für die Bemessung zu berücksichtigen.

Tafel 1 — Stahlsorten und Stahlgusssorten für tiefe Temperaturen

Lfd. Nr.	Stahlart	Stahlsorte, Stahlgusssorte	Tiefste Betriebstemperatur °C bei Beanspruchungsfall I	II	III	Größte zulässige Dicke, bei Rohren Wanddicke mm	Größter zulässiger Durchmesser mm	Zähigkeitsnachweis: Probenform, Probenlage, Probenrichtung und Prüfumfang	Prüftemperatur °C	Anforderungen[9)]	Nachweis der Güteeigenschaften (Bescheinigung gemäß DIN EN 10204)
1	2	3	4	5	6	7[13)]		8	9	10	11
1	Stahlsorten und Stahlgusssorten nach den AD 2000-Merkblättern W 1, W 4, W 5, W 8, W 9, W 12 und W 13. Unberuhigte und halbberuhigte Stahlsorten sind bei Betriebstemperaturen unter –10 °C ausgeschlossen.	Geeignete Stahlsorten oder Stahlgusssorten nach Spalte 2	–10	–60	–85	Entsprechend den Festlegungen in den in Spalte 2 genannten AD 2000-Merkblättern[12)]					
2	Schweißgeeignete Feinkornbaustähle nach DIN 17102 (nur gewalzte Langerzeugnisse), DIN 17103, DIN EN 10028-3, DIN EN 10222-4 und DIN EN 10273 in Verbindung mit den VdTÜV-Werkstoffblättern 351 bis 358	Grund- und warmfeste Reihe (W) StE 255, StE 285, (W) StE 315, StE 355, (W) StE 380, (W) StE 420, StE 460, (W) StE 500, P275N (NH) bis P460N (NH), P285QH, P355QH1, P420QH	–20	–70	–100	70[1)]	70[1)]	Proben mit V-Kerb; Probenlage entsprechend DIN 17102, DIN 17103, DIN EN 10028-1, DIN EN 10222-1 bzw. DIN EN 10273; Probenrichtung und Prüfumfang entsprechend dem für die jeweilige Erzeugnisform geltenden AD 2000-Merkblatt der Reihe W	–20	Nach DIN 17102, DIN 17103, DIN EN 10028-3, DIN EN 10222-4 und DIN EN 10273	(W) StE 255, StE 285, P275N (NH) und P285NH (QH): Abnahmeprüfzeugnis 3.1; (T; E) StE 255 bis (T; E) StE 285, P275NL1 (NL2), (W; T; E) StE 315 bis (W; T; E) StE 500, P355NH (QH1; NL1; NL2), P420QH und P460N (NH; NL1; NL2): Abnahmeprüfzeugnis 3.2, jedoch Flacherzeugnisse aus P355N (NH) nach DIN EN 10028-3 gemäß AD 2000-Merkblatt W 1
		Kaltzähe Reihe TStE 255 bis TStE 420 und P275NL1, P355NL1 TStE 460, P460NL1 TStE 500	–60 –50 –40	–110 –100 –90	–140 –130 –120	60[1)] 20[1)] 20[1)]	60[1)] 20[1)] 20[1)]		–40		
		Kaltzähe Sonderreihe EStE 255 bis EStE 315 und P275NL2 EStE 355 bis EStE 420 und P355NL2 EStE 460, EStE 500 und P460NL2	–70 –60 –60	–120 –110 –110	–150 –140 –140	60[1)] 60[1)] 20[1)]	60[1)] 60[1)] 20[1)]		–50		
	Nahtlose und geschweißte Rohre aus legierten Feinkornbaustählen nach DIN EN 10216-3 und DIN EN 10217-3 in Verbindung mit den VdTÜV-Werkstoffblättern 352, 354 und 357	P355N (NH), P460N (NH)	–20	–70	–100	≤ 40[1)] > 40 ≤ 65 [1)4)]	–	Proben mit V-Kerb; Probenlage und Probenrichtung entsprechend DIN EN 10216-3 oder DIN EN 10217-3 und AD 2000-Merkblatt W 4	–20 –10	Nach DIN EN 10216-3 oder DIN EN 10217-3	Abnahmeprüfzeugnis 3.2[11)]
		P275NL1, P355NL1	–60	–110	–140	≤ 40[1)] > 40 ≤ 65 [1)4)]	–		–40 –30		
		P460NL1	–50	–100	–130	≤ 20[1)]	–		–40		
		P275NL2	–70	–120	–150	≤ 40[1)]	–		–50		
		P355NL2	–60	–110	–140						
		P460NL2	–60	–110	–140	≤ 20[1)]	–				

Tafel 1 (*fortgesetzt*)

Lfd. Nr.	Stahlart	Stahlsorte, Stahlgusssorte		Tiefste Betriebs-temperatur °C bei Beanspruchungsfall			Größte zulässige Dicke, bei Rohren Wanddicke	Größter zulässiger Durch-messer	Zähigkeitsnachweis			Nachweis der Güteeigenschaften (Bescheinigung gemäß DIN EN 10204)
				I	II	III	mm		Probenform, Probenlage, Probenrichtung und Prüfumfang	Prüf-tempe-ratur °C	Anforde-rungen[9)]	
1	2	3		4	5	6	7[13)]		8	9	10	11
3	Nichtrostende austenitische und autenitisch-ferritische Stähle nach DIN EN 10028-7 (kaltgewalztes Band nur bis 6 mm, warmgewalztes Band nur bis 12 mm Dicke), DIN EN 10222-5, DIN EN 10629 (nur im Wärmebehandlungszustand +AT) und DIN EN 10272	Kurzname	Werkstoff-Nr.				75		Proben mit V-Kerb; Probenlage, Probenrichtung entsprechend DIN EN 10028-1, DIN EN 10222-1, DIN EN 10269, DIN EN 10272 und AD 2000-Merkblatt W 2	+20	Nach AD 2000-Merkblatt W 2	Abnahmeprüfzeugnis 3.1 oder 3.2 nach AD 2000-Merkblatt W 2, wobei als untere Temperaturgrenze für Abnahmeprüfzeugnis 3.1 die tiefsten Betriebstemperaturen in Spalte 4 gelten
		X5CrNi18-10	1.4301	–200	–255	–273		250				
		X4CrNi18-12	1.4303					160				
		X2CrNi18-9	1.4307					250				
		X5CrNi18-9	1.4315					–				
		X6CrNiNb18-10	1.4550					450				
		X5CrNiMo17-12-2	1.4401					250				
		X2CrNiMo17-12-2	1.4404					250				
		X2CrNiMo17-12-3	1.4432					250				
		X6CrNiMoNb17-12-2	1.4580					250				
		X1NiCrMoCuN25-20-7	1.4529					250				
		X1CrNiMoCuN25-25-5	1.4537					–				
		X1NiCrMoCu25-20-5	1.4539					250				
		X1CrNiMoCuN20-18-7	1.4547					250				
		X2CrNiMoN17-13-5[7)]	1.4439					160				
		X3CrNiMo18-12-3	1.4449					450				
		X2CrNi19-11	1.4306	–273[2)]	–273	–273		250				
		X6CrNiTi18-10	1.4541					450				
		X6CrNiMoTi17-12-2	1.4571					450				
		X2CrNiN18-10	1.4311					250				
		X1CrNi25-21	1.4335	–273	–273	–273		–				
		X2CrNiMoN17-11-2	1.4406					250				
		X2CrNiMoN17-13-3	1.4429					400				
		X2CrNiMoN18-12-4	1.4434					–				
		X2CrNiMo18-14-3	1.4435					250				
		X3CrNiMo17-13-3	1.4436					–				
		X2CrNiMo18-15-4	1.4438					–				
		X1CrNiMoN25-22-2	1.4466					–				
		X1NiCrMoCu31-27-4	1.4563					250				
		X2CrNiMoN22-5-3[7)]	1.4462	–40	–60	–60		400		–40		Abnahmeprüfzeugnis 3.2
		X2CrNiN23-4[7)]	1.4362		–40	–40		160				
		X2CrNiMoCuN25-6-3	1.4507									
		X2CrNiMoN25-7-4[7)]	1.4410									
		X2CrNiMoCuWN25-7-4	1.4501									

Tafel 1 (*fortgesetzt*)

Lfd. Nr.	Stahlart	Stahlsorte, Stahlgusssorte	Tiefste Betriebstemperatur °C bei Beanspruchungsfall I	II	III	Größte zulässige Dicke, bei Rohren Wanddicke mm	Größter zulässiger Durchmesser mm	Zähigkeitsnachweis: Probenform, Probenlage, Probenrichtung und Prüfumfang	Prüftemperatur °C	Anforderungen[9)]	Nachweis der Güteeigenschaften (Bescheinigung gemäß DIN EN 10204)
1	2	3	4	5	6	7[13)]		8	9	10	11
3	Kaltumgeformte nichtrostende austenitische Schrauben ohne Kopf nach DIN EN ISO 3506-1	A 2, A 3, A 4, A 5 in den Festigkeitsklassen 50 und 70	–200	Nicht vorgesehen	Nicht vorgesehen	Nach AD 2000-Merkblatt W 2		Nicht erforderlich			Nach AD 2000-Merkblatt W 2
	Kaltumgeformte nichtrostende austenitische Schrauben mit Kopf nach DIN EN ISO 3506-1	A 2 A 3 in den Festigkeitsklassen 50 und 70 A 4 A 5	–200 –200 –60 –60	Nicht vorgesehen	Nicht vorgesehen	Nach AD 2000-Merkblatt W 2		Nicht erforderlich			Nach AD 2000-Merkblatt W 2
4	Kaltzähe Stähle nach DIN EN 10028-4	11MnNi5-3 13MnNi6-3	–60	–110	–140	≤ 50	–	Proben mit V-Kerb; Probenlage entsprechend DIN EN 10028-1, DIN EN 10222-1 oder DIN EN 10269; Probenrichtung und Prüfumfang entsprechend dem für die jeweilige Erzeugnisform geltenden AD 2000-Merkblatt der Reihe W	–60	Nach DIN EN 10028-4	Abnahmeprüfzeugnis 3.2[8)]
		12Ni14	–105	–155	–185	≤ 50	–		–100	Nach DIN EN 10028-4	
		X12Ni5	–120	–170	–200	≤ 25 > 25 ≤ 30 > 30 ≤ 50	–		–110 –115 –120	Nach DIN EN 10028-4	
		X8Ni9	–200	–255	–273	≤ 50	–		–196	Nach DIN EN 10028-4	
	Stähle für den Einsatz bei tiefen Temperaturen nach DIN EN 10222-3	13MnNi6-3	–60	–110	–140	≤ 70	–		–60	Nach DIN EN 10222-3	
		12Ni14	–100	–150	–180	≤ 70	–		–100	Nach DIN EN 10222-3	
		X12Ni5	–120	–170	–200	≤ 50	–		–120	Nach DIN EN 10222-3	
		X8Ni9	–200	–255	–273	≤ 70	–		–196	Nach DIN EN 10222-3	
	Stähle für den Einsatz bei tiefen Temperaturen nach DIN EN 10269	25CrMo4	–65	Nicht vorgesehen	Nicht vorgesehen	–	≤ 60 > 60 ≤ 100		–60 –50	Nach DIN EN 10269	
		X12Ni5	–120	Nicht vorgesehen	Nicht vorgesehen	–	≤ 45 > 45 ≤ 75		–120 –110	Nach DIN EN 10269	

Tafel 1 (*fortgesetzt*)

Lfd. Nr.	Stahlart	Stahlsorte, Stahlgusssorte	Tiefste Betriebstemperatur °C bei Beanspruchungsfall			Größte zulässige Dicke, bei Rohren Wanddicke	Größter zulässiger Durchmesser	Zähigkeitsnachweis			Nachweis der Güteeigenschaften (Bescheinigung gemäß DIN EN 10204)
			I	II	III	mm		Probenform, Probenlage, Probenrichtung und Prüfumfang	Prüftemperatur °C	Anforderungen[9]	
1	2	3	4	5	6	7[13]		8	9	10	11
5	Kaltzäher Stahlguss nach Stahl-Eisen-Werkstoffblatt 685	G26CrMo4	–50	–100	–130	≤ 75[5]	–	Proben mit V-Kerb; Probenlage, Probenrichtung und Prüfumfang nach DIN EN 10213-1 bzw. SEW 685 und AD 2000-Merkblatt W 5	–50	Nach SEW 685	Abnahmeprüfzeugnis 3.2
		G10Ni6	–50	–100	–130	≤ 35[5]			–50		
		GX6CrNi18-10	–255	–273	–273	≤ 250[5]			–196		

1) Wenn die Betriebstemperatur höher liegt als die tiefste zulässige Betriebstemperatur, erhöht sich die größte zulässige Dicke oder der größte zulässige Durchmesser um 2 mm/K.

2) Bei tiefsten Betriebstemperaturen tiefer als –200 °C bis –273 °C Prüfung der Kerbschlagarbeit bei –196 °C mit Proben mit V-Kerb, Mindestanforderung 60 J für Dicken bzw. Wanddicken ≥ 10 mm, bei Stabstahl und Schmiedestücken bei Durchmessern ≥ 15 mm.

3) Bei geschweißten Rohren nur, wenn ohne Zusatz geschweißt.

4) Nur für nahtlose Rohre.

5) Größte maßgebende Wanddicke.

6) In Verbindung mit VdTÜV-Werkstoffblatt 452.

7) In Verbindung mit den VdTÜV-Werkstoffblättern 405, 418, 496 oder 508.

8) Für Muttern und Stabstahl für Muttern gelten die Regelungen des AD 2000-Merkblattes W 7.

9) Sofern eine Kerbschlagbiegeprüfung in Spalte 8 gefordert wird, gelten die Anforderungen der Werkstoffnorm, jedoch mindestens 27 J Kerbschlagarbeit.

10) Sofern in der Bestellung nichts anderes vereinbart, kann die Prüfung bei Raumtemperatur ausgeführt werden, wenn der Hersteller der zuständigen unabhängigen Stelle die Einhaltung der gestellten Anforderungen mit ausreichender Sicherheit nachgewiesen hat. Im Abnahmeprüfzeugnis ist auf die Zustimmung durch die zuständige unabhängige Stelle zur Prüfung bei Raumtemperatur hinzuweisen.

11) Für Rohre aus den Stahlsorten P255QL, P265NL, P275NL1 sowie P275NL2 mit Wanddicken bis 30 mm sowie für Stahlguss nach AD 2000-Merkblatt W 5, Abschnitt 2.6 mit Stückgewichten < 200 kg genügt ein Abnahmeprüfzeugnis 3.1 anstelle 3.2, wenn das Herstellerwerk der zuständigen unabhängigen Stelle den Nachweis ausreichender statistischer Sicherheit geführt hat. Der Übergang auf ein Abnahmeprüfzeugnis 3.1 ist dem Herstellerwerk von der zuständigen unabhängigen Stelle zu bestätigen. Wird hiervon Gebrauch gemacht, ist das Bestätigungsschreiben der zuständigen unabhängigen Stelle im Abnahmeprüfzeugnis 3.1 aufzuführen. Sofern es nicht im Rahmen laufender eigener Abnahmeprüfungen geschieht, soll sich die zuständige unabhängige Stelle in bestimmten Zeitabständen (etwa 1 bis 2 Jahre) davon überzeugen, dass die Voraussetzungen erhalten geblieben sind.

12) Für Flacherzeugnisse nach AD 2000-Merkblatt W 1 aus warmfesten Stählen nach DIN EN 10028-2 und aus unlegierten Baustählen der Gütestufen J2 und K2 nach DIN EN 10025-2 sind Werte der Kerbschlagarbeit von mindestens 27 J bei einer Temperatur von –20 °C spezifiziert oder können vereinbart werden. Sofern diese Werte im Abnahmeprüfzeugnis nachgewiesen sind, können diese Erzeugnisse für Betriebstemperaturen herab bis –20 °C im Beanspruchungsfall I verwendet werden.

13) Andere Durchmesser/Wanddicken sind zulässig, sofern in den VdTÜV-Werkstoffblättern eine herstellerbezogene Eignungsfeststellung vorliegt.

Werkstoffe für Druckbehälter	Schmiedestücke und gewalzte Teile aus unlegierten und legierten Stählen	AD 2000-Merkblatt W 13

Die AD 2000-Merkblätter werden von den in der „Arbeitsgemeinschaft Druckbehälter" (AD) zusammenarbeitenden, nachstehend genannten sieben Verbänden aufgestellt. Aufbau und Anwendung des AD 2000-Regelwerkes sowie die Verfahrensrichtlinien regelt das AD 2000-Merkblatt G1.

Die AD 2000-Merkblätter enthalten sicherheitstechnische Anforderungen, die für normale Betriebsverhältnisse zu stellen sind. Sind über das normale Maß hinausgehende Beanspruchungen beim Betrieb der Druckbehälter zu erwarten, so ist diesen durch Erfüllung besonderer Anforderungen Rechnung zu tragen.

Wird von den Forderungen dieses AD 2000-Merkblattes abgewichen, muss nachweisbar sein, dass der sicherheitstechnische Maßstab dieses Regelwerkes auf andere Weise eingehalten ist, z. B. durch Werkstoffprüfungen, Versuche, Spannungsanalyse, Betriebserfahrungen.

Fachverband Dampfkessel-, Behälter-und Rohrleitungsbau e.V. (FDBR), Düsseldorf

Deutsche Gesetzliche Unfallversicherung (DGUV), Berlin

Verband der Chemischen Industrie e.V. (VCI), Frankfurt/Main

Verband Deutscher Maschinen- und Anlagenbau e.V. (VDMA), Fachgemeinschaft Verfahrenstechnische Maschinen und Apparate, Frankfurt/Main

Stahlinstitut VDEh, Düsseldorf

VGB PowerTech e.V., Essen

Verband der TÜV e.V. (VdTÜV), Berlin

Die AD 2000-Merkblätter werden durch die Verbände laufend dem Fortschritt der Technik angepasst. Anregungen hierzu sind zu richten an den Herausgeber:

Verband der TÜV e.V., Friedrichstraße 136, 10117 Berlin.

Inhalt

0 Präambel

Zur Erfüllung der grundlegenden Sicherheitsanforderungen der Druckgeräte-Richtlinie kann das AD 2000-Regelwerk angewandt werden, vornehmlich für die Konformitätsbewertung nach den Modulen „G" und „B + F".

Das AD 2000-Regelwerk folgt einem in sich geschlossenen Auslegungskonzept. Die Anwendung anderer technischer Regeln nach dem Stand der Technik zur Lösung von Teilproblemen setzt die Beachtung des Gesamtkonzeptes voraus.

Bei anderen Modulen der Druckgeräte-Richtlinie oder für andere Rechtsgebiete kann das AD 2000-Regelwerk sinngemäß angewandt werden. Die Prüfzuständigkeit richtet sich nach den Vorgaben des jeweiligen Rechtsgebietes.

1 Geltungsbereich

1.1 Dieses AD 2000-Merkblatt gilt für Schmiedestücke (Freiform- oder Gesenkschmiedestücke) einschließlich stabförmiger Schmiedestücke und auf Ringwalzwerken hergestellte Teile (z. B. nahtlos gewalzte Ringe), warmgepresste Hohlteile mit Boden sowie für warmgewalzte und stranggepresste Langerzeugnisse (z. B. Stabstahl) – im Folgenden Teile genannt – aus unlegierten und legierten ferritischen Stählen zum Bau von Druckbehältern, die bei Betriebstemperaturen sowie bei Umgebungstemperaturen herab bis –10 °C und bis zu den in Abschnitt 2 genannten oberen Temperaturgrenzen betrieben werden (Begriffe für die Erzeugnisformen siehe DIN EN 10079). Für Betriebstemperaturen unter –10 °C gilt zusätzlich das AD 2000-Merkblatt W 10.

1.2 Für Teile aus austenitischen und austenitisch-ferritischen Stählen gilt das AD 2000-Merkblatt W 2.

1.3 Für Hohlkörper nach Abschnitt 1.1 als Mäntel für Druckbehälter gilt das AD 2000-Merkblatt W 12. Stutzen und ähnliche Teile ≤ 220 mm Außendurchmesser ohne Längenbegrenzung und > 220 mm Außendurchmesser mit Längen bis 400 mm, die mit einem Druckbehälter verbunden sind, gelten nicht als Druckbehältermantel.

1.4 Für Flansche gilt das AD 2000-Merkblatt W 9.

1.5 Soweit die Teile weiterverarbeitet werden, z. B. durch Umformen oder Schweißen, sind für die Weiterverarbeitung und Prüfung nach Weiterverarbeitung die AD 2000-Merkblätter der Reihe HP zu beachten.

1.6 Die grundlegenden Anforderungen an die Werkstoffe und an den Werkstoffhersteller sind im AD 2000-Merkblatt W 0 geregelt.

Ersatz für Ausgabe Februar 2004; | = Änderungen gegenüber der vorangehenden Ausgabe

Tafel 1. Zuordnung der Stahlsorten nach den Abschnitten 2.1 bis 2.3 zu den in Betracht kommenden Normen und Anwendungsgrenzen

Werkstoff-Nr. (nach DIN EN 10027-2)	Kurzname (nach DIN EN 10027-1)			Berechnungstemperatur[1] °C	Üblicher Lieferzustand	$d_i\,p$[2]
	DIN EN 10025-2	DIN EN 10250-2	DIN EN 10207			
1.0038	S235JR+N	S235JRG2	–	≤ 300	N[3]	≤ 20000
1.0044	S275JR+N	–	–			
1.0112	–	–	P235S			
1.0116	–	S235J2G3	–			
1.0117	S235J2+N	–	–			
1.0130	–	–	P265S			
1.0145	S275J2+N	–	–			
1.0570	–	S355J2G3	–			
1.0577	S355J2+N	–	–			
1.0596	S355K2+N	–	–			
1.1100	–	–	P275SL			

[1] Siehe AD 2000-Merkblatt B 0, Abschnitt 5. Für Stahlsorten nach DIN EN 10025-2 und DIN EN 10250-2 sind bei Berechnungstemperaturen über 50 °C die Abmessungsgrenzen der Tafel 3 zu beachten.

[2] Gilt nur für Druckbehälter und Anbauteile an Druckbehältern. Produkt aus dem größten Innendurchmesser d_i in mm des Druckbehälters oder des Anbauteils und einem maximal zulässigen Druck *PS* in bar.

[3] Bei Schmiedestücken ist ein Ersatz des Normalglühens durch ein normalisierendes Umformen nicht zulässig.

2 Geeignete Werkstoffe

Es dürfen verwendet werden:

2.1 Die in Tafel 1 aufgeführten Stähle für allgemeine Verwendung nach DIN EN 10250-2 in den Anwendungsgrenzen nach Tafel 1.

2.2 Die in Tafel 1 aufgeführten unlegierten Baustähle nach DIN EN 10025-2 als Langerzeugnisse in den Anwendungsgrenzen nach Tafel 1. Der Kupfergehalt dieser Baustähle ist auf max. 0,40 % in der Schmelzenanalyse zu begrenzen.

2.3 Die in Tafel 1 aufgeführten Stähle für einfache Druckbehälter nach DIN EN 10207 als Langerzeugnisse in den Anwendungsgrenzen nach Tafel 1.

2.4 Die in Tafel 2 aufgeführten schweißgeeigneten Feinkornbaustähle nach DIN 17102 (nur als Langerzeugnisse) und DIN 17103 jeweils in Verbindung mit den zugehörigen VdTÜV-Werkstoffblättern.

2.5 Die in Tafel 2 aufgeführten schweißgeeigneten Feinkornbaustähle nach DIN EN 10222-4 in Verbindung mit den VdTÜV-Werkstoffblättern 352/3, 354/3 und 356/3.

2.6 Die in Tafel 2 aufgeführten warmfesten ferritischen und martensitischen Stähle nach DIN EN 10222-2 (einschließlich nationaler Anhang). Für die Stahlsorten 14MoV6-3, X10CrMoVNb9-1 und X20CrMoV11-1 gelten zusätzlich die VdTÜV-Werkstoffblätter 184, 511/3 und 110.

2.7 Die in Tafel 2 aufgeführten schweißgeeigneten Stähle nach DIN EN 10273. Für die Stahlsorten P275NH, P355NH und P460NH gelten zusätzlich die VdTÜV-Werkstoffblätter 352/1, 354/1 und 357/1.

2.8 Die in Tafel 2 aufgeführten kaltzähen Nickelstähle nach DIN EN 10222-3 bis 50 °C. Für den kurzzeitigen Betrieb bei höheren Temperaturen gilt AD 2000-Merkblatt W 10 Tafel 3 a.

2.9 Andere Werkstoffe nach Eignungsfeststellung. Sie sollen die den Werkstoff kennzeichnenden Werte aufweisen und folgenden Mindestanforderungen genügen:

2.9.1 Die Bruchdehnung A soll bei Raumtemperatur in Probenrichtung tr/t[1] mindestens 14 % und in Probenrichtung l[1] mindestens 16 % betragen.

2.9.2 Die Kerbschlagarbeit an der V-Probe soll bei der tiefsten Betriebstemperatur, jedoch nicht höher als 20 °C, in Probenrichtung tr/t[1] mindestens 27 J und in Probenrichtung l[1] mindestens 39 J betragen.

2.9.3 Bei Stahlsorten mit einer Mindestzugfestigkeit über 590 MPa ist zusätzlich die Sprödbruchunempfindlichkeit zu beachten.

3 Prüfung

3.1 Für die Prüfung der Teile aus Werkstoffen nach Abschnitt 2.1 ist DIN EN 10250-1 und -2 maßgebend. Bei Gesenkschmiedestücken mit Stückgewicht bis 120 kg ergibt sich jedoch der Prüfumfang nach Abschnitt 12.1 der DIN EN 10222-1. Die Prüfung erfolgt nach Schmelzen. Bei Teilen mit Dicken ≥ 6 mm ist der Kerbschlagbiegeversuch durchzuführen, soweit normgerechte Proben entnommen werden können. Dabei sind die Anforderungen der DIN EN 10250-2, jedoch mindestens 27 J nachzuweisen.

[1] Es gelten die Festlegungen der DIN EN 10222.

Tafel 2. Zuordnung der Stahlsorten nach den Abschnitten 2.4 bis 2.8 zu den in Betracht kommenden Normen

Werkstoff-Nr. (nach DIN EN 10027-2)	Kurzname (nach DIN EN 10027-1)					
	DIN 17102	DIN 17103	DIN EN 10222-2	DIN EN 10222-3	DIN EN 10222-4	DIN EN 10273
1.0345	–	–	–	–	–	P235GH
1.0352	–	–	P245GH	–	–	–
1.0425	–	–	–	–	–	P265GH
1.0426	–	–	P280GH	–	–	–
1.0436	–	–	P305GH	–	–	–
1.0460	–	–	P250GH	–	–	P250GH
1.0461	StE 255	–	–	–	–	–
1.0462	WStE 255	–	–	–	–	–
1.0463	TStE 255	–	–	–	–	–
1.0473	–	–	–	–	–	P355GH
1.0477	–	–	–	–	P285NH	–
1.0478	–	–	–	–	P285QH	–
1.0481	–	–	–	–	–	P295GH
1.0486	StE 285	–	–	–	–	–
1.0487	–	–	–	–	–	P275NH
1.0488	TStE 285	TStE 285	–	–	–	–
1.0505	StE 315	–	–	–	–	–
1.0506	WStE 315	–	–	–	–	–
1.0508	TStE 315	–	–	–	–	–
1.0562	StE 355	–	–	–	–	–
1.0565	–	–	–	–	P355NH	P355NH
1.0566	TStE 355	TStE 355	–	–	–	–
1.0571	–	–	–	–	P355QH1	–
1.1103	EStE 255	–	–	–	–	–
1.1104	EStE 285	–	–	–	–	–
1.1105	EStE 315	–	–	–	–	–
1.1106	EStE 355	–	–	–	–	–
1.4903	–	–	X10CrMoVNb9-1	–	–	–
1.4922	–	–	X20CrMoV11-1	–	–	–
1.5415	–	–	16Mo3	–	–	16Mo3
1.5637	–	–	–	12Ni14	–	–
1.5662	–	–	–	X8Ni9	–	–
1.5680	–	–	–	X12Ni5	–	–
1.6217	–	–	–	13MnNi6-3	–	–
1.7335	–	–	13CrMo4-5	–	–	13CrMo4-5
1.7380	–	–	–	–	–	10CrMo9-10
1.7383	–	–	11CrMo9-10	–	–	11CrMo9-10
1.7715	–	–	14MoV6-3	–	–	–
1.8900	StE 380	–	–	–	–	–
1.8902	StE 420	–	–	–	–	–
1.8905	StE 460	–	–	–	–	–
1.8907	StE 500	–	–	–	–	–
1.8910	TStE 380	–	–	–	–	–
1.8911	EStE 380	–	–	–	–	–
1.8912	TStE 420	TStE 420	–	–	–	–
1.8913	EStE 420	–	–	–	–	–
1.8915	TStE 460	TStE 460	–	–	–	–
1.8917	TStE 500	TStE 500	–	–	–	–
1.8918	EStE 460	–	–	–	–	–
1.8919	EStE 500	–	–	–	–	–
1.8930	WStE 380	–	–	–	–	–
1.8932	WStE 420	–	–	–	P420NH	–
1.8935	–	–	–	–	–	P460NH
1.8936	–	–	–	–	P420QH	–
1.8937	WStE 500	–	–	–	–	–

3.2 Für die Prüfung der Langerzeugnisse aus Stählen nach Abschnitt 2.2 ist DIN EN 10025-2 maßgebend. Die Prüfung erfolgt nach Schmelzen. Bei Stahlsorten der Gütegruppe JR mit Nenndicken ≥ 6 mm ist der Kerbschlagbiegeversuch durchzuführen.

3.3 Die Prüfung der Langerzeugnisse aus Stählen nach Abschnitt 2.3 erfolgt nach DIN EN 10207.

3.4 Die Prüfung der Teile aus Werkstoffen nach Abschnitt 2.4 erfolgt nach DIN 17102 oder DIN 17103 unter Berücksichtigung der zugehörigen VdTÜV-Werkstoffblätter.

3.5 Die Prüfung der Teile aus Werkstoffen nach Abschnitt 2.5 erfolgt nach DIN EN 10222-1 und -4 in Verbindung mit den zugehörigen VdTÜV-Werkstoffblättern.

3.6 Die Prüfung der Teile aus Werkstoffen nach Abschnitt 2.6 erfolgt nach DIN EN 10222-1 und -2, die der Stahlsorten 14MoV6-3, X10CrMoVNb9-1 und X20CrMoV11-1 unter Berücksichtigung der VdTÜV-Werkstoffblätter 184, 511/3 und 110.

3.7 Die Prüfung der Teile aus Werkstoffen nach Abschnitt 2.7 erfolgt nach DIN EN 10273 und, soweit zutreffend, unter Berücksichtigung der zugehörigen VdTÜV-Werkstoffblätter.

3.8 Die Prüfung der Teile aus Werkstoffen nach Abschnitt 2.8 erfolgt nach DIN EN 10222-1 und -3.

3.9 Die Prüfung der Teile aus anderen Werkstoffen nach Abschnitt 2.9 erfolgt nach den Festlegungen der Eignungsfeststellung.

3.10 Alle Teile sind einer Sichtkontrolle und einer Prüfung der Maß- und Formgenauigkeit zu unterziehen. Teile aus legierten Werkstoffen sind einer Prüfung auf Werkstoffverwechslung zu unterziehen.

3.11 Hohlkörper mit einem Innendurchmesser > 80 mm, die z. B. durch Fließpressen oder Ziehen auf Fertigmaß hergestellt werden, sind einer Ultraschallprüfung nach DIN EN 10228-3 Tabelle 4 auf Fehler in der Hauptverformungsrichtung zu unterziehen.

Alle Teile mit Stückgewichten im unbehandelten Zustand > 300 kg (ausgenommen Gesenkschmiedestücke) sind einer Ultraschallprüfung nach DIN EN 10228-3 oder DIN EN 10308 auf Innenfehler zu unterziehen.

Die Ultraschallprüfung auf Innenfehler ist als 100 %ige Prüfung durchzuführen. Die nachfolgend genannten Qualitätsklassen sind anzuwenden:

s ≤ 50		mm	Qualitätsklasse 4
s > 50	≤ 100	mm	Qualitätsklasse 3
s > 100		mm	Qualitätsklasse 2

Die Fehlergrößenbeurteilung erfolgt nach der -6dB-Abfall-Technik, die Empfindlichkeitsjustierung erfolgt nach der AVG-Methode.

3.12 Die Zug- und Kerbschlagproben sind in Quer-/Tangentialrichtung (tr/t) zu entnehmen (ausgenommen bei Langerzeugnissen nach DIN EN 10025-2, DIN EN 10207, DIN EN 10273 und DIN 17102). Bei Durchmessern < 160 mm dürfen die Proben auch in Längsrichtung (l) entnommen werden.

3.13 Bei Teilen aus Stählen nach den Abschnitten 2.1 bis 2.4 und 2.7 mit Stückgewichten > 1000 kg ist jedes Teil einzeln zu prüfen.

3.14 Die Prüfstücke zur Herstellung von Zug- und Kerbschlagproben sind im Allgemeinen einem fertig wärmebehandelten Teil zu entnehmen. Bei Schmiedestücken, bei denen aufgrund der Abmessungen die erforderlichen Proben nicht entnommen werden können, ist ein Prüfstück aus derselben Schmelze mit Referenzabmessungen nach gleichartigen Verfahren herzustellen und zusammen mit den Teilen der zu prüfenden Lieferung der erforderlichen Wärmebehandlung zu unterziehen.

3.15 Für Wiederholungsprüfungen gilt DIN EN 10021. Besteht eine Prüfeinheit aus mehreren Teilen, so ist das Teil, für das ungenügende Prüfergebnisse ermittelt worden sind, jedoch auszuscheiden und sind zwei weitere Proben an weiteren Teilen zu entnehmen, die beide den Anforderungen genügen müssen. Bei großen Teilen sind hinsichtlich der Entnahme von Ersatzproben Vereinbarungen zu treffen.

Ist der Grund für das Versagen der Prüfung durch eine entsprechende Wärmebehandlung der Teile zu beseitigen, so können die zurückgewiesenen Teile nach der Wärmebehandlung erneut zur Prüfung vorgelegt werden.

4 Kennzeichnung

4.1 Die Teile sind zu kennzeichnen mit

- Zeichen des Herstellerwerkes,
- Kurzname oder Werkstoffnummer der Stahlsorte,
- Schmelzennummer.

Bei Lieferung mit Abnahmeprüfzeugnis nach DIN EN 10204 sind die Teile zusätzlich zu kennzeichnen mit

- Probennummer oder Prüflosnummer,
- Zeichen des Abnahmebeauftragten der zuständigen unabhängigen Stelle bzw. des Herstellers,
- gegebenenfalls Stempel für die Ultraschallprüfung.

4.2 Bei Stabstahl mit einer Dicke (Durchmesser, Kantenlänge, Schlüsselweite oder Breite) < 25 mm ist eine Kennzeichnung der Bunde durch Anhängeschild zulässig.

5 Nachweis der Güteeigenschaften

5.1 Art der Prüfbescheinigung nach DIN EN 10204

Bei Bestellung von Teilen aus Werkstoffen nach Abschnitt 2.1 bis 2.8 ist die Art der Prüfbescheinigung nach DIN EN 10204 wie folgt zu vereinbaren:

5.1.1 Werkszeugnis bei nicht wichtigen drucktragenden Teilen mit Nenndicken < 6 mm aus Stahlsorten nach DIN EN 10025-2 oder DIN EN 10250-2 der Gütegruppe JR. Für wichtige drucktragende Teile ist ein Abnahmeprüfzeugnis 3.1 erforderlich.

5.1.2 Abnahmeprüfzeugnis 3.1 für die Stahlsorten

- in Abschnitt 2.1 nach DIN EN 10250-2, ausgenommen Gütegruppe JR mit Nenndicken < 6 mm,
- in Abschnitt 2.2 nach DIN EN 10025-2, ausgenommen Gütegruppe JR mit Nenndicken < 6 mm,
- StE 255, WStE 255 und StE 285 nach DIN 17102, P285NH und P285QH nach DIN EN 10222-4 sowie P275NH nach DIN EN 10273,
- P235GH, P245GH, P250GH, P265GH und P280GH nach DIN EN 10222-2 (einschließlich Nationaler Anhang) und DIN EN 10273.

Tafel 3. Kennwerte für die Bemessung bei höheren Temperaturen für Stähle nach DIN EN 10250-2 und DIN EN 10222-4 sowie Langerzeugnisse nach DIN EN 10025-2

Stahlsorte nach DIN EN 10025-2, DIN EN 10250-2, DIN EN 10222-4	Dicke mm	Kennwerte *K* bei Berechnungstemperatur					
		100 °C MPa	200 °C MPa	250 °C MPa	300 °C MPa	350 °C MPa	400 °C MPa
S235JRG2, S235JR+N, S235J2G3, S235J2+N	≤16	187	161	143	122	–	–
	>16 bis ≤40	180	155	136	117	–	–
	>40 bis ≤100	173	149	129	112	–	–
	>100 bis ≤150	159	137	115	102	–	–
S275JR+N, S275J2+N	≤16	220	190	180	150	–	–
	>16 bis ≤40	210	180	170	140	–	–
	>40 bis ≤100	188	162	150	124	–	–
	>100 bis ≤150	180	155	144	119	–	–
S355J2G3, S355J2+N, S355K2+N	≤16	254	226	206	186	–	–
	>16 bis ≤40	249	221	202	181	–	–
	>40 bis ≤63	234	206	186	166	–	–
	>63 bis ≤80	224	196	176	156	–	–
	>80 bis ≤100	214	186	166	146	–	–
	>100 bis ≤150	194	166	146	126	–	–
P285NH/QH	≤35[1)]	–	206	186	157	137	118
P355NH/QH1	≤50[1)]	–	255	235	216	196	167
P460NH/QH	≤50[1)]	–	343	314	294	265	235

[1)] Dicke des maßgeblichen Querschnitts

5.1.3 Abnahmeprüfzeugnis 3.2 für alle nicht in Abschnitt 5.1.1 und 5.1.2 genannten Stahlsorten.

Bei Teilen aus den Stahlsorten StE/WStE 315, StE 355, P355GH/NH mit Dicken des maßgeblichen Querschnittes ≤50 mm genügt jedoch ein Abnahmeprüfzeugnis 3.1 anstelle 3.2, wenn das Herstellerwerk der zuständigen unabhängigen Stelle den Nachweis ausreichender statistischer Sicherheit geführt hat. Der Übergang auf ein Abnahmeprüfzeugnis 3.1 ist dem Herstellerwerk von der zuständigen unabhängigen Stelle zu bestätigen. Wird hiervon Gebrauch gemacht, ist das Bestätigungsschreiben der zuständigen unabhängigen Stelle in dem Abnahmeprüfzeugnis 3.1 aufzuführen. Sofern es nicht im Rahmen laufender eigener Abnahmeprüfungen geschieht, soll sich die zuständige unabhängige Stelle in bestimmten Zeitabständen (etwa 1 bis 2 Jahre) davon überzeugen, dass die Voraussetzungen erhalten geblieben sind.

5.1.4 Bei Teilen aus anderen Werkstoffen nach Abschnitt 2.9 gelten die Festlegungen der Eignungsfeststellung.

5.2 Angaben in der Prüfbescheinigung nach DIN EN 10204

5.2.1 Bei Teilen aus Werkstoffen nach Abschnitt 2.1 bis 2.8 sind die Forderungen der in diesen Abschnitten genannten Normen maßgebend. Außerdem ist in jeder Prüfbescheinigung die der Lieferung zugrunde liegende Technische Lieferbedingung/Norm (z. B. DIN EN 10222-2) und Technische Regel (AD 2000-Merkblatt W 13) anzugeben.

5.2.2 Bei Teilen aus anderen Werkstoffen nach Abschnitt 2.9 gelten die Festlegungen der Eignungsfeststellung.

6 Kennwerte für die Bemessung

6.1 Für Teile aus Werkstoffen nach Abschnitt 2.1 gelten bis 50 °C die in DIN EN 10250-2 für Raumtemperatur angegebenen Werte der Streckgrenze. Für Berechnungstemperaturen von 100 °C bis 300 °C gelten die Werte der Tafel 3. Die dort angegebene Dicke bezieht sich auf die Nennwanddicke des Druckbehälters.

6.2 Für Langerzeugnisse aus Werkstoffen nach Abschnitt 2.2 gelten bis 50 °C die in DIN EN 10025-2 für Raumtemperatur angegebenen Werte der Streckgrenze. Für Berechnungstemperaturen von 100 °C bis 300 °C gelten die Werte der Tafel 3. Die dort angegebene Dicke bezieht sich auf die Nennwanddicke des Druckbehälters.

6.3 Für Langerzeugnisse aus Stählen nach Abschnitt 2.3 gelten die in DIN EN 10207 festgelegten Werte.

6.4 Für Teile aus Werkstoffen nach Abschnitt 2.4 gelten die in DIN 17102 oder DIN 17103 festgelegten Werte unter Beachtung der Festlegungen in den zugehörigen VdTÜV-Werkstoffblättern.

6.5 Für Teile aus Werkstoffen nach Abschnitt 2.5 gelten die in DIN EN 10222-4 festgelegten Werte unter Beachtung der Festlegungen in den zugehörigen VdTÜV-Werkstoffblättern. Zusätzlich gelten für die Stähle P285NH in Dicken bis 35 mm, P355NH und P460NH in Dicken bis 50 mm ab 200 °C die Werte der Tafel 3.

6.6 Für Teile aus Werkstoffen nach Abschnitt 2.6 gelten die in DIN EN 10222-2 (einschließlich Nationaler Anhang) festgelegten Werte unter Beachtung der Festlegungen in den VdTÜV-Werkstoffblättern 184, 511/3 und 110 für die Werkstoffe 14MoV6-3, X10CrMoVNb9-1 und X20CrMoV11-1.

6.7 Für Teile aus Werkstoffen nach Abschnitt 2.7 gelten die in DIN EN 10273 festgelegten Werte und, soweit zutreffend, unter Beachtung der Festlegungen in den zugehörigen VdTÜV-Werkstoffblättern.

6.8 Für Teile aus Werkstoffen nach Abschnitt 2.8 gelten die in DIN EN 10222-3 festgelegten Werte.

6.9 Für Teile aus anderen Werkstoffen nach Abschnitt 2.9 gelten die bei der Eignungsfeststellung festgelegten Werte.

6.10 Die in den Werkstoffspezifikationen oder Eignungsfeststellungen für 20 °C angegebenen Kennwerte gelten bis 50 °C, die für 100 °C angegebenen Werte bis 120 °C. In den übrigen Bereichen ist zwischen den angegebenen Werten linear zu interpolieren (z. B. für 80 °C zwischen 20 °C und 100 °C und für 180 °C zwischen 100 °C und 200 °C), wobei eine Aufrundung nicht zulässig ist. Für Werkstoffe mit Einzelgutachten gilt die Interpolationsregel nur bei hinreichend engem Abstand[2)] der Stützstellen.

[2)] In der Regel wird hierunter ein Temperaturabstand von 50 K im Bereich der Warmstreckgrenze und von 10 K im Bereich der Zeitstandfestigkeit verstanden

	**Druckwasserstoffbeständiger und warmfester Stahl 12CrMo19-5G und 12CrMo19-5V Werkstoff-Nr. 1.7362**	**007/3 09.2008**

Die VdTÜV-Werkstoffblätter werden in Zusammenarbeit mit den Werkstoffherstellern erstellt und sind eine Kurzfassung des erstmaligen Gutachtens des Sachverständigen einer TÜO*) im Sinne der Technischen Regeln für überwachungsbedürftige Anlagen (z. B. TRD, TRB, AD 2000-Merkblätter, TRG, TRbF, TRFL, KTA). Bei Abweichungen von den Festlegungen der nachfolgenden Abschnitte sind Vereinbarungen zwischen Hersteller, Besteller/Weiterverarbeiter und der zuständigen TÜO*) zu treffen und Einzelgutachten oder ergänzende Begutachtungen erforderlich.

Dieses Blatt gilt für Stabstahl, Ring und Schmiedeerzeugnisse, wie z. B. Flansch, nahtloser Hohlkörper.

Mitgeltende Normen: DIN EN 10222-1: Schmiedestücke aus Stahl für Druckbehälter Teil 1: Allgemeine Anforderungen an Freiformschmiedestücke

1 Hersteller/Werk siehe Beiblatt

2 Markenbezeichnung Stempelzeichen siehe Beiblatt

3 Erzeugnisform (Prüfgegenstand), Abmessung und Lieferzustand

Erzeugnisform	max. Abmessung in mm		Lieferzustand
	Durchmesser	Dicke des maßgeblichen Querschnitts t_R	
Stabstahl Ring Schmiedestück Flansch nahtloser Hohlkörper	375	250	geglüht oder vergütet

4 Erschmelzen

Elektrolichtbogenverfahren (E)
Sauerstoffblasverfahren (Y)

5 Desoxidieren beruhigt

6 Weitere Herstellungsgegebenheiten

warmgewalzt
geschmiedet

7 Verwendungsbereich

7.1 Für Druckbehälter entsprechend AD 2000-Merkblätter W 9, W 12 und W 13 von –10 °C bis 650 °C.

Der Werkstoff ist der Gruppe 4.1 der Tafel 1 des AD 2000-Merkblattes HP 0 bzw. der Gruppe 5.3 nach CR ISO 15608 zuzuordnen.

7.2 Für Druckgeräte nach Richtlinie 97/23/EG unter Beachtung des Abschnittes 4 Anhang I der Richtlinie in dem unter Abschnitt 7.1 genannten Temperaturbereich.

7.3 Für Anwendungsbereiche in der Kerntechnik, soweit kerntechnische Regeln oder objektbezogene Spezifikationen die Verwendung gemäß Abschnitt 7.1 zulassen.

Anmerkung: Der Verwendungszweck und die zugrundeliegende technische Spezifikation müssen bei der Bestellung genannt werden.

*) Technische Überwachungorganisation, die Mitglied im VdTÜV ist.

Ersatz für Ausgabe 06.2008	**Zusammengestellt nach Angaben der beteiligten TÜV in Zusammenarbeit mit dem Verein Deutscher Eisenhüttenleute**

8 Chemische Zusammensetzung

Schmelzenanalyse (Schm)
Stückanalyse (Stck)

		Massengehalt in %						
		C	Si	Mn	P	S	Cr	Mo
Schm	min.	0,08	0,30 [1]	0,30	–	–	4,00	0,45
	max.	0,15	0,50	0,60	0,030	0,030	6,00	0,65
Stck	min.	0,04	0,26 [1]	0,26	–	–	3,90	0,41
	max.	0,17	0,54	0,64	0,035	0,035	6,10	0,69

[1] Beim VCD-Verfahren entfällt der untere Grenzwert.

9 Werkstoffeigenschaften

9.1 Mechanisch-technologische Eigenschaften

Der Nachweis wird nach den Abschnitten 10 (Prüfmaßgaben) und 14 (Art der Bescheinigung über Materialprüfungen) geführt.

Die Angaben für die Streckgrenze R_{eH}, die 0,2%-Dehngrenze $R_{p0,2}$, die Bruchdehnung A, die Kerbschlagzähigkeit a_k und die Kerbschlagarbeit KV sind Mindestwerte. Sie gelten für den Lieferzustand und nach üblichem Spannungsarmglühen entsprechend Abschnitt 11.

9.1.1 Werte des Zugversuches bei Raumtemperatur nach DIN EN 10002-1

Lieferzustand	Probenrichtung	R_e MPa	R_m MPa	A %
geglüht	längs	175	415 bis 540	22
	quer/tangential			18
vergütet	längs	390	570 bis 740	18
	quer/tangential			16

9.1.2 Werte des Zugversuches bei erhöhter Temperatur nach DIN EN 10002-5

Lieferzustand	Probenrichtung	$R_{p0,2}$ bei Temperatur °C in MPa								
		100	150	200	250	300	350	400	450	500
geglüht	längs, quer/tangential	156	149	142	138	132	128	125	119	(112)
vergütet		366	350	334	322	309	299	(289)	(280)	(265)

Lieferzustand	Schnittpunkt bei Temperatur °C
geglüht	480
vergütet	350

9.1.3 Werte des Kerbschlagbiegeversuches an V-Proben nach DIN EN 10045-1 bei Raumtemperatur

Lieferzustand	Probenform	Probenrichtung	Kerbschlagzähigkeit[1] a_k in J/cm²	Kerbschlagarbeit[1] KV in J
Geglüht oder vergütet	Charpy-V [2]	längs	69	55
		quer/ tangential	49	39

[1] Mittelwert von 3 Proben. Der Mindestmittelwert darf nur von einem Einzelwert, und zwar höchstens um 30 %, unterschritten werden.
[2] Nach Vorliegen von ausreichendem Datenmaterial ist eine Auswertung und ggf. Korrektur der Anforderungen erforderlich. In der Übergangszeit kann in Schiedsfällen der Nachweis an DVM-Proben geführt werden, wobei die gleichen Anforderungen wie für Charpy V-Proben gelten.

9.1.4 Langzeit-Warmfestigkeitseigenschaften

Die nachstehende Tabelle enthält vorläufige Anhaltsangaben über die Zeitdehngrenzen und Zeitstandfestigkeit. Die angeführten Werte sind die Mittelwerte des bisher erfaßten Streubereiches. Nach Vorliegen weiterer Ergebnisse kann eine Korrektur der Werte erforderlich werden.

Liefer-zustand	Temperatur	1 %- Zeitdehngrenze für		Zeitstandfestigkeit für		
	°C	10 000 h MPa	100 000 h MPa	10 000 h MPa	100 000 h MPa	200 000 h MPa
vergütet	350	206	189	320	299	287
	360	199	182	319	289	277
	370	192	174	308	278	266
	380	185	166	297	266	254
	390	178	158	286	252	240
	400	171	149	275	237	225
	410	163	139	264	221	209
	420	155	129	250	205	193
	430	147	119	235	189	177
	440	139	109	220	173	161
	450	131	99	205	158	145
	460	123	91	190	143	129
	470	115	82	175	128	115
geglüht oder vergütet	480	107	75	160	113	102
	490	99	70	145	100	89
	500	91	65	130	90	79
	510	83	60	119	81	70
	520	75	55	108	73	63
	530	67	50	98	65	56
	540	59	45	88	57	49

Liefer-zustand	Temperatur	1 %- Zeitdehngrenze für		Zeitstandfestigkeit für		
	°C	10 000 h MPa	100 000 h MPa	10 000 h MPa	100 000 h MPa	200 000 h MPa
geglüht oder vergütet	550	52	40	79	50	42
	560	46	35	71	44	35
	570	41	30	64	38	30
	580	36	25	57	33	26
	590	32	20	50	28	23
	600	28	17	43	24	20
	610	–	–	38	21	17
	620	–	–	33	18	15
	630	–	–	29	16	13
	640		–	25	14	11
	650	–	–	22	12	10

9.1.5 Sonstige Eigenschaften

keine Angaben

11 Wärmebehandlungsarten

Glühen	Vergüten		Spannungsarmglühen	
	Härten	Anlassen		
880 °C bis 920 °C Abkühlen im Ofen auf 720 °C bis 680 °C (mind. 60 min)/ Abkühlen an Luft	930 °C bis 980 °C Nach Erreichen der Temperatur im gesamten Querschnitt Abkühlen an ruhender Luft [1], in Öl oder Wasser	680 °C bis 760 °C Haltedauer nach DIN 17014-1 mind. 30 min, Abkühlen an ruhender Luft	680 °C bis 730 °C	
			Dicke mm	Dauer [2] min.
			≤ 15	≥ 15
			> 15 bis ≤ 30	≥ 30
			> 30	ca. 60
			Abkühlen	

1) Nur für Erzeugnisdicken ≤150 m.
2) Durchwärmen und Halten innerhalb von 680 °C bis 730 °C. Messen der Temperatur an der Bauteiloberfläche.

Die maximale Haltedauer nach DIN 17014-1 für das übliche Spannungsarmglühen (s. Abschnitt 9.1) beträgt 150 min. Bei einer Haltedauer größer 90 min oder bei Mehrfachglühungen ist die untere Grenze der Temperaturspanne anzustreben.

Für das Spannungsarmglühen darf die Temperatur in keinem Fall höher liegen als die tatsächliche Anlasstemperatur, die beim Erzeugnishersteller angewandt wurde. Deshalb soll unter Berücksichtigung der Temperaturtoleranz die Spannungsarmglühtemperatur in einem genügenden Abstand unter der tatsächlichen Anlasstemperatur liegen.

14 Art der Prüfbescheinigung

14.1 Für die Schmiedestücke ist ein Abnahmeprüfzeugnis 3.2 nach DIN EN 10204 durch die TÜO auszustellen. Es ist durch den Sachverständigen und den Abnahmebeauftragten des Herstellers zu bestätigen. Die Bestätigung durch den Beauftragten des Herstellers kann auch in der Bescheinigung nach Abschnitt 14.2 enthalten sein.

14.2 Vom Hersteller ist zu bescheinigen

- das Erschmelzungsverfahren,
- das Ergebnis der Schmelzenanalyse,
- der Wärmebehandlungszustand mit Angabe der Temperatur und der Haltedauer,
- die Durchführung der Prüfung auf Werkstoffverwechslung,
- die Durchführung und das Ergebnis der zerstörungsfreien Prüfung (soweit gefordert),
- die Durchführung der Härteprüfung (soweit erforderlich),
- die Übereinstimmung der Lieferung mit den Anforderungen des VdTÜV-Werkstoffblattes und der Bestellung.

Diese Bescheinigung ist Teil des Abnahmeprüfzeugnisses 3.2.

	**Flansche nach DIN EN 1092-1 aus dem Stahl P250GH/C 22.8; Werkstoff-Nr. 1.0460** Flansch	**350/3** **2017-07-18**

Die VdTÜV-Werkstoffblätter werden in Zusammenarbeit mit den Werkstoffherstellern erstellt und sind eine Kurzfassung des erstmaligen Gutachtens des Sachverständigen einer TÜO*) im Sinne der Technischen Regeln für überwachungsbedürftige Anlagen entsprechend dem für den Werkstoff vorgesehenen Verwendungsbereich (siehe Abschnitt 7). Bei Abweichungen von den Festlegungen der nachfolgenden Abschnitte sind Vereinbarungen zwischen Hersteller, Besteller/ Weiterverarbeiter und der zuständigen TÜO zu treffen und Einzelgutachten oder ergänzende Begutachtungen erforderlich.

Dieses Blatt gilt für Flansche, die entsprechend den Herstellverfahren in DIN EN 1092-1 zugelassen sind.

Mitgeltende Unterlagen:

DIN EN 10222-1 Schmiedestücke aus Stahl für Druckbehälter – Teil 1: Allgemeine Anforderungen an Freiformschmiedestücke

DIN EN 10222-2 Schmiedestücke aus Stahl für Druckbehälter – Teil 2: Ferritische und martensitische Stähle mit festgelegten Eigenschaften bei erhöhten Temperaturen

DIN EN 10273 Warmgewalzte schweißgeeignete Stäbe aus Stahl für Druckbehälter mit festgelegten Eigenschaften bei erhöhten Temperaturen

DIN EN 1092-1 Flansche und ihre Verbindungen – Runde Flansche für Rohre, Armaturen, Formstücke und Zubehörteile, nach PN bezeichnet – Teil 1: Stahlflansche

1 Hersteller/Werk

siehe Beiblatt

2 Markenbezeichnung und Stempelzeichen

P250GH/C 22.8

3 Erzeugnisform (Prüfgegenstand), Abmessung und Lieferzustand

Erzeugnisform	maximale Flanschdicke	Lieferzustand
Flansch nach DIN EN 1092-1	250	normalgeglüht[1)]

1) Das Normalglühen kann bei in Serie gefertigten Flanschen mit einer Flanschdicke ≤ 34 mm durch ein normalisierendes Umformen (siehe SEW 082) ersetzt werden, wenn dem Sachverständigen ein Nachweis der Gleichwertigkeit mit dem Normalglühen erbracht und die Kontroll-, Mess- und ggf. Regeleinrichtungen nach VdTÜV-Merkblatt 1269 überprüft wurden.

4 Erschmelzen

Sauerstoffblasverfahren (Y)
Elektrolichtbogenverfahren (E)
Siemens-Martin-Verfahren (SM)

5 Desoxidieren

beruhigt

*) Technische Überwachungsorganisation, die Mitglied im VdTÜV ist.

Ersatz für Ausgabe 2016-10	Zusammengestellt nach Angaben der beteiligten TÜV

6 Weitere Herstellungsgegebenheiten

geschmiedet, gepresst, nahtlos gewalzt, gebogen und geschweißt

7 Verwendungsbereich

7.1 Für Druckgeräte nach AD 2000-Merkblatt W 9 von -10 °C bis 420 °C.

Druckgeräte nach der Druckgeräterichtlinie 2014/68/EU unter Beachtung des Abschnittes 4 Anhang I der Richtlinie.

Der Werkstoff ist der Prüfgruppe 1 der Tafel 1a des AD 2000-Merkblattes HP 0 zuzuordnen. Gemäß CEN ISO/TR 15608 ist der Werkstoff der Gruppe 1.1 zuordenbar.

7.2 Für Anwendungsbereiche in der Kerntechnik soweit kerntechnische Regeln oder objektbezogenen Spezifikationen die Verwendung nach Abschnitt 7.1 zulassen.

8 Chemische Zusammensetzung

Für Grenzabweichungen der Stückanalyse von den für die Schmelzanalyse festgelegten Werten gilt die DIN EN 10222-2, Tabelle 2 und die DIN EN 10273 Tabelle 1.

Für die Schmelzenanalyse gelten die nachfolgend angegebenen Werte:

		Massenanteil [%][2)]						
		C	Si	Mn[1)]	P	S	Cr	Al_{ges}
C 22.8	min.	0,18	0,15	0,40	–	–	–	0,015
	max.	0,23	0,40	0,90	0,025	0,015	0,30	0,050
P250GH	min.	0,18	–	0,40	–	–	–	0,015[2)]
	max.	0,23	0,40	0,90	0,025	0,015	0,30	0,050

1) Bei Dicken ≤100 mm ist ein Mangangehalt in der Schmelzenanalyse von mindestens 0,30% und in der Stückanalyse von mindestens 0,26% zulässig.
2) Für Flansche aus Stäben nach DIN EN 10273 gelten die Analysenwerte der DIN EN 10273 Tabelle 1 (Mn-Gehalt 0,30% bis 0,90% und Al_{ges} ≥ 0,020%)

9 Werkstoffeigenschaften

9.1 Mechanische Eigenschaften

Der Nachweis wird nach den Abschnitten 10 (Prüfmaßgaben) und 14 (Art der Prüfbescheinigung) geführt.

Die Angaben für obere Streckgrenze R_{eH}, 0,2%-Dehngrenze $R_{p0,2}$, Bruchdehnung A und Kerbschlagarbeit KV_2 sind Mindestwerte.

Die mechanischen Eigenschaften gelten für den Prüfzustand entsprechend Abschnitt 11.

9.1.1 Werte des Zugversuches bei Raumtemperatur nach DIN EN ISO 6892-1

Flanschdicke C1-C4* [mm]	Probenrichtung	R_{eH} [MPa]	R_m [MPa]	A [%]
≤ 50	quer/tangential	250	410 bis 540	20
	längs			25
> 50 (C1-C4) bis ≤ 150	quer/tangential	240		19**
	längs			25
> 150 (C1-C4) bis ≤ 250	quer/tangential	210	400 bis 520	19
	längs			25

* Flanschdicke gemäß DIN EN 1092-1
** Für Flansche gemäß DIN EN 10222-2 gilt der Wert 20%.

9.1.2 Werte des Zugversuches bei erhöhter Temperatur nach DIN EN ISO 6892-2

Flanschdicke C1-C4* [mm]	Probenrichtung	$R_{p0,2}$ bei Temperatur [°C][1) [MPa]							
		100	150	200	250	300	350	400	420
≤ 50	quer/tangential längs	237	216	190	170	150	145	135	90
> 50 (C1-C4) bis ≤ 150		230	210	185	165	145	130	120	80
> 150 (C1-C4) bis ≤ 250		200	180	160	140	125	105	85	65

* Flanschdicke gemäß DIN EN 1092-1
1) Sollwerte gemäß DIN EN 10222-2 und DIN EN 10273

9.1.3 Werte des Kerbschlagbiegeversuches an V-Proben (Kerbachse senkrecht zur Oberfläche) bei Raumtemperatur nach DIN EN ISO 148-1

Flanschdicke C1-C4* [mm]	Probenrichtung	KV_2[1) [J]
< 150	quer/tangential	31
	längs	44[3)]
> 150 (C1-C4) bis ≤ 250	quer/tangential	27
	längs	38[2), 3)]

* Flanschdicke gemäß DIN EN 1092-1
1) Mittelwert von 3 Proben. Der Mindestmittelwert darf nur von einem Einzelwert, und zwar höchstens um 30% unterschritten werden.
2) Für P250GH gemäß DIN EN 10222-2 gilt der Wert 40 J.
3) Für P250GH gemäß DIN EN 10273 gilt der Wert 47 J.

9.2 Sonstige Eigenschaften

keine Angaben

10 Prüfmaßgaben

Die Prüfung erfolgt gemäß den Maßgaben des AD 2000-Merkblattes W 9 für Flansche aus den Stählen nach DIN EN 10222-2 und DIN EN 10273 im normalgeglühten Zustand.

11 Wärmebehandeln

Normalglühen	Spannungsarmglühen	
C 22.8: 880 °C bis 940 °C	C 22.8: 520 °C bis 600 °C	
P250GH: 890 °C bis 950 °C	P250GH: 520 °C bis 580 °C	
Nach Erreichen der Temperatur im gesamten Querschnitt Abkühlen an ruhender Luft	**Dicke [mm]**	**Dauer[1)] [min]**
	≤ 15 > 15 bis ≤ 30 > 30	≥ 15 ≥ 30 ca. 60
	Bei Folgeglühungen ist die untere Grenze der Temperaturspanne anzustreben.	
	Abkühlen an ruhender Luft	

1) Durchwärmen und Halten innerhalb der Temperaturspanne von 520 °C bis 600 °C

12 Verarbeiten

12.1 Allgemeine Hinweise

Für das Verarbeiten sind als Technische Regeln für Druckgeräte die AD 2000-Merkblätter der Reihe HP zu beachten.

12.2 Schweißen und thermisches Schneiden

Bei Beachtung der allgemein anerkannten Regeln der Technik für das Schweißen ist der Werkstoff nach folgenden Prozessen (DIN EN ISO 4063) schmelzschweißbar:

- Lichtbogenhandschweißen (111),
- Metall-Aktivgasschweißen mit Massivdrahtelektrode (135),
- Metall-Aktivgasschweißen mit schweißpulvergefüllter Drahtelektrode (136),
- Metall-Aktivgasschweißen mit metallpulvergefüllter Drahtelektrode (138),
- Unterpulverschweißen (12),
- Abbrennstumpfschweißen (24).

13 Kennzeichnen

Die Flansche sind wie folgt mit Schlagstempel zu kennzeichnen:

- Kurzname oder Werkstoffnummer der Stahlsorte,
- Zeichen des Herstellers,
- Schmelzen-Nummer oder Kurzzeichen,
- Prüflosnummer, wobei der Probenträger besonders zu kennzeichnen ist,
- Nennweite und falls abweichend von DIN EN 1092-1 Wanddicke *S* (Tabelle 10),
- Nenndruck,
- Prüfstempel des Abnahmebeauftragten des Herstellers,
- Nummer des Flanschentyps (gemäß DIN EN 1092-1),
- DIN EN 1092-1,
- Stempel für die zerstörungsfreie Prüfung (soweit gefordert).

14 Art der Prüfbescheinigung

Vom Hersteller ist durch Abnahmeprüfzeugnis 3.1 nach DIN EN 10204 zu bestätigen:

- das Erschmelzungsverfahren,
- der Wärmebehandlungszustand,
- das Ergebnis der Schmelzenanalyse,
- das Ergebnis der mechanischen Prüfungen,
- das Ergebnis der zerstörungsfreien Prüfung (soweit gefordert),
- Übereinstimmung der Lieferung mit den Anforderungen des VdTÜV-Werkstoffblattes und der Bestellung.

15 Berechnen

Für die Berechnung sind die in den entsprechenden Tabellen in Abschnitt 9 genannten Werte zu verwenden.

	**Schweißgeeignete Feinkornbaustähle mit einer Mindeststreckgrenze von 355 MPa** Flansch, Ring, Hohlkörper, Schmiedestück, Stabstahl	**354/3** **12.2013**

Die VdTÜV-Werkstoffblätter werden in Zusammenarbeit mit den Werkstoffherstellern erstellt und sind eine Kurzfassung des erstmaligen Gutachtens des Sachverständigen einer TÜO*) im Sinne der Technischen Regeln für überwachungsbedürftige Anlagen entsprechend dem für den Werkstoff vorgesehenen Verwendungsbereich (siehe Abschnitt 7). Bei Abweichungen von den Festlegungen der nachfolgenden Abschnitte sind Vereinbarungen zwischen Hersteller, Besteller/Weiterverarbeiter und der zuständigen TÜO zu treffen und Einzelgutachten oder ergänzende Begutachtungen erforderlich.

Dieses Blatt gilt für Schmiedestücke (einschließlich nahtlose Hohlkörper, Flansche und nahtlose Ringe) und geschmiedeten Stabstahl aus schweißgeeigneten Feinkornbaustählen mit einer Mindeststreckgrenze von 355 MPa , die für überwachungsbedürftige Anlagen hergestellt oder verwendet werden und umfasst die Grundgüte, warmfeste und kaltzähe Güte dieser Stahlsorte. Grundsätzlich gelten für diese Erzeugnisformen die für diese Stahlsorte in DIN EN 10222-1 und -4 festgelegten technischen Lieferbedingungen, dies gilt auch für die Grundgüte (StE355) und die kaltzähe Güte (TStE355) aus der zurückgezogenen DIN 17103.

Über die Festlegungen von DIN EN 10222-1 und -4 hinaus und ergänzend dazu gelten für die drei Güten dieser Stahlsorte in überwachungsbedürftigen Anlagen die nachfolgenden Regelungen.

Mitgeltende Unterlagen:

DIN EN 10222-1 Schmiedestücke aus Stahl für Druckbehälter Teil 1: Allgemeine Anforderungen an Freiformschmiedestücke

DIN EN 10222-4 Schmiedestücke aus Stahl für Druckbehälter Teil 4: Schweißgeeignete Feinkornbaustähle mit hoher Dehngrenze

1 Hersteller/Werk

siehe Beiblatt

2 Erzeugnisform (Prüfgegenstand) Abmessung[a)]

siehe Beiblatt

3 Lieferzustand

Der Lieferzustand ist „vergütet", für die Dicke des maßgeblichen Querschnitts ≤ 70 mm auch „normalgeglüht"[a)].

4 Stahlherstellungsverfahren

Der Stahl ist nach einem elektrischen Schmelzverfahren oder einem Sauerstoffkonverterverfahren herzustellen (siehe DIN EN 10222-1).

5 Desoxidation

Der Stahl muss vollberuhigt sein.

6 Weitere Herstellungsgegebenheiten

Die Warmumformung erfolgt durch Schmieden oder, bei Ringen, auch durch Walzen.
Wärmebehandlung siehe Abschnitt 11.

*) Technische Überwachungsorganisation, die Mitglied im VdTÜV ist.

a) Die angegebenen Dickenbereiche der wärmebehandelten Schmiedestücke beziehen sich auf die Dicke des maßgeblichen Querschnitts. Dieser ist durch eine rechteckige Form mit einem Verhältnis Breite zu Dicke von ≥ 2 und einem Verhältnis Länge zu Dicke von ≥ 4 charakterisiert (Definition siehe DIN EN 10222-1, Anhang B).

Hinweis: die Definition „maßgeblicher Wärmebehandlungsdurchmesser" (DIN 17103, zurückgezogen) wurde geändert und mit geändertem Bezugswert ersetzt durch „Dicke des maßgeblichen Querschnitts" (DIN EN 10222-1).

Ersatz für Ausgabe 12.2009	**Zusammengestellt nach Angaben der beteiligten TÜV in Zusammenarbeit mit dem VDEh**

7 Anwendungsbereich

7.1 Druckbehälter nach AD 2000-Merkblätter W 9, W 12 und W 13 jeweils gegebenenfalls mit W 10.
Die Grundgüte und warmfeste Güte dieser Stahlsorte ist der Gruppe 1 in der Tafel 1 des AD 2000-Merkblattes HP 0, die kaltzähe Güte der Prüfgruppe 5.1 der Tafel 1 des AD 2000-Merkblattes HP 0 bzw. der Gruppe 1.2 gemäß CR ISO 15608:2000 zuzuordnen.

7.2 Druckgeräte nach Druckgeräte-Richtlinie 97/23/EG unter Beachtung des Abschnittes 4 im Anhang I.

7.3 Dampfkessel nach TRD 107 und 203,

7.4 Tankanlagen nach TRbF 121 und 221,

7.5 Druckgasbehälter nach

- TRG 202 in Verbindung mit TRG 200 und gegebenenfalls GGVSEB von -20 °C bis 50 °C für die Grundgüte und kaltzähe Güte,
- TRG 203 in Verbindung mit TRG 200 von -60 °C bis 50 °C für die kaltzähe Güte,
- TRG 203 in Verbindung mit TRG 200 und GGVSEB von -40 °C bis 50 °C für die kaltzähe Güte.

7.6 Anwendungsbereiche in der Kerntechnik, soweit kerntechnische Regeln oder objektbezogene Spezifikationen die Verwendung für Druckbehälter zulassen.

8 Chemische Zusammensetzung

Für Grenzabweichungen der Stückanalyse von den für die Schmelzanalyse festgelegten Werten gilt DIN EN 10222-4, Tabelle 2.

Stahlbezeichnung		Chemische Zusammensetzung (Schmelzanalyse), Massenanteil [%][a]														
		C	Si	Mn	P	S	Al_{gesamt} [b]		N	Cr	Cu	Mo	Nb	Ni	V	Nb + V
		max.	max.	max.	max.	max.	min.	max.	max.	max.	max.	max.	max.	max.	max.	max.
P355NH P355QH1	1.0565 1.0571	0,20	0,10 bis 0,50	0,90 bis 1,65	0,025	0,015	0,020	0,060	0,020	0,30	0,20	0,08	0,05	0,30	0,10	0,12
StE355[e]	1.0562	0,20	0,10 bis 0,50	0,90 bis 1,65	0,025	0,015	0,020		0,020	0,30[c]	0,20[c]	0,08[c]	0,05	0,30[d]	0,10	0,12
TStE355[e]	1.0566	0,18	0,10 bis 0,50	0,90 bis 1,65	0,025	0,015	0,020		0,020	0,30[c]	0,20[c]	0,08[c]	0,05	0,30[d]	0,10	0,12

a) In dieser Tabelle nicht aufgeführte Elemente dürfen dem Stahl, außer zum Fertigbehandeln der Schmelze, ohne Zustimmung des Bestellers nicht absichtlich zugegeben werden. Es sind alle angemessenen Vorkehrungen zu treffen, um die Zufuhr solcher Elemente aus dem Schrott und anderen bei der Herstellung verwendeten Stoffe zu vermeiden, die die mechanischen Eigenschaften und die Verwendbarkeit des Stahls beeinträchtigen.
b) Der Mindestanteil für Al gilt nicht, wenn Nb, V und Ti zur Kontrolle des N-Anteils zugegeben werden.
c) Die Summe der Massenanteile der drei Elemente Cr, Cu und Mo darf zusammen höchstens 0,45% betragen.
d) Wird Ni als Legierungselement zugesetzt, darf der Massenanteil ≤ 0,85% betragen.
e) Für die Grundgüte (StE355) und die kaltzähe Güte (TStE355) wurde gegenüber der zurückgezogenen Norm DIN 17103 der P- und S-Gehalt eingeschränkt (angepasst an die Anforderungen für die warmfesten Güten gemäß DIN EN 10222-4).

Weitere Einschränkungen für die chemische Zusammensetzung können vom Besteller durch Anwendung der Kohlenstoffäquivalent-Werte festgelegt werden. Das Kohlenstoffäquivalent (CEV) ist gemäß DIN EN 10222-1, Anhang A.13 zu berechnen.

9 Mechanisch-technologische Eigenschaften

Der Nachweis wird nach den Abschnitten 10 (Prüfmaßgaben) und 15 (Art der Prüfbescheinigung) geführt.

9.1 Werte des Zugversuches bei Raumtemperatur nach DIN EN ISO 6892-1. Die Angaben für Streckgrenze R_{eH} und Bruchdehnung A sind Mindestwerte. Die Werte gelten für die Grundgüte, warmfeste und kaltzähe Güte dieser Stahlsorte.

Mechanische Eigenschaften bei Raumtemperatur					
Dicke des maßgeblichen Querschnitts t_R [a] [mm]	**Streckgrenze R_{eH} [b] [MPa]**	**Zugfestigkeit R_m [MPa]**	**Bruchdehnung A [c] [%]**		**Wärmebehandlung [d]**
			l	tr, t	
$t_R \leq 16$	355	490 bis 630	23	21	N oder QT
$16 < t_R \leq 35$	355				
$35 < t_R \leq 70$	335				
$70 < t_R \leq 100$	315	470 bis 630	21	19	QT
$100 < t_R \leq 250$	295				
$250 < t_R \leq 400$	275				

a) Die Maßangaben beziehen sich auf die Dicke des maßgeblichen Querschnitts zum Zeitpunkt der Wärmebehandlung. Dieser Querschnitt ist durch eine rechteckige Form mit einem Verhältnis Breite zu Dicke von ≥ 2 und einem Verhältnis Länge zu Dicke von ≥ 4 charakterisiert (Definition siehe DIN EN 10222-1, Anhang B).
b) Wenn keine ausgeprägte Streckgrenze R_{eH} auftritt, gelten die Werte für die 0,2%-Dehngrenze $R_{p0,2}$.
c) Die Kurzzeichen l, tr und t gelten für die Probenrichtung in Bezug zum Faserverlauf. l: längs, t: tangential, tr: quer
d) N: normalgeglüht, QT: vergütet (Wärmebehandlung siehe Abschnitt 11)

9.2 Werte des Kerbschlagbiegeversuches an V-Kerb-Proben nach DIN EN ISO 148-1

Stahlbezeichnung		**Wärmebehandlung [a]**	**Dicke des maßgeblichen Querschnitts t_R [b] [mm]**	**Mindestwert der Kerbschlagarbeit KV [c] [J]**							
				längs				**quer und tangential**			
				bei einer Temperatur [°C] von							
Kurzname	W.-Nr.			**20**	**0**	**-20**	**-40**	**20**	**0**	**-20**	**-40**
StE355 P355NH	1.0562 1.0565	N	≤ 70	55	47	40	–	40	34	27	–
TStE355	1.0566			63	55	47	39	40	34	27	27
StE355 P355QH1	1.0562 1.0571	QT	≤ 400	63	55	47	–	40	34	27	
TStE355	1.0566			63	55	47	39	40	34	27	27

a) N: normalgeglüht, QT: vergütet (Wärmebehandlung siehe Abschnitt 11).
b) Die Maßangaben beziehen sich auf die Dicke des maßgeblichen Querschnitts zum Zeitpunkt der Wärmebehandlung siehe Abschnitt 9.1.
c) Mittelwert aus drei Versuchen. Der Mindestwert darf dabei nur von einem Einzelwert höchstens um 30% unterschritten werden.
d) Prüftemperatur je nach Verwendungsbereich gemäß Abschnitt 10.

| 9.3 Mindestwerte der 0,2%-Dehngrenze $R_{p0,2}$ bei erhöhten Temperaturen nach DIN EN ISO 6892-2

Stahlbezeichnung		**Wärme-behandlung**[a)]	**Dicke des maßgeblichen Querschnitts t_R**[b)] **[mm]**	**$R_{p0,2\,min}$ bei einer Temperatur [°C] von**						
Kurzname	W.-Nr.			**100**	**150**	**200**	**250**	**300**	**350**	**400**
				[MPa]						
P355NH	1.0565	N	$t_R \leq 35$	304	284	255	235	216	196	167
			$35 < t_R \leq 70$	294	275	255	235	216	196	167
P355QH1	1.0571	QT	$t_R \leq 35$	304	284	255	235	216	196	167
			$35 < t_R \leq 70$	294	275	255	235	216	196	167
			$70 < t_R \leq 100$	275	255	235	216	196	177	147
			$100 < t_R \leq 250$	255	235	216	196	177	157	127
			$250 < t_R \leq 400$	235	215	197	179	160	142	117

a) N: normalgeglüht, QT: vergütet (Wärmebehandlung siehe Abschnitt 11)

b) Die Maßangaben beziehen sich auf die Dicke des maßgeblichen Querschnitts zum Zeitpunkt der Wärmebehandlung siehe Abschnitt 9.1. Dies ist gegebenenfalls bei der Berechnung zu berücksichtigen.

10 Prüfmaßgaben

10.1 Die Schmelzanalyse ist zu ermitteln. Die Stückanalyse wird nur nach Vereinbarung bei der Bestellung durchgeführt. Probennahme und Probenvorbereitung erfolgen nach SEP 1805.

10.2 Die Maße und die Oberflächenbeschaffenheit sind zu prüfen.

10.3 Eine Prüfung auf Werkstoffverwechslung ist nicht erforderlich.

10.4 Für die warmfeste Güte dieser Stahlsorte und, falls bei der Bestellung vereinbart, auch für die kaltzähe Güte gelten die im Abschnitt 9.3 angegebenen Mindestwerte für die 0,2%-Dehngrenze bei erhöhter Temperatur.

10.5 Hohlkörper im Geltungsbereich nach AD 2000-Merkblatt W 12 oder TRD 107 sind nach AD 2000-Merkblatt W 12 oder TRD 107 zu prüfen. Für die Grundgüte und die kaltzähe Güte dieser Stahlsorte gelten hierbei die Anforderungen, Prüfumfang und Anwendungsgrenzen (für die Bemessung bei Temperaturen > 50 °C ist Abschnitt 16 dieses Werkstoffblattes zu berücksichtigen) analog der warmfesten Güte.

10.6 Die Prüfung von Flanschen ist nach AD 2000-Merkblatt W 9 durchzuführen. Für die Grundgüte und die kaltzähe Güte dieser Stahlsorte gelten hierbei die Anforderungen, Prüfumfang und Anwendungsgrenzen (für die Bemessung bei Temperaturen > 50 °C ist Abschnitt 16 dieses Werkstoffblattes zu berücksichtigen) analog der warmfesten Güte.

10.7 Mechanische und technologische Prüfungen

10.7.1 Prüfeinheit und Probenentnahme

Eine Prüfeinheit (Los) umfasst Schmiedestücke einer Schmelze mit gleichartiger Warmumformung und Wärmebehandlung. Die Gleichmäßigkeit der Wärmebehandlung ist durch Härteprüfung zu bestätigen (10% des Prüfloses, mindestens aber – soweit vorhanden – 6 Stücke). Der maßgebliche Querschnitt muss die gleiche Form aufweisen und die Dicken der maßgeblichen Querschnitte dürfen nur in einen der Bereiche nach Tabelle in Abschnitt 9.1 fallen und maximal 20% von der größten Dicke innerhalb des Loses abweichen.

Die Höchstmasse einer Prüfeinheit beträgt 6000 kg. Fertigungserzeugnisse mit Stückgewichten > 1000 kg werden einzeln geprüft.

Probenentnahme, Anzahl der Probenabschnitte, Probenlage und -richtung müssen den Anforderungen der DIN EN 10222-1 entsprechen. Abweichend von der Anforderung hinsichtlich des Mindestabstandes der Proben von der Erzeugnisoberfläche, werden beim Stabstahl mit D ≤ 25 mm die Zug- und Kerbschlagproben aus dem Kern entnommen werden, bei Stäben mit D > 25 mm im Abstand D/6.

10.7.2 Prüfumfang

- Zugversuch bei Raumtemperatur (RT) je Prüfeinheit und Probenabschnitt (bei Schmiedestücken mit mehr als 4000 kg Masse oder mehr als 5 m Länge ist an beiden Enden jedes Schmiedestückes ein Probenabschnitt zu entnehmen).
- Kerbschlagbiegeversuch an 3 V-Kerb-Proben je Prüfeinheit und Probenabschnitt bei nachstehenden Prüftemperaturen:

Verwendungsbereich	Güte	Prüftemperatur [°C]
Druckbehälter und Dampfkessel	der Reihen N und NH	-20
	der Reihe NL	-40
Tankanlagen	der Reihen N und NH	-20
	der Reihe NL	-20
Druckgasbehälter nach TRG 202 in Verbindung mit TRG 200 und ggf. GGVS	der Reihen N und NL	-20
Druckgasbehälter nach TRG 203 in Verbindung mit TRG 200	der Reihe NL	-40[1)]
Druckgasbehälter nach TRG 203 in Verbindung mit TRG 200 und GGVS	der Reihe NL	-40

[1)] Die Prüfung bei -40 °C erfolgt abweichend von TRG 203, da nur bis zu dieser Temperatur Werte vorliegen.

- Warmzugversuch je Schmelze, Wärmebehandlungszustand und Lieferung für die warmfeste Güte. Für die Grundgüte und die kaltzähe Güte nur nach Vereinbarung.
  Liegt bei einer Prüfeinheit ein Streckgrenzenwert der warmfesten Güte bei Raumtemperatur weniger als 20 MPa über dem Mindestwert und liegt die Berechnungs- bzw. Betriebstemperatur oberhalb 50 °C, ist an jedem Stück, bei dem dieser Tatbestand vorliegt, ein zusätzlicher Warmzugversuch an der jeweiligen Prüfeinheit durchzuführen.
- Härteprüfung zum Nachweis der Gleichmäßigkeit der Wärmebehandlung an 10% des Prüfloses, mindestens aber – soweit vorhanden – an 6 Stücken.

11 Wärmebehandlung

11.1 Vergüten

- Härten bei 860 °C bis 940 °C.
  nach Erreichen der Temperatur im gesamten Querschnitt Abkühlen in Wasser, Öl oder Luft.
- Anlassen bei 560 °C bis 700 °C.
  Haltedauer nach DIN EN 10052 mindestens 30 min, Abkühlen an ruhender Luft.

11.2 Normalglühen

880 °C bis 960 °C.
Nach Erreichen der Temperatur im gesamten Querschnitt Abkühlen an ruhender Luft.

11.3 Wärmebehandlung nach dem Schweißen

Spannungsarmglühen bei 530 °C bis 580 °C.
Abkühlen an ruhender Luft oder im Ofen. Die für die angegebenen Glühtemperaturen erforderliche Dauer beinhaltet das Durchwärmen und das Halten innerhalb der Temperaturspanne und richtet sich nach der Dicke der Bauteile. Beim Messen der Glühtemperatur an der Bauteiloberfläche werden dafür in Abhängigkeit von der Dicke folgende Richtwerte empfohlen:

	≤ 15 mm mindestens 15 min,
> 15 mm bis	≤ 30 mm mindestens 30 min,
> 30 mm bis	≤ 350 mm mindestens 60 min,
> 350 mm etwa	120 min.

Die maximale Haltedauer nach DIN EN 10052 für das übliche Spannungsarmglühen beträgt 150 min. Bei einer Haltedauer > 90 min oder bei Mehrfachglühungen ist die untere Grenze der Temperaturspanne anzustreben.

Für das Spannungsarmglühen darf die Temperatur in keinem Fall höher liegen als die tatsächliche Anlasstemperatur, die beim Erzeugnishersteller angewandt wurde. Deshalb soll unter Berücksichtigung der Temperaturtoleranz die Spannungsarmglühtemperatur in einem genügenden Abstand unter der tatsächlichen Anlasstemperatur liegen.

14 Kennzeichnung

Die Kennzeichnung der Erzeugnisse richtet sich nach den entsprechenden AD 2000-Merkblättern bzw. Technischen Regeln gemäß Abschnitt 7.

15 Art der Prüfbescheinigung

15.1 Für die Erzeugnisse ist ein Abnahmeprüfzeugnis 3.2 nach DIN EN 10204 durch eine TÜO auszustellen. Sie ist durch den Sachverständigen und den Abnahmebeauftragten des Herstellers zu bestätigen. Die Bestätigung durch den Abnahmebeauftragten des Herstellers kann in der Bescheinigung nach Abschnitt 15.2 enthalten sein.

15.2 Durch den Hersteller ist zu bescheinigen:

- das Erschmelzungsverfahren,
- das Ergebnis der Schmelzenanalyse,
- die Durchführung und das Ergebnis der zerstörungsfreien Prüfung, falls gefordert,
- die Durchführung und das Ergebnis der Härteprüfung,
- der Wärmebehandlungszustand,
- die Übereinstimmung der Lieferung mit diesem VdTÜV-Werkstoffblatt.

Diese Bescheinigung ist Teil des Abnahmeprüfzeugnisses 3.2.

16 Berechnen

Bei Einsatz der Grundgüte im Temperaturbereich > 50 °C bis ≤ 300 °C gelten als Rechenwerte die um 20% verringerten Mindestwerte der warmfesten Güte „NH“. Dies gilt auch für die kaltzähe Güte „NL“, sofern keine Vereinbarung zum Nachweis der Warmstreckgrenze bei der Bestellung getroffen wurde.

	Unlegierter Stahl C 21; Werkstoff-Nr. 1.0432 Stabstahl, Schmiedestück, Flansch, Ring	399/3 2017-06-29

Die VdTÜV-Werkstoffblätter werden in Zusammenarbeit mit den Werkstoffherstellern erstellt und sind eine Kurzfassung des erstmaligen Gutachtens des Sachverständigen einer TÜO*) im Sinne der Technischen Regeln für überwachungsbedürftige Anlagen entsprechend dem für den Werkstoff vorgesehenen Verwendungsbereich (siehe Abschnitt 7). Bei Abweichungen von den Festlegungen der nachfolgenden Abschnitte sind Vereinbarungen zwischen Hersteller, Besteller/Weiterverarbeiter und der zuständigen TÜO*) zu treffen und Einzelgutachten oder ergänzende Begutachtungen erforderlich.

Dieses Blatt gilt für Stabstahl, Schmiedestück, Flansch und Ring.

Mitgeltende Unterlagen:

- DIN EN 10222-1 Schmiedestücke aus Stahl für Druckbehälter Teil 1: Allgemeine Anforderungen an Freiformschmiedestücke
- DIN EN 10222-2 Schmiedestücke aus Stahl für Druckbehälter Teil 2: Ferritische und martensitische Stähle mit festgelegten Eigenschaften bei erhöhten Temperaturen
- DIN EN 10273 Warmgewalzte schweißgeeignete Stäbe aus Stahl für Druckbehälter mit festgelegten Eigenschaften bei erhöhten Temperaturen

1 Hersteller/Werk

siehe Beiblatt

2 Markenbezeichnung und Stempelzeichen

C 21
C 21 .... A 105**)

3 Erzeugnisform (Prüfgegenstand), Abmessung und Lieferzustand

Erzeugnisform	Abmessung [mm]		Lieferzustand[2)]
	runder Querschnitt	Dicke t_R[1)]	
Stabstahl Schmiedestück Flansch Ring	≤ 375	≤ 250	normalgeglüht

1) Die Dicke des maßgeblichen Querschnitts t_R kann gemäß DIN EN 10222-1 näherungsweise in weitere Querschnittsabmessungen umgerechnet werden.
2) Stabstahl kann auch im Walzzustand ausgeliefert werden, wenn im Zuge der Weiterverarbeitung ein Normalglühen durchgeführt wird. In diesem Fall erfolgt die Prüfung der mechanisch-technologischen Eigenschaften an getrennt wärmebehandelten Proben.

4 Erschmelzen

Sauerstoffblasverfahren (Y)
Elektrolichtbogenverfahren (E)

5 Desoxidieren

beruhigt

*) Technische Überwachungsorganisation, die Mitglied im VdTÜV ist
**) Die Bezeichnung „A 105" kann ggf. entfallen

Ersatz für Ausgabe 2016-10	Zusammengestellt nach Angaben der beteiligten TÜV

6 Weitere Herstellungsgegebenheiten

geschmiedet, warmgewalzt

7 Verwendungsbereich

7.1 Für Druckbehälter nach AD 2000-Merkblatt W 9 und W 13 von -10 °C bis 350 °C. Der Werkstoff ist der Gruppe 1 Tafel 1 des AD 2000-Merkblattes HP 0 zuzuordnen.
Druckgeräte nach Richtlinie 2014/68/EU unter Beachtung des Abschnittes 4 Anhang I der Richtlinie.

7.2 Flansche für Rohrleitungen nach DIN 2470 von -10 °C bis 350 °C.

7.3 Für Anwendungsbereiche in der Kerntechnik, soweit kerntechnische Regeln oder objektbezogene Spezifikationen die Verwendung nach Abschnitt 7.1 zulassen.

8 Chemische Zusammensetzung

Schmelzenanalyse (Schm)
Stückanalyse (Stck)

		Massenanteil [%]										
		C	Si	Mn	P	S	Cr	Ni	Mo	V	Nb	Cu
Schm	min.	0,18	0,15	0,80	–	–	–	–	–	–	–	–
	max.	0,23	0,35	1,35	0,035	0,030	0,30	0,40	0,12	0,03	0,02	0,40
Stck	min.	0,16	0,10	0,75	–	–	–	–	–	–	–	–
	max.	0,25	0,40	1,40	0,040	0,035	0,35	0,45	0,15	0,04	0,03	0,45

Die Summe von Cr, Ni, Mo und Cu darf nicht größer als 1% sein.

9 Werkstoffeigenschaften

9.1 Mechanisch-technologische Eigenschaften

Der Nachweis wird nach den Abschnitten 10 (Prüfmaßgaben) und 14 (Art der Prüfbescheinigung) geführt.

Die Angaben für obere Streckgrenze R_{eH}, Bruchdehnung A, Brucheinschnürung Z, Kerbschlagzähigkeit a_k und Kerbschlagarbeit KV_2 sind Mindestwerte. R_m ist die Zugfestigkeit.

Die mechanisch-technologischen Eigenschaften gelten für den Lieferzustand und für den Zustand nach üblichem Spannungsarmglühen entsprechend Abschnitt 11 und für die Probenrichtung quer und tangential.

9.1.1 Werte des Zugversuches bei Raumtemperatur (DIN EN ISO 6892-1)

Dicke t_R [mm]	Probenrichtung	R_{eH} [1)] [MPa]	R_m [MPa]	A [%]	Z [%]
≤ 250	quer/tangential	250	485[2)] bis 630	20	45

1) Wenn sich die obere Streckgrenze nicht ausprägt, gelten die Anforderungen für die 0,2%-Dehngrenze.
2) Dieser Wert ergibt sich aus dem Wert 483 N/mm² der amerikanischen Norm ASTM A 105/A 105M-95b unter Anwendung der Rundungsregel nach DIN 1333 Teil 2.

9.1.2 Werte des Kerbschlagbiegeversuches an V-Proben (Kerbachse senkrecht zur Oberfläche) bei Raumtemperatur (DIN EN ISO 148-1)

MW = Mittelwert von 3 Proben
EW = kleinster Wert

Dicke t_R [mm]	Probenrichtung	Wertart	Kerbschlagzähigkeit a_k [J/cm²]	Kerbschlagarbeit KV_2 [J]
≤ 250	quer/tangential	MW	39	31
		EW	27	22

9.2 Sonstige Eigenschaften

keine Angaben

10 Prüfmaßgaben

10.1 Die Schmelzenanalyse ist zu ermitteln. Die Stückanalyse wird nur nach Vereinbarung bei der Bestellung durchgeführt. Probennahme und Probenvorbereitung erfolgen nach SEP 1805.

10.2 Die Maße und die Oberflächenbeschaffenheit sind zu prüfen.

10.3 An geschmiedeten Teilen mit Teilgewichten > 300 kg ist eine Ultraschallprüfung durchzuführen.

10.4 Mechanische Prüfungen

Die Prüfung erfolgt für

- Stabstahl nach AD 2000-Merkblatt W 13 Abschnitt 3.3, Ausgabe 2008-11,
- Schmiedestück nach AD 2000-Merkblatt W 13 Abschnitt 3.5, Ausgabe 2008-11,
- Flansch und Ring nach AD 2000-Merkblatt W 9 Abschnitt 4.2.2, Ausgabe 2010-11.

10.5 Darüber hinausgehende Festlegungen für

- Druckbehälter nach AD 2000-Merkblatt W 9 und W 13
- Rohrleitungen nach DIN 2470

sind zu beachten.

11 Wärmebehandeln

Normalglühen	Spannungsarmglühen	
880 °C bis 910 °C	520 °C bis 580 °C	
	Dicke t_R [mm]	**Dauer[1)] [min]**
Nach Erreichen der Temperatur im gesamten Querschnitt	≤ 15 > 15 bis ≤ 30 > 30	≥ 15 ≥ 30 ca. 60
Abkühlen an ruhender Luft	Bei Folgeglühungen ist die untere Grenze der Temperaturspanne anzustreben.	
	Abkühlen an ruhender Luft	

1) Durchwärmen und Halten innerhalb der Temperaturspanne von 520 °C bis 580 °C.

12 Verarbeiten

12.1 Allgemeine Hinweise

Es gelten für

- Druckbehälter die AD 2000-Merkblätter der Reihe HP,
- Rohrleitungen die nach DIN 2470.

12.1 Schweißen und thermisches Trennen

Bei Beachtung der allgemeinen Grundsätze für das Schweißen gilt die Stahlsorte nach folgenden Prozessen (DIN EN ISO 4063) schmelzschweißbar:

- Lichtbogenhandschweißen (111),
- Metall-Aktivgasschweißen mit Massivdrahtelektrode (135),
- Metall-Aktivgasschweißen mit schweißpulvergefüllter Drahtelektrode (136),
- Metall-Aktivgasschweißen mit metallpulvergefüllter Drahtelektrode (138),
- Abbrennstumpfschweißen (24).

12.3 Umformen

12.3.1 Nach Warmumformen sind die Teile normal zu glühen.

12.3.2 Kaltumformungen sind nicht vorgesehen.

13 Kennzeichnen

Die Erzeugnisse sind mit

- Schmelzen-Nummer,
- Stempelzeichen der Stahlsorte,
- Zeichen des Herstellers,
- Nennweite/Rohranschlussmaße (außen),
- Nenndruck,
- Stempel des Prüfers

zu kennzeichnen.

14 Art der Prüfbescheinigung

Für das Vormaterial für Flansche ist eine Bescheinigung des Stahlherstellers über die Schmelzenanalyse und das Erschmelzungsverfahren des gelieferten Stahles erforderlich.

Erzeugnisform	Dicke t_R [mm]	Art der Prüfbescheinigung nach DIN EN 10204
Stabstahl Schmiedestück Flansch Ring	≤ 80	3.1
	> 80 bis ≤ 250	3.2[1)]
1) Nur bei Verwendung entsprechend Abschnitt 7.		

Vom Hersteller ist mit einem Abnahmeprüfzeugnis 3.1 nach DIN EN 10204 zu bescheinigen:

- das Erschmelzungsverfahren,
- der Wärmebehandlungszustand,
- das Ergebnis der Schmelzenanalyse,
- das Ergebnis der mechanischen Prüfungen (bei Abnahmeprüfzeugnis 3.1.),
- das Ergebnis der zerstörungsfreien Werkstoffprüfung (soweit gefordert),
- die Übereinstimmung der Lieferung mit den Anforderungen des VdTÜV-Werkstoffblattes und der Bestellung.

Ferritisch-austenitischer Walz- und Schmiedestahl X2CrNiMoN22-5-3; Werkstoff-Nr. 1.4462
Band, Blech, Flansch, Form- und Stabstahl, nahtloses Rohr, Schmiedestück

418
2018-08-14

Die VdTÜV-Werkstoffblätter werden in Zusammenarbeit mit den Werkstoffherstellern erstellt und sind eine Kurzfassung des erstmaligen Gutachtens des Sachverständigen einer TÜO*) im Sinne der Technischen Regeln für überwachungsbedürftige Anlagen entsprechend dem für den Werkstoff vorgesehenen Verwendungsbereich (siehe Abschnitt 7). Bei Abweichungen von den Festlegungen der nachfolgenden Abschnitte sind Vereinbarungen zwischen Hersteller, Besteller/Weiterverarbeiter und der zuständigen TÜO zu treffen und Einzelgutachten oder ergänzende Begutachtungen erforderlich.

Dieses Blatt gilt für Blech, Band, nahtloses Rohr, Form- und Stabstahl, Flansche sowie Schmiedestück. Für geschweißte Rohre wird auf VdTÜV-Merkblatt 1253/1 verwiesen.

Mitgeltende Unterlagen:

DIN EN 10028-1	Flacherzeugnisse aus Druckbehälterstählen – Teil 1: Allgemeine Anforderungen
DIN EN 10028-7	Flacherzeugnisse aus Druckbehälterstählen – Teil 7: Nichtrostende Stähle
DIN EN 10216-5	Nahtlose Rohre für Druckbeanspruchung – Technische Lieferbedingung – Teil 5: Rohre aus nichtrostenden Stählen
DIN EN 10216-5 Berichtigung 1	Nahtlose Stahlrohre für Druckbeanspruchungen – Technische Lieferbedingungen – Teil 5: Rohre aus nichtrostenden Stählen – Deutsche Fassung EN 10216-5:2013, Berichtigung zu DIN EN 10216-5:2014-03
DIN EN 10222-1	Schmiedestücke aus Stahl für Druckbehälter – Teil 1: Allgemeine Anforderungen an Freiformschmiedestücke
DIN EN 10222-5	Schmiedestücke aus Stahl für Druckbehälter – Teil 5: Martensitische, austenitische und austenitisch-ferritische nichtrostende Stähle
DIN EN 10272	Nichtrostende Stäbe für Druckbehälter

1 Hersteller/Werk — siehe Beiblatt

2 Markenbezeichnung und Stempelzeichen — siehe Beiblatt

3 Erzeugnisform (Prüfgegenstand), Abmessung und Lieferzustand — begutachtete Abmessung siehe Beiblatt

Erzeugnisform	maximale Abmessung [mm]		Lieferzustand
	Dicke	Durchmesser	
warmgewalztes Blech	100	–	lösungsgeglüht und abgeschreckt
kaltgewalztes Band, Blech aus Band	6	–	lösungsgeglüht und abgeschreckt
warmgewalztes Band, Blech aus Band	12	–	lösungsgeglüht und abgeschreckt
Form- und Stabstahl	–	400	lösungsgeglüht und abgeschreckt
nahtloses Rohr	24	273	lösungsgeglüht und abgeschreckt
Schmiedestück	–	250	lösungsgeglüht und abgeschreckt
Flansch	250	–	lösungsgeglüht und abgeschreckt

*) Technische Überwachungsorganisation, die Mitglied im VdTÜV ist.

Ersatz für Ausgabe 2017-09-25

Zusammengestellt nach Angaben des TÜV SÜD, TÜV NORD und TÜV Rheinland

4 Erschmelzen

Elektrolichtbogenverfahren (E)
Induktionsofenverfahren (I)
AOD-Verfahren (AOD)

5 Desoxidieren

keine Angaben

6 Weitere Herstellungsgegebenheiten

warmgewalzt
kaltgewalzt
geschmiedet
nahtloses Rohr warmgepresst, gepilgert, gezogen

7 Verwendungsbereich

7.1 Für Druckbehälter und Rohrleitungen nach AD 2000-Merkblatt W 2, AD 2000-Merkblatt W 9 und AD 2000-Merkblatt HP 100 R von -10 °C bis 280 °C. Der Werkstoff kann bis -40 °C eingesetzt werden, wenn für diese Temperatur eine Kerbschlagarbeit KV_2 mit einem Mindestmittelwert (Mittelwert aus 3 V-Proben) von 40 Joule nachgewiesen wurde.

Für den Beanspruchungsfall II nach AD 2000-Merkblatt W 10 kann die Stahlsorte bis -60 °C eingesetzt werden.

Der Werkstoff ist der Prüfgruppe 8 der Tafel 1a des AD 2000-Merkblattes HP 0 bzw. der Gruppe 10.1 gemäß CEN ISO/TR 15608 zuzuordnen.

7.2 Druckgeräte nach Druckgeräterichtlinie 2014/68/EU unter Beachtung des Abschnittes 4 von Anhang I der Richtlinie.

7.3 Für Rohrleitungen und Rohrleitungsteile nach TRFL von -10 °C bis 280 °C.

7.4 Für Anwendungsbereiche in der Kerntechnik, soweit kerntechnische Regeln oder objektbezogene Spezifikationen die Verwendung nach Abschnitt 7.1 zulassen.

8 Chemische Zusammensetzung

Schmelzenanalyse (Schm)

		Massenanteile [%]								
		C	Si	Mn	P	S	Cr	Mo	Ni	N
Schm[1)]	min.	–	–	–	–	–	21,0	2,5	4,50	0,10
	max.	0,030	1,00	2,00	0,030	0,015	23,0	3,5	6,50	0,22

1) Der Stahl darf in der Schmelzenanalyse Boranteile bis zu 50 ppm aufweisen. Der Hersteller stellt sicher, dass dieser Anteil nicht überschritten wird. Eine Angabe in der Schmelzenanalyse ist nicht erforderlich.

Stückanalyse: Siehe zutreffende DIN EN-Norm.

9 Werkstoffeigenschaften

9.1 Mechanisch-technologische Eigenschaften

Der Nachweis wird nach den Abschnitten 10 und 14 geführt.

Die Angaben für 0,2%-Dehngrenze $R_{p0,2}$, Zugfestigkeit R_m, Bruchdehnung A und Kerbschlagarbeit KV_2 sind Mindestwerte.

Die mechanischen Eigenschaften gelten für den Prüfzustand entsprechend Abschnitt 11.

9.1.1 Werte des Zugversuches bei Raumtemperatur DIN EN ISO 6892-1

Erzeugnisform	**Probenrichtung**	**Durchmesser/Dicke [mm]**	**$R_{p0,2}$ [MPa]**	**R_m [MPa]**	**A [%]**	**$A_{80\ mm}$ [%] (Dicke < 3 mm)**
warmgewalztes Blech	quer	≤ 20	480	680 bis 880	25	–
		> 20 bis ≤ 75	460			
		> 75 bis ≤ 100	450	640 bis 880		
kaltgewalztes Band, Blech aus Band	längs/quer	≤ 8	500	700 bis 950	20	20
warmgewalztes Band, Blech aus Band	längs/quer	≤ 12	480	700 bis 920	25	25
Form- und Stabstahl	längs	< 100	450	680 bis 880	30	–
	längs	> 100 bis ≤ 400			25	
	quer				20	
nahtloses Rohr	längs	≤ 273	450	640 bis 880[1]	22	
Schmiedestück	quer/tangential	≤ 250	450	680 bis 880	25	
Flansch	quer/tangential	Blattdicke ≤ 250	450	640 bis 880	22	

1) Für kaltgefertigte Rohre beträgt die obere Grenze 920 MPa (R_m).

9.1.2 Werte des Zugversuches bei erhöhter Temperatur DIN EN ISO 6892-2

Probenrichtung	**$R_{p0,2}$ bei Temperatur [°C] 100**	**150**	**200**	**250**	**280**
	[MPa]				
quer/tangential, längs	360	335	315	300	285

9.1.3 Werte des Kerbschlagbiegeversuches an V-Proben nach DIN EN ISO 148-1

Erzeugnisform	**Probenrichtung**	**Kerbschlagarbeit KV_2[1] [J] bei 20 °C**	**bei -40 °C**
Blech, Form- und Stabstahl, Schmiedestück, Flansch	quer/tangential	104	40
	längs	200	–
Band Blech aus Band	quer	100	40
	längs	150	–
nahtloses Rohr	quer	100	40
	längs	150	–

1) Mittelwert von 3 Proben. Der Mindestmittelwert darf nur von einem Einzelwert, und zwar höchstens um 30%, unterschritten werden.

Bei tiefen Einsatztemperaturen Abschnitt 7 beachten.

10 Prüfmaßgaben

10.1 Die Prüfungen sind nach AD 2000-Merkblatt W 2 durchzuführen, zusätzlich gelten die folgenden Festlegungen:

- Für „Einbaurohre“ gelten die Festlegungen des AD 2000-Merkblattes W 2.
  Bei Rohren nach TRFL ist je Prüflos eine Stückanalyse am fertigen Rohr durchzuführen.
- Die Prüfungen auf Beständigkeit gegen interkristalline Korrosion nach DIN EN ISO 3651-2, Verfahren C, Wärmebehandlung T1 erfolgen je Schmelze und Wärmebehandlungslos.
- Je Schmelze und Abmessungsbereich ist ein Zugversuch bei Betriebstemperatur des Druckgerätes durchzuführen. Falls in der Bestellung keine Anforderungen an die Temperatur des Warmzugversuches gestellt werden, ist der Warmzugversuch bei 280 °C durchzuführen. Der Nachweis entfällt bei Betriebstemperaturen < 100 °C.

  Sofern in der Bestellung nicht anders vereinbart, kann auf den Warmzugversuch verzichtet werden, wenn der Hersteller der TÜO die Einhaltung der gestellten Anforderungen mit ausreichender Sicherheit nachgewiesen hat.

  Im Abnahmeprüfzeugnis ist auf die Zustimmung der TÜO auf Entfall des Warmzugversuches hinzuweisen.
- Bei Wärmebehandlung im Durchlaufglühofen gilt die Anzahl der Bleche und Rohre gleicher Abmessung als ein Wärmebehandlungslos, die nacheinander ohne Veränderung der Temperatur-, Geschwindigkeits- und Ofenatmosphäreneinstellung den Ofen durchlaufen haben.

10.2 Kerbschlagbiegeversuch an drei V-Proben bei +20 °C oder -40 °C entsprechend der Bestellung. Falls bei der Bestellung keine Prüftemperatur vereinbart wurde, erfolgt für den Verwendungsbereich „Druckgeräte“ die Prüfung bei -40 °C, andernfalls bei +20 °C.

10.3 Bei Form- und Stabstahl sowie Schmiedestücken und Flanschen mit Stückgewichten > 300 kg ist eine Ultraschallprüfung und gegebenenfalls ergänzend eine Oberflächenrissprüfung durchzuführen. Die Prüfnormen (z. B. DIN EN 10228-2, DIN EN 10228-4), der Prüfumfang und die Zulässigkeitskriterien sind zu vereinbaren.

10.4 Alle Rohre sind im Herstellerwerk einem Innendruckversuch (Dichtheitsprüfung) mit Wasser zu unterziehen. Die Höhe des Prüfdruckes richtet sich nach DIN EN 10216-5. Der Prüfdruck ist mindestens 10 s aufrechtzuerhalten. Anstelle des Innendruckversuches kann auch eine andere Prüfung, deren Gleichwertigkeit dem Sachverständigen der TÜO nachgewiesen ist, durchgeführt werden, wenn in den Bestellbedingungen nichts anderes vereinbart ist.

10.5 Alle Rohre sind einer Ultraschallprüfung nach AD 2000-Merkblatt W 2 zu unterziehen.

10.6 An nachträglich warmumgeformten oder wärmebehandelten Teilen sind die mechanischen Eigenschaften entsprechend AD 2000-Merkblatt HP 8/1 nachzuprüfen.

10.7 Prüfeinheit und Probenentnahme

Die Prüfeinheit und die Probenentnahme richtet sich nach AD 2000-Merkblatt W 2, zusätzlich gelten die folgenden Festlegungen:

Erzeugnisform	Dicke [mm]	Prüfeinheit für Zugversuch und Kerbschlagbiegeversuch	Prüfeinheit für Warmzugversuch
Band, Blech aus Band	≤ 12	Coil	je 30 t gleicher Schmelze
Blech	≤ 20	je 20 Walztafeln gleicher Schmelze, Abmessung und Wärmebehandlungslos[1]	
	> 20	Walztafel	
Rohr	alle [2]	je 100 Rohre gleicher Abmessung und Wärmebehandlung[1]	je Schmelze, Abmessung und Wärmebehandlungslos [1]

1) Bei Wärmebehandlung im Durchlaufglühofen gilt die Anzahl der Bleche und Rohre gleicher Abmessung als ein Wärmebehandlungslos, die innerhalb eines Arbeitstages nacheinander ohne Veränderung der Temperatur-, Geschwindigkeits- und Ofenatmosphäreneinstellung den Ofen durchlaufen haben.

2) Kerbschlagbiegeversuch nur bei Wanddicken > 10 mm.

11 Wärmebehandlungsarten

Erzeugnisform	Dicke [mm]	Lösungsglühen	Abkühlen
Blech	≤ 10	1020 °C bis 1100 °C	bewegte Luft[1], Wasser
	> 10	Haltedauer nach vollständiger Durchwärmung bei 1040 °C bis 1100 °C mindestens 5 min, unter 1040 °C mindestens 20 min	Wasser
Form- und Stabstahl, Schmiedestück, Flansch	–		
Band, nahtloses Rohr	–	1020 °C bis 1100 °C	Luft[1], Schutzgas oder Wasser

1) Lösungsglühen mit ausreichend schneller Abkühlung.

13 Kennzeichnen

13.1 Die Kennzeichnung der Erzeugnisse für Druckgeräte richtet sich nach AD 2000-Merkblatt W 2 bzw. AD 2000-Merkblatt W 9.

Für andere Anwendungsbereiche nach den im Abschnitt 7 genannten technischen Regeln.

Die Erzeugnisse sind, einschließlich des Zeichens des Abnahmebeauftragten, dauerhaft zu kennzeichnen.

13.2 Die zerstörungsfrei geprüften Teile sind zusätzlich mit einem entsprechenden Kennzeichen zu versehen.

14 Art der Prüfbescheinigung

14.1 Für den Nachweis der Güteeigenschaften gelten die Angaben des AD 2000-Merkblattes W 2 und AD 2000-Merkblatt W 9.

Sofern für die jeweilige Abmessung/Erzeugnisform im AD 2000-Merkblatt W 2 bzw. W 9 ein Abnahmeprüfzeugnis 3.2 nach DIN EN 10204 festgelegt ist, ist das Abnahmeprüfzeugnis nach DIN EN 10204 durch den Sachverständigen einer TÜO auszustellen. Das Abnahmeprüfzeugnis ist durch den Sachverständigen und den Abnahmebeauftragten des Herstellers zu bestätigen.

Die Bestätigung durch den Abnahmebeauftragten des Herstellers kann in der Bescheinigung nach Abschnitt 14.2 enthalten sein.

14.2 Vom Hersteller ist zu bescheinigen:

- das Ergebnis der Schmelzenanalyse,
- das Ergebnis der Prüfung auf Werkstoffverwechselung,
- das Ergebnis der Prüfung auf IK-Beständigkeit (Beständigkeit gegen interkristalline Korrosion),
- das Ergebnis der zerstörungsfreien Prüfung und der Dichtheitsprüfung,
- der Wärmebehandlungszustand,
- das Ergebnis der Besichtigung und Maßprüfung,
- das Ergebnis der mechanisch-technologischen Prüfungen, sofern diese Ergebnisse nicht im Abnahmeprüfzeugnis 3.2 bescheinigt sind,
- die Übereinstimmung der Lieferung mit den Anforderungen des VdTÜV-Werkstoffblattes und der Bestellung.

Diese Bescheinigung ist Teil des Abnahmeprüfzeugnisses 3.2.

15 Berechnen

Für die Berechnung sind die in den entsprechenden Tabellen in Abschnitt 9 genannten Werte zu verwenden.

16 Sonstige Erläuterungen

Der Werkstoff neigt zur 475 °C-Versprödung.

Eine kurzfristige Überschreitung der oberen Grenze der Einsatztemperatur von 280 °C auf maximal 300 °C ist zulässig (siehe auch Abschnitt 9.2.2).

	Austenitischer Walz- und Schmiedestahl X1NiCrMoCu25-20-5; Werkstoff-Nr. 1.4539 Blech, Band, nahtloses Rohr, Form- und Stabstahl, Flansche, Schmiedestück	**421** **2017-10-09**

Die VdTÜV-Werkstoffblätter werden in Zusammenarbeit mit den Werkstoffherstellern erstellt und sind eine Kurzfassung des erstmaligen Gutachtens des Sachverständigen einer TÜO[*)] im Sinne der Technischen Regeln für überwachungsbedürftige Anlagen entsprechend dem für den Werkstoff vorgesehenen Verwendungsbereich (siehe Abschnitt 7). Bei Abweichungen von den Festlegungen der nachfolgenden Abschnitte sind Vereinbarungen zwischen Hersteller, Besteller/Weiterverarbeiter und der zuständigen TÜO zu treffen und Einzelgutachten oder ergänzende Begutachtungen erforderlich.

Dieses Blatt gilt für Blech, Band, nahtloses Rohr, Form- und Stabstahl, Flansche sowie Schmiedestück. Für geschweißte Rohre wird auf VdTÜV-Merkblatt 1253/1 verwiesen.

Mitgeltende Unterlagen:

DIN EN 10028-1 Flacherzeugnisse aus Druckbehälterstählen Teil 1: Allgemeine Anforderungen
DIN EN 10028-7 Flacherzeugnisse aus Druckbehälterstählen Teil 7: Nichtrostende Stähle
DIN EN 10216-5 Nahtlose Rohre für Druckbeanspruchung – Technische Lieferbedingung Teil 5: Rohre aus nichtrostenden Stählen
DIN EN 10222-1 Schmiedestücke aus Stahl für Druckbehälter Teil 1: Allgemeine Anforderungen für Freiformschmiedestücke
DIN EN 10222-5 Schmiedestücke aus Stahl für Druckbehälter Teil 5: Martensitische, austenitische und austenitisch-ferritische nichtrostende Stähle (Nationaler Anhang NB)
DIN EN 10272 Nichtrostende Stäbe für Druckbehälter

1 Hersteller/Werk — siehe Beiblatt

2 Markenbezeichnung und Stempelzeichen — siehe Beiblatt

3 Erzeugnisform (Prüfgegenstand), Abmessung und Lieferzustand — Begutachtete Abmessung siehe Beiblatt

Erzeugnisform	Abmessung max. Dicke/Durchmesser bzw. Dicke des maßgeblichen Querschnitts t_R [mm]	Lieferzustand
Warmgewalztes Blech	150	lösungsgeglüht und abgeschreckt
Kaltgewalztes Band, Blech aus Band	6	
Warmgewalztes Band, Blech aus Band	12	
Nahtloses Rohr	20/220	
Form- und Stabstahl, Schmiedestück	480	
Flansche, geschmiedet	Blattdicke (Rohmaß) ≤ 90	

*) Technische Überwachungsorganisation, die Mitglied im VdTÜV ist

Ersatz für Ausgabe 2016-12 | **Zusammengestellt nach Angaben des TÜV SÜD, TÜV NORD und TÜV Rheinland**

4 Erschmelzen

- Elektrolichtbogenverfahren, ggf. vakuumbehandelt (E)
- Induktionsverfahren, ggf. vakuumbehandelt (I)
- AOD-Verfahren (AOD)
- CLU-Verfahren (CLU)

Alle Verfahren ggf. anschließend elektroschlackeumgeschmolzen.

5 Desoxidieren

keine Angaben

6 Weitere Herstellungsgegebenheiten

warmgewalzt, kaltgewalzt, geschmiedet

7 Verwendungsbereich

7.1 Für Druckbehälter und Rohrleitungen nach den AD 2000-Merkblättern W 2, W 9, W 10 und HP 100 R von -200 °C bis 500 °C, bei Blech, Band und Stab bis 550 °C.

Der Werkstoff ist der Prüfgruppe 7 der Tafel 1a des AD 2000-Merkblattes HP 0 bzw. der Prüfgruppe 8.2 nach CR ISO 15608 zuzuordnen.

7.2 Für Druckgeräte nach Druckgeräterichtlinie 2014/68/EU unter Beachtung des Abschnittes 4 Anhang I der Richtlinie geeignet. Zulässige minimale/maximale Temperatur von -200 °C bis 500 °C bei Blech, Band und Stab bis 550 °C. Zulässige minimale/maximale Temperatur von -60 °C bis 500 °C für Schmiedestücke.

7.3 Für Anwendungsbereiche in der Kerntechnik, soweit kerntechnische Regeln oder objektbezogene Spezifikationen die Verwendung nach Abschnitt 7.1 zulassen.

8 Chemische Zusammensetzung

Schmelzenanalyse (Schm)

		Massenanteil [%]									
		C	**Si**	**Mn**	**P**	**S**	**Cr**	**Mo**	**Ni**	**Cu**	**N**
Schm	min.	–	–	–	–	–	19,000	4,000	24,000	1,200	0,040
	max.	0,020	0,700	2,000	0,030	0,010	21,000	5,000	26,000	2,000	0,150

Stückanalyse: siehe zutreffende DIN EN-Norm

9 Werkstoffeigenschaften

9.1 Mechanisch-technologische Eigenschaften

Der Nachweis wird nach den Abschnitten 10 und 14 geführt.
Die mechanischen Eigenschaften gelten für den Prüfzustand entsprechend Abschnitt 11.

Die Angaben für 0,2%-Dehngrenze $R_{p0,2}$, 1,0%-Dehngrenze $R_{p1,0}$, Bruchdehnung A und A_{80mm} sowie für die Kerbschlagarbeit KV_2 sind Mindestwerte. Sie gelten unabhängig vom Probenentnahmeort.
Die Angaben zur Zugfestigkeit R_m bei erhöhten Temperaturen sind Anhaltswerte.

9.1.1 Werte des Zugversuches bei Raumtemperatur nach DIN EN ISO 6892-1

Erzeugnisform	Probenrichtung	$R_{p0,2}$ [MPa]	$R_{p1,0}$ [MPa]	R_m [MPa]	A [%]	A_{80mm} [%]
Kaltgewalztes Band	quer	240	270	530 bis 720	40	35
Kaltgewalztes Band	längs	225	255		38	30
Warmgewalztes Band/ Blech	quer	220	260		40	–
Form- und Stabstahl	quer/tangential	230	260		35	–
	längs	230	260		40	–
Nahtloses Rohr	längs	230	250		35	–
Schmiedestück, Flansch	quer/tangential	220	250		35	–

9.1.2 Werte des Zugversuches bei erhöhter Temperatur nach DIN EN ISO 6892-2

Erzeugnisform	Temperatur [°C] 50	100	150	200	250	300	350	400	450	500	550
	$R_{p0,2}$ [MPa]										
Schmiedestücke, Flansch, Rohr	200	175	165	155	145	135	130	125	–	110	–
Band, Blech, Stab	–	205	190	175	160	145	135	125	115	110	105
	$R_{p1,0}$ [MPa]										
Schmiedestücke, Flansch, Rohr	240	205	195	185	175	165	160	155	–	140	–
Band, Blech, Stab	–	235	220	205	190	175	165	155	145	140	135
	R_m [MPa]										
Schmiedestücke, Flansch, Rohr	500	440	420	400	390	380	370	360	–	350	–
Band, Blech, Stab	–	500	480	460	450	440	435	–	–	–	–

9.1.3 Werte des Kerbschlagbiegeversuches an V-Proben nach DIN EN ISO 148-1

Prüftemperatur [°C]		Probenrichtung	KV_2 [1)2)] [J]
Bleche, Stäbe	+20 und -196	quer/tangential	60
		längs	100
Rohre	+20 und -196	quer/tangential	60
		längs	120
Schmiedestücke	+20 und -60	quer/tangential	90
		längs	120

1) Mittelwert von 3 Proben. Der Mindestmittelwert darf nur von einem Einzelwert, und zwar höchstens um 30%, unterschritten werden.
2) Die Anforderungen beziehen sich auf Normalproben, bei Untermaßproben sind die Werte mit dem Hersteller zu vereinbaren.

9.2 Sonstige Eigenschaften

9.2.1 Beständigkeit gegen interkristalline Korrosion

Der Werkstoff ist im Lieferzustand und im geschweißten Zustand beständig gegen interkristalline Korrosion. Die Angaben in den Normen sind zu beachten.

9.2.2 Physikalische Eigenschaften

Die Werte gelten als Anhaltsangaben und sind Mittelwerte.

9.2.2.1 Dynamisches Elastizitätsmodul

Temperatur [°C]	**20**	**100**	**200**	**300**	**400**
E-Modul 10^3 [MPa]	195	190	180	170	165

9.2.2.2 Linearer Wärmeausdehnungskoeffizient

zwischen 20 [°C] und	**100**	**200**	**300**	**400**
Wärmeausdehnungskoeffizient [10^{-6} K^{-1}]	15,2	16,1	16,8	17,2

9.2.2.3 Wärmeleitfähigkeit

Temperatur [°C]	**20**	**100**	**200**	**300**	**400**
Wärmeleitfähigkeit [W · m^{-1} · K^{-1}]	13	14	15	16,5	18

10 Prüfmaßgaben

10.1 Die Prüfungen sind nach AD 2000-Merkblatt W 2 durchzuführen, zusätzlich gelten die folgenden Festlegungen:

- Für „Einbaurohre“ gelten die Festlegungen des AD 2000-Merkblattes W 2.
- Die Prüfungen auf Beständigkeit gegen interkristalline Korrosion nach DIN EN ISO 3651-2 Verfahren C, Wärmebehandlung T1 erfolgen je Schmelze und Wärmebehandlungslos.
- Je Schmelze und Abmessungsbereich ist ein Zugversuch bei Betriebstemperatur des Druckgerätes durchzuführen. Falls in der Bestellung keine Anforderungen an die Temperatur des Warmzugversuches gestellt werden, ist der Warmzugversuch bei 400 °C durchzuführen.
  Sofern in der Bestellung nicht anders vereinbart, kann auf den Warmzugversuch verzichtet werden, wenn der Hersteller der TÜO die Einhaltung der gestellten Anforderungen mit ausreichender Sicherheit nachgewiesen hat.
  Im Abnahmeprüfzeugnis ist auf die Zustimmung der TÜO auf Entfall des Warmzugversuches hinzuweisen.
- Bei Wärmebehandlung im Durchlaufglühofen gilt die Anzahl der Bleche und Rohre gleicher Abmessung als ein Wärmebehandlungslos, die nacheinander ohne Veränderung der Temperatur-, der Geschwindigkeits- und der Ofenatmosphäreneinstellung den Ofen durchlaufen haben.

10.2 Bei Form- und Stabstahl sowie Schmiedestücken und Flanschen mit Stückgewichten > 300 kg ist eine Ultraschallprüfung und gegebenenfalls ergänzend eine Oberflächenrissprüfung durchzuführen. Die Prüfnormen (z. B. DIN EN 10228-2, DIN EN 10228-4), der Prüfumfang und die Zulässigkeitskriterien sind zu vereinbaren.

10.3 Alle Rohre sind im Herstellerwerk einem Innendruckversuch (Dichtheitsprüfung) mit Wasser zu unterziehen. Die Höhe des Prüfdruckes richtet sich nach DIN EN 10216-5. Der Prüfdruck ist mindestens 10 s aufrechtzuerhalten. Anstelle des Innendruckversuches kann auch eine andere Prüfung, deren Gleichwertigkeit dem Sachverständigen einer TÜO nachgewiesen ist, durchgeführt werden, wenn in den Bestellbedingungen nichts anderes vereinbart ist.

11 Wärmebehandeln

Lösungsglühen bei 1080 °C bis 1150 °C mit anschließendem Abschrecken bei Dicken ≤ 10 mm mit bewegter Luft, Schutzgas oder Wasser; bei Dicken > 10 mm erfolgt ein Abschrecken in Wasser.
(YAKIN: Lösungsglühen bei 1050 °C bis 1200 °C mit anschließendem Abschrecken mit Luft, Schutzgas oder Wasser)

12 Verarbeiten

12.1 Allgemeine Hinweise

Es gelten für

- Druckgeräte die AD 2000-Merkblätter der Reihe HP,
- Dampfkessel die TRD 201 in Verbindung mit den zugehörigen Vereinbarungen.

12.2 Schweißen und thermisches Trennen

12.2.1 Die Schweißeignung des Stahles ist bei Beachtung der allgemein anerkannten Regeln der Technik für die folgenden Schweißprozesse (DIN EN ISO 4063) begutachtet:

- Lichtbogenhandschweißen (111),
- Wolfram-Inertgasschweißen mit Massivdraht- oder Massivstabzusatz (141),
- Unterpulverschweißen mit Massivdrahtelektrode (121),
- Plasmaschweißen (15).

Es sind eignungsgeprüfte Schweißzusätze zu verwenden. Im Hinblick auf die besonderen Korrosionseigenschaften des Werkstoffes ist artgleichen oder höher legierten Schweißzusätzen der Vorzug zu geben.

12.2.2 Eine Vorwärmung ist nicht erforderlich.

Es wird empfohlen, mit geringerer Wärmezufuhr zu schweißen. Ein Pendeln mit dem Lichtbogen ist zu vermeiden.

Die Zwischenlagentemperatur sollte 100 °C nicht überschreiten.

12.2.3 Eine Wärmebehandlung nach dem Schweißen ist nur in Sonderfällen (besondere Korrosionsbeanspruchung) erforderlich. In diesen Fällen ist eine Wärmebehandlung nach Abschnitt 11 durchzuführen.

12.3 Umformen

12.3.1 Der Werkstoff ist kalt- und warmumformbar.

12.3.2 Für Warmumformungen wird der Temperaturbereich 1200 °C bis 800 °C empfohlen.

12.3.3 Nach Kaltumformen mit Verformungsgraden > 10% für Druckgasbehälter bzw. > 15% für Dampfkessel und Druckbehälter sowie nach Warmumformen ist eine Wärmebehandlung nach Abschnitt 11 erforderlich.

13 Kennzeichnen

13.1 Die Kennzeichnung der Erzeugnisse für Druckgeräte richtet sich nach AD 2000-Merkblatt W 2 bzw. AD 2000-Merkblatt W 9. Für andere Anwendungsbereiche, nach den im Abschnitt 7 genannten technischen Regeln.
Die Erzeugnisse sind, einschließlich des Zeichens des Abnahmebeauftragten, dauerhaft zu kennzeichnen.

13.2 Die zerstörungsfrei geprüften Teile sind zusätzlich mit einem entsprechenden Kennzeichen zu versehen.

14 Art der Prüfbescheinigung

14.1 Für den Nachweis der Güteeigenschaften gelten die Angaben des AD 2000-Merkblattes W 2 bzw. W 9. Sofern für die jeweilige Abmessung/Erzeugnisform im AD 2000-Merkblatt W 2 bzw. W 9 ein Abnahmeprüfzeugnis 3.2 nach DIN EN 10204 festgelegt ist, ist das Abnahmeprüfzeugnis durch die TÜO auszustellen und vom Sachverständigen und dem Abnahmebeauftragten des Herstellers zu bestätigen. Die Bestätigung durch den Abnahmebeauftragten des Herstellers kann in der Bescheinigung nach Abschnitt 14.2 enthalten sein.

14.2 Vom Hersteller ist zu bescheinigen:

- das Ergebnis der Schmelzenanalyse,
- das Ergebnis der Prüfung auf Werkstoffverwechslung,
- das Ergebnis der Prüfung auf IK-Beständigkeit,
- das Ergebnis der zerstörungsfreien Prüfung und der Dichtheitsprüfung,
- der Wärmebehandlungszustand,
- das Ergebnis der Besichtigung und Maßprüfung,
- die Übereinstimmung der Lieferung mit den Anforderungen des VdTÜV-Werkstoffblattes und der Bestellung.

Diese Bescheinigung ist Teil des Abnahmeprüfzeugnisses 3.2.

Sofern für die jeweilige Abmessung/Erzeugnisform im AD 2000-Merkblatt W 2 bzw. W 9 ein Abnahmeprüfzeugnis 3.2 nach DIN EN 10204 festgelegt ist, ist das Abnahmeprüfzeugnis nach DIN EN 10204 durch den Sachverständigen einer TÜO[1] auszustellen. Das Abnahmeprüfzeugnis ist durch den Sachverständigen und den Abnahmebeauftragten des Herstellers zu bestätigen. Die Bestätigung durch den Abnahmebeauftragten des Herstellers kann in der Bescheinigung nach Abschnitt 14.2 enthalten sein.

15 Berechnen

Für die Berechnung sind die in den entsprechenden Tabellen in Abschnitt 9 genannten Werte zu verwenden.

Anstelle von $R_{p0,2}$ kann auch mit $R_{p1,0}$ gerechnet werden.

Die Berechnung selbst und die Wahl der Sicherheitsbeiwerte erfolgen nach den AD 2000-Merkblättern der Reihe B und S.

[1] Technische Überwachungsorganisation, die Mitglied im VdTÜV ist

Flansche aus unlegiertem Stahl A 350 LF 2 mit abgesenktem Kohlenstoffgehalt
Flansch

488
03.2012

Die VdTÜV-Werkstoffblätter werden in Zusammenarbeit mit den Werkstoffherstellern erstellt und sind eine Kurzfassung des erstmaligen Gutachtens des Sachverständigen einer TÜO*) im Sinne der Technischen Regeln für überwachungsbedürftige Anlagen entsprechend dem für den Werkstoff vorgesehenen Verwendungsbereich (siehe Abschnitt 7). Bei Abweichungen von den Festlegungen der nachfolgenden Abschnitte sind Vereinbarungen zwischen Hersteller, Besteller/Weiterverarbeiter und der zuständigen TÜO zu treffen und Einzelgutachten oder ergänzende Begutachtungen erforderlich.

Dieses Blatt gilt für die Erzeugnisform Flansch.

1 Hersteller/Werk — siehe Beiblatt

2 Markenbezeichnung und Stempelzeichen — A 350 LF 2

3 Erzeugnisform (Prüfgegenstand), Abmessung und Lieferzustand

Erzeugnisform	max. Blattdicke	Lieferzustand
Flansch	130[1)]	vergütet[2)]

1) Überprüfte Abmessung siehe Beiblatt
2) Bei Blattdicken < 40 mm auch normalgeglüht

4 Erschmelzen — Sauerstoffblasverfahren (Y)
Elektrolichtbogenverfahren (E)

5 Desoxidieren — besonders beruhigt

6 Weitere Herstellungsgegebenheiten — geschmiedet

7 Verwendungsbereich

7.1 Für Druckbehälter entsprechend AD 2000-Merkblatt W 9 und W 10 von -50 °F (-45,6 °C) bis 350 °C.

Der Werkstoff ist der Prüfgruppe 5.1 der Tafel 1a des AD 2000-Merkblattes HP 0 zuzuordnen.

Gemäß CR ISO 15608 ist der Werkstoff der Gruppe 1.1 zuzuordnen.

7.2 Für Dampfkessel gemäß TRD 107 bis 350 °C.

7.3 Flansche für Rohrleitungen entsprechend TRbF 301, 302 sowie TRGL 132, 133, 241 und DIN 2470 von -50 °F (-45,6 °C) bis 350 °C.

7.4 Für Anwendungsbereiche in der Kerntechnik, soweit kerntechnische Regeln oder objektbezogenen Spezifikationen die Verwendung gemäß Abschnitt 7.1 zulassen.

7.5 Für Druckgeräte nach Druckgeräte-Richtlinie 97/23/EG unter Beachtung des Abschnitts 4 von Anhang I der Richtlinie.

*) Technische Überwachungsorganisation, die Mitglied im VdTÜV ist.

Ersatz für Ausgabe 09.2011

Zusammengestellt nach Angaben des TÜV SÜD und des TÜV NORD.

8 Chemische Zusammensetzung

Schmelzenanalyse (Schm)
Stückanalyse (Stck)

		Massengehalt in %					
		C	Si	Mn	P	S	Al_{ges}
Schm	min.	-	0,15	0,90	-	-	0,020
	max.	0,20	0,35	1,35	0,035	0,030	-
Stck	min.	-	0,10	0,85	-	-	0,015
	max.	0,22	0,40	1,40	0,040	0,035	-

9 Werkstoffeigenschaften

9.1 Mechanisch-technologische Eigenschaften

Der Nachweis wird nach den Abschnitten 10 (Prüfmaßgaben) und 14 (Art der Bescheinigung über Materialprüfungen) geführt.

Die Angaben für obere Streckgrenze R_{eH}, 0,2 %-Dehngrenze $R_{p0,2}$, Bruchdehnung A, Kerbschlagarbeit KV und Brucheinschnürung Z sind Mindestwerte.

Die mechanisch-technologischen Eigenschaften gelten für den Prüfzustand entsprechend Abschnitt 11.

9.1.1 Werte des Zugversuches bei Raumtemperatur nach DIN EN ISO 6892-1

max. Blattdicke [mm]	Proben-richtung	R_{eH} [MPa]	R_m [MPa]	A [%]	Z [%]
130	quer/tangential	250	485 bis 655	22	30
R_m = Zugfestigkeit					

9.1.2 Werte des Zugversuches bei erhöhter Temperatur nach DIN EN ISO 6892-2

max. Blattdicke	Proben-richtung	$R_{p0,2}$ bei Temperatur °C					
		100	150	200	250	300	350
[mm]		[MPa]					
130	quer/tangential	225	210	195	180	165	150

9.1.3 Werte des Kerbschlagbiegeversuches (Kerb senkrecht zur Oberfläche) bei -50 °F (-45,6 °C) nach DIN EN ISO 148-1

MW = Mittelwert aus 3 Versuchen
EW = kleinster Einzelwert

Probenart	Wertart	Proben-richtung	KV J
V-Kerb	MW	quer/tangential	20
	EW		15

9.2 Sonstige Eigenschaften

keine Angaben

10 Prüfmaßgaben

10.1 Die Schmelzenanalyse ist zu ermitteln.

Die Stückanalyse wird nur nach Vereinbarung bei der Bestellung durchgeführt.

10.2 Die Maße und die Oberflächenbeschaffenheit sind zu prüfen.

10.3 Alle vergüteten Plansche sind einer Härteprüfung zu unterziehen.

10.4 An Flanschen mit Stückgewichten > 300 kg ist vom Hersteller eine Ultraschallprüfung und eine Oberflächenrissprüfung in Anlehnung an AD 2000-Merkblatt HP 5/3 durchzuführen.

10.5 Mechanisch-technologische Prüfungen

10.5.1 Prüfeinheiten und Probenentnahme

Prüfeinheit, Probenentnahmeort, Probenlage, Probenrichtung und Prüfumfang für Zugversuch und Kerbschlagbiegeversuch richten sich nach AD 2000-Merkblatt W 9 gemäß den Stählen nach DIN EN 10222-2.

Zusätzlich ist je Schmelze und ≤ 30 t ein Zugversuch bei Betriebstemperatur durchzuführen.

10.5.2 Prüfumfang

Es sind je Prüfeinheit und Probenentnahmeort durchzuführen:

1 Zugversuch bei Raumtemperatur nach DIN EN ISO 6892-1

1 Warmzugversuch nach DIN EN ISO 6892-2 bei Berechnungs- bzw. Betriebstemperatur, sofern diese oberhalb 50 °C liegt. Falls in der Bestellung nicht angegeben, erfolgt die Prüfung bei 300 °C

1 Kerbschlagbiegeversuch an 3 V-Kerb-Proben bei -50 °F (-45,6 °C) nach DIN EN ISO 148-1

11 Wärmebehandlungsarten

Vergüten		Normalglühen	Spannungsarmglühen
Härten	Anlassen		
880 °C bis 940 °C	590 °C bis 670 °C	880 °C bis 920 °C	530 °C bis 570 °C
Nach Erreichen der Temperatur im gesamten Querschnitt, Abschrecken in Wasser oder Öl	Haltedauer (nach DIN EN 10052) mindestens 30 min, Abkühlen an ruhender Luft	Nach Erreichen der Temperatur im gesamten Querschnitt, Abkühlen an ruhender Luft	Haltedauer (nach DIN EN 10052) mindestens 30 min, bei mehrfacher Glühung jedoch im allgemeinen höchstens 150 min. Bei einer Haltedauer über 90 min ist die untere Grenze der Temperaturspanne anzustreben. Abkühlen an ruhender Luft oder im Ofen

12 Verarbeiten

12.1 Allgemeine Hinweise

Es gelten für:

- Druckbehälter die AD 2000-Merkblätter der Reihe HP,
- Dampfkessel die TRD 201 in Verbindung mit den zugehörigen Vereinbarungen,
- Druckgasbehälter die Technischen Regeln Druckgase (TRG),
- Rohrleitungen die Technischen Regeln TRbF, TRGL und DIN 2470.

13 Kennzeichnen

Die Flansche sind mit Schlagstempel mit:

- Schmelzen-Nr. oder Kurzzeichen
- Stempelzeichen des Werkstoffes
- Herstellerzeichen
- Prüflos-Nummer oder Proben-Nummer
- Nennweite/Rohranschlußmaß (außen)
- Nenndruck
- Prüfstempel des Sachverständigen
- Stempel für die zerstörungsfreie Prüfung (soweit gefordert)

zu kennzeichnen.

14 Art der Bescheinigung über Materialprüfungen

Für das Vormaterial für Flansche ist eine Bescheinigung des Stahlherstellers über die Schmelzenanalyse und das Erschmelzungsverfahren des gelieferten Stahles erforderlich.

Erzeugnisform	Blattdicke [mm]	Bescheinigung über Materialprüfung nach DIN EN 10 204
Flansch	≤ 40	3.1
	> 40 bis ≤ 130	3.2

14.1 Sofern für das Erzeugnis ein Abnahmeprüfzeugnis 3.2 nach DIN EN 10204 ausgestellt werden muss, ist dieses durch die TÜO auszustellen. Das Abnahmeprüfzeugnis ist durch den Sachverständigen und den Abnahmebeauftragten des Herstellers zu bestätigen. Die Bestätigung durch den Abnahmebeauftragten des Herstellers kann in der Bescheinigung nach Abschnitt 14.2 enthalten sein.

14.2 Vom Hersteller ist zu bescheinigen:

- das Erschmelzungsverfahren,
- das Ergebnis der Schmelzenanalyse,
- der Wärmebehandlungszustand mit Angabe der Temperatur,
- die Durchführung der Prüfung auf Werkstoffverwechslung,
- die Durchführung der Härteprüfung,
- die zerstörungsfreie Prüfung (soweit gefordert).

Diese Bescheinigung ist Teil des Abnahmeprüfzeugnisses 3.2.

15 Berechnen

Für die Berechnung sind die in den Tabellen der Abschnitte 9.1.1 und 9.1.2 genannten Werte zu verwenden.

16 Sonstige Erläuterungen

Dieser Werkstoff entspricht dem Werkstoff ASTM A 350 Grade LF 2. Der Kohlenstoffgehalt wurde jedoch im Hinblick auf die Schweißeignung auf max. 0,20 % begrenzt (Schmelzenanalyse).

Warmfester Stahl F 91
X10CrMoVNb9-1; Werkstoff-Nr. 1.4903
Stabstahl, Schmiedestück

511/3
2018-06-15

Die VdTÜV-Werkstoffblätter werden in Zusammenarbeit mit den Werkstoffherstellern erstellt und sind eine Kurzfassung des erstmaligen Gutachtens des Sachverständigen einer TÜO*) im Sinne der Technischen Regeln für überwachungsbedürftige Anlagen entsprechend dem für den Werkstoff vorgesehenen Verwendungsbereich (siehe Abschnitt 7). Bei Abweichungen von den Festlegungen der nachfolgenden Abschnitte sind Vereinbarungen zwischen Hersteller, Besteller/Weiterverarbeiter und der zuständigen TÜO zu treffen und Einzelgutachten oder ergänzende Begutachtungen erforderlich.

Dieses Blatt gilt für Stabstahl und Schmiedestück.

Mitgeltende Unterlagen

DIN EN 10222-1 Schmiedestücke aus Stahl für Druckbehälter – Teil 1: Allgemeine Anforderungen an Freiformschmiedestücke

DIN EN 10222-2 Schmiedestücke aus Stahl für Druckbehälter – Teil 2: Ferritische und martensitische Stähle mit festgelegten Eigenschaften bei erhöhten Temperaturen

DIN EN 10273 Warmgewalzte schweißgeeignete Stäbe aus Stahl für Druckbehälter mit festgelegten Eigenschaften bei erhöhten Temperaturen

1 Hersteller/Werk

siehe Beiblatt

2 Markenbezeichnung und Stempelzeichen

siehe Beiblatt

3 Erzeugnisform (Prüfgegenstand), Abmessung und Lieferzustand

Erzeugnisform	Maximale Abmessung		Lieferzustand
	Durchmesser [mm]	Dicke des maßgeblichen Querschnitts t_R [mm]	
Schmiedestück	–	500	vergütet
Stabstahl	750	500	

4 Erschmelzen

Elektrolichtbogenverfahren (E) mit AOD/VOD-Nachbehandlung

5 Desoxidieren

besonders beruhigt

6 Weitere Herstellungsgegebenheiten

warmgewalzt, geschmiedet

*) Technische Überwachungsorganisation, die Mitglied im VdTÜV ist

Ersatz für Ausgabe 2017-03-31

Zusammengestellt nach Angaben des TÜV NORD und des TÜV SÜD

7 Verwendungsbereich

7.1 Druckgeräte nach Druckgeräterichtlinie 2014/68/EU unter Beachtung des Abschnitts 4 in Anhang I der Richtlinie im Temperaturbereich von Raumtemperatur bis 650 °C.

7.2 Druckbehälter nach AD 2000-Merkblatt W 4 und AD 2000-Merkblatt W 12 von -10 °C bis 650 °C.

Der Werkstoff ist der Gruppe 4.2 der Tafel 1a des AD 2000-Merkblattes HP 0 bzw. Gruppe 6.4 nach ISO/TR 15608:2013 zuzuordnen.

7.3 Für Anwendungsbereiche in der Kerntechnik, soweit kerntechnische Regeln oder objektbezogene Spezifikationen die Verwendung nach Abschnitt 7.1 zulassen.

8 Chemische Zusammensetzung

Schmelzenanalyse (Schm)
Stückanalyse (Stck)

		Massenanteile [%]											
		C	Si	Mn	P	S	Cr	Mo	Ni	Nb	V	Al	N
Schm	min.	0,08	0,20	0,30	–	–	8,0	0,85	–	0,06	0,18	–	0,030
	max.	0,12	0,50	0,60	0,020	0,010	9,5	1,05	0,40	0,10	0,25	0,040	0,070
Stck	min.	0,07	0,17	0,27	–	–	7,9	0,81	–	0,05	0,15	–	0,025
	max.	0,14	0,54	0,64	0,025	0,015	9,6	1,09	0,45	0,12	0,28	0,045	0,075

9 9 Werkstoffeigenschaften

9.1 Mechanisch-technologische Eigenschaften

Der Nachweis wird nach den Abschnitten 10 und 14 geführt.

Die Angaben für 0,2%-Dehngrenze $R_{p0,2}$, Bruchdehnung A und die Kerbschlagarbeit KV_2 sind Mindestwerte.

9.1.1 Werte des Zugversuches bei Raumtemperatur nach DIN EN ISO 6892-1

Probenrichtung	Dicke des maßgeblichen Querschnitts t_R [mm]	$R_{p0,2}$ [MPa]	R_m [MPa]	A [%]
längs	≤ 150	≥ 450	620 bis 850	≥ 20
quer	≤ 150	≥ 450	620 bis 850	≥ 18
längs	> 150 bis ≤ 500	≥ 430	600 bis 830	≥ 20
quer	> 150 bis ≤ 500	≥ 430	600 bis 830	≥ 18

9.1.2 Werte des Zugversuches bei erhöhter Temperatur nach DIN EN ISO 6892-2

Probenrichtung	$R_{p0,2}$ bei Temperatur [°C]										
	100	200	250	300	350	400	450	500	550	600	650
	[MPa]										
längs, quer	410	380	370	360	350	340	320	300	270	215	–

9.1.3 Werte des Kerbschlagbiegeversuches an V-Kerb-Proben nach DIN EN ISO 148-1

Probenrichtung	Probenform	Prüftemperatur	Kerbschlagarbeit KV_2 [1)] [J]
längs, quer	V-Kerb	Raumtemperatur	68
1) Mittelwert von 3 Proben. Der Mindestmittelwert darf nur von einem Einzelwert, und zwar höchstens um 30%, unterschritten werden.			

9.2 Sonstige Eigenschaften

9.2.1 Gefüge

Nach dem Vergüten liegt ein martensitisches Gefüge im angelassenen Zustand vor.

9.2.2 Mittlerer linearer Wärmeausdehnungskoeffizient (Bezugstemperatur 20 °C)

Die Werte gelten als Anhaltsangaben.

zwischen 20 °C und Temperatur ... [°C]	**50**	**100**	**200**	**300**	**400**	**500**	**550**	**600**	**650**
Wärmeausdehnungs-koeffizient [10^{-6} K^{-1}]	10,5	10,7	11,1	11,5	11,9	12,3	12,5	12,6	12,7

9.2.3 Elastizitätsmodul

Die Werte gelten als Anhaltsangaben.

Temperatur [°C]	**20**	**50**	**100**	**200**	**300**	**400**	**500**	**550**	**600**	**650**
E-Modul [GPa]	217	215	212	207	200	191	181	174	167	158

10 Prüfmaßgaben

10.1 Die Schmelzenanalyse ist zu ermitteln. Die Stückanalyse wird nur nach Vereinbarung bei der Bestellung durchgeführt. Proben-nahme und Probenvorbereitung erfolgen nach DIN EN ISO 14284.

10.2 Die Maße und die Oberflächenbeschaffenheit sind zu prüfen.

10.3 Alle Schmiedestücke sind einer geeigneten Prüfung auf Werkstoffverwechselung zu unterziehen.

10.4 An allen Schmiedestücken mit einem Stückgewicht > 300 kg ist eine Ultraschallprüfung mit Normalprüfkopf, bei Hohlkörpern > DN 80 mit Winkelprüfkopf durchzuführen. Eine Oberflächenrissprüfung wird nur nach Vereinbarung bei der Bestellung durchgeführt. Die Prüfnorm (z. B. DIN EN 10228-1, DIN EN 10228-3, DIN EN ISO 10893-10), der Prüfumfang und die Zulässigkeitskriterien sind zu vereinbaren.

10.5 Mikroschliff, Zugversuch und Kerbschlagbiegeversuch

10.5.1 Prüfeinheit, Probenentnahmeort und Probenrichtung

Prüfeinheit[1] für Mikroschliff, Zugversuch und Kerbschlagbiegeversuch bei Raumtemperatur	**Prüfeinheit für Warmzugversuch**	**Probenentnahmeort**	**Probenrichtung**
je Schmelze, Abmessung und Wärmebehandlungslos	je Schmelze	siehe Abschnitt 10.5.2	siehe Abschnitt 10.5.2
1) Bei Stückgewichten >1000 kg ist jedes Stück einzeln zu prüfen.			

10.5.2 Probenlage, Probenentnahmeort und Probenrichtung

Für die Probenlage und den Probenentnahmeort gilt DIN EN 10222-1, für Stabstahl DIN EN 10273. Die Zug- und Kerbschlagproben sind in Quer-/Tangentialrichtung (Q/T) zu entnehmen. Bei Durchmessern < 160 mm dürfen die Proben in Längsrichtung (L) entnommen werden.

10.5.3 Prüfumfang

Es sind je Prüfeinheit und Probenentnahmeort durchzuführen:

1 Mikroschliff, längs mit Foto (500:1),

1 Zugversuch bei Raumtemperatur,

1 Kerbschlagbiegeversuch an 3 V-Kerb-Proben bei Raumtemperatur,

1 Warmzugversuch bei Auslegungstemperatur, sofern diese oberhalb 100 °C und unterhalb des Langzeitbereiches liegt.

11 Wärmebehandlung

Vergüten		**Anlassen nach dem Schweißen**
Härten	**Anlassen**	
1040 °C bis 1080°C[1] Abkühlung in Öl	750 °C bis 780°C Haltedauer (DIN EN 10052): 2 min je mm Dicke, min. 60 min Abkühlung an Luft	740 °C bis 770°C Haltedauer (DIN EN 10052): 2 min je mm Dicke, min. 60 min Abkühlung an Luft
1) Bei Vergütungswanddicken < 80 mm kann eine Abkühlung an Luft oder kontrollierter Atmosphäre durchgeführt werden.		

13 Kennzeichnen

Die Kennzeichnung erfolgt für Druckbehälter nach AD 2000-Merkblatt W 13.

14 Art der Prüfbescheinigung

14.1 Für die Erzeugnisse ist ein Abnahmeprüfzeugnis 3.2 nach DIN EN 10204 durch die TÜO auszustellen. Das Abnahmeprüfzeugnis ist durch den Sachverständigen und den Abnahmebeauftragten des Herstellers zu bestätigen. Die Bestätigung durch den Abnahmebeauftragten kann in der Bescheinigung nach Abschnitt 14.2 enthalten sein.

14.2 Vom Hersteller ist zu bescheinigen:

- das Ergebnis der Gefügeuntersuchung (Foto 500:1),
- das Erschmelzungsverfahren,
- das Ergebnis der Schmelzenanalyse,
- der Wärmebehandlungszustand (mit Angabe der Temperaturen, Haltezeit, Abkühlmedium),
- die Durchführung der Prüfung auf Werkstoffverwechselung,
- die Durchführung und das Ergebnis der zerstörungsfreien Prüfung,
- die Durchführung der Härteprüfung, falls gefordert,
- die Übereinstimmung der Lieferung mit den Anforderungen des VdTÜV-Werkstoffblattes und der Bestellung.

Diese Bescheinigung ist Teil des Abnahmeprüfzeugnisses 3.2.

Normen für Werkstoffe (international)

Standards for materials (international)

Vergleichbare Werkstoffe EN-DIN-VdTÜV mit ASME/ ASTM-Werkstoffen
Comparable Materials EN-DIN-VdTÜV with ASME/ ASTM-Materials

EN-DIN-VdTÜV		**ASME (SA)/ASTM (A)**		
Bezeichnung Designation	**Werkstoff- nummer Steel.-No.:**	**Bezeichnung Designation**		**Einsatzbereich Application area**
P280GH C 21-VdTÜV 399	1.0426 1.0432	SA-105 A-105	-	Einsatztemperatur Temperature Range bis/up to+ 450^{0}C
		SA 266 A266	Gr.2	
16 Mo 5 12 CrMo 19 5 X11CrMo9-1 - 13CrMo4-5 10CrMo9-10 X 10CrMoVNb 9-1	1.5423 1.7362 1.7386 - 1.7335 1.7380 1.4903	SA-182 A-182 SA-336 A-336	F 1 F 5 F 9 F 11 F 12 F 22 F 91	Ferritische Stähle für hohe Temperaturen Ferritic Steel for High-Temperatures
X2CrNiMoN22-5-3	1.4462		F 304	-40^{0}C/+280^{0}C
X1CrNiMoCuN20-18-7	1.4547		F 304L	-60^{0}C/+400^{0}C
X5CrNi18-10 X2CrNi19-11 X12CrNi25-21 X5CrNiMo17-12-2 X2CrNiMo17-12-2 X6CrNiMoTi17-12-2 X6CrNiTi18-10 X6CrNiNb18-10 X8CrNiNb16-13	1.4301 1.4306 1.4845 1.4401 1.4404 1.4571 1.4541 1.4550 1.4961	SA-182 A-182	F 310 F 316 F 316L F 316Ti F 321 F 347 F 347H F 304 F 304L	Austenitische Stähle für Temperaturen oberhalb +350^{0}C Austenitic Steel for Temperatures above + 350^{0}C
P285NH P355QH1 P355NH 12Ni14 TSTE 460	1.0477 1.0571 1.0566 1.5637 1.8915	SA-350 A-350	LF 1 LF2 Cl 1 LF 2 Cl 2 LF 3 LF 6 Cl 2	Für Tieftemperatur Einsatz For Low-Temperature range
P235GH P265GH	1.0345 1.0425	SA-515 A-515	Gr. 60 Gr. 70	Bleche für höhere Temperaturen Plates for Higher Temp.
P275NL1 P355NL1	1.0488 1.0566	SA-516 A-515	Gr. 60 Gr. 70	Bleche für tiefere Temperaturen Plates for Low Temp.
P355QH 1 P420QH TSTE 460V TSTE 500V	1.0571 1.8936 1.8915 1.8917	A-694	F52 F60 F65 F70	Für Hochdruck Flanschverbindungen For High-Pressure Transmission Service

Wichtiger Hinweis:
Die in der Tabelle angegebenen Werkstoffe sind vergleichbar, bei Austausch der Materialien muss jedoch eine genaue Prüfung auf Übereinstimmung aller Anforderungen durchgeführt werden

Important Information:
The materials in this table are comparable. Exchanging of materials is possible only when all material requirements are identical

Zusammenstellung gebräuchlicher Flanschenwerkstoffe im ASME und ASTM Bereich
Compilation of common flange materials in the ASME and ASTM range

Oft sind ASTM-Werkstoffspezifikationen identisch mit ASME-Materialspezifikationen. ASME wählt und akzeptiert im Bereich Kessel und Druckbehälter diejenigen ASTM Werkstoffe aus, die angemessen funktionieren. Die meisten ASTM- und ASME-Materialspezifikationen sind nahezu identisch, es gibt jedoch ASTM Materialien, die für den ASME-Code nicht akzeptabel sind.
Es empfiehlt sich für jeden einzelnen ASTM Werkstoff zu überprüfen, ob das für den ASME-Code/die ASME-Materialspezifikation zutrifft.
In diesem Buch sind die gebräuchlichen Materialqualitäten im Bereich der Herstellung von Flanschen die Tabelle 1 zusammengefasst.
Die wichtigsten Werkstoffkennwerte sind dann in den einzelnen Datenblättern der jeweiligen Werkstoffe aus der ASTM Spezifikation zusammengeführt.

Often, ASTM material specifications are identical to ASME material specifications. ASME selects and accepts in the boiler and pressure vessel area those ASTM materials that work properly. Most ASTM and ASME material specifications are nearly identical, but there are ASTM materials that are not acceptable for the ASME code. It is recommended to check for each ASTM material if this is correct for the ASME Code or ASME Material Specification.
In this book, the common material qualities in the field of production of flanges are summarized in Table 1.
The most important material parameters are then combined in the individual data sheets of the respective materials from the original ASTM specification.

ASME Materialbezeichnung **ASME Material Designation**	**ASTM Materialbeteichnung** **ASTM Material Designation**	
SA-105/SA-105M:2017	A105/A105M-05	Spezifikation für Kohlenstoffstahl Schmiedestücke im Rohrleitungsbau Specification for Carbon Steel Forgings for Piping Applications
SA-182/SA-182M:2017	A182/A182M-14a	Geschmiedete oder gewalzte Flansche aus Edelstahl und rostfreiem Stahl, geschmiedete Fittings sowie Ventile und Teile für Hochtemperaturanwendungen - Forged or Rolled Alloy and Stainless Steel Pipe Flanges, Forged Fittings, and Valves and Parts for High-Temperature Service
SA-240/SA-240M:2017	A240/A240M-13c	Spezifikation für Chrom und Chrom-Nickel rostfreiem Stahl -Bleche, Platten und Streifen für Druckbehälter und für allgemeine Anwendungen - Specification for Chromium and Chromium-Nickel Stainless Steel Plate, Sheet and Strip for Pressure Vessels and for General Applications
SA-266/SA-266M:2017	A266/A266M-13	Spezifikation für Kohlenstoffstahl Schmiedestücke für Druckbehälterkomponenten Specification for Carbon Steel Forgings for Pressure Vessel Components
SA-336/SA-336M:2017	A336/A336M-15	Spezifikation für legierte Stahlschmiedestücke für Druck und Hochtemperaturteile Specification for Alloy Steel Forgings For Pressure and High-Temperature Parts
SA-350/SA-350M:2017	A350/A350M-02b	Spezifikation für Schmiedestücke aus Kohlenstoff- und niedriglegiertem Stahl, mit Kerbschlagzähigkeitsprüfungen für Rohrleitungskomponenten - Specification for Carbon and Low-Alloy Steel Forgings, Requiring Notch Toughness Testing for Piping Components
SA-515/SA515M:2017	A515/A515M-10	Spezifikation für Druckbehälterbleche aus Kohlenstoffstahl für den Einsatz bei mittleren und höheren Temperaturen Specification for Pressure Vessel Plates, Carbon Steel, for Intermediate- and Higher Temperature Service
SA-516/SA-516M:2017	A516/A516M-10	Spezifikation für Druckbehälterbleche aus Kohlenstoffstahl für den Einsatz bei mittleren und niedrigen Temperaturen Specification for Pressure Vessel Plates, Carbon Steel, for Moderate- and Lower- Temperature Service
Kein ASME Material No ASME Material	A694/A694M:2008	Spezifikation für Schmiedestücke aus Kohlenstoffstahl und legiertem Stahl für Rohrflansche, Fittings, Ventile und Teile für Hochdruckgetriebe - Standard Specification for Carbon and Alloy Steel Forgings for Pipe Flanges, Fittings, Valves, and Parts for High-Pressure Transmission Service Standard

SUMMARY

SPECIFICATION FOR CARBON STEEL FORGINGS, FOR PIPING APPLICATIONS

SA-105/SA-105M

TABLE 1
CHEMICAL REQUIREMENTS

Element	Composition, %
Carbon	0.35 max.
Manganese	0.60–1.05
Phosphorus	0.035 max.
Sulfur	0.040 max.
Silicon	0.10–0.35
Copper	0.40 max. [Note (1)]
Nickel	0.40 max. [Note (1)]
Chromium	0.30 max. [Notes (1), (2)]
Molybdenum	0.12 max. [Notes (1), (2)]
Vanadium	0.08 max.

GENERAL NOTE: For each reduction of 0.01% below the specified carbon maximum (0.35%), an increase of 0.06% manganese above the specified maximum (1.05%) will be permitted up to a maximum of 1.35%.

NOTES:

(1) The sum of copper, nickel, chromium, molybdenum and vanadium shall not exceed 1.00%.

(2) The sum of chromium and molybdenum shall not exceed 0.32%.

TABLE 2
MECHANICAL REQUIREMENTS [NOTE (1)]

Tensile strength, min., psi [MPa]	70 000 [485]
Yield strength, min., psi [MPa] [Note (2)]	36 000 [250]
Elongation in 2 in. or 50 mm, min., %:	
Basic minimum elongation for walls $^5/_{16}$ in. [7.9 mm] and over in thickness, strip tests.	30
When standard round 2 in. or 50 mm gage length or smaller proportionally sized specimen with the gage length equal to 4D is used	22
For strip tests, a deduction for each $^1/_{32}$ in. [0.8 mm] decrease in wall thickness below $^5/_{16}$ in. [7.9 mm] from the basic minimum elongation of the percentage points of Table 3	1.50 [Note (3)]
Reduction of area, min., % [Note (4)]	30
Hardness, HB, max.	187

NOTES:

(1) For small forgings, see 7.3.4.

(2) Determined by either the 0.2% offset method or the 0.5% extension-under-load method.

(3) See Table 3 for computed minimum values.

(4) For round specimens only.

TABLE 3
COMPUTED MINIMUM VALUES

Wall Thickness		Elongation in 2 in. or 50 mm, min., %
in.	mm	
$^5/_{16}$ (0.312)	7.9	30.00
$^9/_{32}$ (0.281)	7.1	28.50
$^1/_4$ (0.250)	6.4	27.00
$^7/_{32}$ (0.219)	5.6	25.50
$^3/_{16}$ (0.188)	4.8	24.00
$^5/_{32}$ (0.156)	4.0	22.50
$^1/_8$ (0.125)	3.2	21.00
$^3/_{32}$ (0.094)	2.4	19.50
$^1/_{16}$ (0.062)	1.6	18.00

GENERAL NOTE: The above table gives the computed minimum elongation values for each $^1/_{32}$ in. [0.8 mm] decrease in wall thickness. Where the wall thickness lies between two values shown above, the minimum elongation value is determined by the following equation:

$$E = 48T + 15.00$$

where:

E = elongation in 2 in. or 50 mm, %, and
T = actual thickness of specimen, in. [mm]

SPECIFICATION FOR FORGED OR ROLLED ALLOY AND STAINLESS STEEL PIPE FLANGES, FORGED FITTINGS, AND VALVES AND PARTS FOR HIGH-TEMPERATURE SERVICE

SA-182/SA-182M

(Identical with ASTM Specification A182/A182M-14a except for the inclusion of Grade F316Ti in 7.3.1, and the removal of reduced strength levels for Grade F53 in Table 3.)

TABLE 1 Heat Treating Requirements

Grade	Heat Treat Type	Austenitizing/Solutioning Temperature, Minimum or Range, °F [°C][A]	Cooling Media	Quenching Cool Below °F [°C]	Tempering Temperature, Minimum or Range, °F [°C]
		Low Alloy Steels			
F 1	anneal	1650 [900]	furnace cool	[B]	[B]
	normalize and temper	1650 [900]	air cool	[B]	1150 [620]
F 2	anneal	1650 [900]	furnace cool	[B]	[B]
	normalize and temper	1650 [900]	air cool	[B]	1150 [620]
F 5, F 5a	anneal	1750 [955]	furnace cool	[B]	[B]
	normalize and temper	1750 [955]	air cool	[B]	1250 [675]
F 9	anneal	1750 [955]	furnace cool	[B]	[B]
	normalize and temper	1750 [955]	air cool	[B]	1250 [675]
F 10	solution treat and quench	1900 [1040]	liquid	500 [260]	[B]
F 91	normalize and temper	1900-1975 [1040-1080]	air cool	[B]	1350–1470 [730–800]
F 92	normalize and temper	1900-1975 [1040-1080]	air cool	[B]	1350–1470 [730–800]
F 122	normalize and temper	1900-1975 [1040-1080]	air cool	[B]	1350–1470 [730–800]
F 911	normalize and temper	1900-1975 [1040-1080]	air cool or liquid	[B]	1365–1435 [740-780]
F 11, Class 1, 2, 3	anneal	1650 [900]	furnace cool	[B]	[B]
	normalize and temper	1650 [900]	air cool	[B]	1150 [620]
F 12, Class 1, 2	anneal	1650 [900]	furnace cool	[B]	[B]
	normalize and temper	1650 [900]	air cool	[B]	1150 [620]
F 21, F 3V, and F 3VCb	anneal	1750 [955]	furnace cool	[B]	[B]
	normalize and temper	1750 [955]	air cool	[B]	1250 [675]
F 22, Class 1, 3	anneal	1650 [900]	furnace cool	[B]	[B]
	normalize and temper	1650 [900]	air cool	[B]	1250 [675]
F 22V	normalize and temper or quench and temper	1650 [900]	air cool or liquid	[B]	1250 [675]
F 23	normalize and temper	1900-1975 [1040-1080]	air cool	[B]	[illegible]

F 24	normalize and temper	1800-1975 [980-1080]	air cool or liquid	[B]	1350–1470 [730–800]
FR	anneal	1750 [955]	furnace cool	[B]	[B]
	normalize	1750 [955]	air cool	[B]	[B]
	normalize and temper	1750 [955]	air cool	[B]	1250 [675]
F 36, Class 1	normalize and temper	1650 [900]	air cool	[B]	1100 [595]
F 36, Class 2	normalize and temper	1650 [900]	air cool	[B]	1100 [595]
	quench and temper	1650 [900]	accelerated air cool or liquid		1100 [595]
			Martensitic Stainless Steels		
F 6a Class 1	anneal	not specified	furnace cool	[B]	[B]
	normalize and temper	not specified	air cool	400 [205]	1325 [725]
	temper	not required	[B]	[B]	1325 [725]
F 6a Class 2	anneal	not specified	furnace cool	[B]	[B]
	normalize and temper	not specified	air cool	400 [205]	1250 [675]
	temper	not required	[B]	[B]	1250 [675]
F 6a Class 3	anneal	not specified	furnace cool	[B]	[B]
	normalize and temper	not specified	air cool	400 [205]	1100 [595]
F 6a Class 4	anneal	not specified	furnace cool	[B]	[B]
	normalize and temper	not specified	air cool	400 [205]	1000 [540]
F 6b	anneal	1750 [955]	furnace cool	[B]	[B]
	normalize and temper	1750 [955]	air cool	400 [205]	1150 [620]
F 6NM	normalize and temper	1850 [1010]	air cool	200 [95]	1040-1120 [560-600]
			Ferritic Stainless Steels		
F XM-27 Cb	anneal	1850 [1010]	furnace cool	[B]	[B]
F 429	anneal	1850 [1010]	furnace cool	[B]	[B]
F 430	anneal	not specified	furnace cool	[B]	[B]
			Austenitic Stainless Steels		
F 304	solution treat and quench	1900 [1040]	liquid	500 [260]	[B]
F 304H	solution treat and quench	1900 [1040]	liquid	500 [260]	[B]
F 304L	solution treat and quench	1900 [1040]	liquid	500 [260]	[B]
F 304N	solution treat and quench	1900 [1040]	liquid	500 [260]	[B]
F 304LN	solution treat and quench	1900 [1040]	liquid	500 [260]	[B]
F 309H	solution treat and quench	1900 [1040]	liquid	500 [260]	[B]
F 310	solution treat and quench	1900 [1040]	liquid	500 [260]	[B]
F 310H	solution treat and quench	1900 [1040]	liquid	500 [260]	[B]
F 310MoLN	solution treat and quench	1900–2010 [1050–1100]	liquid	500 [260]	[B]
F 316	solution treat and quench	1900 [1040]	liquid	500 [260]	[B]
F 316H	solution treat and quench	1900 [1040]	liquid	500 [260]	[B]
F 316L	solution treat and quench	1900 [1040]	liquid	500 [260]	[B]
F 316N	solution treat and quench	1900 [1040]	liquid	500 [260]	[B]
F 316LN	solution treat and quench	1900 [1040]	liquid	500 [260]	[B]
F 316Ti	solution treat and quench	1900 [1040]	liquid	500 [260]	[B]
F 317	solution treat and quench	1900 [1040]	liquid	500 [260]	[B]
F 317L	solution treat and quench	1900 [1040]	liquid	500 [260]	[B]
S31727	solution treat and quench	1975–2155 [1080–1180]	liquid	500 [260]	[B]

TABLE 1 *Continued*

Grade	Heat Treat Type	Austenitizing/Solutioning Temperature, Minimum or Range, °F [°C][A]	Cooling Media	Quenching Cool Below °F [°C]	Tempering Temperature, Minimum or Range, °F [°C]
S32053	solution treat and quench	1975–2155 [1080–1180]	liquid	500 [260]	[B]
F 347	solution treat and quench	1900 [1040]	liquid	500 [260]	[B]
F 347H	solution treat and quench	2000 [1095]	liquid	500 [260]	[B]
F 347LN	solution treat and quench	1900 [1040]	liquid	500 [260]	[B]
F 348	solution treat and quench	1900 [1040]	liquid	500 [260]	[B]
F 348H	solution treat and quench	2000 [1095]	liquid	500 [260]	[B]
F 321	solution treat and quench	1900 [1040]	liquid	500 [260]	[B]
F 321H	solution treat and quench	2000 [1095]	liquid	500 [260]	[B]
F XM-11	solution treat and quench	1900 [1040]	liquid	500 [260]	[B]
F XM-19	solution treat and quench	1900 [1040]	liquid	500 [260]	[B]
F 20	solution treat and quench	1700-1850 [925-1010]	liquid	500 [260]	[B]
F 44	solution treat and quench	2100 [1150]	liquid	500 [260]	[B]
F 45	solution treat and quench	1900 [1040]	liquid	500 [260]	[B]
F 46	solution treat and quench	2010-2140 [1100-1140]	liquid	500 [260]	[B]
F 47	solution treat and quench	1900 [1040]	liquid	500 [260]	[B]
F 48	solution treat and quench	1900 [1040]	liquid	500 [260]	[B]
F 49	solution treat and quench	2050 [1120]	liquid	500 [260]	[B]
F 56	solution treat and quench	2050-2160 [1120-1180]	liquid	500 [260]	[B]
F 58	solution treat and quench	2085 [1140]	liquid	500 [260]	[B]
F 62	solution treat and quench	2025 [1105]	liquid	500 [260]	[B]
F 63	solution treat and quench	1900 [1040]	liquid	500 [260]	[B]
F 64	solution treat and quench	2010-2140 [1100-1170]	liquid	500 [260]	[B]
F 904L	solution treat and quench	1920-2100 [1050-1150]	liquid	500 [260]	[B]
F70	solution treat and quench	1900 [1040]	liquid[D]	500 [260]	[B]

Ferritic-Austenitic Stainless Steels					
F 50	solution treat and quench	1925 [1050]	liquid	500 [260]	B
F 51	solution treat and quench	1870 [1020]	liquid	500 [260]	B
F 52[C]			liquid	500 [260]	B
F 53	solution treat and quench	1880 [1025]	liquid	500 [260]	B
F 54	solution treat and quench	1920-2060 [1050-1125]	liquid	500 [260]	B
F 55	solution treat and quench	2010-2085 [1100-1140]	liquid	500 [260]	B
F 57	solution treat and quench	1940 [1060]	liquid	175 [80]	B
F 59	solution treat and quench	1975-2050 [1080-1120]	liquid	500 [260]	B
F 60	solution treat and quench	1870 [1020]	liquid	500 [260]	B
F 61	solution treat and quench	1920-2060 [1050-1125]	liquid	500 [260]	B
F 65	solution treat and quench	1830-2100 [1000-1150]	liquid[D]	500 [260]	B
F 66	solution treat and quench	1870–1975 [1020–1080]	liquid	500 [260]	B
F 67	solution treat and quench	1870–2050 [1020–1120]	liquid	500 [260]	B
F 68	solution treat and quench	1700–1920 [925–1050]	liquid	500 [260]	B
F 69	solution treat and quench	1870 [1020]	liquid	500 [260]	B
F 71	solution treat and quench	1925–2100 [1050–1150]	liquid	500 [260]	B

[A] Minimum unless temperature range is listed.
[B] Not applicable.
[C] Grade F 52 shall be solution treated at 1825 to 1875 °F [995 to 1025 °C] 30 min/in. of thickness and water quenched.
[D] The cooling media for Grades F 65 and F70 shall be quenching in water or rapidly cooling by other means.

TABLE 2 Chemical Requirements[A]

Identification Symbol	UNS Designation	Grade	Composition, %										
			Carbon	Manganese	Phosphorus	Sulfur	Silicon	Nickel	Chromium	Molybdenum	Columbium	Titanium	Other Elements
			Low Alloy Steels										
F 1	K12822	carbon-molybdenum	0.28	0.60–0.90	0.045	0.045	0.15–0.35	...	...	0.44–0.65	...	...	...
F 2[B]	K12122	0.5 % chromium, 0.5 % molybdenum	0.05–0.21	0.30–0.80	0.040	0.040	0.10–0.60	...	0.50–0.81	0.44–0.65	...	...	...
F 5[C]	K41545	4 to 6 % chromium	0.15	0.30–0.60	0.030	0.030	0.50	0.50	4.0–6.0	0.44–0.65	...	...	...
F 5a[C]	K42544	4 to 6 % chromium	0.25	0.60	0.040	0.030	0.50	0.50	4.0–6.0	0.44–0.65	...	...	...
F 9	K90941	9 % chromium	0.15	0.30–0.60	0.030	0.030	0.50–1.00	...	8.0–10.0	0.90–1.10	...	...	...
F 10	S33100	20 nickel, 8 chromium	0.10–0.20	0.50–0.80	0.040	0.030	1.00–1.40	19.0–22.0	7.0–9.0	...	...	...	...
F 91	K90901	9 % chromium, 1 % molybdenum, 0.2 % vanadium plus columbium and nitrogen	0.08–0.12	0.30–0.60	0.020	0.010	0.20–0.50	0.40	8.0–9.5	0.85–1.05	0.06–0.10	...	N 0.03–0.07 Al 0.02[D] V 0.18–0.25 Ti 0.01[D] Zr 0.01[D]
F 92	K92460	9 % chromium, 1.8 % tungsten, 0.2 % vanadium plus columbium	0.07–0.13	0.30–0.60	0.020	0.010	0.50	0.40	8.50–9.50	0.30–0.60	0.04–0.09	...	V 0.15–0.25 N 0.030–0.070 Al 0.02[D] W 1.50–2.00 B 0.001–0.006 Ti 0.01[D] Zr 0.01[D]
F 122	K91271	11 % chromium, 2 % tungsten, 0.2 % vanadium, plus molybdenum, columbium, copper, nickel, nitrogen, and boron	0.07–0.14	0.70	0.020	0.010	0.50	0.50	10.00–11.50	0.25–0.60	0.04–0.10	...	V 0.15–0.30 B 0.005 N 0.040–0.100 Al 0.02[D] Cu 0.30–1.70 W 1.50–2.50 Ti 0.01[D] Zr 0.01[D]
F 911	K91061	9 % chromium, 1 % molybdenum, 0.2 % vanadium plus columbium and nitrogen	0.09–0.13	0.30–0.60	0.020	0.010	0.10–0.50	0.40	8.5–9.5	0.90–1.10	0.060–0.10	...	W 0.90–1.10 Al 0.02[D] N 0.04–0.09 V 0.18–0.25 B 0.0003–0.006 Ti 0.01[D] Zr 0.01[D]
F 11 Class 1	K11597	1.25 % chromium, 0.5 % molybdenum	0.05–0.15	0.30–0.60	0.030	0.030	0.50–1.00	...	1.00–1.50	0.44–0.65	...	...	...
F 11 Class 2	K11572	1.25 % chromium, 0.5 % molybdenum	0.10–0.20	0.30–0.80	0.040	0.040	0.50–1.00	...	1.00–1.50	0.44–0.65	...	...	...
F 11 Class 3	K11572	1.25 % chromium, 0.5 % molybdenum	0.10–0.20	0.30–0.80	0.040	0.040	0.50–1.00	...	1.00–1.50	0.44–0.65	...	...	...

F 12 Class 1	K11562	1 % chromium, 0.5 % molybdenum	0.05–0.15	0.30–0.60	0.045	0.045	0.50 max	...	0.80–1.25	0.44–0.65	...	...	...
F 12 Class 2	K11564	1 % chromium, 0.5 % molybdenum	0.10–0.20	0.30–0.80	0.040	0.040	0.10–0.60	...	0.80–1.25	0.44–0.65	...	...	...
F 21	K31545	chromium-molybdenum	0.05–0.15	0.30–0.60	0.040	0.040	0.50 max	...	2.7–3.3	0.80–1.06	...	...	...
F 3V	K31830	3 % chromium, 1 % molybdenum, 0.25 % vanadium plus boron and titanium	0.05–0.18	0.30–0.60	0.020	0.020	0.10	...	2.8–3.2	0.90–1.10	...	0.015–0.035	V 0.20–0.30 B 0.001–0.003
F 3VCb	K31390	3 % chromium, 1 % molybdenum, 0.25 % vanadium plus boron, columbium, and titanium	0.10–0.15	0.30–0.60	0.020	0.010	0.10	0.25	2.7–3.3	0.90–1.10	0.015–0.070	0.015	V 0.20–0.30 Cu 0.25 Ca 0.0005–0.0150
F 22 Class 1	K21590	chromium-molybdenum	0.05–0.15	0.30–0.60	0.040	0.040	0.50	...	2.00–2.50	0.87–1.13	...	...	... ...
F 22 Class 3	K21590	chromium-molybdenum	0.05–0.15	0.30–0.60	0.040	0.040	0.50	...	2.00–2.50	0.87–1.13	...	...	...
F 22V	K31835	2.25 % chromium, 1 % molybdenum, 0.25 % vanadium	0.11–0.15	0.30–0.60	0.015	0.010	0.10	0.25	2.00–2.50	0.90–1.10	0.07	0.030	Cu 0.20 V 0.25–0.35 B 0.002 Ca 0.015[E]
F 23	K41650	2.25 % chromium, 1.6 % tungsten, 0.25 % vanadium, plus molybdenum, columbium, and boron	0.04–0.10	0.10–0.60	0.030	0.010	0.50	0.40	1.90-2.60	0.05-0.30	0.02–0.08	0.005–0.060[F]	V 0.20–0.30 B 0.0010–0.006 N 0.015[F] Al 0.030 W 1.45–1.75

TABLE 2 *Continued*

Identification Symbol	UNS Designation	Grade	Composition, %										
			Carbon	Manganese	Phosphorus	Sulfur	Silicon	Nickel	Chromium	Molybdenum	Columbium	Titanium	Other Elements
F 24	K30736	2.25 % chromium, 1 % molybdenum, 0.25 % vanadium plus titanium and boron	0.05–0.10	0.30–0.70	0.020	0.010	0.15–0.45	...	2.20–2.60	0.90–1.10	...	0.06-0.10	V 0.20–0.30 N 0.12 Al 0.020 B 0.0015–0.0070
FR	K22035	2 % nickel, 1 % copper	0.20	0.40–1.06	0.045	0.050	...	1.60–2.24	...	...	...	...	Cu 0.75–1.25
F 36	K21001	1.15 % nickel, 0.65 % copper, molybdenum, and columbium	0.10–0.17	0.80–1.20	0.030	0.025	0.25–0.50	1.00–1.30	0.30	0.25–0.50	0.015–0.045		N 0.020 Al 0.050 Cu 0.50–0.80 V 0.02
Martensitic Stainless Steels													
F 6a	S41000	13 % chromium 410[G]	0.15	1.00	0.040	0.030	1.00	0.50	11.5–13.5	...	...	...	...
F 6b	S41026	13 % chromium, 0.5 % molybdenum	0.15	1.00	0.020	0.020	1.00	1.00–2.00	11.5–13.5	0.40–0.60	...	...	Cu 0.50
F 6NM	S41500	13 % chromium, 4 % nickel	0.05	0.50–1.00	0.030	0.030	0.60	3.5–5.5	11.5–14.0	0.50–1.00	...	...	...
Ferritic Stainless Steels													
F XM-27Cb	S44627	27 chromium, 1 molybdenum XM-27[G]	0.010[H]	0.40	0.020	0.020	0.40	0.50[H]	25.0–27.5	0.75–1.50	0.05–0.20	...	N 0.015[H] Cu 0.20[H]
F 429	S42900	15 chromium 429[G]	0.12	1.00	0.040	0.030	0.75	0.50	14.0–16.0	...	...	...	...
F 430	S43000	17 chromium 430[G]	0.12	1.00	0.040	0.030	0.75	0.50	16.0–18.0	...	...	...	...
Austenitic Stainless Steels													
F 304	S30400	18 chromium, 8 nickel 304[G]	0.08	2.00	0.045	0.030	1.00	8.0–11.0	18.0–20.0	...	...	...	N 0.10
F 304H	S30409	18 chromium, 8 nickel 304H[G]	0.04–0.10	2.00	0.045	0.030	1.00	8.0–11.0	18.0–20.0	...	...	...	...
F 304L	S30403	18 chromium, 8 nickel, low carbon 304L[G]	0.030	2.00	0.045	0.030	1.00	8.0–13.0	18.0–20.0	...	...	...	N 0.10
F 304N	S30451	18 chromium, 8 nickel, modified with nitrogen 304N[G]	0.08	2.00	0.045	0.030	1.00	8.0–10.5	18.0–20.0	...	...	...	N 0.10–0.16
F 304LN	S30453	18 chromium, 8 nickel, modified with nitrogen 304LN[G]	0.030	2.00	0.045	0.030	1.00	8.0–10.5	18.0–20.0	...	...	...	N 0.10–0.16

F 309H	S30909	23 chromium, 13.5 nickel 309H[G]	0.04–0.10	2.00	0.045	0.030	1.00	12.0–15.0	22.0–24.0	...	...	...	...
F 310	S31000	25 chromium, 20 nickel 310[G]	0.25	2.00	0.045	0.030	1.00	19.0–22.0	24.0–26.0	...	...	...	...
F 310H	S31009	25 chromium, 20 nickel 310H[G]	0.04–0.10	2.00	0.045	0.030	1.00	19.0–22.0	24.0–26.0	...	...	...	...
F 310MoLN	S31050	25 chromium, 22 nickel, modified with molybdenum and nitrogen, low carbon 310MoLN[G]	0.030	2.00	0.030	0.015	0.40	21.0–23.0	24.0–26.0	2.00–3.00	...	...	N 0.10–0.16
F 316	S31600	18 chromium, 8 nickel, modified with molybdenum 316[G]	0.08	2.00	0.045	0.030	1.00	10.0–14.0	16.0–18.0	2.00–3.00	...	...	N 0.10
F 316H	S31609	18 chromium, 8 nickel, modified with molybdenum 316H[G]	0.04–0.10	2.00	0.045	0.030	1.00	10.0–14.0	16.0–18.0	2.00–3.00	...	...	...
F 316L	S31603	18 chromium, 8 nickel, modified with molybdenum, low carbon 316L[G]	0.030	2.00	0.045	0.030	1.00	10.0–15.0	16.0–18.0	2.00–3.00	...	...	N 0.10
F 316N	S31651	18 chromium, 8 nickel, modified with molybdenum and nitrogen 316N[G]	0.08	2.00	0.045	0.030	1.00	11.0–14.0	16.0–18.0	2.00–3.00	...	...	N 0.10–0.16

TABLE 2 *Continued*

Identification Symbol	UNS Designation	Grade	Composition, %										
			Carbon	Manganese	Phosphorus	Sulfur	Silicon	Nickel	Chromium	Molybdenum	Columbium	Titanium	Other Elements
F 316LN	S31653	18 chromium, 8 nickel, modified with molybdenum and nitrogen 316LN[G]	0.030	2.00	0.045	0.030	1.00	11.0–14.0	16.0–18.0	2.00–3.00	...	...	N 0.10–0.16
F 316Ti	S31635	18 chromium, 8 nickel, modified with molybdenum and nitrogen 316Ti[G]	0.08	2.00	0.045	0.030	1.00	10.0–14.0	16.0–18.0	2.00–3.00	...	[I]	N 0.10 max
F 317	S31700	19 chromium, 13 nickel, 3.5 molybdenum 317[G]	0.08	2.00	0.045	0.030	1.00	11.0–15.0	18.0–20.0	3.0–4.0	...	...	...
F 317L	S31703	19 chromium, 13 nickel, 3.5 molybdenum 317L[G]	0.030	2.00	0.045	0.030	1.00	11.0–15.0	18.0–20.0	3.0–4.0	...	...	...
S31727	S31727	18 chromium, 15 nickel, 4.5 molybdenum, 3.5 copper with nitrogen	0.030	1.00	0.030	0.030	1.00	14.5–16.5	17.5–19.0	3.8–4.5	...	...	Cu 2.8–4.0 N 0.15–0.21
F 70	S31730	18 chromium, 16 nickel, 4.5 copper, 3.5 molybdenum, with nitrogen	0.030	2.00	0.040	0.010	1.00	15–16.5	17.0–19.0	3.0–4.0	...	...	Cu 4.0–5.0 N 0.045
S32053	S32053	23 chromium, 25 nickel, 5.5 molybdenum, with nitrogen	0.030	1.00	0.030	0.010	1.00	24.0–28.0	22.0–24.0	5.0–6.0	...	...	N 0.17–0.22
F 321	S32100	18 chromium, 8 nickel modified with titanium 321[G]	0.08	2.00	0.045	0.030	1.00	9.0–12.0	17.0–19.0	...	...	[J]	...
F 321H	S32109	18 chromium, 8 nickel, modified with titanium 321H[G]	0.04–0.10	2.00	0.045	0.030	1.00	9.0–12.0	17.0–19.0	...	...	[K]	...
F 347	S34700	18 chromium, 8 nickel modified with columbium 347[G]	0.08	2.00	0.045	0.030	1.00	9.0–13.0	17.0–20.0	...	[L]	...	...

F 347H	S34709	18 chromium, 8 nickel, modified with columbium 347H[G]	0.04–0.10	2.00	0.045	0.030	1.00	9.0–13.0	17.0–20.0	...	[M]	...	...
F347LN	S34751	18 chromium, 8 nickel modified with columbium and nitrogen 347LN	0.005–0.020	2.00	0.045	0.030	1.00	9.0–13.0	17.0–19.0	...	0.20–0.50[N]	...	N 0.06–0.10
F 348	S34800	18 chromium, 8 nickel modified with columbium 348[G]	0.08	2.00	0.045	0.030	1.00	9.0–13.0	17.0–20.0	...	[L]	...	Co 0.20 Ta 0.10
F 348H	S34809	18 chromium, 8 nickel, modified with columbium 348H[G]	0.04–0.10	2.00	0.045	0.030	1.00	9.0–13.0	17.0–20.0	...	[M]	...	Co 0.20 Ta 0.10
F XM-11	S21904	20 chromium, 6 nickel, 9 manganese XM-11[G]	0.040	8.0–10.0	0.060	0.030	1.00	5.5–7.5	19.0–21.5	...	...	...	N 0.15–0.40
F XM-19	S20910	22 chromium, 13 nickel, 5 manganese XM-19[G]	0.06	4.0–6.0	0.040	0.030	1.00	11.5–13.5	20.5–23.5	1.50–3.00	0.10–0.30	...	N 0.20–0.40 V 0.10–0.30
F 20	N08020	35 nickel, 20 chromium, 3.5 copper, 2.5 molybdenum	.07	2.00	0.045	0.035	1.00	32.0–38.0	19.0–21.0	2.00–3.00	8xCmin –1.00	...	Cu 3.0–4.0
F 44	S31254	20 chromium, 18 nickel, 6 molybdenum, low carbon	0.020	1.00	0.030	0.010	0.80	17.5–18.5	19.5–20.5	6.0–6.5	...	...	Cu 0.50–1.00 N 0.18–0.25
F 45	S30815	21 chromium, 11 nickel modified with nitrogen and cerium	0.05–0.10	0.80	0.040	0.030	1.40–2.00	10.0–12.0	20.0–22.0	...	...	...	N 0.14–0.20 Ce 0.03–0.08
F 46	S30600	18 chromium, 15 nickel, 4 silicon	0.018	2.00	0.020	0.020	3.7–4.3	14.0–15.5	17.0–18.5	0.20	...	...	Cu 0.50

TABLE 2 *Continued*

Identification Symbol	UNS Designation	Grade	Composition, %										
			Carbon	Manganese	Phosphorus	Sulfur	Silicon	Nickel	Chromium	Molybdenum	Columbium	Titanium	Other Elements
F 47	S31725	19 chromium, 15 nickel, 4 molybdenum 317LM[G]	0.030	2.00	0.045	0.030	0.75	13.0–17.5	18.0–20.0	4.0–5.0	...	...	N 0.10
F 48	S31726	19 chromium, 15 nickel, 4 molybdenum 317LMN[G]	0.030	2.00	0.045	0.030	0.75	13.5–17.5	17.0–20.0	4.0–5.0	...	...	N 0.10–0.20
F 49	S34565	24 chromium, 17 nickel, 6 manganese, 5 molybdenum	0.030	5.0–7.0	0.030	0.010	1.00	16.0–18.0	23.0–25.0	4.0–5.0	0.10	...	N 0.40–0.60
F 56	S33228	32 nickel, 27 chromium with columbium	0.04–0.08	1.00	0.020	0.015	0.30	31.0–33.0	26.0–28.0	...	0.6–1.0	...	Ce 0.05–0.10 Al 0.025
F 58	S31266	24 chromium, 20 nickel, 6 molybdenum, 2 tungsten with nitrogen	0.030	2.0–4.0	0.035	0.020	1.00	21.0–24.0	23.0–25.0	5.2–6.2	...	...	N 0.35–0.60 Cu 1.00–2.50 W 1.50–2.50
F 62	N08367	21 chromium, 25 nickel, 6.5 molybdenum	0.030	2.00	0.040	0.030	1.00	23.5–25.5	20.0–22.0	6.0–7.0	...	...	N 0.18–0.25 Cu 0.75
F 63	S32615	18 chromium, 20 nickel, 5.5 silicon	0.07	2.00	0.045	0.030	4.8-6.0	19.0-22.0	16.5-19.5	0.30-1.50	...	...	Cu 1.50-2.50
F 64	S30601	17.5 chromium, 17.5 nickel, 5.3 silicon	0.015	0.50-0.80	0.030	0.013	5.0-5.6	17.0-18.0	17.0-18.0	0.20	...	...	Cu 0.35, N 0.05
F 904L	N08904	21 chromium, 26 nickel, 4.5 molybdenum 904L[G]	0.020	2.0	0.040	0.030	1.00	23.0–28.0	19.0–23.0	4.0–5.0	...	...	Cu 1.00–2.00 N 0.10
		Ferritic-Austenitic Stainless Steels											
F 50	S31200	25 chromium, 6 nickel, modified with nitrogen	0.030	2.00	0.045	0.030	1.00	5.5–6.5	24.0–26.0	1.20–2.00	...	...	N 0.14–0.20
F 51	S31803	22 chromium, 5.5 nickel, modified with nitrogen	0.030	2.00	0.030	0.020	1.00	4.5–6.5	21.0–23.0	2.5–3.5	...	...	N 0.08–0.20
F 69	S32101	21.5 chromium, 1.5 nickel, modified with nitrogen	0.040	4.00–6.00	0.040	0.030	1.00	1.35–1.70	21.0–22.0	0.10–0.80	...	...	N 0.20–0.25 Cu 0.10–0.80
F 52	S32950	26 chromium, 3.5 nickel, 1.0 molybdenum	0.030	2.00	0.035	0.010	0.60	3.5–5.2	26.0–29.0	1.00–2.50	...	...	N 0.15–0.35
F 53	S32750	25 chromium, 7 nickel, 4 molybdenum, modified with nitrogen 2507[G]	0.030	1.20	0.035	0.020	0.80	6.0–8.0	24.0–26.0	3.0–5.0	...	...	N 0.24–0.32 Cu 0.50

F 54	S39274	25 chromium, 7 nickel, modified with nitrogen and tungsten	0.030	1.00	0.030	0.020	0.80	6.0–8.0	24.0–26.0	2.5–3.5	...	...	N 0.24–0.32 Cu 0.20–0.80 W 1.50–2.50
F 55	S32760	25 chromium, 7 nickel, 3.5 molybdenum, modified with nitrogen and tungsten	0.030	1.00	0.030	0.010	1.00	6.0–8.0	24.0–26.0	3.0–4.0	...	...	N 0.20–0.30 Cu 0.50–1.00 W 0.50–1.00[O]
F 57	S39277	26 chromium, 7 nickel, 3.7 molybdenum	0.025	0.80	0.025	0.002	0.80	6.5–8.0	24.0–26.0	3.0–4.0	...	...	Cu 1.20–2.00 W 0.80–1.20 N 0.23–0.33
F 59	S32520	25 chromium, 6.5 nickel, 4 molybdenum with nitrogen	0.030	1.50	0.035	0.020	0.80	5.5–8.0	24.0–26.0	3.0–5.0	...	...	N 0.20–0.35 Cu 0.50–3.00
F 60	S32205	22 chromium, 5.5 nickel, 3 molybdenum, modified with nitrogen 2205[G]	0.030	2.00	0.030	0.020	1.00	4.5–6.5	22.0–23.0	3.0–3.5	...	...	N 0.14–0.20
F 61	S32550	26 chromium, 6 nickel, 3.5 molybdenum with nitrogen and copper 255[G]	0.040	1.50	0.040	0.030	1.00	4.5–6.5	24.0–27.0	2.9–3.9	...	...	Cu 1.50–2.50 N 0.10–0.25
F 65	S32906	29 chromium, 6.5 nickel, 2 molybdenum with nitrogen	0.030	0.80–1.50	0.030	0.030	0.80	5.8–7.5	28.0–30.0	1.5–2.6	...	...	Cu 0.80 N 0.30–0.40
F 66	S32202	22 chromium, 2.0 nickel, 0.25 molybdenum with nitrogen	0.030	2.00	0.040	0.010	1.00	1.00–2.80	21.5–24.0	0.45	...	...	N 0.18–0.26
F 67	S32506	25 chromium, 6 nickel, 3 molybdenum, with nitrogen and tungsten	0.030	1.00	0.040	0.015	0.90	5.5–7.2	24.0–26.0	3.0–3.5	...	...	N 0.08–0.20 W 0.05–0.30
F 68	S32304	23 chromium, 4 nickel, with nitrogen	0.030	2.50	0.040	0.030	1.00	3.0–5.5	21.5–24.5	0.05–0.60	...	...	N 0.05–0.20 *Cu 0.05–0.60*

TABLE 2 *Continued*

Identification Symbol	UNS Designation	Grade	Composition, %										
			Carbon	Manganese	Phosphorus	Sulfur	Silicon	Nickel	Chromium	Molybdenum	Columbium	Titanium	Other Elements
F71	S32808	27.5 chromium, 7.6 nickel, 1 molybdenum, 2.3 tungsten, with nitrogen	0.030	1.10	0.030	0.010	0.50	7.0–8.2	27.0–27.9	0.80–1.2	...	...	N 0.30–0.40 W 2.10–2.50

[A] All values are maximum unless otherwise stated. Where ellipses (...) appear in this table, there is no requirement and analysis for the element need not be determined or reported.
[B] Grade F 2 was formerly assigned to the 1 % chromium, 0.5 % molybdenum grade which is now Grade F 12.
[C] The present grade F 5a (0.25 max carbon) previous to 1955 was assigned the identification symbol F 5. Identification symbol F 5 in 1955 was assigned to the 0.15 max carbon grade to be consistent with ASTM specifications for other products such as pipe, tubing, bolting, welding fittings, and the like.
[D] Applies to both heat and product analyses.
[E] For Grade F22V, rare earth metals (REM) may be added in place of calcium, subject to agreement between the producer and the purchaser. In that case the total amount of REM shall be determined and reported.
[F] The ratio of Titanium to Nitrogen shall be ≥ 3.5. Alternatively, in lieu of this ratio limit, Grade F23 shall have a minimum hardness of 275 HV (26 HRC, 258 HBW) in the hardened condition (see 3.2.1). Hardness testing shall be performed in accordance with 9.6.3, and the hardness testing results shall be reported on the material test report (see 18.2.5).
[G] Naming system developed and applied by ASTM.
[H] Grade F XM-27Cb shall have a nickel plus copper content of 0.50 max %. Product analysis tolerance over the maximum specified limit for carbon and nitrogen shall be 0.002 %.
[I] Grade F 316Ti shall have a titanium content not less than five times the carbon plus nitrogen content and not more than 0.70 %.
[J] Grade F 321 shall have a titanium content of not less than five times the carbon content and not more than 0.70 %.
[K] Grade F 321H shall have a titanium content of not less than four times the carbon content and not more than 0.70 %.
[L] Grades F 347 and F 348 shall have a columbium content of not less than ten times the carbon content and not more than 1.10 %.
[M] Grades F 347H and F 348H shall have a columbium content of not less than eight times the carbon content and not more than 1.10 %.
[N] Grade F347LN shall have a columbium content of not less than 15 times the carbon content.
[O] % Cr + 3.3 × % Mo + 16 × % N = 40 min.

TABLE 3 Tensile and Hardness Requirements[A]

Grade Symbol	Tensile Strength, min, ksi [MPa]	Yield Strength, min, ksi [MPa][B]	Elongation in 2 in. [50 mm] or 4*D*, min, %	Reduction of Area, min, %	Brinell Hardness Number, HBW, unless otherwise indicated
Low Alloy Steels					
F 1	70 [485]	40 [275]	20	30	143–192
F 2	70 [485]	40 [275]	20	30	143–192
F 5	70 [485]	40 [275]	20	35	143–217
F 5a	90 [620]	65 [450]	22	50	187–248
F 9	85 [585]	55 [380]	20	40	179–217
F 10	80 [550]	30 [205]	30	50	. . .
F 91	90 [620]	60 [415]	20	40	190–248
F 92	90 [620]	64 [440]	20	45	269 max
F 122	90 [620]	58 [400]	20	40	250 max
F 911	90 [620]	64 [440]	18	40	187–248
F 11 Class 1	60 [415]	30 [205]	20	45	121–174
F 11 Class 2	70 [485]	40 [275]	20	30	143–207
F 11 Class 3	75 [515]	45 [310]	20	30	156–207
F 12 Class 1	60 [415]	32 [220]	20	45	121–174
F 12 Class 2	70 [485]	40 [275]	20	30	143–207
F 21	75 [515]	45 [310]	20	30	156–207
F 3V, and F 3VCb	85–110 [585–760]	60 [415]	18	45	174–237
F 22 Class 1	60 [415]	30 [205]	20	35	170 max
F 22 Class 3	75 [515]	45 [310]	20	30	156–207
F 22V	85–110 [585–780]	60 [415]	18	45	174–237
F 23	74 [510]	58 [400]	20	40	220 max
F 24	85 [585]	60 [415]	20	40	248 max
FR	63 [435]	46 [315]	25	38	197 max
F 36, Class 1	90 [620]	64 [440]	15	. . .	252 max
F 36, Class 2	95.5 [660]	66.5 [460]	15	. . .	252 max
Martensitic Stainless Steels					
F 6a Class 1	70 [485]	40 [275]	18	35	143–207
F 6a Class 2	85 [585]	55 [380]	18	35	167–229
F 6a Class 3	110 [760]	85 [585]	15	35	235–302
F 6a Class 4	130 [895]	110 [760]	12	35	263–321
F 6b	110–135 [760–930]	90 [620]	16	45	235–285
F 6NM	115 [790]	90 [620]	15	45	295 max

TABLE 3 *Continued*

Grade Symbol	Tensile Strength, min, ksi [MPa]	Yield Strength, min, ksi [MPa][B]	Elongation in 2 in. [50 mm] or 4*D*, min, %	Reduction of Area, min, %	Brinell Hardness Number, HBW, unless otherwise indicated
Ferritic Stainless Steels					
F XM-27Cb	60 [415]	35 [240]	20	45	190 max
F 429	60 [415]	35 [240]	20	45	190 max
F 430	60 [415]	35 [240]	20	45	190 max
Austenitic Stainless Steels					
F 304	75 [515][C]	30 [205]	30	50	. . .
F 304H	75 [515][C]	30 [205]	30	50	. . .
F 304L	70 [485][D]	25 [170]	30	50	. . .
F 304N	80 [550]	35 [240]	30[E]	50[F]	. . .
F 304LN	75 [515][C]	30 [205]	30	50	. . .
F 309H	75 [515][C]	30 [205]	30	50	. . .
F 310	75 [515][C]	30 [205]	30	50	. . .
F 310MoLN	78 [540]	37 [255]	25	40	. . .
F 310H	75 [515][C]	30 [205]	30	50	. . .
F 316	75 [515][C]	30 [205]	30	50	. . .
F 316H	75 [515][C]	30 [205]	30	50	. . .
F 316L	70 [485][D]	25 [170]	30	50	. . .
F 316N	80 [550]	35 [240]	30[E]	50[F]	. . .
F 316LN	75 [515][C]	30 [205]	30	50	. . .
F 316Ti	75 [515]	30 [205]	30	40	. . .
F 317	75 [515][C]	30 [205]	30	50	. . .
F 317L	70 [485][D]	25 [170]	30	50	. . .
S31727	80 [550]	36 [245]	35	50	217
S32053	93 [640]	43 [295]	40	50	217
F 347	75 [515][C]	30 [205]	30	50	. . .
F 347H	75 [515][C]	30 [205]	30	50	. . .
F 347LN	75 [515]	30 [205]	30	50	. . .
F 348	75 [515][C]	30 [205]	30	50	. . .
F 348H	75 [515][C]	30 [205]	30	50	. . .
F 321	75 [515][C]	30 [205]	30	50	. . .
F 321H	75 [515][C]	30 [205]	30	50	. . .
F XM-11	90 [620]	50 [345]	45	60	. . .
F XM-19	100 [690]	55 [380]	35	55	. . .
F 20	80 [550]	35 [240]	30	50	. . .
F 44	94 [650]	44 [300]	35	50	. . .
F 45	87 [600]	45 [310]	40	50	. . .
F 46	78 [540]	35 [240]	40	50	. . .
F 47	75 [525]	30 [205]	40	50	. . .

F 48	80 [550]	35 [240]	40	50	. . .
F 49	115 [795]	60 [415]	35	40	. . .
F 56	73 [500]	27 [185]	30	35	. . .
F 58	109 [750]	61 [420]	35	50	. . .
F 62	95 [655]	45 [310]	30	50	. . .
F 63	80 [550]	32 [220]	25	. . .	192 max
F 64	90 [620]	40 [275]	35	50	217 max
F70	70 [480]	25 [175]	35	. . .	HRB 90 max
F 904L	71 [490]	31 [215]	35	. . .	. . .
		Ferritic-Austenitic Stainless Steels			
F 50	100–130 [690–900]	65 [450]	25	50	. . .
F 51	90 [620]	65 [450]	25	45	. . .
F 52	100 [690]	70 [485]	15	. . .	. . .
F 53	116 [800]	80 [550]	15	. . .	310 max
F 54	116 [800]	80 [550]	15	30	310 max
F 55	109–130 [750–895]	80 [550]	25	45	. . .
F 57	118 [820]	85 [585]	25	50	. . .
F 59	112 [770]	80 [550]	25	40	. . .
F 60	95 [655]	65 [450]	25	45	. . .
F 61	109 [750]	80 [550]	25	50	. . .
F 65	109 [750]	80 [550]	25	. . .	. . .
F 66	94 [650]	65 [450]	30	. . .	290 max
F 67	90 [620]	65 [450]	18	. . .	302
F 68	87 [600]	58 [400]	25	. . .	290 max
F 69	94 [650]	65 [450]	30	. . .	. . .
F 71	101 [700]	72 [500]	15	. . .	321

[A] Where ellipses appear in this table, there is no requirement and the test for the value need neither be performed nor a value reported.
[B] Determined by the 0.2 % offset method. For ferritic steels only, the 0.5 % extension-under-load method may also be used.
[C] For sections over 5 in. [130 mm] in thickness, the minimum tensile strength shall be 70 ksi [485 MPa].
[D] For sections over 5 in. [130 mm] in thickness, the minimum tensile strength shall be 65 ksi [450 MPa].
[E] Longitudinal. The transverse elongation shall be 25 % in 2 in. or 50 mm, min.
[F] Longitudinal. The transverse reduction of area shall be 45 % min.
[G] Maximum section thickness at the time of heat treatment; see 7.4.

SPECIFICATION FOR CHROMIUM AND CHROMIUM-NICKEL STAINLESS STEEL PLATE, SHEET, AND STRIP FOR PRESSURE VESSELS AND FOR GENERAL APPLICATIONS

SA-240/SA-240M

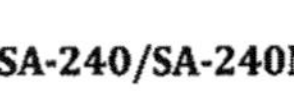
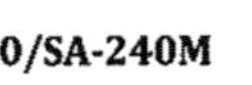

(Identical with ASTM Specification A240/A240M-13c.)

TABLE 1 Chemical Composition Requirements, %[A]

UNS Designation[B]	Type[C]	Carbon[D]	Manganese	Phosphorus	Sulfur	Silicon	Chromium	Nickel	Molybdenum	Nitrogen	Copper	Other Elements[E, F]
Austenitic (Chromium-Nickel) (Chromium-Manganese-Nickel)												
N08020	...	0.07	2.00	0.045	0.035	1.00	19.0–21.0	32.0–38.0	2.00–3.00	...	3.00–4.00	Cb 8xC min, 1.00 max
N08367	...	0.030	2.00	0.040	0.030	1.00	20.0–22.0	23.5–25.5	6.0–7.0	0.18–0.25	0.75	...
N08700	...	0.04	2.00	0.040	0.030	1.00	19.0–23.0	24.0–26.0	4.3–5.0	...	0.50	Cb 8xC min 0.40 max
N08800	800[G]	0.10	1.50	0.045	0.015	1.00	19.0–23.0	30.0–35.0	...	...	0.75	Fe[H] 39.5 min Al 0.15–0.60 Ti 0.15–0.60
N08810	800H[G]	0.05–0.10	1.50	0.045	0.015	1.00	19.0–23.0	30.0–35.0	...	...	0.75	Fe[H] 39.5 min Al 0.15–0.60 Ti 0.15–0.60
N08811	...	0.06–0.10	1.50	0.040	0.015	1.00	19.0–23.0	30.0–35.0	...	...	0.75	Fe[H] 39.5 min Ti[I] 0.25–0.60 Al[I] 0.25–0.60
N08904	904L[G]	0.020	2.00	0.045	0.035	1.00	19.0–23.0	23.0–28.0	4.00–5.00	0.10	1.00–2.00	...
N08925	...	0.020	1.00	0.045	0.030	0.50	19.0–21.0	24.0–26.0	6.00–7.00	0.10–0.20	0.80–1.50	...
N08926	...	0.020	2.00	0.030	0.010	0.50	19.0–21.0	24.0–26.0	6.00–7.00	0.15–0.25	0.50–1.50	...
S20100	201	0.15	5.50–7.50	0.060	0.030	1.00	16.0–18.0	3.5–5.5	...	0.25	...	...
S20103	...	0.03	5.50–7.50	0.045	0.030	0.75	16.0–18.0	3.5–5.5	...	0.25	...	...
S20153	...	0.03	6.40–7.50	0.045	0.015	0.75	16.0–17.5	4.0–5.0	...	0.10–0.25	1.00	...
S20161	...	0.15	4.00–6.00	0.040	0.040	3.00–4.00	15.0–18.0	4.0–6.0	...	0.08–0.20	...	...
S20200	202	0.15	7.50–10.00	0.060	0.030	1.00	17.0–19.0	4.0–6.0	...	0.25	...	...
S20400	...	0.030	7.00–9.00	0.040	0.030	1.00	15.0–17.0	1.50–3.00	...	0.15–0.30	...	...
S20431	...	0.12	5.00–7.00	0.045	0.030	1.00	17.0–18.0	2.0–4.0	...	0.10–0.25	1.50–3.50	...
S20432	...	0.08	3.00–5.00	0.045	0.030	1.00	17.0–18.0	4.0–6.0	...	0.05–0.20	2.00–3.00	...
S20433	...	0.08	5.50–7.50	0.045	0.030	1.00	17.0–18.0	3.5–5.5	...	0.10–0.25	1.50–3.50	...
S20910	XM-19[J]	0.06	4.00–6.00	0.040	0.030	0.75	20.5–23.5	11.5–13.5	1.50–3.00	0.20–0.40	...	Cb 0.10–0.30

S21400	XM-31[J]	0.12	14.00–16.00	0.045	0.030	0.30–1.00	17.0–18.5	1.00	. . .	0.35 min	. . .	. . .
S21600	XM-17[J]	0.08	7.50–9.00	0.045	0.030	0.75	17.5–22.0	5.0–7.0	2.00–3.00	0.25–0.50	. . .	. . .
S21603	XM-18[J]	0.03	7.50–9.00	0.045	0.030	0.75	17.5–22.0	5.0–7.0	2.00–3.00	0.25–0.50	. . .	. . .
S21640	. . .	0.08	3.50–6.50	0.060	0.030	1.00	17.5–19.5	4.0–6.5	0.50–2.00	0.08–0.30	. . .	Cb 0.10–1.00
S21800	. . .	0.10	7.00–9.00	0.060	0.030	3.5–4.5	16.0–18.0	8.0–9.0	. . .	0.08–0.18	. . .	. . .
S21904	XM-11[J]	0.04	8.00–10.00	0.060	0.030	0.75	19.0–21.5	5.5–7.5	. . .	0.15–0.40	. . .	. . .
S24000	XM-29[J]	0.08	11.50–14.50	0.060	0.030	0.75	17.0–19.0	2.3–3.7	. . .	0.20–0.40	. . .	. . .
S30100	301	0.15	2.00	0.045	0.030	1.00	16.0–18.0	6.0–8.0	. . .	0.10	. . .	. . .
S30103	301L[G]	0.03	2.00	0.045	0.030	1.00	16.0–18.0	6.0–8.0	. . .	0.20	. . .	. . .
S30153	301LN[G]	0.03	2.00	0.045	0.030	1.00	16.0–18.0	6.0–8.0	. . .	0.07–0.20	. . .	. . .
S30200	302	0.15	2.00	0.045	0.030	0.75	17.0–19.0	8.0–10.0	. . .	0.10	. . .	. . .
S30400	304	0.07	2.00	0.045	0.030	0.75	17.5–19.5	8.0–10.5	. . .	0.10	. . .	. . .
S30403	304L	0.030	2.00	0.045	0.030	0.75	17.5–19.5	8.0–12.0	. . .	0.10	. . .	. . .
S30409	304H	0.04–0.10	2.00	0.045	0.030	0.75	18.0–20.0	8.0–10.5	. . .	. . .	. . .	. . .
S30415	. . .	0.04–0.06	0.80	0.045	0.030	1.00–2.00	18.0–19.0	9.0–10.0	. . .	0.12–0.18	. . .	Ce 0.03–0.08
S30435	. . .	0.08	2.00	0.045	0.030	1.00	16.0–18.0	7.0–9.0	. . .	. . .	1.50–3.00	. . .
S30441	. . .	0.08	2.00	0.045	0.030	1.0–2.0	17.5–19.5	8.0–10.5	. . .	0.10	1.5–2.5	Cb 0.1–0.5 W 0.2–0.8
S30451	304N	0.08	2.00	0.045	0.030	0.75	18.0–20.0	8.0–10.5	. . .	0.10–0.16	. . .	. . .
S30452	XM-21[J]	0.08	2.00	0.045	0.030	0.75	18.0–20.0	8.0–10.5	. . .	0.16–0.30	. . .	. . .
S30453	304LN	0.030	2.00	0.045	0.030	0.75	18.0–20.0	8.0–12.0	. . .	0.10–0.16	. . .	. . .
S30500	305	0.12	2.00	0.045	0.030	0.75	17.0–19.0	10.5–13.0	. . .	. . .	. . .	. . .
S30530	. . .	0.08	2.00	0.045	0.030	0.50–2.50	17.0–20.5	8.5–11.5	0.75–1.50	. . .	0.75–3.50	. . .
S30600	. . .	0.018	2.00	0.020	0.020	3.7–4.3	17.0–18.5	14.0–15.5	0.20	. . .	0.50	. . .
S30601	. . .	0.015	0.50–0.80	0.030	0.013	5.0–5.6	17.0–18.0	17.0–18.0	0.20	0.05	0.35	. . .
S30615	. . .	0.16–0.24	2.00	0.030	0.030	3.2–4.0	17.0–19.5	13.5–16.0	. . .	. . .	. . .	Al 0.80–1.50
S30815	. . .	0.05–0.10	0.80	0.040	0.030	1.40–2.00	20.0–22.0	10.0–12.0	. . .	0.14–0.20	. . .	Ce 0.03–0.08
S30908	309S	0.08	2.00	0.045	0.030	0.75	22.0–24.0	12.0–15.0	. . .	. . .	. . .	. . .
S30909	309H[G]	0.04–0.10	2.00	0.045	0.030	0.75	22.0–24.0	12.0–15.0	. . .	. . .	. . .	. . .

TABLE 1 *Continued*

UNS Designation[B]	Type[C]	Carbon[D]	Manganese	Phos-phorus	Sulfur	Silicon	Chromium	Nickel	Molybdenum	Nitrogen	Copper	Other Elements[E, F]
S30940	309Cb[G]	0.08	2.00	0.045	0.030	0.75	22.0–24.0	12.0–16.0	. . .	. . .	. . .	Cb 10×C min, 1.10 max
S30941	309HCb[G]	0.04–0.10	2.00	0.045	0.030	0.75	22.0–24.0	12.0–16.0	. . .	. . .	. . .	Cb 10×C min, 1.10 max
S31008	310S	0.08	2.00	0.045	0.030	1.50	24.0–26.0	19.0–22.0	. . .	. . .	. . .	. . .
S31009	310H[G]	0.04–0.10	2.00	0.045	0.030	0.75	24.0–26.0	19.0–22.0	. . .	. . .	. . .	. . .
S31040	310Cb[G]	0.08	2.00	0.045	0.030	1.50	24.0–26.0	19.0–22.0	. . .	. . .	. . .	Cb 10×C min, 1.10 max
S31041	310HCb[G]	0.04–0.10	2.00	0.045	0.030	0.75	24.0–26.0	19.0–22.0	. . .	. . .	. . .	Cb 10×C min, 1.10 max
S31050	310 MoLN[G]	0.020	2.00	0.030	0.010	0.50	24.0–26.0	20.5–23.5	1.60–2.60	0.09–0.15	. . .	. . .
S31060	. . .	0.05–0.10	1.00	0.040	0.030	0.50	22.0–24.0	10.0–12.5	. . .	0.18–0.25	. . .	Ce + La 0.025–0.070 B 0.001–0.010
S31254	. . .	0.020	1.00	0.030	0.010	0.80	19.5–20.5	17.5–18.5	6.0–6.5	0.18–0.25	0.50–1.00	. . .
S31266	. . .	0.030	2.00–4.00	0.035	0.020	1.00	23.0–25.0	21.0–24.0	5.2–6.2	0.35–0.60	1.00–2.50	W 1.50–2.50
S31277	. . .	0.020	3.00	0.030	0.010	0.50	20.5–23.0	26.0–28.0	6.5–8.0	0.30–0.40	0.50–1.50	. . .
S31600	316	0.08	2.00	0.045	0.030	0.75	16.0–18.0	10.0–14.0	2.00–3.00	0.10	. . .	. . .
S31603	316L	0.030	2.00	0.045	0.030	0.75	16.0–18.0	10.0–14.0	2.00–3.00	0.10	. . .	. . .
S31609	316H	0.04–0.10	2.00	0.045	0.030	0.75	16.0–18.0	10.0–14.0	2.00–3.00	. . .	. . .	. . .
S31635	316Ti[G]	0.08	2.00	0.045	0.030	0.75	16.0–18.0	10.0–14.0	2.00–3.00	0.10	. . .	Ti 5 × (C + N) min, 0.70 max
S31640	316Cb[G]	0.08	2.00	0.045	0.030	0.75	16.0–18.0	10.0–14.0	2.00–3.00	0.10	. . .	Cb 10 × C min, 1.10 max
S31651	316N	0.08	2.00	0.045	0.030	0.75	16.0–18.0	10.0–14.0	2.00–3.00	0.10–0.16	. . .	. . .
S31653	316LN	0.030	2.00	0.045	0.030	0.75	16.0–18.0	10.0–14.0	2.00–3.00	0.10–0.16	. . .	. . .
S31700	317	0.08	2.00	0.045	0.030	0.75	18.0–20.0	11.0–15.0	3.0–4.0	0.10	. . .	. . .
S31703	317L	0.030	2.00	0.045	0.030	0.75	18.0–20.0	11.0–15.0	3.0–4.0	0.10	. . .	. . .
S31725	317LM[G]	0.030	2.00	0.045	0.030	0.75	18.0–20.0	13.5–17.5	4.0–5.0	0.20	. . .	. . .
S31726	317LMN[G]	0.030	2.00	0.045	0.030	0.75	17.0–20.0	13.5–17.5	4.0–5.0	0.10–0.20	. . .	. . .
S31727	. . .	0.030	1.00	0.030	0.030	1.00	17.5–19.0	14.5–16.5	3.8–4.5	0.15–0.21	2.80–4.00	. . .
S31753	317LN[G]	0.030	2.00	0.045	0.030	0.75	18.0–20.0	11.0–15.0	3.0–4.0	0.10–0.22	. . .	. . .
S32050	. . .	0.030	1.50	0.035	0.020	1.00	22.0–24.0	20.0–23.0	6.0–6.8	0.21–0.32	0.40	. . .
S32053	. . .	0.030	1.00	0.030	0.010	1.00	22.0–24.0	24.0–26.0	5.0–6.0	0.17–0.22	. . .	. . .
S32100	321	0.08	2.00	0.045	0.030	0.75	17.0–19.0	9.0–12.0	. . .	0.10	. . .	Ti 5 × (C + N) min, 0.70 max
S32109	321H	0.04–0.10	2.00	0.045	0.030	0.75	17.0–19.0	9.0–12.0	. . .	. . .	. . .	Ti 4 × (C + N) min, 0.70 max

S32615	. . .	0.07	2.00	0.045	0.030	4.80–6.00	16.5–19.5	19.0–22.0	0.30–1.50	. . .	1.50–2.50	. . .
S32654	. . .	0.020	2.00–4.00	0.030	0.005	0.50	24.0–25.0	21.0–23.0	7.0–8.0	0.45–0.55	0.30–0.60	. . .
S33228	. . .	0.04–0.08	1.00	0.020	0.015	0.30	26.0–28.0	31.0–33.0	. . .	. . .	. . .	Ce 0.05–0.10 Cb 0.6–1.0 Al 0.025
S33400	334[G]	0.08	1.00	0.030	0.015	1.00	18.0–20.0	19.0–21.0	. . .	. . .	. . .	Al 0.15–0.60 Ti 0.15–0.60
S33425	. . .	0.08	1.50	0.045	0.020	1.00	21.0–23.0	20.0–23.0	2.00–3.00	. . .	. . .	Al 0.15–0.60 Ti 0.15–0.60
S33550	. . .	0.04–0.10	1.50	0.040	0.030	1.00	25.0–28.0	16.5–20.0	. . .	0.18–0.25	. . .	Cb 0.05–0.15 La + Ce 0.025–0.070
S34565	. . .	0.030	5.00–7.00	0.030	0.010	1.00	23.0–25.0	16.0–18.0	4.0–5.0	0.40–0.60	. . .	Cb 0.10
S34700	347	0.08	2.00	0.045	0.030	0.75	17.0–19.0	9.0–13.0	. . .	. . .	. . .	Cb 10 × C min, 1.00 max
S34709	347H	0.04–0.10	2.00	0.045	0.030	0.75	17.0–19.0	9.0–13.0	. . .	. . .	. . .	Cb 8 × C min, 1.00 max
S34751	347LN	0.005–0.020	2.00	0.045	0.030	1.00	17.0–19.0	9.0–13.0	. . .	0.06–0.10	. . .	Cb 0.20–0.50, 15 × C min

TABLE 1 *Continued*

UNS Designation[B]	Type[C]	Carbon[D]	Manganese	Phos-phorus	Sulfur	Silicon	Chromium	Nickel	Molybdenum	Nitrogen	Copper	Other Elements[E, F]
S34800	348	0.08	2.00	0.045	0.030	0.75	17.0–19.0	9.0–13.0	. . .	. . .	. . .	(Cb + Ta) 10×C min, 1.00 max Ta 0.10 Co 0.20
S34809	348H	0.04–0.10	2.00	0.045	0.030	0.75	17.0–19.0	9.0–13.0	. . .	. . .	. . .	(Cb + Ta) 8×C min, 1.00 max Ta 0.10 Co 0.20
S35045	. . .	0.06–0.10	1.50	0.045	0.015	1.00	25.0–29.0	32.0–37.0	. . .	. . .	0.75	Al 0.15–0.60 Ti 0.15–0.60
S35115	. . .	0.030	1.00	0.045	0.015	0.50–1.50	23.0–25.0	19.0–22.0	1.50–2.50	0.20–0.30	. . .	. . .
S35125	. . .	0.10	1.00–1.50	0.045	0.015	0.50	20.0–23.0	31.0–35.0	2.00–3.00	. . .	. . .	Cb 0.25–0.60
S35135	. . .	0.08	1.00	0.045	0.015	0.60–1.00	20.0–25.0	30.0–38.0	4.0–4.8	. . .	0.75	Ti 0.40–1.00
S35140	. . .	0.10	1.00–3.00	0.045	0.030	0.75	20.0–22.0	25.0–27.0	1.00–2.00	0.08–0.20	. . .	Cb 0.25–0.75
S35315	. . .	0.04–0.08	2.00	0.040	0.030	1.20–2.00	24.0–26.0	34.0–36.0	. . .	0.12–0.18	. . .	Ce 0.03–0.10
S38100	XM-15[J]	0.08	2.00	0.030	0.030	1.50–2.50	17.0–19.0	17.5–18.5	. . .	. . .	. . .	. . .
S38815	. . .	0.030	2.00	0.040	0.020	5.50–6.50	13.0–15.0	13.0–17.0	0.75–1.50	. . .	0.75–1.50	Al 0.30
Duplex (Austenitic-Ferritic)												
S31200	. . .	0.030	2.00	0.045	0.030	1.00	24.0–26.0	5.5–6.5	1.20–2.00	0.14–0.20	. . .	. . .
S31260	. . .	0.03	1.00	0.030	0.030	0.75	24.0–26.0	5.5–7.5	2.5–3.5	0.10–0.30	0.20–0.80	W 0.10–0.50
S31803	. . .	0.030	2.00	0.030	0.020	1.00	21.0–23.0	4.5–6.5	2.5–3.5	0.08–0.20	. . .	. . .
S32001	. . .	0.030	4.00–6.00	0.040	0.030	1.00	19.5–21.5	1.00–3.00	0.60	0.05–0.17	1.00	. . .
S32003	. . .	0.030	2.00	0.030	0.020	1.00	19.5–22.5	3.0–4.0	1.50–2.00	0.14–0.20	. . .	. . .
S32101	. . .	0.040	4.00–6.00	0.040	0.030	1.00	21.0–22.0	1.35–1.70	0.10–0.80	0.20–0.25	0.10–0.80	. . .
S32202	. . .	0.030	2.00	0.040	0.010	1.00	21.5–24.0	1.00–2.80	0.45	0.18–0.26	. . .	. . .
S32205	2205[G]	0.030	2.00	0.030	0.020	1.00	22.0–23.0	4.5–6.5	3.0–3.5	0.14–0.20	. . .	. . .
S32304	2304[G]	0.030	2.50	0.040	0.030	1.00	21.5–24.5	3.0–5.5	0.05–0.60	0.05–0.20	0.05–0.60	
S32506	. . .	0.030	1.00	0.040	0.015	0.90	24.0–26.0	5.5–7.2	3.0–3.5	0.08–0.20	. . .	W 0.05–0.30
S32520	. . .	0.030	1.50	0.035	0.020	0.80	24.0–26.0	5.5–8.0	3.0–4.0	0.20–0.35	0.50–2.00	. . .
S32550	255[G]	0.04	1.50	0.040	0.030	1.00	24.0–27.0	4.5–6.5	2.9–3.9	0.10–0.25	1.50–2.50	. . .
S32750	2507[G,O]	0.030	1.20	0.035	0.020	0.80	24.0–26.0	6.0–8.0	3.0–5.0	0.24–0.32	0.50	. . .
S32760[K]	. . .	0.030	1.00	0.030	0.010	1.00	24.0–26.0	6.0–8.0	3.0–4.0	0.20–0.30	0.50–1.00	W 0.50–1.00
S32808	. . .	0.030	1.10	0.030	0.010	0.50	27.0–27.9	7.0–8.2	0.80–1.2	0.30–0.40	. . .	W 2.10–2.50
S32900	329	0.08	1.00	0.040	0.030	0.75	23.0–28.0	2.0–5.00	1.00–2.00	. . .	. . .	. . .
S32906	. . .	0.030	0.80–1.50	0.030	0.030	0.80	28.0–30.0	5.8–7.5	1.50–2.60	0.30–0.40	0.80	. . .
S32950	. . .	0.030	2.00	0.035	0.010	0.60	26.0–29.0	3.5–5.2	1.00–2.50	0.15–0.35	. . .	. . .
S39274	. . .	0.030	1.00	0.030	0.020	0.80	24.0–26.0	6.0–8.0	2.5–3.5	0.24–0.32	0.20–0.80	W 1.50–2.50

S81921	. . .	0.030	2.00–4.00	0.040	0.030	1.00	19.0–22.0	2.0–4.0	1.00–2.00	0.14–0.20	. . .	. . .
S82011	. . .	0.030	2.00–3.00	0.040	0.020	1.00	20.5–23.5	1.0–2.0	0.10–1.00	0.15–0.27	0.50	. . .
S82012	. . .	0.05	2.00–4.00	0.040	0.005	0.80	19.0–20.5	0.8–1.5	0.10–0.60	0.16–0.26	1.00	. . .
S82031	. . .	0.05	2.50	0.040	0.005	0.80	19.0–22.0	2.0–4.0	0.60–1.40	0.14–0.24	1.00	. . .
S82121	. . .	0.035	1.00–2.50	0.040	0.010	1.00	21.0–23.0	2.0–4.0	0.30–1.30	0.15–0.25	0.20–1.20	. . .
S82122	. . .	0.030	2.0–4.0	0.040	0.020	0.75	20.5–21.5	1.5–2.5	0.60	0.15–0.20	0.50–1.50	. . .
S82441	. . .	0.030	2.50–4.00	0.035	0.005	0.70	23.0–25.0	3.0–4.5	1.00–2.00	0.20–0.30	0.10–0.80	. . .
Ferritic or Martensitic (Chromium)												
S32803	. . .	0.015	0.50	0.020	0.0035	0.55	28.0–29.0	3.0–4.0	1.80–2.50	0.020 (C+N) 0.030	. . .	Cb 12×(C+N) min, 0.15–0.50
S40500	405	0.08	1.00	0.040	0.030	1.00	11.5–14.5	0.60	. . .	. . .	. . .	Al 0.10–0.30
S40900[L]	409[L]											
S40910	. . .	0.030	1.00	0.040	0.020	1.00	10.5–11.7	0.50	. . .	0.030	. . .	Ti 6×(C+N) min, 0.50 max; Cb 0.17
S40920	. . .	0.030	1.00	0.040	0.020	1.00	10.5–11.7	0.50	. . .	0.030	. . .	Ti 8×(C+N) min, Ti 0.15–0.50; Cb 0.10

TABLE 1 *Continued*

UNS Designation[B]	Type[C]	Carbon[D]	Manganese	Phos-phorus	Sulfur	Silicon	Chromium	Nickel	Molybdenum	Nitrogen	Copper	Other Elements[E, F]
S40930	. . .	0.030	1.00	0.040	0.020	1.00	10.5–11.7	0.50	. . .	0.030	. . .	(Ti+Cb) [0.08+8 ×(C+N)] min, 0.75 max; Ti 0.05 min
S40945	. . .	0.030	1.00	0.040	0.030	1.00	10.5–11.7	0.50	. . .	0.030	. . .	Cb 0.18–0.40 Ti 0.05–0.20
S40975	. . .	0.030	1.00	0.040	0.030	1.00	10.5–11.7	0.50–1.00	. . .	0.030	. . .	Ti 6×(C+N) min, 0.75 max
S40977	. . .	0.030	1.50	0.040	0.015	1.00	10.5–12.5	0.30–1.00	. . .	0.030	. . .	. . .
S41000	410	0.08–0.15	1.00	0.040	0.030	1.00	11.5–13.5	0.75	. . .	. . .	. . .	. . .
S41003	. . .	0.030	1.50	0.040	0.030	1.00	10.5–12.5	1.50	. . .	0.030	. . .	. . .
S41008	410S	0.08	1.00	0.040	0.030	1.00	11.5–13.5	0.60	. . .	. . .	. . .	. . .
S41045	. . .	0.030	1.00	0.040	0.030	1.00	12.0–13.0	0.50	. . .	0.030	. . .	Cb 9×(C+N) min, 0.60 max
S41050	. . .	0.04	1.00	0.045	0.030	1.00	10.5–12.5	0.60–1.10	. . .	0.10	. . .	. . .
S41500[M]	. . .	0.05	0.50–1.00	0.030	0.030	0.60	11.5–14.0	3.5–5.5	0.50–1.00	. . .	. . .	. . .
S42035	. . .	0.08	1.00	0.045	0.030	1.00	13.5–15.5	1.0–2.5	0.2–1.2	. . .	. . .	Ti 0.30–0.50
S42900	429[G]	0.12	1.00	0.040	0.030	1.00	14.0–16.0	. . .	. . .	. . .	. . .	. . .
S43000	430	0.12	1.00	0.040	0.030	1.00	16.0–18.0	0.75	. . .	. . .	. . .	. . .
S43035	439	0.030	1.00	0.040	0.030	1.00	17.0–19.0	0.50	. . .	0.030	. . .	Ti [0.20+4(C+N)] min, 1.10 max; Al 0.15
S43400	434	0.12	1.00	0.040	0.030	1.00	16.0–18.0	. . .	0.75–1.25	. . .	. . .	. . .
S43600	436	0.12	1.00	0.040	0.030	1.00	16.0–18.0	. . .	0.75–1.25	. . .	. . .	Cb 5×C min, 0.80 max
S43932	. . .	0.030	1.00	0.040	0.030	1.00	17.0–19.0	0.50	. . .	0.030	. . .	(Ti+Cb) [0.20+4(C+N)] min, 0.75 max; Al 0.15
S43940	. . .	0.030	1.00	0.040	0.015	1.00	17.5–18.5	. . .	. . .	. . .	. . .	Ti 0.10–0.60 Cb [0.30+(3×C)] min
S44100	. . .	0.030	1.00	0.040	0.030	1.00	17.5–19.5	1.00	. . .	0.030	. . .	Ti 0.1–0.5 Cb [0.3 + (9× C)] min, 0.90 max
S44330	. . .	0.025	1.00	0.040	0.030	1.00	20.0–23.0	. . .	. . .	0.025	0.30–0.80	(Ti+Cb) 8×(C+N) min, 0.80 max
S44400	444	0.025	1.00	0.040	0.030	1.00	17.5–19.5	1.00	1.75–2.50	0.035	. . .	(Ti+Cb)[0.20+4(C+N)] min, 0.80 max
S44500	. . .	0.020	1.00	0.040	0.012	1.00	19.0–21.0	0.60	. . .	0.03	0.30–0.60	Cb 10×(C+N) min, 0.80 max
S44535	. . .	0.030	0.30–0.80	0.050	0.020	0.50	20.0–24.0	. . .	. . .	. . .	0.50	La 0.04–0.20 Ti 0.03–0.20 Al 0.50

S44536	...	0.015	1.00	0.040	0.030	1.00	20.0–23.0	0.5	...	0.015	...	(Ti+Cb) 8X(C+N)–0.8, Cb min 0.05
S44537	...	0.030	0.8	0.050	0.006	0.1–0.6	20.0–24.0	0.5	...	0.04	0.5	Al 0.1 W 1.0–3.0 Cb 0.2–1.0 Ti 0.02–0.20 La 0.04–0.20
S44626	XM-33[J]	0.06	0.75	0.040	0.020	0.75	25.0–27.0	0.50	0.75–1.50	0.04	0.20	Ti 0.20–1.00; Ti 7(C+N) min
S44627	XM-27[J]	0.010[N]	0.40	0.020	0.020	0.40	25.0–27.5	0.50	0.75–1.50	0.015[N]	0.20	Cb 0.05–0.20 (Ni + Cu) 0.50
S44635	...	0.025	1.00	0.040	0.030	0.75	24.5–26.0	3.5–4.5	3.5–4.5	0.035	...	(Ti+Cb) [0.20+4 (C+N)] min, 0.80 max
S44660	...	0.030	1.00	0.040	0.030	1.00	25.0–28.0	1.0–3.5	3.0–4.0	0.040	...	(Ti+Cb) 0.20 – 1.00, Ti + Cb 6x(C+N) min
S44700	...	0.010	0.30	0.025	0.020	0.20	28.0–30.0	0.15	3.5–4.2	0.020	0.15	(C+N) 0.025
S44725	...	0.015	0.40	0.040	0.020	0.040	25.0–28.5	0.30	1.5–2.5	0.018	...	(Ti+Cb) ≥8x(C+N)
S44735	...	0.030	1.00	0.040	0.030	1.00	28.0–30.0	1.00	3.6–4.2	0.045	...	(Ti+Cb) 0.20–1.00, (Ti+Cb) 6× (C+N) min
S44800	...	0.010	0.30	0.025	0.020	0.20	28.0–30.0	2.00–2.50	3.5–4.2	0.020	0.15	(C+N) 0.025
S46800	...	0.030	1.00	0.040	0.030	1.00	18.0–20.0	0.50	...	0.030	...	Ti 0.07–0.30 Cb 0.10–0.60 (Ti+Cb) [0.20+4 (C+N)] min, 0.80 max

[A] Maximum, unless range or minimum is indicated.
[B] Designation established in accordance with Practice E527 and SAE J 1086.
[C] Unless otherwise indicated, a grade designation originally assigned by the American Iron and Steel Institute (AISI).
[D] Carbon analysis shall be reported to nearest 0.01 % except for the low-carbon types, which shall be reported to nearest 0.001 %.
[E] The terms Columbium (Cb) and Niobium (Nb) both relate to the same element.
[F] When two minimums or two maximums are listed for a single type, as in the case of both a value from a formula and an absolute value, the higher minimum or lower maximum shall apply.
[G] Common name, not a trademark, widely used, not associated with any one producer.
[H] Iron shall be determined arithmetically by difference of 100 minus the sum of the other specified elements.
[I] (Al + Ti) 0.85–1.20.
[J] Naming system developed and applied by ASTM.
[K] Cr + 3.3 Mo + 16 N = 40 min.
[L] S40900 (Type 409) has been replaced by S40910, S40920, and S40930. Unless otherwise specified in the ordering information, an order specifying S40900 or Type 409 shall be satisfied by any one of S40910, S40920, or S40930 at the option of the seller. Material meeting the requirements of S40910, S40920, or S40930, may at the option of the manufacturer be certified as S40900.
[M] Plate version of CA-6NM.
[N] Product (check or verification) analysis tolerance over the maximum limit for C and N in XM-27 shall be 0.002 %.
[O] Cr + 3.3 Mo + 16 N = 41 min.

TABLE 2 Mechanical Test Requirements

UNS Designation	Type[A]	Tensile Strength, min		Yield Strength,[B] min		Elongation in 2 in. or 50 mm, min, %	Hardness, max[C]		Cold Bend[D]
		ksi	MPa	ksi	MPa		Brinell. HBW	Rockwell B	
Austenitic (Chromium-Nickel) (Chromium-Manganese-Nickel)									
N08020	. . .	80	550	35	240	30[E]	217	95	not required
N08367									
Sheet and Strip		100	690	45	310	30	. . .	100	not required
Plate		95	655	45	310	30	241	. . .	not required
N08700	. . .	80	550	35	240	30	192	90	not required
N08800	800[F]	75	520	30[G]	205[G]	30[H]	. . .	. . .	not required
N08810	800H[F]	65	450	25[G]	170[G]	30	. . .	. . .	not required
N08811	. . .	65	450	25	170	30	. . .	. . .	not required
N08904	904L[F]	71	490	31	220	35	. . .	90	not required
N08925	. . .	87	600	43	295	40	. . .	. . .	not required
N08926	. . .	94	650	43	295	35	. . .	. . .	not required
S20100	201-1[I]	75	515	38	260	40	217	95	. . .
S20100	201-2[I]	95	655	45	310	40	241	100	. . .
S20103	201L[F]	95	655	38	260	40	217	95	not required
S20153	201LN[F]	95	655	45	310	45	241	100	not required
S20161	. . .	125	860	50	345	40	255	25[J]	not required
S20200	202	90	620	38	260	40	241	. . .	. . .
S20400	. . .	95	655	48	330	35	241	100	not required
S20431	. . .	90	620	45	310	40	241	100	not required
S20432	. . .	75	515	30	205	40	201	92	not required
S20433	. . .	80	550	35	240	40	217	95	not required
S20910	XM-19[K]								
Sheet and Strip		105	725	60	415	30	241	100	not required
Plate		100	690	55	380	35	241	100	not required
S21600	XM-17[K]								
Sheet and Strip		100	690	60	415	40	241	100	not required
Plate		90	620	50	345	40	241	100	not required
S21603	XM-18[K]								
Sheet and Strip		100	690	60	415	40	241	100	not required
Plate		90	620	50	345	40	241	100	not required
S21640	. . .	95	650	45	310	40	. . .	. . .	not required
S21800	. . .	95	655	50	345	35	241	100	not required
S21904	XM-11[K]								
Sheet and Strip		100	690	60	415	40	241	100	not required
Plate		90	620	50	345	45	241	100	not required
S24000	XM-29[K]								
Sheet and Strip		100	690	60	415	40	241	100	not required
Plate		100	690	55	380	40	241	100	not required

S30100	301	75	515	30	205	40	217	95	not required
S30103	301L[F]	80	550	32	220	45	241	100	not required
S30153	301LN[F]	80	550	35	240	45	241	100	not required
S30200	302	75	515	30	205	40	201	92	not required
S30400	304	75	515	30	205	40	201	92	not required
S30403	304L	70	485	25	170	40	201	92	not required
S30409	304H	75	515	30	205	40	201	92	not required
S30415	...	87	600	42	290	40	217	95	not required
S30435	...	65	450	23	155	45	187	90	...
S30441	...	75	515	30	205	40	201	92	not required
S30451	304N	80	550	35	240	30	217	95	not required
S30452	XM-21[K]								
Sheet and Strip		90	620	50	345	30	241	100	not required
Plate		85	585	40	275	30	241	100	not required
S30453	304LN	75	515	30	205	40	217	95	not required
S30500	305	70	485	25	170	40	183	88	not required
S30530	...	75	515	30	205	40	201	92	not required
S30600	...	78	540	35	240	40	...	...	...
S30601	...	78	540	37	255	30	...	...	not required
S30615	...	90	620	40	275	35	217	95	not required
S30815	...	87	600	45	310	40	217	95	...
S30908	309S	75	515	30	205	40	217	95	not required
S30909	309H[F]	75	515	30	205	40	217	95	not required
S30940	309Cb[F]	75	515	30	205	40	217	95	not required
S30941	309HCb[F]	75	515	30	205	40	217	95	not required
S31008	310S	75	515	30	205	40	217	95	not required
S31009	310H[F]	75	515	30	205	40	217	95	not required
S31040	310Cb[F]	75	515	30	205	40	217	95	not required
S31041	310HCb[F]	75	515	30	205	40	217	95	not required
S31050	310 MoLN[F]								
	$t \leq 0.25$ in.	84	580	39	270	25	217	95	not required
	$t > 0.25$ in.	78	540	37	255	25	217	95	not required
S31060	...	87	600	41	280	40	217	95	not required
S31254									
Sheet and Strip		100	690	45	310	35	223	96	not required
Plate		95	655	45	310	35	223	96	not required
S31266	...	109	750	61	420	35	...	...	not required
S31277	...	112	770	52	360	40	...	...	not required
S31600	316	75	515	30	205	40	217	95	not required
S31603	316L	70	485	25	170	40	217	95	not required
S31609	316H	75	515	30	205	40	217	95	not required
S31635	316Ti[F]	75	515	30	205	40	217	95	not required
S31640	316Cb[F]	75	515	30	205	30	217	95	not required

TABLE 2 *Continued*

UNS Designation	Type[A]	Tensile Strength, min		Yield Strength,[B] min		Elongation in 2 in. or 50 mm, min, %	Hardness, max[C]		Cold Bend[D]
		ksi	MPa	ksi	MPa		Brinell. HBW	Rockwell B	
S31651	316N	80	550	35	240	35	217	95	not required
S31653	316LN	75	515	30	205	40	217	95	not required
S31700	317	75	515	30	205	35	217	95	not required
S31703	317L	75	515	30	205	40	217	95	not required
S31725	317LM[F]	75	515	30	205	40	217	95	not required
S31726	317LMN[F]	80	550	35	240	40	223	96	not required
S31727	. . .	80	550	36	245	35	217	96	not required
S31753	317LN	80	550	35	240	40	217	95	not required
S32050	. . .	98	675	48	330	40	250	. . .	not required
S32053	. . .	93	640	43	295	40	217	96	not required
S32100	321	75	515	30	205	40	217	95	not required
S32109	321H	75	515	30	205	40	217	95	not required
S32615[L]	. . .	80	550	32	220	25	. . .	. . .	not required
S32654	. . .	109	750	62	430	40	250	. . .	not required
S33228	. . .	73	500	27	185	30	217	95	not required
S33400	334[F]	70	485	25	170	30	. . .	92	not required
S33425	. . .	75	515	30	205	40	. . .	. . .	not required
S33550	. . .	87	600	41	280	35	217	95	not required
S34565	. . .	115	795	60	415	35	241	100	not required
S34700	347	75	515	30	205	40	201	92	not required
S34709	347H	75	515	30	205	40	201	92	not required
S34751	347LN	75	515	30	205	40	201	92	not required
S34800	348	75	515	30	205	40	201	92	not required
S34809	348H	75	515	30	205	40	201	92	not required
S35045	. . .	70	485	25	170	35	. . .	. . .	not required
S35115	. . .	85	585	40	275	40	241	100	not required
S35125	. . .	70	485	30	205	35	. . .	. . .	not required
S35135									
Sheet and Strip	. . .	80	550	30	205	30	. . .	. . .	not required
Plate	. . .	75	515	30	205	30	. . .	. . .	not required
S35140	. . .	90	620	40	275	30	241	100	not required
S35315	. . .	94	650	39	270	40	217	95	not required
S38100	XM-15[K]	75	515	30	205	40	217	95	not required
S38815	. . .	78	540	37	255	30	. . .	. . .	not required
Duplex (Austenitic-Ferritic)									
S31200	. . .	100	690	65	450	25	293	31[J]	not required
S31260	. . .	100	690	70	485	20	290	. . .	. . .
S31803	. . .	90	620	65	450	25	293	31[J]	not required
S32001	. . .	90	620	65	450	25	. . .	25[J]	not required

S32003	. . .								
	t ≤ 0.187 in. [5.00 mm]	100	690	70	485	25	293	31[J]	not required
	t > 0.187 in. [5.00 mm]	95	655	65	450	25	293	31[J]	not required
S32101	. . .								
	t ≤ 0.187 in. [5.00 mm]	101	700	77	530	30	290	. . .	not required
	t > 0.187 in. [5.00 mm]	94	650	65	450	30	290	. . .	not required
S32202	. . .	94	650	65	450	30	290	. . .	not required
S32205	2205[F]	95	655	65	450	25	293	31[J]	not required
S32304	2304[F]	87	600	53	400	25	290	32[J]	not required
S32506	. . .	90	620	65	450	18	302	32[J]	not required
S32520	. . .	112	770	80	550	25	310	. . .	not required
S32550	255[F]	110	760	80	550	15	302	32[J]	not required
S32750	2507[F]	116	795	80	550	15	310	32[J]	not required
S32760	. . .	108	750	80	550	25	270	. . .	not required
S32808	. . .	101	700	72	500	15	310	32[J]	not required
S32900	329	90	620	70	485	15	269	28[J]	not required
S32906	. . .	116	800	94	650	25.0	310	32[J]	not required
	t < 0.4 in. [10.0 mm]								
	t ≥ 0.4 in. [10.0 mm]	109	750	80	550	25.0	310	32[J]	not required
S32950[M]	. . .	100	690	70	485	15	293	32[J]	not required
S39274	. . .	116	800	80	550	15	310	32[J]	not required
S81921	. . .	90	620	65	450	25	293	31[J]	not required
S82011	. . .	101	700	75	515	30	293	31[J]	not required
	t ≤ 0.187 in. [5.00 mm]								
	t > 0.187 in. [5.00 mm]	95	655	65	450	30	293	31[J]	not required
S82012	t >0.187 in. [5.00 mm]	94	650	58	400	35	290		
	t ≤0.187 in. [5.00 mm]	102	700	73	500	35		31[J]	not required
S82031	t>0.187 in. [5.00 mm]	94	650	58	400	35	290		not required
	t≤0.187 in. [5.00 mm]	102	700	73	500	35		31[J]	not required
S82121	. . .	94	650	65	450	25	286	30[J]	not required
S82122	t<0.118 in. [3.00 mm]	101	700	72	500	25	290	32[J]	not required
	t≥0.118 in. [3.00 mm]	87	600	58	400	30	290	32[J]	not required
S82441	. . .								
	t < 0.4 in. [10.0 mm]	107	740	78	540	25	290	. . .	not required
	t ≥ 0.4 in. [10.0 mm]	99	680	70	480	25	290	. . .	not required

TABLE 2 *Continued*

UNS Designation	Type[A]	Tensile Strength, min		Yield Strength,[B] min		Elongation in 2 in. or 50 mm, min, %	Hardness, max[C]		Cold Bend°[D]
		ksi	MPa	ksi	MPa		Brinell. HBW	Rockwell B	
Ferritic or Martensitic (Chromium)									
S32803	...	87	600	72	500	16	241	100	not required
S40500	405	60	415	25	170	20	179	88	180
S40900[N]	409[N]								
S40910	...	55	380	25	170	20	179	88	180
S40920	...	55	380	25	170	20	179	88	180
S40930	...	55	380	25	170	20	179	88	180
S40945	...	55	380	30	205	22	...	80	180
S40975	...	60	415	40	275	20	197	92	180
S40977	...	65	450	41	280	18	180	88	not required
S41000	410	65	450	30	205	20	217	96	180
S41003	...	66	455	40	275	18	223	20[J]	not required
S41008	410S	60	415	30	205	22[O]	183	89	180
S41045	...	55	380	30	205	22	...	80	180
S41050	...	60	415	30	205	22	183	89	180
S41500	...	115	795	90	620	15	302	32[J]	not required
S42035	...	80	550	55	380	16	180	88	not required
S42900	429[F]	65	450	30	205	22[O]	183	89	180
S43000	430	65	450	30	205	22[O]	183	89	180
S43035	439	60	415	30	205	22	183	89	180
S43400	434	65	450	35	240	22	...	89	180
S43600	436	65	450	35	240	22	...	89	180
S43932	...	60	415	30	205	22	183	89	180
S43940	...	62	430	36	250	18	180	88	not required
S44330	...	56	390	30	205	22	187	90	not required
S44100	...	60	414	35	241	20	190	90	not required

S44400	...	60	415	40	275	20	217	96	180
S44500	...	62	427	30	205	22	...	83	180
S44535	...	58	400	36	250	25[E]	...	50–90[P]	not required
S44536	...	60	410	35	245	20	192	90	180
S44537	...	65	450	46	320	18[Q]	200	93	180
S44626	XM-33[K]	68	470	45	310	20	217	96	180
S44627	XM-27[K]	65	450	40	275	22	187	90	180
S44635	...	90	620	75	515	20	269	28[J]	180
S44660	...	85	585	65	450	18	241	100	180
S44700	...	80	550	60	415	20	223	20[J]	180
S44725	...	65	450	40	275	20	210	95	180
S44735	...	80	550	60	415	18	255	25[J]	180
S44800	...	80	550	60	415	20	223	20[J]	180
S46800	...	60	415	30	205	22	...	90	180

[A] Unless otherwise indicated, a grade designation originally assigned by the American Iron and Steel Institute (AISI).

[B] Yield strength shall be determined by the offset method at 0.2 % in accordance with Test Methods and Definitions A370. Unless otherwise specified (see Specification A480/A480M, paragraph 4.1.11, Ordering Information), an alternative method of determining yield strength may be based on total extension under load of 0.5 %.

[C] Either Brinell or Rockwell B Hardness is permissible.

[D] Bend tests are not required for chromium steels (ferritic or martensitic) thicker than 1 in. [25 mm] or for any austenitic or duplex (austenitic-ferritic) stainless steels regardless of thickness.

[E] Elongation for thickness, less than 0.015 in. [0.38 mm] shall be 20 % minimum, in 1 in. [25.4 mm].

[F] Common name, not a trademark, widely used, not associated with any one producer.

[G] Yield strength requirements shall not apply to material under 0.020 in [0.50 mm] in thickness.

[H] Not applicable for thicknesses under 0.010 in. [0.25 mm].

[I] Type 201 is generally produced with a chemical composition balanced for rich side (Type 201-1) or lean side (Type 201-2) austenite stability depending on the properties required for specific applications.

[J] Rockwell C scale.

[K] Naming system developed and applied by ASTM.

[L] For S32615, the grain size as determined in accordance with the Test Methods E112, Comparison Method, Plate II, shall be No. 3 or finer.

[M] Prior to Specification A240 – 89b, the tensile value for S32950 was 90 ksi.

[N] S40900 (Type 409) has been replaced by S40910, S40920, and S40930. Unless otherwise specified in the ordering information, an order specifying S40900 or Type 409 shall be satisfied by any one of S40910, S40920, or S40930 at the option of the seller. Material meeting the requirements of S40910, S40920, or S40930, may at the option of the manufacturer be certified as S40900.

[O] Material 0.050 in [1.27 mm] and under in thickness shall have a minimum elongation of 20 %.

[P] Hardness is required to be provided for information only, but is not required to meet a particular requirement.

[Q] The minimum elongation for plates thicker than 0.630 in. (16 mm) shall be 8 %.

SPECIFICATION FOR CARBON STEEL FORGINGS FOR PRESSURE VESSEL COMPONENTS

SA-266/SA-266M

(Identical with ASTM Specification A266/A266M-13.)

1. Scope

1.1 This specification covers four grades of carl forgings for boilers, pressure vessels, and associate ment.

NOTE 1—Designations have been changed as follows:

Current	Formerly
Grade 1	Class 1
Grade 2	Class 2
Grade 3	Class 3
Grade 4	Class 4

TABLE 1 Chemical Requirements

	Composition, %		
	Grades 1 and 2	Grade 3	Grade 4
Carbon, max	0.30	0.35	0.30
Manganese	0.40–1.05	0.80–1.35	0.80–1.35
Phosphorus, max	0.025	0.025	0.025
Sulfur, max	0.025	0.025	0.025
Silicon	0.15–0.35	0.15–0.35	0.15–0.35

TABLE 2 Tensile Requirements

	Grade 1	Grades 2 and 4	Grade 3
Tensile strength, min, ksi [MPa]	60–85 [415–585]	70–95 [485–655]	75–100 [515–690]
Yield strength (0.2 % offset), min, ksi [MPa]	30 [205]	36 [250]	37.5 [260]
Elongation in 2 in. [62.5 mm], min, %	23 [21]	20 [18]	19 [17]
Reduction of area, min, %	38	33	30

SPECIFICATION FOR ALLOY STEEL FORGINGS FOR PRESSURE AND HIGH-TEMPERATURE PARTS

SA-336/SA-336M

(Identical with ASTM Specification A336/A336M-15.)

TABLE 1 Tensile Requirements

	Ferritic Steels																			
	Grade																			
	F1	F11, Class 2	F11, Class 3	F11, Class 1	F12	F5	F5A	F9	F6	F6NM	F21, Class 3	F21, Class 1	F22, Class 3	F22, Class 1	F91	F911	F92	F3V	F3VCb	F22V
nsile ength, i [MPa]	70-95 [485-660]	70-95 [485-660]	75-100 [515-690]	60-85 [415-585]	70-95 [485-660]	60-85 [415-585]	80-105 [550-725]	85-110 [585-760]	85-110 [585-760]	115-140 [790-965]	75-100 [515-690]	60-85 [415-585]	75-100 [515-690]	60-85 [415-585]	90-110 [620-760]	90-120 [620-830]	90-120 [620-830]	85-110 [585-760]	85-110 [585-760]	85-110 [585-760]
eld ength, n, ksi Pa]	40 [275]	40 [275]	45 [310]	30 [205]	40 [275]	36 [250]	50 [345]	55 [380]	55 [380]	90 [620]	45 [310]	30 [205]	45 [310]	30 [205]	60 [415]	64 [440]	64 [440]	60 [415]	60 [415]	60 [415]
ongation in. or) mm, in, %	20	20	18	20	20	20	19	20	18	15	19	20	19	20	20	20	20	18	18	18
eduction area, in, %	40	40	40	45	40	40	35	40	35	45	40	45	40	45	40	40	45	45	45	45

6. Heat Treatment

6.1.2.1 For Grade F91, F911, and F92 forgings, the austenitizing temperature shall be in the range of 1900 to 1975°F [1040 to 1080°C].

6.1.3 For Grade F6NM the austenitizing temperature shall be 1850°F [1010°C] minimum. The tempering temperature range shall be as shown in 6.1.4.

6.1.4 Except for the following grades, the minimum tempering temperature shall be 1100°F [595°C]:

Grade	Tempering Temperature Minimum or Range, °F [°C]
F6	1150 [620]
F6NM	1040-1120 [560-600]
F11, Class 2	1150 [620]
F11, Class 3	1150 [620]
F11, Class 1	1150 [620]
F5, F5a	1250 [675]
F9	1250 [675]
F21, Class 1	1250 [675]
F3V, F3VCb	1250 [675]
F22, Class 1	1250 [675]
F22V	1250 [675]
F91, F92	1350-1470 [730-800]

TABLE 2 Chemical Requirements[A]

	Composition, %								
	Grade								
Element	F1	F11, Classes 2 and 3	F11, Class 1	F12	F5[B]	F5A[B]	F9	F6	F6NM
Carbon	0.20–0.30	0.10–0.20	0.05–0.15	0.10–0.20	0.15 max	0.25 max	0.15 max	0.12 max	0.05 max
Manganese	0.60–0.80	0.30–0.80	0.30–0.60	0.30–0.80	0.30–0.60	0.60 max	0.30–0.60	1.00 max	0.50–1.00
Phosphorus, max	0.025	0.025	0.025	0.025	0.025	0.025	0.025	0.025	0.020
Sulfur, max	0.025	0.025	0.025	0.025	0.025	0.025	0.025	0.025	0.015
Silicon	0.20–0.35	0.50–1.00	0.50–1.00	0.10–0.60	0.50 max	0.50 max	0.50–1.00	1.00 max	0.60 max
Nickel	. . .	. . .	. . .	. . .	0.50 max	0.50 max	. . .	0.50 max	3.5–5.5
Chromium	. . .	1.00–1.50	1.00–1.50	0.80–1.10	4.0–6.0	4.0–6.0	8.0–10.0	11.5–13.5	11.5–14
Molybdenum	0.40–0.60	0.45–0.65	0.44–0.65	0.45–0.65	0.45–0.65	0.45–0.65	0.90–1.10	. . .	0.50–1.00

	Grade	
Element	F21, Classes 1 and 3	F22, Classes 1 and 3
Carbon	0.05–0.15	0.05–0.15
Manganese	0.30–0.60	0.30–0.60
Phosphorus, max	0.025	0.025
Sulfur, max	0.025	0.025
Silicon	0.50 max	0.50 max
Nickel	. . .	. . .
Chromium	2.7–3.3	2.00–2.50
Molybdenum	0.80–1.06	0.90–1.10
Vanadium	. . .	. . .
Copper	. . .	. . .
Nitrogen	. . .	. . .
Columbium	. . .	. . .

Element	Grade F91	Grade F911	Grade F92	F3V	F3VCb	F22V
Carbon	0.08–0.12	0.09–0.13	0.07–0.13	0.10–0.15	0.10–0.15	0.11–0.15
Manganese	0.30–0.60	0.30–0.60	0.30–0.60	0.30–0.60	0.30–0.60	0.30–0.60
Phosphorus, max	0.025	0.020	0.020	0.020	0.020	0.015
Sulfur, max	0.025	0.010	0.010	0.020	0.010	0.010
Silicon	0.20–0.50	0.10–0.50	0.50	0.10 max	0.10 max	0.10 max
Nickel	0.40 max	0.40 max	0.40	...	0.25 max	0.25 max
Chromium	8.0–9.5	8.5–9.5	8.50–9.50	2.7–3.3	2.7–3.3	2.00–2.50
Molybdenum	0.85–1.05	0.90–1.10	0.30–0.60	0.90–1.10	0.90–1.10	0.90–1.10
Vanadium	0.18–0.25	0.18–0.25	0.15–0.25	0.20–0.30	0.20–0.30	0.25–0.35
Columbium	0.06–0.10	0.06–0.10	0.04–0.09	...	0.015–0.070	0.07 max
Nitrogen	0.03–0.07	0.04–0.09	0.030–0.070	...	...	...
Aluminum	0.02 max[C]	0.02 max[C]	0.02	...	...	...
Boron	...	0.0003–0.006	0.001–0.006	0.001–0.003	..	0.0020 max
Tungsten	...	0.90–1.10	1.50–2.00	...	...	...
Titanium	0.01 max[C]	0.01 max[C]	0.01	0.015–0.035	0.015 max	0.030 max
Copper	...	...	...	...	0.25 max	0.20 max
Calcium	...	...	...	...	0.0005–0.0150	0.015 max[D]
Zirconium	0.01 max[C]	0.01 max[C]	0.01	...	...	...

[A] Where ellipses (...) appear in this table, there is no requirement, and the element need neither be analyzed for nor reported.

[B] The present Grade F5A (0.25 %, maximum carbon) previous to 1955 was assigned the identification symbol F5. Identification symbol F5 has been assigned to the 0.15 %, maximum, carbon grade to be consistent with ASTM specifications for other products such as pipe, tubing, bolting, welding, fittings, etc.

[C] Applies to both heat and product analyses.

[D] For Grade F22V, rare earth metals (REM) may be added in place of calcium subject to agreement between the producer and the purchaser. In that case the total amount of REM shall be determined and reported.

SUMMARY

SPECIFICATION FOR CARBON AND LOW-ALLOY STEEL FORGINGS, REQUIRING NOTCH TOUGHNESS TESTING FOR PIPING COMPONENTS

SA-350/SA-350M

FIG. 1 TEST SPECIMEN LOCATION FOR QUENCHED AND TEMPERED FORGINGS

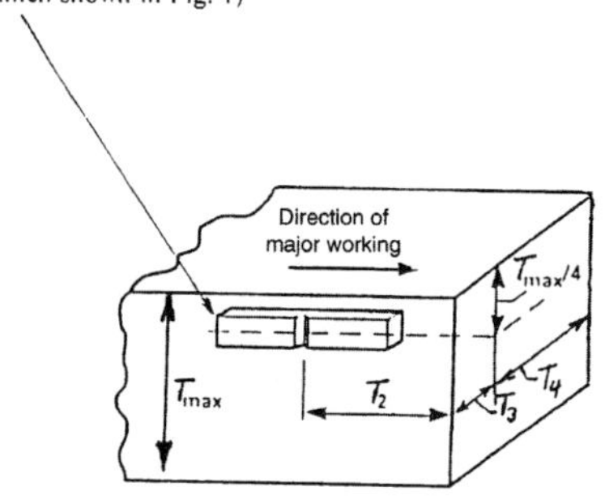

NOTE 1 — For material with thickness T greater than 2 in. [50 mm], $T_2 = T_3 = T_4 \geq T_{max}$
where:
T_{max} = maximum heat threated thickness

TABLE 1
CHEMICAL REQUIREMENTS

Element	Composition, wt. %						
	Grade LF1	Grade LF2	Grade LF3	Grade LF5	Grade LF6	Grade LF9	Grade LF787
Carbon, max	0.30	0.30	0.20	0.30	0.22	0.20	0.07
Manganese	0.60–1.35	0.60–1.35	0.90 max	0.60–1.35	1.15–1.50	0.40–1.06	0.40–0.70
Phosphorus, max	0.035	0.035	0.035	0.035	0.025	0.035	0.025
Sulfur, max	0.040	0.040	0.040	0.040	0.025	0.040	0.025
Silicon[A]	0.15–0.30	0.15–0.30	0.20–0.35	0.20–0.35	0.15–0.30	. . .	0.40 max
Nickel	0.40 max[B]	0.40 max[B]	3.3–3.7	1.0–2.0	0.40 max[B]	1.60–2.24	0.70–1.00
Chromium	0.30 max[B,C]	0.30 max[B,C]	0.30 max[C]	0.30 max[C]	0.30 max[B,C]	0.30 max[C]	0.60–0.90
Molybdenum	0.12 max[B,C]	0.12 max[B,C]	0.12 max[C]	0.12 max[C]	0.12 max[B,C]	0.12 max[C]	0.15–0.25
Copper	0.40 max[B]	0.40 max[B]	0.40 max[C]	0.40 max[C]	0.40 max[B]	0.75–1.25	1.00–1.30
Columbium	0.02 max	0.02 max	0.02 max	0.02 max	0.02 max	0.02 max	0.02 min
Vanadium	0.08 max	0.08 max	0.03 max	0.03 max	0.04–0.11	0.03 max	0.03 max
Nitrogen	. . .	. . .	. . .	. . .	0.01–0.030	. . .	. . .

[A] When vacuum carbon-deoxidation is required by Supplementary Requirement S4, the silicon content shall be 0.12% maximum.
[B] The sum of copper, nickel, chromium, vanadium, and molybdenum shall not exceed 1.00% on heat analysis.
[C] The sum of chromium and molybdenum shall not exceed 0.32% on heat analysis.

TABLE 2
TENSILE PROPERTIES AT ROOM TEMPERATURE[A]

	Grades							
	LF1 and LF5 Class 1	LF2 Classes 1 and 2	LF3 Classes 1 and 2 LF5 Class 2	LF6		LF9	LF787	
				Class 1	Classes 2 and 3		Class 2	Class 3
Tensile strength, ksi [MPa]	60–85 [415–585]	70–95 [485–655]	70–95 [485–655]	66–91 [455–630]	75–100 [515–690]	63–88 [435–605]	65–85 [450–585]	75–95 [515–655]
Yield strength, min, ksi [MPa][B,C]	30 [205]	36 [250]	37.5 [260]	52 [360]	60 [415]	46 [315]	55 [380]	65 [450]
Elongation:								
Standard round specimen, or small proportional specimen, min % in 4D gage length	25	22	22	22	20	25	20	20
Strip specimen for wall thickness $^5/_{16}$ in. (7.94 mm) and over and for all small sizes tested in full section; min % in 2 in. (50 mm)	28	30	30	30	28	28	28	28
Equation for calculating min elongation for strip specimens thinner than $^5/_{16}$ in. (7.94 mm); min % in 2 in. (50 mm) t = actual thickness in inches	$48t + 13$	$48t + 15$	$48t + 15$	$48t + 15$	$48t + 13$	$48t + 13$	$48t + 13$	$48t + 13$
Reduction of area, min, %	38	30	35	40	40	38	45	45

[A] See 7.3 for hardness tests.
[B] Determined by either the 0.2% offset method or the 0.5% extension under load method.
[C] For round specimens only.

TABLE 3
CHARPY V-NOTCH ENERGY REQUIREMENTS FOR STANDARD SIZE [10 by 10 mm] SPECIMENS

Grade	Minimum Impact Energy Required for Average of Each Set of Three Specimens, ft-lbf [J]	Minimum Impact Energy Permitted for One Specimen only of a Set, ft-lbf [J]
LF1 and LF9	13 [18]	10 [14]
LF2, Class 1	15 [20]	12 [16]
LF3, Class 1	15 [20]	12 [16]
LF5, Class 1 and 2	15 [20]	12 [16]
LF787, Classes 2 and 3	15 [20]	12 [16]
LF6, Class 1	15 [20]	12 [16]
LF2, Class 2	20 [27]	15 [20]
LF3, Class 2	20 [27]	15 [20]
LF6, Classes 2 and 3	20 [27]	15 [20]

TABLE 4
STANDARD IMPACT TEST TEMPERATURE FOR STANDARD SIZE [10 by 10 mm] SPECIMENS

Grade	Test Temperature, °F [°C]
LF1	−20 [−29]
LF2, Class 1	−50 [−46]
LF2, Class 2	0 [−18]
LF3, Classes 1 and 2	−150 [−101]
LF5, Classes 1 and 2	−75 [−59]
LF6, Classes 1 and 2	−60 [−51]
LF6, Class 3	0 [−18]
LF9	−100 [−73]
LF787, Class 2	−75 [−59]
LF787, Class 3	−100 [−73]

SPECIFICATION FOR PRESSURE VESSEL PLATES, CARBON STEEL, FOR INTERMEDIATE- AND HIGHER-TEMPERATURE SERVICE

SA-515/SA-515M

(Identical with ASTM Specification A515/A515M-10.)

TABLE 1 Chemical Requirements

Elements	Composition, %		
	Grade 60 [Grade 415]	Grade 65 [Grade 450]	Grade 70 [Grade 485]
Carbon, max:[A], [B]			
1 in. [25 mm] and under	0.24	0.28	0.31
Over 1 to 2 in. [25 to 50 mm], incl	0.27	0.31	0.33
Over 2 to 4 in. [50 to 100 mm], incl	0.29	0.33	0.35
Over 4 to 8 in. [100 to 200 mm], incl	0.31	0.33	0.35
Over 8 in. [200 mm]	0.31	0.33	0.35
Manganese[B], max:			
Heat analysis	0.90	0.90	1.20
Product analysis	0.98	0.98	1.30
Phosphorus, max[A]	0.025	0.025	0.025
Sulfur, max[A]	0.025	0.025	0.025
Silicon:			
Heat analysis	0.15–0.40	0.15–0.40	0.15–0.40
Product analysis	0.13–0.45	0.13–0.45	0.13–0.45

[A] Applies to both heat and product analyses.

[B] For each reduction of 0.01 percentage point below the specified maximum for carbon, an increase of 0.06 percentage point above the specified maximum for manganese is permitted, up to a maximum of 1.50 % by heat analysis and 1.60 % by product analysis.

TABLE 2 Tensile Requirements

	Grade		
	60 [415]	65 [450]	70 [485]
Tensile strength, ksi [MPa]	60–80 [415–550]	65–85 [450–585]	70–90 [485–620]
Yield strength, min, ksi [MPa]	32 [220]	35 [240]	38 [260]
Elongation in 8 in. [200 mm], min, %[A]	21	19	17
Elongation in 2 in. [50 mm], min, %[A]	25	23	21

[A] See Specification A20/A20M for elongation adjustment.

SPECIFICATION FOR PRESSURE VESSEL PLATES, CARBON STEEL, FOR MODERATE- AND LOWER-TEMPERATURE SERVICE

SA-516/SA-516M

(Identical with ASTM Specification A516/A516M-10.)

TABLE 1 Chemical Requirements

Elements	Composition, %			
	Grade 55 [Grade 380]	Grade 60 [Grade 415]	Grade 65 [Grade 450]	Grade 70 [Grade 485]
Carbon, max[A,B] :				
½ in. [12.5 mm] and under	0.18	0.21	0.24	0.27
Over ½ in. to 2 in. [12.5 to 50 mm], incl	0.20	0.23	0.26	0.28
Over 2 in. to 4 in. [50 to 100 mm], incl	0.22	0.25	0.28	0.30
Over 4 to 8 in. [100 to 200 mm], incl	0.24	0.27	0.29	0.31
Over 8 in. [200 mm]	0.26	0.27	0.29	0.31
Manganese[B] :				
½ in. [12.5 mm] and under:				
Heat analysis	0.60–0.90	0.60–0.90[C]	0.85–1.20	0.85–1.20
Product analysis	0.55–0.98	0.55–0.98[C]	0.79–1.30	0.79–1.30
Over ½ in. [12.5 mm]:				
Heat analysis	0.60–1.20	0.85–1.20	0.85–1.20	0.85–1.20
Product analysis	0.55–1.30	0.79–1.30	0.79–1.30	0.79–1.30
Phosphorus,max[A]	0.025	0.025	0.025	0.025
Sulfur, max[A]	0.025	0.025	0.025	0.025
Silicon:				
Heat analysis	0.15–0.40	0.15–0.40	0.15–0.40	0.15–0.40
Product analysis	0.13–0.45	0.13–0.45	0.13–0.45	0.13–0.45

[A] Applies to both heat and product analyses.
[B] For each reduction of 0.01 percentage point below the specified maximum for carbon, an increase of 0.06 percentage point above the specified maximum for manganese is permitted, up to a maximum of 1.50 % by heat analysis and 1.60 % by product analysis.
[C] Grade 60 plates ½ in. [12.5 mm] and under in thickness may have 0.85–1.20 % manganese on heat analysis, and 0.79–1.30 % manganese on product analysis.

TABLE 2 Tensile Requirements

	Grade			
	55 [380]	60 [415]	65 [450]	70 [485]
Tensile strength, ksi [MPa]	55–75 [380–515]	60–80 [415–550]	65–85 [450–585]	70–90 [485–620]
Yield strength, min,[A] ksi [MPa]	30 [205]	32 [220]	35 [240]	38 [260]
Elongation in 8 in. [200 mm], min, %[B]	23	21	19	17
Elongation in 2 in. [50 mm], min, %[B]	27	25	23	21

[A] Determined by either the 0.2 % offset method or the 0.5 % extension-under-load method.
[B] See Specification A20/A20M for elongation adjustment.

SUMMARY

Designation: A694/A694M – 16

Standard Specification for Carbon and Alloy Steel Forgings for Pipe Flanges, Fittings, Valves, and Parts for High-Pressure Transmission Service[1]

This standard is issued under the fixed designation A694/A694M; the number immediately following the designation indicates the year of original adoption or, in the case of revision, the year of last revision. A number in parentheses indicates the year of last reapproval. A superscript epsilon (ε) indicates an editorial change since the last revision or reapproval.

A694/A694M – 16

TABLE 1 Tensile Requirements

Grade	Yield Strength (0.2 % Offset), min, ksi [MPa]	Tensile Strength, min, ksi [MPa]	Elongation in 2 in. or 50 mm, min %
F42	42 [290]	60 [415]	20
F46	46 [315]	60 [415]	20
F48	48 [330]	62 [425]	20
F50	50 [345]	64 [440]	20
F52	52 [360]	66 [455]	20
F56	56 [385]	68 [470]	20
F60	60 [415]	75 [515]	20
F65	65 [450]	77 [530]	20
F70	70 [485]	82 [565]	18

TABLE 2 Chemical Requirements

	Composition, %
	Heat Analysis
Carbon, max	0.30
Manganese, max	1.60
Phosphorus, max	0.025
Sulfur, max	0.025
Silicon	0.15–0.35
Copper[A]	
Nickel[A]	
Chromium[A]	
Molybdenum[A]	
Vanadium[A]	
Columbium (Niobium)[A]	
Boron[A]	

[A] All elements listed in Table 2 shall be reported. Where no composition limit is listed, values are to be reported but no limits apply except as covered in 6.3.

Anhang

Annex

Gegenüberstellung von Rauheitsangaben bei Drehteilen (Flansche)
Comparison from surface roughness of turning work pieces (flanges)

Da eine genaue Gegenüberstellung nicht möglich ist, wurde folgende Tabelle so aufgestellt, dass immer der zulässige Rauwert eingehalten wird.

An exactly comparison is not possible. The following table is prepared in such a manner, that the values complied with the permitted roughness.

Rauwert Roughness	Gegenüberstellung/Comparison												
R_t in µm R_z	160	100	63	50	40	32	25	16	10	8	6,3	4	2,5
R_a in µm	40	25	16	12,5	10	6,3	4,8	3,2	2,5	1,6	1,2	0,8	0,4
R_p in µm	80	50	32	25	20	12,5	10	6,3	4,8	3,2	2,5	1,6	0,8
R_a in µinch = CLA = AARH	1500	1000	630	500	350	250	190	125	80	63	48	32	16
R_a in RMS	1600	1100	720	580	430	310	210	135	85	65	50	34	18

Drehen von Oberflächen (Dichtflächen von Flansche) mit Anhaltswerten für den Vorschub f
Turning of surfaces (Raised face from flanges) with reference values for the feed rate f

Stahlradius in mm Cutting tool radius in mm	Oberflächenrauigkeit Rt/Ra in µm- Surface roughness Rt/Ra in µm													
	Rt	**160**	**100**	**63**	**50**	**40**	**32**	**25**	**16**	**10**	**8**	**6,3**	**4**	**2,5**
	Ra	**40**	**25**	**16**	**12,5**	**10**	**6,3**	**4,8**	**3,2**	**2,5**	**1,6**	**1,2**	**0,8**	**0,4**
1,0	**f ▶**	1,09	0,87	0,67	0,62	0,56	0,50	0,45	0,32	0,28	0,25	0,22	0,18	0,14
1,6	**f ▶**	1,40	1,11	0,89	0,81	0,72	**0,63**	**0,56**	**0,40**	0,36	0,32	0,29	0,22	0,18
2,0	**f ▶**	1,57	1,25	1,00	0,88	0,79	0,71	0,63	0,51	0,40	0,36	0,32	0,25	0,20
2,4	**f ▶**	1,72	1,37	1,09	0,98	0,87	0,78	0,69	0,55	0,44	0,39	0,35	0,28	0,22

Anmerkung für Dichtflächen für Flansche nach ASME B 16.5 (ASME B16.47)
Dichtflächenrauigkeit für ASME B 16.5-2009 Abschnitt 6.4.5.3
Entweder wird eine konzentrisch verlaufende geriffelte oder eine spiralförmig verlaufende geriffelte Oberfläche mit einem Rauigkeitswert Ra 3,2 µm bis 6,3 µm (125 µin. bis 250 µin.) gefertigt. Der Stahlradius sollte ungefähr 1,5 mm (oder größer) sein und es sollten 1,8 Rillen pro mm bis 2,2 Rillen pro mm erzeugt werden. Die Messung der Oberflächenrauigkeit ist nach ASME B 16.5-2009 Abschnitt 6.4.5 darf nur durch visuellen Vergleich mit entsprechenden Ra Normalen beurteilt werden (nach ASME B 46.1), Abtaststifte mit elektronischer Verstärkung sind nicht zugelassen.
Entsprechend der oben angegebenen Tabelle entspricht die Oberflächenrauigkeit von 3,2 – 6,3 µm bei einem Stahlradius von 1,6 mm einem Vorschub f von 0,40 bis 0,63.
Note for raised faces of flanges in accordance with ASME B 16.5 (ASME B 16.47)
Flange facing finish to ASME B 16.5-2009 Para. 6.4.5.3
Either a serrated concentric or serrated spiral finish having a resultant surface finish from Ra 3,2 µm to 6,3 µm (125 µin. to 250 µin.) average roughness shall be furnished. The cutting tool employed should have an approximate 1,5 mm or larger radius, and there should be from 1,8 grooves/mm through 2,2 grooves/mm. The finish of the gasket contact surface shall be judged by visual comparision with Ra standards (see ASME B 46.1) and not by instruments having stylus tracers and electronic amplification.
Corresponding to the above table a surface roughness of 3,2 to 6,3 µm can be finished with a cutting tool radius of 1,6 mm and a feet rate of 0,40 to 0,63.

Conversion table Centigrade – Fahrenheit

Example for the conversion:

1. 1000 °F = ...°C? Find in the table the fat printed figure 1000 and read off the °C-figure on the left (= 538 °C).

2. 1000 °C = ...°F? Find in the table the fat printed figure 1000 and read off the °F-figure on the right (=1832 °F).

Umrechnungstabelle Celsius – Fahrenheit

Umrechnungsbeispiel:

1. 1000 °F = ...°C? Ermittle in der Tabelle den fett gedruckten Wert 1000 und lies den links danebenstehenden C-Wert ab (= 538 °C).

2. 1000 °C = ...°F? Ermittle in der Tabelle den fett gedruckten Wert 1000 und lies den rechts danebenstehenden °F-Wert ab (=1832 °F).

−459,4° bis +7°			8° bis 62°			63° bis 250°			260° bis 800°			810° bis 1350°			1360° bis 1900°		
C		°F	°C		°F	°C		°F	°C		°F	°C		°F	°C		°F
−273	**−459,4**		−13,3	**8**	46,4	17,2	**63**	145,4	127	**260**	500	432	**810**	1490	738	**1360**	2480
−268	**−450**		−12,8	**9**	48,2	17,8	**64**	147,2	132	**270**	518	438	**820**	1503	743	**1370**	2498
−262	**−440**		−12,2	**10**	50,0	18,3	**65**	149,0	138	**280**	536	443	**830**	1526	749	**1380**	2516
−257	**−430**		−11,7	**11**	51,8	18,9	**66**	150,8	143	**290**	554	449	**840**	1544	754	**1390**	2534
−251	**−420**		−11,1	**12**	53,6	19,4	**67**	152,6	149	**300**	572	454	**850**	1562	760	**1400**	2552
−246	**−410**		−10,6	**13**	55,4	20,0	**68**	154,4	154	**310**	590	460	**860**	1580	766	**1410**	2570
−240	**−400**		−10,0	**14**	57,2	20,6	**69**	156,2	160	**320**	608	466	**870**	1598	771	**1420**	2588
−234	**−390**		− 9,4	**15**	59,0	21,1	**70**	158,0	166	**330**	626	471	**880**	1616	777	**1430**	2606
−229	**−380**		− 8,9	**16**	60,8	21,7	**71**	159,8	171	**340**	644	477	**890**	1634	782	**1440**	2624
−223	**−370**		− 8,3	**17**	62,6	22,2	**72**	161,6	177	**350**	662	482	**900**	1652	788	**1450**	2642
−218	**−360**		− 7,8	**18**	64,4	22,8	**73**	163,4	182	**360**	680	488	**910**	1670	793	**1460**	2660
−212	**−350**		− 7,2	**19**	66,2	23,3	**74**	165,2	188	**370**	698	493	**920**	1688	799	**1470**	2678
−207	**−340**		− 6,7	**20**	68,0	23,9	**75**	167,0	193	**380**	716	499	**930**	1706	804	**1480**	2696
−201	**−330**		− 6,1	**21**	69,8	24,4	**76**	168,8	199	**390**	734	504	**940**	1724	810	**1490**	2714
−196	**−320**		− 5,6	**22**	71,6	25,0	**77**	170,6	204	**400**	752	510	**950**	1742	816	**1500**	2732

-190	**-310**		- 5.0	**23**	73,4	25.6	**78**	172,4	210	**410**	770	516	**960**	1760	821	**1510**	2750
-184	**-300**		- 4.4	**24**	75.2	26,1	**79**	174,2	216	**420**	788	521	**970**	1778	827	**1520**	2768
-179	**-290**		- 3.9	**25**	77.0	26.7	**80**	176,0	221	**430**	806	527	**980**	1796	832	**1530**	2786
-173	**-280**		- 3.3	**26**	78.8	27,2	**81**	177,8	227	**440**	824	532	**990**	1814	838	**1540**	2804
-169	**-273**	-459.4	- 2.8	**27**	80.6	27.8	**82**	179.6	232	**450**	842	538	**1000**	1832	843	**1550**	2822
-168	**-270**	-454	- 2.2	**28**	82.4	28,3	**83**	181,4	238	**460**	860	543	**1010**	1850	849	**1560**	2840
-162	**-260**	-436	- 1.7	**29**	84.2	28.9	**84**	183,2	243	**470**	878	549	**1020**	1868	854	**1570**	2858
-157	**-250**	-418	- 1.1	**30**	86.0	29.4	**85**	185.0	249	**480**	896	554	**1030**	1886	860	**1580**	2876
-151	**-240**	-400	- 0.6	**31**	87.8	30.0	**86**	186.8	254	**490**	914	560	**1040**	1904	866	**1590**	2894
-146	**-230**	-382	0.0	**32**	89.6	30.6	**87**	188,6	260	**500**	932	566	**1050**	1922	871	**1600**	2912
-140	**-220**	-364	0.6	**33**	91,4	31,1	**88**	190,4	266	**510**	950	571	**1060**	1940	877	**1610**	2930
-134	**-210**	-346	1,1	**34**	93.2	31,7	**89**	192,2	271	**520**	968	577	**1070**	1958	882	**1620**	2948
-129	**-200**	-328	1.7	**35**	95.0	32,2	**90**	194,0	277	**530**	986	582	**1080**	1976	888	**1630**	2966
-123	**-190**	-310	2.2	**36**	96.8	32,8	**91**	195.8	282	**540**	1004	588	**1090**	1994	893	**1640**	2984
-118	**-180**	-292	2.8	**37**	98.6	33.3	**92**	197.6	288	**550**	1022	593	**1100**	2012	899	**1650**	3002
-112	**-170**	-274	3.3	**38**	100.4	33,9	**93**	199,4	293	**560**	1040	599	**1110**	2030	904	**1660**	3020
-107	**-160**	-256	3.9	**39**	102.2	34.4	**94**	201.2	299	**570**	1058	604	**1120**	2048	910	**1670**	3038
-101	**-150**	-238	4.4	**40**	104.0	35,0	**95**	203.0	304	**580**	1076	610	**1130**	2066	916	**1680**	3056
- 96	**-140**	-220	5.0	**41**	105.8	35,6	**96**	204.8	310	**590**	1094	616	**1140**	2084	921	**1690**	3074
- 90	**-130**	-202	5.6	**42**	107.6	36,1	**97**	206,6	316	**600**	1112	621	**1150**	2102	927	**1700**	3092
- 84	**-120**	-184	6.1	**43**	109.4	36.7	**98**	208,4	321	**610**	1130	627	**1160**	2120	932	**1710**	3110
- 79	**-110**	-166	6.7	**44**	111.2	37.2	**99**	210,2	327	**620**	1148	632	**1170**	2138	938	**1720**	3128
- 73	**-100**	-148	7.2	**45**	113.0	37.8	**100**	212.0	332	**630**	1166	638	**1180**	2156	943	**1730**	3146
- 68	**- 90**	-130	7.8	**46**	114.8	38	**100**	212	338	**640**	1184	643	**1190**	2174	949	**1740**	3164
- 62	**- 80**	-112	8.3	**47**	116.6	43	**110**	230	343	**650**	1202	649	**1200**	2192	954	**1750**	3182
- 57	**- 70**	- 94	8.9	**48**	118.4	49	**120**	248	349	**660**	1220	654	**1210**	2210	960	**1760**	3200
- 51	**- 60**	- 76	9.4	**49**	120.2	54	**130**	266	354	**670**	1238	660	**1220**	2228	966	**1770**	3218
- 46	**- 50**	- 58	10.0	**50**	122.0	60	**140**	284	360	**680**	1256	666	**1230**	2246	971	**1780**	3236
- 40	**- 40**	- 40	10.6	**51**	123.8	66	**150**	302	366	**690**	1274	671	**1240**	2264	977	**1790**	3254
- 34	**- 30**	- 22	11.1	**52**	125,6	71	**160**	320	371	**700**	1292	677	**1250**	2282	982	**1800**	3272
- 29	**- 20**	- 4	11.7	**53**	127.4	77	**170**	338	377	**710**	1310	682	**1260**	2300	988	**1810**	3290
- 23	**- 10**	14	12.2	**54**	129,2	82	**180**	356	382	**720**	1328	688	**1270**	2318	993	**1820**	3308
- 17.8	**0**	32	12.8	**55**	131.0	88	**190**	374	388	**730**	1346	693	**1280**	2336	999	**1830**	3326
- 17.2	**1**	33.8	13.3	**56**	132.8	93	**200**	392	393	**740**	1364	699	**1290**	2354	1004	**1840**	3344
- 16,7	**2**	35.6	13.9	**57**	134.6	99	**210**	410	399	**750**	1382	704	**1300**	2372	1010	**1850**	3362
- 16,1	**3**	37.4	14.4	**58**	136.4	100	**212**	413,6	404	**760**	1400	710	**1310**	2390	1016	**1860**	3380
- 15.6	**4**	39.2	15.0	**59**	138.2	104	**220**	428	410	**770**	1418	716	**1320**	2408	1021	**1870**	3398
- 15.0	**5**	41.0	15.6	**60**	140.0	110	**230**	446	416	**780**	1436	721	**1330**	2426	1027	**1880**	3416
- 14.4	**6**	42.8	16.1	**61**	141.8	116	**240**	464	421	**790**	1454	727	**1340**	2444	1032	**1890**	3434
- 13.9	**7**	44.6	16.7	**62**	143.6	121	**250**	482	427	**800**	1472	732	**1350**	2462	1038	**1900**	3452

Inserentenverzeichnis

Die inserierenden Firmen und die Aussagen in Inseraten stehen nicht notwendigerweise in einem Zusammenhang mit den in diesem Buch abgedruckten Normen. Aus dem Nebeneinander von Inseraten und redaktionellem Teil kann weder auf die Normgerechtheit der beworbenen Produkte oder Verfahren geschlossen werden, noch stehen die Inserenten notwendigerweise in einem besonderen Zusammenhang mit den wiedergegebenen Normen. Die Inserenten dieses Buches müssen auch nicht Mitarbeiter eines Normenausschusses oder Mitglied von DIN sein. Inhalt und Gestaltung der Inserate liegen außerhalb der Verantwortung von DIN.

Zuschriften bezüglich des Anzeigenteils werden erbeten an:

Beuth Verlag GmbH
Anzeigenverwaltung
Saatwinkler Damm 42/43
13627 Berlin